Springer Handbook of Robotics

机器人手册

第2卷 机器人技术

[意] Bruno Siciliano（布鲁诺·西西利亚诺）
[美] Oussama Khatib（欧沙玛·哈提卜） 编辑
《机器人手册》翻译委员会 译

机械工业出版社

《机器人手册　第2卷　机器人技术》共分3篇，详细介绍了机器人的传感与感知、操作与接口、移动式和分布式机器人技术。

传感与感知篇介绍用于生成机器人模型及外部环境的机器人的不同感觉形态和跨时空传感数据整合。包括力和触觉传感器、惯性传感器、全球定位系统和里程仪、声呐感测、距离传感器、三维视觉及识别、视觉伺服与视觉跟踪、多传感器数据融合。

操作与接口篇介绍了机器人与物体之间，机器人与人之间，机器人之间的交互。涵盖了面向操作任务的运动、接触环境的建模与作业、抓取、合作机械手、触觉学、遥操作机器人、网络遥操作机器人及人体机能增强型外骨骼。

移动式和分布式机器人篇介绍了轮式机器人运动控制、运动规划和避障、环境建模、同时定位与建图、基于行为的系统、分布式和单元式机器人、多机器人系统及网络机器人技术。

本手册内容深入浅出，并附有大量的科研实例，便于自学和应用，可作为机器人、人工智能、自动化、控制以及计算机应用等专业科研人员、高校师生的参考用书，也可作为相关专业本科生或研究生的参考教材，还可供机器人业余爱好者参考。

图书在版编目（CIP）数据

机器人手册. 第2卷，机器人技术/（意）西西利亚诺（Siciliano，B.），（美）哈提卜（Khatib，O.）编辑；《机器人手册》翻译委员会译. —北京：机械工业出版社，2016.4
书名原文：Springer Handbook of Robotics
ISBN 978-7-111-53381-8

Ⅰ.①机…　Ⅱ.①西…②哈…③机…　Ⅲ.①机器人-手册　Ⅳ.①TP242-62

中国版本图书馆CIP数据核字（2016）第060696号

机械工业出版社（北京市百万庄大街22号　邮政编码100037）
策划编辑：孔　劲　　责任编辑：孔　劲　刘本明　杨明远
责任校对：刘秀芝　　封面设计：张　静　责任印制：李　洋
北京圣夫亚美印刷有限公司印刷
2016年4月第1版第1次印刷
184mm×260mm · 29印张 · 2插页 · 998千字
0001—2000册
标准书号：ISBN 978-7-111-53381-8
定价：179.00元

凡购本书，如有缺页、倒页、脱页，由本社发行部调换

电话服务	网络服务
服务咨询热线：010-88361066	机工官网：www. cmpbook. com
读者购书热线：010-68326294	机工官博：weibo. com/cmp1952
010-88379203	金书网：www. golden-book. com
封面无防伪标均为盗版	教育服务网：www. cmpedu. com

译 丛 序

一、机械工程高速发展

机械工程是以自然科学和技术科学为理论基础，结合在生产实践中积累的技术经验，研究和解决机械产品开发、设计、制造、安装、运用、修理及再制造等方面的全部理论和实际应用的学科。机械工程的学科内容包括：机械工程基础理论研究，机械产品开发、设计，机械产品的制造、装备、检验，机械产品的应用与维护，机械制造企业的经营和管理，机械产品的绿色生命周期等问题及技术措施。机械工程先进技术涉及设计、制造、应用、管理等相关环节的机械、电子、信息、材料、能源和管理科学等领域的先进技术。

20世纪后期，特别是进入21世纪，计算机、信息技术在机械工程领域的广泛、深入应用，使机械工程技术高速发展。机械工程技术由线性到非线性、由静态到动态、由二维到三维的研究发展，为现代机械设计方法的研究、应用奠定了工程理论基础；虚拟技术、创新设计、绿色设计、并行工程等，为现代机械设计提供了技术基础；机床数控技术、工业机器人、柔性制造技术、传感技术、集成制造技术、自动检测及信号识别技术等，为机械制造工艺自动化提供了支撑技术；ERP（企业资源计划）、MES（制造管理信息系统）、CIMS（计算机集成制造系统）等，为机械制造企业的经营和管理提供了现代化的支撑平台；PLM（产品全生命周期管理）、IWM（废物管理一体化）、EMS（环境管理体系）等理念、技术的发展，已成为机械工程先进技术的重要组成部分。

机械工程先进技术是实现工业技术现代化重要的技术支撑之一。但是，机械工程先进技术的发展要受到自然条件、经济条件、社会条件、技术基础等的限制，我国作为发展中国家，在机械工程先进技术方面同工业发达国家还有很大差距。为了加快我国机械工程先进技术的发展进程，通过各种方式引进外国机械工程先进技术，是一条切实可行的发展之路。

二、图书交流传播知识

图书资料是一种传统、永恒、有效的学术、技术交流方式。早在20世纪初期，我国清代学者严复就翻译了英国学者赫胥黎所著的《天演论》，其后学者周建人翻译了英国学者达尔文所著的《物种起源》，对我国自然科学的发展起到了很大的推动作用。

图书是一种信息载体，图书是一个海洋，虽然现在已有网络通信、计算机等信息传输和储存手段，但图书仍将以严谨性、系统性、广泛性、适应性、持久性和经济性而长期存在。纸质图书有更好的阅读优势，可满足不同层次读者的阅读习惯，同时它具有长期的参考价值和收藏价值。

近年来，国际间的交流与合作对机械工程技术领域的发展、技术进步及重大关键技术的突破起到了积极的促进作用，对机械工程技术领域科技人员及时了解国外相关技术领域的最新发展状况、取得的最新成果及应用情况等，发挥了积极作用。

机械工业出版社希望通过引进、翻译国外机械工程技术领域的先进技术图书，传播国外机械工程领域的先进技术，推动国内学者和技术人员对国外机械工程先进技术的引进、消化、吸收和创新发展，从而提升我国机械工程技术的自主创新能力，提高我国装备制造业的技术水平，加速实现我国工业的现代化。

三、精挑细选精雕细刻

为真正实现翻译国外机械工程技术领域先进技术图书、推动我国机械工程技术发展的战略目标，机械工业出版社将认真执行：

（1）精挑细选　坚持从机械工程技术比较发达的国家、国外优秀出版社引进优秀技术图书，组成一套《国际机械工程先进技术译丛》。本套译丛将涵盖机械工程的基础理论研究，产品开发、设计、制造、运用、维修、再制造和资源、环保、信息、管理等相关学科。

（2）精雕细刻　本套丛书的选书、翻译工作均由国内相关专业的专家、教授、工程技术人员把关，以充分保证图书内容的先进性、适用性和翻译质量。内容翻译力争达到信、达、雅，真正实现传播国际机械工程先进技术，服务于国内机械工程技术的发展。

（3）精益求精　本套丛书作为我社的精品重点书，将统一封面装帧设计，在版式编排、内容编校、图书印制等方面追求高质量，把“精品”体现到书的整体中去，力求为读者奉献一套高品质的《国际机械工程先进技术译丛》。

四、衷心感谢不吝指教

首先要感谢广大积极热心支持出版《国际机械工程先进技术译丛》的专家学者，积极推荐国外相关优秀图书，仔细评审外文原版书，推荐翻译的知名专家；特别要感谢承担翻译工作的译者所付出的辛勤劳动；同时要感谢从事图书版权贸易的工作人员的辛勤工作。

本套丛书希望能对广大读者的工作提供切实的帮助，欢迎广大读者不吝指教，提出宝贵意见和建议。

机械工业出版社《国际机械工程先进技术译丛》编委会

作者序一

Bernard Roth

美国斯坦福大学机械工程教授

我对机器人学的首次了解是源自1964年的一个电话。打电话的人是Fred Terman，世界著名的《无线电工程师手册》的作者，当时任斯坦福大学教务长。Terman博士告诉我计算机科学教授John McCarthy刚获得一大笔研究经费，其中的一部分将用于开发计算机控制的机械臂。有人向Terman建议，如果以数学为方向的McCarthy教授和机械设计师联手，这将会是很聪明的做法。由于我是斯坦福教员中唯一有机械设计专长的人，Terman打算给我打个电话，尽管我们从未谋面，而且我还是个刚刚研究生毕业、在斯坦福只工作了两年的年轻助理教授。

Terman博士的电话使我与John McCarthy和他创建的斯坦福人工智能实验室（SAIL）有了紧密的联系。机器人成了我整个学术生涯的支柱，直到今天，我一直保持着对这一主题的教学与研究兴趣。

机器人控制的近代历史要追溯到20世纪40年代后期，当时伺服控制的机械臂被开发出来，它与主从方式的机械臂连接起来被用于处理核物质，从而保护相关人员。这一领域的发展一直延续到现在。然而在20世纪60年代初期，还很少有关于机器人学的学术活动和商业活动。首个学术活动是1961年麻省理工学院H. A. Ernst的论文。他用装有触觉传感器的从动机械臂在计算机控制下工作。他的研究思想就是利用触觉传感器中的信息来引导机械臂运动。

之后斯坦福人工智能实验室随之开展了相关项目，麻省理工学院Marvin Minsky教授也启动了类似的项目，这些研究在当时是在机器人学领域为数不多的学术冒险。这些尝试中的少数是在商业机械臂方面，大部分与汽车工业生产相联系。在美国，在汽车工业中对两种不同的机械臂设计进行了实验：其中一种来自AMF公司，另一种来自Unimation公司。

另外还有一些制造成手、腿和臂部假肢的机械装置，不久之后，为了提高人的能力还出现了外骨骼装置。那时还没有微处理器，所以这些装置既不受计算机控制，也不受远程的所谓微机所遥控，更不用说大型计算机控制了。

最初，计算机科学领域中的一些人认为计算机已足够强大，可以控制任何机械设备，并使其完美执行。但我们很快发现并非如此。我们分两条路线进行。其一是为斯坦福人工智能实验室（SAIL）开发特殊设备装置，以保证刚刚起步的机器人团队开展实验达到硬件证明与概念验证系统。另一条路线或多或少与斯坦福人工智能实验室的工作相关，是发展机器人的基础机械科学。我有一种强烈的感觉，可能会发展出一项有意义的科学。我们最好从基本概念的方面思考，而不是专门集中在特定的设备上面。

幸运的是，两种路线竟然相互间非常和谐融洽。更重要的是，研究者们对这一领域的研究很感兴趣。硬件开发为更多的基本概念提供了具体的例证，研究者们能够同时开发硬件和理论。

起初，为了尽快开始研究，我们购买了一只机械臂。在洛杉矶的Rancho Los Amigos医院有人在销售一种开关控制型电动机驱动的外骨骼机械臂，用来帮助那些臂部失去肌肉的患者。我们购买了一台，把它连接在PDP-6型分时计算机上。这套设备被命名为“奶油手指”，它是我们的第一个实验机器人。一些电影展示的视觉反馈控制、堆垛任务和避障都是由这台机器人作为明星演员完成的。

第一个由我们自主设计的操纵器被简单认为是“水压臂”。正如它的名字所指，它是由水力驱动的。要建立一个非常快的手臂，我们设计了特殊的旋转驱动器，这个手臂工作得非常好。它成为了最早测试机器人手臂的动态分析和时间最优化控制的实验平台。然而，当时普遍来说，计算、规划和传感性能都很有限，由于设计速度比要求速度快得非常多，使得这项技术的应用很受限制。

我们尝试去开发一个真正的数字化手臂。从而产生了一个蛇形结构，取名为Orm（挪威语中的蛇）。Orm有若干节，每节有膨胀的气动驱动器阵列，它们要么完全伸展，要么完全收缩。基本思想是：虽然在工作空间中 Orm 仅可达到有限数量的位置，但是如果达到的位置有很多，那么这也是足够的。一个经过概念验证的小型原型 Orm 被开发出来，然而我们发现这种类型的手臂不能用于斯坦福人工智能实验室团队。

我们实验室第一个真正具有功能的手臂是由当时的研究生 Victor Scheinman 设计的，它就是非常成功的“斯坦福手臂”。有十几个这种手臂作为研究工具用于不同的大学、政府和工业实验室。它有六个独立驱动关节，均由计算机控制的直流伺服电动机驱动。其中一个关节是棱柱的，另外五个是旋转的。

鉴于“奶油手指”的几何学需要逆运动学的迭代解，因此选择“斯坦福手臂”的几何构型，即可以通过编程获得其逆运动学的迭代解，应用起来简单而高效。而且，这个机械设计是特别制作的，以兼容分时计算机控制固有的局限性。不同的末端执行器被连接到机械臂末端作为手。在我们的版本中，手被做成钳夹的形式，还有两只滑动手指，两只手指由一台伺服驱动器驱动，因此，手臂的实际自由度数目有7个。它也有一个特别设计的六轴腕部力传感器。Victor Scheinman 继续开发了其他重要的机器人：首先是一个有六个旋转关节的小型仿人手臂。最初设计是由麻省理工学院人工智能实验室 Marvin Minsky 资助的。Victor Scheinman 建立了 Vicarm 公司，这是一家小公司，为其他实验室制造了这个手臂和“斯坦福手臂”。Vicarm 后来成为了 Unimation 公司的西海岸分部，在那里，通过 Unimation 公司在通用电机公司资助下他设计了 PUMA 机械臂。后来，Scheinman 为 Automatix 公司开发了全新的 Robot World 多机器人系统。在 Scheinman 离开 Unimation 后，他的同事 Brian Carlisle 和 Bruce Shimano 重组了 Unimation 公司的西海岸分部——Adept 公司，该公司现在是美国最大的装配机器人制造商。

很快，精密机械和电子设计、优化的软件，以及完整系统集成的现代化趋势成为常态。到现在，这些结合是最高级机器人装置的标志。这是在“机械电子”（又译“机电一体化”或“电子机械”，mechatronic）背后的基本概念。“机械电子”这个词发源于日本，它代表机械和电子两个词的串联。依赖于计算的机械电子，正如我们今天所知的，是机器人固有技术的实质。

随着机器人技术在全世界的发展，很多人开始在与机器人相关的领域工作，一些特有的附属专业得到了发展。首先最大的分化是进行机械臂工作的人和视觉系统工作的人。早期，视觉系统在给出机器人周围环境的信息方面看起来比其他方法更有前途。

视觉系统是通过摄像机来捕获周围物体的图片，然后使用计算机算法对图像进行分析，从而推断出物体的位置、方位和其他特性。图像系统最初的成功在于解决定位障碍物问题、解决物体操作问题和读取装配工程图。人们感到视觉用于与工厂自动化和太空探索有关的机器人系统中具有很大潜力。这致使人们开始研究可以通过视觉系统识别机器零件（特别对于部分封闭的零件，发生在所谓的“拾箱”问题中）和形状不规则的碎石的软件。

在“看”和移动物体的能力被建立以后，下一个合理的需要就是让机器人做一系列事件的规划、去完成一项复杂的任务。这使得规划的发展成为机器人技术非常重要的分支。在固定的环境中制定固定的计划相对来说是很直接的。然而，在机器人技术中，面临的挑战之一就是，由于误差或者未计划的事件，环境发生了未预料到的变化，此时，机器人会发现环境的变化并且修改自身的行动。在此领域的一些里程碑事件是通过使用一台叫做 Shakey 的车辆来开展的，开始于1966年，由斯坦福研究所（现在称为 SRI）的 Charlie Rosen 小组开发。Shakey 有一台摄像机、距离探测器、碰撞传感器，通过无线电和视频连接到 DEC PDP-10 和 PDP-15 计算机上。

Shakey 是第一台可以思考自己行动的移动机器人。它利用程序获得独立感知、周围环境模仿和产生动作的能力。低级别的操作程序负责简单的移动、转动和路径规划。中级别的操作程序包含若干个低级别程序，可以完成更复杂的任务。最高级的操作程序能够制定和执行计划来实现用户提出的高级目标。

视觉系统对于导航、物体定位和确定它们之间的相对位置与方位非常有用。然而，当在具有环境约束力的地方，对于装配零件或者与其他机器人一起工作，只有视觉系统通常是不够的。因而产生了一种需求：对环境施加到机器人上的力和力矩进行测量，并利用测量结果来控制机器人的行动。多年以来，力控制操作成为了斯坦福人工智能实验室和遍布世界的其他几个实验室的主要研究课题之一。力控制在工业实践中的使用始终落后于该领域的研究发展。这是由于尽管高级的力控制系统对于通用的操作问题非常有效，但限制非常苛刻的工业环境的特殊问题经常只能在有限的力控制甚至没有力控制时解决。

在20世纪70年代，行走机器、机械手、自动汽车、多传感器信号融合和恶劣环境设计等专门领域开始快速发展。今天有大量的、不同的以机器人为主题的专门性研究，其中有一些是经典的工程学科领域，如运动学、动力学、控制学、机器设计、拓扑学和轨迹规划。每一个学科在研究机器人技术之前都已经走过了一段漫长的路程，而为了发展机器人系统和应用，每一个学科已成为深入研究机器人技术的一个方面。

在理论正在发展的同一时间里，工业机器人，尽管稍微有些分离，也有了并行的发展。在日本和欧洲，商业开发强劲，美国也相继发展。相关的工业协会纷纷成立（日本机器人协会在1971年3月成立，美国的机器人工业协会（RIA）在1974年成立），定期举行协会展览会，并召开了应用导向的技术会议。其中最重要的有工业机器人国际研讨会（ISIR）、工业机器人技术会议（现在称为工业机器人技术国际会议（ICIRT））以及国际机器人和视觉展览与会议（这是由RIA每年举办的贸易展览会）。

第一个定期的系列会议在1973年召开。它强调机器人技术的各个研究方面，而不仅仅是工业上的。它由在意大利乌迪内的机械科技国际中心（CISM）和机械与机器理论国际联合会（IFToMM）共同赞助（尽管IFToMM仍在使用，但是意义已经变为机械与机器科学促进国际联合会）。该会议的名称是机器人与机械臂的理论与实践大会（RoManSy），明显特征是强调机械科学和来自东欧、西欧，还有北美和日本的科研人员们的积极交流、分享成果，会议现在仍然每半年举行一次。在我个人的笔记里，就是在RoManSy会议中，我首次遇到了这本手册的各位编辑：1978年遇到了Khatib博士，1984年遇到了Siciliano博士。他们当时都是学生：Bruno Siciliano攻读他的博士学位已经差不多一年了，Oussama Khatib那时刚刚完成了他的博士学位研究。两个事件，都让人产生一见钟情的感觉！

众多其他新的会议和研讨会迅速加入到RoManSy里面。如今，每年有大量机器人研究导向的会议在许多国家举行。当前，最大型的会议是一般吸引了超过1000位参会者的IEEE机器人与自动化国际会议（ICRA）。

在20世纪80年代初期，Richard Paul撰写了美国第一本真正关于机器人操作的教材《机器人操作——数学、编程与控制》出版社（Richard P. Paul，MIT，1981）。它把经典力学学科的理论应用到机器人领域。另外，书中有一些主题是从他在斯坦福人工智能实验室的论文研究中直接发展而来（在书里面，许多例子基于Scheinman的“斯坦福手臂”。）。Paul的书是美国的一个里程碑事件，它为将来一些有影响力的教材开创了一个模式，还鼓励众多的大学与学院开设专门的机器人课程。

差不多与此同时，一些新的期刊创刊，这些期刊主要发表机器人相关领域的论文。在1982年的春天，《机器人研究国际期刊》创刊，三年之后，《IEEE机器人与自动化期刊》（现在的《IEEE机器人学报》）创刊。

随着微处理器的普及，关于什么是或什么不是机器人的问题更加凸显出来。在我的脑海里，这个争论从来没有被很好地解决过。我认为永远不会有一个大家都普遍同意的定义。当然，存在着科幻小说中各种各样的外太空生物和戏院、文学以及电影中的机器人。早在工业革命之前，就有过想象中的类似机器人生物的例子，但实际的机器人又会是什么样的呢？我认为关于机器人的定义实质上是一个随着科技进步而不断改变其本体特征的移动靶。例如当船上的陀螺仪自动罗盘第一次被开发出来时就被认为是一个机器人。现在，当我们罗列在我们世界中的机器人的时候，总是无法完全囊括所有的机器人。机器人的定义已经被降级了，现在机器人被看做是一种自动控制装置。

对于很多人来说，机器人包含着多功能的概念，机器人即意味着在设计和制造时就具备了容易适应或者可被重新编程以完成不同任务的能力。在理论上，这种想法应该可以实现的，但在实际中，却是大多数的机器人装置只能在非常有限的领域里实现多功能。人们很快发现，在工业中一般而言，一台具有专门用途的机器要比一台具有广泛用途的机器表现好得多。而且在制造加工时，当产品的产量足够高的时候，一台具有专门用途的机器要比一台具有广泛用途的机器花费少。因此，人们开发出专业机器人用于喷漆、铆接、零部件装配、压力加载、电路板填充等方面。在一些情况下，机器人被用于如此专一的用途，以至于很难划清一台所谓的机器人与一条可调整的“固定的”自动化流水线的界限。人们理想中的机器人应该是能做“所有事”的万能机器，因此这种机器人在大量出售以后价格将相对便宜。但是，许多机器人的实际情况则恰好与之相反。

我认为机器人的概念应该与在给定的时间内什么活动是与人相关，以及什么活动是与机器相关联系起来。如果一台机器突然变得能够完成我们通常和人联系在一起的工作时，这台机器就能在定义上被提升而定义为一个机器人。过了一段时间以后，人们习惯于这件工作由机器来完成了，这个装置就从“机器人”降级为“机器”。那些没有固定底座和那些具有胳膊或腿状附件的机器人更有优势，也更有可能被称作机器人，但是很难让人想到一套始终如一的定义标准，并适合目前所有的命名惯例。

在包括家用机器的所有机器中，拥有微处理器来指导其行动的都可以认为是机器人。除了真空吸尘器，还有洗衣机、冰箱以及洗碗机都能很容易地作为机器人被推向市场。当然，还存在着很多的可能性，包括那些具有环境感知反馈和判断能力的机器。在实践里，那些被看做是机器人的装置中，传感器的数量和判断能力可能由很多、很强一直变化到完全没有。

在最近的几十年里，对机器人的研究已经由一个以机电整合装置研究为中心的学科壮大为一个宽广得多的交叉性学科。被称作以人为本的机器人领域便是这样的一个例子。在这个领域里，人们研究人和智能机器的相互作用。这是一个发展中的领域，其中，对机器人与人的相互影响的研究已经吸引了来自经典机器人研究领域之外的专家们。人们正在研究一些诸如人和机器人的情感之类的概念；而且一些像人体生理学和生物学等古老的研究领域正在被合并成机器人研究的主流。这些研究活动将新的工程和科学层面引进到了研究著述中，从而丰富了机器人研究领域。

最初，初期的机器人界主要关注让机器去干活。对于那些早期的机器人装置，人们完全只关注它们能不能干活，而很少去在意它们有限的性能。现在，我们拥有精细的、可靠的装置作为机器人系统现代阵列的一部分。这一进步是全世界成千上万人的工作成果，这些工作很多都是在大学、政府的研究实验室和企业里进行的。这一成就创造了包含在本手册64章中的大量的信息，这是对全世界工程界和科学界的致敬。显然这些成果并非由任何中央规划或者一个整体有序的计划产生。因此本手册的编者面对着将这些材料组织成一个有逻辑而且清晰明了的整体的艰巨任务。

编辑将稿件划分为三层结构。第一层论述这门学科的基础。这一层由9章组成。作者在其中详细讲述了机器人学科、运动学、动力学、控制学、机构学、架构、编程、推理和传感。这些是组成机器人研究和发展的基本技术。

第二层有四个部分。第一部分（第2篇）阐述了机器人的结构，包括臂部、腿、手和其他大多数机器人的组成部分。乍一看，腿、臂部和手这些硬件可能相互之间差异巨大，但它们共有一套属性，使他们能够用相同的或很接近的、在第一层中描述过的原理去分析。

该层的第二部分（第3篇）涉及传感和感知，它们是任何真正独立的机器人系统所必需的基本能力。正如先前指出，实际上许多所谓的机器人设备只有少量的上述能力，但显然更先进的机器人不能离开它们，并且很大趋势是把这些能力合并到机器人设备中。该层第三部分（第4篇）讲述了这门学科领域和设备控制与接口技术的联系。该层第四部分（第5篇）由8章组成，探讨了移动机器人和不同形式的分布式机器人。

第三层由两部分共12章组成，涉及当今研究和开发前沿的高级应用。一部分（第6篇）论述现场和服务机器人，另一部分（第7篇）讲述以人为本和仿真机器人。对于外行读者，这些章节是先进机器人的全部。然而必须意识到这些非同寻常的实现如果没有前两层所介绍的发展，就可能不会存在。

理论和实践的紧密联系促成了机器人技术的发展，并成为现代机器人的一种特征。这两个互补的方面，对于我们当中那些同时拥有机会研究和开发机器人设备的人，是个人成就感的源泉。本手册极好地反映了学科的这两个互补方面，并展现近五十年来的大量研究成果。一些人将要发明更有能力的多样的下一代机器人设备，当然，本手册的内容将作为他们一个有价值的工具和导引。向编辑和作者致以祝贺与崇敬。

Bernard Roth
美国斯坦福大学
2007年8月

作者序二

翻开这本手册，纵观其64章丰富的内容，我们不妨从个人的视角，对机器人学在概念、趋势及中心问题等方面的演变作一个概述。

Georges Giralt
法国拉斯-国家科学研究中心（LAAS-CNRS）研究主管，图卢兹

现代机器人学大约开始于半个世纪以前，并向两个不同的方向发展。

首先，让我们了解一下机械臂涉及的范围，从对遭受辐射污染产品的远程作业到工业机械手，无不包含在其领域中，而这之中标志性机器UNIMATE是通用机械手的代表。产品的工业发展，大多围绕六自由度串联图景以及积极的研究和开发，将机械工程与控制专业化联系在一起，成为其发展的主要推动力。当今特别值得关注的是，通过对先进的功能强大的数学工具的运用，在新颖的应用优化结构设计方面的努力终于获得了回报。类似的，为实现制造出与人类友好的机器人的梦想，一项关于未来认知机器人的臂和手的设计与实际建造也引起了人们的重视。

其次，还未被人类充分认识但我们应该清楚的是涉及人工智能相关主题的系列工作。在此领域中具有里程碑意义的项目便是斯坦福国际集团开发的移动机器人Shakey。这项旨在集计算机科学、人工智能和应用数学于一身发展智能机器的工作，至今作为一个子领域已经有一段时间了。20世纪80年代期间，通过对围绕包括从极端环境下的探测器（如星球探测，南极洲等）到服务机器人（如医院，博物馆引导等）等宽广范围的个案研究获得的建设强度，引发了大范围的研究，从而也奠定了智能机器人的地位。

因此机器人学的研究能够将这两个不同的分支联系起来，将智能机器人以一种纯粹的计算方式分类为有限理性机器，这是在20世纪80年代第三代机器人定义的基础上进行了扩展：

“（机器人）……作为一个通过智能将感知和行动联系在一起，而被赋予了对一项工作拥有理解、推断并执行能力的机器，在三维的世界里执行操作。”

作为一个广泛认可的测试平台，自主机器人领域最近从机器人设计方面的突出贡献中受益颇多，而这些贡献是通过在环境建模及机器人定位上运用算法几何及随机框架法（SLAM，同步定位和建模），以及运用贝叶斯估计和决策方法所带来的决策程序的发展等综合取得的。

在千禧年的过去十年间，机器人学主要处理智能机器人图景，在一个覆盖了先进传感和知觉、任务推理和规划、操作和决策自动化、功能性整合架构、智能人机接口、安全和可靠性等项目的主题内，将机器人和机器智能通用研究结合起来。

第二个分支数年来被认为是非制造机器人学的，涉及大量有关现场、服务、辅助以及后来的个人机器人的、以研究为驱动的真实世界的案例。这里，机器智能在其多个主题内是中心研究方向，使得机器人能够在以下三个方面得以行动：

1）作为人类的替代者，尤其是对于远程或恶劣环境中的干预工作。

2）通过与人友好机器人学或以人为本机器人学的所有实际应用，与人类的亲近交互及在人类环境中的操作。

3）与使用者的紧密协同，从机械外骨骼辅助、外科手术、保健和康复扩展到人类隆胸。

因此，在千年之交，机器人学已经成为一个广泛的研究主题，不仅有对于工程化很好的工业领域支持市场产品，同时也有大量在危险环境中操作的领域导向的应用案例，如水下机器人、复杂地形车、医疗/康复机器人学等。

机器人学的发展水平重点看理论方面所扮演的角色，目前它已经从应用领域发展到技术和科学的领域。这本手册的组织构架很好地阐释了这些不同的水平。此外，为了未来认知型机器人，除了大量的软件系统，人们还需要考虑与人友好的环境中的机器人物理性质和新奇附件，包括腿、臂和手的设计。

在当前千禧年的前十年，前沿的机器人学正在取得突出的进步，通常由以下两个方向组成：

1）中/短期面向应用的案例研究。

2）中/长期一般情况的研究。

为了完整性，我们需要提到大量外围的、激发机器人学灵感的学科，这些学科经常是关于娱乐、广告和精致的玩具。

与人友好机器人学的前沿领域包括几个一线的应用领域，在这些领域里，机器人（娱乐、教育、公共服务、辅助和个人机器人等）在人类环境或者在和人类密切相互作用的环境里运作。这里也就介绍了人机交互的关键性问题。

正是在这个领域的中心，浮现出来个人机器人的前沿的课题，对此，在这里我们着重强调它的三个总体特征：

1）它们可能由非专业使用者操作。

2）它们可能被设计来和使用者分享高水平的决定。

3）它们可能包含环境装置和机器附件、遥远的系统，还有操作者。这种分享决策的观念暗示这里呈现出一些前沿研究课题和伦理问题。

个人机器人的概念，正扩大为机器人助手和万能“伴侣”，对于机器人学来说确实是一项重大的挑战。机器人学作为科学和技术领域的一个重要分支，提供了在中长期对社会和经济产生重大影响的观念。这里介绍和质疑前沿课题包括以下认知的方面：可协调的智能人机交互、感觉（场景分析、种类识别）、开放式学习（了解所有的行为）、技能获取、大量的机器人世界的数据处理、自主决定权和可靠性（安全性、可靠性、交流和操作稳定性）。

上面提到的两种方法有很明显的协同性，尽管必要的框架存在时差。这种科学上的联系不仅集合了问题和获得结果，而且也在事物两方面创造出和谐的交流和给技术带来进步。

事实上，这种相应的研究趋势和应用领域的发展获得了爆炸性的实用技术的支持，其中包括计算机处理能力、通信学、计算机网络设计、传感装置、知识检索、新材料、微纳米技术。

今天，展望中长期的未来，我们正面对非常积极的议题和观点，但是也必须对有关机器人的批评性意见和隐存的风险做出回应，这种风险就在于人们担心机器人在和人接触的过程中也可能出现不需要的或者不安全的行为。因此，存在一个非常清晰的需求，那就是研究级别安全问题和可靠性与相应的系统限制课题。

《机器人手册》的出版非常及时，充满了挑战性的成果。它由165位作者在64章中总结了大量的难题、问题和方方面面。就其本身而言，它不仅是全世界研究者所获得的基本课题和结果的一个高效展示，而且进一步给每一个人提供了不同的观点和方法。这确实是一个可以带来进步的很重要的工具，但是，更重要的是，它将在这个千禧年的头二十年成为建立机器人学的开端，在机器智能的核心领域成为科学的学科。

Georges Giralt

法国图卢兹

2007年12月

作者序三

Hirochika Inoue

日本东京大学教授

机器人学领域诞生于20世纪中期，当时新兴的计算机科学正在改变科学和工程中的每一个领域。机器人学经历了不同的阶段，从婴儿期，童年期到青年期，再到成年期，已经完成了快速而稳健的成长。机器人学现在已经成熟，人们希望它在未来的社会里提高他们的生活质量。

在机器人学的婴儿期，它的核心被认为是模式识别、自动控制和人工智能。带着这些新的挑战，这个领域的科学家和工程师聚集在一起来审查新奇的机器人传感器和驱动器、规划和编程算法以及连接各部分组件的最优结构。在此过程中，他们创造出在真实世界中可以和人进行交互作用的机器人。这些早期的机器人学集中于研究手-眼系统，也就是人工智能研究的试验平台。

"童年时期"机器人的活动场地是在工厂。工业机器人被研究出来，并且应用到工厂进行自动喷涂、点焊、打磨、材料操作和零件装配。拥有传感器和记忆功能的机器人使工厂更加自动化，使机器人的操作更加柔性化、更加可靠和精确。机器人的自动化将人从繁重和乏味的体力劳动中解放出来。汽车、家电和半导体工业迅速将其生产线重整为机器人集成化系统。英文单词"机械电子"（又称为"机电一体化"、"电子机械"）最早是由日本人在20世纪70年代末期提出来的。它定义了一个新的机器观念，在这种观念里，电子和机器系统相融合，这种融合使很多工业产品变得更加简单、却又更加多功能，而且可编程和智能化。机器人学和机械电子学在制造过程的设计、操作和工业产品上都产生了非常积极的影响。

随着机器人学进入它的青春期，研究者雄心勃勃地去探索它新的起点。运动学、动力学和系统控制理论变得更加精妙，同时它们也被应用到真正的复杂机器人的机构中。为了进行规划和完成真实的任务，机器人必须能够认知它所处的环境。视觉——外部感觉的主要的途径，作为机器人了解其所处外部环境的最普通、最有效的、最高效的手段，被开发出来。已经发展起来的高级的算法和强有力的装置将会用来提高机器人视觉系统的速度和稳定性。触觉和力的传感系统也需要发展，这样机器人可以更好地操控物体。在建模、规划、认知、推理和记忆方面的研究扩大了机器人的智能化特性。机器人学逐渐被定义为传感和驱动之间的智能连接的研究。这种定义覆盖了机器人学的所有方面：三大科学核心和一个整合它们的综合方法。事实上，由于系统综合使仿生机器的创造成为可能，所以它已经成为一个机器人工程的关键性方面。创造这种仿生机器人的乐趣吸引了很多学生投身到机器人学领域。

在发展机器人学的过程中，科学的兴趣被导向到去理解人类的精妙。人类和机器人的比较研究在科学研究人的功能建模方面开辟出了一条新路。认知机器人学、仿生行为、生物激发的机器人和机器人生理心理学方法，在扩大机器人潜力方面达到了极限。总的来说，在科学探索中，不成熟的领域是稀少的。20世纪80和90年代，机器人学就处于这样一个年轻的阶段，它吸引了大量充满好奇心的研究者进入这个新的前沿领域。他们对该领域持续的探索形成该本富含科学内容的综合性手册。

随着机器人学科前沿知识的掌握，进一步的挑战为我们打开了将成熟的机器人技术应用于实际的大门。早期的机器人的活动空间给工业机器人的场所让路。内科机器人、外科机器人、活体成像技术给医生做手术提供了强有力的工具，这使许多病人免于病痛的折磨。人们期望诸如康复、卫生保健、福利领域的新机器人能够提高老龄化社会的生活质量。机器人必将会遍布于世界的每一个角落——天上、水下、太空中。人们希望能和机器人在农业、林业、矿业、建筑业、危险环境及救援中联手工作，并发现机器人在家务及在商店、饭馆、医院服务中的实用性。在无数的方式中，人们还是希望机器人可以支持我们的生活。然而，从这方面来看，机器人的应用主要受到结构化环境的限制，在这些环境中，出于安全考虑，机器人和人是相互隔离的。在下一个阶段，机器人所处的环境将扩展为非结构化的世界，在这里，人享受服务，将总是和机器人一起工作和生活。在这样的环境中，机器人将必须具备高性能的传感器、更加智能化、强化的安全性和更好的人类理解力。在寻求阻碍机器人发展问题的解答过程中，不仅应该考虑技术上的问题，还应该考虑社会问题。

自从我最初的研究——使机器人变成一个奇想，到现在，四十年已经过去了。从最开始就见证了机器人技术的成长我感到幸运和高兴。为了机器人学的诞生，从其他学科引进了基础的技术。没有教科书和手册是现成的。为了达到目前的这个阶段，许多科学家和工程师已经挑战了新的领域。在推进机器人学的同时，他们从多维度的视角丰富了知识本身。他们努力的成果都已经编辑在这本机器人手册中了。这本出版物是百多位世界领军专家共同合作的结果。现在，那些希望投身于机器人学研究的人就能够找到一个可以建构自己知识体系的坚实的基础。这本手册必将会用于进一步发展机器人学，强化的工程教育和系统的知识编辑可以促进社会和工业的知识创新。

在老龄化社会里，人类和机器人的角色是科学家和工程师需要考虑的重要问题。机器人能够对保卫和平、促进繁荣和提高人们生活质量做出贡献吗？这是一个尚未解决的问题。然而，最近个人机器人、家用机器人和仿人机器人的进步间接表明机器人从工业部门到服务业部门的转移。为了实现这种转移，机器人学不可回避这样的观点，那就是机器人学工作的基础包含了社会学、生理心理学、法律、经济、保险、伦理、艺术、设计、戏剧和运动科学。将来的机器人学应该被作为包含人类学和技术的学科来研究。这本手册有选择地提供了推进机器人学这个新兴科学领域的技术基础。我期待机器人学持续不断的进步，期待它能够促进未来社会的繁荣。

Hirochika Inoue

日本东京

2007 年 9 月

作者序四

Rodney Brooks
美国麻省理工学院教授

机器人已经让人类着迷了几千年。在20世纪之前制造的机器人没有将传感和动作联系起来，只是通过人力或者是重复性的机器来驱动。直到20世纪20年代，电子登上舞台之后，才制造出了第一台真正感知世界并能恰当工作的机器人。在1950年前，我们开始看到流行杂志中出现了对真正机器人的描述。20世纪60年代，工业机器人进入了人们的视野。商业压力迫使它们对环境越来越不敏感，而在它们自己的工程化世界中，动作却越来越快。20世纪70年代中期，在法国、日本和美国，机器人再一次在少数研究实验室出现。现在我们已经迎来了一个世界性的研究热潮和遍布世界的智能机器人大规模研究的蓬勃发展。本手册汇集了目前多个领域机器人的研究现状。从机器人的机械装置、感应和知觉处理、智能、动作到许多应用领域，本书都有涉及。

我非常幸运地生活在过去30年来机器人的研究革命之中。在澳大利亚，当我还是一个少年的时候，在1949年和1950年我受到Walter在《科学美国人》中所描述的乌龟的启发，制作了一个机器人。当我在1977年抵达硅谷时，恰好是计算机个人化革命真正开始的时候，但是我转向了更为模糊的机器人世界的研究当中。在1979年我已经可以协助斯坦福人工智能实验室（SAIL）的Hans Moravec工作了，当时他正在耐心地使他的机器人“The Cart”在6个小时之内行驶20米。就在26年之后的2005年，在同样的实验室——斯坦福人工智能实验室，Sebastian Thrun和他的团队已经可以使机器人在6个小时之内自动行驶200000米了，在仅仅26年之中就提高了4个数量级，比每两年就翻一番的速度还快一点。但是，机器人不仅仅是在速度上提升了，它们在数量上也增加了。我在1977年刚到斯坦福人工智能实验室的时候，世界上只有3台移动机器人在运行。最近，我投资建立的一个公司制造了第3000000台移动机器人，并且我们制造的步伐还在加快。机器人的其他领域也有类似的壮大发展，尽管提供一个简洁的数字化的描述更难一些。以前，机器人太不清楚它们周围的环境，所以人们和机器人近距离一起工作非常不安全，而且机器人也根本意识不到人们的存在。但是近些年，我们已经远离了那样的机器人，还制造出了可以从人们的面部表情和声音韵律当中领悟其暗示的机器人。近期，机器人已经穿过了肉体和机器的界限，所以现在我们正在看到一系列的智能机器人，包括从会修复牵引术的机器人到为残疾人设计的康复机器人。最近，机器人已经成为了认知科学和智能科学研究中受尊敬的贡献者。

本手册介绍的研究结果提供了推动机器人伟大进步的关键想法。参与和部分参与工作的编辑们和所有的作者把这些知识汇集起来，完成了一项一流的工作。这项工作将会为机器人的进一步研发提供基础。谢谢你们，并祝贺所有在这项关键工作中付出劳动的人们。

对一些未来机器人的研究将通过采用和改善技术得以增加。未来机器人研究的其他方面将会更具革命性，这些研究的基础会与一些观念以及本书所述的现有技术发展水平相反。

当你在研究本书，寻找一些领域来通过你自己的才华和努力对机器人研究做出贡献的时候，我想提醒你，我相信能力和灵感会使机器人更加有用，更加高产，更容易被接受。我把这些能力按照一个小孩子拥有同等能力时的年龄描述为：

- 一个两岁小孩子的物体认知能力。
- 一个四岁小孩子的语言能力。

- 一个六岁小孩子的灵巧能力。
- 一个八岁小孩子的社会理解能力。

达到上述每一个程度都是非常困难的目标。但是即使是朝向以上任何一个目标的微小进步也将会立即应用在外面世界的机器人上。当你进一步对机器人学有所贡献之时，好好阅读本书并祝你好运。

Rodney Brooks
美国麻省理工学院，剑桥
2007 年 10 月

前　　言

机器人在达到人类前沿的同时，积极应对着新兴领域中出现的各种挑战。新一代机器人和人类互动，和人类一起探索、工作，它们将会越来越多地接触人类及其生活。实用机器人的前景令人信服是半个世纪的机器人科学发展的结果，这种发展将机器人作为现代科学学科建立起来。

机器人领域的快速发展推动了这本《机器人手册》的诞生。随着期刊、会议论文集和专著的增加，参与机器人科学技术研究的人，特别是刚进入该领域的人，很难跟得上它大范围发展的脚步。由于机器人技术是多学科交叉的技术，这个任务就显得尤为艰难。

这本手册依据20世纪80、90年代机器人学的发展成果，这些成果对机器人领域的研究很有参考价值：《机器人策略：规划和控制》(Brady，Hollerbach，Johnson，Lozano-Perez，和 Mason，MIT 出版社，1982)，《机器人科学》(Brady，MIT 出版社，1989)，机器人评论 1 和 2 (Khatib，Craig，和 Lozano-Pérez，MIT 出版社，1989 和 1992)。随着机器人领域更大的扩展以及向其他学科的日渐延伸，人们对一部包含机器人基本知识和先进发展的综合性参考手册的需求越来越强烈。

这本手册是世界各国多位积极参与机器人研究的作者的努力成果。将各位作者组织成一个目标明确、能力卓越的团队，卓有见地地介绍覆盖机器人各个领域的知识，这是一项艰巨的任务。

这个工程开始于2005年5月，我们和施普林格欧洲工程主管 Dieter Merkle 及 STAR 的资深编辑 Thomas Ditzinger 一起参加会议期间。一年以前，我们和 Frans Groen 一道发行了“斯普林格先进机器人技术”系列小册子，这个小册子迅速成为及时传播机器人技术研究信息的重要媒介。

正是在这种背景下，我们开始了这个具有挑战性的任务，满腔热情地开始规划开发技术结构和构建作者团队。我们构思了一部由3层架构、共7篇内容的手册，在机器人领域已经建立了的学术中心、目前正在进行的研发，以及新兴应用中获取该领域多层面的信息。

第一层即第1篇是机器人学基础。综合的方法和技术包含在第二层的四篇中，涵盖了机器人的结构、传感和感知，操作和接口，移动和分布式机器人。第三层，包括机器人技术在两个领域先进的应用，分别是：服务机器人和以人为中心的仿人机器人。

为了展开上述各部分，我们设想建立一个编辑团队，来整理作者的稿件，以组成各个章节。一年后我们的七人编辑团队形成了：David Orin，Frank Park，Henrik Christensen，Makoto Kaneko，Raja Chatila，Alex Zelinsky 和 Daniela Rus.。有这样一批杰出的学者致力于这个手册的编辑工作，该手册在学术领域一定是高质量、大跨度的。

到2005年初，我们的作者超过了1150位。为了方便内部以及各个章节的交叉参照，把握手册的编写进度，我们制作了内部网站。第二年，就认真协调了手册的内容。尤其是在2005年和2006年春季的两个全日制举行的讲习班，大部分作者都出席了。

本手册的每一章都由至少3个独立的审稿人员进行审稿，通常都会包括那一章的编辑和两位相关章节的作者，有时候也会由一些该领域的其他专家进行审阅。必须审读两遍，有时候甚至是三遍。在这个过程中，只要认为有必要，就会加入几位新的作者。本书大部分章节在2007年夏季之前已定稿，在2008年早春之前书稿已全部完成——那时候，我们收到了10000多份电子邮件，汇集了来自165位作者的7篇总共64章1650多页的内容，有950幅插图，5500篇参考文献。

我们对作者们的脑力劳动深表谢意，也同样感谢审稿人员和各部分编辑的尽职尽责。感谢“施普林格科学和工程手册”的高级经理 Werner Skolaut，他全力支持稿件的编辑加工工作，将手册的编辑和审稿、出版相结合，很快成为了我们团队很投入的一名队员。感谢 Le-TeX 的工作人员的高度专业化的工作，他们重新排版了所有的文字，重绘和完善了很多图稿，同时在校对材料时及时地和作者互动。

在出版手册这个想法产生六年之后，这本手册终于面世了。除了它对研究人员的指导意义以外，我们也希望这本手册能够吸引一些新的研究者进入机器人领域，激励这个充满魅力的领域几十年的蓬勃发展。每一次努力的完成，总会带来新的令人振奋的挑战。在这种时候我们都会提醒我们的研究员——保持前进的梯度。

Bruno Siciliano
Oussama Khatib
意大利那不勒斯大学、美国斯坦福大学
2008 年 4 月

编辑简介

Bruno Siciliano（布鲁诺·西西利亚诺），1987 年毕业于意大利那不勒斯大学，获电子工程学博士学位。控制和机器人技术的专家，那不勒斯大学计算机和系统工程 PRISMA 实验室主任。目前研究力控制、视觉伺服、工业机器人/手操作、轻型柔性手臂、人-机器人交互以及服务机器人。合著出版图书 6 本，编辑合订本 5 本，发表期刊论文 65 篇，会议论文及专著章节 165 篇，被世界各机构邀请作了 85 次讲座和研讨会。施普林格高级机器人报告（STAR）系列、施普林格机器人手册的合作编辑，众多有声望期刊的编委会成员，许多国际会议的主席或联合主席。IEEE 会士和 ASME 会士。IEEE 机器人与自动化协会（RAS）主席，曾担任该协会技术活动副主席和出版活动副主席，卓越讲师，行政委员会和其他几个协会委员会成员。

Oussama Khatib（欧沙玛·哈提卜），1980 年毕业于法国图卢兹的高等航空航天研究所（Sup' Aero），获电子工程博士学位。斯坦福大学计算机科学教授。当前主要研究以人为本的机器人技术，以及关于人体运动合成、仿人机器人、触觉远程操控器、医疗机器人、与人友好机器人的设计。他在这些领域的研究依赖于他从事 25 年的研究成果，发表论文 200 余篇。他在世界各机构作了 50 多次主题报告，参与了几百次座谈会和研讨会。施普林格高级机器人报告（STAR）系列、施普林格机器人手册的合作编辑，担任知名机构和期刊的顾问编辑委员会成员，很多国际会议的主席或联合主席。IEEE 会士，IEEE 机器人与自动化协会（RAS）的卓越讲师，管理委员会成员。机器人研究国际基金委员会（IFRR）主席，曾获日本机器人协会（JARA）研究与发展奖。

各篇编者简介

第1篇

David E. Orin
The Ohio State University
Department of Electrical Engineering
Columbus, OH, USA
Orin. 1@ osu. edu

David E. Orin，1976年毕业于美国俄亥俄州立大学，获电子工程专业博士学位。1976—1980年在美国凯斯西保留地大学教书。1981年至今在俄亥俄州立大学担任电子与计算机工程教授。目前致力于两足动物的动态移动。他对机器人动力学和双腿运动做出过许多贡献，已发表论文125余篇。他从所在大学获得了许多教育奖。IEEE会士，担任多个国际会议的程序委员会委员。他因为IEEE机器人与自动化协会（RAS）服务而获得了杰出服务奖，服务包括财金副主席，秘书，行政委员会成员和会士评价委员会联合主席。

第2篇

Frank C. Park
Seoul National University
Mechanical and Aerospace Engineering
Seoul, Korea
fcp@ snu. ac. kr

Frank C. Park，1991年毕业于美国哈佛大学，获应用数学博士学位。1991—1995年担任欧文加利福尼亚大学机械与航空航天工程系助理教授。1995年至今在国立首尔大学机械与航空航天工程学院担任全职教授。他在机器人技术方向的主要研究兴趣包括机器人力学、规划、控制、机器人设计与结构和工业机器人。其他研究方向包括非线性系统理论、差异几何及其应用，还有相关领域的应用数学。IEEE机器人与自动化协会（RAS）秘书，《IEEE机器人及自动化学报》资深编辑。

第3篇

Henrik I. Christensen
Georgia Institute of Technology
Robotics and Intelligent Machines @ GT
Atlanta, GA, USA
hic@ cc. gatech. edu

Henrik I. Christensen，美国亚特兰大左治亚理工学院机器人及机器人控制器的KUKA主席。分别于1987年和1990年获奥尔堡大学硕士学位和博士学位。曾在丹麦、瑞典和美国任职。发表视觉、机器人、人工智能方面的论文250多篇。其研究结果已经由一些主要公司和4个子公司进行了商业化。任欧洲机器人研究网络（EURON）的协调者。他作为一个资深组织者参加了50多个不同的会议和研讨会。机器人研究国际基金委员会的成员，STAR系列编委会成员，是这个领域很多领先期刊的编委会成员。IEEE机器人与自动化协会（RAS）卓越讲师。

第4篇

Makoto Kaneko
Osaka University
Department of Mechanical Engineering
Graduate School of Engineering
Suita, Japan
mk@ mech. eng. osaka- u. ac. jp

Makoto Kaneko，于1978年和1981年在日本东京大学分别获机械工程专业硕士和博士学位。1981—1990年担任东京大学机械工程实验室研究员，1990—1993年担任九州工业大学副教授，1993—2006年担任广岛大学教授，在2006年他成为了大阪大学的教授。其研究包括基于触觉的主动传感、抓取策略、极限人类技术及其在医疗诊断的应用，曾获得十七个奖项。STAR系列编委会成员，多个国际会议的主席或联合主席。IEEE会士。担任IEEE机器人与自动化协会成员活动的副主席以及《IEEE机器人与自动化学报》的技术编辑。

第5篇

Raja Chatila
LAAS- CNRS
Toulouse, France
raja. charila@ laas. fr

Raja chatila，于1981年获法国图卢兹大学博士学位。1983年起担任法国图卢兹拉斯-国家科学研究中心（LAAS- CNRS）主管。1997年被日本筑波大学聘请为教授。其研究工作围绕以下几个方面：现场、行星、航空和服务机器人，认知机器人，学习，人-机器人交互和网络机器人。曾发表国际论文150多篇。机器人研究国际基金委员会成员。他担任若干个领先期刊的编委会成员，包括STAR系列，是多个国际会议的主席或联合主席。IEEE机器人与自动化协会管理委员会成员，《IEEE机器人及自动化学报》的副编辑，卓越讲师。IEEE，ACM和AAAI的成员，不同国内和国际委员会及评价委员会成员。

第6篇

Alexander Zelinsky
Commonwealth Scientific and Industrial
Research Organisation (CSIRO)
ICT Centre
Epping, NSW, Australia
Alex. zelinsky@ csiro. au

Alexander Zelinsky，澳大利亚联邦科学与工业研究组织（CSIRO）信息与通信技术中心主管。在加入CSIRO前，他在信息科学与工程研究学院，是Seeing Machines Pty Limited的首席执行官与创始人和澳大利亚国立大学的教授。他是专门从事机器人和计算机视觉的知名科学家，作为人机交互的改革者而广为人知，他在该领域发表论文100余篇。获得了国内和国际奖项。担任两本领先期刊的编委会成员，是多个国际会议的程序编委会成员。IEEE会士，担任IEEE机器人及自动化协会管理委员会成员和工业活动副主席。

第 7 篇

Daniela Rus
Massachusetts Institute of Technology
CSAIL Center for Robotics
Cambridge, MA, USA
rus@ csail. mit. edu

Daniela Rus，1992 年毕业于美国康奈尔大学，获计算机科学博士学位。1994—2003 年任教于德国汉诺威州达特茅斯市。从 2004 年起在美国麻省理工学院工作，目前担任麻省理工学院电子工程和计算机科学教授。CSAIL 机器人中心副主管。她的研究兴趣集中在分布式机器人和移动计算。她在这个领域发表论文多篇。她在机器人方面的工作目标是开发自组织系统，从新型机械设计、实验平台一直扩展到定位的开发与分析算法。获得了诸多奖项，包括麦克阿瑟研究员。多个国际会议的程序委员会成员，IEEE 机器人及自动化协会教育联合主席。

作 者 列 表

Jorge Angeles
McGill University
Department of Mechanical Engineering
and Centre for Intelligent Machines
817 Sherbrooke St. W.
Montreal, Quebec H3A 2K6, Canada
e-mail: *angeles@ cim. mcgill. ca*

Gianluca Antonelli
Università degli Studi di Cassino
Dipartimento di Automazione, Ingegneria
dell' Informazione e Matematica Industriale
Via G. Di Biasio 43
03043 Cassino, Italy
e-mail: *antonelli@ unicas. it*

Fumihito Arai
Tohoku University
Department of Bioengineering and Robotics
6-6-01 Aoba-yama
980-8579 Sendai, Japan
e-mail: *arai@ imech. mech. tohoku. ac. jp*

Michael A. Arbib
University of Southern California
Computer, Neuroscience and USC Brain Project
Los Angeles, CA 90089-2520, USA
e-mail: *arbib@ usc. edu*

Antonio Bicchi
Università degli Studi di Pisa
Centro Interdipartimentale di Ricerca
"Enrico Piaggio" e Dipartimento
di Sistemi Elettrici e Automazione
Via Diotisalvi 2
56125 Pisa, Italy
e-mail: *bicchi@ ing. unipi. it*

Aude Billard
Ecole Polytechnique Federale de Lausanne (EPFL)
Learning Algorithms and Systems Laboratory (LASA)
STI-I2S-LASA
1015 Lausanne, Switzerland
e-mail: *aude. billard@ epfl. ch*

John Billingsley
University of Southern Queensland
Faculty of Engineering and Surveying
Toowoomba QLD 4350, Australia
e-mail: *billings@ usq. edu. au*

Wayne Book
Georgia Institute of Technology
G. W. Woodruff School of Mechanical Engineering
771 Ferst Drive
Atlanta, GA 30332-0405, USA
e-mail: *wayne. book@ me. gatech. edu*

Cynthia Breazeal
Massachusetts Institute of Technology
The Media Lab
20 Ames St.
Cambridge, MA 02139, USA
e-mail: *cynthiab@ media. mit. edu*

Oliver Brock
University of Massachusetts
Robotics and Biology Laboratory
140 Governors Drive
Amherst, MA 01003, USA
e-mail: *oli@ cs. umass. edu*

Alberto Broggi
Università degli Studi di Parma
Dipartimento di Ingegneria dell' Informazione
Viale delle Scienze 181A
43100 Parma, Italy
e-mail: *broggi@ ce. unipr. it*

Heinrich H. Bülthoff
Max-Planck-Institut für biologische Kybernetik
Kognitive Humanpsychophysik
Spemannstr. 38
72076 Tübingen, Germany
e-mail: *heinrich. buelthoff@ tuebingen. mpg. de*

Joel W. Burdick
California Institute of Technology
Mechanical Engineering Department
1200 E. California Blvd.
Pasadena, CA 91125, USA
e-mail: *jwb@ robotics. caltech. edu*

Wolfram Burgard
Albert-Ludwigs-Universität Freiburg
Institut für Informatik
Georges-Koehler-Allee 079
79110 Freiburg, Germany
e-mail: *burgard@ informatik. uni-freiburg. de*

Zack Butler
Rochester Institute of Technology
Department of Computer Science
102 Lomb Memorial Dr.
Rochester, NY 14623, USA
e-mail: *zjb@ cs. rit. edu*

Fabrizio Caccavale
Università degli Studi della Basilicata
Dipartimento di Ingegneria e Fisica dell' Ambiente
Via dell' Ateneo Lucano 10
85100 Potenza, Italy
e-mail: *fabrizio. caccavale@ unibas. it*

Sylvain Calinon
Ecole Polytechnique Federale de Lausanne (EPFL)
Learning Algorithms and Systems Laboratory (LASA)
STI-I2S-LASA
1015 Lausanne, Switzerland
e-mail: *sylvain. calinon@ epfl. ch*

Guy Campion
Université Catholique de Louvain
Centre d'Ingénierie des Systèmes d'Automatique
et de Mécanique Appliquée
4 Avenue G. Lemaître
1348 Louvain-la-Neuve, Belgium
e-mail: *guy. campion@ uclouvain. be*

Raja Chatila
LAAS-CNRS
7 Avenue du Colonel Roche
31077 Toulouse, France
e-mail: *raja. chatila@ laas. fr*

François Chaumette
INRIA/IRISA
Campus de Beaulieu
35042 Rennes, France
e-mail: *francois. chaumette@ irisa. fr*

Stefano Chiaverini
Università degli Studi di Cassino
Dipartimento di Automazione, Ingegneria
dell' Informazione e Matematica Industriale
Via G. Di Biasio 43
03043 Cassino, Italy
e-mail: *chiaverini@ unicas. it*

Nak Young Chong
Japan Advanced Institute of Science
and Technology (JAIST)
School of Infomation Science
1-1 Asahidai, Nomi
923-1292 Ishikawa, Japan
e-mail: *nakyoung@ jaist. ac. jp*

Howie Choset
Carnegie Mellon University
The Robotics Institute
5000 Forbes Ave.
Pittsburgh, PA 15213, USA
e-mail: *choset@ cs. cmu. edu*

Henrik I. Christensen
Georgia Institute of Technology
Robotics and Intelligent Machines @ GT
Atlanta, GA 30332-0760, USA
e-mail: *hic@ cc. gatech. edu*

Wankyun Chung
POSTECH
Department of Mechanical Engineering
San 31 Hyojading
Pohang 790-784, Korea
e-mail: *wkchung@postech.ac.kr*

Woojin Chung
Korea University
Department of Mechanical Engineering
Anam-dong, Sungbuk-ku
Seoul 136-701, Korea
e-mail: *smartrobot@korea.ac.kr*

J. Edward Colgate
Northwestern University
Department of Mechanical Engineering
Segal Design Institute
2145 Sheridan Rd.
Evanston, IL 60208, USA
e-mail: *colgate@northwestern.edu*

Peter Corke
Commonwealth Scientific
and Industrial Research Organisation (CSIRO)
ICT Centre
PO Box 883
Kenmore QLD 4069, Australia
e-mail: *peter.corke@csiro.au*

Jock Cunningham
Commonwealth Scientific
and Industrial Research Organisation (CSIRO)
Division of Exploration and Mining
PO Box 883
Kenmore QLD 4069, Australia
e-mail: *jock.cunningham@csiro.au*

Mark R. Cutkosky
Stanford University
Mechanical Engineering
Building 560, 424 Panama Mall
Stanford, CA 94305-2232, USA
e-mail: *cutkosky@stanford.edu*

Kostas Daniilidis
University of Pennsylvania
Department of Computer and Information Science
GRASP Laboratory
3330 Walnut Street
Philadelphia, PA 19104, USA
e-mail: *kostas@cis.upenn.edu*

Paolo Dario
Scuola Superiore Sant' Anna
ARTS Lab e CRIM Lab
Piazza Martiri della Libertà 33
56127 Pisa, Italy
e-mail: *paolo.dario@sssup.it*

Alessandro De Luca
Università degli Studi di Roma "La Sapienza"
Dipartimento di Informatica
e Sistemistica "A. Ruberti"
Via Ariosto 25
00185 Roma, Italy
e-mail: *deluca@dis.uniroma1.it*

Joris De Schutter
Katholieke Universiteit Leuven
Department of Mechanical Engineering
Celestijnenlaan 300, Box 02420
3001 Leuven-Heverlee, Belgium
e-mail: *joris.deschutter@mech.kuleuven.be*

Rüdiger Dillmann
Universität Karlsruhe
Institut für Technische Informatik
Haid-und-Neu-Str. 7
76131 Karlsruhe, Germany
e-mail: *dillmann@ira.uka.de*

Lixin Dong
ETH Zentrum
Institute of Robotics and Intelligent Systems
Tannenstr. 3
8092 Zürich, Switzerland
e-mail: *ldong@ethz.ch*

Gregory Dudek
McGill University
Department of Computer Science
3480 University Street
Montreal, QC H3Y 3H4, Canada
e-mail: *dudek@cim.mcgill.ca*

Mark Dunn
University of Southern Queensland
National Centre for Engineering in Agriculture
Toowoomba QLD 4350, Australia
e-mail: *mark.dunn@usq.edu.au*

Hugh Durrant-Whyte
University of Sydney
ARC Centre of Excellence for Autonomous Systems
Australian Centre for Field Robotics (ACFR)
Sydney NSW 2006, Australia
e-mail: *hugh@acfr.usyd.edu.au*

Jan-Olof Eklundh
KTH Royal Institute of Technology
Teknikringen 14
10044 Stockholm, Sweden
e-mail: *joe@nada.kth.se*

Aydan M. Erkmen
Middle East Technical University
Department of Electrical Engineering
Ankara, 06531, Turkey
e-mail: *aydan@metu.edu.tr*

Bernard Espiau
INRIA Rhône-Alpes
38334 Saint-Ismier, France
e-mail: *bernard.espiau@inria.fr*

Roy Featherstone
The Australian National University
Department of Information Engineering
RSISE Building 115
Canberra ACT 0200, Australia
e-mail: *roy.featherstone@anu.edu.au*

Eric Feron
Georgia Institute of Technology
School of Aerospace Engineering
270 Ferst Drive
Atlanta, GA 30332-0150, USA
e-mail: *feron@gatech.edu*

Gabor Fichtinger
Queen's University
School of Computing
#725 Goodwin Hall, 25 Union St.
Kingston, ON K7L 3N6, Canada
e-mail: *gabor@cs.queensu.ca*

Paolo Fiorini
Università degli Studi di Verona
Dipartimento di Informatica
Strada le Grazie 15
37134 Verona, Italy
e-mail: *paolo.fiorini@univr.it*

Robert B. Fisher
University of Edinburgh
School of Informatics
James Clerk Maxwell Building, Mayfield Road
Edinburgh, EH9 3JZ, UK
e-mail: *rbr@inf.ed.ac.uk*

Paul Fitzpatrick
Italian Institute of Technology
Robotics, Brain, and Cognitive
Sciences Department
Via Morego 30
16163 Genova, Italy
e-mail: *paul.fitzpatrick@iit.it*

Dario Floreano
Ecole Polytechnique Federale de Lausanne (EPFL)
Laboratory of Intelligent Systems
EPFL-STI-I2S-LIS
1015 Lausanne, Switzerland
e-mail: *dario.floreano@epfl.ch*

Thor I. Fossen
Norwegian University of Science

and Technology (NTNU)
Department of Engineering Cybernetics
Trondheim, 7491, Norway
e-mail: *fossen@ieee.org*

Li-Chen Fu
National Taiwan University
Department of Electrical Engineering
Taipei, 106, Taiwan, R. O. C.
e-mail: *lichen@ntu.edu.tw*

Maxime Gautier
Université de Nantes
IRCCyN, ECN
1 Rue de la Noë
44321 Nantes, France
e-mail: *maxime.gautier@irccyn.ec-nantes.fr*

Martin A. Giese
University of Wales
Department of Psychology
Penrallt Rd.
Bangor, LL 57 2AS, UK
e-mail: *martin.giese@uni-tuebingen.de*

Ken Goldberg
University of California at Berkeley
Department of Industrial Engineering
and Operations Research
4141 Etcheverry Hall
Berkeley, CA 94720-1777, USA
e-mail: *goldberg@ieor.berkeley.edu*

Clément Gosselin
Université Laval
Departement de Genie Mecanique
Quebec, QC G1K 7P4, Canada
e-mail: *gosselin@gmc.ulaval.ca*

Agnès Guillot
Université Pierre et Marie Curie - CNRS
Institut des Systèmes Intelligents et de Robotique
4 Place Jussieu
75252 Paris, France
e-mail: *agnes.guillot@lip6.fr*

Martin Hägele
Fraunhofer IPA
Robot Systems
Nobelstr. 12
70569 Stuttgart, Germany
e-mail: *mmh@ipa.fhg.de*

Gregory D. Hager
Johns Hopkins University
Department of Computer Science
3400 N. Charles St.
Baltimore, MD 21218, USA
e-mail: *hager@cs.jhu.edu*

David Hainsworth
Commonwealth Scientific
and Industrial Research Organisation (CSIRO)
Division of Exploration and Mining
PO Box 883
Kenmore QLD 4069, Australia
e-mail: *david.hainsworth@csiro.au*

William R. Hamel
University of Tennessee
Mechanical, Aerospace,
and Biomedical Engineering
414 Dougherty Engineering Building
Knoxville, TN 37996-2210, USA
e-mail: *whamel@utk.edu*

Blake Hannaford
University of Washington
Department of Electrical Engineering
Box 352500
Seattle, WA 98195-2500, USA
e-mail: *blake@ee.washington.edu*

Kensuke Harada
National Institute of Advanced Industrial Science
and Technology (AIST)
Intelligent Systems Research Institute
1-1-1 Umezono
305-8568 Tsukuba, Japan
e-mail: *kensuke.harada@aist.go.jp*

Martial Hebert
Carnegie Mellon University
The Robotics Institute
5000 Forbes Ave.
Pittsburgh, PA 15213, USA
e-mail: *hebert@ri.cmu.edu*

Thomas C. Henderson
University of Utah
School of Computing
50 S. Central Campus Dr. 3190 MEB
Salt Lake City, UT 84112, USA
e-mail: *tch@cs.utah.edu*

Joachim Hertzberg
Universität Osnabrück
Institut für Informatik
Albrechtstr. 28
54076 Osnabrück, Germany
e-mail: *hertzberg@informatik.uni-osnabrueck.de*

Hirohisa Hirukawa
National Institute of Advanced Industrial Science and Technology (AIST)
Intelligent Systems Research Institute
1-1-1 Umezono
305-8568 Tsukuba, Japan
e-mail: *hiro.hirukawa@aist.go.jp*

Gerd Hirzinger
Deutsches Zentrum für Luft- und Raumfahrt (DLR)
Oberpfaffenhofen
Institut für Robotik und Mechatronik
Münchner Str. 20
82230 Wessling, Germany
e-mail: *gerd.hirzinger@dlr.de*

John Hollerbach
University of Utah
School of Computing
50 S. Central Campus Dr.
Salt Lake City, UT 84112, USA
e-mail: *jmh@cs.utah.ledu*

Robert D. Howe
Harvard University
Division of Engineering and Applied Sciences
Pierce Hall, 29 Oxford St.
Cambridge, MA 02138, USA
e-mail: *howe@seas.harvard.edu*

Su-Hau Hsu†
National Taiwan University
Taipei, Taiwan

Phil Husbands
University of Sussex
Department of Informatics
Falmer, Brighton BN1 9QH, UK
e-mail: *philh@sussex.ac.uk*

Seth Hutchinson
University of Illinois
Department of Electrical and Computer Engineering
Urbana, IL 61801, USA
e-mail: *seth@uiuc.edu*

Adam Jacoff
National Institute of Standards and Technology
Intelligent Systems Division
100 Bureau Drive
Gaithersburg, MD 20899, USA
e-mail: *adam.jacoff@nist.gov*

Michael Jenkin
York University
Computer Science and Engineering
4700 Keel St.
Toronto, Ontario M3J 1P3, Canada
e-mail: *jenkin@cse.yorku.ca*

Eric N. Johnson
Georgia Institute of Technology
Daniel Guggenheim School of Aerospace Engineering
270 Ferst Drive
Atlanta, GA 30332-0150, USA
e-mail: *eric.johnson@ae.gatech.edu*

Shuuji Kajita
National Institute of Advanced Industrial Science and Technology (AIST)
Intelligent Systems Research Institute
1-1-1 Umezono
305-8568 Tsukuba, Japan
e-mail: *s.kajita@aist.go.jp*

Makoto Kaneko
Osaka University
Department of Mechanical Engineering
Graduate School of Engineering
2-1 Yamadaoka
565-0871 Suita, Osaka, Japan
e-mail: *mk@mech.eng.osaka-u.ac.jp*

Sung-Chul Kang
Korea Institute of Science and Technology
Cognitive Robotics Research Center
Hawolgok-dong 39-1, Sungbuk-ku
Seoul 136-791, Korea
e-mail: *kasch@kist.re.kr*

Imin Kao
State University of New York at Stony Brook
Department of Mechanical Engineering
Stony Brook, NY 11794-2300, USA
e-mail: *imin.kao@stonybrook.edu*

Lydia E. Kavraki
Rice University
Department of Computer Science, MS 132
6100 Main Street
Houston, TX 77005, USA
e-mail: *kavraki@rice.edu*

Homayoon Kazerooni
University of California at Berkeley
Berkeley Robotics and Human Engineering Laboratory
5124 Etcheverry Hall
Berkeley, CA 94720-1740, USA
e-mail: *kazerooni@berkeley.edu*

Charles C. Kemp
Georgia Institute of Technology and Emory University
The Wallace H. Coulter Department of Biomedical Engineering
313 Ferst Drive
Atlanta, GA 30332-0535, USA
e-mail: *charlie.kemp@bme.gatech.edu*

Wisama Khalil
Université de Nantes
IRCCyN, ECN
1 Rue de la Noë
44321 Nantes, France
e-mail: *wisama.khalil@irccyn.ec-nantes.fr*

Oussama Khatib
Stanford University
Department of Computer Science
Artificial Intelligence Laboratory
Stanford, CA 94305-9010, USA
e-mail: *khatib@cs.stanford.edu*

Lindsay Kleeman
Monash University
Department of Electrical and Computer Systems Engineering
Department of ECSEng
Monash VIC 3800, Australia
e-mail: *kleeman@eng.monash.edu.au*

Tetsunori Kobayashi
Waseda University
Department of Computer Science
3-4-1 Okubo, Shinjuku-ku
169-8555 Tokyo, Japan
e-mail: *koba@waseda.jp*

Kurt Konolige
SRI International
Artificial Intelligence Center
333 Ravenswood Ave.
Menlo Park, CA 94025, USA
e-mail: *konolige@ai.sri.com*

David Kortenkamp
TRACLabs Inc.
1012 Hercules Drive
Houston, TX 77058, USA
e-mail: *korten@traclabs.com*

Kazuhiro Kosuge
Tohoku University
Department of Bioengineering and Robotics
Graduate School of Engineering
6-6-01 Aoba-yama
980-8579 Sendai, Japan
e-mail: *kosuge@irs.mech.tohoku.ac.jp*

Roman Kuc
Yale University
Department of Electrical Engineering
10 Hillhouse Ave
New Haven, CT 06520-8267, USA
e-mail: *kuc@yale.edu*

James Kuffner
Carnegie Mellon University
The Robotics Institute
5000 Forbes Ave.
Pittsburgh, PA 15213, USA
e-mail: *kuffner@cs.cmu.edu*

Vijay Kumar
University of Pennsylvania
Department of Mechanical Engineering
and Applied Mechanics
220 S. 33rd Street
Philadelphia, PA 19104-6315, USA
e-mail: *kumar@grasp.upenn.edu*

Florent Lamiraux
LAAS-CNRS
7 Avenue du Colonel Roche
31077 Toulouse, France
e-mail: *florent@laas.fr*

Jean-Paul Laumond
LAAS-CNRS
7 Avenue du Colonel Roche
31077 Toulouse, France
e-mail: *jpl@laas.fr*

Steven M. LaValle
University of Illinois
Department of Computer Science
201 N. Goodwin Ave, 3318 Siebel Center
Urbana, IL 61801, USA
e-mail: *lavalle@cs.uiuc.edu*

John J. Leonard
Massachusetts Institute of Technology
Department of Mechanical Engineering
5-214 77 Massachusetts Ave
Cambridge, MA 02139, USA
e-mail: *jleonard@mit.edu*

Kevin Lynch
Northwestern University
Mechanical Engineering Department
2145 Sheridan Road
Evanston, IL 60208, USA
e-mail: *kmlynch@northwestern.edu*

Alan M. Lytle
National Institute of Standards and Technology
Construction Metrology and Automation Group
100 Bureau Drive
Gaithersburg, MD 20899, USA
e-mail: *alan.lytle@nist.gov*

Maja J. Matari'c
University of Southern California
Computer Science Department
3650 McClintock Avenue
Los Angeles, CA 90089, USA
e-mail: *mataric@usc.edu*

Yoshio Matsumoto
Osaka University
Department of Adaptive Machine Systems
Graduate School of Engineering
565-0871 Suita, Osaka, Japan
e-mail: *matsumoto@ams.eng.osaka-u.ac.jp*

J. Michael McCarthy
University of California at Irvine
Department of Mechanical and Aerospace Engineering
Irvine, CA 92697, USA
e-mail: *jmmccart@uci.edu*

Claudio Melchiorri
Università degli Studi di Bologna
Dipartimento di Elettronica Informatica e Sistemistica
Via Risorgimento 2
40136 Bologna, Italy
e-mail: *claudio.melchiorri@unibo.it*

Arianna Menciassi
Scuola Superiore Sant' Anna
CRIM Lab
Piazza Martiri della Libertà 33
56127 Pisa, Italy
e-mail: *arianna@sssup.it*

Jean-Pierre Merlet
INRIA Sophia-Antipolis
2004 Route des Lucioles
06902 Sophia-Antipolis, France
e-mail: *jean-pierre.merlet@sophia.inria.fr*

Giorgio Metta
Italian Institute of Technology
Department of Robotics, Brain and Cognitive Sciences
Via Morego 30
16163 Genova, Italy
e-mail: *pasa@liralab.it*

Jean-Arcady Meyer
Université Pierre et Marie Curie - CNRS
Institut des Systèmes Intelligents et de Robotique
4 Place Jussieu
75252 Paris, France
e-mail: *jean-arcady.meyer@lip6.fr*

François Michaud
Université de Sherbrooke
Department of Electrical Engineering and Computer Engineering
2500 Boulevard Université
Sherbrooke, Québec J1K 2R1, Canada
e-mail: *francois.michaud@usherbrooke.ca*

David P. Miller
University of Oklahoma
School of Aerospace and Mechanical Engineering
865 Asp Ave.
Norman, OK 73019, USA
e-mail: *dpmiller@ou.edu*

Javier Minguez
Universidad de Zaragoza
Departamento de Informática e Ingeniería de Sistemas
Centro Politécnico Superior
Edificio Ada Byron, Maria de Luna 1
Zaragoza 50018, Spain
e-mail: *jminguez@unizar.es*

Pascal Morin
INRIA Sophia-Antipolis
2004 Route des Lucioles
06902 Sophia-Antipolis, France
e-mail: *pascal.morin@inria.fr*

Robin R. Murphy
University of South Florida
Computer Science and Engineering
4202 E. Fowler Ave ENB342
Tampa, FL 33620-5399, USA
e-mail: *murphy@cse.usf.edu*

Daniele Nardi
Università degli Studi di Roma "La Sapienza"
Dipartimento di Informatica e Sistemistica "A. Ruberti"
Via Ariosto 25
00185 Roma, Italy
e-mail: *nardi@dis.uniroma1.it*

Bradley J. Nelson
ETH Zentrum

Institute of Robotics and Intelligent Systems
Tannenstr. 3
8092 Zürich, Switzerland
e-mail: *bnelson@ethz.ch*

Günter Niemeyer
Stanford University
Department of Mechanical Engineering
Design Group, Terman Engineering Center
Stanford, CA 94305-4021, USA
e-mail: *gunter.niemeyer@stanford.edu*

Klas Nilsson
Lund University
Department of Computer Science
Ole Römers väg 3
22100 Lund, Sweden
e-mail: *klas@cs.lu.se*

Stefano Nolfi
Consiglio Nazionale delle Ricerche (CNR)
Instituto di Scienze e Tecnologie della Cognizione
Via S. Martino della Battaglia 44
00185 Roma, Italy
e-mail: *stefano.nolfi@istc.cnr.it*

Illah R. Nourbakhsh
Carnegie Mellon University
The Robotics Institute
5000 Forbes Ave.
Pittsburgh, PA 15213, USA
e-mail: *illah@cs.cmu.edu*

Jonathan B. O'Brien
University of New South Wales
School of Civil and Environmental Engineering
Sydney 2052, Australia
e-mail: *j.obrien@unsw.edu.au*

Allison M. Okamura
The Johns Hopkins University
Department of Mechanical Engineering
3400 N. Charles Street
Baltimore, MD 21218, USA
e-mail: *aokamura@jhu.edu*

Fiorella Operto
Scuola di Robotica
Piazza Monastero 4
16149 Sampierdarena, Genova, Italy
e-mail: *operto@scuoladirobotica.it*

David E. Orin
The Ohio State University
Department of Electrical Engineering
2015 Neil Avenue
Columbus, OH 43210, USA
e-mail: *orin.1@osu.edu*

Giuseppe Oriolo
Università degli Studi di Roma "La Sapienza"
Dipartimento di Informatica e Sistemistica
"A. Ruberti"
Via Ariosto 25
00185 Roma, Italy
e-mail: *oriolo@dis.uniroma1.it*

Michel Parent
INRIA Rocquencourt
78153 Le Chesnay, France
e-mail: *michel.parent@inria.fr*

Frank C. Park
Seoul National University
Mechanical and Aerospace Engineering
Seoul 51-742, Korea
e-mail: *fcp@snu.ac.kr*

Lynne E. Parker
University of Tennessee
Department of Electrical Engineering
and Computer Science
1122 Volunteer Blvd.
Knoxville, TN 37996-3450, USA
e-mail: *parker@eecs.utk.edu*

Michael A. Peshkin
Northwestern University
Department of Mechanical Engineering
2145 Sheridan Road
Evanston, IL 60208, USA

e-mail: *peshkin@northwestern.edu*

J. Norberto Pires
Universidade de Coimbra
Departamento de Engenharia Mecânica
Polo II
Coimbra 3030, Portugal
e-mail: *norberto@robotics.dem.uc.pt*

Erwin Prassler
Fachhochschule Bonn-Rhein-Sieg
Fachbereich Informatik
Grantham-Allee 20
53757 Sankt Augustin, Germany
e-mail: *erwin.prassler@fh-brs.de*

Domenico Prattichizzo
Università degli Studi di Siena
Dipartimento di Ingegneria dell' Informazione
Via Roma 56
53100 Siena, Italy
e-mail: *prattichizzo@ing.unisi.it*

Carsten Preusche
Deutsches Zentrum für Luft- und Raumfahrt (DLR)
Oberpfaffenhofen
Institut für Robotik und Mechatronik
Münchner Str. 20
82234 Wessling, Germany
e-mail: *carsten.preusche@dlr.de*

William R. Provancher
University of Utah
Department of Mechanical Engineering
50 S. Central Campus, 2120 MEB
Salt Lake City, UT 84112-9208, USA
e-mail: *wil@mech.utah.edu*

David J. Reinkensmeyer
University of California at Irvine
Mechanical and Aerospace Engineering
4200 Engineering Gateway
Irvine, CA 92617-3975, USA
e-mail: *dreinken@uci.edu*

Alfred Rizzi
Boston Dynamics
78 Fourth Ave
Waltham, MA 02451, USA
e-mail: *arizzi@bostondynamics.com*

Jonathan Roberts
Commonwealth Scientific
and Industrial Research Organisation (CSIRO)
ICT Centre, Autonomous Systems Laboratory
P. O. Box 883
Kenmore QLD 4069, Australia
e-mail: *jonathan.roberts@csiro.au*

Daniela Rus
Massachusetts Institute of Technology
CSAIL Center for Robotics
32 Vassar Street
Cambridge, MA 01239, USA
e-mail: *rus@csail.mit.edu*

Kamel S. Saidi
National Institute of Standards and Technology
Building and Fire Research Laboratory
100 Bureau Drive
Gaitherbsurg, MD 20899, USA
e-mail: *kamel.saidi@nist.gov*

Claude Samson
INRIA Sophia-Antipolis
2004 Route des Lucioles
06902 Sophia-Antipolis, France
e-mail: *claude.samson@inria.fr*

Stefan Schaal
University of Southern California
Computer Science and Neuroscience
3710 S. McClintock Ave.
Los Angeles, CA 90089-2905, USA
e-mail: *sschaal@usc.edu*

Victor Scheinman
Stanford University
Department of Mechanical Engineering
Stanford, CA 94305, USA

e-mail: *vds@ stanford. edu*

James Schmiedeler
The Ohio State University
Department of Mechanical Engineering
E307 Scott Laboratory, 201 West 19th Ave
Columbus, OH 43210, USA
e-mail: *schmiedeler. 2@ osu. edu*

Bruno Siciliano
Università degli Studi di Napoli Federico II
Dipartimento di Informatica e Sistemistica,
PRISMA Lab
Via Claudio 21
80125 Napoli, Italy
e-mail: *siciliano@ unina. it*

Roland Siegwart
ETH Zentrum
Department of Mechanical and Process Engineering
Tannenstr. 3, CLA E32
8092 Zürich, Switzerland
e-mail: *rsiegwart@ ethz. ch*

Reid Simmons
Carnegie Mellon University
The Robotics Institute
School of Computer Science
5000 Forbes Ave.
Pittsburgh, PA 15241, USA
e-mail: *reids@ cs. cmu. edu*

Dezhen Song
Texas A&M University
Department of Computer Science
H. R. Bright Building
College Station, TX 77843, USA
e-mail: *dzsong@ cs. tamu. edu*

Gaurav S. Sukhatme
University of Southern California
Department of Computer Science
3710 South McClintock Ave
Los Angeles, CA 90089-2905,

Satoshi Tadokoro
Tohoku University
Graduate School of Information Sciences
6-6-01 Aoba-yama
980-8579 Sendai, Japan
e-mail: *tadokoro@ rm. is. tohoku. ac. jp*

Atsuo Takanishi
Waseda University
Department of Modern Mechanical Engineering
3-4-1 Ookubo, Shinjuku-ku
169-8555 Tokyo, Japan
e-mail: *takanisi@ waseda. jp*

Russell H. Taylor
The Johns Hopkins University
Department of Computer Science
Computational Science and Engineering Building
1-127, 3400 North Charles Street
Baltimore, MD 21218, USA
e-mail: *rht@ jhu. edu*

Charles E. Thorpe
Carnegie Mellon University in Qatar
Qatar Office SMC 1070
5032 Forbes Ave.
Pittsburgh, PA 15289, USA
e-mail: *thorpe@ qatar. cmu. edu*

Sebastian Thrun
Stanford University
Department of Computer Science
Artificial Intelligence Laboratory
Stanford, CA 94305-9010, USA
e-mail: *thrun@ stanford. edu*

James P. Trevelyan
The University of Western Australia
School of Mechanical Engineering
35 Stirling Highway, Crawley
Perth Western Australia 6009, Australia
e-mail: *james. trevelyan@ uwa. edu. au*

Jeffrey C. Trinkle
Rensselaer Polytechnic Institute

Department of Computer Science
Troy, NY 12180-3590, USA
e-mail: *trink@cs.rpi.edu*

Masaru Uchiyama
Tohoku University
Department of Aerospace Engineering
6-6-01 Aoba-yama
980-8579 Sendai, Japan
e-mail: *uchiyama@space.mech.tohoku.ac.jp*

H. F. Machiel Van der Loos
University of British Columbia
Department of Mechanical Engineering
6250 Applied Science Lane
Vancouver, BC V6T 1Z4, Canada
e-mail: *vdl@mech.ubc.ca*

Patrick van der Smagt
Deutsches Zentrum für Luft- und Raumfahrt (DLR)
Oberpfaffenhofen
Institut für Robotik und Mechatronik
Münchner Str. 20
82230 Wessling, Germany
e-mail: *smagt@dlr.de*

Gianmarco Veruggio
Consiglio Nazionale delle Ricerche
Istituto di Elettronica e di Ingegneria
dell' Informazione e delle Telecomunicazioni
Via De Marini 6
16149 Genova, Italy
e-mail: *gianmarco@veruggio.it*

Luigi Villani
Università degli Studi di Napoli Federico II
Dipartimento di Informatica e Sistemistica,
PRISMA Lab
Via Claudio 21
80125 Napoli, Italy
e-mail: *luigi.villani@unina.it*

Arto Visala
Helsinki University of Technology (TKK)
Department of Automation and Systems
Technology
Helsinki 02015, Finland
e-mail: *arto.visala@tkk.fi*

Kenneth Waldron
Stanford University
Department of Mechanical Engineering
Terman Engineering Center 521
Stanford, CA 94305-4021, USA
e-mail: *kwaldron@stanford.edu*

Ian D. Walker
Clemson University
Department of Electrical and Computer
Engineering
Clemson, SC 29634, USA
e-mail: *ianw@ces.clemson.edu*

Christian Wallraven
Max-Planck-Institut für biologische Kybernetic
Kognitive Humanpsychophysik
Spemannstr. 38
72076 Tübingen, Germany
e-mail: *christian.wallraven@tuebingen.mpg.de*

Brian Wilcox
California Institute of Technology
Jet Propulsion Laboratory
4800 Oak Grove Drive
Pasadena, CA 91109, USA
e-mail: *brian.h.wilcox@jpl.nasa.gov*

Jing Xiao
University of North Carolina
Department of Computer Science
Charlotte, NC 28223, USA
e-mail: *xiao@uncc.edu*

Dana R. Yoerger
Woods Hole Oceanographic Institution
Department of Applied Ocean Physics
and Engineering
MS7 Blake Bldg.
Woods Hole, MA 02543, USA
e-mail: *dyoerger@whoi.edu*

Kazuhito Yokoi
National Institute of Advanced Industrial Science and Technology (AIST)
Intelligent Systems Research Institute
1-1-1 Umezono
305-8568 Tsukuba, Japan
e-mail: *kazuhito.yokoi@aist.go.jp*

Kazuya Yoshida
Tohoku University
Department of Aerospace Engineering
6-6-01 Aoba-yama
980-8579 Sendai, Japan
e-mail: *yoshida@astro.mech.tohoku.ac.jp*

Alexander Zelinsky
Commonwealth Scientific and Industrial Research Organisation (CSIRO)
ICT Centre
Epping, Sydney NSW 1710, Australia
e-mail: *alex.zelinsky@csiro.au*

缩略语列表

A

AAAI	American Association for Artificial Intelligence	美国人工智能协会
ABA	articulated-body algorithm	关节体算法
ABRT	automated bus rapid transit	自动快速公交
ACAS	airborne collision avoidance systems	空运防撞系统
ACC	adaptive cruise control	自适应巡航控制
ACM	active cord mechanism	主动蛇形机构
ACM	Association of Computing Machinery	（美国）计算机械协会
ADAS	advanced driver assistance systems	先进驾驶员辅助系统
ADL	activities of daily living	日常生活活动
ADSL	asymmetric digital subscriber line	非对称数字用户专线
AGV	automated guided vehicles	自动制导飞行器
AHS	advanced highway systems	先进的公路系统
AI	artificial intelligence	人工智能
AIP	anterior interparietal area	顶内区前侧
AIS	artificial intelligence (AI) system	人工智能系统
AISB	artificial intelligence and simulation behavior	人工智能与仿真行为
AIT	anterior inferotemporal cortex	前颞下皮层
AM	actuators for manipulation	操作驱动器
AMA	artificial moral agents	人工道德智能体
AMD	autonomous mental development	自主心智发育
ANSI	American National Standards Institute	美国国家标准研究所
AP	antipersonnel	杀伤性的
APG	adjustable pattern generator	可调节模式生成器
AR	augmented reality	增强现实
ARAMIS	Space Application of Automation, Robotics and Machine Intelligence	自动化、机器人与机器智能的航天应用
ASCL	adaptive seek control logic	自适应搜索控制逻辑
ASD	autism spectrum disorder	自闭症谱系障碍
ASIC	application-specific integrated circuit	特殊应用集成电路
ASKA	receptionist robot	机器人接待员
ASM	advanced servomanipulator	高级伺服机械手
ASN	active sensor network	主动传感器网络
ASTRO	autonomous space transport robotic operations	自主空间运输机器人操作
ASV	adaptive suspension vehicle	自适应悬浮车辆
AT	antitank	反坦克（的）
ATLSS	advanced technology for large structural systems	大型结构系统先进技术
ATR	Advanced Telecommunications Research Institute International	国际电信基础技术研究所
AuRA	autonomous robot architecture	自主式机器人架构

AUV	autonomous underwater vehicles	自主式水下交通工具
AV	antivehicle	反飞行器
B		
BIOROB	biomimetic robotics	仿生机器人
BLDC	brushless direct current	无刷直流
BLE	broadcast of local eligibility	本地广播资格
BLEEX	Berkeley lower-extremity exoskeleton	伯克利机械下肢外骨骼
BLUE	best linear unbiased estimator	最优线性无偏估计器
BN	Bayes network	贝叶斯网络
BRT	bus rapid transit	快速公交
C		
C/A	coarse-acquisition	粗捕获码
CAM	computer-aided manufacturing	计算机辅助制造
CAD	computer-aided design	计算机辅助设计
CAE	computer-aided engineering	计算机辅助工程
CALM	continuous air interface long and medium range	中远程空中通信
CAN	controller area network	控制器区域网络
CARD	computer-aided remote driving	计算机辅助远程驱动
CASPER	continuous activity scheduling, planning, execution and replanning	持续的活动日程安排，计划，执行和重规划
CAT	computer-aided tomography	计算机辅助 X 光断层成像
CB	cluster bombs	集束炸弹
CCD	charge-coupled devices	电荷耦合器件
CCI	control command interpreter	控制命令解释器
CCP	coverage configuration protocol	覆盖配置协议
CCT	conservative congruence transformation	守恒转换
CCW	counterclockwise	逆时针
CE	computer ethics	计算机伦理学
CEA	Commission de Energie Atomique	原子能委员会
CEBOT	cellular robot	蜂窝机器人
CF	climbing fibers	攀登纤维
CF	contact formation	接触格式
CG	center of gravity	重心
CGA	clinical gait analysis	临床步态分析
CGI	common gateway interface	通用网关接口
CIE	International Commission on Illumination	国际照明委员会
CIRCA	cooperative intelligent real-time control architecture	协同智能实时控制架构
CIS	computer-integrated surgery	计算机集成外科手术
CLARAty	coupled layered architecture for robot autonomy	机器人自治耦合分层架构
CLEaR	closed-loop execution and recovery	闭环执行和恢复
CLIK	closed-loop inverse kinematics	闭环逆运动学
CMAC	cerebellar model articulation controller	小脑模型关节控制器
CML	concurrent mapping and localization	即时地图构建与定位

CNC	computer numerical control	计算机数值控制
CNP	contract net protocol	合同网协议
CNT	carbon nanotubes	碳纳米管
COG	center of gravity	重心
CONE	Collaborative Observatory for Nature Environments	自然环境的协同观察
CONRO	configurable robot	可重构机器人
COR	center of rotation	旋转中心
CORBA	common object request broker architecture	通用对象请求代理体系结构
COV	characteristic output vector	特征输出向量
CP	closest point	最近点
CP	complementarity problem	互补问题
CP	cerebral palsy	大脑性麻痹
CPG	central pattern generators	中枢神经模式发生器
CPSR	computer professional for social responsibility	负有社会责任的计算机专业
CRBA	composite-rigid-body algorithm	复合刚体法
CRLB	Cramer-Rao lower bound	克拉默-拉奥下界
CSIRO	(Australia's) Commonwealth Scientific and Industrial Research Organization	澳大利亚科学与工业研究院
CSMA	carrier sense multiple access	载波侦听多路访问
CT	computed tomography	计算机 X 光断层成像
CTFM	continuous-transmission frequency-modulated	连续传输调频
CTL	cut-to-length	定尺剪切
CU	control unit	控制单元
CVIS	cooperative vehicle infrastructure systems	车路协同系统
CW	clockwise	顺时针

D

DARPA	Defense Advanced Research Projects Agency	国防部高级研究计划局（美国）
DARS	distributed autonomous robotics systems	分布式自主机器人系统
DBNs	dynamic Bayesian networks	动态贝叶斯网络
DD	differentially driven	差速驱动
DDF	decentralized data fusion	离散数据融合
DeVAR	desktop vocational assistant robot	桌面职业辅助机器人
DFRA	distributed field robot architecture	分布式现场机器人架构
DFT	discrete Fourier transform	离散傅里叶变换
DGA	Delegation Generale pour L'Armement	武器装备总代表处（法国）
DH	Denavit-Hartenberg	D-H 法
DIO	digital input-output	数字输入输出
DIRA	distributed robot architecture	分布式机器人架构
DL	description logics	描述逻辑
DLR	Deutsches Zentrum für Luft-und Raumfahrt	德国航天航空中心
DM2	distributed macro-mini actuation	分布式宏-微驱动
DoD	Department of Defense	国防部（美国）
DOF	degree of freedom	自由度
DOG	difference of Gaussian	高斯差分

DOP	dilution of precision	精度衰减因子
DPN	dip-pen nanolithography	沾笔纳米刻蚀
DRIE	deep reactive ion etching	深度反应离子刻蚀
DSM	dynamic state machine	动态状态机
DSO	Defense Sciences Office	国防科学办公室（美国）
DSRC	dedicated short-range communications	专用短程通讯协议
DVL	Doppler velocity log	多普勒计程仪
DWA	dynamic window approach	动态窗口法
E		
EBA	extrastriate body part area	纹状体部分区域
EBID	electron-beam-induced deposition	电子束诱导沉积
ECU	electronics controller unit	电子控制单元
EDM	electrical discharge machining	电火花加工
EDM	electronic distance measuring	电子测距
EEG	electroencephalogram	脑电图
EGNOS	Euro Geostationary Navigation Overlay Service	欧洲地球同步卫星导航增强服务系统
EKF	extended Kalman filter	扩展卡尔曼滤波器
EM	expectation maximization	期望最大化
EMG	electromyography	肌电图
EMS	electrical master-slave manipulators	电气主从机械臂
ENSICA	Ecole Nationale Superieure des Constructions Aeronautiques	国立高等航空制造工程师学院
EO	elementary operators	初等算子
EOD	explosive ordnance disposal	爆炸物处理
EP	exploratory procedures	探索性方法
EPFL	Ecole Polytechnique Fédérale de Lausanne	洛桑联邦理工大学
EPP	extended physiological proprioception	扩展生理本体
ERA	European robotic arm	欧洲机器人臂
ES	electrical stimulation	电刺激
ESA	European Space Agency	欧洲航天局
ESL	execution support language	执行支持语言
ETS	engineering test satellite	工程试验卫星
EVA	extravehicular activity	舱外活动
F		
FARS	Fagg-Arbib-Rizzolatti-Sakata	法格-阿尔比布-里佐拉蒂-坂田
FE	finite element	有限元
FESEM	field-emission SEM	场发射扫描电镜
FIFO	first-in first-out	先入先出
fMRI	functional magnetic resonance imaging	功能性磁共振成像
FMS	flexible manufacturing systems	柔性制造系统
FNS	functional neural stimulation	功能性神经刺激
FOPL	first-order predicate logic	一阶谓词逻辑
FPGAs	field programmable gate array	现场可编程门阵列

FRI	foot rotating indicator	脚旋转指示器
FSA	finite-state acceptors	有限状态接收器
FSM	finite-state machine	有限状态机
FSR	force sensing resistor	力敏电阻
FST	finite-state transducer	有限状态传感器
FSW	feasible solution of wrench	扳手可行解
FTTH	fiber to the home	光纤到户
G		
GAS	global asymptotic stability	全局渐进稳定性
GBAS	ground-based augmentation systems	地基增强系统
GCR	goal-contact relaxation	目标接触放松
GDP	gross domestic product	国内生产总值
GenoM	generator of modules	发生器模块
GEO	geostationary Earth orbit	同步地球轨道
GI	gastrointestinal	胃肠道
GICHD	Geneva International Center for Humanitarian Demining	日内瓦人道主义排雷国际中心
GJM	generalized Jacobian matrix	广义雅克比矩阵
GLS	Global Navigation Satellite System Landing System	全球导航卫星系统着陆系统
GMM	Gaussian mixture model	高斯混合模型
GMR	Gaussian mixture regression	高斯混合回归
GNS	global navigation systems	全球导航系统
GNSS	global navigation satellite system	全球导航卫星系统
GP	Gaussian processes	高斯过程
GPR	ground-penetrating radar	探地雷达（地质雷达）
GPRS	general packet radio service	通用分组无线电业务
GPS	global positioning system	全球定位系统
GRACE	graduate robot attending conference	出席会议的研究生机器人
GSD	geon structural description	几何离子结构描述模型
GSI	Gadd's severity index	盖德氏严重程度指数
GUI	graphical user interface	图形用户界面
GZMP	generalized ZMP	广义零力矩点
H		
HAL	hybrid assisted limb	混合辅助义肢
HAMMER	hierarchical attentive multiple models for execution and recognition	执行与识别的分层感应多种模型
HCI	human computer interaction	人-计算机交互
HD	haptic device	力反馈器
HDSL	high data rate digital subscriber line	高数据传输率数字用户线
HEPA	semi-high efficiency-particulate air-filter	亚高效率过滤器
HF	hard-finger	硬手指
HIC	head injury criterion	头部伤害度评定基准
HIP	haptic interaction point	触觉交互点

HJB	Hamilton-Jacobi-Bellman	哈密顿—雅克比—贝尔曼
HJI	Hamilton-Jacobi-Isaac	哈密顿—雅克比—艾萨克
HMD	head-mounted display	头戴式显示器
HMM	hidden Markov model	隐马尔可夫模型
HMX	high melting point explosives	高熔点炸药
HO	human operator	人工操作者
HRI	human-robot interaction	人-机器人交互
HRTEM	high-resolution transmission electron microscopes	高分辨率透射电子显微镜
HST	Hubble space telescope	哈勃望远镜
HSTAMIDS	handheld standoff mine detection system	便携式地雷探测器
HTML	hypertext markup language	超文本标记语言
HTN	hierarchical task network	分层任务网络
I		
I/O	input/output	输入/输出
I3CON	industrialized, integrated, intelligent construction	工业化、集成化、智能化建设
IA	instantaneous allocation	瞬时配置
IAD	intelligent assist device	智能辅助装置
ICA	independent component analysis	独立成分分析
ICBL	International Campaign to Ban Landmines	国际反地雷组织
ICE	internet communications engine	因特网通信引擎
ICP	iterative closest-point algorithm	迭代临近点算法
ICR	instantaneous center of rotation	转动瞬心
ICRA	International Conference on Robotics and Automation	机器人与自动化国际会议
ICT	information and communication technology	信息与通信技术
IDL	interface definition language	接口定义语言
IE	information ethics	信息伦理
IED	improvised explosive device	临时爆炸装置
IEEE	Institute of Electrical and Electronics Engineers	电气与电子工程师协会
IETF	Internet engineering task force	因特网工程任务组
IFRR	International Foundation of Robotics Research	机器人研究国际基金会
iGPS	indoor GPS	室内全球定位系统
IHIP	intermediate haptic interaction points	中间触觉交互点
IK	inverse kinematics	逆运动学
ILP	inductive logic programming	归纳逻辑编程
ILS	instrument landing system	仪表着陆系统
IMTS	intelligent multimode transit system	智能多模式交通系统
IMU	inertial measurement units	惯性测量组件
IOSS	input-output-to-state stability	输入-输出-状态稳定性
IP	internet protocol	互联网协议
IPC	interprocess communication	进程间通信
ISO	International Organization for Standardization	国际标准化组织
ISP	internet service provider	物联网服务提供商
ISS	input-to-state stability	输入-状态稳定性
IST	Information Society Technologies	信息社会技术

IST	Instituto Superior Técnico	里斯本高等技术大学（葡萄牙）
IT	intrinsic tactile	内在触觉
IT	inferotemporal	颞下的
ITD	interaural time difference	双耳时间差
IxTeT	indexed time table	索引时间表
J		
JAUS	joint architecture for unmanned systems	无人系统联合构架
JAXA	Japan space exploration agency	日本太空探索局
JDL	joint directors of the laboratories	实验室理事联合会
JEMRMS	Japanese experiment module remote manipulator system	日本实验舱遥控系统
JHU	Johns Hopkins University	约翰斯·霍普金斯大学（美国）
JND	just noticeable difference	恰可察觉差
JPL	Jet Propulsion Laboratory	喷气推进实验室
JSIM	joint-space inertia matrix	关节空间惯性矩阵
JSP	Java Server Pages	Java 动态网页技术
K		
KR	Knowledge representation	知识表达
L		
LAAS	Laboratoire d'Analyse et d'Architecture des Systèmes	结构与系统分析实验室（法国）
LADAR	laser radar or laser detection and ranging	激光雷达或激光探测和测距
LAN	local-area network	局域网
LARC	Lie algebra rank condition	李代数秩条件
LBL	long-baseline system	长基线系统
LCSP	linear constraint satisfaction program	线性约束满意方案
LGN	lateral geniculate nucleus	外侧膝状体核
LIDAR	light detection and ranging	光探测和测距
LOS	line of sight	视线
LP	linear program	线性规划
LQG	linear quadratic Gaussian	线性二次高斯
LSS	logical sensor system	逻辑传感器系统
LVDT	linear variable differential transformer	线性可变差动变压器
LWR	locally weighted regression	局部加权回归
M		
MACA	Afghanistan Mine Action Center	阿富汗排雷行动中心
MANET	mobile ad hoc network	移动自组网络
MAP	maximum a posteriori probability	最大后验概率
MBARI	Monterey Bay Aquarium Research Institute	蒙特雷湾水族馆研究所
MBE	molecular-beam epitaxy	分子束外延
MBS	mobile base system	移动基站系统
MC	Monte Carlo	蒙特卡罗

MCS	mission control system	任务控制系统
MDP	Markovian decision process	马尔可夫决策过程
MST	microsystem technology	微型系统技术
MEMS	microelectromechanical systems	微机电系统
MER	Mars exploration rovers	火星探测漫游者
MESUR	Mars environmental survey	火星环境调查
MF	Mossy fibers	苔状纤维
MIA	mechanical impedance adjuster	机械阻抗调节
MIG	metal inert gas	金属惰性气体
MIMO	multi-input multi-output	多输入多输出
MIR	mode identification and recovery	模式识别与恢复
MIS	minimally invasive surgery	微创手术
MITI	Ministry of International Trade and Industry	国际贸易与工业部
ML	maximum likelihood	最大似然
ML	machine learning	机器学习
MLE	maximum-likelihood estimation	最大似然估计
MLS	multilevel surface map	多层次的表面图
MNS	mirror neuron system	镜像神经元系统
MOCVD	metallo-organic chemical vapor deposition	金属有机物化学气相沉积
MOMR	multiple operator multiple robot	多操作者多机器人
MOSR	multiple operator single robot	多操作者单机器人
MPC	model predictive control	模型预测控制
MPFIM	multiple paired forward-inverse models	多成对正反模型
MPM	manipulator positioning mechanism	机械手的定位机构
MR	multirobot tasks	多机器人任务
MR	multiple reflection	多次反射
MR	magnetorheological	磁流变
MRAC	model reference adaptive control	模型参考自适应控制
MRI	magnetic resonance imaging	磁共振成像
MRL	manipulator retention latch	机械手固定闩锁
MRSR	Mars rover sample return	火星采样返回探测器
MRTA	multirobot task allocation	多机器人任务分配
MSAS	Multifunctional Satellite Augmentation System	多功能卫星增强系统
MSER	maximally stable extremal regions	最大限度地稳定极值区域
MSM	master-slave manipulator	主从式机械手
MT	multitask	多任务
MT	medial temporal	内侧颞
MTBF	mean time between failure	平均无故障（稳定）时间
MTRAN	modular transformer	组合式变压器

N

NAP	nonaccidental properties	非偶然的性质
NASA	National Aeronautics and Space Agency	国家航空与航天局（美国）
NASDA	National Space Development Agency of Japan	日本国家宇宙开发厅
NASREM	NASA/NBS standard reference model	美国航天局/国家统计局的标准参考模型

NBS	National Bureau of Standards	国家标准局（美国）
NCEA	National Center for Engineering in Agriculture	国家农业工程中心（美国）
NCER	National Conference on Educational Robotics	教育机器人全国会议（美国）
ND	nearness diagram navigation	近距离导航图
NDDS	network data distribution service	网络数据分布服务
NEMO	network mobility	网络移动
NEMS	nanoelectromechanical systems	纳机电系统
NICT	National Institute of Information and Communications Technology	信息与通信技术国家研究院（美国）
NIDRR	National Institute on Disability and Rehabilitation Research	残障康复国家研究院（美国）
NIMS	networked infomechanical systems	网络化信息机械系统
NIOSH	National Institute for Occupational Health and Safety	职业健康与安全国家研究院（美国）
NMEA	National Marine Electronics Association	国家海洋电子协会（美国）
NN	neural networks	神经网络
NPS	Naval Postgraduate School	海军研究生院（美国）
NRM	nanorobotic manipulators	纳米机器人操作臂
NURBS	non-uniform rational B-spline	非均匀有理 B 样条

O

OASIS	onboard autonomous science investigation system	片上自主科学调查系统
OBSS	orbiter boom sensor system	轨道臂传感器系统
OCU	operator control units	操作员控制单元
ODE	ordinary differential equation	常微分方程
OH&S	occupation health and safety	职业健康与安全
OLP	offline programming	离线编程
OM	optical microscope	光学显微镜
ORB	object request brokers	对象请求代理
ORCCAD	open robot controller computer aided design	开放式机器人控制器的计算机辅助设计
ORM	obstacle restriction method	障碍限制方法
ORU	orbital replacement unit	轨道更换单元
OSIM	operational-space inertia matrix	操作空间惯性矩阵

P

P&O	prosthetics and orthotics	假肢和矫形器
PAPA	privacy, accuracy, intellectual property, and access	隐私性、准确性、知识产权和可获得性
PAS	pseudo-amplitude scan	伪幅度扫描
PB	parametric bias	参数偏差
PbD	programming by demonstration	演示编程
PC	principal contact	主要接点
PC	Purkinje cells	浦肯野细胞
PCA	principle components analysis	主成分分析
PD	proportional-derivative	比例-微分
PDDL	planning domain description language	规划域描述语言
PEAS	probing environment and adaptive sleeping protocol	探测环境和适应性休眠协议

PET	positron emission tomography	正电子发射 X 光断层扫描
PF	parallel fibers	平行纤维
PFC	prefrontal cortex	前额叶皮层
PFM	potential field method	势场法
pHRI	physical human-robot interaction	人-机器人交互
PI	policy iteration	策略迭代法
PIC	programmable interrupt controller	可编程中断控制器
PIC	programmable intelligent computer	可编程智能计算机
PID	proportional-integral-derivative	比例-积分-微分
PIT	posterior inferotemporal cortex	后部颞下皮层
PKM	parallel kinematic machine	并联机床
PLC	programmable logic controller	可编程逻辑控制器
PLD	programmable logic device	可编程逻辑器件
PLEXIL	plan execution interchange language	计划执行交换语言
PMD	photonic mixer device	光子混音设备
PMMA	polymethyl methacrylate	聚甲基丙烯酸甲酯
PNT	Petri net transducers	Petri 网传感器
POMDP	partially observable MDP	部分可视化模型驱动程序设计
PPRK	palm pilot robot kit	掌上机器人套件
PPS	precise positioning system	精确定位系统
PR	photoresist	光刻胶
PRISMA	Projects of Robotics for Industry and Services, Mechatronics and Automation	工业和服务业机器人、机电与自动化项目
PRM	probabilistic roadmap method	概率图法
PRN	pseudorandom noise	伪随机噪声
PRS	procedural reasoning system	程序推理系统
PS	power source	电源
PTP	point-to-point	点到点
PTU	pan-tilt unit	平移-倾斜单元
PVDF	polyvinyledene fluoride	聚偏二氟乙烯
PwoF	point-contact-without-friction	无摩擦的点接触
PZT	lead zirconate titanate	锆钛酸铅

Q

QD	quantum dot	量子点
QRIO	quest for curiosity	追求好奇
QT	quasistatic telerobotics	准静态遥操作机器人

R

R. U. R.	Rossum's Universal Robots	罗萨姆的万能机器人
RAIM	receiver autonomous integrity monitoring	接收机自主完好性监测
RALPH	rapidly adapting lane position handler	迅速适应行车位置处理
RAM	random-access (volatile) memory	随机存取（挥发性）存储器
RANSAC	random sample consensus	随机抽样一致性
RAP	reactive action packages	反应行动包

RAS	Robotics and Automation Society	机器人与自动化学会（美国）
RBF	radial basis function	径向基函数
RC	radio-controlled	无线电遥控
RCC	remote center of compliance	远程柔顺中心
RCM	remote center of motion	远程运动中心
RCS	real-time control system	实时控制系统
RERC	Rehabilitation Engineering Research Center on Rehabilitation Robotics	康复工程研究中心康复机器人组
RF	radiofrequency	射频
RFID	radiofrequency identification	射频识别
RFWR	receptive field weighted regression	感受域加权回归
RG	rate gyros	速率陀螺仪
RGB	red, green, blue	红、绿、蓝
RIG	rate-integrating gyros	速率整合陀螺仪
RL	reinforcement learning	强化性学习
RLG	random loop generator	随机闭环发电机
RMMS	reconfigurable modular manipulator system	可重构模块化机械臂系统
RNEA	recursive Newton-Euler algorithm	递归牛顿欧拉算法
RNNPB	recurrent neural network with parametric bias	递归神经网络的参数偏差
RNS	reaction null space	反应零空间
ROC	receiver operating curve	接受者操作曲线
ROKVISS	robotic components verification on the ISS	机器人在国际空间站元件核查
ROM	read-only memory	只读存储器
ROTEX	robot technology experiment	机器人技术实验
ROV	remotely operated vehicle	遥控车
RPC	remote procedure call	远程过程调用
RPI	Rensselaer Polytechnic Institute	伦斯勒理工学院（美国）
RPV	remotely piloted vehicle	无人驾驶车/遥控飞行器
RRT	rapid random tree	快速随机树
RSS	realistic robot simulation	真实机器人仿真
RT	reaction time	反应时间
RT	room-temperature	室温
RTCA	Radio Technical Commission for Aeronautics	航空无线电技术委员会（美国）
RTD	resistance temperature device	电阻温度装置
RTI	real-time innovations	即时创新
RTK	real-time kinematics	即时运动学
RTS	real-time system	即时系统
RWI	real-world interface	真实世界接口
RWS	robotic work station	机器人工作站

S

SA	selective availability	选择可用性
SAIC	Science Applications International, Inc.	国际科学应用公司（美国）
SAIL	Stanford Artificial Intelligence Laboratory	斯坦福大学人工智能实验室（美国）
SAN	semiautonomous navigation	半自动导航

SBAS	satellite-based augmentation systems	星基增强系统
SBL	short-baseline system	短基线系统
SCARA	selective compliance assembly robot arm	选择性柔顺装配机器人臂（平面关节型机器人）
SCI	spinal cord injury	脊髓损伤
SDK	standard development kit	标准开发工具包
SDR	software for distributed robotics	分布式机器人软件
SDV	spatial dynamic voting	空间动态投票
SEA	series elastic actuator	弹性驱动器系列
SEE	standard end-effector	标准最终效应
SELF	sensorized environment for life	传感器配置生活环境
SEM	scanning electron microscopes	扫描电子显微镜
SET	single-electron transistors	单电子晶体管
SF	soft-finger	软手指
SfM	structure from motion	来自运动的结构
SFX	sensor fusion effects	传感器融合效果
SGAS	semiglobal asymptotic stability	半球渐进稳定性
SHOP	simple hierarchical ordered planner	简单多层次有序计划器
SIFT	scale-invariant feature transformation	尺度不变特征变换
SIGMOD	Special Interest Group on Management of Data	数据管理特别兴趣小组
SIPE	system for interactive planning and execution monitoring	互动规划和执行监督的系统
SIR	sampling importance resampling	抽样重要性重采样
SISO	single-input single-output	单输入单输出
SKM	serial kinematic machines	串联机床
SLAM	simultaneous localization and mapping	即时定位与地图构建
SLICE	specification language for ICE	ICE 的规格语言
SLRV	surveyor lunar rover vehicle	月球车
SMA	shape-memory alloy	形状记忆合金
SMC	sequential Monte Carlo	序列蒙特卡罗
SNOM	scanning near-field OM	扫描近场光学显微镜
SOI	silicon-on-insulator	硅绝缘体
SOMR	single operator multiple robot	单操作者多机器人
SOSR	single operator single robot	单操作这单机器人
SPA	sense-plan-act	传感-规划-执行
SPDM	special-purpose dexterous manipulator	专用灵巧机械手
SPS	standard position system	标准定位系统
SR	single-robot	单个机器人
SRMS	shuttle remote manipulator system	航天飞机遥控机械手系统
SSRMS	Space shuttle remote manipulator System	航天飞机遥控系统
ST	single-task	单任务
STM	scanning tunneling microscopes	扫描隧道显微镜
STS	superior temporal sulcus	颞上沟
SVD	singular value decomposition	奇异值分解
SWNT	single-walled carbon nanotubes	单壁碳纳米管

T		
TA	time-extended assignment	时间延长任务
TAP	test action pairs	测试行动对
TC	technical committee	技术委员会
TCP	transmission control protocol	传输控制协议
TDL	task description language	任务描述语言
TDT	tension differential type	张力差动型
TEM	transmission electron microscopes	透射电子显微镜
TMS	transcranial magnetic stimulation	跨颅电磁波刺激
TOF	time of flight	飞行时间
TPBVP	two-point boundary value problem	两点边界值问题
TSEE	teleoperated small emplacement excavator	遥操作轮式小型掘进机
TSP	telesensor programming	遥传感编程
TTI	thoracic trauma index	胸部创伤指数
TTS	text-to-speech	文本转语音
U		
UAS	unmanned aerial systems	无人驾驶飞行系统
UAV	unmanned aerial vehicles	无人驾驶飞行器
UDP	user data protocol	用户数据协议
UGV	unmanned ground vehicle	无人驾驶地面交通工具
UML	unified modeling language	统一建模语言
URL	uniform resource locator	统一资源定位器
US	ultrasound	超声
USBL	ultrashort-baseline system	超短基线系统
USV	unmanned surface vehicle	无人驾驶地面车辆
UUV	unmanned underwater vehicles	无人驾驶水下航行器
UVMS	underwater vehicle manipulator system	水下机器人机械臂系统
UWB	ultra-wideband	超宽带
UXO	unexploded ordnance	未爆炸武器
V		
VANET	vehicular ad-hoc network	车载自组网络
VC	viscous injury response	黏性损伤反应
VCR	videocassette recorder	录像机
vdW	van der Waals	范德华
VFH	vector field histogram	向量场直方图
VI	value iteration	值迭代
VIA	variable-impedance actuation	可变阻抗驱动
VLSI	very-large-scale integrated	超大规模集成
VM	virtual manipulator	虚拟机械手
VO	velocity obstacles	速度障碍
VOR	vestibular-ocular reflex	前庭眼反射
VOR	VHF omnidirectional range	特高频全向范围
VR	virtual reality	虚拟现实

VRML	virtual reality modeling language	虚拟现实建模语言
VVV	versatile volumetric vision	通用容积视觉
W		
WABIAN	Waseda bipedal humanoid	早稻田双足仿人
WAM	whole-arm manipulator	全臂机械手
WAN	wide-area network	广域网
WG	world graph	世界图
WMR	wheeled mobile robot	轮式移动机器人
WMSD	work-related musculoskeletal disorders	与工作有关的肌肉骨骼疾病
WTA	winner-take-all	赢家通吃
WWW	world wide web	万维网
X		
XHTML	extensible hyper text markup Language	可扩展超文本标记语言
XML	extensible markup language	可扩展标记语言
Z		
ZMP	zero-moment point	零力矩点
ZP	zona pellucid	透明带

目　　录

译丛序
作者序一
作者序二
作者序三
作者序四
前言
编辑简介
各篇编者简介
作者列表
缩略语列表

引言 …… 1

第3篇　传感与感知

第19章　力和触觉传感器 …… 8

19.1　传感器类型 …… 9
19.2　触觉信息处理 …… 15
19.3　集成的需求 …… 20
19.4　总结和展望 …… 20
参考文献 …… 21

第20章　惯性传感器、全球定位系统和里程仪 …… 26

20.1　里程仪 …… 26
20.2　陀螺仪系统 …… 27
20.3　加速度仪 …… 31
20.4　惯性传感器套装 …… 31
20.5　全球定位系统 …… 32
20.6　全球定位系统和惯导的集成 …… 36
20.7　扩展阅读 …… 36
20.8　市场上的现有硬件 …… 36
参考文献 …… 37

第21章　声呐感测 …… 38

21.1　声呐原理 …… 38
21.2　声呐波束图 …… 40
21.3　声速 …… 42
21.4　波形 …… 42

21.5 换能器技术 …… 43
21.6 反射物体模型 …… 44
21.7 伪影 …… 45
21.8 TOF 测距 …… 45
21.9 回声波形编码 …… 48
21.10 回声波形处理 …… 50
21.11 CTFM 声呐 …… 51
21.12 多脉冲声呐 …… 53
21.13 声呐环 …… 54
21.14 运动影响 …… 55
21.15 仿生声呐 …… 57
21.16 总结 …… 58
参考文献 …… 58

第 22 章 距离传感器 …… 61

22.1 距离传感的基础知识 …… 61
22.2 距离配准 …… 69
22.3 导航与地形分类 …… 75
22.4 结论与扩展阅读 …… 77
参考文献 …… 78

第 23 章 三维视觉及识别 …… 81

23.1 三维视觉和基于视觉的实时定位与地图重建 …… 82
23.2 识别 …… 87
23.3 结论及扩展阅读 …… 93
参考文献 …… 93

第 24 章 视觉伺服与视觉跟踪 …… 97

24.1 视觉伺服的基本要素 …… 97
24.2 基于图像的视觉伺服 …… 98
24.3 基于位置的视觉伺服 …… 105
24.4 先进方法 …… 106
24.5 性能优化与规划 …… 108
24.6 3-D 参数估计 …… 110
24.7 目标跟踪 …… 110
24.8 关节空间控制的 Eye-in-Hand 和 Eye-to-Hand 系统 …… 111
24.9 结论 …… 112
参考文献 …… 112

第 25 章 多传感器数据融合 …… 115

25.1 多传感器数据融合方法 …… 115
25.2 多传感器融合架构 …… 126
25.3 应用 …… 130
25.4 结论 …… 133

参考文献……134

第4篇　操作与接口

第26章　面向操作任务的运动……139

26.1　概述……139
26.2　任务级控制……141
26.3　操作规划……144
26.4　装配运动……149
26.5　集成反馈控制和规划……153
26.6　结论与扩展阅读……156
参考文献……157

第27章　接触环境的建模与作业……163

27.1　概述……163
27.2　刚体接触运动学……164
27.3　力和摩擦力……167
27.4　考虑摩擦时的刚体力学……169
27.5　推操作……172
27.6　接触面及其建模……173
27.7　摩擦限定面……174
27.8　抓取和夹持器设计中的接触问题……177
27.9　结论与扩展阅读……178
参考文献……179

第28章　抓取……182

28.1　背景……182
28.2　模型与定义……182
28.3　可控制的转动和扭转……187
28.4　约束分析……190
28.5　范例……195
28.6　结论与扩展阅读……203
参考文献……204

第29章　合作机械手……207

29.1　发展历史概述……207
29.2　运动学和静力学……208
29.3　协同工作空间……211
29.4　动力学及负载分配……212
29.5　工作空间分析……214
29.6　控制……214
29.7　结论与扩展阅读……217
参考文献……217

第 30 章 触觉学 …… 220
30.1 概述 …… 220
30.2 触觉装置设计 …… 224
30.3 触觉再现 …… 226
30.4 触觉界面的控制和稳定 …… 228
30.5 触觉显示 …… 229
30.6 结论与展望 …… 232
参考文献 …… 233
第 31 章 遥操作机器人 …… 237
31.1 综述 …… 237
31.2 遥操作机器人系统及其应用 …… 238
31.3 控制结构 …… 241
31.4 双向控制和力反馈控制 …… 245
31.5 结论 …… 248
参考文献 …… 248
第 32 章 网络遥操作机器人 …… 251
32.1 综述与背景 …… 251
32.2 简要回顾 …… 252
32.3 通信与网络 …… 253
32.4 结论与展望 …… 259
参考文献 …… 260
第 33 章 人体机能增强型外骨骼 …… 262
33.1 外骨骼系统简述 …… 262
33.2 上肢外骨骼 …… 264
33.3 智能辅助装置 …… 265
33.4 用于上肢外骨骼增强的控制结构 …… 266
33.5 智能辅助装置的应用 …… 267
33.6 下肢外骨骼 …… 268
33.7 外骨骼的控制策略 …… 269
33.8 下肢外骨骼设计中的要点 …… 272
33.9 现场就绪的外骨骼系统 …… 276
33.10 结论与扩展阅读 …… 277
参考文献 …… 277

第 5 篇 移动式和分布式机器人技术

第 34 章 轮式机器人运动控制 …… 283
34.1 背景 …… 283

34.2　控制模型……285
34.3　面向完整性系统的控制方法的适应性……287
34.4　非完整系统的特定方法……289
34.5　补充材料和参考文献指南……303
参考文献……304

第35章　运动规划和避障……307

35.1　非完整移动机器人：运动规划满足控制理论……308
35.2　运动学约束与可控性……308
35.3　运动规划和小规模控制……309
35.4　局部转向函数与小规模的控制性……310
35.5　机器人和拖车……313
35.6　近似方法……314
35.7　从路径规划到避障……315
35.8　避障定义……315
35.9　避障技术……316
35.10　避障中机器人的外形特征、运动学和动力学……321
35.11　整合规划—反应……322
35.12　结论、未来发展方向与扩展阅读……324
参考文献……325

第36章　环境建模……327

36.1　历史性回顾……327
36.2　室内和结构化环境的建模……328
36.3　自然环境和地形建模……332
36.4　动态环境……338
36.5　结论与扩展阅读……339
参考文献……339

第37章　同时定位与建图……342

37.1　概述……342
37.2　SLAM：问题定义……343
37.3　三种主要的SLAM方法……345
37.4　结论和未来的挑战……353
37.5　扩展阅读建议……354
参考文献……354

第38章　基于行为的系统……358

38.1　机器人控制方法……358
38.2　基于行为的系统的基本原理……360
38.3　基础行为……362
38.4　基于行为系统中的表示法……362
38.5　基于行为系统中的学习……363
38.6　后续工作……366

38.7 结论与扩展阅读 …… 369
参考文献 …… 369

第 39 章 分布式和单元式机器人 …… 373

39.1 运动模块化 …… 373
39.2 机器人操纵的模块化 …… 376
39.3 几何重组型机器人系统的模块化 …… 377
39.4 鲁棒性模块化 …… 378
39.5 结论与扩展阅读 …… 379
参考文献 …… 379

第 40 章 多机器人系统 …… 381

40.1 背景 …… 381
40.2 多机器人系统的体系结构 …… 382
40.3 通信 …… 384
40.4 群体机器人 …… 385
40.5 不均匀系统 …… 386
40.6 任务分配 …… 388
40.7 学习 …… 389
40.8 应用 …… 390
40.9 结论与扩展阅读 …… 392
参考文献 …… 392

第 41 章 网络机器人 …… 398

41.1 概述 …… 398
41.2 技术发展水平和潜力 …… 400
41.3 研究面临的挑战 …… 402
41.4 控制 …… 403
41.5 控制通信 …… 403
41.6 感知通信 …… 404
41.7 感知控制 …… 405
41.8 通信控制 …… 406
41.9 结论与扩展阅读 …… 407
参考文献 …… 407

引　　言

Bruno Siciliano，Oussama Khatib

机器人！火星、海洋、医院、家庭、工厂、学校，机器人无处不在。机器人能够救火，能够制造产品，能够节约时间、挽救生命……现如今，从制造业，到医疗保健、交通运输以及对外层空间和深海的探索，机器人正在对现代生活的许多方面产生着相当大的影响。未来，机器人将会和现在的个人电脑一样普及和私人化。从一开始，人们就梦想着能创造出既有能力又有智慧的机器。现在这个梦想在我们的世界里已经部分成为现实。

从早期文明开始，人类最大的雄心之一就是要创造出他们想象中的物品。将人类从粘土中塑造出来的巨神普罗米修斯或是赫淮斯托斯锻造的青铜奴役巨人泰勒斯（公元前3500年）的传奇，证明了希腊神话的这种追求。埃及人的甲骨文中的神谕（公元前2500年）也许正是现代思维机器的先驱。巴比伦人制造的漏水计时器（公元前1400）是最早的自动机械装置之一。在以后的几个世纪里，人类的创造力造就出许多装置，例如，有自动装置的英雄亚历山大剧院（100年）、加扎里（1200年）的水力灌溉和类人机器，以及莱昂纳多·达芬奇的难以计数的极具创造性的设计（1500年）。在18世纪，自动控制技术继续在欧洲和亚洲蓬勃发展，其中就有诸如Jacquer-Droz的机器人家庭（画家、音乐家和作家）和kara-kuri-ningyo机械木偶（倒茶和射箭）这样的发明。

机器人的概念得以清晰地建立源于许多极具创造力的历史产物。但是，真正的机器人还是要等到20世纪其基础技术发展后才能出现。1920年，英文单词“机器人”（robot）脱胎于斯拉夫语中意思是奴隶的单词“robota”，它第一次被捷克剧作家Karel Capek用在其剧目“罗萨姆的万能机器人”（Rossum's Universal Robots）中。1940年，人类与机器人之间往来的道德准则就被认为是约束在众所周知的机器人三原则之内，这个机器人三原则是美籍俄裔科幻小说家艾萨克·阿西莫夫（Isaac Asimov）在他的小说《Runaround》中提到的。

在20世纪中期，人们进行了对人类智能与机器关联的第一次探索，这标志着在人工智能领域一个多产时代的来临。在这一时期，第一台机器人变为现实，这得益于在机械控制、计算机和电子等领域的科技进步。同往常一样，新的设计会推动新的研究和发现。与此同时，这些新的研究和发现又促使解决问题方案的增加，并由此产生新的概念。这样一个有效的循环逐渐交替演变就催生了机器人领域的知识与认知——更准确地应该称为机器人科学与技术。

早期的机器人出现在20世纪60年代，它的产生主要受到两方面技术的影响：数控机器在精密制造业的应用和对远程放射性材料的遥控操作。这些主从式机械臂设计出来用于重复人手臂所做的“点到点”的机械运动，同时它们具有基本的控制，并对环境几乎没有感知。之后，在20世纪中后期，集成电路、数字计算机和微型元器件的发展使计算机控制机器人的设计和编程成为可能。20世纪70年代，这些机器人，也称为工业机器人，成为了柔性制造系统自动控制的必要组成。它们不只在汽车工业上得到了广泛应用，还被成功应用到其他工业生产中，例如金属制造业、化工业、电子业和食品工业中。最近，机器人还在工厂之外找到了新的用武之地，例如它们在清洁、搜救、水下、太空以及医疗应用等方面均具有广泛的应用。

20世纪80年代，机器人学被定义为研究感知与行动之间智能连接的一门科学。根据这一定义，机器人通过安装移动装置（轮子、履带牵引装置、腿、螺旋桨）来实现在空间中的移动，通过操作装置（悬臂、末端执行器、假肢）来对物体进行加工，其中，一些合适的装置赋予了机器人具有人的灵性。通过分析由传感器得来的机器人的状态参数（位置、速度）以及与周边环境相关的参量（力和触觉、距离和视野），机器人就具有了感觉；而其智能连接是通过一个经过了编程、规划和控制的控制架构来实现的，这种结构依赖于机器人的感觉和动作模式、周围环境，以及自身学习能力和技能习得过程。

在20世纪90年代，人类诉诸机器人的各种需求推动了机器人研究的发展。这些需求包括在危险的时候解决人类的安全问题（野外机器人），或提高人类的操作能力并且降低人类疲劳程度（人类机能增强），或实现一些人在充满潜力的市场里开发产品从而改善生活质量的愿望（服务机器人）。这些应用场景的一个共同之处就是它们必须运作在一个几乎非结构化的环境中，最终达到增加能力和获得更高程度自主权的要求。

在新千年来临之际，机器人技术在范围和维度上经历了重大变革。这种扩张使机器人领域变得成熟，也使其相关技术获得了进步。机器人技术已经从具有主导优势的工业热点开始迅速扩展到成为人类世界的挑战（以人为本和类生命机器人）。人们期望新一代的机器人可以与人安全地、可靠地在家庭、工作场所共处，在社区提供服务，在娱乐业、教育行业、医疗保健行业、制造业等方面提供支持和援助。

除去实体机器人的冲击外，智能机器人的发展揭示了在不同研究领域和学科内可以开发出更为广泛的应用，例如：运动生物力学、触觉学、神经学、模拟仿真学、动画制作、外科手术和传感网络学科等。作为回报，新兴领域的挑战证明了机器人领域具有如此多样化的增产措施和启示。最引人注目的进展往往就诞生于学科的交叉处。

现在，伴随着越来越多的机器人核心连接的研究，以机器人用户和研发者为主的群体正在形成。机器人社会的战略目标就是与这些群体达成拓展与科研合作。而为了达到这个目标，在未来所要进行的发展与可以预期的成果将很大程度上依赖于科研团体的能力。

在过去几十年中，研究结果的推广、文献期刊中记录的发现，以及学术会议上的讨论对机器人的发展起了很重要的作用。有关机器人的科技活动已经引领了专业群体的成立，并且使研究网络开始转向这个领域。世界各地研究机构在机器人学方面的研究生计划的介绍，清晰地展示了在机器人学这一科学领域中科研已经能够达到的完善程度。

机器人学的密集研究情况已经记录在了具有独特价值的参考文献中，这些文献旨在搜集国际机器人科学共同体的意义非凡的成果。

《机器人手册》一书从学科基础说起，从研究领域，直至最新出现的机器人应用，展现了机器人学领域的一幅全景图。本书在逻辑上材料的组织可以分为三个层次，它们分别反映了机器人领域的历史发展，如图 1 所示。

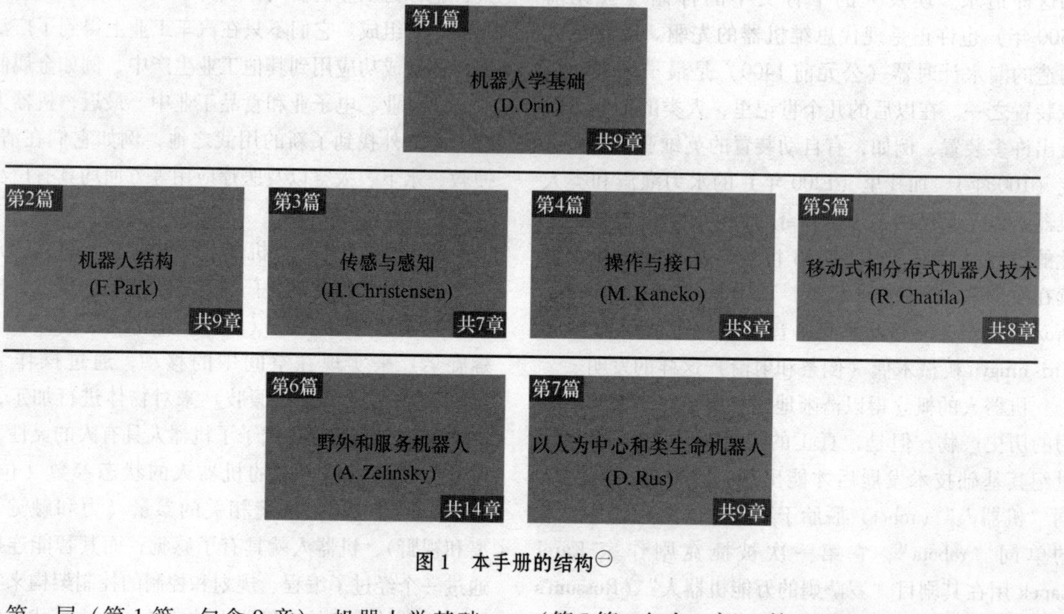

图 1 本手册的结构㊀

第一层（第 1 篇，包含 9 章）：机器人学基础，包括机器人的力学、感觉、设计和控制。第二层包括：统一的方法论和机器人构造技术（第 2 篇，包含 9 章），传感与感知（第 3 篇，包含 7 章），操作与接口（第 4 篇，包含 8 章），移动式和分布式机器人技术（第 5 篇，包含 8 章）。第三层则致力于更先进的应用，比如野外和服务机器人（第 6 篇，包含 14 章）以及以人为中心和类生命机器人（第 7 篇，包含 9 章）。

第 1 篇介绍了在模型、设计和控制机器人系统中用到的基本原则和方法。包括运动学、动力学、力学

㊀ 图 1 为原书结构，翻译成中文后，经重新编排，本手册共分三卷出版，分别为《机器人手册 第 1 卷 机器人基础》《机器人手册 第 2 卷 机器人技术》《机器人手册 第 3 卷 机器人应用》。

设计和驱动、感觉和评价、运动规划、运动控制、力控制、机器人体系结构与程序设计、用于任务规划和学习的机器人智能推理方法。本篇每一章分别阐述了上述的某个主题。在后续部分中，这些主题将被拓展和应用到特殊的机器人结构和系统中。

第2篇涉及机器人在实际物理实现过程中的设计、模型、运动计划和控制等问题。包括一些更加明显的机器人结构，如臂、腿、手，轮式移动机器人和平台，以及一些在毫米、纳米量级的机器人结构。其中一些章节阐述了评价指标和模型辨识，并成功分析了串联冗余度机构、并联机构、柔性机器人、机器手、机器腿，轮式机器人以及微米和纳米尺度机器人。

第3篇涵盖了机器人的不同感觉形态和跨时空传感数据整合。这将用于生成机器人模型及外部环境。机器人学是感知和行动的智能耦合。第3篇内容是对第2篇的补充，着重于继续建立一个系统。本篇包括接触感知、本体感知和外体感知，同时展示了主要的传感器类型，如触觉、视觉里程计、全球定位系统、测距和视觉。还包含了基本的传感器模型和多传感器信息融合。其中关于感觉融合的章节介绍了跨时空感觉信息集成所需的数学工具。

第4篇介绍了机器人与物体之间，机器人与人之间，机器人之间的交互。操作能通过臂或手指的直接接触或仅仅是推动来处理一个物体。接口能使人机交互变得直接或间接。为了提高机器人操作的灵巧度，本篇的前半部分介绍了诸如操作任务的动作、接触模拟和操作、抓取、协同操作等问题。为实现更熟练的操作或更强大的人/机系统，后半部分讨论了触觉理论、遥操作机器人、网络遥控机器人和让人类机能增强的外骨骼系统。

第5篇涵盖了各种问题，介绍了轮式机器人运动规划和控制，同时考虑了运动约束条件、认知和世界模型、同步定位与建图、控制架构方面的集成等的影响。移动机器人确实是复杂集成系统的典范。本篇在移动机器人背景下补充了第1篇的基础原理，给出了感知的角色地位，在传感方面与第3篇紧密联系。另外，还讨论了多机器人交互和系统、模块化、可重构机器人，也介绍了网络机器人。

第6篇介绍野外机器人和可在所有环境中工作的应用型服务机器人。包括工业机器人，各种各样的在海、陆、空、航天领域应用的机器人，直至教学机器人。本篇以第1篇~第5篇的内容为基础，描述了如何令机器人工作。

第7篇介绍了如何创建在以人为中心的环境中工作的机器人，包括仿人（或称为拟人）或者仿其他生物外观的机器人的设计、传感、传动、驱动与控制结构，演示编程和安全性编程的用户界面内容，机器人的社会伦理性启示。

本手册不仅为机器人专家而写，也为将机器人作为扩展领域的初学者（工程师、医师、计算机科学家和设计师）提供了宝贵的资源。尤其要强调的是，第1篇的指导价值对于研究生和博士后很重要，第2篇~第5篇对于机器人领域所覆盖的研究有着很重要的科研价值，第6篇和第7篇对于对新应用感兴趣的工程师和科学家有着很大的附加价值。

本书各章的内容均经过仔细斟酌，待验证的方法和尚未完全成立的方法均未列入。本手册从客观的角度出发，包含多种方法，具有高的收藏价值。每章都有一个简短的摘要，并且在概述部分介绍了相关领域的技术发展水平。主体部分是以一种教学方式来阐述的。尽可能避免冗长的数学推导，方程、表格和算法均以便于使用的形式给出。最后一节给出了结论和题目，以供进一步阅读。

从机器人的基础开始到最后讲述机器人的社会意义和伦理启示，本书的64章全面收集了机器人领域在50年之中的进展。这是对机器人领域取得成就的一种证明，也是将来新的前沿机器人取得更大进展的保证。

第 3 篇　传感与感知

Henrik I. Christensen 编辑

第 19 章　力和触觉传感器

Mark R. Cutkosky，美国斯坦福

Robert D. Howe，美国剑桥

William R. Provancher，美国盐湖城

第 20 章　惯性传感器、全球定位系统和里程仪

Gregory Dudek，加拿大蒙特利尔

Michael Jenkin，加拿大多伦多

第 21 章　声呐感测

Lindsay Kleeman，澳大利亚莫纳什

Roman Kuc，美国纽黑文

第 22 章　距离传感器

Robert B. Fisher，英国爱丁堡

Kurt Konolige，美国门洛帕克

第 23 章　三维视觉及识别

Kostas Daniilidis，美国费城

Jan- Ol of Eklundh，瑞典斯德哥尔摩

第 24 章　视觉伺服与视觉跟踪

François Chaumette，法国雷恩

Seth Hutchinson，美国厄巴纳

第 25 章　多传感器数据融合

Hugh Durrant- Whyte，澳大利亚悉尼

Thomas C. Henderson，美国盐湖城

机器人手册的第3篇是介绍传感与估计内容的章节。众所周知，当今世界正在快速变化，加之机器人的模型并非完美，因此传感的引进补偿了模型近似误差，同时估计环境的参数配置以便于机器人进行规划编程和执行任务。

传感是将外部物理量转变为一个内部的计算机变量，这些物理量包括接触、力、距离、光强等。感知是从传感数据中的提取关键特性和随时间变化的传感信息的集成。由于涉及特征提取，因此感知可以看做是一种典型的数据压缩任务，提取出的特征要能够实现真实世界中机器人执行任务所需要的各种特性的识别、跟踪和描述。机器人手册中第3篇涵盖了机器人中使用最典型的传感器和使用这些传感器的基本过程。

机器人经常被定义为一种从感知到执行动作的智能耦合。本手册的第3篇是对第2篇的补充，介绍了这种耦合的所有实例，涉及智能的传感和机构。

这部分内容是在第1篇的基础上建立的，特别是第4章“传感与估计”。这部分内容与后面的系统和应用的章节联系紧密。第30章“触觉”与“力和触觉传感”的章节紧密相关。第36章关于世界建模的内容是建立在传感器模型和在第25章阐述的融合方法的基础上的。第37章关于同时定位和建图也是如此。第62章介绍了从神经系统科学中提出的结果如何运用到机器人技术中，并有许多结合到一起的不同的感觉形态以及将这些技术融合到机器人中的表现等内容。最后，第63章介绍了运用人类视觉传感和感知相关的机器人方法。这些方法是许多运用在机器人视觉的技术基础。在23章和24章也有相关的讨论。

本篇包含的章节讲述了各种主要的传感方式，从触觉、自身感觉到测距和视觉感知。

第19章力和触觉传感器讨论了与外部环境中的物体相接触以及作为反作用力的检测。力传感对于许多高精密装配任务的完成是必不可少的，但是越来越多的情况是对那些非刚性物体的力传感，例如，应用在医疗领域。因此，接触和力传感成为抓取和操作任务的关键。

第20章惯性传感器、全球定位系统和里程仪涵盖了基于从加速力，轴式/轮式编码器直接估计或者通过间接利用外部参考系统（如GPS，全球定位系统）来实现自我运动估测的方法。机器人系统的指令偏移和延误可能是由于相互间缺乏联系，但也可能由于物质的变化，或者由于温度的影响等。因此，利用自身感觉去估测自我运动和内部状态的这种基本能力成为决策和执行这一代机器人的基础。

第21章声呐感测涵盖了以声音信息为基础的测距技术和物体检测技术。值得注意的是，声音传播比光传播慢，因此电子产品更容易使用或者说制造成本更便宜。在这部分解释了为什么很多为移动平台建图和估计位置的相当早期工作是基于超声波声呐的。声呐仍是一个水下应用的主导模式并且它常常为基本建图提供了一种具有良好经济效益的解决方案。

第22章距离传感器涵盖了基于光的距离估测传感器的应用。最近可以看到，激光雷达的使用在普及上已经有了相当大的增长。基于激光的传感器是一种主动传感器，该系统将某种形式的能量投射到环境中，然后对返回的信息进行测量，这种技术允许我们使用匹配技术来简化数据间联系问题，从而该技术能够应用在更多噪声的环境中。测距系统也可以采用多目系统，例如使用成对摄像机构建的双目系统中。本章对主动测距和被动测距两种不同的方法都进行了介绍。

第23章三维视觉及识别涵盖了基于图像数据的物体三维建模和识别的方法。毫无疑问，视觉是最柔性和令人信服的传感方式。它在未来的应用具有很大的发展潜力。另一方面，因为在混乱的环境中检测物体相当困难，所以柔性位置和姿态也是一项挑战。本章主要介绍物体视觉建模方法和物体识别的主要步骤和方法。

第24章视觉伺服与视觉跟踪介绍了以图像数据为基础的跟踪和控制的主要方法。对象跟踪在许多用以捕捉或躲避物体的应用中都是必不可少的。视觉伺服讨论控制到达一个目标位置的问题，该位置常与抓取一个物体相联系。本章内容介绍了主要的跟踪技术以及视觉伺服的三个主要方法。

第25章多传感器数据融合，即跨越空间和时间信息的集成问题。传感器数据一般会伴随各种形式的噪声干扰存在，而且经常需要将来自多个传感器和不同时间所获取的数据集成起来，以便于提供可靠和准确的估计。本章介绍传感器融合的主要技术并给出在后续章节将会用到的数学框架。

由于材料学与电子学方面得发展变化，传感器领域正在迅速改变。在最近十年，在激光测距与视觉传感器方面的主要变化已经被应用了。此外，计算机资源的急剧变化也允许进行更先进的数据处理从而生成更先进的感知系统。可获得的更加便宜、可靠和准确的传感也正在影响着机器人学的其他领域。为了避免传感，早期的机器人被建造成具有最大的刚度。今天，柔性机器人为了实现高精度和保持低成本正在依靠内部控制闭环中的传感器。毫无疑问，这是一个会继续的趋势，因为，柔性机器人会变得更安全，更便宜和更有效。传感与驱动的集成，尤其是加上新的纳米技术，将会在下一个十年显著改变机器人技术。

第19章 力和触觉传感器

Mark R. Cutkosky, Robert D. Howe, William R. Provancher

孟明 译

本章是对力和触觉感测的概述，并以触觉感测为介绍重点。我们首先给出一些选择触觉传感器的基本考虑因素，然后对多种类型的传感器进行了评述，这些传感器包括接近、运动、力、动态、接触、皮肤变形、热觉和压力传感器。我们还评述了各种适用于每种大的传感器类型的变换方法。根据这些类型传感器所提供的信息，我们分析了其是否是最适合于一般操作、表面探测还是响应外部作用所产生的接触。

关于触觉信息的解释，我们介绍了一般问题描述并给出两个简短的算例。第一个算例是关于本征触觉感测的，即估算接触位置和力传感器所感知的力。第二个是关于接触压力的感测，即利用弹性表皮上的传感器阵列来估算表面正应力和剪切应力的分布。

本章最后简要讨论了在耐损伤触觉传感器的封装和制造方面仍需解决的难题。

19.1 传感器类型 …… 9
19.1.1 本体感受和接近感测 …… 10
19.1.2 其他接触传感器 …… 10
19.1.3 运动传感器 …… 11
19.1.4 力和负载感测 …… 11
19.1.5 动态触觉传感器 …… 12
19.1.6 阵列传感器 …… 12
19.2 触觉信息处理 …… 15
19.2.1 触觉信息流：触觉感测的手段和目的 …… 15
19.2.2 固体力学与反卷积 …… 17
19.2.3 曲率和形状信息 …… 19
19.2.4 物体和表面识别 …… 19
19.2.5 主动感测策略 …… 19
19.2.6 动态感测和事件检测 …… 20
19.2.7 热觉传感器和其他传感器的集成 …… 20
19.3 集成的需求 …… 20
19.4 总结和展望 …… 20
参考文献 …… 21

触觉感测已经成为机器人的一个组件，与视觉用于机器人的时间大致相当。视觉在硬件和软件方面都已取得巨大的进展，现在广泛地用于工业和移动机器人的应用中。但是与视觉相比，触觉感测看起来还需要若干年才能广泛应用。因此，在评述当前的技术与方法之前，有必要考虑一些基本问题：

1）触觉感测的重要性？

2）触觉的用途是什么？

3）为什么它仍然相对落后？

在自然界中，触觉是一种基本生存工具。即使是最简单的生物都具有大量的机械性感受器来探索和响应外界的各种刺激。就人类来说，触觉感测对于操作、探测、响应三种不同行为是必不可少的。触觉感测对于操作的重要性在精细动作作业中体现的是最明显的。当我们冻僵时，像扣衬衫纽扣这样的任务也变成一个令人沮丧的操作。主要问题在于缺乏感测，我们的肌肉温暖地贴附在衣袖里，只受到轻微影响，但是我们皮肤的机械性感受器却被麻痹了，使我们的动作变得笨拙。对于探测，我们连续地接收关于材料和表面特征的触觉信息（例如硬度、热传导性、摩擦力、粗糙程度等），以帮助我们识别物体。如果不去触摸，仅靠观察我们可能很难分别天然皮革和合成皮革。最后，从周围神经病变（一种糖尿病的并发症）病人身上可以看出触觉响应的重要性，由于不能区分是轻柔接触还是撞击，他们会意外地伤害到自己。

如图19.1所示，相同的功能分类也可应用于机器人。然而，相比于每平方厘米的皮肤上就拥有成千上万的机械性感受器的动物，即使最复杂精细的机器人也显得很逊色。和视觉比起来，触觉感测技术发展落后的一个原因就是没有类似于电荷耦合器件（CCD）或金属氧化物半导体（CMOS）光学阵列那样的触觉装置。相反，触觉传感器获取信息是通过物理相互作用。它们必须被嵌入到具有一定柔性的表皮当中，和皮肤表面局部吻合，并具有适当的摩擦可以安全地握住目标。传感器和皮肤也必须足够坚韧，从而能够承受反复的碰撞和磨损。和成像平面就在照相机里面不同，触觉传感器必须分布于机器人附件的外

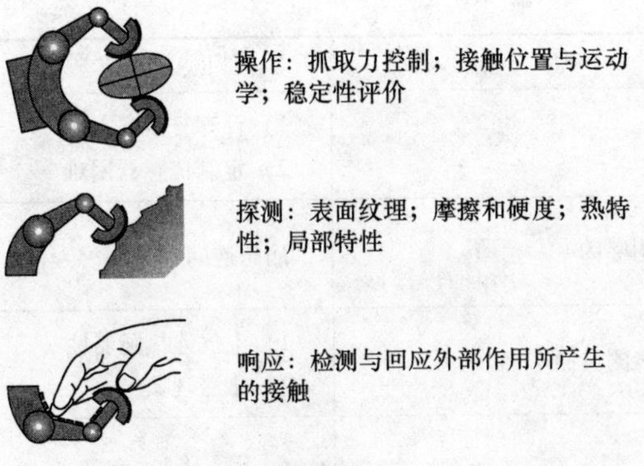

图 19.1　触觉感测在机器人中的应用

面，并且在一些地方具有特别高的分布密度，比如指尖。因此，触觉传感器的引线又成为另一个艰巨的挑战。

尽管如此，在过去的 20 多年中，在触觉传感器的设计和配置方面仍取得了长足的进步。在下面的几个小节里我们将综述触觉传感器主要的功能类型，并讨论它们的相对优势和局限性。展望未来，新的制造技术为新型人工皮肤材料提供了可能性，这种材料具有集成传感器、传感器信号变换的本地化处理和能减少引线的总线通信。

关于接触感测的研究有大量的文献，最近的一般性综述有参考文献［19.1］和［19.2］，它们也引用了 20 世纪 80 ~ 90 年代的一些老的综述文献。

19.1　传感器类型

这部分简要概括了五种主要传感器类型：本体感受、运动、力、动态触觉和阵列触觉传感器。其中的前三种类型传感器，与能提供热力学和材料成分数据的接触传感器一起进行了基本评述。但是，评述重点放在能够提供机械感受作用的触觉传感器上。表 19.1 提供了对这些触觉传感器的一个综述。在讨论触觉传感器时，有必要先分析那些只能通过与周围环境接触才能感测的基本物理量。用接触传感器测量的最重要的物理量是形状和力。其中每种量要么检测为机器人一些部件的平均量，要么为在接触面积上能够空间分辨的分布量。在本章中，我们依照研究人类接触感觉的惯例，并用接触感测这个术语来特指上述两种模式的组合。用于测量平均或合成量的装置有时称为内部传感器或本征传感器。这些传感器的基础是力感测，它将先于触觉阵列传感器讨论。

表 19.1　触觉传感器形式及常见的转换类型

传感器形态	传感器类型和属性	优　点	缺　点
标准压力	压阻式阵列[19.3~8] 1）压阻式结点阵列 2）嵌入到弹性皮肤中 3）铸造或丝网印刷	1）信号调理简单 2）设计简单 3）适合大批量生产	1）对温度敏感 2）脆弱性 3）信号漂移和滞回性
	电容式阵列[19.9~13] 1）电容式结点阵列 2）行和列电极用弹性体电介质分开	1）良好的灵敏度 2）适度的滞回，取决于结构	电路复杂
	压阻式 MEMS 阵列[19.14,15] 带参杂硅应变计测量挠曲的硅微加工阵列	适合大批量生产	脆弱性
	光学式[19.16] 结合本构模型跟踪光学标记	不存在互连导线损坏问题	需要计算机来计算作用力
皮肤变形	光学式[19.17] 1）填充液体的弹性膜 2）结合能量极小化算法跟踪薄膜上的光学标记	1）柔性薄膜 2）不存在互连导线损坏的问题	1）计算复杂 2）定制传感器困难

（续）

传感器形态	传感器类型和属性	优 点	缺 点
皮肤变形	电磁式[19.18] 霍尔传感器阵列		1）计算复杂 2）定制传感器困难
	电阻断层成像[19.19] 导电橡胶条阵列作为电极	结构坚固	病态逆问题
	压阻式（曲率）[19.20] 采用一组应变片阵列	直接测量曲率	1）电气连接脆弱性 2）磁滞现象
动态触觉感测	压电式（应力变化率）[19.21-23] 嵌入到弹性皮肤的 PVDF（聚偏二氟乙烯）	高带宽	电气连接脆弱性
	皮肤加速度[19.23,24] 附着于机器人皮肤的工业加速度计	简单	1）没有空间分布内容 2）感测的震动往往受结构共振频率限制

19.1.1 本体感受和接近感测

本体感受感测是指能够提供关于构件的合力或运动信息的传感器，其类似于在人体中能够提供有关肌腱张力和关节运动信息的感受器。一般而言，机器人空间本体感受信息的主要来源于关节角度和力-力矩传感器。因为角度传感器，像电位计、编码器和旋转变压器都已是相当成熟的技术，这里不再讨论。取而代之，提供了关于利用触须和触角进行接近感测以及非接触接近感测的简要评述。力-力矩传感器则在19.1.4中进行更为详细地讨论。

1. 触须和触角传感器

触须或触角传感器实质上是本体感受和触觉信息的混合。对这种传感形式的研究始于20世纪90年代早期，比如，Russell[19.25]研制了一种附着在机器人手臂上来探测它周围环境的触须传感器，它具有一个根部角度传感器和末梢接触传感器。另一个来自Kaneko等人[19.26]的例子是最早的主动触角感测实例之一。Kaneko等人把一个硬弹性钢触角固定在一个单自由度旋转轴上，使触角像昆虫那样左右扫动。这种扫掠运动，配合关节角度传感器和转矩传感器一起来对碰到的接触进行评估。Clement和Rahn[19.27]采用了和Kaneko相似的方法，但是它们给触须的扫掠模式增加了一个额外的自由度。Clement和Rahn采用电动万向节在两个自由度上驱动弹性钢触须来探测目标。Cowan等人[19.28]使用多段压阻式触角来辅助一个仿昆虫六足机器人完成沿墙运动控制任务。

对于许多动物，触须或触角提供了非常精确的接触感知和本体感受信息。例如，蟑螂可以控制自己沿着弯曲的墙壁以每秒20倍自己体长的速度行进，仅仅借助于从它的触角获得的位置和速度信息。其他昆虫，像节肢动物则借助于外骨骼上的大量纤毛感应器来定位接触。

2. 接近觉

尽管严格说来，接近觉感测并不能被归入触觉感测这一类，但由于有许多研究者把各种接近传感器用于机器人手臂和周围环境的碰撞检测应用中，因此我们在这里简要评述一下相关技术。这个应用中使用的有三种主要的传感器技术，包括电容反射、红外（IR）光学和超声传感器。Vranish等人开发出一种早期的电容反射式传感器用于地面固定机器人和周围环境之间的避碰[19.29]。Lumelsky研究团队提出了置于人造皮肤中的分布式红外发射-接收组的例子，用于接近感测[19.30,31]。参考文献［19.32］介绍了使用光纤技术的最新设计。还有其他研究者也开发出同时使用分布式超声和红外光学传感器的机器人皮肤用于避碰[19.33]。Wegerif和Rosinski对这三种接近感测技术的性能进行了比较[19.34]。对各种传感器的详细评述见第21章的声呐感测和第22章的距离传感器。

19.1.2 其他接触传感器

还有多种其他基于接触的传感器，它们能够辨识目标的一些特性，例如电磁特性、密度（通过超声波），或化学成分（比照动物的味觉和嗅觉）。这些传感器不在本章的讨论范围之内，在关于仿生机器人的第60章中将简要讨论有关嗅觉和味觉的仿生化学传感器。考虑到完整性，热传感器和材料成分传感器也将在下面简要的讨论。

1. 热传感器

热传感器除了用于测量物体表面温度外也可以用于确定材料成分。因为在同一环境中的大多数物体都处于大致相同的（房间）温度，因此包含有热源的温度传感器可以探测物体的热吸收率。这些数据可以提供有关物体对象的比热容和材料的热传导率的信息，从而使确定制造的原材料变得简单，如区分是金属还是塑料。

Buttazzo 等[19.35]注意到他们用于触觉感测系统的压电聚合物也是强热电物质，于是使用了其中的表面层作为热传感器。也有使用热敏电阻作为换能器的其他传感器，比如 Siegel 等[19.36]介绍的 4×4 阵列以及 Russell[19.37]的 2×10 阵列。一些系统特地提供一个内部参考温度，并用其与外界温度差值作为检测接触的方法[19.38,39]。但是，当外界物体和参考温度相同的话就不能被检测到。大多数这类传感器有一层相当厚的皮肤覆盖在热敏元件上，从而保护精细组件并且提供一块共形表面，不过这些都是以降低反应时间为代价的。

在 Engel 等人的研究工作中可以发现一个更新的关于热觉感测的例子，他们最近公布了一个柔性触觉传感器的设计，包括在微加工聚合物基底上集成的金膜加热装置和一个阻抗温度装置（RTDs）[19.40]。由于 Engel 等人提供的是一个高度集成的设计，这种敏感元件依然很脆弱。因此，在这些系统中综合考虑结构，性能以及对热敏元件保护的均衡仍然是一个持续的挑战。

2. 材料成分传感器

关于材料成分传感器也有一些研究工作。通过模拟人类的触觉与嗅觉，液相和气相化学传感器能大体测定物体表面的化学成分[19.41,42]。电磁场感测是另外一种提供特性的感测模式，它使用涡流和霍尔效应探针测量铁磁性和导电性[19.43,44]。

19.1.3 运动传感器

尽管运动传感器通常并不被看做是触觉传感器，然而这些探测手臂位置信息的传感器可以提供给机器人几何信息用于操纵和探测，尤其手臂上还装有用于记录接触事件的传感器的时候。这些传感器包括几乎所有机器人都安装的关节角度编码器，以及电位计、旋转变压器和其他关节角度测量装置。对于不承受大幅度旋转的手臂，可以嵌入柔性结构，比如在 19.1.1 部分讨论过的 Cowan 等人所使用的压阻式触角的构成元件[19.28]。Kaneko 关于手指手势可变性的研究[19.45]是一个组合关节角度和接触状态信息用于操作的例子。

19.1.4 力和负载感测

1. 驱动力传感器

对于一些驱动装置，比如伺服电动机，可以直接通过测量电动机电流来测量驱动力（典型的做法是用一个检测电阻和电动机串联来测量检测电阻两端的电压降）。但是，电动机通常是通过减速器与机器人手臂连接，减速器的输出/输入效率为 60% 或更低，所以测量减速器输出端的转矩通常更为准确。这个问题的解决方案包括轴转矩负载单元（通常采用应变片）或机器人关节处的机械结构，这种结构的挠度可以使用电磁或光学传感器测量。对于绳索或钢缆驱动的手臂和手爪，测量索张力是很有用处的，不仅可以用于补偿传动系统的摩擦力，而且也可以作为测量作用在工具附件上负载的方法[19.46]。当手指或手臂与外界环境中的物体接触时，索张力感测可以用于替代末端负载感测来测量接触力分量。当然，仅仅只有那些能产生很大转矩的分量能被测量出来。在 15.3.2 部分（机器人手：传感器）包括更多关于索张力测量的细节。

2. 力传感器

当驱动力传感器不足以测量由工具附件所施加或施加于工具附件上的力时，通常会采用单独的力传感器。这种传感器经常安装在机器人的基关节或手腕处，也可以分布于机器人各连杆处。

原则上，任何类型的多轴负载单元都可以用于机械手的力-力矩感测。然而，对小巧、轻量并具有良好的静态响应性能的要求，排除了市场上的大多数传感器。除了设计安装在腕关节夹持器上的力传感器得到很大的关注[19.48,49]，也有一些设计是用于灵巧手的指尖传感器。通常这些传感器是基于安装于金属弹性体上的应变片的[19.5,51]，相当坚固。Sindent 和 Boid[19.52]给出了一种基于测量弹性体电介质电容的平面六轴力-力矩传感器。力传感器设计需要考虑的因素有刚性、迟滞、标定、放大系数、鲁棒性和安装。Dario 等给出了一个集成的机器人手指尖：包括一个集成的力感测电阻压力阵列、压电陶瓷双晶片动态传感器和力-力矩传感器[19.21]。最近，Edin 等[19.47]开发出微型多轴指尖力传感器（见图 19.2）。对于有抗电磁噪声干扰要求的应用，Park[19.53]给出了一种在机器人指尖嵌入光纤光栅作为光学应变仪的设计。Bicchi[19.54]和 Uchiyama 等[19.55]总体上讨论了多轴力传感器的优化设计。

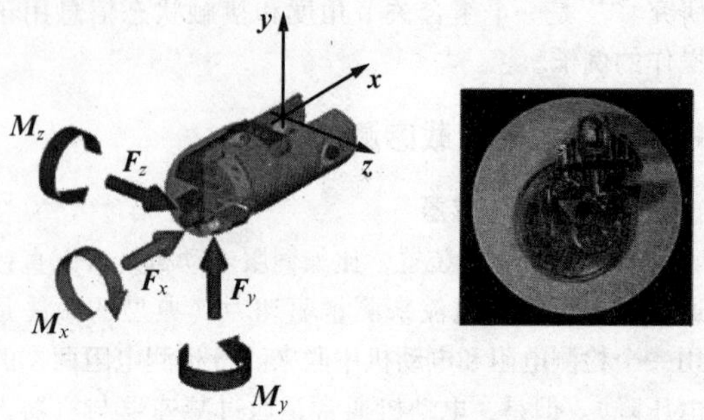

图 19.2　用于仿生手的微型指尖力-力矩传感器
（经参考文献［19.47］许可）

值得注意的是使用指尖负载传感器并不只是能够获得力信息。力传感器的信息可以和指尖几何形状知识相结合来确定接触点位置，如图 19.3 所示。这种接触感测的方法被称为本征触觉感测，最先是由 Bicchi 等[19.56]提出的。Son 等[19.11]给出了本征的和外在的（比如使用分布式的接触传感器）接触感测的比较。这些还将在 19.2.1 节中进一步详细讨论。

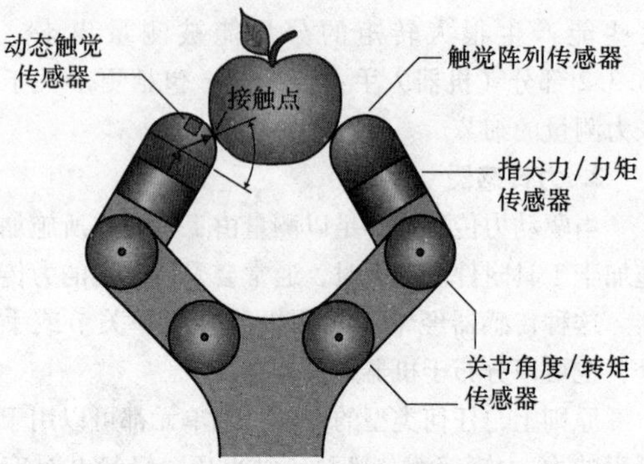

图 19.3　具有指尖力和触觉感测的机器人手
（力传感器测得的信息与指尖几何形状知识相结合来确定接触位置，称之为本征触觉感测。）

19.1.5　动态触觉传感器

早期基于位移的专用滑动传感器是检测移动元件的运动，比如夹持器表面的滚轮或针状物（例如，Ueda 等[19.57]）。最新的方法使用一个热传感器和一个热源，当被抓的物体开始滑动时，先前传感器下温暖的表面移开了，导致传感器下方表面的温度下降。非接触光学方法使用相关性来检测物体表面的运动[19.58]。许多研究者提出使用传统阵列进行滑动检测，但是阵列必须具有足够高的分辨率和扫描频率，从而能足够迅速地检测到物体特征的运动，以阻止抓取物体的滑落。

在一项对采用振动来检测滑动的方法可行性的系统研究中，Rebman 和 Kallhammer[19.59]使用阵列传感器中的单个元件来检测接触表面的法向振动。Dario 和 Derossi[19.60]以及 Cutkosky 和 Howe[19.61]指出位于接触面附近的压电聚合物对振动非常敏感，可以用于滑动检测。Howe 和 Cutkosky[19.24]展示了使用一个微型加速计来感测柔顺传感器皮肤的微小振动的方法，该方法能够有效地检测出还处于初期阶段的滑动。对于金属夹持器抓住的坚硬物体，声发射可以测出初期的滑动[19.62,63]。Morrell[19.46]和 Tremblay[19.65]研究了滑动传感器在抓取力控制中的应用。

Buttazzo 等[19.35]研制了一个纹理感测指甲作为仿人化触觉感测系统的一部分。硬质塑料指甲的底部是一个压电元件，当其在纹理表面上被拖动时能够产生很强的信号。在有关形状或滑动感测的内容中描述的应力速率传感器[19.22,61,66]、皮肤加速度传感器[19.22,24]和感应振动传感器[19.67]也可以响应物体滑过精细表面所产生的微小振动。最近对这些传感器的改进包括压电陶瓷双晶片动态传感器、带集成 FSR 的压力阵列和力-力矩传感器[19.21]。Yamada 等[19.68]开发出一种压电人造皮肤，能够区分出转动和滑动。Waldron 等[19.23]描述了一种集成皮肤加速度传感器和压电阵列的触觉传感器用于远程皮肤医学应用。Ellis 也研究了采用特高分辨率触觉阵列的数据来识别表面纹理[19.69]。Omata 和 Terunuma 开发了一种测量柔性变化量的传感器，该变化是通过检测一个主动压电元件的谐振频率的变化得到的[19.70]。

19.1.6　阵列传感器

阵列传感器可再分为两种主要类型：测量压力的和测量传感器皮肤表面挠度的。触觉压力阵列是目前更为普遍的。压力阵列往往是相对坚硬的，采用多种转换方法和固体力学来计算接触压力分布。压力阵列的皮肤变形/挠度大约为 1 ~ 2mm。另一方面，皮肤挠度传感器的结构形式允许接触过程中传感器皮肤的明显变形，这有助于提高抓取的稳定性（参见第 27 和第 28 章）。

在过去 15 年的文献中有许多种触觉阵列传感器出现，但在它们中只有很少一些能适用于灵巧手。对于换能器而言，最基本的要求就是能够从柔顺弹性层下面清晰地复原接触面上或者形状或者压力的分布。这可以通过直接感测形状[19.71,72]或感测表面下应变的多个分量[19.73,74]来实现。然后可以采用固体力学模型（19.2.2 部分）来确定所要得到的检测量。尽管目前所开发的模型中使用的方法是非常成功的，但它们必须扩展到三维并且包含多应变分量。由于这些模型比较复杂，实时执行的问题也必须要解决。

1. 接触位置传感器

有许多触觉传感器仅仅提供接触位置信息。在超声传感器大量运用之前，在移动机器人的外部机架上安装离散开关是很普遍的。其他一些研究者还给出使用离散开关阵列的研究。其中一些传感器采用薄膜开关设计的形式，这种设计可以在键盘里找到。由 Arai 等提出的一个相类似的设计例子是透明开关，它与触摸屏显示组合使用[19.75]。作为另外一种形式，Griffin[19.76]描述了一种由 W. provancher 设计的薄膜开关激发的接触开关阵列，它由绝缘条隔离开的柔性电路组成。当压力使其中一个柔性电路弯曲向另一个时，就检测出接触，如图 19.4a 所示。最近 Edin 等[19.47]的研究展示了对这个想法的一个很好的延伸，把一个二维开关阵列嵌入到仿生手中，参见图 19.4b。一些光学传感器[19.77]也主要用作接触位置传感器。但是，它们也能测量接触力的大小，所以将在下面触觉阵列中讨论。

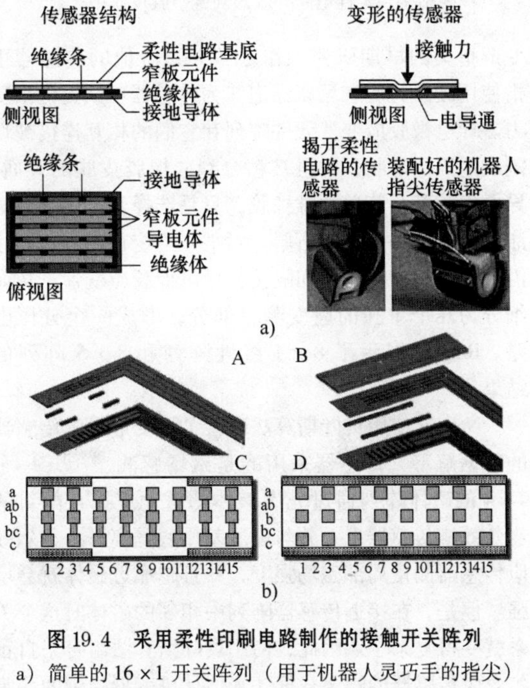

图 19.4 采用柔性印刷电路制作的接触开关阵列
a) 简单的 16×1 开关阵列（用于机器人灵巧手的指尖）（W. Provancher 绘制） b) 嵌入到仿生手皮肤里的接触开关阵列（经参考文献［19.47］许可）

2. 压力感测阵列

（1）电容式压感阵列　触觉压力阵列是最早并且最普遍的触觉传感器类型之一。Fearing[19.78]及 Fearing 和 Binford[19.9]在这个领域开展了一些早期的研究。他们研制了嵌入机器人指尖的电容式触觉压力阵列，适用于灵巧操作。这些传感器阵列由重叠的行和列电极组成，它们被弹性电介质分开形成电容阵列。在个别交叉点处压紧行列隔板间的电介质会导致电容的变化。基于物理参量的电容表达式可表示为 $C \approx (\epsilon A)/d$，其中 ϵ 是电容极板间电介质的介电常数，A 是极板的面积，d 是两极板间的距离。压紧电容极板间电介质使极板间距 d 减少，就产生了对位移的线性响应。

通过适当的电路转换系统，在传感器阵列中某个行列交叉点处对应的特定区域就可以被分离出来。压力可以如 Fearing[19.79]所述那样利用固体力学来计算。类似的电容式触觉阵列的例子可见于参考文献［19.10，11］，以及商品化的例子[19.12]。最近，Shinoda 的团队研究了一种导电织物来构成一致堆叠式电容器，以更适于覆盖不只是机器人手的更大区域[19.13]。堆叠式电容传感器元件中的织物电极交替被硬或软的聚氨酯泡沫分开，允许一个单独传感器单元同时估计接触压力和接触面积。

（2）压阻式压感阵列　很多研究者研发出的触觉传感器阵列实质上是压阻式的。这些传感器一般来说不是采用批量模塑的导电橡胶，就是采用压阻油墨，油墨通常通过丝网印刷或压印方式形成图案。它们都是利用导电添加剂（通常是炭黑）来产生导电/压阻特性。然而，由于这些传感器形态结构所呈现的脆弱性和迟滞现象，一些研究者又开发出基于纤维的压阻传感器。

Russell[19.80]给出了第一个模塑导电橡胶触觉传感器阵列，由压阻式结点连接的导电橡胶行列电极组成。然而这种传感器存在严重的漂移和磁滞现象，通过合适地选择模型材料来尽量最小化这些影响成为后来研究者的研究热点[19.3]。由于橡胶固有的迟滞特性，这些问题并未得到完全的解决。但由于便于制造，这种感测方法仍然具有吸引力。因此，在不需要极高精度要求的仿人形机器人的附件上仍可以发现这种传感器的应用[19.81]。

很多研究者和公司开发了出使用导电（压阻）油墨的触觉传感器，通常称为力敏电阻（FSRs）。将现成的分立传感器（参见 TekscanFlexiforce FSRs）组合成触觉感测阵列是目前最普遍、最简单也是最方便可用的方法。然而，要得到高集成度的密集传感器阵列，就必须要定制加工了。Papakostas 等[19.4]和 Dario 等[19.21]给出了这类传感器的例子。为使这种方法应用更进一步，Someya[19.5]研制出将压阻式传感器阵列印刷在柔性聚酰亚胺薄膜上的机器人皮肤，并将图案化有机半导体用于传感器阵列的本地放大。然而，尽管这些传感器阵列被制作在柔性的基底上，仍然容易受到弯曲疲劳的影响。

压阻织物被研制用来克服触觉阵列中出现的疲劳和脆弱性问题。De Rossi 等[19.7]、Tognetti[19.8]等和 Shimojoet 等[19.6]给出了这类传感器的一些范例。这些传感器往往比较大（即空间分辨率比较低），一般在诸如仿人形机器人的手臂和腿上应用。因为这项技术有替代传统织物的可能性，所以它是一项在可穿戴式计算甚至智能衣服应用方面很有前景的技术。

最后还有一种不能归入上述制作类型中的设计，它是由 Kageyama 等设计的一种传感器。在他们为用于仿人形机器人所开发的传感器层中，采用了一个压阻导电凝胶压力阵列和一个基于可变接触阻抗的多级接触开关阵列[19.82]。

（3）MEMS 压感阵列　微机电（MEMS）技术对于制造高集成度封装的触觉感测及相关连线和电子器件是非常有吸引力的。早期的器件是通过标准硅微加工技术在硅上制作的，包括由 Kane 等[19.14]开发的能够测量剪切力和正压力的硅微加可兼容 CMOS 的触觉阵列。这些传感器在实验室能够良好地运行，但是它们太脆弱以至于不能在碰撞或恶劣的环境下工作。最近研究者运用 MEMS 技术制作具有柔性基底的传感器阵列，使其适于嵌入弹性皮肤当中。由于皮肤的防护作用，这有利于提高耐用性。Engel 等研制了带有在聚酰亚胺基底上生成的温度和悬臂元件组合的触觉传感器[19.40]。进行聚酰亚胺的聚合物微加工可以使聚酰亚胺基底具有最佳的柔顺性。Noda 和 Shimoyama[19.83]对这种设计进行了一个值得关注的变更。这些研究者也在他们的阵列传感器上制作了悬臂梁切应力元件，不同的是，他们在平面加工工序中采用镍铬压电电阻来制作悬臂梁，然后将悬臂梁从加工基底释放，并且在基底上竖立起来就像毛发被电磁场吸引一样，随后用聚氯代对二甲苯对其覆盖来固定悬臂梁（用于感测剪切力）。回到把硅负载元件用于触觉感测的想法上，Valdastri 等[19.15]研发了一种结构类似操作杆的微型 MEMS 硅基负载元件，其适于嵌入到弹性橡胶皮肤（见图 19.5）。这些传感器可以分布在皮肤表面下来检测弹性皮肤中复杂的应力状态。

3. 皮肤挠度感测

Brocket[19.84]是首先提出使用可变形薄膜机器人指尖想法的人之中一员。正如 Shimoga 和 Goldenberg[19.85]所指出的，使用可变形指尖比使用更坚硬的机器人指尖有若干优势，包括：①提高抓取的稳定性；②降低振动；③降低嵌入的传感元件的疲劳。Russell 关于制作柔性硅橡胶机器人手指的研究是可

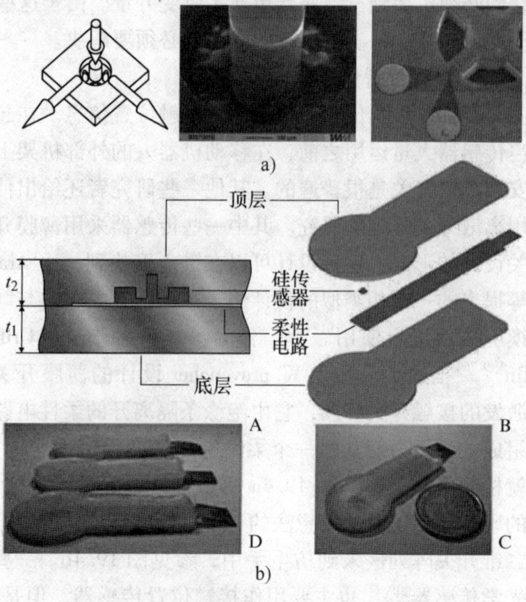

图 19.5　MEMS 显微图及其力传感器

a）MEMS 三轴触觉力传感器的显微图　b）MEMS 力传感器，被线粘接到柔性电路并嵌入到硅橡胶皮肤中[19.15]

变形指尖的早期研究工作之一[19.80]。他的传感器手指使用硬质衬底和聚氨酯泡沫为传感器皮肤提供恢复力。导电橡胶应变片元件阵列和它们的相互连接被切割成适当的形状，并且被粘合到硅橡胶皮肤的背面。导电橡胶就是简单的硅橡胶，只是选择具有最小力学滞后特性的并混合了石墨。对某一给定行的电气连接沿着长度方向按一定间隔接入导电橡胶应变片，从而细分为几个单独的应变测量部分，形成一个分压电路。Russell 展示了 8×1 线性阵列和 8×5 阵列的结果。

Nowlin 使用贝叶斯算法改善了可变形触觉传感器的数据解释，传感器采用的是磁场感测[19.72]。一个 4×4 的磁体阵列通过充满液体的球，支撑在配对的霍尔效应传感器上，并与硬质基质底隔离开。霍尔效应传感器测量局部磁场强度，并且越靠近磁体就会增强。但是，在接近传感器阵列中相邻的磁体时这个关系就变得复杂了。因此，使用贝叶斯算法组合来自霍尔效应传感器的噪声数据，来估计可变形指尖的薄膜形变[19.72]。

随后 Russell 和 Parkinson[19.19]开发出通过一个 8×5阵列能够测量皮肤形变的阻抗断层成像触觉传感器。这种传感器由氯丁橡胶构成并充满蒸馏水。行和列电极分别由铜和导电橡胶制成，适于硬质基底和氯丁橡胶皮肤。与前面描述的电容式触觉传感器类似，这种传感器采用多路复用的电子器件来减少电子互连

数量。方波驱动器件用来测量行与列元件间形成的一支水柱的电阻，给出一个与当前皮肤高度成比例的信号。

继提出可变形触觉传感器的想法之后，Ferrier 和 Brocket[19.17]完成了一种使用光学追踪的触觉传感器，该传感器结合传感器皮肤变形模型来估计传感器指尖皮肤形变。这种指尖传感器包含一个聚焦在 7×7 点阵上的微型 CCD 相机，该点阵被标记在充满凝胶的硅指尖薄膜内侧。然后采用了一种算法在点阵之上构造一个 13×13 栅格。这种算法组合运用 CCD 相机所感测的位置信息和一个力学模型，摄像头提供的是从焦点径向地向外沿着一条直线的位置，力学模型基于能量最小化原则求解自相机焦点起始的径向距离。

Provancher 和 Cutkosky 提出了另外一种设计，使用压阻应变片来直接测量指尖薄膜曲率[19.20]。这种传感器构建在聚酰亚胺基底上，使商用条形应变片（用于研究应变梯度）相互紧接着粘合来分离出弯曲应变，该应变与曲率成比例。这种曲率信息对于灵巧操作的运动规划是非常重要的。作者提出了一个数学模型，使用一组基函数和最小二乘法来计算曲率空间的曲线拟合，这个方法对传感器噪声不敏感，并且能够重建已变形的薄膜形状。一个 11×1 线性阵列传感器样机的结果将在 19.2.2 部分进行介绍。

4. 其他触觉阵列传感器

一个光学触觉传感器的早期例子是由 Maekawa 等提出的[19.77]。他们用一个单独的光学位置感测装置（PSD）或一个 CCD 相机阵列来检测从带有硅橡胶保护层的半球形光波导指尖上散射的光线位置。光在有接触的位置会产生散射。基于一个简单的模型，可以确定出多个接触点。对于带纹理的皮肤，作用力的大小也能够估算出来，这是由于接触面积会随压力按比例增加。然而，使用柔顺皮肤覆盖硬质基底的指尖存在一个问题，即两种材料之间的粘合导致迟滞现象。另外，当指尖滑过物体表面时，摩擦力会使估计的接触位置产生一个偏离。

另一种值得关注的触觉传感器利用视觉追踪被嵌入透明弹性体内的一组球形标记，来推测皮肤材料由于作用力而产生的应力状态[19.16]。这种传感器当前已经商业化，商标为 GelForce。

有一些已研制出来的传感器采用监测从皮肤表面反射的或者是由于表面下空洞的声学扭曲而产生的声能变化。Shinode 等[19.86]给出的一种传感器是检测从靠近皮肤表面的声谐振腔所反射的声能量的改变，它可用于瞬时摩擦力的测量[19.87]。Ando 等[19.88]给出了一种更为复杂的超声波传感器，通过成对的盘状元件能够实现六自由度的位移感测，每个盘上使用了四个超声波换能器。

一些研究者开发出了具有多重感测模式的传感器。Siegel 等[19.89]和 Castelli[19.90]给出了一些结合触觉感测和热感测的传感器例子。Shimizu 等[19.91]给出了用于测量力和物体硬度的传感器。这种传感器使用气压来驱动传感元件主动地到达物体表面。

另一种值得关注的传感器包含了触觉感测和超声成像的结合[19.92]，在此基础上 Methil 等研发了一种利用光导触觉传感器的触觉系统用于进行乳腺检查。

19.2　触觉信息处理

19.2.1　触觉信息流：触觉感测的手段和目的

在讨论触觉信息处理之前，我们首先回顾一下图 19.1 中所描述的三个主要用途。对于操作，我们首要的需求是接触位置和接触力的信息，这样我们就可以牢固地抓住物体并对其施加适当的力和动作。对于探测，我们关注目标物体信息的获取和整合，包括局部几何形状、硬度、摩擦、质地、热传导性等。对于响应，我们尤其关注事件的检测，比如外部作用导致的接触，以及对它们类型和大小的评估。对这些信息的应用往往相互关联的，例如，我们操作物体来达到探测它们的目的，我们通过使用目标探测获得的信息来提高我们在操作中对力和运动的控制能力。识别接触事件对于操作和探测来说如同它对于响应一样的重要。

图 19.6 总结了前面所评述的各种类型传感器所获得的信息的一般流程，由原始的感测量到提供给操作、探测和响应的信息。一种有用的思考就是考虑究竟哪些信息我们用来执行一项任务，例如在手指间来回转动钢笔。即使我们闭上眼睛也很容易完成这个任务。我们使用了哪些信息？我们需要跟踪笔的位置和方向，监测我们施加于钢笔上的力以保持稳定的操作。换句话说，我们需要知道我们所抓取的结构外形，在我们手指表面上接触的位置和运动，抓取力的大小，考虑摩擦力限制的接触条件等。对于机器人也要有同样的需求，可以通过图 19.6 中信息流程来提供。

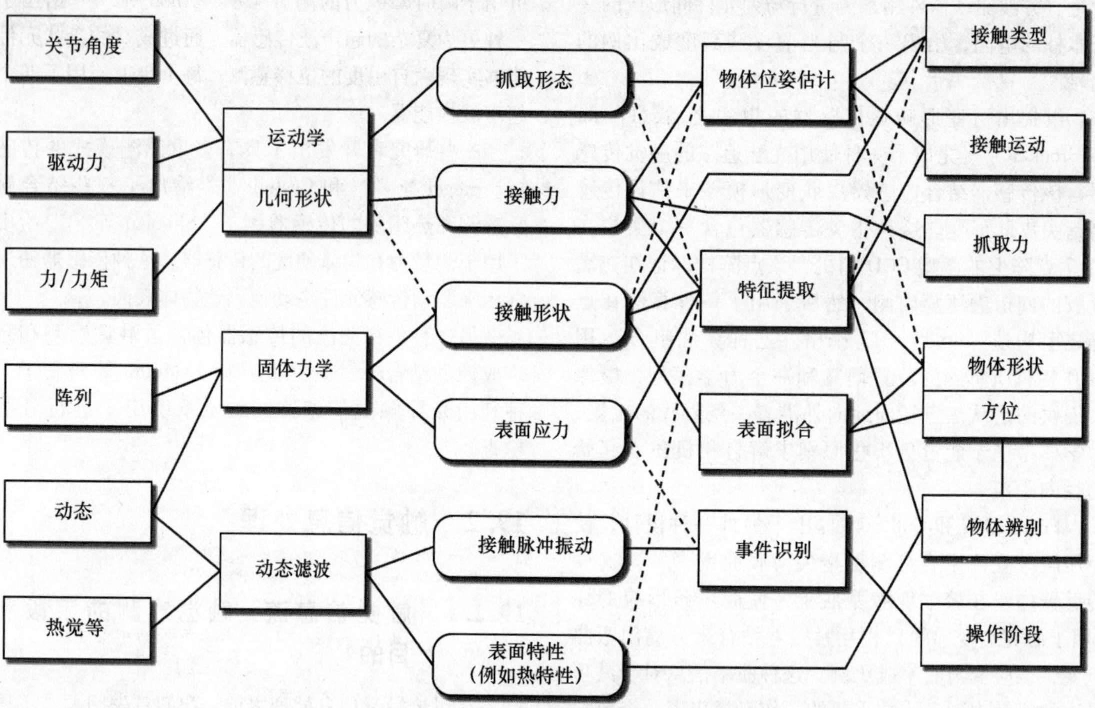

图 19.6 力和触觉传感器信息流程和信号处理

在图 19.6 的左上角，关节角度结合机械手的正向运动学模型与所知的外部连杆几何尺寸，建立固连于指尖的位置和方位的坐标系。这个信息需要整合关于物体形状、表面法向方位等的局部信息，以便能确定物体整体的几何形状和姿态。

驱动力传感器提供关于合力的信息，使用了雅可比转置矩阵：$\boldsymbol{J}^{\mathrm{T}}\boldsymbol{f}=\boldsymbol{\tau}$，其中 $\boldsymbol{f}$ 是一个 $n\times1$ 的向量，表示相对固连于工具附件的坐标系的外部力和力矩；$\boldsymbol{J}^{\mathrm{T}}$是雅可比转置矩阵，映射外部作用力和力矩到关节转矩；$\boldsymbol{\tau}$ 是一个 $m\times1$ 的向量，表示具有 m 个自由度的一列运动链的转矩。我们需要 $\boldsymbol{J}^{\mathrm{T}}$的第 k 列的元素都远远大于 $\boldsymbol{J}$ 的整体条件数，从而为 $\boldsymbol{f}$ 的第 k 个元素提供准确的测量。Eberman 和 Salisbury[19.93] 认为如果机械手具有明晰的动力学方程，是有可能仅仅使用对关节转矩的测量来实现对接触力及其位置的测量。

或者，我们可以使用安装在手指上，见图 19.3，或者在机器人腕关节处的多维力/力矩传感器来获得接触力。这种方法的优势在于可以提供具有很高信噪比的动态力信号，因为它们不会被机器人手臂或手指以及它们的传动装置的惯性所掩盖。如果指尖的几何形状已知，可以使用本征触觉感测[19.50,94] 方法通过检测作用在传感器上合力和力矩的比值来计算接触位置和接触力。

当接触面相对指尖很小时，以至于可以近似为点接触，结合指尖为凸面形状，就容易计算出来接触位置。图 19.7 描绘了与指尖表面接触在位置 $\boldsymbol{r}$ 的接触力 $\boldsymbol{f}$。用如图 19.2 所示类型的力/力矩传感器测量相对于坐标系原点的力矩 $\boldsymbol{\tau}=\boldsymbol{r}\times\boldsymbol{f}$。如果我们考虑垂直于 $\boldsymbol{f}$ 作用力线的杠杆臂 $\boldsymbol{h}$，则 $\boldsymbol{h}/h=\boldsymbol{f}/f\times\boldsymbol{\tau}/\tau$，其中 $h=f\times\tau$ 是 $\boldsymbol{h}$ 的长度。于是可以得到 $\boldsymbol{r}=\boldsymbol{h}-\alpha\boldsymbol{f}$，其中 α 是通过求解作用力线与指尖表面的交点得到的常量。对于凸状指尖，将有两个这样的交点，其中只有一个对应于正（内向）的接触力。

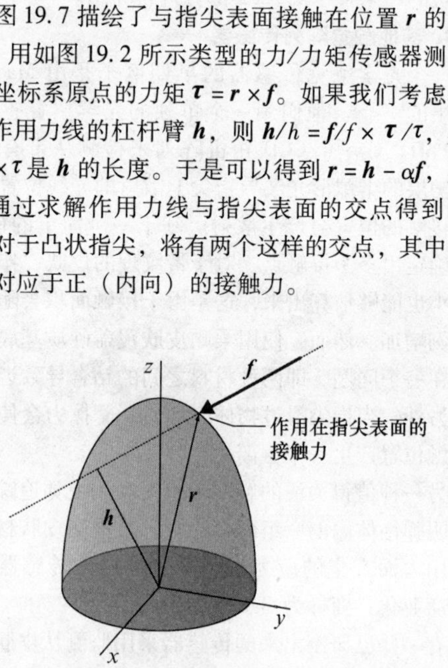

图 19.7 本征触觉感测：接触会产生一条唯一的作用线和相对指尖坐标系原点的力矩(通过求解作用线与指尖表面的交点可以得到接触位置)

更进一步，从接触位置可以推断出局部接触法向，并且通过少量力的测量推断出接触运动的类型。Bicchi 提出一种算法将这些方法扩展应用于柔软手指[19.94]。Brock 和 Chiu[19.51] 描述了采用这种方法，利用力传感器来感知物体的形状以及测量被抓物体的质量和重心。

对于涉及很小的物体或很小的力和动作的精细作业，皮肤传感器可以提供非常灵敏的测量。一般而言，随着作业要求变得越来越小，传感器必须更加靠近接触部分，以使介于中间的机械手零件的柔顺性和惯性不干扰测量。Dario[19.95] 指出指尖力传感器可以测量 0.1 ~ 10.0N 的力，而阵列传感器可以测量 0.01 ~ 1.0N 的分布力。Son 等[19.11] 发现本征触觉感测和阵列传感器都可以提供精确的（1mm 以内）接触位置确定，但是本征触觉感测方法对力/力矩传感器标定精度具有固有的敏感性，并且未建模的动态力也会产生瞬时误差。

沿着图 19.6 的左侧继续向下，是皮肤阵列传感器这一大类。对来自阵列传感器的信息解释首先取决于换能器的类型。对于二值接触或接近觉传感器阵列来说，解释主要就是确定接触面的位置和形状。二值视觉的通用技术可以用于获得亚像素分辨率，从而识别接触特征。这个信息，与通过驱动力或力/力矩传感器所测量的抓取力相结合，对于基本的操作作业已经足够了[19.47]。

19.2.2　固体力学与反卷积

有一个与触觉阵列传感器相关的基本问题，就是通过一组从皮肤表面下所获取的有限数量的测量来重构皮肤表面所发生的情况。我们通常感兴趣的是确定与皮肤接触有关的压力，或者是切应力的分布。在其他情况下，比如当指尖由凝胶或被一层薄膜覆盖的柔性泡棉组成，以至于压力几乎恒定不变时，所关注的则是接触的局部几何形状。

在下面的例子里，我们考虑阵列元件位于弹性皮肤表面下方深度为 d 的情况。接触导致了在关注区域上的压力分布。我们建立一个其 z 轴指向向内法线方向的坐标系，为简单起见，我们考虑一维受力状况，$p(y)$，其压力分布沿 x 方向是不变的。我们进一步假设皮肤在 x 方向上的长度远大于皮肤的厚度，所以 x 方向的应变是受抑制的，就可以看作平面应变弹性力学问题。我们还假设皮肤是一个均质、各向同性的材料并且应变小到足以满足线性弹性理论应用的条件。当然，在现实情况下没有一种假设是完全符合的；但是，结果与从实际机器人手指和触觉阵列获得的测量是定性一致的。对于一般方法和线性弹性模型精度的详尽讨论可参见参考文献［19.22，79，96 ~98］。

图 19.8 说明了两个线性负荷或刀刃挤压皮肤表面的情况（类似于人类触觉敏锐度的两点辨别测试中的平面类型）。对单个线性负荷和脉冲响应的求解在 1885 年由 Boussinesq 得出。对于平面应变情况，在笛卡儿坐标系下单位法向脉冲在（y，z）平面的主应力可以表示为[19.99]

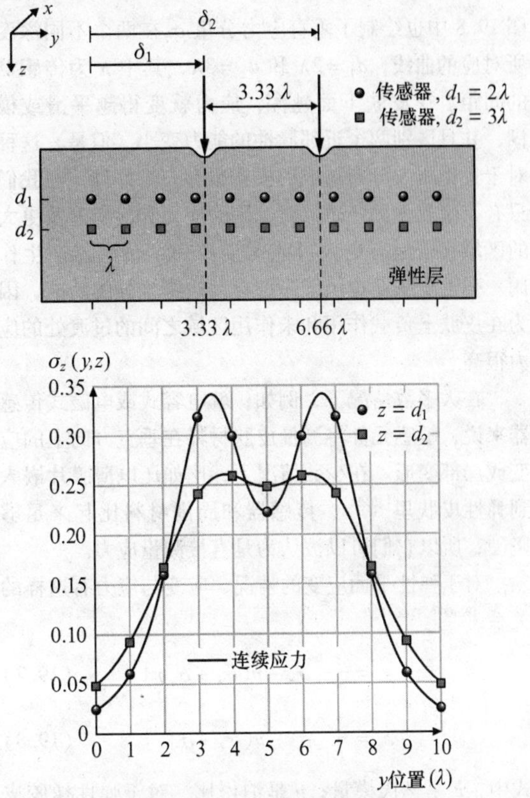

图 19.8　两个线负荷（单位量）的平面-应变应力响应（注意在较大深度处出现模糊情况）

$$\sigma_z(y,z)=\left(\frac{-2}{\pi z}\right)\frac{1}{[1+(y/z)^2]^2} \tag{19.1}$$

$$\sigma_y(y,z)=\left(\frac{-2}{\pi z}\right)\frac{(y/z)^2}{[1+(y/z)^2]^2} \tag{19.2}$$

$$\sigma_x(y,z)=\nu(\sigma_y+\sigma_z) \tag{19.3}$$

式中，ν 为材料的泊松比（弹性橡胶材料一般为 0.5）。

对于距离原点分别为 δ_1 和 δ_2 的两个线性负荷，可以通过叠加求解得到

$$\sigma_z(y,z)=\left(\frac{-2}{\pi z}\right)\left(\frac{1}{\left[1+\left(\frac{y-\delta_1}{z}\right)^2\right]^2}+\frac{1}{\left[1+\left(\frac{y-\delta_2}{z}\right)^2\right]^2}\right) \tag{19.4}$$

$$\sigma_y(y,z)=\left(\frac{-2}{\pi z}\right)\left(\frac{\left(\frac{y-\delta_1}{z}\right)^2}{\left[1+\left(\frac{y-\delta_1}{z}\right)^2\right]^2}+\frac{\left(\frac{y-\delta_2}{z}\right)^2}{\left[1+\left(\frac{y-\delta_2}{z}\right)^2\right]^2}\right) \tag{19.5}$$

对于更一般的压力分布，应力可以通过压力分布 $p(y)$ 和脉冲响应 $G_i(y, z)$ 的卷积得到

$$\sigma_i = \int_{\tau=-\infty}^{\tau=y}[p(\tau)\mathrm{d}\tau]G_i(y-\tau,z) \tag{19.6}$$

图 19.8 中也绘制了垂直应力分量 σ_z 在两个不同深度所对应的曲线，$d_1=2\lambda$ 和 $d_2=3\lambda$，其中 λ 为传感器的间距。往皮肤下面越深，应力就变得越平滑或模糊，并且区别两个近邻脉冲的能力变小。但是，这种对于集中压力分布造成的模糊也有一个好处，当我们只有有限数量的传感器时，因为应力和应变遍及更大的区域，于是有更大可能对至少一个传感器产生作用。弹性皮肤还提供了一种自动边缘增强的功能，因为在皮肤上负载作用和未作用区域之间的过渡处的应力很高。

在大多数情况下，例如，就电容式或电磁式传感器来说，敏感元件将测量皮肤材料在垂直方向上的应变或局部变形。在少数情况下，比如压电薄膜片嵌入到弹性皮肤里[19.22]，传感器和周围材料比起来足够坚硬，所以它们可以被认为是直接测量应力。

对于弹性平面应变的情况，应变与应力有这样的关系[19.100]

$$\varepsilon_y=\frac{1}{E}[\sigma_y-\nu(\sigma_x+\sigma_z)] \tag{19.7}$$

$$\varepsilon_z=\frac{1}{E}[\sigma_z-\nu(\sigma_x+\sigma_y)] \tag{19.8}$$

式中，E 是杨氏模量；ν 是泊松比，对于弹性橡胶皮肤我们假定它为 0.5。

图 19.9 展示了一个由一行敏感元件获取的典型测量结果，是对图 19.8 中两个线性负荷作用的测量。每一个竖条表示对应的应变 ε_{zi}，它由相应的敏感元件测量并利用式（19.8）计算，其中的应力由式（19.4）、式（19.5）和式（19.3）得到。

在这一点上的问题是，利用有限数量的表面下应变测量值，对表面压力分布 $p(y)$ 做出最佳估计。这个问题是关于从稀少的遥测数据来估计信号的一个经典例子。实现这个过程的一种方法是基于反卷积技术[19.22,79,97]。将从传感器测得的信号 ε_z 与脉冲应变响应 $H(y)$ 的逆进行卷积来求得导致信号产生的表面压力。这种逆运算常常会放大高频噪声，并且必须根据传感器的空间密度及其在表面下的深度对逆滤波器的带宽加以限制。

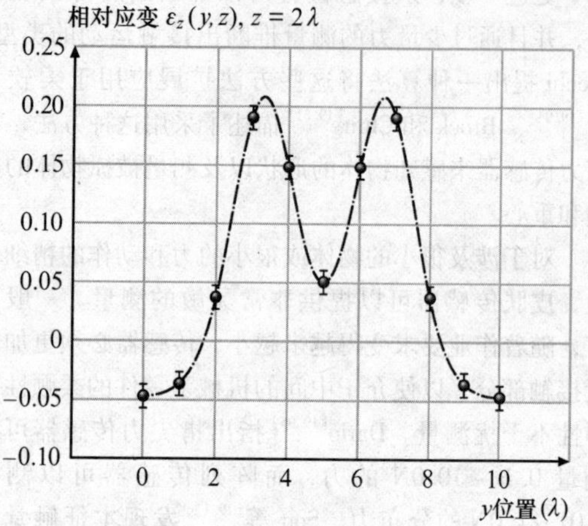

图 19.9　假定 5% 噪声情况下测量的应变

另一种方法[19.16,96]是假定表面压力分布可以由一组有限的脉冲 $\boldsymbol{p}=(p_1, p_2\cdots p_n)^t$ 近似。传感器的读数构成一个矢量 $\boldsymbol{\varepsilon}=(\varepsilon_1, \varepsilon_2\cdots\varepsilon_m)^t$，其中对于上面讨论的带宽限制取 $m>n$。于是应变响应可以被写成一个矩阵方程

$$\boldsymbol{\varepsilon}=\boldsymbol{Hp} \tag{19.9}$$

$\boldsymbol{H}$ 中的每个元素可以使用式（19.8）计算得到，用到的 $\boldsymbol{\sigma}_z$ 和 $\boldsymbol{\sigma}_y$ 由与式（19.4）和式（19.5）类似的等式计算得到，$\boldsymbol{\sigma}_x$ 由式（19.3）得到。于是估计的离散压力分布可以通过 $\boldsymbol{H}$ 的伪逆得到

$$\hat{\boldsymbol{p}}=\boldsymbol{H}^+\boldsymbol{\varepsilon} \tag{19.10}$$

利用图 19.9 中在深度 $d=2\lambda$ 处的应变测量值，使用伪逆方法估计的压力分布如图 19.10 所示。在这个例子中，尽管有假定的 5% 的噪声，因为这组假定的七个脉冲偶然地与实际负荷相匹配，重构仍是非常精确的。

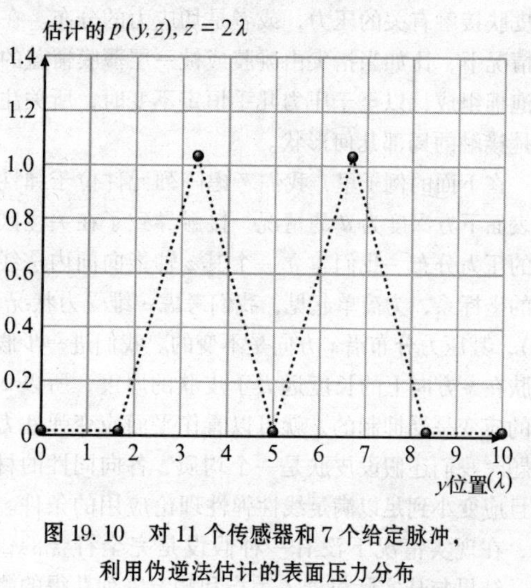

图 19.10　对 11 个传感器和 7 个给定脉冲，利用伪逆法估计的表面压力分布

构造柔软机器人指尖的一种可供选择的方法是包裹上柔顺的中间物，比如海绵橡胶或装在薄弹性膜里的流体[19.18,80,84,101~104]。一些为这类手指开发的触觉阵列传感器可以直接测量薄膜形状，所以不需要物理模型用于信号的解释[19.18]。另一个感测方案使用位于手指中间的磁性传感器阵列，测量磁场中由于磁性负载薄膜的变形而引起的改变[19.104]。已经开发出的一种统计算法由传感器信号可以鲁棒地确定薄膜形状[19.18]。然而，仍然需要一个力学模型，才能由所有这些传感器提供的形状信息来得到接触面上的压力分布。

19.2.3 曲率和形状信息

测量表面下应变或挠度的另一个选择就是在传感器阵列的每一个元件处直接的测量局部曲率[19.105,106]。曲率信息可以直接应用于识别接触类型和形心位置，或它被整合在一起以获得接触的局部形状，正如利用刚刚描述的传感器来测量薄膜的轮廓。为了减少噪声的影响，有必要在整合之前为薄膜假设一个简单的模型并使用基函数来拟合曲率数据[19.20]。

回到图19.6，一旦局部接触形式或几何形状建立起来，下一步往往是特征识别（例如，识别物体上的拐角或尖脊）以及确定手中物体的整体形状和姿态。

通常物体的形状是至少部分地先验已知，在这种情况下有多种表面或数据拟合方法可以使用，例如，Fearing[19.107]开发了一种由触觉阵列数据来计算曲率半径和广义圆柱方位的方法，还开发了进行类似的计算的神经网络[19.108]。其他的方案使用接触位置、表面法向和接触力来确定关于物体形状和相对于手的方向的信息[19.109~112]。

Allen[19.113]基于用于感测物体的特殊探测过程，对物体形状属性使用了几种不同的基元表示法。物体的体积和近似形状通过围绕抓取来感知，并且利用超二次曲面对最终得到的形状建模。同样，依据一种广义圆柱表示法，测量物体表面的侧面大小可以得到一个“面—边—顶点”模型和轮廓。

关于由什么构成一个恰当的特征集合的问题还不是很清楚，尽管它明显地取决于预期的应用。Ellis[19.69]考虑了恰当的特征集合以及用于获得所需数据的方法。Lederman和Browse[19.114]指出表面粗糙度、表面曲率和定位边都在人类触觉感知中所使用。

19.2.4 物体和表面识别

触觉信息最常见的应用是关于物体的识别和分类。物体识别的目标就是使用由触觉得到的信息把一个物体从一组已知的物体中辨别出来。分类的目标则是按照预选的感知的属性把对象分类。这些系统通常是基于由触觉阵列或力传感器获得的几何信息。最近，在探测和识别任务中使用其他类型的触觉信息（比如柔顺性、纹理、热特性）也受到了一些关注[19.115~117]。

许多系统采用了统计模式识别方法，由于只有来自感测数据的统计信息被使用，这个方法可以提高抗干扰性。遗憾的是，这也就意味着只有少数物体类型可以被辨别。已开发的系统有基于触觉阵列传感器数据的统计信息[19.118,119]和基于抓取物体时的手指关节角度的统计信息的[19.120~122]。

许多从触觉阵列数据提取的不同特征已经用于基于模型的识别和分类。系统使用了几何特征，比如孔、边和棱角[19.105,114,123]以及物体表面[19.124]。其他特征集合包括几何矩[19.125,126]、线性变换[19.127]和表面切线序列[19.128]。Gaston和Lozano-Perez[19.110]使用局部表面法向和接触位置作为特征，它们可以从阵列、力或关节传感器信息获得。Siegel[19.129]提出一种通过测量手指关节角度和扭矩，得到机器人手中所抓取已知物体的姿态的方法。

19.2.5 主动感测策略

由于接触仅仅提供局部的信息，因此运动是进行识别和探测的触觉感测中必不可少的一个部分。有几个关于物体识别应用方面的研究者开发出了传感器运动的规划策略，以便在每一次后续观测中减少与先前观测中结果一致的目标的数量。这有时也被称为“假设与测试”方法。早期的例子包括Gurfinkel等[19.105]和Hillis[19.123]。Schneiter[19.111]、Grimson和Lozano-Perez[19.109]、Ellis[19.130]和Cameron[19.131]都曾开发出了用于规划传感器运动的算法，通过对接触位置和局部表面法向的接触测量来快速识别多边形物体。在Schneiter的方案中，每次感测运动必须穿过所有与前一次传感器观测一致的目标的交会边界。Yap和Cole[19.112]指出，一个用于确定具有V个顶点的凸平面多边形形状的探测策略，至少需要$3V-1$次测量。Roberts[19.132]提出了一个用于识别的运动策略，采用沿着物体表面和边缘跟踪机器手指，而不是移动手指穿过它们之间的自由空间。

在非基于模型的方法中，Klatzky等[19.117]提出机器人系统可以采用与人类在触觉探测中所使用的相同的探测程序。这些程序规定了任务所需要的手指运动，比如描摹物体轮廓、测量柔顺性和确定物体表面的侧面大小。Stansfield[19.116,133]和Allen[19.113]使用带有触觉阵列传感器的多指机器人手执行过一些这样的探测程序。Dario等[19.134]也设计了类似的触觉子程序，并已用于一些令人关注的应用中，包括对柔软表面下硬化肿块（比如肿瘤）的探测。Kaneko和Tanie[19.45]描述了一种方法使用很小的手指运动来找到手指—物体接触的位置，而不需要分布式的触觉传感器。

边缘跟踪和表面跟随也得到很大的关注。Muthukrishnan等[19.135]研究了边缘发现算法用于连续的触觉阵列感知之间的段匹配。Berger和Khosla[19.136]展示了利用触觉阵列信息实现的实时弯曲边缘跟踪。Pribadi等[19.137]提出了一种使用触觉信息跟踪未知物体表面的控制策略。Bay[19.138]设计了一种表面形状估计器用于利用多指手的探测，它使用来自一个力传感器的接触位置及表面法向信息。Zhang和Chen[19.139]提出了一种触觉伺服的方法，他们对柔顺触觉传感器和物体之间的接触进行建模从而获得触觉雅克比矩阵，并将其用于生成机械手增量运动指令。他们验证了这种方法在滚动接触和边缘跟踪任务中的应用。

实际上，表面跟随和操作经常是结合在一起的。Okamura和Cutkosky[19.140]提出了一种方法使用具有触觉传感器的圆形指尖来跟踪物体表面和定位特征，特征定义为其局部曲率高于指尖曲率的那些区域。

19.2.6 动态感测和事件检测

对于用来检测诸如指尖和物体间轻柔接触或滑动事件的动态触觉传感器来说，最主要的挑战就是在于能否可靠地检测事件，并且没有误报。响应触觉事件而产生很大信号的动态触觉传感器，也很容易响应机器人传动机构的振动和机器人手爪快速地加速而产生很大的信号。为了更鲁棒地检测触觉事件，解决方法包括比较来自接触区域上和远离接触区域的动态触觉传感器所测量的信号，以及鉴别真正触觉事件的“特征”的统计模式识别方法[19.65,68,93]。

19.2.7 热觉传感器和其他传感器的集成

像热接触传感器的这类传感器很少单独使用。它们的信号通常与来自触觉阵列和其他传感器的信号整合在一起，以产生额外信号用于识别物体。Dario等[19.141]展示了一种方法，一个热接触传感器结合一个触觉压力感测阵列，以及一个用于刻画表面粗糙度的动态触觉传感器，一起用于在不同物体中进行辨别。受人类所使用步骤启发得到的不同探测步骤[19.142]，都需要消除歧义。

19.3 集成的需求

我们还没有讨论的一个关键问题是连接一个大型的各式各样的触觉传感器阵列的困难。在1987年Jacobsen等[19.143]就指出布线可能是灵巧手设计中最大的难题，并且在很大程度上，今天依然是这样的。但是，近年来针对这个问题已经提出了一些解决办法，使用无线传感器或者使用智能总线用于电源与信号的连接。Shinoda和Oasa[19.144]在弹性皮肤里嵌入了微型无线传感元件，使用一个感应基础线圈来供电和发送信号。每一个传感元件就是一个具有不同谐振频率的调谐谐振器，其谐振频率是对应力敏感的。Yamada等[19.68]使用无线传感器芯片，这个芯片使用穿过一个透明弹性体的光传输用于供电和传送六个应力分量到安全地置于皮肤表面下的能量接收芯片。Hakozaki和Shinoda[19.145]在两层导电橡胶之间嵌入触觉传感芯片，导电橡胶用作供电和串口通信总线从而消除单独的线路。微处理器尺寸的缩小也使得在最接近传感器的地方安放多路复用、信号调节等装置成为可能，从而减少了必须转发回机器人的原始信息的数量。

19.4 总结和展望

和计算机视觉比起来，触觉感测总是看起来还要若干年才能被广泛采用。正如在本章的引言中所介绍，原因包括物理问题（传感器的放置和鲁棒性，连线的困难）和传感器类型的多样性，比如用于检测力、压力、局部几何形状、震动等。正如我们所看到的，这些触觉信息量中每种的变换和解释方法都有很大不同。但是，仍有一些基本的问题是触觉感测所共同面临的。例如，传感器普遍置于柔性皮肤里面或皮肤下方，与作用于皮肤表面上的压力、应力、热梯度或移位相比，它们检测得到的量将受到影响。

当为机器人臂或手选择触觉传感器时，首先考虑最想得到哪种触觉量以及用于什么目的是行之有效的。例如，在力伺服中主要关心的是以足够的数据率获得负荷或接触力的准确测量值，这样本征触觉感测可能是最合理的。如果以滑动或滚动方式的轻柔接触来操作物体，测量压力分布或者局部皮肤变形的弯曲阵列传感器将是最需要的。如果探测物体来了解它们的纹理或材料成分，动态触觉传感器和热觉传感器将更为有效。

在理想世界里，可以把所有这些触觉传感器加入到机器人的末端执行器中，而不用考虑成本、信号处理或布线复杂性。幸运的是，适于触觉感测的变换器的成本和尺寸都在不断地下降，并且柔性电路表面封装器件的利用，使得执行本地化信息处理的能力也在提高。在不久的将来，使用材料沉积和激光加工技术，在型面上现场制作密集的变换器阵列将逐渐成为可能。这样，使机器人最终开始具有近似于最低等动物的触觉灵敏度和响应能力。

参考文献

19.1 M.H. Lee: Tactile sensing: new directions, new challenges, Int. J. Robot. Res. **19**(7), 636–643 (2000)

19.2 M.H. Lee, H.R. Nicholls: Tactile sensing for mechatronics – a state of the art survey, Mechatronics **9**(1), 1–31 (1999)

19.3 J.-P. Uldry, R.A. Russell: Developing conductive elastomers for applications in robotic tactile sensing, Adv. Robot. **6**(2), 255–271 (1992)

19.4 T.V. Papakostas, J. Lima, M. Lowe: A large area force sensor for smart skin applications, Proc. IEEE Sensors, Vol. 2 (2002) pp. 1620–1624

19.5 T. Someya: Integration of organic field-effect transistors and rubbery pressure sensors for artificial skin applications, IEEE Int. Electron. Dev. Meeting (Washington 2003) pp. 8–14

19.6 M. Shimojo, A. Namiki, M. Ishikawa, R. Makino, K. Mabuchi: A tactile sensor sheet using pressure conductive rubber with electrical-wires stitched method, IEEE Sens. J. **4**(5), 589–596 (2004)

19.7 D. De Rossi, A. Della Santa, A. Mazzoldi: Dressware: wearable piezo- and thermoresistive fabrics for ergonomics and rehabilitation, Proc. 19th Ann. Int. Conf. IEEE Eng. Med. Biol. Soc., Vol. 5 (Elsevier 1997) pp. 1880–1883

19.8 A. Tognetti, F. Lorussi, M. Tesconi, D. De Rossi: Strain sensing fabric characterization, Proc. IEEE Sensors, Vol. 1 (2004) pp. 527–530

19.9 R.S. Fearing, T.O. Binford: Using a cylindrical tactile sensor for determining curvature, IEEE Trans. Robot. Autom. **7**(6), 806–817 (1991)

19.10 D.C. Chang: Tactile Array Sensors and Data Interpretation for Dexterous Robotic Rolling Manipulation. Ph.D. Thesis (Stanford University, Stanford 1995)

19.11 J.S. Son, M.R. Cutkosky, R.D. Howe: Comparison of contact sensor localization abilities during manipulation, Proc. IEEE/RSJ Int. Conf. Intell. Robot. Syst., Vol. 2 (1995) pp. 96–103

19.12 Pressure Profiles Systems: www.pressureprofile.com/

19.13 T. Hoshi, H. Shinoda: A sensitive skin based on touch-area-evaluating tactile elements, Proc. IEEE Virtual Reality (2006) pp. 89–94

19.14 B.J. Kane, M.R. Cutkosky, G.T.A. Kovacs: A traction stress sensor array for use in high-resolution robotic tactile imaging, J. Microelectromech. Syst. **9**(4), 425–434 (2000)

19.15 P. Valdastri, S. Roccella, L. Beccai, E. Cattin, A. Menciassi, M.C. Carrozza, P. Dario: Characterization of a novel hybrid silicon three-axial force sensor, Sens. Actuators A **123–124**, 249–257 (2005)

19.16 K. Kamiyama, H. Kajimoto, N. Kawakami, S. Tachi: Evaluation of a vision-based tactile sensor, Proc. IEEE Int. Conf. Robot. Autom., Vol. 2 (2004) pp. 1542–1547

19.17 N.J. Ferrier, R.W. Brockett: Reconstructing the shape of a deformable membrane from image data, Int. J. Robot. Res. **19**(9), 795–816 (2000)

19.18 W. Nowlin: Experimental results on Bayesian algorithms for interpreting compliant tactile sensor data, Proc. IEEE Int. Conf. Robot. Autom. (Sacramento 1991) pp. 378–383

19.19 R.A. Russell, S. Parkinson: Sensing surface shape by touch, Proc. IEEE Int. Conf. Robot. Autom., Vol. 1 (1993) pp. 423–428

19.20 W.R. Provancher, M.R. Cutkosky: Sensing local geometry for dexterous manipulation, Proc. Int. Symp. Exp. Robot. (Sant'Angelo d'Ischia 2002) pp. 507–516

19.21 P. Dario, R. Lazzarini, R. Magni, S.R. Oh: An integrated miniature fingertip sensor, Micro Machine and Human Science, 1996., Proc. 7th International Symposium (1996) pp. 91–97

19.22 R.D. Howe, M.R. Cutkosky: Dynamic tactile sensing: Perception of fine surface features with stress rate sensing, IEEE Trans. Robot. Autom. **9**(2), 140–151 (1993)

19.23 H. Gladstone, K.J. Waldron, C. Enedah: Stiffness and texture perception for teledermatology, Stud. Health Technol. Inform. **111**, 579–585 (2005)

19.24 R.D. Howe, M.R. Cutkosky: Sensing skin acceleration for texture and slip perception, Proc. IEEE Int. Conf. Robot. Autom. (Scottsdale 1989) pp. 145–150

19.25 R.A. Russell: Using tactile whiskers to measure surface contours, Proc. IEEE Int. Conf. Robot. Auton., Vol. 2 (1992) pp. 1295–1299

19.26 M. Kaneko, N. Ueno, T. Tsuji: Active antenna-basic considerations on the working principle, Proc. IEEE/RSJ/GI Int. Conf. Intell. Robot. Syst. (IROS '94), Vol. 3 (1994) pp. 1744–1750

19.27 T.N. Clements, C.D. Rahn: Three-dimensional contact imaging with an actuated whisker, IEEE/RSJ Int. Conf. Intell. Robot. Syst. (IROS 2005) (2005) pp. 598–603

19.28 N. Cowan, E. Ma, M.R. Cutkosky, R. Full: A biologically inspired passive antenna for steering control of a running robot, International Symposium on Robotics Research, Springer Tracts Adv. Robotics (Springer, Berlin, Heidelberg 2004)

19.29 J.M. Vranish, R.L. McConnell, S. Mahalingam: Capaciflector collision avoidance sensors for robots, Comput. Electron. Eng. **17**(3), 173–179 (1991)

19.30 E. Cheung, V. Lumelsky: A sensitive skin system for motion control of robot arm manipulators, Robot. Auton. Syst. **10**(1), 9–32 (1992)

19.31 D. Um, B. Stankovic, K. Giles, T. Hammond, V. Lumelsky: A modularized sensitive skin for mo-

tion planning in uncertain environments, Proc. 1998 IEEE Int. Conf. Robot. Autom., Vol. 1 (Leuven 1998) pp. 7–12
19.32 S. Walker, K. Loewke, M. Fischer, C. Liu, J.K. Salisbury: An optical fiber proximity sensor for haptic exploration, Int. Conf. Robot. Autom. (IEEE 2007) pp. 473–478
19.33 E. Guglielmelli, V. Genovese, P. Dario, G. Morana: Avoiding obstacles by using a proximity US/IR sensitive skin, Proc. 1993 IEEE/RSJ Int. Conf. Intell. Robot. Syst. (IROS '93) (Yokohama 1993) pp. 2207–2214
19.34 D. Wegerif, D. Rosinski: Sensor based whole arm obstacle avoidance for kinematically redundant robots, Proc. SPIE Int. Soc. Opt. Eng., Vol. 1828 (Boston 1992) pp. 417–426
19.35 G. Buttazzo, P. Dario, R. Bajcsy: Finger based explorations. In: *Intelligent Robots and Computer Vision: Fifth in a Series*, ed. by D. Casasent (Cambridge 1986) pp. 338–345
19.36 D. Siegel, I. Garabieta, J. Hollerbach: An integrated tactile and thermal sensor, Proc. IEEE Int. Conf. Robot. Autom. (San Francisco 1986) pp. 1286–1291
19.37 R.A. Russell: A thermal sensor array to provide tactile feedback for robots, Int. J. Robot. Res. **5**(3), 35–39 (1985)
19.38 D.G. Caldwell, C. Gosney: Enhanced tactile feedback (Tele-taction) using a multi-functional sensory system, Proc. IEEE Int. Conf. Robot. Autom., Vol. 1 (Atlanta 1993) pp. 955–960
19.39 G.J. Monkman, P.M. Taylor: Thermal tactile sensing, IEEE Trans. Robot. Autom. **9**(3), 313–318 (1993)
19.40 J. Engel, J. Chen, X. Wang, Z. Fan, C. Liu, D. Jones: Technology development of integrated multi-modal and flexible tactile skin for robotics applications, Proc. IEEE/RSJ Int. Conf. Intell. Robot. Syst. (IROS 2003), Vol. 3 (2003) pp. 2359–2364
19.41 P. Bergveld: Development and application of chemical sensors in liquids. In: *Sensors and Sensory Systems for Advanced Robotics* (Springer, Berlin, Heidelberg 1986) pp. 397–416
19.42 T. Nakamoto, A. Fukuda, T. Moriizumi: Perfume and flavor identification by odor sensing system using quartz-resonator sensor array and neural-network pattern recognition, TRANSDUCERS '91: Proc. 6th Int. Conf. Solid-State Sensors and Actuators (San Francisco 1991) pp. 355–358
19.43 B.A. Auld, A.J. Bahr: A novel multifunction robot sensor, Proc. IEEE Int. Conf. Robot. Autom. (San Francisco 1986) pp. 1262–1267
19.44 H. Clergeot, D. Placko, J.M. Detriche: Electrical proximity sensors. In: *Sensors and Sensory Systems for Advanced Robotics*, ed. by P. Dario (Springer, Berlin, Heidelberg 1986) pp. 295–308
19.45 M. Kaneko, K. Tanie: Contact point detection for grasping of an unknown object using self-posture changeability (SPC), Proc. IEEE Int. Conf. Robot. Autom. (Cincinati 1990) pp. 864–869
19.46 J.K. Salisbury: Kinematic and force analysis of articulated hands. In: *Robot Hands and the Mechanics of Manipulation*, ed. by M.T. Mason, J.K. Salisbury (MIT Press, Cambridge 1985)
19.47 B.B. Edin, L. Beccai, L. Ascari, S. Roccella, J.J. Cabibihan, M.C. Carrozza: A bio-inspired approach for the design and characterization of a tactile sensory system for a cybernetic prosthetic hand, Proc. IEEE Int. Conf. Robot. Autom. (2006) pp. 1354–1358
19.48 A. Pugh (Ed.): *Robot sensors, Volume 2: Tactile and Non-Vision* (IFS Springer, New York 1986)
19.49 J.G.. Webster: *Tactile Sensors for Robotics and Medicine*, Vol. 16 (Wiley, New York 1988)
19.50 J.K. Salisbury: Interpretation of contact geometries from force measurements. In: *Robotics Research: The First International Symposium*, ed. by M. Brady, R.P. Paul (MIT Press, Cambridge 1984)
19.51 D. Brock, S. Chiu: Environment perception of an articulated robot hand using contact sensors, ASME Winter Annual Meeting, Robotics and Manufacturing Automation, Vol. 15 (Miami 1985) pp. 89–96
19.52 F.W. Sinden, R.A. Boie: A planar capacitive force sensor with six degrees of freedom, Proc. IEEE Int. Conf. Robot. Autom. (San Francisco 1986) pp. 1806–1813
19.53 Y.-L. Park, K. Chau, R.J. Black, M.R. Cutkosky: Force sensing robot fingers using embedded fiber Bragg grating sensors and shape deposition manufacturing, Int. Conf. Robot. Autom. (IEEE 2007) pp. 1510–1516
19.54 A. Bicchi: A criterion for optimal design of multiaxis force sensors, MIT AI Lab Memo, no. 1263 (MIT Press, Cambridge 1990)
19.55 M. Uchiyama, E. Bayo, E. Palma-Villalon: A mathematical approach to the optimal structural design of a robot force sensor, Proc. USA-Japan Symp. Flexible Automation (ASME, Minneapolis 1988) pp. 539–546
19.56 A. Bicchi, J.K. Salisbury, P. Dario: Augmentation of grasp robustness using intrinsic tactile sensing, IEEE Int. Conf. Robot. Autom. (Scottsdale 1989) pp. 302–307
19.57 M. Ueda: Tactile sensors for an industrial robot to detect a slip, Proc. 2nd Int. Symp. Industrial Robots (Chicago 1972) pp. 63–70
19.58 R. Matsuda: Slip sensor of industrial robot and its application, Electric. Eng. Jap. **96**(5), 129–136 (1976)
19.59 J. Rebman, J.-E. Kallhammer: A search for precursors of slip in robotic grasp. In: *Intelligent Robots and Computer Vision: Fifth in a Series*, ed. by D. Casasent (Cambridge 1986) pp. 329–337
19.60 P. Dario, D. De Rossi: Tactile sensors and the gripping challenge, IEEE Spectrum **22**(5), 46–52 (1985)
19.61 M.R. Cutkosky, R.D. Howe: Dynamic tactile sensing. In: *ROMANSY 88: Seventh CISM-IFToMM Symposium on the Theory and Practice of Robots and Manipulators*, ed. by A. Morecki, G. Bianchi, K. Jaworek (Udine 1988)
19.62 D. Dornfeld, C. Handy: Slip detection using acoustic emission signal analysis, Proc. IEEE Int. Conf. Robot. Autom., Vol. 3 (1987) pp. 1868–1875
19.63 J.F. Cuttine, C.O. Huey, T.D. Taylor: Tactile sensing of incipient slip, Proc. USA-Japan Symp. Flexible Automation (ASME, Minneapolis 1988) pp. 547–555
19.64 J.B. Morrell: Force Modulation of a Robot Gripper Using Slip Detection. Ph.D. Thesis (Univ. of Washington, Washington 1990)
19.65 M.R. Tremblay, M.R. Cutkosky: Estimating friction using incipient slip sensing during a manipulation

task, Proc. IEEE Int. Conf. Robot. Autom. (Atlanta 1993) pp. 429–434
19.66 J.S. Son, E.A. Monteverde, R.D. Howe: A tactile sensor for localizing transient events in manipulation, Proc. IEEE Int. Conf. Robot. Autom., Vol. 1 (1994) pp. 471–476
19.67 R.W. Patterson, G.E. Nevill Jr: The induced vibration touch sensor – A new dynamic touch sensing concept, Robotica **4**, 27–31 (1986)
19.68 K. Yamada, K. Goto, Y. Nakajima, N. Koshida, H. Shinoda: A sensor skin using wire-free tactile sensing elements based on optical connection, Proc. 41st SICE Ann. Conf., Vol. 1 (2002) pp. 131–134
19.69 R.E. Ellis: Extraction of tactile features by passive and active sensing. In: *Intelligent Robots and Computer Vision*, ed. by D.P. Casasent (Cambridge 1984)
19.70 S. Omata, Y. Terunuma: Development of a new type of tactile sensor for detecting hardness and/or softness of an object like the human hand, TRANSDUCERS '91: Proc. 6th Int. Conf. Solid-State Sensors and Actuators (IEEE Electron Devices Society, San Francisco 1991) pp. 868–871
19.71 A.R. Grahn, L. Astle: Robotic ultrasonic force sensor arrays. In: *Robot sensors, Volume 2: Tactile and Non-Vision*, ed. by A. Pugh (IFS Springer, Berlin, Heidelberg 1986) pp. 297–315
19.72 W.C. Nowlin: Experimental results on Bayesian algorithms for interpreting compliant tactile sensing data, Proc. IEEE Int. Conf. Robot. Autom., Vol. 1 (1991) pp. 378–383
19.73 J.L. Novak: Initial design and analysis of a capacitive sensor for shear and normal force measurement, Proc. IEEE Int. Conf. Robot. Autom. (Scottsdale 1989) pp. 137–145
19.74 C.T. Yao: A novel three-dimensional microstructure fabrication technique for a triaxial tactile sensor array, Proc. IEEE Micro Robots and Teleoperators Workshop (Hyannis 1987)
19.75 F. Arai, N. Iwata, T. Fukuda: Transparent tactile feeling device for touch-screen interface, Robot and Human Interactive Communication, 13th IEEE International Workshop (ROMAN 2004) pp. 527–532
19.76 W. Griffin: Shared Control for Dexterous Telemanipulation with Haptic Feedback. Ph.D. Thesis (Stanford University, Stanford 2003)
19.77 H. Maekawa, K. Tanie, K. Komoriya, M. Kaneko, C. Horiguchi, T. Sugawara: Development of a finger-shaped tactile sensor and its evaluation by active touch, Proc. IEEE Int. Conf. Robot. Autom., Vol. 2 (1992) pp. 1327–1334
19.78 R.S. Fearing: Tactile sensing, perception and shape interpretation. Ph.D. Thesis (Stanford University, Stanford 1987)
19.79 R.S. Fearing: Tactile sensing mechanisms, Int. J. Robot. Res. **9**(3), 3–23 (1990)
19.80 R. Russell: Compliant-skin tactile sensor, Proc. IEEE Int. Conf. Robot. Autom., Vol. 4 (1987) pp. 1645–1648
19.81 O. Kerpa, K. Weiss, H. Worn: Development of a flexible tactile sensor system for a humanoid robot, Proc. IEEE/RSJ Int. Conf. Intell. Robot. Syst. (IROS 2003), Vol. 1 (2003) pp. 1–6
19.82 R. Kageyama, S. Kagami, M. Inaba, H. Inoue: Development of soft and distributed tactile sensors and the application to a humanoid robot, Proc. IEEE Int. Conf. Syst., Man Cybern., Vol. 2 (SMC, 1999) pp. 981–986
19.83 K. Noda, I. Shimoyama: A shear stress sensing for robot hands orthogonal arrayed piezoresistive cantilevers standing in elastic material, 14th Symp. Haptic Interfaces for Virtual Environment and Teleoperator Systems (2006) pp. 63–66
19.84 R.W. Brockett: Robotic hands with rheological surfaces, IEEE Int. Conf. Robot. Autom. (IEEE Comput. Soc. Press, St. Louis 1985) pp. 942–946
19.85 K.B. Shimoga, A.A. Goldenberg: Soft robotic fingertips. I. A comparison of construction materials, Int. J. Robot. Res. **15**(4), 320–350 (1996)
19.86 H. Shinoda, K. Matsumoto, S. Ando: Acoustic resonant tensor cell for tactile sensing, Proc. IEEE Int. Conf. Robot. Autom., Vol. 4 (1997) pp. 3087–3092
19.87 H. Shinoda, S. Sasaki, K. Nakamura: Instantaneous evaluation of friction based on ARTC tactile sensor, Proc. IEEE Int. Conf. Robot. Autom., Vol. 3 (2000) pp. 2173–2178
19.88 S. Ando, H. Shinoda, A. Yonenaga, J. Terao: Ultrasonic six-axis deformation sensing, IEEE Trans. Ultrasonics Ferroelectrics Frequency Control **48**(4), 1031–1045 (2001)
19.89 D.M. Siegel: Contact sensors for dextrous robotic hands, MIT Artificial Intelligence Laboratory Tech. Rep., no. 900 (Cambridge 1986)
19.90 F. Castelli: An integrated tactile-thermal robot sensor with capacitive tactile array, IEEE Trans. Ind. Appl. **38**(1), 85–90 (2002)
19.91 T. Shimizu, M. Shikida, K. Sato, K. Itoigawa: A new type of tactile sensor detecting contact force and hardness of an object, Technical Digest 15th IEEE Int. Conf. Micro Electro Mechanical Systems (MEMS, Las Vegas 2002) pp. 344–347
19.92 N.S. Methil, Y. Shen, D. Zhu, C.A. Pomeroy, R. Mukherjee: Development of supermedia interface for telediagnostics of breast pathology, Proc. IEEE Int. Conf. Robot. Autom. (2006) pp. 3911–3916
19.93 B.S. Eberman, J.K. Salisbury: Determination of manipulator contact information from joint torque measurements. In: *Experimental Robotics I, The First International Symposium*, ed. by V. Hayward, O. Khatib (Springer, Montreal 1990)
19.94 A. Bicchi: Intrinsic contact sensing for soft fingers, Proc. IEEE Int. Conf. Robot. Autom. (Cincinnati 1990) pp. 968–973
19.95 P. Dario: Tactile sensing for robots: Present and future. In: *The Robotics Review 1*, ed. by O. Khatib, J. Craig, T. Lozano-Perez (MIT Press, Cambridge 1989) pp. 133–146
19.96 J.R. Phillips, K.O. Johnson: Tactile spatial resolution III: A continuum mechanics model of skin predicting mechanoreceptor responses to bars, edges and gratings, J. Neurophysiol. **46**(6), 1204–1225 (1981)
19.97 R.S. Fearing, J.M. Hollerbach: Basic solid mechanics for tactile sensing, Int. J. Robot. Res. **4**(3), 40–54 (1985)
19.98 T. Speeter: A tactile sensing system for robotic manipulation, Int. J. Robot. Res. **9**(6), 25–36 (1990)

19.99 K.L. Johnson: *Contact Mechanics* (Cambridge Univ. Press, Cambridge 1985)
19.100 S. Timoshenko, J.N. Goodier: *Theory of Elasticity* (McGraw-Hill, New York 1951)
19.101 G. Kenaly, M. Cutkosky: Electrorheological fluid-based fingers with tactile sensing, Proc. IEEE Int. Conf. Robot. Autom. (Scottsdale 1989) pp. 132–136
19.102 R.D. Howe: Dynamic Tactile Sensing. Ph.D. Thesis (Stanford University, Stanford 1990)
19.103 R.M. Voyles, B.L. Stavnheim, B. Yap: Practical electrorheological fluid-based fingers for robotic applications, IASTED Int. Symp. Robot. Manuf. (Santa Barbara 1989)
19.104 J.J. Clark: A magnetic field based compliance matching sensor for high resolution, high compliance tactile sensing, Proc. IEEE Int. Conf. Robot. Autom. (Scottsdale 1989) pp. 772–777
19.105 V.S. Gurfinkel: Tactile sensitizing of manipulators, Eng. Cybernet. **12**(6), 47–56 (1974)
19.106 T.H. Speeter: Analysis and control of robotic manipulation. Ph.D. Thesis (Case Western Reserve University, Cleveland 1987)
19.107 R. Fearing: Tactile sensing for shape interpretation. In: *Dextrous Robot Hands*, ed. by S.T. Venkataraman, T. Iberall (Springer, Berlin, Heidelberg 1990) pp. 209–238
19.108 A.J. Worth, R.R. Spencer: A neural network for tactile sensing: The Hertzian contact problem, Int. Joint Conf. Neural Networks (1989) pp. 267–274
19.109 W.E.L. Grimson, T. Lozano-Perez: Model-based recognition and localization from sparse range or tactile data, Int. J. Robot. Res. **3**(3), 3–35 (1984)
19.110 P.C. Gaston, T. Lozano-Perez: Tactile recognition and localization using object models: The case of polyhedra on a plane, IEEE Trans. Pattern Anal. Mach. Intell. (1984) pp. 257–266
19.111 J.L. Schneiter: An objective sensing strategy for object recognition and localization, Proc. IEEE Int. Conf. Robot. Autom. (San Francisco 1986) pp. 1262–1267
19.112 R. Cole, C. Yap: Shape from probing, J. Algorithms **8**(1), 19–38 (1987)
19.113 P.K. Allen: Mapping haptic exploratory procedures to multiple shape representations, Proc. IEEE Int. Conf. Robot. Autom. (Cincinnati 1990) pp. 1679–1684
19.114 S.J. Lederman, R. Browse: The physiology and psychophysics of touch. In: *Sensors and Sensory Systems for Advanced Robotics*, ed. by P. Dario (Springer, Berlin, Heidelberg 1986) pp. 71–91
19.115 R. Bajcsy: What can we learn from one finger experiments?. In: *Robotics Research: The First International Symposium*, ed. by M. Brady, R.P. Paul (MIT Press, Cambridge 1984) pp. 509–528
19.116 S.A. Stansfield: A robotic perceptual system utilizing passive vision and active touch, Int. J. Robot. Res. **7**(6), 138–161 (1988)
19.117 R.L. Klatzky, R. Bajcsy, S.J. Lederman: Object exploration in one and two fingered robots, Proc. IEEE Int. Conf. Robot. Autom. (1987) pp. 1806–1809
19.118 G.I. Kinoshita: Classification of grasped object's shape by an artificial hand with multi-element tactile sensors. In: *Information Control Problems in Manufacturing Technology*, ed. by Y. Oshima (Pergamon, Oxford 1977) pp. 111–118
19.119 M. Briot: The utilization of an 'artificial skin' sensor for the identification of solid objects, 9th Int. Symp. Industrial Robots (1979) pp. 529–547
19.120 T. Okada, S. Tsuchiya: Object recognition by grasping, Pattern Recogn. **9**(3), 111–119 (1977)
19.121 M. Briot, M. Renaud, Z. Stojilkovic: An approach to spatial pattern recognition of solid objects, IEEE Trans. Syst. Man Cybernet. **SMC-8**(9), 690–694 (1978)
19.122 V. Marik: Algorithms of the complex tactile information processing, 7th Int. Joint Conf. Artif. Intell. (1981) pp. 773–774
19.123 W.D. Hillis: Active touch sensing, Int. J. Robot. Res. **1**(2), 33–44 (1982)
19.124 K.J. Overton, T. Williams: Tactile sensation for robots, Int. Joint Conf. Artif. Intell. **2**, 791–795 (1981)
19.125 R.C. Luo, W.-H. Tsai: Object recognition using tactile image array sensors, Proc. IEEE Int. Conf. Robot. Autom. (1986) pp. 1249–1253
19.126 R.C. Luo, H.-H. Loh: Recognition of similar objects using a tactile image array sensor. In: *Proceedings of the Intelligent Robots and Computer Vision Conference: Sixth in a Series*, ed. by D. Casasent, E. Hall (Cambridge 1987) pp. 156–163
19.127 J. Jurczyk, K.A. Loparo: Mathematical transforms and correlation techniques for object recognition using tactile data, IEEE Trans. Robot. Autom. **5**(3), 359–362 (1989)
19.128 H. Ozaki, S. Waku, A. Mohri, M. Takata: Pattern recognition of a grasped object by unit-vector distribution, IEEE Trans. Syst. Man Cybernet. **12**(3), 315–324 (1982)
19.129 D. Siegel: Finding the pose of an object in the hand, Proc. IEEE Int. Conf. Robot. Autom. (Sacramento 1991) pp. 406–411
19.130 R. Ellis: Acquiring tactile data for the recognition of planar objects, Proc. IEEE Int. Conf. Robot. Autom., Vol. 4 (1987) pp. 1799–1805
19.131 A. Cameron: Optimal tactile sensor placement, Proc. IEEE Int. Conf. Robot. Autom. (Scottsdale 1989) pp. 308–313
19.132 K. Roberts: Robot active touch exploration: Constraints and strategies, Proc. IEEE Int. Conf. Robot. Autom. (Cincinnati 1990) pp. 1679–1684
19.133 S.A. Stansfield: Haptic perception with an articulated, Sensate Robot Hand, Sandia National Laboratories Tech. Rep. SAND90-0085 (1990)
19.134 P. Dario: Sensing body structures by an advanced robot system, Proc. IEEE Int. Conf. Robot. Autom. (Philadelphia 1988) pp. 1758–1763
19.135 C. Muthukrishnan, D. Smith, D. Meyers, J. Rebman, A. Koivo: Edge detection in tactile images, Proc. IEEE Int. Conf. Robot. Autom. (1987) pp. 1500–1505
19.136 A.D. Berger, P.K. Khosla: Using tactile data for real-time feedback, Int. J. Robot. Res. **10**(2), 88–102 (1991)
19.137 K. Pribadi, J.S. Bay, H. Hemami: Exploration and dynamic shape estimation by a robotic probe, IEEE Trans Syst. Man Cybernet. **19**(4), 840–846 (1989)
19.138 J.S. Bay: Tactile shape sensing via single- and multi-fingered hands, Proc. IEEE Int. Conf. Robot. Autom. (Scottsdale 1989) pp. 290–295

19.139 H. Zhang, N.N. Chen: Control of contact via tactile sensing, Proc. IEEE Int. Conf. Robot. Autom., Vol. 16 (2000) pp. 482–495
19.140 A.M. Okamura, M.R. Cutkosky: Feature detection for haptic exploration with robotic fingers, Int. J. Robot. Res. **20**(12), 925–38 (2001)
19.141 P. Dario, P. Ferrante, G. Giacalone, L. Livaldi, B. Allotta, G. Buttazzo, A.M. Sabatini: Planning and executing tactile exploratory procedures, Proc. IEEE/RSJ Int. Conf. Intell. Robot. Syst., Vol. 3 (IEEE 1992) pp. 1896–1903
19.142 R.L. Klatzky, S.J. Lederman: Intelligent exploration by the human hand. In: *Dextrous Robot Hands*, ed. by S.T. Venkataraman, T. Iberall (Springer, Berlin, Heidelbegr 1990)
19.143 S.C. Jacobsen, J.E. Wood, D.F. Knutti, K.B. Biggers: The Utah/MIT dextrous hand: Work in progress. In: *First International Conference on Robotics Research*, ed. by M. Brady, R.P. Paul (MIT Press, Cambridge 1984) pp. 601–653
19.144 H. Shinoda, H. Oasa: Passive wireless sensing element for sensitive skin, Proc. IEEE/RSJ Int. Conf. Intell. Robot. Syst. (IROS 2000), Vol. 2 (2000) pp. 1516–1521
19.145 M. Hakozaki, H. Shinoda: Digital tactile sensing elements communicating through conductive skin layers, Proc. IEEE Int. Conf. Robot. Autom. (ICRA '02), Vol. 4 (2002) pp. 3813–3817

第 20 章 惯性传感器、全球定位系统和里程仪

Gregory Dudek, Michael Jenkin
刘冰冰 译

本章检视了如何利用这个世界的一些固有属性，来为一个机器人或者其他类似装置，开发一种关于它相对于一个外部参照系的运动或者姿态（位置和方向）的模型。尽管对众多自动机器人系统来说，建立并维持对一个移动机器人姿态的预测都是一个重要的问题，但是，这个问题已在地球导航史中存在很长时间了。

20.1 里程仪 ………… 26
20.2 陀螺仪系统 ………… 27
20.2.1 机械式系统 ………… 27
20.2.2 光学式系统 ………… 29
20.2.3 微型机电系统 ………… 29
20.2.4 性能 ………… 30
20.2.5 小结 ………… 30
20.3 加速度仪 ………… 31
20.4 惯性传感器套装 ………… 31
20.5 全球定位系统 ………… 32
20.5.1 概论 ………… 32
20.5.2 性能因素 ………… 34
20.5.3 增强型全球定位系统 ………… 35
20.5.4 接收器及其通信系统 ………… 35
20.6 全球定位系统和惯导的集成 ………… 36
20.7 扩展阅读 ………… 36
20.8 市场上的现有硬件 ………… 36
参考文献 ………… 37

20.1 里程仪

里程仪 odometry 是希腊文字 hodos（意为旅行或旅程）和 metron（意为测量）的缩写。鉴于它在一系列从土木工程到军事占领的广泛应用，有关里程仪的基本概念的研究已经进行了两千多年。关于里程仪最早期的记述有可能是 *Vitruvius* 所著的建筑十书。在书中，他这样描述到“有这样一种从我们的祖先传下来的极其有用的，凝聚了最伟大的灵性的发明。它使得我们在驾驶着马车来往于大道上时或者乘坐着帆船航行于海洋上时，可以知道我们已经完成了多少里的行程”[20.1]。在自动交通工具的范畴里，里程仪通常是指利用来自交通工具的制动器（如轮子，踏板等）的数据来预测它的整体运动。这其中的基本概念是针对交通工具的制动器，如轮子和关节，铰链等的特定运动，开发一种数学模型，以推导出交通工具自身的运动，并且对这些特定运动进行时域的积分以开发出一个交通工具自身的姿态关于时间变量的函数模型。这种利用里程仪的信息，以时间为变量来预估交通工具姿态函数的方法通常被称为航位推测法或者演绎推测法。这种方法在航海中的应用非常广泛。

具体使用里程仪来预测交通工具的方位随其设计的不同而相异。对使用里程仪预测方位的陆地移动机器人来说，最简单的可能是差动驱动车（见图 20.1）。一部使用差动机构来驱动的车辆拥有两个装在同一车轴的可独立控制的驱动轮。假定两个驱动轮相对于车身的安装位置固定，为保证两个轮子始终保持与地面的接触，这两个轮子必须在地面上做弧形运动以使整个车身能以驱动轴上的一点为中心旋转。此点也就是 ICC，即瞬时曲率中心（见图 20.1）。假设左右两个驱动轮相对于地面的速度分别为 v_l 和 v_r，并且两个轮子相距 $2d$，那么有

$$\omega(R+d)=v_l$$
$$\omega(R-d)=v_r$$

式中，ω 是车身围绕 ICC 旋转的角速度；R 则是车身中心到 ICC 的距离。我们重新安排上面这两个公式可以求解 ω 和 R，即

$$\omega=\frac{(v_l-v_r)}{(2d)}$$

$$R=d\,\frac{(v_l+v_r)}{(v_l-v_r)}$$

并且，两个驱动轮之间中点的线速度 $V=\omega R$。

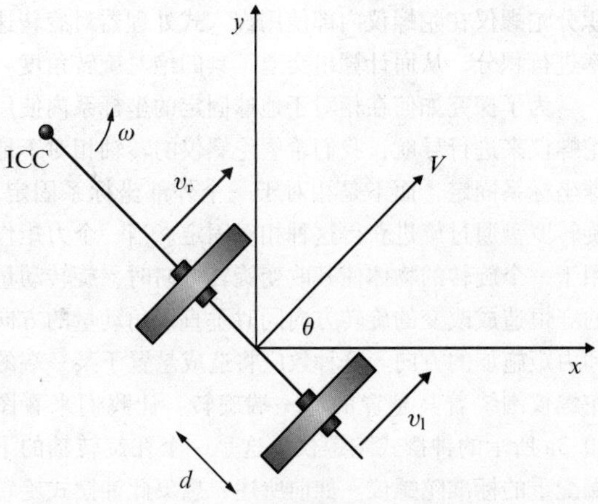

图 20.1　差动机构的运动学模型

既然 v_l 和 v_r 是时间的函数，我们可以获得一系列差动驱动车的运动方程。以驱动轮中点为车身原点，设 θ 为车身相对于一个全局笛卡儿坐标系的 x 轴的方向角，我们可以得到

$$x(t) = \int V(t)\cos(\theta(t))\,dt$$

$$y(t) = \int V(t)\sin(\theta(t))\,dt$$

$$\theta(t) = \int \omega(t)\,dt$$

这就是差动机构车在平面上以里程仪预测姿态的方程。如果控制输入量（v_l 和 v_r）以及一些初始预测值已知，我们就可以使用这个运动模型求得此类机器人在任何时刻的一个理想化的状态预测。

因此，从原则上来说，借用此模型和充分的控制输入量，我们一定能够用里程仪预测任何时刻下的机器人姿态。在一个理想世界里，这些即是我们用以预测机器人在未来任何时刻姿态的所有必要条件。但不幸的是，在现实世界里，在使用航位推测法得到的机器人的运动状态和它的实际运动状态总是存在着误差。导致这些误差的因素很多，包括建模误差（如轮子尺寸的测量误差，车辆本身尺寸的测量误差），控制输入量的不确定性，马达控制器的实现（如轮子的指令旋转角度和实际旋转角度），以及机器人本身的物理建模误差（包括轮子的上紧状态，地面的压实状态，轮子打滑和轮胎面实际上的宽度不可能为零等），等等。针对这些误差的解决就形成了车辆的姿态控制这个课题。这个课题的解决需要融合航位推测法和其他的传感器系统。

本手册的其他章节（如 21～24 章）检视了可以预测或者改变机器人姿态的其他传感器系统。这些传感器或依赖于外部事件，或依赖于视觉或是其他种种条件。本章我们将继续探讨惯性测量装置和全球定位系统。其中，惯性测量装置是一种测量在受外力影响下的物体物理属性转换的传感器。

20.2　陀螺仪系统

陀螺仪是测量交通工具方向变化的传感器系统。此类系统利用了物理学中物体在旋转时能够产生可预测效应的原理。一个旋转系并不一定是惯性系，因此许多物理系统将会显现非常明显的非牛顿状态。通过测量这些与本应出现在牛顿坐标系的常规状态的差异，我们得以求得物体潜在的自转。

20.2.1　机械式系统

机械式陀螺仪系统和旋转罗盘系统在导航史中出现的时间很早。通常，有据可查的史料认为 *Bohnenberger* 是第一个制造陀螺仪的人[20.4]。而在 1851 年，*Leon Foucault* 是第一个证实陀螺仪作为一个惯性系存在的人。第一个旋转罗盘系统的专利则属于 *Martinus Geradus ven den Bos*，那时是 1885 年。1903 年，*Herman Anschutz-Kaempfe* 则第一次制造出一个可以运转的陀螺仪并对设计申请了专利。在 1908 年，*Elemer Sperry* 在美国申请了一个旋转罗盘的专利并试图把它卖给德国海军。紧接着一场专利战争开始，并由 *Albert Einstein* 证实了整个经过。（更多有关旋转罗盘及其发明者的详情请参见参考文献［20.5-8］。）

陀螺仪和旋转罗盘主要是依赖于角动量守恒原理工作的[20.9]。角动量是指在无外部力矩作用下，一个旋转的物体围绕同一转轴保持不变的角速度的趋势。假设一个转动中的物体的角速度为 ω，而它的转动惯量是 $\boldsymbol{I}$，那么它的角动量 $\boldsymbol{L}$ 则是 $\boldsymbol{L}=\boldsymbol{I}\times\omega$。

让我们考虑一个安装在一个万向节上可以任意改变转轴的快速转轮（见图 20.2a）。假设空气阻尼和轴承没有产生任何摩擦阻力，那么转子的转轴将保持固定，而与万向节转子的运动无关。尽管通常不直接通过陀螺仪来使用角动量守恒原理，这种转轴保持旋转方向固定的性质可以用以保持一个安装在交通工具上面的轴承的转动。而此轴承的转动可以与此交通工具的运动无关。为更清楚的解释这一点，让我们假设一个陀螺仪安置在赤道上，其转轴与赤道方向一致（见图 20.2b）。当地球转动时，陀螺仪围绕一个固定转轴转动。在一个与地球同步的观测者眼中，这个陀螺仪将每 24h 旋转回到它起始的方向。同样，假设此陀螺仪被放置在赤道上但是它的转轴与地球的转轴平行，那么，在一个与地球同步的观测者看来，此陀螺仪将在地球转动的时候保持静止。

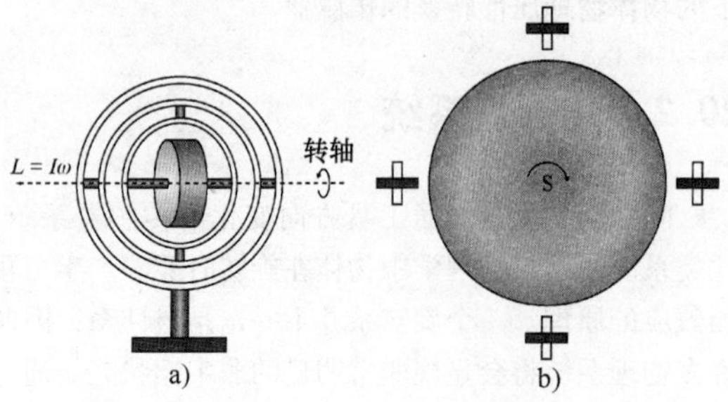

图 20.2 机械式陀螺仪系统

a）传统万向节式陀螺仪（万向节保证了陀螺仪在其基部被动旋转的时候，仍能够围绕转轴旋转的自由度） b）一个围绕地球旋转的陀螺仪（陀螺仪的转轴（图中灰色部位）在陀螺仪围绕地球转动的时候保持同一方向。对与地球同步的观测者来说，陀螺仪始终在转动。）

尽管这种全局性的转动限制了机械式陀螺仪感知绝对方位角的能力，它还是可以用来测量局部性的方向变化，因而还是适合于交通工具式机器人的应用。速率陀螺仪测量交通工具的转速（即其旋转的角速度）。这种基本测量是所有陀螺仪系统的基础。速率积分陀螺仪在陀螺仪内部使用嵌入式处理器对旋转速率进行积分，从而计算出交通工具的绝对旋转角度。

为了探究如何在相对于地球固定的坐标系内使用陀螺仪来进行导航，我们希望陀螺仪的转轴相对于地球坐标系固定，而不是相对于一个外部坐标系固定。旋转罗盘通过旋进获得这种相对固定。当一个力矩作用于一个旋转的物体使其改变旋转方向时，旋转动量的守恒造成改变的旋转方向同时垂直于角动量的方向和力矩施加的方向。这种效应将造成悬置于某一端的陀螺仪围绕着其悬置的那一端旋转。让我们来看图20.3a 所示的钟摆式陀螺仪，这是一个在旋转轴的下端配重的标准陀螺仪。如前所述，想象此钟摆式旋转罗盘在赤道上旋转，转轴与地球的转轴一致而转轴下方的配重自然下垂。当地球转动时，罗盘的转轴保持静止，而看上去也是静止的。现在，让我们想象如果罗盘的转轴不是与地球的转轴一致，而是与赤道的方向一致，当地球转动时，罗盘的转轴将向转出纸面的方向旋转，因为它要保持原有转向。当它转出纸面时，下方的配重将被抬起而重力就产生一个力矩。此时，与转轴和力矩同时保持垂直的方向将使转轴偏离已知的赤道方向而向地球的极点转去。整个过程如图20.3b 所示。

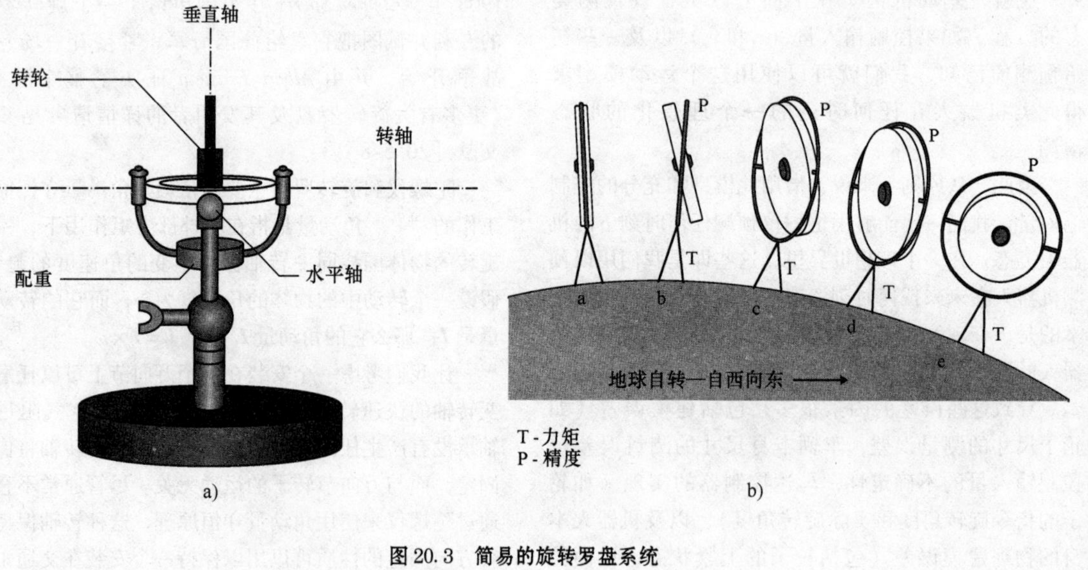

图 20.3 简易的旋转罗盘系统

a）钟摆式陀螺仪 b）旋进运动

不幸的是，钟摆式陀螺仪不是理想的导航仪器。尽管它的转轴能与地球转轴保持一致，但它并不是固定于这一个状态而是在其左右来回振荡。这类阻尼问题的解决方案是使用一个油池，而不是一个固体配重作为平衡量，并且限制了油在池内的运动[20.10]。

钟摆式旋转罗盘通过控制陀螺仪的旋进来找到真正的地球北极方向。实际上，作用于机械式旋转罗盘的外力会影响到陀螺仪的旋进，也会影响到罗盘的性能。这些外力既包括了整个罗盘装置的旋转所产生的力，也包括了任何作用于交通工具本身的外力。有关机械式旋转罗盘的另一个问题是，在距离赤道较远的纬度，罗盘的稳定位置不是水平的，而在这种纬度，需要校正陀螺仪的原始数据才能得到对地球正北的准确测量。最后，机械式旋转罗盘需要一个外力作用于罗盘才能维持陀螺仪的持续转动。这个过程引入了测量系统本不需要的外力，造成了测量过程的额外误差。

考虑到机械式旋转罗盘的复杂度、造价、尺寸和独特的属性，以及成本更低、性能更可靠的技术的出现，机械式旋转罗盘已经让位给光学式陀螺仪和微型机电系统陀螺仪。

20.2.2　光学式系统

光学式陀螺仪并不依靠旋转惯量，而是依靠 Sagnac效应来测量（相对）航向角。Sagnac 效应的原理基于在一个转动系的光学驻波的运动特性。这种系统在陀螺仪史上最初是通过使用激光和反射镜的设置实现的，而现在通常采用光纤技术来实现。Sagnac 效应以它的发现者 *Georges Sagnac* 命名[20.11,12]。但是其根本原理可以追溯到更早的 *Harress* 的工作[20.13]。而 Sagnac 效应最著名的应用可能是用于地球旋转的测量[20.14]。

为了研究 Sagnac 效应，如图 20.4a 所示，我们需要忽略相对运动而只考虑图中圆形的光线路径。如果两束光线从周长为 $D=2\pi R$ 的静止路径的同一点向相反的方向以相同速度出发，那么它们将同时回到起点，用时为 $t=D/c$（c 为光在此媒介中的速度）。现在，让我们假设圆形的路径并不是静止的，而是以角速度 ω 围绕其中心顺时针转动，如图 20.4b 所示。那么沿顺时针方向前进的光线将需要走更长的路程才能到达起点，而沿逆时针方向行进的光线则需要走更短的路程。假设 t_c 是光线沿顺时针方向回到起点的时间，那么沿顺时针方向的路径长度则是 $D_c=2\pi R+\omega R t_c$；类似的，假设 t_a 是光线沿逆时针方向回到起点的时间，那么沿逆时针方向的路径长度则是 $D_a=2\pi R-\omega R t_a$。我们还有 $D_c=ct_c$ 和 $D_a=ct_a$，因此 $t_c=2\pi R/(c-\omega R)$，而 $t_a=2\pi R/(c+\omega R)$，两者的差 $\Delta t=t_c-t_a$ 则是

$$\Delta t=2\pi R\left(\frac{1}{c-\omega R}-\frac{1}{c+\omega R}\right)$$

测量出时间差 Δt，角速度 ω 就可以求得了。需要指出的是，尽管以上推导是建立在经典力学的基础上而忽略了相对效应，但是同样的推导在考虑了相对速度以后也同样适用，能得到相同结果[20.15]。有关 Sagnac 效应和环形激光的深入回顾请参阅参考文献[20.16]。

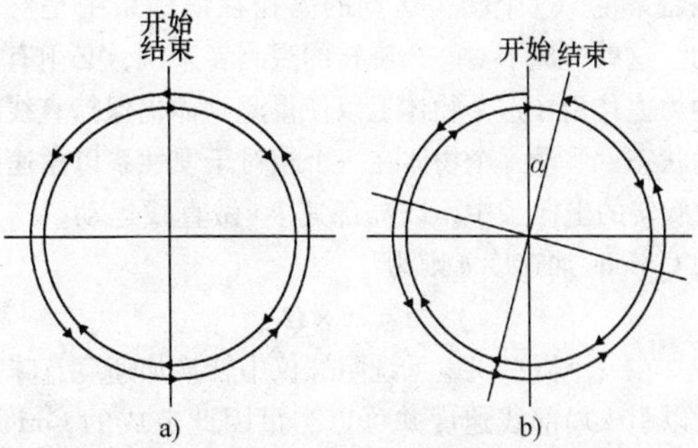

图 20.4　圆形光线路径
a）静止路径　b）运动路径

光学式陀螺仪通常采用激光作为光源。光学式陀螺仪通常有三种不同的实现方法。第一种采用镜面表面的直线光线路径。第二种则是采用放置于系统边际的棱镜来导向光束，也即环形激光陀螺仪（RLG）。最后一种则是应用偏振现象来保持玻璃光纤圈，也即光纤式光学陀螺仪 FOG）。实际上，玻璃光纤可能环绕多圈以延长光线的有效路径。顺时针和逆时针方向的时间差则通过测量顺、逆时针方向的光学信号的相位干涉来计算。而多个光学式陀螺仪可以沿不平行的方向装置在一起以测量三维（3-D）的旋转。

用以测量顺、逆时针方向两条路径之间的时间差的方法也有很多，其中包括了测量激光由于陀螺仪的运动产生的多普勒频移以及测量顺、逆时针方向之间干涉模式下的拍频[20.17]。环形干涉仪通常拥有多条光纤线圈。这些线圈引导光线在圈内以固定的频率向相反方向传播，从而测量相位差。一个环形激光通常包括了一个环形的激光谐振腔。光线沿着这个谐振腔的两个相反方向做环形传播，产生了沿这两个方向上拥有相同数目节点的两个驻波。因为激光路径沿这两个方向的长度不同，激光的谐振频率也就不同，频率差就被测量出来。对于环形激光陀螺仪来说，一个不好的副效应是两个激光信号会在小幅度旋转时相互锁定。为了确定这种锁定效应不会发生，通常整个装置需要以一种固定的方式旋转。

20.2.3　微型机电系统

几乎所有的微型机电系统陀螺仪都是基于振动的机械部件来测量转动的。振动式陀螺仪依赖基于科氏（Coriolis）加速度的振动模式的转变引起的能量转

移。Coriolis 加速度是在一个旋转的坐标系中产生的明显的加速度。假设一个物体在一个旋转的坐标系中沿直线前进，那么对于一个位于这个坐标系外面的观测者来说，这个物体运动的路径在惯性系中是弯曲的。这就造成了对一个旋转的观测者来说，必须有一种力去作用在这个物体上以使得此物体仍保持直线运动状态。假设一个物体在一个相对于惯性系以角速度 $\boldsymbol{\Omega}$ 旋转的坐标系中，以局部速度 $\boldsymbol{v}$ 做直线运动，产生的 Coriolis 加速度 $\boldsymbol{a}$ 则为

$$\boldsymbol{a} = 2\boldsymbol{v} \times \boldsymbol{\Omega}$$

在一个微型机电系统陀螺仪中转换加速度意味着可以引入局部线速度并可以测量因此造成的 Coriolis 加速度。

早期的微型机电系统陀螺仪使用振动石英晶体来产生必要的线性运动。近期的设计则以硅基振动器取代了振动石英晶体。人们开发了许多种不同的微型机电结构，下面对其中一些进行介绍。

1. 音叉陀螺仪

音叉陀螺仪采用一种类似音叉的结构（见图 20.5）作为基本机制。当音叉在一个转动的坐标系中振荡时，Coriolis 力将使音叉的尖头向音叉所在的平面外振动，而这种力是可以测量的。InertiaCube 传感器就采用了这种效应[20.18]。

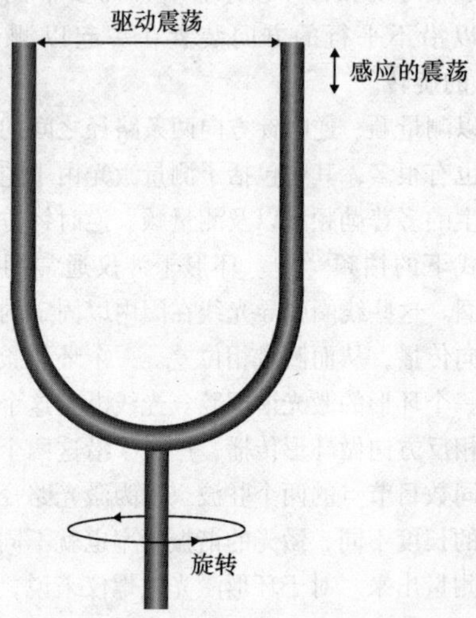

图 20.5 微型机电系统陀螺仪：运转原理

2. 振动轮陀螺仪

振动轮陀螺仪使用一种围绕其转轴振荡的轮子。坐标系额外的转动致使轮子倾斜，通过测量这种倾斜可以测量旋转。

3. 酒杯谐振器陀螺仪

酒杯谐振器陀螺仪则通过测量一个酒杯形振荡结构的节点位置的 Coriolis 力来达到测量外部转动的目的。

因为微型机电系统陀螺仪没有旋转元件，符合耗电量低的要求，并且尺寸很小，它很快地就取代了机械式和光学式陀螺仪在机器人中应用的地位。

20.2.4 性能

惯性传感器的性能主要由一些因素决定。我们列举了如下三点。

1）可重复性偏差。这是陀螺仪在恒温条件下，在固定惯性运行中的最大测量偏差，即在理想操作条件下的最大测量偏差。在不同的时标下，可以测量出短期或长期可重复性偏差。

2）角度随机游动。主要用以测量陀螺仪角速度数据中的噪声。

3）比例因子系数。这个因素并不是惯性传感器或陀螺仪特有的，而是一种信号幅度的基本度量。它测量了传感器的整体模拟输出量与有用输出量的比率。对一个陀螺仪来说，通常，比例因子系数的单位是 mV/［（°）·s^{-1}］；而对加速度仪来说，比例因子系数的单位通常是（mV/(m·s^{-2})）。

20.2.5 小结

除了旋转罗盘以外，陀螺仪测量的是围绕一个旋转轴的相对旋转运动。不同的陀螺仪利用旋转坐标系的不同属性来达到测量这种旋转运动的目的。早期的机械式陀螺仪已经让位于光学式和微型机电系统陀螺仪，但是基本运作原理保持不变，即利用旋转坐标系的不同属性来测量相对旋转运动。

对所有陀螺仪来说偏差是一个共同的问题。每一种相对运动的测量都有不同的测量误差，而这些误差随时间累积。这样，每一种陀螺仪技术都有特定的测量偏差存在。除非这些偏差能被其他的（外部的）测量手段纠正，否则，偏差的大小将迟早超过测量需要的准确度。

因为一个单一的陀螺仪只能测量一条单一的旋转轴的转动，通常可以将三个单一传感器安置在三个互相垂直的旋转轴上以测量三维的运转。这种三维陀螺仪通常会跟其他传感器（如罗盘和加速度仪等）整合在一起，以形成惯性传感器（IMU）。我们将在第 20.4 节介绍惯性传感器。

20.3 加速度仪

正如陀螺仪可以用来测量一个机器人方向的变化，另一类惯性传感器——加速度仪，可以测量作用于机器人的外力。一个有关加速度仪的很重要的因素是它们对所有外加的作用力，包括重力，都敏感。加速度仪采用多种不同的机制把外力转换为计算机可读的信号。

1. 机械式加速度仪

一个机械式加速度仪基本上是由一个弹簧-配重-阻尼（见图 20.6a）组成的系统，并能提供一些方法用以外部观测。当一个外力（比如重力）施加于加速度仪，这个力量作用于配重而使弹簧发生形变。假设一个理想的弹簧，它的形变正比于作用力，内外力平衡，方程是

$$
\begin{aligned}
F_{\text{applied}} &= F_{\text{inertial}} + F_{\text{damping}} + F_{\text{spring}} \\
&= m\ddot{x} + c\dot{x} + kx
\end{aligned}
$$

式中，c 是阻尼系数。可以通过求解这个方程看出，依靠与需要施加的外力和配重有关的阻尼系数的大小，这个系统可以在一段合理的、较短的时间内达到一个稳定状态，不论有没有一个静态的力作用于系统本身。因为需要事先预测需要施加的外力的大小以及系统需要达到稳定状态的作用时间（可能很长），并且这些因素与达不到理想条件的弹簧相

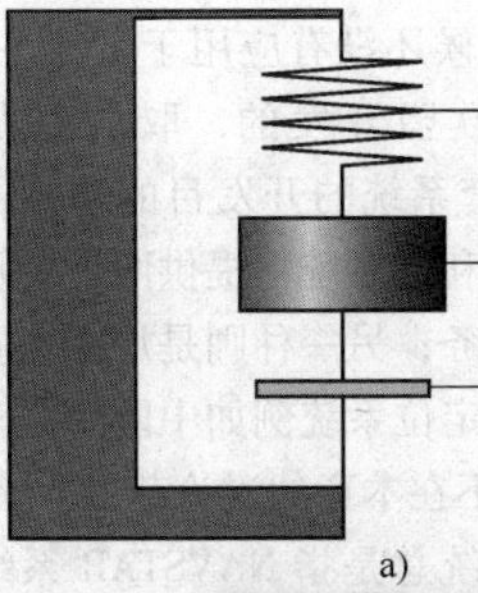

a)

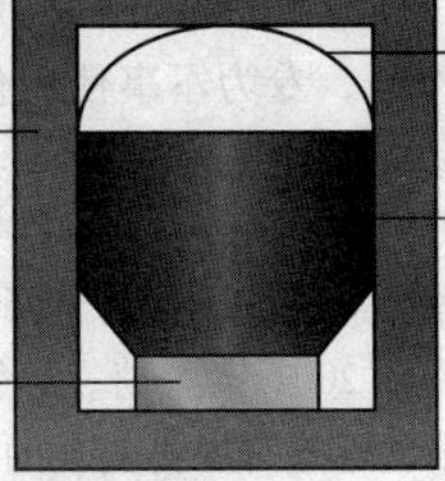

b)

图 20.6 加速度仪

a) 机械式加速度仪 b) 压电式加速度仪

耦合，就进一步限制了机械式加速度仪的应用。机械式加速度仪的另一个问题是它们对振动特别敏感。

2. 压电式加速度仪

不用像机械式加速度仪那样去直接测量施加外力的大小，压电式加速度仪是基于一些晶体呈现出的特性，这种特性使这些晶体可以在被压迫时产生一个电压。可以恰当的放置一小块配重使它只被晶体支撑，这样有外力施加于加速度仪上时，配重就压迫晶体以产生一个可以测量出来的电压，如图 20.6b 所示。

20.4 惯性传感器套装

一个惯性传感器（IMU），是指一种利用如陀螺仪和加速度仪等测量系统，来预测一个运动中的交通工具相对位置、速度和加速度的装置。由惯性传感器形成的导航系统就是惯性导航仪（INS）。在 1949 年，第一次由 *C. S. Draper* 演示，惯性传感器成为一种飞机和舰船常用的导航器件。一直以来，惯性传感器是一种设备齐全的（或独立的）、不借助外部校正的、可以提供导航测量的装置。但是这种定义最近变得不够准确了。这是因为，近年来人们越来越倾向于认为惯性传感器系统也可以包括外部的校正。

惯性传感器基本上分为两大类，万向节式系统和捷连式系统。正如名字所暗示的那样，万向节式惯性传感器安装于复杂的万向节机构内部以形成一个稳定的测算平台。这种系统使用陀螺仪以确保万向节与加电时的初始坐标系保持一致。相对于交通工具万向节平台的方位角一般用来把在惯性传感器内取得的测量值映射到交通工具的参考坐标系中。另一方面，捷连式惯性传感器，则需要将传感器固定地连接在交通工具上（捷连），因而不需要万向节这样的转换。不管采取哪种方式，总是需要实时地获取惯性传感器（加速度仪、陀螺仪等）内的传感器所得的积分数据，才能获得相对于初始坐标系的运动的预测。这种积分对于早期使用的惯性传感器来说是沉重的计算负担，因而历史上（早于 1970 年），万向节惯性传感器更为常用。鉴于现代实现这种积分已经非常廉价，反而是制造和操作万向节系统的费用较高，捷连式惯性传感器已经变得更为常用了[20.19]。

一个完备的惯性传感器可以对交通工具的姿态进行 6 个自由度上的预测。这 6 个自由度是位置（x，y，z）和方向（*roll*，*pitch*，*yaw*）。类似于惯性传感

器的系统，比如，仅测量实时方向角的系统通常称为姿态航向参照系统。这种系统跟惯性传感器的运作方式相似，但是只测量了交通工具的一部分状态。除了上述的6个自由度以外，商用的惯性传感器通常还提供速度和加速度的测量。

惯性传感器的基础计算功能如图20.7所示。此传感器使用了三个相互垂直的加速度仪和三个相互垂直的陀螺仪。对陀螺仪的数据$\boldsymbol{\omega}$进行积分以持续地预测装有此传感器的交通工具的方位角$\boldsymbol{\theta}$。同时，三个加速度仪用以预测交通工具的瞬时加速度$\boldsymbol{a}$。将此加速度根据现有的交通工具相对于重力的方位角的预测进行转换。这样，重力因子可以被测量出来并且从加速度中扣除。将剩余的加速度进行积分就能得到交通工具的速度$\boldsymbol{v}$，再次进行积分就能得到位置$\boldsymbol{r}$。

惯性传感器对陀螺仪和加速度仪数据中潜在的测量误差非常敏感。陀螺仪的偏差常常导致机器人相对于重力的方位角产生误测，并进一步导致重力因子的误扣除。这样，当误扣除的加速度被积分两次得到位置时，误扣除的重力因子就会在位置结果中产生二次方的误差[20.18]。因为重力因子的扣除永远不能做到彻底完全，再加上其他偏差，经过两次积分，这些误差就构成了惯性传感器准确度的基本问题。运转足够长的时间后，所有的惯性传感器都将偏移，而必须使用相关特定的外部测量数据进行校正。对许多野外机器人来说，全球定位系统就是一种提供这种外部校正的有效来源。

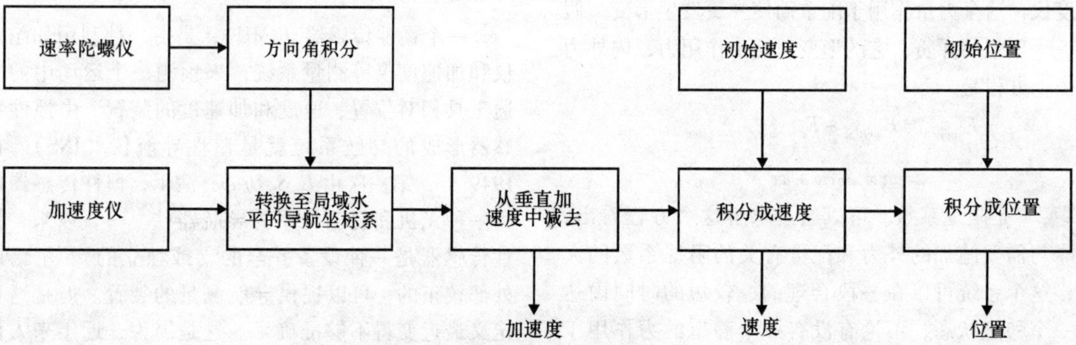

图20.7 惯性传感器基础计算功能

20.5 全球定位系统

全球定位系统（GPS）是应用最广泛的定位预测装置。它提供了包括当前时间和日期在内的，三维绝对坐标系位置预测。这种预测可以是地球表面上的任何一个位置。标准的全球定位系统可以在水平面内提供误差在20m以内的位置预测。最初，全球定位系统是为军事应用设计的，而后被广泛应用于民事项目。包括自主车辆导航系统，娱乐性的定向越野比赛和运输公司的存货追踪等。

20.5.1 概论

全球定位系统基于接收围绕地球做固定轨道旋转的一组卫星发射的无线电信号进行方位计算。在比较从不同的卫星接收到的信号的时间延迟后，方位就能被计算出来。最广泛应用的全球定位系统是基于由美国开发的NAVSTAR卫星系统。这套系统是由美国空军太空司令部开发并维持运转的。作为一种军事设施，美国政府保留了终止和修改这套系统的可用性的权力。另一套类似的系统叫做人造地球卫星全球导航系统（GLONASS），是由俄罗斯政府运行的。但是这套系统在撰写本书的时候还没有应用于机器人领域。另一套替代系统是由欧盟开发的，取名为伽利略（Galileo）的系统。这套系统的开发目的明确，就是要脱离军事的控制。伽利略系统将提供两个级别的服务：一种是开放式的服务；另一种则是加密高质量的商务服务。其余的全球定位系统例如中国的北斗系统或日本的QZSS系统则不在本章的讨论范围。

通常的全球定位系统总是指NAVSTAR系统。一直以来，NAVSTAR提供两种不同的服务：一种是精确定位系统（PPS），专为军事使用保留；另一种是准确度较低的标准定位系统（SPS）。两种服务的不同就在于选择可用性（SA）。这种在SPS信号中人为地引进伪随机噪声造成准确度的下降是当时出于战略原因考量的，并于2001年撤销。尽管这种人为地降低准确度在原则上还是可以再实现的，但是因为全球定位系统在近十年里的广泛商业应用，再进行人为降低准确度似乎不大可能。但是，即便是现在，全球定位系统网络中使用的，采用准确度加密代码（P

(Y)) 的辅助性数据，还是没有开放给民间使用者。

全球定位系统的卫星网络是基于一个 24 颗在轨卫星的基本星群，再加上 6 颗其实也在运转的辅助卫星。这些卫星都是处于近乎圆形的地球中轨道。与对地静止轨道不同的是，这些卫星的轨道是半同步的，意味着对一个地面上的观测者来说，轨道的位置是持续变化的，并且轨道的周期都是准确的半恒星日。之所以这样选择卫星的轨道，是因为这样的话几乎在地球表面上的任意一点，都可以观测到至少 4 颗卫星，而这也正是全球定位系统进行位置预测的标准。所有 24 颗卫星被平均安排在 6 个轨道面，这样每个轨道面就各有 4 颗卫星。系统这样设计以保证在 24h 的间隔内，卫星平均覆盖整个地球表面；而在 24h 内，即便是位置最差的地点，也能保持 99.9% 的覆盖率；而在 30d 的测量间隔里，24h 内地球上位置最差的地点，也至少有 83.92% 的信号有效率。需要指出的是，有效性的标准考量了传输操作因素，而不仅仅是覆盖率的问题。当然，此标准忽略了实际的像高山之类的地形特点，以及其他物体，比如可能隔断视线的高楼等。

每一颗卫星反复地广播出一个被称为 C/A 码的数据包。数据包以频率 1575.42MHz 由接收器在 L1 信道接收。这个简单的原理是，如果接收器知道被观测卫星的绝对位置的话，接收器自身的位置也可以直接得到；或者如果无线电信号传播的时间是已知的话，接收器的位置同样可以通过三边测量术计算出(见图 20.8)。这就意味着接收器必须设有可以获得绝对时间的元件。这种元件对接收器来说可能造价太高而不实际。取而代之的是，卫星上具有极度准确的原子钟（精度接近 1s 每 300 000 年）。接收器计算从不同的卫星接收到信号的时间差，并利用这个时间差计算出被称为伪距的距离预测值。伪距这个用法表明了这个距离值被几种来源的测量噪声所污染。这个特定的几何学问题被称为多点定位技术或者双曲线定位技术。结果通常是由接收器里面一个复杂的卡尔曼滤波器计算得出。为了避免需要记住每一个卫星的星历（姿态）表，和在接收器上使用非常精准的时钟，每一颗卫星在传播的数据包里面广播自己的位置和一个精确的时钟信号。

全球定位系统的卫星以 L1 到 L5 之间的几个频率进行广播，其中只有 L1（1575.42MHz）和 L2（1227.6MHz）用于民事用途的接收器上。由 NAVSTAR 提供的标准设备以及该设备的性能标准取决于 L1 信号。信号包含两部分不加密的内容：捕获信息（C/A 信息）和一条导航数据信息。同时，即便没有密码解密匙，还是可以通过使用加密的 L2 信号来提供额外的误差纠正（用 L2 信号来观测以频率为变量的电离层干扰函数造成的相对效应）。同时在 L1 和 L2 信道上广播的访问受限信号是 P 代码（和最近推出的 M 代码）。此代码在加密后被称为 Y 代码或 P（Y）、P/Y 代码。C/A 信息和 P（Y）代码都包含了导航信息流。这些信息流明确了时钟偏差数据、轨道信息、电离层传播校正因子、星历表、所有卫星的状态信息、世界时钟代码以及其他信息。卫星的性能则由坐落于美国科罗拉多州科罗拉多斯普林斯市附近的施里弗空军基地的主控制基站统一协调控制。该主基站与位于世界各地（美国卡纳维拉尔角、阿森松岛、马绍尔群岛的夸贾林环礁、迪戈加西亚环礁和夏威夷）的其余五个监控基站连成全局网络用以产生测量值并上传到卫星上，生成导航信息流。最后需要指出的是 L2 信道上多了一个额外信号可用。这种位于卫星上指定的 IIR-M 模块上的 L2C 信号能保证大

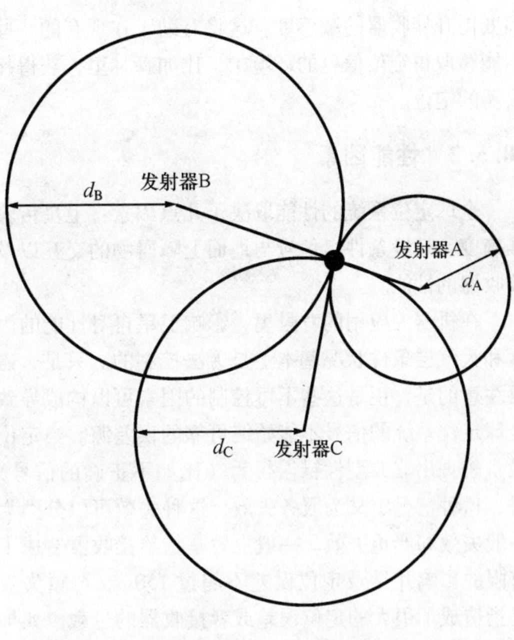

图 20.8　全球定位系统在地面上的三边测量术

图 20.8 中，假设同时从三个已知位置的发射器（A、B 和 C）接收到信号。如果知道其中一个发射器（比如说 A）的信号延迟，则能够将接收器的位置约束在一个以发射器为圆心，以已知距离（d_A）为直径的圆弧上。同时来自两个发射器的约束则至多相交于两个点。第三个发射器则用来区分这两个交点以确定真正的接收器所在的位置。在三维坐标系里面，第一个发射器传播的信号将接收器的位置约束在一个球面上。来自两个发射器的约束则相交并将接收器的位置约束在一个圆形上。来自三个发射器的约束则相交并将接收器的位置定位于一个或两个点。

幅度提升接收器的敏感度。这将有助于在现有的一些不能够取得定位信息的环境中，比如森林里，获得接收器的定位。

20.5.2 性能因素

全球定位系统的性能取决于几点因素：卫星传输准确度、环境条件、信号与地面上障碍物的交互以及接收器的性能。

在机器人应用的背景里，影响卫星自身性能的因素和大气层条件状况基本上是无法控制的。只是，需要注意的是，正是这些不可控制的因素可以构成导致全球定位系统的信号不能始终可靠的误差源。当定位设备表现出非典型性错误行为（比如不正确的信号）时，这种情况定义为服务失效。这种失效可以分类为一般失效和严重失效。一般失效是指给接收器造成了有限的影响并导致定位误差不超过 150m。严重失效是指造成了很大的定位误差或者接收器的过载。如果一颗卫星经历了导致严重失效的错误，那么在 6h 以内，在地面上大概 63% 的地方都将发现这颗卫星。

在使用全球定位系统进行准确定位时，可以控制的因素包括：

1）在接收器和卫星之间，视线不能被阻挡。

2）依赖于大气层的条件。

3）依赖于接收（弱）射频信号的能力。

大面积出现错误预测的可能性还是存在的。总体来说，当卫星位于接收器的正上方时，射频信号的质量要比卫星位于接收器的水平方向要好。另外，因为全球定位系统的定位是基于差分信号分析，最好的情况是用于全球定位系统定位计算的卫星广泛的分布于天空。

全球定位系统的信号处于微波段，因此，信号可以穿透塑料和玻璃，但是会被诸如水、木和大量树叶吸收，并且会被许多种材料反射。其后果是，在诸如茂密的森林里、深谷中、车船舰艇内部、降雪量大的时候或者高层建筑物之间，全球定位系统不能稳定工作。在这些情况下，空中的部分阻碍可能不会阻碍定位预测的进行。假设在轨运转的卫星数至少是 24 颗，那么平均穿越地球表面上空的卫星会有 8 颗在可视范围内，这样即便是出现这种情况，也还是可以容忍的。另一方面，空中的部分阻碍可以导致定位的准确度下降。这是因为此时有效卫星的选择变少了，而最优准确度的取得是基于尽可能多的提供定位运算的备选卫星（以便在接收器内部的卡尔曼滤波器进行适当加权）。

进一步区分不同的接收器的性能因素包括：采集信号的频率、接收器的灵敏度、最终运算中使用的卫星数、预测器中考虑的因子数和辅助定位系统如广域增强系统（WAAS，见 20.5.3 节）。一个决定定位预测产生快慢的主要因素是定位系统内的独立接收元件的数量。序列单信道接收器简单而较为经济（尺寸可能也较小），但是它们必须顺序锁定每一个需要用到的卫星信号。并行多信道接收器可以同时锁定多个卫星，因而定位比较快而且造价也比较高。一定程度的并行度是高质量消费级电子类设备的规范。

全球定位系统的计算是基于对所谓精度衰减因子，尤其是针对系统中的定位部分的精度衰减因子的估测，即位置精度衰减因子（PDOP）。这个定义对应于误差关于定位预测的偏导数并且使得系统能在任何时刻确认可用于最准确定位预测的卫星组。全球定位系统的标准实施中指定了每 5min 重新计算一次位置精度衰减因子值。

全球定位系统接收器的最小化性能指标的计算是基于通过使用来自一个静止的测绘点的线性化求解，将瞬时距离残差转换为一个用户的定位预测而获得的。大部分接收器使用额外的技术，例如距离残差平滑化、速度补偿、卡尔曼滤波或者多卫星（所有可视卫星）方案等。也就是说，定位系统的正式性能是相对于一个最小值测量的。全球定位系统的定位预测算法总结如下：

1）根据位置精度衰减因子计算最小误差并以此选择最好的四颗卫星。

2）每隔五分钟，或者在所选卫星运作时进行更新。

3）测量从接收器到每颗卫星之间的伪距。四次测量中的每一次都必须有一个求解时间在 0.5s 内的接收时间标签。接收时间标签基于测量系统时间，而传输时间标签基于卫星时间。

4）决定每一颗在使用中的卫星的星历表并为每一颗卫星计算出位于地固地心直角坐标系（ECEF）内的坐标。根据地球自转进行校正并因此为每一颗卫星计算一个伪距的估计值。

5）计算距离残差，即实际距离和观测距离之间的差。

6）估算决定整个系统解决方案的矩阵 $\boldsymbol{G}$，即定位解决方案几何矩阵。此矩阵可以用行向量组描述，每个行向量包含了其中一个被使用卫星的 x，y，z 坐标和介于接收器和卫星之间的向量的时间坐标方向余弦。这个向量是位于一个被称为世界测地系统（WGS84）的固定于地球的参考坐标系。

7）计算接收器的位置。

标准的全球定位系统的实施是每一秒钟计算出一个定位信息，虽然更快或者更慢的频率也是可行的。在典型的操作条件下，没有进行任何特别性能提升的定位准确率大概在水平方向20~25m间，垂直方向43m左右。基于美国海军观象台的参考信号每秒脉冲数（PPS）受限的信号至少可以提供水平方向22m（典型值是7~10m），和垂直方向27.7m的准确性，以及在200ns之内的世界协调时间（UTC）。

全球定位系统的信号可能会被多路径问题影响。也就是无线电信号会在接收器周围的地域——如建筑物、峡谷峭壁和硬地等发生反射。反射以后被接收器接收的信号会造成误差。为了解决多路径问题，研究人员研发出来多种有关接收器的科技，其中最有名的可能就是狭窄相关器间隔法[20.20]。对于长时延迟的多路径问题，接收器本身就能辨认出延迟的信号并弃之不用。为了解决由地面反射造成的短路径的多路径问题，可能就得需要安装特别的天线了。这种短路径形式的信号很难被过滤掉，因为跟直接广播到接收器的信号相比，它只是稍微延迟了一些而已。而它的影响与大气层延迟造成的路径波动相比很难区分开。

20.5.3　增强型全球定位系统

1. 广域增强系统（WAAS）

广域增强系统（WAAS）是一种可以被接收器接收的辅助信号，用以提高接收器的准确性。WAAS能将单独使用GPS的水平位置准确度从10~12m提高到1~2m。WAAS的信号里面包含了对GPS信号的一些引发误差的因素的校正，包括时间误差、卫星位置纠正和电离层变化引起的局部扰动等。这些校正信息由方位固定并经过精确定位的地面基站估测并上传到卫星上以广播到恰当配置的接收器。WAAS信号只适用于北美地区。但是作为基于卫星的系统提升标准模式（SBAS）的一部分，相似的校正信号正逐步在其他地方应用开来。这些地方包括欧洲，称为欧洲同步卫星导航覆盖服务（EGNOS）；包括日本和其他亚洲部分地区，被称为多功能卫星增强系统（MSAS）。以一种称为全球导航卫星登录系统（GLS）对GPS和WAAS的进一步提升，预计于2013年完成。

2. 差分式全球定位系统

差分式全球定位系统（DGPS）是一种采用坐落于一个接收器周围的、已经精确勘测位置的地点对GPS信号进行纠正的技术。事实上，基于此基本概念有几种版本存在，而它们一般也被称为地基增强系统（GBAS）。DGPS使用与WAAS同样的原理，但是它仅是一种局部的手段而没有借助于向卫星上传数据的办法。在已知地点接收器计算出GPS信号中的误差并把它传输给附近未知方位的接收器。因为这种误差因地球上的地点不同而变化，这种纠正的有效性随距离增加而下降。一般来说，最大有效距离为几百英里。人们在选择可用性的中止以及WAAS（其可被看做一种DGPS）的开发以前特别想要这个纠正方案。在美国和加拿大，一个地基DGPS发射器网络在运转着，发射频率介于285kHz和325kHz的无线电信号。类似于WAAS的商用DGPS解决方案也同样存在。

3. 接收器自动完好监视（RAIM）

接收器自动完好监视（RAIM）是一种使用不同的卫星组合来获取多种伪距测量（即定位估算）的技术。如果取得了不一致的测量，它就指示出系统某部分发生了故障。一次定位至少需要使用五颗卫星以检测到这种故障；而至少需要六颗卫星才能排除来自单颗信号发生故障的卫星的数据，同时仍能取得可靠的定位预测。

20.5.4　接收器及其通信系统

1. 接收器分类

全球定位系统接收器以性能和造价区分类别。最好的是达到测地级别的接收器而经济型的型号则被称为有源级或娱乐型接收器。大体上，这些不同型号接收器的造价会相差几个数量级，但是它们的性能差异则在逐渐缩小。

接收器按原理分为两个类型：代码相位型和载波相位型。代码相位型接收器使用数据流中卫星导航信息的部分来提供星历表数据并产生实时结果。它们需要一段时间以锁定卫星，但不需要估测初始位置就可以连续输出结果。C/A信号是一个具有一个已知密钥的含有1023个伪随机噪声（PRN）的位串。真正的伪距通过找到这个位串的相位偏差决定。另一方面来说，载波相位型接收器使用的是原始的GPS的信号相位，而不是嵌入式的（数字）C/A信号。在L1和L2信道上的信号分别有19cm和25cm的波长，而优质相位的测量可以给予水平方向达到毫米级的准确率。然而，这些测量只是提供一个距离达到数十公里的范围内的相对定位信息。

2. 串行通信协议

全球各地的全球定位系统消费级设备几乎都支持一种称为国家海洋电子协会（NMEA）的传输协议的变体。这种协议通常是一种通过RS-232线路传输的串行通信协议。这个协议具有几种变体，而其中NMEA0183的变体应用最广泛，而NMEA2000支持更高传输速率。尽管这个协议为国家海洋电子协会独有，其官方规范只能从该协会购买，但是确实存在几种关于该协议的开源描述，使该协议被逆向开发。

该协议支持基于以一个谈话者（GPS 接收器）和一个或多个收听者（电脑）的以 ASCII 代码通信模式。收听者接收的是简单的协议字符串，称为句子。有传闻暗示在该协议中存在模棱两可的地方从而导致不能够确保不同设备间的兼容性（此暗示不是通过对协议的独家文档的检视而获得的，因而不便在本书中讨论）。

20.6 全球定位系统和惯导的集成

尽管全球定位系统承诺提供有关地球表面的高精度的定位信息，但它并不能解决关于机器人姿态预测的所有问题。首先，它不能直接获得有关交通工具方位角的信息。为了决定交通工具的航向角以及许多交通工具需要的俯仰角和侧滚角，必须对 GPS 信号进行差分或者与其他诸如罗盘、旋转罗盘和惯导之类的传感器进行融合。其次，GPS 接收器通常无法提供连续的、独立的有关位置的预测，而只能提供在不同的时间点的预测（至少对廉价接收器是这样），而这种测量的延迟相当大。连续的姿态预测需要在两个 GPS 读数之间进行。最后，GPS 的定位不是一直都可行的。当地的地理条件（像高山、高楼和树）或接收器上面对无线电信号的屏蔽（如室内或水下）都会将信号完全封锁。GPS 接收器与另一种传感技术（常常是惯性传感器）的集成至少可以在短时期内解决这些问题。

GPS 与惯性传感器的集成通常以卡尔曼滤波器的形式进行（参见第 23.2.3 节）。本质上惯性传感器的数据用以过渡固定的 GPS 数据，并在两组数据都有效的时候以最小二乘法的形式进行优化。鉴于此两组传感器互补的自然属性和完全独立性，市场上有相当多的商用套装已经开发出来用以集成 GPS 和惯性传感器的数据（例见参考文献［20.21］）。

20.7 扩展阅读

1. 里程仪

包括参考文献［20.2］和参考文献［20.22］在内，许多关于机器人技术的一般介绍性的书籍都提供了相当多的有关交通工具使用里程仪的信息，以及使用交通工具设计标准推导里程仪的方程。

2. 陀螺仪系统

Everett 撰写的书[20.23]提供了包括陀螺仪系统和加速度仪在内的许多传感器技术的回顾。而有关旋转罗盘及其发明者的有趣的历史记载则可以在 *Hughes* 的书里找到[20.5]。

3. 加速度仪

刚刚提到，*Everett* 撰写的书[20.23]提供了许多传感器技术的回顾，其中就包括陀螺仪系统和加速度仪。

4. 全球定位系统

相当多的有关 GPS 系统的理论和实现的详细资料可以在 *Leick* 的书[20.24]里找到。有关 GPS 系统的理论知识和实现同样可以参见参考文献［20.25］。而多种有关 GPS 和惯性导航系统集成的详细材料可以参阅参考文献［20.26］和参考文献［20.27］。

20.8 市场上的现有硬件

尽管下面所列出来的硬件有可能只有短暂的上架时间，这些联系方式清单应该是一个识别、寻找特别的惯性传感设备的开始。

1. 陀螺仪系统

➢ KVN DSP-3000 型战术级光纤陀螺仪（FOG）.
KVH Industries Inc.，50 Enterprise Center，
Middletown，RI 02842-5279，USA

➢ 光纤式光学陀螺仪 HOFG-1（A）.
Corporate Headquarters Hitachi Cable Ltd.
4-14-1 Sotokanda，Chiyoda-ku，Tokyo 101-8971，Japan

➢ 速率型陀螺仪 CRS03.
Silicon Sensing Systems Japan Ltd.
1-10 Fusocho（Sumitomo Precision Complex），
Amagaxaki，Hyogo 660-0891，Japan

2. 加速度仪

➢ 加速度仪 FA 101
A-KAST Measurements and Control Ltd.，2054-2 Center St. Suite #299，
Thornhill，ON，L4J 8E5，Canada

➢ ENDEVCO MODEL 22，
Brüel and Kjær，
DK-2850 Naerum，Denmark

3. 惯性传感器套装

➢ μIMU
MEMSense，2693D Commerce Rd.，
Rapid City，SD57702，USA

➢ IMU400 MEMS 惯性传感器，
Crossbow Technology Inc.，

4145 N. First St. San Jose，CA95143，USA

➢ InertialCube3，（三自由度惯性传感器），

Intersense，

36 Crosby Dr，#15，

Bedford，MA01730，USA

4. 全球定位系统元件

➢ Garmin GPS 18

Garmin International Inc.，

1200 East 151st St.，

Olathe，KS 66062-3426，USA

➢ Magellan Meridian Color

Thales Navigation

471 El Camino Real，

Santa Clara，CA 95050-4300，USA

➢ TomTom Bluetooth GPS 接收器

Rembrandtplein 35，

1017 CT Amsterdam，

The Netherlands

参 考 文 献

20.1 Vitruvius: *Vitruvius: The Ten Books on Architecture* (Harvard Univ. Press, London 1914), English translation by M. Morgan

20.2 G. Dudek, M. Jenkin: *Computational Principles of Mobile Robotics* (Cambridge Univ. Press, Cambridge 2000)

20.3 E. Maloney: *Dutton's Navigation and Piloting*, 14th edn. (US Naval Inst. Press, Annapolis 1985)

20.4 J.G.F. Bohnenberger: Beschreibung einer Maschine zur Erläuterung der Gesetze der Umdrehung der Erde um ihre Achse, und der Veränderung der Lage der Letzteren, Tübinger Bl. Naturwiss. Arzneikunde **3**, 72–83 (1817), (in German)

20.5 T.P. Hughes: *Elmer Sperry: Inventor and Engineer* (The Johns Hopkins Univ. Press, Baltimore 1993), Reprint Edition

20.6 H.W. Sorg: From Serson to Draper – two centuries of gyroscopic development, Navigation **23**, 313–324 (1976)

20.7 W. Davenport: *Gyro! The Life and Times of Lawrence Sperry* (Scribner, New York 1978)

20.8 J.F. Wagner: From Bohnenberger's machine to integrated navigation systems, 200 years of inertial navigation, Photogramm. Week **05**, 123–134 (2005)

20.9 R.P. Feynman, R.B. Leighton, M. Sands: *The Feynman Lectures on Physics* (Addison-Wesley, Reading 1963)

20.10 Navpers 16160: The Fleet Type Submarine. Produced for ComSubLant by Standards and Curriculum Division Training, Bureau of Naval Personnel, United States Navy (1946)

20.11 G. Sagnac: L'ether lumineux demontre par l'effect du vent relatif d'ether dans un interferometre en rotation uniforme, C. R. Acad. Sci. Paris **157**, 708–710 (1913), (in French)

20.12 G. Sagnac: Sur la preuve de la realitet de l'ether lumineaux par l'experience de l'interferographe tournant, C. R. Acad. Sci. Paris **157**, 1410–1413 (1913), (in French)

20.13 F. Harress: Die Geschwindigkeit des Lichtes in bewegten Körpern, Dissertation (Friedrich-Schiller-Universität, Jena 1912) (in German)

20.14 A.A. Michelson, H.G. Gale: The effect of the earth's rotation on the velocity of light, J. Astrophys. **61**, 140–145 (1925)

20.15 S. Ekeziel, H.J. Arditty: *Fiber-Optic Rotation Sensors*, Springer Ser. Opt. Sci., Vol. 32 (Springer, Berlin, Heidelberg 1982)

20.16 G.E. Stedman: Ring-laser tests of fundamental physics and geophysics, Rep. Prog. Phys. **60**, 615–688 (1997)

20.17 D. Mackenzie: From the luminiferous ether to the Boeing 757: A history of the laser gyroscope, Technol. Cult. **34**, 475–515 (1993)

20.18 E. Foxlin, M. Harringon, Y. Altshuler: Miniature 6-DOF inertial system for tracking HMDs, Proc. SPIE **3362**, 214–228 (1998)

20.19 M. Mostafa: History of inertial navigation systems in survey applications, J. Am. Soc. Photogramm. Remote Sens. **67**(12), 1225–1227 (2001)

20.20 A.J. Van Dierendonck, P. Fenton, T. Ford: Theory and performance of narrow correlator spacing in a GPS receiver, Navigation J. Inst. Navigation **39**, 265–283 (1992)

20.21 J. Rios, E. White: Low cost solid state GPS/INS package, Proc. Inst. Navigation Conf. (2000)

20.22 R. Siegwart, I.R. Nourbakhsh: *Introduction to Au-* 2004)

20.23 H.R. Everett: *Sensors for Mobile Robots: Theory and Application* (Peters, Wellesley 1995)

20.24 A. Leick: *GPS Satellite Surveying* (Wiley, New York 2004)

20.25 P. Misra, P. Enge: *Global Positioning System: Signals, Measurements, and Performance*, 2nd edn. (Ganga-Jamuna, Lincoln 2006)

20.26 J. Farrell, M. Barth: *The Global Positioning System and Inertial Navigation* (McGraw-Hill, New York 1989)

20.27 M.S. Grewal, L.R. Weill, A.P. Andrews: *Global Positioning Systems, Inertial Navigation, and Integration* (Wiley-Interscience, New York 2007)

第21章 声呐感测

Lindsay Kleeman，Roman Kuc
佘青山 译

声呐或者超声波感测使用比正常听力更高的频率传播声音能量，从环境中获取信息。本章介绍声呐感测的物理原理，面向机器人技术应用中的目标定位、地标测量、分类等。说明声呐伪影的来源，以及如何处理它们。根据主要突出特点，概述了不同的超声波换能器技术。

本章首先介绍了声呐系统，复杂度各不相同，从低成本的门限测距模块到多传感器多脉冲模型，具备精确测距与方位测量、干扰抑制、运动补偿和目标分类等相关的信号处理要求。其次，介绍了连续传输调频（CTFM）系统，并讨论噪声存在条件下提高目标灵敏度的能力。然后，论述了各种各样的声呐环设计，结合测绘结果进行周围环境快速覆盖。最后讨论仿生声呐，其灵感来自于动物，如蝙蝠和海豚。

21.1 声呐原理 …… 38
21.2 声呐波束图 …… 40
21.3 声速 …… 42
21.4 波形 …… 42
21.5 换能器技术 …… 43
21.5.1 静电换能器 …… 43
21.5.2 压电换能器 …… 43
21.5.3 微型机电系统（MEMS） …… 44
21.6 反射物体模型 …… 44
21.7 伪影 …… 45
21.8 TOF测距 …… 45
21.9 回声波形编码 …… 48
21.10 回声波形处理 …… 50
21.10.1 测距与宽带脉冲 …… 50
21.10.2 方位估计 …… 50
21.11 CTFM 声呐 …… 51
21.11.1 CTFM 传输编码 …… 51
21.11.2 CTFM TOF 估计 …… 51
21.11.3 CTFM 距离鉴别力和分辨率 …… 52
21.11.4 CTFM 声呐和脉冲回波声呐的比较 …… 52
21.11.5 CTFM 应用 …… 53
21.12 多脉冲声呐 …… 53
21.12.1 干扰抑制 …… 53
21.12.2 目标即时分类 …… 54
21.13 声呐环 …… 54
21.13.1 简单测距模块环 …… 54
21.13.2 高级环 …… 54
21.14 运动影响 …… 55
21.14.1 平面的移动观测 …… 55
21.14.2 角的移动观测 …… 56
21.14.3 边的移动观测 …… 56
21.14.4 接收角移动观测的影响 …… 57
21.14.5 平面、角和边的移动观测到达角 …… 57
21.15 仿生声呐 …… 57
21.16 总结 …… 58
参考文献 …… 58

21.1 声呐原理

声呐是机器人技术中一种很流行的传感器，采用声脉冲及其回波来测量目标所在的距离。由于声音的速度通常为人所知，目标距离与回波传播时间成正比。在超声波频段中声呐能量集中于一束，除了距离之外还提供方位信息。它的普及性归功于，跟其他测距传感器相比，声呐传感器具有低成本、重量轻、低功耗和低计算量等特点。在一些如水下和低可见度环境的应用中，声呐经常是唯一可行的感测模态。

机器人技术中声呐有三个不同但相关联的用途：

1）避障：第一个探测到的回波被假设为最近目标产生的回波，测量其所在的距离。机器人利用这个信息来规划路径绕过障碍物，防止碰撞。

2）声呐测绘：通过旋转扫描或声呐阵列获得一批回波，用来创建环境地图。类似于雷达显示，测量点被放置在沿着探测脉冲方向的可测范围内。

3）目标识别：一系列回波或声呐地图经处理后对产生回波的结构进行分类，这些结构包含一个或多个物理目标。如果成功的话，这种信息对机器人配准或地标导航是有用的。

图 21.1 表示一个简化的声呐系统，包括从其配置到所产生的声呐地图。声呐传感器（记为 T/R）既充当探测声脉冲（记为 P）的发射器（记为 T），又作为回波（记为 E）的接收器。位于声呐波束里的目标 O 由阴影区域表示，来反射探测脉冲。反射信号的一部分返回至换能器上，被检测为一个回波。回波传播时间 t_0俗称为飞行时间（TOF），是由探测脉冲传输时间测得的。在这种情况下，回波波形是探测脉冲的副本，通常由多达 16 个周期的传感器共振频率组成。目标距离 r_0采用式（21.1）计算。

$$r_0 = \frac{ct_0}{2} \tag{21.1}$$

式中，c 表示声速（在标准温度和压力下声速为 343m/s）；因子 2 将往返（P + E）传播距离转换为单程测量。波束扩展损失和声吸收限制了声呐距离。

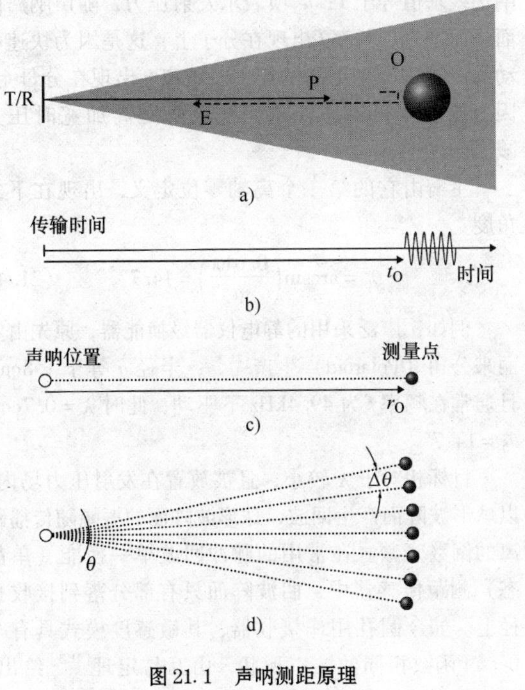

图 21.1 声呐测距原理

a）声呐配置 b）回波波形

c）测量点位置 d）声呐地图

在形成的声呐地图里，测量点被放置在相应的换能器物理定位的方向上。通常声呐地图通过旋转垂直轴线上的传感器建立，用方位角 θ 表示，通过一系列离散的角度 $\Delta\theta$ 分隔开，并在相应的范围内放置声呐点。由于 T/R 旋转时目标 O 到 T/R 中心的距离几乎是不变的，只要 O 位于波束内，测量点通常会落在一个圆圈内。因此，声呐地图是由圆弧组成的。

声呐的主要局限性包括：

1）宽的声呐波束会造成较差的方向精度。目标被定位在孤立弧的中间，但较短距离的目标缩短了较远距离目标的弧，这些由一批目标所产生的弧通常很难解释。这种影响的结果是宽波束阻塞了小孔，限制了机器人导航。

2）相对于光学传感器，缓慢的声速降低了声呐感测速度。一个新的探测脉冲应该在来自先前脉冲的所有检测回波终止后被发射，否则将发生误读，如图 21.2 所示，来自探测脉冲 1 的回波在探测脉冲 2 发射后出现。声呐从最近的探测脉冲测量 TOF。许多声呐每隔 50ms 发射探测脉冲，但在混响环境下会遭遇误读。

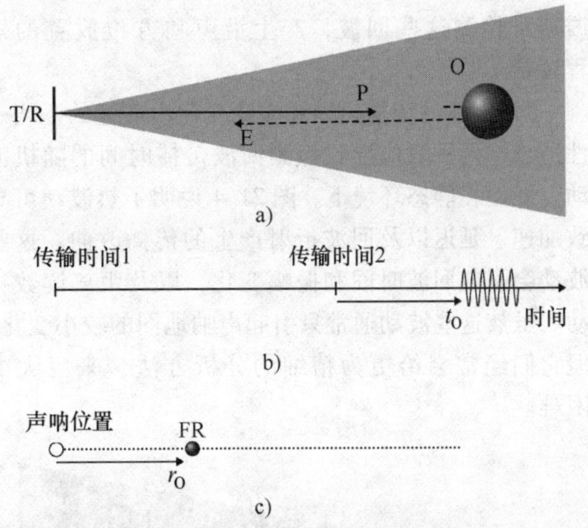

图 21.2 虚假距离读数

a）声呐配置 b）脉冲 1 的回波到来之前发射的探测脉冲 2 c）从传输时间 2 测出的虚假距离

3）光滑表面在斜入射时不产生可探测的回波。图 21.3 显示一个平坦表面（墙），充当声呐束的镜子。重点是邻近墙自身不产生可探测的回波，使用声呐避障的机器人可能会与墙碰撞。

4）波束旁瓣导致的伪影和多次反射产生了无目标存在环境下的距离读数。图 21.3 也显示了包围着目标 O 的改变了方向的波束。回波也被墙面改变方向后反射回换能器。以换能器为参考，目标在虚拟物体位置处 VO，而且它会产生相同的声呐地图，如图 21.1 所示。由于没有物理目标对应于声呐点位置，因此它是一个伪影。也要注意，点虚线表

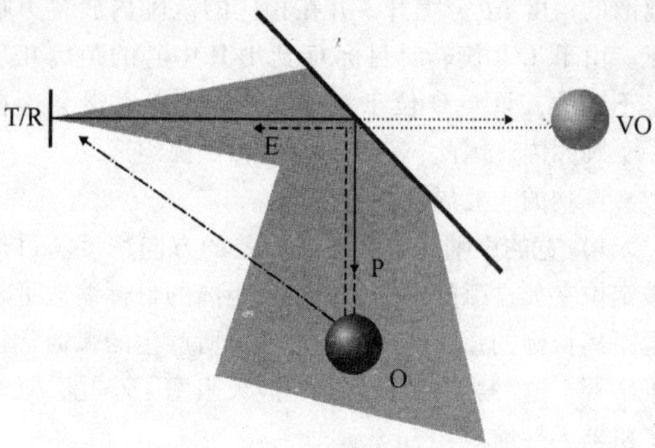

图21.3 光滑表面在斜入射时不产生可探测的回波

注：平面改变波束方向，导致在虚拟目标位置产生声呐伪影。点虚线表示的回波路径落到了声呐波束外面，并不产生一个可探测的回波。

示从换能器反射回来的声学能量，并不能被检测到，这是因为它没有位于波束锥形区内。波束旁瓣通常检测这些回波，产生沿声呐方位放置的短程读数。

5）回波的传播时间和振幅变化由声速的不均一性造成。两种效应导致检测回波传播时间的随机波动，即使在静态环境下。图21.4说明了热波动可导致加速、延迟以及回波折射产生的传播改向。这些波动会引起回波时间和振幅变化，以及距离读数抖动。虽然这些波动通常只引起声呐地图的较小变化，但它们经常会给更为精细的分析方法带来巨大的困难。

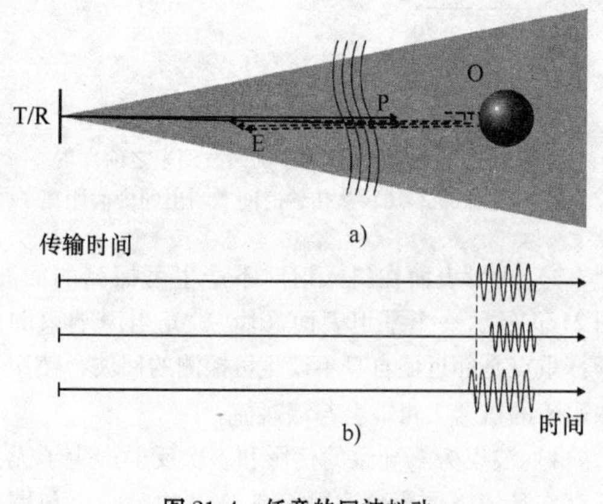

图21.4 任意的回波抖动

a）声呐配置，声音传播介质的热不均匀性导致折射效应

b）静态环境下回波的传播时间和振幅变化举例

本章描述了物理和数学细节，将简化的声呐模型扩展到实际的声呐系统。

21.2 声呐波束图

为了推导声呐换能器的定性描述，我们对简化模型运用基本声学理论得到简单的解析式[21.1]。声呐发射器通常被建模为一个半径为 a 的圆瓣表面，在无限平面隔声板上以频率 f 振动。波长 λ 表示为

$$\lambda = \frac{c}{f} \tag{21.2}$$

式中，c 是声音在空气中的传播速度，25℃时为343m/s[21.2]。当 $a > \lambda$ 时，发射压力场形成一个波束，由一个主瓣和环绕的若干旁瓣组成。在远场，或者距离大于 a^2/λ 时，波束由它的方向图描述，方向图是孔径函数的二维傅里叶变换，在这种情况下圆孔可产生贝塞尔（Bessel）函数。在距离 r 以及与瓣轴线相关的角度 θ 下，发射压力振幅可写为

$$P_E(r,\theta) = \frac{\alpha a^2 f}{r}\left(\frac{2J_1(ka\sin\theta)}{ka\sin\theta}\right) \tag{21.3}$$

式中，α 是比例常数，包含了空气密度和声强；$k = 2\pi/\lambda$；J_1 是第一类Bessel函数；$\theta = 0$，括号项沿着声呐轴线求值等于1；a^2 项表示发射压力，随声呐瓣的面积而增大。频率 f 出现在分子上，这是因为快速移动的声呐瓣产生更高的压力。距离 r 出现在分母上，因为能量守恒定律要求当波束随距离加宽时压力减小。

主瓣由它的第一个离轴零位定义，出现在下式角度

$$\theta_0 = \arcsin\left(\frac{0.61\lambda}{a}\right) = 14.7° \tag{21.4}$$

例如，广泛采用的静电仪器级换能器，原先由宝丽来公司（Polaroid）生产[21.3]，半径 a 等于1.8cm，且通常在频率 f 为49.4kHz下驱动，此时 $\lambda = 0.7$cm，$\theta_0 = 14.7°$。

目标相对于 λ 较小，且被放置在发射压力场内，以球形波阵面产生回波，球形波阵面的振幅随传播距离的倒数衰减。在常用的脉冲回波单一换能（单静态）测距传感器中，回波阵面只有部分落到接收孔径上。如今圆孔用作接收器，其敏感度模式具有与Bessel函数相同的波束形状，由互易定理[21.1]给出，见式（21.3）。如果反射物相对于换能器位于 (r, θ) 处，则参考接收器输出，检测到的回波压力振幅为

$$P_D(r,\theta) = \frac{\beta f a^4}{r^2}\left(\frac{2J_1(ka\sin\theta)}{ka\sin\theta}\right)^2 \tag{21.5}$$

式中，β 是比例常数，包含了设计中不可控参数，比如空气密度。分子中出现附加项 a^2，是由于大的孔

径可检测更多的回波阵面。

图 21.5 显示了来自远场中小（点状）目标的回波振幅，其作为静电仪器级换能器探测到的角度函数。曲线已被轴上回波振幅归一化。

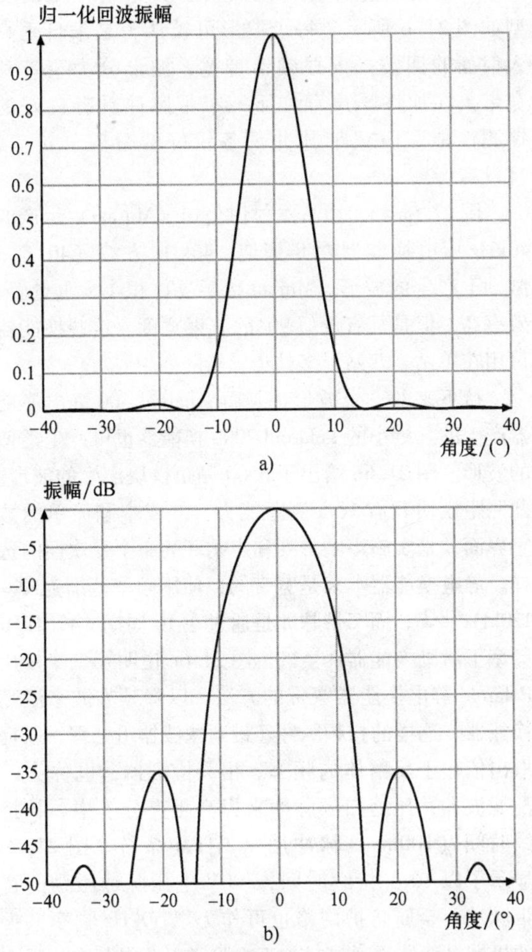

图 21.5 角度函数的瓣模型预测的小目标回波的归一化振幅

a）线性尺度 b）分贝尺度

该模型是定性的，原因是它提供了下列实际有用的见解：

1）对于与波长相关的小反射体尺寸，回波振幅随距离平方的倒数而减小，因为存在来自发射器到目标的 $1/r$ 扩散损失，随后又有返回至接收器的回波中的额外 $1/r$ 扩散损失。然而，大尺寸反射体能够根据惠更斯（Huygens）原理进行处理[21.4]，通过将其划分为小尺寸反射体，协同增加它们的回波贡献。当在二维空间采用垂直入射增强的平面反射体处理时，回波振幅减小了 $1/r$，而不是 $1/r^2$。柱面反射体在一维空间扩展，导致振幅在 $1/r$ 与 $1/r^2$ 之间变化。更极端的情况也可能发生在作为声音放大器的凹面反射体上，引起振幅随着小于 1 的距离的负幂减少。

2）正弦曲线逼近激励的换能器表现为旁瓣，其取决于由相位抵消造成的零位。例如，常规声呐经 16 周期激励展现为旁瓣。当小反射体位于换能器轴上，相对于回波振幅，第一个旁瓣的峰值是 −35dB。600 系列仪器级换能器的说明书指出第一个离轴零位在 15°，第一个旁瓣峰值为 −26dB。我们认为这些测量是采用平面作为反射体进行的。

3）该模型可用来计算其他常规换能器的波束参数近似值。例如，半径为 1.25cm 的 SensComp 7000 系列[21.5]产生 20°的角度，等于额定值。然而，规定的第一个旁瓣峰值大约等于 −16dB，这完全不同于 −35dB 期望值。

定性模型的局限性包括：

1）现有换能器只是粗略估计声呐瓣在无限平面隔声板上的振动，无限挡板指引所有的辐射声压进入换能器的前半空间。现有换能器向四面八方辐射，但大多数声能集中于主瓣。

2）所有脉冲回波测距声呐都采用有限持续时间脉冲，而不采用无限持续时间的正弦脉冲。下面介绍几个使用脉冲的系统，无论是持续时间还是形式，这些脉冲都完全不同于正弦激励。一般通过计算脉冲频谱以及将其分解成若干个正弦频率对这些脉冲进行分析，每个正弦频率都有自身的波束模式。例如，上述 16 周期脉冲的回波振幅预测是相当精确的，包括波束宽度和旁瓣。但是，当使用脉冲或者扫频激励时，净波束剖面成为每个激励频率成分所产生的波束模式的（线性振幅）叠加。这样的宽带激励并不表现为零位，因为某个频率形成的零位可由其他频率产生的波束的主瓣和旁瓣填充。

3）大多数声呐换能器要被装入保护外壳中。静电仪器级换能器盖子形成一个机械过滤器，可增强 49.4kHz 声音输出。其他换能器的案例可能会扭曲发射场，但大多数换能器产生某一类型的方向波束。

4）该模型不包括传播介质中与频率相关的声吸收。这些声吸收减少模型预测的回波振幅。

上述分析模型只限于简单配置。随着当前计算能力的发展，换能器能被扩展到那些任意的、甚至多重的孔径，具有各种各样的激励方式。目标产生的任意形状的回波波形可根据 Huygens 原理来模拟[21.4]。发射器、接收器和目标表面被分解为二维表面阵列，使用尺寸小于 $\lambda/5$ 的方阵来发射、反射和探测组件（注：尺寸越小越好，但要长些）。通过假设脉冲发射，以及沿着从发射器组件到目标组件再到接收器组件的所有可能路径叠加传播时间，计算给定模型的脉冲响应。时间分辨率应小于（$20 f_{max}$）$^{-1}$，其中f_{max}是最大激励频率。对于16周期的49.4kHz频率激励，1μs分辨率就足够了。更加精细的分辨率（<0.1μs）是脉冲激励所必需的。于是，以脉冲响应与实际发射脉冲波形的卷积来计算回波波形[21.4]。

21.3 声速

声速c随大气温度、压力和湿度显著变化，对确定声呐系统的精度至关重要。本节基于参考文献[21.6，7]概述了c和这些变量之间的关系。

在海平面空气密度和一个大气压力下，干燥空气中的声速表示为

$$c_T = 20.05\sqrt{T_C + 273.16}\,\mathrm{ms}^{-1} \tag{21.6}$$

式中，T_C表示温度，单位是摄氏度。在大多数情况下，式（21.6）可精确到1%以内。然而，既然相对湿度是已知的，可以做一个更好的估计如下

$$c_H = c_T + h_r[1.0059\times10^{-3} + 1.7776\times10^{-7}(T_C+17.78)^3]\,\mathrm{ms}^{-1} \tag{21.7}$$

对于海平面大多数气压下，温度在−30～43℃范围内，式（21.7）可精确到0.1%以内。既然大气压p_s已知，则可以使用下列表达式

$$c_P = 20.05\sqrt{\frac{T_C + 273.16}{1-3.79\times10^{-3}(h_r p_{sat}/p_s)}}\,\mathrm{ms}^{-1} \tag{21.8}$$

此处，空气饱和压力p_{sat}依赖于温度，表示如下

$$\log_{10}\left(\frac{p_{sat}}{p_{s0}}\right) = 10.796\left[1-\frac{T_{01}}{T}\right] - 5.0281\log_{10}\left(\frac{T_{01}}{T}\right) + 1.5047\times10^{-4}\{1-10^{-8.2927[(T/T_{01})-1]}\} + 0.42873\times10^{-3}\{-1+10^{4.7696[1-(T_{01}/T)]}\} - 2.2196 \tag{21.9}$$

式中，p_{s0}是参考大气压101.325kPa；T_{01}是三相点等温温度，其精确值为273.16K。

21.4 波形

声呐使用各种各样的波形，其中最常见的类型如图21.6所示。每个波形可被认为是来自垂直入射面的回波。根据频谱带宽，波形分为窄带和宽带。在加性噪声存在下，窄带脉冲具有良好的探测性能，而宽带脉冲具备较好的距离分辨率，且没有旁瓣。

图21.6a给出由日本村田公司（Murata）生产的40kHz压电换能器在8周期、40kHz方波（$40V_{rms}$）激励下产生的波形。Murata传感器体积小、重量轻、效率高，但是具有近似90°的波束宽度。这些换能器可用在单站、双站、多站传感器阵列中[21.8,9]。

接下来的三个波形都是由Polaroid 600静电换能器产生的。更小的Polaroid 7000换能器也可产生类似的波形。图21.6b给出了6500测距模块产生的波形。此测距模块具有10m测距能力、低成本和简单的数字界面，是实施声呐阵列和声呐环的一个受欢迎的选择。静电换能器本来是宽带的，使用频率范围为10～120kHz[21.10]，而窄带脉冲是通过在16周期、49.4kHz频率下激励换能器产生的。图21.6c说明了一个使用Polaroid静电换能器宽带的方法，以降频方波来激励换能器。这样的扫频脉冲经带通滤波器组处理，以提取出依赖于反射体的频率。相关检测器，也称为匹配滤波器，压缩扫频脉冲来提高距离分辨率。长持续时间（100ms）脉冲用于CTFM系统。图21.6d显示了以10μs持续时间、300V电压脉冲激励的宽带脉冲。金属防护网格也可作为以50kHz频率共振的机械过滤器，通过机加工去除，以获得范围为10～120kHz的可用带宽，峰值为60kHz。这样的宽带脉冲对目标识别是有用的[21.10,11]。这些脉冲振幅小，将其距离限制到1m或者更少。

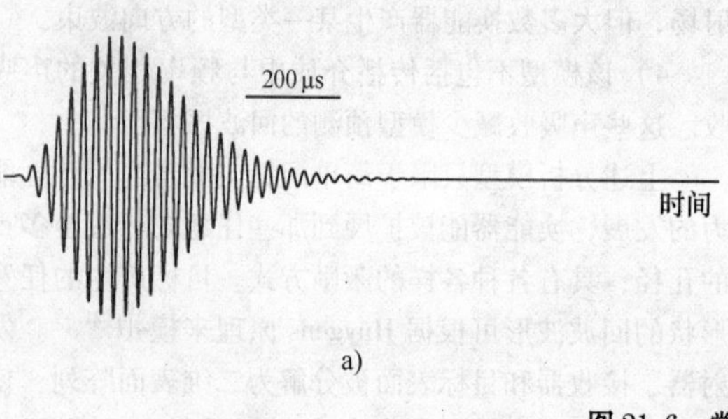

a)

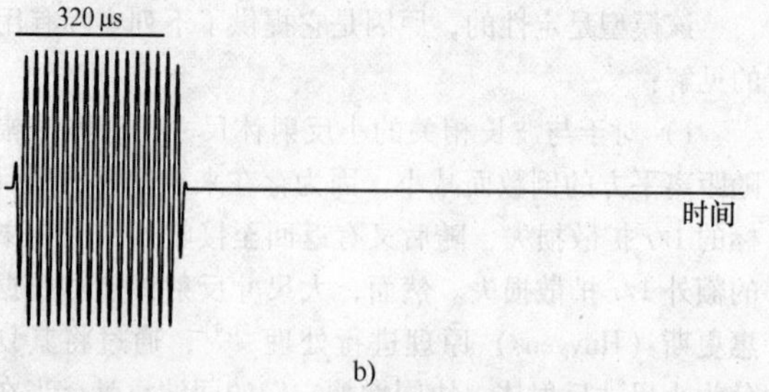

b)

图21.6 常规声呐脉冲波形

a）Murata的40kHz换能器（窄带） b）Polaroid 600静电换能器，采用16周期49.4kHz正弦波激励（6500测距模块—窄带）

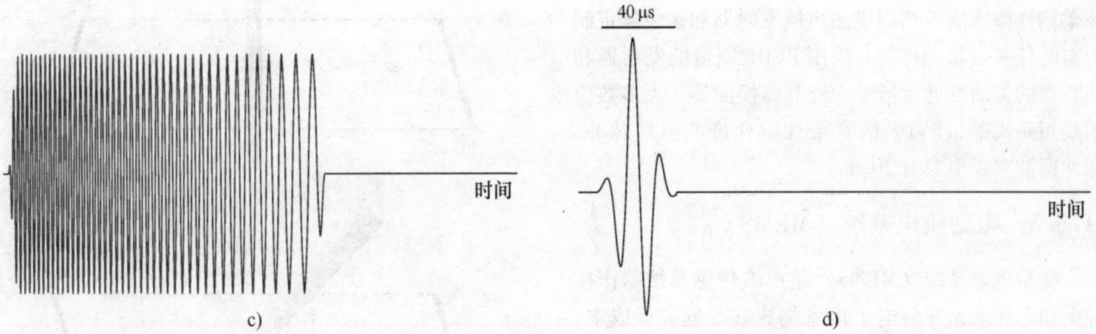

图 21.6 常规声呐脉冲波形(续)

c) Polariod 600 静电换能器，采用降频激发信号激励（宽带）

d) Polariod 600 静电换能器，采用 10μs 持续时间、300V 电压脉冲激励（宽带）

21.5 换能器技术

静电换能器和压电换能器是可用于空气中的两种主要类型，大体上既作为发射器又作为接收器，图 21.7 给出了一些例子。一般来说，静电装置有较高的灵敏度和带宽，但通常需要超过 100V 的偏置电压。压电装置工作在较低电压，使其电子接口变得简单，但具有高 Q 值共振陶瓷晶体，这导致相较于静电换能器，它们具有窄的频率响应。

图 21.7 从左到右：9000 系列、仪器级、7000 系列换能器的正视图和后视图（照片由 Boulder 旗下 Acroname 公司提供，网址为 www. acroname. com）

21.5.1 静电换能器

一个静电传感器例子是 Polaroid 仪器级换能器（现在可从 SensComp. com 网址获取），它是由外面镀金的塑料箔膜横跨在一个带圆形凹槽的铝制背板上构造而成的。通过向背板施加 150V 偏置电压对导电箔充电。引入的声波使金属薄片振动，改变金属薄片与背板之间的平均距离，从而改变金属薄片的电容。假设电荷 q 是常量，产生的电压 $v(t)$ 与不断变化的电容 $C(t)$ 成正比，即 $v(t)=qC(t)$。作为一个发射器，换能器隔膜的振动是对电容施加 0 ~ 300V 脉冲引起的，一般是采用脉冲变压器。对电容施加 300V 电压产生的电荷造成隔膜与背板之间的静电引力。背板上的凹槽允许隔膜伸展，通过引起背板粗糙度的随机性，在频率响应中可以获得一个宽的共振。例如，Polaroid 7000 系列换能器的带宽是 20kHz。前置格栅安装在换能器上，移除这个格栅可减少格栅与隔膜之间的损失和混响。另一个静电换能器是由 *Kay* 设计的，详细设计细节可参见参考文献 [21. 12]。

21.5.2 压电换能器

压电陶瓷换能器可用来作为发射器和接收器，但一些厂商分别出售发射器和接收器，以便优化发射功率和接收器的灵敏度。当电压施加在晶体上时，压电共振晶体产生机械振动，反之当晶体机械振动时也会产生电压。通常圆锥形凹角被安装到晶体上，以便从声学上匹配晶体在空气中的声阻抗。例如，Murata MA40A5R/S 接收和发射换能器工作于 40kHz。该装置直径为 16mm，发射器波束角为 60°，相较于最大灵敏度接收器损耗为 -20dB。发射器和接收器的有效带宽只有几千赫兹，归因于晶体的共振特性。这限制了脉冲的包络上升时间在 0.5ms 左右。一个优势就是用低电压驱动压电装置的能力，例如将每个终端连接到互补金属氧化物半导体（CMOS）逻辑输出。压电换能器的共振频率有较宽的范围，可从 20kHz 到兆赫。Murata 还提供命名为极化氟聚合物——聚偏氟乙烯

(PVDF) 的压电薄膜，可参考网址 www. msiusa. com。该柔韧性薄膜能被切割成超声波发射器和接收器定制所需的任意形状和样式。采用 PVDF 制造的发射器和接收器的灵敏度通常低于陶瓷晶体换能器，大多数应用是短距离的，PVDF 的宽带性质允许产生短脉冲，脉冲回波测距也只有 30mm。

21.5.3 微型机电系统（MEMS）

微型机电系统（MEMS）超声波传感器被制作在一个硅芯片上，并与电子设备集成在一起。低成本、大量生产的传感器可作为标准换能器的替代物。MEMS 超声波换能器可像静电容换能器一样操作，其隔膜由薄氮化物制成。装置的工作频率可达几兆赫兹，并提供比压电装置更好的信噪比优势，这是由于它们能更好匹配空气声阻抗[21.13]。二维阵列装置可以装配到芯片上，这样更相配和可控。

21.6 反射物体模型

反射过程建模有助于解释回波信息。本节考虑三个简单的反射体模型：平面、角和边，如图 21.8 所示。这些模型适用于单一换能器和阵列。

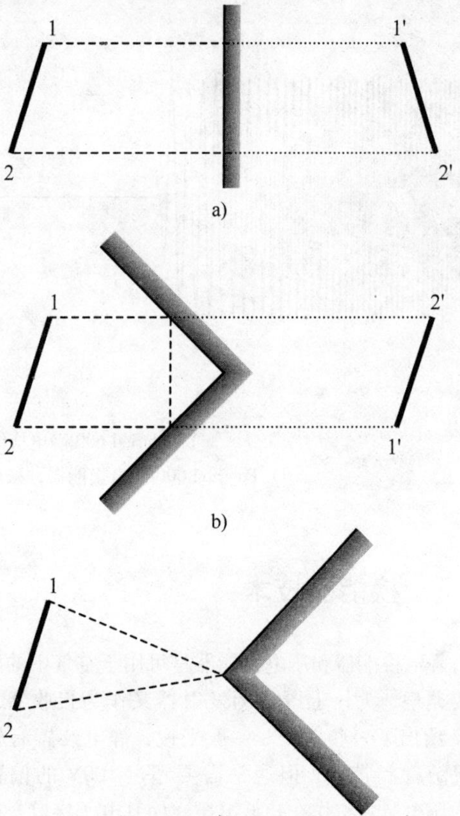

图 21.8 反射体模型
a) 平面 b) 角 c) 边

平面是光滑的表面，可用作声学反射镜。光滑的墙壁和门的表面起到平面反射镜的作用。平面必须足够宽以产生两种反射，反射路径用虚线表示。平面反射体只比无限延展平面的束截面积稍微大一些。由于较小的反射面以及从平面边缘衍射的回波负干扰，较小的平面产生较弱的回波。声反射镜允许使用虚拟换能器进行分析，图中用灰色阴影线表示。

角是两个表面的凹直角交会。交叉墙壁、文件柜的侧边、门侧板形成的角通常都被视为室内环境的角反射体。角及其三维（3-D）对应物——角棱镜的新特性是，波从源头以相同方向反射回来。这是由定义为角的两个表面各自的平面反射造成的。通过先在角的一个平面反射换能器，然后在另一个平面反射换能器，可获得虚拟换能器。这导致了反射穿过角的交叉点，如图 21.8b 所示。虚拟换能器分析结果表明，对于单站声呐，来自平面和角的回波是相同的，平面和角也能产生相同的声呐地图[21.4]。虚拟换能器对平面与角的定位差别是利用传感器阵列区分这些反射体来实现的[21.11,14]。

图 21.8c 所示的边模仿了诸如凸拐角、高曲率表面的物理对象，反射点几乎不依赖于换能器的位置。在走廊中随处可遇到边。平面和角反射体产生强烈回波，而边反射体只产生弱的回波，只能在短距离内被检测到[21.4]，这使得它们成为难以探测的对象。早期机器人声呐研究人员将泡沫包装材料放到边的表面，以便让它们被可靠地探测到。

许多环境对象可以形成集平面、角和边为一体的物理对象。回波产生的模型[21.15,16]表明，垂直入射面斑点和表面函数中尖头改变的位置及其衍生物都能产生回波。具有粗糙表面的物体或者多物体集合可产生各种各样的距离和方位，如图 21.9 所示。如果 $p(t)$ 表示单一回波波形，通常是探测波形的副本，总回波波形 $p_{\mathrm{T}}(t)$ 是 N 个垂直入射斑点产生的单独回波 $p_i(t)$ 的总和，入射点距离是 r_i，方位是 θ_i，以振幅 a_i 进行缩放，即

$$p_{\mathrm{T}}(t) = \sum_{i=1}^{N} a_i(\theta_i) p_i\left(t - \frac{2r_i}{c}\right) \qquad (21.10)$$

式中，$a_i(\theta_i)$ 是与表面斑点大小和波束方位有关的振幅因子。宽带回波更加复杂，因为它们的波形由于衍射而以一种确定的方式变化[21.11]。

声呐采用模拟/数字转换器获得波形样本以分析

$p_T(t)$[21.11,17]。在射程内能分开的反射斑点可产生孤立的斑点[21.11]，但更常见的是，增加的传播时间比脉冲持续时间少，从而导致脉冲重叠。粗糙表面和大散射体，如室内宽叶植物，有较大的 N，允许 $p_T(t)$ 被当做随机过程[21.18,19]。传统 TOF 声呐第一次输出时，$p_T(t)$ 超过门限值[21.11]。

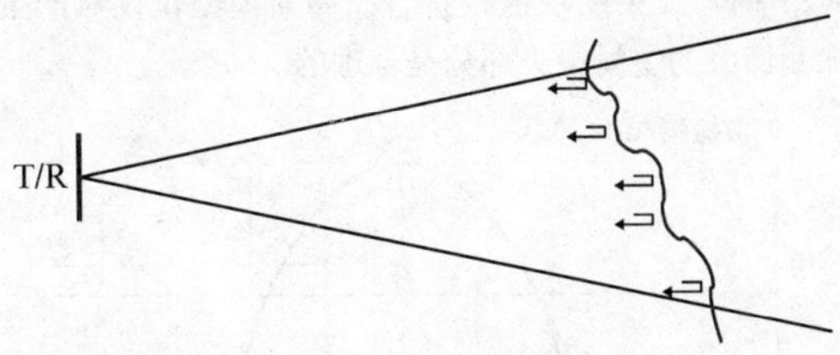

图 21.9 任意反射体模型

（回波从波束内垂直入射截面反射回来）

21.7 伪影

通常声呐在简单环境下工作良好，而复杂环境往往产生不可思议的读数、伪影，阻碍构建可靠的声呐地图。伪影带给声呐一个坏名声，即嘈杂的、或低质量的感测模态。声呐坚定者认为声呐将会开辟许多新的应用，只要我们以近似蝙蝠和海豚使用回波的水平来理解回波[21.20]。根据他们如何看待伪影，将声呐坚定者分为两类。第一类试图构造智能传感器，在数据传送给高级推理程序之前识别并抑制伪影。已往的方法[21.21,22]需要特制的电子设备，由于费用昂贵或缺乏经验，其他研究人员一直不愿意采用这些电子设备。一个替代方法是以新颖的方式控制传统声呐，只需要更改软件就可以产生一系列尖脉冲[21.23]。声呐阵列已被用来发现相容数据[21.24-26]。镜反射体产生的回波，如平面、角或柱状物，显示出被伪影模糊化的可探测特征。

第二类声呐使用者采用高级后处理方法，试图消除常规传感器产生的伪影。这些包括（确定性）栅格法的支持者[21.27,28]，包括那些使用简化物理模型的支持者，如声呐弧[21.29,30]。在简单环境中，后处理通常消除伪影，这些伪影与特征[21.31]或物理地图不一致[21.30]。更加复杂的伪影处理方法是将伪影看做噪声，并采用隐马尔可夫模型（HMM）[21.32]。然而，需要多次操作才能成功教会系统认知相对简单的环境，主要因为伪影不可以作为独立的加性噪声。消除令人烦恼的伪影可用更为简单的马尔可夫链[21.33,34]代替 HMM，以单一通道获得充足的声呐数据。令第二类使用者感到挫败、却让第一类使用者略微感到愉快的是，这种后处理方法在简单环境很有效，但在现实环境中却不成功。第二类使用者最终放弃了声呐，加入到摄像机和激光测距的队伍中。

有两类重要的伪影：轴向多反射（MR）伪影和动态伪影。当它们表示某个位置存在静态目标而实际上并不存在时，这些伪影对声呐测绘很重要。令人讨厌的 MR 伪影是由延迟回波造成的，而延迟回波是在当前探测脉冲发出后，先前的探测脉冲超过检测门限产生的。于是这样的伪影在常规声呐中以近距离目标出现，使真实的远距离目标变得不明显。大多数声呐采用大于 50ms 的探测脉冲发射周期以避免 MR 伪影，尽管有些混响环境仍能产生伪影[21.35]。

动态伪影是由移动物体产生的，比如个人穿越声呐波束。即使这些都是真实的物体，回波表示它们的真正距离，它们的存在也不应该作为描绘静态环境的声呐地图的一部分。这样的动态伪影使得已存储的声呐地图与实际产生的声呐地图之间的定量匹配容易出错。

另一个普通伪影是非轴向 MR 伪影[21.4]，由斜入射光滑表面产生，该表面改变声呐波束方向到其他一些产生回波的物体。TOF 产生沿着声呐轴放置的距离读数。虽然目标没有出现在声呐地图所指示的位置，但是目标在声呐地图的位置是稳定的元素，能对导航有用。

有人可能会认为，如果所有目标的位置是已知的，则回波可以被确定，那么回波不应视为随机过程。然而，介质中热梯度和始终存在的电子噪声引起速度波动，这导致门限超出次数的随机波动。甚至静态环境中的固定声呐也表现出随机波动[21.36]，类似于观测超过受热面物体时出现的视觉衰减体验。

通过应用三个物理标准声呐可识别伪影，来自静态环境目标的回波满足这些标准。伪影特征包括[21.35]：

1）回波振幅——回波振幅小于某一特定门限值。

2）相干性——回波形成恒定范围的方位角间隔小于某一特定门限值。

3）一致性——用声呐阵列在不同时间探测到的回波（缺乏时间相干性）或者对应不同位置的回波（缺乏空间相干性）。

21.8 TOF 测距

大多数传统声呐采用与 Polaroid 600 系列静电超声波换能器连接的 Polaroid 6500 测距模块[21.37]。该模块由两个输入线上的数字信号控制（其中 INIT 用于初始化和探测脉冲传输，BLNK 用于清除指示和复位探测器），TOF 读数出现在输出线（ECHO）上。INIT 的逻辑转换引起换能器发射脉冲，在 49.4kHz 频率下持续 16 个周期。同一换能器在短暂延迟后检测回波，允许传输暂态衰减。另一个询问脉冲通常只在先前脉冲产生的所有回波衰减到低于检测门限之后才被发射。

该模块通过整流和有损积分来处理回波。图 21.10 给出了用于门限检测器的处理波形仿真。当发射后回波在时间 t_0 到达时，ECHO 在测得的 TOF 时间 t_m 表现为一个跃迁，即处理后的回波信号第一次超过检测门限 τ 的时间。按照惯例，反射物体的距离 r 可由式（21.11）计算。

$$r=\frac{ct_m}{2} \tag{21.11}$$

式中，c 表示声音在空气中的速度，通常取为 343m/s。

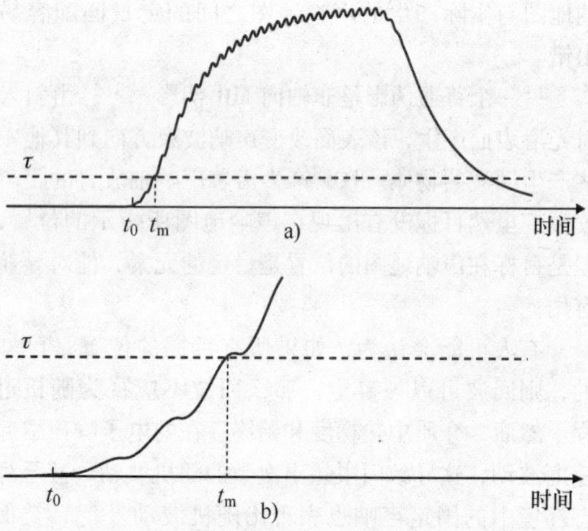

图 21.10 Polaroid 测距模块操作过程仿真

a）处理后的回波波形

b）门限交叉点周围延长的时间和振幅尺度

图 21.10b 显示了门限检测点的详细情况，包括全波整流和积分后残留的高频波纹。可注意到两个影响：第一，t_m 总是出现在 t_0 之后，使得门限检测成为真实回波到达时间的有偏估计。而且，这个偏差与回波振幅有关，即较强的回波产生具有较大斜坡的积分输出，比 t_0 早了 τ。第二，当回波振幅减小时，例如当目标离开换能器轴，门限值随后出现在积分输出中，t_m 将经历小的跳动，最后近似等于半周期[21.38]。

检测过程模型设计的第一步是建立与方位函数有关的回波振幅模型。Polaroid 换能器通常被模型化为振动瓣，来产生发射器/接收器波束图，如图 21.11 所示。为了简化分析，波束剖面峰值可用高斯函数近似表示，即图 21.11 中以对数为单位表示的抛物线，根据目标方位角 θ 确定回波振幅，即

$$A_\theta = A_0\exp\left(-\frac{\theta^2}{2\sigma^2}\right) \tag{21.12}$$

式中，A_0 是轴上振幅；σ 是测量的波束宽度。σ 取 5.25°时与波束图峰值很符合。高斯模型仅仅对产生探测回波的主瓣中央部分是合理的。

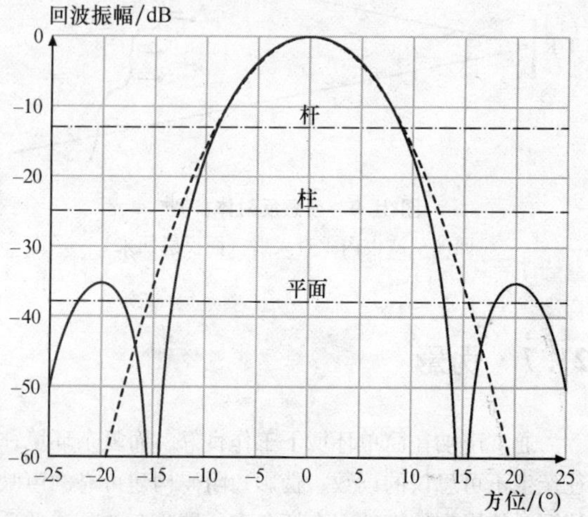

图 21.11 Polaroid 600 系列换能器的发射器/接收器波束图瓣模型（SD 等于 5.25°的高斯逼近用虚线表示，1.5m 距离内平面、柱和杆状物体的等效门限值用点虚线表示）

我们假定回波到达时间 t_0 不随换能器方向（目标方位）明显变化，这个影响已被调查分析且发现很小。相反，图 21.12 中用 t_m 和 t'_m 表示测量的 TOF 值，依赖于振幅，并与影响回波振幅的目标方位有关，如图 21.11 所示。

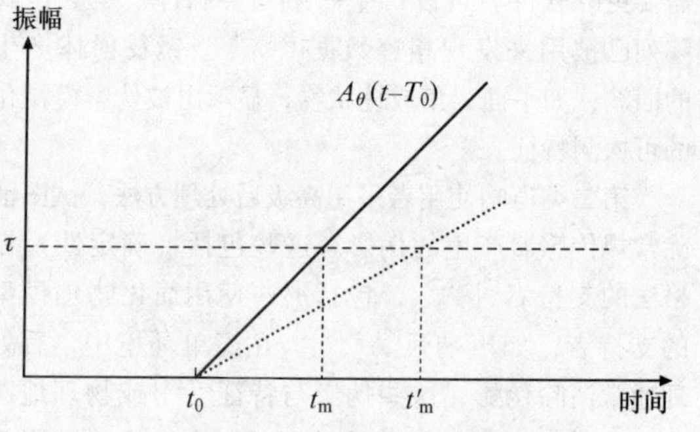

图 21.12 理想化处理后的有两个振幅的回波波形所对应的 TOF 值 t_m 和 t'_m（实线表示大振幅回波）

该模块处理检测回波波形是通过上述整流和有损积分实现的。为了获得有用的分析模型，要假设积分是无损的，整流后的波形是幅值为 A 的单位阶跃函

数。图21.10b给出了线性函数在时间 t_m 左右逼近处理后的波形，如图21.12所示。当有损整流接近恒定值时，该模型忽视波形的残余波纹和下降斜率，如图21.10所示。斜率与回波振幅成正比的线性函数定义为 $A_\theta(t-t_0)$，$t \geqslant t_0$。该函数在时间 t_m 超过门限 τ，

$$t_m = t_0 + \frac{\tau}{A_\theta} = t_0 + \frac{\tau}{A_0}\exp\left(\frac{\theta^2}{2\sigma^2}\right) \quad (21.13)$$

对于固定的 τ，t_m 中增加的延迟是方位角 θ 的函数，与回波振幅成反比。当恒定的回波振幅 A（V）应用于积分器时，线性输出的斜率是 A(V/s)，典型值近似为 $A_\theta = 10^5$V/s。当 $\tau = 0.10$V，则 $\tau / A_\theta = 10^{-6}$s = 1μs。

参考文献［21.38］采用连接到6500型测距模块的Polaroid 600系列换能器进行了实验。当进行旋转扫描时，Polaroid模块按照常规操作来产生 t_m 值。所有物体都位于1.5m距离内，包括宽为1m的平面、直径为8.9cm的柱以及直径为8mm的杆。从 −40°到 +40°每步0.3°执行旋转扫描。在每个角度记录下100t_m 值。当目标位于声呐轴上（$\theta = 0$）时，确定 t_m 的均差，并计算出标准方差（SD）值。没有其他目标接近于被扫描的对象。2m外的目标产生的回波可用距离选通消除。

图21.13a给出平面体的数据，图21.13b显示了柱状体的数据，图21.13c是杆状体的数据。可以看出，这些值与0°方位角观测到的 t_m 值有关。虚线表示该模型的预测值。t_m 数值表明了在0°方位角上SD等于5μs（0.9mm）的变化，这比单独采样抖动预测得到的值大将近9倍。随机的时间抖动是由空气传播介质的动态热不均一性造成的，这可改变局部声速，并引起折射。SD随着零方位偏差而增加，因为较小的回波在处理过的波形之后超过门限。处理回波波形后半部分的较小斜率如图21.10所示，导致对于给定的回波振幅变化，t_m 出现较大差异，从而需要增大SD。

非该模型描述的一个数据特征是，由于积分器输出的残余波纹，导致TOF读数的跳动，这些跳动等于式（21.13）得出的预测值再加上半周期（10μs）。在图21.13所示的均值中，这些跳动是明显的。

检测回波的角度范围是平面为45°，柱状体为22.8°，杆状体为18.6°。平面体产生的旁瓣是可见的，具有小的回波振幅，这导致它们的 t_m 值在时间上变化缓慢。这些角度范围与回波振幅有关，根据瓣模型回波振幅将产生各自的弧，如图21.11所示。对于平面体，与最大回波振幅有关的门限值是 −38dB，柱状体的门限值是 −25dB，杆状体的门限值是 −13dB。因为每个目标在1.5m距离内的测距模块门

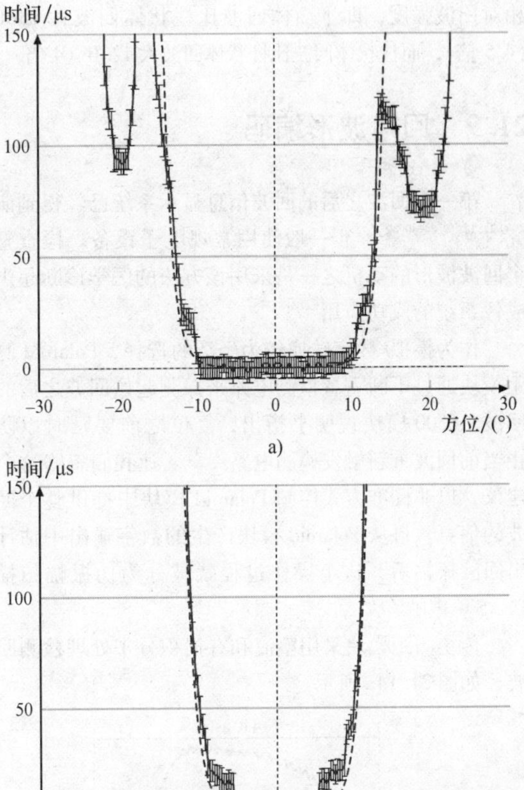

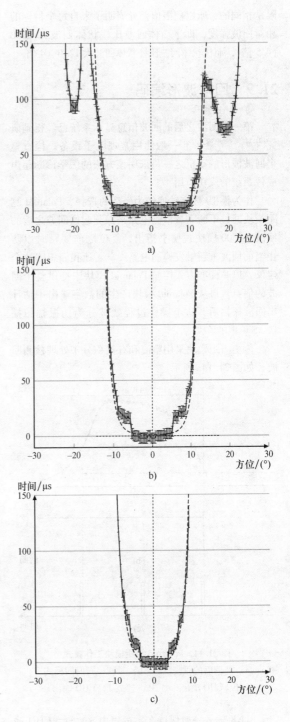

图21.13 来自1.5m距离内目标的TOF数据
（100个测量值取平均，柱状条表示 ±1 SD，虚线表示模型预测值）

a）1m宽的平面体（$\tau/A = 0.15$μs）
b）8.9cm直径的柱状体（$\tau/A = 0.67$μs）
c）8mm直径的杆状体（$\tau/A = 2.68$μs）

限是相同的，所以门限值差异表明了来自每个目标的相对回波强度，即平面体回波比柱状体回波大13dB（4.5倍），而柱状体回波比杆状体回波大12dB（4倍）。

21.9 回声波形编码

第一个回波之后的回波信息显示系统已经得到研究[21.11,17,24,40-42]，但一般使用常规电子设备。检查整个回波波形的动机之一是采用该方法的医学诊断超声成像系统的成功应用[21.43,44]。

作为模拟/数字转换较为经济的选择，Polaroid测距模块通过不断重置检测电路来探测起始回波之后的回波。6500模块说明书指出，复位之前要延时以防止当前回波重新触发检测电路[21.3]。让我们忽略这个建议，以非标准方式控制Polaroid模块来提供整个回波的信息。自从Polaroid模块产生的数字输出中估计出回波振幅后，这个操作过程就被称为伪振幅扫描（PAS）声呐[21.23]。

传统测距模块采用整流和有损积分来处理检测回波，如图21.14a所示。

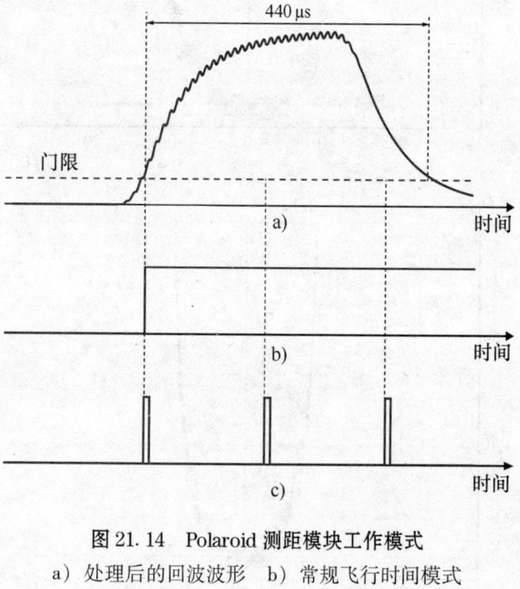

图21.14 Polaroid测距模块工作模式
a）处理后的回波波形 b）常规飞行时间模式下ECHO输出 c）PAS模式下ECHO输出

BLNK输入一般保持在零逻辑电平，使ECHO输出。当处理后的回波信号超过门限时，ECHO表现为一个跃迁，如图21.14b所示。按照惯例，INIT和ECHO转换之间的时间间隔表示为飞行时间（TOF），反射物体的距离r计算如下

$$r=\frac{c\times \mathrm{TOF}}{2} \qquad (21.14)$$

通过脉冲调制BLNK输入和复位ECHO，检测起始回波之后出现的回波。使用说明书建议在ECHO指示至少440μs之后，BLNK脉冲应该延时，以便回波中出现所有16个返回周期，并允许脉冲衰减到低于最大的可观测回波的门限值。最大的回波通常使得检测电路饱和，提供一个预设的最大值。这个持续时间相当于处理后的信号在门限之上的时间间隔，如图21.14a所示。

当观测到一个ECHO事件时，PAS系统向BLNK输入线发出3μs的短脉冲（相当于一个软件的查询周期），清除ECHO信号，如图21.14c所示。在被清除前，Polaroid模块执行延时，与回波振幅成反比，大振幅回波至少持续140μs，若处理后的回波信号仍然超过门限，就产生另一个ECHO事件。每当观察到一个ECHO事件，PAS系统就不断发出BLNK脉冲。然而，一个强回波由ECHO线上的三个脉冲表示，第一脉冲对应于传统TOF，再紧跟两个脉冲。因为较低振幅的回波超过门限值的时间较少，所以较弱的回波产生两个相隔较远的脉冲，而一个非常微弱的回波可能只产生一个脉冲。

当进行旋转扫描时，通过沿换能器轴线放置测量点产生PAS声呐地图。由于每个询问脉冲产生多个读数，因此PAS声呐地图在每个询问角度包含了多个点。于是旋转扫描形成弧，用孤立弧表示弱回波，两联弧表示中等回波，三联弧表示大回波。举例说明，图21.15给出了放在1m距离内的大平面体（2.3m宽、0.6m高）、五个不同直径的柱体所形成的弧。检查处在相同距离的物体可消除该模块距离相关增益造成的影响。

图21.15 六个位于1m距离内的物体产生的PAS声呐地图（声呐放在图中物体的下面）

相比之下，传统TOF声呐地图只显示每个物体所产生的PAS地图中最近的弧。从定性角度来说，随着依赖于方位的回波振幅的增大，弧长增大，弧的数量也增加。最强的反射体产生凹弧[21.4,45]发生这种情况是因为回波振幅远远大于门限，而门限在回波开

始附近就被超过了，产生一个在方位上很大程度接近恒定的距离读数。相比之下，最弱的反射体产生凸弧，这是由于振幅比得上门限的回波造成的。当回波振幅减少时，在沿着处理回波波形的稍后点处门限被超过，产生较大的距离读数。这个效应也出现在强反射体所产生的弧的边缘。

计算振动瓣模型的波束图[21.1]得到的曲线如图21.16所示，该模型是对Polaroid换能器的合理逼近。此图显示了检测回波大小，被归一化到最大值为0dB，沿着波束轴出现。较大的回波远远大于门限，比如平面体产生的回波，相对于门限其最大振幅可达44dB。-44dB门限与平面的PAS地图一致：强回波（三条纹）出现在垂直入射10°以内，在±15.6°回波振幅减少引起距离读数增加，在±14.7°接近预测零位，也会出现来自旁瓣的小振幅回波。当它们的轴上回波归一化到0dB时，较弱的反射体与较大的门限相对应。波束图模型说明弧长如何随物体反射强度变化而变化。通过角波束宽度与弧度相配，可得到指定的门限。

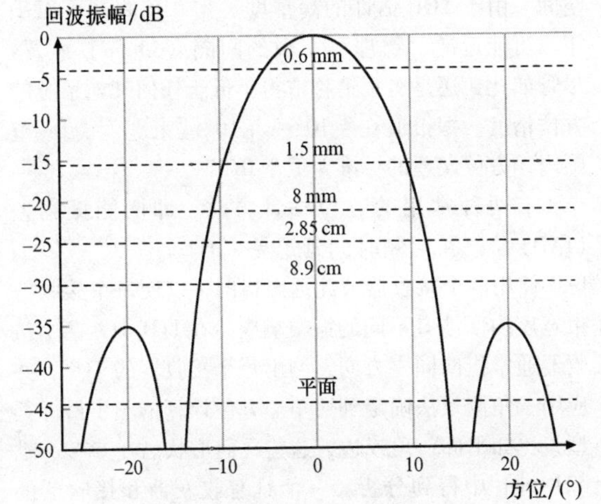

图21.16 发射器/接收器波束图
（点虚线表示每个对象的等价门限值）

很明显，PAS地图提供用于解决逆问题的有用信息，即从回波确定目标的身份。图21.15表明，PAS地图包含回波振幅信息。由最邻近的弧所表示的常规TOF声呐地图能从弧中心确定出目标位置，且能从弧的大小推断出回波振幅，而这个信息以更加有效的方式出现在PAS地图中也是事实。针对孤立对象的简单实例，柱状体是明显区别于杆状体的，而相应的常规TOF弧也是可比较的。柱体直径增大十倍仅仅引起常规TOF弧长的适度增加，而PAS地图中弧的数量由2增加到3。

当检查全部回波波形时，必须从声学上解释目标相互作用时产生的伪影。一些伪影在第一个检测回波之后出现，因此在TOF声呐地图中这些并不是难题[21.4]，但在解释PAS地图时不可回避。考虑一个由两个柱体组成的简单环境：一个柱体（p）的直径为2.85cm、$r=1$m、方位角为12°，另一个柱体（P）的直径为8.9cm、$r=1.3$m、方位角为-10°。相应的PAS地图如图21.17所示，显示了两个物体的回波以及表示两类多反射伪影的附加回波。由A和B表示的第一类伪影，在只有一个物体处在换能器波束内时产生。经反射体改变方向的询问脉冲必须返回到波束图中的接收器，才能被检测到。实施这一过程的路径已显示在图中。A中的单一凸弧形状表明回波具有小的振幅。这是合理的，因为两个反射体都是非平面的，因此很微弱。

第二类伪影（C）如图21.17所示，当两个物体都位于波束图内时出现。这允许回波以两种截然不同的路径返回至接收器，两种路径的方向相反，且使伪影振幅增加一倍。由于两个物体靠近波束边缘，因而回波振幅小。因为这些回波传播距离比较远物体的距离稍微大些，所以这个伪影出现的距离比较远处物体稍微远一些。这两种成分的叠加使得较远物体产生的回波看上去可以及时扩展。这种脉冲伸展解释了为什么能观察到四个弧，并且某一角度可观察到五个弧。如果p与P之间的方位角被增大到超过波束宽度，那

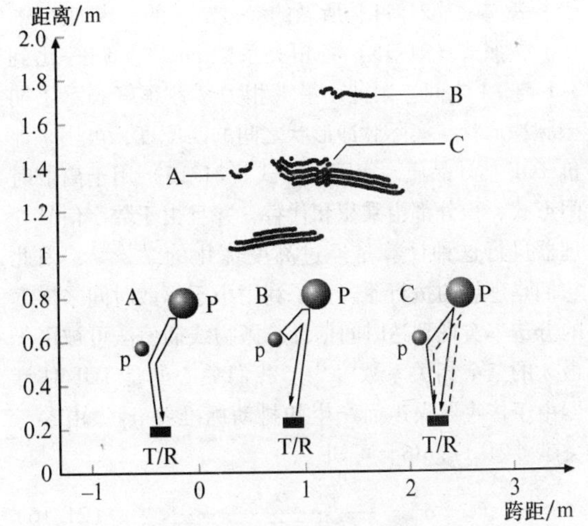

图21.17 直径为2.85cm的柱体（p）和直径为8.9cm的柱体（P）产生的PAS声呐地图。换能器放置于坐标点（0，0）处。A：回波产生的伪影，该回波起源于发射器T，经p反射给P，又被P反弹给p，再经p定向传给接收器R。（T→p→P→p→R）。B：T→P→p→P→R。C：T→p→P→R和T→P→p→R

么该伪影将消失。

21.10 回声波形处理

本节阐述用于处理采样数字化接收器波形的脉冲回波声呐。这些系统提供了比前述简单的 Polaroid 测距模块系统更优越的性能，测距模块系统报道了基于门限的 TOF。然而，回波波形处理导致复杂电子设备和信号处理上的开销，不容易在市场上买到。

21.10.1 测距与宽带脉冲

参考文献［21.11，46］表明，TOF 最大似然估计器（MLE）可通过最大化接收脉冲 $p(t)$（含高斯白噪声）以及可由 τ 改变的已知脉冲形状 $\mathrm{rec}(t-\tau)$ 之间的相关系数 $\mathrm{cor}(\tau)$ 获得

$$\mathrm{cor}(\tau)=\frac{\int_a^b p(t)\,\mathrm{rec}(t-\tau)\,\mathrm{d}t}{\sqrt{\int_a^b p^2(t)\,\mathrm{d}t\int_a^b \mathrm{rec}^2(t)\,\mathrm{d}t}} \tag{21.15}$$

式中，脉冲从时间 a 延续到 b。接收端已知的脉冲形状取决于相对各自换能器法线的接收和发射角。脉冲形状可以通过收集信噪比好的信号获得，信号在 1m 范围内向接收器和发射器垂直入射，并使用椭圆脉冲响应模型在不同的垂直入射角度获得模板脉冲。由于空气传播损失导致的吸收分散特性，脉冲形状也随距离而变化。这些可以采用脉冲响应估计来建模，归功于参考文献［21.11］所做的穿过空气的一米通道。

按照式（21.15）将相关系数 $\mathrm{cor}(\tau)$ 归一化到 -1 与 $+1$ 之间。因此，最大相关系数很好表示了期望脉冲形状与实际脉冲形状之间的匹配度，可用来评价 TOF 估计品质。实际上，式（21.15）用于离散时间形式，积分都由乘积和代替，并且由于数字信号处理器进行这种计算是经过高度优化的[21.47,48]，因此它们是理想的执行器。为了利用小于离散时间采样率的分辨率实现到达时间估计，抛物线插值法可被用于最大的三个相关系数[21.11]。我们关心的是 TOF 估计器由于接收器噪声而产生的抖动标准差 σ_R。由参考文献［21.11，46］可知

$$\sigma_R=\frac{\sigma_n}{B\sqrt{\sum_k \mathrm{rec}(kT_s)^2}} \tag{21.16}$$

式中，k 是求和指标，用来指示每隔 T_s(s)（参考文献［21.11.47］使用 1μs）采样得到的全部接收器脉冲；B 表示接收器脉冲的带宽；σ_n 是接收器噪声的标准差。式（21.16）表明在 TOF 估计器中宽带高能脉冲可获得较低的误差。在参考文献［21.11］中，这是通过采用 300V 脉冲激励发射器获得的，并从具有类似于图 21.6d 中脉冲形状的装置中近似获得脉冲响应。

21.10.2 方位估计

已提出许多方位估计的方法。通过利用接收脉冲形状对接收角的依赖性，单一换能器[21.49]可以被使用。这种方法适用于半波束宽度之内的角度，因为脉冲形状是关于换能器法线角对称的。最大脉冲振幅两边过零点次数的差异可被用来获得大约 1°的精度。其他单一接收器技术依靠来自扫描场景的重复测量[21.50,51]，且在非常低的感测速度下达到相似的精度级别，因为多次读数是必要的。

另一个单一测量方法依赖于两个或多个接收器[21.11,12,24]。这导致了通信问题，数据必须在各接收器之间关联。接收器之间的间隔越靠近，通信过程越简单、可靠。这种方位精度随大的接收器间隔而提高的误解，忽视了测量误差之间的相关性，测量误差的产生是由于测量值共享了超声传播过程中重叠的大气空间。由于 TOF 估计的高精度[21.11]，接收器可以采用尽可能近的、物理可实现的间隔（35mm）放置，尽管如此，还是有报道称取得了低于任何其他系统的方位精度。据报道在 $-10°\sim+10°$ 波束宽度、4m 范围内，方位误差的标准差低于 0.2°。

有两种常用的方位估计方法，即两侧振幅差（IAD）[21.52]和两侧时间延迟差（ITD）[21.11,24,47-49,52]。IAD 使用两个接收器彼此远离指向，以便每个接收波束宽度内回波有不同的振幅响应。在 ITD 中，两个接收器通常指向同一方向，测出每个接收器的 TOF，并应用三角测量法确定到达角。方位计算依赖于目标类型，比如平面、角或边，这些几何形状已在参考文献［21.11］中得到分析。一个具有收发器和接收器的简单装置如图 21.18 所示，图中 T/R1 表示收发器，R2 表示第二个接收器，彼此以距离 d 隔开。发射器的虚拟图像表示为 T′。在两个接收器上测得的两个 TOF 分别是 t_1 和 t_2，被用来估计方位角 θ，即与平面法线之间的夹角。对图 21.18 中的 R2、R1、T′应用余弦定律，可得

$$\cos(90°-\theta)=\sin\theta=\frac{d^2+c^2t_1^2-c^2t_2^2}{2dct_1} \tag{21.17}$$

当 $d \ll ct_1$ 时，式（21.17）可用下式近似

$$\sin\theta\approx\frac{c(t_1-t_2)}{d} \tag{21.18}$$

注意：t_1 和 t_2 中任何共模（即相关）噪声都可用式（21.18）中的差分加以去除，因此在上述方位估计

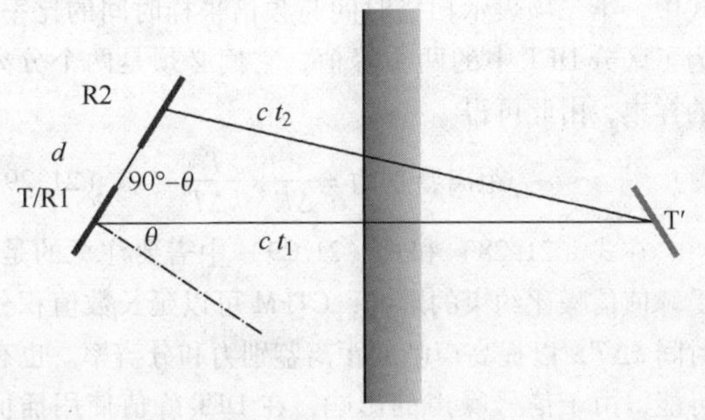

图 21.18 用收发器 T/R1 和接收器 R2 计算平面的方位角（θ）（T′是 T 的虚像）

中不能忽略 TOF 中噪声成分的相关性。

关于角的情况如图 21.19 所示，式（21.17）同样适用并可得出相同结果。图 21.20 给出了有关边的情况，R1 具有从 T 到边再返回到 R1 的 TOF，同时 R2 具有从 T 到边再返回到 R2 的 TOF。从几何上，我们采用与式（21.17）同样的方法得出

$$\sin\theta = \frac{d^2 + c^2 t_1^2/4 - c^2(t_2 - t_1/2)^2}{2dct_1/2} = \frac{d^2 + c^2 t_2(t_1 - t_2)}{dct_1} \tag{21.19}$$

注意：当 $d << t_1$ 时，式（21.19）可由式（21.18）近似。

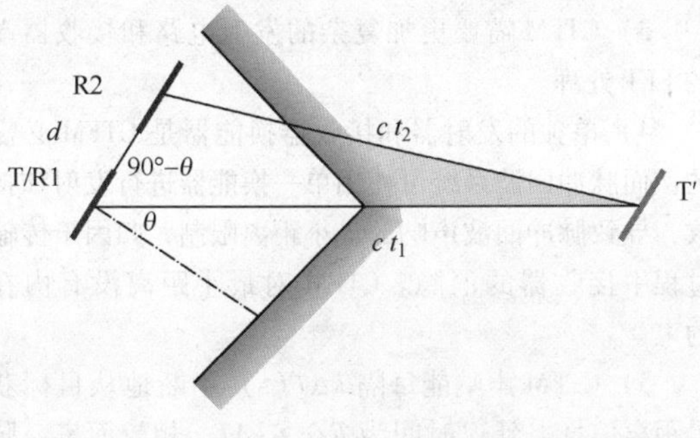

图 21.19 用收发器 T/R1 和接收器 R2 计算角的方位（θ）（T′是 T 的虚像）

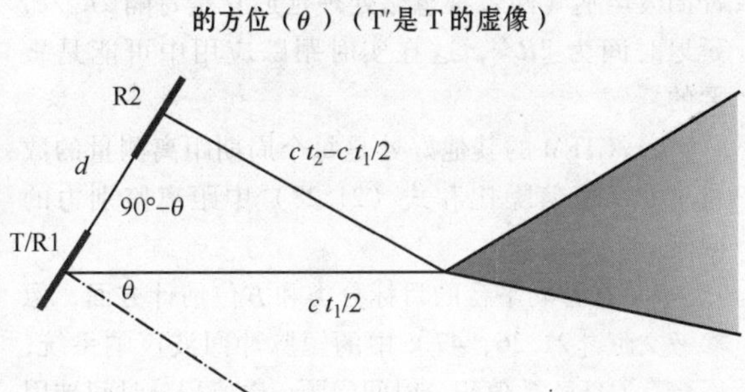

图 21.20 用收发器 T/R1 和接收器 R2 计算边的方位角（θ）（因为边是从边缘的一个点源向外辐射，所以不会出现虚像）

21.11 CTFM 声呐

连续传输调频（CTFM）声呐与前面几节描述的常规脉冲回波声呐的不同之处在于传输编码和从接收器信号中提取信息的处理过程。

21.11.1 CTFM 传输编码

CTFM 发射器不断地发出不同频率的信号，通常是锯齿形，如图 21.21 所示，一般每隔扫频周期 T 扫过一个倍频程。频率线性变化的发射信号可表示为

$$S(t) = \cos[2\pi(f_H t - bt^2)] \tag{21.20}$$

对于 $0 \leqslant t < T$ 成立。扫频周期每隔 T(s) 重复，如图 21.21 所示。频率是式（21.20）中相位时间倒数的 $1/2\pi$。需要注意的是，最高频率是 f_H，最低发射频率是 $f_H - 2bT$，其中 b 是确定扫描速率的常量。我们可以定义扫描频率 ΔF 如下

$$\Delta F = 2bT \tag{21.21}$$

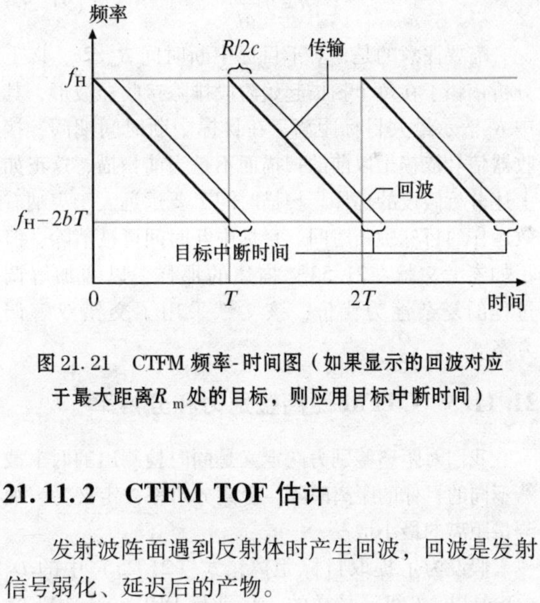

图 21.21 CTFM 频率-时间图（如果显示的回波对应于最大距离 R_m 处的目标，则应用目标中断时间）

21.11.2 CTFM TOF 估计

发射波阵面遇到反射体时产生回波，回波是发射信号弱化、延迟后的产物。

$$E(t) = AS\left(t - \frac{2R}{c}\right) \tag{21.22}$$

式中，R 是到反射体的距离；c 表示声速；A 表示在曲线物体情况下依赖于声音反射频率的振幅。

通过解调和频谱分析两步过程估计 TOF。解调是通过发射信号副本与接收信号相乘以及低通滤波来实现的。在只有一个回波的简单情况中这是最容易理解的。利用式（21.20）和式（21.22）可以得到信号 $D(t)$

$$D(t)=E(t)S(t)$$
$$=\frac{A}{2}[\cos(2\pi f_e t-\phi)+\cos(2\pi f_u t-2bt^2-\phi)] \quad (21.23)$$

式中，$f_e=\frac{4Rb}{c}$；$f_u=\left(2f_H+\frac{4Rb}{c}\right)$；$\phi=f_H\frac{2R}{c}+\frac{4bR^2}{c^2}$。此处，式（21.24）的三角恒等式已被用于式（21.23）中

$$\cos(x)\cos(y)=\frac{1}{2}[\cos(x-y)+\cos(x+y)] \quad (21.24)$$

低通滤波器滤除高于f_H的频率成分，可导出下列基带信号

$$D_b(t)=\frac{A}{2}\left[\cos\left(2\pi\frac{4Rb}{c}t-\phi\right)\right] \quad (21.25)$$

它具有一个与距离R成正比的频率。通过检查D_b频谱提取回波的距离，例如，如果采样数量是2的幂次方，就可以使用离散傅里叶变换（DFT）或者快速傅里叶变换（FFT）。式（21.25）中，对于频率峰值f_r Hz，相应的距离R可表示为

$$R=f_r\frac{c}{4b} \quad (21.26)$$

需要注意的是，对于目标中断时间$R_m/2c$，以上分析依赖于在每个扫描起始阶段排除接收器波形，其中R_m表示最大目标距离。在目标中断时间期间，接收器信号依赖于以前的扫描而不是当前扫描，这正如上述分析假设的那样。扫描时间T要远远大于声呐有效运作的目标中断时间。目标中断时间可被消除，但正如参考文献［21.53］描述的那样，以增加解调过程的复杂性为代价，该文献采用了交错双解调方案。

21.11.3　CTFM距离鉴别力和分辨率

我们对距离鉴别力的定义是同时检测出的两个截然不同的目标的距离间隔。距离分辨率被定义为声呐测量距离的最小增量。

假设为了提取目标距离，式（21.25）中的$D_b(t)$是以ΔT间隔采样的，在进行DFT（或者FFT）之前，收集好k个样本（如果k是2的幂次方）。DFT的频率样本将是分散的$\Delta f=1/(k\Delta T)$。根据式（21.26），这可表示距离分辨率ΔR为

$$\Delta R=\frac{c\Delta f}{4b}=\frac{c}{4bk\Delta T} \quad (21.27)$$

我们可以将其与式（21.21）中的扫描频率ΔF联系起来，即

$$\Delta R=\frac{c}{2\Delta F}\times\frac{T}{k\Delta T} \quad (21.28)$$

式中，第二项表示扫描时间与频谱采样时间的比率。为了区分DFT中的两个峰值，它们必须是两个分离的样本，由此可得

$$距离鉴别力=\frac{c}{\Delta F}\times\frac{T}{k\Delta T} \quad (21.29)$$

在式（21.28）和式（21.29）中需要注意的是，受峰值信噪比约束的影响，CTFM可以延长数值积分时间$k\Delta T$，以提高声呐的距离鉴别力和分辨率。也有可能，由于信号噪声的影响，在DFT峰值使用插值方法（如抛物线插值法）来解决小于Δf的频率，从而提高距离分辨率（但不是距离鉴别力）。

21.11.4　CTFM声呐和脉冲回波声呐的比较

1）当给定相同的峰值信噪比和带宽，脉冲回波声呐和CTFM声呐的距离分辨率理论上是相同的[21.53]。在脉冲回波声呐中，距离鉴别力受脉冲宽度的限制，较短的脉冲长度需要较大的带宽。然而，在CTFM中，距离鉴别力可通过增加数值积分时间得以提高，让设计更具有灵活性。

2）CTFM也考虑到发射信号的能量随时间均匀散布，导致相较于具有相同接收器峰值信噪比的脉冲回波系统，它具有较低的声功率发射峰值。在实际环境下CTFM能提供较大的平均功率，因此对弱反射体具有较大敏感性是可能的。

3）CTFM需要更加复杂的发射电路和接收器端的FFT处理。

4）单独的发射器和接收器换能器是CTFM必需的，而脉冲回波系统可使用单一换能器进行发射和接收，导致脉冲回波声呐的最小距离限制，归因于传输过程中接收器的消隐。CTFM对最小距离没有内在约束。

5）CTFM声呐能每隔$k\Delta T$(s)不断地从目标获得距离信息，延迟时间为$R/c+k\Delta T$，相较而言，脉冲回波声呐（两者都忽略处理延迟）是每隔$2R_m/c$，延迟时间为$2R/c$，这在实时跟踪应用中可能是重要的。

6）CTFM的其他好处是每个周期距离测量的数量只受峰值信噪比和式（21.28）中距离鉴别力的限制。

7）在移动平台的目标分类和方位估计方面，像参考文献［21.26，47］中的短脉冲回波声呐系统，不会有CTFM数值积分时间问题，数值积分时间被用来精确估计相应于距离（进而方位）的频率。在数值积分时间中，目标可以相对于传感器移动，模糊了测量值，使方位估计和分类不甚准确。在短脉冲回波

系统中，采用小于 100μs 的脉冲对目标进行有效采样，获得与目标一致的镜像。

21.11.5 CTFM 应用

Kay[21.54,55]采用 CTFM 声呐系统，以最高频率 f_H 为 100kHz、最低频率为 50kHz，扫描周期 T 为 102.4ms 进行扫描，为盲人开发了一种辅助移动工具。解调后，当频率达到 5kHz、相应距离达到 1.75m 时，该范围内的声音是可以听见的。该系统使用一个发射器和三个接收器，如图 21.22 所示。系统使用者可以从立体声耳机中听到解调后的信号，立体声耳机对应于左右两边的接收器，每个接收器都是与位于中央的大椭圆形接收器相混合的。较高的频率与较远的距离相对应。为了说明其敏感性，1 根直径 1.5mm 的导线在 1m 距离内很容易被探测到——产生的回波是 35dB，高于系统背景噪声。

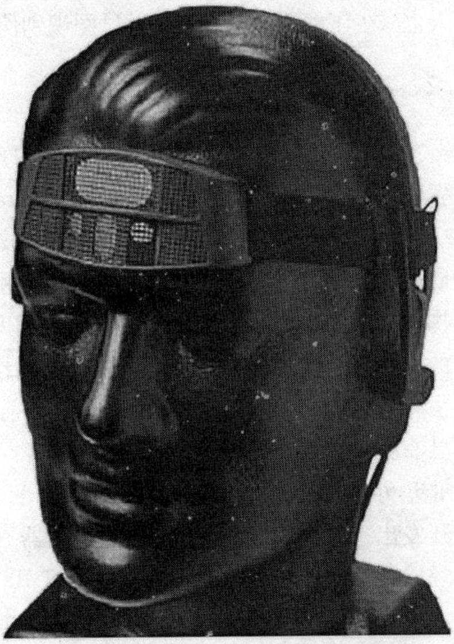

图 21.22　盲人辅助工具——小的椭圆形换能器是发射器，其他三个部件是接收器。大的椭圆形接收器提供高分辨率，由使用者颈部灵活控制加以固定（照片由参考文献［21.54］提供）

CTFM 声呐已被用来识别孤立的植物[21.40,56]。CTFM 所获得的优势是在给定的解调接收信号频谱下，广泛的距离和回波振幅信息可从整株植物获得，在频率从 100kHz 到 50kHz 的一个倍频程激励下获得这些回波，具有高的信噪比以便叶子产生的弱回波可被感测到。这种信息被称作为声密度剖面，有 19 种不同特征对分类植物有用，比如高于振幅门限的距离单元的数量、所有距离单元的总和、有关质心的变化、第一个振幅单元到最高振幅单元之间的距离、检测到的反射距离。对于 100 种植物群体，采用统计分类器可平均获得 90.6% 的成对分类准确率。

用单一发射器和单一接收器扫描 CTFM 已成功应用于包括光滑表面和粗糙表面的室内环境的地图构建[21.51]，光滑表面的方位误差近似 0.5°，边缘的方位误差则更高。使用振幅信息进行分类，采用距离对振幅信息归一化，而距离使用了声音的固定衰减常量。在实践中，这个衰减常量随温度和湿度而变化，在每次实验想得出一致结果之前需要校准。已证实 TOF 分类方法要取得更好的鲁棒性、速度和准确性，至少需要两个发射器位置和两个接收器，正如参考文献［21.11，47］描述的一样。CTFM 可应用于阵列系统，可比现有的脉冲回波系统获得对微弱目标更高的灵敏度。

CTFM 已广泛应用于三路立体声系统[21.12]，基于不同的距离和方位估计器，对这些超声感测系统做了严格的理论和实验比较。*Stanley*[21.12]也包含了 CTFM 声呐系统的详细工程设计信息。所得的结论是，CTFM 可以使声穿透大的面积，这是由于 CTFM 有较高的平均传输功率，因而具备良好的信噪性能。已发现，对解调信号谱线使用自回归估计器，可获得比 DFT 更好的分辨率。除了参考文献［21.11］提出的脉冲回波方法使用高能短脉冲之外，该方法被认为在方位精度具有 6~8 倍优越性，耳间距离和功率差动 CTFM 方法可提供最先进的性能。

21.12 多脉冲声呐

本节采用多个发射脉冲检验声呐系统。主要目的是干扰抑制和即时分类。利用巴克（Barker）码[21.57]生成较长的发射脉冲序列，多脉冲声呐也被用来产生更好的信噪比。Barker 码的自相关性提供具有低相关性、远离中心瓣的窄尖峰。匹配滤波器引起脉冲压缩，将噪声均分以经过较长的时间周期。

21.12.1 干扰抑制

外部噪声，如压缩空气，是一种声呐干扰源。声呐系统试图通过信号滤波减小外部干扰带来的影响，最佳滤波器是一种匹配滤波器，脉冲响应是期望脉冲形状的时间反演。因为逆时卷积是一个相关系数，所以匹配滤波器扮演与 21.10 节论述的期望脉冲形状一样的相关系数。在具有与期望接收脉冲频谱相似的频率响应的带通滤波器基础上，设计出近似的匹配滤波器。通过采用匹配滤波器处理包含有连续短促声波传输中的宽泛频率，CTFM 系统可对外部干扰进行鲁棒抑制。

当多个声呐系统运行在相同环境下，从一个声呐系统发出的信号能被另一个系统接收，造成串扰误差。在由 Polaroid 测距模块构建的传统声呐环中，这是十分明显的。消除误差的快速超声波激励策略已被提出[21.58]，并声称可以去除大多数干扰，允许更快地操作这些声呐环。

更加复杂的发射脉冲编码方法已被用来抑制外部干扰和串扰[21.22,59-62]。多发射脉冲要比单一脉冲经过更长的时间周期，其困难之一在于目标杂波能在接收器产生多个重叠脉冲，这些脉冲很难拆开和解释，声呐距离鉴别力也受到影响。

21.12.2 目标即时分类

通过单个反射器和三个接收器，使用单一测量周期，可实现将目标分类为平面体、圆柱体和边[21.24]。至少需要两个发射器才可以将平面体与凹面直角体区分开来[21.11]，使用两个发射器排列在连续两个测量周期内将目标分类为平面、角和边。自从出现镜面反射声呐后，分类方法可被视为虚拟图像和反射镜。相较于照一个直角镜，照一个平面镜会产生左右翻转的图像。观察边就好比是观察一个高曲率的镜面，比如抛光的椅子腿，整个图像被压缩到一点。声呐分类利用了来自两个发射器的目标方位角的差异，如下所示：一个正的差 δ 表示平面，一个负的 δ 值表示角，零差值表示边缘，这里的角度 δ 取决于传感器的几何形状和目标距离。通过使用除了方位之外的距离测量，采用最大似然估计，可以提高先进性。

采用大约 35ms ~ 5s 的测量周期进行工作，这样的排列[21.11]变得很完善，因此参考文献［21.47］提出了“即时（on-the-fly）”术语。该即时方法以精确的时间差 ΔT 激励脉冲，两个发射器相距 40mm，并与两个距离较远的接收器形成一个正方形。ΔT 通常为 200μs 左右，但随时间随机变化，以达到使用相同的声呐系统抑制干扰（包括串扰和环境干扰）的目的。在一个测量周期中，分类是同时进行的。传感器用鲁棒分类获得较高的距离和方位精度，利用了不同发射器到接收器路径中 TOF 抖动之间的紧密相关性，而这种相关性是由于紧密的时空排列造成的。在参考文献［21.63］中，该传感器被用于大规模地图构建。

21.13 声呐环

21.13.1 简单测距模块环

因为声呐只能检测位于波束内的目标，扫描整个机器人外部环境的常用办法是使用声呐阵列，或者环[21.64]。最常用的是 Denning 环，它包含 24 个声呐，等间隔放置在机器人外围。15°间距允许一些声呐波束内的重叠，因而至少有一个声呐将检测到一个强反射物体。环内的声呐通常被顺序地使用，每次一个。使用 50ms 探测脉冲周期来减少错误读数，则每隔 1.2s 才能完成一次完整的环境扫描。这个采样时间对于研究实验中的“非连续性”操作足够了，但对于不断移动的机器人来说就可能太慢了。以 1m/s 速度移动的机器人不能检测物体，没有足够的警告来防止碰撞。一些研究人员提出同时在环相反的两端使用声呐以加快收集时间，而另一些人也减少了探测脉冲周期，并试图识别伪影。

21.13.2 高级环

Yata 等[21.49]研发了一个直径为 32cm 的声呐环，交替放置了 30 个发射器和 30 个接收器。Murata 压电式 MA40S4R 广角换能器被用来重叠接收回波，这些回波是同时激励所有发射器产生的。采用轴对称指数喇叭结构使得发射器的波束形状垂直变窄，以避免来自地面的反射。接收信号与衰减的门限值做比较，以产生 1 位无校正的数字采样信号。由回波的前沿估计方位，已有报道称，对于多达 1.5m 的距离，方位误差的标准差可达 0.4°。

已开发出一个含有七个数字信号处理器（DSPs）的声呐环[21.48,65,66]，使用了 24 对 Polaroid 7000 系列换能器，每个换能器包含一个收发器和一个接收器，如图 21.23 所示。采用 12 位模拟/数字转换器以 250kHz 频率采样两个接收器通道，再对每个通道使用模板匹配数字信号处理（见 21.10 节），每对换能器可以获得距离和精确的方位信息。总的来说，每个 DSP 可处理八个接收器通道。同时激励所有收发器完成整个环境感测，在 6m 距离内大约每秒钟感测 11 次，实验验证了光滑目标的距离与方位精度分别是 0.6mm 和 0.2°。为了抑制相邻对之间的干扰，在环的周围以隔行扫描方式发射两个不同的脉冲形状。脉冲形状都来源于两到三个 65kHz 的激励周期。由于高的重复性以及精确的距离和方位感测，该 DSP 声呐环可实现快速准确的沿墙运动、构建地图和避障。换能器对的波束宽度支持对 3m 距离内平滑镜面物体的

360°覆盖。DSP 声呐环产生同步定位与地图构建（SLAM）的一个实例如图 21.24 所示。

图 21.23　DSP 声呐环硬件

a)

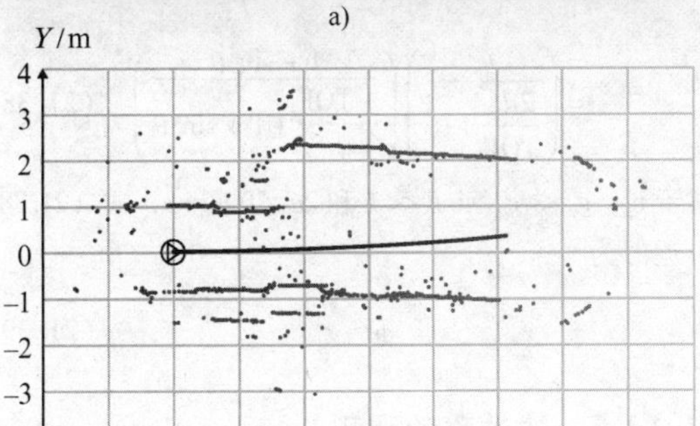

b)

图 21.24　DSP 声呐环产生同步定位与地图构建实例（声呐环以 10cm/s 速度移动，采样频率为 11.5Hz）

a）DSP 声呐环构建室内环境地图　b）原始数据

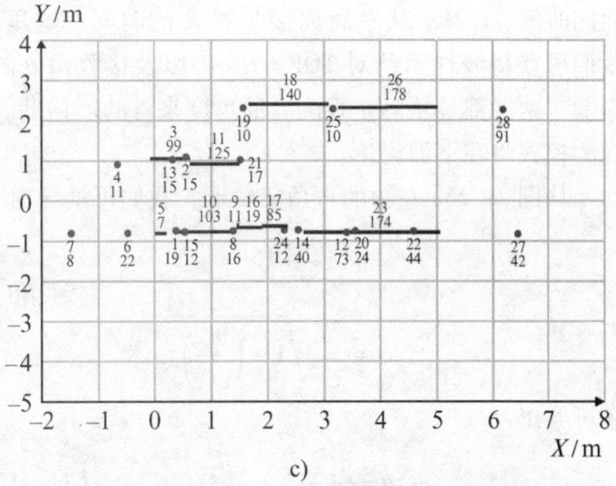

c)

图 21.24　DSP 声呐环产生同步定位与地图构建实例（声呐环以 10cm/s 速度移动，采样频率为 11.5Hz）（续）

c）具有特征数量和联想数量的 SLAM 特征图

21.14　运动影响

当一个传感器相对于目标运动时，声呐测量会受到影响。例如，以声速的 1% 速度（3.4m/s）移动的声呐传感器将给一些方位测量带来 0.6°的误差。线性速度对 TOF 和接收角的影响依赖于目标类型，因此运动补偿显得很有意义，对目标分类传感器是必要的。本节我们考虑传统的平面、角和边状目标类型。参考文献［21.26］讨论了旋转运动的影响，结果表明非常高速的旋转对产生小的方位误差（例如大约 1700 度/秒对应 0.1°误差）是必要的。有效波束宽度的缩小是声呐传感器高旋转速度的另一个影响。

假定传感器从一点 T 发射，接收器测量值是以传感器上的该点作为参考的。然而，由于传感器的运动，地面参考位置 R 在回波接收时已从 T 移动了整个 TOF 过程。对于线性速度，T 与 R 之间的距离是 TOF × v，其中 v 是相对地面的传感器速度矢量的大小，速度矢量分量 v_x 和 v_y 分别平行于它们各自的坐标轴。因为仅仅运用了声音传播和反射的物理学原理，所以针对线性运动推导出的表达式可应用于任何声呐传感器。所有目标都被认为是静止的。

本节是基于参考文献［21.26］的，其中还可以找到本节没有包含的更多实验工作。

21.14.1　平面的移动观测

平面目标反射从位置 T 到 R 的传播，如图 21.25a 所示。TOF 被分解成两部分：t_1 表示传播到平面的时间，t_2表示从平面到接收器 R 的时间。这里，我们可获得线性运动对 $\mathrm{TOF}=t_1+t_2$以及接收角 θ 的影响，两者都是从静止观测者的角度来看的。移动的观测模式将在下面讨论。

从图 21.25a 左边的直角三角形，我们可推导出

$$\sin\theta=\frac{v_x}{c}$$
$$\cos\theta=\sqrt{1-\left(\frac{v_x}{c}\right)^2} \tag{21.30}$$

还可导出

$$\cos\theta=\frac{d_1}{t_1 c}\Rightarrow t_1=\frac{d_1}{c\cos\theta} \tag{21.31}$$

从图 21.25a 右边的直角三角形，我们可得出

$$\cos\theta=\frac{(t_1+t_2)v_y+d_1}{t_2 c}\Rightarrow t_2=\frac{(t_1+t_2)v_y+d_1}{c\cos\theta} \tag{21.32}$$

将式（21.31）与式（21.32）相加可得出 TOF，然后带入式（21.31）中可得

$$\mathrm{TOF}=\left(\frac{2d_1}{c}\right)\frac{1}{\sqrt{1-\frac{v_x^2}{c}-\frac{v_y}{c}}} \tag{21.33}$$

式（21.33）中第一个因子表示静止 TOF。当速度趋近零时，第二个因子接近单位 1。

21.14.2 角的移动观测

图 21.25b 给出了角观测的情况，T 的虚像表示为 T'。从直角三角形 T′XR

$$c^2\mathrm{TOF}^2=(2d_1+v_y\mathrm{TOF})^2+{v_x}^2\mathrm{TOF}^2 \tag{21.34}$$

可得

$$\mathrm{TOF}=\frac{2d_1}{c}\left[\frac{\sqrt{1-\left(\frac{v_x}{c}\right)^2}+\frac{v_y}{c}}{1-\left(\frac{v}{c}\right)^2}\right] \tag{21.35}$$

式中，$v^2=v_x^2+v_y^2$。式（21.35）的左边项表示静止 TOF，右边项在小速度时接近单位 1。图 21.25b 中的角度 ϕ 是由于以静止观测者为参照物的运动造成的角度偏差。由三角形 T′XR 和 CXR 可得

$$\tan\theta=\frac{v_x\mathrm{TOF}}{2d_1+v_y\mathrm{TOF}}$$
$$\tan(\theta+\phi)=\frac{v_x\mathrm{TOF}}{d_1+v_y\mathrm{TOF}} \tag{21.36}$$

由式（21.36）可得

$$\tan(\theta+\phi)=\left(2-\frac{v_y\mathrm{TOF}}{d_1+v_y\mathrm{TOF}}\right)\tan\theta \tag{21.37}$$

求解 $\tan\phi$ 可得

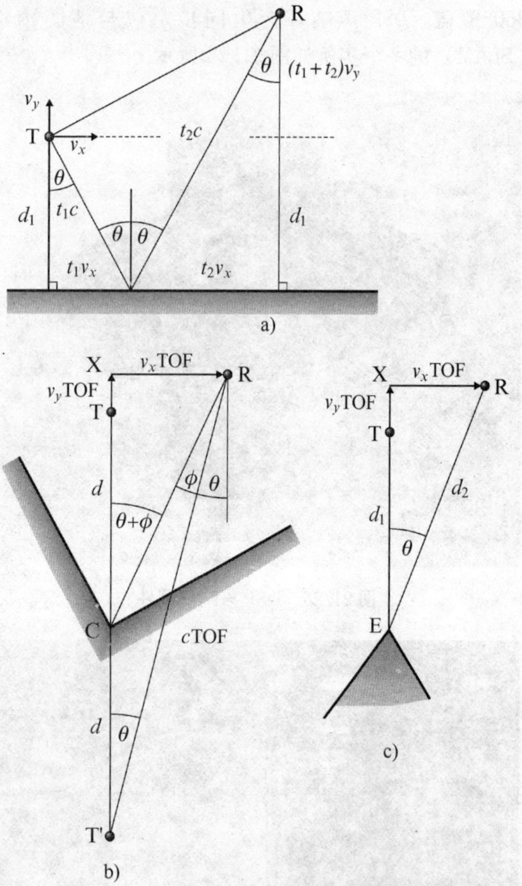

图 21.25 从移动的传感器观测目标（T 表示发射器的位置，R 表示 TOF 结束时接收回波的位置）

a）平面目标 b）角状目标 c）边状目标

$$\tan\phi=\tan\theta\left(\frac{1-\sin^2\theta}{\frac{v_y\mathrm{TOF}}{d_1}+1+\sin^2\theta}\right)$$
$$=\left(\frac{v_x}{\frac{2d_1}{\mathrm{TOF}}+v_y}\right)\left(\frac{1-\sin^2\theta}{\frac{v_y\mathrm{TOF}}{d_1}+1+\sin^2\theta}\right) \tag{21.38}$$

对于 v_x，$v_y\ll c$，$\sin\theta\ll 1$ 和 $2d_1/\mathrm{TOF}\approx c$，式（21.38）可近似为

$$\phi\approx\frac{v_x}{c} \tag{21.39}$$

21.14.3 边的移动观测

因为边状体从有效点源再辐射入射的超声波，相对于静止观测者的接收角不受运动的影响，如图 21.25c 所示。TOF 受移动接收位置的运动的影响。由直角三角形 XER，$d_2^2=(d_1+v_y)^2+v_x^2\mathrm{TOF}^2$ 和 $d_1+d_2=c\mathrm{TOF}$ 可导出

$$\mathrm{TOF} = \frac{2d_1}{c}\left(\frac{1+\frac{v_y}{c}}{1-\frac{v_y^2}{c^2}}\right) \approx \frac{2d_1}{c}\left(1+\frac{v_y}{c}\right) \quad (21.40)$$

对于 $v \ll c$，式（21.40）近似成立。

21.14.4 接收角移动观测的影响

在前面章节中接收角的表达式是基于相对传播介质（空气）静止的观测模式的。实际上，观测者是传感器，以速度 v 移动。假设声呐波相对于空气以角度 α 到达，如图21.26所示。相对于观测者，波阵面的速度分量 w_x 和 w_y 定义如下

$$\begin{aligned} w_x &= c\sin\alpha - v_x \\ w_y &= c\cos\alpha - v_y \end{aligned} \quad (21.41)$$

由式（21.41）可得观测出的到达角 β，表示为

$$\tan\beta = \frac{c\sin\alpha - v_x}{c\cos\alpha - v_y} = \frac{\sin\alpha - \frac{v_x}{c}}{\cos\alpha - \frac{v_y}{c}} \quad (21.42)$$

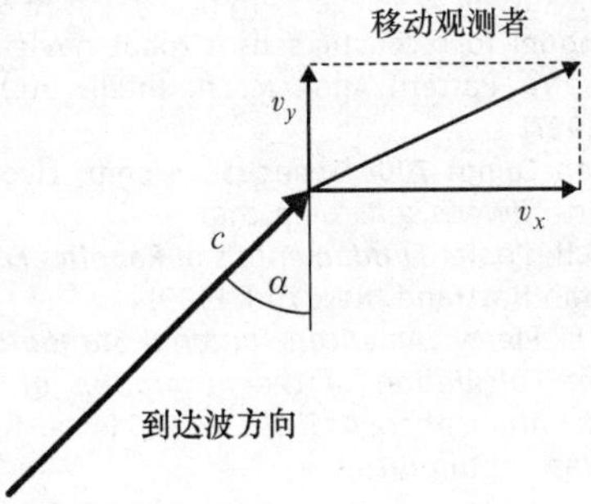

图21.26 观察来自移动观测者的到达波

21.14.5 平面、角和边的移动观测到达角

在本节中，对每个目标类型的到达角（rad）进行了总结，并对移动机器人的期望速度进行了粗略估计。速度被假定为不足声速（在室内温度下声速通常是340m/s）的几个百分点。在1m/s速度下，已有实验观察到这些影响[21.26]。

式（21.41）与式（21.30）正好抵消，对于平面目标，与传感器相关的到达角刚好等于零，即

$$\beta_{\text{plane}} = 0 \quad (21.43)$$

这可以解释为当反射保持前向波速度分量时，该分量总是与传感器的分量一样。

对于角状目标，角度 ϕ 导致波阵面似乎在与来自真实角方向的传感器运动相同的方向上被取代了，如图21.25b所示。移动观测者的影响加倍了这种效果，可从式（21.39）和式（21.41）看到。

$$\beta_{\text{corner}} \approx -\frac{2v_x}{c} \quad (21.44)$$

至于边状目标，该结果是观测者应得的，仅当

$$\beta_{\text{edge}} = \tan^{-1}\left(\frac{0-\frac{v_x}{c}}{\cos\alpha - \frac{v_y}{c}}\right) \approx -\frac{v_x}{c} \quad (21.45)$$

21.15 仿生声呐

生物声呐的成功应用，比如蝙蝠和海豚[21.67]，引发研究者们基于生物声呐形态、策略和非线性处理来实现声呐。生物声呐所展现的能力促使研究人员检查仿效生物的（仿生的）系统。

生物声呐形态通常有单一的反射器和一对接收器。蝙蝠通过口或鼻发出声脉冲，而海豚则通过气囊发射脉冲。两个接收器相当于耳朵，允许双耳声处理。模仿的双耳听觉已导致用于定位目标[21.8]和扫描策略[21.68]的小型阵列的出现。对蝙蝠可动耳廓的观察促进了旋转接收器的研究[21.69,70]。图21.27给出了这样一个例子。

图21.27 中心发射器侧面与旋转接收器相接的仿生结构声呐

旋转接收器让其轴线落到反射体上，不仅增加检测回波的振幅，而且增大其带宽，这两种效果均能改善目标分类能力。

生物声呐策略提供了成功定位目标的线索。众所周知，换能器波束内的目标定位可影响回波波形，并使目标分类的逆问题变得复杂[21.10,71]。有关海豚的影片展示了它们通过双耳回声处理在一个可重复的位置和距离机动地确定目标的位置。这激发了模仿海豚的可移动声呐的研发，该声呐被安装在用于目标分类

的机器人臂上[21.10,71]，如图21.28所示。这个系统能够可靠地区分一枚硬币的正反面，但只能在引入一次标高扫描之后，标高扫描是为了适应双耳听觉所造成的这种定位能力的缺乏。标高扫描的想法是受海豚在搜寻位于沙地下的猎物时所展示的点头运动的启发而产生的。

图21.28 安装在机器人臂末端上的仿生声呐

另一个有用的策略是受蝙蝠发出的探测脉冲所启发的回波序列处理。作为大多数声呐的传统“停止与扫描”操作的一种扩展，当声呐沿着分段线性路径移动以显现出双曲线趋势时，可获得声呐数据，该趋势与声流类似[21.72]。匹配数据以符合双曲线趋势，可以估计传送距离，从而有助于避免碰撞和穿越狭窄的通道[21.72]。

大多数声呐系统使用经典的估计过程，涉及相关检测和频谱分析。耳蜗模型已导致用多带通滤波器去处理环境地标分类中的宽带脉冲[21.73]。在生物神经系统中观察到的动作电位尖峰还启发了基于符合探测技术的神经形态处理。传统TOF测量所提供的稀疏信息促进了声呐探测器从多个检测中提供完整的回波波形信息，这些多个检测导致了尖峰状数据的产生[21.23,74]。对脉冲数据运用时空重合技术可导致混响伪影识别和传送距离估计[21.75]。

上述仿生技术对于回波中存在的信息量和最适合声呐的感测任务类型提供了一些见解。

21.16 总结

声呐是一种有用的、价格低廉的、功耗低的、重量轻和简单的测距传感器，为机器人技术应用提供精确的目标定位。对于有效工作的声呐，理解其物理原理和实现是重要的，而且这些主题已经包含在本章的前面部分中。突出了各种声呐感测方法，从简单的单一换能器测距到更加复杂的多换能器和具有关联信号处理要求的多脉冲配置。复杂的声呐能够精确测量目标距离和角度，也可以实现目标分类、干扰抑制和运动补偿。声呐环提供周围环境覆盖，CTFM系统可改善检测小反射体的灵敏度。正在进行的研究所涉及的领域包括信号与数据处理、声呐地图构建、声呐配置、换能器技术和仿生声呐，这些领域可从蝙蝠和海豚所使用的生物声呐系统中得到启示。

参考文献

21.1 L.E. Kinsler, A.R. Frey, A.B. Coppens, J.V. Sanders: *Fundamentals of Acoustics* (Wiley, New York 1982)

21.2 R.C. Weast, M.J. Astle (Eds.): *CRC Handbook of Chemistry and Physics*, 59th edn. (CRC, Boca Raton 1978)

21.3 J. Borenstein, H.R. Everett, L. Feng: *Navigating Mobile Robots* (Peters, Wellesley 1996)

21.4 R. Kuc, M.W. Siegel: Physically-based simulation model for acoustic sensor robot navigation, IEEE Trans. Pattern Anal. Mach. Intell. **9**(6), 766–778 (1987)

21.5 SensComp: *7000 Series* (SensComp, Livonia 2007), http://www.senscomp.com

21.6 H.H. Poole: *Fundamentals of Robotics Engineering* (Van Nostrand, New York 1989)

21.7 J.E. Piercy: *American National Standard: Method for Calculation of the Absorption of Sound by the Atmosphere ANSI SI-26-1978* (Acoust. Soc. Am., Washington 1978)

21.8 B. Barshan, R. Kuc: A bat-like sonar system for obstacle localization, IEEE Trans. Syst. Man Cybern. **22**(4), 636–646 (1992)

21.9 R. Kuc: Three dimensional docking using qualitative sonar. In: *Intelligent Autonomous Systems IAS-3*, ed. by F.C.A. Groen, S. Hirose, C.E. Thorpe (IOS, Washington 1993) pp. 480–488

21.10 R. Kuc: Biomimetic sonar locates and recognizes objects, J. Ocean. Eng. **22**(4), 616–624 (1997)

21.11 L. Kleeman, R. Kuc: Mobile robot sonar for target localization and classification, Int. J. Robot. Res. **14**(4), 295–318 (1995)

21.12 B. Stanley: A comparison of binaural ultrasonic sensing systems. Ph.D. Thesis (University of Wollongong, Wollongong 2003), http://adt.caul.edu.au/

21.13 F.L. Degertekin, S. Calmes, B.T. Khuri-Yakub, X. Jin, I. Ladabaum: Fabrication and characterization of surface micromachined capacitive ultrasonic immersion transducers, J. Microelectromech. Syst. **8**(1), 100–114 (1999)

21.14 B. Barshan, R. Kuc: Differentiating sonar reflections from corners and planes by employing an intelligent sensor, IEEE Trans. Pattern Anal. Mach. Intell. **12**(6), 560–569 (1990)

21.15 A. Freedman: A mechanism of acoustic echo formation, Acustica **12**, 10–21 (1962)
21.16 A. Freedman: The high frequency echo structure of somae simple body shapes, Acustica **12**, 61–70 (1962)
21.17 Ö. Bozma, R. Kuc: A physical model-based analysis of heterogeneous environments using sonar – ENDURA method, IEEE Trans. Pattern Anal. Mach. Intell. **16**(5), 497–506 (1994)
21.18 Ö. Bozma, R. Kuc: Characterizing pulses reflected from rough surfaces using ultrasound, J. Acoust. Soc. Am. **89**(6), 2519–2531 (1991)
21.19 P.J. McKerrow: Echolocation – from range to outline segments. In: *Intelligent Autonomous Systems IAS-3*, ed. by F.C.A. Groen, S. Hirose, C.E. Thorpe (IOS, Washington 1993) pp. 238–247
21.20 J. Thomas, C. Moss, M. Vater (Eds.): *Echolocation in Bats and Dolphins* (University of Chicago Press, Chicago 2004)
21.21 J. Borenstein, Y. Koren: Error eliminating rapid ultrasonic firing for mobile robot obstacle avoidance, IEEE Trans. Robot. Autom. **11**(1), 132–138 (1995)
21.22 L. Kleeman: Fast and accurate sonar trackers using double pulse coding, Proc. IEEE/RSJ Int. Conf. Intell. Robot. Syst. (1999) pp. 1185–1190
21.23 R. Kuc: Pseudo-amplitude sonar maps, IEEE Trans. Robot. Autom. **17**(5), 767–770 (2001)
21.24 H. Peremans, K. Audenaert, J.M. Van Campenhout: A high-resolution sensor based on tri-aural perception, IEEE Trans. Robot. Autom. **9**(1), 36–48 (1993)
21.25 A. Sabatini, O. Di Benedetto: Towards a robust methodology for mobile robot localization using sonar, IEEE Int. Conf. Robot. Autom. (1994) pp. 3136–3141
21.26 L. Kleeman: Advanced sonar with velocity compenstation, Int. J. Robot. Res. **23**(2), 111–126 (2004)
21.27 A. Elfes: Sonar-based real world mapping and navigation, IEEE Trans. Robot. Autom. **3**, 249–265 (1987)
21.28 S. Thrun, M. Bennewitz, W. Burgard, A.B. Cremers, F. Dellaert, D. Fox, D. Haehnel, C. Rosenberg, N. Roy, J. Schulte, D. Schulz: MINERVA: A second geration mobile tour-guide robot, IEEE Int. Conf. Robot. Autom. (1999) pp. 3136–3141
21.29 K. Konolige: Improved occupancy grids for map building, Auton. Robot. **4**, 351–367 (1997)
21.30 R. Grabowski, P. Khosla, H. Choset: An enhanced occupancy map for exploration via pose separation, Proc. IEEE/RSJ Int. Conf. Intell. Robot. Syst. (2003) pp. 705–710
21.31 J.D. Tardos, J. Neira, P.M. Newman, J.J. Leonard: Robust mapping and localization in indoor environments using sonar data, Int. J. Robot. Res. **21**(6), 311–330 (2002)
21.32 O. Aycard, P. Larouche, F. Charpillet: Mobile robot localization in dynamic environments using places recognition, Proc. IEEE Int. Conf. Robot. Autom. (1998) pp. 3135–3140
21.33 B. Kuipers, P. Beeson: Bootstrap learning for place recognition, Proc. 18-th Nat. Conf. Artif. Intell. (AAAI-02) (2002)
21.34 A. Bandera, C. Urdiales, F. Sandoval: Autonomous global localization using Markov chains and optimized sonar landmarks, Proc. IEEE/RSJ Int. Conf. Intell. Robot. Syst. (2000) pp. 288–293
21.35 R. Kuc: Biomimetic sonar and neuromorphic processing eliminate reverberation artifacts, IEEE Sens. J. **7**(3), 361–369 (2007)
21.36 A.M. Sabatini: A stochastic model of the time-of-flight noise in airborne sonar ranging systems, IEEE Trans. Ultrason. Ferroelectr. Freq. Control **44**(3), 606–614 (1997)
21.37 C. Biber, S. Ellin, E. Sheck, J. Stempeck: The Polaroid ultrasonic ranging system, Proc. 67th Audio Eng. Soc. Convention (1990)
21.38 R. Kuc: Forward model for sonar maps produced with the Polaroid ranging module, IEEE Trans. Robot. Autom. **19**(2), 358–362 (2003)
21.39 M.K. Brown: Feature extraction techniques for recognizing solid objects with an ultrasonic range sensor, IEEE J. Robot. Autom. **RA-1**(4), 191–205 (1985)
21.40 N.L. Harper, P.J. McKerrow: Classification of plant species from CTFM ultrasonic range data using a neural network, Proc. IEEE Int. Conf. Neural Netw. (1995) pp. 2348–2352
21.41 Z. Politis, P.J. Probert: Target localization and identification using CTFM sonar imaging: The AURBIT method, Proc. IEEE Int. Symp. CIRA (1999) pp. 256–261
21.42 R. Mueller, R. Kuc: Foliage echoes: A probe into the ecological acoustics of bat echolocation, J. Acoust. Soc. Am. **108**(2), 836–845 (2000)
21.43 P.N.T. Wells: *Biomedical Ultrasonics* (Academic, New York 1977)
21.44 J.L. Prince, J.M. Links: *Medical Imaging Signals and Systems* (Pearson Prentice Hall, Upper Saddle River 2006)
21.45 J.J. Leonard, H.F. Durrant-Whyte: Mobile robot localization by tracking geometric beacons, IEEE Trans. Robot. Autom. **7**(3), 376–382 (1991)
21.46 P.M. Woodward: *Probability and Information Theory with Applications to Radar*, 2nd edn. (Pergamon, Oxford 1964)
21.47 A. Heale, L. Kleeman: Fast target classification using sonar, IEEE/RSJ Int. Conf. Robot. Syst. (2001) pp. 1446–1451
21.48 S. Fazli, L. Kleeman: A real time advanced sonar ring with simultaneous firing, Proc. IEEE/RSJ Intern. Conf. Intell. Robot. Syst. (2004) pp. 1872–1877
21.49 T. Yata, A. Ohya, S. Yuta: A fast and accurate sonar-ring sensor for a mobile robot, Proc. IEEE Int. Conf. Robot. Autom. (1999) pp. 630–636
21.50 L. Kleeman: Scanned monocular sonar and the doorway problem, Proc. IEEE/RSJ Int. Conf. Intell. Robot. Syst. (1996) pp. 96–103
21.51 G. Kao, P. Probert: Feature extraction from a broadband sonar sensor for mapping structured environments efficiently, Int. J. Robot. Res. **19**(10), 895–913 (2000)
21.52 B. Stanley, P. McKerrow: Measuring range and bearing with a binaural ultrasonic sensor, IEEE/RSJ Int. Conf. Intell. Robot. Syst. (1997) pp. 565–571

21.53 P.T. Gough, A. de Roos, M.J. Cusdin: Continuous transmission FM sonar with one octave bandwidth and no blind time. In: *Autonomous Robot Vehicles*, ed. by I.J. Cox, G.T. Wilfong (Springer-Verlag, Berlin, Heidelberg 1990) pp. 117–122

21.54 L. Kay: A CTFM acoustic spatial sensing technology: its use by blind persons and robots, Sens. Rev. **19**(3), 195–201 (1999)

21.55 L. Kay: Auditory perception and its relation to ultrasonic blind guidance aids, J. Br. Inst. Radio Eng. **24**, 309–319 (1962)

21.56 P.J. McKerrow, N.L. Harper: Recognizing leafy plants with in-air sonar, IEEE Sens. **1**(4), 245–255 (2001)

21.57 K. Audenaert, H. Peremans, Y. Kawahara, J. Van Campenhout: Accurate ranging of multiple objects using ultrasonic sensors, Proc. IEEE Int. Conf. Robot. Autom. (1992) pp. 1733–1738

21.58 J. Borenstein, Y. Koren: Noise rejection for ultrasonic sensors in mobile robot applications, Proc. IEEE Int. Conf. Robot. Autom. (1992) pp. 1727–1732

21.59 K.W. Jorg, M. Berg: Mobile robot sonar sensing with pseudo-random codes, Proc. IEEE Int. Conf. Robot. Autom. (1998) pp. 2807–2812

21.60 S. Shoval, J. Borenstein: Using coded signals to benefit from ultrasonic sensor crosstalk in mobile robot obstacle avoidance, Proc. IEEE Int. Conf. Robot. Autom. (2001) pp. 2879–2884

21.61 K. Nakahira, T. Kodama, T. Furuhashi, H. Maeda: Design of digital polarity correlators in a multiple-user sonar ranging system, IEEE Trans. Instrum. Meas. **54**(1), 305–310 (2005)

21.62 A. Heale, L. Kleeman: A sonar sensor with random double pulse coding, Aust. Conf. Robot. Autom. (2000) pp. 81–86

21.63 A. Diosi, G. Taylor, L. Kleeman: Interactive SLAM using Laser and Advanced Sonar, Proc. IEEE Int. Conf. Robot. Autom. (2005) pp. 1115–1120

21.64 S.A. Walter: The sonar ring: obstacle detection for a mobile robot, Proc. IEEE Int. Conf. Robot. Autom. (1987) pp. 1574–1578

21.65 S. Fazli, L. Kleeman: Wall following and obstacle avoidance results from a multi-DSP sonar ring on a mobile robot, Proc. IEEE Int. Conf. Mechatron. Autom. (2005) pp. 432–436

21.66 S. Fazli, L. Kleeman: Sensor design and signal processing for an advanced sonar ring, Robotica **24**(4), 433–446 (2006)

21.67 W.W.L. Au: *The Sonar of Dolphins* (Springer-Verlag, Berlin, Heidelberg 1993)

21.68 B. Barshan, R. Kuc: Bat-like sonar system strategies for mobile robots, Proc. IEEE Int. Conf. Syst. Man Cybern. (1991)

21.69 R. Kuc: Biologically motivated adaptive sonar, J. Acoust. Soc. Am. **100**(3), 1849–1854 (1996)

21.70 V.A. Walker, H. Peremans, J.C.T. Hallam: One tone, two ears, three dimensions: A robotic investigation of pinnae movements used by rhinolophid and hipposiderid bats, J. Acoust. Soc. Am. **104**, 569–579 (1998)

21.71 R. Kuc: Biomimetic sonar system recognizes objects using binaural information, J. Acoust. Soc. Am. **102**(2), 689–696 (1997)

21.72 R. Kuc: Recognizing retro-reflectors with an obliquely-oriented multi-point sonar and acoustic flow, Int. J. Robot. Res. **22**(2), 129–145 (2003)

21.73 R. Mueller, R. Kuc: Foliage echoes: A probe into the ecological acoustics of bat echolocation, J. Acoust. Soc. Am. **108**(2), 836–845 (2000)

21.74 T. Horiuchi, T. Swindell, D. Sander, P. Abshire: A low-power CMOS neural amplifier with amplitude measurements for spike sorting, ISCAS, Vol. IV (2004) pp. 29–32

21.75 R. Kuc: Neuromorphic processing of moving sonar data for estimating passing range, IEEE Sens. J. – Special Issue on Intelligent Sensors **7**(5), 851–859 (2007)

第22章　距离传感器

Robert B. Fisher，Kurt Konolige

刘冰冰　译

距离传感器是一种从自身的位置获取其周围世界三维结构的设备。通常它测量的是距物体最近表面的深度。这些测量可以是一个穿过扫描平面的单个点，也可以是一幅在每个像素都具有深度信息的图像。这个距离信息可以使机器人合理地确定出相对于该距离传感器的实际环境，从而允许机器人能更有效地寻找导航路径、避开障碍物、抓取物体和在工业零件上操作。

本章将介绍距离数据的主要表现形式（点阵，由三角形构成的面和三维像素）以及从距离数据中提取有用特征（平面，直线和由三角形构成的面）的主要方法。也将介绍获得距离数据的主要传感器（第22.1节——立体激光三角测距系统），以及如何对同一景象的多重观测（比如来自移动中的机器人的数据）进行距离配准（第22.2节），和几种因使用距离数据而大大简化任务的几种室内外机器人的应用（第22.3节）。

22.1　距离传感的基础知识 …… 61
22.1.1　距离图像和点阵 …… 61
22.1.2　立体视觉 …… 63
22.1.3　基于激光的距离传感器 …… 66
22.1.4　基于飞行时间的距离传感器 …… 67
22.1.5　调制距离传感器 …… 68
22.1.6　基于三角测量的距离传感器 …… 68
22.1.7　传感器举例 …… 69
22.2　距离配准 …… 69
22.2.1　三维特征的表现形式 …… 69
22.2.2　三维特征的提取 …… 71
22.2.3　模式匹配和多角度配准 …… 72
22.2.4　最大似然配准 …… 73
22.2.5　多重扫描配准 …… 73
22.2.6　相对姿态预测 …… 74
22.2.7　三维应用 …… 74
22.3　导航与地形分类 …… 75
22.3.1　室内环境重建 …… 75
22.3.2　城市环境导航 …… 75
22.3.3　复杂地形 …… 76
22.4　结论与扩展阅读 …… 77
参考文献 …… 78

22.1　距离传感的基础知识

此节我们将介绍以下内容：①有关距离图像数据的基本表现形式；②关于在机器人应用中不太常用的主要的三维传感器的简单介绍；③关于比较常用的基于激光的距离图像传感器的详细描述。

22.1.1　距离图像和点阵

距离数据是对机器人周边景象的二又二分之一维或三维描述。三维概念的出现是因为我们是对景象中的一个或多个点进行（X，Y，Z）坐标测量。通常在每个时间点我们只使用一个单幅距离图像。这意味着我们仅能观察到机器人看到的那部分景象——物体的前面。换句话说，我们观察不到一个景象所有侧面的三维图像。这就是二又二分之一维的由来。图22.1b显示的是一幅距离图像的例子而图22.1a显示的则是一幅进行了反射配准的图像，其中的每一个像素点都记录了红外线的反射光强度。

表现距离数据有两种基本的格式。第一种是距离图像 $d(i, j)$，它记录了图像中的每个像素点（i，j）到对应的景象点（X，Y，Z）的距离 d。通常有几种办法把（i，j，$d(i, j)$）映射到（X，Y，Z），基本上都是通过使用距离传感器的几何学原理。图22.2和图22.3描绘了最常用的映射方法。在这里给出的方程里，α 和 β 是针对具体传感器校正的值。

1）正交法。这里 $(X, Y, Z) = (\alpha i, \beta j, d(i, j))$。这些图像通常来自于距离传感器沿 x 和 y 方向进行平移扫描（见图22.2a）。

2）透视法。这里 $d(i, j)$ 是光线沿从像素点（i，j）到点（x，y，z）的视距。把此距离传感器当

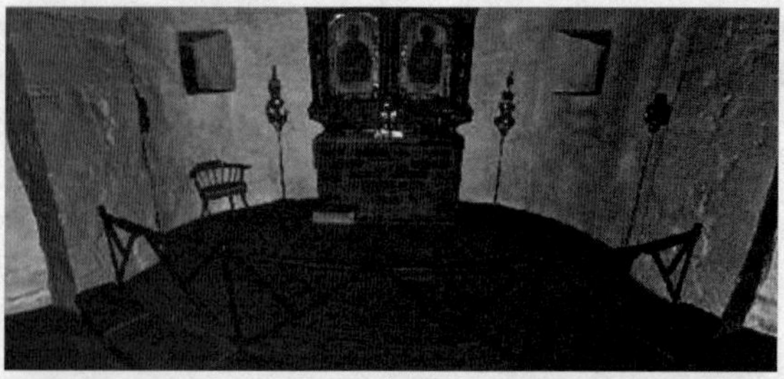

a)

b)

图 22.1　两种方法分别得到的图像

a）配准的红外线反射图像

b）距离图像，距离越近的点越暗

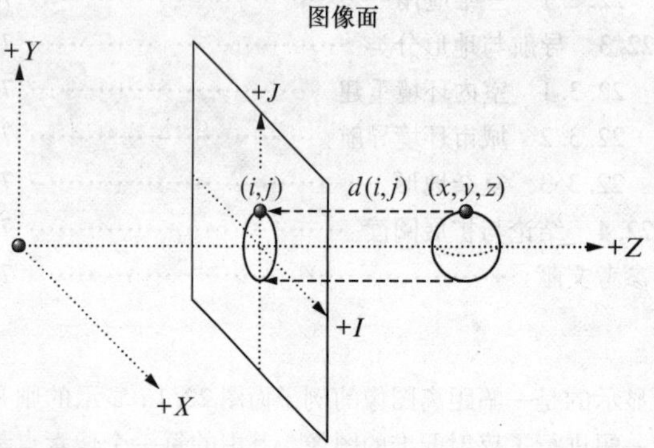

a)

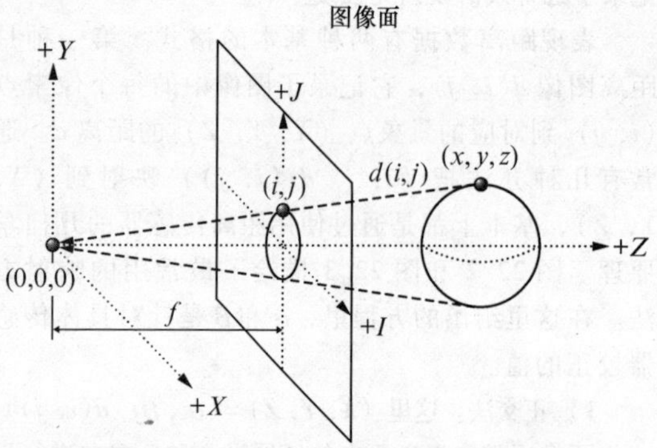

b)

图 22.2　不同的距离图像匹配法

a）正交法　b）透视法

作焦点位于（0，0，0）而光学轴是 Z 轴，那么（X，Y）轴则平行于图像的（i，j）轴，则有（X，Y，Z）= $d(i, j)/\sqrt{\alpha^2 i^2+\beta^2 j^2+f^2}(\alpha i, \beta j, f)$，其中 f 是此光学系统的焦距。这种图像通常来自于集成了普通亮度照相机的传感器设备（见图 22.2b）。

3）圆柱法。在这里，$d(i, j)$ 是光线沿从像素点（i，j）到点（X，Y，Z）的视距。在这种情况下，传感器通常旋转着扫描 x 轴方向，平移着扫描 y 轴方向。这样，$(X, Y, Z)=(d(i, j)\sin(\alpha i), \beta j, d(i, j)\cos(\alpha i))$，是通常的变换（见图 22.3a）。

4）球形法。这里，$d(i, j)$ 是光线沿从像素点（i，j）到点（X，Y，Z）的视距。在这种情况下，传感器通常旋转着扫描 x 轴方向，而且在扫描 x 轴方向的同时也在 y 轴方向旋转扫描。因此（i，j）就是视线的方位角和仰角。则有 $(X, Y, Z)=d(i, j)(\cos(\beta j)\sin(\alpha i), \sin(\beta j), \cos(\beta j)\sin(\alpha i))$（见图 22.3b）。

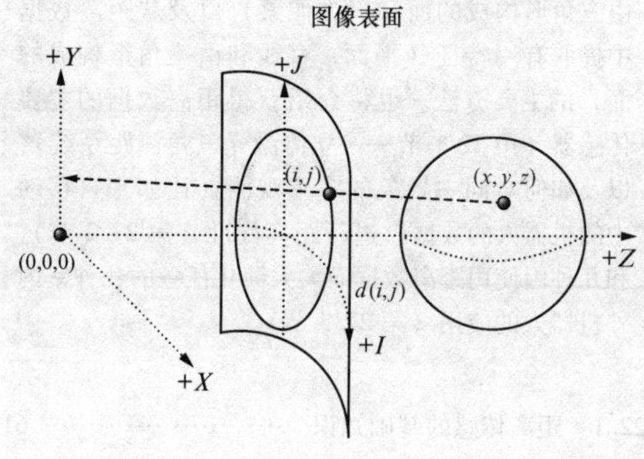

a)

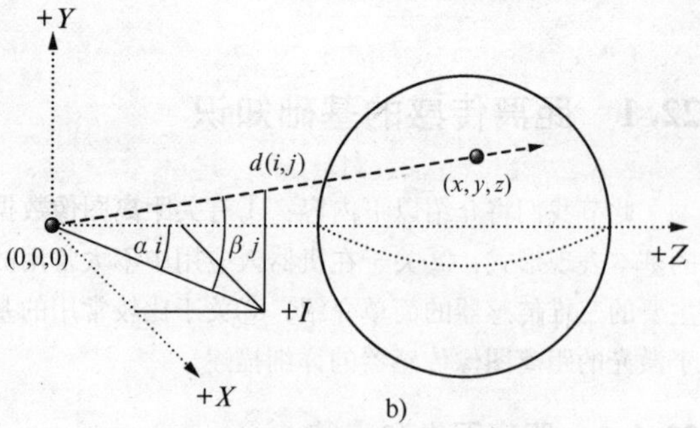

b)

图 22.3　不同的距离图像匹配法

a）圆柱法　b）球形法

一些传感器只记录了平面上的距离，因而对每一个像素 i，图像（x，z）由线性图像 $d(i)$ 来表示。上面列举的正交法、透视法和圆柱法等投影方法仍适用于这种简化模式。

第二种基本格式是使用一个三维数据点的列表

$\{(X_i, Y_i, Z_i)\}$，这种格式仍适用于上面列出的所有映射方法。进行图像点 $d(i, j)$ 到 (X, Y, Z) 的转换后，距离数据以一个列表的形式体现。有关精确映射和数据格式的具体内容以商用距离传感器提供。

22.1.2　立体视觉

许多种不同的传感器都可以提供距离信息，但是仅有一小部分具备大多数机器人应用需要的可靠性。更可靠的传感器，如基于激光的三角测量和激光雷达（LIDAR）将在下一节进行讨论。

实时的立体信息分析是采用两个或更多的图像作为输入来预测一个景象中的点的距离。其中的基本概念是三角测量：一个景象点和它的两个照相机中的成像点形成一个三角形。如果已知两个相机之间的基线距离和相机发射光线形成的夹角，到物体的距离就可以计算出来。

实际上，如何将一个立体成像系统有效地应用于机器人系统中，还存在着很大困难。大多数困难来自于如何将来自同一个景象的点在两个相机中的成像匹配起来。更深一层的顾虑是，立体分析在机器人里的应用有一个实时的限制，而许多算法需要的计算能力很高。但是，近年来各方面进展很快，而立体成像的优势就在于它能提供三维的距离图像。这种图像和距离信息能与视觉信息配准，理论上将可以达到无限远的距离，而且可以有很高的采样率，等等。这些都是其他距离传感器不能比拟的。

在这一小节里，我们将回顾立体成像分析的基本算法，并将着重介绍立体成像分析的问题和潜能。

1. 立体成像几何

在这一小节里，我们将回顾立体分析的基本算法，特别是图像通过投射和再次投射与三维世界的关系。关于牵涉到的几何知识及校正过程的更深入的讨论可以参阅参考文献［22.2］。

校正输入图像意味着原始图像经过修改以符合一种具有特别几何形状（如图22.4所示）的针眼照相机模型。任意一个三维点 S 沿经过焦点的方向投影到图像上的一点。如果两个相机的主光学轴平行，成像面位于共同的平面上，并且具有在同一条直线的扫描线，那么搜索（像素点进行匹配）所用的几何关系就变得很容易。核线定义为，在左边图像上的一个点 s，与对应于右边图像上具有相同纵坐标的点 s' 共同决定的一条扫描线。因此，搜索立体匹配的像素点是线性的。找到原始图像的校正并把它们转换成标准格式的整个过程称为校准，其详细讨论见参考文献［22.2］。

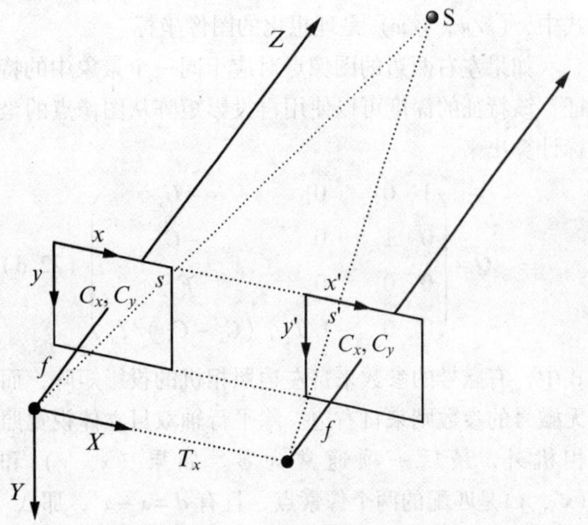

图22.4　理想化的立体成像几何模型

图22.4中，全局坐标系的原点位于左边照相机的焦点（相机中心）。坐标系是一个右手系统，Z 轴正方向指向照相机前边，而 X 轴正方向指向右边。相机的主光学轴穿过成像面，坐标为 (C_x, C_y)，两个相机都是如此（有一种非平行轴双目立体视觉照相机的变形允许两个 C_x 不同）。两个相机的焦距也相同。图像排成一线，任何景象点投射到成像面的坐标都具有关系 $y=y'$。沿 x 轴的差别定义为视差。焦点之间的向量与 X 轴一致，参见参考文献［22.1］。

点 s 和 s' 的 x 坐标的差就是此三维点 S 的视差。视差与该三维点到焦点的距离，以及两个焦点间的距离——基线 T_x 相关。

一个三维点可以投影到或左或右面的图像中，方法是在一个统一的坐标系内使用一个投影矩阵进行矩阵乘法运算。此三维点的坐标是在左边照相机（见图22.4）的坐标系内定义的。

$$\boldsymbol{P}=\begin{pmatrix} F_x & 0 & C_x & -F_xT_x \\ 0 & F_y & C_y & 0 \\ 0 & 0 & 1 & 0 \end{pmatrix} \tag{22.1}$$

这是单个照相机的投影矩阵。F_x 和 F_y 分别是纠正后图像的焦距，而 C_x 和 C_y 则分别是光线中心。T_x 是相对于左边（参考）照相机的相机位移。对左边相机来说 T_x 是0；而对于右边的相机来说，它就是基线和 x 轴向的焦距乘积。

一个三维的点在统一的坐标系中的坐标通过使用矩阵相乘的投影得来，

$$\begin{pmatrix} x \\ y \\ z \end{pmatrix}=\boldsymbol{P}\begin{pmatrix} X \\ Y \\ Z \\ 1 \end{pmatrix} \tag{22.2}$$

式中，$(x/w, y/w)$ 是理想化的图像坐标。

如果左右两边的图像点对应于同一个景象中的特征，该特征的深度可以使用再投影矩阵从图像点的坐标计算出来，

$$Q=\begin{pmatrix}1 & 0 & 0 & -C_x \\ 0 & 1 & 0 & -C_y \\ 0 & 0 & 0 & F_x \\ 0 & 0 & -1/T_x & (C_x-C_{x'})/T_x\end{pmatrix} \quad (22.3)$$

式中，有撇号的参数来自左边照相机的投影矩阵，而无撇号的参数则来自右边。除平行轴双目立体视觉照相机外，最后一项通常为零。如果 (x, y) 和 (x', y)是匹配的两个像素点，且有 $d=x-x'$，那么

$$\begin{pmatrix}X \\ Y \\ Z \\ W\end{pmatrix}=Q\begin{pmatrix}x \\ y \\ d \\ 1\end{pmatrix} \quad (22.4)$$

式中，$(X/W, Y/W, Z/W)$ 是景象特征的坐标；$d=x-x'$为视差。假设 $C_x=C'_x$，那么距离 Z 呈现相似的三角测量的逆形式

$$Z=\frac{F-xT_x}{d} \quad (22.5)$$

再投射仅仅对于纠正后的图像适用，一般情况下，投影的直线并不相交。视差 d 是逆深度测量，而向量 (x, y, d) 则是距离图像的透视法表述（参见第22.1.1节），有时候也称为视差空间表示法。作为一种更有效的决定障碍物或其他特征的表述形式，视差空间常常用于非三维应用里（参见第22.3.3节）。

式（22.4）体现了视差空间与三维几何空间的单应性。视差空间在三维坐标系的变换中也很有用。假设 $p_0=(x_0, y_0, d_0, 1)$ 在坐标系0里面，而经过刚性移动 (R, t) 来到坐标系1。使用再投射方程（22.4）则有三维位置为Qp_0。在刚性移动的条件下则有$\begin{pmatrix}R & t \\ 0 & 1\end{pmatrix}Qp_0$，最后再应用$Q^{-1}$得到在坐标系1中的视差表示形式。将这些操作串联起来就是单应性的体现

$$H(R,t)=Q^{-1}\begin{pmatrix}R & t \\ 0 & 1\end{pmatrix}Q \quad (22.6)$$

使用单应性可以不需要转换三维点就能将参考系中的点直接投影到另一个坐标系中。

2. 立体成像方法

立体成像分析的基本问题是匹配图像中代表同一个物体或者部分物体的元素。当匹配完成以后，到该物体的距离就能通过图像的几何关系计算出来。

匹配方法可以根据特征区分为局部或者全局的。局部的方法试图基于一个图像里面的小块区域的内在特征与另一个图像进行匹配。全局方法会考虑诸如表面的连续性或者底部的支持等物理限制，并以此扩展局部方法。局部方法可以进一步区分为试图匹配图像中不连续的特征还是去关联一小块区域[20.3]。局部方法通常会选取不取决于光照条件和观测角度的特征，例如角落。角落就是一种可以自然可供使用的特征，因为在几乎任何投影中它们依然保持角落的形状。基于特征的算法会补偿观测角度的变化和相机的差别，因而可以产生快速、鲁棒的匹配。但是这种算法同样具有一些劣势，诸如可能需要提取代价高昂的特征以及只能产生稀疏的距离结果。

因为局部区域关联是实时立体成像里面最有效和实际的一种算法，在下一节我们将做进一步详细介绍。参考文献［22.5］是关于最近的立体成像方法的一个调查和结果。该论文的作者也维护了一个网页来列举出关于立体成像方法的最新信息，见参考文献［22.6］。

3. 区域关联立体成像

区域关联使用关联方法去比较不同图像里的小块区域。因为小块的区域更有可能随着观测角度的不同而在不同图像里面相似，而大块的区域则提高了信噪比，区域的大小就需要折中了。相较于基于特征的方法，基于区域关联的方法则产生比较密集的结果。因为区域关联法不需要比较特征，而且拥有极其规则的算法结构，人们通常在实现这种方法时可以进行优化。

典型的区域关联方法具有五个步骤（见图22.5）。

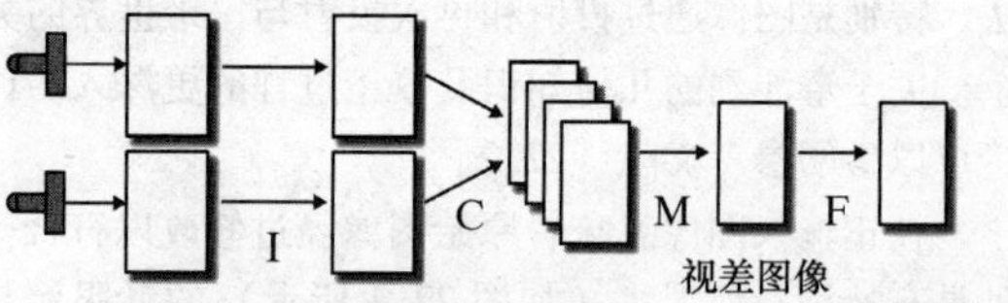

图22.5 立体成像的基本处理过程
（详细内容参见参考文献［22.4］）

1）几何关系校正。在这个步骤，作为输入的图像里的变形失真，采用弯曲而变成标准形式的方法来进行校正。

2）图像变形。一个局域算子将灰度图像中的每一个像素转换为一种更适合（处理）的形式，比如，基于局部的平均像素强度进行像素的标准化。

3）区域关联。这一步就是关联步骤。在此步骤，每一个小块区域在搜索窗口里与其他区域进行比较。

4）提取极值。在每一个像素都有一个关联极值提取出来，从而产生了一个视差图像：每个像素值都是比较左右图像块得到最佳匹配的视差。

5）后滤波。使用一个或多个滤波器来清除所得视差图像中的噪声。

光照情况、透视情况和不同图像之间的差异都会对图像区域的关联造成干扰。因此，区域关联法通常进行的弥补方式是对某种变形图像的像素强度，而不是原始图像的像素强度进行关联。假设 u，v 是需要关联图像的中心像素，x，y 是 u，v 周边的像素，d 是视差㊀，而 $I_{x,y}$，$I'_{x,y}$ 分别是左右图像的像素强度。

1）归一化的交叉相关性。

$$\frac{\sum_{x,y}[I_{x,y}-\hat{I}_{x,y}][I'_{x-d,y}-\hat{I}'_{x-d,y}]}{\sqrt{\sum_{x,y}[I_{x,y}-\hat{I}_{x,y}]^2\sum_{x,y}[I'_{x-d,y}-\hat{I}'_{x-d,y}]^2}}$$

2）高通滤波器如高斯调和量算子（LOG）。在一些使用高斯算子平滑过的区域，调和算子（即拉普拉斯算子）测量其中定向边缘的密度。通常高斯标准差是一两个像素

$$\sum_{x,y} s(\log_{x,y}-\log_{x-d,y})$$

式中，$s(x)$ 是 x^2 或者 $\| x \|$，$\log_{x,y}$ 是在像素（x，y）处的高斯调和量算子。

3）非参数。这些变换试图处理异常值的问题，而这些异常值会试图完全颠覆关联测量，尤其是在使用方差的时候。参考文献［22.7］里提出的统计方法通过计算一个位向量来描述一个像素的局部环境，而关联测量就是两个向量之间的哈明（Hamming）距离

$$\sum_{x,y}(I_{x,y}>I_{u,v})\oplus(I'_{x-d,y}>I'_{u,v})$$

针对一些标准图像各种变换的结果及误差率详见参考文献［22.6］。

另一种增加匹配信噪比的技术是使用超过两个图像进行（匹配）[22.8]。这种技术还能克服观测角度被遮挡的问题，在这种情况下，需要匹配的物体的部分可能没有出现在另一个图像中。一种增加图像在相同视差下的关联性的简单技术似乎也能工作得很好[22.9]。显然，使用多个图像（进行匹配）的计算支出要大于仅使用两个图像。

㊀ 视差为 d。——译者注

密集的距离图像通常包含错误的匹配，需要清除掉，尽管对使用多个图像的方法来说这通常不成为问题。表22.1列举出在文献中找到的已经经过讨论的后滤波器。

视差图像经过处理可以给出亚像素精度，其方法是找出像素间的关联峰值。这就在不需要更多工作量的基础上增加了可用的距离分辨率。典型的精度是像素的十分之一。

表22.1 在区域关联中清除错误匹配的后滤波技术

关联表面法	参考文献［22.10］
峰值宽度	宽的峰值代表差的特征定位
峰值高度	低的峰值指示较差的匹配
峰数	多个峰值说明了结果模棱两可
模式滤波器	缺乏支持视差导致平滑度受损
左/右检验[20.11,12]	非对称匹配指示观测角度的遮挡
纹理[20.13]	较低的纹理能量造成较差的匹配

4. 立体距离的质量

多种人为因素和问题会影响立体距离图像的质量。

1）拖尾效应。区域关联会引起前景物体的延伸而造成模糊，例如图22.6中妇女的头部。原因是物体与背景形成的明显的边缘的主导性。非参数测量较少受这种现象的影响。其他手段包括多重关联窗口和塑形窗口等。

2）失落效应。这些产生于因为缺少足够的纹理能量而造成不能找到好的匹配的区域。失落效应通常产生在室内外人造表面上。而投射一块随机红外纹理通常可以帮助解决这类问题[22.14]。

3）距离精度。不像激光雷达设备（LADAR），立体成像的精度是距离的二次方程，可以通过对式（22.5）中视差求导而得

$$\delta Z=-\frac{F_xT_x}{d^2} \qquad (22.7)$$

而这种立体距离图像随距离的增大而趋恶劣的情况可以在图22.6里面的三维重建中清楚地看到。

4）处理运算。区域关联需要的处理运算非常密集。需要的计算量是 Awd 次运算，其中 A 是图像面积，w 是关联窗口尺寸而 d 是视差的数量。明智的优化可以利用冗余计算来减少计算量至 Ad 次（与窗口尺寸无关），当然要以一定的存储空间为代价。实时运算可以在诸如标准个人电脑（PCs）[22.1,15]、图形加

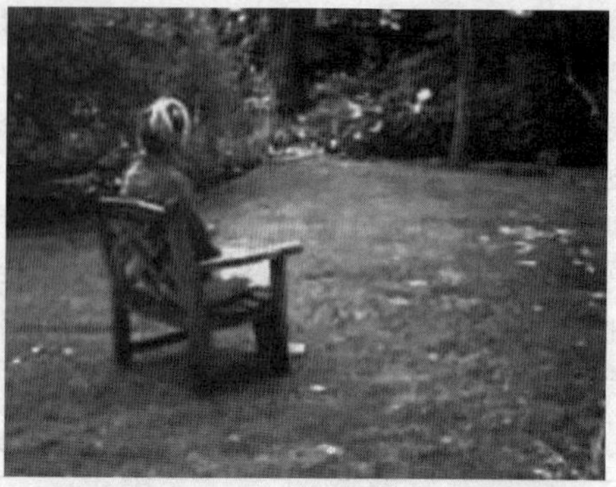

a)

b)

c)

图22.6 一个室外花园景象的立体成像结果的例子（照相机的基线长9厘米）

a）原始左图像 b）从不同角度计算出来的三维点

c）使用伪彩色呈现的视差图像[22.1]

速器[22.16,17]、数字信号处理器（DSPs）[22.4]、现场可编程门阵列（FPGA）[22.1,18]和特别的专用集成电路（ASIC）[22.19]等等不同的装置上实现。

5. 其他来自视觉源的距离信息

在此我们列举出最常用的、但不太可靠的其他来自视觉源的距离信息。这些方法通常潜在着与其他传感技术互补使用的可能性。

1）聚集/散焦。对有关照相机参数的认知和图像特征的模糊度可以让人们估算出对应的景象特征到理想焦距的距离[22.20]。传感器可以是被动的（如使用预先拍摄的图像）或者主动的（以不同的焦距设置抓拍几个图像）。

2）机构与运动。机构与运动算法同时计算三维景象的结构和照相机的运动轨迹[22.21]。基本上这是一个双目镜立体成像过程（参考之前的讨论），只不过使用的是单个运动的相机。双目镜立体成像所需要的图像是通过同一个相机在不同的位置拍摄的。视频摄像机也可以应用于这一算法，只是图像分辨率比较低。此算法优于一般算法的一个重要方面是，如果不同帧的图像之间的时间或者相机的运动足够小，图像中的特征可以轻易被追踪。这就简化了对应问题，但却导致了另一个问题。如果拍摄一对用于立体成像测量的图像之间的时间太靠近的话，这两幅图像之间的间隔就很小，从而导致了一个短基线。三角测量计算将会很不准确，因为在预测图像特征位置时产生的误差会造成三维位移预测（尤其是深度预测）的很大错误。这个问题可以通过进行较长时间的追踪来避免。第二个问题是，并不是所有的运动都适用于整个三维景象结构的预测。例如，如果摄像机仅围绕它的光学轴或者焦点转动，那么将不能够产生任何三维信息以供恢复。小心一点即可以避免这个问题。

3）阴影。一块面上的阴影与这个面与观测者和光源的方位角相关。这种相关性可以用以估算横过表面的方位角，并且可以与表面法线相融合以预测相关表面的深度。

4）光度立体成像。光度立体成像[22.22]是对阴影和立体处理的一种综合。其关键概念是物体的阴影随光源位置的变化而不同。因此，如果你有了一个物体或景象在不同光源位置（比如太阳的移动）条件下的几个排列好的图像，那么景象面的法线就可以计算出来了。通过法线的估算，相关面的深度就可以预测了。对这一种方法来说，观测者的位置需要静止而光源的位置需要改变，这些限制导致它对大多数机器人应用来说不太有效。

5）纹理。在一个面上统一的纹理或统计学纹理变化的方式与该面相对于观测者的方位角相关。像阴影一样，纹理的梯度可以用以估算横过面的方位角[22.23]，并且可以与表面法线相融合以预测相关面的深度。

22.1.3 基于激光的距离传感器

常用的基于激光的距离传感器有三种：

1）三角测量传感器；

2）相位调制传感器；

3）飞行时间传感器。

这些传感器在下文都将详细讨论。除此之外，还有激光多普勒和激光干涉距离传感器，但是这两种仪器目前应用不广，我们在这里不进行讨论。*Blais* 发表了一篇回顾距离传感器的优秀论文[22.24]，可以进行参阅。

其实，下面要讨论的这三种传感器的物理原理并不是非得依靠激光的使用——其实任何光源都可以工作。但是激光的使用是最传统的，这是因为：①激光可以使用轻便发光源来产生强光束；②红外光的使用不受干扰；③激光汇聚性好，可以形成很窄的光束；④单一频率的光源可以轻易滤除不想要的频率；⑤单一频率的光线不像全光谱的光线经过折射后会散开；⑥半导体装置可以轻易产生短脉冲的光线，等等。

这三种传感器类型有一个优势，在于距离图像通常可以获得一个匹配的反射系数图像。通过对激光光束的强度经物体表面反射后减少幅度的测量，便可以估算该物体表面的反射系数。这仅仅是单一频率激光的反射系数，但是，它提供了该表面外表的有用信息（同时表面形状的测量经由距离测量得到）。三色激光系统[22.25]用一种相似的方式给出了配准的红-绿-蓝（RGB）彩色图像。图22.1显示了来自同一景象的进行配准了的距离和反射系数的图像。

这三种传感器类型也有一个劣势，那就是镜面反射。通常的假设是被观测的光线是来自物体表面的漫反射光。如果被观测的表面是镜面质地的，比如抛光的金属或水面，那么照射光就会从预测不到的方向反射开。如果传感器的接收器最终探测到了一些反射光，那么将很可能造成不正确的距离测量。镜面反射就好像发生在表面的折线边界一样。

第二个问题是激光的足迹。因为激光光束有一定的宽度，但它投射到物体的边缘时，部分光线其实投射到了更深的面上㊀。这种现象的结果取决于传感器本身，但通常会导致测量到的距离落于两个面之间。这种测量其实暗示出这种距离来自一个空洞的空间。一些来自明显空洞的噪声容易过滤掉，但是错误的测量也可能来自于距离真实面很近的地方，从而很难被清除。

22.1.4　基于飞行时间的距离传感器

基于飞行时间的距离传感器是这样工作的：它们计算一束光从光源到目标物体再反射到接收器（通常与光源并列放置）所用的时间，从而得到距离。从某种意义来说，它们是基于光的雷达传感器。飞行时间乘以光的速度（在给定的媒介——如太空、空气或水——并根据媒介的密度和温度进行调整）得到距离。基于激光的飞行时间距离传感器也被称为光线探测测距仪（LIDAR）或激光雷达（LADAR）传感器。

这些传感器的精度限制取决于能测量的最小时间（从而算出能测量到的最小距离）、接收器的时间精度（或量化）和激光脉冲的时间宽度。

很多用于局部测量的基于飞行时间的传感器具有称为模糊性间隔的性质，间隔可长达20m。传感器周期性发射光脉冲，从返回的脉冲所用的时间算出目标平均的距离。为了限制反射噪声并简化探测所用的电子装置，很多传感器只能接收到达时间在 Δt 之内的信号，但是在这个时段内接收器也可能接收到来自之前发射的脉冲从更远的物体反射的信号。这就意味着一个距离测量 Z 对多个 $c\Delta t/2$ 分辨不清，因为来自比 $c\Delta t/2$ 更远（比如 z）的面被记录为 z 除以 $c\Delta t/2$ 得到的余数。因此对平滑面的距离测量可以增加到 $c\Delta t/2$ 然后变为0。通常 $c\Delta t/2$ 的值是20～40m。在光滑的表面，比如地面或路面，利用距离的变化是平滑的假设，使用一种展开算法可以得到距离的真实值。

大部分基于飞行时间的传感器只发射一束光，这样距离测量只能从一个单个的点获得。机器人应用通常需要更多的信息，这样距离数据通常以平面上的面的距离行向量（见图22.7）或者一幅图像（见图22.1）表示。为了获得这些更密集的数据表示法，激光光束向景象扫描。通常通过使用一系列的镜子的方式，而不是直接移动激光器和探测器来完成扫描（镜子更轻也更不容易因为运动而造成损伤）。这里最常用的技术是使用一个步进电动机（以进行可编程控制的距离传感）或旋转或振荡镜子以达到自动扫描。

对适合机器人的应用来说，标准陆基的基于飞行时间的传感器具有10～100m的测距能力，以及5～10mm的精度。能扫描的景象的快慢取决于镜子的扫描频率和脉冲频率，但每秒1～25千点是很典型的速度。这种传感器的制造商包括Acuity，SICK，Mensi，DeltaSphere和Cyrax。

最近，一种新型的基于飞行时间的传感器被开发了出来，称为快闪激光雷达。关键创新是在传感器芯片每个像素中包括了计时电路。这样，每一个像素就能测量从该像素的视线方向来的光脉冲被探测到的时

㊀　该物体后面。——译者注

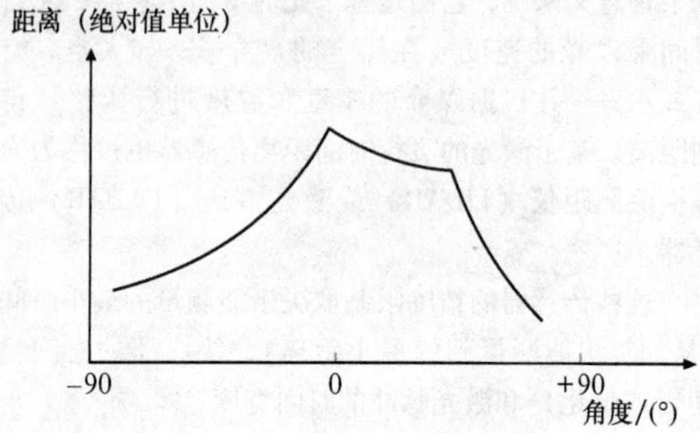

图 22.7 理想化的一维距离数据的图像样本与观测角之间的关系图

间。这就允许了在每个像素点同时进行距离测量。这种情况下，光脉冲必须扫过被观测的整个景象，因而通常使用的传感器是一个阵列红外激光发光二极管（LEDs）。尽管这种传感器的空间分辨率小于当前的照相机（如只有 64×64，160×124，128×128），但是数据采样率可以达到摄像机级别（30~50fps），同样可以提供足够机器人使用的反馈数据量。不同的传感器测距能力已经报道，比如最长 5m[22.26]（同时距离的标准差在 5~50cm 之间，值随目标的距离和方向的不同而不同）或 1.1km[22.27]（没有收到关于标准差的报告）。

22.1.5 调制距离传感器

调制距离传感器通常有两种，取决于连续的激光信号是调幅还是调频。通过观测发射和接收信号的相位差，信号的传输时间以及到目标的距离得以测出。但信号相位每 2π 进行重复，因而这些传感器存在模糊性间隔。

这些传感器产生一种必须进行扫频的单个光束。扫描距离可以达到 20~40m 而准确率是 5mm。图 22.1 就是来自一个调制传感器的扫描结果。

22.1.6 基于三角测量的距离传感器

基于三角测量的距离传感器[22.28]使用的基本原理与前面讨论过的立体成像传感器相似。关键概念在图 22.8 中描述：一束激光从一个位置投射到被观测表面。产生的光点被位于第二个位置的传感器接收到。知道了激光和传感器的相对位置和方位，再加上一些简单的三角法则就能计算被照射的表面点的三维位置了。这种三角测量方法在激光发射点的位置精确测量的条件下更为准确，通常可以达到 0.1 个像素的水平[22.29]。

因为激光的照度是可控的，这种方法有下面几点

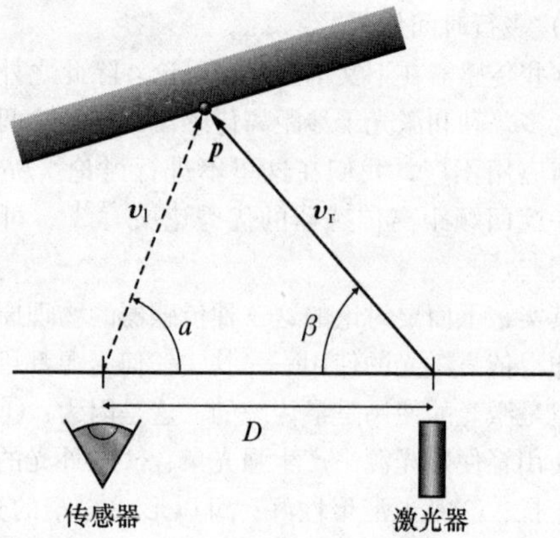

图 22.8 使用一个激光点的三角测量法

实际优越性。

1）已知频率的激光（例如 733nm）可以与一个可选择特定相同频率的光学滤光器匹配（如半带宽为 5nm）。这就允许了对光点唯一性的辨认，因为可以基本上滤除其他所有的强光，使激光点成为图像中最强的光源。

2）激光点可以使用透镜和镜子进行重塑从而制造出多个点或者光带，因而使多个三维点的同时测量成为可能。通常使用的是光带，是因为光带可以扫描遍及景象以观测整个景象（如图 22.9 所示）。其他的照射模式也广泛使用着，例如平行线、同心圆、交叉线和点阵等。商用的结构光模式发生器可以从 Lasiris或者 Edmunds Optics 公司获得。

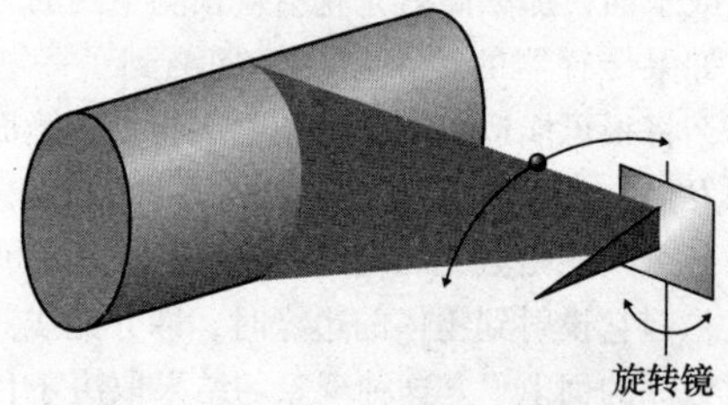

图 22.9 一个覆盖大片景象的扫频激光面

3）激光射线可以通过计算机编程控制的镜子来选择性地扫描给定的区域，例如门廊或潜在的障碍物，或者需要抓取的物体等。

当然这种方法的缺点包括：

1）使用的激光强度导致潜在的眼睛安全威胁，特别是激光频率在不可见光的范围内（通常是红外光区域）。

2）从金属或磨光物体表面的镜面反射，可以造成激光照射得到的不正确距离测量，如图 22.10 所示，测量到的假想面其实在真实表面之后。

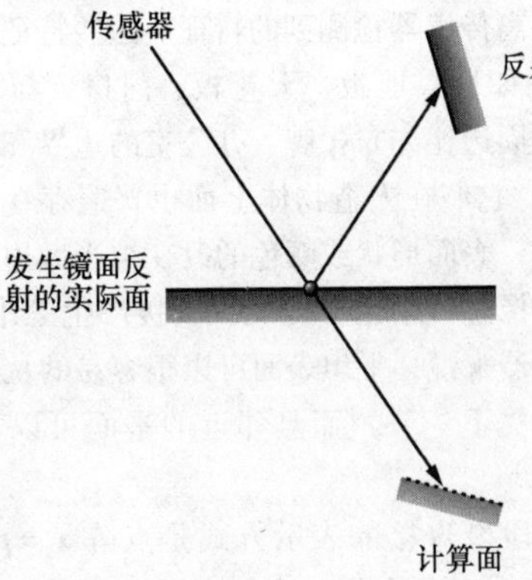

图 22.10 镜面反射导致的不正确的深度估算

22.1.7 传感器举例

一种典型的基于相位调制的距离传感器是 Zohler and Frohlich 25200。这是一种昂贵的球形扫描传感器，可以覆盖整个 360°的水平扫描面和 155°的垂直扫描面。每一次扫描用时约 100s，可以获得多达 20000 个水平方向的三维点和 8000 个垂直方向的三维点。扫描准确性取决于仪器到目标的距离，在采样角度间隔是 0.01°（这样采样之间的距离间隔则是 1.7mm/10m）的情况下可以达到 4mm。密集的数据通常用于三维景象测绘、建模和虚拟现实重建。

一款通常用于机器人导航的激光传感器是 SICK LMS 200。这种传感器在水平方向以 180°圆弧进行扫描，在 0.05s 内得到一个平面上 720 个距离测量点。尽管只是测量到一个平面，信息好像比较有限，但是测量到的三维点可以轻易与事先存储（或学习到的）环境模型进行同高度匹配。这就允许对该环境中传感器的位置（也就是携带该传感器的机器人的位置）进行估算。当然，这种技术要求被扫描的环境只能在固定的扫描高度上进行扫描。另一种常用的设置是将传感器安装在机器人的较高处并向下倾斜一点进行扫描。在这种设置中，随着机器人的前进，它前面的地面被依次扫描从而可以发现潜在的障碍物。

Mionlta910 是一种三角测量传感器，其测距能力达到 2m，而精确度大约是 0.01mm，在 2.5s 内能拿到大约 250000 个点。这种传感器广泛地应用于小块区域扫描，例如检测或零件建模，但也可安装在一个固定点用于扫描机器人的工作间。对这种工作间的观测可以使得一系列动作得以完成，比如零件检测、掉落物的定位或者小件物体传送，或者零件的精确定位。

用于机器人导航的距离传感器的更多案例和细节将于第 22.3 小节介绍。

22.2 距离配准

这一节将介绍的技术包括机器人操作部件的三维定位、机器人车辆的自定位和机器人导航中的景象理解。所有这些技术都建立在能对三维形状进行配准的基础上。例如距离图像对距离图像、三角测量面或几何学模型的配准。在 22.2.7 小节里面介绍这些应用之前，我们先看看使用三维数据的基本技术。

22.2.1 三维特征的表现形式

有多种三维景象结构的编码和建模的表现形式，但接下来要介绍的是机器人应用里最常用的。一些景象的模型或描述可能同时用到超过一种表现方式，以从景象或物体的不同侧面进行描绘。

1. 三维点阵

这是使用一系列三维点 $\{\boldsymbol{p}_i=(X_i, Y_i, Z_i)\}$ 来描述景象中的一些显著的和可辨认的点。这些点可能是球形中心点（通常用作为标记）、三个平面交叉的角落或者是表面凹凸的极值点。它们可能是最初获得的三维全幅景象点阵的子阵，可能是从一幅距离图像截取而来，也可能是基于一些提取的数据特征计算出来的理论点。

2. 平面

平面是从一个景象中观测到的一系列平坦的面，或是一个物体模型的部分或全部边界范围。有几种方式表示平面，但常用的是使用平面方程 $ax+by+cz+d=0$ 来表示穿过对应景象或模型表面的点阵 $\{\boldsymbol{p}_i=(X_i, Y_i, Z_i)\}$。一个平面的表示只需要三个系数，因而平面的表示方法 (a, b, c, d) 常有一些额外的限制，例如 $d=1$ 或者 $a^2+b^2+c^2=1$。向量 $\boldsymbol{n}=(a, b, c)^{\mathrm{T}}/\sqrt{a^2+b^2+c^2}$ 是表面的法线向量。

使用这个公式只能将平坦表面描绘为无限的平面，但是还需要包括对表面边界的表述。另外，有关曲线也有很多可能的表示方式。这些曲线或三维或二维的存在于表平面上。有利于机器人应用的表示方式是列出形成边界区域或多线条的三维点 $\{(X_i, Y_i, Z_i)\}$。多线条是采用一系列连接在一起的线段来表示边界。一个多线条可以使用形成顶点并连接线段的三维点序列 $\{(X_i, Y_i, Z_i)\}$ 来表示。

3. 三角网格面

这种表示方式使用一系列的三角形小块描述一个物体或者景象。其他更多的一般性的多边形表面或甚至各种各样的平滑面的表示方式也被用到，但是三角形还是用得最多的。因为它们简单易用，而且在低廉的电脑显卡上三角形也能高速显示出来。

三角形可以很大（例如当用以表示平坦的面时）或者很小（比如表示曲面时）。三角形尺寸的选择反映了想要表示的物体或者景象面需要的准确性。三角网格面就被观测的景象或者物体的表面为三角形表示来说可能是完整的，但也有不连贯面的小块存在的情况，这些小块有些伴随着内部小洞，有些则没有。对机器人的抓取或者导航来说，你不希望在景象面被表示的部分之前存在没有被表示的部分，而机器人的抓取器或者机器人本身可能会撞到这部分面。因此我们假设，如果把边缘完全连接起来，那么三角测量算法生成的小块集会将所有实际的景象面包围起来。图22.11显示了一个例子，三角网格面覆盖在原始的平滑面上。

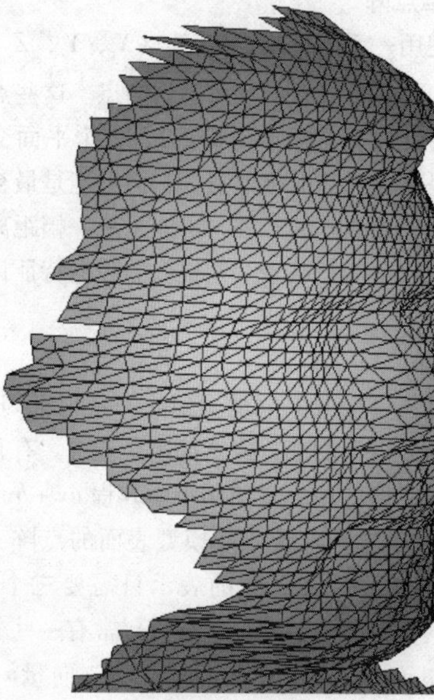

图 22.11 三角网格面（感谢T Breakon）

有很多具有些许差别的不同方法可以表现三角形[22.30]，但主要的方法是使用一个利用 i 个三角形的角顶点进行索引的清单 $\{\boldsymbol{v}_i=(X_i, Y_i, Z_i)\}$，和一个特别标识出角顶点的三角形清单 $\{\boldsymbol{t}_n=(i_n, j_n, k_n)\}$。

从三角网格面的小块，我们能计算出潜在的抓取物的位置、潜在的导航表面或障碍物的位置，或者将被观测的表面形状与之前存储的形状进行匹配。

4. 三维线段

平坦的表面交汇于三维线段，它是很容易被立体传感器和距离传感器检测到的特征。这些特征在人造环境中（比如墙、地板、天花板、门口、与墙结构形成边缘的周边比如布告牌、办公室的边界和仓库的家具等等）。它们在人造物体上面也普遍存在。以立体成像来说，表面形状或颜色的改变被当做边缘，可以在立体成像过程中用于匹配以直接产生三维边缘。对距离传感器来说，平坦表面可以很容易的从距离数据中获得（见下一节）而且邻近的平面可以相交成为边缘。

三维线段最直接的表示方式是点阵 $\boldsymbol{x}=\boldsymbol{p}+\lambda\boldsymbol{v}$，对任何 λ，$\boldsymbol{v}$ 是单位向量。这种表示方式有五个自由度；而更多的表示方式，比如具有四个自由度的表示方式见参考文献［22.2］。

5. 三维像素

三维像素（大量像素）方法使用三维盒子/单元表示三维环境，其表明的是环境中存在的景象结构和自由空间。最简单的表示方式是三维二进制序列，使用1对结构进行编码而0表示自由空间。这种方式可能会需要大量内存，同时需要很多的计算来对内容进行像素编码。更复杂但更简洁的表示方法是称为八叉树[22.30]层次表示方法。这种方法是把整个（包围着的）四边形空间分割成八个小四边形子空间，称为卦限（图22.12）。一个树状数据结构把每一个卦限的内容编码成空、实或者混合。混合的部分再被划分为更小的八个四边形卦限，编码成大树的子树。这种再区分一直持续下去直到得到最小的卦限尺寸。决定一个三维像素是否是空、实或者混合是根据传感器的数据，但是，如果在一个三维像素里面没有三维数据点存在的话，那它的内容很可能就是空。同样，如果一个三维像素里面有很多三维数据点存在的话，那它的内容很可能就是实。剩余的就可以认为是混合。有关三维像素化的更多细节可以在参考文献［22.31］中找到。

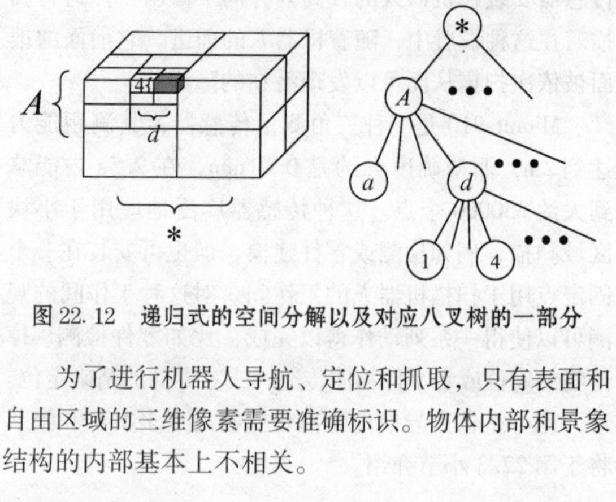

图 22.12 递归式的空间分解以及对应八叉树的一部分

为了进行机器人导航、定位和抓取，只有表面和自由区域的三维像素需要准确标识。物体内部和景象结构的内部基本上不相关。

22.2.2　三维特征的提取

三种三维特征的结构类型是机器人应用特别感兴趣的：直线、平面和三角网格面。这里对如何从距离数据集里面抽取这些特征进行了总结。

1. 平面

平面通常从一些基于种子小块的区域增长过程中找到。当景象大部分由平面构成时，一个特别简单的办法是基于选择以前没有用到的点和它临近区域的点阵$\{\boldsymbol{v}_i = (X_i, Y_i, Z_i)\}$。使用最小二乘法可以将这些点归纳到一个平面：使用点阵中的N个点创造出一个$4 \times N$的矩阵$\boldsymbol{D}$，每一个点增大1。将这些扩展的点称为$\{\boldsymbol{v}_i\}$。因为每一个点都位于同一个平面$ax + by + cz + d = 0$上，我们可以轻易使用如下方法来估算平面的系数向量$\boldsymbol{p} = (a, b, c, d)^{\mathrm{T}}$。我们知道一个完美的平面会与完美的数据点相吻合，这个平面满足条件$\boldsymbol{Dp} = \boldsymbol{0}$。因为噪声的存在，我们使用误差向量$\boldsymbol{e} = \boldsymbol{Dp}$来替代并找到可以使它的长度（平方化的）$e \cdot e = p^{\mathrm{T}}D^{\mathrm{T}}Dp$最小化的向量$\boldsymbol{p}$。此向量是矩阵$D^{\mathrm{T}}D$的最小特征值的对应特征向量。最开始假定的平面需要进行合理性测试：①检查最小的特征值，它应该很小而且与期待的噪声水平的平方在一个数量级；②确保大多数三维点位于平面上适当的阵列里（即$|\boldsymbol{v}_i \cdot \boldsymbol{p}| < \tau$）。

大型的平面区域通过确定位于该平面上的临近点$\boldsymbol{v}_i$（满足$|\boldsymbol{v}_i \cdot \boldsymbol{p}| < \tau$）来增长。当足够多的点被发现以后，平面的系数$\boldsymbol{p}$重新被估算。被测得的平面上的点被移除，整个过程以一个新的种子小块重复。这个过程一直进行，直到没有更多点被添加进来。有关平面特征的更完整描述可以见参考文献［22.32］。

当在景象中发现的平面分布较为稀疏时，另一种称为随机采样一致性（RANSAC）的特征提取算法[22.33]更为适用。当使用这种算法进行平面探测时，这种算法随机选择三个三维点（尽管对点选择的算法使用一些定位运算可以提高算法的效率）。这三个点决定了一个系数向量为$\boldsymbol{p}$的平面。对所有点阵里的点$\{\boldsymbol{v}\}$进行测试看它是否属于这个平面（也即$|\boldsymbol{v}_i \cdot \boldsymbol{p}| < \tau$）。如果有足够多的点靠近平面，那么很可能一个平面就已经找到了。这些点也会进一步被处理以找出一个连接起来的点阵，通过这个点阵、使用上述的最小二乘法可以估算出一个更为准确的平面系数。如果平面小块已被找到，在这个小块上的点将从数据库移除。随机从数据库选择三个点的过程将继续，直到不能再找出新的平面（进行这种尝试的次数界限是可以预估的）。

2. 直线

尽管直线在人造环境中的应用很普遍，而直接从三维数据库中提取直线却并不容易。难度的主要来源在于三维传感器常常不能在面的边缘获取很好的数据，这是因为：①发射光束将从两个不同的面返回；②激光传感器会在这种条件下产生一些不可预期的效应。基于这个原因，大部分三维线段提取算法是间接的，而通过先检测出平面（比如使用上一段介绍的方法），然后相邻的平面相交。相邻性可以通过找到相连接的像素从一个平面到另一个平面形成的轨迹，被检验出来。如果平面1和2分别具有点$\boldsymbol{p}_1$和$\boldsymbol{p}_2$，并在$\boldsymbol{p}_1$和$\boldsymbol{p}_2$处的法线分别是$\boldsymbol{n}_1$和$\boldsymbol{n}_2$，那么形成的相交直线的方程是$\boldsymbol{x} = \boldsymbol{a} + \lambda \boldsymbol{d}$，式中，$\boldsymbol{a}$是线上的一个点，而$\boldsymbol{d} = \boldsymbol{n}_1 \times \boldsymbol{n}_2 / \| \boldsymbol{n}_1 \times \boldsymbol{n}_2 \|$是直线的方向。点$\boldsymbol{a}$的可能性会有无穷多个，这可以通过解方程组$\boldsymbol{a}^{\mathrm{T}}\boldsymbol{n}_1 = \boldsymbol{p}_1^{\mathrm{T}}\boldsymbol{n}_1$和$\boldsymbol{a}^{\mathrm{T}}\boldsymbol{n}_2 = \boldsymbol{p}_2^{\mathrm{T}}\boldsymbol{n}_2$确定。可以通过第三个合理的限制来得到一个$\boldsymbol{p}_2$旁边的点，这个限制是$\boldsymbol{a}^{\mathrm{T}}\boldsymbol{d} = \boldsymbol{p}_2^{\mathrm{T}}\boldsymbol{d}$。这就给了我们一个无限长的直线，而大部分实际应用需要的是一个有限长的线段。线段的端点可以通过以下方法估算出来：①找到两个平面上接近观测点的直线上的点；②找到这些点的两个极值点。另一方面，使用立体传感器可以使得找寻三维线段变得容易一些，因为可以通过匹配两个二维的图像线段获得。

3. 三角网格面

这种处理方法的目的是从三维点阵中估算一个三角形网格。如果这些点是从一个规则的网格取样而来（比如从一个二又二分之一维的距离图像），那么三角形可以从采样点自然而然地形成（见图22.13）。如果这些点是三维点阵的一部分，那么三角面的形成将较困难。我们不想在这里针对这个复杂的问题讨论

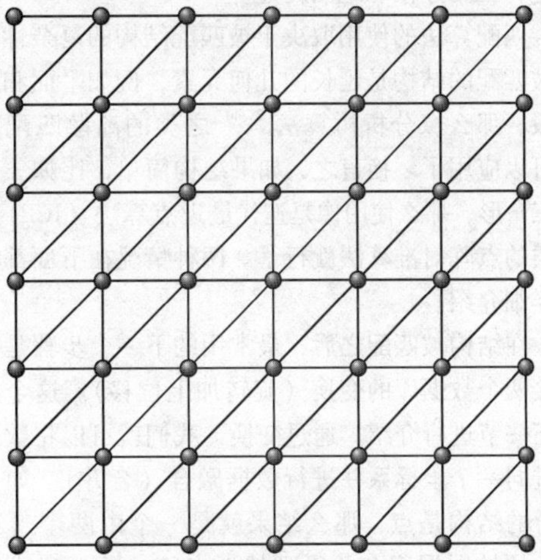

图22.13　一个规则点网格的三角测量

太多，但是有一些要考虑的问题是：①如何找到距离所有点都很近的平面（因为噪声的存在，使得所有点都落在同一个平面上是不可能的）；②如何在网格上避免洞和较远的三角形；③如何选择距离的阈值以使仅有一个平面通过点阵；④如何选择三角形的尺寸；⑤怎么处理无关的点；⑥如何保留可观测的景象特征，比如平面的边缘。早期流行的三角测量算法有移动立方体算法和三角形算法[22.34,35]。这些算法可以产生具有很多三角形的网格。通过网格优化可以减少三角形尺寸从而降低使用网格计算的复杂程度，有很多优化算法可以采用[22.36,37]。

22.2.3 模式匹配和多角度配准

模式匹配是将一些存储图像与一些观测数据进行匹配的过程。在这里讨论的情况下，我们假设两者都是三维的。更进一步，我们假设进行匹配的数据都是同一类型的，例如景象线段和线段的三维模型（尽管不同种类的数据也可以进行匹配，我们不考虑这些特别的算法）。

匹配的一个特殊情况是当被匹配的两种结构都是景象或者模型表面的时候。这种情况一般出现在试图将一个景象不同角度的图像融合，以产生此景象的一个更大的图像。这些不同角度的图像可以来自一个移动机器人围绕该景象的多个地点进行拍摄得到的。移动机器人学里的同时定位与地图创建（SLAM）算法[22.38]（将于第37章进行讨论）就是在逐渐将最新观测到的景象部分融合进不断增长的地图模型的同时，将最新观测到的数据与之前观测到的数据进行匹配以估算机器人本身的当前位置。有一个 SLAM 项目[22.39]就使用了比例不变特征转换（SIFT）的特征点进行三维建模和地图构建。

匹配算法的使用取决于被匹配结构的复杂性。如果被匹配的结构是延长的几何元素，例如平面和三维线段，那么像分析树算法[22.40]之类的离散匹配算法就可以应用了。换言之，如果结构简单，比如三维点或三角形，那么使用像是迭代最近点算法（ICP）[22.41]之类的点阵对准算法就行了。两种情况在下面都将进行详细介绍。

在结构被匹配之后，最常用的下一个步骤是估算连接两个数据库的变换（旋转加上位移）。这个过程在下一节进行介绍。通过变换，我们就可以将数据转换进同一个坐标系并进行数据融合（合并）。如果被融合的结构是点，那么结果就是一个由两个（或更多）原始数据库合并得到的大点阵。平面和线段阵列经历一次表示为两个数据库的匹配的组成部分后，同样可以进行简单的累加。三角网格面需要更复杂的合并，并会导致一个我们需要的布局正确的三角网格结果。拉链算法[22.42]就是一个著名的三角网格合并算法。

翻译树算法[22.40]（见表 22.2）适用于小规模（例如，小于20~30）不连续物体的匹配，例如二维或三维图像中的垂直边缘。如果有 M 个模型和 D 个物体数据，那么潜在的匹配可能性有 M^D 种。进行有效匹配的关键在于辨认成对的模型、数据具有的限制以排除不适合的配对。成对的模型特征和数据特征之间的限制也大大缩小了匹配空间。如果这种限制排除了足够多的特征，一个时间多项式算法就产生了。此算法的核心如下。假设 $\{m_i\}$ 和 $\{d_j\}$ 分别是需要进行匹配的模型和数据特征，如果 m_i 和 d_j 是一致的特征，则 $u(m_i, d_j)$ 为真；如果 m_i、m_j、d_k 和 d_l 是一致的四个特征，则 $b(m_i, m_j, d_k, d_l)$ 为真；而 T 是在一次成功匹配前匹配了的特征的最小数目。对是成功匹配了的特征集。方程 truesizeof 对特征集一对中的实际匹配数目计数，并忽略使用可以对任何事配对的通配符‘＊’参与的匹配。

当进行匹配的数据是点阵或者三角形的时候，ICP 算法[22.41]更为常用。这个算法估算了机器人的姿态变换，此变换将两个数据集进行排列以使其间的距离最小。使用了这种变换，这两个数据集可以在同一个坐标系中表示并可以被当做一个大的单个数据集（可能会合并一些叠加的数据）。

表 22.2 翻译树算法

```
pairs = it(0,{})
if truesizeof(pairs) > = T, then success

function pairs = it(level, inpairs)
  if M-level + truesizeof(inpairs) < T
    then return {} % 永远不能匹配成功
  for each d_i % D 循环开始
    if not u(m_level, d_i), then continue loop D
    for each(m_k, d_l) in inpairs
      if not b(m_level, m_k, d_i, d_l)
        then continue loop D
        endfor % 已经成功找到一个新的配对
    pairs = it(level + 1, union(inpairs, (m_level, d_i)))
    if truesizeof(pairs) > = T, then return pairs
    endfor% D 循环结束
  % 匹配不成功，尝试通配符
  pairs = it(level + 1, union(inpairs, (m_level, *)))
```

在这里我们给出点匹配算法，它也很容易的适用于其他类型的特征。这种算法是迭代的，因而不一定总能很快收敛，但常常数个循环就足以（成功收敛）。但是，ICP算法可能会导致数据集的错误匹配。最优结果来自于一个好的初始预测，比如来自里程仪或以前的机器人位置。ICP算法可以被延伸以包括其他性质进行匹配，比如颜色和局部邻近结构。一个好的空间编号算法（比如k-d树）是以下在最近点方程（*CP*）中进行有效配对所必需的。

假设$\mathcal{S}$是一个具有N_s个点$\{\boldsymbol{s}_1, \cdots, \boldsymbol{s}_{N_s}\}$而$\mathcal{M}$是待匹配的模型。假设$\|\boldsymbol{s}-\boldsymbol{m}\|$是两个点$\boldsymbol{s}\in\mathcal{S}$和$\boldsymbol{m}\in\mathcal{M}$之间的几何距离。假设$CP(\boldsymbol{s}, \mathcal{M})$是在$\mathcal{M}$中距离（几何距离）景象点$\boldsymbol{s}$最近的点。

1）假设$\boldsymbol{T}^{[0]}$是将两个数据集进行对准的刚性转速的初始预测。

2）对$k=1, \cdots, k_{\max}$进行循环或直到收敛：

① 计算对应集$\mathfrak{C}=\cup_{i=1}^{N_s}\{(\boldsymbol{s}_i, CP(\boldsymbol{T}^{[k-1]}(\boldsymbol{s}_i), \mathcal{M}))\}$。

② 计算新的、使$\mathfrak{C}$中点对的均方误差最小的几何变换$\boldsymbol{T}^{[k]}$。

22.2.4　最大似然配准

一种距离扫描数据匹配的常用技术，特别是在二维情况下，是使用最大似然作为匹配好坏的标准。这种技术同时也考虑了距离读数的一个概率模型。假设r是在位置s处的一个传感器扫描的距离读数，而$\bar{r}$是在沿r（取决于s）的路径上最近的物体的距离。那么一个传感器读数的模型则是概率$p(r|\bar{r})$。通常这个模型具有一个围绕正确距离的高斯形状，并拥有一个较早的误判区域和一个漏读的尾端区域（见图22.14）。

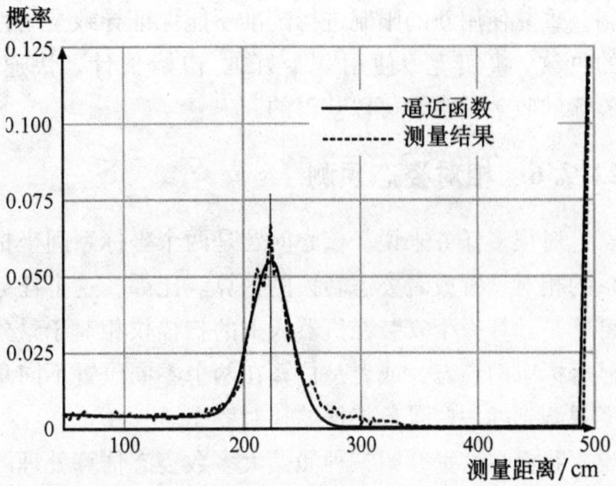

图22.14　一个激光传感器读数的概率轮廓$p(r|\bar{r})$
（高斯的顶峰出现在距离被扫描的物体$\bar{r}$处[22.43]）

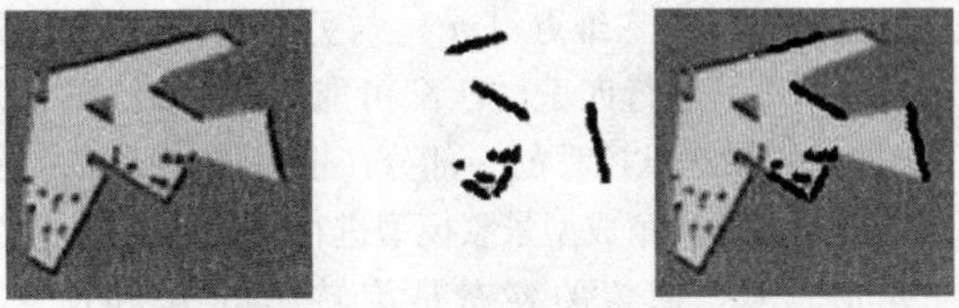

图22.15　在一个占据网格里对一个扫描针对几个参考扫描进行匹配[22.44]

当一个扫描的位置，基于一个参考扫描，对所有的读数产生一个最大似然估计时，匹配就产生了。假设读数之间是独立的，由Bayes规则我们得到

$$\max_s p(s|\boldsymbol{r}) = \max_s \prod_i p(r_i|\bar{r}_i)$$

最大似然扫描的位置可以通过登山法或者从一个好的开始位置进行穷举搜寻法找到。图22.15显示了使用最大似然对一个扫描针对几个参考扫描进行对准的结果。在这个二维的例子里，参考扫描放置于一个占据网格里进行计算$\bar{r}$[22.44]。一个为了提高效率而广为流传的修改是对这个占据网格进行拖尾操作，忽视视线信息，从而计算出$\bar{r}$[22.45]。在三维情况下，三角网格面比三维像素法更为适用[22.46]。

22.2.5　多重扫描配准

在之前的小节里，多个参考扫描可以用以形成一个占据网格或表面三角形，以进行匹配。通常来说，在几个扫描之中形成的扫描配对可以在这些扫描中产生一个限制集。例如，在机器人完成一个路径的环线时，连续的扫描形成一个链条形的限制，而第一个和最后一个扫描形成了一个限制的闭环。全局性的对扫描进行一致的配准是SLAM的一部分（见第37章）。

如果单个的限制具有协方差的估算，那么最大似然法可以用以为所有的扫描找到一个全局性的一致的估算[22.47]。这个全局性对准是对扫描姿态进行的，而不涉及扫描本身，也就是说，所有的信息简化为对姿态的限制。假设$\bar{s}_{ij}$是介于扫描s_i和s_j之间的配对的姿态差，具有协方差Γ_{ij}。那么对所有s来说最大似然估计由下面这个非线性最小二乘系统给出

$$\min_s \sum_{ij} (s_{ij}-\bar{s}_{ij})^{\mathrm{T}}\Gamma_{ij}(s_{ij}-\bar{s}_{ij}) \tag{22.8}$$

此系统可以使用循环最小二乘法有效地求解，比如Levenberg-Marquadt或者共轭梯度法[22.48,49]。

一个复杂的因素是系统的限制是基于一组起始的姿态s计算出来的。利用式（22.8）对s进行重新计算，基本上，重新进行扫描匹配将产生一组不同的限

制。重复使用新的限制进行配准不能保证导致全局性的收敛。事实上，使用一个好的 初始估计，快速、鲁棒的收敛是常常可以获得的。

22.2.6 相对姿态预测

对很多任务来说，核心问题是两个坐标系间坐标系的相对位置或者姿态转换的估算。比如，这个任务可能是计算一个安装在机器人上的扫描仪相对于景象显著标志的姿态，或者是估算在两个不同位置不同角度观测到的一些景象特征的相对姿态。

我们在这里介绍三种涵盖大多数姿态估算处理的算法。算法随需要匹配特征种类的不同而略有差异。

1. 点阵相对姿态估算法

第一个算法对点阵进行匹配。假设在一个结构或坐标系里有 N 个三维点 $\{\boldsymbol{m}_i\}$ 与另一个不同坐标系的点阵 $\{\boldsymbol{d}_i\}$ 进行匹配。匹配可能是刚刚讨论过的ICP算法里面对准过程的一部分；也可能，比如，是与之前构造的三角成型景象模型进行匹配的观测到的三角形顶点。期望的姿态是旋转矩阵 $\boldsymbol{R}$ 和使 $\sum_i \|\boldsymbol{R}\boldsymbol{m}_i+\boldsymbol{t}-\boldsymbol{d}_i\|^2$ 最小的位移向量 $\boldsymbol{t}$。计算这两个点阵的均值向量 $\boldsymbol{\mu}_m$ 和 $\boldsymbol{\mu}_d$。使用 $\boldsymbol{a}_i=\boldsymbol{m}_i-\boldsymbol{\mu}_m$ 和 $\boldsymbol{b}_i=\boldsymbol{d}_i-\boldsymbol{\mu}_d$ 计算中心化点阵。通过向量 $\{\boldsymbol{a}_i\}$ 相加构建 $3\times N$ 矩阵 $\boldsymbol{A}$。用类似的办法从向量 $\{\boldsymbol{b}_i\}$ 构建 $3\times N$ 矩阵 $\boldsymbol{B}$。计算奇异值分解 $\mathrm{svd}(\boldsymbol{B}\boldsymbol{A}^{\mathrm{T}})=\boldsymbol{U}^{\mathrm{T}}\boldsymbol{D}\boldsymbol{V}^{\mathrm{T}}$[22.50]。计算旋转矩阵 $\boldsymbol{R}=\boldsymbol{V}\boldsymbol{U}^{\mathrm{T}}$。如果点阵所处的面接近平面，那么计算可以引入镜面图像变换。这可以通过向量三倍乘积进行检查，如果是镜面的，那么对角线纠正矩阵 $\mathbf{C}(1,1,-1)$ 可以用于 $\boldsymbol{R}=\boldsymbol{V}\boldsymbol{C}\boldsymbol{U}^{\mathrm{T}}$ 中。最后，计算位移向量 $\boldsymbol{t}=\boldsymbol{\mu}_d-\boldsymbol{R}\boldsymbol{\mu}_m$。使用变换的最小二乘估算，点 $\boldsymbol{m}_i$ 变换为 $\boldsymbol{R}\boldsymbol{m}_i+\boldsymbol{t}$，该点应该距离 $\boldsymbol{d}_i$ 很近。

2. 直线相对姿态估算法

如果被抽取的三维特征是直线，那么相对姿态的转换可以用如下方法计算。假设有 N 对直线。第一个直线组使用方向向量 $\{\boldsymbol{e}_i\}$ 和每条直线上一点 $\{\boldsymbol{a}_i\}$ 表示。另一个直线组使用方向向量 $\{\boldsymbol{f}_i\}$ 和每条直线上一点 $\{\boldsymbol{b}_i\}$ 表示。在这个算法里，我们假设被匹配的线段的方向向量总是指向同一方向（即没有颠倒）。这可以通过使用某些景象限制取得，或者通过尝试所有组合去除不一致的解决方案获得。点 $\boldsymbol{a}_i$ 和 $\boldsymbol{b}_i$ 在对准后不需要对应同一个点。期望的旋转矩阵 $\boldsymbol{R}$ 使 $\sum_i\|\boldsymbol{R}\boldsymbol{e}_i-\boldsymbol{f}_i\|^2$ 最小。通过向量 $\{\boldsymbol{e}_i\}$ 相加构建 $3\times N$ 矩阵 $\boldsymbol{E}$。用类似的办法从向量 $\{\boldsymbol{f}_i\}$ 构建 $3\times N$ 矩阵 $\boldsymbol{F}$。计算奇异值分解 $\mathrm{svd}(\boldsymbol{F}\boldsymbol{E}^{\mathrm{T}})=\boldsymbol{U}^{\mathrm{T}}\boldsymbol{D}\boldsymbol{V}^{\mathrm{T}}$。计算旋转矩阵 $\boldsymbol{R}=\boldsymbol{V}\boldsymbol{U}^{\mathrm{T}}$。位移估算 $\boldsymbol{t}$ 使旋转点 $\boldsymbol{a}_i$ 和对应线 $(\boldsymbol{f}_i,\boldsymbol{b}_i)$ 之间的距离 λ_i 的平方和最小。定义一个矩阵 $\boldsymbol{L}=\sum_i(\boldsymbol{I}-\boldsymbol{f}_i\boldsymbol{f}_i^{\mathrm{T}})^{\mathrm{T}}(\boldsymbol{I}-\boldsymbol{f}_i\boldsymbol{f}_i^{\mathrm{T}})$。定义向量 $\boldsymbol{n}=\sum_i(\boldsymbol{I}-\boldsymbol{f}_i\boldsymbol{f}_i^{\mathrm{T}})^{\mathrm{T}}(\boldsymbol{I}-\boldsymbol{f}_i\boldsymbol{f}_i^{\mathrm{T}})(\boldsymbol{R}\boldsymbol{a}_i-\boldsymbol{b}_i)$。那么位移是 $\boldsymbol{t}=-\boldsymbol{L}^{-1}\boldsymbol{n}$。

3. 平面相对姿态估算法

最后，如果被抽取的三维特征是平面，那么相对姿态的转换可以用如下方法计算。假设有 N 个成对平面。第一个平面组使用平面法线向量 $\{\boldsymbol{e}_i\}$ 和每个平面上一点 $\{\boldsymbol{a}_i\}$ 表示。另一个平面组使用平面法线向量 $\{\boldsymbol{f}_i\}$ 和每个平面上一点 $\{\boldsymbol{b}_i\}$ 表示。这里我们假设平面法线总是从平面里向外穿过。点 $\boldsymbol{a}_i$ 和 $\boldsymbol{b}_i$ 在对准后不需要对应同一个点。期望的旋转矩阵 $\boldsymbol{R}$ 使 $\sum_i\|\boldsymbol{R}\boldsymbol{e}_i-\boldsymbol{f}_i\|^2$ 最小。通过向量 $\{\boldsymbol{e}_i\}$ 相加构建 $3\times N$ 矩阵 $\boldsymbol{E}$。用类似的办法由向量 $\{\boldsymbol{f}_i\}$ 构建 $3\times N$ 矩阵 $\boldsymbol{F}$。计算奇异值分解 $\mathrm{svd}(\boldsymbol{F}\boldsymbol{E}^{\mathrm{T}})=\boldsymbol{U}^{\mathrm{T}}\boldsymbol{D}\boldsymbol{V}^{\mathrm{T}}$。计算旋转矩阵 $\boldsymbol{R}=\boldsymbol{V}\boldsymbol{U}^{\mathrm{T}}$。位移估算 $\boldsymbol{t}$ 使旋转点 $\boldsymbol{a}_i$ 和对应平面 $(\boldsymbol{f}_i,\boldsymbol{b}_i)$ 之间的距离 λ_i 的平方和最小。定义一个矩阵 $\boldsymbol{L}=\sum_i\boldsymbol{f}_i\boldsymbol{f}_i^{\mathrm{T}}$。定义向量 $\boldsymbol{n}=\sum_i\boldsymbol{f}_i\boldsymbol{f}_i^{\mathrm{T}}(\boldsymbol{R}\boldsymbol{a}_i-\boldsymbol{b}_i)$。那么位移是 $\boldsymbol{t}=-\boldsymbol{L}^{-1}\boldsymbol{n}$。

在上述所有的计算中，我们假设误差都是正态分布的。使这些计算更加鲁棒的技术参见参考文献[22.51]。

22.2.7 三维应用

这一小节将要把上一小节介绍的技术与机器人一些应用连接起来。这些应用包括为了机器人操作的零件的三维定位、机器人自我定位和帮助机器人导航的景象理解。这些将要提及的机器人任务将在其他章节陆续进行详细介绍。尽管这一章关注的是机器人应用，三维传感应用还存在于其他很多领域。一个最近的研究领域是三维模型的获取，特别是为了机械零件的逆向工程[22.52]、文物[22.53]、建筑物[22.54]、电脑游戏和电影里面的人物角色（比如，见 Cyberware 的全身 X 三维扫描仪）。

机器人操作的关键任务是：①抓取点的辨认（第27和28章）；②无碰撞抓取辨认（第27和28章）；③操作对象的辨认（第23章）；④操作对象的位置估算（第23和42章）。

机器人导航和自我定位的关键任务是：⑤一个可导航地面的辨认（第22.3节）；⑥无碰撞路径的辨认（第35章）；⑦地标辨认（第36章）；⑧机器人位置估算（第37和40章）。

移动机器人和生产线机器人的任务其实很自然地联系了起来。当我们考虑的任务是处在一个未知的零件或路径的背景的时候，第1个和第5个任务就有了个共同点。零件的抓取需要找到一个零件可以被抓取的区域，这个区域常意味着局部平坦的小块。这些小块保证足够的尺寸使抓取器可以与它们有良好的接触。同样，导航通常需要平滑的地面区域，大到足以机器人可以在其中导航；同样，这个区域还是意味着局部平坦的小块。两个任务都是基于三角场景法来表示数据，而从中可以抽取近乎共面的小块组成的连贯区域。两个任务主要的不同点在于地面平面检测任务是寻找一大块区域，而这块区域必须在地面上而且面朝上方。

任务2和6都需要一个方法来表示抓取器或机器人沿可移动路径的空间。三维像素法很适合于这种任务。

任务3和7都是模型匹配任务，都可以使用第22.2.3小节介绍的方法，将被观测到的景象特征与事先存储的已知零件或者景象地点的模型进行匹配。通用的特征是大的平面、三维边缘和三维特征点。

任务4和8都是姿态估算，都可以使用第22.2.6小节介绍的方法，去估算物体相对于传感器或机器人（也即传感器）在景象中的姿态。通用的特征，同样是大的平面、三维边缘和三维特征点。

22.3 导航与地形分类

距离数据较为引人注目的用法是移动机器人的导航。距离数据以一种直观的几何形式，给出了机器人相关的障碍物和自由空间的信息。因为导航的实时需要，在导航中使用本章介绍的技术进行地形的三维模型重建往往是不现实的。取而代之的是，许多系统使用一种海拔模型。海拔模型是一种将空间分割成小格形状的二维表现方式，每一个小格里面包含了三维点在此小格内的分布信息。在最简单的实例中，海拔模型地图仅仅包含了距离数据高于所谓地平面的高度均值（见图22.16）。这种形式对于室内和城市环境来说足够了；更复杂的表现方式会决定一个局部平面，然后决定点在一个小格里的分布等，适用于在更复杂的野外环境里面的驾驶。标记了障碍物位置的海拔地图在为机器人无碰撞路径规划方面具有显而易见的作用。

22.3.1 室内环境重建

使用二维激光测距仪的SLAM算法（第37章）可以重建厘米级精度的地面环境。一些研究将这种算法延伸至三维环境的重建，随机器人的移动使用二维激光测距仪对环境进行扫描[22.56]，产生的点阵通过机器人的姿态，而不是使用这一章介绍过的对准技术，进行配准。这是因为激光测距仪的扫描是通过机器人的运动完成的。而机器人的姿态通过二维SLAM算法进行纠正。

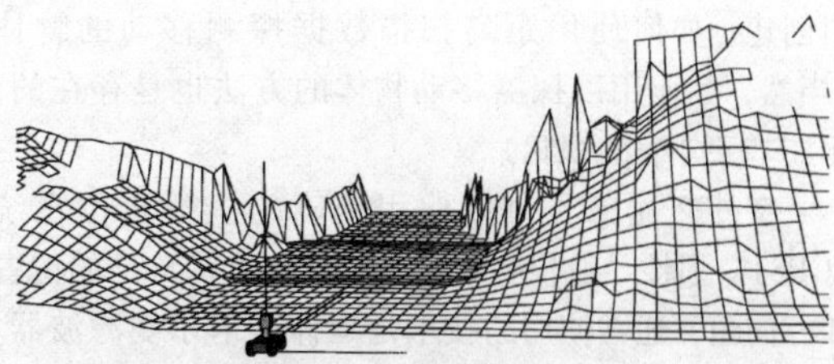

图22.16 城市地形的海拔模型地图。（每一个小格包含了在该点的地形的高度。更密集的特征也可以插入在这种地图里面，比如斜坡、点方差等[22.55]）

原始点可以用三维图像表示出来、或将室内表面用三角成型的方法以平面或网格重建等方法表示出来。当照相机图像按纹理分布在表面上时，使用网格重建法产生的效果格外引人注目，可以创建真实感很强烈的三维模型。图22.17显示了使用这种技术进行室内重建的一些结果。对一些表面的小块的平滑处理可以用于平坦表面的恢复[22.57]。

图22.17 使用一个垂直面扫描激光雷达产生的三维室内地图重建（点阵的配准使用了基于一个水平面激光雷达的SLAM算法[22.56]）

22.3.2 城市环境导航

在城市环境导航中，环境，伴随着环境中的路面、建筑物、人行道以及一些移动的物体——人和其他交通工具，被重建。有两个难点：如何对来自快速移动中的交通工具的激光扫描数据进行配准以进行地图创建；如何使用距离扫描数据探测移动的物体（当然，其他用以探测移动物体的方法也是存在的，比如基于外表的视觉）。

室外交通工具可以使用精确的全球定位系统（GPS）、惯性导航仪和车轮里程仪来追踪自己的位置和方向角，通常使用的技术是延伸式卡尔曼滤波器。这种方法足以解决在扫描图像之间进行精确配准的需要，条件是使用交通工具的移动模型和距离扫描仪的计时，将每一个扫描数据在全局坐标系中进行准确定位。这种方法也适用于相对较简单的野外地形里，比如在 DARPA 的机器人大奖赛里[22.59]。在各种情况下，机器人姿态估算误差的减小是造成良好性能的关键因素[22.60]。

一旦扫描数据使用机器人的姿态估计进行注册，它们就可以放置于一个海拔模型地图里。海拔地图里每一个小格里保存了使用斜坡和距离读数的垂直分量表示的检测到的障碍物信息。有一种可能存在的复杂性在于城市环境的多重海拔分布，例如，一个天桥如果太高的话就不会成为障碍物。有一种办法是在每一个小格里使用多重海拔数据串，这种技术称为多重表面地图（MLS，见参考文献［22.55］）。地图的每一个单元保存了一套由高度均值和方差表示的面。图 22.18 显示了标记了地面和障碍物的 MLS，单元尺寸是 $100cm^2$。

对动态物体来说，工作频率为 15～30Hz 的实时立体成像技术可以抓拍到物体的运动。当立体成像仪固定时，对距离背景图像进行减法操作就能隔离出移动物体[22.61]。当立体成像仪安装在移动的交通工具上时，情况比较复杂，因为整个景象相对于成像仪都是移动的。这个问题可以通过估测成像仪相对于景象中较突出的固定背景的移动进行解决。假设 R，t 是成像仪在两帧图像间的运动，使用第 37 章里将要介绍的技术，提取特征并将特征在两个帧中进行匹配，可以估算出成像仪的运动。式（22.6）里对应的 $H(R, t)$ 将第一帧的视差向量 $p_0=(x_0, y_0, d_0, 1)$ 在经历运动 R，t 后直接投射到第二帧里的对应向量 $H(R, t)\ p_0$。使用单应性可以将参考帧里的点不通过转化为三维点，而直接投射到下一个帧里。图 22.19 显示了参考景象中经历了刚性移动的投射像素。投射像素和真实像素的差别给出了独立移动的物体的图像[22.58]。

图 22.18　一个城市景象的海拔地图，使用的单元尺寸是 10cm ×10cm（障碍物用红色、地平面用绿色表示[22.55]）

a)　　b)　　c)

图 22.19　一个移动平台的独立运动探测

a）参考图像　b）投射图像　c）投射图像与实际图像的差

22.3.3　复杂地形

复杂的室外地形具有两个难点：

1）可能没有密集的地面像素而不能分辨出能驾驶的路面和障碍物。

2）柔软、可以驶过的植物可能在距离图像中看起来像是障碍物。

图 22.20 显示了一个典型的室外景象，其中一个小机器人（1m）驶过植被和复杂的地形[22.62]。来自机器人上的立体成像仪的距离数据可以看到植被的顶

部和一些下面的地面点。可以使用海拔模型去检测每一个单元的点的统计特性，以捕捉一个局部地面的特征并发现对植被的穿透性。以参考文献［22.65］为例，给出了一些特征：

图 22.20　复杂地形，没有地平面，只有可在上面驾驶的植被[22.62]

1）使用鲁棒匹配得到的主要斜面（第 22.2.2 小节）。

2）最大和最小高度的高度差。

3）主要平面之上的点。

4）密度：单元格内的点与穿过单元格的点的比率。

密度是一个很有趣的特征（计算量也很大），它察看距离读数是否穿越了一个海拔模型的单元格，以尝试去总结植被，比如一块草地或灌木丛的特征。使用距离读数去估测植被的概念在几个有关野外驾驶的项目中进行了讨论[22.64,66,67]。

海拔地图的单元格可以通过学习或者手工分类法区分障碍物或者可驾驶区域。学习的技术包括了神经网络[22.65]和具有最大期望学习法的高斯混合模型[22.63]。手工分类法则包括了较低级的诠释、将表面分类为平坦的小块（地面，固体障碍物）、线性特征（电话线）和分散特征（植被）。图 22.21 显示了一个激光扫描的室外景象的结果。诸如电话线和电线杆之类的线性特征被准确的标示了出来，而具有很高的穿透性的植被也标示了出来。

复杂地形的导航还有一些额外的问题。对于基于机器人运动的平面激光测距仪，在其扫描地形时，机器人的姿态预测精度对于准确的地形重建是很重要的。哪怕小于 0.5°的角度误差就可以造成障碍物探测的误报，特别是扫描机器人前面较远的地方时。在参考文献［22.60］里面，这个问题通过察看每一个

图 22.21　使用点统计法进行的分类[22.63]（红色是平坦的面、蓝色是细线性面、绿色是分散的、可穿透的面[22.64]）

激光读数的时间并计算高度误差与读数时间差的相关系数解决。

阴性障碍物（地沟和绝壁）很难使用距离信息检验出来，这是因为传感器可能无法看到此类障碍物的底部。当车载传感器距离地面较近而看的较远的时候，这种情况尤其明显。阴性障碍物可以通过地平面上的缺口以及斜向缺口后面边缘的平面推测出来。这些特征可以通过视差图像上的列搜索很快地找出来[22.68]。

22.4　结论与扩展阅读

机器人学里距离传感是一个活跃、不断扩展的领域。不断出现的新仪器，如快闪激光雷达、多光束激光雷达、照相机自带立体成像处理器，以及持续发展的可靠算法，如物体重建、定位和地图创建，使得机器人应用走出了实验室，走进了真实的世界。使用激光雷达的室内导航已经用于商业产品（比如参考文献［22.69］）。随着基础能力变得更加可靠，研究员们开始关注更有用的任务，比如拿物品或做菜肴[22.70]。

另一类挑战存在于恶劣环境中，比如城市和野外驾驶（DARPA 机器人大奖赛和城市大赛[22.59]）。立体成像和激光测距在新一代依靠走路进行移动的更智能的机器人平台里[22.71]，为机器人的自动性提供了很大帮助。这种平台的运动相对于轮式平台来说较为粗糙。而需要处理包含了动态障碍物的环境，以及以任务为导向的物体辨识，也增加了此类平台的难度。

参考文献

22.1 Videre Design LLC: www.videredesign.com, accessed Nov 12, 2007 (Videre Design, Menlo Park 2007)

22.2 R. Hartley, A. Zisserman: *Multiple view geometry in computer vision* (Cambridge Univ. Press, Cambridge 2000)

22.3 S. Barnard, M. Fischler: Computational stereo, ACM Comput. Surv. **14**(4), 553–572 (1982)

22.4 K. Konolige: Small vision system. hardware and implementation, Proc. Int. Symp. Robot. Res. (Hayama 1997) pp. 111–116

22.5 D. Scharstein, R. Szeliski, R. Zabih: A taxonomy and evaluation of dense two-frame stereo correspondence algorithms, Int. J. Comput. Vis. **47**(1/2/3), 7–42 (2002)

22.6 D. Scharstein, R. Szeliski: Middlebury College Stereo Vision Research Page, vision.middlebury.edu/stereo, accessed Nov 12, 2007 (Middleburry College, Middleburry 2007)

22.7 R. Zabih, J. Woodfill: Non-parametric local transforms for computing visual correspondence, Proc. Eur. Conf. on Computer Vision, Vol. 2 (Stockholm 1994) pp. 151–158

22.8 O. Faugeras, B. Hotz, H. Mathieu, T. Viéville, Z. Zhang, P. Fua, E. Théron, L. Moll, G. Berry, J. Vuillemin, P. Bertin, C. Proy: Real time correlation based stereo: algorithm implementations and applications, Tech. Report RR-2013, INRIA (1993)

22.9 M. Okutomi, T. Kanade: A multiple-baseline stereo, IEEE Trans. Patt. Anal. Mach. Intell. **15**(4), 353–363 (1993)

22.10 L. Matthies: Stereo vision for planetary rovers: stochastic modeling to near realtime implementation, Int. J. Comput. Vis. **8**(1), 71–91 (1993)

22.11 R. Bolles, J. Woodfill: Spatiotemporal consistency checking of passive range data, Proc. Int. Symp. on Robotics Research (Hidden Valley 1993)

22.12 P. Fua: A parallel stereo algorithm that produces dense depth maps and preserves image features, Mach. Vis. Appl. **6**(1), 35–49 (1993)

22.13 H. Moravec: Visual mapping by a robot rover, Proc. Int. Joint Conf. on AI (IJCAI) (Tokyo 1979) pp. 598–600

22.14 A. Adan, F. Molina, L. Morena: Disordered patterns projection for 3D motion recovering, Proc. Int. Conf. on 3D Data Processing, Visualization and Transmission (Thessaloniki 2004) pp. 262–269

22.15 Point Grey Research Inc.: www.ptgrey.com, accessed Nov 12, 2007 (Point Grey Research, Vancouver 2007)

22.16 C. Zach, A. Klaus, M. Hadwiger, K. Karner: Accurate dense stereo reconstruction using graphics hardware, Proc. EUROGRAPHICS (Granada 2003) pp. 227–234

22.17 R. Yang, M. Pollefeys: Multi-resolution real-time stereo on commodity graphics hardware, Int. Conf. Computer Vision and Pattern Recognition, Vol. 1 (Madison 2003) pp. 211–217

22.18 Focus Robotics Inc.: www.focusrobotics.com, accessed Nv 12, 2007 (Focus Robotics, Hudson 2007)

22.19 TYZX Inc.: www.tyzx.com, accessed Nov 12, 2007 (TYZX, Menlo Park 2007)

22.20 S.K. Nayar, Y. Nakagawa: Shape from focus, IEEE Trans. Patt. Anal. Mach. Intell. **16**(8), 824–831 (1994)

22.21 M. Pollefeys, R. Koch, L. Van Gool: Self-calibration and metric reconstruction inspite of varying and unknown intrinsic camera parameters, Int. J. Comput. Vis. **32**(1), 7–25 (1999)

22.22 A. Hertzmann, S.M. Seitz: Example-based photometric stereo: Shape reconstruction with general, varying BRDFs, IEEE Trans. Patt. Anal. Mach. Intell. **27**(8), 1254–1264 (2005)

22.23 A. Lobay, D.A. Forsyth: Shape from texture without boundaries, Int. J. Comput. Vis. **67**(1), 71–91 (2006)

22.24 F. Blais: Review of 20 years of range sensor development, J. Electron. Imag. **13**(1), 231–240 (2004)

22.25 R. Baribeau, M. Rioux, G. Godin: Color reflectance modeling using a polychromatic laser range sensor, IEEE Trans. Patt. Anal. Mach. Intell. **14**(2), 263–269 (1992)

22.26 D. Anderson, H. Herman, A. Kelly: Experimental Characterization of Commercial Flash Ladar Devices, Int. Conf. of Sensing and Technology (Palmerston North 2005) pp. 17–23

22.27 R. Stettner, H. Bailey, S. Silverman: Three-Dimensional Flash Ladar Focal Planes and Time-Dependent Imaging, Advanced Scientific Concepts, 2006; Technical Report (February 23, 2007): www.advancedscientificconcepts.com/images/Three Dimensional Flash Ladar Focal Planes-ISSSR Paper.pdf, accessed Nov 12, 2007 (Advanced Scientific Concepts, Santa Barbara 2007)

22.28 J.J. LeMoigne, A.M. Waxman: Structured light patterns for robot mobility, Robot. Autom. **4**, 541–548 (1988)

22.29 R.B. Fisher, D.K. Naidu: A Comparison of Algorithms for Subpixel Peak Detection. In: *Image Technology*, ed. by J. Sanz (Springer, Berlin, Heidelberg 1996)

22.30 J.D. Foley, A. van Dam, S.K. Feiner, J.F. Hughes: *Computer Graphics: principles and practice* (Addison Wesley, Reading 1996)

22.31 B. Curless, M. Levoy: A Volumetric Method for Building Complex Models from Range Images, Proc. of Int. Conf. on Comput. Graph. and Inter. Tech. (SIGGRAPH) (New Orleans 1996) pp. 303–312

22.32 A. Hoover, G. Jean-Baptiste, X. Jiang, P.J. Flynn, H. Bunke, D. Goldgof, K. Bowyer, D. Eggert, A. Fitzgibbon, R. Fisher: An experimental comparison of range segmentation algorithms, IEEE Trans. Patt. Anal. Mach. Intell. **18**(7), 673–689 (1996)

22.33 M.A. Fischler, R.C. Bolles: Random sample consensus: a paradigm for model fitting with applications to image analysis and automated cartography, Commun. ACM **24**(6), 381–395 (1981)

22.34 H. Hoppe, T. DeRose, T. Duchamp, J. McDonald, W. Stuetzle: Surface reconstruction from unorganized points, Comput. Graph. **26**(2), 71–78 (1992)

22.35 A. Hilton, A. Stoddart, J. Illingworth, T. Windeatt: Implicit surface-based geometric fusion, Comput. Vis. Image Under. **69**(3), 273–291 (1998)

22.36 H. Hoppe: New quadric metric for simplifying meshes with appearance attributes, IEEE Visualization 1999 Conference (San Francisco 1999) pp. 59–66
22.37 W.J. Schroeder, J.A. Zarge, W.E. Lorensen: Decimation of triangle meshes, Proc. of Int. Conf. on Comput. Graph. and Inter. Tech. (SIGGRAPH) (Chicago 1992) pp. 65–70
22.38 S. Thrun: A probabilistic online mapping algorithm for teams of mobile robots, Int. J. Robot. Res. **20**(5), 335–363 (2001)
22.39 J. Little, S. Se, D. Lowe: Vision based mobile robot localization and mapping using scale-invariant features, Proc. IEEE Inf. Conf. on Robotics and Automation (Seoul 2001) pp. 2051–2058
22.40 E. Grimson: *Object Recognition by Computer: The Role of Geometric Constraints* (MIT Press, London 1990)
22.41 P.J. Besl, N.D. McKay: A method for registration of 3D shapes, IEEE Trans. Patt. Anal. Mach. Intell. **14**(2), 239–256 (1992)
22.42 G. Turk, M. Levoy: Zippered Polygon Meshes from Range Images, Proc. of Int. Conf. on Comput. Graph. and Inter. Tech. (SIGGRAPH) (Orlando 1994) pp. 311–318
22.43 S. Thrun, W. Burgard, D. Fox: *Probabilistic Robotics* (MIT Press, Cambridge 2005)
22.44 D. Haehnel, D. Schulz, W. Burgard: Mapping with mobile robots in populated environments, Proc. of the IEEE/RSJ Int. Conf. on Intelligent Robots and Systems (IROS), Vol. 1 (Lausanne 2002) pp. 496–501
22.45 K. Konolige, K. Chou: Markov localization using correlation, Proc. Int. Joint Conf. on AI (IJCAI) (Stockholm 1999) pp. 1154–1159
22.46 D. Haehnel, W. Burgard: Probabilistic Matching for 3D Scan Registration, Proc. of the VDI-Conference Robotik 2002 (Robotik) (Ludwigsburg 2002)
22.47 F. Lu, E. Milios: Globally consistent range scan alignment for environment mapping, Auton. Robot. **4**, 333–349 (1997)
22.48 K. Konolige: Large-scale map-making, Proceedings of the National Conference on AI (AAAI) (San Jose 2004) pp. 457–463
22.49 A. Kelly, R. Unnikrishnan: Efficient Construction of Globally Consistent Ladar Maps using Pose Network Topology and Nonlinear Programming, Proc. Int. Symp of Robotics Research (Siena 2003)
22.50 K.S. Arun, T.S. Huang, S.D. Blostein: Least-squares fitting of two 3-D point sets, IEEE Trans. Patt. Anal. Mach. Intell. **9**(5), 698–700 (1987)
22.51 Z. Zhang: Parameter estimation techniques: a tutorial with application to conic fitting, Image Vis. Comput. **15**, 59–76 (1997)
22.52 P. Benko, G. Kos, T. Varady, L. Andor, R.R. Martin: Constrained fitting in reverse engineering, Comput. Aided Geom. Des. **19**, 173–205 (2002)
22.53 M. Levoy, K. Pulli, B. Curless, S. Rusinkiewicz, D. Koller, L. Pereira, M. Ginzton, S. Anderson, J. Davis, J. Ginsberg, J. Shade, D. Fulk: The Digital Michelangelo Project: 3D Scanning of Large Statues, Proc. 27th Conf. on Computer graphics and interactive techniques (SIGGRAPH) (New Orleans 2000) pp. 131–144
22.54 I. Stamos, P. Allen: 3-D Model Construction Using Range and Image Data, Proc. IEEE Conf. on Computer Vision and Pattern Recognition, Vol. 1 (Hilton Head Island 2000) pp. 531–536
22.55 R. Triebel, P. Pfaff, W. Burgard: Multi-level surface maps for outdoor terrain mapping and loop closing, Proc. of the IEEE Int. Conf. on Intel. Robots and Systems (IROS) (Beijing 2006)
22.56 S. Thrun, W. Burgard, D. Fox: A real-time algorithm for mobile robot mapping with applications to multi-robot and 3D mapping, Proc. IEEE Inf. Conf. on Robotics and Automation (San Francisco 2000) pp. 321–328
22.57 Y. Liu, R. Emery, D. Chakrabarti, W. Burgard, S. Thrun: Using EM to Learn 3D Models of Indoor Environments with Mobile Robots, Proc.Int. Conf. on Machine Learning (Williamstown 2001) pp. 329–336
22.58 M. Agrawal, K. Konolige, L. Iocchi: Real-time detection of independent motion using stereo, IEEE Workshop on Motion (Breckenridge 2005) pp. 207–214
22.59 The DARPA Grand Challenge: www.darpa.mil/grandchallenge05, accessed Nov 12, 2007 (DARPA, Arlington 2005)
22.60 S. Thrun, M. Montemerlo, H. Dahlkamp et al.: Stanley: The robot that won the DARPA Grand Challenge, J. Field Robot. **23**(9), 661–670 (2006)
22.61 C. Eveland, K. Konolige, R. Bolles: Background modeling for segmentation of video-rate stereo sequences, Proc. Int. Conf. on Computer Vision and Pattern Recog (Santa Barbara 1998) pp. 266–271
22.62 K. Konolige, M. Agrawal, R.C. Bolles, C. Cowan, M. Fischler, B. Gerkey: Outdoor mapping and Navigation using Stereo Vision, Intl. Symp. on Experimental Robotics (ISER) (Rio de Janeiro 2006)
22.63 J. Lalonde, N. Vandapel, D. Huber, M. Hebert: Natural terrain classification using three-dimensional ladar data for ground robot mobility, J. Field Robot. **23**(10), 839–861 (2006)
22.64 J.-F. Lalonde, N. Vandapel, M. Hebert: Data structure for efficient processing in 3-D, Robotics: Science and Systems 1, Cambridge (2005)
22.65 M. Happold, M. Ollis, N. Johnson: enhancing supervised terrain classification with predictive unsupervised learning, Robotics: Science and Systems (Philadelphia 2006)
22.66 R. Manduchi, A. Castano, A. Talukder, L. Matthies: Obstacle detection and terrain classification for autonomous off-road navigation, Auton. Robot. **18**, 81–102 (2005)
22.67 A. Kelly, A. Stentz, O. Amidi, M. Bode, D. Bradley, A. Diaz-Calderon, M. Happold, H. Herman, R. Mandelbaum, T. Pilarski, P. Rander, S. Thayer, N. Vallidis, R. Warner: Toward reliable off road autonomous vehicles operating in challenging environments, Int. J. Robot. Res. **25**(5–6), 449–483 (2006)
22.68 P. Bellutta, R. Manduchi, L. Matthies, K. Owens,

A. Rankin: Terrain Perception for Demo III, Proc. of the 2000 IEEE Intelligent Vehicles Conf. (Dearborn 2000) pp. 326–331

22.69 KARTO: Software for robots on the move. www.kartorobotics.com, accessed Nov 12, 2007 (ISRI, Menlo Park 2007)

22.70 The Stanford Artificial Intelligence Robot: www.cs.stanford.edu/group/stair, accessed Nov 12, 2007 (Stanford Univ., Stanford 2007)

22.71 Perception for Humanoid Robots. www.ri.cmu.edu/projects/project_595.html, accessed Nov 12, 2007 (Carnegie Melon Univ., Pittsburgh 2007)

第 23 章　三维视觉及识别

Kostas Daniilidis，Jan-Ol of Eklundh

朱琳琳　赵　戈　唐延东　译

本章提出的方法适用于装配有单相机或多相机的机器人。我们的目的是对三维（3-D）运动及空间结构估计给出表述和模型，并给出识别方法。我们不会深入地讨论估计与推理问题，这些会在其他章节进行详细的说明。同样，我们很支持与其他传感器的融合，但是也不会在本章讨论。

在第一部分中，我们描述了从二维（2-D）图像推理到三维世界的主要方法。在这点上，我们可以提出一种至少是在一个小的范围内的解决方式。如果可以跟踪图像中的一些特征点，我们就可以估计机器人自身的运动和与任何已知地标的相对位置关系。解决这种最小化问题，最直接的方法就是随机抽样。如果没有已知的 3-D 地标，摄像机的计算轨迹会发生偏移。通过相机轨迹选择帧间时间窗，通过立体视觉建立 3-D 深度图。而仅基于相机的大场景重建的挑战在于漂移与循环结束。

第二部分，我们来解决机器视觉应用中的识别问题。其中主要的挑战在于检测到一个物体并对此进行识别或分类。因为机器人应用中感兴趣的对象总是处在一个复杂的环境中，任何算法都应该对不属于感兴趣物体的部分不敏感。目前主流的算法是基于图像匹配的，我们选择特征并表示为图像语言，通过比较这些图像语言的直方图来计算相似性。目标识别还有很长的路要走，但是机器人提供了探索这一问题的应用背景和平台，在识别过程中发挥积极的作用。

23.1　三维视觉和基于视觉的实时定位与地图重建 …… 82
23.1.1　位姿估计 …… 82
23.1.2　三角测量 …… 83
23.1.3　移动立体视觉 …… 83
23.1.4　从运动信息恢复三维场景（SfM） …… 84
23.1.5　单目 SLAM /多视图 SfM …… 85
23.1.6　基于立体视觉的稠密视差图计算 …… 86
23.2　识别 …… 87
23.2.1　识别方法研究 …… 87
23.2.2　基于外观的识别 …… 88
23.2.3　匹配 …… 90
23.2.4　星群算法——基于局部的识别 …… 91
23.2.5　地点识别与地形分类 …… 92
23.3　结论及扩展阅读 …… 93
参考文献 …… 93

随着数码成像速度的提高与成本的降低，相机已经成为机器人的标准配置，也应该是其中最便宜的传感器。与其他定位（全球定位系统，GPS）、惯导（IMU）和距离（声呐，激光，红外等）传感器不同，相机有最高的数据带宽。一个最简单的数码录像机的带宽也可以达到 140Mbit/s（按每秒 30 帧，每帧分辨率 640 × 480，每个像素 16 字节来计算）。虽然图像信息的含义没有 GPS 或激光那么明确，但是其中包括的信息量是最丰富的。

举一个例子，给一个机器车设定从 A 地点到 B 地点的任务，给定的指示是一系列的视觉标志和/或 GPS 航点。机器人从 A 地出发，并判断哪里是可通过区域。利用两幅或两幅以上的图像，可以建立场景深度图或地形图，然后进行障碍物的检测，从而完成可通过区域的判定。在行驶过程中，机器人的路径估计可以通过一种由相机运动来构建三维场景的方法完成。通过匹配和三角测量，机器人的运动轨迹可以用来建立环境的布局，还可以作为接下来的位姿估计的参考。对于每一时刻，机器人都要判断环境中的危险物如行人，或去寻找类似垃圾桶的标志物。当机器人被绑架或无法识别环境一段时间后，它必须意识到要结束循环或重新启动系统。这种情况可以通过机器人对周围事物和环境的识别来判断。举一个极端的例子，通过保留一辆车辆对所到的所有地点的轨迹访问，可以建立一个城市的三维地图，这是视觉实时定位和语义映射问题。下一部分，我们介绍 3-D 运动中的估计与地图重建，物体的识别将在最后一部分中进行说明。

23.1　三维视觉和基于视觉的实时定位与地图重建

本节中，我们假定所有的情况都是在单目或双目情况下发生的。如果我们假定存在主动传感器（结构光投影）或者限定机器人的活动范围，问题考虑起来会简单得多。但是，我们主要针对的是一般场景，而将这些假定情况留给读者自己研究。在与其他传感器融合方面，读者可以参考第21、22和36章中的传感器以及第20章中提到的GPS和惯导装置。在本章中，我们主要是提出模型，对多传感器和SLAM的精度估计分别放在第25章与第37章。在本部分中我们始终假定点特征相关是已经解决的问题，而匹配问题和特征点检测在目标识别部分说明。

首先介绍从现实世界到相机平面的映射。假设在世界中坐标为（X，Y，Z）的点在相机c_i坐标系中的坐标为（X_{ci}，Y_{ci}，Z_{ci}），两者之间的转换关系为

$$\begin{pmatrix} X_{ci} \\ Y_{ci} \\ Z_{ci} \end{pmatrix} = \boldsymbol{R}_i \begin{pmatrix} X \\ Y \\ Z \end{pmatrix} + \boldsymbol{t}_i \qquad (23.1)$$

式中，R_i是旋转矩阵，其坐标值代表的是世界坐标系相对于相机坐标系的旋转；t_i是从相机坐标系原点到世界坐标系原点的平移向量。旋转矩阵为正交矩阵$R^{\mathrm{T}}R=1$，其行列式值为1。我们设定光心为坐标系原点，光轴为相机坐标系的Z_{ci}轴。如果我们假定成像面为$Z_{ci}=1$，则图像坐标（x_i，y_i）可以表示为

$$x_i = \frac{X_{ci}}{Z_{ci}} \qquad y_i = \frac{Y_{ci}}{Z_{ci}} \qquad (23.2)$$

在实际应用中，我们用像素坐标（u_i，v_i）来表示像素的位置，其与图像（x_i，y_i）坐标的映射关系为

$$u_i = f\alpha x_i + \beta y_i + c_u \qquad v_i = f y_i + c_v \qquad (23.3)$$

式中，f是光心到成像平面的距离，也叫焦距，两者是近似相等的；α是成像点的纵横比，它是由非正方形的传感器单元和在水平和竖直方向上的采样频率不一致而引起的；倾斜因子β是矫正成像面的稍许倾斜；图像中心c_u，c_v是光轴与成像面的交点。这五个参数为相机的内参，获得这几个参数的过程称为内参标定。对一个已经标定好的相机，我们用图像坐标（x_i，y_i）来代替像素坐标（u_i，v_i）。在许多视觉系统，特别是移动机器人中，采用的广角相机会带来图像的径向畸变，这种径向畸变可以用多项式表示。这时，图像坐标要用如下的公式表示：

$$x_i^{\mathrm{dist}} = x_i(1 + k_1 r + k_2 r^2 + k_3 r^3 + \cdots)$$
$$y_i^{\mathrm{dist}} = y_i(1 + k_1 r + k_2 r^2 + k_3 r^3 + \cdots)$$

式中，$r^2 = x_i^2 + r_i^2$。

这里，我们暂时假定图像中心的坐标为(0，0)。在式中的原图像坐标（x_i，y_i）由校正后的坐标（x_{dist}，y_{dist}）代替。

利用对棋盘格标定板的多幅图像来获得相机的内参方法是目前被广泛采用的标定方式，且已经出现标准的处理工具，比如MATLAB的标定工具箱，OpenCV的张氏标定方程[23.1]。当焦距等内参在操作过程中发生变化或者被观察对象不可靠时，我们使用Pollefeys等人提出的最新方法[23.2,3]，当所有的参数都未知的时候，我们采用Kruppa方程和几种分层自标定方法[23.4,5]，此方法至少需要三个视图。不考虑径向畸变的情况下，上面提到的映射关系可以归纳成矩阵形式，设定图像坐标$\boldsymbol{u}_i=(u_i, v_i, 1)$，与世界坐标$\boldsymbol{X}=(X, Y, Z, 1)$可以得到

$$\lambda_i \boldsymbol{u}_i = \boldsymbol{K}_i(\boldsymbol{R}_i, \boldsymbol{t}_i)\boldsymbol{X} = \boldsymbol{P}\boldsymbol{X} \qquad (23.4)$$

式中，$\lambda_i = Z_{ci}$是点$\boldsymbol{X}$在相机坐标系中的深度；$\boldsymbol{P}$是3×4的投影矩阵。有两个这样的变换方程就可以将深度变量λ_i消除。

23.1.1　位姿估计

如果已知标志点的世界坐标$\boldsymbol{X}$，我们就可以计算它们的映射，这个计算未知的旋转与平移的过程在标定中称之为位姿估计。当然，这是在标志点的图像坐标已经得到的情况下进行的。在机器人学当中，位姿估计可以当成是在已知环境下的定位。假定我们已知相机的标定参数，和N个点的世界坐标$\boldsymbol{X}_{j=1,\cdots,N}$和对应的图像坐标$\boldsymbol{x}_{j=1,\cdots,N}$。定义场景中两点$x_1$，$x_2$的映射夹角为$\delta_{12}$，如图23.1所示，设两点之间的距离平方$\|\boldsymbol{X}_i-\boldsymbol{X}_j\|^2$为$d_{ij}^2$，点$\boldsymbol{X}_j$到观察点的距离$d_j^2$，则根据余弦定理得到

$$d_1^2 + d_2^2 - 2d_1 d_2 \cos\delta_{12} = d_{12}^2 \qquad (23.5)$$

如果可以得到d_1和d_2，剩下的问题就是根据式(23.6)

$$d_j \boldsymbol{x}_j = \boldsymbol{R}\boldsymbol{X}_j + \boldsymbol{t} \qquad (23.6)$$

来计算相机坐标系和世界坐标系之间的旋转和平移变换。

在式（23.5）中有两个未知变量d_1和d_2，所以有三个点，我们就可以完成位姿估计。实际上，三个

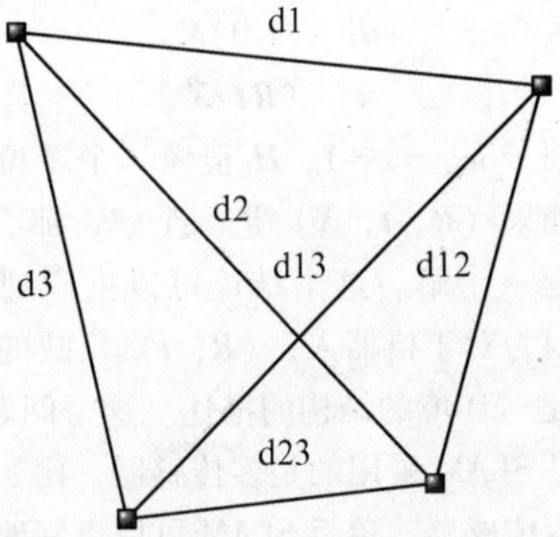

图23.1　位姿估计问题：视场中有三个点，点到相机的距离d_1，d_2和d_3未知，但是各射线之间的夹角已知，点之间的距离，d_{12}，d_{13}和d_{23}已知

点可以建立含有三个三元二次方程，最多可能有8组解。

根据一些经典解决方案[23.6]，设定$d_2 = ud_1$，$d_3 = vd_1$，可以得到三个关于d_1的方程

$$d_1 = \frac{d_{23}^2}{u^2 + v^2 - 2uv\cos\delta_{23}}$$

$$d_1 = \frac{d_{13}^2}{1 + v^2 - 2v\cos\delta_{13}}$$

$$d_1 = \frac{d_{12}^2}{u^2 + 1 - 2u\cos\delta_{12}}$$

这相当于求解关于u和v的二次方程组。方程组包含两个方程，其中包括d_{23}和d_{13}的方程称之为$E3$，包括d_{12}和d_{13}的方程称之为$E1$。通过求解$E3$来获得u^2，然后再将u^2代入$E1$中，从而不用开根号就可以得到u，再将u代回到$E3$中，从而得到一个关于v的四次方程。该方程最多有四个实根。对每个v，我们可以通过任意两个二次方程获得两个相应的u，因而用上述方法求解的话，最多可能产生8组实数解[23.6,7]。现在通用的方法是采用迭代法[23.8,9]或者利用更高维的线性空间[23.10,11]进行求解。

23.1.2　三角测量

即使我们已知相机的内外参数或者投影矩阵$\boldsymbol{P}$，我们还是无法从单个相机中恢复一个点的深度。现在我们有一个点$\boldsymbol{X}$在两个相机中的投影

$$\begin{aligned} \lambda_1 \boldsymbol{u}_1 &= \boldsymbol{P}_1 \begin{pmatrix} \boldsymbol{X} \\ 1 \end{pmatrix} \\ \lambda_2 \boldsymbol{u}_2 &= \boldsymbol{P}_2 \begin{pmatrix} \boldsymbol{X} \\ 1 \end{pmatrix} \end{aligned} \tag{23.7}$$

在知道投影矩阵$\boldsymbol{P}_1$，$\boldsymbol{P}_2$的情况下，我们就可以计算点$\boldsymbol{X}$的空间位置。这个过程被称之为三角测量。虽然为了得到如上的形式，我们没有考虑畸变的情况，但是我们可以得到三角测量的结果而不需要把投影矩阵分解为内部参数和外部参数。

在得到同一个空间点在两个相机坐标系的位置，且已知投影矩阵$\boldsymbol{P}_l$，$\boldsymbol{P}_r$的情况下，我们能得到该点的两个投影方程。值得注意的是，每个点提供了两个独立的方程，这就使得三角测量成为对于两个视角的过约束问题。这与实际情况并不矛盾，因为从两个相机光心中发出的两条射线通常在空间中并不交于一点，除非它们满足极线约束。关于极线约束，我们在下段进行说明。下面左侧矩阵的秩一般情况下为4，在满足极线约束的情况下，它的秩为3.

$$\begin{pmatrix} x\boldsymbol{P}_l(3,:) - \boldsymbol{P}_l(1,:) \\ y\boldsymbol{P}_l(3,:) - \boldsymbol{P}_l(2,:) \\ x\boldsymbol{P}_r(3,:) - \boldsymbol{P}_r(1,:) \\ y\boldsymbol{P}_r(3,:) - \boldsymbol{P}_r(2,:) \end{pmatrix} \begin{pmatrix} X \\ Y \\ Z \\ 1 \end{pmatrix} = 0 \tag{23.8}$$

式中，$\boldsymbol{P}(i,:)$是矩阵$\boldsymbol{P}$的第i行。

显然，上面的齐次系统可以转化为带有未知(X, Y, Z)的非线性系统，否则，就可以利用奇异值分解（SVD）来得到使等式左边最接近0值的解。参考文献［23.12］是三角测量法的经典之作。

23.1.3　移动立体视觉

假设一个刚性的立体视觉系统由左右两个相机组成，安置在移动机器人平台上，投影关系如下

$$\boldsymbol{u}_{li} \sim \boldsymbol{P}_l \boldsymbol{X}_i \tag{23.9}$$

$$\boldsymbol{u}_{ri} \sim \boldsymbol{P}_r \boldsymbol{X}_i \tag{23.10}$$

在两个不同的时间点，观察系统可得

$$\boldsymbol{X}_0 = \boldsymbol{R}_1 \boldsymbol{X}_1 + \boldsymbol{t}_1 \tag{23.11}$$

式中，$\boldsymbol{X}_0$是空间中一点的世界坐标，通常我们会将世界坐标系设为某一相机的相机坐标系；$\boldsymbol{X}_1$是同一点在经历了一次相机运动（$\boldsymbol{R}_1$，$\boldsymbol{t}_1$）后的坐标。为了估计相机的姿态变化，我们要解决两方面的匹配问题：一个是左右图像之间的匹配，一个是同一相机前后帧图像之间的匹配。同一时刻左右图像之间的相关匹配可以计算空间中特征点的位置。而通过求解式(23.11）可以得到运动参数（$\boldsymbol{R}_1$，$\boldsymbol{t}_1$），我们称之为绝对方向。同样的，我们也可以避免第二次三角测量，而通过空间中已知位置的点和左图上点的位置关系来解决位姿估计问题。在机器人学中，与此相似的是利用传感器的实时定位与地图构建（SLAM）问题(第37章)，这里我们称为双目SLAM。

移动立体视觉的描述将会比较简短，读者可以去参考距离传感器中的相似的论述。图像之间的跟踪建立了不同时刻之间的联系，所以我们可以得到

$$X_2 = RX_1 + t$$

根据参考文献[23.13，14]提出的标准方法，通过（点集）形心的相减来消除平移变量，得到

$$X_2 - \overline{X}_2 = R(X_1 - \overline{X}_1)$$

我们至少需要三个点才可以得到两个不共线的独立向量 $X - \overline{X}$，如果把从 n 个点得到的独立向量组成 $3 \times n$ 的矩阵 $A_{1,2}$，我们可得到如下的最小化费罗贝尼乌斯（Frobenius）范数的方程

$$\min_{R \in SO(3)} \|A_2 - RA_1\|_F$$

这是一个普鲁克问题，通过奇异值分解（SVD）方法就可以求解[23.14]：

$$R = \text{sign}(\det(UV^T))UV^T \tag{23.12}$$

其中 U，V 就是通过奇异值分解得到的：

$$A_2A_1^T = USV^T$$

我们可用随机抽样一致（RANSAC）算法进行求解，采集 $3 \times n$ 个采样点，并用普鲁克方法进行验证。

23.1.4 从运动信息恢复三维场景（SfM）

现在，假设所有的投影矩阵已知，关注相关点 u_1 和 u_2 的测量与匹配，即著名的从运动信息恢复三维场景（SfM）问题，更精确地说，从2-D运动信息中重建3-D运动信息与结构。在机器视觉中，这是相对定位问题。即使我们在式（23.9）中消去 λ 项，或将其重新写为

$$u_1 \sim P_1\begin{pmatrix} X \\ 1 \end{pmatrix}$$
$$u_2 \sim P_2\begin{pmatrix} X \\ 1 \end{pmatrix} \tag{23.13}$$

我们会意识到如果（X，P_1，P_2）是一个解，那么（HX，P_1H^{-1}，P_2H^{-1}）也是一个解。这里 H 是一个 4×4 的可逆的实数矩阵，也就是说在 $\mathbb{P}^3$ 中共线。即使在实际应用中，我们会让世界坐标系与第一个相机一致，即

$$u_1 \sim (1\ 0)X$$
$$u_2 \sim P_2X \tag{23.14}$$

我们保留同样的歧义，H 的形式可以表现为

$$H \sim \begin{pmatrix} 1 & 0 & 0 & 0 \\ 0 & 1 & 0 & 0 \\ 0 & 0 & 1 & 0 \\ h_{41} & h_{42} & h_{43} & h_{44} \end{pmatrix} \tag{23.15}$$

其中 $h_{44} \neq 0$，产生歧义的原因可能是因为投影矩阵是任意秩为3的矩阵而没有加以约束。假如标定的相机参数没有问题的话，那么投影矩阵只和位移有关，这时唯一的模糊量就是尺度

$$u_1 \sim (1\ 0)X$$
$$u_2 \sim (Rt)X \tag{23.16}$$

除了尺度因子 $h_{44} = s \neq 1$，H 很像一个单位矩阵，换句话说，如果（R，t，X）是一个解，那么（R，st，$1/sX$）也是一个解。这个结论可以推广到多视图的情况中。因为对于机器人，（R，t）反映的是自身定位，而 X 是对环境的结构的描述。这个问题与SLAM相似，但是SLAM采用的是多传感器，比如激光或者雷达等距离传感器，单目SLAM可以更好地描述基于多视图的SfM问题[23.15]。

1. 极线几何

这也许是计算机视觉中被研究最多的问题了，我们只涉及其中关于标定的部分，因为这部分与机器人应用关系最密切。射线 Rx_1 与 x_2 相交的充分必要条件是两射线与基线 t 共面

$$x_2^T(t \times Rx_1) = 0 \tag{23.17}$$

这就是外极线约束（见图23.2）。这里为了避免尺度上的模糊，我们假定 t 是单位向量。我们把未知量放到一个矩阵中

$$E = \hat{t}R \tag{23.18}$$

式中，$\hat{t}$ 是一个 3×3 的关于 t 的斜对称矩阵；E 矩阵是基本矩阵。所以外极线约束写为

$$x_2^TEx_1 = 0 \tag{23.19}$$

该方程可以解读为通过点 x_2 所在成像面的直线的参数是 Ex_1 或者通过 x_1 所在成像面的直线的参数是 $E^T x_2$。这些线叫做极线，它们分别形成了中心在极点 e_1，e_2 的光线束。如图23.2所示，极点是基线与两个成像面的交点，所以 $e_2 \sim t$，$e_1 \sim -R^Tt$，通过观察极线方程，我们可以很快推出 $E^Te_1 = 0$，$Ee_2 = 0$。

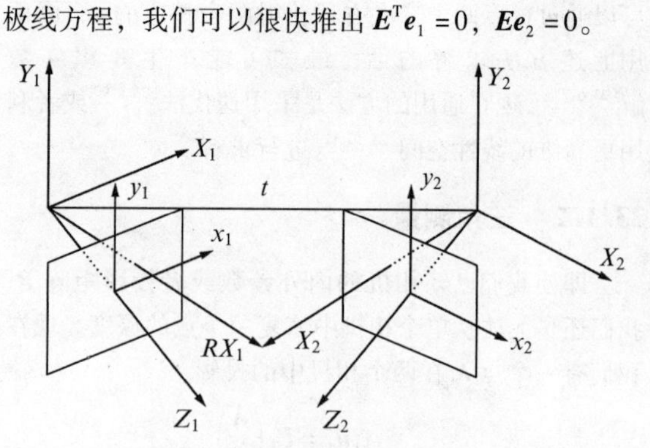

图23.2 两个坐标系下的坐标变换以及世界到相机的透视投影

对于所有的基本矩阵的集合

$$\varepsilon_2 = \{E \in \mathbb{R}^{3\times3} \mid E = [t]\times R, \text{其中 } t \in S^2, R \in O(3)\} \tag{23.20}$$

我们认为是一种五次流形。下述结果已经在参考文献［23.16］中得到证明。

命题 23.1

一个 $E \in \mathbb{R}^{3\times3}$ 的矩阵是基本矩阵的充分必要条件是它含有两个相等的奇异值，而且第三个奇异值是0。

我们在这里介绍一种最近由 Nister 提出的方法[23.17]，从五点对应中计算基本矩阵，该方法由于适用于随机抽样一致（RANSAC）方法而获得广泛的应用。

2. 最小案例

我们把极线约束扩展到齐次坐标 $\boldsymbol{x}_1=(x_1, y_1, z_1)$，$\boldsymbol{x}_2=(x_2, y_2, z_2)$（当点不在 $z_i=1$ 上时）：

$$(x_1\boldsymbol{x}_2^{\mathrm{T}} \quad y_1\boldsymbol{x}_2^{\mathrm{T}} \quad z_1\boldsymbol{x}_3^{\mathrm{T}})\boldsymbol{E}_{\mathrm{s}}=0 \tag{23.21}$$

式中，$\boldsymbol{E}_{\mathrm{s}}$是基本矩阵 $\boldsymbol{E}$ 的按行堆积。

当我们仅用五个点对应的线性齐次系统时，以下数据矩阵的四维核空间中的向量都可以是这个系统的解

$$\boldsymbol{E}_{\mathrm{s}}=\lambda_1\boldsymbol{u}_1+\lambda_2\boldsymbol{u}_2+\lambda_3\boldsymbol{u}_3+\lambda_4\boldsymbol{u}_4 \tag{23.22}$$

在这里我们希望由 $\boldsymbol{E}_{\mathrm{s}}$得出的 $\boldsymbol{E}$ 是个满足命题 23.1 的基本矩阵。这一点已经在参考文献［23.16］得到证明。

命题 23.2

一个 $\boldsymbol{E} \in \mathbb{R}^{3\times3}$ 的矩阵当且仅当满足以下条件时，它是一个基本矩阵

$$\boldsymbol{E}\boldsymbol{E}^{\mathrm{T}}\boldsymbol{E}=\frac{1}{2}\mathrm{trace}(\boldsymbol{E}\boldsymbol{E}^{\mathrm{T}})\boldsymbol{E} \tag{23.23}$$

虽然，这个 $\det(E)=0$ 约束可以从式（23.23）推断出来，我们仍要和式（23.23）一起使用它来利用 E 中的10个3次方方程。如参考文献［23.17］中描述，可以得到关于 λ_4的10级多项式。这个多项式的实根可以通过施图姆（Sturm）序列来计算。目前没有证据证明对于所有的情况都存在一个实根。

假设我们已经从相关点中恢复了基本矩阵，下一个任务就是恢复一个正交矩阵 $\boldsymbol{R}$ 和这个矩阵到基本矩阵的平移单位向量 $\boldsymbol{t}$。我们可以得到，如 $\boldsymbol{E}=\boldsymbol{USV}^{\mathrm{T}}$ 是 $\boldsymbol{E}$ 的奇异值分解，并且 $\det(\boldsymbol{U})>0$，$\det(\boldsymbol{V})>0$，那么 $\boldsymbol{t}$ 与 $\boldsymbol{U}$ 的最后一列平行，$\boldsymbol{R}$ 等于 $\boldsymbol{UR}_{z\pi}\boldsymbol{V}^{\mathrm{T}}$或者 $\boldsymbol{UR}_{z\pi}^{\mathrm{T}}V^{\mathrm{T}}$，其中 $\boldsymbol{R}_{z\pi}$表示绕 z 轴旋转 $\pi/2$。每一个旋转都相当于其他的再绕基线旋转半周。选择正确配对的旋转和平移使得重建点在相机前面。

3. 歧义（二义性）

当场景中的点在场景中处在一个平面[23.18]或者这些点处在场景中，而相机中心对称地处在双曲面上时[23.19]，五点法会受到一些限制。当寻找基本矩阵的精确解的时候，无论我们用多少点来求解都有其本质的模糊性。

当求解线性最小二乘系统的基本矩阵时，场景平面以及所有的点和摄像机中心都在一个二次曲面上，并且两个相机的光心对称地分布在母线的两侧。由于对应点和相机中心都在二次曲面上而导致秩不足且产生无穷多个解。

除了这些模糊的情况，还有大量的文献提到了双目立体视觉的不稳定性。特别地，在参考文献［23.18，20，21］中提到视场角小和视场深度变化小会导致平移与坐标轴夹角估计的不确定性。一个小的附加旋转可能是平移与旋转共同作用的结果[23.22]。另外，已经证明在全局最优解附近存在的局部最优解会给基于迭代的算法[23.23,24]带来干扰。

23.1.5　单目 SLAM/多视图 SfM

当谈到实时定位与地图构建（SLAM）时，我们针对的是一段相当长的时间。现在的问题是如何将多幅图像信息加入 3-D 运动估计（定位）过程中。

为了采用多幅图像，我们引入了秩（排名）分类限制[23.25]。假设世界坐标与第一帧图像的坐标系一致，$\boldsymbol{x}_i$表示环境点的在第 i 帧的映射，其深度信息是相对于第一帧的 λ_1，则有：

$$\boldsymbol{x}_i=\boldsymbol{R}_i(\lambda_1\boldsymbol{x}_1)+\boldsymbol{t}_i \tag{23.24}$$

以向量 $\boldsymbol{x}_i$的叉乘为例，n 幅图像就有齐次系统

$$\begin{pmatrix} \hat{\boldsymbol{x}}_2\times\boldsymbol{R}_2\boldsymbol{x}_1 & \hat{\boldsymbol{x}}_2\boldsymbol{t}_2 \\ \vdots & \vdots \\ \hat{\boldsymbol{x}}_n\times\boldsymbol{R}_n\boldsymbol{x}_1 & \hat{\boldsymbol{x}}_2\boldsymbol{t}_n \end{pmatrix}\begin{pmatrix}\lambda_1\\1\end{pmatrix}=0 \tag{23.25}$$

点在第一幅图像的深度是个未知量，这个 $3n\times2$ 的多视图矩阵的秩肯定是 1[23.26]，这一约束同时满足极线约束和三焦点方程。这个深度值的最小二乘解可以很容易地推导出来

$$\lambda_1=-\frac{\sum_{i=1}^{n}(\boldsymbol{x}_i\times\boldsymbol{t}_i)^{\mathrm{T}}(\boldsymbol{x}_i\times\boldsymbol{R}_i\boldsymbol{x}_1)}{\|\boldsymbol{x}_i\times\boldsymbol{R}_i\boldsymbol{x}_1\|^2} \tag{23.26}$$

得出每个点的深度后，我们可以将式（23.25）重新写成

$$\begin{pmatrix} \lambda_1^1\boldsymbol{x}_1^{1\mathrm{T}}\otimes\hat{\boldsymbol{x}}_i^1 & \hat{\boldsymbol{x}}_i^1 \\ \vdots & \vdots \\ \lambda_1^n\boldsymbol{x}_1^{n\mathrm{T}}\otimes\hat{\boldsymbol{x}}_i^n & \hat{\boldsymbol{x}}_i^n \end{pmatrix}\begin{pmatrix}\boldsymbol{R}_i^{\mathrm{stacked}}\\ \boldsymbol{t}_i\end{pmatrix}=0 \tag{23.27}$$

式中，$\boldsymbol{x}_i^n$是第 n 个图像点在第 i 帧中的坐标；$\boldsymbol{R}_i$，$\boldsymbol{t}_i$指的是第 i 帧相对于第一帧的运动；$\boldsymbol{R}_i^{\mathrm{stacked}}$是一个 12×1 的向量，由旋转矩阵 R_i叠加而成。设定 k 是这

个左侧的 $3n\times12$ 矩阵通过奇异值分解得到的核，$\boldsymbol{A}$ 是由 k 的前九个元素构成的 3×3 的矩阵，$\boldsymbol{a}$ 是由后三个元素构成的向量。为了得到旋转矩阵，我们利用式（23.12）解决绝对定位问题的奇异值分解的方式来得到一个最接近正交矩阵的可逆矩阵。

在算法的后期，我们做一个校正来最小化真实图像坐标与重建点反映射到图像坐标之间的差值。对于 N 个点和 M 次运动，一共 $2N(M+1)$ 个残差的平方和，在有 $3N+6M-1$ 个变量未知的情况下最小化。*Lourakis*[23.28] 建立了雅克比稀疏结构解决任意的非线性最小化。值得注意的是，这种集束校正虽然很缓慢，但是考虑到了运动估计与环境（三维点）估计的相关性，而这种相关性在式（23.25）的迭代策略中被人为地隐藏了。

Teller[23.29] 通过一个解耦计算，即先得到相对旋转最后计算相对位移，完成了对于大场景的运动估计与视图重建。以上提到的多视图 SfM 技术因为它的批处理性质只能应用在滑动时间窗口上。*Davison*[23.15] 通过把射线方向从未知深度中解耦出来，进行了实时递推回归方法。

23.1.6 基于立体视觉的稠密视差图计算

在本部分，我们介绍 SLAM 中的 M 部分，也就是我们如何从立体视觉或序列图像中获得稠密的环境地图。我们强调地图的密度是为了把它跟视觉 SLAM 区别开，后者只是重建了一些标志点。

我们从一个简单的例子开始，比如如何利用光轴平行的一对相机来得到稠密深度图。已知相机的投影矩阵或基本矩阵，我们可以随时转动这两个相机，使所有的相关点都在图像的同一行上，我们称这个过程为校正[23.30]。极线几何的知识对于校正来说已经足够了。我们已经描述过如何根据相关点计算空间点的位置，所以现在我们关注如何解决匹配问题：对于所有在左图像上的点如何在右图像上找到与它最相似的点，反之亦然。对于左图像 I_l 和右图像 I_r 的邻域我们有相似性计算函数，相对应的两邻域中心位置的差值叫做视差 d。每一种相似性测量方式都会产生一个关于视差与图像位置的对应关系（x_l，d），我们称之为视差图[23.31,32]。最近的基于平面扫描的方法[23.33-35] 利用一种不同的思想来计算相关系数，该方法把图像反投影到前平行面上，计算这些平行面的层间距离而不是视差图。这种反投影除了需要极线几何外，还需要一种不同的校正。相似性函数的选择与计算区域的大小直接影响了最后得到的视差图，而且根据所允许的计算时间，它也可以是复杂的，非线性的。另外计算区域的选择，隐含地说明了视差在一个邻域内是不变的。这样的假设会在图像中不连续的区域产生一些错误，除非使用偏置双边聚集方法（offseted bilateral aggregation）[23.36]。

计算图像视差图的时候，给每个像素分配视差的各种方法之间的区别在于该方法是基于局部优化还是全局优化的。在局部优化中，单个点的视差值与其他点无关，其中经典的算法是贪婪算法，它是在对应的扫描线中找到与自身最相似的。全局优化算法中，一次计算整行的像素[23.31,36,39] 或者对整个图像建立一个代价函数来计算。代价函数会包括数据项和平滑项，还有中断保持步骤。为每一个像素贴上一个视差标签是一个 *NP* 问题，目前两种主流的解决方式是图割[23.40,41] 和置信度传递[23.42-44]。

视差图在三种情况下存在困难：遮挡，纹理少和投影缩减效应或者不遵守朗伯反射引起的同一区域的表现差异。随着基线变长，最后一种情况会变得很突出。

在局部最优化方法中，解决遮挡的方法是双向窗口或左右一致性检测。遮挡的最佳解决方法是动态规划法（见图 23.3），它的优点是它的实时性。该方法假定视差是关于像素位置的单调函数，也就是说，如果我们有双点—视差对 x_{11}，d_1，和 x_{12}，d_2，如果 $x_{11}<x_{12}$，那么 $d_1<d_2$。另外一个约束是唯一性约束，其他所有的方法也包含此约束。这个约束表明，左图像上的一点在右图像上只能找到一点与之匹配，反之亦然。好多人尝试克服该方法仅考虑一维匹配的不足。其中最成功，而且在立体视觉中地位很高的是半全局方法[23.38,45]，其在很多方向上计算代价值，如图 23.4 所示。

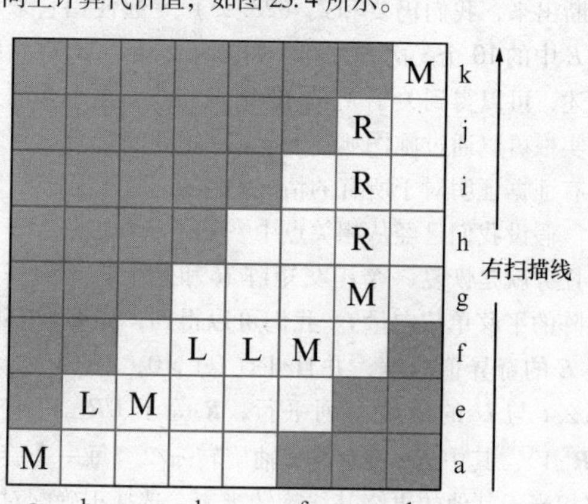

图 23.3 立体视觉中的动态规划方法[23.37] 的关键是图像的代价矩阵中的最优路径选择（M 表示左右图像匹配成功，L 与 R 分别表示只在左图像或右图像中可见）

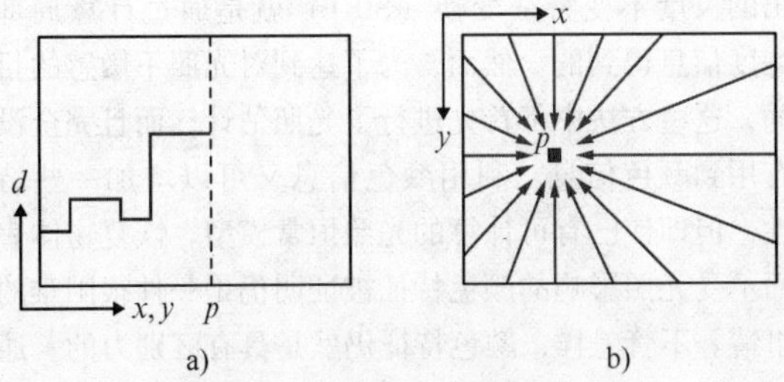

图 23.4　半全局方法代价值计算

a）视差空间中的最小能耗路径

b）16 个方向上的能耗集合[23.38]

当使用多个连续视觉序列时，比如说，已给定的相机轨迹，我们可以把所有的深度图联系起来形成一个尽可能与所有视角的观测一致的 3-D 模型。多视图立体技术[23.46]具有多相机的优点（多相机可以环绕在物体周围），可以计算出物体的可视外壳，利用光度一致性很好的恢复深度[23.47]。在机器人学的范畴里，我们很少有环绕式的信息捕捉，但是一样可以通过带有运动控制的运动视觉系统得到多视图信息。

23.2　识别

无论机器人执行什么任务，它必须能够知道物体在环境中的位置并且识别相关的物体、空间结构与发生的事件。视觉提供了很多关于周围环境的信息，所以基于视觉的识别对机器人来说是一种基本能力。一般意义的视觉识别是一件很难的事情。在没有其他约定条件下，单是定义物体的构成就很复杂[23.48]。如果再加上物体的分类的话，这个问题将更加复杂。目标识别是计算机视觉中一个重要的问题，为了解决识别问题，研究者提出了很多方法，但是还有好多的问题亟待解决。

幸运的是，在许多情况下，机器人不需要解决很复杂的目标识别与分类问题。确切地说，机器人的任务通常是寻找已知的或者已见到过的物体，比如在目标跟踪、导航与操纵中的应用，还有一些情况会涉及地标的识别，道路等特殊结构的识别。这些任务都包含目标识别，但主要工作是计算不同图像间或图像与已知模型间的相关性。还有一些任务是判断物体的类别和属性，道路识别就属于这个范畴。物体的分类是一个更加困难的问题。通常意义的分类问题当然还包括对各个类别的定义，但是这不在我们讨论的范围之内。

关于基于计算机视觉的目标识别与分类的文献有很多，自从计算机视觉诞生那天起就提出了大量方法。随着时间的流逝，有些方法被完善，有些方法被遗忘。比如，基于纯统计的模式识别方法在早期很受欢迎，在二十世纪七十年代，由于三维重建与物理几何模型的备受关注，统计的方法被忽视，但是随着计算机技术的强大和其在机器学习中的优势，该方法又被重新重视起来。回顾所有的现存方法需要厚厚的几卷而不是几章的空间。所以，在下节中我们只介绍几种对机器人应用特别有效的方法。我们给出了一些好的综述文献，比如参考文献［23.49］，参考文献［23.50］，可作为各种方法的切入点并进行扩展，虽然这些参考文献更强调分类而非识别。

23.2.1　识别方法研究

早期的目标识别方法用三维模型来描述物体或者把物体分解成面或单位基元。*Roberts* 和 *Guzman*[23.51]首先做出了尝试，从简单的几何部分来考虑问题。*Binford*[23.52]引入了广义圆柱体，该方法被 *Brooks*[23.53]引入到 ACRONYM 系统中，随后被应用到 Marr 与 Nishihara 模型中[23.54]。这些方法都是以物体为中心进行表达，以达到观察的不变性。*Marr* 等人[23.55]认为利用立体视觉、单目的序列图像和直接的距离图像，可以从二维图像得到环境的三维结构。*Faugeras* 等[23.56]和 *Bolles* 等[23.57]提到的系统均基于这种思想。*Biederman*[23.58]提出了一种基于局部识别（RBC）的理论来从二维图像中识别人体。他的工作促进了 RBC 方法在计算机中的应用。但是从二维图像中提取所需的原始几何轮廓是件困难的事。第一步的边缘提取很少能直接得到有用的指导信息。在 ACRONYM 系统中，该问题是利用高级推论来解决的；在 *Mohana* 与 *Nevatia*[23.59]还有 *Zisserman* 等人[23.60]的系统中，边缘被分组然后进行形状的推断。在 *Nelson* 和 *Selinger*[23.61]提出的另一个系统中采用了相同的原理，但是直接进行了目标表示而没有其他的中间步骤。更多先进的基于骨架的目标表示和形状分析方法被提出来，这些方法通常需要一个轮廓曲线，所以需要先进行分割。这些识别方法的影响力因为他们基于物体中心的表达而受到影响。

现在识别方法已经转向以观察者为中心的表达。实际上，在人体的识别中关于这种表达方式的定位存在着一场争论（*Tarr* 和 *Bülthoff*[23.62]）。在计算机视觉中，这种方法回归了非常早期的基于模式的识别方法，而兴起于人脸识别的研究中（*Turk* 和 *Pentland*[23.63]）。人工神经网络是与之齐肩的先进识别方法（*Poggio* 和 *Edelman*[23.64]）。通过对同一物体不同角度的训练可以得到很好的识别率。*Murase* 与 *Nayar*[23.65]引领了基于统计与学习的方法，该方法一直在发展与完善。很显然，目前的焦点已经转移到由 *Rao* 和 *Ballard*[23.66]提出的从全局到局部的方法。具有判别力及生成力的模型已经被提出，它可以应用在目标分类与识别中。另外，关于结构和部分更明确的描述也被纳入其中。这种现在被称为星群方法的引入实际上减少了基于局部与基于外观特征的方法的差异，而且隐含了非常早期的多模板匹配方法（*Fischler* 和 *Elschlager*[23.67]）。不过，在方法描述的最后，我们认为所谓的基于外观的，基于局部的，基于星群的方法是强调了目标识别的不同方面。

23.2.2 基于外观的识别

基于外观的方法通过提取图像中的显著特征来进行目标的识别。在模式识别与图像处理中，特征定义为 N 元组或矢量，其元素是原始模式变量的函数值或其中的子集（*Haralick* 和 *Shapiro*[23.68]）。特征可以针对图像的全局或者局部进行计算，但是对于机器人应用来说，局部特征是最合适的。我们要选择那些显著的特征进行匹配。因此，特征检测与特征计算是各自独立的步骤。

正如在模糊特征部分提到的，在图像的若干个位置上计算的特征应该不随观察者与场景移动而变化。所以，不管是在计算机视觉还是机器人中，点、线、曲线等几何特征被广泛使用。这些特征可以通过对图像方程求导来计算，还有很多特征可以通过派生函数来计算（*Lindeberg*[23.69]）。实际上，可以定义一系列关于图像函数的微分不变量。但是，简单的点特征，甚至线这样更扩展的特征，只能局部表述其所在区域的特征。所以，像对应匹配这样的问题，我们需要更丰富的局部描述算法来解决。此外，不仅需要特征在运动及小角度观察变化时的不变性，还需要它们对光照变化，大尺度运动及距离变化不敏感。最近的特征提取和表述方法都考虑了以上的要求（*Lowe*[23.70]，*Schmid* 和 *Mohr*[23.71]，*Mikolajczyk* 和 *Schmid*[23.72]，*Matas* 等[23.73]，*Mikolajczyk* 等[23.74]）。经过几十年的发展，特征的提取已经取得了很好的效果。特征及特征描述符都是针对小区域的点等之类的几何特征进行计算的。在感知区域，计算各种性质，比如，*Lowe* 提出的尺度不变特征变换（SIFT）就是通过计算局部亮度信息得到的。然而，为了达到对光照不敏感的目的，这些方法中都首先进行了光照估计，而且完全没有用到颜色信息。利用颜色信息又可以增加一些特性，但即使已有可计算的光照恒常模型，恢复物体表面不受光照影响的颜色特征被证明仍是一件很困难的事情。不管怎样，颜色特征仍然是具有区别力的。通常情况下，在实际应用中不同特征选择是根据图像条件及场景内容决定的。

1. 显著特征

找到感兴趣的点进行匹配的想法是由 *Moravec* 在参考文献［23.75］中提出来的。他的方法被 *Harris* 和 *Stephens*[23.76]改进，成为我们今天常用的 Harris 角点检测器。它基于窗口的二阶矩阵

$$\boldsymbol{M}=\boldsymbol{E}\begin{pmatrix} I_x^2 & I_xI_y \\ I_xI_y & I_x^2 \end{pmatrix}=\boldsymbol{E}((\nabla I)(\nabla I)^{\mathrm{T}}) \tag{23.28}$$

式（23.28）中的矩阵特征值是与图像 $\boldsymbol{I}$ 的自相关主曲率成正比的。当两个曲率值都高的时候，说明该点是图像上的一个角点，这一特性受光照的影响比较小。总的来说，这个检测器表示了局部方向的分布。在 *Förstner*[23.77]和 *Bigün* 与 *Granlund*[23.78]的文章中分别对此进行了介绍。高斯函数可以用在窗口和微分中，这时算子可以写成如下的形式

$$\begin{aligned}\boldsymbol{M}&=\boldsymbol{E}(\cdot,\sigma_I\sigma_D)\\&=\sigma_D^2G(\sigma_I)\begin{pmatrix} I_x^2(\cdot,\sigma_D) & I_xI_y(\cdot,\sigma_D) \\ I_xI_y(\cdot,\sigma_D) & I_x^2(\cdot,\sigma_D) \end{pmatrix}\end{aligned} \tag{23.29}$$

式中，σ_I 和 σ_D 是高斯核函数在时间窗和微分上的尺度因子。这个矩阵是半正定的矩阵，其特征值 λ_1，$\lambda_2\geqslant 0$，它的迹

$$M=\lambda_1+\lambda_2 \tag{23.30}$$

表示该点对检测算子的响应强度。其特征向量最大特征值的方向是该点在邻域的梯度最大方向。而且

$$\det(M)=\lambda_1\lambda_2 \tag{23.31}$$

可以计算该点的散度。Harris 检测算子可以用如下的 Hessian 矩阵来代替

$$\boldsymbol{H}=\boldsymbol{H}(\cdot,\sigma_I\sigma_D)=\begin{pmatrix} I_{xx}(\cdot,\sigma_D) & I_{xy}(\cdot,\sigma_D) \\ I_{xy}(\cdot,\sigma_D) & I_{xy}(\cdot,\sigma_D) \end{pmatrix} \tag{23.32}$$

该检测算子会在斑点（点块）和边缘处得到更强的响应（细节参看 *Lindeberg*[23.69]或者 *Lowe*[23.59]），但是它自然需要二阶导数。这里的特征值与灰度分布

的主曲率成正比而且可以通过矩阵的迹与行列式来计算。*Lowe*[23.70] 利用这种方法，通过计算特征值的比率来去除边缘处的点。

2. 寻找特征点的鲁棒方法

这些检测算子依赖于尺度而且对尺度很敏感。为匹配寻找合适的特征点因此需要找到在空间和尺度上响应都强的点。例如，在三维空间中的极值点搜索。*Lindeberg*[23.80] 提出了一种尺度特征的概念来解决这个问题，*Mikolajczyk* 与 *Schmid*[23.72] 和 *Lowe*[23.70,79] 描述了解决该问题的高效方法。*Mikolajczyk* 与 *Schmid* 首先利用 Harris 角点检测算子得到二维图像中的特征点，然后对这些点进行各尺度的 Laplacian 变换，选择那些响应高的点作为最终的结果。这个检测算子——Harris-Laplacian 算子，在当前流行的点检测算子中具有最好的尺度变化重复性。

Lindeberg 提出的方法需要经尺度因子归一化的 Laplacian 算子来获取尺度不变量，而且 *Mikolajcky* 的实验表明，这个 $\sigma^2\nabla^2 G$ 的极值使得该检测算子相较于其他检测算子，可以得到对尺度最不敏感的特征。*Lowe* 提出了一种高效率的近似计算方法，利用高斯差分算子（DOG）来代替。这种尺度空间的计算过程如图 23.5 所示。引进影响因子 k 有

$$D(\cdot,\delta)=G(\cdot,kt)-G(\cdot,t) \tag{23.33}$$

从热传递方程可得

$$\frac{\partial G}{\partial t}=t\nabla^2 G \tag{23.34}$$

因此

$$\partial\nabla^2 G=\frac{\partial G}{\partial t}\approx\frac{D}{kt-t} \tag{23.35}$$

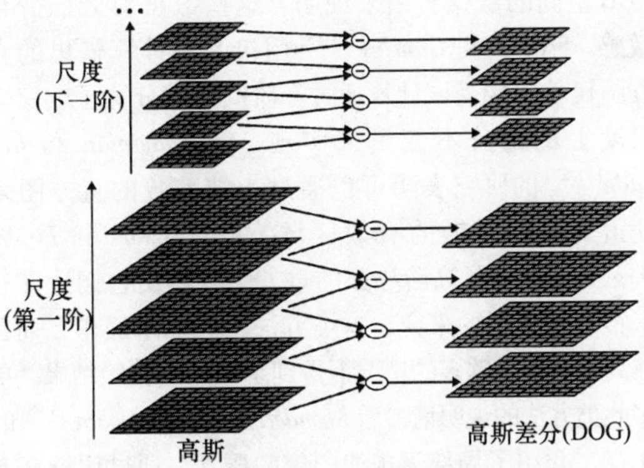

图 23.5　各种尺度下的高斯差分算子

图 23.5 中，在每一个尺度空间，对原始图像进行连续的高斯卷积，生成左图所示的一序列高斯图像，相邻的高斯图像相减生成了右图所示的高斯差分图像（DOG）。在某一尺度完成计算后，高斯图像以比例因子 2 进行降采样得到新的图像。

也就是说

$$D\approx(k-1)\delta^2\nabla^2 G \tag{23.36}$$

Lowe 的高效算法是利用一系列的 DOG 图像的近似来寻找特征点。这些操作的结果是一系列的关键点的坐标，以及其对应的尺度和方向。这些提到的算子不是仿射不变的，但是可以进行改进达到这个目的，*Mikolajczyk* 等人[23.74] 就是这样做的。然而，正如 *Lowe* 指出的那样，在很多情况下，至少在场景中有足够多的显著特征的时候，算子可以适应描述符，并不需要仿射变换。

3. 显著区域

Matas 等[23.73] 提出了一种寻找显著区域的方法，该方法在长基线下的匹配和物体识别中都得到了很好的实验结果。它是基于最稳定极值区域（MSER）的，与被阈值分割的图像相连。下面会详细说明阈值分割的方法。极值区域是说所有处在最稳定极值区域内的像素都有比周围区域的像素高（或低）的像素值。这个性质很稳定，所以被用来计算最优化的分割阈值。

如 *Mate* 等人在参考文献［23.73］中提到的，极值区域有一系列的非常好的性质。比如，它们不受亮度的单调或仿射变化影响，而且在连续的图像几何变换中可以保持拓扑结构。所以它们在许多常见但是还没有很好地被描述的几何与光学变化中是稳定的。

我们按照 *Mate* 等人在参考文献［23.73］中的描述来说明该算法。对一幅定义在$\mathbb{D}$的数值图像 I，值为$\mathbb{S}$，通常定位为 0～255 之间的值。极值区域$\mathbb{D}$是这样一个区域：如果 $p\in\mathbb{D}$，$q\in\partial\mathbb{D}$，那么 $I(p)>I(q)$（最大极值区域）或者 $I(p)<I(q)$（最小极值区域）。

为了定义稳定极值区域，我们认为有一系列层层嵌套的区域 $D_1\subset\cdots\subset D_i\subset D_{i+1}\subset\cdots$，如果区域 D_i^* 是最稳定的，那么意味着 q 在 i 取得最大值，其中

$$q(i)=|D_{i+h}|\backslash|D_{i-h}|/|D_i| \tag{23.37}$$

而$|\cdot|$是表示集合的势（或基数）；h 是该方法的参数。

这些层层嵌套的区域可以通过依次对图像用一个超过$\mathbb{S}$的阈值分割得到。我们可以用一种直接的方式来说明这种区域的获得方法。首先，按亮度保存像素，接着按照增加或减少的方式来把它们放置到图像上去，那些相连着的像素和他们所在的区域被保存下来，例如，用一种高效的结构单元寻找方法[23.81]。如果$\mathbb{S}$是一个小的离散集合，比如 0，…，255，这个方法就是线性的，而且可以得到高效的执行。需要指出的是，虽然极值区域可能是杂乱的，但是 MESR 操作只会保留那些十分简单的区域，这对下一步的计

算非常重要。

这种方法不需要求导就可以得到显著结构。其他类似的方法有：*Kadir* 和 *Brady* 提出的检测算子[23.82]，*Smith* 和 *Brady* 提出的 SUSAN 角点检测算子[23.83]，以及数学形态学方法。

4. 显著点与显著区域的描述符

正如前面介绍的那样，合适的检测算子可以找出感兴趣点与区域，来提供图像的区域信息。所以 *Lowe* 利用尺度信息来检测一个椭圆区域，*Matas* 等人检测凸起的 MSER，而 *Mikolajczyk* 等执行了一个仿射标准化来获得不同图像中的可比较区域。

很多基于区域的描述符被提出用来进行基于外观的物体识别。有基于区域图像本身的[23.84]，这是一种统计方法（*Schiele* 与 *Crowley*[23.85]）。而更多的是一种基于滤波的方法（*Rao* 与 *Ballard*[23.66]）。二阶导数矩阵在运动及形状计算上的成功表明了利用方向统计的重要性。*Lowe*[23.70] 的 SIFT 特征中提出了一种特别有用的描述符。

这些描述符对显著点进行计算（这些点可以用前面章节提到的算法），得到相关尺度关键点。为了计算与图像旋转无关的关键点，这些关键点首先被假定一个方向。值得提出的是，这和 *Schmid* 与 *Mohr*[23.71] 提到的旋转无关测量方法不同。*Lowe*[23.70] 利用在梯度直方图中寻找极值的方式来计算方向，梯度的权值跟梯度的模成正比。峰值对应着该区域的梯度方向。如果这些峰值几乎都达到最高值，则同时存在几个峰值也是可以接受的。因此，一个图像点会对应好几个特征描述符。*Lowe* 设定极值的 80% 为阈值并保存两个峰值。实验显示同时保存 4 个峰值也是很有用的。有兴趣的读者可以见参考文献［23.70］。

经过这些步骤，我们得到一系列与位置、尺度和方向有关的关键点。在这个关键点周围的每个窗口内的点，我们重新计算梯度的模与方向。在关键点的 $n \times n$ 区域内用 $k \times k$ 种模式来计算，用一个高斯函数的直方图来衡量这些值，如图 23.6 所示。*Lowe* 在参考文献［23.70］中使用的是 $n = k = 4$，而图 23.6 中展示的是 $n = 4$，$k = 2$。共对应有 8 种方向。更多计算方法与参数选择的细节可以参考这篇文章。一个重要的方面是区域测量方法的选择，还有它与关键点检测尺度有什么联系。这些在文章中都有讨论，在 *Matas* 等人[23.73] 和 *Mikolajczyk* 等人[23.74] 的文章中也对此进行了讨论。后者的文章在讨论对于仿射不变性的检测算子时还引入了仿射的标准化变换。*Lowe* 在他的文章中同样讨论了这种变换的用处。

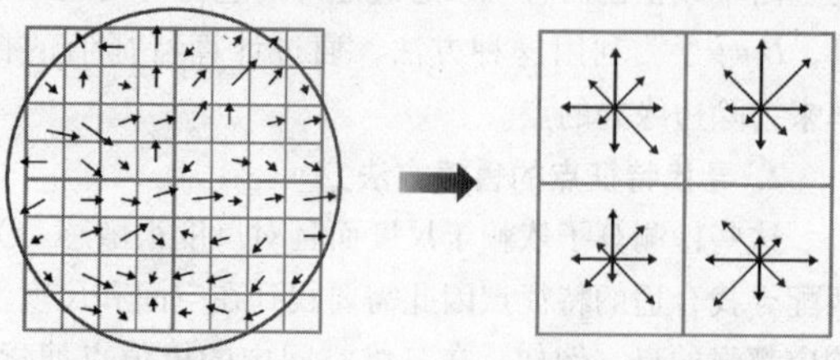

图 23.6 关键点描述符

关键点描述符是为了描述关键点周围每个采样点的梯度与方向分布，各点的权重用高斯函数计算，如左图所示。然后如右图所示，这些采样点在 4×4 大小的邻域内进行梯度方向的加和，形成梯度方向直方图。每个箭头的长度是该邻域内对应方向上梯度模的相加。图中显示的是 8×8 大小的样本区域生成 2×2 的描述符阵列。同理，16×16 大小的区域生成 4×4 的描述符阵列。

统计关键点周围方向的思想同样用在特征识别上，在这里，认为物体（特征）可以表示为中心点周围的一种模式的想法是自然而然的。

5. 图像块及局部直方图作为特征

上文提到了一种直接利用图像块作为局部特征的方法是一种替代及补充。当然，在使用这种方法之前可以选择感兴趣点来减少计算量。*Agarwal* 和 *Roth*[23.86] 提出了一种基于图像块编码的方法，后来被 *Leibe* 等[23.84] 和其他作者推广。

图像块保存了局部图像的结构，但是这也表明了，把图像块里的信息用直方图表示出来或许更有利于物体的识别与定位。*Swain* 和 *Ballard*[23.87] 给出了基于颜色比较的识别的例子。但是，他们直接利用 RGB 空间的数据，结果证明，这些数据对光照变化敏感。*Schiele* 和 *Crowley*[23.85] 用接受域计算输出的直方图代替，接受域计算通过一阶高斯微分算子或三个尺度上的微分不变量来实现。*Schneiderman* 和 *Kanade*[23.88] 的研究表明可以通过小波系数的直方图来获得人脸和车辆的有效区域。最近 *Linde* 和 *Lindeberg*[23.89] 介绍了高阶导数的直方图并表明它们计算起来很有效。总的来说，这类方法使用起来简单，而且在局部变量足够多的情况下得到了很好的实验结果。更多此类方法的说明请参看 *Koenderink* 和 *Van Doorn*[23.90] 的文章，介绍了局部无规律图像的概念。通过比较直方图的方法在统计学领域广为人知。对于此类技术，*Ruber* 和 *Tomasi*[23.91] 给出了精彩而简明的概述。

23.2.3 匹配

基于视觉的识别也就是将从图像中提取出来的特

征或量和已经存储的物体的表示形式进行匹配与比对。作为模式识别问题，这一个经典而且被广泛研究的问题在绝大多数关于图像及信号处理的教科书中都有涉及。随着新的特征技术的发展及其应用的不断增加，该问题近年来吸引了很多研究者的目光，而且也有很多创新的工作出现。其中的一些将在星群算法中作为其基础算法被讨论。这里我们对一些特征和外观识别中用到的识别算法进行说明。

1. 基于词汇的方法

直接利用 SIFT 这样的描述符来匹配意味着在高维空间中寻找最近的邻域，计算起来复杂。所以，*Lowe* 和其他人利用聚类的方法去创建一个类似字母表的东西。这种信息表示方式适合一般的信息检索方法。

为了给一个图像数据库建立索引，*Sivic* 和 *Zisserman*[23.92] 将一种矢量量化区域的描述符引入到 k-均值聚类中，并且这些聚类作为视觉词应用到文本检索方法中。通过给出一个从训练图像得到的词汇表，从新图像中就可以提取描述符并根据最近邻法进行归类。用这种方法，可以很快得到新图像的匹配结果。*Sivic* 和 *Zisserman* 把这个方法应用到录像检索中去，但是该方法对其他集合中的图像也好用。利用词频-逆向文件频率（TF-IDF）方法进行的文本检索还是有一定价值的（*Baeza-Yates* 与 *Ribiero Neto*[23.93]）。*Nister* 与 *Stewenius*[23.94] 对这项技术进行了扩展，从而增强了它的适用范围，下面我们将介绍这种方法。

2. 利用词汇树的识别

Nister 与 *Stewenius*[23.94] 说明了一种分级的 TF-IDF。在该方法中词汇树由一些分级的词汇定义。他们得到了一个高效的视觉词汇查找表，所以可以使用一个更大的词汇表，从而可以改进检索的性能（见图 23.7）。

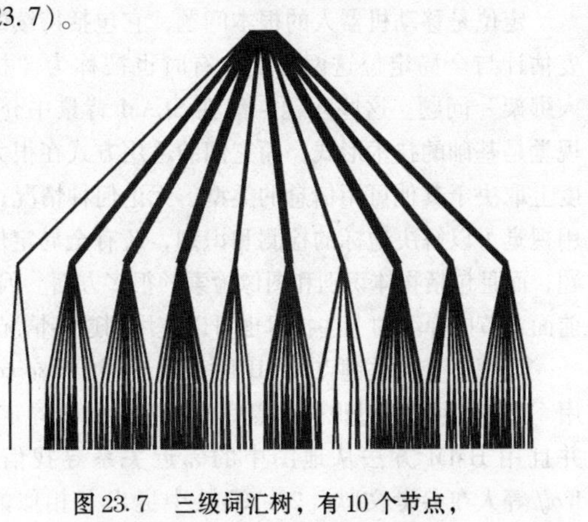

图 23.7　三级词汇树，有 10 个节点，用 400 个特征去描述每幅图像

词汇树是用分级的 k-均值聚类来建立的，k 是树的分级（支）因子。树上的一个分支上的向量对应一个视觉词。为了计算新图像的得分，我们需要计算它的描述符与词汇树上分支的相似程度。*Nister* 和 *Stewenius* 提出了一种方法，给树上的每个节点 i 设定一个权重，比如，基于熵的方法，然后根据权值定义检索值 q 和数据库向量。

$$q_i = n_i \omega_i$$

$$d_i = m_i \omega_i$$

式中，n_i 和 w_i 是两幅图像中描述符的数量。相似性评价如下：

$$S(q,d) = \left\| \frac{q}{\|q\|} - \frac{d}{\|d\|} \right\| \tag{23.38}$$

i 的方式计算权值：

$$\omega_i = \ln \frac{N}{N_i}$$

式中，N 是数据库中图像的数量，N_i 是数据库至少有一个描述符向量通过节点的图像数量。该方法对于拥有几千幅图像的数据库图像获得了高质量的实时实验结果。

相关的利用词汇表的金字塔匹配方法可以参看 *Granuman* 和 *Darrell*[23.95] 的文章。他们在两组特征向量之间进行近似部分匹配。需要说明的是这些方法主要解决图像检索问题，找出最相似的图像。为了定位的目的，我们需要更进一步的精确匹配。

3. 高维的特征匹配

正如前面提到的，高维空间中的特征匹配是困难的。但是，这个问题已经有所进展。理论上讲，高维空间中精确的定位最近邻思想会导致穷举搜索。近似的方法也被提出，如 *Beis* 与 *Lowe*[23.96] 和 *Indyk* 与 *Motwani*[23.97]，但是他们都需要平衡计算速度与近似精度的问题。最近 *Omercevic* 等[23.98] 提出了一种方法来解决这个问题，他们的方法基于有意义最近邻思想。这些近邻应该与被查询特征十分接近，而与背景特征的分布相差很多。这种思想基于寻找任意离群点的分布轨迹并用指数函数来描述，所以那些最近邻可以用它们与被查询点的相似和与背景的差异来衡量权重，点的内积被用来计算特征向量间的相似程度。作者还介绍了一种基于稀疏编码的查询方法，在保证算法速度和精度的前提下，获得一种比其他算法更优越的近似算法。例如，虽然速度慢于词汇树方法，但是在同一数据库上该方法有更好的识别性能。

23.2.4　星群算法——基于局部的识别

前面说到了基于特征和外观方法的成功，也提到了因为其对物体部分的定义和定位上存在的问题，基于局部的识别不再受到那么多关注了。然而，利用结构信息明显的优势，使得这个问题又受到关注。在本节中，我们将讨论本领域中的最新进展。我们会关注那些利用了各部分结构关系的算法，但是并不假定各部分一定对应某种几何结构。事实上，结果证明，从这个角度出发，基于局部的和基于外观的识别方法的区别并不明显，至少当所谓的外观指的是物体的部分而不是物体整体的时候是这样的。*Forsyth* 和 *Ponce* 在他们的书中把这类方法称为是基于结构模板间关系的方法，这里的模板可以是二维或三维空间中的几何形状，也可以是亮度、颜色、纹理这类的视觉外观特性。

一个物体的几何结构可以用它各个部分的集合以及各部分的连接关系进行表达。部分对之间的连接关系可以用一个无向图 $G(V, E)$ 来表示，其中顶点 $v=\{v_1, \cdots, v_n\}$ 对应各个部分，边 $(v_i, v_j)\in E$ 表示 v_i 和 v_j 是相连的。举个例子，一个物体可以用结构配置 $L=(l_1, \cdots, l_n)$ 来表示，l_i 表示 v_i 部分的位置。有许多方法可以参数化这些位置，简单的可以直接用其在二维或三维图像中的位置和各部分的夹角来表示。这种使用部分的方法是很有优势的。通过对部分的使用可以提供一种模块化的表示方法，而且同一个部分可以被多个物体共享。既然部分很简单，相比整个物体它们用很少的变量就可以表达，所以对姿态不敏感。更好的是，遮挡、混乱以及光照变化一般不会影响所有部分的识别。

不过，还有两个重要的问题需要解决。一个我们已经讨论过了，就是各部分的检测与定位问题，第二个是角点匹配，通常这是一个计算比较复杂的问题。*Fischler* 与 *Elschlager*[23.67] 认为在图像域内这是一个能量最小化问题。*Felzensschwalb* 与 *Huttenlocher* 在参考文献［23.99］中对这种方法进行了如下描述。

一个给定结构配置的能量取决于图像数据和部分的匹配结果和部分与模型之间的符合程度。给定一幅图像，$m_i(l_i)$ 表示部分 v_i 被分配到 l_i 的不符合程度，对两个相连的成分，定义 $d_{ij}(l_i, l_j)$ 来衡量 v_i 被分配定位到 l_i，而 v_j 被分配到 l_j 而产生的形变程度。模型到图像的最优化匹配可以定义为：

$$L^* = \arg\min_L\Big(\sum_{i=1}^{n} m_i(l_i) + \sum_{(v_i,v_j)\in E} d_{ij}(l_i,l_j)\Big) \tag{23.39}$$

这种表达说明要最小化各个部分的匹配代价与各相连部分之间的形变代价的加和。如果形变代价只和两部分之间的相对位置有关的话，那么这个模型不随全局的变化而变化。

这类方程的问题是通常情况下没有有效解。当物体结构复杂，特别是非刚性部分多的时候，需要的参数也很多。现在我们用概率模型来解决这些问题，也就是靠概率来估计各个部分的位置，而不是通过精确的计算。估计是通过对局部的外观学习和配置的先验知识来计算的。这使得统计公式要包括部分确定与配置问题。为了初始化这类算法，还是需用以下的方法给这类算法一个好的初始假定值。

假设 Θ 是定义物体的一系列参数，L 是配置，比如是各部分的定位。$P(I\mid L, \Theta)$ 表示的是给出的物体在图像 I 的概率分布。根据贝叶斯定理，物体结构配置出现的后验概率分布为：

$$P(L\mid I,\Theta)\propto P(I\mid L,\Theta)P(L\mid\Theta) \tag{23.40}$$

式中，$P(L\mid\Theta)$ 是物体结构配置分布的先验概率。

正如 *Felzenschwalb* 与 *Huttenlocher*[23.99] 所说，匹配问题可以归纳成一个能量最小化问题，在这里也可以认为是一个最大后验概率估计问题。为此，在他们提出了一种有效的方法。在他们的框架中，模型的参数包括 $\Theta=(u, E, c)$，其中 $u=\{u_1,\cdots,u_r\}$ 是外观参数，E 是连接两个部分的边，$c=\{c_{ij}\mid(v_i, v_j)\in E\}$ 是边的连接参数。这些参数通过在一系列训练图像中利用最大似然估计学习得到。这种形式的能量最小化一般是 *NP* 问题，但是 *Felzenschwalb* 与 *Huttenlocher* 利用图描述的都是一个严格限定的结构的事实给出了一种高效的算法。在 *Fergus*[23.100] 的工作中，利用外观，地点和尺度来获得参数，而不用任何图来表示任何结构。他们方法的目的是识别一类目标而不是某个单个的例子。

23.2.5　地点识别与地形分类

定位是移动机器人的根本问题，它包括持续的位姿估计与全局定位这两方面，有时也被称为“机器人绑架”问题。这些问题一般在 SLAM 背景中介绍。视觉是基础的技术形式，而它们的适用方式在很大程度上取决于其他可用信息的类型。无论何种情况，应用视觉可以解决地标的检测和识别，还有全局定位问题，而且包括物体识别和图像检索的很多方面。因此，前面章节中介绍的一些技术也可以应用到这些情况中。

尺度不变的关键点和 SIFT 特征已经被 *Kosecka* 应用[23.101]，他们通过识别地点完成了室内的全局定位，并且用 HMM 方法从地图中的邻近关系寻找信息。*Wolf* 等人在参考文献［23.102］中提出了相似的方法。其他人也已经用直方图描述场景。*Ulrich* 和

Nourbakhsh[23.103]计算全方位摄影图像的彩色直方图，并且与存储的图像匹配，得到一个拓扑地图的预测。这样，通过一个简单投票过程可以得到接近实时的性能。这个方法被成功地应用于室内外环境中。*Davidson* 和 *Murray*[23.104]遵循 *Bajcsy*[23.105]的主动知觉模式主动地利用可控摄像机寻找室内目标。

学习是地点识别的中心问题。在大多数情况下，需要一些训练图像使得机器识别更加鲁棒。此外，在识别过程中，也可以利用地图信息或近似的位置信息。在参考文献［23.106］中 *Ramos* 提出一种贝叶斯方法来解决这些问题。因此，他们的方法需要的训练图像很少，一般是 3～10 个，并且不依靠地图。图像被分为很多小块，世界环境被认为是一个很多地点的集合，每个地点都有一个概率性的描述，在接近实时的时间里进行匹配。他们首先在场景中的一个小块描述上进行降维处理，然后通过期望最大化算法，在一系列线性混合模型的结果中提取出一个生成性的概率模型。这个推理过程的结果是一个被用在多类分级体系中的高斯混合模型，其中最符合给定小块集合模型的对数似然被选择。

23.3 结论及扩展阅读

作为阅读的主要辅助来源，我们推荐 *Hartley* 和 *Zisserman*[23.5]，*Ma* 等人[23.26]，*Faugeras*[23.107]，*Faugeras* 和 *Luong*[23.107]的书。在识别方面没有最新的成果发表，但是希望读者通过 ICCV’05 和 CVPR’07 阅读

图 23.8 通过一个安装在汽车上的照相机进行的重建[23.108]
（该结果融合了 13 幅从 11 个角度获得的深度图像）

由 *Fei-Fei Li*，*Antonio Torralba* 和 *Rob Fergus* 编写的教程。*Nister* 的词汇树方法[23.94]是实例识别方法中最具实时性及代表性的方法。

我们将以一个运动和深度重建的系统作为结束来展示现在的研究水平：参考文献［23.108］中的工作展示了在没有使用其他传感器的情况下利用单目序列图像进行大范围的深度重建的技术水平。相机的位姿是通过应用参考文献［23.17］中的算法得到的。获得一个当前的位姿，一个时间窗后的后续位姿利用先验性的 RANSAC[23.109]方法进行估计，然后得到一个重新初始化的新的三重视图。一个深度图像是通过把扫描空间中突出的点进行反投影得到的。图 23.8 显示的是一个多个深度图通过中值融合且考虑到了可视化约束的结果[23.110]。

参考文献

23.1 Z. Zhang: A flexible new technique for camera calibration, IEEE Trans. Pattern Anal. Mach. Intell. **22**, 1330–1334 (2000)

23.2 M. Pollefeys, L. Van Gool, M. Vergauwen, F. Verbiest, K. Cornelis, J. Tops, R. Koch: Visual modeling with a hand-held camera, Int. J. Comput. Vis. **59**, 207–232 (2004)

23.3 M. Pollefeys, L. Van Gool: Stratified self-calibration with the modulus constraint, IEEE Trans. Pattern Anal. Mach. Intell. **21**, 707–724 (1999)

23.4 O. Faugeras, Q.-T. Luong, T. Papadopoulo: *The Geometry of Multiple Images* (MIT Press, Cambridge 2001)

23.5 R. Hartley, A. Zisserman: *Multiple View Geometry* (Cambridge Univ. Press, Cambridge 2000)

23.6 K. Ottenberg, R.M. Haralick, C.-N. Lee, M. Nolle: Review and analysis of solutions of the three-point perspective problem, Int. J. Comput. Vis. **13**, 331–356 (1994)

23.7 M.A. Fischler, R.C. Bolles: Random sample consensus: A paradigm for model fitting with applications to image analysis and automated cartography, Commun. ACM **24**, 381–395 (1981)

23.8 R. Kumar, A.R. Hanson: Robust methods for estimaging pose and a sensitivity analysis, Comput. Vis. Image Underst. **60**, 313–342 (1994)

23.9 C.-P. Lu, G. Hager, E. Mjolsness: Fast and globally convergent pose estimation from video images, IEEE Trans. Pattern Anal. Mach. Intell. **22**, 610–622 (2000)

23.10 L. Quan, Z. Lan: Linear n-point camera pose determination, IEEE Trans. Pattern Anal. Mach. Intell. **21**, 774–780 (1999)

23.11 A. Ansar, K. Daniilidis: Linear pose estimation from points and lines, IEEE Trans. Pattern Anal. Mach. Intell. **25**, 578–589 (2003)

23.12 R.I. Hartley, P. Sturm: *Triangulation. Computer Vision and Image Understanding* (1997)

23.13 B.K.P. Horn, H.M. Hilden, S. Negahdaripour: Closed-form solution of absolute orientation using

orthonormal matrices, J. Opt. Soc. Am. A **A5**, 1127–1135 (1988)
23.14 G.H. Golub, C.F. van Loan: *Matrix Computations* (The Johns Hopkins Univ. Press, Baltimore 1983)
23.15 A.J. Davison, I.D. Reid, N.D. Molton, O. Stasse: Monoslam: Real-time single camera slam, IEEE Trans. Pattern Anal. Mach. Intell. **29**(6), 1052–1067 (2007)
23.16 T.S. Huang, O.D. Faugeras: Some properties of the *e* matrix in two-view motion estimation, IEEE Trans. Pattern Anal. Mach. Intell. **11**, 1310–1312 (1989)
23.17 D. Nister: An efficient solution for the five-point relative pose problem, IEEE Trans. Pattern Anal. Mach. Intell. **26**, 756–777 (2004)
23.18 S. Maybank: *Theory of Reconstruction from Image Motion* (Springer, Berlin, Heidelberg 1993)
23.19 S.J. Maybank: The projective geometry of ambiguous surfaces, Philos. Trans. R. Soc. London A **332**(1623), 1–47 (1990)
23.20 A. Jepson, D.J. Heeger: A fast subspace algorithm for recovering rigid motion, Proc. IEEE Workshop on Visual Motion (Princeton 1991) pp. 124–131
23.21 C. Fermüller, Y. Aloimonos: Algorithmic independent instability of structure from motion, Proc. 5th Eur. Conf. Comput. Vis. (Freiburg 1998)
23.22 K. Daniilidis, M. Spetsakis: Understanding noise sensitivity in structure from motion. In: *Visual Navigation*, ed. by Y. Aloimonos. (Lawrence Erlbaum, Hillsdale 1996), pp.61–88
23.23 S.R. Soatto Brockett: Optimal structure from motion: Local ambiguities and global estimates, IEEE Conf. Comput. Vis. Pattern Recog. (Santa Barbara 1998)
23.24 J. Oliensis: A new structure-from-motion ambiguity, IEEE Trans. Pattern Anal. Mach. Intell. **22**, 685–700 (1999)
23.25 Y. Ma, K. Huang, R. Vidal, J. Kosecka, S. Sastry: Rank conditions of the multiple view matrix, Int. J. Comput. Vis. **59**(2), 115–137 (2004)
23.26 Y. Ma, S. Soatto, J. Kosecka, S. Sastry: *An Invitation to 3-D Vision* (Springer, Berlin, Heidelberg 2003)
23.27 W. Triggs, P. McLauchlan, R. Hartley, A. Fitzgibbon: Bundle adjustment for structure from motion (Springer Verlag 2000) pp. 298–375
23.28 M. Lourakis, A. Argyros: The design and implementation of a generic sparse bundle adjustment software package based on the Levenberg-Marquard method. Technical Report 340, ICS/FORTH (2004)
23.29 S. Teller, M. Antone, Z. Bodnar, M. Bosse, S. Coorg: Calibrated, registered images of an extended urban area, Int. Conf. Comput. Vis. Pattern Recogn., Vol. 1 (Kanai 2001) pp. 813–820
23.30 E. Trucco, A. Verri: *Introductory Techniques for 3-D Computer Vision* (Prentice Hall, Upper Saddle River 1998)
23.31 S.S. Intille, A.F. Bobick: Disparity-space images and large occlusion stereo, ECCV **2**, 179–186 (1994)
23.32 R. Szeliski, D. Scharstein: Sampling the disparity space image, IEEE Trans. Pattern Anal. Mach. Intell. **26**(3), 419–425 (2004)
23.33 R. Yang, M. Pollefeys, G. Welch: Dealing with textureless regions and specular highlights: A progressive space carving scheme using a novel photo-consistency measure, Proc. Int. Conf. Comput. Vis. (2003)
23.34 X. Zabulis, A. Patterson, K. Daniilidis: Digitizing archaeological excavations from multiple monocular views, 5th Int. Conf. 3-D Digital Imag. Mod. (2005)
23.35 R.T. Collins: A space-sweep approach to true multi-image matching, IEEE Conf. Comput. Vis. Pattern Recog. (San Fransisco 1996) pp. 358–363
23.36 T. Kanade, M. Okutomi: A stereo matching algorithm with an adaptive window: Theory and experiment, IEEE Trans. Pattern Anal. Mach. Intell. **16**(9), 920–932 (1994)
23.37 D. Scharstein, R. Szeliski: A taxonomy and evaluation of dense two-frame stereo correspondence algorithms, Int. J. Comput. Vis. **47**(1/2/3), 7–42 (2002)
23.38 H. Hirschmuller: Stereo vision in structured environments by consistent semi-global matching, Comput. Vis. Pattern Recog. **02**, 2386–2393 (2006)
23.39 O. Veksler: Stereo correspondence by dynamic programming on a tree, Comput. Vis. Pattern Recog. **2**, 384–390 (2005)
23.40 S. Roy, I. Cox: A maximum-flow formulation of the N-camera stereo correspondence problem, Proc. Int. Conf. Comput. Vis. (1998)
23.41 V. Kolmogorov, R. Zabih: Computing visual correspondence with occlusions using graph cuts, Int. Conf. Comput. Vis. **02**, 508 (2001)
23.42 H.-Y. Shum, J. Sun, N.-N. Zheng: Stereo matching using belief propagation, IEEE Trans. Pattern Anal. Mach. Intell. **25**, 787–800 (2003)
23.43 L. Zhang, S.M. Seitz: Estimating optimal parameters for mrf stereo from a single image pair, IEEE Trans. Pattern Anal. Mach. Intell. **29**(2), 331–342 (2007)
23.44 P.F. Felzenszwalb, D.P. Huttenlocher: Efficient belief propagation for early vision, Comput. Vis. Pattern Recog. **01**, 261–268 (2004)
23.45 H. Hirschmuller: Accurate and efficient stereo processing by semi-global matching and mutual information, Comput. Vis. Pattern Recog. **2**, 807–814 (2005)
23.46 S.M. Seitz, B. Curless, J. Diebel, D. Scharstein, R. Szeliski: A comparison and evaluation of multi-view stereo reconstruction algorithms, Comput. Vis. Pattern Recog. **1**, 519–528 (2006)
23.47 C.R. Dyer: Volumetric scene reconstruction from multiple views. In: *Foundations of Image Understanding*, ed. by L. Davis (Kluwer, Boston 2001) pp. 469–489
23.48 D.A. Forsyth, J. Ponce: *Computer Vision: A Modern Approach*, Prentice Hall Professional Technical Reference (Prentice Hall, Upper Saddle River 2002)
23.49 L. Fei Fei, R. Fergus, A. Torralba: Recognizing and learning object categories, Short course given at CVPR 2007 (2007)
23.50 A. Pinz: Object categorization, Foundations and Trends in Computer Graphics and Vision **1**(4), 255–353 (2005)
23.51 A. Guzman: Decomposition of a visual scene into three-dimensional bodies. In: *Automatic Interpretation and Classification of Images*, ed. by A. Grasseli (Academic, New York 1965)

23.52 T.O. Binford: Visual perception by computer, Proc. IEEE Conf. Syst. Contr. (Miami 1971)
23.53 R. Brooks: *Model-Based Computer Vision* (Kluwer Academic, Dordrecht 1984)
23.54 D. Marr, K. Nishihara: Representation and recognition of the spatial organization of three-dimensional shapes, Proc. R. Soc. London B **200**, 269–294 (1978)
23.55 D. Marr: *Vision* (Freeman, New York 1990)
23.56 O.D. Faugeras, M. Hebert: The representation, recognition, and localization of 3D objects, Int. J. Rob. Res. **5**(3), 27–52 (1986)
23.57 R.C. Bolles, P. Horaud: 3dpo: A three-dimensional part orientation system, Int. J. Robot. Res. **5**(3), 3–26 (1986)
23.58 I. Biederman: Human image understanding: recent research and a theory, Comput. Vis. Graphics Image Process. **32**, 29–73 (1985)
23.59 R. Mohan, R. Nevatia: Perceptual organization for scene segmentation and description, IEEE Trans. Pattern Anal. Mach. Intell. **14**(6), 616–635 (1992)
23.60 A. Zisserman, J.L. Mundy, D.A. Forsyth, J. Liu, N. Pillow, C. Rothwell, S. Utcke: Class-based grouping in perspective images, Int. Conf. Comput. Vis. (1995) pp. 183–188
23.61 R.C. Nelson, A. Selinger: Large-scale tests of a keyed, appearance-based 3d object recognition system, Vis. Res. special issue on computational vision **38**, 15–16 (1998)
23.62 M.J. Tarr, H.H. Bülthoff: Image-based object recognition in man, monkey and machine. In: *Object Recognition in Man, Monkey, and Machine*, ed. by M. J. Tarr, H. H. Bülthoff (MIT Press, Cambridge 1998) pp. 1–20
23.63 M. Turk, A. Pentland: Eigenfaces for recognition, J. Cognit. Neurosci. **3**, 71–86 (1991)
23.64 T. Poggio, S. Edelman: A neural network that learns to recognize three-dimensional object, Nature **343**, 263–266 (1990)
23.65 H. Murase, S.K. Nayar: Visual learning and recognition of 3-d objects from appearance, Int. J. Comput. Vis. **14**(1), 5–24 (1995)
23.66 R.P.N. Rao, D.H. Ballard: Object indexing using an iconic sparse distributed memory. Tech. Rep. TR559, University of Rochester (1995)
23.67 M.A. Fischler, R.A. Elschlager: The representation and matching of pictorial structure, IEEE Trans. Comput. **22**, 67–92 (1973)
23.68 R.M. Haralick, L.G. Shapiro: *Computer and Robot Vision* (Addison-Wesley, Boston 1992)
23.69 T. Lindeberg: On the axiomatic foundations of linear scale-space: Combining semi-group structure with causality vs. scale invariance. In: *Gaussian Scale-Space Theory: Proc. PhD School on Scale-Space Theory* (Kluwer Academic, Dordrecht 1994)
23.70 D.G. Lowe: Distinctive image features from scale-invariant keypoints, Int. J. Comput. Vis. **60**(2), 91–110 (2004)
23.71 C. Schmid, R. Mohr: Local grayvalue invariants for image retrieval, IEEE Trans. Pattern Anal. Mach. Intell. **19**(5), 530–534 (1997)
23.72 K. Mikolajczyk, C. Schmid: An affine invariant interest point detector. In: *Proceedings of the 7th European Conference on Computer Vision, Copenhagen, Denmark*, ed. by A. Heyden, G. Sparr, P. Johansen, M. Nielsen (Springer, Berlin, Heidelberg 2002) pp. 128–142
23.73 J. Matas, O. Chum, M. Urban, T. Pajdla: Robust wide baseline stereo from maximally stable extremal regions, Br. Mach. Vis. Conf. (2002)
23.74 K. Mikolajczyk, T. Tuytelaars, C. Schmid, A. Zisserman, J. Matas, F. Schaffalitzky, T. Kadir, L. Van Gool: A comparison of affine region detectors, Int. J. Comput. Vis. **65**(1/2), 43–72 (2005)
23.75 H.P. Moravec: Towards automatic visual obstacle avoidance, IJCAI (1977) p. 584
23.76 C. Harris, M.J. Stephens: A combined corner and edge detector, Alvey Vision Conference (1988) pp. 147–152
23.77 W. Foerstner: On the geometric precision of digital correlation, Int. Arch. Photogram. Rem. Sens. (1982)
23.78 G. Granlund, J. Bigun: Optimal orientation detection of linear symmetry, Proc. IEEE 1st Int. Conf. Comput. Vis. (1987)
23.79 D.G. Lowe: Object recognition from local scale-invariant features, Proc. Int. Conf. Comput. Vis., Corfu (1999) pp. 1150–1157
23.80 T. Lindeberg: Feature detection with automatic scale selection, Int. J. Comput. Vis. **30**(2), 79–116 (1998)
23.81 R. Sedgewick: *Algorithms (2nd ed.)* (Addison-Wesley, Boston 1988)
23.82 T. Kadir, J.M. Brady: Scale, salience and image description, Int. J. Comput. Vis. **45**, 83–105 (2001)
23.83 S.S. Smith, J.M. Brady: Susan – a new approach to low level image processing, Int. J. Comput. Vis. **23**, 45–78 (1997)
23.84 B. Leibe, B. Schiele, A. Leonardis: Combined object categorization and segmentation with an implicit shape model, Europ. Conf. Comp. Vision (2004)
23.85 B. Schiele, J.L. Crowley: Recognition without correspondence using multidimensional receptive field histograms, Int. J. Comput. Vis. **36**(1), 31–50 (2000)
23.86 S. Agarwal, D. Roth: Learning a sparse representation for object detection, Proc. 7th Eur. Conf. Comput. Vis., Vol. 4 (2002) pp. 113–130
23.87 M.J. Swain, D.H. Ballard: Color indexing, Int. J. Comput. Vis. **7**, 11–32 (1991)
23.88 H. Schneiderman, T. Kanade: A statistical method for 3d object detection applied to faces and cars, IEEE Conf. Comput. Vis. Pattern Recog. (2000)
23.89 O. Linde, T. Lindeberg: Object recognition using composed receptive field histograms of higher dimensionality, Proc. Int. Conf. Pattern Recog. (2004)
23.90 J.J. Koenderink, A.J. Van Doorn: The structure of locally orderless images, Int. J. Comput. Vis. **31**(2–3), 159–168 (1999)
23.91 Y. Rubner, C. Tomasi: *Perceptual Metrics for Image Database Navigation* (Kluwer Academic, Dordrecht 2000)
23.92 J. Sivic, A. Zisserman: Video Google: A text retrieval approach to object matching in videos, Proc. 9th Int. Conf. Comput. Vis. (Nice 2003) pp. 1470–1477
23.93 R. Baeza-Yates, B. Ribeiro-Neto: *Modern Information Retrieval* (Addison Wesley, Reading 1999)

23.94 D. Nister, H. Stewenius: Scalable recognition with a vocabulary tree, Proc. IEEE Comput. Soc. Conf. Comput. Vis. Pattern Recog. (2006) pp. 2161–2168

23.95 K. Grauman, T. Darrell: Approximate correspondences in high dimensions, Adv. Neural Inform. Proc. Syst **19**, 505–512 (2007)

23.96 J. Beis, D. Lowe: Shape indexing using approximate nearest-neighbor search in highdimensional spaces

23.97 P. Indyk, R. Motwani: Approximate nearest neighbors: towards removing the curse of dimensionality, Proc. 30th Ann. ACM Symp. Theory Comput. (1998) pp. 604–613

23.98 O. Drbohlav, D. Omercevic, A. Leonardis: High-dimensional feature matching: Employing the concept of meaningful nearest neighbors, Proc. 11th Int. Conf. Comput. Vis. (2007), in press

23.99 P.F. Felzenszwalb, D.P. Huttenlocher: Pictorial structures for object recognition, Int. J. Comput. Vis. **61**(1), 55–79 (2005)

23.100 R. Fergus, P. Perona, A. Zisserman: Weakly supervised scale-invariant learning of models for visual recognition, Int. J. Comput. Vis. (2005)

23.101 J. Kosecka, F. Li: Vision based Markov localization, ICRA (2004)

23.102 J. Wolf, W. Burgard, H. Burkhardt: Using an image retrieval system for visionbased mobile robot localization (2002)

23.103 I. Ulrich, I. Nourbakhsh: Appearance-based place recognition for topological localization, Proc. ICRA, Vol. 2 (2000) pp. 1023–1029

23.104 A. Davison, D. Murray: Simultaneous localisation and map-building using active vision, IEEE Trans. Pattern Anal. Mach. Intell. **24**, 865–880 (2002)

23.105 R. Bajcsy: Active perception, Proc. IEEE **76**, 996–1005 (1988)

23.106 F.T. Ramos, B. Upcroft, S. Kumar, H.F. Durrant-Whyte: A Bayesian approach for place recognition, Int. Joint Conf. Artif. Intell. Workshop on Reasoning with Uncertainty in Robotics (RUR-05) (2005)

23.107 O. Faugeras: *Three-dimensional Computer Vision* (MIT Press, Cambridge 1993)

23.108 A. Akbarzadeh, J.-M. Frahm, P. Mordohai, B. Clipp, C. Engels, D. Gallup, P. Merell, M. Phels, S. Sinha, B. Talton, L. Wang, Q. Yang, H. Stewenius, R. Yang, G. Welch, H. Towles, D. Nister, M. Pollefeys: Towards urban 3D reconstruction from video, Third Int. Symp. on 3D Data Processing, Visualization, and Transmission (2006)

23.109 D. Nister: Preemptive ransac for live structure and motion estimation, Proc. Int. Conf. Comput. Vis. (2003) pp. 199–206

23.110 P. Merrell, A. Akbarzadeh, L. Wang, P. Mordohai, J.-M. Frahmand, R. Yang, D. Nister, M. Pollefeys: Real-time visibility-based fusion of depth maps, Int. Conf. Comput. Vis. (2007)

第 24 章 视觉伺服与视觉跟踪

François Chaumette，Seth Hutchinson

徐德 译

本章介绍视觉伺服控制，视觉伺服控制是指在控制机器人运动的伺服环内采用计算机视觉数据。我们首先介绍目前本领域中已成熟的基本技术，然后给出视觉伺服控制问题的公式化的总体概述，介绍两种原型的视觉控制方案：基于图像的和基于位置的视觉伺服控制方案。然后，为推动先进技术，讨论这两种方案的性能和稳定性问题。在众多已有的先进技术中，我们讨论 2.5-D、混合、分块和开关方法。在介绍了大量控制方案后，我们转而以简短地介绍目标跟踪和关节空间的直接控制问题作为本章的结束。

24.1 视觉伺服的基本要素 …… 97
24.2 基于图像的视觉伺服 …… 98
24.2.1 交互矩阵 …… 98
24.2.2 交互矩阵的近似 …… 99
24.2.3 IBVS 的几何解释 …… 101
24.2.4 稳定性分析 …… 101
24.2.5 立体视觉系统的 IBVS …… 103
24.2.6 图像点柱面坐标的 IBVS …… 103
24.2.7 其他几何特征的 IBVS …… 103
24.2.8 直接估计 …… 104
24.3 基于位置的视觉伺服 …… 105
24.4 先进方法 …… 106
24.4.1 混合视觉伺服 …… 106
24.4.2 分块视觉伺服 …… 108
24.5 性能优化与规划 …… 108
24.5.1 优化控制与冗余框架 …… 108
24.5.2 开关方案 …… 109
24.5.3 特征轨迹规划 …… 109
24.6 3-D 参数估计 …… 110
24.7 目标跟踪 …… 110
24.8 关节空间控制的 Eye-in-Hand 和 Eye-to-Hand 系统 …… 111
24.9 结论 …… 112
参考文献 …… 112

视觉伺服（Visual Servo，VS）控制是指采用计算机视觉数据去控制机器人的运动。视觉数据可由摄像机获取。摄像机可直接安装于机器人操作臂上或者安装在移动机器人上，在这两种情况下，由摄像机的运动均可以推导出机器人的运动。摄像机也可固定安装于工作空间内，这样摄像机可以通过固定配置观测机器人的运动。其他配置也值得考虑，例如安装于偏转—俯仰云台上观测机器人运动的多台摄像机。在数学上，所有这些情况的分析是类似的。所以，在本章中我们将主要集中于前者，即所谓的“手眼系统”(Eye-in-Hand)。

视觉伺服控制依赖于图像处理、计算机视觉、控制理论等技术。本章中，我们将主要处理控制理论问题，并在适当的时候与前述各章建立联系。

24.1 视觉伺服的基本要素

所有基于视觉的控制方案的目的是将误差 $\boldsymbol{e}(t)$ 最小化，误差的典型定义如下

$$\boldsymbol{e}(t)=\boldsymbol{s}[\boldsymbol{m}(t),\boldsymbol{a}]-\boldsymbol{s}^{*} \tag{24.1}$$

该公式非常通用，正如下面所看到的那样，它包括了很多方法。式（24.1）中的参数定义如下：矢量 $\boldsymbol{m}(t)$ 是一个图像测量集（例如，兴趣点的图像坐标，或者一些图像片断的参数）。这些图像测量结果用于计算 k 个视觉特征的矢量 $\boldsymbol{s}(\boldsymbol{m}(t),\boldsymbol{a})$，其中，$\boldsymbol{a}$ 是一个参数集，代表了系统的潜在附加知识（例如，粗略的摄像机内参数或者目标的三维模型）。矢量 $\boldsymbol{s}^{*}$ 为含有特征的期望值。

现在，我们考虑这种情况，即一个姿态固定且无运动的目标，其 $\boldsymbol{s}^{*}$ 为常数，$\boldsymbol{s}$ 的变化仅依赖于摄像机运动。而且，我们此处仅考虑控制一个六自由度摄像机运动的情况（即摄像机安装于六自由度机器人操作臂的末端）。在随后的小节中，我们将处理更一般的情况。

视觉伺服方案主要在 $\boldsymbol{s}$ 的设计上不同。在 24.2 节和 24.3 节，我们介绍经典的方法，包括基于图像

的视觉伺服（Image-Based Visual Servo，IBVS）控制，其 s 由图像数据中直接得到的特征构成；基于位置的视觉伺服（Position-Based Visual Servo，PBVS）控制，其 s 由三维（3-D）参数构成，三维参数必须从图像测量中估计。我们将于 24.4 节提供几种更加先进的方法。

一旦选定 s，控制系统方案的设计将变得非常简单。或许，最直截了当的方法是设计一个速度控制器。为了设计速度控制器，需要建立 s 的时间导数与摄像机速度之间的关系。将摄像机的空间速度记为 $v_c=(\nu_c,\omega_c)$，其中，ν_c 是摄像机坐标系原点的瞬时线速度，ω_c 是摄像机坐标系的瞬时角速度。$\dot{s}$ 与 v_c 的关系如下

$$\dot{s}=L_s v_c \tag{24.2}$$

式中，$L_s\in\mathbb{R}^{k\times6}$ 称为与 s 有关的交互矩阵[24.1]，在视觉伺服参考文献［24.2］中有时也称为特征雅可比矩阵。本章中，我们将采用后面的术语将 s 的时间导数与关节速度联系在一起（见 24.8 节）。

由式（24.1）和式（24.2），可以得到摄像机速度与误差时间导数之间的关系：

$$\dot{e}=L_e v_c \tag{24.3}$$

式中，$L_e=L_s$。考虑以 v_c 作为机器人控制器的输入，如果我们愿意尝试使得误差以指数解耦下降（即 $\dot{e}=-\lambda e$），则由式（24.3）得

$$v_c=-\lambda L_e^{+}e \tag{24.4}$$

式中，$L_e^{+}\in\mathbb{R}^{6\times k}$，选作为 L_e 的摩尔—潘洛斯（Moore-Penrose）伪逆矩阵，当 L_e 具有全秩 6 时，$L_e^{+}=(L_e^{T}L_e)^{-1}L_e^{T}$。该选择允许 $\|\dot{e}-\lambda L_e L_e^{+}e\|$ 和 $\|v_c\|$ 最小化。当 $k=6$ 时，如果 $\det L_e\neq0$，则可能得到 L_e 的逆，并给出控制律 $v_c=-\lambda L_e^{-1}e$。

在真实的视觉伺服系统中，实际上不可能真正知道 L_e 或 L_e^{+}。因此，需要实现对这两个矩阵之一的近似或者估计。因此，我们把交互矩阵近似矩阵的伪逆和交互矩阵伪逆的近似矩阵用符号 $\widehat{L_e^{+}}$ 表示。采用该符号后，控制律实际上变成

$$v_c=-\lambda\widehat{L_e^{+}}e=-\lambda\widehat{L_s^{+}}(s-s^{*}) \tag{24.5}$$

将回路闭环，并假设机器人控制器能够很好地实现 v_c，将式（24.5）代入式（24.3），有

$$\dot{e}=-\lambda L_e\widehat{L_e^{+}}e \tag{24.6}$$

该方程刻画了闭环系统的实际行为，当 $L_e\widehat{L_e^{+}}\neq I_6$ 时，它不同于特定的行为（$\dot{e}=-\lambda e$）。I_6 是 6×6 的单位矩阵。这也是采用李亚普诺夫（Lyapunov）理论进行系统稳定性分析的基础。

上面给出的是大部分视觉伺服控制器采用的基本设计，其所缺乏的是具体细节。例如，s 应该如何选择？L_s 具有什么形式？应该如何估计 $\widehat{L_e^{+}}$？形成的闭环系统的性能特性如何？这些问题在本章的后续部分予以解决。我们首先介绍一下两种基本的方法，IBVS 和 PBVS，其原理已在 20 多年前提出[24.3]。然后，我们给出一些最近提出的改进其性能的方法。

24.2 基于图像的视觉伺服

传统的基于图像的控制方案[24.3,4]，采用一系列点的图像平面坐标定义集合 s。图像测量结果 m 通常是这些图像点的像素坐标（尽管不是唯一选择），在式（24.1）中定义的 $s=s(m,a)$ 中的 a，只不过是摄像机的内参数，用于从以像素表示的图像测量结果转换为特征。

24.2.1 交互矩阵

对于摄像机坐标系中一个坐标为 $X=(X,Y,Z)$ 的 3-D 点，其在图像中的投影为一个坐标为 $x=(x,y)$ 的二维（2-D）点。于是，有

$$\begin{cases}x=X/Z=(u-c_u)/f\alpha\\ y=Y/Z=(v-c_v)/f\end{cases} \tag{24.7}$$

式中，$m=(u,v)$ 是图像点以像素为单位表示的坐标；$a=(c_u,c_v,f,\alpha)$ 是摄像机的内参数集合，其定义见第 23 章：c_u 和 c_v 是主点坐标，f 是焦距，α 是像素维的比率。第 23 章中定义的内参数 β，此处假设为 0。在此情况下，取 $s=x=(x,y)$，即点的图像平面坐标。成像几何与透视投影的细节，在很多计算机视觉的文献中均可找到，包括参考文献［24.5，6］。

对投影方程式（24.7）对时间求导，有

$$\begin{cases}\dot{x}=\dot{X}/Z-X\dot{Z}/Z^2=(\dot{X}-x\dot{Z})/Z\\ \dot{y}=\dot{Y}/Z-Y\dot{Z}/Z^2=(\dot{Y}-y\dot{Z})/Z\end{cases} \tag{24.8}$$

我们可以利用以下著名的方程建立 3-D 点的速度和摄像机空间速度之间的关系

$$\dot{X}=-\nu_c-\omega_c\times X\Leftrightarrow\begin{cases}\dot{X}=-\nu_x-\omega_y Z+\omega_z Y\\ \dot{Y}=-\nu_y-\omega_z X+\omega_x Z\\ \dot{Z}=-\nu_z-\omega_x Y+\omega_y X\end{cases} \tag{24.9}$$

将式（24.9）代入式（24.8），合并同类项，并应用式（24.7），有

$$\begin{cases} \dot{x} = -v_x/Z + xv_z/Z + xy\omega_x - (1+x^2)\omega_y + y\omega_z \\ \dot{y} = -v_y/Z + yv_z/Z + (1+y^2)\omega_x - xy\omega_y - x\omega_z \end{cases} \tag{24.10}$$

可重写为

$$\dot{\boldsymbol{x}} = \boldsymbol{L}_x \boldsymbol{v}_c \tag{24.11}$$

式中，交互矩阵 $\boldsymbol{L}_x$ 为

$$\boldsymbol{L}_x = \begin{pmatrix} -1/Z & 0 & x/Z & xy & -(1+x^2) & y \\ 0 & -1/Z & y/Z & 1+y^2 & -xy & -x \end{pmatrix} \tag{24.12}$$

在矩阵 $\boldsymbol{L}_x$ 中，Z 的值是该点相对于摄像机坐标系的深度。因此，采用如上形式交互矩阵的任何控制方案必须估计或近似给出 Z 的值。类似地，在计算 x 和 y 时，涉及摄像机的内参数。因此，在式（24.4）中 $\boldsymbol{L}_e^+$ 不能直接使用，只能采用估计值或者近似值 $\hat{\boldsymbol{L}}_e^+$，如式（24.5）所示。更多细节将在下面讨论。

为了控制 6 个自由度，至少 3 个点是需要的（即需要 $k \geqslant 6$）。如果采用特征矢量 $\boldsymbol{x} = (x_1, x_2, x_3)$，可以获得由 3 个点堆砌成的交互矩阵

$$\boldsymbol{L}_x = \begin{pmatrix} \boldsymbol{L}_{x1} \\ \boldsymbol{L}_{x2} \\ \boldsymbol{L}_{x3} \end{pmatrix}$$

在这种情况下，会存在某些配置，其 $\boldsymbol{L}_x$ 是奇异的[24.7]。而且，存在 4 种不同摄像机姿态使得 $\boldsymbol{e}=0$。换言之，存在 4 个全局最小解，并且无法对它们进行区分[24.8]。由于这些原因，常常考虑采用多于 3 个点。

24.2.2　交互矩阵的近似

对于构造用于控制律的估计值 $\hat{\boldsymbol{L}}_e^+$，有数种方法可供选择。当然，如果 $\boldsymbol{L}_e = \boldsymbol{L}_x$ 已知，即如果每个点的当前深度是已有的[24.2]，则选择 $\hat{\boldsymbol{L}}_e^+ = \boldsymbol{L}_e^+$ 是一种常用的方案。实际上，这些参数必须在控制的每次迭代中进行估计。基本的 IBVS 方法采用经典的姿态估计方法（参见第 23 章，24.3 节的开头部分）。另一种常用方法是选择 $\hat{\boldsymbol{L}}_e^+ = \boldsymbol{L}_{e*}^+$，其中，$\boldsymbol{L}_{e*}$ 是在期望位置 $\boldsymbol{e}=\boldsymbol{e}^*=0$ 时 $\boldsymbol{L}_e$ 的值[24.1]。在这种情况下，$\hat{\boldsymbol{L}}_e^+$ 是常数，且每个点只有期望深度需要进行设定，这意味着在视觉伺服过程中必须估计无变化的 3-D 参数。最后，最近提出了采用 $\hat{\boldsymbol{L}}_e^+ = (\boldsymbol{L}_e/2 + \boldsymbol{L}_{e*}/2)^+$ 的方案[24.9]。由于该方法中涉及 $\boldsymbol{L}_e$，必须获得每个点的当前深度。

我们通过一个例子说明这些控制方案的行为。目标为定位摄像机，以便其观测到的矩形位于图像中心（见图 24.1）。我们定义 $\boldsymbol{s}$ 为形成矩形的 4 个点的 x 和 y 坐标。注意，摄像机的初始姿态选为远离期望姿态，特别是被认为对 IBVS 最成问题的旋转运动。在以下给出的仿真中，未引入噪声和建模误差，以便使不同行为的比较处于完全相同的条件下。

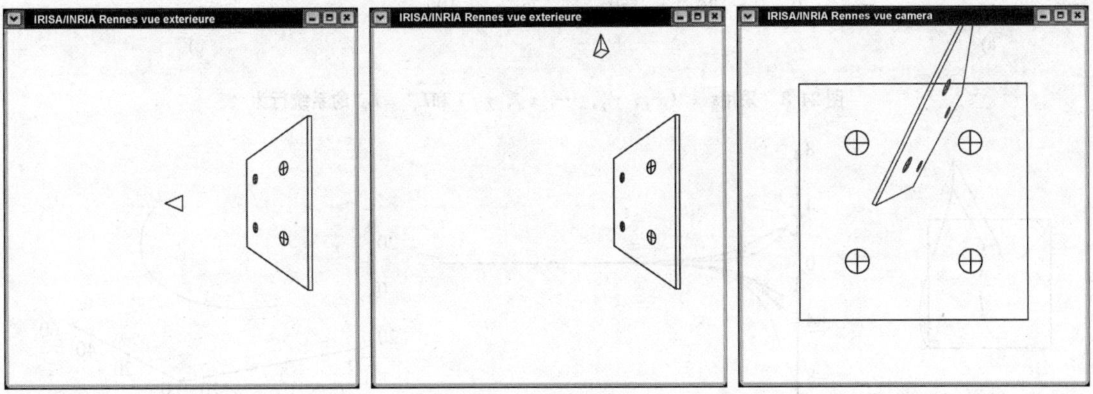

a)　　b)　　c)

图 24.1　定位任务的例子

a）相对于简单目标的期望摄像机姿态　b）初始摄像机姿态　c）相应的初始和期望目标图像

采用 $\hat{L}_e^+ = L_{e*}^+$ 获得的结果如图 24.2 所示。注意，不管需要的偏移多大，系统都收敛。但是，在图像中的行为，或者计算出的摄像机速度分量，或者摄像机的 3-D 轨迹中，都没有呈现出远离收敛位置的期望特性（即在开始阶段的 30 次左右迭代）。

采用 $\hat{L}_e^+ = L_e^+$ 获得的结果如图 24.3 所示。在此情况下，图像中点的轨迹几乎是直线，但其导致的在摄像机坐标系中的行为甚至不如 $\hat{L}_e^+ = L_{e*}^+$ 的情况。摄像机在伺服开始阶段速度大，说明 $\hat{L}_e^+$ 在轨迹开始阶段条件数高，而且摄像机的轨迹远非直线。

选择 $\hat{L}_e^+ = (L_e/2 + L_{e*}/2)^+$，提供了好的实际性能。实际上，如图 24.4 所示，摄像机的速度分量未含有大的振荡，而且在图像空间和 3-D 空间的轨迹平滑。

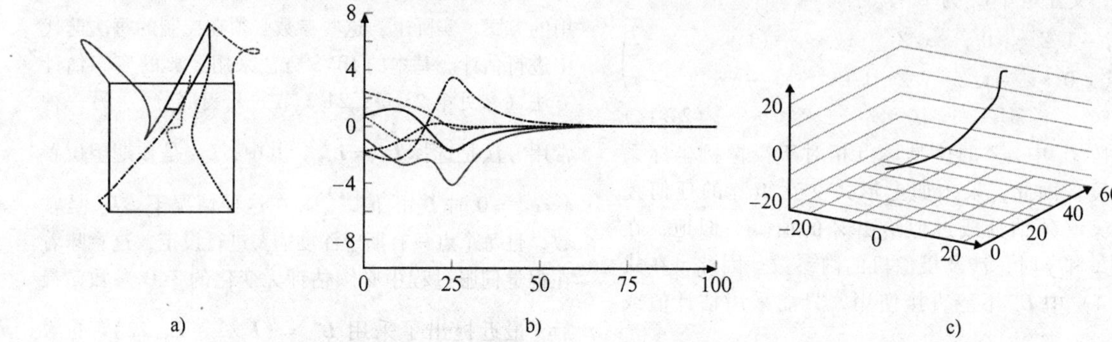

图 24.2　采用 $s = (x_1, y_1, \cdots, x_4, y_4)$ 和 $\hat{L}_e^+ = L_{e*}^+$ 的系统行为

a）图像点的轨迹，包括矩形中心点的轨迹，该点在控制方案中未用　b）控制方案的每次迭代计算出的 v_c 分量（cm/s 和 deg/s）　c）表示于 R_{c*} 中的摄像机光轴中心的 3-D 轨迹（cm）

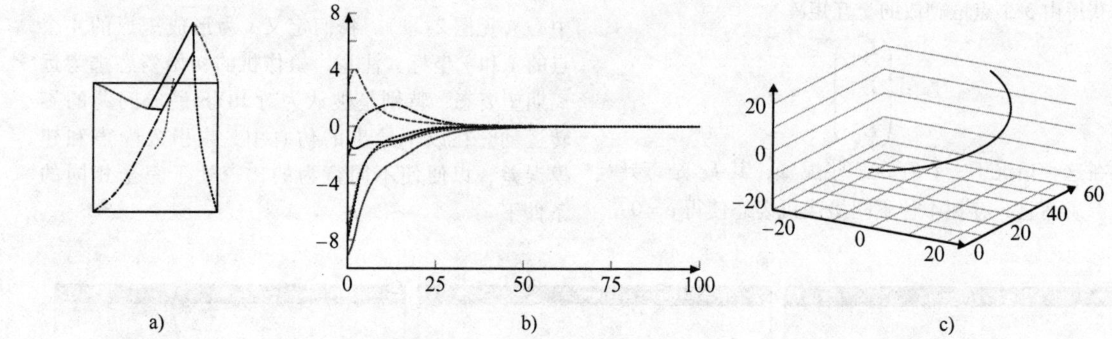

图 24.3　采用 $s = (x_1, y_1, \cdots, x_4, y_4)$ 和 $\hat{L}_e^+ = L_e^+$ 的系统行为

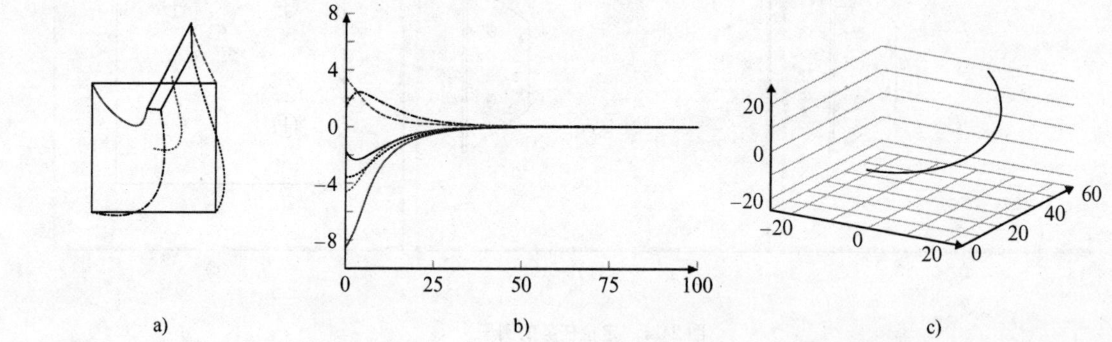

图 24.4　采用 $s = (x_1, y_1, \cdots, x_4, y_4)$ 和 $\hat{L}_e^+ = (L_e/2 + L_{e*}/2)^+$ 的系统行为

24.2.3　IBVS 的几何解释

对于上述定义的控制方案的行为，很容易给出几何解释。图 24.5 给出的例子，对应于从平行于图像平面的 4 个共面点的初始配置（以蓝色显示）到期望配置（以红色显示）绕光轴的纯旋转。

红色箭头代表控制方案中采用 $\boldsymbol{L}_e^+$ 时的图像运动，蓝色箭头代表控制方案中采用 $\boldsymbol{L}_{e*}^+$ 时的图像运动，黑色箭头代表控制方案中采用 $(\boldsymbol{L}_e/2+\boldsymbol{L}_{e*}/2)^+$ 时的图像运动。（更多细节如下）

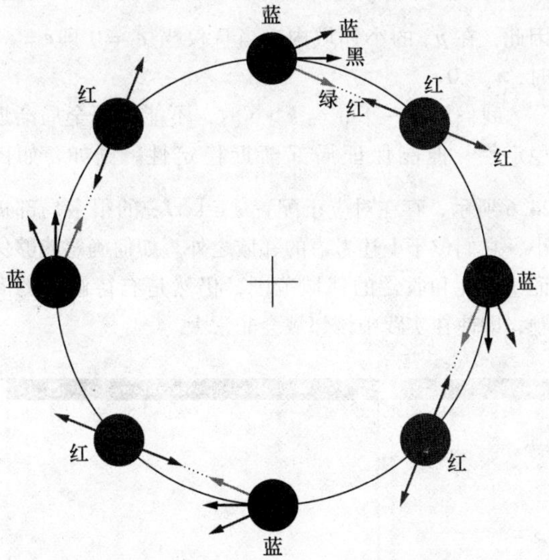

图 24.5　IBVS 的几何解释：从蓝色位置运动到红色位置

如上述解释，在控制方案中采用 $\boldsymbol{L}_e^+$ 试图保证误差 $\boldsymbol{e}$ 以指数递减。这意味着，当 x 和 y 图像点坐标构成误差时，如果可能的话，这些点在图像中的轨迹沿着从初始到期望位置的直线运动。这导致了图 24.5 中以绿线表示的图像运动。实现该图像运动的摄像机运动易于导出，且它确实由绕光轴的旋转运动构成，但结合了一个沿光轴的后退平移运动[24.10]。该非期望的运动是由于特征的选择，以及在交互矩阵中第 3 列和第 6 列的耦合。如果在初始和期望配置之间的旋转很大，该现象将被放大并导致一种特殊情况，即旋转 π 弧度，但从控制方案中不能导出旋转运动[24.11]。另一方面，当旋转很小时，该现象几乎不出现。综上所述，该行为是局部令人满意的（即当误差较小时），但当误差较大时该行为不能令人满意。在后面我们将会看到，这些结果与 IBVS 获得的局部渐近稳定的结果是一致的。

如果在控制方案中采用 $\boldsymbol{L}_{e*}^+$，产生的图像运动如图 24.5 中的蓝线所示。实际上，如果我们考虑与前面相同的控制方案，但从 $\boldsymbol{s}*$ 开始运动到 $\boldsymbol{s}$，则

$$\boldsymbol{v}_c=-\lambda\boldsymbol{L}_{e*}^+(\boldsymbol{s}^*-\boldsymbol{s})$$

再次引起从红点到蓝点的直线运动轨迹，引起棕色线表示的图像运动。回到我们的问题，该控制方案计算出的摄像机速度恰好相反

$$\boldsymbol{v}_c=-\lambda\boldsymbol{L}_{e*}^+(\boldsymbol{s}-\boldsymbol{s}^*)$$

并且产生的图像运动如图 24.5 中红点处的红线所示。在蓝点处的变换，摄像机速度产生蓝色所示的图像运动，并再次对应于绕光轴的旋转运动，以及一个非期望的沿光轴的前进运动。对于大误差和小误差，可以进行如前所述的分析。需要补充说明的是，一旦误差明显下降，两种控制方案就变得相近了，而且趋向于相同（因为当 $\boldsymbol{e}=\boldsymbol{e}*$ 时 $\boldsymbol{L}_e=\boldsymbol{L}_{e*}$），具有如图 24.5 中黑线所示的良好图像运动行为，而且当误差趋近于 0 时摄像机运动仅由绕光轴的旋转构成。

如果采用 $\hat{\boldsymbol{L}}_e^+=(\boldsymbol{L}_e/2+\boldsymbol{L}_{e*}/2)^+$，在直观上很明显的是，甚至当误差大时，$\boldsymbol{L}_e$ 和 $\boldsymbol{L}_{e*}$ 的平均也产生如图 24.5 中的黑线所示的图像运动。除旋转 π 弧度之外，在所有的情况下，摄像机的运动是绕光轴的纯旋转运动，不含有任何非期望的沿光轴的平移运动。

24.2.4　稳定性分析

我们现在考虑与 IBVS 稳定性相关的基本问题。为了评价闭环视觉伺服系统的稳定性，我们采用李亚普诺夫法分析。特别地，考虑由误差范数的平方定义的候选李亚普诺夫函数 $\mathfrak{L}=\frac{1}{2}\|\boldsymbol{e}(t)\|^2$，其导数为

$$\dot{\mathfrak{L}}=\boldsymbol{e}^{\mathrm{T}}\dot{\boldsymbol{e}}$$
$$=-\lambda\boldsymbol{e}^{\mathrm{T}}\boldsymbol{L}_e\hat{\boldsymbol{L}}_e^+\boldsymbol{e}$$

$\dot{\boldsymbol{e}}$ 见式（24.6）。当下面的充分条件满足时，可获得系统的全局渐近稳定性。

$$\boldsymbol{L}_e\hat{\boldsymbol{L}}_e^+>0 \tag{24.13}$$

如果特征数量等于摄像机自由度的数量（即 $k=6$），并且特征的选择和控制方案设计使得 $\boldsymbol{L}_e$ 和 $\hat{\boldsymbol{L}}_e^+$ 具有满秩 6，而 $\hat{\boldsymbol{L}}_e^+$ 的近似也不是太粗糙，则式（24.13）条件能够满足。

正如上面所讨论的那样，对于大部分 IBVS 方法，$k>6$。因此，不能保证满足式（24.13）条件。$\boldsymbol{L}_e\hat{\boldsymbol{L}}_e^+\in\mathbb{R}^{k\times k}$ 的秩最高为 6，所以 $\boldsymbol{L}_e\hat{\boldsymbol{L}}_e^+$ 具有非平凡的零空间。在此情况下，$\boldsymbol{e}\in\ker\hat{\boldsymbol{L}}_e^+$（ker 表示核）的配置对应于局部最小。图 24.6 给出了达到这样的局部极小的过程。由图 24.6d 可见，$\boldsymbol{e}$ 的每个分量具有相同收敛速

度的指数下降，在图像中产生的运动轨迹为直线，但其误差并未真正到0。由图24.6c可以明显地看到，系统被吸引到远离期望配置的一个局部极小点。因此，IBVS仅具有局部渐近稳定性。

为了研究当$k>6$时的局部渐近稳定性，首先定义一个新的误差$\boldsymbol{e}'=\widehat{\boldsymbol{L}}_e^+\boldsymbol{e}$。该误差的时间导数如下：

$$\dot{\boldsymbol{e}}'=\widehat{\boldsymbol{L}}_e^+\dot{\boldsymbol{e}}+\dot{\widehat{\boldsymbol{L}}}{}_e^+\boldsymbol{e}=(\widehat{\boldsymbol{L}}_e^+\boldsymbol{L}_e+\boldsymbol{O})\boldsymbol{v}_c$$

式中，$\boldsymbol{O}\in\mathbb{R}^{6\times6}$，无论如何选择$\widehat{\boldsymbol{L}}_e^+$，当$\boldsymbol{e}=0$时，$\boldsymbol{O}$为0[24.12]。采用式（24.5）控制方案，则

$$\dot{\boldsymbol{e}}'=-\lambda(\widehat{\boldsymbol{L}}_e^+\boldsymbol{L}_e+\boldsymbol{O})\boldsymbol{e}'$$

上式在$\boldsymbol{e}=\boldsymbol{e}^*=0$邻域内是局部渐近稳定的，如果

$$\widehat{\boldsymbol{L}}_e^+\boldsymbol{L}_e>0 \tag{24.14}$$

式中，$\widehat{\boldsymbol{L}}_e^+\boldsymbol{L}_e\in\mathbb{R}^{6\times6}$。实际上，如果我们对局部渐近稳定性感兴趣，只需要考虑线性系统$\dot{\boldsymbol{e}}'=-\lambda\widehat{\boldsymbol{L}}_e^+\boldsymbol{L}_e\boldsymbol{e}'$[24.13]。

再者，如果特征选择和控制方案设计使得$\boldsymbol{L}_e$和$\widehat{\boldsymbol{L}}_e^+$具有满秩6，而$\widehat{\boldsymbol{L}}_e^+$的近似也不是太粗糙，则式（24.14）条件能够满足。

结束讨论局部渐近稳定性之前，我们必须指出，不存在任何配置$\boldsymbol{e}\neq\boldsymbol{e}^*$，使得$\boldsymbol{e}\in\ker\widehat{\boldsymbol{L}}_e^+$在$\boldsymbol{e}^*$的小邻域内，以及在相应姿态$\boldsymbol{p}^*$的小邻域内。这种配置对应于局部极小，其$\boldsymbol{v}_c=0$且$\boldsymbol{e}\neq\boldsymbol{e}^*$。如果这样一个姿态$\boldsymbol{p}$存在，则可限定$\boldsymbol{p}^*$的邻域使得存在从$\boldsymbol{p}$到$\boldsymbol{p}^*$的摄像机速度$\boldsymbol{v}$。该摄像机速度隐含着误差的变化$\dot{\boldsymbol{e}}=\boldsymbol{L}_e\boldsymbol{v}$。但是，因$\widehat{\boldsymbol{L}}_e^+\boldsymbol{L}_e>0$，故该变化不属于$\widehat{\boldsymbol{L}}_e^+$的核。因此，在$\boldsymbol{p}^*$的小邻域内，当且仅当$\dot{\boldsymbol{e}}=0$即$\boldsymbol{e}=\boldsymbol{e}^*$时，$\boldsymbol{v}_c=0$。

我们回顾一下，当$k>6$时，不能保证全局渐近稳定性，但能保证局部渐近稳定性。例如，如图24.6所示，存在对应于配置$\boldsymbol{e}\in\ker\widehat{\boldsymbol{L}}_e^+$的很多局部极小，它们位于上述考虑的邻域之外。如何确定能够保证稳定性和收敛的邻域范围，仍然是有待解决的问题，即使在实践中该邻域会非常大。

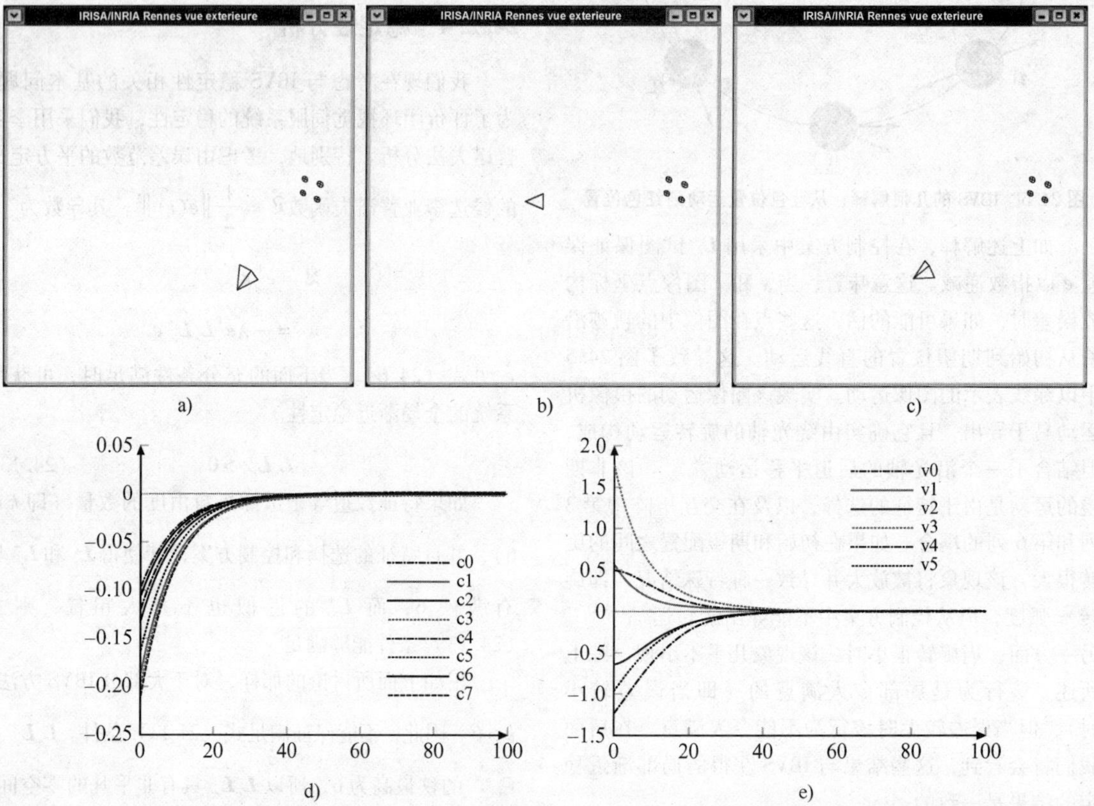

图24.6　采用$\boldsymbol{s}=(x_1, y_1, \cdots, x_4, y_4)$和$\widehat{\boldsymbol{L}}_e^+=\boldsymbol{L}_e^+$达到局部极小

a）初始配置　b）期望配置　c）控制方案收敛后达到的配置　d）控制方案每次迭代的误差$\boldsymbol{e}$的变化

e）摄像机速度$\boldsymbol{v}_c$的6个分量的变化

24.2.5　立体视觉系统的 IBVS

IBVS 方法可以直接扩展到多摄像机系统。如果采用立体视觉系统，而且一个三维点在左右摄像机的图像中均是可见的，则该点可用作视觉特征

$$s = x_s = (x_l, x_r) = (x_l, y_l, x_r, y_r)$$

即，通过在 s 中仅仅跟踪观测点在左右图像中的 x 和 y 坐标，以表示该点[24.14]。但在构造相应的交互矩阵时需注意，式（24.11）给出的表达式，要么是在左摄像机坐标系，要么是在右摄像机坐标系。更准确一点，有

$$\begin{cases} \dot{x}_l = L_{x_l} v_l \\ \dot{x}_r = L_{x_r} v_r \end{cases}$$

式中，v_l 和 v_r 分别是左右摄像机的空间速度；L_{x_l} 和 L_{x_r} 的解析形式在式（24.12）给出。

选择一个附着于立体视觉系统的传感器坐标系，则有

$$\dot{x}_s = \begin{pmatrix} \dot{x}_l \\ \dot{x}_r \end{pmatrix} = L_{xs} v_s$$

式中，与 x_s 相关的交互矩阵可采用第 1 章定义的空间运动变换矩阵 V 确定，它将表示于左右摄像机坐标系的速度转换到传感器坐标系。回顾一下

$$V = \begin{pmatrix} R & [t]_\times R \\ 0 & R \end{pmatrix} \tag{24.15}$$

式中，$[t]_\times$ 为与矢量 t 相关的斜对称矩阵，$(R, t) \in SE(3)$ 是从摄像机到传感器坐标系的刚体变换。该矩阵的数值从立体视觉系统的标定直接获得。由该方程，有

$$L_{x_s} = \begin{pmatrix} L_{x_l} & {}^{l}V_s \\ L_{x_r} & {}^{r}V_s \end{pmatrix}$$

注意，由于立体视觉系统中的一个 3-D 点的透视投影构成极线约束，所以 $L_{x_s} \in \mathbb{R}^{4\times 6}$ 总是具有秩 3（见图 24.7）。另一种简单的解释是，一个 3-D 点由 3 个独立的参数表示，这就使得采用任何传感器观测该点时，不可能找出多于 3 个的独立变量。

为了控制系统的 6 个自由度，有必要考虑至少 3 个点，因为仅考虑两点时的交互矩阵的秩为 5。

采用立体视觉系统时，对于在两幅图像中观测到的任意点，利用简单的三角法很容易估计其 3-D 坐标。因此，将这些 3-D 坐标用在特征集 s 中是可能的，也是很自然的。严格地说，这种方法是基于位置的方法，因为在 s 中需要 3-D 参数。

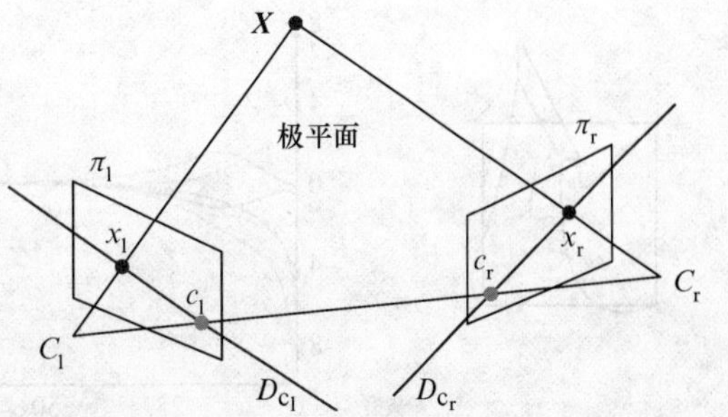

图 24.7　立体视觉系统

24.2.6　图像点柱面坐标的 IBVS

在前面的小节中，我们考虑的是图像点的笛卡儿坐标。正如参考文献［24.15］提出的，用图像点的柱面坐标（ρ，θ）代替其笛卡儿坐标（x，y），或许是有趣的。柱面坐标如下

$$\rho = \sqrt{x^2 + y^2}, \theta = \arctan\frac{y}{x}$$

从而导出

$$\dot{\rho} = (x\dot{x} + y\dot{y})/\rho, \dot{\theta} = (x\dot{y} - y\dot{x})/\rho^2$$

由式（24.11），用 $\rho\cos\theta$ 代替 x，用 $\rho\sin\theta$ 代替 y，我们立即得到

$$L_\rho = \begin{pmatrix} \frac{-c}{Z} & \frac{-s}{Z} & \frac{\rho}{Z} & (1+\rho^2)s & -(1+\rho^2)c & 0 \end{pmatrix}$$

$$L_\theta = \begin{pmatrix} \frac{s}{\rho Z} & \frac{-c}{\rho Z} & 0 & \frac{c}{\rho} & \frac{s}{\rho} & -1 \end{pmatrix}$$

式中，$c = \cos\theta$，$s = \sin\theta$。

在此情况下获得的行为令人相当满意。实际上，考虑与前面相同的例子，且采用 $s = (\rho_1, \theta_1, \cdots, \rho_4, \theta_4)$ 和 $\hat{L}_e^+ = L_{e*}^+$（即常数矩阵），其系统行为如图 24.8 所示，它具有与采用 $\hat{L}_e^+ = (L_e/2 + L_{e*}/2)^+$ 和 $s = (x_1, y_1, \cdots, x_4, y_4)$ 的系统行为同样好的特性。如果我们回到图 24.5 中的例子，得到的行为也将与期望的一样，这得益于交互矩阵第 3 列和第 6 列的解耦。

24.2.7　其他几何特征的 IBVS

在前面的小节中，我们仅考虑了 s 中的图像点。其他的几何原始特征，当然也可采用。这样做有几个原因。首先，摄像机观测的场景并不总是仅仅由一系列的点描述，其图像处理也可提供其他类型的测量，如直线或者目标的轮廓。其次，丰富的几何原始特征可改善解耦和线性化问题，从而促进分块系统的设计。最后，要实现的机器人任务可以以摄像机与被观

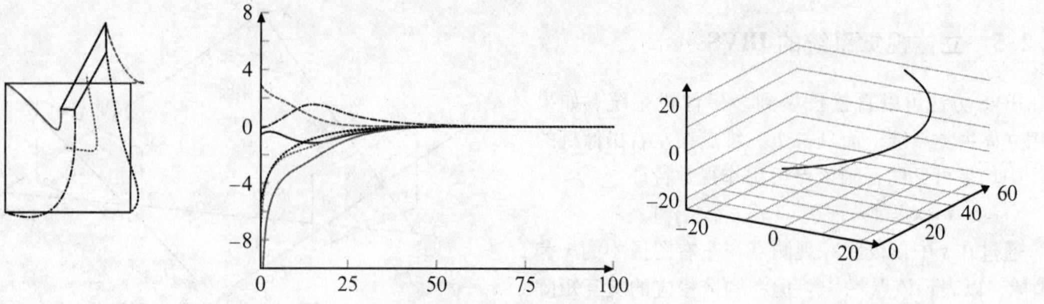

a)　　　b)　　　c)

图24.8　采用$s = (\rho_1, \theta_1, \cdots, \rho_4, \theta_4)$和$\hat{L}_e^+ = L_{e*}^+$的系统行为

测目标之间的虚拟连杆的形式表示[24.16,17]，有时也直接表示为原始特征之间的约束，如点到线约束[24.18]（这意味着观测点必须位于特定线上）。

关于第一点，对于大量几何原始特征，如片断、直线、球、圆、柱等，确定其透视投影的交互矩阵是可能的，其结果见参考文献［24.1］和参考文献［24.16］。近来，对应于平面目标的任意图像矩，已经可以计算其交互矩阵的解析解。这就使得考虑任意形状的平面目标成为可能[24.19]。如果在图像中测量了一系列点，则也可利用其矩[24.20]。在两种情况下，矩允许采用直观的几何特征，如目标的重心或者方向。通过选择矩的适当组合，有可能确定出具有良好解耦和线性特性的分块系统[24.19,20]。

注意，对于所有这些特征（几何原始特征，矩），原始特征或者目标的深度体现在交互矩阵中与平移自由度相关的系数上，这与图像点的情况一样。对该深度的估计，通常还是必要的。也有少量的例外，如矩的适当标准化，可以允许在一些特殊情况下使得交互矩阵中仅有期望的定常深度[24.20]。

24.2.8　直接估计

在前面的小节中，我们将重点放在了交互矩阵的解析形式。也可以采用离线学习或者在线估计方法，直接估计其数值解。

已提出的数值估计交互矩阵的所有方法，依赖于对已知的或测量的摄像机运动所引起的特征变化的观测。更准确地说，如果由于摄像机的运动Δv_c，我们测量到的一个特征的变化为Δs，则由式（24.2）有

$$L_s \Delta v_c = \Delta s$$

上式提供了k个方程，而在L_s中有$k \times 6$个未知数。利用N次独立的摄像机运动，$N>6$，则可以通过求解下式估计出L_s

$$L_s A = B$$

式中，$A \in \mathbb{R}^{6\times N}$，$B \in \mathbb{R}^{k\times N}$，其列来自于摄像机的一系列运动和对应的特征变化。当然，最小二乘法的解为

$$\hat{L}_s = BA^+ \tag{24.16}$$

基于神经网络的方法也已经被用于估计L_s[24.21,22]。直接估计出L_s^+的数值解也是可能的，这在实践中能提供更好的行为[24.23]。在此情况下，基本关系为

$$L_s^+ \Delta s = \Delta v_c$$

上式提供了6个方程。利用N次测量，$N>k$，则有

$$\hat{L}_s^+ = AB^+ \tag{24.17}$$

在式（24.16）的第一种情况下，L_s的6列通过求解6个线性系统进行估计。而在式（24.17）的第二种情况下，L_s^+的k列通过求解k个线性系统进行估计。这就是上述结果中的差别。

在线估计交互矩阵可以看作优化问题，许多研究者已经研究了一些源自优化的方法。这些方法将系统方程（24.2）进行离散化，并在每个阶段采用迭代更新方案优化$\hat{L}_s$的估计。参考文献［24.24，25］给出的一种采用希罗伊登（Broyden）更新规则的在线迭代公式：

$$\hat{L}_s(t+1) = \hat{L}_s(t) + \frac{\alpha}{\Delta v_c^{\mathrm{T}} \Delta v_c}\left[\Delta x - \hat{L}_s(t)\Delta v_c\right]\Delta v_c^{\mathrm{T}}$$

式中，α定义了更新速度。在参考文献［24.26］中，该方法已推广到运动目标的情况。

在控制方案中采用数值估计的主要优点是，避免了所有的建模和标定步骤。当所采用特征的交互矩阵不能得到解析解时，数值估计特别有用。例如，在参考文献［24.27］中，一幅图像的主成分分析的主特征值，被用于视觉伺服方案。这些方法的缺点是，不能从理论上进行稳定性和鲁棒性分析。

24.3　基于位置的视觉伺服

基于位置的控制方案[24.2,28,29]采用摄像机相对于某参考坐标系的位姿定义 $\boldsymbol{s}$。从一幅图像的一系列测量值中计算位姿，需要已知摄像机的内参数和被观测目标的 3-D 模型。这一经典的计算机视觉问题称为 3-D 定位问题。该问题超出本章的讨论范围，但在参考文献［24.30，31］中可以找到很多解决方法，其基本原理在第 23 章进行了回顾。

典型地，以代表摄像机位姿的参数形式定义 $\boldsymbol{s}$。注意，$\boldsymbol{s}$ 的定义式（24.1）中的参数 $\boldsymbol{a}$，现在是摄像机的内参数和目标的 3-D 模型。

为方便起见，考虑 3 个坐标系：当前摄像机坐标系 $\mathcal{F}_c$，期望摄像机坐标系 $\mathcal{F}_{c*}$，以及附着于目标的参考坐标系 $\mathcal{F}_o$。此处，采用首位上标符号代表一系列坐标所处的坐标系。于是，坐标矢量 ${}^{c}\boldsymbol{t}_o$ 和 ${}^{c*}\boldsymbol{t}_o$，分别代表在当前摄像机坐标系和期望摄像机坐标系下，目标坐标系原点的坐标。此外，以 $\boldsymbol{R}={}^{c*}\boldsymbol{R}_c$ 作为旋转矩阵，表示当前摄像机坐标系相对于期望摄像机坐标系的姿态。

将 $\boldsymbol{s}$ 定义为 $(\boldsymbol{t},\theta\boldsymbol{u})$，其中，$\boldsymbol{t}$ 为平移矢量，$\theta\boldsymbol{u}$ 为旋转的角/轴参数。现在讨论 $\boldsymbol{t}$ 的两种选择，并给出相应的控制律。

如果 $\boldsymbol{t}$ 相对于目标坐标系 $\mathcal{F}_o$ 定义，则有 $\boldsymbol{s}=({}^{c}\boldsymbol{t}_o,\theta\boldsymbol{u})$，$\boldsymbol{s}*=({}^{c*}\boldsymbol{t}_o,0)$，和 $\boldsymbol{e}=({}^{c}\boldsymbol{t}_o-{}^{c*}\boldsymbol{t}_o,\theta\boldsymbol{u})$。在此情况下，关于 $\boldsymbol{e}$ 的交互矩阵为

$$\boldsymbol{L}_e=\begin{pmatrix}-\boldsymbol{I}_3 & [{}^{c}\boldsymbol{t}_o]_\times\\ 0 & \boldsymbol{L}_{\theta u}\end{pmatrix}\tag{24.18}$$

式中，$\boldsymbol{I}_3$ 为 3×3 的单位阵，$\boldsymbol{L}_{\theta u}$[24.32]为

$$\boldsymbol{L}_{\theta u}=\boldsymbol{I}_3-\frac{\theta}{2}[\boldsymbol{u}]_\times+\left(1-\frac{\operatorname{sinc}\theta}{\operatorname{sinc}^2\dfrac{\theta}{2}}\right)[\boldsymbol{u}]_\times^2\tag{24.19}$$

式中，sinc x 为正弦基，其定义为 $x\operatorname{sinc}x=\sin x$ 且 $\operatorname{sinc}0=1$。

根据 24.1 节，我们得到控制方案

$$\boldsymbol{v}_c=-\lambda\hat{\boldsymbol{L}}_e^{-1}\boldsymbol{e}$$

式中，$\boldsymbol{s}$ 的维数 k 为 6，即摄像机自由度的数量。设定

$$\hat{\boldsymbol{L}}_e^{-1}=\begin{pmatrix}-\boldsymbol{I}_3 & [{}^{c}\boldsymbol{t}_o]_\times\boldsymbol{L}_{\theta u}^{-1}\\ 0 & \boldsymbol{L}_{\theta u}^{-1}\end{pmatrix}\tag{24.20}$$

化简后，得

$$\begin{cases}\boldsymbol{v}_c=-\lambda[{}^{c*}\boldsymbol{t}_o-{}^{c}\boldsymbol{t}_o]+[{}^{c}\boldsymbol{t}_o]_\times\theta\boldsymbol{u}\\ \boldsymbol{R}_c=-\lambda\theta\boldsymbol{u}\end{cases}\tag{24.21}$$

式中，$\boldsymbol{L}_{\theta u}$ 的取值使得 $\boldsymbol{L}_{\theta u}^{-1}\theta\boldsymbol{u}=\theta\boldsymbol{u}$。

理想情况下，如果姿态参数估计准确，则 $\boldsymbol{e}$ 的行为将为期望行为（$\dot{\boldsymbol{e}}=-\lambda\boldsymbol{e}$）。$\boldsymbol{e}$ 的选择会引起跟随测地线的旋转运动以指数速度下降，会引起 $\boldsymbol{s}$ 中的平移参数以同样速度下降。这就解释了为什么图 24.9 中的摄像机速度分量以良好的指数规律下降。此外，目标坐标系原点在图像中的轨迹为一条直线（此处选择 4 个点的中心为原点）。另一方面，摄像机的轨迹不是沿着一条直线。

另一种 PBVS 方案采用 $\boldsymbol{s}=({}^{c*}\boldsymbol{t}_c,\theta\boldsymbol{u})$ 设计。在此情况下，$\boldsymbol{s}^*=0$，$\boldsymbol{e}=\boldsymbol{s}$，且

$$\boldsymbol{L}_e=\begin{pmatrix}\boldsymbol{R} & 0\\ 0 & \boldsymbol{L}_{\theta u}\end{pmatrix}\tag{24.22}$$

注意到平移与旋转运动的解耦，这允许我们获得简单的控制方案

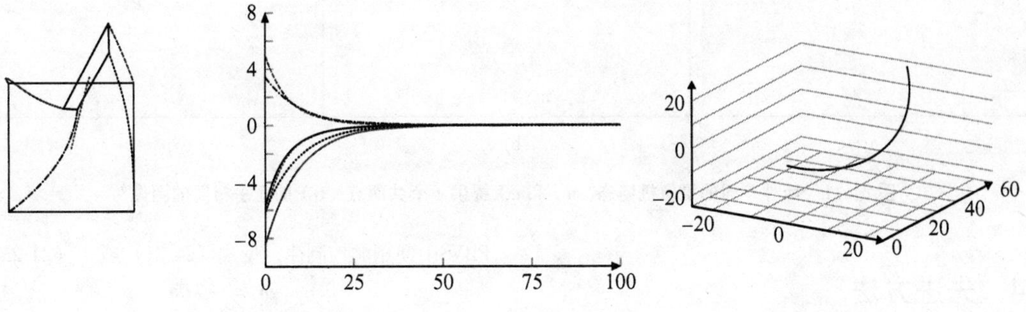

a)　b)　c)

图 24.9　采用 $\boldsymbol{s}=({}^{c}\boldsymbol{t}_o,\theta\boldsymbol{u})$ 的系统行为

$$\begin{cases} \boldsymbol{v}_c = -\lambda \boldsymbol{R}^{\mathrm{T}} \ {}^{c^*}\boldsymbol{t}_c \\ \boldsymbol{\omega}_c = -\lambda \theta \boldsymbol{u} \end{cases} \tag{24.23}$$

在此情况下，如图24.10所示，如果式（24.23）中的姿态参数估计准确，则摄像机的轨迹为一条直线，而图像轨迹则不如以前令人满意。甚至可以发现某些特殊的配置，使得某些点离开摄像机的视场。

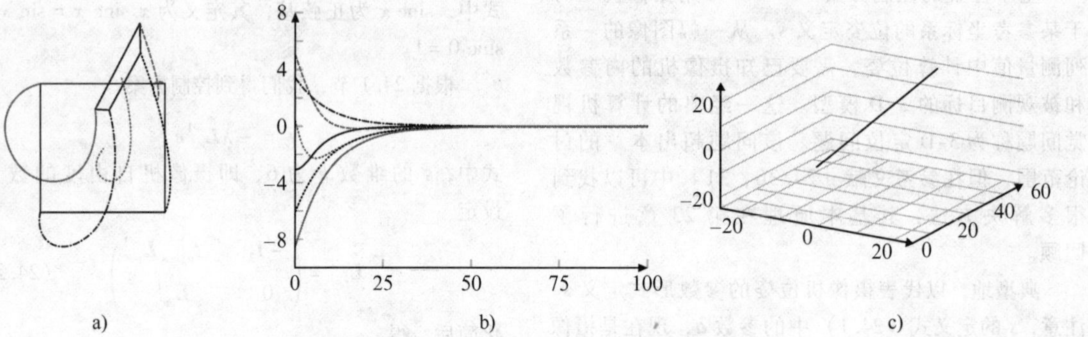

图24.10　采用$\boldsymbol{s}=({}^{c^*}\boldsymbol{t}_c, \theta\boldsymbol{u})$的系统行为

PBVS的稳定性特性看起来很具有吸引力。因为当$\theta \neq 2k\pi$时，式（24.19）给出的$\boldsymbol{L}_{\theta u}$是非奇异的，在所有姿态参数是准确的这一强假设下，$\boldsymbol{L}_e \hat{\boldsymbol{L}}_e^{-1} = \boldsymbol{I}_6$，所以由式（24.13）可以获得系统的全局渐近稳定。这对上述两种方法均成立，因为当$\boldsymbol{L}_{\theta u}$非奇异时，式（24.18）和式（24.22）给出的交互矩阵是满秩的。

关于鲁棒性，反馈是采用估计量计算的，而估计量是图像测量和系统标定参数的函数。对于24.3节中的第一种方法（第二种方法的分析类似），式（24.18）给出的交互矩阵对应于准确估计的姿态参数，而估计的姿态参数可能由于标定误差而偏离真实值，或者由于噪声而不精确或不稳定，所以真实值是未知的[24.11]。实际上，真正的正定条件应写为

$$\boldsymbol{L}_{\hat{e}} \hat{\boldsymbol{L}}_{\hat{e}}^{-1} > 0 \tag{24.24}$$

式中，$\hat{\boldsymbol{L}}_{\hat{e}}^{-1}$由式（24.20）给出，但$\boldsymbol{L}_{\hat{e}}$未知，且不能由式（24.18）给出。实际上，在图像中计算出的点的位置即使存在很小的误差，也会导致姿态误差，明显影响系统的精度和稳定性（见图24.11）。

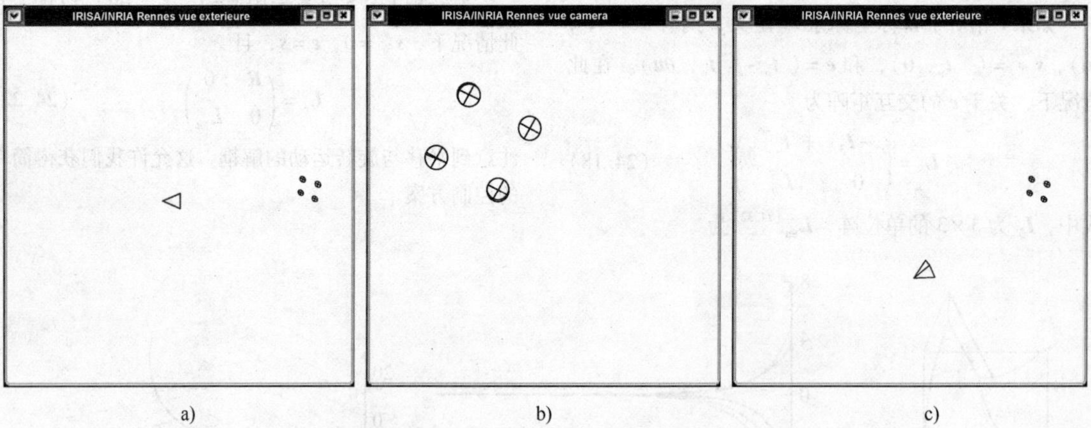

图24.11　两种不同的摄像机姿态，a）和c）提供4个共面点　b）的几乎相同的图像

24.4　先进方法

24.4.1　混合视觉伺服

假设我们已获得ω_c的很好的控制律，例如在PBVS中使用的控制律，见式（24.21）或式（24.23）：

$$\boldsymbol{\omega}_c = -\lambda \theta \boldsymbol{u} \tag{24.25}$$

我们如何将其与传统的IBVS结合使用？

考虑用于控制平移自由度的特征矢量$\boldsymbol{s}_t$和误差$\boldsymbol{e}_t$，我们可以将交互矩阵分块如下：

$$\dot{s}_t = L_{st}v_c = (L_v \quad L_\omega)\begin{pmatrix} v_c \\ \omega_c \end{pmatrix} = L_v v_c + L_\omega \omega_c$$

现在，设定 $\dot{e}_t = -\lambda e_t$，可以求解出期望的平移控制输入为

$$-\lambda e_t = \dot{e}_t = \dot{s}_t = L_v v_c + L_\omega \omega_c$$
$$\Rightarrow v_c = -L_v^+(\lambda e_t + L_\omega \omega_c) \qquad (24.26)$$

我们可以将 $(\lambda e_t + L_\omega \omega_c)$ 作为误差修正项，它结合了原始误差和由旋转运动 ω_c 引起的误差。平移控制输入 $v_c = -L_v^+(\lambda e_t + L_\omega \omega_c)$ 将使该误差趋近于0。该方法称为2.5-D视觉伺服[24.32]，首次探索了结合IBVS和PBVS的一种分块。更确切地说，在参考文献［24.32］中，s_t 选取图像点的坐标及其深度的对数，这样，L_v 是一个可逆的三角矩阵。更确切地说，我们有 $s_t = (x, \log Z)$，$s_t^* = (x^*, \log Z^*)$，$e_t = (x - x^*, \log \rho z)$，其中 $\rho z = Z/Z^*$，且

$$L_v = \frac{1}{Z^* \rho z}\begin{pmatrix} -1 & 0 & x \\ 0 & -1 & y \\ 0 & 0 & -1 \end{pmatrix}$$

$$L_\omega = \begin{pmatrix} xy & -(1+x^2) & y \\ 1+y^2 & -xy & -x \\ -y & x & 0 \end{pmatrix}$$

注意，比率 ρz 能够从局部姿态估计算法中直接获得，相关算法将在24.6节介绍。

如果我们回到视觉伺服方案的常用全局表示，则有 $e = (e_t, \theta u)$，L_e 为

$$L_e = \begin{pmatrix} L_v & L_\omega \\ 0 & L_{\theta u} \end{pmatrix}$$

应用式（24.5），可以立即从上式得到控制规律式（24.25）和式（24.26）。

采用上述 s_t 获得的行为如图24.12所示。此处，s_t 中的点为目标的重心 x_g。我们注意到，该点的图像轨迹正如期望的那样，是一条直线，而且摄像机的速度分量下降良好，这使得该方案非常接近PBVS的第一种方案。

关于稳定性，很明显该方案在理想的条件下是全局渐近稳定的。此外，得益于交互矩阵 L_e 的三角形式，采用24.6节介绍的局部姿态估计算法[24.33]，能够分析该方案在存在标定误差时的稳定性。最后，该方案中唯一未知的定常参数 Z^*，可以采用自适应技术在线估计[24.34]。

也可以设计其他的混合方案。例如，在参考文献［24.35］中，s_t 的第三个元素是不同的，其选择使得所有目标点尽可能保留在摄像机的视场中。参考文献［24.36］给出了另一个例子。在该例中，s 选作 $s = ({}^{c^*}t_c, x_g, \theta u_z)$，以提供如下形式的分块三角交互矩阵：

$$L_e = \begin{pmatrix} R & 0 \\ L'_v & L'_\omega \end{pmatrix}$$

式中，L'_v 和 L'_ω 很容易计算。在理想的条件下，该方案的行为如下：摄像机的轨迹是一条直线（因为 ${}^{c^*}t_c$ 是 s 的一部分），目标重心的图像轨迹也是一条直线（因为 x_g 也是 s 的一部分）。平移摄像机自由度用于实现3-D直线，而旋转摄像机自由度用于实现2-D直线，并补偿由于平移运动引起的 x_g 的2-D运动。如图24.13所示，该方案实际上相当令人满意。

最后，以不同的方法结合2-D和3-D是可能的。例如，在参考文献［24.37］中，提出了在 s 中采用一系列图像点的2-D齐次像素坐标乘以对应的深度：$s = (u_1Z_1, v_1Z_1, Z_1, \cdots, u_nZ_n, v_nZ_n, Z_n)$。对于经典的IBVS，在此情况下我们获得一系列冗余特征，因为至少需要三个点以控制摄像机的6个自由度（此处 $k \geqslant 9$）。然而，在参考文献［24.38］中已证实，选择冗余特征与有吸引力的局部极小没有关系。

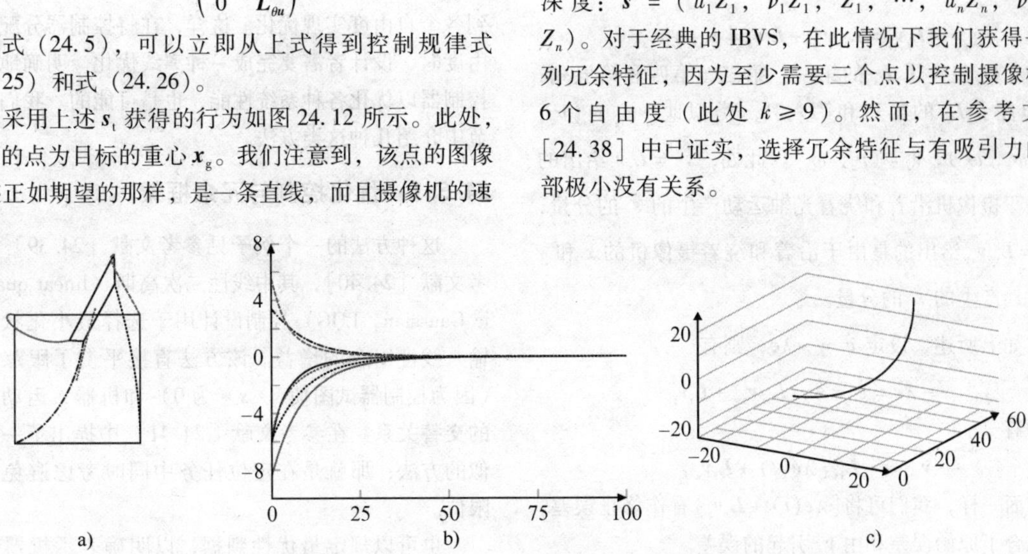

a)　　b)　　c)

图24.12　采用 $s = (x_g, \log(Z_g), \theta u)$ 的系统行为

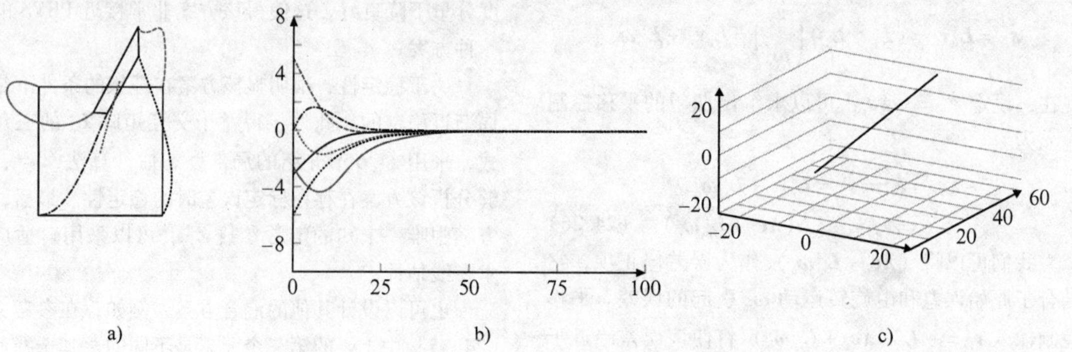

图24.13 采用$s=({}^{c^*}t_c,\ x_g,\ \theta u_z)$的系统行为

24.4.2 分块视觉伺服

上面介绍的混合视觉伺服方案，通过选择适当的视觉特征，部分为2-D，部分为3-D（这也是它们为何被称为2.5-D视觉伺服的原因），将旋转运动从平移运动中解耦出来。该工作激发了一些研究者，去寻找能够展现出类似解耦特性的特征，但采用仅仅直接表达于图像中的特征。更确切地说，该目标是寻找6个特征，每个特征只与一个自由度相关（在此情况下，交互矩阵是对角矩阵）。最高目标是寻找一个元素为常数的对角交互矩阵，并尽可能接近单位矩阵，从而导致一个纯粹的、直接的、简单的线性控制问题。

在该领域中的第一项工作是将交互矩阵分块，以隔离与光轴相关的运动[24.10]。实际上，无论如何选择s，我们有

$$\dot{s}=L_s v_c=L_{xy}v_{xy}+L_z v_z=\dot{s}_{xy}+\dot{s}_z$$

式中，L_{xy}包含了L_s的第一、第二、第四和第五列；L_z包含了L_s的第三和第六列。类似地，$v_{xy}=(v_x,\ v_y,\ \omega_x,\ \omega_y)$，$v_z=(v_z,\ \omega_z)$。此处，$\dot{s}_z=L_z v_z$给出的是由于摄像机沿着和绕着光轴运动产生的$\dot{s}$的分量，$\dot{s}_{xy}=L_{xy}v_{xy}$给出的是由于沿着和绕着摄像机的$x$和$y$轴运动产生的$\dot{s}$的分量。

如上所述，设定$\dot{e}=-\lambda e$，则有

$$-\lambda e=\dot{e}=\dot{s}=L_{xy}v_{xy}+L_z v_z$$

从而有

$$v_{xy}=-L_{xy}^{+}[\lambda e(t)+L_z v_z]$$

与前面一样，我们可将$[\lambda e(t)+L_z v_z]$看作修正误差，它结合了原始误差和由v_z引起的误差。

给出该结果后，剩下的问题就是选择s和v_z。与基本的IBVS一样，一系列图像点的坐标可用于s。同时，定义了两个新的图像特征以确定v_z。

1）定义α为图像平面的水平轴与连接两个特征点的线段之间的夹角，$0\leqslant\alpha<2\pi$。显然，α与绕光轴的旋转密切相关。

2）定义σ^2为这些点构成的多边形的面积。类似地，σ^2与沿光轴的平移密切相关。

采用这些特征，v_z在参考文献［24.10］被定义为

$$\begin{cases}v_z=\lambda_{vz}\ln\dfrac{\sigma^*}{\sigma}\\ \omega_z=\lambda_{\omega z}(\alpha^*-\alpha)\end{cases}$$

24.5 性能优化与规划

在某种意义上，分块方法表现了对优化系统性能的一种努力，该方法通过将独有的特征和控制器配置到各个自由度实现优化。这样，在将控制器分配到自由度时，设计者需要完成一种离线优化。明确地设计控制器以优化各种系统性能，也是可能的。我们在本节中介绍几种这类方法。

24.5.1 优化控制与冗余框架

这种方法的一个例子见参考文献［24.39］和参考文献［24.40］，其中线性二次高斯（linear quadratic Gaussian，LQG）控制设计用于选择最小化状态与输入线性组合的增益。该方法直接平衡了跟踪误差（因为控制器试图使$s-s^*$为0）和机器人运动之间的交替关系。在参考文献［24.41］中提出了一种类似的方法，那就是在定位任务中同时考虑避免关节限位。

也可以规定最优性判据，以明确表示机器人的运动在图像中的观测值。例如，交互矩阵的奇异值分解给出了哪些自由度是最明显的，从而也是最容

易控制的；交互矩阵的条件数给出了运动可视性的一种全局测量。该概念在参考文献［24.42］中称为可解性，在参考文献［24.43］中称为可感知性。通过选择特征并设计控制器，使针对某些特定的自由度或者全局的这些测量最大化，可以改善视觉伺服系统的性能。

采用优化控制方法设计控制方案所考虑的约束，在某些情况下可能是相反的，由于在被最小化的目标函数中的局部极小，会导致系统失败。例如，可能会发生这样的情况，从机器人关节限位离开的运动恰好与趋近目标位姿的运动相反，从而导致一个零全局运动。为了避免这一潜在问题，可以采用梯度投影法，这在机器人学中是经典的。在参考文献［24.1］和［24.17］中，已经将该方法用于视觉伺服。该方法将次要约束 $\boldsymbol{e}_s$ 投影到基于视觉的任务 $\boldsymbol{e}$ 的零空间，从而它们对于 $\boldsymbol{e}$ 到0的调节没有影响。

$$\boldsymbol{e}_g = \hat{\boldsymbol{L}}_e^+ \boldsymbol{e} + \boldsymbol{P}_e \boldsymbol{e}_s$$

式中，$\boldsymbol{e}_g$ 是要考虑的全局新任务；$\boldsymbol{P}_e = (\boldsymbol{I}_6 - \hat{\boldsymbol{L}}_e^+ \hat{\boldsymbol{L}}_e)$ 使得 $\hat{\boldsymbol{L}}_e \boldsymbol{P}_e \boldsymbol{e}_s = 0$，$\forall \boldsymbol{e}_s$。在参考文献［24.44］中，采用该方法避免机器人关节的限位。然而，当基于视觉的任务约束摄像机的所有自由度时，不能考虑次要约束，因为当 $\hat{\boldsymbol{L}}_e$ 具有满秩6时，有 $\boldsymbol{P}_e \boldsymbol{e}_s = 0$，$\forall \boldsymbol{e}_s$。在此情况下，有必要在全局目标函数如导航函数中加入约束，以便能够避免局部极小[24.45,46]。

24.5.2　开关方案

前面描述的分块方法，试图通过将独立的控制器配置到特定的自由度以优化性能。另一种方法是采用多控制器以优化性能，即设计开关方案，在任一时刻基于优化判据选用相应的控制器。

一种简单的开关控制器，可以采用IBVS和PBVS控制器来设计[24.27]。对于PBVS控制器，考虑其李亚普诺夫函数 $\mathfrak{L} = \frac{1}{2}\|\boldsymbol{e}(t)\|^2$，其中 $\boldsymbol{e}(t) = ({}^c\boldsymbol{t}_o - {}^{c^*}\boldsymbol{t}_o, \theta\boldsymbol{u})$。如果在任意时刻李亚普诺夫函数的值超过阈值 γ_P，则系统切换到PBVS控制器。当采用PBVS控制器时，在任意时刻李亚普诺夫函数的值超过阈值 $\mathfrak{L} = \frac{1}{2}\|\boldsymbol{e}(t)\|^2 > \gamma_1$，则系统切换到IBVS控制器。采用该方案，当对于特定控制器的李亚普诺夫函数超过某一阈值时，该控制器被调用，并用于降低相应的李亚普诺夫函数的值。如果开关阈值选择的合适，则系统能够利用IBVS和PBVS各自的优势，并避免IBVS和PBVS各自的不足。

图24.14给出了一个绕光轴旋转160°的此类系统的例子。注意，系统首先以IBVS模式开始，其图像特征开始以指向图像中目标位置的直线方向运动。但是，随着摄像机的后退，该系统切换到PBVS，允许摄像机结合绕光轴的旋转运动和向前的平移运动到达其期望位置，在图像中产生圆弧轨迹。

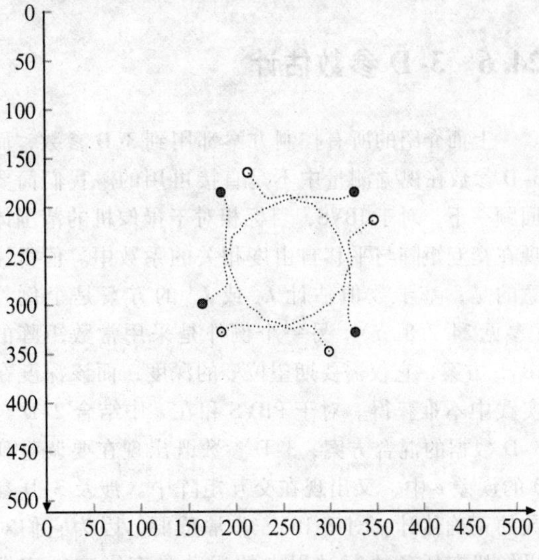

图24.14　采用开关控制方案绕光轴旋转160°的图像特征轨迹（初始点位置为蓝色，期望点位置为红色）

还有其他一些时间开关方案的例子，以保证被观测目标的可见性，例如参考文献［24.48］中的方案。

24.5.3　特征轨迹规划

也可以在规划阶段，离线处理优化问题。在此情况下，可以同时考虑几个约束，例如避障[24.49]，关节限位和避碰，保证目标的可视性[24.50]。保证满足约束并允许摄像机到达期望位姿的特征轨迹 $\boldsymbol{s}^*(t)$，可采用路径规划技术确定，例如众所周知的势场法。

路径规划与轨迹跟踪的结合，使得视觉伺服对于建模误差的鲁棒性得到极大的改善。事实上，当误差 $\boldsymbol{s}-\boldsymbol{s}^*$ 较大时，建模误差会有很大影响；当误差 $\boldsymbol{s}-\boldsymbol{s}^*$ 较小时，建模误差的影响较小。一旦符合 $\boldsymbol{s}^*(0) = \boldsymbol{s}(0)$ 的期望特征轨迹 $\boldsymbol{s}^*(t)$ 在规划阶段完成设计，在考虑到 $\boldsymbol{s}^*$ 是变化的，并且使误差 $\boldsymbol{s}-\boldsymbol{s}^*$ 保持较小的情况下，很容易修改控制方案。更确切地说，我们有

$$\dot{\boldsymbol{e}} = \dot{\boldsymbol{s}} - \dot{\boldsymbol{s}}^* = \boldsymbol{L}_e \boldsymbol{v}_c - \dot{\boldsymbol{s}}^*$$

通过选择常用期望行为 $\dot{e}=-\lambda e$，由上式可以推导出，

$$v_c=-\lambda\hat{L}_e^{+}e+\hat{L}_e^{+}\dot{s}^{*}$$

该控制律新的第二项引入了期望值 s^{*} 的变化率，以消除由其引起的跟踪误差。在24.7节我们将会看到，当跟踪运动目标时，其控制律的形式是相似的。

24.6　3-D参数估计

上面介绍的所有控制方案都用到3-D参数，而3-D参数在视觉测量中不是直接可用的。我们简要回顾一下，对于IBVS，目标相对于摄像机的范围体现在交互矩阵与平移自由度相关的系数中。值得注意的是，基于数值估计 L_e 或 L_e^{+} 的方案是个例外（参见24.2.8节）。另一个例外是采用常数矩阵的IBVS方案，它仅需要期望位姿的深度，而该深度在实践中不难获得。对于PBVS和在 e 中结合2-D与3-D数据的混合方案，3-D参数既出现在要调整到0的误差 e 中，又出现在交互矩阵中。涉及3-D参数的正确估计，对于IBVS非常重要，因为它们对摄像机在任务执行过程中的运动具有影响（它们体现在稳定条件式（24.13）和式（24.14）中）。3-D参数的正确估计，对于PBVS和混合方案是至关重要的，因为它们对于收敛后达到的位姿具有影响。

如果采用一个已经标定过的立体视觉系统，则所有的3-D参数可以很容易地利用三角测量法获得，参见24.2.5节和第23章。类似地，如果目标的3-D模型已知，则所有的3-D参数可以从位姿估计算法中计算出来。但是，这样的估计可能由于图像噪声而很不稳定。极线几何与不同视点观测相同场景的图像相关，利用极线几何也可以估计3-D参数。事实上，在视觉伺服中，有两幅图像常常是可用的：当前图像和期望图像。

给定在当前图像和期望图像中的图像测量的一系列匹配，如果摄像机已经进行了标定，则基本矩阵或者本质矩阵可以计算出来[24.6]，进而用于视觉伺服[24.51]。实际上，从本质矩阵中，可以估计出带比例因子的旋转矩阵和平移矢量。但是，在接近视觉伺服收敛点时，即在当前图像和期望图像很相似时，极线几何变成退化的，不能准确估计两个视点之间的位姿偏差。由于这一原因，采用单应性更受青睐。

以 x_i 和 x_i^{*} 分别代表一个点在当前图像和期望图像中的齐次图像坐标。x_i 和 x_i^{*} 的关系表示为

$$x_i=H_ix_i^{*}$$

式中，H_i 为单应性矩阵。

如果所有的特征点在一个3-D平面内，则存在一个单应性矩阵 H，使得 $x_i=Hx_i^{*}$ 对所有的 i 成立。该单应性可采用期望图像和当前图像中的4个匹配点的位置进行估计。如果不是所有的特征点都属于同一个3-D平面，则可利用3个点定义一个这样的平面，需要5个附加点来估计 H[24.52]。

一旦获得 H，则可将其分解为

$$H=R+\frac{t}{d^{*}}n^{*\mathrm{T}} \tag{24.27}$$

式中，R 是与当前和期望摄像机坐标系的姿态相关的旋转矩阵；n^{*} 是选择的3-D平面在期望坐标系中的法向量；d^{*} 是期望坐标系到3-D平面的距离；t 是当前和期望坐标系之间的平移。从 H 中，有可能恢复出 R、t/d^{*} 和 n^{*}。事实上，这些变量存在两组解[24.53]，但利用期望位姿的某些知识很容易选择出正确解。也可以估计出任意目标点带有公共比例因子的深度[24.50]。在经典的IBVS中每个点的未知深度，可以表示为单一常数的函数。类似地，PBVS需要的位姿参数也可以恢复，但在其平移项中带有比例因子。因此，前述PBVS方案可以采用这种方法，将其新的误差定义为带比例因子的平移误差和旋转的角/轴参数化误差。最后，该方法已用于24.4.1节介绍的混合视觉伺服方案。在此情况下，采用这种单应性估计，有望分析混合视觉伺服方案在存在标定误差时的稳定性[24.32]。

24.7　目标跟踪

现在，我们考虑运动目标的情况。此时，固定的期望特征值 s^{*} 被泛化为变化的期望特征 $s^{*}(t)$。其误差的时间变化为

$$\dot{e}=L_ev_c+\frac{\partial e}{\partial t} \tag{24.28}$$

式中，$\partial e/\partial t$ 项表示由于未知的目标运动引起的 e 的时变。如果控制律仍然设计为试图保证 e 的指数解耦下降（$\dot{e}=-\lambda e$），则由式（24.28）有

$$v_c=-\lambda\hat{L}_e^{+}e-\hat{L}_e^{+}\frac{\partial\hat{e}}{\partial t} \tag{24.29}$$

式中，$\partial\hat{e}/\partial t$ 是 $\partial e/\partial t$ 的估计或近似。该项必需引入控制律，以补偿目标的运动。

将回路闭环，即将式（24.29）代入式（24.28），有

$$\dot{e} = -\lambda L_e \hat{L}_e^+ e - L_e \hat{L}_e^+ \frac{\partial \hat{e}}{\partial t} + \frac{\partial e}{\partial t} \quad (24.30)$$

即使 $L_e \hat{L}_e^+ > 0$，也只有当 $\partial \hat{e}/\partial t$ 的估计值充分准确到使式（24.31）成立时，误差才收敛到0。

$$L_e \hat{L}_e^+ \frac{\partial \hat{e}}{\partial t} = \frac{\partial e}{\partial t} \quad (24.31)$$

否则，会有跟踪误差。实际上，仅通过求解式(24.30) 化简后的标量微分方程 $\dot{e} = -\lambda e + b$，可以获得 $e(t) = e(0)\exp(-\lambda t) + b/\lambda$，收敛于 b/λ。一方面，设定高的增益 λ 会降低跟踪误差。但另一方面，增益太高会导致系统不稳定。因此，需要使 b 尽可能小。

当然，如果已知系统 $\partial e/\partial t = 0$（即摄像机观测不运动的目标，见24.1节），则采用 $\partial \hat{e}/\partial t = 0$ 给出的最简单的估计也不会出现跟踪误差。否则，可采用自动控制中消除跟踪误差的经典方法，即通过在控制律中的积分项补偿目标的运动。在此情况下，有

$$\frac{\partial \hat{e}}{\partial t} = \mu \sum_j e(j)$$

式中，μ 是积分增益，必需被调整。只有当目标以恒速运动时，该方案才能消除跟踪误差。其他方法，例如基于前馈控制的方法，当摄像机速度可用时，通过图像测量和摄像机速度直接估计 $\partial \hat{e}/\partial t$。实际上，由式（24.28）有

$$\frac{\partial \hat{e}}{\partial t} = \hat{\dot{e}} - \hat{L}_e \hat{v}_c$$

式中，$\hat{\dot{e}}$ 可以获得，如 $\hat{\dot{e}} = [e(t) - e(t-\Delta t)]/\Delta t$，$\Delta t$ 为控制周期。卡尔曼滤波器[24.54]或者更加精细的滤波方法[24.55]可用于改善获得的估计值。如果关于目标速度或者目标轨迹的知识是已知的，则这些知识完全可以用于平滑或者预测该运动[24.56-58]。例如，在参考文献［24.59］中，对于视觉伺服在医疗机器人的应用，对心脏与呼吸的周期性运动进行了补偿。最后，还有一些其他方法已经被研发出来，用于尽可能快地消除目标运动引起的扰动[24.39]，例如采用预测控制器[24.60]。

24.8　关节空间控制的 Eye-in-Hand 和 Eye-to-Hand 系统

在前面的小节中，我们考虑以摄像机速度的6个分量作为机器人控制器的输入。一旦机器人不能实现该运动，例如，因为机器人少于6个自由度，则控制方案必须在关节空间中表示。本节中，我们将介绍如何实现上述控制，并在此过程中导出 Eye-to-Hand 系统的公式。

在关节空间中，Eye-to-Hand 和 Eye-in-Hand 配置的系统方程具有相同形式：

$$\dot{s} = J_s \dot{q} + \frac{\partial s}{\partial t} \quad (24.32)$$

式中，$J_s \in \mathbb{R}^{k\times n}$ 是特征雅可比矩阵，可以建立与交互矩阵之间的联系，n 是机器人的关节数量。

对于 Eye-in-Hand 系统（见图24.15a），$\partial s/\partial t$ 是由于潜在的目标运动引起的 s 的时变，J_s 给出如下

$$J_s = L_s\, {}^c X_N J(q) \quad (24.33)$$

式中：

1）${}^c X_N$ 是从视觉传感器坐标系到末端坐标系的空间运动变换矩阵（定义见第1章，以及本章式(24.15)），它通常是一个常数阵（只要视觉传感器固定于机器人末端）。得益于闭环控制方案的鲁棒性，该变换矩阵的粗略近似对于视觉伺服已经足够了。如果需要，通过经典的手眼标定方法[24.61]也能够获得其精确估计。

2）$J(q)$ 是末端坐标系中机器人的雅可比矩阵(其定义见第1章)。

对于 Eye-to-Hand 系统（见图24.15b），$\partial s/\partial t$ 是由于潜在的视觉传感器运动引起的 s 的时变，J_s 可表示为

$$J_s = -L_s\, {}^c X_N\, {}^N J(q) \quad (24.34)$$
$$= -L_s\, {}^c X_0\, {}^0 J(q) \quad (24.35)$$

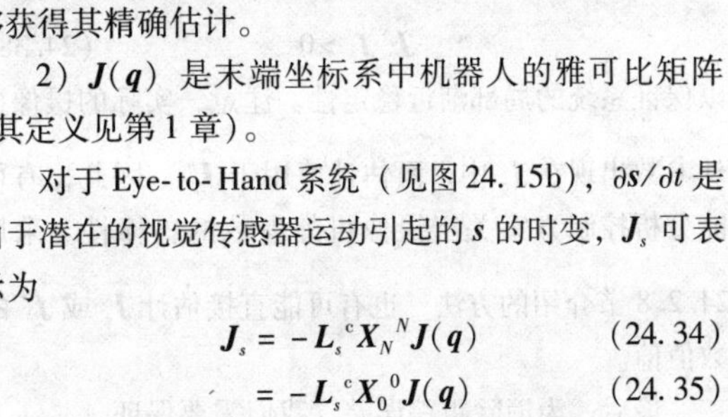

a)　　b)

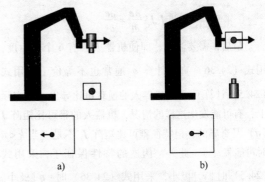

图24.15　系统示意图（上图）和同样的机器人运动引起的相对图像运动（下图）
a）Eye-in-Hand 系统　b）Eye-to-Hand 系统

在式（24.34）中，采用表示于末端坐标系的经典的机器人雅可比矩阵$^{N}\boldsymbol{J}(\boldsymbol{q})$，但从视觉传感器坐标系到末端坐标系的空间运动变换矩阵$^{c}\boldsymbol{X}_N$随着伺服而变化，在控制方案的每次迭代中均需要估计，通常采用位姿估计方法进行估计。

在式（24.35）中，机器人雅可比矩阵$^{0}\boldsymbol{J}(\boldsymbol{q})$表示于机器人参考坐标系中。只要摄像机不运动，从视觉传感器坐标系到该参考坐标系的空间运动变换矩阵$^{c}\boldsymbol{X}_0$是常数。在此情况下便于实践，而且$^{c}\boldsymbol{X}_0$的粗略近似对于视觉伺服已经足够了。

一旦完成建模，很容易遵循上述采用的过程设计关节空间的控制方案，确定保证控制方案稳定的充分条件。再次考虑误差$\boldsymbol{e}=\boldsymbol{s}-\boldsymbol{s}^*$，误差$\boldsymbol{e}$以指数解耦下降，则有

$$\dot{\boldsymbol{q}}=-\lambda\hat{\boldsymbol{J}}_e^{+}\boldsymbol{e}-\hat{\boldsymbol{J}}_e^{+}\frac{\widehat{\partial \boldsymbol{e}}}{\partial t} \tag{24.36}$$

如果$k=n$，考虑如24.1节中的李亚普诺夫函数$\mathfrak{L}=\frac{1}{2}\|\boldsymbol{e}(t)\|^2$，则保证全局渐近稳定的一个充分条件为

$$\boldsymbol{J}_e\hat{\boldsymbol{J}}_e^{+}>0 \tag{24.37}$$

如果$k>n$，我们可获得类似于24.1节中的

$$\hat{\boldsymbol{J}}_e^{+}\boldsymbol{J}_e>0 \tag{24.38}$$

以保证系统的局部渐近稳定性。注意，实际的摄像机外参数出现在$\boldsymbol{J}_e$中，而估计值用于$\hat{\boldsymbol{J}}_e^{+}$。因此，有可能分析控制方案关于摄像机外参数的鲁棒性。采用24.2.8节介绍的方法，也有可能直接估计$\boldsymbol{J}_e$或$\hat{\boldsymbol{J}}_e^{+}$的数值值。

最后，为消除跟踪误差，我们需要保证

$$\boldsymbol{J}_e\hat{\boldsymbol{J}}_e^{+}\frac{\widehat{\partial \boldsymbol{e}}}{\partial t}=\frac{\partial \boldsymbol{e}}{\partial t}$$

最后，需要注意，即使机器人具有6个自由度，用式（24.36）直接计算$\dot{\boldsymbol{q}}$通常也不等价于先用式（24.5）计算$\boldsymbol{v}_c$再用机器人的逆雅可比导出$\dot{\boldsymbol{q}}$。实际上，有可能发生这样的情况，机器人的雅可比矩阵$\boldsymbol{J}$（$\boldsymbol{q}$）是奇异的，但特征雅可比矩阵$\boldsymbol{J}_s$不是（当$k<n$时可能发生）。此外，伪逆的特性保证了，采用式（24.5）时$\|\boldsymbol{v}_c\|$极小，采用式（24.36）时$\|\dot{\boldsymbol{q}}\|$极小。一旦$\boldsymbol{J}_e^{+}\neq\boldsymbol{J}^{+}(\boldsymbol{q})^{N}\boldsymbol{X}_c\boldsymbol{L}_e^{+}$，则两种控制方案将不同，并导致不同的机器人轨迹。因此，状态空间的选择是重要的。

24.9 结论

在本章中，我们仅考虑了速度控制器，它们对于大部分经典的机器人手臂是便利的。但是，对于高速任务，或者我们处理移动式非限定性的或欠驱动的机器人时，必须考虑机器人的动力学。对于传感器，我们仅考虑了来自典型射影摄像机的几何特征。对于与图像运动相关的特征或者来自其他视觉传感器（鱼眼摄像机，反射折射摄像机，回声图形探测器等）的特征，有必要重新考虑建模问题，选择合适的视觉特征。最后，在控制方案层面上融合视觉特征与来自其他传感器的数据（力传感器，接近传感器等），将会产生有待探索的新的研究问题。大量雄心勃勃的视觉伺服应用也可以考虑，包括室内、室外环境中的移动机器人，航空、航天、水下机器人和医疗机器人等。在视觉伺服领域，富有成效的研究还一望无际，远远未到尽头。

参考文献

24.1 B. Espiau, F. Chaumette, P. Rives: A new approach to visual servoing in robotics, IEEE Trans. Robot. Autom. **8**, 313–326 (1992)

24.2 S. Hutchinson, G. Hager, P. Corke: A tutorial on visual servo control, IEEE Trans. Robot. Autom. **12**, 651–670 (1996)

24.3 L. Weiss, A. Sanderson, C. Neuman: Dynamic sensor-based control of robots with visual feedback, IEEE J. Robot. Autom. **3**, 404–417 (1987)

24.4 J. Feddema, O. Mitchell: Vision-guided servoing with feature-based trajectory generation, IEEE Trans. Robot. Autom. **5**, 691–700 (1989)

24.5 D. Forsyth, J. Ponce: *Computer Vision: A Modern Approach* (Prentice Hall, Upper Saddle River 2003)

24.6 Y. Ma, S. Soatto, J. Kosecka, S. Sastry: *An Invitation to 3-D Vision:From Images to Geometric Models* (Springer, New York 2003)

24.7 H. Michel, P. Rives: Singularities in the determination of the situation of a robot effector from the erspective view of three points. Tech. Rep. 1850, INRIA Res. Rep. (1993)

24.8 M. Fischler, R. Bolles: Random sample consensus: a paradigm for model fitting with applications to image analysis and automated cartography, Commun. ACM **24**, 381–395 (1981)

24.9 E. Malis: Improving vision-based control using efficient second-order minimization techniques, IEEE Int. Conf. Robot. Autom. (New Orleans 2004) pp.1843–1848

24.10 P. Corke, S. Hutchinson: A new partitioned approach to image-based visual servo control, IEEE Trans. Robot. Autom. **17**, 507–515 (2001)

24.11 F. Chaumette: Potential problems of stability and convergence in image-based and position-based visual servoing. In: *The Confluence of Vision and Control*, LNCIS Series, Vol. 237, ed. by D. Kriegman, G. Hager, S. Morse (Springer, Heidelberg 1998) pp. 66–78

24.12 E. Malis: Visual servoing invariant to changes in camera intrinsic parameters, IEEE Trans. Robot. Autom. **20**, 72–81 (2004)

24.13 A. Isidori: *Nonlinear Control Systems*, 3rd edn. (Springer Berlin, Heidelberg 1995)

24.14 G. Hager, W. Chang, A. Morse: Robot feedback control based on stereo vision: Towards calibration-free hand-eye coordination, IEEE Contr. Syst. Mag. **15**, 30–39 (1995)

24.15 M. Iwatsuki, N. Okiyama: A new formulation of visual servoing based on cylindrical coordinate system, IEEE Trans. Robot. Automation **21**, 266–273 (2005)

24.16 F. Chaumette, P. Rives, B. Espiau: Classification and realization of the different vision-based tasks. In: *Visual Servoing*, Robotics and Automated Systems, Vol. 7, ed. by K. Hashimoto (World Scientific, Singapore 1993) pp. 199–228

24.17 A. Castano, S. Hutchinson: Visual compliance: task directed visual servo control, IEEE Trans. Robot. Autom. **10**, 334–342 (1994)

24.18 G. Hager: A modular system for robust positioning using feedback from stereo vision, IEEE Trans. Robot. Autom. **13**, 582–595 (1997)

24.19 F. Chaumette: Image moments: a general and useful set of features for visual servoing, IEEE Trans. Robot. Autom. **20**, 713–723 (2004)

24.20 O. Tahri, F. Chaumette: Point-based and region-based image moments for visual servoing of planar objects, IEEE Trans. Robot. **21**, 1116–1127 (2005)

24.21 I. Suh: Visual servoing of robot manipulators by fuzzy membership function based neural networks. In: *Visual Servoing*, Robotics and Automated Systems, Vol. 7, ed. by K. Hashimoto (World Scientific, Singapore 1993) pp. 285–315

24.22 G. Wells, C. Venaille, C. Torras: Vision-based robot positioning using neural networks, Image Vision Comput. **14**, 75–732 (1996)

24.23 J.T. Lapresté, F. Jurie, F. Chaumette: An efficient method to compute the inverse jacobian matrix in visual servoing, IEEE Int. Conf. Robot. Autom. (New Orleans 2004) pp. 727–732

24.24 K. Hosada, M. Asada: Versatile visual servoing without knowledge of true jacobian, IEEE/RSJ Int. Conf. Intell. Robots Syst. (Munchen 1994) pp. 186–193

24.25 M. Jägersand, O. Fuentes, R. Nelson: Experimental evaluation of uncalibrated visual servoing for precision manipulation, IEEE Int. Conf. Robot. Autom. (Albuquerque 1997) pp. 2874–2880

24.26 J. Piepmeier, G.M. Murray, H. Lipkin: Uncalibrated dynamic visual servoing, IEEE Trans. Robot. Autom. **20**, 143–147 (2004)

24.27 K. Deguchi: Direct interpretation of dynamic images and camera motion for visual servoing without image feature correspondence, J. Robot. Mechatron. **9**(2), 104–110 (1997)

24.28 W. Wilson, C. Hulls, G. Bell: Relative end-effector control using cartesian position based visual servoing, IEEE Trans. Robot. Autom. **12**, 684–696 (1996)

24.29 B. Thuilot, P. Martinet, L. Cordesses, J. Gallice: Position based visual servoing: Keeping the object in the field of vision, IEEE Int. Conf. Robot. Autom. (Washington 2002) pp. 1624–1629

24.30 D. Dementhon, L. Davis: Model-based object pose in 25 lines of code, Int. J. Comput. Vision **15**, 123–141 (1995)

24.31 D. Lowe: Three-dimensional object recognition from single two-dimensional images, Artif. Intell. **31**(3), 355–395 (1987)

24.32 E. Malis, F. Chaumette, S. Boudet: 2-1/2 D visual servoing, IEEE Trans. Robot. Autom. **15**, 238–250 (1999)

24.33 E. Malis, F. Chaumette: Theoretical improvements in the stability analysis of a new class of model-free visual servoing methods, IEEE Trans. Robot. Autom. **18**, 176–186 (2002)

24.34 J. Chen, D. Dawson, W. Dixon, A. Behal: Adaptive homography-based visual servo tracking for fixed camera-in-hand configurations, IEEE Trans. Contr. Syst. Technol. **13**, 814–825 (2005)

24.35 G. Morel, T. Leibezeit, J. Szewczyk, S. Boudet, J. Pot: Explicit incorporation of 2-D constraints in vision-based control of robot manipulators, Int. Symp. Exp. Robot. **250**, 99–108 (2000), LNCIS Series

24.36 F. Chaumette, E. Malis: 2 1/2 D visual servoing: a possible solution to improve image-based and position-based visual servoings, IEEE Int. Conf. Robot. Autom. (San Fransisco 2000) pp. 630–635

24.37 E. Cervera, A.D. Pobil, F. Berry, P. Martinet: Improving image-based visual servoing with three-dimensional features, Int. J. Robot. Res. **22**, 821–840 (2004)

24.38 F. Schramm, G. Morel, A. Micaelli, A. Lottin: Extended 2-D visual servoing, IEEE Int. Conf. Robot. Autom. (New Orleans 2004) pp. 267–273

24.39 N. Papanikolopoulos, P. Khosla, T. Kanade: Visual tracking of a moving target by a camera mounted on a robot: A combination of vision and control, IEEE Trans. Robot. Autom. **9**, 14–35 (1993)

24.40 K. Hashimoto, H. Kimura: LQ optimal and nonlinear approaches to visual servoing. In: *Visual Servoing*, Robot. Autom. Syst., Vol. 7, ed. by K. Hashimoto (World Scientific, Singapore 1993) pp. 165–198

24.41 B. Nelson, P. Khosla: Strategies for increasing the tracking region of an eye-in-hand system by singularity and joint limit avoidance, Int. J. Robot. Res. **14**, 225–269 (1995)

24.42 B. Nelson, P. Khosla: Force and vision resolvability for assimilating disparate sensory feedback, IEEE Trans. Robot. Autom. **12**, 714–731 (1996)

24.43 R. Sharma, S. Hutchinson: Motion perceptibility and its application to active vision-based servo control, IEEE Trans. Robot. Autom. **13**, 607–617 (1997)

24.44 E. Marchand, F. Chaumette, A. Rizzo: Using the task function approach to avoid robot joint limits and kinematic singularities in visual servoing, IEEE/RSJ

Int. Conf. Intell. Robots Syst. (Osaka 1996) pp. 1083–1090
24.45 E. Marchand, G. Hager: Dynamic sensor planning in visual servoing, IEEE Int. Conf. Robot. Autom. (Leuven) (1998) pp. 1988–1993
24.46 N. Cowan, J. Weingarten, D. Koditschek: Visual servoing via navigation functions, IEEE Trans. Robot. Autom. **18**, 521–533 (2002)
24.47 N. Gans, S. Hutchinson: An asymptotically stable switched system visual controller for eye in hand robots, IEEE/RSJ Int. Conf. Intell. Robots Syst. (Las Vegas 2003) pp. 735–742
24.48 G. Chesi, K. Hashimoto, D. Prattichizio, A. Vicino: Keeping features in the field of view in eye-in-hand visual servoing: a switching approach, IEEE Trans. Robot. Autom. **20**, 908–913 (2004)
24.49 K. Hosoda, K. Sakamato, M. Asada: Trajectory generation for obstacle avoidance of uncalibrated stereo visual servoing without 3-D reconstruction, IEEE/RSJ Int. Conf. Intell. Robots Syst., Vol. 3 (Pittsburgh 1995) pp. 29–34
24.50 Y. Mezouar, F. Chaumette: Path planning for robust image-based control, IEEE Trans. Robot. Autom. **18**, 534–549 (2002)
24.51 R. Basri, E. Rivlin, I. Shimshoni: Visual homing: Surfing on the epipoles, Int. J. Comput. Vision **33**, 117–137 (1999)
24.52 E. Malis, F. Chaumette, S. Boudet: 2 1/2 D visual servoing with respect to unknown objects through a new estimation scheme of camera displacement, Int. J. Comput. Vision **37**, 79–97 (2000)
24.53 O. Faugeras: *Three-Dimensional Computer Vision: a Geometric Viewpoint* (MIT Press, Cambridge 1993)
24.54 P. Corke, M. Goods: Controller design for high performance visual servoing, 12th World Congress IFAC'93 (Sydney 1993) pp. 395–398
24.55 F. Bensalah, F. Chaumette: Compensation of abrupt motion changes in target tracking by visual servoing, IEEE/RSJ Int. Conf. Intell. Robots Syst. (Pittsburgh 1995) pp. 181–187
24.56 P. Allen, B. Yoshimi, A. Timcenko, P. Michelman: Automated tracking and grasping of a moving object with a robotic hand-eye system, IEEE Trans. Robot. Autom. **9**, 152–165 (1993)
24.57 K. Hashimoto, H. Kimura: Visual servoing with non linear observer, IEEE Int. Conf. Robot. Autom. (Nagoya 1995) pp. 484–489
24.58 A. Rizzi, D. Koditschek: An active visual estimator for dexterous manipulation, IEEE Trans. Robot. Autom. **12**, 697–713 (1996)
24.59 R. Ginhoux, J. Gangloff, M. de Mathelin, L. Soler, M.A. Sanchez, J. Marescaux: Active filtering of physiological motion in robotized surgery using predictive control, IEEE Trans. Robot. **21**, 67–79 (2005)
24.60 J. Gangloff, M. de Mathelin: Visual servoing of a 6 dof manipulator for unknown 3-D profile following, IEEE Trans. Robot. Autom. **18**, 511–520 (2002)
24.61 R. Tsai, R. Lenz: A new technique for fully autonomous efficient 3-D robotics hand-eye calibration, IEEE Trans. Robot. Autom. **5**, 345–358 (1989)

第 25 章　多传感器数据融合

Hugh Durrant-Whyte, Thomas C. Henderson

刘冰冰　译

多传感器数据融合是将来自数个不同的传感器的观测数据进行综合，以提供对环境或有趣过程的一个鲁棒和完整的描述。数据融合在机器人学里面的很多领域具有广泛的应用，比如物体识别、环境地图创建和定位。

这一章具有三个部分：方法、结构和应用。大多数现有的数据融合方法对观测和过程采用概率性描述，并使用贝叶斯定律将这些信息进行综合。这一章调查了主要的概率模型和融合技术，包括了基于栅格的模型、卡尔曼滤波和连续蒙特卡罗技术。这一章也简要回顾了非概率性数据融合方法。数据融合系统常常是集成了传感器设备、处理和融合算法的复杂系统。这一章从硬件和算法的角度提供了对数据融合结构的核心原理的概述。数据融合的应用在机器人学和潜在的如传感、估测和观测之类的核心问题里是无所不在的。我们通过突出强调两个例子的应用来使上述的这些特征显现出来。第一个例子描述了一个自动驾驶交通工具的导航和自我追踪。第二个例子描绘了地图创建和环境建模的应用。

数据融合的关键算法工具已经合理地建立起来了。但是，这些工具在机器人学的实际应用还在发展进化中。

25.1　多传感器数据融合方法 …………………… 115
　25.1.1　贝叶斯定律 …………………… 115
　25.1.2　概率型栅格 …………………… 118
　25.1.3　卡尔曼滤波器 …………………… 119
　25.1.4　连续蒙特卡罗方法 …………………… 123
　25.1.5　概率的替代法 …………………… 124
25.2　多传感器融合架构 …………………… 126
　25.2.1　架构分类学 …………………… 126
　25.2.2　统一、局部交互和分层制 …………………… 127
　25.2.3　离散、全局交互和异构结构 …………………… 127
　25.2.4　离散、局部交互和分层制 …………………… 128
　25.2.5　离散、局部交互和异构结构 …………………… 129
25.3　应用 …………………… 130
　25.3.1　动态系统控制 …………………… 130
　25.3.2　ANSER Ⅱ：离散式数据融合 …………………… 130
25.4　结论 …………………… 133
参考文献 …………………… 134

25.1　多传感器数据融合方法

在机器人学应用最广泛的数据融合方法起源于统计学、预测学和控制等几个领域。但是，这些方法在机器人学中的应用具有几个独一无二的特征和难点。特别是，自动化是最常见的目标，而结果必须采用一种形式进行表示和解释，从而可以做出自主决策，比如，在识别和导航的应用例子里。

在这一节，我们将回顾应用于机器人学中主要的数据融合方法。这些方法常基于概率统计方法，现在也的确被认为是所有机器人学应用里的标准途径[25.1]。概率性的数据融合方法一般上是基于贝叶斯定律进行先验和观测信息的综合。实际上，这可以采用几条途径进行实现：通过卡尔曼滤波和延伸卡尔曼滤波器；通过连续蒙特卡罗方法；或通过概率函数密度预测方法的使用。我们将对每一种途径进行回顾。除了概率性方法外还有一些替代选择，就包括了证据理论和间隔法。这些替代方法没有像之前那样广泛应用，但是他们还是具有一些独特的性质。而这些特性在一些特别问题的解决上具有优势。这些也将进行简要的回顾。

25.1.1　贝叶斯定律

贝叶斯定律处于大多数数据融合方法的心脏部位。一般而言，贝叶斯定律提供了一种对一个物体或者人们感兴趣的环境进行推导的方法。这些物体或环境在给定一个观测 z 的条件下，使用状态 $\boldsymbol{x}$ 来描述。

1. 贝叶斯推导

对离散和连续变量来说，贝叶斯定律分别要求 $\boldsymbol{x}$ 和 z 的关系可以编码为联合概率或联合概率分布 $P(\boldsymbol{x}, z)$。条件概率的链接原理可以在两方面对一个

联合概率进行扩展

$$P(\boldsymbol{x},z)=P(\boldsymbol{x}\mid z)P(z)=P(z\mid \boldsymbol{x})P(\boldsymbol{x}) \tag{25.1}$$

以其中一个变量为条件重写方程，利用贝叶斯定律得到

$$P(\boldsymbol{x}\mid z)=\frac{P(z\mid \boldsymbol{x})P(\boldsymbol{x})}{P(z)} \tag{25.2}$$

此结果的价值在于对这些概率 $P(\boldsymbol{x}\mid z)$，$P(z\mid \boldsymbol{x})$ 和 $P(\boldsymbol{x})$ 的解释。假设我们需要决定一个未知状态 $\boldsymbol{x}$ 的不同数值的可能性。对 $\boldsymbol{x}$ 的相关数值的猜测可能存在着先验概率，而此先验概率 $P(\boldsymbol{x})$ 以相对可能性的形式存在。为了得到更多关于 $\boldsymbol{x}$ 的信息，我们做出一个观测 z。这种观测以条件概率 $P(z\mid \boldsymbol{x})$ 的形式建模。它描述了对于任何固定的状态 $\boldsymbol{x}$，我们可以做出的观测为 z 的概率，也就是条件是 $\boldsymbol{x}$ 时 z 的概率。有关状态 $\boldsymbol{x}$ 的新的可能性由最初的先验信息与从观测得到的信息的乘积计算而得。这个可能性由后验概率 $P(\boldsymbol{x}\mid z)$ 表示，它描述的是基于观测 z 的 $\boldsymbol{x}$ 的可能性。在融合的过程中，边缘概率 $P(z)$ 的作用只是标准化后验概率而通常不真正计算出来。边缘概率 $P(z)$ 在模型验证和数据结合方面起重要作用，因为它提供了一个尺度度量观测被先验信息预测的准确度，而这是因为 $P(z)=\int P(z\mid \boldsymbol{x})\,P(\boldsymbol{x})\mathrm{d}\boldsymbol{x}$。贝叶斯定律的价值在于它提供了一个综合观测信息与有关状态的先验信息的基本方法。

2. 传感器模型和多传感器贝叶斯推导

条件概率 $P(z\mid \boldsymbol{x})$ 的角色是一个传感器模型，我们可以从两方面加以认识。第一，为了传感器建模，此概率的构建需要得出值 $\boldsymbol{x}=x$，然后有关 z 的概率密度 $P(z\mid \boldsymbol{x}=x)$ 是多少。相反，当这个传感器模型投入使用而且做出观测，$z=z$ 已经确定，那么基于 z 的概率函数 $P(z=z\mid \boldsymbol{x})$ 就推导出来了。此概率函数，尽管不是一个严格的概率密度，对不同的 $\boldsymbol{x}$ 值造成的观测值 z 的概率进行建模。此概率与先验概率的乘积，二者都取决于 $\boldsymbol{x}$，给出了后验概率或者观测更新 $P(\boldsymbol{x}\mid z)$。在式 (25.2) 的实现中，$P(z\mid \boldsymbol{x})$ 由一个包含了两个变量的方程构成（或在离散形式下由一个矩阵构成）。对 $\boldsymbol{x}$ 的每一个确定值，一个 z 的概率密度就确定了。因而，随 $\boldsymbol{x}$ 变化，一组有关 z 的概率密度就产生了。

贝叶斯定律的多传感器形式要求条件独立性

$$P(z_1,\cdots,z_n\mid \boldsymbol{x})=P(z_1\mid \boldsymbol{x})\cdots P(z_n\mid \boldsymbol{x})=\prod_{i=1}^{n}P(z_i\mid \boldsymbol{x}) \tag{25.3}$$

从而

$$P(\boldsymbol{x}\mid \boldsymbol{Z}^n)=CP(\boldsymbol{x})\prod_{i=1}^{n}P(z_i\mid \boldsymbol{x}) \tag{25.4}$$

式中，C 是一个标准化常量。式（25.4）称之为独立概率池[25.2]。这意味着在所有观测 $\boldsymbol{Z}^n$ 的条件下有关 $\boldsymbol{x}$ 的后验概率，仅仅正比于先验概率和每一个信息源的单个概率的乘积。

贝叶斯定律的递归形式为

$$P(\boldsymbol{x}\mid \boldsymbol{Z}^k)=\frac{P(z_k\mid \boldsymbol{x})P(\boldsymbol{x}\mid \boldsymbol{Z}^{k-1})}{P(z_k\mid \boldsymbol{Z}^{k-1})} \tag{25.5}$$

式（25.5）的优势在于我们仅仅需要计算并存储概率密度 $P(\boldsymbol{x}\mid \boldsymbol{Z}^{k-1})$，而它包含了过去所有信息的全部概括。当下一条信息 $P(z_k\mid \boldsymbol{x})$ 来到时，前一个后验概率被当做当前的先验概率，而这两个的乘积，经标准化以后，就是新的后验概率。

3. 贝叶斯滤波

当需要维护一个状态的概率模型而进行连续处理，而这又涉及随时间进化以及得到一个传感器对此姿态周期性的观测，这时候滤波就派上用场了。滤波构成了解决跟踪和导航领域中的许多问题的根本。通常的滤波问题可以用贝叶斯的形式描述。这一点是很重要的，因为它提供了对一系列离散和连续数据融合问题的共同表达方法而不需要依赖某个具体的目标或观测模型。

定义 $\boldsymbol{x}_t$ 为时刻 t 的某一个我们感兴趣的状态的值。此状态，例如，可能描绘了一个待追踪的特征、一个被监视的过程的状态或者一个需要获取其导航数据的平台的位置。为简便并不失一般性地，时间定义为离散的（非同步的）时刻 $t_k\triangleq k$。在一个时刻 k，下列变量被定义：

$\boldsymbol{x}_k$：在时刻 k 需要被估测的状态向量。

$\boldsymbol{u}_k$：一个假定已知的控制向量，作用于时刻 $k-1$ 以驱动状态从 x_{k-1} 转变为时刻 k 的 x_k。

z_k：在时刻 k 对状态 x_k 的一个观测。

接着，下列变量集也被定义：

1）状态的时序记录：

$$\boldsymbol{X}^k=\{\boldsymbol{x}_0,\boldsymbol{x}_1,\cdots,\boldsymbol{x}_k\}=\{\boldsymbol{X}^{k-1},\boldsymbol{x}_k\}。$$

2）控制输入的时序记录：

$$\boldsymbol{U}^k=\{\boldsymbol{u}_0,\boldsymbol{u}_1,\cdots,\boldsymbol{u}_k\}=\{\boldsymbol{U}^{k-1},\boldsymbol{u}_k\}。$$

3）状态观测的时序记录：

$$\boldsymbol{Z}^k=\{z_0,z_1,\cdots,z_k\}=\{\boldsymbol{Z}^{k-1},z_k\}。$$

在概率形式下，通常数据融合的问题是找到一个对所有时刻 k 的后验概率

$$P(\boldsymbol{x}_k\mid \boldsymbol{Z}^k,\boldsymbol{U}^k,\boldsymbol{x}_0) \tag{25.6}$$

基于记录下来的直到时刻 k 之前（并包括 k）的所有观测和控制输入，以及状态 $\boldsymbol{x}_0$ 的初始值。使用贝叶斯定律可以将式（25.6）改写成关于一个传感器模

型 $P(z_k \mid \boldsymbol{x}_k)$ 和一个预测的概率密度 $P(\boldsymbol{x}_k \mid \boldsymbol{Z}^{k-1}, \boldsymbol{U}^k, \boldsymbol{x}_0)$ 的形式，基于直到时刻 $k-1$ 的所有观测

$$P(\boldsymbol{x}_k \mid \boldsymbol{Z}^k, \boldsymbol{U}^k, \boldsymbol{x}_0) = \frac{P(z_k \mid \boldsymbol{x}_k)P(\boldsymbol{x}_k \mid \boldsymbol{Z}^{k-1}, \boldsymbol{U}^k, \boldsymbol{x}_0)}{P(z_k \mid \boldsymbol{Z}^{k-1}, \boldsymbol{U}^k)} \tag{25.7}$$

式（25.7）的分母与状态独立并可以按照式（25.4）设为某个标准化常量 C。传感器的模型使用了来自式（25.3）的条件独立性假设。

使用全概率定理可以将式（25.7）分子中的第二项，改写为以状态转换模型和来自时刻 $k-1$ 的联合后验概率为变量的方程

$$\begin{aligned} P(\boldsymbol{x}_k \mid \boldsymbol{Z}^{k-1}, \boldsymbol{U}^k, \boldsymbol{x}_0) &= \int P(\boldsymbol{x}_k, \boldsymbol{x}_{k-1} \mid \boldsymbol{Z}^{k-1}, \boldsymbol{U}^k, \boldsymbol{x}_0)\mathrm{d}\boldsymbol{x}_{k-1} \\ &= \int P(\boldsymbol{x}_k \mid \boldsymbol{x}_{k-1}, \boldsymbol{Z}^{k-1}, \boldsymbol{U}^k, \boldsymbol{x}_0)P(\boldsymbol{x}_{k-1} \mid \boldsymbol{Z}^{k-1}, \boldsymbol{U}^k, \boldsymbol{x}_0)\mathrm{d}\boldsymbol{x}_{k-1} \\ &= \int P(\boldsymbol{x}_k \mid \boldsymbol{x}_{k-1}, \boldsymbol{u}_k)P(\boldsymbol{x}_{k-1} \mid \boldsymbol{Z}^{k-1}, \boldsymbol{U}^{k-1}, \boldsymbol{x}_0)\mathrm{d}\boldsymbol{x}_{k-1}, \end{aligned} \tag{25.8}$$

式中，最后一个等式暗示出未来的状态仅仅取决于当前的状态和这个时刻插入的控制输入。状态转换模型以一个概率分布 $P(\boldsymbol{x}_k \mid \boldsymbol{x}_{k-1}, \boldsymbol{u}_k)$ 的形式描述。即是说，状态的转换可以很合理的被假设为一个 Markov 过程，也即下一个状态 x_k 仅取决于前一个状态 x_{k-1} 和使用的控制输入 $\boldsymbol{u}_k$，而与观测量以及再之前的状态都无关。

式（25.7）和式（25.8）定义了一个对概率密度式（25.6）的递归解答。式（25.8）是整个贝叶斯数据融合算法的时间更新或预测步骤。对此公式的一个图形描述如图25.1所示。式（25.7）是整个贝

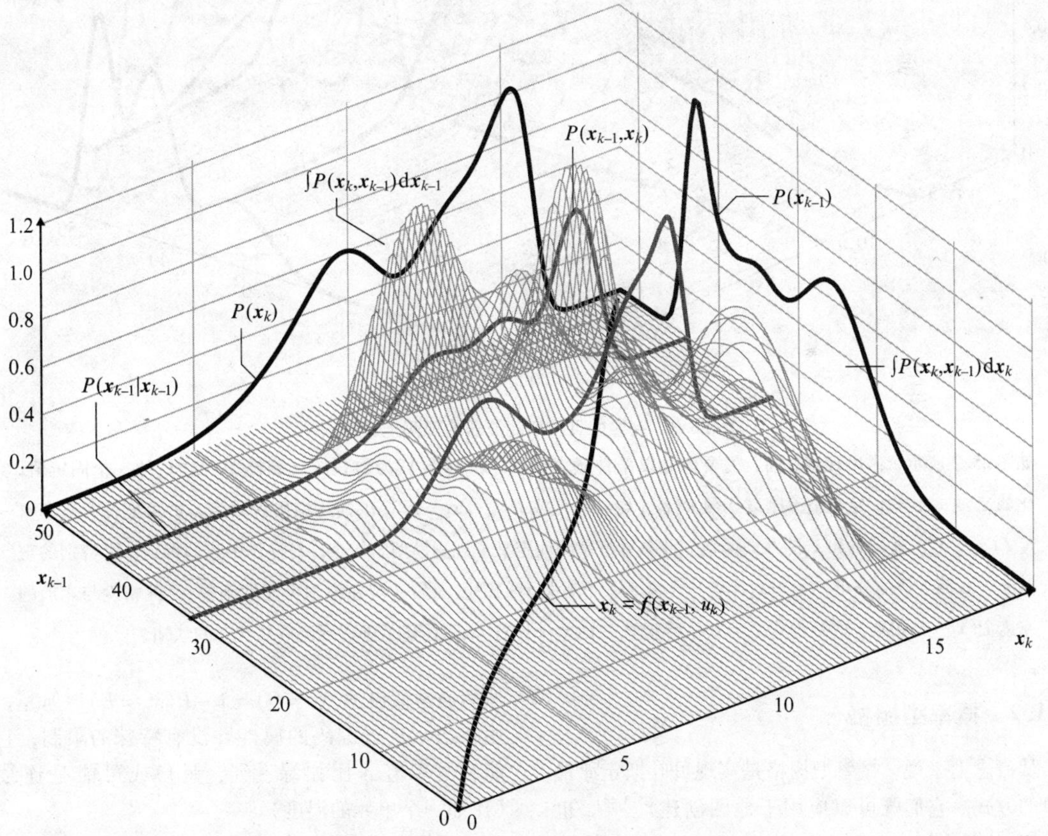

图 25.1　完整的贝叶斯滤波器的时间更新步骤

如图25.1所示，在时刻 $k-1$，对状态 $\boldsymbol{x}_{k-1}$ 的认知以概率分布 $P(\boldsymbol{x}_{k-1})$ 的形式总结出来。一个机器人模型，以条件概率密度 $P(\boldsymbol{x}_k \mid \boldsymbol{x}_{k-1})$ 描述了此机器人从时刻 $k-1$ 的状态 $\boldsymbol{x}_{k-1}$ 到时刻 k 的状态 $\boldsymbol{x}_k$ 的随机转变过程。从功能性来说，这个状态转换与一个形式为 $\boldsymbol{x}_k = \boldsymbol{f}(\boldsymbol{x}_{k-1}, \boldsymbol{u}_k)$ 的潜在的机器人状态模型相关。此图显示了基于 $\boldsymbol{x}_{k-1}$ 的固定值的状态 $\boldsymbol{x}_k$ 的两种典型的条件概率分布 $P(\boldsymbol{x}_k \mid \boldsymbol{x}_{k-1})$。此条件分布与边缘分布 $P(\boldsymbol{x}_{k-1})$ 的乘积，描述了 $\boldsymbol{x}_k$ 的先验概率值，给出了显示于图表面的联合分布 $P(\boldsymbol{x}_k, \boldsymbol{x}_{k-1})$。全边缘密度 $P(\boldsymbol{x}_k)$ 描述了在状态转变后对 $\boldsymbol{x}_k$ 的认知。$P(\boldsymbol{x}_k)$ 是通过对所有的 $\boldsymbol{x}_{k-1}$ 进行联合分布 $P(\boldsymbol{x}_k, \boldsymbol{x}_{k-1})$ 的积分（投影）获得的。同样，使用全概率定理，此边缘密度可以通过对所有条件密度 $P(\boldsymbol{x}_k \mid \boldsymbol{x}_{k-1})$ 积分（求和）得到，而 $P(\boldsymbol{x}_k \mid \boldsymbol{x}_{k-1})$ 的权数是每个 $\boldsymbol{x}_{k-1}$ 的先验概率 $P(\boldsymbol{x}_{k-1})$。整个过程可以逆序进行（后翻运动模型），从而在给定模型 $P(\boldsymbol{x}_{k-1} \mid \boldsymbol{x}_k)$ 的条件下从 $P(\boldsymbol{x}_k)$ 得到 $P(\boldsymbol{x}_{k-1})$。

叶斯数据融合算法的观测更新步骤。对此公式的一个图形描述如图 25.2 所示。将要介绍的卡尔曼滤波、基于栅格的方法和连续蒙特卡罗法，都是这些一般性方程的特殊实现。

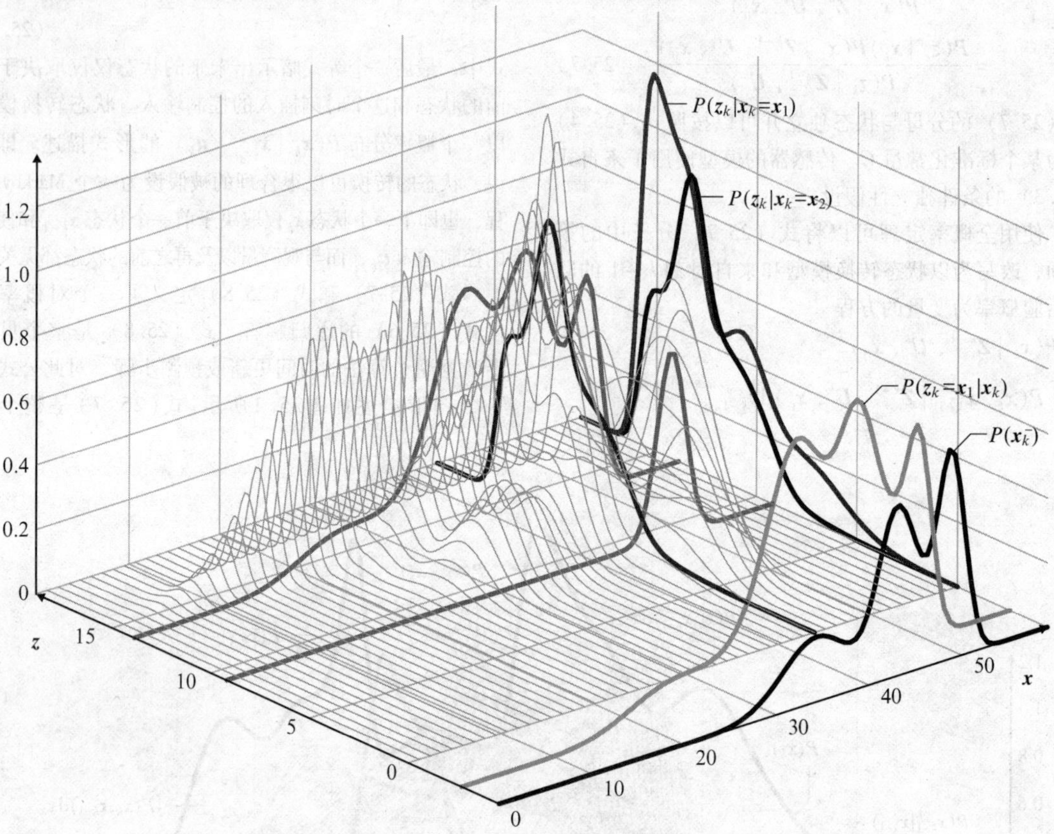

图 25.2 完整的贝叶斯滤波器的观测更新步骤

如图 25.2 所示，做出观测之前，先要建立以条件概率密度 $P(z_k \mid \boldsymbol{x}_k)$ 为形式的观测模型。对 $\boldsymbol{x}_k$ 的一个固定值，比如 $\boldsymbol{x}_1$ 或 $\boldsymbol{x}_2$，我们定义概率密度函数 $P(z_k \mid \boldsymbol{x}_k = \boldsymbol{x}_1)$ 或 $P(z_k \mid \boldsymbol{x}_k = \boldsymbol{x}_2)$ 以描述做出观测为 z_k 的可能性。概率密度 $P(z_k \mid \boldsymbol{x}_k)$ 则是 z_k 和 $\boldsymbol{x}_k$ 的共同函数。此条件概率因而定义了观测模型。如今，在操作中我们得到一个特别的观测 $z_k = \boldsymbol{x}_1$ 而导致的分布 $P(z_k = \boldsymbol{x}_1 \mid \boldsymbol{x}_k)$ 定义了一个有关 $\boldsymbol{x}_k$ 的密度函数（现在称为可能性函数）。此密度与之前的密度 $P(\boldsymbol{x}_k^-)$ 相乘，经标准化之后获得后验概率 $P(\boldsymbol{x}_k \mid z_k)$，从而描述了进行观测后对状态的认知。

25.1.2 概率型栅格

从概念上来说，概率型栅格是实现贝叶斯定律最简单的方式。它们既可以应用于地图创建[25.3,4]，也能应用于追踪[25.5]。

在地图创建的应用中，我们将感兴趣的环境划分为具有相同空间尺寸单元的栅格。每一个单元编入索引并用一个属性标识，因而状态 $\boldsymbol{x}_{ij}$ 可能描述了一个使用 ij 进行索引而具有属性 x 的二维世界。我们集中兴趣在维持每一个单元的可能状态值 $P(\boldsymbol{x}_{ij})$ 的一个概率分布。典型的，在导航和地图创建问题中，感兴趣的属性只有两个值 O 和 E，即分别为占据和空白，然后通常假设 $P(\boldsymbol{x}_{ij} = O) = 1 - P(\boldsymbol{x}_{ij} = E)$。但是，使用状态 $\boldsymbol{x}_{ij}$ 进行编码的属性并没有特殊的限制，它可能有很多值（比如绿、红、蓝）或可能是连续的（比如一个单元的温度）。

当状态的定义已经确定，贝叶斯方法要求一个传感器模型或者这个传感器的可能性函数建立起来。理论上，这要求确定一个概率分布 $P(z \mid \boldsymbol{x}_{ij} = x_{ij})$，以将每一个可能的单元状态 x_{ij} 与观测的分布建立联系。但是，实际上，这可以简单地用另一个观测栅格实现，因此对一个特定的观测 $z = z$（在一个特定的位置取得），一个关于状态 $\boldsymbol{x}_{ij}$ 的可能性栅格以 $P(z = z \mid \boldsymbol{x}_{ij}) = \Lambda(\boldsymbol{x}_{ij})$ 的形式产生。然后运用贝叶斯定律

对每一个栅格单元的属性值进行更新就很容易了

$$P^{+}(\boldsymbol{x}_{ij}) = C\Lambda(\boldsymbol{x}_{ij})P(\boldsymbol{x}_{ij}), \quad \forall i, j \quad (25.9)$$

式中，C 是一个标准化常量，它是通过节点 ij 上所有的后验概率之和获得的。从计算上来说，此运算是一个简单的对两个单元的逐点相乘。需要特别注意的是，两个栅格适当重叠并以正确的比例排列。在某些例子里，值得将空间邻近的单元互相影响这个事实编码。即是说，如果我们知道单元格 ij 的属性值（比如占据性、温度），我们也会知道相邻单元格 $i+1$，j，i，$j+1$ 等属性的可能性。不同的传感器和相异传感器融合的输出可以通过适当的传感器建模 $\Lambda(\boldsymbol{x}_{ij})$ 获得。

栅格也可以应用于追踪和自我追踪（定位）。在这里状态 $\boldsymbol{x}_{ij}$ 是被追踪的位置信息。从定性的角度考虑这是一个跟之前在地图创建里使用的不同的状态定义。概率 $P(\boldsymbol{x}_{ij})$ 现在必须解释为被追踪的物体占有栅格单元 ij 的可能性。在地图创建里，每个栅格单元的属性概率之和是1，但是在追踪里，所有单元格的位置可能性之和必须是1。除此之外，更新的步骤都是相似的。我们构造一个观测栅格，充实以观测值，提供一个位置概率的栅格 $P(z = z \mid \boldsymbol{x}_{ij}) = \Lambda(\boldsymbol{x}_{ij})$。然后应用贝叶斯定律，采用与式（25.9）里相同的形式更新每一个栅格单元的位置概率。仅有的区别是现在标准化常量 C 的获得是将所有 ij 栅格单元格的后验概率相加。尤其是当栅格具有三个或更多维的时候，这可能需要很大的计算量。基于栅格追踪的优势是比较容易插入比较复杂的先验信息。比如，如果知道被追踪的物体位于一条路上，那么所有路面外的栅格单元格的位置属性概率就可以设置为0。

基于栅格的融合适宜应用的情境是环境的空间尺寸和维数不大的时候。此时，基于栅格的方法提供直接而有效的融合算法。基于栅格的方法可以进一步延展：等级性（四项树）栅格或不规则（三角形、多角形）栅格。这些可以帮助减少在大规模空间应用的计算量。蒙特卡罗和粒子滤波方法（见第25.1.4节）可认为是基于栅格的方法，而栅格单元本身可以认为是状态的潜在概率密度的样本。

25.1.3 卡尔曼滤波器

卡尔曼滤波器是一种线性递归估算器。在对状态周期性的观测基础上，它成功地计算出一个随时间进化的连续值状态的估算值。卡尔曼滤波器采用的是兴趣状态参数 $\boldsymbol{x}(t)$ 如何随时间进化的显式随机模型，以及与此参数相关的观测 $\boldsymbol{z}(t)$ 是如何得到的显式随机模型。卡尔曼滤波器所使用的权数的选择是为了确保，在观测模型和处理模型使用的某些假设条件下，使求得的估算 $\hat{\boldsymbol{x}}(t)$ 的均方差最小化，而且条件均值 $\hat{\boldsymbol{x}}(t) = E[\boldsymbol{x}(t) \mid \boldsymbol{Z}^t]$ 是一个平均值而不是一个最可能的值。

卡尔曼滤波器拥有一些特性使得它很理想地适用于处理复杂的多传感器预测和数据融合问题。特别是，对处理过程和观测进行显式的描述允许一个很广范围的不同传感器模型可以轻易应用于基本算法中。另外，对未知量进行统计测量的一致性使用，使得定量评估每一个传感器在整个系统性能中起到的作用成为可能。更进一步地，此算法线性递归的本性确保了它的应用简单而有效。基于所有这些原因，卡尔曼滤波器在很多不同的数据融合问题都有广泛的应用[25.6-9]。

在机器人学里，卡尔曼滤波器更适用于追踪、定位和导航，而不太适用于地图创建。这是因为此算法在状态描述定义明确的情况下（比如位置、速度）工作得很好，而对那些观测和时间传播模型的状态也理解得很好。

1. 观测与转变模型

在状态的概率密度是高斯分布的情况下，卡尔曼滤波器可以看做递归贝叶斯滤波器（式25.7和式25.8）的特别例子。卡尔曼滤波器算法的起点是为状态定义一个可以使用标准的状态空间形式进行预测的模型：

$$\dot{\boldsymbol{x}}(t) = \boldsymbol{F}(t)\boldsymbol{x}(t) + \boldsymbol{B}(t)\boldsymbol{u}(t) + \boldsymbol{G}(t)\boldsymbol{v}(t) \quad (25.10)$$

式中，$\boldsymbol{x}(t)$ 是我们感兴趣的状态向量；$\boldsymbol{u}(t)$ 是已知的控制输入；$\boldsymbol{v}(t)$ 是一个描述在状态进化中不确定因素的随机变量；$\boldsymbol{F}(t)$、$\boldsymbol{B}(t)$ 和 $\boldsymbol{G}(t)$ 是描述状态、控制和噪声对状态转变贡献的矩阵[25.7]。一个观测（输出）模型也被采用标准的状态空间形式定义：

$$\boldsymbol{z}(t) = \boldsymbol{H}(t)\boldsymbol{x}(t) + \boldsymbol{D}(t)\boldsymbol{w}(t) \quad (25.11)$$

式中，$\boldsymbol{z}(t)$ 是观测向量；$\boldsymbol{w}(t)$ 是描述观测中不确定性的随机变量；$\boldsymbol{H}(t)$ 和 $\boldsymbol{D}(t)$ 是描述状态和噪声对观测的贡献的矩阵。

这些方程定义了连续系统的进化以及针对状态做出的连续观测。但是，卡尔曼滤波器几乎总是以离散的时间 $t_k = k$ 实现的。可以从式（25.10）和式（25.11）直接得到离散形式[25.8]

$$\boldsymbol{x}(k) = \boldsymbol{F}(k)\boldsymbol{x}(k-1) + \boldsymbol{B}(k)\boldsymbol{u}(k) + \boldsymbol{G}(k)\boldsymbol{v}(k) \quad (25.12)$$

$$\boldsymbol{z}(k) = \boldsymbol{H}(k)\boldsymbol{x}(k) + \boldsymbol{D}(k)\boldsymbol{w}(k) \quad (25.13)$$

推导卡尔曼滤波器使用的一个基本假设是，描述处理和观测噪声的 $\boldsymbol{v}(k)$ 和 $\boldsymbol{w}(k)$ 都是高斯的、时间上不相关的以及拥有零均值

$$E[\boldsymbol{v}(k)] = E[\boldsymbol{w}(k)] = 0, \quad \forall k \quad (25.14)$$

且具有已知的协方差

$$E[\boldsymbol{v}(i)\boldsymbol{v}^{\mathrm{T}}(j)]=\delta_{ij}\boldsymbol{Q}(i)$$
$$E[\boldsymbol{w}(i)\boldsymbol{w}^{\mathrm{T}}(j)]=\delta_{ij}\boldsymbol{R}(i) \qquad (25.15)$$

通常假设处理和观测噪声也是不相关的

$$E[\boldsymbol{v}(i)\boldsymbol{w}^{\mathrm{T}}(j)]=\boldsymbol{0},\quad \forall i,j \qquad (25.16)$$

这些相等于一个要求观测和连续状态条件独立的马尔可夫（Markov）性质。如果$\boldsymbol{v}(k)$和$\boldsymbol{w}(k)$时间上相关，可以使用一个成形滤波器（sharping filter）将观测进行白化处理，就能获得卡尔曼滤波器要求的假设条件[25.8]。如果处理和观测噪声序列相关，那么这种相关性也可以在卡尔曼滤波器算法中得到解决[25.10]。如果序列不是高斯分布的，但具有对称的有限模数，卡尔曼滤波器还是可以产生很好的估算。但是，如果序列有一个斜的或病态分布，那么卡尔曼滤波器产生的结果就有偏差，而使用更复杂的贝叶斯滤波器[25.5]是个好的选择。

2. 滤波器算法

在给定观测的条件下，卡尔曼滤波器算法产生的是均方差最小化的预测，因而条件均值是

$$\hat{\boldsymbol{x}}(i\mid j)\triangleq E[\boldsymbol{x}(i)\mid \boldsymbol{z}(1),\cdots,\boldsymbol{z}(j)]\triangleq E[\boldsymbol{x}(i)\mid \boldsymbol{Z}^j] \qquad (25.17)$$

此预测的方差定义为此预测的均方差

$$\boldsymbol{P}(i\mid j)\triangleq E\{[\boldsymbol{x}(i)-\hat{\boldsymbol{x}}(i\mid j)][\boldsymbol{x}(i)-\hat{\boldsymbol{x}}(i\mid j)]^{\mathrm{T}}\mid \boldsymbol{Z}^j\} \qquad (25.18)$$

在时刻k，在给定所有至时刻k的信息的条件下，状态的预测写作$\hat{\boldsymbol{x}}(k\mid k)$。在时刻$k$，在给定只有时刻$k$的信息的条件下，状态的预测称为向前一步预测（或一次预测），写为$\hat{\boldsymbol{x}}(k\mid k-1)$。

现在我们仅给出卡尔曼滤波器算法而不予证明。详细的推导可以在许多关于此问题的书里找到，比如参考文献［25.7，8］。描述的状态假设根据式（25.12）随时间进化。此状态的观测根据式（25.13）在固定的时间间隔得到。进入系统的噪声过程假定遵循式（25.14），式（25.15）和式（25.16）。同时还假设$\hat{\boldsymbol{x}}(k-1\mid k-1)$是状态$\boldsymbol{x}(k-1)$在时刻$k-1$，在基于所有直到时刻$k-1$之前（并包括$k-1$）的观测被做出的预测。而此预测等同真正的状态$\boldsymbol{x}(k-1)$基于所有这些观测的条件均值。而该预测的条件方差$\boldsymbol{P}(k-1\mid k-1)$也假定已知。卡尔曼滤波器就分两步递归运行（见图25.3）。

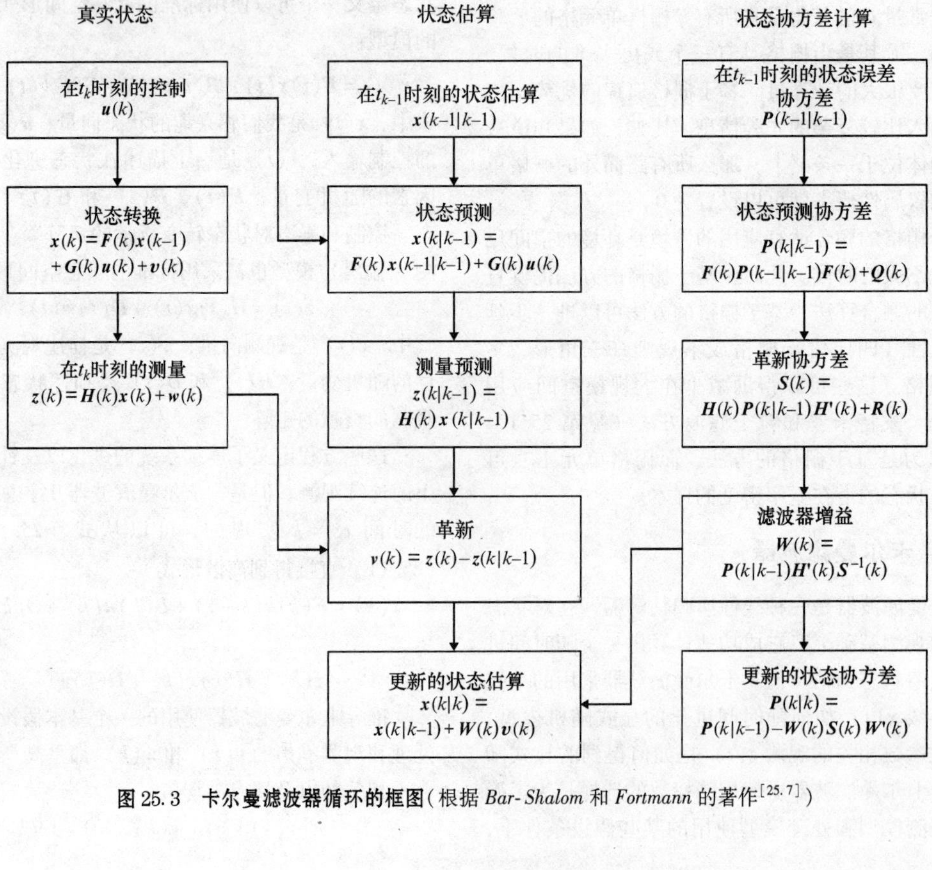

图25.3 卡尔曼滤波器循环的框图（根据*Bar-Shalom*和*Fortmann*的著作[25.7]）

（1）预测 一个状态在时刻 k 的预测 $\hat{\boldsymbol{x}}(k \mid k-1)$ 和它的协方差 $\boldsymbol{P}(k \mid k-1)$ 可以如下算出

$$\hat{\boldsymbol{x}}(k \mid k-1)=\boldsymbol{F}(k)\hat{\boldsymbol{x}}(k-1 \mid k-1)+\boldsymbol{B}(k)\boldsymbol{u}(k) \tag{25.19}$$

$$\boldsymbol{P}(k \mid k-1)=\boldsymbol{F}(k)\boldsymbol{P}(k \mid k-1)\boldsymbol{F}^{\mathrm{T}}(k)+\boldsymbol{G}(k)\boldsymbol{Q}(k)\boldsymbol{G}^{\mathrm{T}}(k) \tag{25.20}$$

（2）更新 在时刻 k 做出观测 $\boldsymbol{z}(k)$，更新的状态 $\boldsymbol{x}(k)$ 的预测 $\hat{\boldsymbol{x}}(k \mid k)$ 以及更新的预测协方差 $\boldsymbol{P}(k \mid k)$可以如下算出

$$\hat{\boldsymbol{x}}(k \mid k)=\hat{\boldsymbol{x}}(k \mid k-1)+\boldsymbol{W}(k)[\boldsymbol{z}(k)-\boldsymbol{H}(k)\hat{\boldsymbol{x}}(k \mid k-1)] \tag{25.21}$$

$$\boldsymbol{P}(k \mid k)=\boldsymbol{P}(k \mid k-1)-\boldsymbol{W}(k)\boldsymbol{S}(k)\boldsymbol{W}^{\mathrm{T}}(k) \tag{25.22}$$

式中，增益矩阵 $\boldsymbol{W}(k)$ 是

$$\boldsymbol{W}(k)=\boldsymbol{P}(k \mid k-1)\boldsymbol{H}(k)\boldsymbol{S}^{-1}(k) \tag{25.23}$$

革新协方差 $\boldsymbol{S}(\mathrm{k})$ 是

$$\boldsymbol{S}(k)=\boldsymbol{R}(k)+\boldsymbol{H}(k)\boldsymbol{P}(k \mid k-1)\boldsymbol{H}(k) \tag{25.24}$$

观测 $\boldsymbol{z}(k)$ 和通过预测得到的观测 $\boldsymbol{H}(k)\hat{\boldsymbol{x}}(k \mid k-1)$ 之间的差被称为革新或残差 $\boldsymbol{v}(k)$：

$$\boldsymbol{v}(k)=\boldsymbol{z}(k)-\boldsymbol{H}(k)\hat{\boldsymbol{x}}(k \mid k-1) \tag{25.25}$$

革新是描绘滤波器预测值和观测序列差异的一个重要测量值。实际上，因为状态的真实值不总是能够被得到，从而与预测的状态进行比较，革新就是测量估算器性能的唯一测量值。革新在数据关联（data association）里面特别重要。

3. 延伸卡尔曼滤波器

延伸卡尔曼滤波器（EKF）是卡尔曼滤波器的一种变体，它适用于当状态模型和/或观测模型是非线性的情况下。EKF 在本节做简要介绍。

EKF 考虑的状态模型在状态空间符号系统里以第一阶非线性向量差分方程的形式表示

$$\dot{\boldsymbol{x}}(t)=\boldsymbol{f}[\boldsymbol{x}(t),\boldsymbol{u}(t),\boldsymbol{v}(t),t] \tag{25.26}$$

式中，$\boldsymbol{f}[\cdot,\cdot,\cdot,\cdot]$ 现在是一个普通的将状态和控制输入投入到状态转换中的非线性方程。EKF 考虑的观测模型在状态空间符号系统里以一个非线性向量方程的形式表示

$$\boldsymbol{z}(t)=\boldsymbol{h}[\boldsymbol{x}(t),\boldsymbol{u}(t),\boldsymbol{v}(t),t] \tag{25.27}$$

式中，$\boldsymbol{h}[\cdot,\cdot,\cdot,\cdot]$ 现在是一个普通的将状态和控制输入转换到观测中去的非线性方程。

像卡尔曼滤波器一样，EKF 几乎总是以离散时间实现。通过集成和对离散时间状态和观测的适度辨识，离散的状态模型可以写为

$$\boldsymbol{x}(k)=\boldsymbol{f}[\boldsymbol{x}(k-1),\boldsymbol{u}(k),\boldsymbol{v}(k),k] \tag{25.28}$$

而观测模型是

$$\boldsymbol{z}(k)=\boldsymbol{h}[\boldsymbol{x}(k),\boldsymbol{w}(k)] \tag{25.29}$$

像卡尔曼滤波器一样，EKF 假设噪声 $\boldsymbol{v}(k)$ 和 $\boldsymbol{w}(k)$ 都是高斯的、时间上不相关的以及拥有零均值，正如式（25.14）~式（25.16）描述的那样。EKF 致力于将均方差最小化从而计算出条件均值的一个近似值。因而它假设在时刻 $k-1$ 状态的预测近似等于条件均值，即 $\hat{\boldsymbol{x}}(k-1 \mid k-1)\approx E[\boldsymbol{x}(k-1) \mid \boldsymbol{Z}^{k-1}]$。我们现在不做证明的表述 EKF 算法。具体的推导可以参见任何有关此课题的参考书。EKF 推导的主要步骤遵循线性卡尔曼滤波器的步骤，只是增加了额外步骤，分别使用有关估算和预测的泰勒序列将处理和观测模型线性化。EKF 算法分为两步，预测和更新。

（1）预测 一个状态在时刻 k 的预测 $\hat{\boldsymbol{x}}(k \mid k-1)$ 和它的协方差 $\boldsymbol{P}(k \mid k-1)$ 计算如下

$$\hat{\boldsymbol{x}}(k \mid k-1)=\boldsymbol{f}[\hat{\boldsymbol{x}}(k-1 \mid k-1),\boldsymbol{u}(k)] \tag{25.30}$$

$$\boldsymbol{P}(k \mid k-1)=\nabla\boldsymbol{f}_x(k)\boldsymbol{P}(k-1 \mid k-1)\nabla^{\mathrm{T}}\boldsymbol{f}_x(k)+\nabla\boldsymbol{f}_v(k)\boldsymbol{Q}(k)\nabla^{\mathrm{T}}\boldsymbol{f}_v(k) \tag{25.31}$$

（2）更新 在时刻 k 做出观测 $\boldsymbol{z}(k)$，更新的状态 $\boldsymbol{x}(k)$ 的预测 $\hat{\boldsymbol{x}}(k \mid k)$ 以及更新的预测协方差 $\boldsymbol{P}(k \mid k)$计算如下

$$\hat{\boldsymbol{x}}(k \mid k)=\hat{\boldsymbol{x}}(k \mid k-1)+\boldsymbol{W}(k)\{z(k)-\boldsymbol{h}[\hat{x}(k \mid k-1)]\} \tag{25.32}$$

$$\boldsymbol{P}(k \mid k)=\boldsymbol{P}(k \mid k-1)-\boldsymbol{W}(k)\boldsymbol{S}(k)\boldsymbol{W}^{\mathrm{T}}(k) \tag{25.33}$$

式中

$$\boldsymbol{W}(k)=\boldsymbol{P}(k \mid k-1)\nabla^{\mathrm{T}}\boldsymbol{h}_x(k)\boldsymbol{S}^{-1}(k) \tag{25.34}$$

以及

$$\boldsymbol{S}(k)=\nabla\boldsymbol{h}_w(k)\boldsymbol{R}(k)\nabla^{\mathrm{T}}\boldsymbol{h}_w(k)+\nabla\boldsymbol{h}_x(k)\boldsymbol{P}(k \mid k-1)\nabla^{\mathrm{T}}\boldsymbol{h}_x(k) \tag{25.35}$$

式中，雅可比行列式$\nabla\boldsymbol{f}(k)$ 在 $\boldsymbol{x}(k-1)=\hat{\boldsymbol{x}}(k-1 \mid k-1)$时被评估；而雅可比行列式$\nabla\boldsymbol{h}(k)$ 在 $\boldsymbol{x}(k)=\hat{\boldsymbol{x}}(k \mid k-1)$的时候评估。

比较式（25.19）~式（25.24）和式（25.30）~式（25.35）可以清楚地看出 EKF 算法近似于线性的卡尔曼滤波器算法，只要在方差和增益的传播方程中进行替换 $\boldsymbol{F}(k)\rightarrow\nabla\boldsymbol{f}_x(k)$ 和 $\boldsymbol{H}(k)\rightarrow\nabla\boldsymbol{h}_x(k)$ 就行了。因而，EKF，实际上是对状态误差的线性估算器，而状态误差则是由一个线性方程描述，进而由一

个线性方程以式（25.13）为形式观测的。

EKF与线性卡尔曼滤波器在很大程度上相似，只是有些显著的特点需要进行说明：

1）雅可比行列式$\nabla f_x(k)$和$\nabla h_x(k)$通常不是常量，而是状态和时间两者的函数。这意味着与线性滤波器不同，随着预测和估算的计算，协方差和增益矩阵必须实时计算出来，并且一般上不趋向于常量。这显著增加了算法需要实时运算的计算量。

2）因为线性化模型的推导是围绕预测或名义上的轨迹对真正的状态预测和观测模型扰动进行的，所以必须十分小心以确保这些预测总是足够接近真实状态，而线性化的第二阶项其实是很小的。如果名义轨迹距离真正轨迹过远，那么真正的协方差将比估测的协方差大很多，而滤波器的配准就变得很糟糕。在极限情况下，滤波器甚至可能变得不稳定。

3）EKF采用一个必须由状态的近似值计算出来的线性化模型。不像线性滤波器，这意味着EKF必须从操作的一开始就准确赋值，以保证线性化模型的获得是有效的。如果不这么做，滤波器算出来的预测将毫无意义。

4. 信息滤波器

信息滤波器在数学上等同于卡尔曼滤波器。但是，不像后者生成状态预测$\hat{x}(i\mid j)$和协方差$P(i\mid j)$，信息滤波器使用信息状态变量$\hat{y}(i\mid j)$和信息矩阵$Y(i\mid j)$，两组之间的联系是

$$\hat{\boldsymbol{y}}(i\mid j)=\boldsymbol{P}^{-1}(i\mid j)\hat{\boldsymbol{x}}(i\mid j)$$
$$\boldsymbol{Y}(i\mid j)=\boldsymbol{P}^{-1}(i\mid j) \tag{25.36}$$

信息滤波器具有与卡尔曼滤波器相同的预测—更新结构。

（1）预测　一个信息状态在时刻k的预测$\hat{y}(k\mid k-1)$和它的信息矩阵$Y(k\mid k-1)$可以分别计算如下（Joseph形式[25.8]）

$$\hat{\boldsymbol{y}}(k\mid k-1)=(\boldsymbol{1}-\boldsymbol{\Omega}\boldsymbol{G}^{\mathrm{T}})\boldsymbol{F}^{-\mathrm{T}}\hat{\boldsymbol{y}}(k-1\mid k-1)+\boldsymbol{Y}(k\mid k-1)\boldsymbol{B}\boldsymbol{u}(k) \tag{25.37}$$

$$\boldsymbol{Y}(k\mid k-1)=\boldsymbol{M}(k)-\boldsymbol{\Omega}\boldsymbol{\Sigma}\boldsymbol{\Omega}^{\mathrm{T}} \tag{25.38}$$

式中，

$$\boldsymbol{M}(k)=\boldsymbol{F}^{-\mathrm{T}}\boldsymbol{Y}(k-1\mid k-1)\boldsymbol{F}^{-1}$$
$$\boldsymbol{\Sigma}=\boldsymbol{G}^{\mathrm{T}}\boldsymbol{M}(k)\boldsymbol{G}+\boldsymbol{Q}^{-1}$$

而

$$\boldsymbol{\Omega}=\boldsymbol{M}(t_k)\boldsymbol{G}\boldsymbol{\Sigma}^{-1}$$

应该注意的是，Σ需要对它求逆来计算Ω，具有与处理驱动噪声相同的维数，而通常它比状态的维数小很多。另外，矩阵F^{-1}是进行逆时评估的状态转换矩阵，因而必须始终存在。

（2）更新　在时刻k做出观测$z(k)$，更新的信息状态预测$\hat{y}(k\mid k)$以及更新的信息矩阵$Y(k\mid k)$计算如下

$$\hat{\boldsymbol{y}}(k\mid k)=\hat{\boldsymbol{y}}(k\mid k-1)+\boldsymbol{H}(k)\boldsymbol{R}^{-1}(k)\boldsymbol{z}(k) \tag{25.39}$$

$$\boldsymbol{Y}(k\mid k)=\boldsymbol{Y}(k\mid k-1)+\boldsymbol{H}(k)\boldsymbol{R}^{-1}(k)\boldsymbol{H}^{\mathrm{T}}(k) \tag{25.40}$$

要强调的是式（25.37）和式（25.38）在数学上等同于式（25.19）和式（25.20），而式（25.39）和式（25.40）在数学上等同于式（25.21）和式（25.22）。需要注意的是信息和状态空间形式上的二元性[25.10]。这种二元性其实是很明显的，因为在信息滤波器的预测步骤里Ω和Σ起到的作用，与增益矩阵W和革新协方差S在卡尔曼滤波器的更新步骤里起到的作用是相同的。而且，卡尔曼滤波器简单的信息预测步骤也印证了信息滤波器简单的线性更新步骤。

比起卡尔曼滤波器，信息滤波器在数据融合问题上最大的优势在于其更新步骤的相对简洁。对一个有n个传感器的系统来说，融合信息状态的更新确切地说就是来自所有传感器的信息贡献的线性和，见式（25.41）。

$$\hat{\boldsymbol{y}}(k\mid k)=\hat{\boldsymbol{y}}(k\mid k-1)+\sum_{i=1}^{n}\boldsymbol{H}_i(k)\boldsymbol{R}_i^{-1}(k)z_i(k)$$
$$\boldsymbol{Y}(k\mid k)=\boldsymbol{Y}(k\mid k-1)+\sum_{i=1}^{n}\boldsymbol{H}_i(k)\boldsymbol{R}_i^{-1}(k)\boldsymbol{H}_i^{\mathrm{T}}(k) \tag{25.41}$$

这种表达方式存在的原因是信息滤波器本质上是贝叶斯定律关于概率的对数表示，因而概率的乘积（式（25.4））变成了求和。而对卡尔曼滤波器，多传感器的更新就没有这种简洁的表达方式了。信息传感器的这种特性被应用于机器人网络的数据融合[25.11,12]，以及近来机器人导航与定位问题[25.1]。信息滤波器的一个主要劣势在于非线性模型的编码，尤其是在预测步骤里。

5. 使用卡尔曼或信息滤波器的时机

当我们感兴趣的物理量是使用连续参数状态定义的时候，卡尔曼或信息滤波器就很适用于此类数据融合问题。这种物理量包括对一个机器人或其他物体位置、角度和速度的预测，或对一个简单几何特征，比如点、线或曲线的追踪。当物理量的特征不易参数化的时候，比如空间占据性、离散的标签或过程，就不

适合使用卡尔曼或信息滤波器进行预测了。

25.1.4　连续蒙特卡罗方法

蒙特卡罗（MC）滤波器方法用概率分布的方式对一个隐含的状态空间的一组加权采样进行描述。MC 滤波器通常通过贝叶斯定律来使用这些采样进行概率推导的仿真，使用的采样或仿真数是很大的。通过研究这些采样经过推导过程的统计特性，仿真过程的概率图形就建立起来了。

1. 概率分布的表示

在连续蒙特卡罗方法里，概率分布的描述是通过使用一系列支撑点（状态空间值）$\boldsymbol{x}^i$，$i=1,\cdots,N$ 以及对应的一组标准化了的权数 w^i，$i=1,\cdots,N$ 进行的，而 $\sum_i w^i=1$。支撑点和权数可以用以定义一个概率密度函数

$$P(\boldsymbol{x}) \approx \sum_{i=1}^{N} w^i \delta(\boldsymbol{x}-\boldsymbol{x}^i) \tag{25.42}$$

如何选择支撑点和权数以获得此概率密度 $P(\boldsymbol{x})$ 的合理表示是一个关键问题。最常用的选择支撑点的方法是使用一个重要性密度 $q(\boldsymbol{x})$。支撑点 $\boldsymbol{x}^i$ 是对此密度进行的采样；如果此密度具有较大的概率，较多的采样就被选择出来，反之则反之。式（25.42）中的权数由式（25.43）算出

$$w^i \propto \frac{P(\boldsymbol{x}^i)}{q(\boldsymbol{x}^i)} \tag{25.43}$$

实际上，一个支撑点采样 $\boldsymbol{x}^i$ 是从重要性分布取得的。此采样从隐含的概率分布中初始化以产生概率值 $P(\boldsymbol{x}=\boldsymbol{x}^i)$。然后与 $q(\boldsymbol{x})$ 相比并进行适当的标准化就得到权数。

重要性取样法有两个有益的极端例子。

1）在一个例子里，重要性密度可以采取平均分布的形式，从而支撑点 $\boldsymbol{x}^i$ 是平均分布于状态空间的，与栅格的形式很接近。每一个概率 $q(\boldsymbol{x}^i)$ 因此是相等的。从式（25.43）计算来的权数因而正比于概率，$w^i \propto P(\boldsymbol{x}=\boldsymbol{x}^i)$。分布的模型结果看上去很像规矩栅格模型。

2）另一个极端例子里，我们选择重要性分布等同于概率模型，即 $q(\boldsymbol{x})=P(\boldsymbol{x})$。支撑点采样 $\boldsymbol{x}^i$ 现在从此密度取得。此密度若具有较大的概率，较多的采样就被选择出来，反之则反之。但是，如果我们将 $q(\boldsymbol{x}^i)=P(\boldsymbol{x}^i)$ 代入式（25.43）中，可以清楚地看到所有的权数 $w^i=1/N$。一组具有相同权数的采样（称为粒子分布）就产生了。

当然，也可能将这两种表示方法融合，既使用一组权数又使用一组支撑点对一个概率分布进行描述。描述概率分布的采样与权数的完备集 $\{\boldsymbol{x}^i, w^i\}_{i=1}^{N}$ 被称为随机测量。

2. 连续蒙特卡罗法

连续蒙特卡罗（SMC）滤波器是对递归贝叶斯更新方程的仿真，使用支撑采样值和权数来描述隐含的概率分布。

方法的起点是在式（25.7）和式（25.8）给出的递归或连续贝叶斯观测更新。SMC 递归开始于由一组支撑数值和权数 $\{\boldsymbol{x}_{k-1}^i, w_{k-1|k-1}^i\}_{i=1}^{N_{k-1}}$ 表达的后验概率密度

$$P(\boldsymbol{x}_{k-1} \mid \boldsymbol{Z}^{k-1}) = \sum_{i=1}^{N_{k-1}} w_{k-1}^i \delta(\boldsymbol{x}_{k-1}-\boldsymbol{x}_{k-1}^i) \tag{25.44}$$

预测步骤需要将式（25.44）代入式（25.8），从而使联合密度被边缘化。但是，在实际应用中，我们假设重要性密度就是转变模型，见式（25.45）从而避免这个复杂的步骤

$$q_k(\boldsymbol{x}_k^i) = P(\boldsymbol{x}_k^i \mid \boldsymbol{x}_{k-1}^i) \tag{25.45}$$

这允许新的支撑值 $\boldsymbol{x}_k^i$ 从旧的支撑值 $\boldsymbol{x}_{k-1}^i$ 的基础上取得，但是权数保留不变 $w_k^i=w_{k-1}^i$。从而，预测变为

$$P(\boldsymbol{x}_k \mid \boldsymbol{Z}^{k-1}) = \sum_{i=1}^{N_k} w_{k-1}^i \delta(\boldsymbol{x}_k-\boldsymbol{x}_k^i) \tag{25.46}$$

SMC 的观测步骤相对简单。先定义一个观测模型 $P(z_k \mid \boldsymbol{x}_k)$，它是两个变量 z_k 和 $\boldsymbol{x}_k$ 的函数，且是关于 z_k 的一个概率分布（积分为单位1）。当得到一个观测或测量，$z_k=z_k$，观测模型变为仅是状态 $\boldsymbol{x}_k$ 的函数。如果状态采样是 $\boldsymbol{x}_k=x_k^i$，$i=1,\cdots,N$，观测模型 $P(z_k=z_k \mid \boldsymbol{x}_k=\boldsymbol{x}_k^i)$ 变为一组描述采样 $\boldsymbol{x}_k^i$ 产生观测 z_k 的概率的标量。将此概率和式（25.46）代入式（25.7）得

$$P(\boldsymbol{x}_k \mid \boldsymbol{Z}^k) = C\sum_{i=1}^{N_k} w_{k-1}^i P(z_k=z_k \mid \boldsymbol{x}_k=\boldsymbol{x}_k^i)\delta(\boldsymbol{x}_k-\boldsymbol{x}_k^i) \tag{25.47}$$

此式通常以一组更新的标准化了的权数来实现

$$w_k^i = \frac{w_{k-1}^i P(z_k = z_k \mid \boldsymbol{x}_k = \boldsymbol{x}_k^i)}{\sum_{j=1}^{N_k} w_{k-1}^j P(z_k = z_k \mid \boldsymbol{x}_k = \boldsymbol{x}_k^j)} \tag{25.48}$$

因此有

$$P(\boldsymbol{x}_k \mid \boldsymbol{Z}^k) = \sum_{i=1}^{N_k} w_k^i \delta(\boldsymbol{x}_k-\boldsymbol{x}_k^i) \tag{25.49}$$

注意式（25.49）中的支撑值与式（25.46）中的相同，仅仅是权数被观测更新改变。

SMC 法的实现同时需要状态转变模型 $P(\boldsymbol{x}_k \mid \boldsymbol{x}_{k-1})$ 和观测模型 $P(z_k \mid \boldsymbol{x}_k)$。这些模型需要采取

能允许 z_k，$\boldsymbol{x}_k$ 和 $\boldsymbol{x}_{k-1}$ 样本化的一种形式。对低维状态空间来说，使用查找表插值是可行的一种表示法。对高维状态空间来说，更适用的模型是提供函数表示法。

实际上，式（25.46）和式（25.47）按下列描述实现。

（1）时间更新 一个处理模型定义成一个通常的状态空间形式，$\boldsymbol{x}_k=\boldsymbol{f}(\boldsymbol{x}_{k-1}, \boldsymbol{w}_{k-1}, k)$，式中，$\boldsymbol{w}_k$ 是已知概率密度为 $P(\boldsymbol{w}_k)$ 的独立噪声序列。预测步骤实现如下：有 N_k 个采样 $\boldsymbol{w}_k^i$，$i=1$，…，N_k 从分布 $P(\boldsymbol{w}_k)$ 取出。N_k 个支撑值 $\boldsymbol{x}_{k-1}^i$ 与 $\boldsymbol{w}_k^i$ 一起传输给处理模型

$$\boldsymbol{x}_k^i=\boldsymbol{f}(\boldsymbol{x}_{k-1}^i, \boldsymbol{w}_{k-1}^i, k) \tag{25.50}$$

从而产生新的一组支撑值 $\boldsymbol{x}_k^i$，权数不变。实际上，该处理模型被简单地使用 N_k 次进行状态传播仿真。

（2）观测更新 一个观测模型定义成一个通常的状态空间形式 $z_k=\boldsymbol{h}(\boldsymbol{x}_k, \boldsymbol{v}_k, k)$，式中，$\boldsymbol{v}_k$ 是已知概率密度为 $P(\boldsymbol{v}_k)$ 的独立噪声序列。观测步骤实现如下。进行一次观测 $z_k=z_k$。对每一个支撑值 $\boldsymbol{x}_k^i$，概率计算为

$$\Lambda(\boldsymbol{x}_k^i)=P(z_k=z_k \mid \boldsymbol{x}_k=\boldsymbol{x}_k^i) \tag{25.51}$$

实际上，这要求观测模型采用一种等同的形式（比如高斯），从而允许测量得到的 z_k 和被每一个粒子 $\boldsymbol{h}(\boldsymbol{x}_k{}^i, k)$ 预测的观测值之间误差的概率得到计算。观测后更新的权数是

$$\boldsymbol{w}_k^i \propto \boldsymbol{w}_{k-1}^i P(z_k=z_k \mid \boldsymbol{x}_k^i) \tag{25.52}$$

3. 重新采样

在权数更新之后，通常对测量 $\{\boldsymbol{x}_k^i, w_k^i\}_{i=1}^N$ 进行重新采样。重新采样集中在具有更大概率密度的区域。重新采样决定的做出是基于有效数量，即 N_{eff} 个采样中的粒子，其值大约由 $N_{\text{eff}}=1/\sum_i (w_k^i)^2$ 估算而来。采样重要性重新采样算法（SIR）在每一次循环进行重新采样，这样权数总是相等的。重新采样的一个关键问题是采样集固定在一些较大可能性的采样上。在重新采样中这样可能造成的问题称为采样贫化。一般上，当 N_{eff} 小于实际采样数的某个分数（比如1/2）的时候，最好重新进行采样。

4. 使用蒙特卡罗方法的时机

蒙特卡罗法（MC）特别适用于状态转变模型和观测模型高度非线性化的问题。这是因为基于采样的方法可以描述非常普遍的概率分布。特别是多模型或多重假设密度方程，都能很好地被蒙特卡罗法处理。但是，特别要注意的是在所有情况下，模型 $P(\boldsymbol{x}_k \mid \boldsymbol{x}_{k-1})$ 和 $P(z_k \mid \boldsymbol{x}_k)$ 必须是可列举的，而且必须是处于一种简单的参数化的形式。蒙特卡罗法也覆盖了基于参数和基于栅格的数据融合方法之间的缺口。

蒙特卡罗法不适用于状态空间维数很高的问题。一般而言，对一个给定的概率密度进行如实地建模需要的采样数随状态空间的维数呈指数增加。有一种办法可以限制状态空间的维数，采用的方法是将不需要使用采样进行建模的部分状态边缘化，这种方法称为Rao-Blackwellization。

25.1.5 概率的替代法

对信息融合问题来说，不确定性的表示法是如此的重要，以至于人们提出一些替代建模技术来处理概率性方法中观察到的局限性。

概率性方法中观察到的局限性主要有四个。

1）复杂性：要正确应用概率性归纳法，需要指定很大数量的概率。

2）不一致性：在以概率的形式指定一组一致的可信度并使用此可信度对兴趣状态进行一致的推导中存在的困难。

3）模型的精确性：需要精确地指定对某些知之甚少的量的概率。

4）不确定因素的不确定性：面临不确定因素时指定概率的难度或对信息源的忽略。

三种方法可以解决这些难题：间隔微积分法、模糊逻辑和证据理论（Dempster-Shafer 法）。我们依次进行简要介绍。

1. 间隔微积分法

使用间隔表示不确定性来限定真正参数的值，比概率性方法具有几点潜在的优势。特别是，当缺乏概率性信息但是传感器和参数的误差确定需要限定时，间隔提供了对不确定性的很好测量。间隔法里，一个参数 x 的不确定性用一个声明进行简单的描述。此声明是状态 x 的真实值，在 a 之上，b 之下，即 $x\in[a, b]$。重要的是没有其他任何概率性结构的暗示，特别是 $x\in[a, b]$ 并不意味着 x 在区间 $[a, b]$ 内的分布是等正比的（平均分布）。

对间隔误差有一些简单而基础的操作规律。这些在 *Moore* 的书里[25.13]有详细的描述（他的分析原先是为了理解计算机算术的有限精度）。简单地说，有 $a, b, c, d\in\mathbb{R}$，加减乘除分别由下列运算关系定义

$$[a, b]+[c, d]=[a+c, b+d]$$

$$[a, b]-[c, d]=[a-c, b-d] \tag{25.53}$$

$$[a, b]\times[c, d]=[\min(ac, ad, bc, bd), \max(ac, ad, bc, bd)] \tag{25.54}$$

$$\frac{[a,\ b]}{[c,\ d]}=[a,\ b]\times[\frac{1}{d},\ \frac{1}{c}],\quad 0\notin[c,\ d] \tag{25.55}$$

可见间隔的加和乘都满足结合律和交换律。间隔算法承认一种明显米制的距离测量：

$$d([a,\ b],\ [c,\ d])=\max(|a-c|,\ |b-d|) \tag{25.56}$$

使用间隔的矩阵运算也是可行的，但本质上很复杂，特别是当要求矩阵的逆的时候。

间隔微积分法有时候用以检定，但通常不用于处理数据融合问题，这是因为：

1）很难用它得到收敛于任何值的结果。

2）很难用它编码不同变量之间的依附关系，而这恰恰是很多数据融合问题的核心所在。

2. 模糊逻辑

作为一种表述不确定性的方法，模糊逻辑应用广泛，特别是在诸如监督控制和高级别的数据融合任务里面。人们常常把模糊逻辑称为不确定推导的理想工具，特别是在基于定律系统里。毋庸置疑的是，模糊逻辑在实际应用中有一些显著的成功案例。

有关模糊集和模糊逻辑的著作很多（例如，参见参考文献［25.14］和参考文献［25.15］中第11章的讨论）。在这里我们简要描述主要的定义和操作，而忽略模糊逻辑方法更高深的特性。

考虑一个通用集包含元素 x：$\mathcal{X}=\{x\}$。假设一个合适的子集$\mathcal{A}\subseteq\mathcal{X}$使得

$$\mathcal{A}=\{x\mid x\text{具有某些特性}\}$$

在传统的逻辑系统里，我们定义一个成员函数$\mu_A(x)$（也称为特征函数），它报告是否一个特别的元素 $x\in\mathcal{X}$是这个集的一个成员：

$$\mathcal{A}\Longleftrightarrow\mu_A(x)=\begin{cases}1 & x\in A\\ 0 & x\notin A\end{cases}$$

比如$\mathcal{X}$可能是所有飞机构成的集。$\mathcal{A}$可能是所有超音速飞机构成的集。在模糊逻辑文献里，这称为明确（crisp）集。对比之下，一个模糊集是其中有一个成员的度的集，度的范围是0和1之间。一个模糊成员制函数$\mu_A(x)$ 定义了一个 $x\in\mathcal{X}$的元素对集$\mathcal{A}$的成员的度。比如，还是假设$\mathcal{X}$可能是所有飞机构成的集而$\mathcal{A}$可能是所有高速飞机构成的集。那么模糊成员函数$\mu_A(x)$ 给每一架飞机 x 赋一个 0 到 1 之间的值，作为对此集成员的度。形式上

$$\mathcal{A}\Longleftrightarrow\mu_A(x)\mapsto[0,1]$$

模糊集的构成规律跟随标准明确集的构成过程，比如

$$\mathcal{A}\cap\mathcal{B}\Longleftrightarrow\mu_{A\cap B}(x)=\min[\mu_A(x),\ \mu_B(x)]$$

$$\mathcal{A}\cup\mathcal{B}\Longleftrightarrow\mu_{A\cup B}(x)=\max[\mu_A(x),\ \mu_B(x)]$$

与二进制逻辑相关的标准属性现在都起作用：交换律、结合律、幂等性、分配律、De Morgan 定律和合并性。唯一的例外是排中律不再工作：

$$\mathcal{A}\cup\overline{\mathcal{A}}\neq\mathcal{X}$$
$$\mathcal{A}\cap\overline{\mathcal{A}}\neq\phi$$

所有这些定义和定律构成了推理不准确值的系统方法。

模糊集理论和概率论之间的关系仍是研究界辩论的热点。

3. 证据推理

证据推理（常根据此理论的创始人而称为 Dempster-Shafer 证据理论）已经有一些断断续续的成功，尤其是在自动推导应用里。证据推理与概率性方法和模糊逻辑法从定性上讲都不大相同。不同点如下所述。考虑一个通用集$\mathcal{X}$。在概率性方法或模糊逻辑理论里，一个可信度可以赋给任何元素 $x_i\in\mathcal{X}$而对于任何子集有$\mathcal{A}\subseteq\mathcal{X}$。在证据推导里，可信度不能赋给任何元素或子集，或子集的子集。特别的，当概率性方法的域是所有可能子集$\mathcal{X}$，证据推导的域是幂集 $2^{\mathcal{X}}$。

举例说明，考虑互相排除集$\mathcal{X}=\{$occupied（占据），empty（空）$\}$。在概率论里，我们可以给每一个可能的事件赋一个概率值，比如，$P(\text{occupied})=0.3$，而 $P(\text{empty})=0.7$。在证据推导里，我们构建包含所有子集的集

$$2^{\mathcal{X}}=\{\{\text{occupied},\text{empty}\},\{\text{occupied}\},\{\text{empty}\},\phi\}$$

然后给此集中的每一个元素赋可信度

$$m(\{\text{occupied},\text{empty}\})=0.5$$
$$m(\{\text{occupied}\})=0.3$$
$$m(\{\text{empty}\})=0.2$$
$$m(\phi)=0.0$$

（空集 ϕ 被赋予可信度 0 以保证标准化）。这种赋值的解释是，占据的可能性是 30%，空的可能性是 20%，而或占据或空的可能性是 50%。实际上，赋予子集或占据或空的值是一种对未知状态的赋值或不能区分这两种情形的赋值。参见参考文献［25.16］，读者可以找到一个详细讨论的例子，该例讨论如何将证据方法应用于确定性网格导航。

证据推导因此提供了一种捕捉未知状态或不能区分占据和空的方法。在概率论里，这将使用一种截然不同的方式处理，方法是给每一种替代性赋予相同或均匀的概率。但是，声明占据的可能性是 50% 与声明不知道它是否是占据的，这两种说法是明显不同的。这种使用幂集作为识别框架允许可能性更丰富的

表述。但是，付出的代价是复杂性的显著增加。如果最初的集$\mathcal{X}$里有n个元素，那么就有2^n个可能的子集需要赋予可信度。对很大的n来说，显然这是不可解的。另外，当集是连续的时候，集的所有子集甚至不能被测量。

证据推导方法提供了一种给集赋予和融合可信度的办法。也有其他办法获得相关测量，称为支持度和可行度，其实，就是 Dempster 的原始方法里的上下概率限。

证据推导在离散数据融合系统起重要的作用，尤其是这种属性融合和情境检测等信息未知或模棱两可的领域。使用它作用于低水平的数据融合问题具有挑战性，因为给幂集赋予可信度与状态的集的势呈指数性关联。

25.2 多传感器融合架构

上节讨论的多传感器融合方法提供了算法，使得传感器数据及与它们相连的不确定性模型可以用来构建关于环境的隐式或显示的模型。但是，一个多传感器融合系统必须包含其他需要的功能性元件来管理和控制融合过程。这些内容被称为多传感器融合架构。

25.2.1 架构分类学

多传感器系统的结构可以由多种方式进行组织。基于实验室联合主管（JDL）模型是军方为多传感器系统开发出的一种功能性结构的规划。这种方法视多传感器融合为信号、特征、线程和情境分析层（所谓 JDL 层）。对此类系统的检验是使用诸如追踪性能、存活率、效率和带宽等条款的。这些测量值一般对机器人应用并不适用，因而 JDL 模型在这儿不做深入讨论（更多细节见参考文献[25.17，18]）。其他分类方案区分低级和高级融合[25.19]，或区分集中和分散式处理，或区分数据和变量[25.20]。

对多传感器机器人系统来说，*Makarenko*[25.21]已经开发出了一种一般性的结构框图。我们的讨论就基于此方法。下面定义一个系统的架构。

（1）元架构　一组强烈表述系统结构特征的高级考量。系统元素的选择与组织经由审美学、效率或其他设计原则和目标（比如系统和元件的合理性、模块性、扩展性、可移植性、互用性、集中/分散化、鲁棒性和容错性）进行引导。

（2）算法架构　一组特殊的信息融合和决策方法。这些方法解决的问题包括数据的异构性、登记、校正、一致性、信息含量、独立性、时间间隔和比例，以及模型与不确定性之间的关系。

（3）概念架构　粒度和元件的功能（特别是，将算法元素映射到功能架构上）。

（4）逻辑架构　详细而规范的元件类型（即面向对象的标准）和界面，以使元件间的服务正式化。元件可能是特别的或编组的或其他考量，包括粒度、模块化、重复使用性、证实、数据结构、语义学等。通信问题包括分层制的对异构制的组织、共享内存对信息传递、基于信息的子元件交互特征、拉/推机制和订购—广播机制等。控制牵涉多传感器融合系统内的运行系统的控制，和信息要求与系统内的散发，以及任何外部的控制决策与命令。

（5）执行架构　定义了元件到执行元素的映射。这包括确保程序正确性的内部和外部方法（即，环境和传感器的模型已经从数学或其他正式的描述方式正确地转化为计算机程序），和模型的验证（即，确保正式的描述方式将物理现实与要求的程度匹配）。

在任何闭环控制系统里，传感器用以提供描述当前系统的状态和它的不确定性因素的反馈信息。为了一个给定应用建立一个传感器系统，是一个系统工程过程，并包括了系统要求的分析、环境模型、系统处于不同条件下的行为决定和合适传感器的选择[25.22]。建立传感器系统的下个步骤是整合硬件元件并开发必要的软件模块以进行数据融合与解释。最后是系统测试和性能分析。一旦系统建造完毕，有必要对系统的不同元件进行监视以进行测试、调试和分析。系统也要求对时间复杂性、空间复杂性、鲁棒性和效率进行定量测量。

另外，设计与实现实时系统变得越来越复杂，因为增加了许多特征，比如用户图形接口（GUI），可视功能和多种不同种类的传感器。因而，许多软件工程的问题受到了系统开发者更多的关注，这些问题包括可重复使用性、现有商业（COTS）构件的使用[25.23]、实时性[25.24-26]、传感器选择[25.27]、可靠性[25.28-30]和嵌入式测试[25.31]等。

每一个不同的传感器种类都有不同的特征和功能说明。因此，有一些途径致力于使用独立于具体的传感器而开发一些对传感器系统建模的方法。结果，这使得使用一般性方法来研究多传感器系统的性能和鲁棒性变得可能。已经有很多种尝试去提供一般性的方法，并附带具有数学基础和描述的尝试。一些建模的方法关注多传感器系统的误差分析和容错性[25.32-37]。

其他的技术是基于模型的，需要被感知物体和环境的先验知识[25.38-40]。这些方法帮助数据与模型匹配，但不能始终提供比较替代性模型的办法。由任务指引的传感是设计传感策略的另一种途径[25.41-43]。一般性的传感器建模工作对多传感器融合架构的进展已经有了显著的影响。

另一种对传感器系统建模的途径是定义传感—计算系统，使之与每一个传感器相连以允许任何传感系统的设计、比较、变形和推导[25.44]。在这种途径里，人们使用了一种信息不变的概念以定义信息复杂性的度量。这就提供了一个计算理论允许传感系统的分析、比较和推导。

总而言之，多传感器融合架构的分类可以沿着四种独立的设计方向选择：

1）统一——分散。

2）构件的局部—全局交互。

3）模块—整体。

4）分层—异构。

最盛行的组合是

1）统一、局部㊀交互和分层制。

2）离散、全局交互和异构结构。

3）离散、局部交互和分层制。

4）离散、局部交互和异构结构。

在一些情况下明确的模块性也是符号人们需要的。大多数现存的多传感器架构相当合理地与其中的一种分类组合相符合。这些分类组合不是对算法结构的一般性保证。如果算法结构是一个系统的主导特征，那么它可以按照第25.1节里的一些多传感器融合理论进行总结；否则，它和这四种分类组合其中之一的方法仅仅存在些许的差异。

25.2.2 统一、局部交互和分层制

统一、局部交互和分层的架构包括了一系列系统哲学。代表性最小的是 *Braitenberg*[25.45] 最先提出而由 *Brooks*[25.46] 推广的包容结构。包容式多传感器结构将动作定义为基本元件，并使用一系列分层的动作表现为一个程序（整体）。任何动作可以使用其他动作的输出，也可以限制其他动作。等级由层次定义，尽管这不总是很清晰。主要的设计原则是直接由感知—行动循环开发行为模式，而不是求助于不友好的环境表示。这导致了操作的鲁棒性，但是缺乏动作的可预测性。

另一种更复杂（更具代表性）的基于动作的系统是分散式野外机器人结构（DFRA）[25.47]。这个系统是传感器融合效果（SFX）结构[25.47]的一般性总结。通过使用诸如 Java、Jini 和 XML 语言、容错性、适应性、长期性、界面一致性和动态元件等，这种途径使用模块，致力于取得基于动作和慎重的行动、重新配置性和相互配合性。这种算法结构基于模糊逻辑控制器。有些实验已经在室外移动机器人的导航方面进行了。

其他此类的相似结构包括感知和行动网络，*Lee*[25.49,50]，而 *Draper*[25.51] 致力于需要执行任务（较高层次的融合）的信息种类，参见参考文献［25.52］。

另一种此类的传感器融合途径是使用人工神经网络。此类方法的优势，至少理论上来说，是用户不需要理解传感器模式是如何相关的，也不需要对不确定性进行建模，也不需要实际决定系统的结构，而只需确定网络的层数及每层的节点数。神经网络是使用一系列训练例子表示的，而且必须通过神经元之间联系的权重决定从输入到想要的输出（分层、控制信号等）的最佳匹配[25.53,54]。

其他不同的方法也是存在的。比如，*Hager*[25.52,53] 在贝叶斯决策理论的基础上定义了一种面向任务的途径进行传感器融合，并开发了一个面向对象的编程架构。*Joshi* 和 *Sanderson*[25.54] 描述了一个“方法来解决模型选择和多传感器融合的问题，使用表示尺寸（描述长度）以选择①模型类型和参数数量；②模型参数精度；③需要建模的被观测特征子集；④匹配特征与模型的对应关系。”

他们的途径不仅仅是一个结构，而且用了一个最小化原则以合成一个多传感器融合系统去解决特定的二维和三维物体辨识问题。

25.2.3 离散、全局交互和异构结构

离散、全局交互的元结构的主要例子是黑板系统。很多黑板系统的例子已经应用于数据融合问题。例如，由 *Cehrfaoui* 和 *Vachon*[25.56] 开发的 SEPIA 系统，以模块化中介的形式使用逻辑传感器将结果贴在一个黑板上。黑板的整体结构目标包括有效合作和动态配置。文献指出有实验进行室内机器人在房间之间的移动。

MESSIE（多专家景象解释和评估）系统[25.57]是基于多传感器融合的景象解释系统。该系统被应用于远程传感图像的解释中。一种有关多传感器融合概念的类型学建立起来，推导出了物体、景象和策略的建

㊀ 原文错误。——译者注

模问题的结果。该多专家结构总结了之前工作的概念，考虑了传感器的认知、多角度感应和使用概率论建模造成的模型和数据的不确定性和不准确性。特别的，物体的通用模型由概念独立的传感器（几何关系、材料和空间环境）表示。该结构中的三种专家是：通用专家（景象和冲突）、语义物体专家以及低层专家。使用集成控制的黑板结构。被解释的景象使用矩阵指针实现，从而使得冲突得以很容易被检测出来。在景象专家的控制下，冲突专家使用物体的空间背景关系解决冲突。最后，该文献描述了一个具有 SAR（合成孔径雷达）/SPOT 传感器的解释系统，并展示了一个有桥、城区和道路检测的例子。

25.2.4 离散、局部交互和分层制

最早的离散、局部交互和分层制结构的例子是实时控制系统（RCS）[25.58]。RCS 表现为智能控制的认知结构，但本质上使用多传感器融合进行复杂控制。RCS 致力于将任务分解为基本组织原理模块。其定义了一系列节点，每一个由一个传感器处理器、一个环境模型和一个动作发生机制模块构成。节点间，一般在一个分层内进行通信，尽管跨层通信也是许可的。该系统支持从反应行为到语义网络的广泛的算法结构。更重要的是，该系统维持信号、图像和地图，允许符号表示和图像表示的紧密耦合。该系统一般不允许动态重新配置，但是维持静态的模块连通结构指标。RCS 已经在无人地面机器人展示过用途了[25.59]，其他的面向对象的途径见参考文献［25.34，60］。

作为一种早期为多传感器系统宣扬强烈编程语义需求的结构法，逻辑传感器系统（LSS）使用功能性（或应用性）语言理论达到其目标。

最发达的 LSS 版本是仪表化的 ILSS[25.22]。这种 LSS 方法是基于 *Shilcrat* 和 *Henderson* 介绍的 LSS[25.61]。该 LSS 方法的设计理念是掩盖一个传感器的物理本质而对其进行详述。LSS 主要的目标是对多种传感器提供的信息开发一种一致而有效的表述方法。这种表述法提供从传感器失败中恢复的方法，并在增加或替换传感器时提供重新部署[25.62]。

作为 LSS 的延伸，ILSS 包括下列元件（见图 25.4）：

1）ILSS 名称：唯一地标识一个模块。

2）输出向量特征（COV）：强烈定义的输出结构，具有一个输出向量和零或多个输入向量。

3）命令：某个模块的输入命令和其他模块的输出命令。

4）选择功能：选择器探测一个故障的模块并切换到另一个可能的替代模块。

5）交替子网：交替产生 COV_{out} 的方式，正是这些一个或多个算法的实现才使得模块的主要功能得以延续实现。

6）控制命令解释器（CCI）：模块的命令解释器。

7）嵌入式测试：增强鲁棒性和提供故障排除的自我测试程序。

8）监视器：检查 COV 有效性的模块。

9）窃听器：挂在输出链上检视 COV 的各个值。

这些元件标识了系统行为并提供了线上检测和故障排除机制。另外，它们还提供了对系统的实时性能测量。监视器是有效性检查站，它过滤输出并对错误结果提出警告。每一个监视器配有一系列规则（或限定）以控制 COV 在不同条件下的行为。

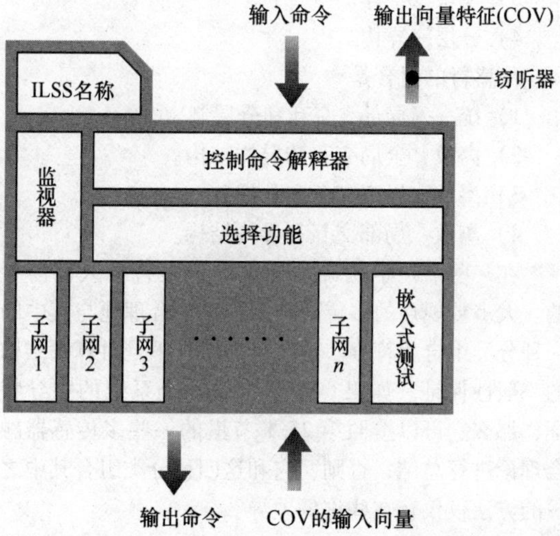

图 25.4 仪表化的逻辑传感器模块示意图

嵌入式测试提供在线检测和故障排除。*Weller* 提出一个传感器处理模型，具有探测测量误差并从这些误差中恢复的能力[25.31]。此方法是基于提供每一个系统模块验证测试以测试测量数据中的一些特征，并验证内部的和从传感器模块算法得到的输出数据。恢复策略基于针对不同传感器模块的局域规则。ILSS 采用一种类似方法称为区域嵌入式测试。在该测试中每一个模块配备一系列基于该模块语义定义的测试。这些测试产生检验模块不同方面的输入数据，然后使用一系列由语义定义的限定和规则对模块的输出进行测试。这些测试也能接收来自别的模块的输入以测量一组模块的操作。例子是一个墙面姿态估测系统，由一个具有照相机和声呐传感器的 Labmate 平台构成。

LSS 具有众多延伸[25.63,64]。

25.2.5　离散、局部交互和异构结构

此种元结构最好的例子是 *Makarenko*[25.21,65] 为离散式数据融合开发的主动传感器网络（ASN）架构。其鲜明特征如下所述。

1. 元结构

ASN 最突出的特征是其对离散性、模块化和严格的局部交互（可能是物理性或取决于类型的）的保证。因而，这些是通信过程。离散意味着没有元件位于系统的操作中心，而通信是点对点的。另外，没有中心设施或服务（例如，为了通信、命名和服务查询或定时）。这些特征导致了一个可扩展、具有容错性和易重新配置的系统。

局部交互意味着通信链的数目与网络大小无关。另外，信息的数目也应该保持不变。这导致系统的可扩展性和重新配置性。

模块化导致从接口协议、重配置性和容错性（因为错误可能仅来自独立模块）而来的交叉合作性。

2. 算法结构

三种主要算法元件：可能性融合、功能融合和方针选择。可能性融合是通过相邻平台之间的所有可能性通信实现的。可信度定义为世界状态空间的概率分布。

功能融合是把单个平台的部分功能分离成团队的可信度质量功能和局部的行动和通信功能。不好的一面是单个行动和信息之间的可能性耦合被忽略了，因为行动和通信的功能一直保持局域性。

通信和行动方针根据将预期值最大化选择。选中的方法可以获得某个特别状态的最大化，可以参见 *Manyika* 和 *Grocholsky* 的工作[25.11,66]。

3. 概念性结构

该系统的数据类型包括：

1）可信度：当前世界的可能性。

2）计划：将来计划的世界可信度。

3）行动：未来计划的动作。

元件角色的定义导致系统的自然划分。信息融合任务是通过为每一个数据类型定义的四个元件作用获得的。四个元件角色类型是：源、水池、融合器和分发器。（注意行动这种数据类型没有融合器和分发器这两种元件角色）。

不同分发器间的连接形成了 ASN 架构的脊骨，而被交换的信息采取的形式是它们的局域可信度。相似的考量应用于决定决策和系统配置任务的元件角色。

4. 逻辑性结构

详细的结构规范取决于概念性结构。它包括六种规范的元件类型，见表 25.1 所示[25.21]。

表 25.1　规范的元件及其作用（同一行里多个 X 意味着一个元件里的交叉作用关系。“帧”没有参与信息融合或决策，但是为定位和其他特殊的平台任务所需要）

元件类型	可信度			计划			行动		
	源	融合/分发	水池	源	融合/分发	水池	源	融合/分发	水池
传感器	X								
节点		X			X				
执行器									X
计划器			X	X		X	X		
使用界面	X		X			X	X		
帧									

Makarenko 接着描述了如何整合元件和接口以实现 ASN 中问题领域的应用例子。

5. 执行结构

执行结构追踪逻辑元件与诸如过程与共享库的执行元素之间的配对。配置观点显示了物理元件在物理系统上的节点匹配。源代码观点介绍了软件系统是如何组织的。在结构水平上，三个问题得以解决：执行、配置和源代码组织。

ASN 架构的实验性实现已经证实了它足够灵活以容纳不同的系统拓扑、平台、传感器硬件和环境表现。具有不同传感器、处理器和硬件平台的数个例子已经给出。

25.3　应用

多传感器融合系统已经广泛地应用于机器人学的各种问题中（参见本章的参考文献），但是应用最广泛的两个区域是动态系统控制和环境建模。尽管有重合，可以将它们一般性地总结为

1）动态系统控制：此问题是利用合适的模型和传感器来控制一个动态系统的状态（比如，工业机器人、移动机器人、自动驾驶交通工具和医疗机器人）。通常此类系统包含转向、加速和行为选择等的实时反馈控制环路。除了状态预测，不确定性的模型也是必需的。传感器可能包括力/力矩传感器、陀螺仪、全球定位系统（GPS）、里程仪、照相机和距离探测仪等。

2）环境建模：此问题是利用合适的传感器来构造物理环境某个方面的一个模型。这可能是一个特别的问题，比如杯子；可能是个物理部分，比如一张人脸；或是周围事物的一大片部位，比如一栋建筑物的内部环境、城市的一部分或一片延伸的遥远或地下区域。典型的传感器包括照相机、雷达、三维距离探测仪、红外传感器（IR）、触觉传感器和探针（CMM）等。结果通常表示为几何特征（点、线、面）、物理特征（洞、沟槽、角落等），或是物理属性。一部分问题包括最佳的传感器位置的决定。

25.3.1　动态系统控制

EMS 视觉系统[25.67]是动态系统控制领域的一个突出实例。目标是为自动驾驶交通工具开发一套鲁棒并可靠的观测系统。EMS 视觉团队声明的开发目标是：

1）仅使用市场上现有的元件。

2）多种物体建模和植入式行为。

3）自身状态预测使用惯性传感器。

4）周边/中央窝/扫视视觉。

5）认知和目标驱动行为。

6）物体状态追踪。

7）实时刷新频率 25Hz。

该方法自二十世纪八十年代就在开发了。图 25.5 显示了第一辆在德国高速公路以 96km/h 行驶了 20km 的完全自动驾驶的车辆。

来自惯性传感器和视觉传感器的信息综合产生一个路面树（见图 25.6）。建立起来一个四维的一

图 25.5　第一辆在德国高速公路完全自动驾驶的车辆

般性的物体表示法。表示的物体包括物体的背景认知（比如路）、行为能力、物体状态和方差，以及形状和外表参数。图 25.7 绘出该四维惯性/视觉多传感器导航系统，而图 25.8 给出硬件布局情况。

总之，EMS 视觉系统是多传感器融合应用于动态系统控制的一个有趣而强大的示范。

25.3.2　ANSER Ⅱ：离散式数据融合

设计离散式数据融合（DDF）方法最初的动机是来自于下列观察。该观察是，传统的卡尔曼滤波器数据融合示范的信息和规范形式可以利用添加来自观测（式（25.41））的信息贡献实现。因为这些（向量和矩阵）添加是可交换的，更新或数据融合过程可以优化地分布于一个传感器网络中[25.11,12,68]。ANSER Ⅱ项目的目标是建立 DDF 方法来处理来自观测和状态的非高斯性概率，并合并来自包括无人机和地面交通工具、地形数据库和人类操作的不同信息源的信息。

一个 DDF 传感器节点的数学结构显示如图 25.9 所示。该传感器使用概率函数的形式直接建模。一旦使用一个观察使之实例化，该概率函数就作为输入进入一个局部融合循环。该循环实现了式（25.7）和式（25.8）里的贝叶斯时间和观测更新。网络节点累积来自观测或者与网络中的其他节点通信、交换交互信息（信息增益）的概率信息[25.21]。交互信息传输到并被网络的其他节点以一种独特的方式吸收。结果是网络中的所有节点获得了一个简单集成的基于后验概率所有节点的观测。

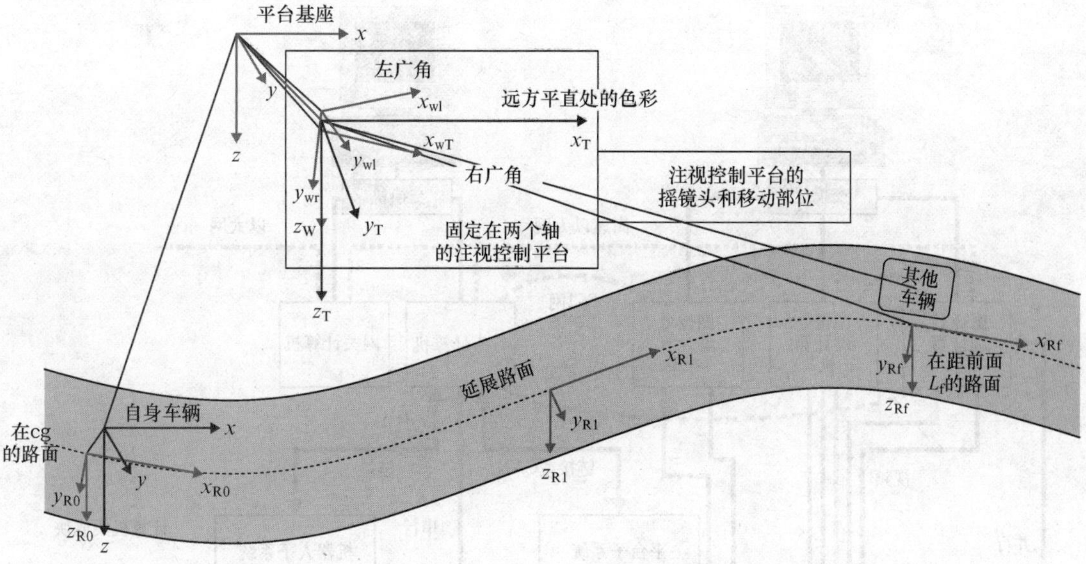

图 25.6　EMS 视觉路面树

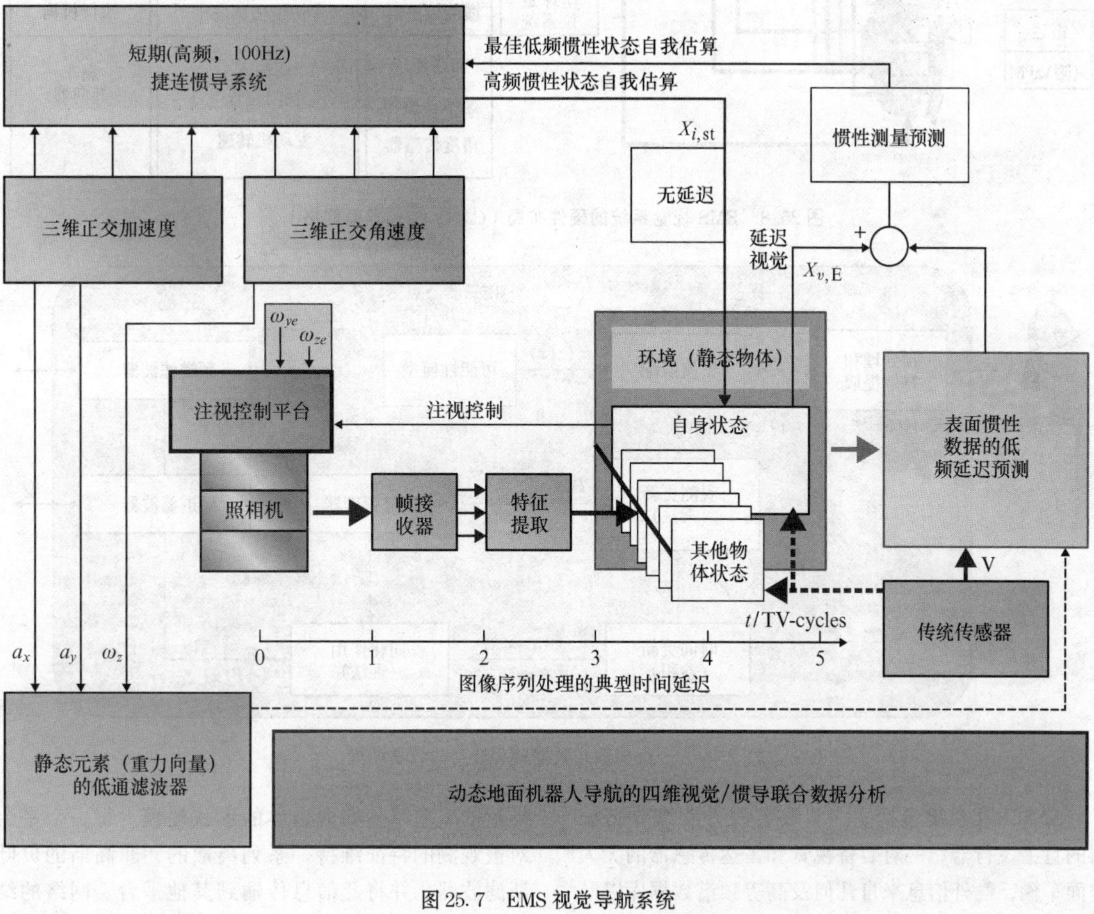

图 25.7　EMS 视觉导航系统

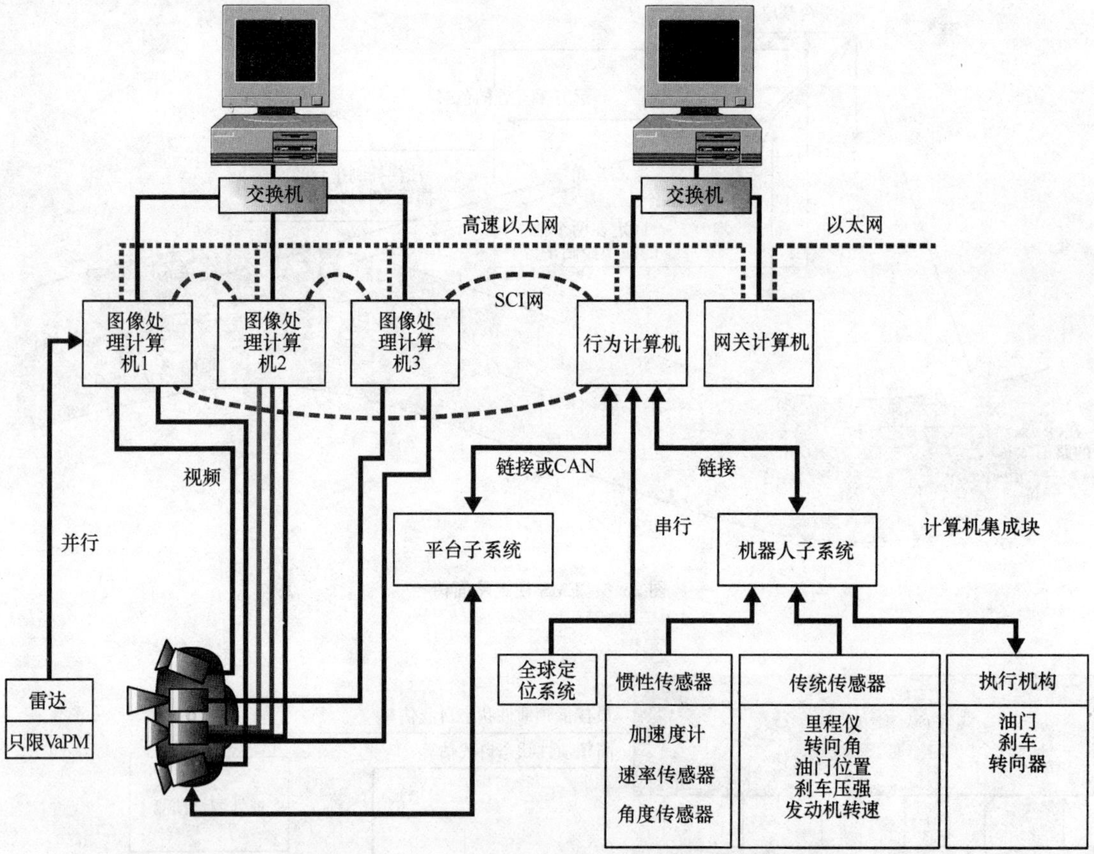

图 25.8　EMS 视觉系统的硬件布局（CAN：控制器面网络）

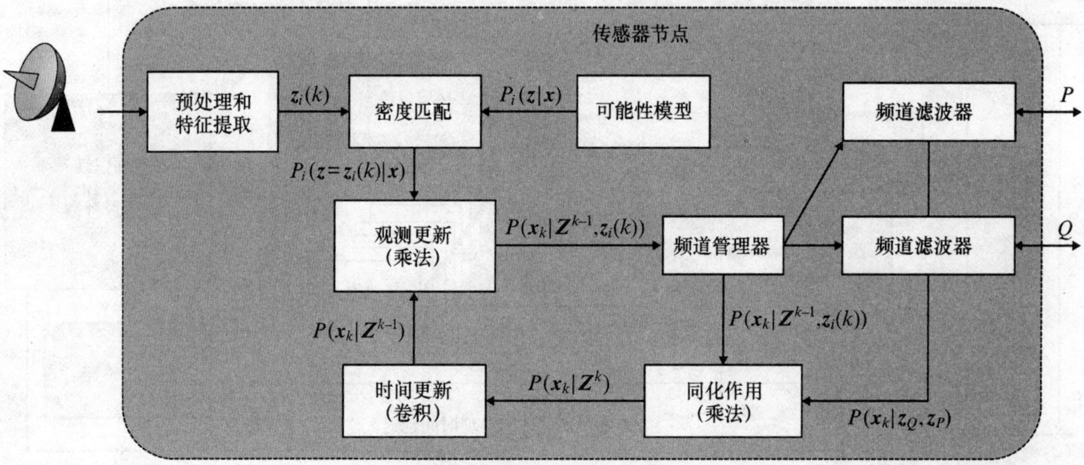

图 25.9　一个离散式数据融合节点的数学结构

ANSER Ⅱ系统包括了一对装备红外和视觉传感器的自主飞行器、一对装备视觉和雷达传感器的无人地面车辆，额外信息来自几何及高等频谱数据库以及来自人类操作的信息[25.69]。单个传感器特征的概率函数可以通过一个半监控机器学习方法获得[25.70]。导致的概率以高斯混合体的形式建模。每一个平台对被观测的特征维持一系列离散的、非高斯的贝叶斯滤波器，并将此信息传输到其他平台。网络的结果是每一个平台维持一个被网络中的所有节点观测的所有特征的完整地图。同一特征的多重观测可能来自不同平台，对所有节点来说，导致了一个对该特征来说，精度不断提高的预测。一个对应的离散式概率测量在图25.10中使用，以显示ANSERⅡ系统的操作大纲。

ANSERⅡ系统展示了一系列贝叶斯数据融合方法的基本原则，特别是通过概率函数对传感器合理建模的需要，和以基本的贝叶斯方式构建非常不同的数据融合结构的可能性。

图25.10　ANSERⅡ自动化网络的大纲及其操作

a）空中机器人　b）地面机器人　c）人类操作　d）由地面视觉传感器数据中发现的前三维特征及描述这些特征的混合模型　e）融合来自空中机器人（UAV）、地面机器人（GV）和人类操作（HO）的信息得到的全局图像的一部分。每一套椭圆对应于一个特别的特征，而标注代表了具有最高概率的特征身份　f）一棵树和一辆红色的车　g）来自这两个特征的仅基于方向角的视觉观测成功融合　h）决定位置　i）辨认身份

注：分图a）～c）是主系统元件，分图d）和e）是观测过程，分图f）～i）是对两个靠近特征的连续融合过程。注意用于方位测量概率的混合高斯模型。

25.4　结论

多传感器数据融合在过去的几十年里取得了很大的进展。在此领域的更多发展将记录于机器人学和相关多传感器融合和集成的会议和期刊文献里。建立在理论和由研究团体进行的实验的基础上，鲁棒的应用性研究已经被投入到实际应用中。现阶段人们感兴趣的方向包括：

1）大规模、独特的传感器系统。

2）基于生物学的或仿生系统。

3）医学实际应用。

4）无线传感器网络。

代表性的大规模范例包括智能性的交通工具和公路系统，也包括诸如城市之类的应用环境。而生物原理可能为密集、重复、相关和嘈杂的传感器的开发提供截然不同的途径，特别是被考虑到作为Gibbsian结构的一部分，以作为应对环境刺激的行为响应。另一个课题是传感器系统理论理解的开发，该理解针对系统开发、适应性和系统配置中针对特别背景的学习。

对技术和理论更深层次的推动将允许微型和纳米级传感器引入到人体，从而许可不同疾病的监视和局部适应性的治疗。最后，我们需要更完备的理论框架以包容无线传感器网络的系统模型。这应该包括被监视的物理现象的模型和操作性及网络上的难题。最终，针对数据驱动系统的算法属性及传感器数据误差源的数值分析，必须与截断分析、四舍五入和其他的误差分析联合起来。

开发新的理论、系统和应用的坚实基础已经存在了。假以时日，多传感器融合将是一个生机勃勃的研究领域。

参考文献

25.1 S. Thrun, W. Burgard, D. Fox: *Probabilistic Robotics* (MIT Press, Cambridge 2005)

25.2 J.O. Berger: *Statistical Decision Theory and Bayesian Analysis* (Springer, Berlin, Heidelberg 1985)

25.3 A. Elfes: Sonar-based real-world mapping and navigation, IEEE Trans. Robot. Autom. **3**(3), 249–265 (1987)

25.4 A. Elfes: Integration of sonar and stereo range data using a grid-based representation, Proc. IEEE Int. Conf. Robot. Autom. (1988) pp. 727–733

25.5 L.D. Stone, C.A. Barlow, T.L. Corwin: *Bayesian Multiple Target Tracking* (Artech House, Norwood 1999)

25.6 Y. Bar-Shalom: *Multi-Target Multi-Sensor Tracking* (Artec House, Norwood 1990)

25.7 Y. Bar-Shalom, T.E. Fortmann: *Tracking and Data Association* (Academic, New York 1988)

25.8 P.S. Maybeck: *Stochastic Models, Estimaton and Control*, Vol. I (Academic, New York 1979)

25.9 W. Sorensen: Special issue on the applications of the Kalman filter, IEEE Trans. Autom. Control **28**(3), 254–255 (1983)

25.10 B.D.O. Anderson, J.B. Moore: *Optimal Filtering* (Prentice Hall, Upper Saddle River 1979)

25.11 J. Manyika, H.F. Durrant-Whyte: *Data Fusion and Sensor Management: An Information-Theoretic Approach* (Prentice Hall, Upper Saddle River 1994)

25.12 S. Sukkarieh, E. Nettleton, J.H. Kim, M. Ridley, A. Goktogan, H. Durrant-Whyte: The ANSER project: Data fusion across multiple uninhabited air vehicles, Int. J. Robot. Res. **22**(7), 505–539 (2003)

25.13 R.E. Moore: *Interval Analysis* (Prentice Hall, Upper Saddle River 1966)

25.14 D. Dubois, H. Prade: *Fuzzy Sets and Systems: Theory and Applications* (Academic, New York 1980)

25.15 S. Blackman, R. Popoli: *Design and Analysis of Modern Tracking Systems* (Artec House, Norwood 1999)

25.16 D. Pagac, E.M. Nebot, H. Durrant-Whyte: An evidential approach to map-building for autonomous vehicles, IEEE Trans. Robot. Autom. **14**(4), 623–629 (1998)

25.17 D. Hall, J. Llinas: *Handbook of Multisensor Data Fusion* (CRC, Boca Raton 2001)

25.18 E.L. Waltz, J. Llinas: *Sensor Fusion* (Artec House, Norwood 1991)

25.19 M. Kam, Z. Zhu, P. Kalata: Sensor fusion for mobile robot navigation, IEEE Proc. **85**, 108–119 (1997)

25.20 H. Carvalho, W. Heinzelman, A. Murphy, C. Coelho: A general data fusion architecture, Proc. 6th Int. Conf. Inf. Fusion, Cairns (2003)

25.21 A. Makarenko: A Decentralized Architecture for Active Sensor Networks. Ph.D. Thesis (University of Sydney, Sydney 2004)

25.22 M. Dekhil, T. Henderson: Instrumented logical sensors systems, Int. J. Robot. Res. **17**(4), 402–417 (1998)

25.23 J.A. Profeta: Safety-critical systems built with COTS, IEEE Comput. **29**(11), 54–60 (1996)

25.24 H. Hu, J.M. Brady, F. Du, P. Probert: Distributed real-time control of a mobile robot, J. Intell. Autom. Soft Comput. **1**(1), 63–83 (1995)

25.25 S.A. Schneider, V. Chen, G. Pardo: ControlShell: A real-time software framework, AIAA Conf. Intell. Robot. Field Fact. Serv. Space (1994)

25.26 D. Simon, B. Espiau, E. Castillo, K. Kapellos: Computer-aided design of a generic robot controller handling reactivity and real-time issues, IEEE Trans. Control Syst. Technol. **4**(1), 213–229 (1993)

25.27 C. Giraud, B. Jouvencel: Sensor selection in a fusion process: a fuzzy approach, Proc. IEEE Int. Conf. Multisens. Fusion Integr., Las Vegas (1994) pp. 599–606

25.28 R. Kapur, T.W. Williams, E.F. Miller: System testing and reliability techniques for avoiding failure, IEEE Comput. **29**(11), 28–30 (1996)

25.29 K.H. Kim, C. Subbaraman: Fault-tolerant real-time objects, Commun. ACM **40**(1), 75–82 (1997)

25.30 D.B. Stewart, P.K. Khosla: Mechanisms for detecting and handling timing errors, Commun. ACM **40**(1), 87–93 (1997)

25.31 G. Weller, F. Groen, L. Hertzberger: A sensor processing model incorporating error detection

and recovery. In: *Traditional and Non-Traditional Robotic Sensors*, ed. by T. Henderson (Springer, Berlin, Heidelberg 1990) pp. 351–363
25.32 R.R. Brooks, S. Iyengar: *Averaging algorithm for multi-dimensional redundant sensor arrays: resolving sensor inconsistencies*, Tech. Rep. (Louisiana State University, Baton Rouge 1993)
25.33 T.C. Henderson, M. Dekhil: *Visual target based wall pose estimation*, Tech. Rep. UUCS-97-010 (University of Utah, Salt Lake City 1997)
25.34 S. Iyengar, D. Jayasimha, D. Nadig: A versatile architecture for the distributed sensor integration problem, IEEE Comput. **43**, 175–185 (1994)
25.35 D. Nadig, S. Iyengar, D. Jayasimha: New architecture for distributed sensor integration, IEEE SOUTHEASTCON Proc. (1993)
25.36 L. Prasad, S. Iyengar, R.L. Kashyap, R.N. Madan: Functional characterization of fault tolerant integration in distributed sensor networks, IEEE Trans. Syst. Man Cybern. **25**, 1082–1087 (1991)
25.37 L. Prasad, S. Iyengar, R. Rao, R. Kashyap: Fault-tolerence sensor integration using multiresolution decomposition, Am. Phys. Soc. **49**(4), 3452–3461 (1994)
25.38 H.F. Durrant-Whyte: *Integration, Coordination, and Control of Multi-Sensor Robot Systems* (Kluwer Academic, Boston 1987)
25.39 F. Groen, P. Antonissen, G. Weller: Model based robot vision, IEEE Instrum. Meas. Technol. Conf. (1993) pp. 584–588
25.40 R. Joshi, A.C. Sanderson: Model-based multisensor data fusion: a minimal representation approach, Proc. IEEE Int. Conf. Robot. Autom. (1994)
25.41 A.J. Briggs, B.R. Donald: Automatic sensor configuration for task-directed planning, Proc. IEEE Int. Conf. Robot. Autom. (1994) pp. 1345–1350
25.42 G. Hager: *Task Directed Sensor Fusion and Planning* (Kluwer Academic, Boston 1990)
25.43 G. Hager, M. Mintz: Computational methods for task-directed sensor data fusion and sensor planning, Int. J. Robot. Res. **10**(4), 285–313 (1991)
25.44 B. Donald: On information invariants in robotics, Artif. Intell. **72**, 217–304 (1995)
25.45 V. Braitenberg: *Vehicles: Experiments in Synthetic Psychology* (MIT Press, Cambridge 1984)
25.46 R.A. Brooks: A robust layered control system for a mobile robot, IEEE Trans. Robot. Autom. **2**(1), 14–23 (1986)
25.47 K.P. Valavanis, A.L. Nelson, L. Doitsidis, M. Long, R.R. Murphy: Validation of a distributed field robot architecture integrated with a matlab based control theoretic environment: A case study of fuzzy logic based robot navigation, CRASAR 25 (University of South Florida, Tampa 2004)
25.48 R.R. Murphy: *Introduction to AI Robotics* (MIT Press, Cambridge 2000)
25.49 S. Lee: Sensor fusion and planning with perception-action network, Proc. IEEE Conf. Multisens. Fusion Integr. Intell. Syst., Washington (1996)
25.50 S. Lee, S. Ro: Uncertainty self-management with perception net based geometric data fusion, Proc. IEEE Conf. Robot. Autom., Albuquerque (1997)
25.51 B.A. Draper, A.R. Hanson, S. Buluswar, E.M. Riseman: Information acquisition and fusion in the mobile perception laboratory, Proc. SPIE – Signal Processing, Sensor Fusion, and Target Recognition VI, Vol. 2059 (1996) pp. 175–187
25.52 S.S. Shafer, A. Stentz, C.E. Thorpe: An architecture for sensor fusion in a mobile robot, Proc. IEEE Int. Conf. Robot. Autom. (1986) pp. 2002–2007
25.53 S. Nagata, M. Sekiguchi, K. Asakawa: Mobile robot control by a structured hierarchical neural network, IEEE Control Syst. Mag. **10**(3), 69–76 (1990)
25.54 M. Pachter, P. Chandler: Challenges of autonomous control, IEEE Control Syst. Mag. **18**(4), 92–97 (1998)
25.55 R. Joshi, A.C. Sanderson: *Multisensor Fusion* (World Scientific, Singapore 1999)
25.56 V. Berge-Cherfaoui, B. Vachon: Dynamic configuration of mobile robot perceptual system, Proc. IEEE Conference on Multisensor Fusion and Integration for Intelligent Systems, Las Vegas (1994)
25.57 V. Clement, G. Giraudon, S. Houzelle, F. Sandakly: Interpretation of remotely sensed images in a context of mulrisensor fusion using a multi-specialist architecture, Rapport de Recherche: Programme 4 - Robotique, Image et Vision 1768, INRIA (1992)
25.58 J. Albus: RCS: A cognitive architecture for intelligent multi-agent systems, Proc. IFAC Symp. Intell. Auton. Veh., Lisbon (2004)
25.59 R. Camden, B. Bodt, S. Schipani, J. Bornstein, R. Phelps, T. Runyon, F. French: *Autonomous Mobility Technology Assessment: Interim Report*, ARL-MR 565 (Army Research Laboratory, Washington 2003)
25.60 T. Queeney, E. Woods: A generic architecture for real-time multisensor fusion tracking algorithm development and evaluation, Proc. SPIE – Signal Processing, Sensor Fusion, and Target Recognition VII, Vol. 2355 (1994) pp. 33–42
25.61 T. Henderson, E. Shilcrat: Logical sensor systems, J. Robot. Syst. **1**(2), 169–193 (1984)
25.62 T. Henderson, C. Hansen, B. Bhanu: The specification of distributed sensing and control, J. Robot. Syst. **2**(4), 387–396 (1985)
25.63 J.D. Elliott: Multisensor fusion within an encapsulated logical device architecture. Master's Thesis (University of Waterloo, Waterloo 2001)
25.64 M.D. Naish: Elsa: An intelligent multisensor integration architecture for industrial grading tasks. Master's thesis (University of Western Ontario, London 1998)
25.65 A. Makarenko, A. Brooks, S. Williams, H. Durrant-Whyte, B. Grocholsky: A decentralized architecture for active sensor networks, Proc. IEEE Int. Conf. Robot. Autom., New Orleans (2004) pp. 1097–1102
25.66 B. Grocholsky, A. Makarenko, H. Durrant-Whyte: Information-theoretic coordinated control of multiple sensor platforms, Proc. IEEE Int. Conf. Robot. Autom., Taipei (2003) pp. 1521–1527
25.67 R. Gregor, M. Lützeler, M. Pellkofer, K.-H. Siedersberger, E. Dickmanns: EMS-Vision: A perceptual system for autonomous vehicles, IEEE Trans. Intell. Transp. Syst. **3**(1), 48–59 (2002)

25.68 B. Rao, H. Durrant-Whyte, A. Sheen: A fully decentralized multi-sensor system for tracking and surveillance, Int. J. Robot. Res. **12**(1), 20–44 (1993)
25.69 B. Upcroft: Non-gaussian state estimation in an outdoor decentralised sensor network, Proc. IEEE Conf. Decis. Control (CDC) (2006)
25.70 S. Kumar, F. Ramos, B. Upcroft, H. Durrant-Whyte: A statistical framework for natural feature representation, Proc. IEEE/RSJ Int. Conf. Intell. Robot. Syst. (IROS), Edmonton (2005) pp.1–6

第 4 篇　操作与接口

Makoto Kaneko 编辑

第 26 章　面向操作任务的运动

Oliver Brock，美国阿默斯特

James Kuffner，美国匹兹堡

Jing Xiao，美国夏洛特

第 27 章　接触环境的建模与作业

Imin Kao，美国石溪

Kevin Lynch，美国埃文斯顿

Joel W. Burdick，美国帕萨迪纳

第 28 章　抓取

Domenico Prattichizzo，意大利锡耶纳

Jeffrey C. Trinkle，美国特洛伊

第 29 章　合作机械手

Fabrizio Caccavale，意大利波坦察

Masaru Uchiyama，日本仙台

第 30 章　触觉学

Blake Hannaford，美国西雅图

Allison M. Okamura，美国巴尔的摩

第 31 章　遥操作机器人

Günter Niemeyer，美国斯坦福

Carsten Preusche，德国威斯林

Gerd Hirzinger，德国威斯林

第 32 章　网络遥操作机器人

Dezhen Song，美国大学城

Ken Goldberg，美国伯克利

Nak Young Chong，日本石川县

第 33 章　人体机能增强型外骨骼

Homayoon Kazerooni，美国伯克利

第4篇“操作与接口”分为两个部分：第一部分是关于操作，其中阐述了建模、运动设计的构架和对物体进行抓取、操作的控制；第二部分是关于接口技术，其中处理了人与机器人之间的物理交互问题。通过臂—手协作，人类可以敏捷地抓取和操作一个物体。人类通过日常经验逐渐自然地获得一种对手臂这样一个冗余系统的最佳控制技能。特别是手指，在体现人的灵巧性上举足轻重。没有巧妙的手指，我们很难使用任何日常工具，比如铅笔、键盘、杯子、小刀和叉子。手指的灵巧性源于主动与被动的柔顺性以及指尖的多重感觉器官。如此敏捷的操作能力使得我们与其他动物截然不同，因此，操作是人类最重要的功能之一。我们人类经过长达六百万年的长期历史进化，终于有了现在的手指形状、感觉器官和操作技能。而由于人类和机器人在驱动、传感和机理方面还有着很大的差别，实现机器人像人类一样的敏捷操作是一个充满挑战的课题。纵观现有的机器人技术，我们发现机器人的灵巧度还远不及人类。通过概述，我们列出第一子部分各章的简单提要，如下：

第26章“面向操作任务的运动”。这章通过运用构型空间形式理论，对于手臂层次上的特别是在环境中的操作任务，讨论了生成运动的算法。在前面的章节（第6、7章）里，重点是机器人运动学的具体算法技术，而这章将重点放在机器人操作的具体应用上。

第27章“接触环境的建模与作业”，提供了基于柔性以及刚性接触的接触环境建模。这一章准确地处理了刚体接触下的含摩擦的运动学和力学问题；引入了选择矩阵 $\boldsymbol{H}$ 来认识接触面上的速度约束及力约束。这一章还运用摩擦极限表面的概念来阐述了推动操作。

第28章“抓取”。假定多指机器人手情况，基于封闭性讨论了多种抓取范例。抓取的一个强约束条件是单向性，所谓单向性是指通过一个接触点，指尖只能推动而不能拉动物体，这章便讲述了单向性约束下的运动学问题和封闭问题。

第29章“合作机械手”。这章讲述了当两只机械手牢牢地抓住一个普通物体时的控制对策，以同时控制协同系统的运动以及机械手与被抓物之间的相互作用力。需要指出的是，这里允许双向约束，其中有方向的力和力矩都是允许的。

没有像人类一样的灵巧性，未来的机器人就不能在一些人类无法进入的环境里替代人类工作。因此，实现机器人的灵巧度成为未来机器人设计的一大亮点。第26~29章在提高机器人的灵巧度上给出了很好的提示。

第4篇的第二部分介绍了接口技术。通过接口技术，人类以直接或间接接触机器人的方式控制一个或多个机器人。在此，我们给出第二子部分各章的简单提要，如下：

第30章“触觉学”，探讨了能让操作者在遥远或虚拟的环境中感受触觉的机器人装置。在触觉装置设计中，讨论了两类触觉装置：一种是导纳型（admittance）触觉装置，它能够传感操作者施加的力，然后约束操作者的姿势，使之与模拟物体或表面的合适挠度相匹配。另一种是阻抗型（impedance）触觉装置，它能够传感操作者的姿势，然后根据模拟物体或表面的计算性能，对操作者施加一个方向力。

第31章“遥操作机器人”。这章从三个不同概念的分类入手：直接控制，用户通过主界面直接控制所有的从动运动；共享控制，直接控制和局部感官控制共同控制任务的执行；监督控制，用户和从动装置通过高度的局部自主性松散地连接起来。这章还讲述了诸如时延等多种控制因素。

第32章“网络遥操作机器人”。其中包括三个方面：用户，任何拥有因特网连接的人都可以成为用户；网络服务器，一个与网络兼容的服务器端软件能够在该服务器上运行；机器人，包括机械臂式机器人、移动机器人或任何可以改变自身环境的装置。因特网是控制机器人（一个或多个）的强有力的工具，因为它是最普及的通信媒介。将来，我们将看到因特网的巨大市场，同时，我们也需要谨慎来保证安全。

第33章“人体机能增强型外骨骼”，通过使人穿上一个机器人外套而解决了使人类力量增强的辅助力量系统的相关课题。在人机一体化系统中，我们可以想象人类与机器人在极限的状况下不再有差别。以伯克利下肢外骨骼（BLEEX）为例，对于硬件的设计和控制的课题进行了详细介绍。

不管是遥操作机器人（第31章）还是网络遥操作机器人（第32章）都维持了一个人与机器人的合适距离，但是触觉（第30章）和外骨骼（第33章）都在制造一种机器人与人的直接接触。主要的研究课题之一就是如何在人出现以及人与机器人之间存在延迟时使之获得一个合适的系统控制性能。

第 26 章　面向操作任务的运动

Oliver Brock，James Kuffner，Jing Xiao

赵冬斌　译

本章作为第 4 篇的导论，综述了机器人操作任务的生成运动和控制策略。介绍了从概念、高层任务描述、到任务执行层精细反馈的各种自动控制。阐述了不同时间尺度运动下的机器人和环境之间接口（interface）的建模，传感和反馈等重要问题。操作规划可视为基本运动规划问题的扩展，可建模为一种在环境中抓取和移动物体的动作所生成的连续构型空间（configuration spaces）的混杂系统。以装配运动为例，分析了其接触状态和柔顺运动控制（compliant motion control）。最后，总结了集成状态反馈控制的全局规划方法。

26.1　概述 ········· 139
26.2　任务级控制 ········· 141
26.2.1　操作空间控制 ········· 141
26.2.2　力位混合控制 ········· 142
26.2.3　冗余度机构的操作空间控制 ········· 142
26.2.4　移动性和操作性 ········· 142
26.2.5　多任务行为 ········· 143
26.3　操作规划 ········· 144
26.3.1　构型空间形式 ········· 144
26.3.2　三自由度平面机械手举例 ········· 146
26.3.3　逆向运动学思考 ········· 147
26.4　装配运动 ········· 149
26.4.1　拓扑接触状态 ········· 149
26.4.2　被动柔顺 ········· 150
26.4.3　主动柔顺运动 ········· 151
26.5　集成反馈控制和规划 ········· 153
26.5.1　反馈运动规划 ········· 154
26.5.2　增强反馈全局规划 ········· 155
26.6　结论与扩展阅读 ········· 156
参考文献 ········· 157

26.1　概述

本手册的第 4 篇关注连接机器人和环境的接口问题。我们将接口分为三类，如图 26.1 所示。第一类接口，在机器人和计算机之间，主要关注执行任务的运动的自动生成问题。第二类接口，关注机器人和环境的物理交互。本章由操作任务将这两类接口联系起来，重点介绍如下内容：在一定物理环境约束下，为满足任务目标的机械手或被操作物体的自动规范（specification），规划和运动执行。第 27～29 章阐述与第二类接口相关的其他重要问题，如机器人和环境

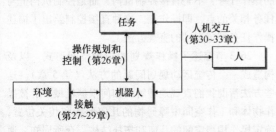

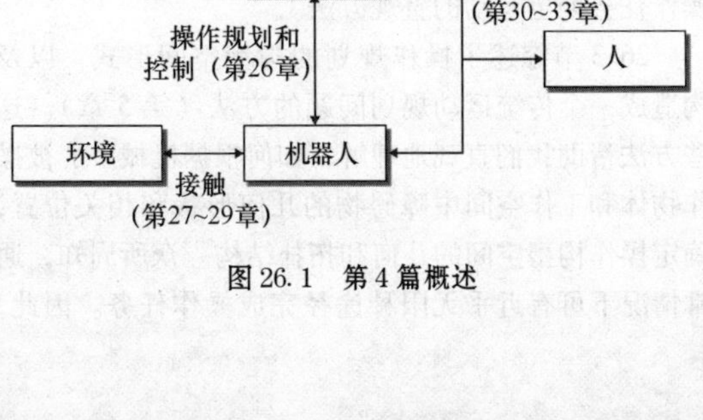

图 26.1　第 4 篇概述

接触的物理特性，抓取（即机器人和被操作物体的交互），以及合作机械手之间的交互。第三类接口，如第 30～33 章所述，存在于人和机器人之间，关键问题包括传递给人的合适的传感信息，或允许人交互地指定机器人要执行的任务或运动。

操作是指在环境中移动或重新布置物体的过程[26.1]。为执行一个操作任务，机器人首先建立与环境中物体的物理接触，然后通过施加力或力矩使物体移动。被操作的物体或大或小，或用来满足与操作相关的不同目的（如按开关，开门，抛光表面）。在自动装配和工业操作时，被操作物体通常是零件（part）。末端执行器（end effector）通常指机械手的连杆，实现与零件接触并施加力。末端执行器如此命名，是由于它通常是串联运动链的末端连杆。然而，复杂的操作任务可能需要在不同接触点上同时施加多个力和力矩，或对多个物体按照一定顺序施加力。

为理解执行操作任务所需要的生成运动的难点，我们考虑一个经典例子：把一个轴插入孔中（轴孔装配）。移动机械手如图 26.2 所示，接到指令执行轴

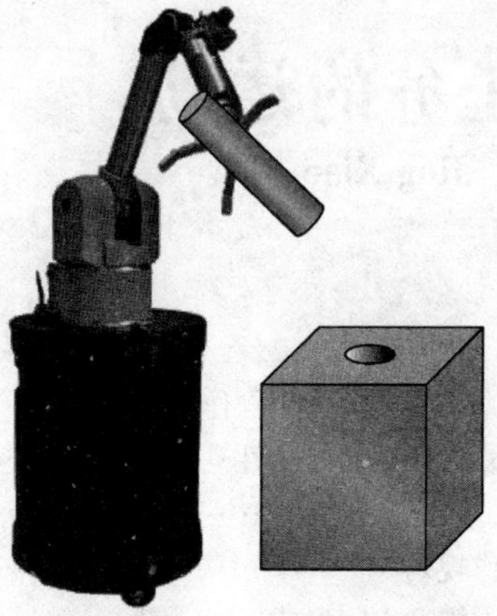

图 26.2 一个移动机械手执行轴孔装配任务

孔装配操作任务。这是一类存在于很多状况下的广义问题结构，如柔顺装配。为简化任务，我们只考虑传输运动（transfer motion）（见 26.3 节），且假设机器人已经稳定抓取（见第 28 章）并保持抓取状态。如果轴和孔之间的间距非常小，轴可能不容易插入孔中，通常相互间产生接触。为了把轴顺利导入孔中，机器人必须能够根据轴和孔之间的接触状态进行判断（见 26.4 节），选择一系列合适的控制策略，以完成这个任务。

轴孔装配的例子说明了机器人的成功操作需要处理存在不确定性的几何体和接触的模型。有很多不确定性，包括建模，执行和传感。在存在不确定性时的运动策略规划，对计算提出了巨大的挑战。一直以来，把面向操作的运动规划分为两类：总体运动规划（gross motion planning）和精细运动规划（fine motion planning）。前者涉及在宏观尺度下的机械手运动，考虑全局运动策略，而后者则考虑如何处理不确定性以鲁棒地完成高精度的任务。历史上这种分类的主要原因在于试图简化不同方面的问题以达到可计算性。假设执行器位置、物体模型、和环境障碍物形状的不确定性有界，总体运动规划可以主要根据几何形状进行构造（见 26.3 节）。当机器人或被操作物体与环境相接触，如轴孔装配任务，需要引入精细运动规划技术，有效地考虑接触几何、力、摩擦、和不确定性（见 *Mason* 的书[26.1-3]，其给出了面向操作任务的精细运动策略的综述和已有方法）。

轴孔装配例子同时说明了在执行操作任务时运动受到约束。这些约束需要一直保持以成功完成任务。具体约束取决于操作任务的类型，可能包括接触约束，机械手和环境接触点的位置和力约束，由机构及执行器性能产生的运动学和动力学约束，执行指定行为以及操作任务、在不可预见动态环境中反应避障的位姿约束，确保指定目标点可达的全局运动约束。由任务、执行任务的机构的运动学、机构的执行能力以及环境施加这些运动约束。

为确保在不确定性下满足这些约束条件，需要在反馈控制回路（第 6 章和第 35 章）中考虑传感信息（见第 4 篇：传感与感知）。在不同时间尺度下引入与约束类型相关的反馈，例如，对环境中的一个物体施加恒力，则需要 1000Hz 的高频反馈。在时间尺度的另一端，我们则考虑与环境全局相关的变化。例如，由开门或移动障碍物引起的变化，通常很缓慢或不经常发生，对这些变化的反馈仅需要每秒几次即可。图 26.3 用图形解释了在操作任务中与任务相关的运动约束排序，和相关的反馈要求。

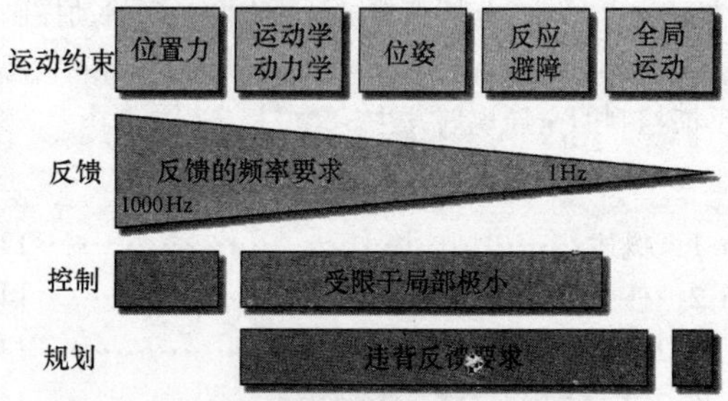

图 26.3 操作任务中与任务相关的运动约束排序和相关反馈要求

本章关注面向操作任务的生成运动算法。前面章节讨论了规划算法（第 5 章）和控制方法（第 6 章）。在这两章中，主要关注面向机器人运动的具体算法，而本章则关注具体应用，即机器人操作。这种应用提出了在面向操作任务的运动过程中运动约束和反馈需要满足的要求。而前面两章中讨论的方法仅涉及运动约束的一个子集，如图 26.3 所示。

本章首先在 26.2 节中讨论任务级控制。任务级控制介绍根据机器人机构与环境的接触点，控制机器人机构的技术。控制这些接触点执行运动以完成具体的操作任务，不是直接控制机构，而是控制机构上与任务相关的点，即操作点。这种直接控制给出了描述操作任务期望运动的直观方法。

26.3 节综述了操作规划的构型空间形式，以及构造成一个传统运动规划问题的方法（第 5 章）。这些方法帮助我们直观地理解，如何根据机械手、被操作物体和工作空间中障碍物的几何形状和相关位置，确定操作构型空间的几何和拓扑结构。众所周知，通常情况下可有近乎无限种途径完成操作任务。因此，操作规划的难点在于开发出在所有可能的运动中高效的组合搜索方法。

26.4节给出了面向装配任务的运动规划，其中轴孔装配是一个典型例子。主要介绍受到接触约束的运动，即柔顺运动。柔顺运动的装配策略有两种比较宽泛的分类，一类是利用特殊的机构或控制方法，即被动柔顺；另一类则根据接触状态进行主动推理，即主动柔顺运动。在主动柔顺控制中讨论了精细运动规划。

任务级控制和操作规划方法，从不同侧面以互补的方式对运动进行了描述。控制方法能满足操作任务的反馈要求，但无法应对实现操作任务的全局进展。而操作规划则从另外一个方面，在上层对全局任务进行推理，但通常计算量太大，很难及时处理不确定性、满足操作任务的高频反馈的要求。一个鲁棒的熟练的机械手必须在确保操作任务实现的同时，满足所有反馈的要求。26.5节讨论了面向操作任务的集成规划与控制的多种方法。

26.2 任务级控制

为执行操作任务，机器人必须建立与环境的接触。通过接触点，机器人能够在物体上施加力或力矩。通过控制接触点的位置和速度，以及作用力，机器人使物体产生期望运动，实现操作任务。这种任务的编程，是直接指定接触点的位置、速度和力，而不是指定实现这些任务的关节的位置和速度，因此，可以很容易地实现。

考虑送一杯水的任务，如图26.4[㊀]所示，可以很容易地给出杯子的运动轨迹。然而，为实现这个任务计算关节空间的轨迹，则要复杂得多，可以通过计算量很大的逆向运动学实现（见1.9节）。更重要的是，施加在杯子运动上的任务约束并不能唯一确定杯子的轨迹。例如，杯子不允许倾斜、需要保持铅垂地送到目的地，而方向却可以任意指定。在任务级，根据物体运动可以很容易确定这种任务约束，但很难用关节轨迹进行描述。因此，操作空间控制是执行操作任务的自然选择。在26.2.3节中，我们将看到对于冗余度机械手，操作空间框架会比关节空间控制提供出更重要的和更多的优势。

任务级的控制所获得的优势，受限于机械手雅可比（Jacobian）的计算成本。在机械手的奇异构型上（第3章），很难计算机械手的雅可比。在这些构型上，机械手任务级的控制是不稳定的。需要采取特殊措施防止机械手进入这些构型中，或在这些构型附近设计特殊的控制器。通常情况下，需要控制机械手避免进入奇异构型中。

26.2.1 操作空间控制

任务级控制，也称为操作空间控制[26.4,5]（见6.2节），是根据操作点而不是关节位置和速度来指定机器人的行为。操作点是按照要求执行运动或施加指定力以完成操作任务的机器人上的任意点。对于串联操作手臂，通常选择末端执行器为操作点。对于更复杂的机构，如仿人机器人，不仅是冗余度串联机构，而且可以有多个操作点。为描述操作点的位置、速度、加速度、力和力矩，通常以操作点为原点定义坐标系。这种坐标系称为操作坐标系。根据任务确定坐标系的方向。然而，在仅考虑操作点的定位任务的情况下，也可以忽略方向。在26.2.2节，我们将讨论更一般的任务，力位混合控制。

首先，考虑机器人上的操作点$\boldsymbol{x}$，关节速度$\dot{\boldsymbol{q}}$和操作点的速度$\dot{\boldsymbol{x}}$之间的关系可由雅可比矩阵（见1.8节）描述为

$$\dot{\boldsymbol{x}}=\boldsymbol{J}_x(\boldsymbol{q})\dot{\boldsymbol{q}} \tag{26.1}$$

注意，雅可比矩阵$\boldsymbol{J}$与操作点$\boldsymbol{x}$的位置，和机器人的当前构型$\boldsymbol{q}$相关。为简化，我们省略这些相关变量表示，将上式表述为$\dot{\boldsymbol{x}}=\boldsymbol{J}\dot{\boldsymbol{q}}$。由式（26.1），我们可以得出施加在关节上的瞬态力矩$\boldsymbol{\tau}$，与施加在操作点$\boldsymbol{x}$上的力和力矩$\boldsymbol{F}$之间的关系为

$$\boldsymbol{\tau}=\boldsymbol{J}^{\mathrm{T}}(\boldsymbol{q})\boldsymbol{F}_x \tag{26.2}$$

向量$\boldsymbol{F}$描述了在操作点$\boldsymbol{x}$上要执行的任务。如果任务给出了操作坐标系下位置和方向的全部信息，则$\boldsymbol{F}$表示为$\boldsymbol{F}=(f_x, f_y, f_z, u_x, u_y, u_z)$，其中$f$为沿坐标轴的力，$u$为绕坐标轴的力矩（尽管$\boldsymbol{F}$代表了力和力矩，为简化表示，将其描述为向量形式）。执行这种操作任务的机械手至少需要具有6个自由度。如果任务没有给出$\boldsymbol{F}$中某一元素的值，可以将其去掉，雅可比矩阵中相应的列也去掉（低于6个自由度的机械手可以用来完成这种任务）。例如，将u_z去掉，意味着任务中对绕z轴的方向没有要求。去掉任务空间中的某个维度，意味着在这个维度上机器人可自由摆动、具有任何行为[26.4]。在26.2.3节中，我们将讨论在这些未指定任务空间的维度上，如何执行其他附加行为。

㊀ 此处应为图26.4，而非原文的图26.2。——译者注

同关节空间控制相似，我们须建立机械手在操作空间的动力学，以实现在操作空间中的控制。用式(26.1)，我们将关节空间动力学投影到操作空间中，得到

$$F_x = \Lambda(q)\ddot{x} + \Gamma(q,\dot{q})\dot{x} + \eta(q) \quad (26.3)$$

式中，Λ 是操作空间惯性矩阵；Γ 是操作空间离心力和科氏（Coriolis）力项；η 是重力补偿项。这个公式和具体的操作点相关。直观地讲，操作空间惯性矩阵 Λ 体现了操作点对沿不同轴的加速度的反力。关于操作空间控制及其与关节空间控制之间关系的更详细的介绍，参见 6.2 节（运动控制，关节空间和操作空间控制）。

26.2.2 力位混合控制

我们以轴孔装配为例，假设轴已插入孔中，且稳固连接在机器人末端执行器上。在轴上的一个点定义操作坐标系，z 轴定义为沿着轴插入孔的期望运动方向。为实现这个任务，机器人控制轴在操作坐标系 z 轴上的位置，同时控制轴和孔之间的接触力以避免卡住。因此，在孔中移动轴的任务需要力和位置控制的无缝结合。

为描述操作空间框架下的接触力，我们将式(26.3) 改写为

$$F_x = F_c + \Lambda(q)F_m + \Gamma(q,\dot{q})\dot{x} + \eta(q) \quad (26.4)$$

式中，F_c 表示作用在末端执行器上的作用力[26.4]。因为 $\ddot{x}$ 仅用于动态解耦系统中，即单位质量点的系统，我们可用 F_m 代替 $\ddot{x}$。现在，我们可以通过选择如下控制结构来控制操作坐标系下的力和运动

$$F_x = F_m + F_c \quad (26.5)$$

式中，

$$F_m = \Lambda(q)\Omega F'_m + \Gamma(q,\dot{q})\dot{x} + \eta(q) \quad (26.6)$$

$$F_c = \Lambda(q)\bar{\Omega}F'_c \quad (26.7)$$

式中，Ω 和 $\bar{\Omega}$ 为互补任务描述矩阵[26.4]，决定末端执行器是沿着哪个方向进行位置控制和力控制。通过恰当地选择 Ω，位置和力控制可以形成不同组合，以适应不同任务需求。最简单形式为对角矩阵，$\Omega = I - \bar{\Omega}$。如果对末端机械手的第 i 个操作坐标进行位置控制，则 Ω 的第 i 个对角输入为 1，如果进行力控制则为 0。这种最简单的情况，是在同一个坐标系下进行沿坐标轴的位置和力控制。任务描述矩阵的概念可以扩展到在不同取向的坐标系中进行位置和力控制[26.4]。

一旦由式（26.5）计算出 F_x，则可以通过式(26.2)㊀计算出用于控制机器人的相应关节的力矩。

26.2.3 冗余度机构的操作空间控制

冗余度机械手可以实现任务级控制的完全可达性。一个机械手执行操作任务，如果具有比执行任务需要的更多的自由度，则其是冗余的。例如，拿一杯水的任务，只需要 2 个自由度，也就是在水平面上的沿两个轴的旋转运动。图 26.2 所示的移动机械手有 10 个自由度，对于这个任务来说则有 8 个自由度是冗余的。

冗余度机械手面向任务级控制的操作空间框架，可将整体运动行为分解为两个部分。第一部分是由任务给定，由作用在操作点上的力和力矩描述，F_{task}。可根据式（26.2）将这个向量 F 转换为关节力矩，$\tau = J^T F_{task}$。然而，对于冗余度机械手，力矩向量 τ 并不能唯一确定，我们可以从一组确保一致性任务（task-consistent）的力矩向量中进行选择。操作空间框架考虑选择次要的任务，实现所谓的姿态行为，构成了整体运动行为的第二部分。姿态行为可由任意力矩向量 $\tau_{posture}$ 确定。为确保附加力矩不影响任务行为（F_{task}），将力矩 $\tau_{posture}$ 投影到任务雅可比 J 的零空间 N 中[26.6]。雅可比的零空间与 J 所张成的空间正交，秩为 $N_J - k$，其中 N_J 是机械手的自由度数，且 $k = \mathrm{rank}(J)$。由零空间投影得到的力矩 $N^T \tau_{posture}$ 能确保任务的一致性，即确保不影响操作点的行为。然而，由于向量 $N^T \tau_{posture}$ 不可能完全位于 J 的零空间内，而不能确保姿态行为的执行。

操作空间任务（$J^T F_{task}$）和姿态行为（$N^T \tau_{posture}$）可以结合起来实现整体运动行为在力矩层的分解

$$\tau = J^T F_{task} + N^T \tau_{posture} \quad (26.8)$$

与任务雅可比 J 相关的零空间投影 N 为

$$N = I - \bar{J}J \quad (26.9)$$

式中，I 是单位矩阵，$\bar{J}$ 是 J 的动态一致的广义逆，

$$\bar{J} = H^{-1}J^T\Lambda \quad (26.10)$$

式中，对于 J 所定义的操作点，H 是其关节空间惯性矩阵；Λ 是其操作空间惯性矩阵。这种利用求逆的方法计算零空间投影的结果，可得到使动能最小的任务一致性的力矩向量候选解。

26.2.4 移动性和操作性

操作空间控制不能具体给出哪些自由度用于移动，哪些用于操作。这种方法以末端执行器为中心，

㊀ 此处应为式（26.2），而非原文的（26.1）。——译者注

考虑所有自由度，对末端执行器定位和移动。任务级控制的操作和移动的明确协调不是必要的。

参考文献［26.7］给出了一种高效地协调操作和移动的方法。参考文献［26.8］给出了一种相似的、基于模式（schema）的操作和移动的协调方法，进行了动态障碍环境验证。这种方法基于式(26.2)，将由不同模式得到的力投影到机器人的构型空间中生成运动。另一种操作和移动的协调方法考虑末端执行器的给定路径，按照一定操作度准则生成平台路径[26.9]。这种移动机械手的底层表达方法，也可以用来在给定末端执行器路径时生成平台的避障行为[26.10]。参考文献［26.11］介绍了非完整约束的移动机械手的协调方法，实现推小车任务。参考文献［26.12］分析了有两个机械手的移动平台的任务空间。这种有两个机械手的系统可以看做一个分支运动链。26.6节讨论了对这种分支机构的操作空间控制方法。

26.2.5 多任务行为

将冗余度机器人的整体运动行为分解为任务和姿态行为，这种概念可以扩展到任意数量的行为[26.13,14]。假设有 n 种任务集合 T_i，当 $i<j$ 时，T_i 的优先级高于 T_j。每个任务 T_i 与力向量 $\boldsymbol{F}_i$ 以及相应的关节力矩 $\boldsymbol{\tau}_i$ 相关。将与任务相关的关节力矩投影到所有更高优先级任务的联合零空间中，则可以同时执行这些任务，就如上面所述的任务和姿态行为相结合一样。零空间投影确保任务 i 的执行不影响更高优先级任务的执行，其表示为集合 prec（i）。

给定任务 i，将 $\boldsymbol{\tau}_i$ 投影到更高优先级任务集合 prec(i) 的联合零空间中，可以得到与 prec(i) 相一致的关节力矩。

$$\boldsymbol{\tau}_{i\,|\,\mathrm{prec}(i)}=\boldsymbol{N}^{\mathrm{T}}_{\mathrm{prec}(i)}\boldsymbol{\tau}_i \tag{26.11}$$

式中，联合零空间 $\boldsymbol{N}^{\mathrm{T}}_{\mathrm{prec}(i)}$ 为

$$\boldsymbol{N}_{\mathrm{prec}(n)}=N_{n-1}N_{n-2}N_{n-3}\cdots N_1 \tag{26.12}$$

式中，$\boldsymbol{\tau}_{i\,|\,\mathrm{prec}(i)}$ 定义为在上述任务集合 prec（i）条件下任务 i 的力矩。把这个力矩作用到机器人上不会影响更高优先级任务的执行。原始力矩向量 $\boldsymbol{\tau}_i$ 可由式(26.2) 计算。

如果可以计算出与上述任务集合相一致的任务力矩，我们就能将任意数量的任务组合为单一运动行为，

$$\boldsymbol{\tau}=\boldsymbol{\tau}_1+\boldsymbol{\tau}_{2\,|\,\mathrm{prec}(2)}+\boldsymbol{\tau}_{3\,|\,\mathrm{prec}(3)}+\cdots+\boldsymbol{\tau}_{n\,|\,\mathrm{prec}(n)} \tag{26.13}$$

式中，$\boldsymbol{\tau}$ 是用来控制机器人的力矩。

注意，由于 $\boldsymbol{\tau}_1$ 是最高优先级的任务，没有被投影到任何零空间中。因此，任务1将在由机器人运动学定义的整个空间中执行。如果机器人有 N 个自由度，这个空间就有 N 维。随着机器人执行任务数量的增加，零空间投影 $\boldsymbol{N}_{\mathrm{prec}(i)}$ 将把与低优先级任务相关的 N 维力矩向量投影到一个降维的子空间中。最终，当所有力矩向量都投影到零向量上，零空间会被缩减到很小。这将抑制低优先级任务的执行。任务集合 prec(i) 的零空间的维数可以通过 $\boldsymbol{N}_{\mathrm{prec}(i)}$ 的非零奇异值[26.6]的数目确定，用来进行任务可行性的方案评价。

如果为确保某一特定任务的执行，需要将其与任务1用式（26.13）关联起来。因此，最高优先级任务通常作为一种硬性约束，在任何条件下都不能违背。对于仿人机器人，这些约束可以包括接触约束、关节范围、平衡等（第56章）。

式（26.11）的投影将任务 i 的力矩 $\boldsymbol{\tau}_i$ 映射到所有上述任务集合的零空间中。这个投影同时也调整了会主要妨碍任务 i 执行的向量的级别。为了减少这种影响，可调整操作点的期望加速度 $\ddot{\boldsymbol{x}}$，即一致性任务的惯性矩阵 $\boldsymbol{\Lambda}_{i\,|\,\mathrm{prec}(i)}$

$$\boldsymbol{\Lambda}_{i\,|\,\mathrm{prec}(i)}=(\boldsymbol{J}_{i\,|\,\mathrm{prec}(i)}\boldsymbol{H}^{-1}\boldsymbol{J}^{\mathrm{T}}_{i\,|\,\mathrm{prec}(i)})^{-1} \tag{26.14}$$

式中，$\boldsymbol{H}$ 是关节空间的惯性矩阵，且

$$\boldsymbol{J}_{i\,|\,\mathrm{prec}(i)}=\boldsymbol{J}_i\boldsymbol{N}_{\mathrm{prec}(i)} \tag{26.15}$$

是与上述所有任务集合相一致的任务雅可比。这个雅可比将操作空间的力转换为关节力矩，并不使任务集合 prec(i) 产生在操作点的任何加速度。当操作点的运动局限在与上述所有任务相一致的子空间中时，一致性任务的惯性矩阵 $\boldsymbol{\Lambda}_{i\,|\,\mathrm{prec}(i)}$ 可用于描述操作点的惯性。

利用一致性任务的惯性矩阵，将关节空间动力学投影到 $\boldsymbol{J}_{i\,|\,\mathrm{prec}(i)}$ 的动态一致性逆所定义的空间中，我们能得到一致性任务的操作空间动力学。把式(26.2) 变换并代入式（6.1）替换 $\boldsymbol{\tau}$，可以得到

$$\bar{\boldsymbol{J}}^{\mathrm{T}}_{i\,|\,\mathrm{prec}(i)}(\boldsymbol{H}(\boldsymbol{q})+\boldsymbol{C}(\boldsymbol{q},\dot{\boldsymbol{q}})+\boldsymbol{\tau}_g(\boldsymbol{q})=\boldsymbol{\tau}_{k\,|\,\mathrm{prec}(i)}) \tag{26.16}$$

生成与式（26.3）等价的一致性任务。

$$\boldsymbol{F}_{i\,|\,\mathrm{prec}(i)}=\boldsymbol{\Lambda}_{i\,|\,\mathrm{prec}(i)}\ddot{\boldsymbol{x}}+\boldsymbol{\Gamma}_{i\,|\,\mathrm{prec}(i)}\dot{\boldsymbol{x}}+\boldsymbol{\eta}_{i\,|\,\mathrm{prec}(i)} \tag{26.17}$$

式中，$\boldsymbol{\Lambda}_{i\,|\,\mathrm{prec}(i)}$ 是一致性任务的操作空间惯性矩阵，$\boldsymbol{\Gamma}_{i\,|\,\mathrm{prec}(i)}$ 描述了操作空间的离心力和科氏力，$\boldsymbol{\eta}_{i\,|\,\mathrm{prec}(i)}$ 是重力补偿项。可用式（26.17），以一致性任务方式控制特定操作点的任务，即不会产生与 prec(i) 中任务相关的操作点的加速度。注意，实际上可以在关

节空间中计算 $\boldsymbol{C}(\boldsymbol{q},\dot{\boldsymbol{q}})$ 和 $\boldsymbol{\tau}_g(\boldsymbol{q})$，在多任务行为中仅需计算一次。

参考图26.3，我们能分析操作空间框架的有效性。操作点的控制直接描述了操作任务运动过程中的力和位置约束。可用任务优先级更低的附属行为来确保运动学和动力学约束，实现姿态行为控制，或基于人工势场法实现避障[26.15]。所有这些方面的操作任务控制的计算效率都很高。因此，操作空间框架能保持这些运动约束且满足反馈频率的要求。然而，操作空间框架不包括全局运动约束，如工作空间的连通性所施加的约束等。因此，操作空间框架与人工势场类似，容易陷入局部极小值。这种局部极小值在所有上述运动约束中都可能发生，影响机器人实现任务。为解决这个问题，需要采用规划的方法（见第5章和26.3节）。

参考文献［26.16］介绍了控制基础方法，给出了一种考虑多行为的简洁替代形式。每个单独行为由一个控制器描述，表示为势函数 $\phi\in\Phi$，传感器 $\sigma\in\Sigma$，和执行器 $\tau\in Y$。设定传感器和执行器的参数，可以确定控制器 ϕ。一个特定行为可以表示为 $\phi\Big|_{\tau}^{\sigma}$。控制器设计可与零空间投影结合起来，如式(26.13)。在控制基础方法中式（26.13）可以更简洁地描述为

$$\phi_n \lhd \cdots \lhd \phi_3 \lhd \phi_2 \lhd \phi_1 \qquad (26.18)$$

式中，将 $\phi_i\Big|_{\tau_i}^{\sigma_i}$ 缩写为 ϕ_i。$\phi_i \lhd \phi_j$ 表示 ϕ_i 投影到 ϕ_j 的零空间中，称 ϕ_i 执行上属于 ϕ_j。如果联合了两种以上行为，如式（26.18）所示，则每个控制器 ϕ_i 投影到其所有高级任务的联合零空间中。

控制基础方法表示了控制器联合的通用方法，且并不局限于任务级控制。除去以上的控制器的联合方式，控制基础方法也包括了离散结构，其定义了联合控制器的转换。这种转换方式可由用户指定，或通过强化学习方法进行学习[26.16]。控制基础方法可构成多任务级控制器，实现不能由单一任务级控制器所描述的操作任务。

26.3 操作规划

可以采用数学分析方法，评估面向操作的全局运动规划所固有的计算难度。本书中规划的章节（第5章）介绍了构型空间（C 空间），其代表了机器人可变换的空间。一般情况下，所有可变换的集合构成了一个 n 维形式（manifold），其中 n 为机械系统的自由度的总数。对于一个机械手来说，构型空间可由其运动学结构来定义（见第1章）。常见的一类机械手是串联机械手，由一系列转动或柱形平动关节构成，相互连接形成一个线性运动链。本节所讨论的操作规划是针对单一运动链的机械手的构型空间。然而，这些数学方法也可应用在更复杂的机器人上，如仿人机器人（见图26.4，第56章），其上身包括一个移动平台和附着其上的两个合作机械手（第29章）。这里所采用的模型极大地简化了抓取、稳定性、摩擦、力学（Mechanics）、和不确定性所产生的问题，而主要针对几何形状。本节中，我们考虑一种简单的操作任务例子，涉及传统的取放操作。26.4节进一步考虑在装配操作中的抓取和接触状态。26.5节综述了面向更复杂的操作任务的集成反馈控制和规划技术。

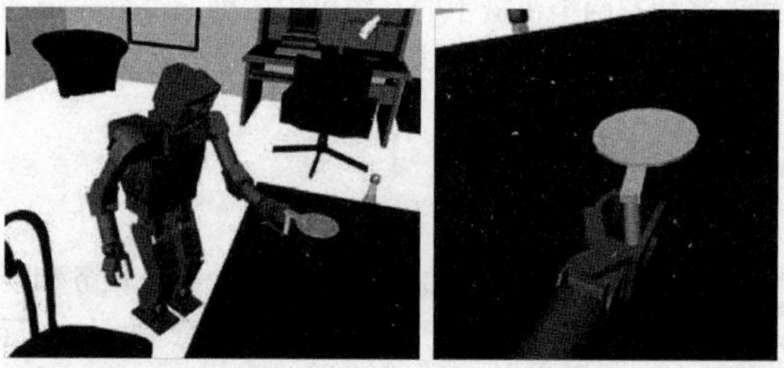

图26.4 H6仿人机器人操作物体的仿真

26.3.1 构型空间形式

基本的运动规划问题定义为在构型空间中寻找一条连接起始点到目标点的路径，同时需要避免环境中的静态障碍物（见第5章）。操作规划则引入了更多的复杂性，这是由于实现操作任务需要与环境物体相接触。当物体被抓取、再次抓取、移动时，自由构型空间的结构和拓扑会产生很大变化。然而，操作规划又同时具有与传统路径规划相同的基本理论基础和计算复杂性，如PSPACE难度（见第5章）。

更确切地说，我们所采用的面向操作规划的方法主要来源于 *Alami* 等[26.17]，和 *LaValle* 的书[26.18]。我们的目的是获得对面向操作任务的搜索空间及其产生的不同状况的理解和直观认识。通过这种讨论，来记住工作空间中机械手、待操作物体、障碍物的几何形状和相对位置，是决定自由构型空间的几何形状和拓扑机构的因素。在这个框架下，操作规划可以直观地划分为混杂系统规划范畴[26.19]。混杂系统指连续变量和离散模态（modes）的混合，模态的转变由开关函数定义（关于混杂系统规划的讨论，见 *LaValle* 的

书[26.18]的第 7 章)。操作规划时，在环境中抓取、重新定位以及释放物体，都对应着不同连续构型空间的相互转换。

我们考虑一个简单的拾取操作任务，机械手 A 将一个可移动物体（零件）P 从当前位置移动到工作空间中的某个期望目标位置。注意，完成这个任务只需要使零件 P 到达目标位置即可，而不必考虑机械手如何实现这个任务。因为零件自己不能移动，它只能通过机器人进行传输，或者被放置在某个稳定的中间构型上。机器人有一些构型，能够抓取和移动零件到环境中的其他位置。也有一些不可达的构型，使机器人或零件与环境中的障碍物发生碰撞。操作规划问题的解由机器人单独运动或抓持零件时运动的一系列的子路径构成。施加在运动上的主要约束包括：

1）机械手在趋向、抓取、或再抓取零件时不能与环境中的任何障碍物碰撞。

2）机器人在运输过程中必须稳定抓持零件（抓取的详细介绍以及稳定抓持的准则，见第 28 章）。

3）在零件运输的过程中，机械手和零件不能与环境中的任何障碍物碰撞。

4）如果零件没有被机器人传输，它需要静止地处于某个稳定的中间位置上。

5）零件最终被放置在工作空间中的期望目标位置上。

这个混杂系统规划有两种操作模式：一是机器人单独运动，一是机器人抓持零件时运动。通常情况下，我们将机器人稳定抓持物体的运动称为传输路径（transfer paths），将物体稳定静止时机器人的单独运动称为过渡路径（transit paths）[26.17,20,21]。操作规划问题的求解是指在机械手能完成任务的传输路径和过渡路径所构成的连续序列中进行搜索。对于自主机器人，理想情况是通过规划算法能自动生成与抓取和非抓取操作相对应的传输和过渡路径的准确序列。

1. 容许构型

在第 5 章介绍的概念的基础上，我们定义一个在欧拉空间中有 n 个自由度的机械手 A，$\mathbf{W}=\mathbb{R}^N$，其中 $N=2$ 或 $N=3$。令 C^A 表示 A 的 n 维 C 空间，q^A 是一个构型。C^A 称为机械手的构型空间。令 P 表示一个可移动的零件，是一个可由几何元素描述的刚性固体。假设零件 P 允许进行刚性体变形。相应地存在一个零件的构型空间，$C^P=SE(2)$ 或 $C^P=SE(3)$。令 $q^P\in C^P$，表示一个零件的构型。零件模型的变形所占据的工作空间的区域或大小由 $P(q^P)$ 表示。我们用笛卡儿（Cartesian）积定义联合（机器人和零件）构型空间 C 为

$$C=C^A\times C^P$$

其中每个构型 $q\in C$ 的形式为 $q=(q^A,q^P)$。注意，与简单的 $\boldsymbol{C}_{\text{free}}$（在有障碍物环境中的所有避障空间，见第 5 章定义）相比，用于操作规划目的的容许构型集的限制性更强。我们必须通过删除禁止构型以体现允许运动的约束。图 26.5 给出了用于操作规划的 C 的一些重要子集的例子。我们首先删除所有与障碍物碰撞的构型。定义机械手与障碍物碰撞的构型子集为

$$C_{\text{obs}}^A=\{(q^A,q^P)\in C\mid A(q^A)\cap O\neq\varnothing\}$$

我们也要删除零件与障碍物相碰撞、而保留零件表面与障碍物表面相接触的构型。在很多例子中会出现这种现象，如将零件放在书架或桌子表面，或将轴形物体插入孔中。因此，令

$$C_{\text{obs}}^P=\{(q^A,q^P)\in C\mid \text{int}(P(q^P))\cap O\neq\varnothing\}$$

表示在任意构型 q^P 上，零件内部点集合 $\text{int}(P(q^P))$ 与障碍物集合 O 相交的开集。很明显，需要避免那些零件内部点进入到 O 中的构型。

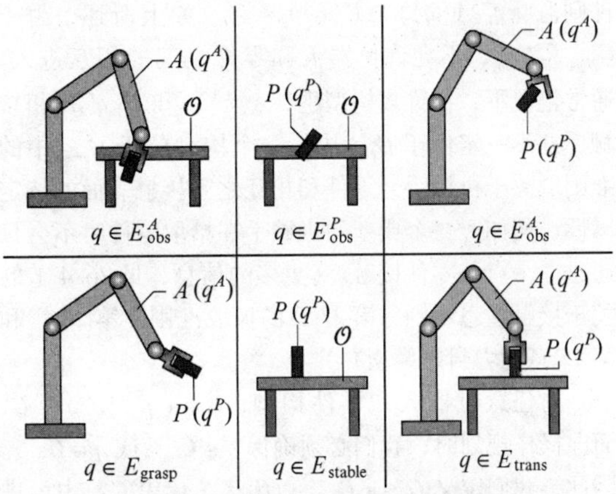

图 26.5　用于操作规划的不同构型空间子集定义的例子

现在，我们定义 $C\backslash(C_{\text{obs}}^A,C_{\text{obs}}^P)$，表示机器人和零件不与 O 发生不正当碰撞的所有构型集合。接下来，考虑 A 和 P 之间的交互。允许机械手与零件表面接触，但禁止进入零件内部。因此，定义零件内部与机器人外形相交的所有构型为

$$C_{\text{obs}}^{PA}=\{(q^A,q^P)\in C\mid A(q^A)\cap\text{int}(P(q^P))\neq\varnothing\}$$

最后，我们可以定义

$$C_{\text{adm}}=C\backslash(C_{\text{obs}}^A\cup C_{\text{obs}}^P\cup C_{\text{obs}}^{PA})$$

表示除去所有不期望的构型后的构型集。我们称这个集合为容许构型。

2. 稳定和抓持构型

由定义可知，在 C_{adm} 中的所有构型上，机器人，零件和环境中的障碍物都不会发生相互之间的进入式碰撞。然而，在所定义的一些构型上，零件是在空间

中自由飘浮，或即将跌落。现在我们考虑用于操作规划的 C_{adm} 的两个重要子集（见图 26.5）。令 $C_{stable}^{P} \subseteq C^{P}$ 表示稳定的零件构型（stable part configurations）子集，在这些构型上，零件在没有机械手力作用的情况下能够稳定地静止。稳定构型的例子包括零件静止在桌子上，或插入到更大的其他零件的装配体中。能够进入稳定构型集合的条件与零件的属性相关，包括几何形状，摩擦，质量分布，与环境的接触等。我们不去直接考虑这些影响，而是假设已有一些方法可用来评价零件构型的稳定性。已知 C_{stable}^{P}，我们定义 $C_{stable} \subseteq C_{adm}$，为零件和机器人系统的相应的稳定构型。

$$C_{stable} = \{(q^{A}, q^{P}) \in C_{adm} \mid q^{P} \in C_{stable}^{P}\}$$

C_{adm} 中的其他一些重要子集，是机器人抓持零件、且能够根据某个定义的准则进行操作的所有构型集合。令 $C_{grasp} \subseteq C_{adm}$ 表示抓持构型（grasp configurations）集合。在每个构型 $(q^{A}, q^{P}) \in C_{grasp}$ 上，机械手接触零件则意味着 $A(q^{A}) \cap P(q^{P}) \neq \varnothing$。如上所述，由于 $C_{grasp} \subseteq C_{adm}$，不允许机器人和零件之间的相互进入。通常情况下，在许多构型上，$A(q^{A})$ 和 $P(q^{P})$ 相接触，并不一定位于 C_{grasp} 中。一个构型位于 C_{grasp} 中的准则取决于机械手，零件和相互之间接触表面的特定属性。例如，一个典型的机械手在拾取零件时不会只通过一个点与零件接触。（更多的信息，见 26.4 节的关于接触状态识别，第 27 章的抓取准则，第 28 章和第 15 章的力封闭模型）

对任意机器人和零件构型，$q = (q^{A}, q^{P}) \in C$，面向操作规划时，我们必须确保 $q \in C_{stable}$ 或 $q \in C_{grasp}$。因此，我们定义 $C_{free} = C_{stable} \cup C_{grasp}$，代表 C_{adm} 中可进行操作规划的子集。在混杂系统中，操作规划有两种典型的模态：过渡模态和传输模态。在过渡模态中，机械手不携带任何零件（即只有机器人运动），要求 $q \in C_{stable}$。在传输模态中，机械手携带零件（即机器人和零件同时运动），要求 $q \in C_{grasp}$。基于这些条件，仅当 $q \in C_{stable} \cap C_{grasp}$，才会出现模态变化的可能。当机械手在这些构型上，可能有两种动作：①继续抓持和移动零件；②在当前的稳定构型下放开零件。在所有其他构型上，模态是不会变化的。为方便，我们定义 $C_{trans} = C_{stable} \cap C_{grasp}$，代表过渡构型集合，在过渡构型中，模态可以变化，机器人可以抓持或放开零件。

3. 操作规划任务定义

最后，定义基本的拾取操作规划任务。零件初始构型为 $q_{init}^{P} \in C_{stable}^{P}$，零件目标构型为 $q_{goal}^{P} \in C_{stable}^{P}$。上述的上层任务描述只定义为重新定位零件，而不考虑机械手如何完成任务。令 $C_{init} \subseteq C_{free}$，是零件构型为 q_{init}^{P} 的所有构型集合。

$$C_{init} = \{(q^{A}, q^{P}) \in C_{free} \mid q^{P} \in q_{init}^{P}\}$$

同样，我们定义 $C_{goal} \subseteq C_{free}$，是零件构型为 q_{goal}^{P} 的所有构型集合。

$$C_{goal} = \{(q^{A}, q^{P}) \in C_{free} \mid q^{P} \in q_{goal}^{P}\}$$

如果给出了机械手的初始和最终构型，则令 $q_{init}^{P} = (q_{init}^{A}, q_{init}^{P}) \in C_{init}$，和 $q_{goal}^{P} = (q_{goal}^{A}, q_{goal}^{P}) \in C_{goal}$，规划的目的是计算出一条路径$\tau$使得

$$\tau : [0,1] \to C_{free}$$
$$\tau(0) = q_{init} \qquad \tau(1) = q_{goal}$$

如果没有给出机械手的初始和最终位置，我们可以隐含地定义规划器的目的为计算出一条路径：τ: [0, 1]→C_{free}，使得$\tau(0) \in C_{init}$和τ (1) $\in C_{goal}$。无论哪种情况，解都是过渡路径和传输路径的系列，且与相应的模态对应。在每个传输路径之间，零件被放在一个稳定的中间构型上，而机械手单独运动（过渡路径）以重新抓取零件。这个顺序持续进行，直到零件被最终放置在目标构型上。这个过程的示意图如图 26.6 所示。

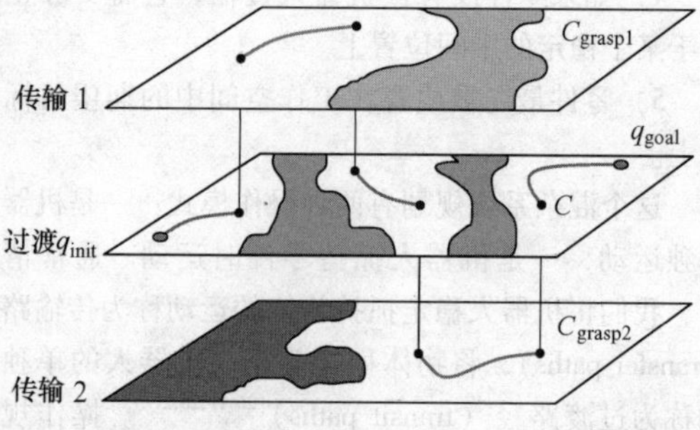

图 26.6 操作规划包括在混杂连续构型空间集合中搜索一个传输和过渡路径序列（这个例子中，由不同方式抓取零件产生了不同C空间中的传输路径）

26.3.2 三自由度平面机械手举例

对于 3 个或更少自由度的机械手，我们能建立可视化的 C 空间，以获得这种结构的直观表示。在本节中，我们以一个末端执行器工作在二维平面工作空间（$\mathbb{R}^2$）的三自由度的串联机械手为例进行介绍。

图 26.7 给出了一个简单的冗余度机器人手臂[26.22]。机器人有 3 个转动关节，其转动轴相平行，关节范围是 $[-\pi, \pi]$，具有 3 个自由度。由于机器人的末端执行器仅触及平面上的位置，机器人手臂在平面上是冗余的。由于它仅有 3 个自由度，且每个关节角有一定的范围，C 可以可视化为一个边长为 2π

的立方体。一般来讲，如果无关节范围约束，有 n 个转动关节的机械手的 C 空间与 n 维超环面是同胚的，如果有关节范围约束，则与 n 维超立方体是同胚的。

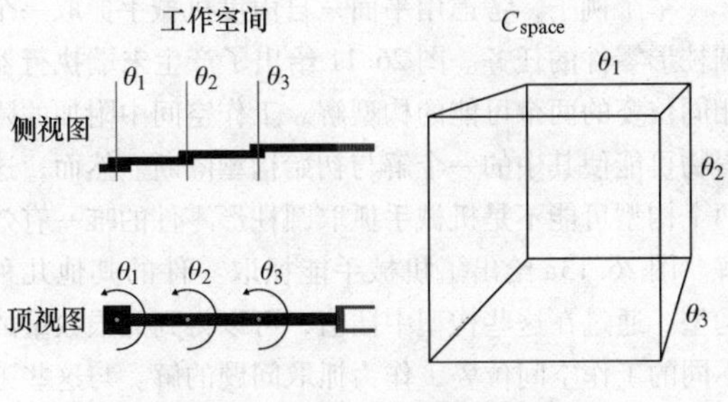

图 26.7 平面三自由度机械手

如上所述，工作空间中障碍物在 C 空间的投影定义为 C 障碍（第 5 章），表示机器人与障碍物发生几何形状交互时机器人的所有关节构型集合。

$$C_{obs}^{A}=\{(q^{A},q^{P})\in C\mid A(q^{A})\cap O\neq\varnothing\}$$

通常，C_{obs}^{A} 的结构高度复杂，包括 C 中多个互联的元素。图 26.8 给出了平面三自由度机械手的构型空间可视化的例子，其中两种盒形的障碍物用不同颜色表示。工作空间中的 C 障碍用相同颜色的盒形障碍物表示。红，绿，和蓝坐标轴分别对应机械手的 3 个关节角 θ {1, 2, 3}。自碰撞是一个特殊的 C 障碍区域，指机器人自身关节几何形状的干涉，并不包括环境的几何形状。图 26.7 给出了所设计的机器人不发生自碰撞的区域。图 26.9 给出了机械手可能发生实际碰撞的自碰撞区域，并可视化表示为相应的 C 障碍。C 障碍能覆盖大型的构型空间，甚至能隔断 C_{free} 中不同的元素。图 26.10 解释了在障碍物上附加一个很小的点，可能使很大范围内的构型产生碰撞且隔断 C_{free}：与这个点相应的 C 障碍在构型空间中形成了与 $\theta_2-\theta_3$ 平面平行的一堵墙。这堵墙表示出与该点干涉的机械手的第一个连杆的关节角 θ_1 的取值范围。由于元素的隔断，C_1，$C_2\in C_{free}$，意味着将找不到一条无碰路径由 C_1 起始，至 C_2 结束。

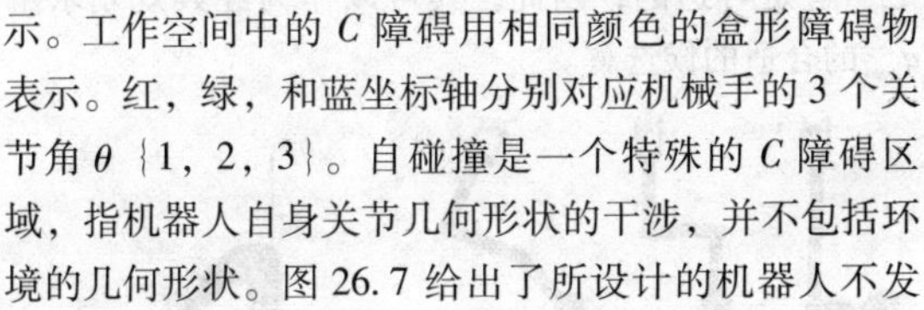

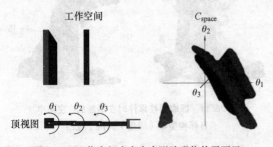

图 26.8 工作空间中存在盒形障碍物的平面三自由度机械手以及相关的构型空间障碍

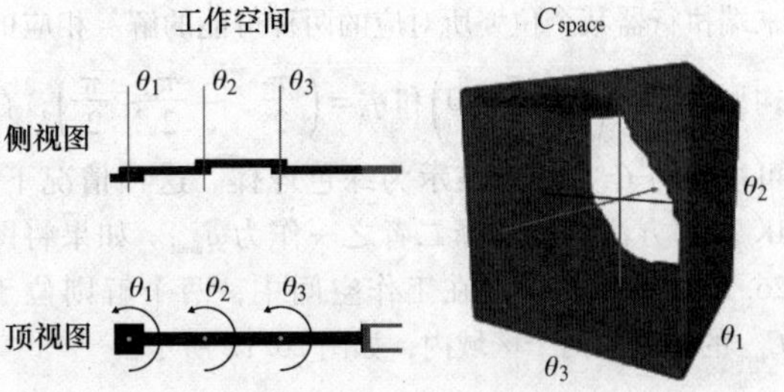

图 26.9 非平面三自由度机械手和相应的自碰撞 C 障碍

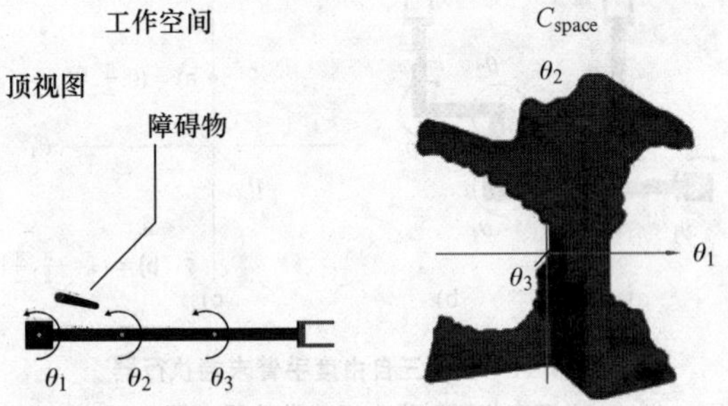

图 26.10 工作空间投影到构型空间时被分割的拓扑形状

26.3.3 逆向运动学思考

在构造路径规划问题时，需要一个目标构型 q_{goal} 为输入（见第 5 章）。在操作规划时，通常根据末端执行器在工作空间中的理想位姿，由逆向运动学（IK）求解方法（见 1.7 节）计算出这个构型。对冗余度机构（超过 6 个自由度）而言，特殊情况除外，并不存在逆向运动学的已知的解析求解方法。这种情况下，通常采用迭代或数值方法（如基于雅可比的方法或基于梯度的优化方法）来进行求解。注意，逆向运动学的数值计算结果与初始解的质量、C 空间中奇异点的分布或所有这些因素相关，计算效率可能很差，甚至不收敛（见 1.7 节）。

已知末端执行器位姿，多数 IK 求解方法只能计算出一个构型。然而，对于冗余度机械手，末端执行器的一个已知的期望位姿，对应无限的、连续范围的构型。在路径规划时，这意味着 IK 求解方法要从无限数量的构型中选择出来一个作为 q_{goal}。注意，在某些情况下，所选出来的 q_{goal} 可能会发生碰撞，即不是 C_{free} 的一部分。因为并不存在与传统意义上路径规划结果相对应的解，这个构型不能用来作为计算全局趋近策略的目标（见第 5 章）。

另一种可能性是所选择的 q_{goal} 与 q_{init} 隔断。这种情况下，尽管 q_{goal} 是 C_{free} 的一个元素，但其所在区域与 q_{init} 的所在区域是隔断的，其不宜用来进行规划。考虑如图 26.7 所示的平面机械手，图 26.11 给出了末端执行器某个位姿所对应的两种可能的解。相应的构型为 $q_a=\left(0,\frac{\pi}{2},0\right)$和 $q_b=\left(\frac{\pi}{2},-\frac{\pi}{2},\frac{\pi}{2}\right)$，在可视化的 C 空间中表示为绿色球体。这种情况下，IK 求解方法可能选择二者之一作为 q_{goal}。如果将图 26.10 中的障碍物加在工作空间中，两个解则位于 C_{free} 的隔断的两个区域内，如图 26.12 所示。

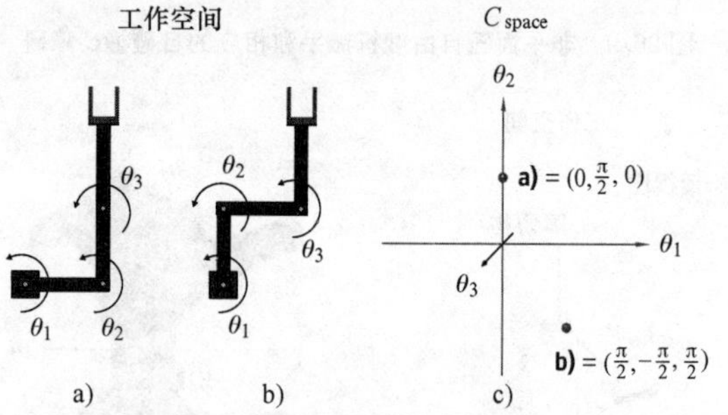

图 26.11　平面三自由度手臂末端执行器姿态相同时逆向运动学的两个解

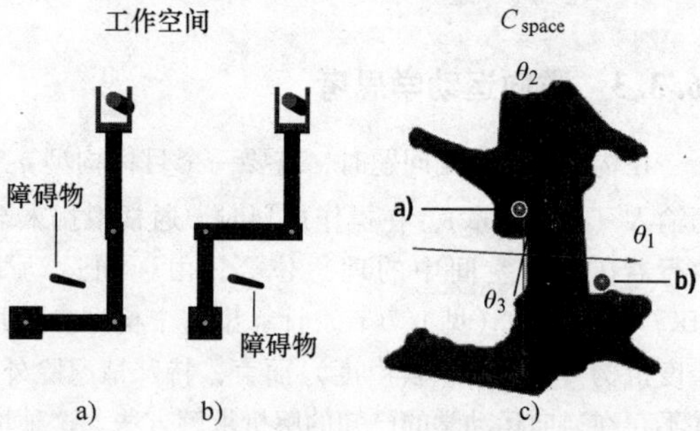

图 26.12　由于工作空间中的一个小的障碍物，使得逆向运动学的两个解位于 C_{free} 中两个隔断的区域

令 $q_{init}=(0, 0, 0)$ 为零构型，表示为图 26.12 中的 C 空间坐标轴上的交叉点。将这个构型所在的 C_{free} 部分称为 C_1，另一部分称为 C_2。由于 $q_b \in C_2$ 且 $C_1 \cap C_2=\varnothing$，如果 IK 求解方法选择 q_b 作为 q_{goal}，则规划问题将无解存在。这意味着以 q_{goal} 为目标的规划必定失败。

由于计算 C 空间连接性的完整表示与路径规划的复杂程度相似，在规划失败前，基本上不可能检测出 q_{goal} 与 q_{init} 的非连接性。

如上所述，经典操作规划问题在工作空间中的目标定义为采用逆向运动学计算出的末端执行器的期望位姿。然而，需要注意的是，操作任务的目的可以不要求将末端执行器移动到指定位置，而是移动到任意可行位置，只要能完成期望的操作任务即可。因此，更重要的是设计出针对任务的计算方法和控制方案，而对于末端执行器的位姿和机械手的构型，则允许有一定柔性和自由。这是任务空间或操作空间控制技术的一种优势（见 6.2 节）。

举个例子，考虑用平面三自由度机械手抓取一个圆柱形零件的任务。图 26.11 给出了产生末端执行器相同位姿的两个可能的构型解。工作空间中附加的障碍物可能使其中的一个解与初始构型隔断。然而，这两个构型可能不是机械手抓取圆柱形零件的唯一有效解。图 26.13a 给出了机械手能抓取零件的其他几种构型。通过在这些构型中插值，可以得到无限数量的不同的工作空间位姿，作为抓取问题的解。与这些工作空间位姿相关的逆向运动学的解位于一个连续的子集中 $C_{goal} \subseteq C$，如图 26.13b 所示，代表了实现这个任务的规划问题的实际解空间。

把图 26.10 中的障碍物加在操作任务的工作空间中，所产生的构型空间如图 26.14 所示。注意，为清楚起见，机械手与圆柱的自碰撞所对应的 C 障碍没有出现在可视化的结果中。大约一半的可行解是与初始构型分隔开的，四分之一解在碰撞区域，只有四分之一解是可达的，因此，其可以作为经典规划求解 q_{goal} 的合适的候选解。

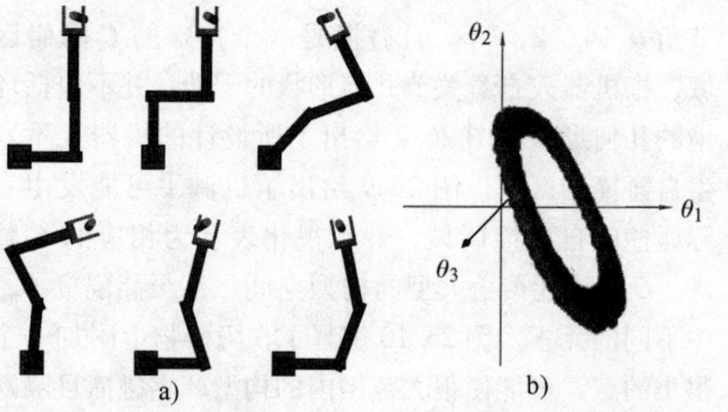

图 26.13　a）工作空间例子求解：机械手能抓取圆柱的多个构型　b）C 空间求解区域：构型解集的可视化 C 空间

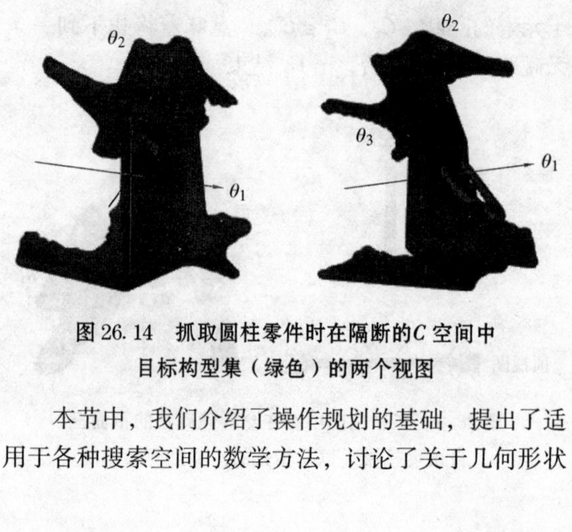

图 26.14　抓取圆柱零件时在隔断的 C 空间中目标构型集（绿色）的两个视图

本节中，我们介绍了操作规划的基础，提出了适用于各种搜索空间的数学方法，讨论了关于几何形状

和拓扑的重要问题。26.6节综述了其他一些主题，给出了一些进一步阅读的资料。

26.4　装配运动

将加工后的零件组装到一起形成一个产品如一部机器的过程，定义为装配或装配任务。这是任何产品生产过程的主要操作。机器人实现装配自动化可减少成本，提高质量和操作效率。在一些危险环境，如太空，让机器人执行装配任务能挽救人的生命。对于机器人学来说，装配一直是一个既重要又最具应用挑战性的问题。在装配自动化的广阔领域中，有很多相关的重要研究问题，从装配设计到误差分析，装配次序规划，夹具设计等。本节主要讨论面向装配的机器人运动问题。

我们所关心的装配运动指机械手抓持零件并将其移动到指定的装配状态，即达到目标空间位置或与其他零件接触。装配运动的主要难点在于零件装配状态所要求的高精度和低误差。因此，装配运动的实现必须克服一些不确定性。柔顺运动定义为所持零件和环境中的其他零件相接触而产生的约束运动。由于减少了所持零件的自由度数，降低了运动的不确定性，因此，在装配中期望实现柔顺运动。

考虑上述介绍的轴孔装配例子（见图26.2），如果轴和孔之间的间距很小，不确定性的影响容易使轴的向下插入运动失败，即轴与孔的边缘发生碰撞而运动终止，没有达到期望的装配状态。因此，成功的装配运动必须通过移动轴来避免这些不期望的状态，使其最终达到期望状态。为实现这种过渡，通常都会选择柔顺运动。在到达期望的装配状态前，有必要通过柔顺运动产生一系列的接触过渡。图26.15给出了轴孔装配任务的一个典型接触过渡次序。

柔顺运动的装配运动策略有两个较宽泛的分类：被动柔顺和主动柔顺运动，两种分类的策略都要求提供描述零件之间拓扑接触状态的信息。

26.4.1　拓扑接触状态

当零件A接触零件B时，A或B的构型是接触构型。通常，接触构型集享有共同的上层接触特征。如杯子在桌子上，是杯子底部在桌子上的杯子全部接触构型所共享的上层描述。由于这个描述体现了空间位置，可能是装配状态，也可能仅是一种零件之间的接触状态（contact states），其常用来表示装配运动的关系。

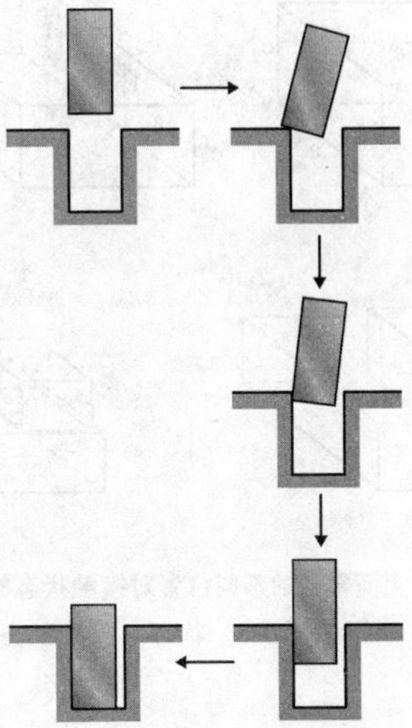

图26.15　轴孔装配任务中的接触状态序列

在多面体物体接触时，通常将接触状态用拓扑形式描述为基础接触（primitive contact）集，每个基础接触由一组接触面元素包括面、边和顶点来定义。不同接触状态的本质区别仅在于基础接触的定义上。参考文献［26.23］给出了一种常用的基础接触表示，将二维平面多边形的边和顶点接触，三维多面体的顶点和面接触、边和边接触定义为点接触。参考文献［26.24］给出了另外一种表示，将基础接触定义为一对拓扑面元素的关系（即面、边和顶点）。这里，与点接触概念不同，基础接触能描述出接触区域是一个点，一条线段，或一个平面。然而，在通过传感识别接触时，尽管两种表示对应了所定义的不同接触状态，但由于不确定性的影响，可能识别出相同的接触结果。图26.16给出了这个例子。

参考文献［26.25，26］将主接触（principal contact）作为上层基础接触，表现出对识别问题的更强鲁棒性。一个主接触（PC）定义为一对拓扑面元素的接触，且不是其他拓扑接触面的边界元素。一个面的边界元素是位于边界的边和顶点，一条边的边界元素是位于边界的顶点。两个物体间的不同的PC对应物体的不同的自由度，也通常对应着接触力和力矩的显著区别。如图26.16所示，基础接触所不能区分出的状态，定义为PC的一个状态。因此，PC中的接触状态数目更少，是接触状态的一种更简洁的描述。事实上，两个凸多边形物体之间的每种接触状态都可以由一个PC表示。

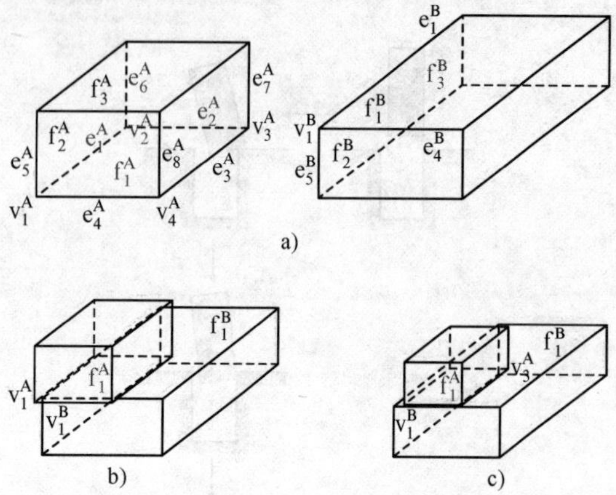

图 26.16 上面零件的不同位置对接触状态的影响很小
a）两个物体 b）状态1 c）状态2

26.4.2 被动柔顺

被动柔顺指在装配运动中，进行误差修正的柔顺运动的策略，并不要求对零件间接触状态的主动而精确的识别和推理。

1. 远程中心柔顺

在20世纪70年代，开发了一个远程中心柔顺（RCC）设备，实现高精度的轴孔装配[26.27-29]。RCC是一个机械弹簧结构，连接在机械手末端执行器上，作为握住圆柱形轴插入圆孔的工具。在插入方向上，RCC的设计刚度很高，但也具有很高的横向柔性 K_x 和转动柔性 K_θ。令柔性中心接近轴的端部（远程中心柔顺以此命名），以克服在插入过程中由孔施加给轴的接触力而引起的轴位置和方向的横向和转动角度的小误差（见图26.17）。RCC较大的横向和转动柔顺性也有利地避免了楔紧和卡阻。楔紧是由对立方向的接触力使轴陷于两点接触状态，而卡阻则是由力或力矩的比例不适当而引起的。由于RCC是实现快速插入的低成本可靠设备，在工业领域得到了长期的成功应用。

然而，RCC也有缺点。它仅适用于圆形的轴孔装配，对于轴和孔的特殊尺寸，最好设计专门的RCC。为扩展RCC的适用性进行了很多工作。一些工作使RCC的某些参数可调，以实现可变的柔顺性或可调的远程中心位置[26.30-32]。参考文献［26.33］提出了一种空间RCC（SRCC），以实现方形轴孔的装配。由此扩展产生了一种显著差别，就是所持零件的位置和方向的不确定性在一定范围内时、可能产生接触状态数的组合爆炸，这必须在设备的设计时就考虑到。与圆形轴孔装配不同，其是基本的二维问题，

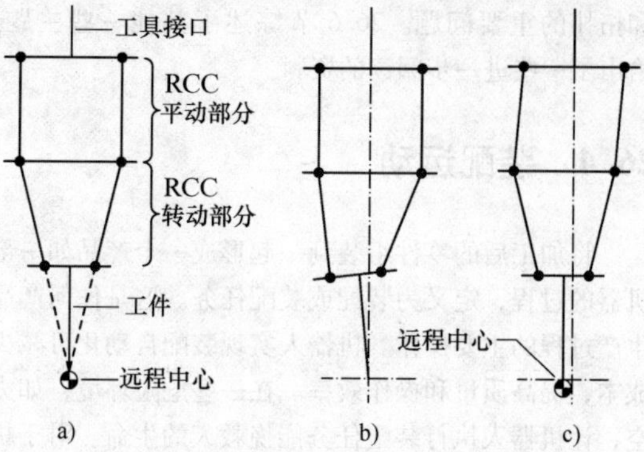

图 26.17 a）RCC的平面表示 b）使工件转动的RCC的转动部分 c）使工件平动的RCC的平动部分

仅有几种不同的接触状态，在方形轴孔之间有上百种不同的接触状态。从其中的一种可能接触状态到达目标装配状态，必须通过设备来实现所持零件的运动。很难设计出一种RCC设备，能适应有更多种可能接触状态的更普通、更复杂形状的零件。这是一个主要制约因素，它阻碍了RCC实现不同零件装配的进一步扩展。

2. 导纳矩阵

作为RCC的一种替代方法，提出了一种机械手力控制的特殊形式——阻尼控制，来实现机械手所持零件的柔顺运动，以改正所持零件在装配过程中小的定位误差。这种方法减少了为改正错误而建立一个类似RCC的机械设备的需求。在力控制方法中[26.34]，阻尼控制是一种常见的策略，其根据感知的所持零件与环境之间的接触力，修改所持零件的速度命令。所产生的实际速度逐渐减少，并有望最终修正所持零件的位置和方向的小误差。令 $\boldsymbol{v}$ 为一个六维向量，代表所持零件的实际平动和转动速度，$\boldsymbol{v}_0$ 为六维速度命令，$\boldsymbol{f}$ 为一个六维向量，代表检测到的力和力矩。则线性阻尼控制律可以描述为：

$$\boldsymbol{v} = \boldsymbol{v}_0 + \boldsymbol{A}\boldsymbol{f}$$

式中，$\boldsymbol{A}$ 是一个 6×6 的矩阵，称为导纳矩阵或容纳矩阵。

这种阻尼控制的效果取决于是否存在一个合适的导纳矩阵 $\boldsymbol{A}$，以及如何找到它。对于 $\boldsymbol{A}$ 的设计有很多研究，使得在轴孔装配过程中遇到的任何接触状态，都能成功地完成装配操作[26.35-39]。其针对这样一种情形，即在没有不确定性或错误时，一个单独的速度命令就足以实现装配操作，如确定的轴在孔中的插入操作。在所有可能的接触状态和匹配要求下，对接触条件的运动和静力的明确分析，是设计 $\boldsymbol{A}$ 的一种主

要方法，其生成一系列的线性不等式作为 **A** 的约束条件。也可以通过使力 $\boldsymbol{f}$ 最小化的学习方法得到 **A**，可避免产生不稳定性[26.38]。另一种方法[26.39]是在插入过程中，通过在末端执行器上加干扰来获得更丰富的力信息。

3. 装配的学习控制

另一类的方法是针对某种装配操作，通过随机或神经网络方法学习得到合适的控制[26.40-44]。大多数方法的本质是通过学习，建立所持物体接触反应力和下一步速度命令之间的映射关系，以减少误差、实现成功的装配操作。最近的一种方法[26.44]建立了人执行装配任务示范所获得的位姿和视觉的传感信息融合，与成功装配所需要的柔顺运动信号之间的映射关系。

另一种方法是通过视觉[26.45]或在虚拟环境中[26.46,47]观察人工操作执行装配任务，生成一种成功完成任务所必需的运动策略，包括一系列可识别的接触状态转移和相关运动参数。

由于可以生成一个速度命令序列，其与 RCC 或基于上述单个导纳矩阵的策略不同，能应用在不确定性很大的情况下。然而，通过学习得到的控制器是与任务相关的。

所有上述装配运动策略不要求明确识别出执行过程中的接触状态。

26.4.3 主动柔顺运动

主动柔顺运动的特点是基于对接触状态的在线辨识或识别，以及接触力的反馈来实现纠错。主动柔顺运动能力使机器人能灵活地处理范围更广、不确定性更大的装配任务，以及装配之外的需要柔顺的任务。主动柔顺系统通常需要下列组成部分：一个规划器进行柔顺运动命令的规划；一个辨识器来识别接触状态，状态转移，和任务操作过程中的其他状态信息；一个控制器，同时基于由传感器提供的底层反馈和由辨识器提供的上层反馈，来执行柔顺运动。每个部分的研究内容介绍如下。

1. 精细运动规划

精细运动规划是指规划精细规模的运动，在不确定性很大的情况下也能成功实现装配任务。参考文献[26.48]提出了一种基于构型空间（C 空间）原像（preimages）概念的通用方法，设计出一种存在不确定性时也不会失败的运动策略[26.23]。已知目标构型的一个区域定义了所持零件的目标状态，目标状态的原像对那些构型进行编码，使得尽管存在位置和速度的不确定性（见图 26.18），速度命令仍能确保所持零件到达指定的目标状态。

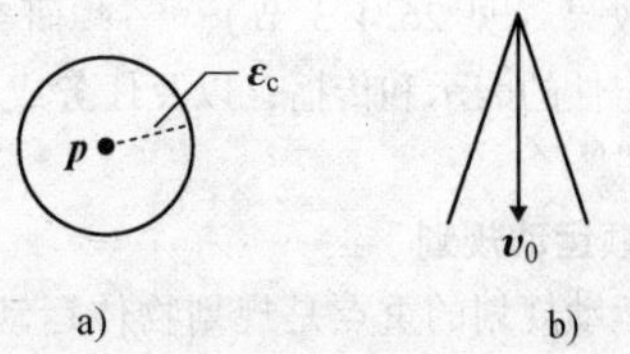

图 26.18 位置和速度的不确定性（C 空间中）

a）零件的实际构型可能在以所观测到的构型为中心的不确定球中 b）零件的实际速度可能在围绕给定速度的一个不确定的锥体中

已知所持物体的初始位置和目标状态，原像方法是沿反向链生成运动规划，通过寻找与速度命令相关的目标状态的原像，然后是原像的原像，等等，直到发现包括所持零件初始构型的原像。图 26.19 给出了一个例子。与原像序列相关的速度命令序列（从包括初始位置的初始原像开始）形成了运动规划，保证任务成功。从初始原像开始，在序列中每个后续的原像都可以看做一个子目标状态。在这种方法中，只要有可能就要选择柔顺运动，因为柔顺运动通常比纯定位运动生成更大的原像[26.48]，且子目标状态通常是接触状态。参考文献［26.49］进一步扩展了该办法，包括物体的建模不确定性。

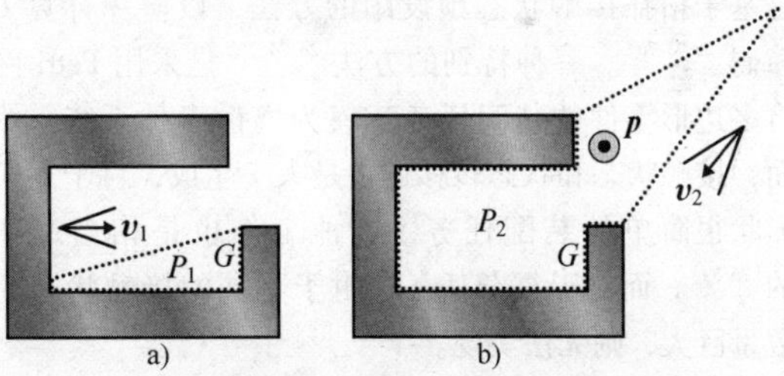

图 26.19 原像的反向链：
P_1 是目标区域 G 的原像，P_2 是 P_1 的原像

然而，该方法的计算性是一个大问题。在存在传感不确定的情况下，目标可达性和可识别性的双重要求相互交织在一起，使原像的计算变得复杂。参考文献［26.50］给出了生成规划的时间复杂度是 nmr 的二倍指数关系，其中 n 是规划的步数，m 是环境复杂度（物理空间的），r 是构型空间的维数。通过分离可达性和可识别性，并限制最初原像模型的可识别能力，使计算性得到了改善[26.51,52]。

一种两步法取而代之，能简化精细运动规划：①假设没有不确定性的全局和离线名义路径规划；②局部和在线重新规划，以处理由于不确定性而产生的意外接触。已提出了两步法的不同变化形式[26.53-59]。该方法的成功与否取决于对接触状态的在线识别效果（见26.4.3节）。一些研究人员还研究了不确定性的表示和传播，以及任务成功需要满足的约束[26.60-64]。

2. 柔顺运动规划

柔顺运动规划的重点是规划物体运动保持接触。*Hopcroft* 和 *Wilfong*[26.65]证明，如果任意两个接触物体可以移动到另一个构型上且仍然保持接触，则始终存在一条接触构型路径（在障碍物构型空间或 *C* 障碍物的边界）连接第一和第二个接触构型。因此，柔顺运动不仅在许多情况下是理想的，而且在已知初始和目标接触构型的情况下总是可行的。

由于柔顺运动发生在 *C* 障碍的边界上，柔顺运动规划提出了无碰运动规划不曾面对的挑战：它要求 *C* 障碍边界上接触构型的准确信息。遗憾的是计算 *C* 障碍至今仍是一项艰巨的任务。尽管采用三维参数方法将 *C* 障碍准确描述为多边形[26.66,67]，然而它只是六维 *C* 障碍多面体的一个近似[26.68,69]。如果用 m 和 n 表示两个多面体接触的复杂度，则 *C* 障碍的复杂度为 $\Theta(m^6n^6)$[26.70]。

研究人员的重点放在减少问题的维数和范围，或者完全避免计算 *C* 障碍的问题。一些研究人员研究了降维的 *C* 障碍的柔顺运动规划[26.59,71,72]。更常用的是基于拓扑接触状态预设图的方法，以避免计算 *C* 障碍[26.73-76]。一种特别的方法[26.74,75]是采用 Petri 网将多边形零件的装配任务建模为离散事件系统。然而，接触状态和状态转移通常是人工生成，对于几何形状很简单的装配任务，这种工作也是相当乏味的[26.33]，而对于复杂任务，由于不同的接触状态的数量巨大，则无法实现。

因此，能自动生成一个接触状态图，既是理想的又是必要的。参考文献［26.77］提出的一种方法是首先列举出所有可能的接触状态，以及两个凸多面体之间的联系。回想一下，两个凸多面体的接触状态可以描述为一个主接触（26.4.1节），且两个凸多面体的两个拓扑面元素的任何主接触都描述了一个几何有效的接触状态。这些都是很好的性质，并大大简化了接触状态图产生的问题。然而，一般来说，为了自动构建两个物体之间的接触状态图，需要处理两个相当难的问题：

1）如何生成有效的接触状态，即已知物体的几何尺寸，如何判断一个主状态集对应一个几何有效的接触状态；

2）如何将图中的一个有效的接触状态和另一个联系起来，即在接触构型空间中，如何找到属于不同接触状态的接触构型区域中的近邻（或相邻）关系。

参考文献［26.26］介绍了一种通用而有效的分而合并的方法，用于自动生成任意两个多面体之间的接触状态图。图中的每个节点代表一个接触状态，通过拓扑接触形式（CF）[26.25]描述为一个主接触集和满足CF的一个构型。每条边连接两个相邻接触状态的节点。图26.20给出了两个平面零件间的接触状态图的例子。

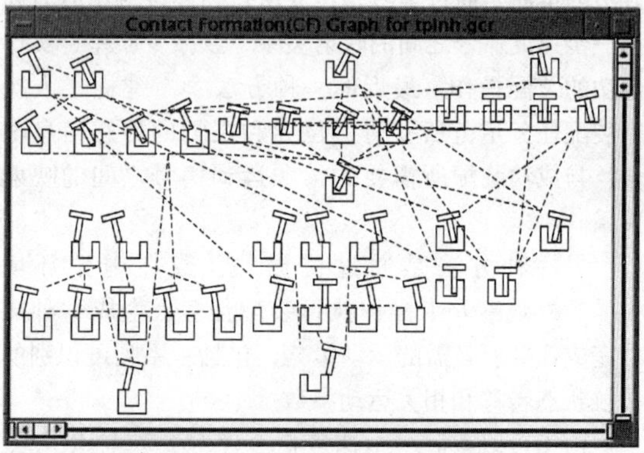

图26.20　两个平面零件接触状态图

该方法通过直接利用拓扑和物理空间中物体接触的几何知识，以及问题可分解为更简单的生成与合并特殊子图的子问题，同时处理上述两种情况。具体来说，该方法利用了接触状态图可分为特殊子图的性质，特殊子图称为目标接触松弛（GCR）图，其中每个GCR定义为一个局部最强约束的有效接触状态，即所谓的种子，以及其邻域弱约束的有效接触状态。鉴于一些性质这些接触状态更容易生成。这些主要性质包括：

1）已知有效的接触状态 CS_i，其所有弱约束的邻域接触状态均可由 CS_i 中的主接触进行拓扑假设；

2）当且仅当存在一种柔顺运动使 CS_i 的固定约束条件放宽以得到 CS_j，而不会产生任何其他接触状态，则假设的弱约束领域接触状态 CS_j 是有效的，称为邻域松弛；

3）通常采用瞬态柔顺运动可得到邻域松弛。

通过这种方法，能在几秒钟内生成接触状态图中数百或上千的节点和连接。

采用这种接触状态图，柔顺运动规划问题可分解为两个层次上的两个更简单的子问题：①上层：在接触状态图中从一个节点到另一个节点的状态转移的图搜索；②底层：在受同样接触状态（和同样接触信息）约束的接触构型集中的接触运动规划，称为CF柔顺运动规划。可以认为一个跨越了几个接触状态的常用接触运动规划，是由一段段不同接触状态的 CF 柔顺运动构成。参考文献［26.78］提出了一种方法，基于 CF 柔顺构型的随机采样来规划 CF 的柔顺运动，参考文献［26.79］扩展了概率图的运动规划方法。

3. 接触状态识别

精细运动或柔顺运动规划的成功执行取决于在执行过程中对接触状态的正确识别。接触状态的识别同时利用接触状态的模型信息（包括拓扑、几何和物理信息），以及对末端执行器的位置和力/力矩的传感信息。由于存在传感不确定性，识别问题是一个重要的问题。根据处理不确定性的差异可将接触状态的识别方法分为以下几种。

一类方法通过学习得到传感数据和相应接触状态之间的映射关系（存在传感不确定性）。学习模型包括隐马尔可夫模型[26.80,81]，阈值[26.82,83]，神经网络结构和模糊分类[26.84-88]。可由非监督方式或以人执行任务的示范获得训练数据。这种办法是任务相关的：新的任务或环境需要新的训练。

另一类方法是基于接触状态的解析模型。一种常见的策略是先确定构型集和构型的约束，或力/力矩集，或每个可能接触状态的力/力矩的约束，并将这些信息与传感数据进行在线匹配，以识别接触状态。一些方法不考虑不确定性的影响[26.89,90]，而其他方法则对不确定性进行建模，采用不确定性边界或概率分布的方法[26.24,76,91-95]。另一种策略是基于笛卡儿空间中接触元素的距离检测：在位姿不确定性下增长物体的尺寸与所得到的区域相交[26.96]，或将物体间的距离与其他几种因素结合起来，如瞬时趋近方向[26.97]。

根据传感数据的使用方式，我们认为一些识别原理是静态的，这是由于在到达当前接触状态前，并不考虑之前的运动和状态识别，而其他方法采用历史信息甚至新的运动和主动传感，以帮助识别当前状态。后者包括了同时进行接触状态识别和参数估计的方法。该方法中，接触状态模型解析表示为一个不确定参数的函数，如物体接触中的位姿或尺寸。在每一个接触状态上，一些不确定的参数是可观的，或在减少不确定性时是可估计的。例如，如果所持物体与另一个物体是面面接触，则表示接触面法线方向的参数可由力/力矩传感数据进行估计。在任务执行过程中（即运动规划的执行），接触状态识别有助于提高不确定参数估计的准确性，进而也使随后的接触状态识别更准确。这也提高了力控制和接触状态转移监测的效果。然而，所提高的性能带来更高的计算成本。

同时进行接触状态识别和参数估计时，最常做的是排除与传感数据或参数估计结果不一致的接触状态模型[26.98-104]。参考文献［26.105］给出了一个明显的例外，通过将系统描述为一个接触状态和参数的混合联合概率分布，实现真正的同时估计。

主动传感对施加力/力矩或运动进行仔细设计，以更好地辅助接触状态识别和参数估计。前面研究的重点是单一力的策略[26.106]或可移动性测试[26.24,97]。最近，参考文献［26.107］介绍了一些方法，设计优化的接触状态转移次序和柔顺运动策略，通过主动传感确定出在到达一定目标接触状态时所有不确定的几何参数。

参考文献［26.108］介绍了一种方法，在接触状态识别器或参数估计器的设计阶段，从不同的角度分析接触状态的可区分性和未知/不确定参数的可识别性。

4. 柔顺运动规划的执行

尽管柔顺或力控制是一个普遍研究的课题（见第8章），但迄今为止，如何自动执行一个柔顺运动规划的研究还很少。

一般的柔顺运动规划（作为柔顺运动或精细运动规划器的输出）通常包括一系列的接触状态，和在每个接触状态内相对于接触状态柔顺并能到达此系列中下一个接触状态的接触构型路径。仅有这种拓扑和几何信息是不足以实现柔顺控制器的规划执行，特别是在有许多不同的和复杂的接触状态时。

混合位置/力控制器要求具有能将力控制的维数和位置/速度控制的维数区分开的规范条件。这种规范不仅随不同接触状态而变化，而且在同一个接触状态内由一个接触构型到另一个接触构型时也产生变化，即控制规范通常是沿柔顺轨迹的时间或构型的函数。此外，为包含多个主接触的复杂接触状态制定控制规范，远非一件易事[26.109]。

最近介绍了一种方法[26.110]，将一系列接触状态下的接触构型的柔顺路径自动转换为混合控制器的扳动、扭转和位置控制信号 $\boldsymbol{W}(t)$，$\boldsymbol{t}(t)$，和 $\boldsymbol{p}(t)$ 来执行规划。该方法成功地进行了实验验证。

然而，目前尚没有关于规划、在线接触状态识别、在线重新规划（处理那些由于不确定性原因而产生的偏离预规划路径的接触状态），柔顺运动控制的完全集成方法。

26.5　集成反馈控制和规划

在前面几节我们讨论了任务级控制方法和规划算

法。任务级控制和规划方法都能处理在执行操作任务时作用在机器人运动上的具体约束。然而，正如图26.3所示，这些方法都不能处理所有的约束。控制仍然容易受到局部极小的影响，因此不能保证一个运动能到达预期的结果。另一方面，规划方法通过将可能的运动放到未来以预测运动序列能否成功，克服了局部极小的问题。在一定的假设条件下，所产生的规划能保证成功。然而，与这个过程相关的计算太复杂，难以满足操作任务反馈的要求。不幸的是，这意味着控制和运动规划自身是无法解决面向常用操作任务的机器人运动的问题。

在本章的最后一节，我们来回顾一些工作，其将控制和规划方法的优点结合起来形成一种方法，以确定机器人的运动。这些工作旨在创造一些避免局部极小敏感性、且同时能满足反馈要求的方法。早期的控制与规划相结合的尝试可追溯到20世纪90年代初。并不是所有的工作都与操作直接相关，但多数都包含了与这个主题相关的内容。在本节中，我们回顾这些工作，并讨论一些较新的旨在集成运动规划和反馈控制的研究工作。

运动规划（第5章）和运动控制（第6章）传统上被视为两个截然不同的研究领域。然而，这些领域有许多共同的特点。这两个领域都关注机器人机构的运动、更重要的规划和控制方法，都要确定出机器人状态与机器人运动的映射关系。反馈控制方法，采用在一定状态空间区域中定义势函数的表示方法。在某个状态上势函数的梯度代表了运动命令。相反，运动规划方法，则确定出运动的计划。这些运动规划方法也将运动表示为状态的集合。

运动规划和反馈控制，在某些方面也各不相同。与运动控制器相比，运动规划器通常对环境的要求更强，具有评估环境状态及其可能出现变化的能力。运动规划也要求在已知当前状态和特定动作时、机器人的状态能映射到未来某个状态的能力。鉴于这种能力和关于环境的全局信息，运动规划器能确定出不易陷入局部极小的运动。然而，运动规划器积极的一面却导致计算成本的显著增加（见第5章）。规划和控制对计算要求的巨大差别，以及所导致运算技术的不同，可能是目前这两个领域分歧的主要原因。研究人员正尝试通过设计规划和控制的统一理论来逆转这种分歧。

26.5.1 反馈运动规划

反馈运动规划是将规划和反馈结合起来的一种运动策略。规划器考虑全局信息来计算不受局部极小影响的反馈运动规划方案。这种反馈运动规划方案可以表示为一个势场函数或向量场，其梯度信息可以使机器人从状态空间的任何可达部分到达目标状态[26.18]。无局部极小的势场函数也称为导航函数[26.111,112]。已知机器人的当前状态和全局导航函数，反馈控制可以用来确定机器人的运动。在全局导航函数中考虑机器人状态的反馈，减少了对传感和驱动的不确定因素的敏感性。

反馈运动规划，原理上可以处理所有的运动约束及其反馈要求（见图26.3）。假设全局导航函数考虑了所有的约束，由于反馈运动规划已经为所有状态空间给出了理想的运动命令，反馈的要求很容易得到满足。显然，反馈运动规划的主要挑战是这种导航函数或反馈运动规划的计算量问题。对执行操作任务，这个问题变得尤其困难，因为机器人每次抓取或释放环境中的物体（见26.3节），状态空间（或构型空间）都要变化。这种变化要求重新计算反馈运动规划方案。在动态环境中，障碍物的运动总使计算好的反馈运动规划方案失效，也需要频繁地重新计算。

在本节的剩下部分，我们来回顾计算导航函数的各种方法。通常来说，有效计算面向操作任务的反馈运动规划的问题尚未得到解决。因此，我们所介绍的方法并不是明确针对操作任务的。这些方法可以分为三类：①精确方法；②基于动态规划的近似方法；③基于更简单势场函数的构造和排序的近似方法。

最早的计算导航函数的精确方法适用于特定形状障碍物的简单环境[26.111-113]。基于离散空间（网格）的近似方法可以克服这一局限性，但提出了状态空间维数指数级计算复杂度的难题。这些近似导航函数称为数值导航函数[26.114]。这些导航函数通常应用在移动机器人上。由于移动机器人具有低维构型空间，这些方法通常可以鲁棒且有效地解决运动规划的问题。

一些物理过程，如热传导或液体流动，可以描述为一种特定类型的微分方程，称为调和函数。这些函数具有适合作为导航函数的特性[26.115-119]。最常采用近似、迭代的方法来计算基于调和函数的导航函数。相对于简单的数值导航函数，迭代计算的要求增加了计算成本[26.114]。

更新的数值导航函数的计算方法考虑了可极大降低计算成本的微分运动约束[26.120]。这些方法基于传统的数值动态规划技术和数值优化控制。然而，尽管这些方法减少了计算的复杂度，其计算成本仍然过高，难以适用于动态环境中的多个自由度的操作任务。

也可以通过基于全局信息而构造局部势场函数，来计算导航函数。如图 26.21 所示，目标是计算整个构型空间 C 中的导航函数。这通过对重叠漏斗的排序完成。每个漏斗代表一个简单的局部势场函数。沿着这个势场函数的梯度，确定出构型空间子集的运动命令。如果漏斗排序正确，局部漏斗的合集能产生一个全局反馈规划。这种反馈规划可以看做一个混杂系统[26.121]，其中漏斗序列代表了离散过渡结构，而每个独立控制器工作在连续域。该漏斗的合集即是规划。在规划中考虑全局信息，可确定出能避免陷入局部极小的漏斗合集。

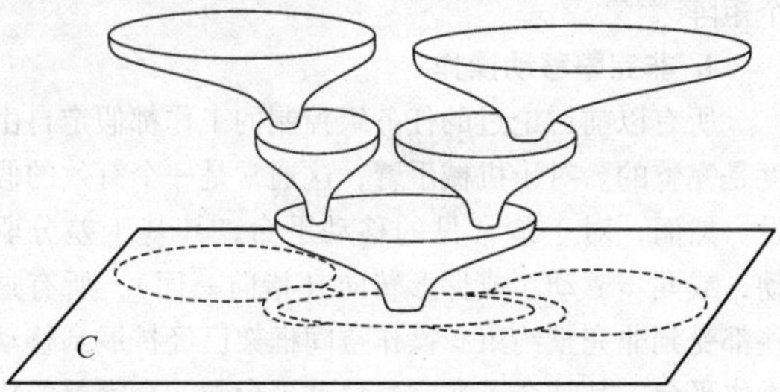

图 26.21 构造漏斗形成导航函数

Choi 等人[26.122]提出了一种基于局部漏斗的全局合集的早期方法。在这种方法中，机器人状态空间分解成凸区域。分析这些区域的连接性可以确定出关于状态空间的全局信息。这些信息可以用来与状态空间中每个凸区域的简单局部势场函数相结合，构造出避免陷入局部极小的势场函数。也提出了基于这个想法的更严格的方法。这些方法可以考虑机器人的动力学和非完整运动约束[26.123-125]。但是这些方法只适用于低维状态空间，不易应用于操作任务。

随机邻居图[26.126]是一种基于采样的计算整个状态空间分解的方法。如前，可通过分析分解域的全局连接性并为每个子域赋予充分的局部势场函数，来计算导航函数。针对多边形环境中的平面机器人，参考文献［26.127］采用同样原理提出了一种专用方法。构造局部势场函数的想法也被成功应用到复杂的机器人控制任务上[26.128]。最后，参考文献［26.129］针对构型空间的圆柱代数分解，提出了一种计算光滑反馈规划的通用而有效的方法。

构型空间维数的增加，使得整个构型空间上导航函数的计算成为棘手的问题。为攻克这个难题，特别是在自主移动操作时，利用工作空间的启发信息可以有效确定出导航函数。这个导航函数并不包括整个构型空间，而只是那些与运动问题相关的需要启发式确定的区域[26.130]。这种产生反馈规划的方法能够满足各种不同的运动约束，及其相应的反馈要求，如图 26.3 所示。

26.5.2 增强反馈全局规划

26.3 节所介绍的操作规划技术不容易陷入局部极小，因为该方法考虑了全局状态空间信息。由于考虑全局信息导致了计算的复杂性，使得这些规划技术无法满足操作任务的反馈要求。但是，对全局运动所要求的反馈频率很低：构型空间全局连接性的变化频率很低（见图 26.3）。因此，有可能为全局运动考虑规划器能够接受的低频反馈，而为其他运动约束考虑更高频率的反馈。为了实现这一目标，必须通过能根据环境反馈逐步修改全局规划的反应式部分，使全局运动得到增强。只要由规划所表示的全局连接信息仍然有效，逐步修改就能够确保满足所有其他的从任务要求到反应式避障的运动约束。

弹性条（elastic band）框架[26.131]增强了具有反应式避障的全局规划。由规划器确定的全局构型空间路径，包含了局部势场函数，每个函数都可以由路径周围的障碍物的局部分布情况得到。这些局部势场可以使路径产生变形，以保持到障碍物的最小距离。直观地，路径就像一个弹性条，障碍物的运动使之变形。局部势场函数和全局路径，可以看做构型空间中一个局部区域的导航函数。与全局规划器和重新规划器集成在一起，弹性条框架允许实时避障而不陷入局部极小。然而，全局运动的反馈频率仍然受到全局规划器的限制。具体任务的约束并没有被纳入到弹性条框架，因此，其在操作任务中的应用受到限制。

在其初始方法中，弹性条框架假定机器人的所有自由度是完整的。一种扩展方法是增强了有反应部分的非完整平台的运动路径[26.132]。

弹性带（elastic-strip）框架[26.133]也增强了有反应式避障的全局运动规划方法。然而，除了反应式避障，弹性带框架可以包含任务约束。与弹性条相似，弹性带包括有局部势场函数的全局路径。与弹性条框架不同，这些势场函数是基于任务级的控制器（见 26.2 节），因此在修改全局路径时能保持任务一致。因此，弹性带框架非常适合于动态环境下的操作规划的执行。只要其底层规划所描述的全局信息是有效的，一个弹性带会被逐步修改，来表示一个约束一致的轨迹。弹性带框架已经应用到一个移动机械手平台的各种操作任务中。将弹性条和弹性带框架扩展，形成了弹性路图（elastic roadmap）方法，其结合了反应式任务级的控制和高效的全局运动规划[26.130]。弹性路图是一个任务级控制器的混杂系统，任务级控制器由导航函数构成，因此满足图26.3所描述的运动约束及其相应的反馈要求。

26.6 结论与扩展阅读

本章概述了与机器人操作任务相关的生成运动和控制策略。考虑了运动的不同时间尺度下机器人与环境接口的建模问题，集成传感和反馈问题。操作规划作为基本运动规划问题的一个扩展，可建模为在环境中抓取和移动零件动作而生成的连续构型空间的混杂系统。通过分析接触状态和柔顺运动控制，讨论了装配运动的重要例子。如26.2节所述，可以实现串联机械手的操作点的位置和力控制。在这个方向提出了很多扩展方法，扩展到同时多个点的情形，合作操作场景，和分支运动链。对于操作规划，扩展到抓取和重新抓取规划，多机器人，多个零件，以及考虑移动障碍物。在本节中我们将简要讨论这些扩展，并给出合适的参考文献。

1. 通用接触模型

已证明由 *Raibert* 和 *Craig*[26.134] 描述的混合力/运动控制有一定缺点[26.135]。在操作空间控制时，一种动态解耦的力/运动控制的通用接触模型，可以克服这些问题[26.135]。这种通用接触模型已经扩展到柔顺运动控制框架，实现非刚性环境中多个接触点的力控制[26.136]，以及一个运动链上不同连杆的多个接触点的力控制[26.137]。面向任务级控制的操作空间框架已应用于复杂动态环境的实时仿真[26.138]。将环境中物体之间的接触点建模为操作点，形成了一个求解移动体的外力和接触约束的简洁的数学框架。

2. 合作操作控制

如果多个任务级控制的机器人协作来操作一个物体，它们通过与物体连接而形成一个封闭的运动链。整个系统的动力学，可以采用一个增强物体的概念来描述[26.139,140]，其中，机械手和物体的动力学结合起来形成一个整体系统的模型。运动过程中在抓取点处产生的内力，可采用虚拟链框架的方法进行建模[26.141]。参考文献［26.142-148］提出了操作空间框架外的多机器人合作操作的一些其他策略。

3. 分支机构的控制

至今，我们默认假定任务控制机器人是由一个单独的运动链组成。这种假设在更复杂的运动学机构中并不成立，如仿人机器人（第56章）。这些机器人可以由多个分支运动链构成。例如，如果我们假设仿人机器人的躯干为机器人的基础，那么腿，胳膊，和头部表示连接在基础上的5个运动链。如果这种机构不包含任何封闭的运动环，我们将其称为分支机构。由分支机构执行的操作任务可以对这些分支中的任何一个操作点提出要求，例如，在腿运动时手可以实现操作任务，头部可以保持面向待操作物体的可视方向。

操作空间框架已扩展至分支机构的任务级控制[26.149]。这个扩展结合了操作点和相关的雅可比，计算包括所有操作点的操作空间惯性矩阵。可以采用实际上与操作点数目成线性的算法，有效地计算出这个矩阵[26.150,151]。

4. 非完整移动操作

所有以前讨论过的任务级控制的工作都假定自由度是完整的。对于机械手臂，这通常是一个有效的假设。然而，对于最常见的移动平台，其基于差分驱动，或同步驱动，或梯形转向（指向一面），所有这些都受到非完整约束。操作空间框架已经扩展到移动操作平台，其结合了非完整移动平台与一个完整的机械手臂[26.152-154]，可实现一大类的移动操作平台的任务级控制。

5. 不确定模型的学习

操作空间控制的效果取决于机器人动力学模型的准确性。尤其在采用零空间投影的方法执行多个行为时，建模误差会有很大的影响。为了克服对准确动力学模型的依赖性，可以采用强化学习的方法学习得到操作空间控制器[26.155]。

6. 抓取和重新抓取规划

在可能解的连续域中，确定保证完成操作任务的零件瞬态稳定构型，以及选取合适的抓取方式，都是很困难的问题。*Simeon* 等人[26.156]开发了一个考虑连续抓取和放置的操作规划框架。然而，从所有可能的抓取构型中选择并确定何时再抓取，仍然是一个开放的研究问题。不同抓取指标的概述，详见 *Miller* 和 *Allen* 的文章[26.157,158]，以及第28章。

7. 多个零件

操作规划框架很好地泛化了多个零件 P_1，…，P_k 的问题。每个零件都有自己的 C 空间，C 空间是所有零件的 C 空间和机械手 C 空间的笛卡儿乘积。与 C_{adm} 的定义方式相似，但需要删掉零件和零件，零件和机械手，机械手和障碍物，以及零件和障碍物之间的碰撞空间。C_{stable} 的定义要求所有零件都处于稳定构型；也允许零件之间重叠在一起。C_{grasp}的定义要求抓住一个零件而其他零件处于稳定构型。仍然有两种模式，取决于机械手是否抓住零件。同样，过渡空间仅出现在机器人处于 $C_{trans} = C_{stable} \cap C_{grasp}$时。

8. 多机器人规划

将方法泛化到 k 个机器人会产生 $2k$ 种模式，其中每种模式表示每个机器人是否抓住一个零件。甚至允许多机器人抓住同一个零件，这产生了一个封闭运动链和合作运动的有趣的规划问题（见第 29 章）。*Koga*[26.21] 解决了多手臂操作规划问题，必须由几个操作手臂抓住和移动同一个物体。另一种泛化是允许一个机器人同时抓住多个零件。

9. 封闭运动链的规划

当多机器人抓住同一个零件，甚至一个手的多个手指抓住同一个零件时，保持运动链的封闭性，产生了 C 的子空间（见第 15 章）。因为参数化方法不可行，这种情况下的规划要求路径保持低维变化。规划并联机构或其他有环路系统的运动时，通常要求同时保持多个封闭的约束（第 12 章）。

10. 有移动障碍物时的规划

在一些情况下，允许机器人重新放置环境中的障碍物，而不仅仅是简单地躲避它们。*Wilfong*[26.159] 首次解决了存在移动障碍物的运动规划问题。*Wilfong* 证明了该问题是 PSPACE 难题，即使在所有移动物体的目标位置都给定的二维环境中。*Erdmann* 和 *Lozano-Perez*[26.160] 考虑了多个运动物体的协调规划。*Alami*[26.17] 给出了针对一个机器人和一个移动物体的通用算法，将抓取构型空间构造成有限的单元。*Chen* 和 *Hwang*[26.161] 提出了一个圆形机器人的规划器，可以在移动时将物体推到一边。*Stilman* 和 *Kuffner* 考虑了导航规划[26.162] 和操作规划[26.163] 的移动障碍物问题。*Nieuwenhuisen* 等[26.164] 开发了存在移动障碍物的规划的通用框架。

11. 非抓取操作

Lynch 和 *Mason*[26.165] 探索了将抓取操作替换为推动操作的一些场景。固定的推动方向为机器人运动带来了非完整约束，并产生了与可控性相关的问题。加工和装配过程的零件送进机构和操作，也有相关的问题（第 42 章）。

12. 装配运动扩展

本章中介绍的装配运动的工作集中在刚性零件的装配上，所考虑的零件通常是多面体或简单的非多面体形状，如圆轴和孔。最近的关于曲面物体接触状态分析的工作，见参考文献［26.166］。装配的一个新兴领域是微/纳米装配（第 18 章）。柔性或可变形零件的装配逐渐引起关注[26.167-169]。针对仿真和原型的虚拟装配[26.170]，也是一个有趣的研究领域。

参考文献

26.1 M.T. Mason: *Mechanics of Robotic Manipulation* (MIT Press, Cambridge 2001)

26.2 H. Inoue: Force feedback in precise assembly tasks, Tech. Rep. **308** (Artificial Intelligence Laboratory, MIT, Cambridge 1974)

26.3 T. Lozano-Pérez, M. Mason, R.H. Taylor: Automatic synthesis of fine-motion strategies for robots, Int. J. Robot. Res. **31**(1), 3–24 (1984)

26.4 O. Khatib: A unified approach to motion and force control of robot manipulators: the operational space formulation, Int. J. Robot. Autom. **3**(1), 43–53 (1987)

26.5 O. Khatib, K. Yokoi, O. Brock, K.-S. Chang, A. Casal: Robots in human environments, Arch. Contr. Sci. **11**(3/4), 123–138 (2001)

26.6 G. Strang: *Linear Algegra and Its Applications* (Brooks Cole, New York 1988)

26.7 H. Seraji: An on-line approach to coordinated mobility and manipulation, Proc. IEEE Int. Conf. Robot. Autom. (ICRA), Vol. 1 (Atlanta 1993) pp. 28–35

26.8 J.M. Cameron, D.C. MacKenzie, K.R. Ward, R.C. Arkin, W.J. Book: Reactive control for mobile manipulation, Proc. IEEE Int. Conf. Robot. Autom. (ICRA), Vol. 3 (Atlanta 1993) pp. 228–235

26.9 M. Egerstedt, X. Hu: Coordinated trajectory following for mobile manipulation, Proc. IEEE Int. Conf. Robot. Autom. (ICRA) (San Francisco 2000)

26.10 P. Ögren, M. Egerstedt, X. Hu: Reactive mobile manipulation using dyanmic trajectory tracking, Proc. IEEE Int. Conf. Robot. Autom. (ICRA) (San Francicso 2000) pp. 3473–3478

26.11 J. Tan, N. Xi, Y. Wang: Integrated task planning and control for mobile manipulators, Int. J. Robot. Res. **22**(5), 337–354 (2003)

26.12 Y. Yamamoto, X. Yun: Unified analysis on mobility and manipulability of mobile manipulators, Proc. IEEE Int. Conf. Robot. Autom. (ICRA) (Detroit 1999) pp. 1200–1206

26.13 L. Sentis, O. Khatib: Control of free-floating humanoid robots through task prioritization, Proc. IEEE Int. Conf. Robot. Autom. (ICRA) (Barcelona 2005)

26.14 L. Sentis, O. Khatib: Synthesis of whole-body behaviors through hierarchical control of behavioral primitives, Int. J. Human Robot. **2**(4), 505–518 (2005)

26.15 O. Khatib: Real-time obstacle avoidance for manipulators and mobile robots, Int. J. Robot. Res. **5**(1), 90–98 (1986)

26.16 M. Huber, R.A. Grupen: A feedback control structure for on-line learning tasks, Robot. Auton. Syst. **22**(3-

4), 303–315 (1997)
26.17 R. Alami, J.P. Laumond, T. Sim'eon: Two manipulation planning algorithms, Workshop Algorithm. Found. Robot. (1994)
26.18 S.M. LaValle: *Planning Algorithms* (Cambridge Univ. Press, Cambridge 2006), (also available at http-//msl.cs.uiuc.edu/planning/)
26.19 R. Grossman, A. Nerode, A. Ravn, H. Rischel (Eds.): *Hybrid Systems* (Springer, Berlin, Heidelberg 1993)
26.20 K.J. Gupta Ahuactzin, E. Mazer: Manipulation planning for redundant robots: a practical approach, Int. J. Robot. Res. **17**(7), 731–747 (1998)
26.21 Y. Koga: On Computing Multi-Arm Manipulation Trajectories. Ph.D. Thesis (Stanford University, Stanford 1995)
26.22 D. Bertram, J.J. Kuffner, T. Asfour, R. Dillman: A unified approach to inverse kinematics and path planning for redundant manipulators, Proc. IEEE Int. Conf. Robot. Autom. (ICRA'06) (2006) pp. 1874–1879
26.23 T. Lozano-Pérez: Spatial planning: a configuration space approach, IEEE Trans. Comput. **C-32**(2), 108–120 (1983)
26.24 R. Desai: On Fine Motion in Mechanical Assembly in Presence of Uncertainty. Ph.D. Thesis (Department of Mechanical Engineering, University of Michigan, 1989)
26.25 J. Xiao: Automatic determination of topological contacts in the presence of sensing uncertainties, Proc. IEEE Int. Conf. Robot. Autom. (ICRA) (Atlanta 1993) pp. 65–70
26.26 J. Xiao, X. Ji: On automatic generation of high-level contact state space, Int. J. Robot. Res. **20**(7), 584–606 (2001), (and its first multi-media extension issue eIJRR)
26.27 S.N. Simunovic: Force information in assembly processes, Proc. 5th Int. Symp. Ind. Robots (1975) pp. 415–431
26.28 S.H. Drake: Using Compliance in Lieu of Sensory Feedback for Automatic Assembly. Ph.D. Thesis (Department of Mechanical Engineering, Massachusetts Institute of Technology 1989)
26.29 D.E. Whitney: Quasi-static assembly of compliantly supported rigid parts, ASME J. Dyn. Syst. Meas. Contr. **104**, 65–77 (1982)
26.30 R.L. Hollis: A six-degree-of-freedom magnetically levitated variable compliance fine-motion wrist: design, modeling, and control, IEEE Trans. Robot. Autom. **7**(3), 320–332 (1991)
26.31 S. Joo, F. Miyazaki: Development of variable RCC and ITS application, Proc. IEEE/RSJ Int. Conf. Intell. Robot. Syst. (IROS), Vol. 3 (Victoria 1998) pp. 1326–1332
26.32 H. Kazerooni: Direct-drive active compliant end effector (active RCC), IEEE J. Robot. Autom. **4**(3), 324–333 (1988)
26.33 R.H. Sturges, S. Laowattana: Fine motion planning through constraint network analysis, Proc. Int. Symp. Assem. Task Plan. (1995), 160–170
26.34 D.E. Whitney: Historic perspective and state of the art in robot force control, Int. J. Robot. Res. **6**(1), 3–14 (1987)
26.35 M. Peshkin: Programmed compliance for error corrective assembly, IEEE Trans. Robot. Autom. **6**(4), 473–482 (1990)
26.36 J.M. Schimmels, M.A. Peshkin: Admittance matrix design for force-guided assembly, IEEE Trans. Robot. Autom. **8**(2), 213–227 (1992)
26.37 J.M. Schimmels: A linear space of admittance control laws that guarantees force assembly with friction, IEEE Trans. Robot. Autom. **13**(5), 656–667 (1997)
26.38 S. Hirai, T. Inatsugi, K. Iwata: Learning of admittance matrix elements for manipulative operations, Proc. IEEE/RSJ Int. Conf. Intell. Robot. Syst. (IROS) (1996) pp. 763–768
26.39 S. Lee, H. Asada: A perturbation/correlation method for force guided robot assembly, IEEE Trans. Robot. Autom. **15**(4), 764–773 (1999)
26.40 H. Asada: Representation and learning of nonlinear compliance using neural nets, IEEE Trans. Robot. Autom. **9**(6), 863–867 (1993)
26.41 J. Simons, H. Van Brussel, J. De Schutter, J. Verhaert: A self-learning automaton with variable resolution for high precision assembly by industrial robots, IEEE Trans. Autom. Contr. **27**(5), 1109–1113 (1982)
26.42 V. Gullapalli, J.A. Franklin, H. Benbrahim: Acquiring robot skills via reinforcement learning, IEEE Contr. Syst. **14**(1), 13–24 (1994)
26.43 Q. Wang, J. De Schutter, W. Witvrouw, S. Graves: Derivation of compliant motion programs based on human demonstration, Proc. IEEE Int. Conf. Robot. Autom. (ICRA) (1996) pp. 2616–2621
26.44 R. Cortesao, R. Koeppe, U. Nunes, G. Hirzinger: Data fusion for robotic assembly tasks based on human skills, IEEE Trans. Robot. Autom. **20**(6), 941–952 (2004)
26.45 K. Ikeuchi, T. Suehiro: Toward an assembly plan from observation. Part I: task recognition with polyhedral objects, IEEE Trans. Robot. Autom. **10**(3), 368–385 (1994)
26.46 H. Onda, H. Hirokawa, F. Tomita, T. Suehiro, K. Takase: Assembly motion teaching system using position/forcesimulator-generating control program, Proc. IEEE/RSJ Int. Conf. Intell. Robot. Syst. (IROS) (1997) pp. 938–945
26.47 H. Onda, T. Suehiro, K. Kitagaki: Teaching by demonstration of assembly motion in VR – non-deterministic search-type motion in the teaching stage, Proc. IEEE/RSJ Int. Conf. Intell. Robot. Syst. (IROS) (2002) pp. 3066–3072
26.48 T. Lozano-Pérez, M.T. Mason, R.H. Taylor: Automatic synthesis of fine-motion strategies for robot, Int. J. Robot. Res. **31**(1), 3–24 (1984)
26.49 B.R. Donald: *Error Detection and Recovery in Robotics* (Springer, Berlin, Heidelberg 1989)
26.50 J. Canny: On computability of fine motion plans, Proc. IEEE Int. Conf. Robot. Autom. (ICRA) (1989) pp. 177–182
26.51 M. Erdmann: Using backprojections for fine motion planning with uncertainty, Int. J. Robot. Res. **5**(1), 19–45 (1986)
26.52 J.C. Latombe: *Robot Motion Planning* (Kluwer Academic, Dordrecht 1991)

26.53 B. Dufay, J.C. Latombe: An approach to automatic programming based on inductive learning, Int. J. Robot. Res. **3**(4), 3–20 (1984)
26.54 H. Asada, S. Hirai: Towards a symbolic-level force feedback: recognition of assembly process states, Proc. Int. Symp. Robot. Res. (1989) pp. 290–295
26.55 J. Xiao, R. Volz: On replanning for assembly tasks using robots in the presence of uncertainties, Proc. IEEE Int. Conf. Robot. Autom. (ICRA) (1989) pp. 638–645
26.56 J. Xiao: Replanning with compliant rotations in the presence of uncertainties, Proc. Int. Symp. Intell. Contr. (Glasgow 1992) pp. 102–107
26.57 G. Dakin, R. Popplestone: Simplified fine-motion planning in generalized contact space, Proc. Int. Symp. Intell. Contr. (1992) pp. 281–287
26.58 G. Dakin, R. Popplestone: Contact space analysis for narrow-clearance assemblies, Proc. Int. Symp. Intell. Contr. (1993) pp. 542–547
26.59 J. Rosell, L. Basañez, R. Suárez: Compliant-motion planning and execution for robotic assembly, Proc. IEEE Int. Conf. Robot. Autom. (ICRA) (1999) pp. 2774–2779
26.60 R. Taylor: The Synthesis of Manipulator Control Programs from Task-Level Specifications. Ph.D. Thesis (Stanford University, Stanford 1976)
26.61 R.A. Brooks: Symbolic error analysis and robot planning, Int. J. Robot. Res. **1**(4), 29–68 (1982)
26.62 R.A. Smith, P. Cheeseman: On the representation and estimation of spatial uncertaity, Int. J. Robot. Res. **5**(4), 56–68 (1986)
26.63 S.-F. Su, C. Lee: Manipulation and propagation of uncertainty and verification of applicability of actions in assembly tasks, IEEE Trans. Syst. Man Cybern. **22**(6), 1376–1389 (1992)
26.64 S.-F. Su, C. Lee, W. Hsu: Automatic generation of goal regions for assembly tasks in the presence of uncertainty, IEEE Trans. Robot. Autom. **12**(2), 313–323 (1996)
26.65 J. Hopcroft, G. Wilfong: Motion of objects in contact, Int. J. Robot. Res. **4**(4), 32–46 (1986)
26.66 F. Avnaim, J.D. Boissonnat, B. Faverjon: A practical exact motion planning algorithm for polygonal objects amidst polygonal obstacles, Proc. IEEE Int. Conf. Robot. Autom. (ICRA) (1988) pp. 1656–1661
26.67 R. Brost: Computing metric and topological properties of c-space obstacles, Proc. IEEE Int. Conf. Robot. Autom. (ICRA) (1989) pp. 170–176
26.68 B. Donald: A search algorithm for motion planning with six degrees of freedom, Artif. Intell. **31**(3), 295–353 (1987)
26.69 L. Joskowicz, R.H. Taylor: Interference-free insertion of a solid body into a cavity: an algorithm and a medical application, Int. J. Robot. Res. **15**(3), 211–229 (1996)
26.70 H. Hirukawa: On motion planning of polyhedra in contact, Workshop Algorithm. Fund. Robot. (Toulouse 1996) pp. 381–391
26.71 S.J. Buckley: Planning compliant motion strategies, Proc. Int. Symp. Intell. Contr. (1988) pp. 338–343
26.72 E. Sacks: Path planning for planar articulated robots using configuration spaces and compliant motion, IEEE Trans. Robot. Autom. **19**(3), 381–390 (2003)
26.73 C. Laugier: Planning fine motion strategies by reasoning in the contact space, Proc. IEEE Int. Conf. Robot. Autom. (ICRA) (1989) pp. 653–659
26.74 B.J. McCarragher, H. Asada: A discrete event approach to the control of robotic assembly tasks, Proc. IEEE Int. Conf. Robot. Autom. (ICRA) (1993) pp. 331–336
26.75 B.J. McCarragher, H. Asada: The discrete event modeling and trajectory planning of robotic assembly tasks, ASME J. Dyn. Syst. Meas. Contr. **117**, 394–400 (1995)
26.76 R. Suárez, L. Basañez, J. Rosell: Using configuration and force sensing in assembly task planning and execution, Proc. Int. Symp. Assem. Task Plan. (1995) pp. 273–279
26.77 H. Hirukawa, Y. Papegay, T. Matsui: A motion planning algorithm for convex polyhedra in contact under translation and rotation, Proc. IEEE Int. Conf. Robot. Autom. (ICRA) (San Diego, 1994) pp. 3020–3027
26.78 X. Ji, J. Xiao: Planning motion compliant to complex contact states, Int. J. Robot. Res. **20**(6), 446–465 (2001)
26.79 L.E. Kavraki, P. Svestka, J.C. Latombe, M. Overmars: Probabilistic roadmaps for path planning in high-dimensional configuration spaces, IEEE Trans. Robot. Autom. **12**(4), 566–580 (1996)
26.80 B. Hannaford, P. Lee: Hidden Markov model analysis of force/torque information in telemanipulation, Int. J. Robot. Res. **10**(5), 528–539 (1991)
26.81 G.E. Hovland, B.J. McCarragher: Hidden Markov models as a process monitor in robotic assembly, Int. J. Robot. Res. **17**(2), 153–168 (1998)
26.82 T. Takahashi, H. Ogata, S. Muto: A method for analyzing human assembly operations for use in automatically generating robot commands, Proc. IEEE Int. Conf. Robot. Autom. (ICRA), Vol. 2 (Atlanta 1993) pp. 695–700
26.83 P. Sikka, B.J. McCarragher: Rule-based contact monitoring using examples obtained by task demonstration, Proc. 15th Int. Jt. Conf. Artif. Intell. (Nagoya 1997) pp. 514–521
26.84 E. Cervera, A. Del Pobil, E. Marta, M. Serna: Perception-based learning for motion in contact in task planning, J. Intell. Robot. Syst. **17**(3), 283–308 (1996)
26.85 L.M. Brignone, M. Howarth: A geometrically validated approach to autonomous robotic assembly, Proc. IEEE/RSJ Int. Conf. Intell. Robot. Syst. (IROS) (Lausanne 2002) pp. 1626–1631
26.86 M. Nuttin, J. Rosell, R. Suárez, H. Van Brussel, L. Basañez, J. Hao: Learning approaches to contact estimation in assembly tasks with robots, Proc. 3rd Eur. Workshop Learn. Robot. (Heraklion 1995)
26.87 L.J. Everett, R. Ravari, R.A. Volz, M. Skubic: Generalized recognition of single-ended contact formations, IEEE Trans. Robot. Autom. **15**(5), 829–836 (1999)
26.88 M. Skubic, R.A. Volz: Identifying single-ended contact formations from force sensor patterns, IEEE Trans. Robot. Autom. **16**(5), 597–603 (2000)

26.89 S. Hirai, H. Asada: Kinematics and statics of manipulation using the theory of polyhedral convex cones, Int. J. Robot. Res. **12**(5), 434–447 (1993)
26.90 H. Hirukawa, T. Matsui, K. Takase: Automatic determination of possible velocity and applicable force of frictionless objects in contact from a geometric model, IEEE Trans. Robot. Autom. **10**(3), 309–322 (1994)
26.91 B.J. McCarragher, H. Asada: Qualitative template matching using dynamic process models for state transition recognition of robotic assembly, ASME J. Dyn. Syst. Meas. Contr. **115**(2), 261–269 (1993)
26.92 T.M. Schulteis, P.E. Dupont, P.A. Millman, R.D. Howe: Automatic identification of remote environments, Proc. ASME Dyn. Syst. Contr. Div. (Atlanta 1996) pp. 451–458
26.93 A.O. Farahat, B.S. Graves, J.C. Trinkle: Identifying contact formations in the presence of uncertainty, Proc. IEEE/RSJ Int. Conf. Intell. Robot. Syst. (IROS) (Pittsburg 1995) pp. 59–64
26.94 J. Xiao, L. Zhang: Contact constraint analysis and determination of geometrically valid contact formations from possible contact primitives, IEEE Trans. Robot. Autom. **13**(3), 456–466 (1997)
26.95 H. Mosemann, T. Bierwirth, F.M. Wahl, S. Stoeter: Generating polyhedral convex cones from contact graphs for the identification of assembly process states, Proc. IEEE Int. Conf. Robot. Autom. (ICRA) (2000) pp. 744–749
26.96 J. Xiao, L. Zhang: Towards obtaining all possible contacts – growing a polyhedron by its location uncertainty, IEEE Trans. Robot. Autom. **12**(4), 553–565 (1996)
26.97 M. Spreng: A probabilistic method to analyze ambiguous contact situations, Proc. IEEE Int. Conf. Robot. Autom. (ICRA) (Atlanta 1993) pp. 543–548
26.98 N. Mimura, Y. Funahashi: Parameter identification of contact conditions by active force sensing, Proc. IEEE Int. Conf. Robot. Autom. (ICRA) (San Diego 1994) pp. 2645–2650
26.99 B. Eberman: A model-based approach to Cartesian manipulation contact sensing, Int. J. Robot. Res. **16**(4), 508–528 (1997)
26.100 T. Debus, P. Dupont, R. Howe: Contact state estimation using multiple model estimation and hidden Markov model, Int. J. Robot. Res. **23**(4–5), 399–413 (2004)
26.101 J. De Geeter, H. Van Brussel, J. De Schutter, M. Decréton: Recognizing and locating objects with local sensors, Proc. IEEE Int. Conf. Robot. Autom. (ICRA) (Minneapolis 1996) pp. 3478–3483
26.102 J. De Schutter, H. Bruyninckx, S. Dutré, J. De Geeter, J. Katupitiya, S. Demey, T. Lefebvre: Estimating first-order geometric parameters and monitoring contact transitions during force-controlled compliant motions, Int. J. Robot. Res. **18**(12), 1161–1184 (1999)
26.103 T. Lefebvre, H. Bruyninckx, J. De Schutter: Polyhedral contact formation identification for autonomous compliant motion: exact nonlinear bayesian filtering, IEEE Trans Robot. **21**(1), 124–129 (2005)
26.104 T. Lefebvre, H. Bruyninckx, J. De Schutter: Online statistical model recognition and state estimation for autonomous compliant motion systems, IEEE Trans. Syst. Man Cybern. Part C Special Issue on "Pattern Recognition for Autonomous Manipulation in Robotic Systems" **35**(1), 16–29 (2005)
26.105 K. Gadeyne, T. Lefebvre, H. Bruyninckx: Bayesian hybrid model-state estimation applied to simultaneous contact formation recognition and geometrical parameter estimation, Int. J. Robot. Res. **24**(8), 615–630 (2005)
26.106 K. Kitagaki, T. Ogasawara, T. Suehiro: Methods to detect contact state by force sensing in an edge mating task, Proc. IEEE Int. Conf. Robot. Autom. (ICRA) (Atlanta 1993) pp. 701–706
26.107 T. Lefebvre, H. Bruyninckx, J. De Schutter: Task planning with active sensing for autonomous compliant motion, Int. J. Robot. Res. **24**(1), 61–82 (2005)
26.108 T. Debus, P. Dupont, R. Howe: Distinguishability and identifiability testing of contact state models, Adv. Robot. **19**(5), 545–566 (2005)
26.109 J. Park, R. Cortesao, O. Khatib: Multi-contact compliant motion control for robotic manipulators, Proc. IEEE Int. Conf. Robot. Autom. (ICRA) (New Orleans 2004) pp. 4789–4794
26.110 W. Meeussen, J. De Schutter, H. Bruyninckx, J. Xiao, E. Staffetti: Integration of planning and execution in force controlled compliant motion, Proc. IEEE/RSJ Int. Conf. Intell. Robot. Syst. (IROS) (2005)
26.111 D.E. Koditschek: Exact robot navigation by means of potential functions: some topological considerations, Proc. IEEE Int. Conf. Robot. Autom. (ICRA) (Raleigh 1987) pp. 1–6
26.112 E. Rimon, D.E. Koditschek: Exact robot navigation using artificial potential fields, IEEE Trans. Robot. Autom. **8**(5), 501–518 (1992)
26.113 E. Rimon, D.E. Koditschek: The construction of analytic diffeomorphisms for exact robot navigation on star worlds, Proc. IEEE Int. Conf. Robot. Autom. (ICRA) (Scottsdale 1989) pp. 21–26
26.114 J. Barraquand, J.-C. Latombe: Robot motion planning: a distributed representation approach, Int. J. Robot. Res. **10**(6), 628–649 (1991)
26.115 C.I. Connolly, J.B. Burns, R. Weiss: Path planning using Laplace's equation, Proc. IEEE Int. Conf. Robot. Autom. (ICRA) (Cincinnati 1990) pp. 2102–2106
26.116 C.I. Connolly, R.A. Grupen: One the applications of harmonic functions to robotics, J. Robot. Syst. **10**(7), 931–946 (1993)
26.117 S.H.J. Feder, E.J.-J. Slotine: Real-time path planning using harmonic potentials in dynamic environments, Proc. IEEE Int. Conf. Robot. Autom. (ICRA) (Albuquerque 1997) pp. 811–874
26.118 J.-O. Kim, P. Khosla: Real-time obstacle avoidance using harmonic potential functions, Proc. IEEE Int. Conf. Robot. Autom. (ICRA) (Sacramento 1991) pp. 790–796
26.119 K. Sato: Collision avoidance in multi-dimensional space using Laplace potential, Proc. 15th Conf. Robot. Soc. Jpn. (1987), 155–156
26.120 S.M. LaValle, P. Konkimalla: Algorithms for computing numerical optimal feedback motion strategies, Int. J. Robot. Res. **20**(9), 729–752 (2001)
26.121 A. van der Schaft, H. Schumacher: *An Introduction to Hybrid Dynamical Systems* (Springer, Belin,

Heidelberg 2000)
26.122 W. Choi, J.-C. Latombe: A reactive architecture for planning and executing robot motions with incomplete knowledge, Proc. IEEE/RSJ Int. Conf. Intell. Robot. Syst. (IROS), Vol. 1 (Osaka 1991) pp. 24–29
26.123 D. Conner, H. Choset, A. Rizzi: Integrated planning and control for convex-bodied nonholonomic systems using local feedback control policies, Proc. Robot.: Sci. Syst. (Philadelphia 2006)
26.124 D.C. Conner, A.A. Rizzi, H. Choset: Composition of local potential functions for global robot control and navigation, Proc. IEEE/RSJ Int. Conf. Intell. Robot. Syst. (IROS) (Las Vegas 2003) pp. 3546–3551
26.125 S.R. Lindemann, S.M. LaValle: Smooth feedback for car-like vehicles in polygonal environments, Proc. IEEE Int. Conf. Robot. Autom. (ICRA) (Rome 2007)
26.126 L. Yang, S.M. LaValle: The sampling-based neighborhood graph: a framework for planning and executing feedback motion strategies, Proc. IEEE Int. Conf. Robot. Autom. (ICRA) (Taipei 2003)
26.127 C. Belta, V. Isler, G.J. Pappas: Discrete abstractions for robot motion planning and control in polygonal environments, IEEE Trans. Robot. Autom. **21**(5), 864–871 (2005)
26.128 R.R. Burridge, A.A. Rizzi, D.E. Koditschek: Sequential composition of dynamically dexterous robot behaviors, Int. J. Robot. Res. **18**(6), 534–555 (1999)
26.129 S.R. Lindemann, S.M. LaValle: Computing smooth feedback plans over cylindrical algebraic decompositions, Proc. Robot.: Sci. Syst. (RSS) (Philadephia 2006)
26.130 Y. Yang, O. Brock: Elastic roadmaps: globally task-consitent motion for autonomous mobile manipulation, Proc. Robot.: Sci. Syst. (RSS) (Philadelphia 2006)
26.131 S. Quinlan, O. Khatib: Elastic bands: connecting path planning and control, Proc. IEEE Int. Conf. Robot. Autom. (ICRA), Vol. 2 (Atlanta 1993) pp. 802–807
26.132 M. Khatib, H. Jaouni, R. Chatila, J.-P. Laumond: How to implement dynamic paths, Proc. Int. Symp. Exp. Robot. (1997) pp. 225–236, Preprints
26.133 O. Brock, O. Khatib: Elastic strips: a framework for motion generation in human environments, Int. J. Robot. Res. **21**(12), 1031–1052 (2002)
26.134 M.H. Raibert, J.J. Craig: Hybrid position/force control of manipulators, J. Dyn. Syst. Meas. Contr. **103**(2), 126–133 (1981)
26.135 R. Featherstone, S. Sonck, O. Khatib: A general contact model for dynamically-decoupled force/motion control, Proc. IEEE Int. Conf. Robot. Autom. (ICRA) (Detroit 1999) pp. 3281–3286
26.136 J. Park, R. Cortes ao, O. Khatib: Multi-contact compliant motion control for robotic manipulators, Proc. IEEE Int. Conf. Robot. Autom. (ICRA) (New Orleans 2004) pp. 4789–4794
26.137 J. Park, O. Khatib: Multi-link multi-contact force control for manipulators, Proc. IEEE Int. Conf. Robot. Autom. (ICRA) (Barcelona 2005)
26.138 D.C. Ruspini, O. Khatib: A framework for multi-contact multi-body dynamic simulation and haptic display, Proc. IEEE/RSJ Int. Conf. Intell. Robot. Syst. (IROS) (Takamatsu 2000) pp. 1322–1327
26.139 K.-S. Chang, R. Holmberg, O. Khatib: The augmented object model: cooperative manipluation and parallel mechanism dynamics, Proc. IEEE Int. Conf. Robot. Autom. (ICRA) (San Francisco 2000) pp. 470–475
26.140 O. Khatib: Object Manipulation in a Multi-Effector Robot System. In: *Robotics Research* 4, ed. by R. Bolles, B. Roth (MIT Press, Cambridge 1988) pp. 137–144
26.141 D. Williams, O. Khatib: The virtual linkage: a model for internal forces in multi-grasp manipulation, Proc. IEEE Int. Conf. Robot. Autom. (ICRA), Vol. 1 (Altanta 1993) pp. 1030–1035
26.142 J.A. Adams, R. Bajcsy, J. Kosecka, V. Kuma, R. Mandelbaum, M. Mintz, R. Paul, C. Wang, Y. Yamamoto, X. Yun: Cooperative material handling by human and robotic agents: module development and system synthesis, Proc. IEEE/RSJ Int. Conf. Intell. Robot. Syst. (IROS) (Pittsburgh 1995) pp. 200–205
26.143 S. Hayati: Hybrid postiion/force control of multi-arm cooperating robots, Proc. IEEE Int. Conf. Robot. Autom. (ICRA) (San Francisco 1986) pp. 82–89
26.144 D. Jung, G. Cheng, A. Zelinsky: Experiments in realizing cooperation between autonomous mobile robots, Proc. Int. Symp. Exp. Robot. (1997) pp. 513–524
26.145 T.-J. Tarn, A.K. Bejczy, X. Yun: Design of dynamic control of two cooperating robot arms: Closed chain formulation, Proc. IEEE Int. Conf. Robot. Autom. (ICRA) (1987) pp. 7–13
26.146 M. Uchiyama, P. Dauchez: A symmetric hybrid position/force control scheme for the coordination of two robots, Proc. IEEE Int. Conf. Robot. Autom. (ICRA) (Philadelphia 1988) pp. 350–356
26.147 X. Yun, V.R. Kumar: An approach to simultaneious control fo trajecotry and integraction forces in dual-arm configurations, IEEE Trans. Robot. Autom. **7**(5), 618–625 (1991)
26.148 Y.F. Zheng, J.Y.S. Luh: Joint torques for control of two coordinated moving robots, Proc. IEEE Int. Conf. Robot. Autom. (ICRA) (San Francisco 1986) pp. 1375–1380
26.149 J. Russakow, O. Khatib, S.M. Rock: Extended operational space formation for serial-to-parallel chain (branching) manipulators, Proc. IEEE Int. Conf. Robot. Autom. (ICRA), Vol. 1 (Nagoya 1995) pp. 1056–1061
26.150 K.-S. Chang, O. Khatib: Operational space dynamics: efficient algorithms for modelling and control of branching mechanisms, Proc. IEEE Int. Conf. Robot. Autom. (ICRA) (San Francisco 2000) pp. 850–856
26.151 K. Kreutz-Delgado, A. Jain, G. Rodriguez: Recursive formulation of operational space control, Int. J. Robot. Res. **11**(4), 320–328 (1992)
26.152 B. Bayle, J.-Y. Fourquet, M. Renaud: A coordination strategy for mobile manipulation, Proc. Int. Conf. Intell. Auton. Syst. (Venice 2000) pp. 981–988
26.153 B. Bayle, J.-Y. Fourquet, M. Renaud: Generalized path generation for a mobile manipulator, Proc. Int. Conf. Mech. Des. Prod. (Cairo 2000) pp. 57–66
26.154 B. Bayle, J.-Y. Fourquet, M. Renaud: Using manipulability with nonholonomic mobile manipulators, Proc. Int. Conf. Field Serv. Robot. (Helsinki 2001)

pp. 343–348
26.155 J. Peters, S. Schaal: Reinforcement learning for operational space control, Proc. IEEE Int. Conf. Robot. Autom. (ICRA) (Rome 2007)
26.156 T. Simeon, J. Cortes, A. Sahbani, J.P. Laumond: A manipulation planner for pick and place operations under continuous grasps and placements, Proc. IEEE Int. Conf. Robot. Autom. (2002)
26.157 A. Miller, P. Allen: Examples of 3D grasp quality computations, Robot. Autom. 1999. Proc. 1999 IEEE Int. Conf. on, Vol. 2 (1999)
26.158 A.T. Miller: GraspIt: A Versatile Simulator for Robotic Grasping. Ph.D. Thesis (Department of Computer Science, Columbia University 2001)
26.159 G. Wilfong: Motion panning in the presence of movable obstacles, Proc. ACM Symp. Computat. Geom. (1988) pp. 279–288
26.160 M. Erdmann, T. Lozano-Perez: On multiple moving objects, IEEE Int. Conf. Robot. Autom. (San Francisco 1986) pp. 1419–1424
26.161 P.C. Chen, Y.K. Hwang: Pracitcal path planning among movable obstacles, Proc. IEEE Int. Conf. Robot. Autom. (1991) pp. 444–449
26.162 M. Stilman, J.J. Kuffner: Navigation among movable obstacles: real-time reasoning in complex environments, Int. J. Human Robot. **2**(4), 1–24 (2005)
26.163 M. Stilman, J.-U. Shamburek, J.J. Kuffner, T. Asfour: Manipulation planning among movable obstacles, Proc. IEEE Int. Conf. Robot. Autom. (ICRA'07) (2007)
26.164 D. Nieuwenhuisen, A.F. van der Stappen, M.H. Overmars: An effective framework for path planning amidst movable obstacles, Workshop Algorithm. Fund. Robot. (2006)
26.165 K.M. Lynch, M.T. Mason: Stable pushing: mechanics, controllability, and planning, Int. J. Robot. Res. **15**(6), 533–556 (1996)
26.166 P. Tang, J. Xiao: Generation of point-contact state space between strictly curved objects. In: *Robotics Science and Systems II*, ed. by G.S. Sukhatme, S. Schaal, W. Burgard, D. Fox (MIT Press, Cambridge 2007) pp. 239–246
26.167 H. Nakagaki, K. Kitagaki, T. Ogasawara, H. Tsukune: Study of deformation and insertion tasks of a flexible wire, Proc. IEEE Int. Conf. Robot. Autom. (ICRA) (1997) pp. 2397–2402
26.168 W. Kraus Jr., B.J. McCarragher: Case studies in the manipulation of flexible parts using a hybrid position/force approach, Proc. IEEE Int. Conf. Robot. Autom. (ICRA) (1997) pp. 367–372
26.169 J.Y. Kim, D.J. Kang, H.S. Cho: A flexible parts assembly algorithm based on a visual sensing system, Proc. Int. Symp. Assem. Task Plan. (2001) pp. 417–422
26.170 B.J. Unger, A. Nocolaidis, P.J. Berkelman, A. Thompson, R.L. Klatzky, R.L. Hollis: Comparison of 3-D haptic peg-in-hole tasks in real and virtual environments, Proc. IEEE/RSJ Int. Conf. Intell. Robot. Syst. (IROS) (2001) pp. 1751–1756

第 27 章　接触环境的建模与作业

Imin Kao，Kevin Lynch，Joel W. Burdick
张立勋　译

机械手通过接触力实现对所处环境中的物体进行抓持和操作。夹持器通过接触来定位工件。移动机器人和仿人机器人通过轮或足来产生接触力，以实现移动。对接触面进行建模是对诸多机器人作业任务进行分析、设计、规划和控制的基础。

本章对接触面的建模进行了概述，并对诸如推操作等无法抓持或不适于抓持操作的作业任务的应用进行了着重描述。抓取和夹持动作的分析和设计也是基于对接触环境的建模，详细介绍可参见第 28 章。

27.2 节至 27.5 节主要介绍了刚体接触环境的建模。其中，27.2 节介绍了由接触引起的运动约束，27.3 节介绍了由接触力引起的库仑摩擦力。27.4 节提供了考虑刚体接触和库仑摩擦力时的多接触操作任务方面的实例分析。27.5 节将分析内容扩展至推送操作。27.6 节介绍了接触面的建模、运动学对偶性和压力分布。27.7 节介绍了摩擦限定面的概念，并通过如何创建软接触约束面的例子加以说明。最后，27.8 节讨论了这些精确的模型在夹持器的分析和设计中的应用。

27.1　概述 ………………………………………… 163
27.1.1　接触环境模型的选择 ………………… 163
27.1.2　抓持作业的分析 ……………………… 164
27.2　刚体接触运动学 ……………………… 164
27.2.1　接触约束 ……………………………… 165
27.2.2　多接触体的综合 ……………………… 166
27.2.3　平面图解法 …………………………… 166
27.3　力和摩擦力 …………………………… 167
27.3.1　平面图解法 …………………………… 168
27.3.2　接触扭矩和扭转自由度的对偶性 …… 168
27.4　考虑摩擦时的刚体力学 ……………… 169
27.4.1　互补性 ………………………………… 170
27.4.2　准静态假设 …………………………… 170
27.4.3　示例 …………………………………… 170
27.5　推操作 ………………………………… 172
27.6　接触面及其建模 ……………………… 173
27.6.1　接触面建模 …………………………… 173
27.6.2　接触面的压力分布 …………………… 174
27.7　摩擦限定面 …………………………… 174
27.7.1　在软接触面上的摩擦限定面 ………… 175
27.7.2　构建摩擦限定面的示例 ……………… 176
27.8　抓取和夹持器设计中的接触问题 …… 177
27.8.1　软指的接触刚度 ……………………… 177
27.8.2　软接触理论在夹持器设计中的应用 …………………………………… 178
27.9　结论与扩展阅读 ……………………… 178
参考文献 …………………………………… 179

27.1　概述

接触环境模型的特性是：力可通过相互接触的物体实现传递，而且相互接触的物体也可实现相对运动。这些特性取决于相互接触物体的接触表面几何特性以及物体的材料特性，也决定着摩擦力和接触变形的大小。

27.1.1　接触环境模型的选择

接触环境模型的选择主要取决于研究的内容或应用场合。当采用精确的分析模型时，研究者必须清楚，操作规划或夹持器设计时的功能要求是否在该模型的限定范围内。

1. 刚体模型

操作、抓持和夹持器的分析等诸多方面的问题都以刚体的模型为基础。在刚体模型中，两个相互接触刚体的接触点或接触面之间不允许存在变形。反过来，接触力有两个来源：刚体的不可压缩和不可穿透特性的约束，以及表面摩擦力。

刚体模型易于使用，有利于规划算法的运算以及与实体建模软件系统的兼容。刚体模型通常可用于回答定性问题，例如：这个夹持器能拿起我的工件吗？该模型还可用来解决刚体间接触力缓冲问题。

然而，刚体模型并不能用来描述所有范围内的接触现象，例如：对于一个多接触夹持器来说，刚体模型无法预测其单接触力的大小（静不定问题[27.1,2]）。此外，对于存在较大夹持力的加工操作来说，夹持器中物体的变形是不可忽略的[27.3-6]。这些严重影响加工精度的变形无法由刚体模型获得。同样，对于存在库仑摩擦力的刚体模型会引起力学问题，且没有什么解决方法[27.7-15]。为了克服刚体模型中存在的这些局限性，必须在接触环境模型中引入柔顺。

2. 柔性模型

柔性体的变形是由所施加的力引起的。接触环境的相互作用力是由柔性或刚性模型推导出来的，然而柔性接触模型显得更加复杂，并具有诸多优势：该模型可以解决刚体模型固有的静不定问题，并且可以预测抓取或夹持器在加载过程中的变形情况。

实际材料变形的具体模型是十分复杂的。因此，为了分析方便，我们经常采用具有有限变量数目的集中参数或降阶的柔性模型。本章将介绍一种降阶的准刚体法来建立模型的方法，该建模方法与固体力学理论，传统机器人分析及规划模式是一致的，可用于多种柔性材料的建模。

最后，采用三维有限元模型[27.16-18]或相似的理念[27.19,20]来分析夹持器中工件的变形和应力。当要求精确时，这些数值分析方法就会存在缺陷，例如，对于抓取的刚度矩阵只能通过复杂困难的数值方法来建立。刚度矩阵是经常用来计算质量的方法，是实现优化抓取动作规划及夹持器设计的依据[27.21,22]，所以数值分析方法更适合各种末端夹持器的设计。

27.1.2 抓持作业的分析

接触环境模型一旦选定，可以应用该模型来分析涉及多接触面的作业情况。如果一个物体有多个接触面，则由自身接触引起的运动学约束和自由度必须整体考虑。这种整体分析方法有助于操作的规划，即接触位置的选择，以及由这些接触面可能施加的运动和力，以便完成零件预期的动作。最基本的范例是关于抓取和夹持的问题：选择接触位置和合适的接触力，以防止在外界干扰下在零件表面上产生的运动。第28章将更加详细地讨论这个问题。其他的范例涉及了部分约束，例如推拉一个零件或者往孔中插入销钉等问题。

27.2 刚体接触运动学

接触运动学是关于在考虑刚体不可穿透约束的情况下如何使两个或更多的物体产生相对运动的，其对接触面的运动分为滚动和滑动两类。

考虑位置和方向（位姿）都已确定的两个刚体，分别用局部坐标列向量$\boldsymbol{q}_1$和$\boldsymbol{q}_2$表示。其组合形式记为，$\boldsymbol{q}=(\boldsymbol{q}_1^{\mathrm{T}},\ \boldsymbol{q}_2^{\mathrm{T}})^{\mathrm{T}}$，定义两刚体间的位置函数为$\boldsymbol{d}(\boldsymbol{q})$：当两刚体分离时取正值，接触时为零，贯穿时取负值。如果$\boldsymbol{d}(\boldsymbol{q})>0$，则刚体间的运动没有约束。如果刚体相互接触（$\boldsymbol{d}(\boldsymbol{q})=0$），则要视位置函数关于时间的导数$\dot{d}$，$\ddot{d}$等情况，以便确定刚体是否保持接触或者是按自身遵循的运动轨迹$\boldsymbol{q}(t)$分开。该种情况可以由表27.1所示的可能性来确定：

只有所有的时间导数均为零时，刚体才一直保持接触。前两个时间导数记为

$$\dot{d}=\left(\frac{\partial d}{\partial \boldsymbol{q}}\right)^{\mathrm{T}}\dot{\boldsymbol{q}} \tag{27.1}$$

$$\ddot{d}=\dot{\boldsymbol{q}}^{\mathrm{T}}\frac{\partial^2 d}{\partial \boldsymbol{q}^2}\dot{\boldsymbol{q}}+\left(\frac{\partial d}{\partial \boldsymbol{q}}\right)^{\mathrm{T}}\ddot{\boldsymbol{q}} \tag{27.2}$$

式中，$\frac{\partial d}{\partial \boldsymbol{q}}$和$\frac{\partial^2 d}{\partial \boldsymbol{q}^2}$项承载了刚体局部接触的几何形状信息。前者对应于接触的法向，而后者则对应于接触处的相对曲率。

表27.1 接触的可能性

d	$\dot{d}$	$\ddot{d}$	…
>0			无接触
<0			不会实现（穿透）
=0	>0		脱离接触
=0	<0		不会实现（穿透）
=0	=0	>0	脱离接触
=0	=0	<0	不会实现（穿透）
……			

如果一直保持接触，可以把接触形式分为滑动和滚动两类。与上表所示相似，当且仅当物体接触点间的相对切线速度和加速度等为零时，接触形式才为滚动。如果相对切线速度不为零，则接触物体为滑动；如果相对速度为零但相对切线加速度或（更高阶导数）不为零，则只有初始状态为滑动。

本节侧重于接触运动学的一阶分析。从一阶分析得出：如果$d(\boldsymbol{q})=0$，且$\dot{d}=0$，则物体保持接触。接触运动学的局部线性化集中于速度$\dot{\boldsymbol{q}}$和接触法向

$\partial d/\partial \boldsymbol{q}$ 上，不考虑接触几何形状（曲率）的高阶空间导数。虽然这是一个很好的开端，不过也可能时而导致错误的结论。例如，*Rimon* 和 *Burdick* [27.23-25] 指出：如果二阶分析时显示物体实际上是被完全约束时，那么一阶分析可能会错误地预测零件在夹持器中的运动性。

参考文献［27.26］介绍了参数化表面的滚动接触运动学分析，也可参见参考文献［27.27-30］。

27.2.1　接触约束

正如第 1 章所述，空间刚体具有 6 个自由度，这些自由度由附着在物体上的坐标系原点 P 及其相对固定于地球的惯性坐标系 O 的方位定义。定义 ${}^{O}\mathrm{P}_P \in \mathbb{R}^3$ 为物体质心的位置，并定义 ${}^{O}\mathrm{R}_P \in SO(3)$ 描述物体相对惯性坐标系 O 方向的旋转矩阵。物体的空间速度记作 $\boldsymbol{t} \in \mathbb{R}^6$，也被称为旋量

$$\boldsymbol{t} = (\boldsymbol{\omega}^{\mathrm{T}}, \boldsymbol{v}^{\mathrm{T}})^{\mathrm{T}}$$

式中，$\boldsymbol{\omega} = (\omega_x, \omega_y, \omega_z)^{\mathrm{T}}$，$\boldsymbol{v} = (v_x, v_y, v_z)^{\mathrm{T}}$ 分别代表局部坐标系 P 在世界坐标系 O 内的角速度和线速度，并满足

$${}^{O}\dot{\mathrm{R}}_P = \boldsymbol{\omega} \times {}^{O}\mathrm{R}_P$$

$$\boldsymbol{v} = {}^{O}\dot{\mathrm{P}}_P - \boldsymbol{\omega} \times {}^{O}\mathrm{P}_P$$

此时，花一些时间去真正理解刚体的空间速度是必要的。空间速度包括由世界坐标系 O 表示的刚体角速度，以及当前位于世界坐标系的原点并牢固地附着在物体上的某点处的线速度。这些点并不需要位于物体上。换句话说，$\boldsymbol{v}$ 并不简单地等价于 ${}^{O}\dot{\mathrm{P}}_P$。所有速度和力由世界坐标系 O 统一表示的表达式将会被简化如下（请注意，旋量有时是在局部坐标系内定义的）。

物体上的点接触提供了单向约束，可以阻止物体相对接触法向的局部移动。定义 $\boldsymbol{x}$ 是 O 坐标系内的接触点位置坐标，物体上接触点的线速度为

$$\boldsymbol{v}_{\mathrm{C}} = \boldsymbol{v} + \boldsymbol{\omega} \times \boldsymbol{x}$$

（为了简化，省略前上角标 O；例如，${}^{O}\boldsymbol{x}$ 简写作 $\boldsymbol{x}$。）定义 $\hat{\boldsymbol{u}}$ 为指向物体的单位法向量（见图 27.1）。未处于单向约束的物体为一阶情况，可以表示为

$$\boldsymbol{v}_{\mathrm{C}}{}^{\mathrm{T}}\hat{\boldsymbol{u}} = (\boldsymbol{v} + \boldsymbol{\omega} \times \boldsymbol{x})^{\mathrm{T}}\hat{\boldsymbol{u}} \geqslant 0 \tag{27.3}$$

换句话说，零件上点 C 的速度不可以含有与接触法向反向的分量。为了用另一种方式表达，定义广义的沿接触法向的单位力或扭矩 $\boldsymbol{w}$，用其合成作用在零件上力矩 $\boldsymbol{m}$ 和力 $\boldsymbol{f}$

$$\boldsymbol{w} = (\boldsymbol{m}^{\mathrm{T}}, \boldsymbol{f}^{\mathrm{T}})^{\mathrm{T}} = [(\boldsymbol{x} \times \hat{\boldsymbol{u}})^{\mathrm{T}}, \hat{\boldsymbol{u}}^{\mathrm{T}}]^{\mathrm{T}}$$

则式（27.3）可记作

$$\boldsymbol{t}^{\mathrm{T}}\boldsymbol{w} \geqslant 0 \tag{27.4}$$

如果外部约束点随着线速度 $\boldsymbol{v}_{\mathrm{ext}}$ 移动，式（27.4）变更为

$$\boldsymbol{t}^{\mathrm{T}}\boldsymbol{w} \geqslant \boldsymbol{v}_{\mathrm{ext}}^{\mathrm{T}}\hat{\boldsymbol{u}} \tag{27.5}$$

如果是静止约束，则仍要采用式（27.4）。

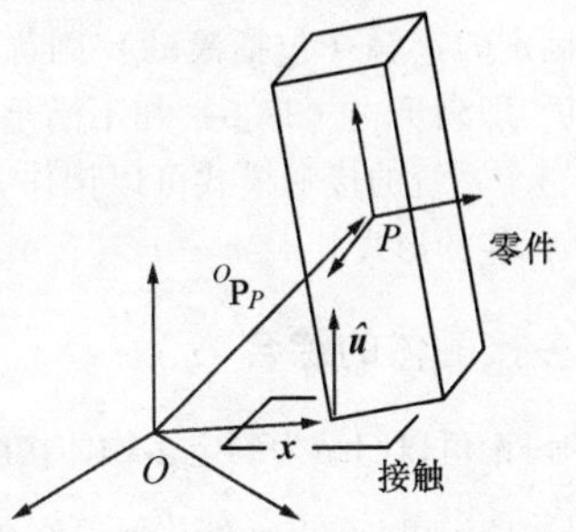

图 27.1　与机械手或环境接触的物体的表示方法

诸如式（27.5）形式的每个不等式会限制物体的速度，速度被约束在由 $\boldsymbol{t}^{\mathrm{T}}\boldsymbol{w} = \boldsymbol{v}_{\mathrm{ext}}^{\mathrm{T}}\hat{\boldsymbol{u}}$ 超平面限制的六维速度空间的半空间。集中所有约束的集合，可以获得可行的物体速度的凸多面体点集。如果零件的半空间约束没有改变可行速度多面体，那么该约束是冗余的。对于给定的旋量 $\boldsymbol{t}$，如果满足式（27.6），则约束为有效的；否则零件在那一点脱离接触。

$$\boldsymbol{t}^{\mathrm{T}}\boldsymbol{w} = \boldsymbol{v}_{\mathrm{ext}}^{T}\hat{\boldsymbol{u}} \tag{27.6}$$

一般来说，物体可行的速度多面体包括内六面体（没有接触约束是有效的情况），五维多面体，四维多面体，一直到一维边界和零维点等等。物体在速度多面体的 n 维平面上的速度表明 6-n 个独立（非冗余）约束是有效的。

如果所有的约束条件都是静止的（$\boldsymbol{v}_{\mathrm{ext}} = 0$），则每个由式（27.5）定义的约束半平面通过速度空间的原点，并且可行速度集变成根在原点的锥面。假设 $\boldsymbol{w}_i$ 为第 i 个静止约束的约束扭矩，则可行的速度锥面为：

$$\boldsymbol{V} = \{\boldsymbol{t} \mid \boldsymbol{t}^{\mathrm{T}}\boldsymbol{w}_i \geqslant 0 \quad \forall i\}$$

如果 $\boldsymbol{w}_i$ 跨越六维广义力空间，或者等价地说，$\boldsymbol{\omega}_i$ 的凸边界包含内部原点，那么静止约束条件完全约束零件的运动，就具有了形封闭，正如第 28 章所讨论的一样。

在上面的讨论中，每一种式（27.5）的约束把

物体的速度空间划分为三类：始终保持接触的速度超平面，使零件分离的速度半平面，使零件产生穿透的速度半平面。始终保持接触的速度可进一步分为两类：物体在接触约束面上作滑动运动的速度，物体黏附于接触约束面或在接触约束面上作滚动运动的速度。在后面一种情况下，零件速度满足3个方程

$$\boldsymbol{v}+\boldsymbol{w}\times\boldsymbol{x}=\boldsymbol{v}_{\text{ext}} \tag{27.7}$$

现在可以赋予每个接触点 i 一个标号 m_i 以对应其接触类型，称为接触标号：如果正脱离接触则记为b，如果是固定的接触（包括滚动）则称为f，如果接触为滑动，即满足式（27.6）却不满足式（27.7）则称为s。整个系统的接触模式可以记作 k 个接触点的级联接触标签的形式，$m_1\ m_2\cdots m_k$。

27.2.2　多接触体的综合

上面的讨论可以归结为确定多物体接触的可行速度域。如果物体 i 和 j 在点 $\boldsymbol{x}$ 处接触，在该点 $\hat{\boldsymbol{u}}_i$ 指向零件 i，且 $\boldsymbol{w}_i=[(\boldsymbol{x}\times\hat{\boldsymbol{u}}_i)^{\mathrm{T}},\ \hat{\boldsymbol{u}}_i^{\mathrm{T}}]^{\mathrm{T}}$，则其空间速度 $\boldsymbol{t}_i$ 和 $\boldsymbol{t}_j$ 必须满足式（27.8）的约束条件以避免贯穿。

$$(\boldsymbol{t}_i-\boldsymbol{t}_j)^{\mathrm{T}}\boldsymbol{w}_i\geqslant 0 \tag{27.8}$$

这是一种在 $(\boldsymbol{t}_i-\boldsymbol{t}_j)$ 合成速度空间中的齐次半空间约束。在多零件的组件中，每两两接触会在组合零件的速度空间中产生额外的约束，其结果是一个在运动学上可行的多面体速度凸锥，并且其根位于合成速度空间的原点。整体组件的接触模式是在组件内每个接触点接触标签的级联形式。

如果存在指定运动形式的移动接触，例如机械手指，关于其他部件的运动约束不会再是齐次的。所以凸多面体可行速度空间不再是根在原点的锥面。

27.2.3　平面图解法

当物体被限制在x-y平面内移动，旋量 $\boldsymbol{t}$ 还原为：

$$\boldsymbol{t}=(\omega_x,\ \omega_y,\ \omega_z,\ \nu_x,\ \nu_y,\ \nu_z)^{\mathrm{T}}=(0,\ 0,\ \omega_z,\ \nu_x,\ \nu_y,\ 0)^{\mathrm{T}}$$

点 $(-\nu_y/\omega_z,\ \nu_x/\omega_z)$ 被称为投影平面内的旋转中心（CoR），任何平面旋量都可由它的旋转中心和旋转速度 ω_z 表示，（请注意，必须小心对待 $\omega_z=0$ 的情况，它对应旋转中心在无穷远的情况。）这有时对图解法有帮助：对于被静止夹持器约束的单一物体，至少可以画出其可行的旋量锥面作为旋转中心[27.14,31]。

作为一个例子，图27.2a展示了一个置于桌面上并由机械手指约束的平面零件。该机械手指当前是静止的，但是，在后文中会让手指运动起来。机械手指对零件的运动定义了一种约束，桌面则定义了另外两个约束。（请注意，零件和桌面间的内部边界上的接触点提供了冗余的运动学约束。）约束扭矩可以写成：

$$\boldsymbol{w}_1=(0,\ 0,\ -1,\ 0,\ 1,\ 0)^{\mathrm{T}}$$
$$\boldsymbol{w}_2=(0,\ 0,\ 1,\ 0,\ 1,\ 0)^{\mathrm{T}}$$
$$\boldsymbol{w}_3=(0,\ 0,\ 1,\ -1,\ 0,\ 0)^{\mathrm{T}}$$

对于静止的机械手指，其运动学约束产生可行的旋量锥面，如图27.2b所示。采用以下方法也可以很容易地使该区域在平面内可视化：在每个接触处，画出接触法向线。在所有法向上的点标记±，指向内法向左侧的为“+”，指向内法向右侧的为“-”。在没有违背接触约束的条件下，对于所有的接触约束，所有标记为+的点可以看做旋转中心具有正的角速度，则所有标记为-的点可以看做旋转中心具有负的角速度。当对所有的接触法向采用了上述处理后，只保证旋转中心一致性的被标记。这些旋转中心是可行旋量锥面的平面表示方法，如图27.2c所示。

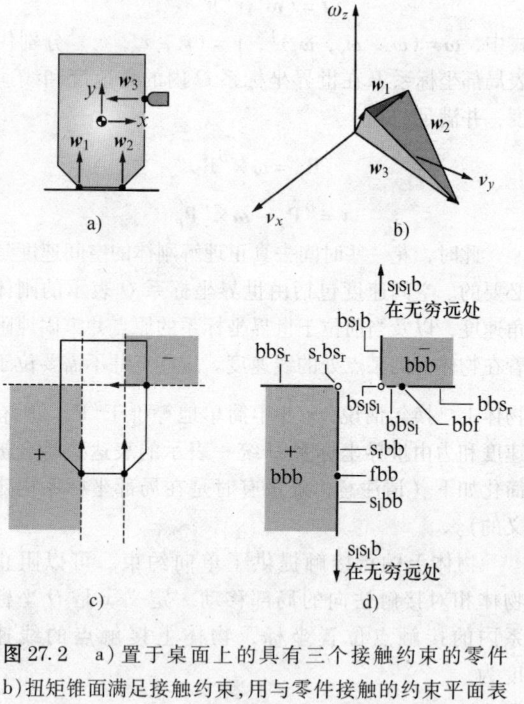

图27.2　a）置于桌面上的具有三个接触约束的零件　b）扭矩锥面满足接触约束，用与零件接触的约束平面表示接触法向　c）CoR的等价表示方法，用灰色表示。请注意，向左和向底部向外延伸的线在无穷远处回绕，并分别从右侧和顶部回来，所以CoR区域应该被理解为单独接触的凸区域，等价于图b所示的扭矩锥面　d）为每个可行运动标记接触符号，速度为零的接触符号是fff

通过为每个可行的CoR分配接触符号，可以细化上述方法。对于每一个接触法向，对于固定的接触法向在接触点处标记CoR为f，对于滑动接

触在法向线上的其他 CoR 标记为 s，对于分离接触其他所有的 CoR 则标记为 b。这一系列标记给出了一种特定零件运动的接触模式。在平面情况下，接触法向上标记为 s 的可以进一步细化为 s_r 或 s_l，其可以指明零件相对约束是在其左侧还是右侧滑动。对于在接触上方标记为 +（沿着接触法向方向）或者在接触下方标记 - 的 s 型旋转中心，其应该重新标记为 s_r，对于在接触上方标记为 - 或在接触下方标记 + 的 s 型旋转中心应标记为 s_l，如图 27.2d 所示。

这种方法可以轻易地判断零件是否处于形闭环。如果不存在标志一致的旋转中心，则可行的速度锥面只包括零速度点，并且零件被静止约束固定。该方法也说明：对于一阶分析至少需要 4 个约束条件来固定零件（参见第 28 章）。这是一阶分析的缺陷：曲率效应可以用 3 个或甚至 2 个约束来固定零件[27.24]。该缺陷在图 27.2d 中也有体现，被标记为 {+，$s_r bs_r$} 的旋转中心的纯旋转事实上是不可行的，如果零件在与机械手指接触的位置具有较小的曲率半径，则该情况就是可行的。一阶分析忽略了这样的曲率要求。

27.3　力和摩擦力

机器人操作中一种常用的摩擦力模型是库仑定律[27.32]。该实验规律表明摩擦力在接触面处的切平面内幅值 f_t 与法向力 f_n 的幅值有关，两者关系为：$f_t \leqslant \mu f_n$，其中 μ 为摩擦系数。如果为滑动接触，则 $f_t = \mu f_n$，且摩擦力方向与运动方向相反。摩擦力与滑动速度无关。

经常定义两个摩擦力系数：静摩擦系数 μ_s 和动（滑动）摩擦系数 μ_k，并存在 $\mu_s > \mu_k$ 的关系。这意味着更大的摩擦力可以用来阻止内部运动，但是一旦开始运动，阻力就减小。许多其他的摩擦模型已经发展为具有诸如滑动速度及滑动前静态接触的持续时间等不同功能依赖性因素的模型，所有这些都是复杂微观行为的集合模型。为简单起见，假设最简单的库仑摩擦力模型只有单一的摩擦力系数 μ，该模型适用于坚硬的干物质。摩擦力系数取决两接触物体的材料，基本上在 0.1 至 1 的区间变化。

图 27.3a 表明摩擦定律可以用摩擦锥解释。由支撑线施加给圆盘的所有力的集合被限制在该锥体内。相应的，圆盘施加给支撑面的任何作用力是在锥体负半轴的内部。椎体的半角 $\beta = \tan^{-1}\mu$，如图 27.4 所示。如果圆盘在支撑面上向左侧滑动，支撑施加给圆盘的作用力作用在摩擦锥体的右侧，并且力的幅值由法向力决定。

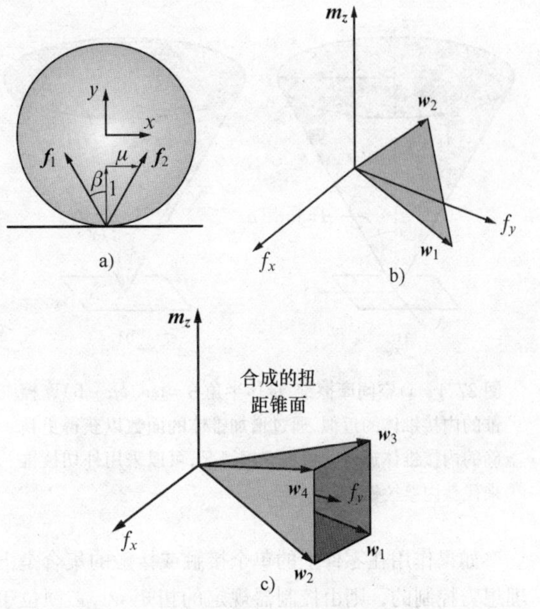

图 27.3　a) 平面摩擦锥　b) 与之对应的扭矩锥面　c) 两个摩擦接触下的合成扭矩锥面的实例

如果选择一个坐标系，由支撑面施加给圆盘的力 $\boldsymbol{f}$ 可以表示为扭矩 $\boldsymbol{w} = [(\boldsymbol{x} \times \boldsymbol{f})^{\mathrm{T}}, \boldsymbol{f}^{\mathrm{T}}]^{\mathrm{T}}$，其中 $\boldsymbol{x}$ 是接触点位置。这样摩擦锥转换为扭矩锥，如图 27.3b 所示。平面摩擦锥的两条边界线在扭矩空间中提供了两条半直线，通过接触传递给零件的扭矩都是沿边界的基本向量的非负线性组合。如果 $\boldsymbol{w}_1$ 和 $\boldsymbol{w}_2$ 是扭矩锥这些边界上的基本向量，可以把扭矩锥表示为：$WC = \{k_1\boldsymbol{w}_1 + k_2\boldsymbol{w}_2 \mid k_1, k_2 \geqslant 0\}$。

如果物体上有多个接触面，那么由接触传递给物体的所有扭矩的集合是所有独立扭矩锥 WC_i 的非线性组合。

$$WC = \mathrm{pos}(\{WC_i\}) = \{\sum_i k_i \boldsymbol{w}_i \mid \boldsymbol{w}_i \in WC_i, k_i \geqslant 0\}$$

这个合成扭矩锥是根在原点的凸多面体锥体。一个由两个平面摩擦接触产生的合成扭矩锥的实例如图 27.3c 所示。如果合成扭矩锥上就是整个扭矩空间，则接触可以提供一个力闭合抓取（第 28 章）。在空间情况下，当接触法向沿 z 向的正向时（见图 27.4），摩擦锥是一个由式（27.9）定义的圆锥。

$$\sqrt{f_x^2 + f_y^2} \leqslant \mu f_z, f_z \geqslant 0 \tag{27.9}$$

其余的扭矩锥和多接触情况的合成扭矩锥 pos（{WC_i}）是一个根在原点，而非多面体的凸锥体。

为了计算的目的，通常把圆形摩擦锥近似为棱锥，如图 27.4 所示。单独的与合成的扭矩锥在六维扭矩空间里转变成凸多面体锥体。

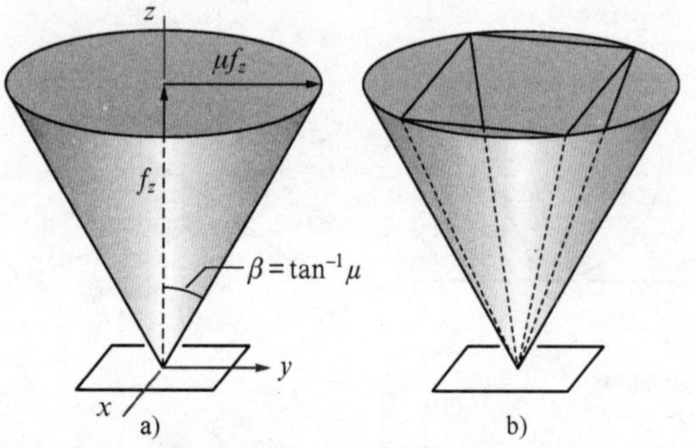

图 27.4 a) 空间摩擦锥，锥体半角 $\beta=\tan^{-1}\mu$ b) 摩擦锥的内接锥体的近似，通过增加锥体的面数以获得更精确的内接锥体逼近。根据应用情况，可以采用外切棱锥来代替内接棱锥

如果作用在零件上的单个接触或接触的集合是由理想力控制的，则由控制器规定的扭矩 $\boldsymbol{w}_{ext}$ 必须位于与这些接触相对应的合成扭矩锥内。由于这些力控制型的接触选择了这个扭矩锥的一个子集（可能是单一扭矩），能够作用在物体上的合成扭矩锥的集合（包括其他的非力控制的接触）可能不再是根位于原点的齐次锥体。这种情况大致类似于 27.2.1 节讲述的速度控制型接触，它会导致零件可行的旋量集合不再是根在原点的锥体。理想的机器人操作可能由位置控制、力控制、位置—力混合控制或其他方法控制，控制方法必须与零件之间的接触类型和环境相兼容，以防止过多的作用力[27.33]。

27.3.1 平面图解法

正如平面问题的齐次旋量锥能够用在该平面内标记有（“+”或“-”）CoR 的凸面区域表示，平面问题的齐次扭矩锥可以在平面内用标记的凸面区域表示，这被称为力矩标记法[27.14,34]。在平面内给定作用力的作用线的集合（例如，来自点接触集合的摩擦锥的边界），所有这些非负线性组合的集合可以用平面内所有的点表示，如果这些点产生关于该点非负的力矩则标记为“+”，如果关于该点产生非正的力矩则标记为“-”，如果关于该点是零力矩则标记为“±”，如果关于该点既可以产生正值力矩也可以产生负值力矩，则该点为空白标记。

上述观点最好用实例说明。在图 27.5a 中，通过标记线左侧的点为“+”，线右侧的点为“-”的方法表示单根力的作用线。位于线上的点标记为“±”。在图 27.5b 中，增加了另外一条力的作用线，平面内只有那些被两条力作用线兼容的点保留着它们的标记，不能被兼容标记的点不再采用原有标记。最后，在图 27.5c 中增加了第三条力的作用线，其结果是只有单独的一块区域被标记为“+”，三条力作用线的非负组合在平面内可以生成任何以逆时针方向穿过该区域的力的作用线。这种表达方式等价于扭矩的齐次凸锥面的表达方式。

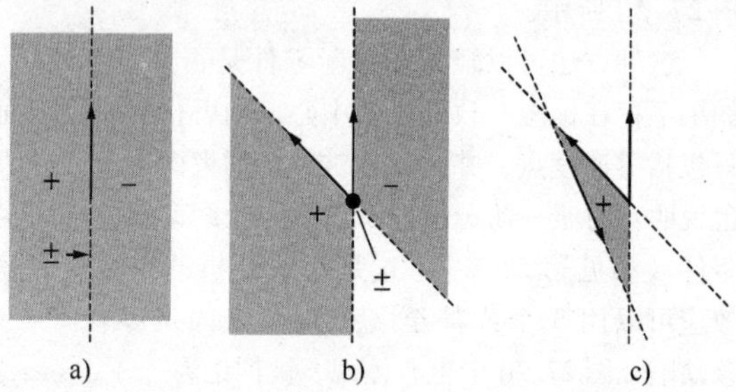

图 27.5 a) 采用力矩标识表示力的作用线 b) 采用力矩标识表示两条力作用线的非负线性组合 c) 三条力作用线的非负线性组合

27.3.2 接触扭矩和扭转自由度的对偶性

关于运动学约束和摩擦力的讨论应该清楚地认识到：对于任何的点接触及其接触标记，由接触导致的物体运动的等式约束条件的数目，与其提供的扭转自由度的数目相等。例如，分离接触 b 对于零件的运动没有提供等式约束条件，并容许没有接触力。固定接触 f 提供了三个运动约束（零件上点的运动是特定的）和三个接触力的自由度：任何处于接触扭矩锥内的扭矩与接触模式保持一致。最后，滑动接触 s 提供了一个等式约束条件（为了保持接触零件运动必须满足的等式），对于给定的满足约束的运动，接触扭矩只有 1 个自由度，在摩擦锥边界上的接触扭矩的幅值是唯一的，并且与滑动方向反向。在平面情况下，对于 b、s 和 f 三种接触的运动约束和扭矩自由度分别为 0，1，2。

在每个接触位置，在接触面上的力和速度约束可以用 $n\times6$ 阶约束方程或选择矩阵 $\boldsymbol{H}$ 来表示[27.3]。约束矩阵就像过滤器一样传递或拒绝穿越接触平面的运动因素。同样的道理，施加到整个接触平面的力或力矩被同一个约束矩阵 $\boldsymbol{H}^{T}$ 以对偶的关系过滤选择。接下来将介绍三种典型的接触模型。在机架接触处的接触法向为 z 轴正向的接触力和扭矩会被测量。

1）无摩擦的点接触模型。在接触物体间只有法向力f_z是外力。

$$f_z \geqslant 0, \boldsymbol{w} = \boldsymbol{H}^{\mathrm{T}} f_z = (0\ 0\ 1\ 0\ 0\ 0)^{\mathrm{T}} f_z \quad (27.10)$$

2）有摩擦的点接触模型除了有法向力f_z，还包括切向摩擦力f_x和f_y。

$$f_z \geqslant 0;\ |f_t| = \sqrt{f_x^2 + f_y^2} \geqslant \mu f_z$$

$$\boldsymbol{w} = \boldsymbol{H}^{\mathrm{T}} \begin{pmatrix} f_x \\ f_y \\ f_z \end{pmatrix} = \begin{pmatrix} 1 & 0 & 0 \\ 0 & 1 & 0 \\ 0 & 0 & 1 \\ 0 & 0 & 0 \\ 0 & 0 & 0 \\ 0 & 0 & 0 \end{pmatrix} \begin{pmatrix} f_x \\ f_y \\ f_z \end{pmatrix} \quad (27.11)$$

式中，f_x是x向切向接触力；f_y是y向切向接触力；f_z是法向力。

3）具有有限接触域的软指接触模型除具有摩擦力和法向力外，还允许有相对接触法向的扭转力矩[27.35-39]

$$f_z \geqslant 0$$

$$\boldsymbol{w} = \boldsymbol{H}^{\mathrm{T}} \begin{pmatrix} f_x \\ f_y \\ f_z \\ m_z \end{pmatrix} = \begin{pmatrix} 1 & 0 & 0 & 0 \\ 0 & 1 & 0 & 0 \\ 0 & 0 & 1 & 0 \\ 0 & 0 & 0 & 0 \\ 0 & 0 & 0 & 0 \\ 0 & 0 & 0 & 1 \end{pmatrix} \begin{pmatrix} f_x \\ f_y \\ f_z \\ m_z \end{pmatrix} \quad (27.12)$$

式中，m_z是相对于接触法向的力矩。由柔软接触面假定的有限接触域除了会产生牵引力外，还会产生摩擦力矩。如果接触处切平面内的合力可以表示为$f_t = \sqrt{f_x^2 + f_y^2}$，且相对于接触法向的力矩为$m_z$，如下的椭圆方程表示了滑动起始处力和力矩的关系：

$$\frac{f_t^2}{a^2} + \frac{m_z^2}{b^2} = 1 \quad (27.13)$$

式中，$a = \mu f_z$是最大的摩擦力；$b = (m_z)_{\max}$是式(27.32) 定义的最大力矩。关于这个问题的更多的文章参见参考文献［27.35-42］。

从以上三种情况可以得出：矩阵$\boldsymbol{H}$的行代表所提供接触力的沿着的方向。相反地，两物体的相对运动方向也由这些方向限制：$\boldsymbol{H}\dot{\boldsymbol{q}} = 0$。所以，约束矩阵就像一个动态过滤器一样限制了那些可以传递整个接触面的运动因素。约束矩阵的引入使得建立的接触力学模型分析更加简单，该分析采用力/力矩与运动间动态对偶关系的方法，见表 27.2。例如，式(27.12) 中的约束选择矩阵揭示了这样的现象：力的三要素和关于接触法向的力矩的其中一个参数可以被传递到软指的接触面。

在第 28 章，当考虑多接触情况时，诸如与每个手指有关的$\boldsymbol{H}$矩阵可以级联到一个增广矩阵，联合抓取和雅克比矩阵，用来进行抓取动作和操作的分析。

表 27.2 总结了力/力矩和位移的对偶关系，即从虚拟任务中推导出来的结论。在表 27.2 中，$\boldsymbol{J}_\theta$是联系关节速度和指尖速度的雅克比矩阵，$\boldsymbol{J}_c$是联系接触点和抓取物体的重力坐标系的笛卡儿坐标系转换矩阵。此外，在作业空间内的运动自由度的数目为n，关节空间内的自由度数目为m。

表 27.2　接触面的动态对偶性

	关节	接触	物体
运动	$\boldsymbol{J}_\theta \times \delta\boldsymbol{\theta} = \delta\boldsymbol{x}_f$ $(6\times m)\ (m\times 1)\ (6\times 1)$	$\rightarrow \boldsymbol{H} \times \delta\boldsymbol{x}_f = \delta\boldsymbol{x}_{tr} = \boldsymbol{H} \times \delta\boldsymbol{x}_p$ $(n\times 6)\ (6\times 1)\ (n\times 1)\ (n\times 6)\ (6\times 1)$	$\leftarrow \boldsymbol{J}_c \times \delta\boldsymbol{x}_b = \delta\boldsymbol{x}_p$ $(6\times 6)\ (6\times 1)\ (6\times 1)$
力	$\boldsymbol{J}_\theta^{\mathrm{T}} \times \boldsymbol{f}_f = \boldsymbol{\tau}$ $(m\times 6)\ (6\times 1)\ (m\times 1)$	$\leftarrow \boldsymbol{f}_f = \boldsymbol{H}^{\mathrm{T}} \times \boldsymbol{f}_{tr} = \boldsymbol{f}_p$ $(6\times 1)\ (6\times n)\ (n\times 1)\ (6\times 1)$	$\rightarrow \boldsymbol{J}_c^{\mathrm{T}} \times \boldsymbol{f}_p = \boldsymbol{f}_b$ $(6\times 6)\ (6\times 1)\ (6\times 1)$

对于手指和被抓取的物体，其在各自的关节空间、接触表面和物体的笛卡儿坐标系内的力与力矩的关系具有对偶性。表 27.2 中，$\boldsymbol{\theta}$，$\boldsymbol{x}_f$，$\boldsymbol{x}_p$，$\boldsymbol{x}_b$分别表示关节空间的位移，在手指接触点处笛卡儿坐标系内的位移，在物体的接触点处的笛卡儿坐标系内的位移，在物体参考坐标系内的位移，$\boldsymbol{x}_{tr}$表示传递因素。前缀δ表示在各命名坐标系下的微小变化。各作用力的相应下标可以参考对应坐标系下如上文所描述的各位移的标记方式。

27.4　考虑摩擦时的刚体力学

操作规划问题就是选择机械手接触面施加的运动和力，以便单一零件（或多个零件）按预期目的运动。这要求解决在给定特定的机械臂行为的情况下确定各零件的运动的子问题。

设 $q \in \mathbb{R}^n$ 属于局部坐标系，该坐标系表示由一个或更多个零件和机械手组成的系统的组合外形，并设 $\boldsymbol{w}_i \in \mathbb{R}^6$ 表示在正接触 i 处的扭矩，该扭矩在通用坐标系 O 内被测量。设 $\boldsymbol{w}_{\text{all}} \in \mathbb{R}^{6k}$ 为通过累计 $\boldsymbol{\omega}_i$ 获得的向量，$\boldsymbol{w}_{\text{all}} = (\boldsymbol{w}_1^{\text{T}} \boldsymbol{w}_2^{\text{T}} \cdots \boldsymbol{w}_k^{\text{T}})^{\text{T}}$（具有 k 个接触），设 $\boldsymbol{A}(\boldsymbol{q}) \in \mathbb{R}^{n \times 6k}$ 表示接触扭矩是如何（或是否）作用在每个零件上的矩阵。（请注意，作用在一个零件上的接触扭矩 $\boldsymbol{w}_i$ 意味着存在一个接触扭矩 $-\boldsymbol{w}_i$ 作用在接触的另一物体上。）问题在于确定接触力 $\boldsymbol{w}_{\text{all}}$ 和系统的加速度 $\ddot{\boldsymbol{q}}$，给定系统（$\boldsymbol{q}$，$\dot{\boldsymbol{q}}$）状态和系统质量矩阵 $\boldsymbol{M}(\boldsymbol{q})$，可以求得科氏矩阵 $\boldsymbol{C}(\boldsymbol{q},\dot{\boldsymbol{q}})$，重力 $g(\boldsymbol{q})$，约束力 $\boldsymbol{\tau}$ 以及描述约束力 $\boldsymbol{\tau}$ 是如何作用在系统上的矩阵 $\boldsymbol{T}(\boldsymbol{q})$。（另外，如果把机械手视为位置控制，机械手加速度 $\ddot{\boldsymbol{q}}$ 的各因素和求解得到的与之相对应的约束力 $\boldsymbol{\tau}$ 的各因素可以直接规定。）解决该问题的一种方法是：1）列举当前正接触接触模型的所有可能的集合；2）对于每种接触模型，确定是否存在扭矩 $\boldsymbol{w}_{\text{all}}$ 和加速度 $\ddot{\boldsymbol{q}}$ 满足动力学方程（27.14），以及判断其是否与接触模型的运动学约束（关于加速度 $\ddot{\boldsymbol{q}}$ 的约束）和摩擦锥的力学约束（关于接触力 $\boldsymbol{w}_{\text{all}}$ 的约束）。

$$A(q)\boldsymbol{w}_{\text{all}} + T(q)\tau - g(q) = M(q)\ddot{q} + C(q,\dot{q})\dot{q} \tag{27.14}$$

该方程很常见，并可以应用到多零件接触的情况中。方程式（27.14）可以通过恰当的表达刚体零件的外形和速度的方法得到简化（例如，用刚体的角速度代替局部角坐标的导数）。

该方程引出了一些令人惊讶的结论：对于特定的问题可能存在多解（多义性）或者无解（不一致性）[27.7-14]。这种奇怪的现象是在库仑定律是一种近似法则，并忽略摩擦或摩擦力足够小的情况下产生的。尽管这是库仑摩擦定律的缺陷，但这是有效地近似。虽然如此，如果想证实物体一种特定预期的运动发生了，通常也必须证实不会发生其他的运动。否则，我们仅仅说明了预期运动只是一种可能的结果。

27.4.1　互补性

每种接触提供相同数目运动约束和扭矩自由度的情况（27.3.2节）可以记作互补性条件。因此求解方程式（27.14）受接触约束限制的问题可以归结为互补性问题（CP）[27.12,13,43-46]。对于平面问题或具有近似摩擦锥空间的问题，其是一种线性互补性问题[27.47]。对于圆形空间摩擦锥问题，由于描述了摩擦锥的二次约束，其是一种非线性互补性问题。在这两种情况下，可以采用标准算法来解决可能的接触模型和零件运动。

另外，假设为线性摩擦锥，对于每种接触模型可以制定一个线性约束满意度规划（LCSP）（例如，一个没有目标函数的线性规划）。接触模型展示了关于零件加速度的线性约束，以及求解零件加速度和用于乘以摩擦锥每条边界的非负参数的受运动方程[27.14]约束的解决方法。每个LCSP方程的可行解代表了一个可行的接触模式。

27.4.2　准静态假设

机器人操作规划中普遍存在的一个假设就是准静态假设。该假设表明：当零件运动得足够慢时可以忽略惯性力的影响。这意味着式（27.14）的左侧和右侧均为零。通常利用该假设求解物体的速度而不是加速度。这些速度必须与运动约束和力约束保持一致，并且作用在物体上的力的总和为零。

27.4.3　示例

虽然考虑摩擦的刚体的力学问题通常采用处理互补性问题和线性约束满意度规划的计算手段来求解，等价的图形方法可以用来求解一些平面问题以帮助直觉分析。考虑如图27.6所示的管卡这样一个简单的例子[27.14]。在外扭矩 $\boldsymbol{w}_{\text{ext}}$ 的作用下，请问管夹是沿管子滑下还是保持原地不动呢？图中的力矩用来标记接触力的合成扭矩锥，接触力则是管道施加给管夹的作用力。作用在管夹上的扭矩 $\boldsymbol{w}_{\text{ext}}$ 恰好可以与合成扭矩锥内的扭矩平衡。事实显而易见地说明：与 $\boldsymbol{w}_{\text{ext}}$ 相反的力矩以顺时针方向穿过标记有“+”的区域，这意味着该力矩处于接触扭矩锥内。所以，对于管夹类问题静态平衡（ff接触模型）是可行的解决方法。采

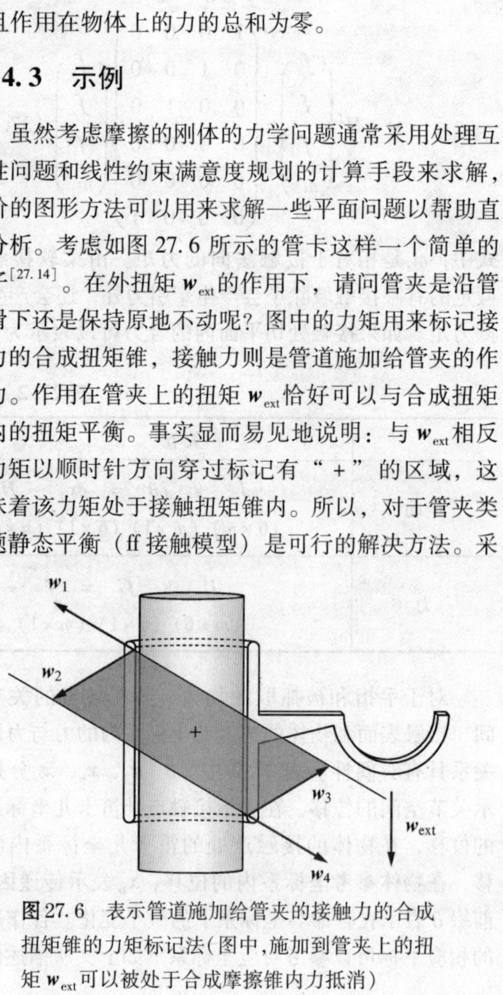

图27.6　表示管道施加给管夹的接触力的合成扭矩锥的力矩标记法（图中，施加到管夹上的扭矩 $\boldsymbol{w}_{\text{ext}}$ 可以被处于合成摩擦锥内力抵消）

用 LCSP 方法可以获得相同的结果，标记摩擦锥边界上的单位扭矩为 w_1，…，w_4。如果存在系数 a_1，…，a_4 并满足 $a_1, a_2, a_3, a_4 \geq 0$，$a_1 w_1 + a_2 w_2 + a_3 w_3 + a_4 w_4 + w_{ext} = 0$，那么管夹将保持不动。

必须排除其他接触模型的情况以说明静平衡状态是唯一的解。请注意，如果各接触面的摩擦系数太小，那么管夹力将减少为 w_{ext}。

经典的孔中销钉问题的分析和管夹问题是相似的。图 27.7a 描述了一个与孔有两个接触点的倾斜销钉。如果施加两点接触不能抵消扭矩 w_1，则 ff 型的接触模式是不可能的，且销钉会继续插进孔中。如果施加接触能够抵消扭矩 w_2，这样销钉就会被卡住，这被称为楔紧[27.48]。如果接触处存在更大的摩擦力，如图 27.7b 所示，然后每一个摩擦锥能够看见其他的基础，并且可行的接触扭矩穿越整个扭矩空间[27.49]。在这种情况下，施加的任何扭矩都可以被接触抵消，销钉被称为楔紧[27.48]。事实上销钉是否会抵消施加的扭矩取决于接触间作用了多大的内力，这个问题不能用刚体模型解释，其要求柔性接触模型才能解释，将会在 27.6 节中讨论该模型。

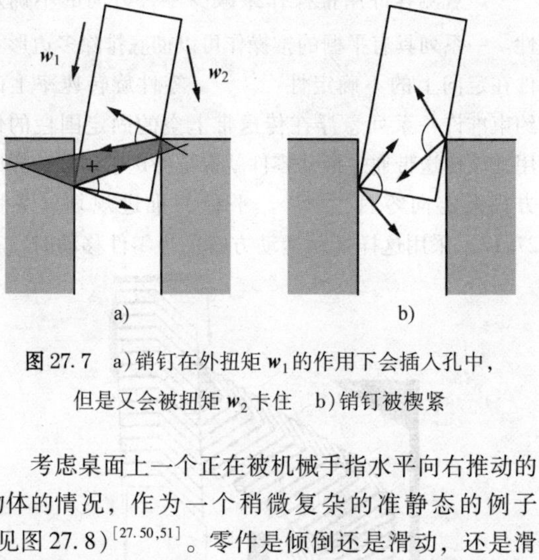

图 27.7　a) 销钉在外扭矩 w_1 的作用下会插入孔中，但是又会被扭矩 w_2 卡住　b) 销钉被楔紧

考虑桌面上一个正在被机械手指水平向右推动的物体的情况，作为一个稍微复杂的准静态的例子（见图 27.8）[27.50,51]。零件是倾倒还是滑动，还是滑动和倾倒同时发生呢？与其对应的接触模型为 fbs_r，$s_l s_l f$，$s_l bs_r$，如图 27.8 所示。该图同时也展示了使用力矩标记的合成接触扭矩锥。很显然，重力和接触扭矩锥的准静态平衡只适用于没有滑动的倾倒接触模式 fbs_r。因此，唯一的准静态解是物体开始无滑动倾斜，且手指运动速度决定该运动速度的时候。图形化的方法可以用来肯定我们的直觉来判断物体的倾倒是发生在对物体的推动力大或者是物体支撑的摩擦系数大的时候。可以通过推一个罐头或玻璃杯尝试一下。准静态下，质量中心的高度是无关紧要的。

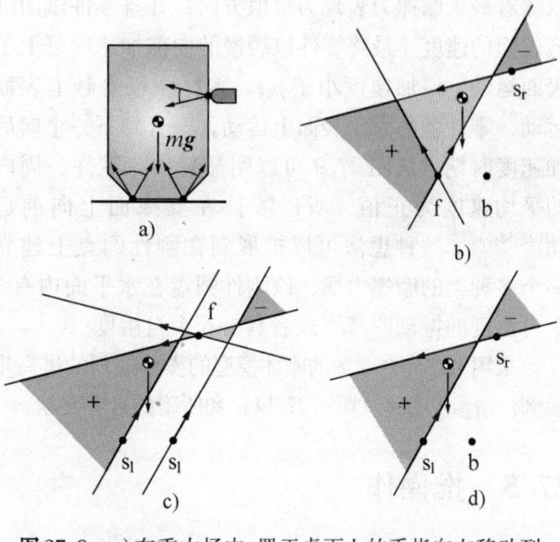

图 27.8　a) 在重力场中，置于桌面上的手指向左移动到一个平面区域，并引入接触摩擦锥　b) 对于在底部最左侧为 f 型的接触，底部最右侧为 b 型接触及标记为 r 的推接触的接触情况下可能产生的接触力。这种 fbr 型接触模式对应于在接触最左侧的倾倒。请注意，接触扭矩锥（用力矩表示）可以提供恰好平衡重力的作用力。因此这种接触模式极为可能发生　c) 对于 llf 接触模式（物体在桌面上向左滑动）的接触扭矩锥不能平衡重力。这种接触模式极为不可能发生　d) 对于 lbr 接触模式（物体滑动和倾倒同时发生）是极不可能发生的

最后一个示例如图 27.9 所示。质量为 m 且摩擦系数为 μ 的物体由水平方向上周期性运动的水平面支撑。周期性运动由一个大且时间短的负值加速度运动和小且时间长的正值加速度运动组成。施加到零件上的水平摩擦力由 $\pm\mu mg$ 限定，所以零件的水平加速度由 $\pm\mu g$ 限定。所以，零件不可能跟上表面运动，因

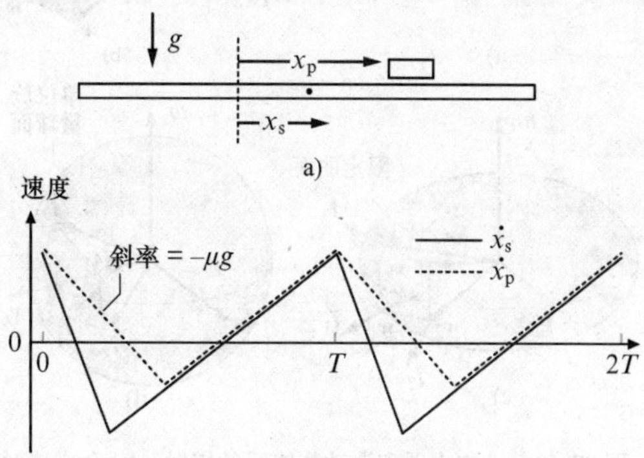

图 27.9　a) 被水平振动平面支撑的物体　b) 物体和支撑面间的摩擦力使零件总是追赶支撑面，但是其运动加速度被 $\pm\mu g$ 限制。支撑面的不对称运动使零件在一个运动周期内获得了平均正值速度

为其加速度滞后。相反，零件相对表面向前滑动，这意味着最大摩擦力表现为负值方向，并且零件试图降低表面的速度。最终零件以缓慢的向前加速度赶上了表面运动，该加速度小于μg。零件一旦追赶上表面运动，零件就黏附于表面上运动，一直到下一个向后加速度时期。从图27.9可以明显看出，零件一周内的平均速度为正值，所以零件在支撑面上向前运动[27.52,53]。这种想法可以扩展到在刚性圆盘上建立一个多种类的摩擦力场，该刚性圆盘在水平面内有3个自由度的振动[27.54,55]或者具有6个自由度。

采用考虑库仑摩擦的刚体模型的操作规划的进一步示例，请参见参考文献［27.14］和所附的参考文献。

27.5 推操作

摩擦力约束的表面（27.7节）对于分析推操作是有用的，它描述了物体在支撑面上滑动时产生的摩擦力。当物体由包含在极限曲面内的扭矩推动时，物体和支撑间的摩擦力抵消推力并保持物体不动。当物体准静态滑动时，推力 **w** 位于极限曲面上，且物体的旋量 **t** 垂直于在 **w** 处的极限曲面（见图27.10）。当物体无旋转的平移时，摩擦力的幅值为μmg，其中m为物体质量，g为重力加速度。由物体施加给表面的作用力在平移方向直接通过物体的质心。

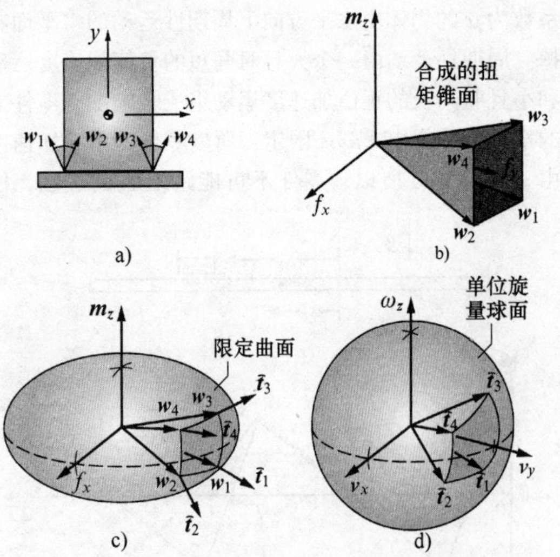

图27.10 a)推力器和滑动物体间的接触 b)合成接触扭矩锥 c)在限定曲面中将扭矩锥映射到物体的旋量锥 d)在合成扭矩锥中可以产生作用力的单位旋量

如果推力矩产生关于零件质心的正值力矩，零件会逆时针旋转（CCW），如果产生关于零件质心的负值力矩，零件会顺时针旋转（CW）。同样，如果零件上的接触点以CW（或CCW）方向沿着穿过零件质心做直线运动，则零件会顺时针旋转（逆时针旋转）。从这两个观察并考虑所有可能的接触模式可以得出结论：由点接触推动的零件在满足条件①或②中的一个时，会产生CW方向旋转（CCW）。①接触摩擦锥的两条边都顺时针（逆时针）方向穿过质心；②摩擦锥的一条边和接触点的推动方向都以顺时针（逆时针）方向穿过质心[27.14,57]，（见图27.11）。

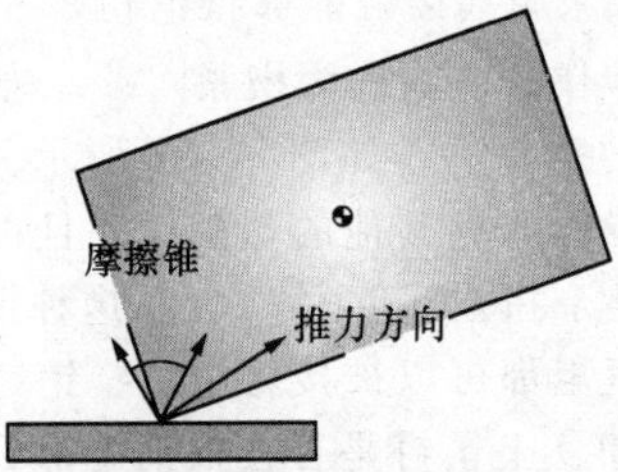

图27.11 推力器的运动方向为倾向于绕零件的逆时针方向，但是更倾向于摩擦锥均以顺时针方向旋转的两条边界的方向

该观测容许用推操作来减少零件方向的不确定性。一系列具有平栅的推操作可以彻底排除多边形零件在定向上的不确定性[27.57,59]。零件旋转速率上的约束准许一系列悬浮在传送带上空的固定围栏的使用，该传送带通过推动零件就像被传送带运载一样的方式来定向零件[27.62,63]。平稳的推进规划（见图27.12）采用这样推动运动方案：当零件移动时，其

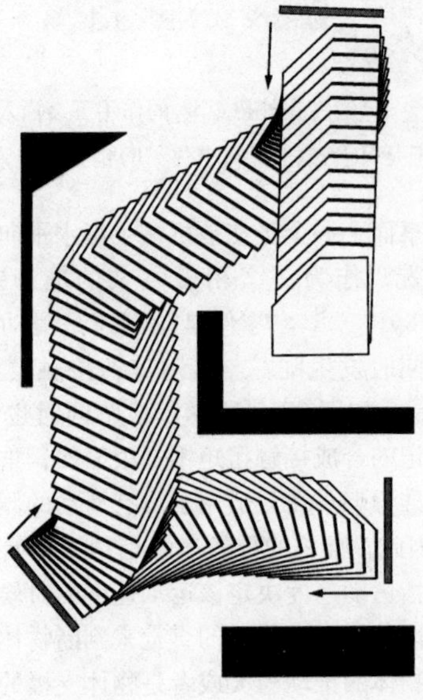

图27.12 平稳的推动可以用来操作零件在障碍中运动

保证零件固定在推力器上，甚至是零件压力分布不确定的表面上[27.14,64,65]。对于零件的平面组件可以扩展推动运动的应用，所以在运动过程中零件都固定于它们的相对构型[27.66-68]。

以上示例假设推力和支撑摩擦力作用在同一个平面内。其他有关推操作的任务已经考虑了施加到支撑平面上的推力的三维空间影响[27.69]。

27.6 接触面及其建模

接触面是一种用来描述运动学和动力学接触的普遍表达形式。各种内容的接触被应用到机器人研究中。因此，参照无限制手指抓取和操作的一般性的接触作为接触面会更有意义。接触面的概念可以延伸到传统的物理接触的内容上。它涉及继承动态滤波和在接触面内传递力/运动的对偶性的接触面。

所以，无论一个接触面是刚性的还是可变形的，它都可以看做具有两个特征的动态过滤器：①传递运动和力；②并且在力/力矩和运动间存在对偶性。接下来的章节将会描述不同的接触面。

本章之前的章节已经假定了接触中的刚体。然而，实际上所有的接触都伴随着物体的一定程度的变形。常常通过设计使其处于机器人柔性指尖的情况下。当变形不可忽视时，可以使用弹性接触模型。

27.6.1 接触面建模

接触模型取决于接触物体的性质，包括它们的材料特性，被施加的作用力，接触变形和弹性系数。本节将讨论不同的接触模型。

1. 刚体的点接触模型

刚体假设理论在本章之前的小节中已经讨论过，在该假设理论下，两种模型经常被使用：①无摩擦的点接触模型；②有摩擦的点接触模型。在前一种情况下，接触只能施加垂直接触方向的力。在后一种情况下，除了法向力还可以施加切向力。最简单的有摩擦点接触的分析模型就是式（27.9）描述的库仑摩擦模型。

2. 赫兹接触模型

弹性接触模型首次被研究并在一个多世纪前由赫兹于 1882 年建立[27.70]，该模型基于两线性弹性材料间的接触，并具有会导致很小接触变形的法向力。它通常被称作赫兹接触，并可以在大部分力学书籍中找到，例如参考文献［27.71，72］。为了使赫兹接触模型具有应用性，赫兹做出了两个重要的明确假设：

1）接触的物体是线性弹性材料。

2）相对物体尺寸为小接触变形。

赫兹采用球形玻璃透镜和平面玻璃圆盘进行实验来验证接触理论。

应用到机器人接触面的赫兹接触理论的两项相关成果可以总结如下。第一项成果涉及接触区域半径。赫兹[27.70]研究接触域随基于线性弹性模型施加的法向力 N 的函数的变化而变化。根据 10 个实验性试验，赫兹得出结论：接触域的半径与增加到力的 1/3 时的法向力成正比关系，该结论与他基于线性弹性模型推导出的分析结果一致。接触域半径 a 与法向力 N 有关，其关系如式（27.15）所示。

$$a \propto N^{\frac{1}{3}} \tag{27.15}$$

第二个结论涉及关于假定的接触域上的压力分布，它是一个具有椭圆或圆性质的二阶压力分布。对于一个对称圆形接触域，其压力分布为

$$p(r) = \frac{N}{\pi a^2}\sqrt{1-\left(\frac{r}{a}\right)^2} \tag{27.16}$$

式中，N 为法向力；a 为接触域半径；r 为到接触中心的距离，且 $0 \leqslant r \leqslant a$。

3. 软接触模型

在软指和接触面间典型的接触面如图 27.13 所示。在典型的机器人接触面中，指尖的材料不是线性弹性的。在参考文献［27.38］中用包含赫兹接触理论的幂律方程提出了从线性扩展到非线性弹性接触的模型，幂律方程为

$$a = cN^{\gamma} \tag{27.17}$$

式中，$\gamma = n/(2n+1)$ 是法向力的幂阶，n 为应变强化指数；c 为取决于指尖大小和曲率以及材料性质的常量。式（27.17）是一个新的幂律方程，其将圆形接触域半径的变化与对软指施加的法向力联系起来。请注意，该方程是在假定为圆形接触域的情况下推导

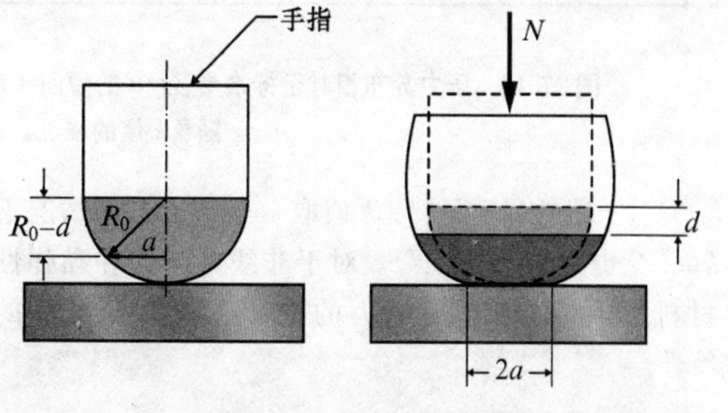

图 27.13　与刚性面接触的具有半球形指尖的弹性软指尖

出来的。对于线性弹性材料，常数 n 等价于 $\gamma=1/3$ 中的1，推导出式（27.15）所述的赫兹接触模型。所以，式（27.17）所述的软接触模型包含了赫兹接触模型。

4. 其他模型

其他模型包括仿人接触和黏弹性接触。在黏弹性接触建模过程中，除了普通方程（27.17）描述的弹性变形外，蠕变和弛豫现象都合并为与时间相关的函数。

27.6.2 接触面的压力分布

在27.6.1节中，当考虑赫兹接触理论时，对于小弹性变形的假定压力分布由式（27.16）给出。随着两个凹凸体的曲率半径的增加以及材料性质转变为超弹性体，压力分布变得更加均匀[27.38,73,74]。归纳方程式（27.16），半径为 a 的圆形接触域的压力分布函数为

$$p(r)=C_k\frac{N}{\pi a^2}\left[1-\left(\frac{r}{a}\right)^k\right]^{\frac{1}{k}} \tag{27.18}$$

式中，N 为法向力；a 为接触域半径；r 为半径且 $0\leqslant r\leqslant a$；k 决定压力剖面的形状；C_k 为调节接触域上压力分布剖面的参数，以便满足平衡条件。在方程式（27.18）中，$p(r)$ 被定义在 $0\leqslant r\leqslant a$ 的区域。当 $-a\leqslant r\leqslant 0$ 时，利用对称性可得 $p(r)=p(-r)$，如图27.14所示。当 k 变大时，压力分布接近均匀分布，如图27.14所示。同时也要求整个接触域压力的积分等于法向力，即

$$\int_R p(r)\,\mathrm{d}A=\int_{\theta=0}^{2\pi}\int_{r=0}^{a}p(r)r\mathrm{d}r\mathrm{d}\theta=N \tag{27.19}$$

将式（27.18）代入式（27.19）可以得到参数 C_k。值得注意的是，当式（27.19）积分时，法向力和接触半径都消失了，只剩下常数 C_k，如下所示。

$$C_k=\frac{3}{2}\frac{k\Gamma\left(\frac{3}{k}\right)}{\Gamma\left(\frac{1}{k}\right)\Gamma\left(\frac{2}{k}\right)} \tag{27.20}$$

式中，$k=1，2，3，\cdots$是典型的整数（虽然 k 值可能是非整数值）；且 $\Gamma()$ 是伽马函数[27.75]。参数 C_k 关于一些 k 值的数值解列于表27.3中以做参考。在图27.14中绘制了相对标准半径 r/a 的标准压力分布图。从图中可以看出，在 $C_k=1.0$ 的情况下，当 k 值接近无穷时，压力分布会变成幅值为 $N/(\pi a^2)$ 的均匀分布载荷。

表27.3 在压力分布式（27.18）中参数 C_k 的值

k	参数 C_k
$k=2$（圆形的）	$C_2=1.5$
$k=3$（立方形的）	$C_3=1.24$
$k=4$（四边形的）	$C_4=1.1441$
$k\to\infty$（均匀的）	$C_\infty=1.0$

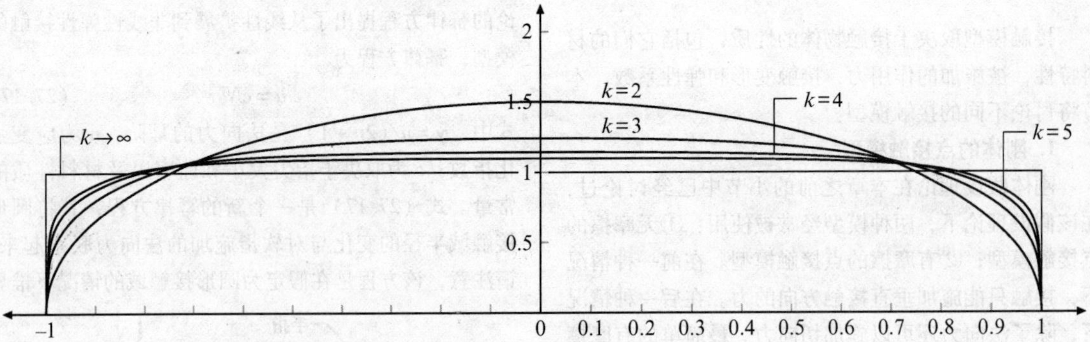

图27.14 压力分布相对于标准半径 r/a 的说明（该图描述了 $k=2，3，4，5$ 和 ∞ 时的轴对称的压力分布。随着 k 值的增加，压力分布变得更加均匀）

对于线性弹性材料，k 值取 $k=2$，在某些情况下 $k\cong1.8$ 也是合适的[27.76]。对于非线性弹性和黏弹性材料，k 的取值趋于更大的值，这取决于材料的特性。

27.7 摩擦限定面

27.3节介绍了扭矩锥的概念，描述了可以应用到有摩擦点接触模型的扭矩集合。任何接触扭

矩被约束在位于锥体表面内部的空间里。这引入了摩擦限定面的概念，它是包围扭矩集合的表面，该扭矩是通过给定的接触或接触的集合施加的。

本节将研究从平面接触域中产生的限定面的特殊情况[27.77,78]。当一个平整的物体在地面上滑动时，或者柔软的机器人手指按压多面体的一个表面时，或者仿人机器人的脚在地面上拖动时，将产生平面接触域。我们想知道这样的接触可以传递什么样的扭矩。本节的其他内容中，我们关注在接触域具有指定压力分布的平面接触域的性质。

为便于讨论，可以称接触物体中的一个为零件（例如，地面上的平整物体或机器人手指），其他的物体称为固定支撑。定义一个坐标系以便使平面接触域处于 $z=0$ 的平面内，并设 $p(\boldsymbol{r})\geqslant 0$ 为零件和支撑间的接触压力分布，$\boldsymbol{r}=(x,\ y)^{\mathrm{T}}$作为位置函数。接触域的摩擦系数为 μ。如果零件的平面速度为 $\boldsymbol{t}=(\omega_z,\ \nu_x,\ \nu_y)^{\mathrm{T}}$，则在位置 $\boldsymbol{r}$ 处的线性速度为 $\boldsymbol{v}(\boldsymbol{r})=(\nu_x-\omega_z y,\ \nu_y+\omega_z x)^{\mathrm{T}}$，且单位速度 $\hat{\boldsymbol{v}}(\boldsymbol{r})=\boldsymbol{v}(\boldsymbol{r})/\|\boldsymbol{v}(\boldsymbol{r})\|$。在滑动平面内，在 $\boldsymbol{r}$ 处由零件施加给支撑的无穷小的作用力为

$$\mathrm{d}\boldsymbol{f}(\boldsymbol{r})=[\mathrm{d}f_x(\boldsymbol{r}),\mathrm{d}f_y(\boldsymbol{r})]^{\mathrm{T}}=\mu p(\boldsymbol{r})\hat{\boldsymbol{v}}(\boldsymbol{r}) \tag{27.21}$$

零件施加到支撑上扭矩的总和为：

$$\boldsymbol{w}=\begin{pmatrix}m_z\\ f_x\\ f_y\end{pmatrix}=\int_A\begin{pmatrix}x\mathrm{d}f_y(\boldsymbol{r})-y\mathrm{d}f_x(\boldsymbol{r})\\ \mathrm{d}f_x(\boldsymbol{r})\\ \mathrm{d}f_y(\boldsymbol{r})\end{pmatrix}\mathrm{d}A \tag{27.22}$$

式中，A 为支撑域面积。

不出所料，扭矩与运动速度无关：对于给定的 t_0 且所有的 $\alpha>0$，由速度 αt_0 产生的扭矩都是相同的。把式（27.22）看作旋量到扭矩的映射，可以将单位旋量球体的表面（$\|\hat{\boldsymbol{t}}\|=1$）映射到扭矩空间的表面。该表面即为封闭的外凸的包含扭矩空间原点的限定面（见图 27.15）。扭矩空间被限定面包含的部分恰恰是零件扭矩可以传递到支撑上的扭矩的集合。当零件在支撑上滑动时（$\boldsymbol{t}\neq 0$），且由最大功不等式知，接触扭矩 $\boldsymbol{w}$ 位于限定面上，旋量 $\boldsymbol{t}$ 垂直于在 $\boldsymbol{w}$ 处的限定面。如果压力分布在各处都是有限的，则限定面是平滑和严格外凸的，且单位扭转到单位扭矩的映射及反过来的映射是一对一且连续的。限定面也满足式 $\boldsymbol{\omega}(-\hat{\boldsymbol{t}})=-\boldsymbol{\omega}(\hat{\boldsymbol{t}})$ 的性质。

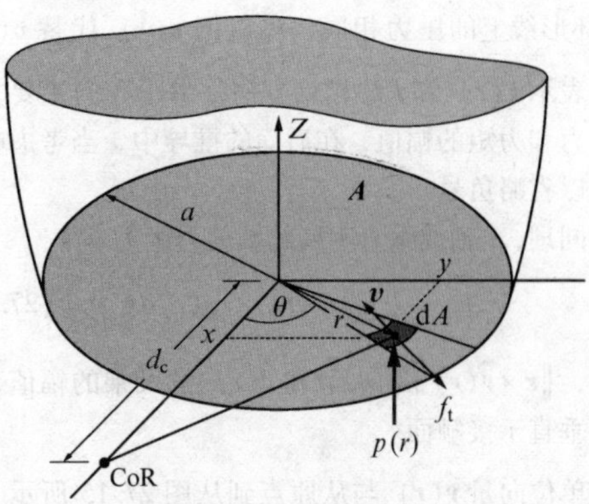

图 27.15　为建立软指限定面的接触，CoR 坐标系及用于数值积分的无穷小面域dA

27.7.1　在软接触面上的摩擦限定面

按式（27.18）给定一个压力分布，通过使用式（27.12）和式（27.22），可以用数值法建立相应的摩擦限定面。对于无限小接触域，接触类似于点接触。所以可以应用库仑摩擦定律。

接下来，将通过对称模型探索旋转中心（CoR）的动态特性，以制定圆形接触域上摩擦力和力矩的幅值方程。图 27.15 给出了具有瞬时旋转中心的圆形接触域。通过沿着 x 轴移动（或扫描）CoR，可以获得不同的摩擦力和力矩的组合用来构建限定面。更多的详细内容参见参考文献[27.35-38，42，77-80]。

下面是沿 x 轴在距离 d_c 处的旋转中心在接触面上关于摩擦力（f_t）总和和力矩（m_z）的推导，如图 27.15 所示。通过在 $-\infty$ 至 ∞ 范围内改变 CoR 的距离 d_c，可以获得所有可能的（f_t，m_z）组合以便构建整个摩擦限定面。

在整个接触域 A 中，通过对可以应用库仑摩擦定律的每个微小面域 dA 的剪切力的积分可以获得整个接触域的切向力。当考虑赫兹接触压力分布时[27.70]，令式（27.18）中 k 值取 $k=2$。设 $\boldsymbol{r}=(x,\ y)^{\mathrm{T}}$且 $r=\|\boldsymbol{r}\|$，对式（27.21）积分可获得总的切向力：

$$\boldsymbol{f}_{\mathrm{t}}=\begin{pmatrix}f_x\\ f_y\end{pmatrix}=-\int_A\mu\hat{\boldsymbol{v}}(\boldsymbol{r})p(r)\mathrm{d}A \tag{27.23}$$

式中，A 表示图 27.15 中的圆形接触域；f_t 为如图 27.15 所示的切向力向量的方向；μ 为摩擦系数；$\hat{\boldsymbol{v}}(\boldsymbol{r})$ 为相对于位置$\boldsymbol{r}$处的无限小面域 dA 上的旋转中心的速度向量 $\boldsymbol{v}(\boldsymbol{r})$ 方向上的单位向量；$p(r)$ 为距接触中心距离为 r 处的压力分布。由于沿距接触中心为

r 的环形线上的压力相同，可以用 $p(r)$ 代替 $p(\boldsymbol{r})$。负号表示 $\hat{\boldsymbol{v}}(\boldsymbol{r})$ 和$\boldsymbol{f}_t$的相反方向，由于我们主要关心摩擦力和力矩的幅值，在后面的推导中，当考虑幅值时可以省略负号。

同理，z 轴或垂直于接触域的力矩为

$$m_z = \int_A \mu \|\boldsymbol{r} \times \hat{\boldsymbol{v}}(\boldsymbol{r})\| p(r)\mathrm{d}A \tag{27.24}$$

式中，$\|\boldsymbol{r} \times \hat{\boldsymbol{v}}(\boldsymbol{r})\|$是向量$\boldsymbol{r}$和 $\hat{\boldsymbol{v}}(\boldsymbol{r})$ 的叉乘的幅值，其方向垂直于接触面。

单位向量 $\hat{\boldsymbol{v}}(\boldsymbol{r})$ 与从原点到从图 27.15 所示 x 轴上选择的旋转中心的距离 d_c有关，并可以记为如下形式

$$\hat{\boldsymbol{v}}(\boldsymbol{r}) = \frac{1}{\sqrt{(x-d_c)^2+y^2}}\begin{bmatrix} -y \\ (x-d_c) \end{bmatrix}$$

$$= \frac{1}{\sqrt{(r\cos\theta-d_c)^2+(r\sin\theta)^2}} \times \begin{bmatrix} -r\sin\theta \\ (r\cos\theta-d_c) \end{bmatrix} \tag{27.25}$$

根据对称性，对于沿 x 轴的所有旋转中心有 $f_x=0$；所以，在接触切向平面内切向力的幅值为$f_t=f_y$。将式（27.18）和式（27.25）代入式（27.23）和式（27.24），可以得到

$$f_t = \int_A \mu \frac{(r\cos\theta-d_c)}{\sqrt{r^2+d_c{}^2-2rd_c\cos\theta}} C_k \times \frac{N}{\pi a^2}\left[1-\left(\frac{r}{a}\right)^k\right]^{\frac{1}{k}} \mathrm{d}A \tag{27.26}$$

同理，关于垂直于平面的坐标轴的力矩为：

$$m_z = \int_A \mu \frac{r^2-rd_c\cos\theta}{\sqrt{r^2+d_c{}^2-2rd_c\cos\theta}} C_k \times \frac{N}{\pi a^2}\left[1-\left(\frac{r}{a}\right)^k\right]^{\frac{1}{k}} \mathrm{d}A \tag{27.27}$$

在式（27.26）和式（27.27）中，定义了极坐标系，如 $x=r\cos\theta$，$y=r\sin\theta$ 和 $\mathrm{d}A=r\mathrm{d}r\mathrm{d}\theta$。同时也引入标准坐标系

$$\tilde{r} = \frac{r}{a} \tag{27.28}$$

从式（27.28）中，我们可以把 $\mathrm{d}r$ 记作 $\mathrm{d}r=a\mathrm{d}\tilde{r}$。也可以把 d_c 表示为 $\tilde{d}_c=d_c/a$，并假设在整个接触域中 μ 为常数。将标准坐标系代入式（27.26），并且两边同时除以 μN，可以推导出：

$$\frac{f_t}{\mu N} = \frac{C_k}{\pi}\int_0^{2\pi}\int_0^1 \frac{(\tilde{r}^2\cos\theta-\tilde{r}\tilde{d}_c)}{\sqrt{\tilde{r}^2+\tilde{d}_c{}^2-2\tilde{r}\tilde{d}_c\cos\theta}} \times (1-\tilde{r}^k)^{\frac{1}{k}} \mathrm{d}\tilde{r}\mathrm{d}\theta \tag{27.29}$$

再次将 $\tilde{r}=r/a$ 和 $\mathrm{d}r=a\mathrm{d}\tilde{r}$ 代入式（27.27），并除以 $a\mu N$ 以便标准化，可以得到

$$\frac{m_z}{a\mu N} = \frac{C_k}{\pi}\int_0^{2\pi}\int_0^1 \frac{(\tilde{r}^3\cos\theta-\tilde{r}^2\tilde{d}_c)}{\sqrt{\tilde{r}^2+\tilde{d}_c{}^2-2\tilde{r}\tilde{d}_c\cos\theta}} \times (1-\tilde{r}^k)^{\frac{1}{k}} \mathrm{d}\tilde{r}\mathrm{d}\theta \tag{27.30}$$

可以对式（27.29）和式（27.30）在距离为 d_c 或 $\tilde{d}_c$ 时进行数值积分，其可在由式（27.18）给定的指定压力分布 $p(r)$ 的极限面内产生一个点。封闭形式解可能不存在，但其可以用数值方法计算的两个方程都涉及椭圆积分。当旋转中心的距离 d_c在 $-\infty$ 至∞ 范围内变化时，通过绘制摩擦接触面可以获得（f_t，m_z）所有可能的组合。

27.7.2 构建摩擦限定面的示例

当压力分布是四阶的，即 $k=4$，表 27.3 中的参数 $C_4=(6/\sqrt{\pi})\ (\Gamma(3/4)/\Gamma(1/4))=1.1441$，式（27.29）和式（27.30）可以写作

$$\frac{f_t}{\mu N} = 0.3642\int_0^{2\pi}\int_0^1 \frac{(\tilde{r}^2\cos\theta-\tilde{r}\tilde{d}_c)}{\sqrt{\tilde{r}^2+\tilde{d}_c{}^2-2\tilde{r}\tilde{d}_c\cos\theta}} \times (1-\tilde{r}^4)^{\frac{1}{4}} \mathrm{d}\tilde{r}\mathrm{d}\theta$$

$$\frac{m_z}{a\mu N} = 0.3642\int_0^{2\pi}\int_0^1 \frac{(\tilde{r}^3\cos\theta-\tilde{r}^2\tilde{d}_c)}{\sqrt{\tilde{r}^2+\tilde{d}_c{}^2-2\tilde{r}\tilde{d}_c\cos\theta}} \times (1-\tilde{r}^4)^{\frac{1}{4}} \mathrm{d}\tilde{r}\mathrm{d}\theta$$

对于不同 $\tilde{d}_c$ 值的数值积分会产生关于（$f_t/(\mu N)$，$m_z/(a\mu N)$）多对点，绘制这些点如图 27.16 所示。

这些数值解得合理的近似值可以由如下的椭圆方程表示

$$\left(\frac{f_t}{\mu N}\right)^2 + \left(\frac{m_z}{(m_z)_{\max}}\right)^2 = 1 \tag{27.31}$$

式中，最大力矩 $(m_z)_{\max}$ 为

$$(m_z)_{\max} = \int_A \mu\, |r|\, C_k \frac{N}{\pi a^2}\left[1-\left(\frac{r}{a}\right)^k\right]^{\frac{1}{k}} \mathrm{d}A \tag{27.32}$$

从式（27.27）中得到 $d_c=0$ 处的旋转中心。它在图 27.16 中定义了四分之一椭圆曲线。这种近似是构建三维（3-D）椭球形限定面的基础，如图 27.17 所示，并且是关于 27.6.1 节所讲述的软接触的很好的模型。更多的详细内容参见参考文献［27.35-37，39，40，42，78］。

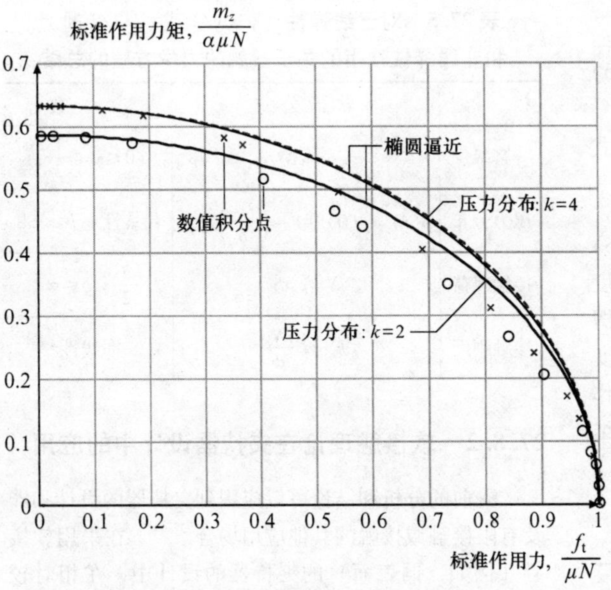

图 27.16　通过椭圆近似和数值积分获得的限定曲面的示例（数值积分是基于压力分布 $p(r)$ 和参数 C_k 的。在图中，取式 (27.18) 中 $k=2$ 和 $k=4$ 两种情况时的压力分布）

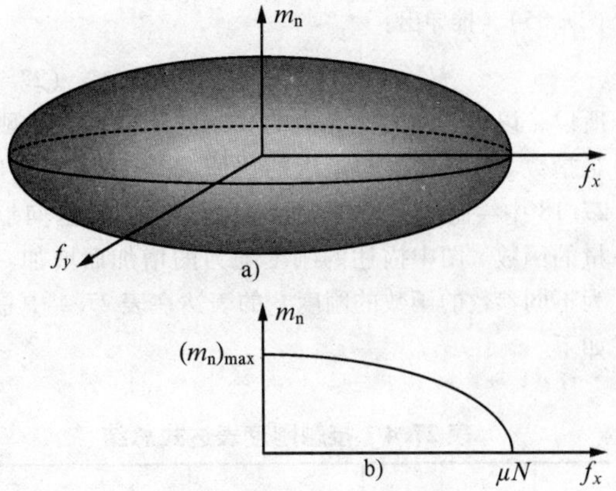

图 27.17　软指的摩擦限定面

a) 3-D 椭球形表示的限定面　b) 椭圆形限定面的一部分表示力和力矩的耦合关系

27.8　抓取和夹持器设计中的接触问题

将作用力与考虑接触变形的抓取和夹持器设计中存在的接触位移（或接触面变形）联系起来是很有意义的。而且，由于接触的性质，该力—位移是典型的非线性关系。诸如胡克定律的线性表达不能捕获这些接触类型的力和位移的瞬时关系和所有的特征。本节总结和讨论在弹性模型下的力与位移的关系。

从图 27.13 和接触的几何形状，式（27.17），将接触域半径和法向力联系起来，该方程可以改写。假设 $d << R_0$，式（27.33）可以从参考文献［27.39］推导出

$$N = c_d d^{\zeta} \tag{27.33}$$

式中，c_d是比例系数，且 ζ 为：

$$\zeta = \frac{1}{2\gamma} \tag{27.34}$$

c_d和 ζ 都可以通过实验获得。如果指尖的 γ 已知，则指数 ζ 也可以通过 γ 由式（27.34）获得。式（27.33）中指数 ζ 的变化范围是 $\frac{3}{2} \leqslant \zeta \leqslant \infty$。在式（27.33）中，指尖的途径或垂直下降距离 d 与增至 2γ 的法向力成比例关系（见式（27.34）），其中 2γ 在 0 至 2/3 范围内变化。

图 27.18 描述了法向力与接触位移的关系，该图采用了具有非线性的幂律方程（27.33）。当与图 27.18 对比时，其与软指和平面间接触的实验数据具有一致性结论[27.39]。

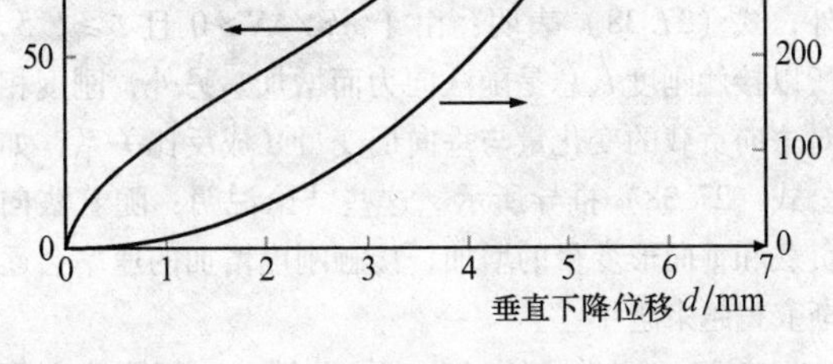

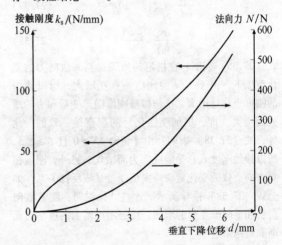

图 27.18　式（27.33）中典型的力—形变曲线作为右侧标度，并且由式（27.35）给定的接触刚度 k_s 作为左侧标度

27.8.1　软指的接触刚度

一个软指的非线性接触刚度定义为法向力的变化量与接触处垂直负载的变化量的比值。软指的接触刚度可以通过对式（27.33）求微分获得，

如下

$$k_s=\frac{\partial N}{\partial d}=c_d\zeta d^{\zeta-1}=\zeta\left(\frac{N}{d}\right) \quad (27.35)$$

用 $d=\left(\frac{N}{c_d}\right)^{\frac{1}{\zeta}}$ 替代式（27.33）并将其代入式（27.35），推导出：

$$k_s=c_d^{\frac{1}{\zeta}}\zeta N^{\frac{\zeta-1}{\zeta}}=c_d^{2\gamma}\zeta N^{1-2\gamma} \quad (27.36)$$

所以，以简洁方式推导出的软质的非线性接触刚度是指数 ζ 和法向力与逼近的比值 N/d 的乘积。在图27.18中绘制了典型的接触刚度，并作为垂向形变量的函数。图中描述的刚度随力的增加而增加。作为不同参数的函数的刚度 k_s 的表达在表27.4中总结如下。

表27.4 接触刚度表达式总结

	$f(d)$	$f(N)$	$f(N,\ d)$
k_s	$c_d\zeta d^{\zeta-1}$	$c_d^{\frac{1}{\zeta}}\zeta N^{\frac{\zeta-1}{\zeta}}$	$\zeta\left(\frac{N}{d}\right)$

通过对式（27.35）微分可以获得刚度的变化量，以推导如下公式

$$\frac{\partial k_s}{\partial d}=c_d\zeta(\zeta-1)d^{\zeta-2} \quad (27.37)$$

$$\frac{\partial k_s}{\partial N}=\frac{\xi-1}{d} \quad (27.38)$$

式（27.35）表明：在指定的指尖材料和法向力的变化范围下，由于 N/d 的比值一直在增大，所以软指的刚度也总是增大。这与接触刚度随形变量和力的增大而增大（即，更加刚性化）的观察是一致的。此外，式（27.38）表明：由于 $\partial k_s/\partial N>0$ 且 $\zeta\geqslant1.5$，所以接触刚度 k_s 总是随法向力而增加。另外，刚度相对法向负载的变化量与垂向形变量 d 成反比关系，如公式（27.38）推导所示。这些结论说明：随着法向负载和垂向形变量的增加，接触刚度增加的速率会逐渐变得越来越小。

表27.5列出了软指公式的总结。一般幂律方程（27.17）中的指数的变化范围为 $0\leqslant\gamma\leqslant1/3$。赫兹接触的指数 $\gamma=1/3$；所以，对于线性弹性材料的赫兹接触理论是式（27.17）的特殊情况。线性弹性材料，如钢或其他金属指尖，在小变形情况下，一般与赫兹接触理论匹配很好。幂律方程（27.17）应该应用到柔软材料制成的指尖中，例如软橡胶或硅胶，甚至是黏弹性指尖。

表27.5 对于线弹性（$\gamma=1/3$ 或 $\zeta=3/2$ 时）和非线性弹性软指的关于接触的力学方程的总结

描 述	软指公式	参 数
幂级	$a=cN^{\gamma}$	$0\leqslant\gamma\leqslant\frac{1}{3}$
压力分布	$p(r)=p(0)\ \left[1-\left(\frac{r}{a}\right)^k\right]^{\frac{1}{k}}$	代表性地 $k\geqslant1.8$
接触载荷	$N=c_d d^{\zeta}$	$\frac{3}{2}\leqslant\zeta\leqslant\infty$
接触刚度	$k_s=\zeta\frac{N}{d}$	非线性

27.8.2 软接触理论在夹持器设计中的应用

先前的分析和结论可以应用到夹持器的设计和涉及有限接触域接触的其他应用场合[27.6]。在采用软接触（例如，铜表面）的夹持器的设计中，在相对较大的变形和负载下，应该考虑用表27.5列出的幂律方程代替赫兹接触方程。在这些情况下，赫兹接触模型不再精确，并应该被替换掉。另一方面，在相对较小的变形情况下（$d/R_0\leqslant5\%$），如果在夹持器的设计中采用线性弹性材料，当应用接触理论时，指数应该取作 $\gamma=1/3$。此外，发现指数 γ 一般是由材料决定的而不是由外形决定的[27.38]。一旦由材料确定了指数 γ 的取值（例如，参考文献［27.38］使用拉伸试验机开展实验过程），它可以与采用的相关方程一起进行夹持器设计的分析。

27.9 结论与扩展阅读

本章中，对接触表面的刚体和弹性模型进行了讨论，其中包括接触扭矩和扭转间的运动学约束和对偶性。采用库仑摩擦对可能产生的接触力进行了描述。提出了在刚体和库仑摩擦模型下的多接触操作任务。引入了摩擦限定面并用来分析推操作问题。提供了一个基于软接触表面的力/力矩方程的软接触摩擦限定面的例子。采用接触面的建模方法提出了把这些接触模型应用到夹持器的分析和设计中。本章的文献目录中的许多参考文献提供了关于这个问题的进一步阅读。

操作模型包括抓取，推送，滚动，拍击，投掷，捕捉，铸造，以及其他种类的准静态和动态操作[27.81]。本章提出了接触模型表面的概述，重点关注它们在操作任务中的应用，包括无法抓取的或不适合抓取的操作模式，例如推操作。同时提供了抓取和加持操作的分析。*Mason* 的教材[27.14]在本章扩展了一

系列理论，包括凸多面锥体理论，平面问题的图解法以及在操作规划问题中的应用。在参考文献［27.82］中可以找到关于多面锥体的基础材料，在参考文献［27.10，83-85］中介绍了扭转和扭矩的表达方式的应用。扭转和扭矩是经典旋量理论的基本元素，旋量理论在参考文献［27.86，87］中有所介绍，并在参考文献［27.30，88，89］中从机器人角度介绍了旋量理论。

此外，这本手册的几个相关章节提供了进一步的理论和应用的阅读，例如第 1 章和第 28 章。

参考文献

27.1 A. Bicchi: On the problem of decomposing grasp and manipulation forces in multiple whole-limb manipulation, Int. J. Robot. Auton. Syst. **13**, 127–147 (1994)

27.2 K. Harada, M. Kaneko, T. Tsuji: Rolling Based Manipulation for Multiple Objects, Proceedings of IEEE Int. Conf. on Robotics and Automation (San Francisco 2000) pp. 3888–3895

27.3 M.R. Cutkosky, I. Kao: Computing and Controlling The Compliance of a Robotic Hand, IEEE Trans. Robot. Autom., **5**(2), 151–165 (1989)

27.4 M.R. Cutkosky, S.-H. Lee: Fixture Planning with Friction for Concurrent Product/Process Design, NSF Process Planning (1989)

27.5 S.-H. Lee, M. Cutkosky: Fixture planning with friction, ASME J. Eng. Ind. **113**(3), 320–327 (1991)

27.6 Q. Lin, J.W. Burdick, E. Rimon: A stiffness-based quality measure for compliant grasps and fixtures, IEEE Trans. Robot. Autom. **16**(6), 675–688 (2000), ,

27.7 P. Lötstedt: Coulomb friction in two-dimensional rigid body systems, Z. Angew. Math. Mech. **61**, 605–615 (1981)

27.8 P. Lötstedt: Mechanical systems of rigid bodies subject to unilateral constraints, SIAM J. Appl. Math. **42**(2), 281–296 (1982)

27.9 P.E. Dupont: The effect of Coulomb friction on the existence and uniqueness of the forward dynamics problem, International Conference on Robotics and Automation (Nice 1992) pp. 1442–1447

27.10 M.A. Erdmann: On a representation of friction in configuration space, Int. J. Robot. Res. **13**(3), 240–271 (1994)

27.11 K.M. Lynch, M.T. Mason: Pulling by pushing, slip with infinite friction, and perfectly rough surfaces, Int. J. Robot. Res. **14**(2), 174–183 (1995)

27.12 J.S. Pang, J.C. Trinkle: Complementarity formulations and existence of solutions of dynamic multi-rigid-body contact problems with Coulomb friction, Math. Prog. **73**, 199–226 (1996)

27.13 J.C. Trinkle, J.S. Pang, S. Sudarsky, G. Lo: On dynamic multi-rigid-body contact problems with Coulomb friction, Z. Angew. Math. Mech. **77**(4), 267–279 (1997)

27.14 M.T. Mason: *Mechanics of Robotic Manipulation* (MIT Press, Cambrige 2001)

27.15 Y.-T. Wang, V. Kumar, J. Abel: Dynamics of Rigid Bodies Undergoing Multiple Frictional Contacts, Proceedings of IEEE Int. Conf. on Robotics and Automation (Nice, France 1992) pp. 2764–2769

27.16 T.H. Speeter: Three-dimensional finite element analysis of elastic continua for tactile sensing, Int. J. Robot. Res. **11**(1), 1–19 (1992)

27.17 K. Dandekar, A.K. Srinivasan: A 3-Dimensional Finite Element Model of the Monkey Fingertip for Predicting Responses of Slowly Adapting Mechanoreceptors, ASME Bioengineering Conference, Vol. 29 (1995) pp. 257–258

27.18 N. Xydas, M. Bhagavat, I. Kao: Study of Soft-Finger Contact Mechanics Using Finite Element Analysis and Experiments, Proc. IEEE Int. Conf. on Robotics and Automation, ICRA (San Francisco, California 2000)

27.19 K. Komvopoulos, D.-H. Choi: Elastic finite element analysis of multi-asperity contacts, J. Tribol. **114**, 823–831 (1992)

27.20 L.T. Tenek, J. Argyris: *Finite Element Analysis for Composite Structures* (Kluwer Academic, Bosten 1998)

27.21 Y. Nakamura: Contact Stability Measure and Optimal Finger Force Control of Multi-Fingered Robot Hands, Crossing Bridges: Advances in Flexible Automation and Robotics – The Proceedings of the USA-Japan Symposium on Flexible Automation (ASME, 1988) pp. 523–528

27.22 Y.C. Park, G.P. Starr: Optimal Grasping Using a Multifingered Robot Hand, Proceedings of the 1990 IEEE International Conference on Robotics and Automation (IEEE, Cincinnati, Ohio 1990) pp. 689–694

27.23 E. Rimon, J. Burdick: On force and form closure for multiple finger grasps, IEEE International Conference on Robotics and Automation (1996) pp. 1795–1800

27.24 E. Rimon, J.W. Burdick: New bounds on the number of frictionless fingers required to immobilize planar objects, J. Robot. Sys. **12**(6), 433–451 (1995)

27.25 E. Rimon, J.W. Burdick: Mobility of bodies in contact—part I: A 2nd-order mobility index for multiple-finger grasps, IEEE Trans. Robot. Autom. **14**(5), 696–708 (1998)

27.26 D.J. Montana: The kinematics of contact and grasp, Int. J. Robot. Res. **7**(3), 17–32 (1988)

27.27 C.S. Cai, B. Roth: On the planar motion of rigid bodies with point contact, Mechanism Machine Theory **21**(6), 453–466 (1986)

27.28 C. Cai, B. Roth: On the spatial motion of a rigid body with point contact, IEEE International Conference on Robotics and Automation (1987) pp. 686–695

27.29 A.B.A. Cole, J.E. Hauser, S.S. Sastry: Kinematics and control of multifingered hands with rolling contact, IEEE Trans. Autom. Control **34**(4), 398–404 (1989)

27.30 R.M. Murray, Z. Li, S.S. Sastry: *A Mathematical Introduction to Robotic Manipulation* (CRC, Boca Raton 1994)

27.31 F. Reuleaux: *The Kinematics of Machinery* (Dover, New York 1963), , reprint of MacMillan, 1876

27.32 C.A. Coulomb: Theorie des machines simples en ayant egard au frottement de leurs parties et a la roideur des cordages. In: *Memoires des mathe-*

matique et de physique presentes a l'Academie des Sciences (Bachelier, Paris 1821)
27.33 Y. Maeda, T. Arai: Planning of graspless manipulation by a multifingered robot hand, Adv. Robot. **19**(5), 501–521 (2005)
27.34 M.T. Mason: Two graphical methods for planar contact problems, IEEE/RSJ International Conference on Intelligent Robots and Systems (Osaka, Japan November 1991) pp. 443–448
27.35 R. Howe, I. Kao, M. Cutkosky: Sliding of Robot Fingers Under Combined Torsion and Shear Loading, Proceedings of 1988 IEEE International Conference on Robotics and Automation, Vol. 1 (Philadelphia, Pennsylvania 1988) pp. 103–105
27.36 I. Kao, M.R. Cutkosky: Dextrous manipulation with compliance and sliding, Int. J. Robot. Res. **11**(1), 20–40 (1992)
27.37 R.D. Howe, M.R. Cutkosky: Practical force-motion models for sliding manipulation, Int. J. Robot. Res. **15**(6), 555–572 (1996)
27.38 N. Xydas, I. Kao: Modeling of contact mechanics and friction limit surface for soft fingers with experimental results, Int. J. Robot. Res. **18**(9), 941–950 (1999)
27.39 I. Kao, F. Yang: Stiffness and contact mechanics for soft fingers in grasping and manipulation, IEEE Trans. Robot. Autom. **20**(1), 132–135 (2004), ,
27.40 J. Jameson, L. Leifer: Quasi-Static Analysis: A Method for Predicting Grasp Stability, Proceedings of 1986 IEEE International Conference on Robotics and Automation (1986) pp. 876–883
27.41 S. Goyal, A. Ruina, J. Papadopoulos: Planar sliding with dry friction: Part 2. Dynamics of motion, Wear **143**, 331–352 (1991)
27.42 P. Tiezzi, I. Kao: Modeling of viscoelastic contacts and evolution of limit surface for robotic contact interface, IEEE Trans. Robot. **23**(2), 206–217 (2007)
27.43 M. Anitescu, F. Potra: Formulating multi-rigid-body contact problems with friction as solvable linear complementarity problems, ASME J. Nonlin. Dyn. **14**, 231–247 (1997)
27.44 S. Berard, J. Trinkle, B. Nguyen, B. Roghani, J. Fink, V. Kumar: daVinci code: A multi-model simulation and analysis tool for multi-body systems, IEEE International Conference on Robotics and Automation (2007)
27.45 P. Song, J.-S. Pang, V. Kumar: A semi-implicit time-stepping model for frictional compliant contact problems, Int. J. Numer. Methods Eng. **60**(13), 2231–2261 (2004)
27.46 D. Stewart, J. Trinkle: An implicit time-stepping scheme for rigid body dynamics with inelastic collisions and Coulomb friction, Int. J. Numer. Methods Eng. **39**, 2673–2691 (1996)
27.47 R.W. Cottle, J.-S. Pang, R.E. Stone: *The Linear Complementarity Problem* (Academic, New York 1992)
27.48 S.N. Simunovic: Force information in assembly processes, International Symposium on Industrial Robots (1975)
27.49 V.-D. Nguyen: Constructing force-closure grasps, Int. J. Robot. Res. **7**(3), 3–16 (1988), ,
27.50 K.M. Lynch: Toppling manipulation, IEEE International Conference on Robotics and Automation (1999)
27.51 M.T. Zhang, K. Goldberg, G. Smith, R.-P. Berretty, M. Overmars: Pin design for part feeding, Robotica **19**(6), 695–702 (2001)
27.52 D. Reznik, J. Canny: The Coulomb pump: a novel parts feeding method using a horizontally-vibrating surface, IEEE International Conference on Robotics and Automation (1998) pp. 869–874
27.53 A.E. Quaid: A miniature mobile parts feeder: Operating principles and simulation results, IEEE International Conference on Robotics and Automation (1999) pp. 2221–2226
27.54 D. Reznik, J. Canny: A flat rigid plate is a universal planar manipulator, IEEE International Conference on Robotics and Automation (1998) pp. 1471–1477
27.55 D. Reznik, J. Canny: C'mon part, do the local motion!, IEEE International Conference on Robotics and Automation (2001) pp. 2235–2242
27.56 T. Vose, P. Umbanhowar, K.M. Lynch: Vibration-induced frictional force fields on a rigid plate, IEEE International Conference on Robotics and Automation (2007)
27.57 M.T. Mason: Mechanics and planning of manipulator pushing operations, Int. J. Robot. Res. **5**(3), 53–71 (1986)
27.58 K.Y. Goldberg: Orienting polygonal parts without sensors, Algorithmica **10**, 201–225 (1993)
27.59 R.C. Brost: Automatic grasp planning in the presence of uncertainty, Int. J. Robot. Res. **7**(1), 3–17 (1988)
27.60 J.C. Alexander, J.H. Maddocks: Bounds on the friction-dominated motion of a pushed object, Int. J. Robot. Res. **12**(3), 231–248 (1993)
27.61 M.A. Peshkin, A.C. Sanderson: The motion of a pushed, sliding workpiece, IEEE J. Robot. Autom. **4**(6), 569–598 (1988)
27.62 M.A. Peshkin, A.C. Sanderson: Planning robotic manipulation strategies for workpieces that slide, IEEE J. Robot. Autom. **4**(5), 524–531 (1988)
27.63 M. Brokowski, M. Peshkin, K. Goldberg: Curved fences for part alignment, IEEE International Conference on Robotics and Automation (Atlanta 1993) pp. 467–473
27.64 K.M. Lynch: The mechanics of fine manipulation by pushing, IEEE International Conference on Robotics and Automation (Nice 1992) pp. 2269–2276
27.65 K.M. Lynch, M.T. Mason: Stable pushing: Mechanics, controllability, and planning, Int. J. Robot. Res. **15**(6), 533–556 (1996)
27.66 K. Harada, J. Nishiyama, Y. Murakami, M. Kaneko: Pushing multiple objects using equivalent friction center, IEEE International Conference on Robotics and Automation (2002) pp. 2485–2491
27.67 J.D. Bernheisel, K.M. Lynch: Stable transport of assemblies: Pushing stacked parts, IEEE Trans. Autom. Sci. Eng. **1**(2), 163–168 (2004)
27.68 J.D. Bernheisel, K.M. Lynch: Stable transport of assemblies by pushing, IEEE Trans. Robot. **22**(4), 740–750 (2006)
27.69 H. Mayeda, Y. Wakatsuki: Strategies for pushing a 3-D block along a wall, IEEE/RSJ International Conference on Intelligent Robots and Systems (Osaka, Japan 1991) pp. 461–466
27.70 H. Hertz: On the Contact of Rigid Elastic Solids and

on Hardness. In: *6: Assorted Papers by H. Hertz*, ed. by H. Hertz (MacMillan, New York 1882)
27.71 K.L. Johnson: *Contact Mechanics* (Cambridge Univ. Press, Cambridge 1985)
27.72 S.P. Timoshenko, J.N. Goodier: *Theory of Elasticity*, 3rd edn. (McGraw-Hill, New York 1970)
27.73 E. Wolf: *Progress in Optics* (North-Holland, Amsterdam 1992)
27.74 E.J. Nicolson, R.S. Fearing: The Reliability of Curvature Estimates from Linear Elastic Tactile Sensors, the Proceedings of the 1995 IEEE International Conference on Robotics and Automation (IEEE Press 1995)
27.75 M. Abramowitz, I. Stegun: *Handbook of Mathematical Functions with formulas, graphs, and mathematical tables*, 7th edn. (Dover, New York 1972)
27.76 I. Kao, S.-F. Chen, Y. Li, G. Wang: Application of bio-engineering contact interface and MEMS in robotic and human augmented systems, IEEE Robot. Autom. Mag. **10**(1), 47–53 (2003)
27.77 S. Goyal, A. Ruina, J. Papadopoulos: Planar sliding with dry friction. Part 1. Limit surface and moment function, Wear **143**, 307–330 (1991)
27.78 S. Goyal, A. Ruina, J. Papadopoulos: Planar sliding with dry friction. Part 2. Dynamics of motion, Wear **143**, 331–352 (1991)
27.79 J.W. Jameson: Analytic Techniques for Automated Grasp. Ph.D. Thesis (Department of Mechanical Engineering, Stanford University 1985)
27.80 S. Goyal, A. Ruina, J. Papadopoulos: Limit Surface and Moment Function Description of Planar Sliding, Proceedings of 1989 IEEE International Conference on Robotics and Automation (IEEE Computer Society, Scottsdale, Arizona 1989) pp. 794–799
27.81 K.M. Lynch, M.T. Mason: Dynamic nonprehensile manipulation: Controllability, planning, and experiments, Int. J. Robot. Res. **18**(1), 64–92 (1999)
27.82 A.J. Goldman, A.W. Tucker: Polyhedral convex cones. In: *Linear Inequalities and Related Systems*, ed. by H.W. Kuhn, A.W. Tucker (Princeton Univ. Press, Princeton 1956)
27.83 M.A. Erdman: A configuration space friction cone;, IEEE/RSJ International Conference on Intelligent Robots and Systems (Osaka, 1991) pp. 455–460
27.84 M.A. Erdmann: Multiple-point contact with friction: Computing forces and motions in configuration space, IEEE/RSJ International Conference on Intelligent Robots and Systems (Yokohama, 1993) pp. 163–170
27.85 S. Hirai, H. Asada: Kinematics and statics of manipulation using the theory of polyhedral convex cones, Int. J. Robot. Res. **12**(5), 434–447 (1993)
27.86 R.S. Ball: *The Theory of Screws* (Cambridge Univ. Press, Cambridge 1900)
27.87 K.H. Hunt: *Kinematic Geometry of Mechanisms* (Oxford Univ., Oxford 1978)
27.88 J.K. Davidson, K.H. Hunt: *Robots and Screw Theory* (Oxford Univ. Press, Oxfort 2004)
27.89 J.M. Selig: *Geometric Fundamentals of Robotics*, 2nd edn. (Springer, Berlin Heidelberg 2005)

第28章　抓　取

Domenico Prattichizzo, Jeffrey C. Trinkle

张文增　译

本章介绍抓取分析的基本模型。该整体模型是诸多模型的耦合，它们定义了广泛应用在刚体运动学和动力学模型中的接触行为。该接触模型本质上归结于通过各接触所传递的接触力和力矩分量的选择。由完整模型的数学性质可以自然地引出五种基本的抓取类型，它们的物理解释为抓取和操作规划提供了深入了解。

在对基本原理和抓取类型进行介绍之后，这一章着重于介绍最重要的抓取特征：完全约束。一个带有完全约束的抓取可以防止失去接触，因而是很安全的。两个主要的约束特性是形封闭和力封闭。一个形封闭的抓取保证了只要手的指杆和抓取目标近似为刚性及只要关节驱动器足够强大，接触就可以维持。正如将要看到的，形封闭和力封闭抓取之间的主要区别在于后者依赖于接触摩擦。这意味着达到力封闭比达到形封闭需要更少的接触。

28.1　背景 …… 182
28.2　模型与定义 …… 182
　28.2.1　速度运动学 …… 183
　28.2.2　动力学与平衡 …… 186
28.3　可控制的转动和扭转 …… 187
　28.3.1　抓取分类 …… 187
　28.3.2　刚体假设的限制 …… 188
　28.3.3　理想特性 …… 189
28.4　约束分析 …… 190
　28.4.1　形封闭 …… 191
　28.4.2　力封闭 …… 193
28.5　范例 …… 195
　28.5.1　例1：球体抓取 …… 195
　28.5.2　例2：平面多边形抓取 …… 199
　28.5.3　例3：超静定抓取 …… 201
　28.5.4　例4：对偶性 …… 202
　28.5.5　例5：形封闭 …… 203
28.6　结论与扩展阅读 …… 203
参考文献 …… 204

28.1　背景

机械手的开发是为了使机器人拥有抓取不同几何和物理属性物品的能力。第一个机器人灵巧手是索尔兹伯里手[28.1]。它有三只三关节手指，足以控制一个对象的所有6个自由度和抓取力。由索尔兹伯里完成的基本抓取模型和分析提供了一个沿用到今天的抓取合成与灵巧控制研究的基础。其中一些最成熟的分析技术已经被嵌入到了软件 GraspIt！当中[28.2]。GraspIt！中包含了一些机械手的模型，并且提供了抓取选择、动力学的抓取仿真和图像生成的工具。

这一章的目标是对形封闭和力封闭最重要的抓取特性给出透彻的解释。这些将会贯穿在讲解抓取模型的详细起源和对具体事例的讨论当中。通过深入了解历史和文献资料的宝库确定了抓取的宽度与广度，读者可查阅参考文献［28.3］。

28.2　模型与定义

抓取过程的数学模型必须能够预测在抓取实物过程中可能发生的各种载荷条件下手和目标的动作行为。一般而言，最通常的动作是保持这样一种抓取情况：当面对作用于物体上的未知扰动力和力矩仍保持抓取状态。通常这些扰动来自于惯性力，它会在高速或者由重力产生的作用力下变大。抓取的保持意味着灵巧手的接触面必须要避免接触分离和不必要的接触滑动。这种特殊类型的抓取（封闭式抓取）会被保持在每一个可能的扰动载荷上。图28.1展示了索尔兹伯里手[28.1,4]对一个物体执行一个封闭式抓取，它把它的手指包裹在物体周围并且用手掌压在这个物体上面。针对封闭抓取的正式定义、分析以及计算测试将会在28.5节中列出。

图28.2列举了将会在模拟抓取系统中用到的一些主要变量。假设机械手的指杆和物体都是刚性的，

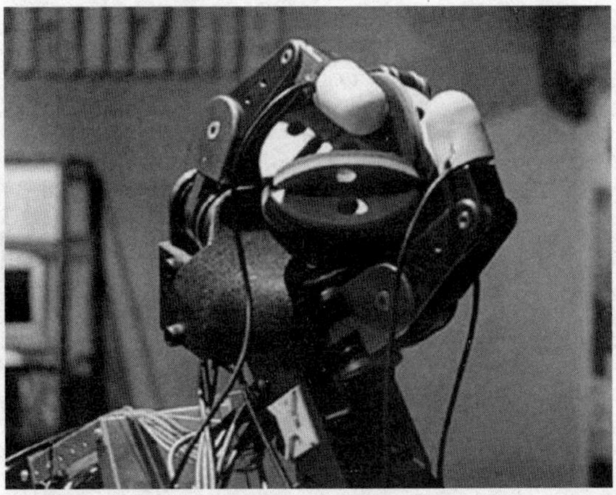

图 28.1 索尔兹伯里手抓取一个物体

而且有一个独特的能表明各接触点的切平面。用 $\{N\}$ 代表一个方便选择的固定在工作空间的惯性坐标系。坐标系 $\{B\}$ 固定在物体上，这一坐标系的原始定义通过矢量 $\boldsymbol{P}\in\mathbb{R}^3$ 和坐标系 $\{N\}$ 联系起来，其中$\mathbb{R}^3$ 表示三维几何空间。一个便捷的处理方法是把向量 $\boldsymbol{P}$ 的原点取在物体的质心处。在坐标系 $\{N\}$ 中接触点的位置 i 由矢量 $\boldsymbol{c}_i\in\mathbb{R}^3$ 定义。在接触点 i 处，我们定义一个坐标系 $\{\boldsymbol{C}\}_i$，这个坐标系有轴 $\{\hat{\boldsymbol{n}}_i, \hat{\boldsymbol{t}}_i, \hat{\boldsymbol{o}}_i\}$（$\{\boldsymbol{C}\}_i$ 出现在分解图中）。$\boldsymbol{c}_i$ 的单位向量 $\hat{\boldsymbol{n}}_i$ 正交于接触切平面，并直接指向物体。另外两个单位向量相互正交并且处于接触切平面内。

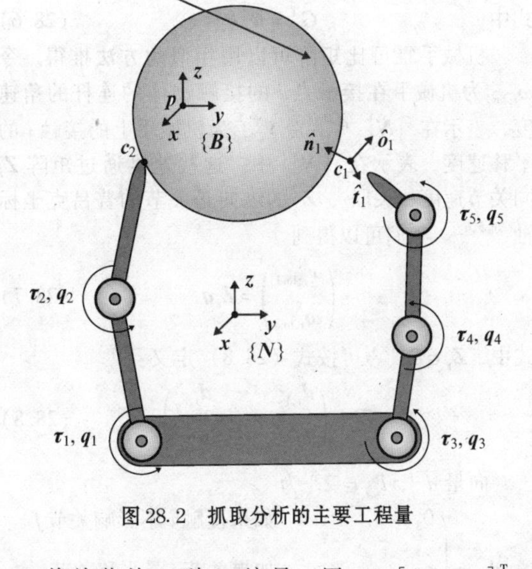

图 28.2 抓取分析的主要工程量

将关节从 1 到 n_q 编号。用 $\boldsymbol{q}=[q_1\cdots q_{n_q}]^{\mathrm{T}}\in\mathbb{R}^{n_q}$表示关节位移的向量，其中上标 T 表示矩阵的转置。同样，用$\boldsymbol{\tau}=[\tau_1\cdots\boldsymbol{\tau}_{n_q}]^{\mathrm{T}}\in\mathbb{R}^{n_q}$表示关节的载荷（柱状关节中的力和回转关节中的力矩）。这些载荷产生于执行机构的作用力、其他作用力和惯性力。它们同样也可以产生于物体和机械手之间的接触。然而，一种理想的做法是把关节的载荷分离为两个部分：由接触产生的是一部分，其他来源的是另一部分。在整个章节里，非接触的载荷将被表示为$\boldsymbol{\tau}$。

用 $\boldsymbol{u}\in\mathbf{R}^{n_u}$表示坐标系 $\{\boldsymbol{B}\}$ 和坐标系 $\{\boldsymbol{N}\}$ 的位置方向关系向量。对于平面系统来说 $n_u=3$。对于三维空间系统，n_u 有不少于 3 个参数用来描述目标，一般来说是 3 个（对欧拉角）或 4 个（对单位四元数）。在坐标系 $\{N\}$ 中，物体的转动由 $\boldsymbol{\nu}=[\boldsymbol{v}^{\mathrm{T}}\boldsymbol{\omega}^{\mathrm{T}}]^{\mathrm{T}}\in\mathbf{R}^{n_\nu}$表示。它由点 $\boldsymbol{p}$ 的平移速度 $\boldsymbol{v}\in\mathbb{R}^3$ 和物体的角速度 $\boldsymbol{\omega}\in\mathbb{R}^3$ 合成，而二者均在坐标系 $\{N\}$ 中表示。刚体的转动可以表示为固接于该物体的任何方便的坐标系上。前面提到的转动的部分包含了新坐标系原点的速度和物体的角速度，均表示在新坐标系中。关于转动和扭转的严格推导见参考文献 [28.5, 6]。请注意，对于平面系统来说 $\boldsymbol{v}\in\mathbb{R}^2$，$\omega\in\mathbf{R}$，所以 $n_\nu=3$。

另一个重要的点是：$\dot{\boldsymbol{u}}\neq\boldsymbol{\nu}$。取而代之的是，这些变量可以利用矩阵 V 和下面式子联系起来

$$\dot{\boldsymbol{u}}=\boldsymbol{V}\boldsymbol{\nu} \tag{28.1}$$

式中，矩阵 $\boldsymbol{V}\in\mathbb{R}^{n_u\times n_\nu}$ 并非一般的方阵，它满足 $\boldsymbol{V}^{\mathrm{T}}\boldsymbol{V}=\boldsymbol{I}$[28.7]，$\boldsymbol{I}$ 是单位矩阵，并且对于超出 $\boldsymbol{u}$ 的点意味着时间上的不同。请注意，对于平面系统，$\boldsymbol{V}=\boldsymbol{I}\in\mathbb{R}^{3\times3}$。

令 $\boldsymbol{f}\in\mathbb{R}^{3\times3}$ 为作用在物体上 $\boldsymbol{p}$ 点的力，令 $\boldsymbol{m}\in\mathbb{R}^3$ 为作用力矩。这些符号（$\boldsymbol{f}$ 和 $\boldsymbol{m}$）在坐标系 $\{N\}$ 中表示，他们同物体的载荷或扭转结合，并用 $\boldsymbol{g}=[\boldsymbol{f}^{\mathrm{T}}\boldsymbol{m}^{\mathrm{T}}]^{\mathrm{T}}\in\mathbb{R}^{n_\nu}$表示出来。就像转动一样，扭转也可以用任何合适的固定在物体上的坐标系表示出来。你可以把这一过程看做是对力的作用线的变换，直到它通过了新的坐标系的原点，然后调整扭转力矩的分量，通过将这一分量移动到力的作用线上以抵消力矩的作用。最后，将力和经过移动的力矩表示在新的坐标系下。在完成了连接的载荷之后，物体的扭转将被分为两个主要的部分：接触和非接触扭转。在这一章里，将用 $\boldsymbol{g}$ 表示物体上的非接触扭转。

28.2.1 速度运动学

这一章的内容对于很多种类的机械手臂和其他抓取机械机构都是有效的。并且我们假设这一类机械手

都含有一个“手掌”作为基底，上面有若干数量的手指，每一个手指都有若干个关节。这一章中给出的构想会被非常明确地表达出来，不仅仅就弯曲的和直线的关节而言。大多数其他的常见的关节都可以由这两种关节建立模型（例如圆柱状的、球状的和平面状的关节）。任何数量的接触可能发生在任何数量的连杆和物体之间。

1. 抓取矩阵和机械手雅可比矩阵

有两个矩阵在抓取分析过程中极为重要：抓取矩阵 $\boldsymbol{G}$ 和机械手雅可比矩阵 $\boldsymbol{J}$。这些矩阵定义了相对速度运动学以及接触的力传递特性。接下来对 $\boldsymbol{G}$ 和 $\boldsymbol{J}$ 进一步的讨论将会建立在三维系统的情况下。对于向平面系统的转换将会在之后进行。

每一个接触应当被视作两个重合点：一个在机械手上，另一个在物体上。机械手雅可比矩阵描绘了表示在接触坐标系内的机械手转动的关节速度，抓取矩阵的转置依赖于物体转动在接触坐标系内的表示。在机械手的每一个指杆上，手指关节的动作均带来一个刚体的运动。机械手的转动，顾名思义，这里提到的接触 i 的转动是接触 i 处指杆的转动所参与的接触 i。这样，这些矩阵可以通过改变表示转动的参考坐标系的方式得以相互转化。抓取分析的基本符号见表28.1。

表 28.1 抓取分析的主要符号

符　号	定　义
n_c	接触的数量
n_q	机械手的关节数量
n_v	物体的自由度数量
$\boldsymbol{q}\in\mathbb{R}^{n_q}$	关节位移
$\dot{\boldsymbol{q}}\in\mathbb{R}^{n_q}$	关节速度
$\boldsymbol{\tau}\in\mathbb{R}^{n_q}$	非接触关节载荷
$\boldsymbol{u}\in\mathbb{R}^{n_u}$	物体位置和姿态
$\boldsymbol{v}\in\mathbb{R}^{n_v}$	物体转动
$\boldsymbol{g}\in\mathbb{R}^{n_v}$	非接触物体扭转
$\{\boldsymbol{B}\}$	物体坐标系
$\{\boldsymbol{C}\}_i$	关节 i 坐标系
$\{\boldsymbol{N}\}$	惯性坐标系

为了导出抓取矩阵，令表示在坐标系 $\{\boldsymbol{N}\}$ 中的 $\boldsymbol{\omega}_{\text{obj}}^{\text{N}}$ 为物体的角速度，同样令表示在坐标系 $\{\boldsymbol{N}\}$ 中的 $\boldsymbol{v}_{i,\text{obj}}^{\text{N}}$ 为物体上点（同样是 $\{\boldsymbol{C}\}_i$ 的原点）的速度。这些速度可以从表示在坐标系 $\{\boldsymbol{N}\}$ 中的物体转动中获得：

$$\begin{pmatrix}\boldsymbol{v}_{i,\text{obj}}^{\text{N}}\\ \boldsymbol{\omega}_{\text{obj}}^{\text{N}}\end{pmatrix}=\boldsymbol{P}_i^{\text{T}}\boldsymbol{v} \tag{28.2}$$

式中，

$$\boldsymbol{P}_i=\begin{pmatrix}\boldsymbol{I}_{3\times3} & 0\\ \boldsymbol{S}(\boldsymbol{c}_i-\boldsymbol{p}) & \boldsymbol{I}_{3\times3}\end{pmatrix} \tag{28.3}$$

$\boldsymbol{I}_{3\times3}\in\mathbb{R}^{3\times3}$ 是一个单位矩阵；$\boldsymbol{S}(\boldsymbol{c}_i-\boldsymbol{p})$ 是一个叉积矩阵，这就是说，给定一个三维向量 $\boldsymbol{r}=[r_x r_y r_z]^{\text{T}}$，$\boldsymbol{S}(\boldsymbol{r})$ 定义为

$$\boldsymbol{S}(\boldsymbol{r})=\begin{pmatrix}0 & -r_z & r_y\\ r_z & 0 & -r_x\\ -r_y & r_x & 0\end{pmatrix}$$

在 $\{\boldsymbol{C}\}_i$ 中所指物体的转动仅仅是式（28.2）中的左手一边的表示在 $\{\boldsymbol{C}\}_i$ 中的向量。令 $\boldsymbol{R}_i=[\hat{\boldsymbol{n}}_i\ \hat{\boldsymbol{t}}_i\hat{\boldsymbol{o}}_i]\in\mathbb{R}^{3\times3}$，它代表了第 i 个接触坐标系 $\{\boldsymbol{C}\}_i$ 相对于惯性坐标系的姿态（单位向量 $\hat{\boldsymbol{n}}_i$，$\hat{\boldsymbol{t}}_i$，和 $\hat{\boldsymbol{o}}_i$ 为坐标系 $\{\boldsymbol{N}\}$ 中的表达）。然后给出物体转动在 $\{\boldsymbol{C}\}_i$ 的表达

$$\boldsymbol{v}_{i,\text{obj}}=\overline{\boldsymbol{R}}_i^{\text{T}}\begin{pmatrix}\boldsymbol{v}_{i,\text{obj}}^{\text{N}}\\ \boldsymbol{\omega}_{\text{obj}}^{\text{N}}\end{pmatrix} \tag{28.4}$$

式中，$\overline{\boldsymbol{R}}_i=\text{Blockdiag}(\boldsymbol{R}_i,\boldsymbol{R}_i)=\begin{pmatrix}\boldsymbol{R}_i & 0\\ 0 & \boldsymbol{R}_i\end{pmatrix}\in\mathbb{R}^{6\times6}$。

将 $\boldsymbol{P}_i^{\text{T}}\boldsymbol{v}$ 从式（28.2）代入到式（28.4）带来局部的抓取矩阵 $\tilde{\boldsymbol{G}}_i^{\text{T}}\in\mathbb{R}^{6\times6}$，它描绘了物体转动从 $\{\boldsymbol{N}\}$ 到 $\{\boldsymbol{C}\}_i$ 的转化

$$\boldsymbol{v}_{i,\text{obj}}=\tilde{\boldsymbol{G}}_i^{\text{T}}\boldsymbol{v} \tag{28.5}$$

式中，

$$\tilde{\boldsymbol{G}}_i^{\text{T}}=\overline{\boldsymbol{R}}_i^{\text{T}}\boldsymbol{P}_i^{\text{T}} \tag{28.6}$$

机械手雅可比矩阵可以用相似的方法推得。令 $\boldsymbol{\omega}_{i,\text{hnd}}^{\text{N}}$ 为机械手在接触点 i 的接触物体的连杆的角速度，表示在 $\{\boldsymbol{N}\}$ 中；令 $\boldsymbol{v}_{i,\text{hnd}}^{\text{N}}$ 为机械手上的接触 i 的平移速度，表示在 $\{\boldsymbol{N}\}$ 中。这些速度通过矩阵 $\boldsymbol{Z}_i$ 同关节速度相关联，$\boldsymbol{Z}_i$ 的纵向是关节的普吕克坐标轴[28.5,6]。我们可以得到

$$\begin{pmatrix}\boldsymbol{v}_{i,\text{hnd}}^{\text{N}}\\ \boldsymbol{\omega}_{i,\text{hnd}}^{\text{N}}\end{pmatrix}=\boldsymbol{Z}_i\dot{\boldsymbol{q}} \tag{28.7}$$

式中，$\boldsymbol{Z}_i\in\mathbb{R}^{6\times n_q}$ 可按式（28.8）定义：

$$\boldsymbol{Z}_i=\begin{pmatrix}\boldsymbol{d}_{i,1} & \cdots & \boldsymbol{d}_{i,n_q}\\ \boldsymbol{l}_{i,1} & \cdots & \boldsymbol{l}_{i,n_q}\end{pmatrix} \tag{28.8}$$

向量 $d_{i,j}$，$l_{i,j}\in\mathbb{R}^3$ 为

$$\boldsymbol{d}_{i,j}=\begin{cases}0_{3\times1} & \text{如果接触 } i \text{ 不影响关节 } j\\ \hat{z}_j & \text{如果关节 } j \text{ 是平移关节}\\ \boldsymbol{S}(\boldsymbol{c}_i-\boldsymbol{\zeta}_j)^{\text{T}}\hat{z}_j & \text{如果关节 } j \text{ 是旋转关节}\end{cases}$$

$$\boldsymbol{l}_{i,j}=\begin{cases}0_{3\times1} & \text{如果接触 } i \text{ 不影响关节 } j\\ 0_{3\times1} & \text{如果关节 } j \text{ 是平移关节}\\ \hat{z}_j & \text{如果关节 } j \text{ 是旋转关节}\end{cases}$$

如图 28.11 所示，$\boldsymbol{\zeta}_j$ 是关联于第 j 个关节的坐标系的原点，$\hat{z}_j$ 是同一坐标系中沿 z 轴的单位矢量。两个向量都表示在坐标系 $\{\boldsymbol{N}\}$ 中。这些坐标系可以用任何合适的方法指定，例如 Denavit-Hartenberg (D-H)方法[28.8]。$\hat{z}_j$ 轴是旋转关节的旋转轴和平移关节的平移方向。

将机械手的转动放在接触坐标系中的最后一步，也就是把 $\boldsymbol{v}_{i,\mathrm{hnd}}^{\mathrm{N}}$ 和 $\boldsymbol{\omega}_{i,\mathrm{hnd}}^{\mathrm{N}}$ 表示在坐标系 $\{\boldsymbol{C}\}_i$ 中

$$\boldsymbol{v}_{i,\mathrm{hnd}}=\overline{\boldsymbol{R}}_i^{\mathrm{T}}\begin{pmatrix}\boldsymbol{v}_{i,\mathrm{hnd}}^{\mathrm{N}}\\ \boldsymbol{\omega}_{i,\mathrm{hnd}}^{\mathrm{N}}\end{pmatrix} \tag{28.9}$$

联式（28.9）和式（28.7）推出局部机械手雅可比矩阵 $\tilde{\boldsymbol{J}}_i\in\mathbb{R}^{6\times n_q}$，它确定了关节速度和机械手接触旋转的关系

$$\boldsymbol{v}_{i,\mathrm{hnd}}=\tilde{\boldsymbol{J}}_i\dot{\boldsymbol{q}} \tag{28.10}$$

$$\tilde{\boldsymbol{J}}_i=\overline{\boldsymbol{R}}_i^{\mathrm{T}}\boldsymbol{Z}_i \tag{28.11}$$

为了简化表达，将所有的机械手和物体的转动都计入向量 $\boldsymbol{v}_{c,\mathrm{hnd}}\in\mathbb{R}^{6n_c}$ 和 $\boldsymbol{v}_{c,\mathrm{obj}}\in\mathbb{R}^{6n_c}$ 中，如下所示

$$\boldsymbol{v}_{c,\xi}=(\boldsymbol{v}_{1,\xi}^{\mathrm{T}}\cdots\boldsymbol{v}_{n_c,\xi}^{\mathrm{T}})^{\mathrm{T}},\ \xi=\{\mathrm{obj},\mathrm{hnd}\}$$

现在完整的抓取矩阵 $\tilde{\boldsymbol{G}}\in\mathbb{R}^{6\times6n_c}$ 和完整的机械手雅可比矩阵 $\tilde{\boldsymbol{J}}\in\mathbb{R}^{6n_c\times n_q}$ 涉及的各种速度量如下

$$\boldsymbol{v}_{c,\mathrm{obj}}=\tilde{\boldsymbol{G}}^{\mathrm{T}}\boldsymbol{v} \tag{28.12}$$

$$\boldsymbol{v}_{c,\mathrm{hnd}}=\tilde{\boldsymbol{J}}\dot{\boldsymbol{q}} \tag{28.13}$$

式中，

$$\tilde{\boldsymbol{G}}^{\mathrm{T}}=\begin{pmatrix}\tilde{\boldsymbol{G}}_1^{\mathrm{T}}\\ \vdots\\ \tilde{\boldsymbol{G}}_{n_c}^{\mathrm{T}}\end{pmatrix},\quad \tilde{\boldsymbol{J}}=\begin{pmatrix}\tilde{\boldsymbol{J}}_1\\ \vdots\\ \tilde{\boldsymbol{J}}_{n_c}\end{pmatrix} \tag{28.14}$$

这里的术语“完整”是用来强调接触中的所有 $6n_c$ 个转动分量都包含在上述映射之中。详见本章最后的“例 1 第一部分”和“例 3 第一部分”。

2. 接触建模

三个用于抓取分析的接触模型会在这里提及。关于机器人接触建模的完整讨论，读者可参见第 27 章。

已知的抓取分析的三个最重要的模型分别是：“无摩擦点接触”，“硬手指”和“软手指”[28.9]。三个模型通过选择接触旋转的分量，在机械手和物体间传递。这是通过将机械手和物体的接触转动分量等效的方法得以实现的。与其相对应的接触力和力矩的分量也同样是等效的，但是这里并不包括那些由接触单侧性和摩擦模型施加的约束（28.5.2 节）。

无摩擦点接触（PwoF）模型适用于接触点非常小、机械手与物体比较光滑的情况。在这种模型中，只有机械手上接触点以平移速度法向分量（例如 $\boldsymbol{v}_{i,\mathrm{hnd}}$ 的第一个分量）作用于物体上。切向速度的两个分量和角速度的三个分量并不作用。类似地，接触力的法向分量作用于物体，但是摩擦力和力矩假设可以忽略不计。

硬手指（HF）模型适用于存在不可忽略的接触摩擦，但接触点很小的情况，这样就没有明显的摩擦力矩存在。当这种模型被用于一个接触时，机械手上的全部三个平移速度分量（例如 $\boldsymbol{v}_{i,\mathrm{hnd}}$ 中的前三个分量）和全部三个接触力分量通过这一接触作用于物体。没有任何角速度和力矩分量作用。

软手指（SF）模型适用于当表面摩擦和接触点足够大以至于产生了可观的摩擦力和一个正交于接触点的摩擦力矩的情况。对于一个适用于这种模型的接触来说，接触的三个平移速度分量和角速度在接触点处的法向分量会通过接触点传递作用于物体上（例如 $\boldsymbol{v}_{i,\mathrm{hnd}}$ 的前四个分量）。同样，接触力的全部三个分量和接触力矩的法向分量通过接触被传递。

注意：读者可能会看到刚体假设和软手指模型之间的矛盾。刚体假设是一种对抓取分析的全方位的简化近似，但是尽管如此，这种近似在许多实际情况中仍是足够精确的，所以这种抓取分析并非不切实际。另一方面，对于柔性手指模型的需求表明了手指杆和物体并非刚性的。可是它可以有效地应用于需要获得大量接触点的变形量较小的情况。这种情况发生在局部表面几何形状相似的条件下。如果大的手指或骨架变形在真实的系统中存在，那么本章中提及的刚体处理方法要谨慎使用。

为了展开 PwoF，HF，和 SF 模型，定义接触 i 处的相对转动为

$$(\tilde{\boldsymbol{J}}_i-\tilde{\boldsymbol{G}}_i^{\mathrm{T}})\begin{pmatrix}\dot{\boldsymbol{q}}\\ \boldsymbol{v}\end{pmatrix}=\boldsymbol{v}_{i,\mathrm{hnd}}-\boldsymbol{v}_{i,\mathrm{obj}}$$

通过矩阵 $\boldsymbol{H}_i\in\mathbb{R}^{l_i\times6}$ 定义一个特殊接触模型，这个矩阵选择了相对接触转动的分量 l_i 并把它们设置为 0：

$$\boldsymbol{H}_i(\boldsymbol{v}_{i,\mathrm{hnd}}-\boldsymbol{v}_{i,\mathrm{obj}})=0$$

这些分量被认为是传递自由度（DOF）。将 H_i 定义为：

$$\boldsymbol{H}_i=\begin{bmatrix}\boldsymbol{H}_{i\mathrm{F}} & 0\\ 0 & \boldsymbol{H}_{i\mathrm{M}}\end{bmatrix} \tag{28.15}$$

其中 H_{iF} 和 H_{iM} 依次为选择矩阵的平移和旋转分量。表 28.2 给出了三种接触模型的选择矩阵的定义，表里空集的意思是式（28.15）中相应的分块行矩阵为空（例如它有 0 行 0 列）。请注意，对于 SF 模型，H_{iM} 为选择接触点的法向旋转。

表 28.2 三种接触模型的选择矩阵

	l_i	H_{iF}	H_{iM}
PwoF	1	(100)	空集
HF	3	$I_{3\times3}$	空集
SF	4	$I_{3\times3}$	(100)

在为每一个接触选择了转化模型之后，全部 n_c 个接触的接触约束方程可以写成如下紧凑形式：

$$H(v_{c,\text{hnd}}-v_{c,\text{obj}})=0 \tag{28.16}$$

式中，$H=\text{Blockdiag}(H_1,\cdots,H_{n_c})\in\mathbb{R}^{\ell\times 6n_c}$ 通过 n_c 个接触的转动分量的数量 l 由 $l=\sum_{i=1}^{n_c}l_i$ 给出。

最后，将式（28.12）和式（28.13）带入式(28.16)，我们可以得到

$$(J-G^{\mathrm{T}})\begin{pmatrix}\dot{q}\\ v\end{pmatrix}=0 \tag{28.17}$$

式中，抓取矩阵和机械手雅可比矩阵是

$$G^{\mathrm{T}}=H\tilde{G}^{\mathrm{T}}\in\mathbb{R}^{\ell\times6},\ J=H\tilde{J}\in\mathbb{R}^{\ell\times n_q} \tag{28.18}$$

对于 H（抓取矩阵）和机械手雅可比矩阵结构的更多细节，读者可以参见参考文献［28.10-12］。

参见“例 1 第二部分”和“例 3 第二部分”。

值得注意的是式（28.17）可以写成以下形式

$$J\dot{q}=v_{cc,\text{hnd}}=v_{cc,\text{obj}}=G^{\mathrm{T}}v \tag{28.19}$$

式中，$v_{cc,\text{hnd}}$ 和 $v_{cc,\text{obj}}$ 只包含通过接触传递的转动分量。注意到这个等式意味着抓取矩阵的保持性可以解释为等式的成立可以保持一段时间。当接触无摩擦时，接触的保持性意味着持续的接触，所以滑动是允许的。然而，当接触为 HF 类型时，接触的保持性意味着有黏性的接触，所以滑移会对 HF 模型造成干扰。同样，对于 SF 类型的接触，可能就没有关于接触点法向的滑移或相对转动了。

在本章剩余的内容里，我们假设 $v_{cc,\text{hnd}}=v_{cc,\text{obj}}$。所以，这个符号将会被缩写为 v_{cc}。

3. 平面简化

假设运动平面为属于 $\{N\}$ 的 (x,y) 平面。向量 v 和 g 通过去掉第 3，4，5 个坐标分量，将维数从 6 维减少到 3 维。向量 c_i 和 p 的维数从 3 维减少至 2 维。第 i 个旋转矩阵变为 $R_i=(\hat{n}_i\hat{t}_i)\in\mathbb{R}^{2\times2}$（这里 $\hat{n}_i$ 和 $\hat{t}_i$ 的第 3 个坐标分量被去掉）并且式（28.4）包含 $\overline{R}_i=\text{Blockdiag}(R_i,1)\in\mathbb{R}^{3\times3}$。式（28.2）包含

$$P_i=\begin{pmatrix}I_{2\times2} & 0\\ S_2(c_i-p) & 1\end{pmatrix}$$

式中，S_2 是对于二维向量的叉积矩阵的近似，定义为

$$S_2(r)=(-r_y\ r_x)$$

式（28.7）中包含 $d_{i,j}\in\mathbb{R}^2$ 和 $l_{i,j}\in\mathbb{R}$，解释为

$$d_{i,j}=\begin{cases}0_{2\times1} & \text{如果接触力 } i \text{ 不影响关节 } j\\ \hat{z}_j & \text{如果关节 } j \text{ 是平移关节}\\ S(c_i-\zeta_j)^{\mathrm{T}} & \text{如果关节 } j \text{ 是旋转关节}\end{cases}$$

$$l_{i,j}=\begin{cases}0 & \text{如果接触力 } i \text{ 不影响关节 } j\\ 0 & \text{如果关节 } j \text{ 是平移关节}\\ 1 & \text{如果关节 } j \text{ 是旋转关节}\end{cases}$$

完整的抓取矩阵和机械手雅可比矩阵减少了尺寸：$\tilde{G}^{\mathrm{T}}\in\mathbb{R}^{3n_c\times3}$ 和 $\tilde{J}\in\mathbb{R}^{3n_c\times n_q}$。

就接触约束而言，式（28.15）就包含表 28.3 中的 H_{iF} 和 H_{iM}。

表 28.3 平面接触模型的选择矩阵

模型	l_i	H_{iF}	H_{iM}
PwoF	1	(10)	空集
HF/SF	2	$I_{2\times2}$	空集

在平面状态下，因为物体和手位于同一平面内，所以模型 SF 和 HF 是等价的。对于接触点法向的旋转将会引起平面外的运动。最终，抓取矩阵和机械手雅可比矩阵的维数将会减少到以下尺寸：$G^{\mathrm{T}}\in\mathbb{R}^{l\times3}$ 和 $J\in\mathbb{R}^{l\times n_q}$。参见“例 1 第三部分”和“例 2 第一部分”。

28.2.2 动力学与平衡

系统动力学的等式可以写为

$$\begin{aligned}M_{\text{hnd}}(q)\ddot{q}+b_{\text{hnd}}(q,\dot{q})+J^{\mathrm{T}}\lambda&=\tau_{\text{app}}\\ M_{\text{obj}}(u)\dot{v}+b_{\text{obj}}(u,v)-G\lambda&=g_{\text{app}}\end{aligned} \tag{28.20}$$

受式(28.17)约束

式中，$M_{\text{hnd}}(\cdot)$ 和 $M_{\text{obj}}(\cdot)$ 为对称正定惯性矩阵；$b_{\text{hnd}}(\cdot,\cdot)$ 和 $b_{\text{obj}}(\cdot,\cdot)$ 为速度产生项；g_{app} 为通过重力和其他外力施加到物体上的力和力矩；τ_{app} 为外部载荷和执行机构运动的向量；向量 $G\lambda$ 为通过机械手施加在物体上的总扭转向量。向量 λ 包含了接触力和通过接触传递力矩的分量并且在接触坐标系中得以表达。特别是，$\lambda=[\lambda_1^{\mathrm{T}}\cdots\lambda_{n_c}^{\mathrm{T}}]^{\mathrm{T}}$，式中的 $\lambda_i=H_i$

$[f_{in}\ f_{it}\ f_{io}\ m_{in}\ m_{it}\ m_{io}]^T$。下标表明了一个法向（n）和接触力 $\boldsymbol{f}$ 与力矩 $\boldsymbol{m}$ 的两个切向（t，o）坐标分量。对于 SF，HF 或 PwoF 类型的接触，表 28.4 对 $\boldsymbol{\lambda}_i$ 做出了规定。最后，值得注意的是 $\boldsymbol{G}_i\boldsymbol{\lambda}_i=\tilde{\boldsymbol{G}}_i\boldsymbol{H}_i\boldsymbol{\lambda}_i$ 为通过接触 i 传递的扭转，其中的 $\boldsymbol{G}_i$ 和 $\boldsymbol{H}_i$ 在式（28.6）和式(28.15) 中定义。向量 $\boldsymbol{\lambda}_i$ 被称为接触 i 的扭转强度向量。

表 28.4　接触力和力矩分量的向量，也称为通过接触 i 传递的扭转强度向量

模　型	λ_i
PwoF	(f_{in})
HF	$(f_{in}f_{it}f_{io})^T$
SF	$(f_{in}f_{it}f_{io}f_{in})^T$

式（28.20）表征了手和物体的动力学关系，其中没有考虑接触模型对运动的约束。联立这些方程组，则系统的动力学模型可以写为

$$\begin{pmatrix}\boldsymbol{J}^T\\ -\boldsymbol{G}\end{pmatrix}\boldsymbol{\lambda}=\begin{pmatrix}\boldsymbol{\tau}\\ \boldsymbol{g}\end{pmatrix} \tag{28.21}$$

受约束于 $\boldsymbol{J}\dot{\boldsymbol{q}}=\boldsymbol{G}^T\boldsymbol{v}=\boldsymbol{v}_{cc}$，其中

$$\boldsymbol{\tau}=\boldsymbol{\tau}_{app}-\boldsymbol{M}_{hnd}(\boldsymbol{q})\ddot{\boldsymbol{q}}-\boldsymbol{b}_{hnd}(\boldsymbol{q},\dot{\boldsymbol{q}})$$

$$\boldsymbol{g}=\boldsymbol{g}_{app}-\boldsymbol{M}_{obj}(\boldsymbol{u})\dot{\boldsymbol{v}}-\boldsymbol{b}_{obj}(\boldsymbol{u},\boldsymbol{v}) \tag{28.22}$$

需要注意的一点是动力学等式和式（28.17）中的运动模型是紧密相关的。特别是仅当 $\boldsymbol{J}$ 和 $\boldsymbol{G}^T$ 只传递接触扭矩的所选分量时，式（28.20）中的 $\boldsymbol{J}^T$ 和 $\boldsymbol{G}$ 只用于传递接触扭转中的相应部分。

当其中的惯性项可以忽略时，如发生在缓慢移动中，系统被认为是准静态的。在这种情况下，式(28.22) 变为

$$\boldsymbol{\tau}=\boldsymbol{\tau}_{app}\qquad \boldsymbol{g}=\boldsymbol{g}_{app} \tag{28.23}$$

并且不依赖于关节和物体的速度。因此，当抓取为静态平衡或准静态运动时，可以通过式（28.21）独立求解第一项和约束来计算 $\boldsymbol{\lambda}$，$\dot{\boldsymbol{q}}$ 和 $\boldsymbol{v}$。值得注意的是当动态效果很明显时，这样的力/速度解耦的解是不可能的，尽管式（28.21）中的第一项随式（28.22）第三项而定。

注意：式（28.21）突出强调了关于抓取和机械手雅可比矩阵的一个重要的替代观点。$\boldsymbol{G}$ 可以理解为从被传递的接触力和力矩到手接触物体时的一系列扭转集合的映射。而 $\boldsymbol{J}^T$ 可以理解为一个从所传递的接触力和力矩到关节载荷向量的映射。注意到这些解释说明在动态和准静态的过程中均适用。

28.3 可控制的转动和扭转

在手的设计和其抓取与操作规划中，重要的是知道通过手指动作给予物体的转动集合，以及在什么条件下 $\mathbb{R}^6$ 中的任意扭转均能通过接触被应用于物体上。这种知识将会通过学习与 $\boldsymbol{G}$ 和 $\boldsymbol{J}$[28.13] 相关联的不同子空间而获得。

在图 28.3 中显示的空间是列空间和 $\boldsymbol{G}$、$\boldsymbol{G}^T$、$\boldsymbol{J}$ 与 $\boldsymbol{J}^T$ 中的零空间。列空间和零空间分别记为 $\mathbf{R}(\cdot)$ 和 $\mathbf{N}(\cdot)$。箭头表示了通过抓取系统的各种不同的速度和负载量的传递。例如，在图 28.3 的左侧，就说明了任意向量 $\dot{\boldsymbol{q}}\in\mathbb{R}^{n_q}$ 是如何被分解为在 $\mathbf{R}(\boldsymbol{J}^T)$ 和 $\mathbf{N}(\boldsymbol{J})$ 中两个正交向量之和的，以及 $\dot{\boldsymbol{q}}$ 是如何通过乘以 $\boldsymbol{J}$ 被映射到 $\mathbf{R}(\boldsymbol{J})$ 上的。

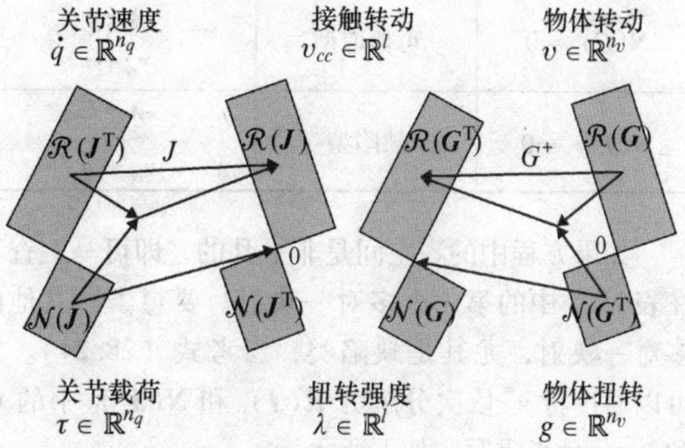

图 28.3　抓取系统中转动向量和扭转向量关系的线性映射

这里从线性代数中回忆两个事实是很重要的。首先，矩阵 $\boldsymbol{A}$ 是向量从 $\mathbf{R}(\boldsymbol{A}^T)$ 映射到 $\mathbf{R}(\boldsymbol{A})$ 的矩阵，映射是一一对应的，这就是说映射 $\boldsymbol{A}$ 是个双向单映射。$\boldsymbol{A}$ 的广义逆矩阵 $\boldsymbol{A}^+$ 是双向单映射的，它将向量映射到相反的方向[28.14]。另外，$\boldsymbol{A}$ 将向量从 $\mathbf{N}(\boldsymbol{G}^T)$ 映射到零向量。最后，不存在能被 $\boldsymbol{A}$ 映射到 $\mathbf{N}(\boldsymbol{A}^T)$ 中的非平凡向量。这说明了，如果 $\mathbf{N}(\boldsymbol{G}^T)$ 是非平凡的，那么机械手将不能够控制物体运动的所有自由度。这对于准静态的抓取当然是正确的，但当动态效应很显著时，它们将会引起物体沿 $\mathbf{N}(\boldsymbol{G}^T)$ 方向运动。

28.3.1 抓取分类

四个零空间形成了抓取系统的一个基本分类，其在表 28.5 中给出定义。假设式（28.21）的解存在，则如下的力和速度方程提供了对于多重零空间物理含义的深入理解：

$$\dot{q} = J^{+} v_{cc} + N(J)\alpha \tag{28.24}$$

$$v = (G^{T})^{+} v_{cc} + N(G^{T})\beta \tag{28.25}$$

$$\lambda = -G^{+} g + N(G)\gamma \tag{28.26}$$

$$\lambda = (J^{T})^{+} \tau + N(J^{T})\eta \tag{28.27}$$

在这些等式中，A^{+} 表示矩阵 A 广义逆（此后的伪逆）；$N(A)$ 表示了一个它的矩阵列形成了 $\mathrm{N}(A)$ 的基；α，β，γ 和 η 为参数化解集的任意向量。其中如果没有特别说明，上下文中会说明广义逆矩阵是左逆的还是右逆的。

表 28.5　基本抓取类别

条　件	分　类	多 对 一
$\mathrm{N}(J) \neq 0$	冗余型	$\dot{q} \to v_{cc}$ $\tau \to \lambda$
$\mathrm{N}(G^{T}) \neq 0$	不确定型	$v \to v_{cc}$ $g \to \lambda$
$\mathrm{N}(G) \neq 0$	可抓取型	$\lambda \to g$ $v_{cc} \to v$
$\mathrm{N}(J^{T}) \neq 0$	缺陷型	$\lambda \to \tau$ $v_{cc} \to \dot{q}$

如果方程中的零空间是非平凡的，即可马上查看在表 28.5 中的第一个多对一映射。要想了解其他的多对一映射，尤其是缺陷类，参考式（28.24）。它可以通过将 v_{cc} 依次分解为 $\mathrm{R}(J)$ 和 $\mathrm{N}(J^{T})$ 中的 v_{rs} 和 v_{lns} 分量来重写，如下所示

$$\dot{q} = J^{+}(v_{rs} + v_{lns}) + N(J)\alpha \tag{28.28}$$

$\mathrm{N}(A^{T})$ 中的每一个向量都正交于 A^{+} 的每个行向量，因此，$J^{+} v_{lns} = 0$。如果在式（28.28）中的 α 和 v_{rs} 是固定不变的，那么 $\dot{q}$ 是唯一存在的。由此可以清楚看到，如果 $\mathrm{N}(J^{T})$ 是非平凡的，那么在接触中手转动的子空间将会映射到一个单一的关节速度向量。将此方法应用到其他三个等式（28.25-28.27），则生成了其他的多对一映射，列于表 28.5 中。

等式（28.21）和式（28.24-28.27）产生了下列定义。

定义 28.1　冗余型

如果 $\mathrm{N}(J)$ 是非平凡的，则称抓取系统为冗余型。

在 $\mathrm{N}(J)$ 中的关节速度 $\dot{q}$ 是指手内速度，是因为它们与手指运动相一致，但是它们不在接触点的约束方向上产生手的运动。如果采用准静态模型，可以显示出物体的运动不受这些动作的影响，反之亦然。

定义 28.2　不确定型

如果 $\mathrm{N}(G^{T})$ 是非平凡的，则称抓取系统为不确定型。

物体在 $\mathrm{N}(G^{T})$ 中的转动 v 叫做物体内部转动，是因为它们与物体的运动相一致，但是不会在接触中约束方向上引起物体的运动。如果采用静态模型，可以显示这些转动不能被手指的动作所控制。

定义 28.3　可抓取型

如果 $\mathrm{N}(G)$ 是非平凡的，那么一个抓取系统就是可抓取的。

在 $\mathrm{N}(G)$ 中的扭转强度 λ 是指物体内力。这些扭转向量是内部作用，因为它们并不影响物体的加速度，例如，$G\lambda = 0$。反之，这些扭转强度影响着抓取的牢固性。因此，在依赖于摩擦的持续抓取中，内部扭转强度扮演了一个重要的角色（28.5.2 节）。

定义 28.4　缺陷型

如果 $\mathrm{N}(J^{T})$ 是非平凡的，则称抓取系统为缺陷型。

在 $\mathrm{N}(J^{T})$ 中的扭转强度 λ 称为手的内力。这些力并不影响式（28.20）给出的手关节运动学。如果考虑静态模型，可以很容易地显示从属于 $\mathrm{N}(J^{T})$ 的扭转强度不能通过关节运动产生，但是可以被手的结构限制。

参见“例 1 第四部分”；“例 2 第二部分”以及“例 3 第三部分”。

28.3.2　刚体假设的限制

刚体的动力学等式（28.20）可以将与接触约束相关联的拉格朗日乘子改写为如下形式

$$M_{dyn}\begin{pmatrix}\ddot{q}\\ \dot{v}\\ \lambda\end{pmatrix} = \begin{pmatrix}\tau - b_{hnd}\\ v - b_{obj}\\ b_{c}\end{pmatrix} \tag{28.29}$$

式中，$b_{c} = [\partial(J\dot{q})/\partial q]\dot{q} - [\partial(Gv)/\partial u]\dot{u}$

$$M_{dyn} = \begin{pmatrix}M_{hnd} & 0 & J^{T}\\ 0 & M_{obj} & -G\\ J & -G^{T} & 0\end{pmatrix}$$

为了用该方程完全决定系统运动，矩阵 M_{dyn} 就必须为可逆的。这种情况在参考文献［28.15］中被详细考虑，其中多触点操作的动力学是在机械手雅可比矩阵满行秩，并且是在 $\mathrm{N}(J^{T}) = 0$ 的假设下进行研究的。对于所有的不可逆矩阵 M_{dyn} 的操作系统来说，刚体动力学就不能决定动作和扭转的强度向量了。通过观察：

$$\mathbf{N}(\boldsymbol{M}_{\mathrm{dyn}})=\{(\ddot{\boldsymbol{q}},\dot{\boldsymbol{v}}\boldsymbol{\lambda})^{\mathrm{T}}\mid\ddot{\boldsymbol{q}}=0,\dot{\boldsymbol{v}}=0,\ \boldsymbol{\lambda}\in\mathbf{N}(\boldsymbol{J}^{\mathrm{T}})\cap\mathbf{N}(\boldsymbol{G})\}$$

同理，在式（28.21）和式（28.23）定义的准静态的条件下应用。当 $\mathbf{N}(\boldsymbol{J}^{\mathrm{T}})\cap\mathbf{N}(\boldsymbol{G})\neq 0$ 时，刚体的方法不能求解出式（28.21）中的第一项，因此造成了 $\boldsymbol{\lambda}$ 的不确定。

定义 28.5　超静定型

如果 $\mathbf{N}(\boldsymbol{J}^{\mathrm{T}})\cap\mathbf{N}(\boldsymbol{G})$ 是非平凡的，则称抓取系统为超静定型。

在这样的系统中有属于 $\mathbf{N}(\boldsymbol{J}^{\mathrm{T}})$ 的内力（定义28.3），如缺陷型抓取中所讨论的那样是不可控的。刚体的动力学并不满足超静定抓取，因为刚体的假设导致了接触扭转的不确定[28.16]。参见例 3 第三部分

28.3.3　理想特性

对于一个通用抓取系统，有三个主要的理想特性：对物体转动 $\boldsymbol{v}$ 的控制，对于物体扭转 $\boldsymbol{g}$ 的控制，和对于内力的控制。对于这些量的控制意味着机械手可以通过对关节速度和动作的适当选择，在指定的抓持力下实现期望的 $\boldsymbol{v}$ 和 $\boldsymbol{g}$。在 $\boldsymbol{J}$ 和 $\boldsymbol{G}$ 中的情况等同于在表 28.6 中给出的这些性质。

表 28.6　抓取的理想特性

任务要求	必要条件
所有扭转均可能实现，g 所有转动可能实现，ν	G 的秩 $=n_{\nu}$
控制所有扭转，g 控制所有转动，ν	$\begin{cases}G\text{ 的秩}=n_{\nu}\\ GJ\text{ 的秩}=n_{\nu}\end{cases}$
控制所有内力	$N(G)\cap N(\boldsymbol{J}^{\mathrm{T}})=0$

我们通过两个步骤便可得出这个关联的情况。第一步，我们忽略“手”（在 $\boldsymbol{J}$ 中描绘的）的结构和构型，通过假设在手指上的接触点可以被命令移动到任何通过选择接触类型而传递到的方向。这里一个重要的观点是 $\boldsymbol{v}_{cc}$ 被看做是一个独立输入变量，并且 $\boldsymbol{v}$ 被视为输出量。另一个解释为驱动器可以在约束方向上产生任何的接触力和力矩。类似的，$\boldsymbol{\lambda}$ 被视为输入量而 $\boldsymbol{g}$ 被视为输出量。在这个假设下，初步有利特性为：在物体（在 $\boldsymbol{G}$ 中描述过）上接触点的布置和类型无论是否如此，这个足够灵巧的手都可以控制它的手指来指令任何属于 $\mathbb{R}^6$ 的转动 $\boldsymbol{v}$，并且同样，去施加任何属于 $\mathbb{R}^6$ 的扭转到物体上。

1. 所有物体转动是可能的

给定一组接触的坐标和类型，通过计算式（28.19）中的 $\boldsymbol{v}$ 或是观察在表 28.3 右侧的映射 $\boldsymbol{G}$，可以看到可行的物体转动是那些在 $\mathbf{R}(\boldsymbol{G})$ 中的。在 $\mathbf{N}(\boldsymbol{G}^{\mathrm{T}})$ 中的则不能由手通过任何给定的抓取而达到。因此，要想实现任何物体的转动，我们必须有：$\mathbf{N}(\boldsymbol{G}^{\mathrm{T}})=0$，或者是同等的，矩阵 $\boldsymbol{G}$ 的秩 $=n_{\nu}$。任何有三个非共线的硬接触或者是有两个截然不同的软接触的抓取都要满足这个情况。

2. 所有物体扭转均可能实现

这个状况是上述情况的对偶，所以我们希望是同样的条件。从式（28.21）中，会立即得到 $\mathbf{N}(\boldsymbol{G}^{\mathrm{T}})=0$ 的情况，所以我们又得到矩阵 $\boldsymbol{G}$ 的秩 $=n_{\nu}$。

要想得到以上各种有利变量所需的条件，手的结构不能被忽略。回忆得到只有在手上的可实现的接触扭转才会属于 $\mathbf{R}(\boldsymbol{J})$，而 $\mathbf{R}(\boldsymbol{J})$ 不一定等同于 $\mathbb{R}^l$。

3. 控制所有物体转动

通过计算出式（28.17）中的 $\boldsymbol{v}$，可以看到，通过选择关节速度 $\dot{\boldsymbol{q}}$ 要想引起物体的转动 $\boldsymbol{v}$，我们必须有 $\mathbf{R}(\boldsymbol{GJ})$ 和 $\mathbf{N}(\boldsymbol{G}^{\mathrm{T}})$。这些情况等同于矩阵 $\boldsymbol{GJ}$ 的秩 $=\boldsymbol{G}$ 的秩 $=n_{\nu}$。

4. 控制所有物体扭转

这个性质与上一个是成对偶关系的。对于式（28.21）的分析表明了同样的情况：矩阵 $\boldsymbol{GJ}$ 的秩 $=\boldsymbol{G}$ 的秩 $=n_{\nu}$。

5. 控制所有内力

式（28.20）表明了没有影响物体运动的扭转强度只出现在 $\mathbf{N}(\boldsymbol{G})$ 中。大体而言，并不是所有的内力都可以通过关节运动被主动控制的。在参考文献[28.12，17]中已经表明了所有在 $\mathbf{N}(\boldsymbol{G})$ 中的内力都是可控的，当且仅当 $\mathbf{N}(\boldsymbol{G})\cap\mathbf{N}(\boldsymbol{J}^{\mathrm{T}})=0$ 时。参见“例 1 第五部分”以及“例 2 第三部分”。

6. 设计索尔兹伯里手的注意事项

图 28.4 中的索尔兹伯里手被设计用最少的关节

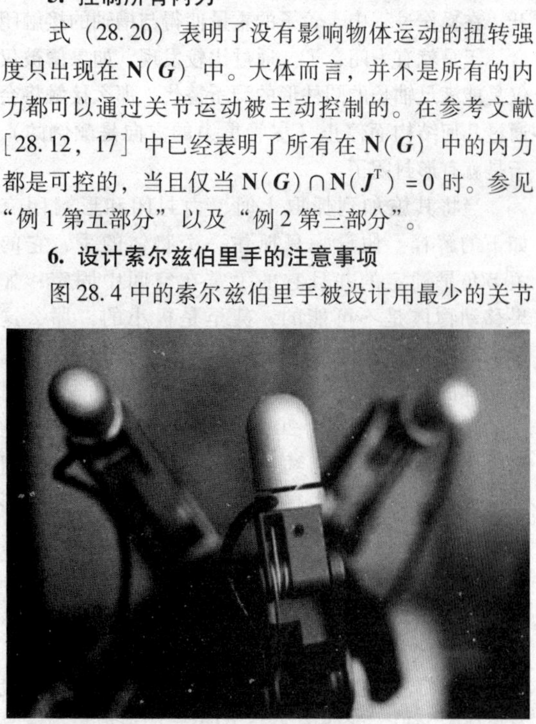

图 28.4　索尔兹伯里（Salisbury）手

数量来满足表 28.6 的任务要求。假设为 HF 接触类型，三个非共线的接触是最小值，即 $\boldsymbol{G}$ 的秩 $= n_v = 6$。在这样的情况下，矩阵 $\boldsymbol{G}$ 有 6 行和 9 列并且 $\mathbf{N}(\boldsymbol{G})$ 的维数为 3[28.1,4]。控制所有内力并且施加一个任意的扭转到物体上的能力需要满足 $\mathbf{N}(\boldsymbol{G}) \cap \mathbf{N}(\boldsymbol{J}^{\mathrm{T}}) = 0$，所以 $\boldsymbol{J}$ 的列空间的维数的最小值是 9。为了达到这个条件，手必须要有至少 9 个关节，而索尔兹伯里手采用三个手指，每个手指都有三个旋转关节。

用索尔兹伯里手执行一个敏捷操作任务的方式为在三个非共线的点上抓住这个物体，形成一个抓取三角。为了确保抓住，内力被用来控制使接触点保持没有滑移的状态。灵敏操作是通过移动手指尖来控制抓取三角形顶点位置。

28.4 约束分析

在抓取和灵巧操作中最基本的要求是使物体保持平衡状态并且控制其与被控制的物体和手掌相对的位置与方向的能力。抓取约束的两个最实用的特性为力封闭和形封闭。这些名字在 125 年前就已经在机械设计领域使用了，来区分那些需要外力保持接触的关节，和那些不需要的[28.18]。例如，一些水轮内有圆柱轴，被安置在水平的半圆柱槽内在轮子的两边分开，在操作过程中，轮子的重量使得与槽轴的接触闭合，于是就有力闭合了。通过比较发现，如果槽被仅仅是能满足轴长的圆柱形的洞所替代，那么接触将会通过几何结构而停止（尽管重力的方向是颠倒的），于是就有形封闭了。

当将其施加到抓取上时，力封闭和形封闭有如下的解释。假设一只抓住一个物体的手，它的关节角是锁定的并且它的手掌在空间中固定；如果移动物体是不可能的，甚至是极小的，那么这个抓取就是形封闭的，或者说这个物体是闭形的。在同样的情况下，如果对于任何非接触的扭转强度的存在满足式（28.20）并且与通过摩擦模型在适合的接触点施加的约束一致，则抓取是力封闭的，或者说这个物体是力闭的。注意到所有的形封闭抓取也是力封闭抓取。当在形封闭的情况下，物体一点都不能移动，此时忽略非接触的扭转。因此，手保持着物体在任何外加扭转下的平衡，这是力封闭的要求。

大体而言，当手掌和手指包裹着物体时形成了没有余地的笼形，就像图 28.5 中表示的抓取，这就是形封闭。这类抓取也被称作强力抓取[28.19]或是包络抓取[28.20]。然而，力封闭在更少的接触下也是可能的，就像在图 28.6 中表示的那样，但是在这样的状况下，力封闭需要能够控制内力的能力。对于一个部分形封闭的抓取，这也是可能的，这表明只有可能的自由度的子集才会被形封闭所约束[28.21]。这样的抓取的例子如图 28.7 所示。在这个抓取中，在凸脊间油箱盖的外围对于手指尖的放置提供了这样的形封闭，它反向于关于螺旋线轴的相对旋转并且也反向于垂直轴线的平移，但是其他 3 个自由度是通过力封闭来约束的。严格来讲，通过人的手来提供一个真实物体的抓取的时候，阻止物体的关于手掌对于手和物体的服从的相对运动是不可能的。只有当接触体为刚性时才会阻止所有的运动，就像在大多的数学模型中应用于抓取分析中的假设一样。

图 28.5 手掌、手指、手腕和手表带相结合构成一个对电视遥控器非常牢固的形封闭抓取

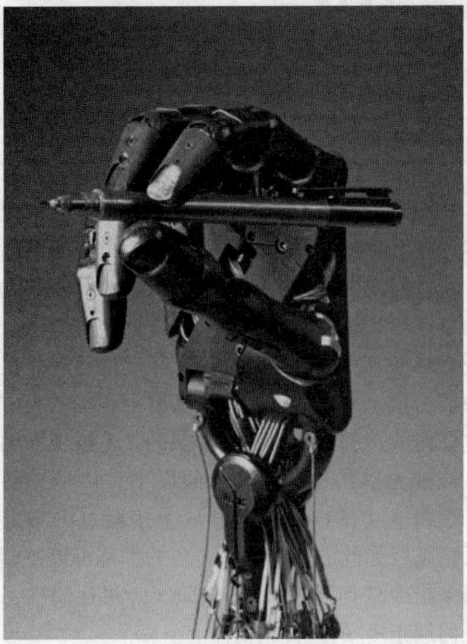

图 28.6 该抓取具有适用于灵巧操作的力封闭抓取（图片：shadow 灵巧手ⒸShadow 机器人公司 2008）

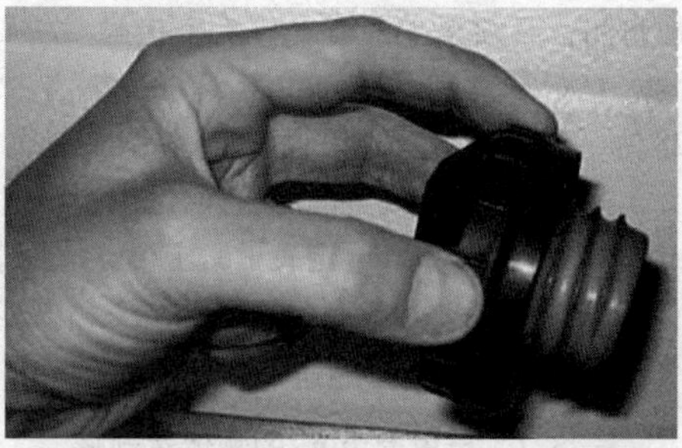

图 28.7 在抓取的描述中，在汽油箱盖的凸脊的摩擦中就产生了局部的形封闭，这是在盖子旋转的方向上（当将它拧紧的时候）并且也在与旋转轴线垂直的平移方向上。为了达到对盖子的完全控制，在其他 3 个自由度下抓取达到了力封闭

28.4.1 形封闭

为了使形封闭的概念精确，引入一个间隙函数，将物体和手的每个 n_c 接触点用 ψ_i（$\boldsymbol{u}$, $\boldsymbol{q}$）表示。这个间隙函数在每个接触中为零，如果接触停止就为正，并且如果发生贯穿就为负。这个间隙函数可以被认为在接触点间的距离。总之，这个函数是独立的，它与接触体的形状无关。让$\bar{\boldsymbol{u}}$和$\bar{\boldsymbol{q}}$代表给定抓取物体和手的结构；那么：

$$\psi_i(\bar{\boldsymbol{u}}, \bar{\boldsymbol{q}})=0 \quad \forall i=1, \cdots, n_c \qquad (28.30)$$

形封闭的状况现在可以从$\bar{\boldsymbol{u}}$的微分 d$\boldsymbol{u}$ 的变化方面来描述了。

定义 28.6

一个抓取（$\bar{\boldsymbol{u}}$, $\bar{\boldsymbol{q}}$）是形封闭当且仅当满足如下含义：

$$\psi(\bar{\boldsymbol{u}}+\mathrm{d}\boldsymbol{u}, \bar{\boldsymbol{q}}) \geqslant 0 \Rightarrow \mathrm{d}\boldsymbol{u}=0 \qquad (28.31)$$

式中，ψ 是间隙函数的 n_c 维的向量，其中的第 i 个坐标分量等于 $\psi_i(u, q)$。通过定义，向量间的不等式说明了不等式被用于向量的对应分量上。

在关于$\bar{\boldsymbol{u}}$的泰勒级数上将间隙函数展开生成无穷小的各阶的形封闭。使${}^{\beta}\psi(\boldsymbol{u}, \boldsymbol{q})$，$\beta=1, 2, 3, \cdots$ 使泰勒级数在 d$\boldsymbol{u}$ 的 β 阶之后近似缩短。从式（28.30）中可知，它沿着第一阶的近似为

$$^{1}\psi(\bar{\boldsymbol{u}}+\mathrm{d}\boldsymbol{u}, \bar{\boldsymbol{q}})=\frac{\partial \psi(\boldsymbol{u}, \boldsymbol{q})}{\partial \boldsymbol{u}}\Big|_{(\bar{u}, \bar{q})} \mathrm{d}u$$

式中，$\partial \psi(\boldsymbol{u}, \boldsymbol{q}) / \partial \boldsymbol{u}|_{(\bar{u}, \bar{q})}$ 表示了 ψ 在（$\bar{\boldsymbol{u}}$, $\bar{\boldsymbol{q}}$）点关于 $\boldsymbol{u}$ 的偏导数。用在式（28.31）中的 β 阶的近似值替代 ψ 说明了与 β 阶相关的三种情况：

1）如果存在 d$\boldsymbol{u}$ 使${}^{\beta}\psi(\bar{\boldsymbol{u}}+\mathrm{d}\boldsymbol{u}, \bar{\boldsymbol{q}})$ 至少有一个绝对为负的分量，那么抓取为关于 β 阶的形封闭。

2）如果对于每个非零的 d$\boldsymbol{u}$，式${}^{\beta}\psi(\bar{\boldsymbol{u}}+\mathrm{d}\boldsymbol{u}, \bar{\boldsymbol{q}})$ 至少有一个绝对为负的分量，那么抓取为关于 β 阶的形封闭。

3）如果对于所有的${}^{\alpha}\psi(\bar{\boldsymbol{u}}+\mathrm{d}\boldsymbol{u}, \bar{\boldsymbol{q}})$ $\forall \alpha \leqslant \beta$，情况 1）和 2）都不适用，那么则需要对于高阶的分析来决定形封闭的存在。

图 28.8 用对灰色物体的几个平面抓取说明了形封闭的概念，抓取是通过手指完成的，在图中用深色圆盘表示。对于三维物体的抓取，概念是相同的，但是在一个平面中会更易说明。在左侧的抓取是一阶的形封闭。注意到一阶形封闭只包含距离函数的一阶导数。这表明只有在一阶形封闭中的相关几何构型是接触的坐标和标准接触的方向。在中心的抓取有更高阶的形封闭，并且有特定的阶，它是依据弧度来定义在相邻接触中的物体和手指的表面的[28.22]。二阶形封闭的分析则是依据两个接触体的弯曲度并且还有几何的信息用于分析一阶的形封闭。在右侧的抓取则是任意阶的形封闭，因为物体可以水平翻转并且绕中心旋转。

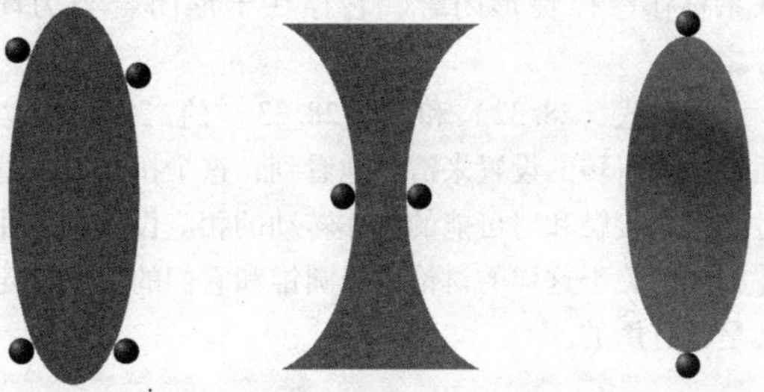

图 28.8 三平面抓取：两个具有不同阶的形封闭，一个没有形封闭

1. 一阶形封闭

一阶形封闭会存在当且仅当有如下含义

$$\frac{\partial \psi(\boldsymbol{u}, \boldsymbol{q})}{\partial \boldsymbol{u}}\Big|_{(\bar{u}, \bar{q})} \mathrm{d}\boldsymbol{u} \geqslant 0 \Rightarrow 0$$

一阶形封闭的情况可以写成用物体的转动 $\boldsymbol{v}$ 表达的形式

$$\boldsymbol{G}_n^{\mathrm{T}} \boldsymbol{v} \geqslant 0 \Rightarrow 0 \qquad (28.32)$$

式中，$\boldsymbol{G}_n^{\mathrm{T}}=\partial \psi / \partial \boldsymbol{u} \boldsymbol{V} \in \mathbb{R}^{n_c \times 6}$。因为间隙函数只确定距离的量，所以乘积 $\boldsymbol{G}_n^{\mathrm{T}} \boldsymbol{v}$ 是在接触点的物体的瞬时速度的法向分量的向量（其中接触点必须是非负的以防止相互贯穿透）。这反而表明抓取矩阵是从所有接触都是类型 PwoF 的假设中产生的。

一种从属于$\mathbb{R}^{n_c}$的接触扭转强度的向量 $\boldsymbol{\lambda}_n$ 的等价情况可以叙述如下。一个抓取有一阶的形封闭当且

仅当：

$$\left.\begin{array}{l}\boldsymbol{G}_{\mathrm{n}}\boldsymbol{\lambda}_{\mathrm{n}}=-\boldsymbol{g}\\ \boldsymbol{\lambda}_{\mathrm{n}}\geqslant 0\end{array}\right\}\forall \boldsymbol{g}\in\mathbb{R}^{6} \tag{28.33}$$

这种状况的物理解释为在接触无摩擦的假设下平衡可以被保持。注意到$\boldsymbol{\lambda}_{\mathrm{n}}$的坐标分量是接触力法向分量的数量级。下标n是用来强调$\boldsymbol{\lambda}_{\mathrm{n}}$不包含其他的力或力矩分量。

因为$\boldsymbol{g}$必须在$\boldsymbol{G}_{\mathrm{n}}$的范围里为了满足平衡，并且因为$\boldsymbol{g}$是$\mathbb{R}^{6}$的任意元素，所以为了满足式（28.33）条件，$\boldsymbol{G}_{\mathrm{n}}$的秩必须为6。假设$\boldsymbol{G}_{\mathrm{n}}$的秩为6，另一个等价一阶形封闭的数学描述是存在$\boldsymbol{\lambda}_{\mathrm{n}}$满足如下的两个条件使得参考文献［28.23］成立

$$\begin{array}{l}\boldsymbol{G}_{\mathrm{n}}\boldsymbol{\lambda}_{\mathrm{n}}=0\\ \boldsymbol{\lambda}_{n}>0\end{array} \tag{28.34}$$

这就意味着存在着一组在$\boldsymbol{G}_{\mathrm{n}}$的零空间中的严格量化正向接触力。换句话说，可以在保持平衡点的同时像期望的那样紧密地挤压物体。关于这个状况的第二个解释为非负的跨列$\boldsymbol{G}_{\mathrm{n}}$必须等于$\mathbb{R}^{6}$。正如我们将会看到的，这个解释将会提供概念性的联系称作摩擦性形闭合，它存在于形闭合与力闭合之间。

情况式（28.32）和式（28.33）的二重性可以通过检测扭转的设置来清楚地看到，这个扭转可以通过无摩擦接触和对可能的物体转动的相应设置来应用并施加。关于这样的讨论对于圆锥和它们的对偶的定义是很有用的。

定义 28.7

一个圆锥C为一组向量$\boldsymbol{\zeta}$，对于在C中的每个$\boldsymbol{\zeta}$，每个非负的$\boldsymbol{\zeta}$的标量倍数也在C中。

相等的，一个圆锥为在加法和非负标量乘法作用下封闭的一个向量集合。

定义 28.8

给定一个含有元素$\boldsymbol{\zeta}$的圆锥C，含有元素$\boldsymbol{\zeta}^{*}$的对偶圆锥C^{*}是一组向量，其中$\boldsymbol{\zeta}^{*}$和C中的每个向量的点积均为非负。

数学表达为：

$$C^{*}=\{\boldsymbol{\zeta}^{*}\mid\boldsymbol{\zeta}^{\mathrm{T}}\boldsymbol{\zeta}^{*}\geqslant 0,\ \forall\boldsymbol{\zeta}\in C\} \tag{28.35}$$

参见例4。

2. 一阶的形封闭要求

已知几个形封闭有用的必要条件。在1897年，*Somov*证明了，要使一个有6个自由度的刚体形封闭，必须至少要有7个接触[28.24]。*Lakshinarayana*总结了这个要求并且证明了要使一个有n_{ν}个自由度的刚体形封闭，必须至少要有$n_{\nu}+1$个接触[28.21]（这是根据*Goldman*和*Tucker*1956年的参考文献［28.25］），见表28.7。这引导我们进行部分形封闭的定义，这是在对手抓取油箱盖的讨论中提及过的。*Markenscoff*和*Papadimitriou*定义了紧上界，表明表面没有旋转的物体，最多有$n_{\nu}+1$个接触是必需的[28.26]。旋转表面是不可能达到形封闭的。

表28.7 自由度为n_{ν}的物体达到形封闭所需的最小接触数量n_{c}

n_{ν}	n_{c}
3（平面抓取）	4
6（空间抓取）	7
n_{ν}（一般抓取）	$n_{\nu}+1$

要强调$n_{\nu}+1$个接触为必需的并且是不充足的，我们就要考虑用7个或更多的接触点来抓握一个立方体。如果所有的接触在一个面上，那么很明显这个立方体就不是形闭合的。

3. 一阶形封闭的测定

因为形封闭的抓取是很精确的，所以设计或是合成这样的抓取是可取的。为此，需要一种方法去测试对于形封闭候选的抓取，并且将它们排序以选出最佳抓取。一个合理的形封闭的测量可以由此状况的解析几何得出式（28.34）。零空间约束和$\boldsymbol{\lambda}_{\mathrm{n}}$的正值性条件代表了通过$\boldsymbol{\lambda}_{\mathrm{n}}$的分量进行缩放的$\boldsymbol{G}_{\mathrm{n}}$空间的加和。任何可以关闭循环的关于$\boldsymbol{\lambda}_{\mathrm{n}}$的选择都在$\mathbf{N}(\boldsymbol{G}_{\mathrm{n}})$中。对于一个给定的循环，若$\boldsymbol{\lambda}_{\mathrm{n}}$最小分量的大小是正的，那么抓取就是形封闭的，反之亦然。我们用d表示该最小分量。因为这样一个循环，于是d可以被任意缩放，为了计算方便，$\boldsymbol{\lambda}_{\mathrm{n}}$应该为有界。

当确定$\boldsymbol{G}_{\mathrm{n}}$为行满秩，一个基于以上观察结果的定量形封闭的测定可以形成一个关于未知的d和$\boldsymbol{\lambda}_{\mathrm{n}}$的线性规划（LP），形式如下

$$\text{LP1：最大值：}d \tag{28.36}$$

$$\text{受的约束：}\ \boldsymbol{G}_{\mathrm{n}}\boldsymbol{\lambda}_{\mathrm{n}}=0 \tag{28.37}$$

$$\boldsymbol{I}\boldsymbol{\lambda}_{\mathrm{n}}-\boldsymbol{l}d\geqslant 0 \tag{28.38}$$

$$d\geqslant 0 \tag{28.39}$$

$$\boldsymbol{l}^{\mathrm{T}}\boldsymbol{\lambda}_{\mathrm{n}}\leqslant\boldsymbol{n}_{\mathrm{c}} \tag{28.40}$$

式中，$\boldsymbol{I}\in\mathbb{R}^{n_{\mathrm{c}}\times n_{\mathrm{c}}}$是一个单位矩阵并且$\boldsymbol{I}\in\mathbb{R}^{n_{\mathrm{c}}}$是一个各元素都为1的矢量。最后一个不等式的目的是为了防止这个线性规划最后变得不可控制。一个典型的LP的求解方法决定了约束的不可行性或无界性，这些约束属于所谓的算法第一阶段；并且在尝试计算最优值之前先考虑一下结果[28.27]。如果LP1是不可行

的，或者如果这个最优值 d^* 为 0，那么该抓取就不是形封闭的。

这种定量的“形封闭”测定（式（28.36）~式（28.40））有 n_c+8 个约束和 n_c+1 个未知数。就一个典型的 $n_c<10$ 的抓取，这是个能用单一方法很快算出来的小型“线性规划”。但是我们必须注意，度量 d^* 取决于形成 $\boldsymbol{G}_n$ 时对单元 n（数量）的选择。所以，对上述不佳情况作适当代换以避免“d 取决于其单位数量”的问题。这可以用“特征力”分开 $\boldsymbol{G}$ 的前三列，用“特征力矩”分开 $\boldsymbol{G}$ 的后三列来实现。

然而，如果希望进行二进制测定，LP1 可以通过去掉最后的约束式（28.40），只运用单纯形运算的第一阶段而被转换为二进制。

总之，“形封闭”的测定有两个步骤。

4. 形封闭测定

（1）计算秩（$\boldsymbol{G}$n）

1）如果秩（$\boldsymbol{G}$n）$\neq n_v$，那么形封闭不存在。结束。

2）如果秩（$\boldsymbol{G}$n）$=n_v$，继续。

（2）求解 LP1

1）如果 $d^*=0$，那么形封闭并不存在。

2）如果 $d^*>0$，那么形封闭存在并且 d^* 是衡量这个控制脱离形封闭的程度的粗略的标准。

5. 测定的变化

如果秩的测定失败了，这个抓取就会有部分的“形封闭”还余下与秩（$\boldsymbol{G}_n$）一样多的自由度。如果想对其进行测定，必须用一个新的 $\boldsymbol{G}_n$，保留与将要测定的部分形封闭的自由度相同数量的列，从而解决这个 LP1。如果 $d^*>0$，那么局部形封闭就存在。第二种变化是约束 d 的值，使其比一些大的负值更大。如果这样做，那么 $d^*<0$ 就成了一个抓取达到“形封闭”的程度的粗略估计。见例 5。

6. 平面简化

在平面情况下，Nguyen[28.28] 发明了一种图示的定性测定“形封闭”的方法。图 28.9 显示了两种有四个触点的形封闭的抓取。为了测定“形封闭”，我们将其分配到两个小组中。C_1 和 C_2 分别为这两组中两个常数的正极差。有“形封闭”的抓取，需要当且仅当 C_1，C_2 或者 $-C_1$，$-C_2$ 是相互呼应的。两个圆锥体相互呼应是指，由顶点分别发出的两条分割线同时经过两个圆锥。产生超过 4 个交点，如果产生任意的一个交点满足条件，这个抓取就是“形封闭”。注意这种图示法很难应用于超过 4 个交点的情况。而且，它无法应用于三维抓取的情况，也不能提供一种封闭的测量。

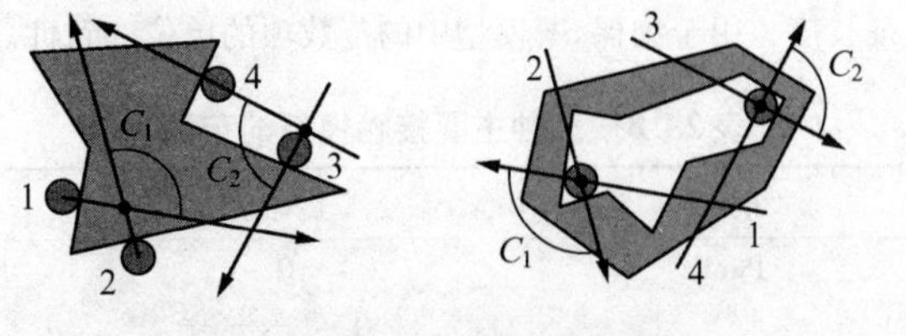

图 28.9 具有一阶形封闭的平面抓取

28.4.2 力封闭

当面对任何物体扭转时仍然可以保持，那么这个抓取就有力封闭，或者说是力封闭型的。力封闭与形封闭相似，但是对于可以帮助平衡物体外力的摩擦力却没有很多的限制。在分析中考虑摩擦力的好处是可以减少封闭必需的接触点的数目。有 6 个自由度的三维物体需要 7 个接触点来实现形封闭，但是对于力封闭，如果是软手指模型，只需要两个接触点，如果是硬手指模型只需要 3 个接触点（不共线）。

力封闭依赖于机械手任意地紧紧抓住物体的能力，这是为了补偿大量实际的只能被摩擦力所平衡的扭转向量。图 28.14 所示是一个被抓取的多边形（见例 2）。当我们把一个与惯性坐标系的 y 轴平行且向上的纯轴向力的扭转施加在一个物体上时，直觉上好像是如果有足够大的摩擦力，机械手能够利用摩擦力抓住物体阻止其向上运动。同样，当施加的力幅度增加时，抓取力的幅度也必须相应地增加。

由于力封闭依赖于摩擦的模型，在正式介绍力封闭的定义之前会先介绍一般的模型。

1. 摩擦模型

回忆前面给出的各种不同接触模型中通过接触 i 传递的分力与力矩（见表 28.4）。在接触点 i，摩擦定律给接触力及力矩的各部件施加了约束。特别地，$\boldsymbol{\lambda}_i$ 的摩擦分量被约束在极限面内，表示为 $\mathscr{L}_L$，其与 $\mu_i f_{in}$ 的乘积成线性比例，其中 μ_i 是接触点 i 的摩擦系数。在静摩擦的情况下，极限面是一个以 $\mu_i f_{in}$ 为半径的圆。静摩擦锥 $\mathscr{F}_i$ 是 $\mathbb{R}^3$ 的一个子集。

$$\mathscr{F}_i=\left\{(f_{in},f_{it},f_{io})\;\middle|\;\sqrt{f_{it}^2+f_{io}^2}\leqslant\mu_i f_{in}\right\} \tag{28.41}$$

更为一般地，摩擦定律在摩擦分量空间内定义有极限面，$\mathbb{R}^{li-1}$，在 $\boldsymbol{\lambda}_i$，$\mathbb{R}^{li}$ 内定义有摩擦锥 $\mathscr{F}_i$。他们可以写作

$$\mathscr{F}_i=\{\boldsymbol{\lambda}_i\in\mathbb{R}^{li}\mid\|\boldsymbol{\lambda}_i\|_\omega\leqslant f_{in}\} \tag{28.42}$$

式中，$\|\boldsymbol{\lambda}_i\|_\omega$ 表示在接触点 i 的摩擦分量加权二次范数。极限面被定义为 $\|\boldsymbol{\lambda}_i\|_\omega=f_{in}$。

表 28.8 定义了三种接触模型：PwoF 模型、HF 模型和 SF 模型的有用的加权二次范数。参数 μ_i 是切向力的摩擦系数，v_i 是扭转摩擦系数，a 是物体的特

征长度，用于确保SF模型中的范数项的单位一致性。

表28.8　三种主要接触模型的范数

模型	$\|\boldsymbol{\lambda} i\|_w$
PwoF	0
HF	$\frac{1}{\mu_i}\sqrt{f_{it}^2+f_{io}^2}$
SF	$\frac{1}{\mu_i}\sqrt{f_{it}^2+f_{io}^2}+\frac{1}{av_i}\mid m_{in}\mid$

关于摩擦锥有几点需要注意。首先，所有这些都明确或隐含地约束了一般的接触力法向分力为非负值。SF接触类型的锥具有圆柱形极限界面，其在（f_{it}，f_{io}）平面内具有圆截面，在（f_{it}，m_{in}）平面内具有矩形截面。在这个模型之中，扭转摩擦的量的传递不受横向摩擦载荷的制约。*Howe* 和 *Cutkosky*[28.29]研究了一种耦合扭转摩擦极限与切向摩擦极限的改进模型[28.29]。

2. 力封闭的定义

关于力封闭的一个常见的定义可以简单表述为改变条件式（28.33）使得每个接触力都作用在它的摩擦锥之内而不是作用在沿接触点法线方向。因为这个定义并没有考虑到机械手能够控制接触力的能力，这种定义被称为摩擦形封闭。一个抓取是摩擦形封闭的，当且仅当下列条件成立：

$$\left.\begin{array}{l}\boldsymbol{G\lambda}=-\boldsymbol{g}\\ \boldsymbol{\lambda}\in\mathscr{F}\end{array}\right\}\forall\boldsymbol{g}\in\mathbb{R}^{n_v}$$

式中，$\mathscr{F}$是复合的摩擦锥，定义为：$\mathscr{F}=\mathscr{F}_1\times\cdots\times\mathscr{F}_{n_c}=\{\boldsymbol{\lambda}\in\mathbb{R}^m\mid\boldsymbol{\lambda}_i\in\mathscr{F}_i;\ i=1,\ \cdots,\ n_c\}$，并且每个$\mathscr{F}_i$都符合式（28.42）的定义，其中一种模型见表28.8。

令Int（$\mathscr{F}$）表示复合摩擦锥的内部，*Murray* 等人给出了如下的等价定义[28.15]

定义28.9

一个抓取具有摩擦形封闭当且仅当以下条件成立：

1）rank（$\boldsymbol{G}$）$=n_v$。

2）$\exists\boldsymbol{\lambda}$使得$\boldsymbol{G\lambda}=0$并且$\boldsymbol{\lambda}\in$ Int（$\mathscr{F}$）。

这些条件定义了 *Murray* 等人所谓的力封闭。这里采用的力封闭的定义比摩擦形封闭更为严格；此外，它还要求机械手能够控制物体的内力。

定义28.10

一个抓取具有力封闭当且仅当rank($\boldsymbol{G}$) $=n_v$，$\mathbf{N}(\boldsymbol{G})\cap\mathbf{N}(\boldsymbol{J}^{\mathrm{T}})=0$，并且存在$\boldsymbol{\lambda}$使得$\boldsymbol{G\lambda}=0$并且$\boldsymbol{\lambda}\in$ Int（$\mathscr{F}$）。

虽然决定形封闭时$\boldsymbol{G}$与$\boldsymbol{G}_n$并不相同，但矩阵$\boldsymbol{G}$行满秩同样是形封闭的条件之一。如果秩测定通过，仍然需要找到能够满足剩余三个条件的$\boldsymbol{\lambda}$。通过这些，零空间相交测定可以通过线性规划技术很容易地实现，但是摩擦锥约束是二次的，这使得我们必须使用非线性规划技术。虽然准确的非线性测定已经开发出来了[28.30]，但这里只展示近似测定。

3. 力封闭近似测定

所有以上讨论的摩擦锥都可以近似为一个摩擦锥母线S_{ij}的有限数n_g生成的非负空间。知道这些以后，我们就可以将一些在接触点i适用的接触扭转集合表示为

$$\boldsymbol{G}_i\boldsymbol{\lambda}_i=\boldsymbol{S}_i\boldsymbol{\sigma}_i,\ \boldsymbol{\sigma}_i\geqslant 0$$

式中，$\boldsymbol{S}_i=(S_{i1}\cdots S_{in_g})$和$\boldsymbol{\sigma}_i$是非负母线分量的一个向量。如果接触$i$是光滑的，那么$n_g=1$并且$\boldsymbol{S}_i=[\hat{\boldsymbol{n}}_i^{\mathrm{T}}\ (\boldsymbol{C}_i-\boldsymbol{P})\times\hat{\boldsymbol{n}}_i)^{\mathrm{T}}]^{\mathrm{T}}$。

如果接触i是HF型的，我们可以将摩擦锥用一些非负的均匀间隔的接触力的母线（见图28.10）的总和来表示，这些母线生成的非负空间近似于具有一个内切正多边形锥的库仑锥。这些就引出了如下关于$\boldsymbol{S}_i$的定义

$$\boldsymbol{S}_i=\begin{pmatrix}\cdots & 1 & \cdots\\ \cdots & \mu_i\cos\left(\dfrac{2k\pi}{n_g}\right) & \cdots\\ \cdots & \mu_i\sin\left(\dfrac{2k\pi}{n_g}\right) & \cdots\end{pmatrix}\tag{28.43}$$

式中，指针k从1变化到n_g。如果更偏向使用外接多边形锥来近似二次摩擦锥，只需要将上述定义的μ_i改为$\mu_i/\cos(\pi n_g)$即可。

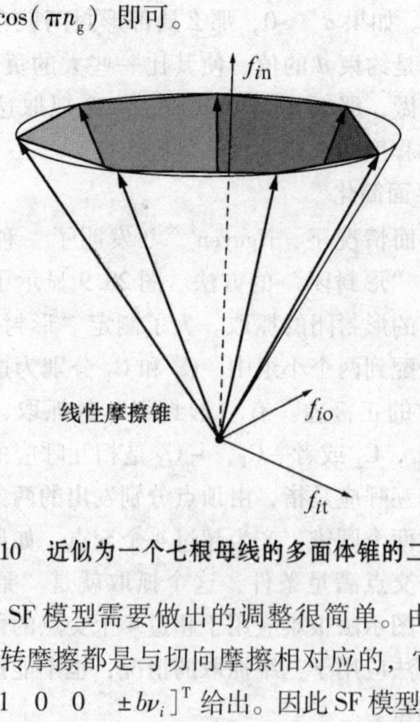

图28.10　近似为一个七根母线的多面体锥的二次锥

对于SF模型需要做出的调整很简单。由于在该模型中扭转摩擦都是与切向摩擦相对应的，它的母线可以由$[1\ \ 0\ \ 0\ \ \pm b\nu_i]^{\mathrm{T}}$给出。因此SF模型的$\boldsymbol{S}_i$为

$$S_i = \begin{pmatrix} \cdots & 1 & \cdots & 1 & 1 \\ \cdots & \mu_i\cos\left(\frac{2k\pi}{n_g}\right) & \cdots & 0 & 0 \\ \cdots & \mu_i\sin\left(\frac{2k\pi}{n_g}\right) & \cdots & 0 & 0 \\ \hline \cdots & 0 & \cdots & bv_i & -bv_i \end{pmatrix} \tag{28.44}$$

式中，b 是统一单位的特征长度。在任何接触点都不违反接触摩擦定律的可应用于机械手的总接触扭转集合可以被写作

$$G\lambda = S\sigma,\ \sigma \geqslant 0$$

式中，$S=(S_1,\ \cdots,\ S_{n_g})$ 并且 $\sigma=(\sigma_1^T\cdots\sigma_{n_g}^T)^T$。

再用对偶形式来表示摩擦约束非常方便：

$$F_i\lambda_i \geqslant 0 \tag{28.45}$$

在这种形式中，F_i 的每一行都正交于由近似锥的两根相邻母线所形成的面。对于一个 HF 接触来说，F_i 的行 i 可以由 S_i 和 S_i+1 的向量积所得。在 SF 接触的情况下，母线都是四维的，因此简单的向量积这里并不能满足需求。然而，对于能从母线形式转换到正交面形式的一般方法依然存在[28.25]。

所有接触的正交面约束可以归纳为以下的简洁形式

$$F\lambda \geqslant 0 \tag{28.46}$$

式中，$F=\mathrm{Blockdiag}(F_1,\ \cdots,\ F_{n_c})$。

我们让第一行 H_i 为 $e_i \in \mathbb{R}^l$，另外让 $e=(e_1,\ \cdots,e_{n_c}) \in \mathbb{R}^l$ 并且让 $E=\mathrm{Blockdiag}(e_1,\ \cdots,\ e_{n_c}) \in \mathbb{R}^l$。下面的线性规划是一个判断摩擦是否形封闭的定量测定。最优目标函数值 d^* 是接触力离它们的摩擦锥边界的距离的度量，因此也是一种粗略地反映一个抓取离失去摩擦形封闭有多远的一种度量。

LP2： 最大值： d

受的约束：

$$G\lambda = 0$$
$$F\lambda - Id \geqslant 0$$
$$d \geqslant 0$$
$$e\lambda \leqslant n_c$$

LP2 中最后一个不等式是接触力的垂直分量大小的简单相加。解决 LP2 后，如果 $d^*=0$，那么摩擦形封闭并不存在，但是如果 $d^*>0$ 那么确实存在。

如果一个控制是摩擦形封闭的，那么确定力封闭是否存在的最后一步是证实 $\mathrm{N}(G)\cap\mathrm{N}(J^T)=0$。如果条件符合，那么这个抓取就是力封闭的。该条件很容易用另一个线性规划 LP3 验证。

LP3： 最大值： d

受的约束：

$$G\lambda = 0$$
$$J^T\lambda = 0$$
$$E\lambda - Id \geqslant 0$$
$$d \geqslant 0$$
$$e\lambda \leqslant n_c$$

4. 近似力封闭测试

总之，力封闭测试是一个具有三个步骤的过程：

(1) 计算 G 的秩

1) 如果秩 $(G) \neq n_v$，那么力封闭不存在，结束。

2) 如果秩 $(G)=n_v$，继续。

(2) 解 LP2：测定是否摩擦形封闭

1) 如果 $d^*=0$，那么摩擦形封闭不存在，结束。

2) 如果 $d^*>0$，那么摩擦形封闭存在，并且 d^* 是一种反映抓取离失去摩擦形封闭有多远的一种简单粗略的度量。

(3) 解 LP3：测定内力的控制

1) 如果 $d^*>0$，那么力封闭并不存在。

2) 如果 $d^*=0$，那么力封闭存在。

见例 1 第六部分。

5. 平面简单化

在平面抓取系统中，上述近似的方法是精确的。这是因为 SF 模型是无意义的，这是因为接触法线方向的旋转会造成平面外的运动。至于 HF 模型，对于平面问题来说，二次摩擦锥会变为线性的，并且这个锥可以准确地表示为：

$$F_i = \frac{1}{\sqrt{1+\mu_i^2}}\begin{pmatrix} \mu_i & 1 \\ \mu_i & -1 \end{pmatrix} \tag{28.47}$$

Nguyen 的图解形封闭测定可以应用到具有两个摩擦接触的平面抓取[28.28]。唯一的变化是四个接触点法线变为两个摩擦锥的四条母线。然而，这种测定只能确定是否具有摩擦形封闭，因为它并不包含判断是否力封闭所需的其余信息。

28.5 范例

28.5.1 例 1：球体抓取

1. 第一部分：$\tilde{G}$ 和 $\tilde{J}$

图 28.11 显示了一个由两根机械指控制的半径为 r 的三维球体在平面的投影，两个接触角分别为 θ_1 和 θ_2。两个坐标系 $\{C\}_1$ 和 $\{C\}_2$ 的方向是确定的，因此他们的 $\hat{O}$ 方向指向图像所示平面外（如小黑圆所示）。坐标系 $\{N\}$ 和 $\{B\}$ 的坐标轴被选作与坐落在球心的点相一致的原点所沿的轴。z 轴指向纸面

外。注意到这点以后，因为左指的两个关节轴都垂直于（x，y）平面，它始终在该平面内运动。另外一根手指有三个转动关节。因为它的第一和第二轴，$\hat{Z}_3$ 和 $\hat{Z}_4$，一般都位于平面内，关于 $\hat{Z}_3$ 轴的旋转会使得 $\hat{Z}_4$ 轴获得一个向平面外的分量而造成接触点 2 处的指尖远离这个平面。

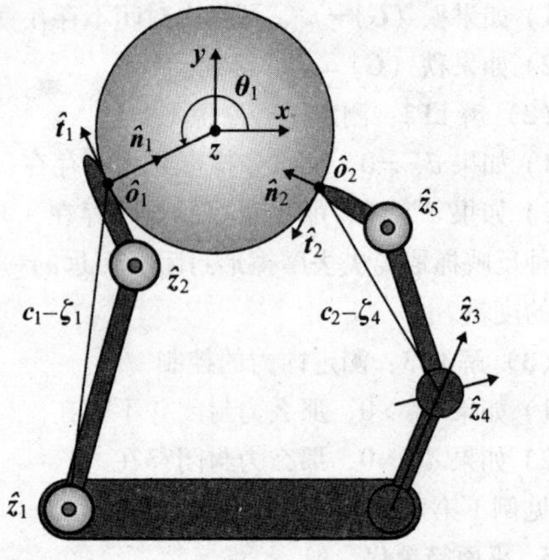

图 28.11 带有5个转动关节的两指抓取球体

在当前构型中，第 i 个接触坐标系的旋转矩阵可以定义为

$$R_i=\begin{pmatrix}-\cos(\theta_i) & \sin(\theta_i) & 0\\ -\sin(\theta_i) & -\cos(\theta_i) & 0\\ 0 & 0 & 1\end{pmatrix} \quad (28.48)$$

给定从 $\{N\}$ 原点出发到第 i 个接触点的向量为

$$c_i-p=r(\cos(\theta_i)\sin(\theta_i)0)^{\mathrm{T}} \quad (28.49)$$

带入式（28.3）和式（28.6）得到完整的接触点 i 的抓取矩阵

$$\tilde{G}_i=\left(\begin{array}{cccccc} & & -c_i & s_i & 0 & \\ & & -s_i & -c_i & 0 & \mathbf{0}\\ & & 0 & 0 & 1 & \\ \hline 0 & 0 & rs_i & -c_i & s_i & 0\\ 0 & 0 & -rc_i & -s_i & -c_i & 0\\ 0 & -r & 0 & 0 & 0 & 1\end{array}\right) \quad (28.50)$$

式中 $\mathbf{0}\in\mathbb{R}^{3\times3}$ 是一个零矩阵；c_i 和 s_i 分别为 $\cos(\theta_i)$ 和 $\sin(\theta_i)$ 的缩写。完整的抓取矩阵的定义为：$\tilde{G}=(\tilde{G}_1\tilde{G}_2)\in\mathbb{R}^{6\times12}$。

这个矩阵的准确性可以由以下检查验证：例如，第一列是单元接触点法线方向的单位扭转，前三个分量是 $\tilde{n}_i$ 的方向余弦，后三个分量是（c_i-p）$\times\tilde{n}_i$ 的方向余弦。由于 $\tilde{n}_i$ 与（c_i-p）是共线的，因此二者的向量积（这列的最后三个分量）为0。第二列的最后三个分量代表了 $\tilde{t}_i$ 关于坐标系 $\{N\}$ 的 x-，y-，z-轴的力矩值。因为 $\tilde{t}_i$ 位于（x，y）平面内，沿 x，y 轴的力矩值必然为零。显然 $\tilde{t}_i$ 产生了一个关于 z 轴的力矩，值为 $-r$。

建立接触 i 的完整机械手雅克比矩阵 $\tilde{J}_i$ 需要关于关节轴方向与坐标系安装在各个机械手指连杆上的坐标系原点的信息。图 28.12 显示了与图 28.11 相同结构的机械手，但具有一些建立机械手雅克比矩阵所需的额外的数据。假设关节坐标系的原点位于图所在的平面内。

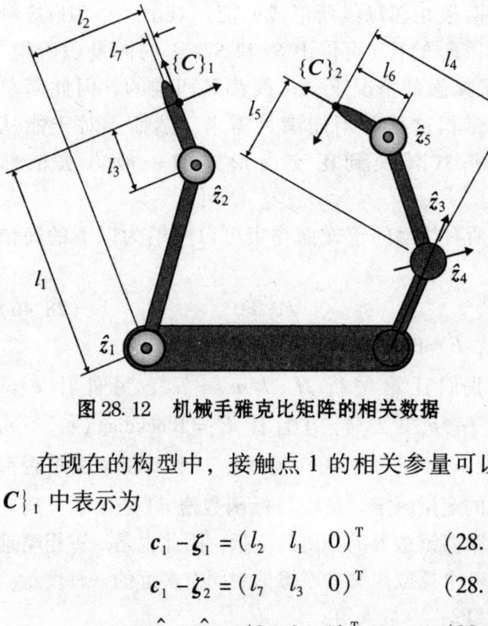

图 28.12 机械手雅克比矩阵的相关数据

在现在的构型中，接触点 1 的相关参量可以在 $\{C\}_1$ 中表示为

$$c_1-\zeta_1=(l_2\quad l_1\quad 0)^{\mathrm{T}} \quad (28.51)$$

$$c_1-\zeta_2=(l_7\quad l_3\quad 0)^{\mathrm{T}} \quad (28.52)$$

$$\hat{z}_1=\hat{z}_2=(0\quad 0\quad 1)^{\mathrm{T}} \quad (28.53)$$

接触点 2 的相关参量在 $\{C\}_2$ 中表示为：

$$c_2-\zeta_3=c_2-\zeta_4=(l_4\quad -l_5\quad 0)^{\mathrm{T}} \quad (28.54)$$

$$c_2-\zeta_5=(l_6\quad 0\quad 0)^{\mathrm{T}} \quad (28.55)$$

$$\hat{z}_3=(l_6\quad 0\quad 0)^{\mathrm{T}} \quad (28.56)$$

$$\hat{z}_4(q_3)=\frac{\sqrt{2}}{2}(-1\quad -1\quad 0)^{\mathrm{T}} \quad (28.57)$$

$$\hat{z}_5(q_3,q_4)=(0\quad 0\quad 1)^{\mathrm{T}} \quad (28.58)$$

通常 $c-\zeta$ 和 $\hat{z}$ 向量的所有分量（包括那些在现有构型中为零的分量）都是关于 q 和 u 的函数。$\hat{z}$ 向量的依赖性已经十分明确地显示出来了。

代入式（28.14），式（28.11）和式（28.8）得

到完整的机械手的雅克比行列式 $\hat{\boldsymbol{J}} \in \mathbb{R}^{12\times5}$：

$$
\hat{\boldsymbol{J}} = \left(\begin{array}{cc|ccc}
-l_1 & -l_3 & & & \\
l_2 & l_7 & & & \\
0 & 0 & & \boldsymbol{0} & \\
0 & 0 & & & \\
0 & 0 & & & \\
1 & 1 & & & \\
\hline
 & & 0 & 0 & 0 \\
 & & 0 & 0 & l_6 \\
 & & l_4 & \frac{\sqrt{2}}{2}(l_4+l_5) & 0 \\
\boldsymbol{0} & & 0 & -\frac{\sqrt{2}}{2} & 0 \\
 & & -1 & -\frac{\sqrt{2}}{2} & 0 \\
 & & 0 & 0 & 1
\end{array}\right)
$$

水平分割线将 $\hat{\boldsymbol{J}}$ 分为 $\hat{\boldsymbol{J}}_1$（顶部）与 $\hat{\boldsymbol{J}}_2$（底部）。各列相应于关节 1 ~5。块对角结构是机械手指 i 仅影响接触 i 这一事实的结果。

2. 第二部分：*G* 和 *J*

假设图 28.11 中的接触都为 SF 型的。那么给定选择矩阵 $\boldsymbol{H}$ 为：

$$
\boldsymbol{H} = \left(\begin{array}{cccccc|cccccc}
1 & 0 & 0 & 0 & 0 & 0 & & & & & & \\
0 & 1 & 0 & 0 & 0 & 0 & & & \boldsymbol{0} & & & \\
0 & 0 & 1 & 0 & 0 & 0 & & & & & & \\
0 & 0 & 0 & 1 & 0 & 0 & & & & & & \\
\hline
 & & & & & & 1 & 0 & 0 & 0 & 0 & 0 \\
 & & \boldsymbol{0} & & & & 0 & 1 & 0 & 0 & 0 & 0 \\
 & & & & & & 0 & 0 & 1 & 0 & 0 & 0 \\
 & & & & & & 0 & 0 & 0 & 1 & 0 & 0
\end{array}\right)
$$

因此矩阵 $\boldsymbol{G}^{\mathrm{T}} \in \mathbb{R}^{8\times6}$ 和 $\boldsymbol{J} \in \mathbb{R}^{8\times5}$ 都是通过去掉 $\tilde{\boldsymbol{G}}^{\mathrm{T}}$ 和 $\tilde{\boldsymbol{J}}$ 的第 5、6、11 和 12 行所构成的：

$$
\boldsymbol{G}^{\mathrm{T}} = \left(\begin{array}{cccccc}
-c_1 & -s_1 & 0 & 0 & 0 & 0 \\
s_1 & -c_1 & 0 & 0 & 0 & -r \\
0 & 0 & 1 & rs_1 & -rs_1 & 0 \\
0 & 0 & 0 & -c_1 & -s_1 & 0 \\
\hline
-c_2 & -s_2 & 0 & 0 & 0 & 0 \\
s_2 & -c_2 & 0 & 0 & 0 & -r \\
0 & 0 & 1 & rs_2 & -rc_2 & 0 \\
0 & 0 & 0 & -c_2 & -s_2 & 0
\end{array}\right) \tag{28.59}
$$

$$
\boldsymbol{J} = \left(\begin{array}{cc|ccc}
-l_1 & -l_3 & & & \\
l_2 & l_7 & & \boldsymbol{0} & \\
0 & 0 & & & \\
0 & 0 & & & \\
\hline
 & & 0 & 0 & 0 \\
\boldsymbol{0} & & 0 & 0 & l_6 \\
 & & d & \frac{\sqrt{2}}{2}(l_4+l_5) & 0 \\
 & & 0 & -\frac{\sqrt{2}}{2} & 0
\end{array}\right) \tag{28.60}
$$

注意到改变接触类型可以通过移除更多的行来轻易实现。把接触 1 改为 HF 型可以由去除 $\boldsymbol{G}^{\mathrm{T}}$ 和 $\boldsymbol{J}$ 的第 4 行来实现，而通过去除 $\boldsymbol{G}^{\mathrm{T}}$ 和 $\boldsymbol{J}$ 的第 2、3、4 行可以将接触 1 改为 PwoF 型。改变接触 2 的模型将去除第 8 行或者同时去除第 6、7、8 行。

3. 第三部分：简化为平面情况

如图 28.11 所示的抓取可以按上述给出的准确公式简化为一个平面问题，另外，当了解了矩阵的不同的行和列的物理意义后，问题也可以被解决。开始移除在平面外的速度和力。这可以由移除 $\{\boldsymbol{N}\}$ 和 $\{\boldsymbol{B}\}$ 的 z 轴和接触点的 $\hat{\boldsymbol{o}}$ 的方向来实现。此外，关节 3 和 4 必须是锁定的。$\boldsymbol{G}^{\mathrm{T}}$ 和 $\boldsymbol{J}$ 的结果由消除特定的行和列来构造。$\boldsymbol{G}^{\mathrm{T}}$ 通过移除第 3、4、7、8 行和第 3、4、5 列来形成。$\boldsymbol{J}$ 通过移除第 3、4、7、8 行和第 3、4 列来形成：

$$
\boldsymbol{G}^{\mathrm{T}} = \left(\begin{array}{ccc}
-c_1 & -s_1 & 0 \\
-s_1 & -c_1 & -r \\
\hline
-c_2 & -s_2 & 0 \\
s_2 & -c_2 & -r
\end{array}\right) \tag{28.61}
$$

$$
\boldsymbol{J} = \left(\begin{array}{ccc}
-l_1 & -l_3 & 0 \\
l_2 & l_7 & 0 \\
\hline
0 & 0 & 0 \\
0 & 0 & l_6
\end{array}\right) \tag{28.62}
$$

4. 第四部分：抓取分类

表 28.9 的第一列反映了不同接触模型下球形抓取范例 $\boldsymbol{G}$ 和 $\boldsymbol{J}$ 的主要子空间维数。只有非平凡的零空间被列出。

在两种 HF 接触模型的情况中，所有四个零空间都是非平凡的，因此该系统符合所有四个抓取类型的条件。这个系统是可抓取的，因为沿着连接两个接触点的线段上分布着内力。通过机械手不能承受沿着那条线的作用力矩这个事实可以看出不确定性是显然

表 28.9 例1中所研究抓取的主要子空间维数和分类

模型	维数	类别
HF，HF	$\dim\mathcal{N}(\boldsymbol{J})=1$	冗余型
	$\dim\mathcal{N}(\boldsymbol{G}^{\mathrm{T}})=1$	不确定型
	$\dim\mathcal{N}(\boldsymbol{G})=1$	可抓取型
	$\dim\mathcal{N}(\boldsymbol{J}^{\mathrm{T}})=2$	缺陷型
SF，HF	$\dim\mathcal{N}(\boldsymbol{J})=1$	冗余型
	$\dim\mathcal{N}(\boldsymbol{G})=1$	可抓取型
	$\dim\mathcal{N}(\boldsymbol{J}^{\mathrm{T}})=3$	缺陷型
HF，HF	$\dim\mathcal{N}(\boldsymbol{G})=1$	可抓取型
	$\dim\mathcal{N}(\boldsymbol{J}^{\mathrm{T}})=2$	缺陷型
SF，HF	$\dim\mathcal{N}(\boldsymbol{G})=2$	可抓取型
	$\dim\mathcal{N}(\boldsymbol{J}^{\mathrm{T}})=3$	缺陷型

的。冗余是存在的，因为虽然关节3使接触点2移除图示平面，但是关节4可以反方向旋转来取消这个运动。最后，这个抓取是缺陷型的，因为沿着接触1和2的 $\hat{\boldsymbol{o}}_1$ 和 $\hat{\boldsymbol{n}}_2$ 方向的接触力和瞬时速度，各自都不能通过关节扭矩和速度来控制。这些解释在下面的零空间的基本矩阵中已被证实，用 $r=1$，$\cos(\theta_1)=-0.8=-\cos(\theta_2)$，$\sin(\theta_2)=\cos(\theta_2)=-0.6$，以及 $l_7=0$ 来计算

$$\boldsymbol{N}(\boldsymbol{J})\approx\begin{pmatrix}0\\0\\-0.73\\0.69\\0\end{pmatrix},\quad \boldsymbol{N}(\boldsymbol{G}^{\mathrm{T}})\approx\begin{pmatrix}0\\0\\0.51\\0.86\\0\\0\end{pmatrix} \tag{28.63}$$

$$\boldsymbol{N}(\boldsymbol{G})\approx\begin{pmatrix}0.57\\-0.42\\0\\0.57\\0.42\\0\end{pmatrix},\ \boldsymbol{N}(\boldsymbol{J}^{\mathrm{T}})\approx\begin{pmatrix}0&0\\0&0\\0&-1\\1&0\\0&0\\0&0\end{pmatrix} \tag{28.64}$$

注意到将其中任一接触改为SF型都将使机械手承受作用在沿着包含接触点的直线上的外力矩变为可能，因此该抓取失去了不确定性，但是保持了可抓取性（沿着含接触线的紧握依然是可能的）。然而，如果接触点2是SF型接触，这个抓取就会失去了冗余性。虽然第二个接触点依然可以通过关节3来移出平面并且通过关节4回到平面内，但是这种接触点的相互抵消的平移产生了一个沿着 $\hat{\boldsymbol{n}}_2$ 的纯转动（这也意味着机械手可以控制作用在沿着包含接触点的线上的物体的力矩）。接触点2改为SF型不会影响机械手不能沿着 $\hat{\boldsymbol{o}}_1$ 和 $\hat{\boldsymbol{n}}_2$ 方向移动接触点1和2的性能特点，因此缺陷型抓取依然保持。

5. 第五部分：理想特性

假设接触点1和2的接触模型类别分别为SF型和HF型，$\boldsymbol{G}$ 是行满秩并且因此 $\mathbf{N}(\boldsymbol{G}^{\mathrm{T}})=0$（见表28.9）。因此，只要机械手足够灵巧，它可以在物体的 $\mathbb{R}^6$ 中实现任何扭转。同样，如果关节是锁定的，就会阻止物体运动。假设同样问题的值使用这个问题前面部分的值，可以得到矩阵 $\boldsymbol{G}^{\mathrm{T}}$

$$\boldsymbol{G}^{\mathrm{T}}=\begin{pmatrix}-c_1&-s_1&0&0&0&0\\s_1&-c_1&0&0&0&-r\\0&0&1&-rs_1&-rc_1&0\\0&0&0&-c_1&-s_1&0\\-c_2&-s_2&0&0&0&0\\s_2&-c_2&0&0&0&-r\\0&0&1&rs_2&-rc_2&0\end{pmatrix} \tag{28.65}$$

三个非平凡的零空间的基矩阵分别为

$$\boldsymbol{N}(\boldsymbol{J}^{\mathrm{T}})=\begin{pmatrix}0&0&0\\0&0&0\\0&0&-1\\1&0&0\\0&-1&0\\0&0&0\\0&0&0\end{pmatrix} \tag{28.66}$$

$$\boldsymbol{N}(\boldsymbol{J})\approx\begin{pmatrix}0\\0\\-0.73\\0.69\\0\end{pmatrix}$$

$$\boldsymbol{N}(\boldsymbol{G})\approx\begin{pmatrix}0.57\\-0.42\\0\\0\\0.57\\0.42\\0\end{pmatrix} \tag{28.67}$$

因为 $\mathbf{R}(\boldsymbol{J})$ 是四维的，$\mathbf{N}(\boldsymbol{G})$ 是一维的，因此

$\mathbf{R}(\boldsymbol{J})+\mathbf{N}(\boldsymbol{G})$ 的最大维数不可能超过五，因此，机械手不能控制物体所有的可能速度，举例来说，接触速度 $\boldsymbol{V}_{cc}=(0000.8000)^{\mathrm{T}}$ 位于 $\mathbf{N}(\boldsymbol{J}^{\mathrm{T}})$ 之内，因此不能够被机械手指所控制。同样，$\boldsymbol{G}^{\mathrm{T}}$ 第三列的 0.6 倍加上 $\boldsymbol{G}^{\mathrm{T}}$ 的第四列也在 $\mathbf{R}(\boldsymbol{G}^{\mathrm{T}})$ 内。因为 $\mathbf{R}(\boldsymbol{G})$ 和 $\mathbf{R}(\boldsymbol{G}^{\mathrm{T}})$ 的映射关系是一一对应映射的，这种不可控的接触速度和一个唯一的不可控的物体速度相一致，就是 $\boldsymbol{v}=(000.6100)$。换句话说，机械手不能使球心在 z 方向上平移，也不能绕着 x 轴转动（同时也不能绕着其他轴转）。

对于控制所有物体内力的问题，答案是肯定的，因为 $\mathbf{N}(\boldsymbol{J}^{\mathrm{T}})\cap\mathbf{N}(\boldsymbol{G})=0$。这个结论与 $\mathbf{N}(\boldsymbol{G})$ 在第 1、第 2、第 6 个位置有非零值这个事实无关，然而 $\mathbf{N}(\boldsymbol{J}^{\mathrm{T}})$ 所有列在那些位置都为零。

6. 第六部分：力封闭

再次假设在抓取球体上的接触点 1 和 2 分别为 SF 和 HF 接触类型。在该假设下，$\boldsymbol{G}$ 是行满秩的，并且内力对应大小相等、方向相反的接触力。当摩擦形封闭存在时，内力必须分布在摩擦锥之内。选择例 1 第四部分中的 r 与 θ_1 和 θ_2 的正弦、余弦值，如果两个摩擦系数都大于 0.75，则可以证明摩擦形封闭存在。对于该抓取，由于 $\mathbf{N}(\boldsymbol{J}^{\mathrm{T}})\cap\mathbf{N}(\boldsymbol{G})=0$，摩擦形封闭就相当于力封闭。

图 28.13 的平面曲线是通过固定 $\mu_2=2.0$ 并同时改变 μ_1 值生成的。注意到，如果 $\mu_1<0.75$，力封闭就不存在。当 μ_1 逼近 μ_2 时，封闭度会变得更加平缓。这时候，继续增大 μ_1 并不会提高力封闭，因为接触点 2 变成了限制因素。为了进一步增加封闭度，两个摩擦因数都需要增大。

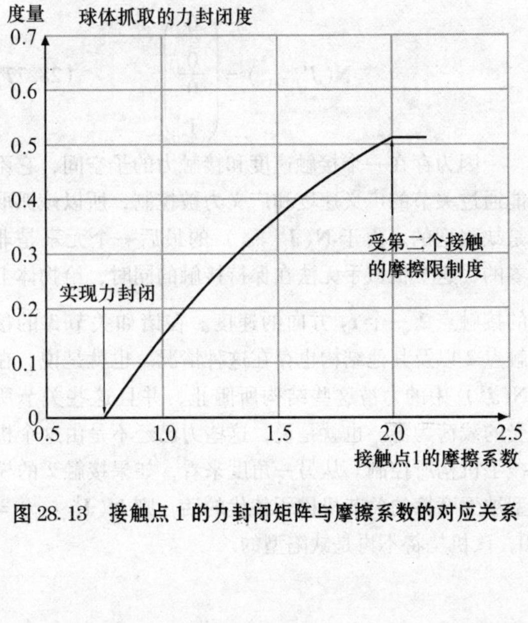

图 28.13 接触点 1 的力封闭矩阵与摩擦系数的对应关系

28.5.2 例 2：平面多边形抓取

1. 第一部分：$\boldsymbol{G}$ 和 $\boldsymbol{J}$

图 28.14 显示的是一个平面机械手抓取一个多边形。右边的机械手指 1 包含了两个关节，分别记为 1 和 2。机械手指 2 包含了关节 3~7，离手掌越远，编号越大。已经将惯性坐标系选在物体内，使它的 x 轴通过接触点 1 和 2，并且与接触点 2 法向向量共线。

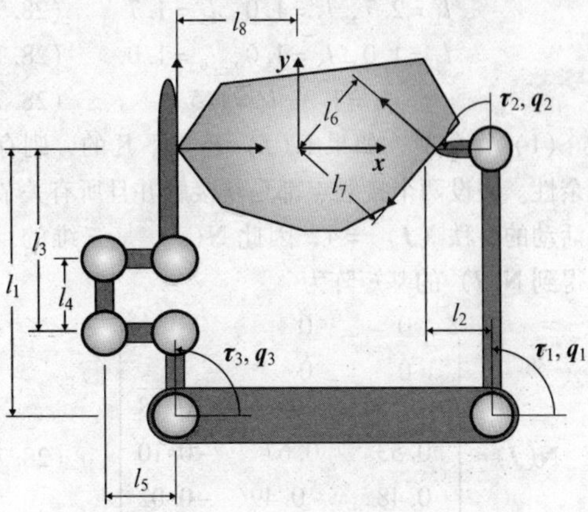

图 28.14 由 2 个手指共 7 个关节组成的平面机械手抓取多边形物体

旋转矩阵为

$$\boldsymbol{R}_1=\begin{pmatrix}-0.8 & -0.6\\ 0.6 & -0.8\end{pmatrix},\boldsymbol{R}_2=\begin{pmatrix}1 & 0\\ 0 & 1\end{pmatrix} \tag{28.68}$$

假设为 HF 型接触，给定 $\boldsymbol{G}$ 为

$$\boldsymbol{G}=\left(\begin{array}{cc|cc}-0.8 & -0.6 & 1 & 0\\ 0.6 & -0.8 & 0 & 1\\ l_6 & -l_7 & 0 & -l_8\end{array}\right) \tag{28.69}$$

注意到 $\boldsymbol{G}$ 的前两列与接触点 1 的单位切向量和单位法向量相一致。第 3 和第 4 列与接触点 2 的单位切向量和单位法向量相一致。

假设 HF 型接触并且所有关节都是活动的（不锁定的），$\boldsymbol{J}$ 为

$$\boldsymbol{J}^{\mathrm{T}}=\left(\begin{array}{cc|cc} 0.8l_1 & 0.6l_1 & \multicolumn{2}{c}{0}\\ -0.6l_2 & 0.8l_2 & -l_1 & 0\\ \hline \multicolumn{2}{c|}{0} & -l_3 & 0\\ & & -l_3 & l_5\\ & & -l_3+l_4 & l_5\\ & & -l_3+l_4 & 0\end{array}\right) \tag{28.70}$$

$\boldsymbol{J}^{\mathrm{T}}$ 的前两列是在接触点 1 处 $\hat{\boldsymbol{n}}_1$ 和 $\hat{\boldsymbol{t}}_1$ 方向产生单位力所需的扭矩。水平线将矩阵分为两部分，分别对应第一个机械手指（上部）和第二个机械手指（下

部)。注意到 J^T 和 G 都是列满秩的。

2. 第二部分:抓取类别

这个例子清楚地阐明了不同抓取类别的物理特性而避免了引入会混淆描述的特征。

我们现在运用先前的平面例子来讨论四种抓取类别的具体细节。在讨论过程中为抓取系统的参数选取无量纲的值非常有用,假设 l_4 是单位长度。那么其他长度作为 l_4 的倍数分别为

$$l_1 = 2.7,\ l_2 = 1.0,\ l_3 = 1.7 \tag{28.71}$$

$$l_4 = 1.0,\ l_5 = 1.0,\ l_6 = 1.0 \tag{28.72}$$

$$l_7 = 1.3,\ l_8 = 1.5 \tag{28.73}$$

(1) 冗余型 如果 $\mathbf{N}(\boldsymbol{J})$ 是非平凡的,则存在冗余性。假设两个接触点都是硬接触并且所有关节都是活动的,秩 ($\boldsymbol{J}$) $=4$,因此 $\mathbf{N}(\boldsymbol{J})$ 是三维的。可以得到 $\mathbf{N}(\boldsymbol{J})$ 的基矩阵为

$$\mathbf{N}(\boldsymbol{J}) \approx \begin{pmatrix} 0 & 0 & 0 \\ 0 & 0 & 0 \\ \hline -0.50 & -0.24 & -0.18 \\ 0.53 & 0.67 & -0.10 \\ 0.48 & -0.49 & -0.02 \\ 0.48 & 0.49 & 0.02 \\ -0.02 & 0.01 & 0.98 \end{pmatrix} \tag{28.74}$$

由于前两行都为0,$\mathbf{N}(\boldsymbol{J})$ 不包括第一个机械手指(手掌的右部)的运动。为了理解这一点,假设物体被固定在平面上。那么第一个机械手指不能够保持接触在接触点1,除非它的关节也是固定的。

三个非零列数据与机械手指2相符,表明了关节有三种基本运动使得机械手指能够维持与物体的接触。例如,第一列显示,如果关节3大概与关节4、5、6移动差不多的距离,但是与关节4、5移动反向,与关节6同向,同时关节7或多或少被固定,那么接触2会被保持。

注意到机械手指2包含了一个平行四边形。由于这个几何结构,我们可以发现向量 $(000—11—11)^T$ 是$\mathbf{N}(\boldsymbol{J})$的一个元素。该向量的速度解释是机械手指的连杆连接着手掌,接触物体的连杆被固定在空间中,平行四边形以一种简单的四连杆组机械装置运动。类似地,在 $\mathbf{N}(\boldsymbol{J})$ 中的关节运动并不影响接触力,但会引起内部机械手的速度。同样注意到,因为 $\mathbf{N}(\boldsymbol{J}^T)=0$,整个空间在接触点处的广义速度和广义力可以由该关节产生。

(2) 不确定型 如上所述,当接触是 HF 模型时,系统为可抓取型。然而,把 HF 模型接触换做 PwoF 模型接触会移除 $\hat{\boldsymbol{t}}_1$ 和 $\hat{\boldsymbol{t}}_2$ 方向上的切向力分量。这实际上是把第2列和第4列从 $\boldsymbol{G}$ 中移除,保证了系统是不确定型。简化后的矩阵记为 $\boldsymbol{G}_{(1,3)}$。这种情形下 $\mathbf{N}(\boldsymbol{G}^T_{(1,3)})$ 为

$$\mathbf{N}(\boldsymbol{G}^T_{(1,3)}) \approx \begin{pmatrix} 0 \\ -0.86 \\ 0.51 \end{pmatrix} \tag{28.75}$$

实际上,当目标物体逆时针方向旋转时,主向量将协调目标物体的运动,以使与 $\{\boldsymbol{N}\}$ 的原点相联系的点的运动方向向下。同样的,如果类似的力和力矩被作用于物体上,无摩擦的接触将不能保持平衡。

(3) 可抓取型 具有两个 HF 接触模型时,秩 ($\boldsymbol{G}$) $=3$,所以 $\mathbf{N}(\boldsymbol{G})$ 是一维的并且系统是可抓取型。则抓取矩阵的零空间基向量为

$$\mathbf{N}(\boldsymbol{G}) \approx \begin{pmatrix} 0.57 \\ 0.42 \\ \hline 0.71 \\ 0 \end{pmatrix} \tag{28.76}$$

该基向量是由接触点两端两个反向作用的力产生的。并且,由于该接触模型是理想的运动学模型,接触点处应不存在摩擦。然而,由这个接触模型的内力作用线的法向方向可知,如果摩擦系数不大于0.75,压紧的力将在接触点1处产生滑动摩擦,这将与理想运动学模型的条件相违背。

(4) 缺陷型 在缺陷型抓取中,$\mathbf{N}(\boldsymbol{J}^T) \neq 0$,由于初始的 $\boldsymbol{J}$ 是行满秩的,则该抓取不是缺陷型的。然而,通过锁定一些关节,或者改变机械手的形状将有可能使 $\boldsymbol{J}$ 不再行满秩,由此变为缺陷型。例如,锁定关节4、5、6、7将使2号手指成为只有3个关节活动的单连杆手指。在这个新的抓取系统中,$\boldsymbol{J}^T_{(1,2,3)}$ 仅为式(28.70)中原始 $\boldsymbol{J}^T$ 的前3行,其中下标是可以自由活动的关节的编号排列。此零空间的主向量是

$$\mathbf{N}(\boldsymbol{J}^T_{(1,2,3)}) = \begin{pmatrix} 0 \\ 0 \\ \hline 0 \\ 1 \end{pmatrix} \tag{28.77}$$

因为存在一个接触速度和接触力的子空间,它不能通过关节的广义速度和广义力被控制,所以该抓取是缺陷型的。由于 $\mathbf{N}(\mathbf{J}^T_{(1,2,3)})$ 的最后一个元素是非零的,这个机械手无法在保持接触的同时,给物体上的接触点2一个 $\hat{\boldsymbol{t}}_2$ 方向的速度。在诸如关节3的接触点2以及其他结构也存在这种情况。也就是说,在 $\mathbf{N}(\boldsymbol{J}^T)$ 中的力被这些结构所阻止,并且这些关节所受的载荷为零。也就是说,这些力已经不是由这个机械手机构所控制。从另一角度来看,如果接触2的模型被无摩擦的关节机构所替代的话,则 $\mathbf{N}(\mathbf{J}^T_{(1,2,3)})=0$,该机构将不再是缺陷型的。

28.5.3 例3：超静定抓取

1. 第一部分：$\tilde{G}$ 和 $\tilde{J}$

图 28.15 显示了一个三维结构的平面投影，半径为 l 的球被具有三个转动关节的单手指抓取。以坐标系 $\{C\}_1$，$\{C\}_2$，$\{C\}_3$ 为目标，其 $\hat{o}$ 方向指向图面以外（如小黑圈所示）。坐标系的轴 $\{N\}$ 和 $\{B\}$ 被选作与球心原点一致的轴。z 轴指向纸面以外。由观察知，因为 3 个手指关节与（x、y）平面垂直，这种抓取会在此平面上一直起作用。

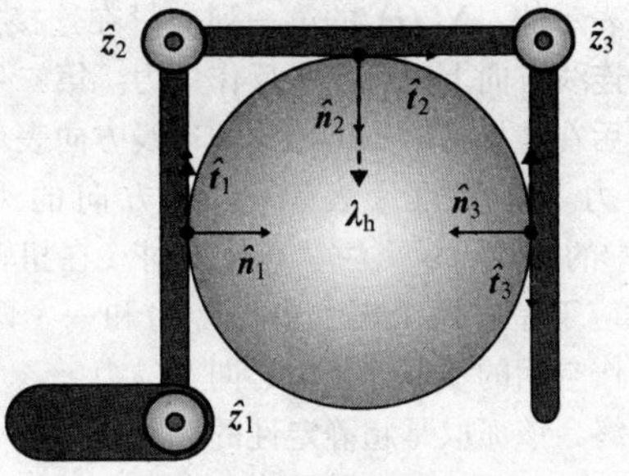

图 28.15 一个球体被含三个转动关节的机械手指抓取。受力方向 λ_h 同时属于 N（G）和 N（J^T）因而引起了系统的超静定性

假设所有机械手的连杆宽度是零，旋转矩阵 R_i 和向量 c_i 可以由式（28.48）和式（28.49）计算出来，考虑到对于接触 1，2，3，$\theta_1=\pi$，$\theta_2=\pi/2$，$\theta_3=0$。最终，完整的抓取矩阵是 $\tilde{G}^T=(\tilde{G}_1\tilde{G}_2\tilde{G}_2)^T\in\mathbb{R}^{18\times 6}$，其中 $\tilde{G}_i$ 由式（28.50）确定

$$\tilde{G}^T=\left(\begin{array}{cccccc}
1&0&0&0&0&0\\
0&1&0&0&0&-l\\
0&0&1&0&l&0\\
0&0&0&1&0&0\\
0&0&0&0&1&0\\
0&0&0&0&0&1\\
\hline
0&-1&0&0&0&0\\
1&0&0&0&0&-l\\
0&0&1&l&0&0\\
0&0&0&0&-1&0\\
0&0&0&1&0&0\\
0&0&0&0&0&1\\
\hline
-1&0&0&0&0&0\\
0&-1&0&0&0&-l\\
0&0&1&0&-l&0\\
0&0&0&-1&0&0\\
0&0&0&0&-1&0\\
0&0&0&0&0&1
\end{array}\right)$$

为构建完整的与接触 i 有关的机械手结构的雅克比矩阵，需要了解关节轴方向和固定在每个手指连杆上的坐标系原点。假设 DH 坐标系的原点在这个物体的平面内。在当前的条件下，接触点 1 的相关参量可以直接被 $\{N\}$ 表示出来，为

$$c_1-\zeta_1=(0\quad l\quad 0)^T$$
$$\hat{z}_1=(0\quad 0\quad 1)^T$$

接触点 2 的相关参量用 $\{N\}$ 表示为

$$c_1-\zeta_1=(l\quad 2l\quad 0)^T$$
$$c_1-\zeta_1=(l\quad 0\quad 0)^T$$
$$\hat{z}_1=(0\quad 0\quad 1)^T$$
$$\hat{z}_2=(0\quad 0\quad 1)^T$$

接触点 3 的相关参量用 $\{N\}$ 表示为

$$c_3-\zeta_1=(2l\quad l\quad 0)^T$$
$$c_3-\zeta_2=(2l\quad -l\quad 0)^T$$
$$c_3-\zeta_0=(0\quad -l\quad 0)^T$$
$$\hat{z}_1=(0\quad 0\quad 1)^T$$
$$\hat{z}_2=(0\quad 0\quad 1)^T$$
$$\hat{z}_3=(0\quad 0\quad 1)^T$$

完整的机械手雅克比矩阵 $\tilde{J}\in\mathbb{R}^{18\times 3}$（接触速度均以 $\{C_i\}$ 表示）为

$$\tilde{J}=\left(\begin{array}{ccc}
-l&0&0\\
0&0&0\\
0&0&0\\
0&0&0\\
0&0&0\\
1&0&0\\
\hline
-l&-l&0\\
-2l&0&0\\
0&0&0\\
0&0&0\\
0&0&0\\
1&1&0\\
\hline
l&-l&-l\\
-2l&-2l&0\\
0&0&0\\
0&0&0\\
0&0&0\\
1&1&1
\end{array}\right)$$

水平分割线将 $\tilde{J}$ 分为 $\tilde{J}_1$（顶部），$\tilde{J}_2$ 和 $\tilde{J}_3$（底部）。该列对应于关节 1~3。

2. 第二部分：G 和 J

假设图 28.15 中的 3 个接触是 HF 型的，则选择

矩阵 $\boldsymbol{H}$ 由下式给出：

$$\boldsymbol{H}=\begin{pmatrix} I & 0 & 0 & 0 & 0 & 0 \\ 0 & 0 & I & 0 & 0 & 0 \\ 0 & 0 & 0 & 0 & I & 0 \end{pmatrix} \tag{28.78}$$

式中，$\boldsymbol{I}$ 和 $\boldsymbol{0}$ 都属于 $\mathbb{R}^{3\times3}$，则矩阵 $\boldsymbol{G}^{\mathrm{T}}\in\mathbb{R}^{9\times6}$ 和 $\boldsymbol{J}\in\mathbb{R}^{9\times3}$ 可由消除相关旋转行来从 $\tilde{\boldsymbol{G}}^{\mathrm{T}}$ 和 $\tilde{\boldsymbol{J}}$ 中得到

$$\boldsymbol{G}^{\mathrm{T}}=\begin{pmatrix} 1 & 0 & 0 & 0 & 0 & 0 \\ 0 & 1 & 0 & 0 & 0 & -l \\ 0 & 0 & 1 & 0 & l & 0 \\ \hline 0 & -1 & 0 & 0 & 0 & 0 \\ 1 & 0 & 0 & 0 & 0 & -l \\ 0 & 0 & 1 & l & 0 & 0 \\ \hline -1 & 0 & 0 & 0 & 0 & 0 \\ 0 & -1 & 0 & 0 & 0 & -l \\ 0 & 0 & 1 & 0 & -l & 0 \end{pmatrix},\quad \boldsymbol{J}=\begin{pmatrix} l & 0 & 0 \\ 0 & 0 & 0 \\ 0 & 0 & 0 \\ \hline l & l & 0 \\ 2l & 0 & 0 \\ 0 & 0 & 0 \\ \hline l & l & l \\ 2l & 2l & 0 \\ 0 & 0 & 0 \end{pmatrix}$$

3. 第三部分：抓取类型

表 28.10 的第一列记录了这个三个硬手指抓持球体的例子中的 $\tilde{\boldsymbol{J}}$ 和 $\tilde{\boldsymbol{G}}^{\mathrm{T}}$ 的主要子空间的维数。只有非平凡零空间被列出。

表 28.10 例 3 研究抓取的主要子空间维数及分类

维　　数	类　　别
$\dim\mathcal{N}(\boldsymbol{J}^{\mathrm{T}})=6$	缺陷型
$\dim\mathcal{N}(\boldsymbol{G})=3$	可抓取型
$\dim\mathcal{N}(\boldsymbol{J}^{\mathrm{T}})\cap\boldsymbol{N}(\boldsymbol{G})=1$	超静定型

该系统是缺陷型的，因为该结构可抵抗子空间的广义接触力，对应于零关节活动

$$\boldsymbol{N}(\boldsymbol{J}^{\mathrm{T}})=\begin{pmatrix} 0 & 0 & 0 & 0 & -2 & 0 \\ 0 & 0 & 0 & 1 & 0 & 0 \\ 0 & 0 & 1 & 0 & 0 & 0 \\ \hline 0 & 0 & 0 & 0 & 0 & -2 \\ 0 & 0 & 0 & 0 & 1 & 0 \\ 0 & 1 & 0 & 0 & 0 & 0 \\ \hline 0 & 0 & 0 & 0 & 0 & 0 \\ 0 & 0 & 0 & 0 & 0 & 1 \\ 1 & 0 & 0 & 0 & 0 & 0 \end{pmatrix}$$

前三列代表广义力在三个接触点作用的方向垂直于图 28.15 的平面。第四列对应一个唯一的接触力方向沿 $\hat{\boldsymbol{t}}_1$ 的应用。

该系统是可抓取型的，因为内力子空间是三维的。一个可能的基矩阵为

$$\boldsymbol{N}(\boldsymbol{G})=\begin{pmatrix} 1 & 1 & 0 \\ 1 & 0 & 1 \\ 0 & 0 & 0 \\ \hline 1 & 0 & 2 \\ -1 & 0 & 0 \\ 0 & 0 & 0 \\ \hline 0 & 1 & 0 \\ 0 & 0 & -1 \\ 0 & 0 & 0 \end{pmatrix}$$

$\boldsymbol{N}(\boldsymbol{G})$ 子空间的三个力向量可以很容易地从图 28.15 中确认。注意到所有的受力都是在局部接触坐标系内表示的。$\boldsymbol{N}(\boldsymbol{G})$ 的第一列向量在连接接触点 1 和 2 的连线方向上表现出了反作用力。第二列向量参数化以后在连接接触点 1 和 3 的连线方向表现出反方向作用力。最后向量表示沿 $\boldsymbol{\lambda}_{\mathrm{h}}$ 方向的力，如图 28.15 中的虚线所示。注意到该方向（在扭转强度空间）对应于左右两个向上的摩擦力和一个两倍大小的从工作空间的顶部连杆中心向下的力。

最终，该抓取是超静定性的，因为：

$$\boldsymbol{N}(\boldsymbol{G})\cap\boldsymbol{N}(\boldsymbol{J}^{\mathrm{T}})=\begin{pmatrix} 0 \\ 1 \\ 0 \\ \hline 2 \\ 0 \\ 0 \\ \hline 0 \\ -1 \\ 0 \end{pmatrix}\neq 0$$

在该子空间内，超静定作用力是无法通过机械手关节控制的内力。在图 28.15 中内力 $\boldsymbol{\lambda}_{\mathrm{h}}$ 在 $\mathbf{N}(\boldsymbol{J}^{\mathrm{T}})$ 中也有表示。

图 28.15 中的抓取也是强力抓取的一个例子，即前面提到过的一种抓取类型，它用到了很多接触点，不仅仅在指尖，更在手指及手掌中的连杆上。

所有的强力抓取都存在运动学缺陷（$\mathbf{N}(\boldsymbol{J}^{\mathrm{T}})\neq 0$），并且也大多是超静定型的。根据 28.4.2 节，刚体模型不足以记录整个系统的行为，因为在 $\mathbf{N}(\boldsymbol{G})\cap\mathbf{N}(\boldsymbol{J}^{\mathrm{T}})$ 中的广义接触力使动力学不确定。

许多方法被用于解决超静定抓取中的刚体限制，例如参考文献［28.12，16，17］中提到的那些，其中黏弹性接触模型被用于解决力不确定性。在参考文献［28.32］中，作者发现超静定性的一个充分条件为 $m>q+6$，其中 m 是接触力向量的维数。

28.5.4 例 4：对偶性

考虑一个光滑的圆盘被约束在平面内的平移情况

(见图 28.16)。在这个问题上 $n_v=2$，所以适用于接触力与物体速度的空间是二维平面的。在顶部的一对图片中，一个单一的（固定）接触点的瞬时速度施加了一个半空间的约束，并将该力限制在一个射线的光滑接触上。无论是射线还是（暗灰色）半空间都是由接触法向指向对象定义。注意到射线和半空间是对偶的锥体。当两个接触出现时，（浅灰色）力锥成为这两个接触法向的非负空间，且速度锥是它的对偶。此外，由于存在第三次接触，抓取形成了形封闭，正如速度锥退化至原点以及力锥扩展成整个平面所示。

重要的是，对偶锥的讨论适用于由 G 的列取代接触法线后的三维机构。

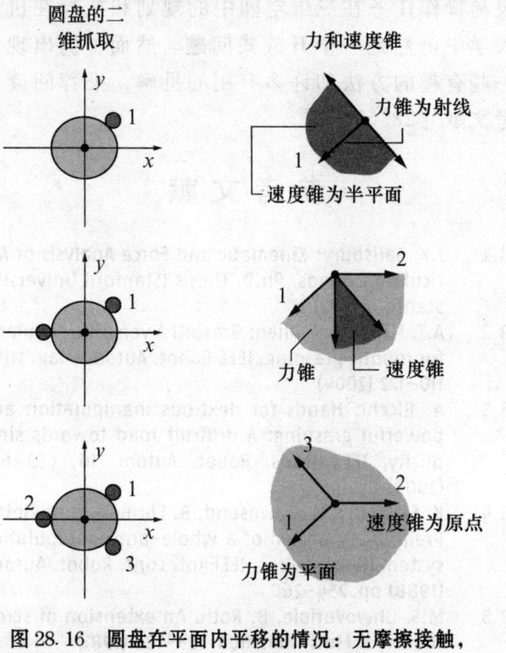

图 28.16　圆盘在平面内平移的情况：无摩擦接触，可能的圆盘速度以及净接触力之间的关系

28.5.5　例 5：形封闭

一个空间形封闭的物体需要七个接触，这是很难说明的。因此，本章唯一分析的空间形封闭的例子是下面的平面问题。

图 28.17 是平面四点抓取的基本特征。请注意，第四个接触的法线有明确界定，尽管接触是发生在对象的顶点处。手指的角度 α 也是可以有所不同的，而且当 α 在区间 $1.0518<\alpha<\pi/2$ 内的时候可以证明形封闭存在。注意到 α 的临界值当 C_2 下沿含有接触点 3（$\alpha\approx1.0518$）和接触点 2（$\alpha=\pi/2$）。

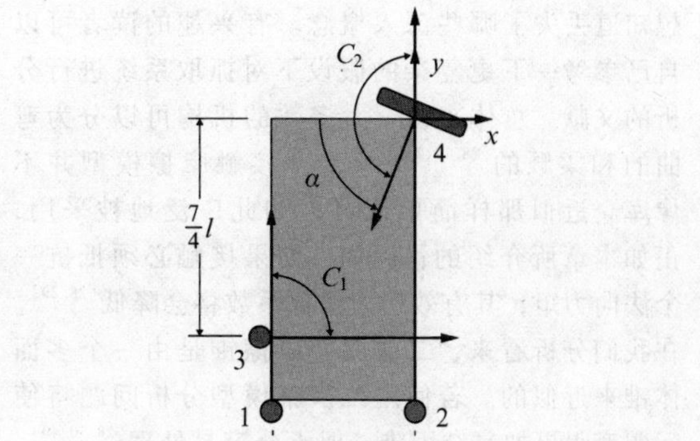

图 28.17　如果 $1.0518<\alpha<\pi/2$，具有一阶形封闭的平面抓取

选择用于分析的坐标系，并选取第四个接触点为坐标原点，则此例的抓取矩阵为

$$G=\begin{pmatrix}0 & 0 & 1 & -\cos(\alpha)\\ 1 & 1 & 0 & -\sin(\alpha)\\ -l & 0 & \frac{7}{4}l & 0\end{pmatrix}\tag{28.79}$$

如图 28.18 所示，形封闭在一定的角度范围内进行了测试。这表明，抓取失去形封闭的最远距离为 $\alpha\approx1.22$rad，正如图中所示形态。

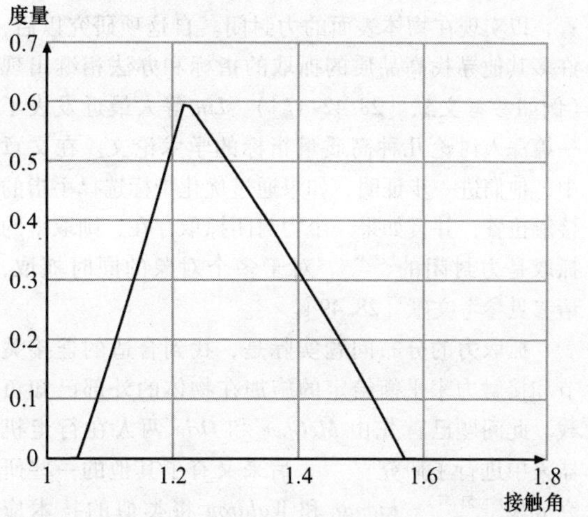

图 28.18　如果 $1.04<\alpha<1.59$，封闭度量角与接触角关系

28.6　结论与扩展阅读

抓取系统总体上可以按照简单的线性运动学、动力学和接触模型进行理解。使用最广泛的分类、封闭性抓取都可以以这些刚体模型的假设为依据。由这些线性化的模型可以有效地利用计算线性代数和线性规划技术的矩阵和测量来进行研究。参考文献［28.11，16，21，32-36］是对抓取运动学以及抓取的分类的深入研究讨论。但当进行简化假设的时候，人们必定

想知道丢失了哪些深入概念。有兴趣的读者可以自己参考一下更复杂的假设下对抓取系统进行分析的文献。总体来讲，大多数的机构可以分为弯曲的和柔顺的[28.13,22,31,37-39]。接触摩擦模型并不像库仑近似那样简单地可以如此广泛地被采用，正如本章所介绍的；例如，如果接触必须抵抗一个法向力矩，其有效切向摩擦系数将会降低[28.29]。在我们分析看来，二次库仑摩擦锥是由一个多面体锥来近似的。若使用二次锥模型分析问题将使问题变得更加复杂困难，但十分容易处理[28.30,40]。原则上，一个妥善设计的手-物体系统可以在控制下，维持所有接触，但实际情况下也极可能会导致不必要的滑动或转动。

抓取系统领域内的其他重要研究课题是：抓取综合、力分布、稳定性，以及灵巧操作。抓取综合其实是手接触点位置和姿态的选择，以及优化抓取质量的问题。请注意，这是一个与抓取获得相当不同的问题，后者指的是实现所选抓取的行为。抓取获得是一个灵巧操作行为。*Jameson* 在 1985 年的研究是对多手指机械手抓取结构的最早研究之一[28.41]，他还设计了 Levenberg-Marquardt 算法来搜索物体表面的三点位置，以实现在物体表面的力封闭。自这项研究以后，许多其他寻找高品质的抓取的指标和办法相继出现（例如参考文献［28.42-47］）。*Liu* 等人最近发表了一篇深入讨论几种高质量指标的学术论文。在文章中，他们进一步证明，如果通过优化指标选择手指的接触位置，并且如果一个力封闭抓取存在，则取得的抓取是力封闭的[28.48]。对于多个对象的同时抓取，请参见参考文献［28.49］。

抓取力的分布问题实际是，找到合适的连接关节和接触力来平衡给定的施加在物体的外部已知负载。此问题已首先由 *McGhee* 和 *Orin* 两人在行走机器人中进行了研究[28.50]，后来又有了其他的一些研究成果[28.51,52]。*Kumar* 和 *Waldron* 将类似的技术应用到抓取力的分布问题上[28.53]。最近 *Han* 等人和 *Buss* 等人又做了一些研究，已解决了非线性摩擦锥约束，采取二阶锥规划和相关技术[28.30,40,54]。在强力抓取中，这个问题更为复杂，因为可能存在不适用的接触力的情况，如参考文献［28.17，19，20，55］。

抓取稳定性往往等同于抓取的封闭性，因为在封闭条件下所有的外力可以通过机械手平衡。然而，抓取的封闭实际上相当于平衡的存在，这是稳定性存在的一个必要条件，但不是充分条件。稳定性在机器人抓取领域以外的常见定义是，当一个系统偏离一个平衡点时，系统能返回到这个点。这是由 *Hanafusa* 和 *Asada* 提出的。他们研究了有三个弹性手指的机械手的抓取稳定性[28.56]。*Cuskosky* 在三维情况下进行了这个分析并考虑了手指与物体曲率的关系[28.37]。他发现，稳定性是依赖于手指和控制器的刚度以及接触物体的曲率。

灵巧操纵的研究最早出现在 20 世纪 70 年代的文献中。*Hanafusa* 和 *Asada* 制定了一项计划，将螺母旋进螺栓[28.57]。自那以后，日益复杂的操作任务已经在不同程度的细节上被研究并有了很大的进展。*Mason* 和他的许多学生研究了水平面内推操作任务的课题，例子见参考文献［28.58-61］。其他值得注意的平面工作见参考文献［28.62-66］。灵巧操作任务在三维空间中的规划和执行在机器人学中仍然是一个开放式问题。然而，仍出现了一些有趣的方法和许多有用的见解，推荐阅读参考文献［28.67-72］

参考文献

28.1 J.K. Salisbury: Kinematic and Force Analysis of Articulated Hands. Ph.D. Thesis (Stanford University, Stanford 1982)

28.2 A.T. Miller, P.K. Allen: GraspIt! A versatile simulator for robotic grasping, IEEE Robot. Autom. Mag. **11**(4), 110–122 (2004)

28.3 A. Bicchi: Hands for dextrous manipulation and powerful grasping: A difficult road towards simplicity, IEEE Trans. Robot. Autom. **16**, 652–662 (2000)

28.4 K. Salisbury, W. Townsend, B. Ebrman, D. DiPietro: Preliminary design of a whole-arm manipulation system (WAMS), Proc. IEEE Int. Conf. Robot. Autom. (1988) pp. 254–260

28.5 M.S. Ohwovoriole, B. Roth: An extension of screw theory, J. Mech. Des. **103**, 725–735 (1981)

28.6 K.H. Hunt: *Kinematic Geometry of Mechanisms* (Oxford Univ. Press, Oxford 1978)

28.7 T.R. Kane, D.A. Levinson, P.W. Likins: *Spacecraft Dynamics* (McGraw Hill, New York 1980)

28.8 J.J. Craig: *Introduction to Robotics: Mechanics and Control*, 2nd edn. (Addison-Wesley, Reading 1989)

28.9 J.K. Salisbury, B. Roth: Kinematic and force analysis of articulated mechanical hands, J. Mech. Trans. Autom. Des. **105**, 35–41 (1983)

28.10 M.T. Mason, J.K. Salisbury Jr: *Robot Hands and the Mechanics of Manipulation* (MIT Press, Cambridge 1985)

28.11 A. Bicchi: On the closure properties of robotic grasping, Int. J. Robot. Res. **14**(4), 319–334 (1995)

28.12 D. Prattichizzo, A. Bicchi: Consistent task specification for manipulation systems with general kinematics, ASME J. Dyn. Syst. Meas. Contr. **119**, 760–767 (1997)

28.13 J. Kerr, B. Roth: Analysis of multifingered hands, Int. J. Robot. Res. **4**(4), 3–17 (1986)

28.14 G. Strang: *Introduction to Linear Algebra* (Wellesley-Cambridge, Wellesley 1993)
28.15 R.M. Murray, Z. Li, S.S. Sastry: A Mathematical Introduction to Robot Manipulation (CRC Press, Boca Raton 1993)
28.16 D. Prattichizzo, A. Bicchi: Dynamic analysis of mobility and graspability of general manipulation systems, IEEE Trans. Robot. Autom. **14**(2), 241–258 (1998)
28.17 A. Bicchi: On the problem of decomposing grasp and manipulation forces in multiple whole-limb manipulation, Int. J. Robot. Auton. Syst. **13**, 127–147 (1994)
28.18 F. Reuleaux: *The Kinematics of Machinery* (Macmillan, New York 1876), Republished by Dover, New York (1963)
28.19 T. Omata, K. Nagata: Rigid body analysis of the indeterminate grasp force in power grasps, IEEE Trans. Robot. Autom. **16**(1), 46–54 (2000)
28.20 J.C. Trinkle: The Mechanics and Planning of Enveloping Grasps. Ph.D. Thesis (University of Pennsylvania, Philadelphia 1987)
28.21 K. Lakshminarayana: Mechanics of form closure, Amer. Soc. Mech. Eng. Tech. Rep. **78-DET-32** (1978)
28.22 E. Rimon, J. Burdick: Mobility of bodies in contact i: A 2nd order mobility index for multiple-finger grasps, IEEE Trans. Robot. Autom. **14**(5), 696–708 (1998)
28.23 B. Mishra, J.T. Schwartz, M. Sharir: On the existence and synthesis of multifinger positive grips, Algorithmica **2**(4), 541–558 (1987)
28.24 P. Somov: Über Schraubengeschwindigkeiten eines festen Körpers bei verschiedener Zahl von Stützflächen, Z. Math. Phys. **42**, 133–153 (1897), (in German)
28.25 A.J. Goldman, A.W. Tucker: Polyhedral convex cones. In: *Linear Inequalities and Related Systems*, ed. by H.W. Kuhn, A.W. Tucker (Princeton Univ., York 1956) pp. 19–40
28.26 X. Markenscoff, L. Ni, C.H. Papadimitriou: The geometry of grasping, Int. J. Robot. Res. **9**(1), 61–74 (1990)
28.27 D.G. Luenberger: *Linear and Nonlinear Programming*, 2nd edn. (Addison-Wesley, Reading 1984)
28.28 V.D. Nguyen: The synthesis of force closure grasps in the plane. M.S. Thesis (MIT, Cambridge 1985), AI-TR861
28.29 R.D. Howe, M.R. Cutkosky: Practical force-motion models for sliding manipulation, Int. J. Robot. Res. **15**(6), 557–572 (1996)
28.30 L. Han, J.C. Trinkle, Z. Li: Grasp analysis as linear matrix inequality problems, IEEE Trans. Robot. Autom. **16**(6), 663–674 (2000)
28.31 M.R. Cutkosky, I. Kao: Computing and controlling the compliance of a robotic hand, IEEE Trans. Robot. Autom. **5**(2), 151–165 (1989)
28.32 J.C. Trinkle: On the stability and instantaneous velocity of grasped frictionless objects, IEEE Trans. Robot. Autom. **8**(5), 560–572 (1992)
28.33 K.H. Hunt, A.E. Samuel, P.R. McAree: Special configurations of multi-finger multi-freedom grippers – a kinematic study, Int. J. Robot. Res. **10**(2), 123–134 (1991)
28.34 D.J. Montana: The kinematics of multi-fingered manipulation, IEEE Trans. Robot. Autom. **11**(4), 491–503 (1995)
28.35 Y. Nakamure, K. Nagai, T. Yoshikawa: Passive and active closures by constraining mechanisms, Int. J. Robot. Res. **8**, 44–61 (1989)
28.36 J.S. Pang, J.C. Trinkle: Stability characterizations of rigid body contact problems with coulomb friction, Z. Angew. Math. Mech. **80**(10), 643–663 (2000)
28.37 M.R. Cutkosky: *Robotic Grasping and Fine Manipulation* (Kluwer Academic, Norwell 1985)
28.38 W.S. Howard, V. Kumar: On the stability of grasped objects, IEEE Trans. Robot. Autom. **12**(6), 904–917 (1996)
28.39 A.B.A. Cole, J.E. Hauser, S.S. Sastry: Kinematics and control of multifingered hands with rolling contacts, IEEE Trans. Autom. Contr. **34**, 398–404 (1989)
28.40 M. Buss, H. Hashimoto, J. Moore: Dexterous hand grasping force optimization, IEEE Trans. Robot. Autom. **12**(3), 406–418 (1996)
28.41 J. Jameson: Analytic Techniques for Automated Grasp. Ph.D. Thesis (Stanford University, Stanford 1985)
28.42 V. Nguyen: Constructing force-closure grasps, Int. J. Robot. Res. **7**(3), 3–16 (1988)
28.43 N.S. Pollard: Parallel algorithms for synthesis of whole-hand grasps, Proc. IEEE Int. Conf. Robot. Autom. (1997)
28.44 Y.C. Park, G.P. Starr: Grasp synthesis of polygonal objects using a three-fingered robot hand, Int. J. Robot. Res. **11**(3), 163–184 (1992)
28.45 I.M. Chen, J.W. Burdick: Finding antipodal point grasps on irregularly shaped objects, IEEE Trans. Robot. Autom. **9**(4), 507–512 (1993)
28.46 B. Mishra: Grasp metrics: Optimality and complexity, Proc. Workshop Algorithmic Found. Robot. (Peters, Boston 1994)
28.47 J. Ponce, S. Sullivan, A. Sudsang, J.-D. Boissonnat, J.-P. Merlet: On computing four-finger equilibrium and force-closure grasps of polyhedral objects, Int. J. Robot. Res. **16**(1), 11–35 (1997)
28.48 G.F. Liu, J. Xu, X. Wang, Z.X. Li: On quality functions for grasp synthesis, fixture planning, and coordinated manipulation, IEEE Trans. Autom. Sci. Eng. **1**(2), 146–162 (2004)
28.49 K. Harada, M. Kaneko: Neighborhood equilibrium grasp for multiple objects, Proc. IEEE Int. Conf. Robot. Autom. (2000) pp. 2159–2164
28.50 R.B. McGhee, D.E. Orin: A mathematical programming approach to control of positions and torques in legged locomotion systems, Proc. ROMANCY (1976)
28.51 K. Waldron: Force and motion management in legged locomotion, IEEE J. Robot. Autom. **2**(4), 214–220 (1986)
28.52 T. Yoshikawa, K. Nagai: Manipulating and grasping forces in manipulation by multi-fingered grippers, Proc. IEEE Int. Conf. Robot. Autom. (1987) pp. 1998–2007
28.53 V. Kumar, K. Waldron: Force distribution in closed kinematic chains, IEEE J. Robot. Autom. **4**(6), 657–664 (1988)
28.54 M. Buss, L. Faybusovich, J. Moore: Dikin-type algortihms for dexterous grasping force opti-

mization, Int. J. Robot. Res. **17**(8), 831–839 (1998)
28.55 D. Prattichizzo, J.K. Salisbury, A. Bicchi: Contact and grasp robustness measures: Analysis and experiments. In: *Experimental Robotics IV*, Lecture Notes Contr. Inf. Sci., Vol. 223, ed. by O. Khatib, K. Salisbury (Springer, Berlin, Heidelberg 1997)
28.56 H. Hanafusa, H. Asada: Stable prehension by a robot hand with elastic fingers. In: *Robot Motion: Planning and Control*, ed. by M. Brady, J. Hollerbach, T. Johnson, T. Lozano-Perez, M. Mason (MIT Press, Cambridge 1982) pp. 323–336
28.57 H. Hanafusa, H. Asada: Handling of constrained objects by active elastic fingers and its applications to assembly, Trans. Soc. Instrum. Contr. Eng. **15**(1), 61–66 (1979)
28.58 M.T. Mason: Manipulator Grasping and Pushing Operations. Ph.D. Thesis (Massachusetts Institute of Technology, Cambridge 1982), reprinted in *Robot Hands and the Mechanics of Manipulation* MIT Press, Cambridge 1985
28.59 R.C. Brost: Analysis and Planning of Planar Manipulation Tasks. Ph.D. Thesis (Carnegie Mellon University, Pittsburgh 1991)
28.60 M.A. Peshkin, A.C. Sanderson: Planning robotic manipulation strategies for workpieces that slide, IEEE J. Robot. Autom. **4**(5), 524–531 (1988)
28.61 K. Lynch: Nonprehensile Manipulation: Mechanics and Planning. Ph.D. Thesis (Carnegie Mellon University, Pittsburgh 1996)
28.62 J.C. Trinkle, J.J. Hunter: A framework for planning dexterous manipulation, Proc. IEEE Int. Conf. Robot. Autom. (1991) pp. 1245–1251
28.63 J.C. Trinkle, R.C. Ram, A.O. Farahat, P.F. Stiller: Dexterous manipulation planning and execution of an enveloped slippery workpiece, Proc. IEEE Int. Conf. Robot. Autom., Vol. 2 (1993) pp. 442–448
28.64 K. Harada, M. Kaneko, T. Tsuji: Rolling based manipulation for multiple objects, Proc. IEEE Int. Conf. Robot. Autom. (2000) pp. 3887–3894
28.65 R.S. Fearing: Simplified grasping and manipulation with dextrous robot hands, IEEE J. Robot. Autom. **RA-2**(4), 188–195 (1986)
28.66 N.B. Zumel, M.A. Erdmann: Nonprehensible two palm manipulation with non-equlibrium transitions between stable states, Proc. IEEE Int. Conf. Robot. Autom. (1996) pp. 3317–3323
28.67 D.L. Brock: Enhancing the dexterity of a robot hand using controlled slip. M.S. Thesis (MIT, Cambridge 1987)
28.68 R. Fearing, S. Gopalswamy: Grasping polyhedral objects with slip, Proc. IEEE Int. Conf. Robot. Autom. (1989) pp. 296–301
28.69 M. Cherif, K.K. Gupta: Planning quasi-static fingertip manipulation for reconfiguring objects, IEEE Trans. Robot. Autom. **15**(5), 837–848 (1999)
28.70 L. Han, J.C. Trinkle: Dextrous manipulation by rolling and finger gaiting, Proc. IEEE Int. Conf. Robot. Autom. (1998) pp. 730–735
28.71 L. Han, Z. Li, J.C. Trinkle, Z. Qin, S. Jiang: The planning and control of robot dexterous manipulation, Proc. IEEE Int. Conf. Robot. Autom. (2000) pp. 263–269
28.72 M. Higashimori, M. Kimura, I. Ishii, M. Kaneko: Friction independent dynamic capturing strategy for a 2d stick-shaped object, Proc. IEEE Int. Conf. Robot. Autom. (2007) pp. 217–224

第 29 章　合作机械手

Fabrizio Caccavale，Masaru Uchiyama
张立勋　译

本章主要介绍了两个或两个以上机械臂共同完成任务的合作作业。开篇回顾了合作作业自 20 世纪 70 年代初至今的发展历史。对合作机械手牢固抓持刚体的运动学和动力学模型进行了深入研究，例如依靠对称方程来描述系统的运动学和静力学等。同时也讨论了动力学及封闭运动链降阶模型的一些基础问题。

对一些具体问题，如定义具有几何意义的合作工作空间变量，负载分配问题以及定义可操作性椭球等，为读者提供了详尽的模型图片以及合作操作的评价指标。对合作机械手的运动及机械手与刚体之间作用力的主要控制方法进行了详细的介绍，包括力/位混合控制、比例—微分（PD）力/位控制、线性反馈控制，以及阻抗控制等。在最后一节提出了合作机械手的先进控制方法，并简要地讨论了先进非线性控制策略（包括智能控制方法，同步控制，分散控制），还给出了具有一定柔韧度的合作系统建模以及控制的基本结果。

29.1　发展历史概述 …… 207
29.2　运动学和静力学 …… 208
　29.2.1　对称方程 …… 209
　29.2.2　多指手操作 …… 210
29.3　协同工作空间 …… 211
29.4　动力学及负载分配 …… 212
　29.4.1　降阶模型 …… 212
　29.4.2　负载分配 …… 213
29.5　工作空间分析 …… 214
29.6　控制 …… 214
　29.6.1　混合控制 …… 214
　29.6.2　PD 力/位控制 …… 215
　29.6.3　线性反馈方法 …… 216
　29.6.4　阻抗控制 …… 216
29.7　结论与扩展阅读 …… 217
参考文献 …… 217

29.1　发展历史概述

机器人技术出现不久，科学家就开始了多手臂机器人系统的探索。该研究始于 20 世纪 70 年代初，主要是源于单臂机器人作业中的典型受限问题。事实证明，单臂机器人难以完成的任务可由两个或两个以上机械手合作完成。这些任务包括移动质量及体积庞大的载荷，不使用特殊的装置实现多部件组装，处理柔性或具有冗余自由度的对象等。合作机械手的研究旨在解决现存问题并开展其在柔性制造系统及不良结构环境中（例如外太空及海底环境）新的应用。

Fujii 和 *Kurono*[29.1]、*Nakano* 等人[29.2]以及 *Takase* 等人[29.3]作为多手臂机器人早期研究工作的代表，其研究内容的关键技术主要包括主从控制、力/柔顺控制及工作空间控制。在参考文献［29.1］中，*Fujii* 和 *Kurono* 提出了用于多臂机器人协调控制的柔顺控制方法，定义了相对于被控对象坐标系的任务向量及在该坐标系下控制作业的柔顺性。

Fujii、*Kurono*[29.1]及 *Takase* 等人[29.3]的研究具有一个典型特征，即不利用力/力矩传感器，而利用制动器后退操作的灵活性实现力/柔顺控制。当时，由于研究者专注于使用力/力矩传感器实现更复杂控制，因此该技术在实际应用中的重要性并不被认同。*Nakano* 等人[29.2,4]提出了一种主从力控制方法，用于控制搬运同一物体的两机械臂的协调运动，并指出了力控制对合作机械手协调作业的重要性。

基于一些单手臂机器人的基本研究结果，在 20 世纪 80 年代恢复了对多手臂机器人强大的研究工作[29.5]。主要包括相对于被控对象任务向量的定义[29.6]，多手臂机器人与被控对象构成封闭运动链系统的动力学和控制[29.7,8]，以及力控制问题，如力/位混合控制[29.9-12]等。这些研究工作为多手臂机器人的控制形成了有力的理论支撑，并为从 20 世纪 90 年代至今更多先进控制方法的研究奠定了基础。

如何基于动态模型的约束力将整个协作系统参数化，是一个很重要的问题。事实上，参数化实现了用于控制的任务变量的定义，并解决了多手臂机器人领域中最常见问题：包括如何同时控制物体的轨迹、作用于被控对象的机械应力（内力/力矩）、手臂之间的负载分配以及物体的外部作用力/力矩。由于力分解是解决这些问题的关键，因此，*Uchiyama*、*Dauchez*[29.11,12] 和 *Walker* 等人[29.13] 以及 *Bonitz*、*Hsia*[29.14]对此进行了研究。如何构造具有清晰几何意义的作用于物体的内力/力矩成为一个问题，*Williams* 和 *Khatib* 给出了一个解决方法[29.15,16]，即参数化思想。基于这种方法设计了一些合作控制策略，包括运动和力的控制[29.11,12,17-19]，以及阻抗/柔顺控制[29.20-22]。相应的一些研究还包括自适应控制[29.23,24]、运动控制[29.25]、工作空间规则[29.26]、关节空间控制[29.27,28]以及协调控制[29.29]等。

在20世纪90年代，用于协调控制[29.26]的面向用户任务空间变量的定义以及更加有效的评价方法[29.30-33]都得到了广泛的研究。

许多已经发表的学术论文[29.34-39]显示，机械手之间的负载分配仍然是一个重要议题。当机械手抓持物体但没有抓牢时，为保证手臂之间最理想的负载分配以及抓持的稳定性，而提出了负载分配的问题。在这种情况下，负载分配问题变成了可以用启发式方法[29.40]或数学方法[29.41]解决的最优化问题。

一些研究工作则更关注于对多体或柔性对象的协作操作[29.42-44]。由于柔性手臂机器人可在协作系统中使用的优点[29.47]，即：轻巧的构造，固有的柔顺性和安全性等，多柔性臂机器人的控制的研究也得到了发展[29.45,46]。

同样，如果能够准确地检测到滑动[29.48]，机械手末端执行器在物体上有滑动的前提下将可能稳定地抓住物体。

最近提出用于合作系统的控制策略，被称为同步控制[29.49,50]。在该方法中，控制问题以协作任务中机械手之间运动同步误差的定义形式加以公式化，而合作作业系统的非线性控制，则主要致力于智能控制（见参考文献［29.51］和参考文献［29.52］，在这两个例子中，利用模糊控制来处理非建模动力学，参量不确定因素以及干扰）及局部状态反馈控制策略[29.53]。

如何在传统工业机器人上实现合作控制已经引起了研究者们越来越大的兴趣。事实上，工业机器人的控制单元并不能体现非线性转矩控制策略的全部特性，在标准工业机器人控制单元上集成的力/力矩传感器总是笨重的，并且由于多种原因而被禁止应用于工业上：如不可靠性、成本等。因此，在工业生产中，早期控制方法的重新利用，而不是使用力传感器（*Fujii* 和 *Kurono*[29.1]，*Inoue*[29.54]）变得很有吸引力，且已经成功地实现了无力/力矩传感器的力/位混合控制[29.55]。工业机器人实现有效协作控制策略的成果见参考文献［29.56］，在例子中，提出了一种基于工具坐标系、轨迹生成和多机器人的分散控制方法。

另一个引人关注的方面是参考文献［29.57］研究了与可靠性和安全性相关的协作作业系统。参考文献［29.57］认为使用非刚性手爪的目的是为了避免过大的内应力，即使抓持失败或与环境产生非预期性的接触，也可以保证作业的安全。

最后，值得一提的是，在利用多手指/手抓持物体（在第28章中有较多的描述）与协作作业问题之间有着密切的关系。事实上，多机械手系统可以在各种情况下抓住一个普通的作业对象。在多指手的作业中，只有某些运动分量是通过接触点传送到被控对象上的（单侧约束），而机器人手臂之间的合作作业是通过刚性（或近似刚性）抓持点及发生在该抓持点上的运动量传递的相互作用来实现的。然而在这两个领域中，很多问题通常都可以通过一种概念上近似的方法来解决（如运动学模型，力控制），而其他一些问题则是各自应用领域中的特殊问题（例如多指手的形封闭和力封闭）。参考文献［29.25］已经提出了关于协作作业和多手指操作的通用坐标系，通过建立有移动/旋转关节的接触模型来描述考虑物体抓持点的滑动/旋转。因此，可根据被控对象的期望运动轨迹，利用逆运动学模型求取机械臂/手指的期望关节轨迹。

29.2 运动学和静力学

假定系统由 M 个机械手组成，每个机械手包括 N_i（$i=1, \cdots, M$）个关节，$\boldsymbol{p}_i$为第 i 个工具坐标系 $\mathfrak{I}_i$相对于基础坐标系 $\mathfrak{I}$ 的 3×1 位置矢量；$\boldsymbol{R}_i$为 $\mathfrak{I}_i$相对于基础坐标系 $\mathfrak{I}$ 的 3×3 方位矩阵。

根据正向运动学方程，$\boldsymbol{p}_i$和 $\boldsymbol{R}_i$均可以表示为每个机械手关节变量 $\boldsymbol{q}_i$的 $N_i\times1$ 维向量函数

$$\begin{cases}\boldsymbol{p}_i=\boldsymbol{p}_i(\boldsymbol{q}_i)\\ \boldsymbol{R}_i=\boldsymbol{R}_i(\boldsymbol{q}_i)\end{cases} \tag{29.1}$$

当然，工具坐标系的方位可以用一个角度极小集来表示，例如可以用三个一组的欧拉角度 $\boldsymbol{\phi}_i$ 来表示。因此，由操作空间向量 $\boldsymbol{x}_i$ 描述的正向运动学方程为

$$\boldsymbol{x}_i=\boldsymbol{f}_i(\boldsymbol{q}_i)=\begin{pmatrix}\boldsymbol{p}_i(\boldsymbol{q}_i)\\ \boldsymbol{\phi}_i(\boldsymbol{q}_i)\end{pmatrix} \tag{29.2}$$

线速度 $\dot{\boldsymbol{p}}_i$ 及角速度 $\boldsymbol{\omega}_i$ 组成的6维列矢量 $\boldsymbol{v}_i=(\dot{\boldsymbol{p}}_i^{\mathrm{T}}\quad \dot{\boldsymbol{\omega}}_i^{\mathrm{T}})^{\mathrm{T}}$ 可表示第 i 个末端执行器的广义速度 $\boldsymbol{v}_i$。因此，正向运动学微分方程可以表示为

$$\boldsymbol{v}_i=\boldsymbol{J}_i(\boldsymbol{q}_i)\dot{\boldsymbol{q}}_i \tag{29.3}$$

式中，$\boldsymbol{J}_i$ 为 $6\times N_i$ 的偏导数矩阵，称为第 i 个机械手的几何雅可比矩阵（见第1章）。利用操作空间向量 $\boldsymbol{x}_i$ 的微分形式表示速度，微分运动学方程则可表示为与上式相似的形式

$$\dot{\boldsymbol{x}}_i=\frac{\partial \boldsymbol{f}_i(\boldsymbol{q}_i)}{\partial \boldsymbol{q}_i}\dot{\boldsymbol{q}}_i=\boldsymbol{J}_{\mathrm{A}i}(\boldsymbol{q}_i)\dot{\boldsymbol{q}}_i \tag{29.4}$$

式中，$\boldsymbol{J}_{\mathrm{A}i}$ 是第 i 个机械臂的 $6\times N_i$ 分析雅可比矩阵（见第1章）。

当机器人与外界环境相互作用时，在接触的地方产生力 $\boldsymbol{f}_i$ 和力矩 $\boldsymbol{n}_i$，统称为第 i 个末端执行器的广义力，用 6×1 列向量表示为

$$\boldsymbol{h}_i=\begin{pmatrix}\boldsymbol{f}_i\\ \boldsymbol{n}_i\end{pmatrix} \tag{29.5}$$

式中，$\boldsymbol{f}_i$ 和 $\boldsymbol{n}_i$ 分别是力和力矩。根据虚功原理，将式（29.3）代入虚功方程可得

$$\boldsymbol{\tau}_i=\boldsymbol{J}^{\mathrm{T}}(\boldsymbol{q}_i)\boldsymbol{h}_i \tag{29.6}$$

式中，$\boldsymbol{\tau}_i$ 为第 i 个机械手的 $N_i\times1$ 关节力/力矩矢量。

为方便研究，以两个机械手合作操纵一个被控对象的系统为例（见图29.1）进行分析。设C为被控对象上的固定点（如质心），$\boldsymbol{p}_{\mathrm{C}}$ 为其在基础坐标系中的位置坐标向量，$\mathfrak{F}_{\mathrm{C}}$ 为被控对象的坐标系。假设向量 $\boldsymbol{r}_i(i=1,2)$ 为固定于第 i 个末端执行器的刚体杆，称之为虚拟杆[29.11,12]，用于确定 $\mathfrak{F}_{\mathrm{C}}$ 相对于 $\mathfrak{F}_i$ $(i=1,2)$ 位置。当被控对象为刚体且被机械手抓牢时，每一个虚拟杆在坐标系 $\mathfrak{F}_i$（或 $\mathfrak{F}_{\mathrm{C}}$）中表示为一个常数向量。因此，每个机械手的正向运动学可表示为虚拟工具坐标系 $\mathfrak{F}_{\mathrm{S},i}=\mathfrak{F}_{\mathrm{C}}$ 的形式，且与 $\mathfrak{F}_{\mathrm{C}}$ 有同样的方向及起始坐标 $\boldsymbol{p}_{\mathrm{S},i}=\boldsymbol{p}_i+\boldsymbol{r}_i=\boldsymbol{p}_{\mathrm{C}}$。因此，每一个虚拟杆顶端的位置和方向由 $\boldsymbol{p}_{\mathrm{S},i}=\boldsymbol{p}_{\mathrm{C}}$，$\boldsymbol{R}_{\mathrm{S},i}=\boldsymbol{R}_{\mathrm{C}}$ $(i=1,2)$ 来表示。

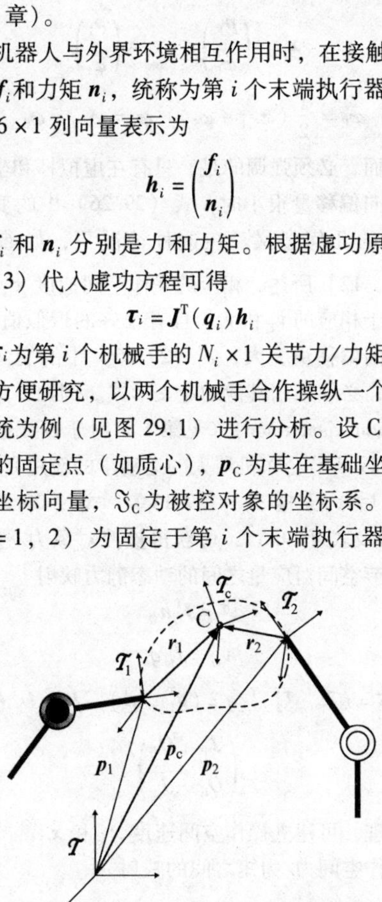

图29.1 双臂合作机械手抓取一般被控对象的坐标系

对应于 $\boldsymbol{R}_{\mathrm{S},i}$ 的欧拉角由 3×1 列向量 $\boldsymbol{\phi}_{\mathrm{S},i}$ 表示。假定被控对象为刚体（或接近刚性）且紧密地（或接近紧密）与每一个末端执行器接触，则可认为上述坐标系之间的距离为零或可忽略。否则，如果被控对象有变形（例如柔性物体）或抓持不紧（例如柔顺的手爪），则上述坐标系间产生的位移将不可忽略。用 $\boldsymbol{h}_{\mathrm{S},i}$ 表示作用于第 i 个虚拟杆顶端的广义力矢量，则可得到下式

$$\boldsymbol{h}_{\mathrm{S},i}=\begin{pmatrix}\boldsymbol{I}_l & \boldsymbol{O}_l\\ -\boldsymbol{S}(\boldsymbol{r}_i) & \boldsymbol{I}_l\end{pmatrix}\boldsymbol{h}_i=\boldsymbol{W}_i\boldsymbol{h}_i \tag{29.7}$$

式中，$\boldsymbol{O}_l$ 和 $\boldsymbol{I}_l$ 分别表示零矩阵和 $l\times l$ 单位矩阵；$\boldsymbol{S}(\boldsymbol{r}_i)$ 是 3×3 斜对称矩阵叉积。值得注意的是 $\boldsymbol{W}_i$ 始终满秩。

根据虚功原理，由式（29.7）可得

$$\boldsymbol{v}_i=\begin{pmatrix}\boldsymbol{I}_3 & \boldsymbol{S}(\boldsymbol{r}_i)\\ \boldsymbol{O}_3 & \boldsymbol{I}_3\end{pmatrix}\boldsymbol{v}_{\mathrm{S},i}=\boldsymbol{W}_i^{\mathrm{T}}\boldsymbol{v}_{\mathrm{S},i} \tag{29.8}$$

式中，$\boldsymbol{v}_{\mathrm{S},i}$ 是虚拟杆末端的广义速度矢量，当 $\boldsymbol{r}_i=\boldsymbol{0}$ 时，$\boldsymbol{W}_i=\boldsymbol{I}_6$。换言之，如果每个机械手末端执行器的运动学对应相应的虚拟杆（或将被控对象简化为一点），则两个末端执行器的力及速度与它们虚拟杆上的对应点是一致的。

29.2.1 对称方程

基于被控对象与机械手末端执行器（虚拟杆的末端）相应位置上广义力/速度之间运动学和静力学关系，*Uchiyama* 和 *Dauchez* 提出了动态静力方程[29.12]，即所谓的对称方程。

首先定义外力为 6×1 广义力矢量，如下式所示

$$\boldsymbol{h}_{\mathrm{E}}=\boldsymbol{h}_{\mathrm{S},1}+\boldsymbol{h}_{\mathrm{S},2}=\boldsymbol{W}_{\mathrm{S}}\boldsymbol{h}_{\mathrm{S}} \tag{29.9}$$

式中，$\boldsymbol{W}_{\mathrm{S}}=(\boldsymbol{I}_6\quad \boldsymbol{I}_6)$，$\boldsymbol{h}_{\mathrm{S}}=(\boldsymbol{h}_{\mathrm{S},1}^{\mathrm{T}}\quad \boldsymbol{h}_{\mathrm{S},2}^{\mathrm{T}})^{\mathrm{T}}$；$\boldsymbol{h}_{\mathrm{E}}$ 为引起物体运动的广义力矢量。由式（29.7）和（29.9）可知，$\boldsymbol{h}_{\mathrm{E}}$ 可表示为末端执行器受力的函数

$$\boldsymbol{h}_{\mathrm{E}}=\boldsymbol{W}_1\boldsymbol{h}_1+\boldsymbol{W}_2\boldsymbol{h}_2=\boldsymbol{W}\boldsymbol{h} \tag{29.10}$$

式中，$\boldsymbol{W}=(\boldsymbol{W}_1\quad \boldsymbol{W}_2)$，$\boldsymbol{h}=(\boldsymbol{h}_1^{\mathrm{T}}\quad \boldsymbol{h}_2^{\mathrm{T}})^{\mathrm{T}}$；$\boldsymbol{W}_{\mathrm{S}}$ 是表示抓持几何空间的 6×12 抓持矩阵，其中包括六维列

空间和六维零空间。

反解式（29.9）可得：

$$h_S = W'_S h_E + V_S h_I = U_S h_O \quad (29.11)$$

其中 W'_S 为 W_S 的广义逆阵：

$$W'_S = \frac{1}{2}\begin{pmatrix} I_6 \\ I_6 \end{pmatrix} \quad (29.12)$$

矩阵 V_S 的列元素为 W_S 零空间的一个基，如：

$$V_S = \begin{pmatrix} -I_6 \\ I_6 \end{pmatrix} \quad (29.13)$$

$$h_O = (h_E^T \quad h_I^T)^T,\ U_S = (W'_E \quad V_S) \quad (29.14)$$

式（29.11）等号右侧第二项 $V_S h_I$ 为位于 W_S 矩阵零空间的虚拟杆顶端广义力矢量。由于这些力不属于外力，因此，6×1 矢量 h_I 不是引起物体运动的广义力，它代表了物体的内部载荷（即机械应力），是内力矢量[29.12]。同理，可反解式（29.10）得

$$h = W' h_E + V h_I = U h_O \quad (29.15)$$

$$U = (W' \quad V) \quad (29.16)$$

根据参考文献［29.13］，当抓持矩阵的伪逆正定时，式（29.15）等号右侧第一项代表唯一的有用外力，即

$$W' = \begin{pmatrix} \frac{1}{2}I_3 & O_3 \\ \frac{1}{2}S(r_1) & \frac{1}{2}I_3 \\ \frac{1}{2}I_3 & O_3 \\ \frac{1}{2}S(r_2) & \frac{1}{2}I_3 \end{pmatrix} \quad (29.17)$$

与式（29.11）中 V_S 相似，矩阵 V 的列元素涵盖 W 的零空间，见参考文献［29.30］。

$$V = \begin{pmatrix} -I_3 & O_3 \\ -S(r_1) & -I_3 \\ I_3 & O_3 \\ S(r_2) & I_3 \end{pmatrix} \quad (29.18)$$

式（29.9）和式（29.10）的参数化逆解可分别表示为

$$h_S = W'_S h_E + (I_{12} - W'_S W_S) h_S^* \quad (29.19)$$

$$h = W' h_E + (I_{12} - W' W) h^* \quad (29.20)$$

式中，h_S^*（h^*）表示第 i 个虚拟杆（第 i 个末端执行器）顶端的一个任意 12×1 广义力矢量，它由 $I_{12} - W'_S W_S (I_{12} - W'W)$ 映射到 $W_S(W)$ 的零空间。

根据以上推导，利用虚功原理可建立广义速度的映射，因此，与式（29.11）对应的映射为

$$v_O = U_S^T v_S \quad (29.21)$$

式中，$v_S = (v_{S,1}^T \quad v_{S,2}^T)^T$，$v_O = (v_E^T \quad v_I^T)^T$。矢量 v_E 可以理解为物体的绝对速度，v_I 代表固定于虚拟杆顶端的两个坐标系 $\mathfrak{I}_{S,1}$ 及 $\mathfrak{I}_{S,2}$ 的相对速度[29.12]；当被控对象为刚体且难以抓住时，速度矢量为零。同理，根据式（29.15），可得到以下映射

$$v_O = U^T v \quad (29.22)$$

式中，$v = (v_1^T \quad v_2^T)^T$。

根据参考文献［29.12，25］，与 v_E 和 v_I 对应的位置及方向变量可定义为

$$p_E = \frac{1}{2}(p_{S,1} + p_{S,2}),\ p_I = p_{S,2} - p_{S,1} \quad (29.23)$$

$$R_E = R_1 R^1(k_{21}^1 \quad \vartheta_{21}/2),\ R_I^1 = R_2^1 \quad (29.24)$$

式中，$R_2^1 = r_1^T R_2$ 表示 $\mathfrak{I}_2$ 相对于 $\mathfrak{I}_1$ 坐标轴的方向矩阵，k_{21}^1 和 ϑ_{21} 分别为当量单位向量（相对于 $\mathfrak{I}_1$）及由表示确定相对方向（由 R_2^1 表示）的转角。因此，可将 R_E 旋转某一需要的角度（$\mathfrak{I}_1$ 与 $\mathfrak{I}_2$ 对齐角度的一半）来代表一个关于 k_{21}^1 的转角。

如果由欧拉角表示方向变量，则操作空间变量为

$$x_E = \begin{pmatrix} p_E \\ \varphi_E \end{pmatrix},\quad x_I = \begin{pmatrix} p_I \\ \varphi_I \end{pmatrix} \quad (29.25)$$

$$\varphi_E = \frac{1}{2}(\varphi_{S,1} + \varphi_{S,2}),\ \varphi_I = \varphi_{S,2} - \varphi_{S,1} \quad (29.26)$$

然而，必须强调的是，只有在虚拟杆和坐标系之间的方向偏移量很小时，式（29.26）中的变量才具有清晰的几何意义。在这种情况下，如参考文献［29.11，12］所述，相应的操作空间速度 $\dot{x}_E$ 和 $\dot{x}_I$ 分别对应于相应的 v_E 和 v_I，且有很好的近似值。否则，如果方向偏移量变大，式（29.26）中的变量没有任何意义，必须采用其他的定义形式。例如，单位四元数法（unit quaternion）（见第 1 章对于四元数的简单介绍和 29.3 节合作机器人的运动学的应用）。

最后，根据式（29.15）、式（29.22）、式（29.3）及式（29.6），可获得被控对象力/速度与机械手关节空间对应量之间的动态静力映射

$$\tau = J_O^T h_O \quad (29.27)$$

$$v_O = J_O \dot{q} \quad (29.28)$$

式中，$\tau = (\tau_1^T \quad \tau_2^T)^T, q = (q_1^T \quad q_2^T)^T, J_O = U^T J, J =$

$$\begin{pmatrix} J_1 & O_6 \\ O_6 & J_2 \end{pmatrix} \quad (29.29)$$

同理，可建立操作空间速度 $\dot{x}_E$ 和 $\dot{x}_I$[29.11,12] 与对应的操作空间力/力矩之间的映射。

29.2.2 多指手操作

本章描述了多手臂合作机械手研究领域的一些联

系，对第28章中的多指手操作进行了简要概述，并分析了两类多手臂操作系统的动态静力学。

主要包括多手臂合作系统和多指手操作系统，两个或两个以上的机械手抓持一个被控对象等。

合作操作有的利用多个机械臂刚性的抓持被控对象（例如通过刚性夹持器），并通过传递作用在抓持点上的力/力矩来产生相互作用，即通过抓持点传递所有的平移和回转运动分量。

当多指手操纵一个被控对象时，只通过接触点传输某些运动分量。根据接触类型，合理地定义约束矩阵可有效地建立该运动模型。换句话说，由约束矩阵充当滤波器来选择可通过接触点传递的运动分量。事实上，如第28章所述，物体—手指之间的接触点有两个，分别为手指尖上的一点和物体上的一点。因此，第i个接触点的两个广义速度矢量（均相对于坐标系$\mathfrak{I}_i$）分别为：手上接触点速度$\boldsymbol{v}_{\mathrm{h},i}^i$和物体上接触点的速度$\boldsymbol{v}_{\mathrm{o},i}^i$。对应的广义力矢量分别是$\boldsymbol{h}_{\mathrm{h},i}^i$和$\boldsymbol{h}_{\mathrm{o},i}^i$。假设$m_i$个速度分量依靠接触速度$\boldsymbol{v}_{\mathrm{t},i}^i$传输，则利用$m_i\times6$约束矩阵$\boldsymbol{H}_i$定义接触模型

$$\boldsymbol{v}_{\mathrm{t},i}^i=\boldsymbol{H}_i\boldsymbol{v}_{\mathrm{h},i}^i=\boldsymbol{H}_i\boldsymbol{v}_{\mathrm{o},i}^i \tag{29.30}$$

与式（29.30）对应的广义力方程为：

$$\boldsymbol{H}_i^{\mathrm{T}}\boldsymbol{h}_{\mathrm{t},i}^i=\boldsymbol{h}_{\mathrm{h},i}^i=\boldsymbol{h}_{\mathrm{o},i}^i \tag{29.31}$$

式中，$\boldsymbol{h}_{\mathrm{t},i}^i$为被传递的广义力矢量。因此式（29.10）可写为

$$\boldsymbol{h}_{\mathrm{E}}=\boldsymbol{W}_1\overline{\boldsymbol{R}}_1\boldsymbol{H}_1^{\mathrm{T}}\boldsymbol{h}_{\mathrm{t},1}^1+\boldsymbol{W}_2\overline{\boldsymbol{R}}_2\boldsymbol{H}_2^{\mathrm{T}}\boldsymbol{h}_{\mathrm{t},2}^2 \tag{29.32}$$

式中，$\overline{\boldsymbol{R}}_i=\mathrm{diag}\{\boldsymbol{R}_i,\boldsymbol{R}_i\}$。由此，概念相似的动态静力学分析得到了发展，并引出了外力和内力的概念（与运动学相关的量）。

值得注意的是，内力通常对多机械臂牢固抓持物体产生不利的影响（除非获得可变形物体的被控压缩量）。而当适当地控制多指机械手的内力，即使有外负载作用于被控对象，也有利于保证抓持的牢固性。（如第28章所述的建模和力封闭问题）。

29.3　协同工作空间

参考文献［29.25，26］简要回顾了为协同工作空间而定义的以任务为导向的方程式。根据式（29.23）和式（29.24），以绝对和相对运动形式直接定义了合作系统的任务变量，该变量可直接从工具坐标系的位置/方向中获得。

绝对坐标系$\mathfrak{I}_{\mathrm{a}}$相对于基础坐标系的位置由向量$\boldsymbol{p}_{\mathrm{a}}$表示（绝对位置）

$$\boldsymbol{p}_{\mathrm{a}}=\frac{1}{2}(\boldsymbol{p}_1+\boldsymbol{p}_2) \tag{29.33}$$

$\mathfrak{I}_{\mathrm{a}}$相对于基础坐标（绝对方向）的方向由旋转矩阵$\boldsymbol{R}_{\mathrm{a}}$表示

$$\boldsymbol{R}_{\mathrm{a}}=\boldsymbol{R}_1\boldsymbol{R}^1(k_{21}^1,\vartheta_{21}/2) \tag{29.34}$$

单独的绝对变量不能唯一地描述协同操作，如一个双臂系统需要12个变量来描述。因此，必须考虑每个机械手相对其他机械手的位置/方向，以完全描述系统的状态。以一个双臂系统为例，机械手之间的相对位置为

$$\boldsymbol{p}_{\mathrm{r}}=\boldsymbol{p}_2-\boldsymbol{p}_1 \tag{29.35}$$

两个工具坐标系之间的相对方向由旋转矩阵表示

$$\boldsymbol{R}_{\mathrm{r}}^1=\boldsymbol{R}_1^{\mathrm{T}}\boldsymbol{R}_2=\boldsymbol{R}_2^1 \tag{29.36}$$

变量$\boldsymbol{p}_{\mathrm{a}}$，$\boldsymbol{R}_{\mathrm{a}}$，$\boldsymbol{p}_{\mathrm{r}}$，$\boldsymbol{R}_{\mathrm{r}}^1$定义了协同工作空间。显然，$\boldsymbol{R}_{\mathrm{a}}$和$\boldsymbol{R}_{\mathrm{r}}^1$分别对应于$\boldsymbol{R}_{\mathrm{E}}$和$\boldsymbol{R}_{\mathrm{I}}^1$。

值得指出的是，由于式（29.33）~式（29.36）的定义不基于被控对象和/或抓持性质的任何特殊假设，使得以上定义的协同工作空间方程具有实用性。换句话说，协同工作空间的变量可有效地描述合作系统抓持非刚性物体和/或非刚性手爪抓持的特性，也可描述纯运动协调任务，如机械手不与普通的被控对象产生物理接触而实现的协调运动。当机械手抓持一个刚性物体（或者一个形变不可控的可变形对象）时，相对位置和方向是保持不变的。否则，如果允许（或控制）末端执行器间的相对运动，$\boldsymbol{R}_{\mathrm{r}}^1$和$\boldsymbol{p}_{\mathrm{r}}^1$可能会根据有效的（可控的）相对运动而发生改变。

根据参考文献［29.25，26］，可知绝对线速度和角速度

$$\dot{\boldsymbol{p}}_{\mathrm{a}}=\frac{1}{2}(\dot{\boldsymbol{p}}_1+\dot{\boldsymbol{p}}_2),\boldsymbol{w}_{\mathrm{a}}=\frac{1}{2}(\boldsymbol{w}_1+\boldsymbol{w}_2) \tag{29.37}$$

相对线速度和角速度

$$\dot{\boldsymbol{p}}_{\mathrm{r}}=(\dot{\boldsymbol{p}}_2-\dot{\boldsymbol{p}}_1),\quad \boldsymbol{w}_{\mathrm{r}}=\boldsymbol{w}_2-\boldsymbol{w}_1 \tag{29.38}$$

同理，也可以获得对应的绝对/相对力和力矩

$$\boldsymbol{f}_{\mathrm{a}}=\boldsymbol{f}_1+\boldsymbol{f}_2,\boldsymbol{n}_{\mathrm{a}}=\boldsymbol{n}_1+\boldsymbol{n}_2 \tag{29.39}$$

$$\boldsymbol{f}_{\mathrm{r}}=\frac{1}{2}(\boldsymbol{f}_2-\boldsymbol{f}_1),\boldsymbol{n}_{\mathrm{r}}=\frac{1}{2}(\boldsymbol{n}_2-\boldsymbol{n}_1) \tag{29.40}$$

同理，可以建立线/角速度（力/力矩）与每个机械手末端执行器（或关节）[29.25,26]对应点之间的动态静力学映射。

显然，根据相似的映射关系可知，对称方程及任务方程中的变量具有相关性。实际上，力（角速度，

方向变量）在两个方程中总是一致，而只有将被控对象简化为一点，或每个机械手的运动学是相对于相应虚拟杆顶端时，力矩（线速度和位置变量）才能满足方程。

在下面例子中，协同工作空间的变量在平面合作系统中是明确的。

例 29.1 一个平面的双臂系统的协同工作空间变量

平面双臂系统第 i 个工具坐标系可由 3×1 列向量表示

$$\boldsymbol{x}_i=\begin{pmatrix}\boldsymbol{p}_i\\ \boldsymbol{\varphi}_i\end{pmatrix},i=1,2$$

式中，$\boldsymbol{p}_i$是第 i 个工具在平面上的 2×1 位置向量；$\boldsymbol{\varphi}_i$ 是方向角（即工具坐标系相对于平面直角坐标轴的转动量）。因此，工作空间变量为

$$\boldsymbol{x}_{\mathrm{a}}=\frac{1}{2}(\boldsymbol{x}_1+\boldsymbol{x}_2) \tag{29.41}$$

$$\boldsymbol{x}_{\mathrm{r}}=\boldsymbol{x}_2-\boldsymbol{x}_1 \tag{29.42}$$

且每一个末端执行器的方向可以由一个转角简单的表示。

在空间中，方向变量由欧拉角定义，例如式（29.34）和式（29.36）中的一些主要元素。而实际上 $\Im_1$ 和 $\Im_2$ 一般不重合，二者之间的方向偏移可能很大，因此与式（29.26）类似的定义是不正确的。因此，必须采用几何学上有意义的方向描述，例如单位四元数（见第 1 章）。根据参考文献［29.26］中的方法，方向变量可以定义为

$$\boldsymbol{Q}_{\mathrm{k}}^{1}=\{\eta_{\mathrm{k}},e_{\mathrm{k}}^{1}\}=\{\cos\frac{\vartheta_{21}}{4},k_{21}^{1}\sin\frac{\vartheta_{21}}{4}\} \tag{29.43}$$

定义单位四元数从 $\boldsymbol{R}^1$（k_{21}^1，$\vartheta_{21}/2$）中获得，$\boldsymbol{Q}_1=\{\eta_1,e_1\}$、$\boldsymbol{Q}_2=\{\eta_2,e_2\}$ 分别表示从 $\boldsymbol{R}_1$、$\boldsymbol{R}_2$ 中提取的单位四元数。因此，绝对方向可以表示为四元数相乘的形式

$$\boldsymbol{R}_{\mathrm{a}}=\boldsymbol{R}_1\boldsymbol{R}^1(k_{21}^1,\vartheta_{21}/2)$$

$$\boldsymbol{Q}_{\mathrm{a}}=\{\eta_{\mathrm{a}},e_{\mathrm{a}}\}=\boldsymbol{Q}_1\times\boldsymbol{Q}_{\mathrm{k}}^1 \tag{29.44}$$

相对方向可以表示为四元数相乘的形式：

$$\boldsymbol{Q}_{\mathrm{r}}^1=\{\eta_{\mathrm{r}},e_{\mathrm{r}}^1\}=\boldsymbol{Q}_1^{-1}\times\boldsymbol{Q}_2 \tag{29.45}$$

式中，$\boldsymbol{Q}_{\mathrm{r}}^1=\{\eta_{\mathrm{r}},e_{\mathrm{r}}^1\}$（即 $\boldsymbol{Q}_1$ 的共轭）代表从 $\boldsymbol{R}_1^{\mathrm{T}}$ 中提取的单位四元数。

29.4 动力学及负载分配

在合作操作系统中，第 i 个机械手的动力学方程如下

$$\boldsymbol{M}_i(\boldsymbol{q}_i)\ddot{\boldsymbol{q}}_i+\boldsymbol{c}_i(\boldsymbol{q}_i,\dot{\boldsymbol{q}}_i)=\boldsymbol{\tau}_i-\boldsymbol{J}_i^{\mathrm{T}}(\boldsymbol{q}_i)\boldsymbol{h}_i \tag{29.46}$$

式中，$\boldsymbol{M}_i(\boldsymbol{q}_i)$ 为正定对称惯性矩阵；$\boldsymbol{c}_i$（$\boldsymbol{q}_i$，$\dot{\boldsymbol{q}}_i$）为离心力、科氏力、重力及摩擦力所产生的力/力矩向量。模型可表示成如下的紧凑形式

$$\boldsymbol{M}(\boldsymbol{q})\ddot{\boldsymbol{q}}+\boldsymbol{c}(\boldsymbol{q},\dot{\boldsymbol{q}})=\boldsymbol{\tau}-\boldsymbol{J}^{\mathrm{T}}(\boldsymbol{q})\boldsymbol{h} \tag{29.47}$$

其中矩阵为块对角阵，如 $\boldsymbol{M}(\boldsymbol{q})$ = block diag $\{\boldsymbol{M}_1,\boldsymbol{M}_2\}$ 和向量组，如 $\boldsymbol{q}=(\boldsymbol{q}_1^{\mathrm{T}}\quad\boldsymbol{q}_2^{\mathrm{T}})^{\mathrm{T}}$。

物体的运动可根据刚体的经典牛顿—欧拉方程获得

$$\boldsymbol{M}_{\mathrm{E}}(\boldsymbol{R}_{\mathrm{E}})\dot{\boldsymbol{v}}_{\mathrm{E}}+\boldsymbol{c}_{\mathrm{E}}(\boldsymbol{R}_{\mathrm{E}},\boldsymbol{\omega}_{\mathrm{E}})\boldsymbol{v}_{\mathrm{E}}=\boldsymbol{h}_{\mathrm{E}}=\boldsymbol{W}\boldsymbol{h} \tag{29.48}$$

式中，$\boldsymbol{M}_{\mathrm{E}}$为被控对象的惯性矩阵；$\boldsymbol{c}_{\mathrm{E}}$为惯性力/力矩的非线性分量（如重力，离心力和科氏力的力/力矩）。

两机械手正常操纵刚体时的运动耦合可形成封闭链约束，该约束能保证上述公式的完整性。可在映射方程式（29.21）中添加一个为零的内部速度矢量来表示约束方程

$$\boldsymbol{v}_{\mathrm{I}}=\boldsymbol{V}_{\mathrm{S}}^{\mathrm{T}}\boldsymbol{v}_{\mathrm{S}}=\boldsymbol{v}_{\mathrm{S},1}-\boldsymbol{v}_{\mathrm{S},2}=\boldsymbol{0} \tag{29.49}$$

根据式（29.8）和式（29.22），上式可由末端执行器的速度（其中符号 $\boldsymbol{W}_i^{-\mathrm{T}}$代表（$\boldsymbol{W}_i^{\mathrm{T}}$）$^{-1}$）形式表示

$$\boldsymbol{V}^{\mathrm{T}}\boldsymbol{v}=\boldsymbol{W}_1^{-\mathrm{T}}\boldsymbol{v}_1-\boldsymbol{W}_2^{-\mathrm{T}}\boldsymbol{v}_2=\boldsymbol{0} \tag{29.50}$$

由关节速度形式表示如下

$$\boldsymbol{V}^{\mathrm{T}}\boldsymbol{J}(\boldsymbol{q})\dot{\boldsymbol{q}}=\boldsymbol{W}_1^{-\mathrm{T}}\boldsymbol{J}_1(\boldsymbol{q}_1)\dot{\boldsymbol{q}}_1-\boldsymbol{W}_2^{-\mathrm{T}}\boldsymbol{J}_2(\boldsymbol{q}_2)\dot{\boldsymbol{q}}_2=\boldsymbol{0} \tag{29.51}$$

等式（29.47）、式（29.48）、式（29.51）表示协作系统在关节空间的约束动力学模型；根据六个代数封闭链约束式（29.51），N_1+N_2广义坐标（如 $\boldsymbol{q}_1$和 $\boldsymbol{q}_2$）为彼此相关的。它表明自由度总数为 N_1+N_2-6 且模型具有一系列的微分代数等式。

29.4.1 降阶模型

将上述推导的动力学模型与一系列闭链约束方程结合，独立的广义坐标数变为 N_1+N_2-6 个。即可通过封闭链约束方程式（29.51）消掉六个等式，建立降阶模型。对封闭链约束建立降阶方程的早期研究可见参考文献［29.58］。后期的研究见参考文献［29.59，60］，根据式（29.47）、式（29.48）及式（29.51），通过推导整个封闭链系统关节空间模型可以解决该问题

$$\boldsymbol{M}_{\mathrm{C}}(\boldsymbol{q})\ddot{\boldsymbol{q}}+\boldsymbol{c}_{\mathrm{C}}(\boldsymbol{q},\dot{\boldsymbol{q}})=\boldsymbol{D}_{\mathrm{C}}(\boldsymbol{q})\boldsymbol{\tau} \tag{29.52}$$

式中，$\boldsymbol{M}_{\mathrm{C}}$、$\boldsymbol{c}_{\mathrm{C}}$、$\boldsymbol{D}_{\mathrm{C}}$取决于机械手和被控对象的动

力学特性以及抓持动作的几何特性。已知关节力矩向量$\boldsymbol{\tau}$（固定的采样时间），可求取关节变量$\boldsymbol{q}$（正动力学）。由于$(N_1+N_2)\times(N_1+N_2)$矩阵$\boldsymbol{D}_C$并不是满秩[29.60]，因此模型不能用来从指定的$\boldsymbol{q}$，$\dot{\boldsymbol{q}}$和$\ddot{\boldsymbol{q}}$（逆动力学）求取$\boldsymbol{\tau}$，即不可求解逆动力学问题。

为找到有N_1+N_2-6个等式的降阶模型，必须考虑$(N_1+N_2-6)\times 1$伪速度矩阵

$$\boldsymbol{v}=\boldsymbol{B}(\boldsymbol{q})\dot{\boldsymbol{q}} \tag{29.53}$$

式中，$\boldsymbol{B}(\boldsymbol{q})$为$((N_1+N_2-6)\times(N_1+N_2))$矩阵，因此$(\boldsymbol{A}^{\mathrm{T}}(\boldsymbol{q})\boldsymbol{B}^{\mathrm{T}}(\boldsymbol{q}))^{\mathrm{T}}$为非奇异阵且满足$\boldsymbol{A}(\boldsymbol{q})=\boldsymbol{W}_2^{\mathrm{T}}\boldsymbol{V}^{\mathrm{T}}(\boldsymbol{q})$。

因此，可令$\boldsymbol{q}$、$\boldsymbol{v}$、$\dot{\boldsymbol{v}}$为变量建立降阶模型：

$$\boldsymbol{\Sigma}^{\mathrm{T}}(\boldsymbol{q})\boldsymbol{M}_C(\boldsymbol{q})\boldsymbol{\Sigma}(\boldsymbol{q})\dot{\boldsymbol{v}}+\boldsymbol{\Sigma}^{\mathrm{T}}(\boldsymbol{q})\boldsymbol{c}_R(\boldsymbol{q},\boldsymbol{v})=\boldsymbol{\Sigma}^{\mathrm{T}}(\boldsymbol{q})\boldsymbol{\tau} \tag{29.54}$$

式中，$\boldsymbol{\Sigma}$为$((N_1+N_2-6)\times(N_1+N_2))$矩阵，且满足

$$\begin{pmatrix}\boldsymbol{A}\\ \boldsymbol{B}\end{pmatrix}^{-1}=(\boldsymbol{\Pi}\ \ \boldsymbol{\Sigma})$$

$\boldsymbol{c}_R$取决于$\boldsymbol{c}_C$、$\boldsymbol{\Sigma}$及$\boldsymbol{\Pi}$[29.60]，利用降阶模型可求解正动力学。因此，必须考虑数值积分中与$\boldsymbol{v}$相关的一系列伪坐标的表达方式。由于$\boldsymbol{\Sigma}^{\mathrm{T}}$为非奇异阵，因此逆动力学有无穷多个解，但这并不影响模型式（29.54）应用于合作机械手的控制（如参考文献［29.59，60］）中的解耦控制）。

29.4.2 负载分配

由于多手臂系统有冗余的致动器，因此，多臂机器人系统的负载分配问题主要是机械手之间的负载分配问题（如能力强的手臂承担的负载多于弱的手臂）。如果机器人手臂致动器的数目与支撑负载所需数目一致，则不能优化负载的分配，对于这种情况可见参考文献［29.35-41］的研究结果。

可以采用负载分配矩阵来描述合作机械手的运动学，以适当的广义逆$\boldsymbol{W}_S^-$代替等式（29.11）的广义逆，可得虚拟杆顶端的广义力

$$\boldsymbol{h}_S=\boldsymbol{W}_S^-\boldsymbol{h}_E+\boldsymbol{V}_S\boldsymbol{h}_I' \tag{29.55}$$

$$\boldsymbol{W}_S^-=\begin{pmatrix}\boldsymbol{L}\\ \boldsymbol{I}_6-\boldsymbol{L}\end{pmatrix}^{\mathrm{T}} \tag{29.56}$$

矩阵$\boldsymbol{L}$为负载的分配矩阵。很容易证明，矩阵$\boldsymbol{L}$的非对角元素仅零空间$\boldsymbol{W}_S$，即内力/力矩空间产生一个$\boldsymbol{h}_S$向量。因此，不失一般性，取$\boldsymbol{L}$为

$$\boldsymbol{L}=\mathrm{diag}\{\boldsymbol{\lambda}\} \tag{29.57}$$

式中，向量$\boldsymbol{\lambda}=(\lambda_1,\ \cdots,\ \lambda_6)^{\mathrm{T}}$，$\lambda_i$为负载分配系数。

适当的调整负载分配系数可确保机械手合作的准确性。为解决该问题，将式（29.11）及式（29.55）合并可得

$$\boldsymbol{h}_I=\boldsymbol{V}_S'(\boldsymbol{W}_S^- - \boldsymbol{W}_S')\boldsymbol{h}_E+\boldsymbol{h}_I' \tag{29.58}$$

考虑到只有$\boldsymbol{h}_E$及$\boldsymbol{h}_S$为实际存在的力/力矩，则：

1）$\boldsymbol{h}_I'$，$\boldsymbol{h}_I$，λ_i可作为虚拟变量，以更好的表述操作过程。

2）$\boldsymbol{h}_I'$及λ_i不互相独立，内力/力矩及负载分配概念在数学上相互耦合。

因此，从数学公式看，调整负载分配系数与选择合适的内力/力矩是完全等价的（包括表达方式）。由于$\boldsymbol{h}_I'$、$\boldsymbol{h}_I$及$\boldsymbol{\lambda}$中只有一个变量是独立的，因此可利用他们中的冗余参数来优化负载的分配，该方法始于参考文献［29.38，39］。在参考文献［29.41］中，调整内力/力矩$\boldsymbol{h}_I$以实现控制算法的简化及一致性。

与负载分配十分相关的一个问题为抓持作业的鲁棒性，即如何确定手臂作用于被控对象的力/力矩$\boldsymbol{h}_S$，以保证即使受到外力/力矩时也能平稳地抓持物体，通过调整内力/力矩（调整负载分配系数）可以解决该问题。正如参考文献［29.40］所述，可由末端执行器的力/力矩确定抓持的条件，换句话说，将式（29.55）中$\boldsymbol{h}_S$代入抓持条件方程，可获得关于$\boldsymbol{h}_I'$及$\boldsymbol{\lambda}$的线性不等式

$$\boldsymbol{A}_L\boldsymbol{h}_I'+\boldsymbol{B}_L\boldsymbol{\lambda}<\boldsymbol{c}_L \tag{29.59}$$

式中，$\boldsymbol{A}_L$及$\boldsymbol{B}_L$为6×6矩阵，$\boldsymbol{c}_L$为6×1矢量。在参考文献［29.40］中，可启发式地得到线性不等式的解$\boldsymbol{\lambda}$。上述不等式可以变换为关于$\boldsymbol{h}_I$的其他不等式，由于$\boldsymbol{\lambda}$可直观理解，它适用于启发式算法，可以通过引入优化目标函数，以数学方法解决该问题。因此选择希望被优化的$\boldsymbol{h}_I$的二次成本函数

$$f=\boldsymbol{h}_I^{\mathrm{T}}\boldsymbol{Q}\boldsymbol{h}_I \tag{29.60}$$

式中，$\boldsymbol{Q}$为6×6维正定矩阵。该函数可以看做关节致动器的能量消耗，如机械手在致动器消耗的电能转换为力/力矩$\boldsymbol{h}_I$。根据参考文献［29.41］，可以求得二次方程式（29.60）的解。

对多手指机械手抓持过程中鲁棒性的深入研究可见第28章。

参考文献［29.36］利用机械手关节空间的动力学阐述了负载的分配问题，直接通过关节致动器力矩来描述负载的分配。同理，可以利用不同子任务的性

能指标来求解冗余机械手的逆动力学，以解决负载分配问题。

29.5 工作空间分析

与分析单臂机器人系统类似，定义合适的可操作性椭球来评价操作空间成为研究合作作业的重要问题，参考文献［29.30］已将这些概念应用于多臂机器人。根据29.3节的动态静力学公式，将整个合作系统看作从关节空间到作业空间的机械传递器，定义速度和力的可操作性椭球。由于构成力/速度的椭球包含非齐次量（如力及力矩，线速度及角速度），因此必须特别注意这些概念的定义[29.14,61,62]。同时，由于椭球包含内力，因此将内力的物理意义参数化是很重要的问题，如参考文献［29.15，16］。

根据参考文献［29.30］的方法，外力可操作性椭球可由下面标量方程描述

$$\boldsymbol{h}_{\mathrm{E}}^{\mathrm{T}}(\boldsymbol{J}_{\mathrm{E}}\boldsymbol{J}_{\mathrm{E}}^{\mathrm{T}})\boldsymbol{h}_{\mathrm{E}}=\mathbf{1} \tag{29.61}$$

式中，$\boldsymbol{J}_{\mathrm{E}}=\boldsymbol{W}'^{\mathrm{T}}\boldsymbol{J}$。外部速度可操作性椭球可由下面标量方程描述

$$\boldsymbol{v}_{\mathrm{E}}^{\mathrm{T}}(\boldsymbol{J}_{\mathrm{E}}\boldsymbol{J}_{\mathrm{E}}^{\mathrm{T}})^{-1}\boldsymbol{v}_{\mathrm{E}}=\mathbf{1} \tag{29.62}$$

在双臂系统中，内力可操作性椭球定义如下：

$$\boldsymbol{h}_{\mathrm{I}}^{\mathrm{T}}(\boldsymbol{J}_{\mathrm{I}}\boldsymbol{J}_{\mathrm{I}}^{\mathrm{T}})\boldsymbol{h}_{\mathrm{I}}=\mathbf{1} \tag{29.63}$$

式中，$\boldsymbol{J}_{\mathrm{I}}=\boldsymbol{V}^{\mathrm{T}}\boldsymbol{J}$。根据动态静力学的对偶性，内部速度可操作椭球定义如下

$$\boldsymbol{v}_{\mathrm{I}}^{\mathrm{T}}(\boldsymbol{J}_{\mathrm{I}}\boldsymbol{J}_{\mathrm{I}}^{\mathrm{T}})^{-1}\boldsymbol{v}_{\mathrm{I}}=\mathbf{1} \tag{29.64}$$

当每次考虑一对相互影响的末端执行器时[29.30]，在包含两个以上操作臂的合作系统中可以定义内力/速度椭球。

在指定的系统中，可操作椭球可以作为检测机械手合作效果的度量指标。同样，就单臂操作系统而言，可操作椭球可用来确定冗余多手臂系统的最佳姿态。

除此之外，研究人员还提出了另外两种方法来分析多手臂合作系统的可操作性。面向任务的可操作性测量[29.31]和多面体[29.32]。此外，参考文献［29.33］提出了多手臂操作系统动力学分析的系统方法，即将动力学可操作性椭球应用于多手臂操作系统中，研究控制被控对象沿工作空间方向加速的能力。

29.6 控制

利用多机械臂合作系统抓持物体时，对被控对象受力和绝对运动的控制成为研究重点。合作机器人系统的主要控制方式可分为力/运动控制，运动控制环主要跟踪期望物体的运动，力控制环主要控制负载的受力情况。

早期对合作机械手控制系统的研究主要基于主从控制方式[29.2]，因此合作系统可分为：

1）主动手臂控制被控对象的绝对运动。对主动手臂进行位置控制以实现准确、稳定的参考轨迹位置及方向跟踪。换言之，面对外部干扰（与其他合作机械手的交互接触力），通过控制主动手臂的运动来实现其准确的运动。

2）对从动手臂进行力控制以实现交互力作用下的柔顺性，期望从动手臂能够尽可能平滑地跟踪主动手臂运动。

上述方法称为主从控制[29.58]，它根据封闭链约束条件计算从动手臂的参考运动。

由于从动手臂必须非常柔顺才能够平滑的跟踪主动手臂的运动，因此该方法的实现有一定困难。在工作过程中，主从机械手模型需要产生动力学变化，因此，对于一个给定的作业任务，如何分配主从机械手的任务成为了一个难点。

因此，随后提出的非主从控制将合作系统作为一个整体来考虑，根据被控对象的参考轨迹确定系统中所有机械手的运动，并将每个末端执行器的受力作为反馈直接控制。为实现该控制策略，在控制器设计时，需要考虑每个机械手末端执行器的速度和力之间的映射关系以及他们在被控对象上的偏移量。

29.6.1 混合控制

基于*Raibert*和*Craig*提出的单臂系统的机器人/环境交互控制方法，参考文献［29.11，12］提出了一种非主从控制方式（第7章），力/位混合控制，其操作空间向量如下

$$\boldsymbol{x}_{\mathrm{O}}=\begin{pmatrix}\boldsymbol{x}_{\mathrm{E}}\\ \boldsymbol{x}_{\mathrm{I}}\end{pmatrix} \tag{29.65}$$

式中，$\boldsymbol{x}_{\mathrm{E}}$及$\boldsymbol{x}_{\mathrm{I}}$均为由方向角最小集（如欧拉角）确定的工作空间向量。广义力向量为

$$\boldsymbol{h}_{\mathrm{O}}=\begin{pmatrix}\boldsymbol{h}_{\mathrm{E}}\\ \boldsymbol{h}_{\mathrm{I}}\end{pmatrix} \tag{29.66}$$

控制框图如图29.2所示，下标d和m分别表示期望值以及控制器输出。两机械手致动器的控制力矩$\boldsymbol{\tau}_{\mathrm{m}}$为

$$\boldsymbol{\tau}_{\mathrm{m}}=\boldsymbol{\tau}_{\mathrm{p}}+\boldsymbol{\tau}_{\mathrm{h}} \tag{29.67}$$

τ_P为位置环输出的控制力矩

$$\tau_P = K_X J_S^{-1} G_X(s) SB(x_{O,d} - x_O) \quad (29.68)$$

τ_h为力环输出的控制力矩

$$\tau_h = K_h J_S^T G_h(s)(I - S)(h_{O,d} - h_O) \quad (29.69)$$

矩阵 B 将方向角误差转换成等价的转动向量。J_S为雅可比矩阵，可将关节空间速度 $\dot{q}$ 变成工作空间速度 v_O。矩阵 G_X（s）和 G_h（s）分别代表位置和力的控制律。增益矩阵 K_X及 K_h为对角线阵，其对角线元素分别将力/速度控制量变成致动器控制量。矩阵 S 包含位置控制变量，该矩阵为对角线元素是 0 或 1 的对角阵，如果 S 的第 i 个元素为 1，则代表第 i 个工作空间坐标系满足位置控制，当第 i 个元素为 0 时满足力控制。I 为单位阵，与 S 维数相同。q 和 h 分别代表传感器检测到的关节变量向量和末端执行器的广义力。

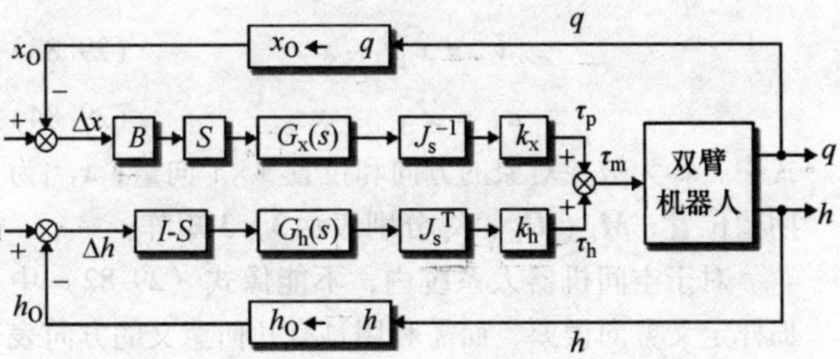

图 29.2　力/位混合控制框图

29.6.2　PD 力/位控制

参考文献［29.17］中基于李雅普诺夫函数推导了力/位 PD 控制器。每个机械手的关节力矩输入由两部分组成

$$\tau_m = \tau_P + \tau_h \quad (29.70)$$

式中，τ_P为 PD 位置控制输出（主要为基于模型的前馈/反馈的补偿项）；τ_h控制内力/力矩。

在关节空间计算可得τ_P

$$\tau_P = K_P e_q - K_d \dot{q} + g + J^T W' g_E \quad (29.71)$$

式中，$e_q = q_d - q$，q_d为期望关节位置向量；K_P、K_d为正定增益矩阵；g 为重力在关节空间的力/力矩；g_E为作用于被控对象的重力/力矩。

由于合作任务经常以绝对运动或相对运动来分配，因此，运用封闭链约束方程可计算末端执行器的等效期望轨迹，例子如下。

例 29.2　计算平面双臂系统的期望轨迹

利用绝对运动量 $x_{a,d}$及相对运动量 $x_{r,d}$描述合作任务的期望轨迹。因此，由式（29.41）及式（29.42）可知末端执行器的期望运动轨迹

$$x_{1,d}(t) = x_{a,d}(t) - \frac{1}{2} x_{r,d}(t) \quad (29.72)$$

$$x_{2,d}(t) = x_{a,d}(t) + \frac{1}{2} x_{r,d}(t) \quad (29.73)$$

空间范围内必须使用有几何意义的量来表示绝对及相对方向（如式（29.44）和式（29.45）），因此，式（29.72）和式（29.73）不满足空间范围的要求。可使用一个稍微复杂的形式表示上式，以获得同样的结果[29.26]。

已知每个末端执行器的期望位置和方向，就可以根据逆运动学求得每个关节的期望轨迹 q_d，并将 q_d 作为控制量。因此，需要推导很多逆运动学公式（第 1 章及 11 章）。

也可以用末端执行器变量设计 PD 控制器

$$\tau_P = J^T (K_P e - K_v v) - K_d \dot{q} + g + J^T W' g_E \quad (29.74)$$

式中，e 为末端执行器的位置/方向跟踪误差；v 为末端执行器的速度；K_P、K_V 及 K_d 为正定增益矩阵。

同理也可以利用被控对象变量设计 PD 控制器

$$\tau_P = J^T W' (K_P e_E - K_v v_E) - K_d \dot{q} + g + J^T W' g_E \quad (29.75)$$

式中，e_E为利用被控对象的绝对位置/方向变量得到的跟踪误差；v_E为被控对象的广义速度变量；K_P、K_V及 K_d为正定增益矩阵。

可以用下式代替内力控制

$$\tau_h = J^T V h_{I,c} \quad (29.76)$$

$$h_{I,c} = h_{I,d} + G_h(s)(h_{I,d} - h_I) \quad (29.77)$$

$G_h(s)$ 为有线性滤波器功能的矩阵操作项，以致 $I - G_h$只在左半平面为零，$h_{I,d}$为期望的内部力向量，根据末端执行器的受力可计算得到内力 $h_I = V'h$。为使稳态误差为零，可令 $G_h(s)$ 为

$$G_h(s) = \frac{1}{s} K_h$$

式中，K_h 为正定矩阵。显然，当抓持刚性物体时，为保证系统的稳定性，需使用滤波器对力误差进行预处理[29.17]。例如，如果取简单的线性反馈 $G_h(s) = K_h$，由于存在一个任意小的时延，因此需要选择一个小于 1 的力系数，否则闭环系统不会稳定。实际上，运动闭环具有一定的弹性（如抓持手爪，末端执行器的力/力矩传感器，关节等），因此必须令控制系数 K_h与弹性元件刚度的乘积足够小，以保证系统稳定。

参考文献［29.26，28］对上述方法进行了扩展，实现对控制过程的动态静力学滤波，以滤掉所有

对被控对象产生内力的控制输入。即根据滤波后的加权比例系数（$K_p e_q$），可修改控制规律式（29.71）：

$$\boldsymbol{\varphi} = \boldsymbol{J}^{\mathrm{T}}(\boldsymbol{W}'\boldsymbol{W} + \boldsymbol{V}\boldsymbol{\Sigma}\boldsymbol{V}')\boldsymbol{J}^{-\mathrm{T}}$$

式中，6×6 对角矩阵 $\boldsymbol{\Sigma} = \mathrm{diag}\{\sigma_i\}$，取 $0 \leqslant \sigma_i \leqslant 1$ 为常值，代表了 $\boldsymbol{J}^{-\mathrm{T}}\boldsymbol{K}_p\boldsymbol{e}_q$ 在内力子空间的每个方向上的成分。当 $\boldsymbol{\Sigma} = \boldsymbol{O}_6$ 时，所有控制器不起作用；当 $\boldsymbol{\Sigma} = \boldsymbol{I}_6$ 时，选择不带动态静力学滤波器的控制器式（29.71）。同理，分别选用正确的动态静力学滤波器 $\boldsymbol{K}_P\boldsymbol{e}$ 及 $\boldsymbol{K}_P\boldsymbol{e}_E$ 可修改控制规律式（29.74）和式（29.75）。

29.6.3 线性反馈方法

引入完整模型的补偿可实现 PD 重力补偿控制，即实现闭环系统的线性反馈/前馈。操作空间的线性反馈补偿是所谓的增强对象法（augmented object approach）的基础[29.63,64]。该控制方法中，在工作空间中将系统作为一个整体进行建模，通过一个单独的增广惯性矩阵 $\boldsymbol{M}_0$ 适当地表达系统的惯性特性。因此，合作系统在操作空间的动力学模型为

$$\boldsymbol{M}_0(\boldsymbol{x}_E)\ddot{\boldsymbol{x}}_E + \boldsymbol{c}_0(\boldsymbol{x}_E, \dot{\boldsymbol{x}}_E) = \boldsymbol{h}_E \tag{29.78}$$

式中，$\boldsymbol{M}_0$ 和 $\boldsymbol{c}_0$ 为操作空间模型，分别代表系统（操作臂及被控对象）的惯性特征和科氏力、离心力、摩擦力及重力项。

根据参考文献［29.16］中的虚拟杆模型及参考文献［29.29］中的方案，可以解决在线性反馈中（操作空间范围内）的内力控制问题。

$$\boldsymbol{\tau} = \boldsymbol{J}^{\mathrm{T}}\boldsymbol{W}'[\boldsymbol{M}_0(\ddot{\boldsymbol{x}}_{E,d} + \boldsymbol{K}_v\dot{\boldsymbol{e}}_E + \boldsymbol{K}_P\dot{\boldsymbol{e}}_E) + \boldsymbol{c}_0] + \boldsymbol{J}^{\mathrm{T}}\boldsymbol{V}(\boldsymbol{h}_{I,d} + \boldsymbol{K}_h\int(\boldsymbol{h}_{I,d} - \boldsymbol{h}_I)) \tag{29.79}$$

上述模型产生了一个线性解耦的闭环动力学方程

$$\ddot{\boldsymbol{e}}_E + \boldsymbol{K}_v\dot{\boldsymbol{e}}_E + \boldsymbol{K}_P\boldsymbol{e}_E = \boldsymbol{0}$$

$$\tilde{\boldsymbol{h}}_I + \boldsymbol{K}_h\int\tilde{\boldsymbol{h}}_I\mathrm{d}t = \boldsymbol{0} \tag{29.80}$$

式中，$\tilde{\boldsymbol{h}}_I = \boldsymbol{h}_{I,d} - \boldsymbol{h}_I$，该方程可保证力和运动的误差渐近消失。

29.6.4 阻抗控制

根据已知的阻抗控制概念（第7章），提出一种新的控制方法。事实上，在满足机器人系统动力学特性的条件下，当作业系统中的机械手与环境或与其他机械手接触时，柔顺运动可以避免大的接触力或者位移。因此，提出了柔顺控制方法来控制合作系统中被控对象/环境间的过大的接触力[29.21]和内力[29.22]。最近，参考文献［29.65］提出了一种控制外力和内力的柔顺控制方法。

为保证被控对象的位移和环境与被控对象的受力间存在阻抗关系，参考文献［29.21］提出了如下阻抗控制方法

$$\boldsymbol{M}_E\tilde{\boldsymbol{a}}_E + \boldsymbol{D}_E\tilde{\boldsymbol{v}}_E + \boldsymbol{K}_E\boldsymbol{e}_E = \boldsymbol{h}_{env} \tag{29.81}$$

式中，$\boldsymbol{e}_E$ 为被控对象期望位置与实际位置之差；$\tilde{\boldsymbol{v}}_E$ 为被控对象期望速度和实际广义速度之差；$\tilde{\boldsymbol{a}}$ 为被控对象的期望加速度和实际广义加速度之差；$\boldsymbol{h}_{env}$ 为环境作用于被控对象的广义力；$\boldsymbol{M}_E$ 为惯性矩阵；$\boldsymbol{D}_E$ 为刚度矩阵；阻尼矩阵 $\boldsymbol{K}_E$ 表示系统的阻抗特性。选择合适的特性矩阵能够使被控对象实现期望的运动。与式（29.81）中位置误差类似，也要考虑转角变量。

例 29.3 两手臂系统的外阻抗

式（29.81）中平面双臂操纵系统的变量可以直接定义如下

$$\boldsymbol{e}_E = \boldsymbol{x}_{E,d} - \boldsymbol{x}_E \tag{29.82}$$

$$\tilde{\boldsymbol{v}}_E = \dot{\boldsymbol{x}}_{E,d} - \dot{\boldsymbol{x}}_E \tag{29.83}$$

$$\tilde{\boldsymbol{a}}_E = \ddot{\boldsymbol{x}}_{E,d} - \ddot{\boldsymbol{x}}_E \tag{29.84}$$

式中，$\boldsymbol{x}_E$ 为被控对象的方向和位置 3×1 向量；$\boldsymbol{x}_{E,d}$ 为期望位置；$\boldsymbol{M}_E$、$\boldsymbol{D}_E$、$\boldsymbol{K}_E$ 分别表示 3×3 矩阵。

对于空间机器人系统内，不能像式（29.82）中那样定义方向误差，而需利用具有几何意义的方向表示法（旋转矩阵或转角/坐标轴）及操作空间变量（如操作空间向量之间的偏差）来定义[29.65]。

在参考文献［29.22］提出的阻抗控制器中，令第 i 个末端执行器的位移及内力之间满足机械阻抗特性

$$\boldsymbol{M}_{I,i}\tilde{\boldsymbol{a}}_i + \boldsymbol{D}_{I,i}\tilde{\boldsymbol{v}}_i + \boldsymbol{K}_{I,i}\boldsymbol{e}_i = \boldsymbol{h}_{I,i} \tag{29.85}$$

式中，$\boldsymbol{e}_i$ 为第 i 个末端执行器期望位置与实际位置之差；$\tilde{\boldsymbol{v}}_i$ 为第 i 个末端执行器期望和实际速度之差；$\tilde{\boldsymbol{a}}_i$ 为第 i 个末端执行器期望和实际加速度之差；$\boldsymbol{h}_{I,i}$ 为第 i 个末端执行器的内力，如向量 $\boldsymbol{V}\boldsymbol{V}'\boldsymbol{h}$ 的第 i 个组成部分。在内力作用下，适当地选择影响阻抗动态特性的正定惯量阵 $\boldsymbol{M}_{I,i}$、阻尼阵 $\boldsymbol{D}_{I,i}$ 和刚度阵 $\boldsymbol{K}_{I,i}$，可以使系统实现期望的阻抗运动。

例 29.4 平面双臂操纵系统的内部阻抗

式（29.85）中平面双臂操纵系统的变量可以直接定义如下

$$\boldsymbol{e}_i = \boldsymbol{x}_{i,d} - \boldsymbol{x}_i \tag{29.86}$$

$$\tilde{\boldsymbol{v}}_i = \dot{\boldsymbol{x}}_{i,d} - \dot{\boldsymbol{x}}_i \tag{29.87}$$

$$\tilde{\boldsymbol{a}}_i = \ddot{\boldsymbol{x}}_{i,d} - \ddot{\boldsymbol{x}}_i \tag{29.88}$$

式中，$\boldsymbol{x}_i$ 为末端执行器的位置和方向角度的 3×1 向量；$\boldsymbol{x}_{i,d}$ 为第 i 个末端执行器的期望位置及方向向量；$\boldsymbol{M}_{I,i}$、$\boldsymbol{D}_{I,i}$、$\boldsymbol{K}_{I,i}$ 为 3×1 矩阵。

对于空间情况，不能像式（29.86）那样定义式（29.85）所描述的方向误差，需利用具有几何意义的方向表示法（旋转矩阵或转角/坐标轴）及操作空间变量（如操作空间向量之间的偏差）来定义[29.65]。

参考文献［29.65］已将上述两种方法合并，利用双闭环以实现被控对象（外力）及末端执行器（内力）的阻抗运动。

29.7 结论与扩展阅读

本章阐述了合作机械手的基本操作内容，回顾了合作机械手的发展历史；分析了合作机械手抓持刚性物体的运动学及动力学特性；研究了合作工作空间的定义及负载分配等专业问题；最后探讨了合作作业系统的主要控制方法、合作机械手的先进控制方法，如基于模型的先进非线性控制及有弹性元件的合作系统的控制等，将在下面进行简要的介绍。

为克服合作机械手系统的不确定性及扰动，在参考文献［29.23，24］中，使用了自适应控制策略，基于不确定性模型的线性参数，在线估计不确定性参数。参考文献［29.23］提出的方法主要控制被控对象的运动、机械手与被控对象/环境之间的接触力及内力；自适应控制策略基于误差方程估计操作臂和物体的未知参数。参考文献［29.24］提出用于设计分散模块的自适应控制策略，如冗余合作系统不使用中央控制器。

最新提出的合作机器人控制方法，称之为同步控制[29.49,50]；该方法根据合作操作系统中机械手的协调运动误差制订控制策略。参考文献［29.49］的主要控制思想是确保每个机械臂跟随期望运动轨迹，保持与其他操作臂的同步运动。参考文献［29.50］提出了一种解决多臂系统运动同步性的方法。为测量机械手的位置，同步控制器包含反馈项及非线性观测器，通过适当的定义机械手运动过程的耦合误差实现同步控制。

近年来，各国学者对智能控制进行了大量研究[29.51,52]。参考文献［29.51］提出了基于运动 H_∞ 及内力跟踪的半分散自适应模糊控制策略，每个机器人的控制器包含两部分：基于模型的自适应控制器和自适应模糊逻辑控制器。基于模型的自适应控制器处理包含纯粹的参数不确定性动力学模型，自适应模糊逻辑控制器处理非结构不确定性和外部扰动产生的影响。参考文献［29.52］提出了分散自适应模糊控制策略，利用多输入多输出模糊逻辑控制思想及系统在线自适应机制制订控制策略。

最后值得一提的是利用局部状态反馈提出的控制策略，例如只有关节位置和末端执行器的力作为控制器的反馈。最新的研究成果是参考文献［29.53］提出的分散控制算法，使用非线性速度观测器实现渐近地跟踪期望的力和位置。

当使用非刚性手爪抓持物体时，合作系统可能产生弹性变形。事实上，采用柔性手爪可避免大的内力，即使抓持失败或与环境产生的非预期性接触，也可以保证操作的安全。参考文献［29.57］提出了不基于模型的离散控制方法，即具有重力补偿项的PD位置反馈控制策略。该策略能够规范被控对象的位置/方向，同时实现由柔顺手爪引起的振动阻尼。当抓持手爪的柔顺性太低而不能保证对被控对象施加有限的内力时，则采用混合控制方法控制沿着位置方向的内力。

其他研究主要集中于抓持多个物体和柔性对象[29.42-44]。由于这些对象难以控制，在制造业中很难实现装配的自动化。因此，对具有多个柔性机械臂合作机器人的控制技术进行了研究，一旦解决了建模和控制问题（见第13章），柔性机器人将具有很多优点：重量轻，具有柔顺性，且安全性好。将柔性臂的控制方法（如振动抑制）与本章提出的合作机械手控制方法结合是容易的[29.45]。参考文献［29.46］已经开始了对双柔性机械手机器人自动检测操作的研究。

参考文献

29.1 S. Fujii, S. Kurono: Coordinated computer control of a pair of manipulators, Proc. 4th IFToMM World Congress (Newcastle upon Tyne 1975) pp. 411–417

29.2 E. Nakano, S. Ozaki, T. Ishida, I. Kato: Cooperational control of the anthropomorphous manipulator 'MELARM', Proc. 4th Int. Symp. Ind. Robots (Tokyo 1974) pp. 251–260

29.3 K. Takase, H. Inoue, K. Sato, S. Hagiwara: The design of an articulated manipulator with torque control ability, Proc. 4th Int. Symp. Ind. Robots (Tokyo 1974) pp. 261–270

29.4 S. Kurono: Cooperative control of two artificial hands by a mini-computer, Prepr. 15th Joint Conf. on Automatic Control (1972) pp. 365–366, (in Japanese)

29.5 A.J. Koivo, G.A. Bekey: Report of workshop on coordinated multiple robot manipulators: planning, control, and applications, IEEE J. Robot. Autom. **4**(1), 91–93 (1988)

29.6 P. Dauchez, R. Zapata: Co-ordinated control of two cooperative manipulators: the use of a kinematic model, Proc. 15th Int. Symp. Ind. Robots (Tokyo 1985) pp. 641–648
29.7 N.H. McClamroch: Singular systems of differential equations as dynamic models for constrained robot systems, Proc. 1986 IEEE Int. Conf. on Robotics and Automation (San Francisco 1986) pp. 21–28
29.8 T.J. Tarn, A.K. Bejczy, X. Yun: New nonlinear control algorithms for multiple robot arms, IEEE Trans. Aerosp. Electron. Syst. **24**(5), 571–583 (1988)
29.9 S. Hayati: Hybrid position/force control of multi-arm cooperating robots, Proc. 1986 IEEE Int. Conf. on Robotics and Automation (San Francisco 1986) pp. 82–89
29.10 M. Uchiyama, N. Iwasawa, K. Hakomori: Hybrid position/force control for coordination of a two-arm robot, Proc. 1987 IEEE Int. Conf. on Robotics and Automation (Raleigh 1987) pp. 1242–1247
29.11 M. Uchiyama, P. Dauchez: A symmetric hybrid position/force control scheme for the coordination of two robots, Proc. 1988 IEEE Int. Conf. on Robotics and Automation (Philadelphia 1988) pp. 350–356
29.12 M. Uchiyama, P. Dauchez: Symmetric kinematic formulation and non-master/slave coordinated control of two-arm robots, Adv. Robot. **7**(4), 361–383 (1993)
29.13 I.D. Walker, R.A. Freeman, S.I. Marcus: Analysis of motion and internal force loading of objects grasped by multiple cooperating manipulators, Int. J. Robot. Res. **10**(4), 396–409 (1991)
29.14 R.G. Bonitz, T.C. Hsia: Force decomposition in cooperating manipulators using the theory of metric spaces and generalized inverses, Proc. 1994 IEEE Int. Conf. on Robotics and Automation (San Diego 1994) pp. 1521–1527
29.15 D. Williams, O. Khatib: The virtual linkage: a model for internal forces in multi-grasp manipulation, Proc. 1993 IEEE Int. Conf. on Robotics and Automation (Atlanta 1993) pp. 1025–1030
29.16 K.S. Sang, R. Holmberg, O. Khatib: The augmented object model: cooperative manipulation and parallel mechanisms dynmaics, Proceedings of the 2000 IEEE International Conference on Robotics and Automation (San Francisco 1995) pp. 470–475
29.17 J.T. Wen, K. Kreutz-Delgado: Motion and force control of multiple robotic manipulators, Automatica **28**(4), 729–743 (1992)
29.18 T. Yoshikawa, X.Z. Zheng: Coordinated dynamic hybrid position/force control for multiple robot manipulators handling one constrained object, Int. J. Robot. Res. **12**, 219–230 (1993)
29.19 V. Perdereau, M. Drouin: Hybrid external control for two robot coordinated motion, Robotica **14**, 141–153 (1996)
29.20 H. Bruhm, J. Deisenroth, P. Schadler: On the design and simulation-based validation of an active compliance law for multi-arm robots, Robot. Auton. Syst. **5**, 307–321 (1989)
29.21 S.A. Schneider, R.H. Cannon Jr.: Object impedance control for cooperative manipulation: Theory and experimental results, IEEE Trans. Robot. Autom. **8**, 383–394 (1992)
29.22 R.G. Bonitz, T.C. Hsia: Internal force-based impedance control for cooperating manipulators, IEEE Trans. Robot. Autom. **12**, 78–89 (1996)
29.23 Y.-R. Hu, A.A. Goldenberg, C. Zhou: Motion and force control of coordinated robots during constrained motion tasks, Int. J. Robot. Res. **14**, 351–365 (1995)
29.24 Y.-H. Liu, S. Arimoto: Decentralized adaptive and nonadaptive position/force controllers for redundant manipulators in cooperation, Int. J. Robot. Res. **17**, 232–247 (1998)
29.25 P. Chiacchio, S. Chiaverini, B. Siciliano: Direct and inverse kinematics for coordinated motion tasks of a two-manipulator system, ASME J. Dyn. Syst. Meas. Contr. **118**, 691–697 (1996)
29.26 F. Caccavale, P. Chiacchio, S. Chiaverini: Task-Space regulation of cooperative manipulators, Automatica **36**, 879–887 (2000)
29.27 G.R. Luecke, K.W. Lai: A joint error-feedback approach to internal force regulation in cooperating manipulator systems, J. Robot. Syst. **14**, 631–648 (1997)
29.28 F. Caccavale, P. Chiacchio, S. Chiaverini: Stability analysis of a joint space control law for a two-manipulator system, IEEE Trans. Autom. Contr. **44**, 85–88 (1999)
29.29 P. Hsu: Coordinated control of multiple manipulator systems, IEEE Trans. Robot. Autom. **9**, 400–410 (1993)
29.30 P. Chiacchio, S. Chiaverini, L. Sciavicco, B. Siciliano: Global task space manipulability ellipsoids for multiple arm systems, IEEE Trans. Robot. Autom. **7**, 678–685 (1991)
29.31 S. Lee: Dual redundant arm configuration optimization with task-oriented dual arm manipulability, IEEE Trans. Robot. Autom. **5**, 78–97 (1989)
29.32 T. Kokkinis, B. Paden: Kinetostatic performance limits of cooperating robot manipulators using force-velocity polytopes, Proc. of ASME Winter Annual Meeting-robotics Research (San Francisco 1989)
29.33 P. Chiacchio, S. Chiaverini, L. Sciavicco, B. Siciliano: Task space dynamic analysis of multiarm system configurations, Int. J. Robot. Res. **10**, 708–715 (1991)
29.34 D.E. Orin, S.Y. Oh: Control of force distribution in robotic mechanisms containing closed kinematic chains, Trans. ASME J. Dyn. Syst. Meas. Contr. **102**, 134–141 (1981)
29.35 Y.F. Zheng, J.Y.S. Luh: Optimal load distribution for two industrial robots handling a single object, Proc. 1988 IEEE Int. Conf. on Robotics and Automation (Philadelphia 1988) pp. 344–349
29.36 I.D. Walker, S.I. Marcus, R.A. Freeman: Distribution of dynamic loads for multiple cooperating robot manipulators, J. Robot. Syst. **6**, 35–47 (1989)
29.37 M. Uchiyama: A unified approach to load sharing, motion decomposing, and force sensing of dual arm robots, Robotics Research: 5th Int. Symp., ed. by H. Miura, S. Arimoto (MIT, 1990) pp. 225–232
29.38 M.A. Unseren: A new technique for dynamic load distribution when two manipulators mutually lift a rigid object. Part 1: The proposed technique, Proc. First World Automation Congress (WAC '94), Vol. 2 (Maui 1994) pp. 359–365
29.39 M.A. Unseren: A new technique for dy-

namic load distribution when two manipulators mutually lift a rigid object. Part 2: Derivation of entire system model and control architecture, Proc. First World Automation Congress (WAC '94), Vol. 2 (Maui 1994) pp. 367–372

29.40 M. Uchiyama, T. Yamashita: Adaptive load sharing for hybrid controlled two cooperative manipulators, Proc. 1991 IEEE Int. Conf. on Robotics and Automation (Sacramento 1991) pp. 986–991

29.41 M. Uchiyama, Y. Kanamori: Quadratic programming for dextrous dual-arm manipulation. In: *Robotics, Mechatronics and Manufacturing Systems, Trans. IMACS/SICE Int. Symp. on Robotics, Mechatronics and Manufacturing Systems, Kobe, Japan, September 1992*, ed. by T. Takamori, K. Tsuchiya (Elsevier, North-Holland 1993) pp. 367–372

29.42 Y.F. Zheng, M.Z. Chen: Trajectory planning for two manipulators to deform flexible beams, Proc. 1993 IEEE Int. Conf. on Robotics and Automation (Atlanta 1993) pp. 1019–1024

29.43 M.M. Svinin, M. Uchiyama: Coordinated dynamic control of a system of manipulators coupled via a flexible object, Prepr. 4th IFAC Symp. on Robot Control (Capri 1994) pp. 1005–1010

29.44 T. Yukawa, M. Uchiyama, D.N. Nenchev, H. Inooka: Stability of control system in handling of a flexible object by rigid arm robots, Proc. 1996 IEEE Int. Conf. on Robotics and Automation (Minneapolis 1996) pp. 2332–2339

29.45 M. Yamano, J.-S. Kim, A. Konno, M. Uchiyama: Cooperative control of a 3D dual-flexible-arm robot, J. Intell. Robot. Syst. **39**, 1–15 (2004)

29.46 T. Miyabe, A. Konno, M. Uchiyama, M. Yamano: An approach toward an automated object retrieval operation with a two-arm flexible manipulator, Int. J. Robot. Res. **23**, 275–291 (2004)

29.47 M. Uchiyama, A. Konno: Modeling, controllability and vibration suppression of 3D flexible robots. In: *Robotics Research, The 7th Int. Symp*, ed. by G. Giralt, G. Hirzinger (Springer, London 1996) pp. 90–99

29.48 K. Munawar, M. Uchiyama: Slip compensated manipulation with cooperating multiple robots, 36th IEEE CDC (San Diego 1997)

29.49 D. Sun, J.K. Mills: Adaptive synchronized control for coordination of multirobot assembly tasks, IEEE Trans. Robot. Autom. **18**, 498–510 (2002)

29.50 A. Rodriguez-Angeles, H. Nijmeijer: Mutual synchronization of robots via estimated state feedback: a cooperative approach, IEEE Trans. Contr. Syst. Technol. **12**, 542–554 (2004)

29.51 K.-Y. Lian, C.-S. Chiu, P. Liu: Semi-decentralized adaptive fuzzy control for cooperative multirobot systems with H-inf motion/internal force tracking performance, IEEE Trans. Syst. Man Cybern. – Part B: Cybernetics **32**, 269–280 (2002)

29.52 W. Gueaieb, F. Karray, S. Al-Sharhan: A robust adaptive fuzzy position/force control scheme for cooperative manipulators, IEEE Trans. Contr. Syst. Technol. **11**, 516–528 (2003)

29.53 J. Gudiño-Lau, M.A. Arteaga, L.A. Muñoz, V. Parra-Vega: On the control of cooperative robots without velocity measurements, IEEE Trans. Contr. Syst. Technol. **12**, 600–608 (2004)

29.54 H. Inoue: Computer controlled bilateral manipulator, Bull. JSME **14**(69), 199–207 (1971)

29.55 M. Uchiyama, T. Kitano, Y. Tanno, K. Miyawaki: Cooperative multiple robots to be applied to industries, Proc. World Automation Congress (WAC '96), Vol. 3 (Montpellier 1996) pp. 759–764

29.56 B.M. Braun, G.P. Starr, J.E. Wood, R. Lumia: A framework for implementing cooperative motion on industrial controllers, IEEE Trans. Robot. Autom. **20**, 583–589 (2004)

29.57 D. Sun, J.K. Mills: Manipulating rigid payloads with multiple robots using compliant grippers, IEEE/ASME Trans. Mechatron. **7**, 23–34 (2002)

29.58 J.Y.S. Luh, Y.F. Zheng: Constrained relations between two coordinated industrial robots for motion control, Int. J. Robot. Res. **6**, 60–70 (1987)

29.59 A.J. Koivo, M.A. Unseren: Reduced order model and decoupled control architecture for two manipulators holding a rigid object, ASME J. Dyn. Syst. Meas. Contr. **113**, 646–654 (1991)

29.60 M.A. Unseren: Rigid body dynamics and decoupled control architecture for two strongly interacting manipulators manipulators, Robotica **9**, 421–430 (1991)

29.61 J. Duffy: The fallacy of modern hybrid control theory that is based on "Orthogonal Complements" of twist and wrench spaces, J. Robot. Syst. **7**, 139–144 (1990)

29.62 K.L. Doty, C. Melchiorri, C. Bonivento: A theory of generalized inverses applied to robotics, Int. J. Robot. Res. **12**, 1–19 (1993)

29.63 O. Khatib: Object manipulation in a multi-effector robot system,. In: *Robotics Research*, Vol. 4, ed. by R. Bolles, B. Roth (MIT Press, Cambridge 1988) pp. 137–144

29.64 O. Khatib: Inertial properties in robotic manipulation: An object level framework, Int. J. Robot. Res. **13**, 19–36 (1995)

29.65 F. Caccavale, L. Villani: Impedance control of cooperative manipulators, Mach. Intell. Robot. Contr. **2**, 51–57 (2000)

第 30 章 触 觉 学

Blake Hannaford, Allison M. Okamura
王奇志 译

触觉学（Haptics）一词，应源自于希腊文 haptesthai，意指关于接触感知的知识。在心理学和神经科学的文献中，触觉学研究的是人类对于接触的感知，特别是通过运动（力/位置）和皮肤（接触）感受器并与感知和操纵相关的触觉。在机器人和虚拟现实文献中，触觉学被广义地定义为机器人或人类与现实环境、远程环境或模拟环境之间的真实的或模拟的接触互动，或者上述场景的组合。本章把重点放在特殊机器人装置的使用及其相应的控制，即触觉界面技术，这些技术允许人类操作者可以在远程环境（遥控操作或远程操作）或模拟（虚拟）环境中体验触觉。

30.1 概述 …… 220
30.1.1 人类触觉 …… 221
30.1.2 应用实例 …… 223
30.2 触觉装置设计 …… 224
30.2.1 机构 …… 224
30.2.2 传感 …… 225
30.2.3 驱动和传动 …… 225
30.2.4 装置实例 …… 226
30.3 触觉再现 …… 226
30.3.1 复杂环境再现 …… 228
30.3.2 虚拟耦合 …… 228
30.4 触觉界面的控制和稳定 …… 228
30.5 触觉显示 …… 229
30.5.1 振动反馈 …… 230
30.5.2 接触定位、滑动和剪切力的显示 …… 231
30.5.3 局部形状 …… 231
30.5.4 温度 …… 232
30.6 结论与展望 …… 232
参考文献 …… 233

由于依赖灵巧的机电设备并且还广泛应用了机械手设计、驱动、传感及控制的理论基础，触觉技术与机器人技术密切联系。在本章中，我们将首先介绍触觉界面设计和使用的目的，其中包括触觉界面的基本设计、人体触觉信息以及触觉界面的应用实例。其次，我们将回顾运动触觉界面的机电设计的有关概念，包括传感器、执行器和机构。然后，我们回顾动觉的触觉界面的控制方面，尤其是虚拟环境模拟及力的稳定和精确显示。接下来，我们将回顾触觉显示方法，由于需要呈现各种各样的触觉信息给人类操作者，这些方法变化纷呈。最后，我们提供了进一步研究触觉技术的文献。

30.1 概述

触觉学是在人为控制条件下体验和产生触摸感觉的科学和技术。设想如果没有触觉，我们将如何扣上大衣上的纽扣，和他人握手，或者写一张便条。如果没有足够的触觉反馈，这些简单的任务变得难以完成。为了提升人类操作者在模拟环境或远程操作环境中的操作水平，触觉界面（技术）寻求产生一种赋予性的感觉信号使得操作者感到真实环境触摸可及。

触觉界面，试图通过机械电子设备和计算机控制技术再现或强化操纵或感知真实环境的触觉体验。它们包括一个触觉装置（具有传感器和执行器的操作模拟器）和一个控制计算机，该控制计算机装有能够将相关人类操作输入给触觉信息显示的软件。而触觉界面的低层设计根据不同的应用广泛地变化，他们的操作一般情况下遵守触觉循环，如图 30.1 所示。首先，触觉设备检测到一个操作输入，这可能是位置（及其各阶微分）、力、肌肉的活动等。其次，传感的输入被施加到一个虚拟的或遥操作环境中。对于一个虚拟环境，操作者的输入对虚拟物体施加的影响以及随后响应显示给操作者，这些计算都是基于模型和触觉再现算法。在遥操作中，一个机械手在空间、尺度、或能量方面都是远程的，它将试图跟踪远程操作者的输入。当机械手与其真实环境互动时，需要传递给操作者的触觉信息将得到记录和评估。最终，触觉装置的执行器会将触摸感觉完全地传递给人类操作者。无论是通过无意识或有意识人类控制，或简单的系统动力学，基于触觉的反馈都改变了操作者的输入。这将开始触觉环的另一个周期。

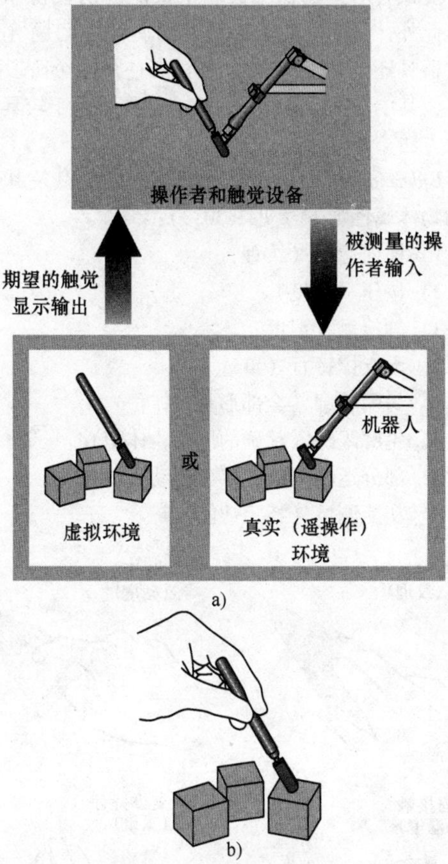

图 30.1　触觉循环

a）通用触觉界面的触觉循环（触觉设备感知操作者的输入，如位置或力，该系统将这一输入施加到一个虚拟或遥操作环境。需要被传递给操作者的环境响应通过建模、触觉再现、传感和/或估计来计算得到的。最后，在触觉设备执行器显示相应的接触感觉给操作者）　b）理想的结果是操作者感觉他/她是直接与真实环境在互动

尽管触觉显示概念简单，但研制一种性能出众的触觉界面仍存在着许多挑战工作。其中有许多是通过基本的机器人理论和对人触觉能力的理解来解决的。在一般情况下，触觉界面性能特征取决于人的感知和电机控制特性。人为产生的触觉感受的一个主要挑战是当没有与一个虚拟或远程物体接触时人操作运动应不受限制。触觉设备应能满足操作者进行所期望的运动，因此需要触觉设备能有足够的自由度和驱动反馈性能。各种机器人的设计中使用的触觉设备，包括：外骨骼康复动力服、驱动夹持器、并联和串联机械手、小作业空间类鼠标设备、可以捕捉整个手臂甚至全身运动的大作业空间设备。另一个挑战是人能够把动觉（力/位置）与具有运动和控制信号的皮肤（触觉）信息两者结合起来形成触觉感知。理想状态下触觉设备应包括力和触觉显示，由于执行器的大小和重量的限制，这些很难做到。由于人对高频信息的敏感性，对于许多触觉界面和应用，上述触觉循环必须能以高频率（通常 1kHz）重复。快速更新不仅提供真实（不间断的）触觉的感觉给人类操作者，它通常也有助于保持系统的稳定性。触觉设备的控制分析必须同时考虑到物理动力学的连续特性和计算机控制的离散特性。

在我们详细地介绍触觉界面各种组成部分之前，通过回顾人类触觉和触觉应用对其设计应会有所启发。本节的其余部分就用于阐述这些内容。

30.1.1　人类触觉

1. 解剖学和生理学

人类神经系统的两个功能在触觉中扮演着重要角色：运动感觉功能（指在肌肉，韧带和关节中感知运动和力量的内在感知功能）和触动感觉功能（对于皮肤变形的感知功能）。触觉是两者的整合，同时也与活动如操纵和探测相联系。本章主要阐述动觉交互作用意义上的一些系统。在 30.5 节将专门针对触觉感知设备进行描述。正如我们所知道的，即使触觉设备没有清晰地产生触觉刺激，触觉感官仍然会被刺激，且能对高达 10000Hz[30.2] 的频率和小到 2 ~ 4μm[30.3-5] 的位移有所响应。

动觉是由传导肌肉拉伸的肌梭和传导关节旋转运动的高尔基肌腱器官进行传递的，尤其在极端拉伸时。一般而言，这些感官和类似感官将由刺激直接产生触觉感觉。例如，振动施加到肌肉肌腱会产生一个肌肉强烈拉伸的感觉和相应的人体关节运动[30.6,7]。有关周边神经刺激应用于假肢控制的研究表明，植入在截肢者周边神经束末端的电极可以受到激励而产生关于截肢者假手的触感和运动感[30.8]。

2. 心理物理学

在较生理学和解剖学更高一级的水平上，心理物理学[30.1]，作为感官物理能力的科学，是研发设计触觉设备的数据宝藏。它的首要贡献在于设计思路，触觉研究者应用它回答了关于什么是触觉装备所必备能

力的问题。这些感官能力必将转化为设计需求。一些主流心理物理学方法在触觉方面有着丰富的应用，其中包括通过限制和自适应自上而下的方法进行阈值测量。然而，阈值的感知并不是100%可靠的。感知精度往往取决于刺激强度和在命中率与误报率之间的权衡，而权衡很大程度取决于在一个给定的时间间隔内所呈现的刺激的概率 P_{stim}。

一个更一般的概念是接收器工作曲线（见图30.2，心理物理学家借用了雷达的原理）其描述了一个物体对于给定刺激的响应概率相对应于没给刺激的概率响应。通过测量在几个不同时间间隔 P_{stim} 的两个概率值生成曲线。理想响应点是（0，1）：对于刺激100%的响应和对于无刺激0%的响应。对于远高于阈值的刺激人体反应接近此点，但是随之成弧线下降最终落在45°线上，低于阈值的人的反应完全变成偶然。

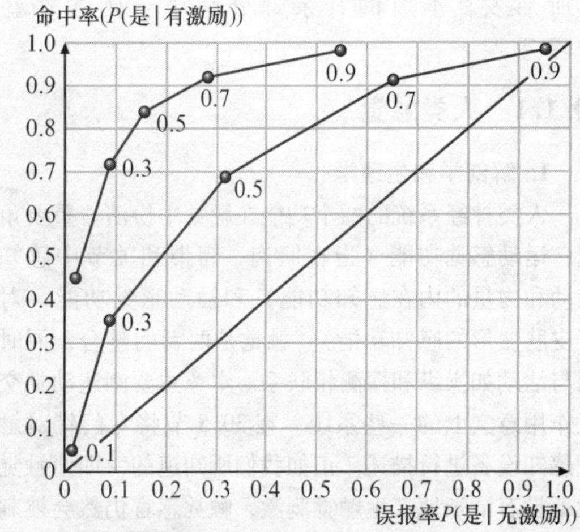

图30.2　接收者操作曲线（ROC）。ROC反映的是由受试者做出对一个有效刺激在误报风险与遗漏风险之间的取舍。当激励用一个特定的概率来描述时，ROC的每个点都代表在这两种观测风险之间特定的取舍。对于较强刺激信息ROC会向左上角偏移（引自参考文献［30.1］，经Lawrence Erlbaum and Associates,Mahwah许可）

从心理物理学的角度另一个相关的概念是最小可觉差（JND），通常用百分比来表示。这是在一个刺激中相对改变的强度，如力或位移作用到手指刚刚可被受试者觉察感知的强度。对于范围在0.5~200N的作用到人的手指上的力，Jones[30.9]测量到其最小可觉差是6%。

3. 心理学：探索方法

在始于20世纪80年代的影响深远的研究中，*Lederman* 和 *Klatzky* 定义了手的运动原型，称为探索方法（EP），由此刻画了人类触觉探索的特点[30.10-12]。他们把物体放入蒙住眼睛的受试者手中，录制受试者的手部动作。他们的初步实验[30.10]表明，受试者所使用的探索方法可以根据所需区分的物体的属性（纹理、质量、温度等）加以预测。他们还表明，受试者所选的探索方法是最能区别该物体属性的。此外，当问及关于物体专门属性的问题（这是饮食器具还是叉子？）时，受试者使用两个阶段顺序回答，其中较一般属性的探索方法要优先于较具体的探索方法[30.12]。

Lederman 和 *Klatzky* 的八个探索方法以及其最适用的物体属性如下（见图30.3）：

1）横向运动（纹理）。
2）按压（硬度）。
3）静接触（温度）。
4）无支撑持有（重量）。
5）封闭轮廓（全部形状，体积）。
6）轮廓跟踪（精确的形状，体积）。
7）部分运动测试（部分运动）。
8）功能测试（特定功能）。

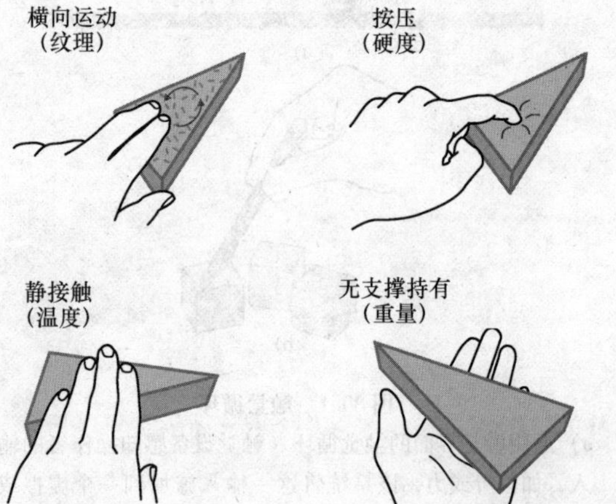

图30.3　人的八种探索方法（EPs）之中的四个（引自Lederman和Klatzky[30.10]）

这些探索方法都是双手任务，涉及与手掌表面的接触，手腕的运动，各种自由度，皮肤的触觉和温度感觉（如第1种探索方法和第3种探索方法），以及手的动感感觉（探索方法4）。能够支持所有这些探索方法的触觉设备，远远超出了当今最先进技术发展水平。然而，对触觉界面的设计这些结果意义重大，因为这使得我们从这些探索方法中获得对于触觉装置的性能要求。

30.1.2 应用实例

人们所遇到最常见的触觉装置是一个振动显示装置，它在操作者玩视频游戏时可提供触觉反馈。例如，当操作者驶离虚拟路面或冲撞到一个虚拟墙时，手动杆振动表明行驶过颠簸路面或显示冲击来代表撞到坚硬表面的撞击。我们下面要仔细观察两个更加实际的例子，医疗模拟器和计算机辅助设计系统。此外，我们将回顾几种商用的触觉设备。触觉界面技术虽然没有在娱乐业以外广为商业应用，但是它们正在被大量集成到实际应用中，在这些应用场合其潜在的利益足以证明采用这些新技术是合理的。在一系列领域，大量新颖和创造性应用正在得到开发，包括

辅助技术、汽车、设计、教育、娱乐、人机交互、制造/装配、医学模拟、微/纳米技术、分子生物学、假肢、康复、科学可视化、空间技术、外科手术机器人。

1. 医学模拟

如今推动大量触觉虚拟环境研究的重要例子之一是模拟训练动手医疗过程。医学侵入性治疗诊断过程，从抽取血液样本到外科手术对病人而言都有潜在的危险和痛苦，需要学生通过触觉信息的介入去体会学习动手技能[30.13]。具有和没有触觉反馈的仿真器的目标是取代直接在病人或动物身体上的辅导学习。仿真器在开发微创手术技巧方面[30.14]已被证明高度有效，尤其是在早期训练时提供触觉反馈[30.15]。对于触觉模拟器训练的预期益处包括：

1）在训练期间和之后降低病人危险。

2）提升模拟非寻常条件或医疗紧急情况的能力。

3）在培训过程中收集物理数据与提供具体和直接的反馈给学生的能力。

4）增加单位教练员时间的培训时间输出。

模拟器设计方法，特殊医疗应用和培训评价方法在过去二十年中得到了广泛的研究，例如，参考文献[30.16，17]。然而，这种技术的成本仍然很高。此外，在模拟器技术中哪些技术得到改进，并不总是很明确的，如触觉设备的性能或软组织建模的准确性，将导致改进临床表现并最终受益于病人。

2. 计算机辅助设计

波音公司[30.18]研究了触觉界面的使用，用于解决计算机辅助设计（CAD）中的复杂问题。问题之一是验证一个像飞机一样的复杂系统的高效维修保养能力。在过去，力学可以验证在物理模型中的程序（如物理模型中部件的更换）。然而，在一些先进的视觉CAD系统中这种分析还是很难或者不可能得到体现。开发的VoxMap Pointshell系统（见图30.4）是利用触觉界面技术来测试部件更换功能。从触觉界面获得的力觉使操作者产生了复杂工作空间部件的物理约束导致的碰触感。如果维修人员能够在触觉界面中移除这一部件，这就表明这一部件可以无需过度拆解进行维护。在实际设计中，这种能力已被证明很有用。

图30.4 波音公司对复杂飞机系统的装配和维修核查的计算机辅助设计（CAD）应用程序。波音公司研究人员开发了Voxmap Pointshell软件用于非常复杂的六自由度模型的高效触觉再现（感谢*Bill McNeely*,Boeing Phantom Works提供）

3. 商用触觉设备与系统

从高保真的研究设备到廉价的娱乐系统，有各种各样可购买到的触觉设备。一些研究者也制造他们自己的触觉设备用来实现一些新颖的设计，满足特定的应用要求或节省成本。在写这篇文章时，大部分的商用触觉设备由两家公司设计：SensAble技术公司[30.19]和Immersion公司[30.20]。SensAble已研制开发了手写笔型模拟线触觉设备（见图30.5）。Phantom

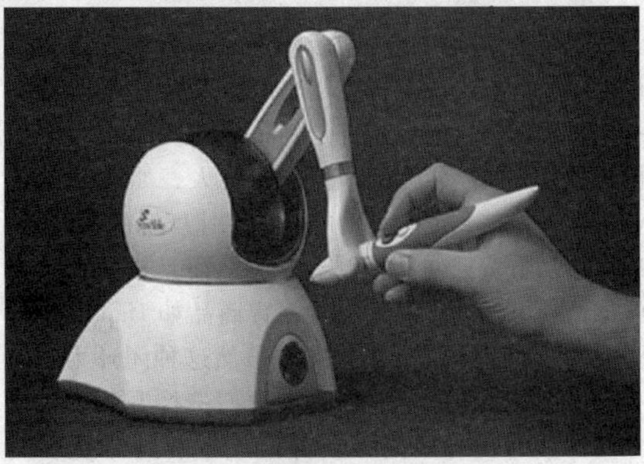

图30.5 源于SensAble技术Phantom Omni模拟设备。这种低成本的设备可以感应来自于手写笔的六自由度运动，也可以在x，y和z方向施力到手写笔的笔尖（感谢SensAble Technologies,Inc.,Woburn提供）

Premium[30.21]已是迄今为止在研究中最广泛使用的触觉装置。触觉设备的高价格（相比视觉显示）限制了一些商业应用的发展。Phantom Omni 比 Phantom Premium 便宜了一个数量级，在触觉与机器人研究者中广受欢迎。2007 年，Novint[30.22]技术公司发布的 Novint Falcon，是一个价格便宜的三自由度触觉装置，反过来又比 Phantom Omni 便宜一个数量级。此设备目标是针对娱乐应用。

Immersion 公司定位在大众市场和广大的有多种触觉产品需求的消费者，许多产品是一个自由度。例如，他们把技术授权给各种视频游戏的制造商以及移动电话的厂商，来生产用于驾驶游戏的具有振动反馈手持装置和触觉方向盘。Immersion 公司也有医疗分支机构销售具有触觉反馈的医疗模拟器。

触觉再现软件通过商业渠道和研究群体也已随处可见。销售触觉设备的大多数公司还提供具有触觉体验能力的标准开发工具包（SDK）。此外，不以营利为目的如 Chai3-D 开源项目（www.chai3d.org），目的是使得来自不同群体的再现算法可以公开，以缩短应用程序开发时间，并允许用标准性能测试直接算法比较。

30.2 触觉装置设计

触觉装置分为两大类：导纳型和阻抗型装置。导纳设备感知由操作者施加的力和操作者位置的约束以匹配在虚拟现实中的模拟物体或表面的偏转。相比之下，阻抗触觉设备感知操作者的位置，然后根据模拟物体或表面的计算行为给操作者施加一个力矢量。

阻抗类型的机器人可反向驱动，具有低摩擦和惯性，并且有力源执行器。在机器人相关的研究中，一个常用的阻抗触觉装置是 Phantom Premium（高级模拟器）[30.21 23]。导纳类型的机器人，如典型的工业机器人，是非反向驱动的，具有速度源的执行器。速度用高带宽低增益控制器控制，而且被假定为与施加的外力独立。一些触觉装置商品如 Haptic-Master[30.24]，其操作是导纳控制。虽然这种闭环力控制一直使用于触觉显示，但设计师们选择开环力控制专门设计的机构以同时获得低成本和高带宽更为常见。

在软件和硬件系统设计中，导纳或阻抗架构的选择有许多深远的影响。由于各种原因，包括成本，现今触觉设备实现的大多数是阻抗类型的。因为当今系统主流是阻抗设备，限于篇幅，下面的讨论仅局限于这一类型。

30.2.1 机构

创建高保真触觉感觉，操作者需要注意机构设计（第4章）。阻抗触觉设备的要求是与设计机械手力控制（第8章）相类似的。对开环力控制理想的机械属性包括低惯量，高刚度，和在所设计的整个作业空间的良好的运动调节能力，以有效地匹配合适的人体四肢，主要是手指或手臂。该机构重量应尽量减少，因为它是作为虚拟环境或远程操作环境的重量和惯性而被操作者感知的。运动学奇异点（第1章，第4章，和第12章）对于触觉界面有害，因为他们导致空间中某些方向上，人工操作不能移动到末端点，从而产生在触觉装置与虚拟物体接触时的错觉，因此带来干扰。当它们引进大量摩擦，必须避免高传动比。这一约束带来触觉界面对于执行器性能更高的要求。

1. 机械性能的度量

理想的触觉设备在任意方向上可以自由运动，而且没有奇异结构以及在其附近产生对于操作的坏影响。在传统意义上，运动性能由机构的雅可比矩阵$\boldsymbol{J}(p, q)$导出，使用下列熟知参数来度量：

1）可操作性[30.25]：$\boldsymbol{J}(p, q)$ 奇异值的积。

2）机构各向同性[30.26]：$\boldsymbol{J}(p, q)$ 最小的奇异值与最大的奇异值之比。

3）最小力输出[30.25,27,28]：在最差方向上的最大力输出。

也可以通过使用如动态可操作性度量[30.29]将动力学引入成本函数。这仍然是研究热点之一。关于对触觉设备灵活性的何种度量方法是最适合的，目前尚无定论。

2. 运动学和动力学优化

这方面的设计要求机构综合与人（最常见如手指或手臂）的工作空间相匹配，同时避免运动奇异点。

触觉设备工作空间定义为与规定人的四肢指标相匹配。这可以借助通过使用人体测量数据完成[30.30]。性能目标，如低惯量和避免运动学奇异点，必须规范化成对任何候选设计计算的一个定量性能测量。一个这样的测量必须考虑如下要求：

1）贯穿整个目标空间运动调节的一致性。

2）倾向具有低惯性的设计。

3）确保目标空间可达。

上述定义的机械性能的测量是在工作空间中一个点上的，因此对触觉装置设计指标而言必须结合整个工作空间得出一个数值。例如，如果 S 是所有使得末端执行器是在目标工作空间内部的关节角度 Θ 的集合，这样的测量可以是

$$M = \min_S W(\Theta) \tag{30.1}$$

式中，$W(\Theta)$ 是设计性能的测量。性能测量应包括杆长罚函数如

$$M = \min_S W(\Theta)/l^3 \tag{30.2}$$

以免求得设计方案尺度、柔度、质量过大。我们可以搜索机械设计大全实现 M 最大化。例如，如果一个设计有五个自由度（通常为各连杆长度和偏移量），我们对每个参数研究十个可能的值，这样就必须评估 10^5 个设计。

现有的计算能力增长得远比在人体自由度数量规模上的实际机构复杂性更快。因此，通常对于设计空间进行遍历搜索就足够了，复杂的优化方法没必要。

3. 接地与不接地装置

目前，提供动觉反馈的大多数设备是完全接地的，也就是，操作者感觉到的力是关于操作者的地的，如地面或桌面的。非接地触觉反馈装置更多是可移动的，而且与接地装置相比可以在更大的作业空间中操作，能够使它们用在大型虚拟环境中。大量的非接地的动觉反馈装置已被开发，例如参考文献[30.31-33]。也已有很多非接地装置的性能和接地触觉显示之间的比较[30.34]。一些非接地装置提供触觉而不是动觉的感觉，这些在30.5节中阐述。

30.2.2 传感

触觉设备需要传感器来测量该设备的状态。这种状态可能会被操作者提供的位置/力，触觉控制法则，和/或设备与环境动态改变。操作者的输入是以所提供的位置或施加的力的方式被感知的。对于触觉传感的要求类似于其他机器人设备（第20章）的传感，所以这里只讨论一些特有的触觉传感问题。

1. 编码器

旋转式光电直角编码器通常用作触觉设备关节的位置感知。他们经常与作为执行器的旋转电动机相结合。编码器底层传感机构在20.1节进行了介绍。触觉设备编码器所需的分辨率，取决于一个单一编码器刻度的角距离与笛卡儿空间的终点间运动距离之比。选定的位置编码器的分辨率其影响已远不止是操作端的简单空间分辨率，还包括在没有不稳定或非被动行为[30.35]的条件下所再现的最大刚度（30.4节）。

许多触觉应用，如具有阻尼的虚拟环境的体验（此时力与速度成正比）需要速度测量。速度通常是通过编码器的位置信号的数值微分获得的。对速度估计的算法必须选择那些没有噪声并且在所关心的频率上相位滞后达到最小[30.36]的方法。因此，另一方法是使用专用仪器测量编码器刻度间对应的时间来计算速度[30.37]。

2. 力传感器

触觉装置中力传感器用于操作者对一个导纳控制设备的输入，或作为一种机构在一个阻抗控制装置消除设备摩擦和其他不希望的动态特性。力传感器在20.4节进行了介绍。当使用一种测力传感器如应变计或荷重单元测量操作者施加的力时，必须注意采取热绝缘传感器，因为由身体热量引发的热梯度能影响传感器力读数。

30.2.3 驱动和传动

触觉设备有别于传统计算机输入设备，其通过控制的执行器提供合适的触觉感觉给操作者。触觉设备的性能很大程度取决于执行机构的性质和机械传动在执行器和触觉交互点（HIP）之间的传输。下面介绍一下对触觉技术的要求。

在阻抗型触觉设备中对执行器和机械传动的基本要求是：低惯性、低摩擦、低力矩脉动、可反向驱动和低的反向作用。此外，如果设计成执行器本身随着用户位置变化而运动，那就需要较高的功率重量比。尽管在阻抗型装置中闭环力控制已被用于触觉显示，最常见的机构设计还是有足够低的摩擦和惯性以保证足够准确的开环力控制。

对触觉设备而言，一个常见机械传动设备是绞盘驱动的（见图30.6），由缠着缆束的不同直径的滑轮来提供传动比。在缆束和滑轮之间保持无滑动，高摩擦的接触，是通过多圈缠绕的缆束来实现的。通过绞盘驱动器可以使操作人感知的摩擦力达到最小，因为它能防止在电动机和关节轴上的平移力。

电流放大器通常被用于产生通过数字—模拟(D/A)转换器用计算机产生的输出电压与由电动机产生的转矩输出之间的直接联系。相对于大多数触觉设备的位置传感器的分辨率和采样率，执行器与放大器的动态性能以及D/A分辨率对系统稳定性的作用通常可以忽略不计。执行器或放大器饱和，可导致性能变差，特别是多自由度触觉设备，一个单一饱和电动机力矩可能会明显改变虚拟物体的几何外观。从而如有任何执行器处在饱和状态时，力矢量以及相应执行器的力矩必须适当予以估计。

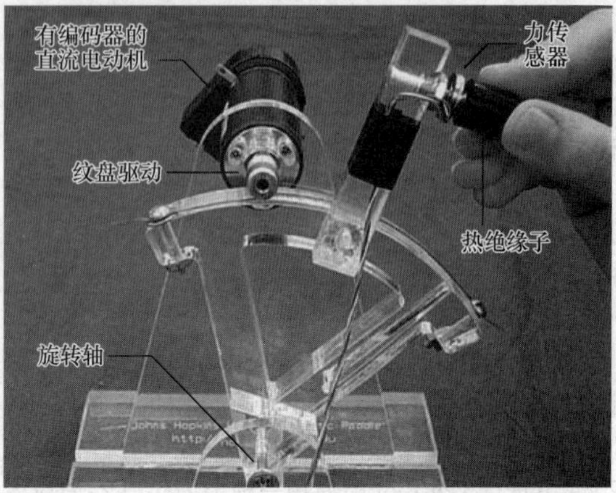

图 30.6 这个版本的触觉垫[30.38]包括一个位置传感编码器，一个单一轴力传感器和用于驱动绞盘传动的有刷电动机

30.2.4 装置实例

作为一个示意性例证，我们将对一个简单的一个自由度被称之为触觉垫的触觉装置提供详细的设计信息[30.38]。本节是为了提供具体部件类型的描述，这些部件用于运动触觉设备。该设备可以根据约翰霍普金斯大学提供的指导说明构建[30.39]。许多广泛使用的触觉设备拥有与该设备共同的工作原理，主要不同在于，由于较多的自由度，在运动细节上有所区别。

如图 30.6 所示，触觉垫配备有两个传感器：位置编码器和力传感器。一个每转计 500 个数的 Hewlett-Packard HEDS 5540 编码器直接安装在电动机上。正交过程使得每转产生 2000 个计数，绞盘齿轮的传动比和杆臂使得在 HIP 的位置分辨率为 2.24×10^{-5}m。Measurement Computing 公司的 PCI-Quad04 板被用来与编码器相连接。Entran ±10N 测力传感器（型号 ELFS-T3E-10N）用来衡量施加的操作力。聚甲醛罩使得测力传感器能够热绝缘。在此装置上，测力传感器可通过控制机制来尽量减少摩擦的影响，该控制机制为当 HIP 不与虚拟物体接触时，它试图使得操作者施加的力减少到零。从测力传感器所获得的信号，在由 16 位 A/D（PCI-DAS6402 配置的范围在 ±1.25 V）读出之前，通过一个增益为 5 的仪表放大器（Burr-Brown INA103）进行放大。

执行器是 Maxon 有刷直流电动机（型号 118754m RE-25），铝滑轮固定在电动机的轴上。像许多的商业触觉设备一样，缆束多次缠绕驱动滑轮，并固定在大的从动轮上。Measurement Computing 公司的 PCI-DAS6402 数据采集卡是用来为电动机放大器输出电压的。这是一个 16 位的 D/A，配置为 ±10 V。D/A 的输出通过电流放大器，该电流放大器输出的电流通过电动机与 D/A 的输出电压成正比。电流放大器是以 National Semiconductor 公司的 LM675 功率运算放大器为基础构建的。这使得电动机上施加的力矩直接受到控制。在最终生成的系统中，静态操作条件下，在驱动点感受到的力与输出电压成比例（1.65N/V）。当系统运动时，由于不同的人和设备动力特性，操作者所受到的力可能会有所不同。

30.3 触觉再现

触觉再现（在阻抗系统中）是一个基于操作者运动的测量，通过与虚拟物体接触计算所需要力的过程。本节介绍虚拟环境的触觉再现。对遥操作触觉反馈将在第 31 章阐述。

触觉系统一个重要的属性是它们的时间约束是相当严格的。为了说明这一点，试着用铅笔敲击桌面加以验证。你听到的在笔尖和桌面之间是一个在接触动力学里音频表征的声音。人手指上的触觉感受器的响应可高达 10kHz[30.2]。为了真实地再现两个硬表面之间的这类触碰，对进入音频范围（高达 20kHz）需要有更好的响应，因此采样时间大约为 25μs。即使有特殊的设计，触觉设备也不具备这样的带宽，同时这样高保真通常也不是触觉再现的目标。为了达到稳定再现任何类型的硬接触需要有非常高的采样率。实际上，建造大多数触觉模拟系统至少要 1000Hz 采样率。如果虚拟环境被限制成软材料，这可以被减少到几百赫兹以下。

1. 基本的触觉再现

每个周期触觉再现的计算过程由以下七个连续步骤组成（见图 30.7）。为了达到稳定和真实的效果，再现周期一般必须在 1ms 内完成：①感应（30.2.2 节）；②运动学；③碰撞检测；④确定表面点；⑤力计算；⑥运动学；⑦驱动（30.2.3 节）。

2. 运动学

在关节空间中，通常需要使用传感器来进行位置和速度的测量。这些必须通过正运动学模型和雅可比矩阵（第 1 章）转换成操作者手或指尖的笛卡儿空间中的位置和速度。在一些应用中，操作者虚拟地抓持一个工具或物体，这些工具或物体的形状在虚拟环境中是象征的，但是它们的位置和方向是确定的。在

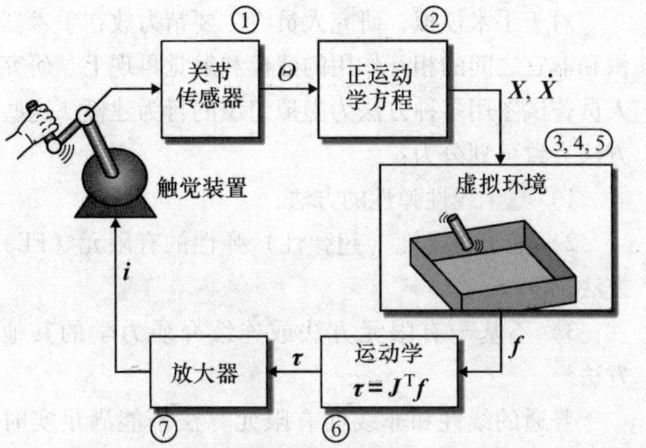

图 30.7 阻抗型触觉显示系统的触觉再现周期示意图（根据操作者的触觉装置的位移虚拟对象在虚拟环境中运动。在设备中感知的关节位移Θ ①、通过运动学②、碰撞检测③、表面点的确定④、力计算⑤、运动学⑥和驱动⑦得到处理。）

其他的情形，操作者的指尖或手由一个点来表示，在虚拟环境（VE）中仅该点与物体相接触。我们将虚拟物体当做一个虚拟工具[30.40]，同时将这个点称为接触交互点（HIP）。

3. 碰撞检测

对于点接触的情况，碰撞检测软件必须确定 HIP 的位置是否就是在当前时刻与虚拟对象接触的点。这通常意味着确定 HIP 是否穿透物体表面或者在物体内部。物体表面由多边形或样条曲线等几何模型表示。

在计算机图形学方面虽有大量关于碰撞检测的文献，但是触觉碰撞检测有其独到之处。特别是，计算速度至关重要，还有最坏情形下的速度，而不是平均速度。首选的是要在固定时间内估计出解。30.3.1 节提出对复杂环境的碰撞检测和触觉再现。

如果检测到 HIP 在所有物体之外，则力返回是零。

4. 确定表面点

一旦确定 HIP 在某个物体的内部，就必须计算出来应该显示给操作者的力的大小。许多研究者采用的思路是，用一个虚拟的弹簧将 HIP 与距离最近的物体表面的一点相连，并将此作为渗透模型和力生成的模型[30.40-42]。*Basdogan* 和 *Srinivasan* 将此点命名为中间触觉交互点（IHIP）。然而，大家都意识到最接近的表面点模型并不总是最好的接触模型。例如，当 HIP 沿着立方体的顶面以下进行横向移动时（见图 30.8），最终该点将足够接近边缘，而使得最接近表面的点实际上在立方体的一个侧面。这个算法需要保存顶部表面的 IHIP，并且始终产生一个向上的力，否则操纵者会突然从立方体的侧面弹射出来。

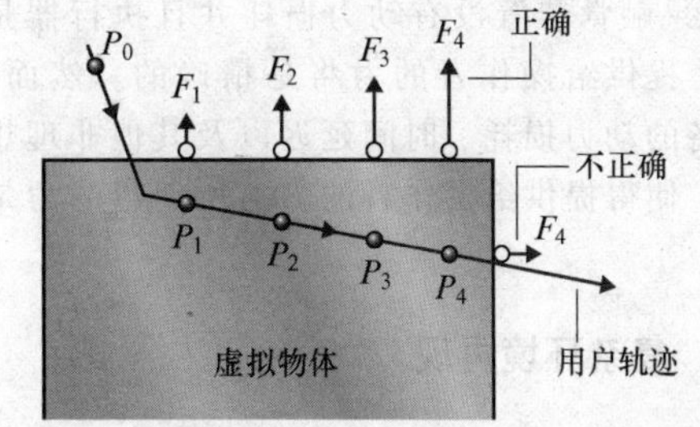

图 30.8 一种在触觉再现中接触力的巧妙处理方法示意图

图 30.8 中，操作者指尖轨迹进入物体表面向右下移动，触觉交互点（HIP）在时刻 1 ~ 4 用实心圆，$P_0 \sim P_4$ 显示。当 HIP 在对象内部时中间触觉交互点（IHIP）用空心圆表示。在位置 P_4，不应采用基于最接近表面点的接触力再现算法，否则将会导致操作者受到从侧表面的作用力（由于这个力与顶端表面相切所以会感觉不自然）。

5. 力计算

力通常是使用弹簧模型来计算（胡克定律）

$$\boldsymbol{f} = k\boldsymbol{x} \tag{30.3}$$

式中，$\boldsymbol{x}$ 是从 HIP 到 IHIP 的矢量，并且 $k>0$。当 k 充分大时，物体的表面会感觉像一堵墙垂直 $\boldsymbol{x}$。这个虚拟墙，换言之，阻抗表面，是大多数触觉虚拟环境的一个基本构造块。由于虚拟墙仅当检测到 HIP 和虚拟物体之间的碰撞时才显示，虚拟墙是单边约束，被一个非线性的切换条件控制。如同在以下章节所述，具有复杂几何形状的触觉虚拟环境通常由一个多边形网格形成，其中每个多边形本质上是一个虚拟墙。在与操作者局部的交互是靠虚拟墙控制时，虚拟表面也可以允许全局变形。通常构建在虚拟墙上的虚拟着力点，它们可以被覆盖在触觉反馈点上使得远程操作者在进行远程操作任务时可以协助当地操作者（第 31 章）。

上文所述的纯刚度模型可以扩充以提供其他作用，特别是通过使用虚拟耦合，这将在 30.3.2 节论述。阻尼（参量）可以垂直或平行地加到表面上。另外，库仑摩擦或其他非线性摩擦也可平行加到表面上。为了提供更真实的坚硬表面的感觉，在碰触瞬间，在表面和 HIP 之间振动也可以以开环的方式表示，如 30.5 节所述。

6. 运动学

在笛卡儿空间计算的力必须转化为执行器空间的力矩。通常情况下其计算是

$$\boldsymbol{\tau} = \boldsymbol{J}^{\mathrm{T}}\boldsymbol{f} \qquad (30.4)$$

式中，$\boldsymbol{\tau}$是执行器要求的力矩；$\boldsymbol{f}$是期望的力矢量；$\boldsymbol{J}^{\mathrm{T}}$是触觉装置雅可比矩阵的转置矩阵（第1章）。如果触觉装置没有动力损耗并且执行器是理想的，提供给操作者的力将是精确的。然而，实际设备的动力损耗、时间延迟以及其他非理想的条件，使得提供给操作者的力与所期望的力是不同的。

30.3.1 复杂环境再现

使用各种相对简单的算法对简单虚拟环境中的触觉进行有效的再现，当今电脑的能力就足够了。虚拟环境通常由几个简单的几何图元组成，如球体、立方体、和平面。然而，现在的挑战是扩展这些算法以应对复杂的环境，如同我们通常所看到的包含$10^5 \sim 10^7$个多边形的计算机图形再现。在文献中报道了多种方法尝试对复杂场景进行有效再现。*Zilles* 和 *Salisbury*[30.41] 根据相邻的表面多边形之间的平面约束，利用拉格朗日乘子求得了最接近 IHIP 的点。*Ruspini* 等人[30.43]发展了力涂色（force shading）和摩擦模型。*Ho* 等人[30.40]使用包络球域的层次结构以确定初始接触（碰撞）点，然后搜索邻近的表面、边缘和当前接触的三角形的顶点（几何图元），以此找到最接近 IHIP 的点。*Gregory* 等人[30.44]施加一个离散三维（3-D）空间的层次结构，以加速检测与该表面的初始连接点。*Johnson* 等人[30.45]基于局部极值进行了在运动模型上的触觉再现，该局部极值为触觉设备所控制的模型与场景其余部分之间的距离。*Lin* 和 *Otaduy*[30.46,47]使用对象详细描述用以执行多分辨率碰撞检测，从而实现满足实时约束同时最大限度地提高计算邻近信息的准确性的目标。

不将物体的表面以多边形来表示，也可以找到替代算法和效率。*Thompson* 和 *Cohen*[30.48]利用数学可以从非均匀有理 B 样条（NURBS）模型直接计算表面的渗透深度。*McNeely* 等人[30.18]在毫米级规模上采取三维网格化的极端做法。每个网格包含一个预先计算的法向量、刚度属性等。利用复杂的 CAD 模型，可以进行 1000Hz 的再现，这些 CAD 模型包含数百万个多边形（以图形等价表示），但是这个方法需要大量的内存，并且需要进行预计算。该算法有足够高的性能，它可以同时被用来再现数百个接触点。这使得操作者可以操纵任意形状的工具或对象。该工具/对象被表现为一些表面点，在该工具上产生的力和力矩是表面上所有点相互作用力的总和。

对于手术模拟，研究人员将主要精力放在手术器械和器官之间的相互作用的建模和触觉再现上。研究人员曾试图用多种方法为虚拟组织的行为建模。这些方法大致可划分为：

1）基于线性弹性的方法；

2）基于非线性（超弹性）弹性的有限元（FE）方法；

3）不基于有限元方法或连续介质力学的其他方法。

普通的线性和非线性有限元算法不能满足实时运行要求，然而一些方法如预处理方法可以运行它们达到触觉的速率[30.49]。许多研究人员依靠从真实组织所获得的数据为器官变形和断裂准确建模。在这一领域主要挑战包括结缔组织支持器官的建模，设备和组织之间的摩擦和在微创手术过程中发生的拓扑变化。

30.3.2 虚拟耦合

迄今为止，我们都是通过计算一个虚拟弹簧的长度和方向，并应用胡克定理式（30.3）来进行力的再现的。这个弹簧是在 HIP 和 IHIP 之间的虚拟耦合的一种特殊情形[30.42]。虚拟耦合是力再现的渗透模型的抽象。我们假设物体是刚性的，而不是柔性的，但是通过一个虚拟的弹簧将它们与操作者相连。如此就构建了（虚拟耦合的）等效最大刚度。

稳定接触的再现（30.4节）问题往往需要更复杂的虚拟耦合而不只是一个简单的弹簧。例如，可以增加阻尼。一般地，式（30.3）中力的再现模型可以化为

$$\boldsymbol{f} = k\boldsymbol{x} + b\dot{\boldsymbol{x}} \qquad (30.5)$$

参数 k 和 b 可以凭经验调整来达到稳定和高性能操作。更规范的虚拟耦合设计方法将在 30.4 节进行论述。

30.4 触觉界面的控制和稳定

1. 问题简介

如图 30.7 所示，触觉再现系统是一个闭环动态系统。再现在自然界中人与环境接触时的实际接触力使之保持稳定行为仍然是一个巨大的挑战。触觉界面的不稳定性以其自身的噪声、振动、甚至失去控制的发散行为表现出来。对阻抗器件来说，最坏的情形发生在其试图与刚性物体接触过程中。根据以往经验，在研制触觉界面与刚性虚拟对象时，会经常遇到不稳

定性。但通过减少虚拟物体的刚性，或操作者较坚实地握持住触觉设备，这种不稳定性可以被消除。

2. 经典控制理论的问题描述

尽管线性理论在应用中使用很有限，但是可以用它来对不稳定性影响因素进行基本分析[30.50]。一个高度简化的阻抗器件模型如图30.9所示。$G_1(s)$ 和 $G_2(s)$ 分别描述同时具有操作位置感知和力的显示两方面功能的触觉装置的动力学结构。假设虚拟环境和人操作者/用户（HO）都可以通过线性阻抗表示，如

$$Z_{VE}=\frac{F_{VE}(s)}{X_{VE}(s)} \tag{30.6}$$

$$Z_{HO}=\frac{F_{HO}(s)}{X_{HO}(s)} \tag{30.7}$$

则从人操作者开始又回到人操作者闭环系统的环路增益是

$$G_l(s)=G_1(s)G_2(s)\frac{Z_{VE}(s)}{Z_{HO}(s)} \tag{30.8}$$

在传统意义上，稳定性是通过对 $G_l(s)$ 运用奈奎斯特幅度和相位判据来估计的。增加的 Z_{VE}（相当于更硬的或更重的虚拟物体）也增加了 $G_l(s)$ 的幅度，从而系统趋于不稳定，而当操作者握持更稳固时，这增加了 Z_{HO} 的幅度，从而促进了稳定性。类似的分析也适用于可能出现在系统任何部分的相移。

3. 线性理论的局限性

尽管图30.9所示的模型显示了触觉界面稳定性的一些特性，但是线性连续理论在环路的稳定性设计方法上很少使用。令人感兴趣的是虚拟环境是非线性的。尤其是，由于应用经常性地模拟非连续接触，例如，在自由空间和坚硬的表面之间的手写笔，因此很难被线性化。另一特性是数字化而引入采样和量化，这两者都有显著影响。

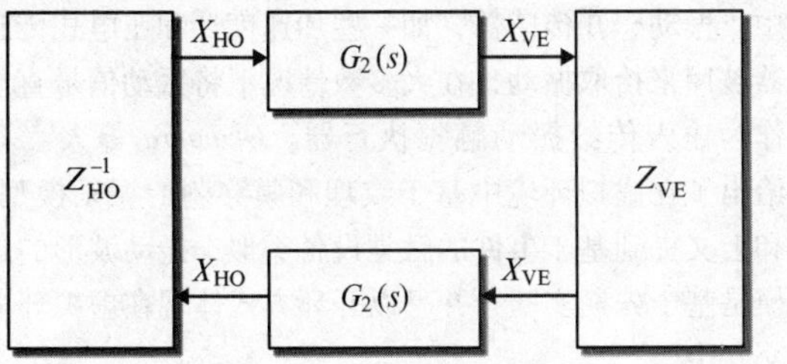

图30.9 触觉再现的高度简化线性模型可以突出一些稳定性问题

4. 采样

Colgate 等人[30.42]在稳定性分析中合并考虑离散采样行为。他们考虑实现刚性的虚拟墙壁问题

$$H(z)=K+B\frac{z-1}{Tz} \tag{30.9}$$

式中，K 为虚拟墙刚度；B 虚拟墙的阻尼系数；z 为 z 变换变量；T 为采样时间。在连续时间模拟触觉设备（HD）进一步模型化为

$$Z_{HD}(s)=\frac{1}{ms+b} \tag{30.10}$$

式中，m 和 b 分别是触觉设备的质量和阻尼。对于无源性设备他们得到下面的条件

$$b>\frac{KT}{2}+|B| \tag{30.11}$$

表明高采样率和在触觉设备中高机械阻尼显著的稳定作用。

5. 量化

另外的因素包括由于数值化积分以及量化导致的延时。这些不稳定因素已被 *Gillespie* 和 *Cutkosky*[30.51]称为能量泄漏。

6. 无源性

令人关注的虚拟环境总是非线性的并且人工操作者的动态特性也是重要的。这些因素使得很难用已知参数和线性控制理论分析触觉系统。卓有成效的方法之一是使用无源性的方案以保证稳定运行。无源性对稳定性而言是一个充分条件，而且在第31章针对远程机器人有更详细的介绍。触觉界面和双向远程控制之间有许多相似之处。

利用无源性进行触觉交互系统设计的主要问题是它过于保守，如参考文献［30.35］所述。在许多情况下，在所有操作条件下采用一个固定的阻尼值用于保证无源性，系统性能会很差。*Adams* 和 *Hannaford* 从适合于所有的因果关系组合的二端网络理论得到虚拟解耦设计方法，而且比基于无源性设计具有更少保守性[30.52]。他们利用触觉设备的动态模型和借助满足 *Lewellyn* 的绝对稳定性判据得到最优虚拟耦合参数，该绝对稳定性判据是由项组成的一个不等式，这些项是结合触觉界面与虚拟耦合系统的二端口网络描述模型的项。*Miller* 等人导出了另一个设计方法：该方法将分析推广到非线性环境，并提取一个阻尼参数以保证稳定运行[30.53-55]。

30.5 触觉显示

触觉显示是用来表示力、接触和形状信息给皮肤。他们故意刺激皮肤感受器，对动觉的感觉影响较小。与这章前面介绍的动觉不同，前面的重点是力的显示，同时考虑提供通过与工具或探针进行物理接触

的皮肤触觉。触觉显示通常被用来实现特殊的目的，如接触显示，接触定位，滑动/剪切，纹理和局部形状。这在一些方面是合理的，对于不同类型的皮肤感受器，每种都有他们各自的频率响应、接受域、空间分布和感受参数（如局部皮肤的曲率、皮肤伸展和振动）等。它们也与不同的探索方法是相关的，如30.1.1节所述。

与动觉显示相反，触觉显示的设计和原型构建对于虚拟现实或远程操作再现实际的接触信息是非常具有挑战性的。准确再现，在每个指尖的局部形状和压力分布需要执行器的密集阵。关于触觉接收设备的研究是一个热点领域，但是大部分还没有达到应用阶段或商业流通阶段，只有为盲人所用的著名盲文显示器除外。在这节中，我们将介绍各种类型的触觉显示，他们的设计思路、实现算法和应用。

30.5.1 振动反馈

振动反馈是一种提供触觉反馈的常用方法。它可以作为触觉反馈的单独方法或者动觉显示的一种补充方法。振动元素如压电材料和小音圈电动机要比动觉设备的执行器更轻，通常可以将其添加到动觉设备上，它对现有机构的影响较小。另外，高带宽动觉显示可以通过他们的标准执行器编程来显示开环振动。人体振动的灵敏度的感应范围从直流到1kHz以上，峰值灵敏度大约在250Hz。

我们首先考虑使用振动来传递事件的冲击和接触——这一方法横跨动觉（肌肉运动知觉的）反馈和触觉反馈。当人们接触环境时，嵌入在皮肤内的快速运动感知器记录这种微小的产生于这种互动中的振动。如30.3节所述，触觉显示的传统方法通常包括用一个简单几何结构的一个虚拟模型，然后用一阶刚度控制理论模拟表面。然而这样的一阶模型往往缺少高阶效果如冲击的真实效果。利用一般的触觉渲染算法，表面显得湿软或不真实的光滑。为了提高在这种环境中的真实性，一种解决方法是增加高阶效应，如纹理和接触振动。这些效果可以用一个基于现场动态分析描述的表面模型库进行分析说明[30.56]，其有时采用定性操作者反馈，物理测量（从经验数据产生的逼真模型）[30.57,58]，或者这两者的结合来调整[30.59]。在检测到HIP与虚拟物体表面进行瞬时碰撞时，表面模型库就会产生一个适当的波形，该波形根据运动情况进行大小缩放（如速度和加速度），最后通过一个执行器开环输出。执行器可同时显示同一个较低频的力的信息，如图30.10所示。或者它可能是一个独立的变换器。*Kuchenbecker* 等人[30.60]考虑用触觉设备的动力学来显示可能的最准确的振动波形，比较了大量不同振动波形产生方法意欲传递响应叠加作用到虚拟环境的力反馈。大多数振动反馈方法表现类似于现实情况，比起仅靠传统的力反馈方法它们更实用。

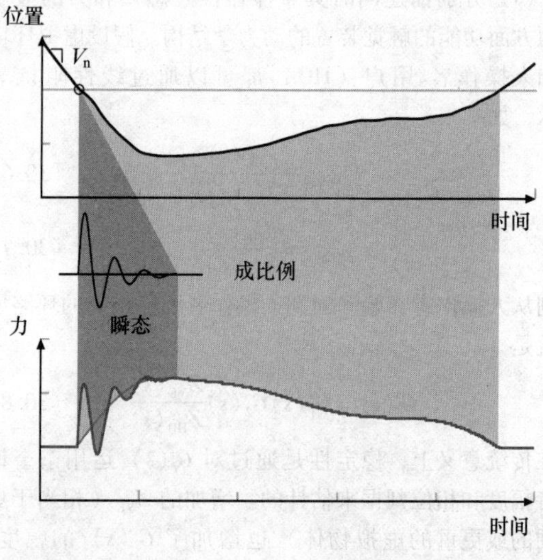

图30.10 事件触发的开环力信号叠加在传统的基于渗透的反馈力上提供振动反馈，从而在虚拟环境中改善了硬表面的真实性（经许可引自参考文献[30.60]）

振动反馈还可以用来提供有关图案的纹理、粗糙度和有明显振动信号的其他现象的信息。这种类型的振动反馈被称为振动触觉反馈。在远程控制环境中，*Kontarinis* 和 *Howe*[30.61]提出可以通过振动反馈确定球轴承的受损程度。*Dennerlein* 等人[30.62]根据水下机器人的远程操作任务实验，证明有振动反馈的机器人性能比没有振动反馈的性能好。在这些远程操作系统中，振动感知传感器，如一些加速度计和压电式传感器被用来拾取振动，在大多数情况下将振动信号直接作为输入传给振动触觉执行器。*Okamura* 等人[30.63]给出了在虚拟环境中基于纹理和膜穿刺的振动模型。和上文提到基于事件的触觉设备类似，振动波形的建模是基于先期实验，并且以开环方式体现在虚拟环境交互中。

最后，振动反馈可以作为一种感知替代方法，来传递方向，注意力或者其他信息[30.64-66]。在这种应用中，所关注的是信号的强度和清晰度，而不是其现实感。接近人灵敏度峰值的振动频率是最有效的，适应这些应用的振动触觉执行器（接触器）有市售，如Engineering Acoustic公司的C2 Tactor[30.67]。接触器阵列中的单元可以选择性地打开和关闭，以产生感觉跳跃现象，在这个现象中接触器阵列脉冲不是在不同位置的连续拍打，而是以皮肤上经过或跳过的轻拍的形式被感知的。

30.5.2 接触定位、滑动和剪切力的显示

在有关机器人灵巧操作的早期工作中发现，机器人的手和所抓取物体之间的接触点对操作而言是至关重要的。如果没有这些知识，机器人将会由于抓取误差的快速累积而扔下物体。在许多机器人研究者和一些公司开发出的触觉阵列传感器能够测量接触位置、压力分布和局部物体的几何形状（第19章）的同时，用以展现这些信息给一个虚拟或远程操作环境中的人工操作者的实际方法已证明相当困难。通过考虑接触位置、滑动和剪切力的显示，我们开始接触显示的讨论，它们具有的共同目标是对单一区域，就是皮肤（几乎常常在手指上），接触的运动显示。对显示接触信息，应用触针阵列的上升和下降对皮肤产生压力分布是迄今为止最流行的方法，而我们在下面一节关于局部形状中将阐述这种设计，因为他们主要的优点是空间分布信息的显示。相反，这里我们将重点放在一些专业触觉设备上，这些设备专门用来解决接触的定位与运动。

作为一个接触位置显示的例子，*Provancher* 等人[30.68]研制了一个系统让其再现在用户指尖移动的接触质心的位置。接触元件是一个自由滚动的圆柱体，通常离开指尖悬挂，但是当操作者推一个虚拟物体时它便会接触皮肤。在皮肤上圆筒的运动是用带套的推拉线来控制的。这样就可以把执行器置放在远处，接触显示本身做成一个轻的、顶针大小的部件，它可以灵巧地安装在动觉触觉设备上。实验证明，在物体曲率区分的任务中，人操作者在真实操作和虚拟操作中执行的操作是相似的。此外，操作者能用该设备区分滚动操作和虚拟物体绕定点的旋转操作。

人类在操作任务中广泛利用滑动和初始滑动[30.69]。为了要重现这些现象，试验刻画人对滑动的感觉，研究者设计了一个独立的一个自由度的滑动演示装置[30.70-72]。*Webster* 等人[30.72]设计了两自由度的触觉滑动显示，它使用了一个装在用户指尖下面的驱动旋转球。这样一个轻的模块触觉显示可以附在多自由度的动觉界面用来显示有防滑功能的虚拟环境。实验结果表明，与通常仅用力反馈的方法比较，可以用较低的力通过结合滑动和力反馈来完成一个虚拟操作任务。皮肤拉伸也可以与滑动显示相结合，从而可以提供有关预滑动条件的信息。例如，*Tsagarakis* 等人[30.73]研制了一种利用V结构的微型电动机提供在操作者指尖的相对横向运动（方向和速度）的感觉。二维滑动/拉伸可以通过协调两个电动机的转速和方向来生成。

TPaD（触觉模式演示）是一种新颖的可以利用滑动和摩擦来显示触觉感知的装置[30.74]。平板在超声波频率上的低振幅振动可以产生一个板和触碰板的人的手指之间的空气膜，从而减少摩擦。人不能感知到板的33kHz频率的振动。摩擦的减小量随振幅的不同而变化，从而使得在摸索时手指上剪切力得到间接控制。手指的位置和速度反馈使得对空间质感的触觉再现成为可能。

30.5.3 局部形状

大多数显示局部形状的触觉设备，是由一系列独立的针的阵列组成，这些针可以沿表面法向移动。通常，有一层弹性材料可覆盖针头，这样操作者接触到的是一个光滑的表面而不是直接与针本身接触。也有其他一些系统利用独立单元的横向移动，另一些用电极替代移动部分形成电皮肤元素的矩阵。许多研究者利用心理物理学和知觉的实验结果定义设计参数，如针的数目、间距和基于针的触觉显示的振幅。一个常用的指标是两个点的区分测试，以获得为在皮肤上两个接触点被感知为两个点而不是一个点之间的最小距离。这个区分限制在身体不同部位的皮肤上大小是不同的，指尖具有最小的距离（通常被认为小于1mm，虽然这取决于接触点的形状和大小）[30.75,76]。*Moy* 等人[30.77]基于预测皮下应变，和基于心理物理学实验所测量的幅度分辨率，剪切力的影响以及黏弹性（蠕变和松弛）对静态触觉感知的影响，量化了人类触觉系统的几个感知能力。他们发现10%的幅度分辨率对于一个有2mm的弹性层和2mm间隔的触觉传感器的远程控制系统就足够了。一个不同类型的实验检验与特定应用相关的不同种类的触觉信息。例如，*Peine* 和 *Howe*[30.78]发现检测到的手指垫的变形，而非压力分布，原因在于软材料里局部的肿块，如组织中的肿瘤。

我们将重点放在几种个性鲜明的阵列式触觉显示器的设计上。大量执行器技术已经用来进行开发触觉阵列，包括压电、形状记忆合金（SMA）、电磁、气动、电流变、微机电系统（MEMS）和电触觉的技术。想进一步了解关于触觉显示设计和驱动，可以阅读一些综述性文章，如参考文献[30.80-85]。

我们首先将考虑基于触针方法的复杂性/成本谱图的两端。*Killebrew* 等人[30.86]在神经科学实验中研制了一个400个触针，$1cm^2$ 的触觉模拟器来展现任意时空对皮肤的刺激。每个触针是在独立计算机控制下，每分钟可以产生超过1200次刺激。由于执行器的大小和重量对于大多数触觉应用是不切实际的，它是迄今为止分辨率最高的触觉显示设备，并且可以用来估算低分辨率显示潜在设计。*Wagner* 等人[30.79]利用市售伺服电动机构建了一个36针，$1cm^2$ 的触觉形状显示。这一显示器最高频率为7.5~25Hz，这取决于触针的偏转量，如图30.11所示。*Howel* 等人[30.87,88]开发了形状记忆合金的触针应用到远程触诊。

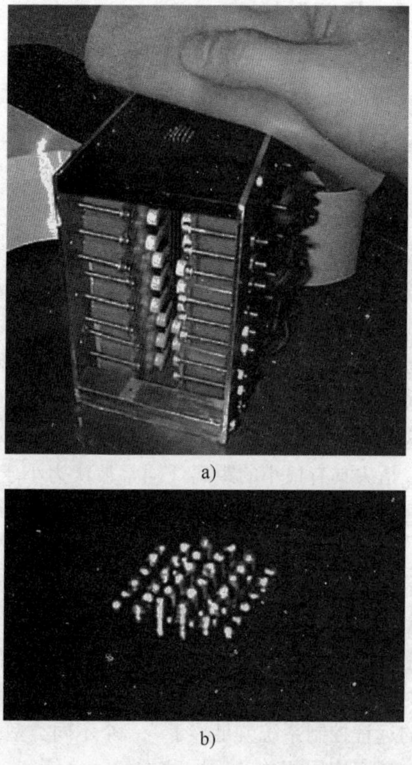

a)

b)

图30.11 a）一个低成本36针触觉显示用无线控制的伺服电动机执行器 b）近距离显示6×6阵列，展示正弦栅格（经许可引自参考文献［30.79］）

与垂直于表面的触针形成鲜明对照，最新的触觉阵列设计中采用了横向移动的触针。这种结构首先是由 *Hayward* 和 *Cruz-Hernandez*[30.89]采用，最新的设计使用了一个6×10压电双晶片执行器阵列，具有1.8mm×1.2mm的空间分辨率，是一种紧凑，轻量级，模块化设计[30.90]的设备。各个独立的执行器的力提供足够的皮肤垫的运动/拉伸以激发机械感受器[30.91]。先导测试表明，受试者可以检测到虚拟的线，这条线是随机放在虚拟光滑平面上的，该设备也已经作为一种盲文显示[30.92]得到测试。另一个横向拉伸显示及其评价在参考文献［30.93］中介绍。其他触觉显示的新颖方法，还包括使用电皮肤阵列通过向皮肤或者舌头发送小电流簇[30.94]和应用空气压力的方法刺激浅层次的机械感知[30.95]。

30.5.4 温度

由于人体通常比环境中的物体温度高，热的感觉是基于热传导、热容量和温度的综合。这使得我们不仅可以推断出温差，也可以推断出材料组成[30.96]。大多数热的显示设备都是基于热电冷却器，也被称为珀尔帖（Peltier）热泵。热电冷却器由一系列的半导体接头组成，这些接头电连接串联和热连接并联。热电冷却器被设计成将热量从一个陶瓷面板抽送到另一个，但如果反向使用，设备的温度梯度会成比例地产生电动势，作为一个相对温度变化的度量。触觉热显示的设计大多使用现成的组件，它们的应用通常都是明确的，即通过它们的温度和热传导识别虚拟或者远程操作环境中的对象。

Ho 和 *Jones*[30.97]对触觉温度显示进行了概述，而且展望了一个令人鼓舞的结果：当视觉线索受限制的情况下，热显示能够有助于对象的识别。许多系统已经将热显示和其他类型的触觉显示集成起来了，但是由 *Caldwell* 等[30.98,99]设计的数据手套输入系统是第一个这样做的。他们的触觉界面同时提供了力，触觉和热反馈。用于热显示的 Peltier 设备与食指的背面接触。受试者仅仅依靠热的线索来识别物体，如冰块、焊接钢、绝缘泡沫和铝块，并取得了90%的成功率。对人体温度感知的研究，包括一些问题如空间总和与温度显示的心理关联等，非常有趣。例如，在假肢中，温度显示可能不仅仅对于一些实际考虑，如安全和材料识别有用，对贴身舒适的考虑可能也有用，如感觉到亲人的手的温暖。

30.6 结论与展望

触觉技术，试图提供在虚拟和远程控制环境中进行人工操作的令人信服的感觉，是一种相对较新的技术，但同时也是发展最快的技术。这个领域不单将机器人学和控制理论作为根本基础，还得益于人文科学领域，特别是神经科学和心理学。迄今为止，触觉在娱乐、医疗模拟和设计等领域在商业上取得了很大成功，新设备和新应用不断出现。

有很多书籍是关于触觉技术的，其中很大一部分来源这个主题的研讨会和会议的汇编。关于触觉的最早的书之一是 *Burdea*[30.100]写的，书中对 1996 年之前的应用和触觉设备进行了全面论述。由 *Ming Lin* 和 *Miguel Otaduy*[30.101]编写的书籍，是一本主要论述触觉再现的书，并且可以用来作为教材。另外，我们推荐一些有用的文章如下：*Hayward* 和 *Maclean*[30.102,103]描述了构造难度适当的实验性触觉设备，它们的驱动软件组成，交互作用设计概念等基础知识，对创建可用系统很重要。*Hayward* 等人[30.104]也提供的触觉设备和界面的教程。*Salisbury* 等人[30.105]描述了触觉再现的基本原则。*Hayward*[30.106]描述了大量的触觉幻觉，可以激发用于触觉界面设计的创造性想法。*Robles-De-La-Torre*[30.107]用失去触觉人类的有趣例子强调触觉的重要性。

最后，触觉领域有两个期刊：Haptics-e（www.haptics-e.org）和 IEEE Transactions on Haptics。还有一些会议也是致力于触觉的：Eurohaptics and the Symposium on Haptic Interfaces for Virtual Environment and Teleoperator Systems。每偶数年各自举办，奇数年变成单一的会议。IEEE 关于触觉的技术委员会（www.worldhaptics.org）提供相关出版物论坛信息。

参 考 文 献

30.1 G.A. Gescheider: *Psychophysics: The Fundamentals* (Lawrence Erlbaum, New York 1985)

30.2 K.B. Shimoga: A survey of perceptual feedback issues in dexterous telemanipulation. I. Finger force feedback, Proc. Virtual Real. Annu. Int. Symp. (1993) pp. 263–270

30.3 M.A. Srinivasan, R.H. LaMotte: Tactile discrimination of shape: responses of slowly and rapidly adapting mechanoreceptive afferents to a step indented into the monkey fingerpad, J. Neurosci. **7**(6), 1682–1697 (1987)

30.4 R.H. LaMotte, R.F. Friedman, C. Lu, P.S. Khalsa, M.A. Srinivasan: Raised object on a planar surface stroked across the fingerpad: Responses of cutaneous mechanoreceptors to shape and orientation, J. Neurophysiol. **80**, 2446–2466 (1998)

30.5 R.H. LaMotte, J. Whitehouse: Tactile detection of a dot on a smooth surface: peripheral neural events, J. Neurophysiol. **56**, 1109–1128 (1986)

30.6 R. Hayashi, A. Miyake, H. Jijiwa, S. Watanabe: Postureal readjustment to body sway induced by vibration in man, Exp. Brain Res. **43**, 217–225 (1981)

30.7 G.M. Goodwin, D.I. McCloskey, P.B.C. Matthews: The contribution of muscle afferents to kinesthesia shown by vibration induced illusions of movement an the effects of paralysing joint afferents, Brain **95**, 705–748 (1972)

30.8 G.S. Dhillon, K.W. Horch: Direct neural sensory feedback and control of a prosthetic arm, IEEE Trans. Neural Syst. Rehabil. Eng. **13**(4), 468–472 (2005)

30.9 L.A. Jones: Perception and control of finger forces, DSC (1998) pp. 133–137

30.10 S. Lederman, R. Klatzky: Hand movements: a window into haptic object recognition, Cognit. Psychol. **19**(3), 342–368 (1987)

30.11 R. Klatzky, S. Lederman, V. Metzger: Identifying objects by touch, An 'expert system', Percept. Psychophys. **37**(4), 299–302 (1985)

30.12 S. Lederman, R. Klatzky: Haptic classification of common objects: Knowledge-driven exploration, Cognit. Psychol. **22**, 421–459 (1990)

30.13 O.S. Bholat, R.S. Haluck, W.B. Murray, P.G. Gorman, T.M. Krummel: Tactile feedback is present during minimally invasive surgery, J. Am. Coll. Surg. **189**(4), 349–355 (1999)

30.14 C. Basdogan, S. De, J. Kim, M. Muniyandi, M.A. Srinivasan: Haptics in minimally invasive surgical simulation and training, IEEE Comput. Graphics Appl. **24**(2), 56–64 (2004)

30.15 P. Strom, L. Hedman, L. Sarna, A. Kjellin, T. Wredmark, L. Fellander-Tsai: Early exposure to haptic feedback enhances performance in surgical simulator training: a prospective randomized crossover study in surgical residents, Surg. Endosc. **20**(9), 1383–1388 (2006)

30.16 A. Liu, F. Tendick, K. Cleary, C. Kaufmann: A survey of surgical simulation: applications, technology, and education, Presence Teleop. Virt. Environ. **12**(6), 599–614 (2003)

30.17 R.M. Satava: Accomplishments and challenges of surgical simulation, Surg. Endosc. **15**(3), 232–241 (2001)

30.18 W.A. McNeely, K.D. Puterbaugh, J.J. Troy: Six degree-of-freedom haptic rendering using voxel sampling, Proc. SIGGRAPH 99 (1999) pp. 401–408

30.19 SensAble Technologies: www.sensable.com (Woburn 2007)

30.20 Immersion Corporation: www.immersion.com (San Jose 2007)

30.21 T.H. Massie, J.K. Salisbury: The phantom haptic interface: A device for probing virtual objects, Proc. ASME Dyn. Syst. Contr. Div., Vol. 55 (1994) pp. 295–299

30.22 Novint Technologies: www.novint.com (Albuquerque 2007)

30.23 M.C. Cavusoglu, D. Feygin, F. Tendick: A critical study of the mechanical and electrical properties of the PHANToM haptic interface and improvements for high-performance control, Presence **11**(6), 555–568 (2002)

30.24 R.Q. van der Linde, P. Lammerste, E. Frederiksen, B. Ruiter: The HapticMaster, a new high-performance haptic interface, Proc. Eurohaptics Conf. (2002) pp. 1–5

30.25 T. Yoshikawa: Manipulability of robotic mechanisms, Int. J. Robot. Res. **4**(2), 3–9 (1985)

30.26 J.K. Salibury, J.T. Craig: Articulated hands: Force control and kinematics issues, Int. J. Robot. Res. **1**(1), 4–17 (1982)
30.27 P. Buttolo, B. Hannaford: Pen based force display for precision manipulation of virtual environments, Proc. VRAIS-95 (1995) pp. 217–225
30.28 P. Buttolo, B. Hannaford: Advantages of actuation redundancy for the design of haptic displays, Proc. ASME Fourth Annu. Symp. Haptic Interf. Virt. Environ. Teleop. Syst., Vol. DSC-57-2 (1995) pp. 623–630
30.29 T. Yoshikawa: *Foundations of Robotics* (MIT Press, Cambridge 1990)
30.30 S. Venema, B. Hannaford: A probabilistic representation of human workspace for use in the design of human interface mechanisms, IEEE Trans. Mechatron. **6**(3), 286–294 (2001)
30.31 H. Yano, M. Yoshie, H. Iwata: development of a non-grounded haptic interface using the gyro effect, Proc. 11th Symp. Haptic Interf. Virt. Environ. Teleop. Syst. (2003) pp. 32–39
30.32 C. Swindells, A. Unden, T. Sang: TorqueBAR: an ungrounded haptic feedback device, Proc. 5th Int. Conf. Multimodal Interf. (2003) pp. 52–59
30.33 Immersion Corporation: CyberGrasp – Groundbreaking haptic interface for the entire hand (last accessed 2006) www.immersion.com/3d/products/cyber_grasp.php
30.34 C. Richard, M.R. Cutkosky: Contact force perception with an ungrounded haptic interface, 1997 ASME IMECE 6th Annu. Symp. Haptic Interf. (1997)
30.35 J.J. Abbott, A.M. Okamura: Effects of position quantization and sampling rate on virtual-wall passivity, TRO **21**(5), 952–964 (2005)
30.36 S. Usui, I. Amidror: Digital low-pass differentiation for biological signal processing, IEEE Trans. Biomedic. Eng. **BME-29**(10), 686–693 (1982)
30.37 P. Bhatti, B. Hannaford: Single chip optical encoder based velocity measurement system, IEEE Trans. Contr. Syst. Technol. **5**(6), 654–661 (1997)
30.38 A.M. Okamura, C. Richard, M.R. Cutkosky: Feeling is believing: Using a force-feedback joystick to teach dynamic systems, ASEE J. Eng. Educ. **92**(3), 345–349 (2002)
30.39 John Hopkins University: http://haptics.jhu.edu/paddle (Baltimore)
30.40 C.H. Ho, C. Basdogan, M.A. Srinivasan: Efficient point-based rendering techniques for haptic display of virtual objects, Presence **8**, 477–491 (1999)
30.41 C.B. Zilles, J.K. Salisbury: A constraint-based god-object method for haptic display, IROS (1995) pp. 146–151
30.42 J.E. Colgate, M.C. Stanley, J.M. Brown: Issues in the haptic display of tool use, IROS (1995) pp. 140–145
30.43 D. Ruspini, O. Khatib: Haptic display for human interaction with virtual dynamic environments, J. Robot. Syst. **18**(12), 769–783 (2001)
30.44 A. Gregory, A. Mascarenhas, S. Ehmann, M. Lin, D. Manocha: Six degree-of-freedom haptic display of polygonal models, Proc. Vis. 2000 (2000) pp. 139–146·
30.45 D.E. Johnson, P. Willemsen, E. Cohen: 6-DOF haptic rendering using spatialized normal cone search, Trans. Vis. Comput. Graphics **11**(6), 661–670 (2005)
30.46 M.A. Otaduy, M.C. Lin: A modular haptic rendering algorithm for stable and transparent 6-DOF manipulation, IEEE Trans. Vis. Comput. Graphics **22**(4), 751–762 (2006)
30.47 M.C. Lin, M.A. Otaduy: Sensation-preserving haptic rendering, IEEE Comput. Graphics Appl. **25**(4), 8–11 (2005)
30.48 T. Thompson, E. Cohen: Direct haptic rendering of complex trimmed NURBS models, 8th Annu. Symp. Haptic Interf. Virt. Environ. Teleop. Syst. (1999)
30.49 S.P. DiMaio, S.E. Salcudean: Needle insertion modeling and simulation, IEEE Trans. Robot. Autom. **19**(5), 864–875 (2003)
30.50 B. Hannaford: Stability and performance tradeoffs in bi-lateral telemanipulation, Proc. IEEE Int. Conf. Robot. Autom., Vol. 3 (1989) pp. 1764–1767
30.51 B. Gillespie, M. Cutkosky: Stable user-specific rendering of the virtual wall, Proc. ASME Int. Mech. Eng. Conf. Expo., Vol. DSC-58 (1996) pp. 397–406
30.52 R.J. Adams, B. Hannaford: Stable haptic interaction with virtual environments, IEEE Trans. Robot. Autom. **15**(3), 465–474 (1999)
30.53 B.E. Miller, J.E. Colgate, R.A. Freeman: Passive implementation for a class of static nonlinear environments in haptic display, Proc. IEEE Int. Conf. Robot. Automation (1999) pp. 2937–2942
30.54 B.E. Miller, J.E. Colgate, R.A. Freeman: Computational delay and free mode environment design for haptic display, Proc. ASME Dyn. Syst. Cont. Div. (1999)
30.55 B.E. Miller, J.E. Colgate, R.A. Freeman: Environment delay in haptic systems, Proc. IEEE Int. Conf. Robot. Autom. (2000) pp. 2434–2439
30.56 S.E. Salcudean, T.D. Vlaar: On the emulation of stiff walls and static friction with a magnetically levitated input/output device, ICRA, Vol. 119 (1997) pp. 127–132
30.57 P. Wellman, R.D. Howe: Towards realistic vibrotactile display in virtual environments, Proc. 4th Symp. Haptic Interf. Virt. Environ. Teleop. Syst. ASME Int. Mech. Eng. Congress Expo. (1995) pp. 713–718
30.58 K. MacLean: The haptic camera: A technique for characterizing and playing back haptic properties of real environments, Proc. 5th Annu. Symp. Haptic Interf. Virt. Environ. Teleop. Syst. ASME/IMECE (1996)
30.59 A.M. Okamura, J.T. Dennerlein, M.R. Cutkosky: Reality-based models for vibration feedback in virtual environments, ASME/IEEE Trans. Mechatron. **6**(3), 245–252 (2001)
30.60 K.J. Kuchenbecker, J. Fiene, G. Niemeyer: Improving contact realism through event-based haptic feedback, IEEE Trans. Vis. Comput. Graphics **12**(2), 219–230 (2006)
30.61 D.A. Kontarinis, R.D. Howe: Tactile display of vibratory information in teleoperation and virtual environments, Presence **4**(4), 387–402 (1995)
30.62 J.T. Dennerlein, P.A. Millman, R.D. Howe: Vibrotactile feedback for industrial telemanipulators, Proc. ASME Dyn. Syst. Contr. Div., Vol. 61 (1997) pp. 189–195
30.63 A.M. Okamura, J.T. Dennerlein, R.D. Howe: Vibration feedback models for virtual environments, Proc. IEEE Int. Conf. Robot. Autom. (1998) pp. 674–679

30.64 R.W. Lindeman, Y. Yanagida, H. Noma, K. Hosaka: Wearable vibrotactile systems for virtual contact and information display, Virt. Real. **9**(2-3), 203–213 (2006)

30.65 C. Ho, H.Z. Tan, C. Spence: Using spatial vibrotactile cues to direct visual attention in driving scenes, Transp. Res. F Traffic Psychol. Behav. **8**, 397–412 (2005)

30.66 H.Z. Tan, R. Gray, J.J. Young, R. Traylor: A haptic back display for attentional and directional cueing, Haptics-e Electron. J. Haptics Res. **3**(1), 20 (2003)

30.67 C2 Tactor: Engineering Acoustic Inc.: www.eaiinfo.com (Casselberry 2007)

30.68 W.R. Provancher, M.R. Cutkosky, K.J. Kuchenbecker, G. Niemeyer: Contact location display for haptic perception of curvature and object motion, Int. J. Robot. Res. **24**(9), 691–702 (2005)

30.69 R.S. Johansson: Sensory input and control of grip, Novartis Foundat. Symp., Vol. 218 (1998) pp. 45–59

30.70 K.O. Johnson, J.R. Phillips: A rotating drum stimulator for scanned embossed patterns and textures across the skin, J. Neurosci. Methods **22**, 221–231 (1998)

30.71 M.A. Salada, J.E. Colgate, P.M. Vishton, E. Frankel: Two experiments on the perception of slip at the fingertip, 12th Symp. Haptic Interf. Virt. Environ. Teleop. Syst. (2004) pp. 472–476

30.72 R.J. Webster III, T.E. Murphy, L.N. Verner, A.M. Okamura: A novel two-dimensional tactile slip display: Design, kinematics and perceptual experiment, ACM Trans. Appl. Percept. **2**(2), 150–165 (2005)

30.73 N.G. Tsagarakis, T. Horne, D.G. Caldwell: SLIP AESTHEASIS: a portable 2D slip/skin stretch display for the fingertip, First Joint Eurohaptics Conf. Symp. Haptic Interf. Virt. Environ. Teleop. Syst. (World Haptics) (2005) pp. 214–219

30.74 L. Winfield, J. Glassmire, J. E. Colgate, M. Peshkin: T-PaD: Tactile Pattern Display through Variable Friction Reduction. Second Joint Eurohaptics Conf. Symp. Haptic Interf. Virt. Environ. Teleop. Syst. (World Haptics) (2007) pp. 421-426

30.75 K.O. Johnson, J.R. Phillips: Tactile spatial resolution. I. Two-point discrimination, gap detection, grating resolution, and letter recognition, J. Neurophysiol. **46**(6), 1177–1192 (1981)

30.76 N. Asamura, T. Shinohara, Y. Tojo, N. Koshida, H. Shinoda: Necessary spatial resolution for realistic tactile feeling display, IEEE Int. Conf. Robot. Autom. (2001) pp. 1851–1856

30.77 G. Moy, U. Singh, E. Tan, R.S. Fearing: Human psychophysics for teletaction system design, Haptics-e Electron. J. Haptics Res. **1**(3) (2000)

30.78 W.J. Peine, R.D. Howe: Do humans sense finger deformation or distributed pressure to detect lumps in soft tissue, Proc. ASME Dyn. Syst. Contr. Div. ASME Int. Mech. Eng. Congress Expo., Vol. DSC-64 (1998) pp. 273–278

30.79 C.R. Wagner, S.J. Lederman, R.D. Howe: Design and performance of a tactile shape display using RC servomotors, Haptics-e Electron. J. Haptics Res. **3**(4) (2004)

30.80 K.B. Shimoga: A survey of perceptual feedback issues in dexterous telemanipulation: Part II, Finger touch feedback, Proc. IEEE Virt. Real. Annu. Int. Symp. (1993) pp. 271–279

30.81 K.A. Kaczmarek, P. Bach-Y-Rita: Tactile displays. In: *Virtual Environments and Advanced Interface Design*, ed. by W. Barfield, T.A. Furness (Oxford Univ. Press, Oxford 1995) pp. 349–414

30.82 M. Shimojo: Tactile sensing and display, Trans. Inst. Electr. Eng. Jpn. E **122**, 465–468 (2002)

30.83 S. Tachi: Roles of tactile display in virtual reality, Trans. Inst. Electr. Eng. Jpn. E **122**, 461–464 (2002)

30.84 P. Kammermeier, G. Schmidt: Application-specific evaluation of tactile array displays for the human fingertip, IEEE/RSJ Int. Conf. Intell. Robot. Syst. Int. Conf. Intell. Robot. Syst. (2002)

30.85 S.A. Wall, S. Brewster: Sensory substitution using tactile pin arrays: human factors, technology and applications, Signal Process. **86**(12), 3674–3695 (2006)

30.86 J.H. Killebrew, S.J. Bensmaia, J.F. Dammann, P. Denchev, S.S. Hsiao, J.C. Craig, K.O. Johnson: A dense array stimulator to generate arbitrary spatio-temporal tactile stimuli, J. Neurosci. Methods **161**(1), 62–74 (2007)

30.87 R.D. Howe, W.J. Peine, D.A. Kontarinis, J.S. Son: Remote palpation technology, IEEE Eng. Med. Biol. **14**(3), 318–323 (1995)

30.88 P.S. Wellman, W.J. Peine, G. Favalora, R.D. Howe: Mechanical design and control of a high-bandwidth shape memory alloy tactile display, Exp. Robot. V **232**, 56–66 (1998)

30.89 V. Hayward, M. Cruz-Hernandez: Tactile display device using distributed lateral skin stretch, Symp. Haptic Interf. Virt. Environ. Teleop. Syst. (ASME IMECE), Vol. DSC-69-2 (2000) pp. 1309–1314

30.90 Q. Wang, V. Hayward: Compact, portable, modular, high-performance, distributed tactile transducer device based on lateral skin deformation, 14th Symp. Haptic Interf. Virt. Environ. Teleop. Syst. (2006) pp. 67–72

30.91 Q. Wang, V. Hayward: In vivo biomechanics of the fingerpad skin under local tangential traction, J. Biomech. **40**(4), 851–860 (2007)

30.92 V. Levesque, J. Pasquero, V. Hayward: Braille display by lateral skin deformation with the STReSS2 tactile transducer, Second Joint Eurohaptics Conf. Symp. Haptic Interf. Virt. Environ. Teleop. Syst. (World Haptics) (2007) pp. 115–120

30.93 K. Drewing, M. Fritschi, R. Zopf, M.O. Ernst, M. Buss: First evaluation of a novel tactile display exerting shear force via lateral displacement, ACM Trans. Appl. Percept. **2**(2), 118–131 (2005)

30.94 K.A. Kaczmarek, J.G. Webster, P. Bach-Y-Rita, W.J. Tompkins: Electrotactile and vibrotactile displays for sensory substitution systems, IEEE Trans. Biomed. Eng. **38**, 1–16 (1991)

30.95 N. Asamura, N. Yokoyama, H. Shinoda: Selectively stimulating skin receptors for tactile display, IEEE Comput. Graphics Appl. **18**, 32–37 (1998)

30.96 H.-N. Ho, L.A. Jones: Contribution of thermal cues to material discrimination and localization, Percept. Psychophys. **68**, 118–128 (2006)

30.97 H.-N. Ho, L.A. Jones: Development and evaluation of a thermal display for material identification and discrimination, ACM Trans. Appl. Percept. **4**(2), 118–

128 (2007)

30.98 D.G. Caldwell, C. Gosney: Enhanced tactile feedback (tele-taction) using a multi-functional sensory system, IEEE Int. Conf. Robot. Autom. (1993) pp. 955–960

30.99 D.G. Caldwell, S. Lawther, A. Wardle: Tactile perception and its application to the design of multi-modal cutaneous feedback systems, IEEE Int. Conf. Robot. Autom. (1996) pp. 3215–3221

30.100 C.G. Burdea: *Force and Touch Feedback for Virtual Reality* (Wiley Interscience, New York 1996)

30.101 M.C. Lin, M.A. Otaduy (Eds.): *Haptic Rendering: Foundations, Algorithms, and Applications* (AK Peters, Ltd., London 2008)

30.102 V. Hayward, K.E. MacLean: Do it yourself haptics, Part-I, IEEE Robot. Autom. Mag. **14**(4), 88–104 (2007)

30.103 K.E. MacLean, V. Hayward: Do It Yourself Haptics, Part-II. IEEE Robot Autom Mag, to appear (2008 March issue)

30.104 V. Hayward, O.R. Astley, M. Cruz-Hernandez, D. Grant, G. Robles-De-La-Torre: Haptic interfaces and devices, Sensor Rev. **24**(1), 16–29 (2004)

30.105 K. Salisbury, F. Conti, F. Barbagli: Haptic rendering: introductory concepts, IEEE Comput. Graphics Applicat. **24**(2), 24–32 (2004)

30.106 V. Hayward, K.E. MacLean: A brief taxonomy of tactile illusions and demonstrations that can be done in a hardware store, Brain Res. Bull. (2007)

30.107 G. Robles-De-La-Torre: The importance of the sense of touch in virtual and real environments, IEEE Multimedia **13**(3), 24–30 (2006)

第 31 章　遥操作机器人

Günter Niemeyer，Carsten Preusche，Gerd Hirzinger

苏剑波　译

本章主要从控制的角度对遥操作机器人领域的研究进行综述。通过对该领域研究历史的回顾以及应用前景的展望，将其控制结构进行分类并作简要介绍。然后重点介绍目前研究的热点领域——双向控制和力反馈控制。最后列出参考文献，以对遥操作机器人领域作全面了解。

31.1　综述………………………………………… 237
31.2　遥操作机器人系统及其应用………………… 238
　31.2.1　历史回顾………………………………… 238
　31.2.2　应用……………………………………… 240
31.3　控制结构…………………………………… 241
　31.3.1　监督控制………………………………… 241
　31.3.2　共享控制………………………………… 243
　31.3.3　直接和双向遥操作……………………… 243
31.4　双向控制和力反馈控制……………………… 245
　31.4.1　位置/力控制 …………………………… 245
　31.4.2　被动性和稳定性………………………… 246
　31.4.3　透明度和多通道反馈…………………… 247
　31.4.4　时延和散射理论………………………… 247
　31.4.5　波动变量………………………………… 247
31.5　结论………………………………………… 248
参考文献……………………………………………… 248

31.1　综述

遥操作机器人或许是机器人领域最早的研究方向之一。字面解释为远距离的机器人，但通常是指有操作者控制的或是人在控制环中的机器人。用户对规划层、认知层等系统高层进行决策，而机器人只负责机械实现。实质上，相当于大脑与身体分离或是远离。

“tele”源于希腊语，意思为远距离的，在遥操作机器人中用来指用户和任务环境之间存在障碍。通过远距离控制任务环境中的机器人来克服此障碍，如图 31.1 所示。除了指距离，障碍也可以是危险的或很大、很小的任务环境。所有障碍的共同点是用户无法（或不会）与任务环境有物理接触。

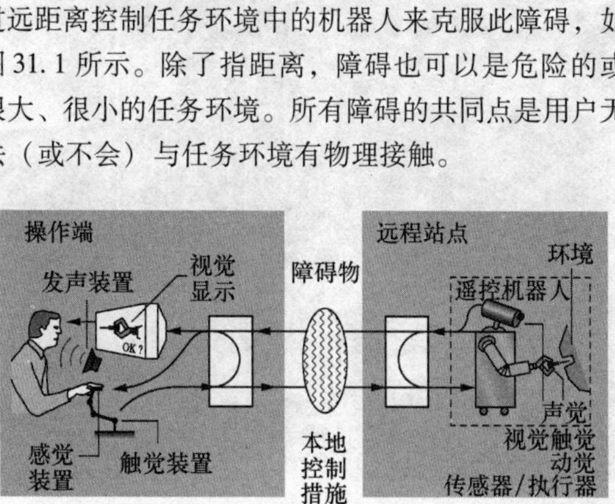

图 31.1　遥操作机器人系统（来源于参考文献［31.1］，改编自参考文献［31.2］）

然而，对于操作者与机器人处于同一房间，二者物理距离很短的情况，遥操作机器人系统通常至少要在概念上分为两个站点：本地站点，包括操作者以及所有用来与操作者进行系统连接的必要部件，如操纵杆、监视器、键盘或其他输入/输出设备；远程站点，包括机器人以及相应的传感器和控制部件。

为实现遥操作功能，遥操作机器人融合了机器人领域许多方面的研究。系统通过操作远程站点的机器人以及执行用户指令来控制机器人的运动和/或受力。参见第 6 章和第 7 章的详细介绍。力传感器（第 19 章）以及其他传感器（第 3 篇）也极为重要（第 4 章）。此外，本地站点信息通常为触觉信息（第 30 章）。

近期遥操作机器人开始采用计算机网络进行站点间的信息传送。第 32 章对该内容进行了详细介绍并提出新的控制结构。例如，一个机器人可能由多用户共同控制或一个用户控制多个机器人。由于网络接口可从任意需要的地点接入，因而简化了以上控制过程。本章主要介绍可进行连续通信及操作的点对点式结构。

第 33 章中还指出了遥操作机器人和操作者肢体之间的联系。操作者肢体由操作者控制，因此用户面临着任务规划以及其他高层任务的挑战，其控制系统与遥操作机器人有许多相同之处。然而，其本地站点和远程站点均位于外骨骼中，就如同用户与机器人进行直接的接触和交互。本章不考虑上述连接方式。

操作者的存在使遥操作机器人能够处理未知的且无特定结构的任务环境。其应用领域（第6篇）有航空航天（第45章），危险的任务环境（第48章），搜救现场（第50章），医疗系统（第52章）以及康复系统（第53章）。

为便于后文叙述，先定义一些基本术语。实际上，遥操作和遥操纵等术语均与遥操作机器人同义。只不过遥操作机器人最为常用，且突出机器人是由操作者远程控制。遥操作强调任务层操作，而遥操纵侧重对象层操纵。

遥操作机器人可采用多种控制结构。直接控制或人工控制是一种极端的控制方法，是指操作者直接且不借助任何自动控制设备来控制机器人的行为。另一种极端的控制方法为监督控制，系统高层处理操作者指令以及反馈信息，并对机器人的智能和/或自治性有一定要求。介于这两个极端之间的共享控制结构下，机器人具有某种程度的自治性或操作者可利用自动控制设备辅助控制。

实际的许多控制系统至少在某几个系统层采用直接控制，且用户接口包括一个控制杆或其他相似的设备以接收操作者指令。由于控制杆是机械设备，因此可被视为一个独立的机器人。本地站点和远程站点的机器人分别被称为主机器人和从机器人，相应地称该系统为主从系统。为实现直接控制，操作者控制主机器人的运动，然后通过编程实现从机器人跟踪主机器人。通常，主机器人（控制杆）与从机器人具有相同的运动形式，且能提供一个直观的用户界面。

有些主从系统还可以提供力反馈信息，使主机器人不但能够感知从机器人的运动过程，还能够将其受力信息反馈给用户。这样用户接口能够进行双边通信的系统称为双边遥操作机器人系统。操作者与主机器人之间的交互是操作者与机器人交互的一种形式（第57章）。在触觉学（第30章）中，尽管用户与虚拟环境而不是远程环境对接，但也对用户接口的双边通信进行了研究，主要涉及运动信息和受力信息的通信。需要注意的是，不同的系统结构下，运动和受力信息可能是对用户的输入信息或是用户的输出信息。

最后，讨论了主从系统和遥操作机器人的终极目标——遥在。遥在技术使用户不但能够操纵远程任务环境，同时还能身临其境地感知任务环境。通过向操作者提供足够的反馈和感官信息使操作者仿佛置身于远程站点。遥在技术融合了触觉、视觉、听觉、味觉以及嗅觉感官信息。由于触觉通道可由机器人的硬件及其控制系统搭建，因此本章将做重点介绍。主从系统作为用户与远程任务环境交互的平台，理想情况下用户甚至忘记了平台的存在。这样我们称该主从系统是透明的。

本章在介绍各种系统控制结构之前，对遥操作机器人系统的硬件和系统实现进行检验。重点介绍双边主从系统，因为在该系统中操作者感觉与远程任务环境连接最为紧密且包含许多系统稳定性和控制问题。

31.2 遥操作机器人系统及其应用

遥操作机器人与移动机器人、工业机器人以及其他大多数机器人一样，必须针对特定的任务及要求进行设计。因此，我们将对系统针对不同应用所做的改进作一个综述。先作简要的历史回顾，然后介绍各种机器人设计和用户接口的应用。

31.2.1 历史回顾

遥操作最早出现在20世纪四五十年代 *Raymond C. Goertz* 的核研究工作中。他搭建了操作者可以从保护盾后方处理放射性材料的保护系统。第一代系统是由一组选择开关控制电动机驱动以及坐标轴平移的电动系统[31.3]。显然，操作速度慢且不自然，因此 *Goertz* 建立了机械连接的主从机器人对[31.3,4]。传动装置、联动装置以及电缆的连接使得操作者可以通过这些连接结构将手的动作以力和振动的形式传递给从机器人，但这对操作者与任务环境间的距离有一定限制且要求使用同种运动器械，如图31.2所示。*Goertz* 很快认识到电耦合机械臂的重要用途，并为现代遥操作机器人和双向力反馈位置伺服奠定了基础[31.5]。

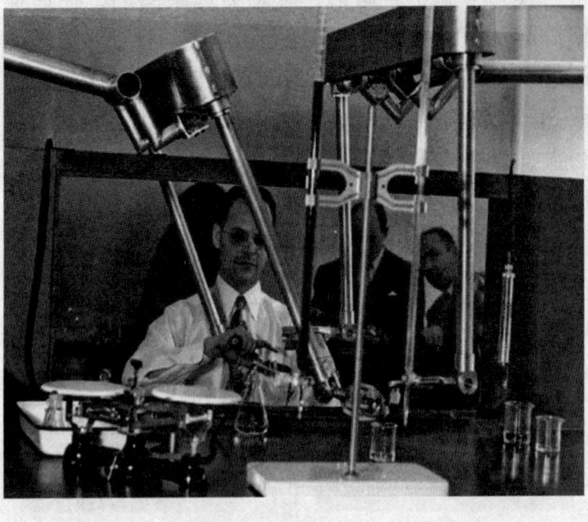

图31.2 20世纪50年代 *Raymond C. Goertz* 使用电动机械遥操作机器人处理放射性物质

20世纪60年代初，时延对遥操作机器人的影响开始成为研究的热点[31.6,7]。监督控制[31.2]的引入是为了解决时延问题，同时也启发了遥操作机器人领域此后数年的发展。20世纪80年代末90年代初，引进了基于李雅普诺夫稳定性分析和网络理论[31.8-13]的控制方法。以上方法的采用使得遥操作机器人系统的双向控制成为当今重要的研究方向，见31.4节。Internet的发展及其作为通信平台的应用加速了该方向的发展，同时也引入了非确定性时延的挑战。

在硬件实现方面，中心研究实验室于1982年开发的M2模型是首个分离主从电子设备实现力反馈的遥操作机器人系统。该模型由橡树岭国家实验室共同研发，曾被用来进行多种任务演示，其中包括军事、航天或核应用等。美国国家航空航天局（NASA）采用M2系统对ACCESS太空桁架组装进行仿真得到了很好的结果（见图31.3）。由M2开发的高级伺服机械手（ASM）改进了操作者的远程维持性且被认为是遥操作机器人系统的基础部件[31.14]。

图31.3　遥操作机器人系统CRL M2模型用于太空桁架组装（1982）

受核应用的推动，法国CEA的*Vertut*和他的同事们开发了遥操作双边伺服机械手[31.15]。他们借助MA23对遥操作机器人的操作进行了验证，其中包括计算机辅助功能设计，以改善操作者的操作[31.16]。辅助设备包括软件模具和固定装置或虚拟墙及约束[31.17]，见31.3.2节相关介绍。

*Bejczy*等在喷气推进实验室（JPL）研发了太空应用的双臂力反馈遥操作机器人系统[31.18]。该方法首次使用了运动学和动力学上均不同的主从系统，控制域为笛卡儿空间坐标系。图31.4所示为带有两个后骑式手控制器的主控制站。该系统用于太空的遥操作机器人仿真。

图31.4　JPL ATOP控制站（20世纪80年代早期）

20世纪八九十年代由于核能应用开始减少，研究热点转向太空、医疗以及水下等其他领域。计算机的日益发展及新型手控制器的出现加速了研究进展，例如，PHANToM设备[31.19]通过应用于虚拟现实的触觉系统而逐渐普及（第30章）。

1993年，携带首个遥操作机器人系统的哥伦比亚号航天飞机翱翔于太空执行德国太空实验室D2号任务。机器人技术实验（ROTEX）验证了通过本地传感反馈、预测显示和遥操作来远程控制太空机器人[31.20]，如图31.5所示。由于该实验中的往返时延为6~7s，因而无法控制回路中加入力反馈。

2001年，Computer Motion公司的首个跨大西洋远程手术的成功，证明了遥操作机器人系统甚至可以成功地应用于精密手术领域[31.21]。如图31.6所示，美国纽约的外科医生使用ZEUS系统为法国斯特拉斯堡的病人做腹腔镜胆囊切除术。由于该系统不包括力反馈，所以外科医生只能利用视觉反馈信息。

以上我们简要介绍的遥操作机器人系统，是遥操作机器人发展史上的里程碑。还有些遥操作机器人系统对该研究领域也有一定的贡献，但没有提及。

31.2.2 应用

危险环境中的人身安全问题（如核或化工生产过程），到达远程环境的高代价问题（如太空），标度问题（如功率放大或位置调整的微操作或微创手术）等推动了遥操作机器人技术的发展。自遥操作技术应用于核研究领域后，遥操作机器人系统就不断改进以适用于其他领域的应用。只要是有机器人的地方几乎都可以发现遥操作机器人的身影。以下是一些更振奋人心的应用。

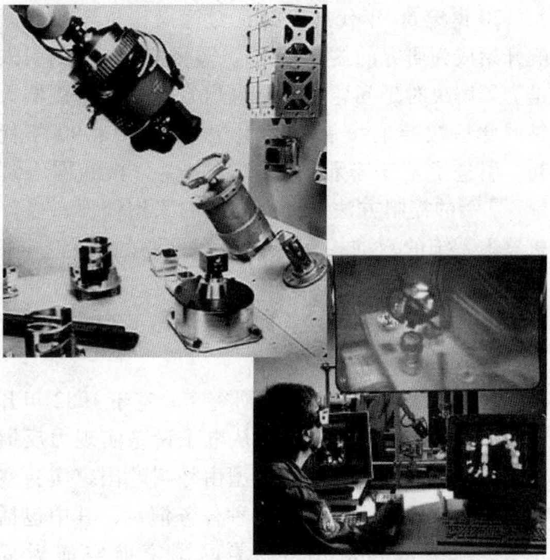

图 31.5 ROTEX，首个太空远程控制机器人（1993）。太空中的遥操作机器人及地面操作站

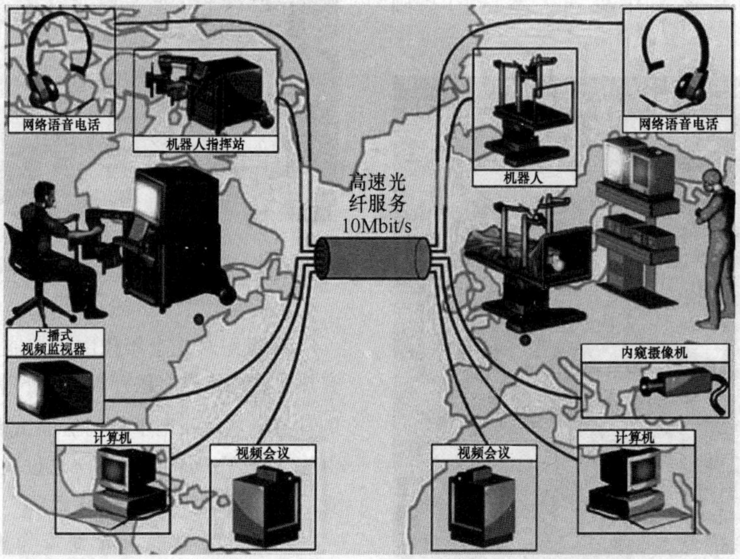

图 31.6 林德博格手术——首例横跨大西洋的遥操作手术（2001）

微创手术遥操作机器人减小了手术切口，相比传统的手术而言减轻了病人的创伤[31.22]。由 Intuitive Surgical 公司研发的达·芬奇系统[31.23]，如图 31.7 所示，是目前唯一的商用设备。此外，Computer Motion[31.24]、endo Via Medical[31.25]，以及华盛顿大学[31.26]、约翰霍普金斯大学[31.27]、德国航空航天中心[31.28]等也对遥操作机器人商业化做出了努力。

遥操作机器人由于能保护操作者不必进入危险环境而被广泛应用于核或化工工业。操作者也可以使用遥操作机器人对高压电力线路进行安全维修而不必中断输电服务。排爆也是其重要应用之一。图 31.8 所示的远程排爆及视察机器人（tEODor）或 iRobot 生产的 PackBot[31.29]常被警察和军队用来排雷或排除其他易爆物品。此外，远程控制工具车被用于灾区的搜救[31.30]。

距离障碍的存在使得太空机器人成为遥操作机器人的经典应用领域，参见第 45 章。美国宇航局火星车是一个成功的例子。由于存在几分钟的时延，因此火星车采用监督控制，即火星车通过直接传感反馈获得局部自治，以完成操作者预先制定的目标运动[31.31]。

德国技术试验 ROKVISS（机器人国际空间站组件核查）的轨道机器人是最先进的遥操作机器人系统[31.32]，于2004年安装在国际空间站俄罗斯舱外。该实验在真实的太空环境下验证了带力矩传感和立体摄像机的高级从机器人系统部件。由于国际空间站和位于德国航空局的操作站之间存在通信连接，时延减少到20ms左右，因而可以采用带高保真力反馈的双向控制结构[31.33]（见图31.9）。该技术引领了卫星服务机器人的发展，名为 Robonauts 的机器人可通过地面进行远程操作来协助宇航员舱外活动（EVA）或完成维修工作[31.34]。

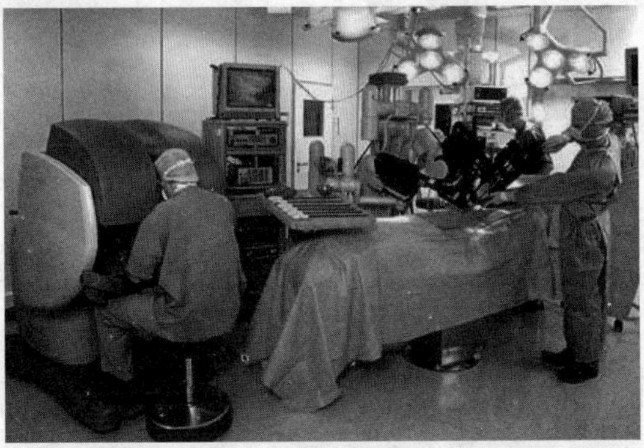

图31.7　Intuitive Surgical 公司研发的用于微创手术的达·芬奇系统

图31.8　tEODor，用于排爆的遥操作机器人系统

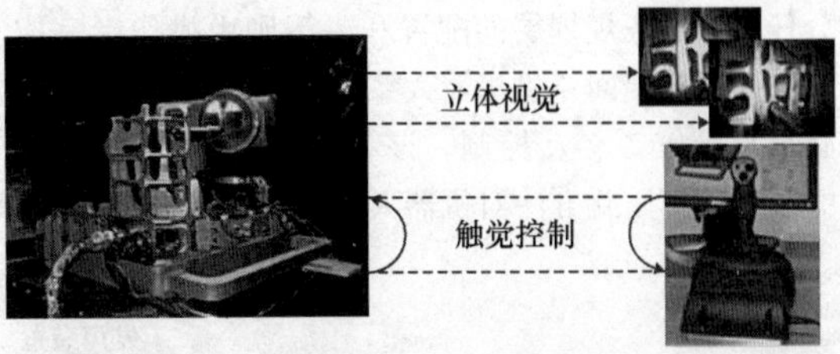

图31.9　ROKVISS，能向地面操作者提供立体视觉和触觉反馈信息的遥操作机器人系统

31.3　控制结构

相比一般的机器人系统中机器人只执行用户预先设定的运动或程序而不顾用户或操作者的后续操作，遥操作机器人系统既向用户提供信息，同时也接受用户指令。如图31.10所示，遥操作机器人的控制结构可通过控制方法和连接层来描述。主要分为三类：直接控制，共享控制，监督控制。实际上，一般控制结构为以上三种控制策略的融合。

直接控制表明系统不具备智能和自治，因而用户通过主接口直接控制从机器人的运动。如果通过直接控制，结合本地传感和自治来完成任务，或者用户反馈通过虚拟现实或其他自动化辅助设备进行放大，这样的控制结构称为共享控制。监督控制下用户与从机器人连接松散，因而从机器人具有很强的局部自治能力，例如操作者发送高层指令，遥操作机器人提取指令并执行。下面从监督控制开始对各种控制结构进行介绍，31.3.3节详细介绍了直接控制和双边控制，为31.4节奠定基础。

31.3.1　监督控制

Ferell 和 *Sheridan* 于1967年介绍了监督控制[31.2]，受启发于对监督下属工作人员的模拟。监督者向机器人发出高层指令，并接受来自于机器人的综合信息。*Sheridan* 通过对比人工操作和自动控制对该方法进行了描述[31.35]：“操作者间隔地进行程序设定，并不间断地从电脑接收信息，而电脑可通过智能效应器和传感器关闭自治的控制回路。”

目前，远程自治控制回路都被切断，只将状态和模型信息传送给操作者站点。操作者监督遥操作机器人系统并做决策。下面介绍监督控制的特殊实现方法——远程传感器编程。

远程传感器编程（TSP）是一个共享自治的概念，人与机器共享智能[31.36]。假定传感系统能为实时任务环境提供足够的信息，机器层便可独立执行部分任务。任务规划层的配置和决策则由操作者完成。局部传感反馈回路供机器人系统利用，而全局任务层必须与操作者交互控制。该共享自治的方法是 TSP 的基础，可用此方法对机器人进行任务导向层的远程编程。并非在关节或笛卡儿操作层对机器人系统进行示教，而是在更高的语言层，如操作者可在该层对机器人进行行为规划，机器人系统可在没有操作者介入时独立完成该行为。

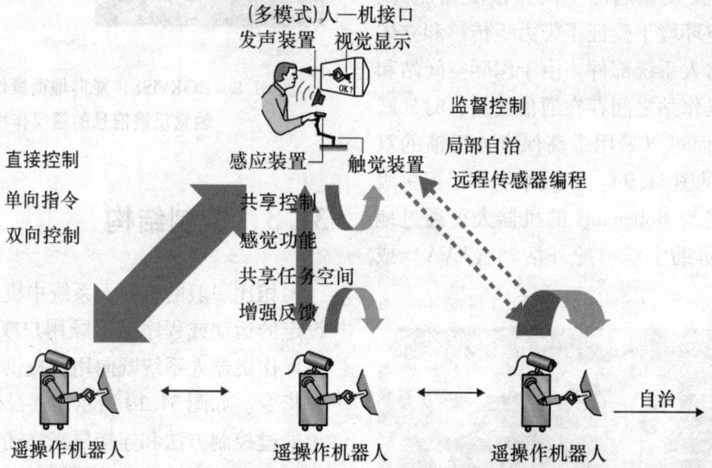

图 31.10　遥操作机器人系统不同的控制结构

图 31.11 所示为 TSP 实现的结构，由两个并行工作的控制回路组成。其中一个回路控制真实（远程）系统，包含内部反馈以形成局部自治。另一个回路建立了一个与真实系统结构大致相同的仿真环境，与真实系统有一些区别。

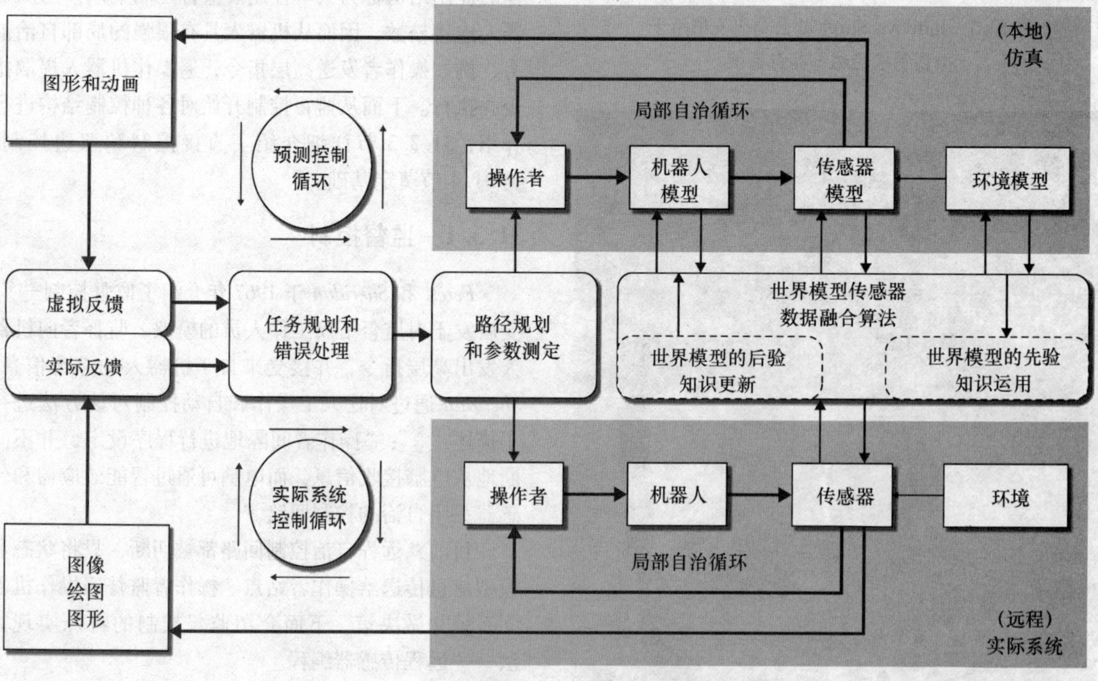

图 31.11　远程传感器编程在 ROTEX 任务中的实现

最重要的一点是，任何通信时延信号传送至远程系统，如太空系统，在仿真环境中该信号不会被复制。因此，相对于真实系统，仿真环境具有预测功能。第二点，真实系统无法观测内部变量，仿真系统则可以显示内部变量，使操作者或任务规划者可以更直观地了解系统接受指令后所作的反应。两个回路通过一个通用的模型数据库进行通信，将任务执行的先验知识传递给远程系统，然后将后验知识用于仿真环境的模型更新。为实现这样一个遥操作机器人控制系统的功能，需要借助特殊的工具。首先要建立一个能够对真实机器人系统进行模拟的复杂的仿真系统。其中包括在真实环境中的传感感知仿真。此外，共享自治的概念必须能够提供一个有效的操作接口以建立任务描述，配置任务相关变量，选择传感器和控制算法，调试整个任务运行。

在有大时延的遥操作机器人系统，如太空和水下应用中，基于传感信息的任务编程方法[31.36]具有一定的优势。在视觉反馈信息出现几秒延迟的情况下，由于操作者无法准确判断机器人的运动状态，因而不能采用此方法。

预测仿真使操作者能够遥操作远程系统[31.37]。此外，通过将手控制器的受力信息反馈到共享和遥操作控制模型[31.38]或预测仿真模型中可以改进操作者的操作。最后，交互式监督用户接口使配置环境变量和控制参数成为可能。

遥操作机器人系统的主要特点是用包含传感仿真的预测立体图形取代时延视觉反馈，提供监督控制技术，使机器人系统具有更高的自治和智能。

31.3.2 共享控制

为实现远距离或危险环境（如太空或外科手术）下的遥操作技术，引入遥操作机器人共享控制的概念[31.39,40]可以保证遥操作者和/或任务安全。共享控制基于遥操作机器人站点（见图31.11）的局部传感反馈回路[31.41]，操作者所有的指令被自动提取且遥操作机器人具有一定的传感智能。操作者通过运动反馈设备等发出总路径规划指令，然后随时进行微调。

在具有大时延的应用环境下，共享自治概念是指操作者和远程机器人均具有一定的智能，从这个意义上说共享自治是一个以任务为导向的方法[31.42]。操作者和（自治的）遥操作机器人共同控制任务的执行，这就将总任务分解为许多的子任务。如图31.12所示，系统的自治部分控制并补偿病人的运动，外科医生对一个稳定的虚拟病人进行手术操作[31.43]。

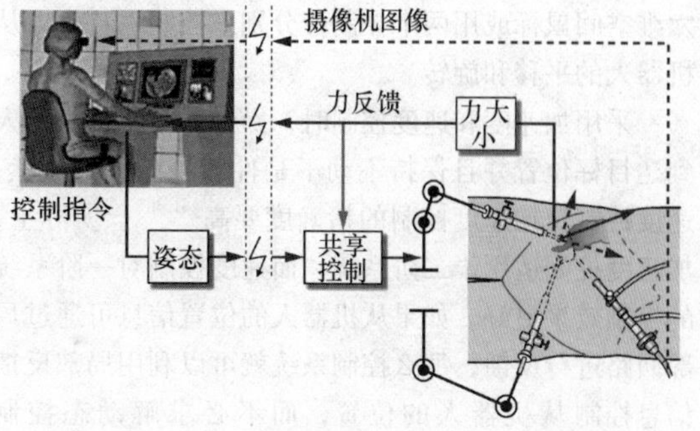

图31.12 共享控制概念在遥操作手术中的应用

虚拟固定装置[31.44]是共享控制的一个特殊应用。将虚拟表面、导向管等其他部件叠加到可视和/或可触摸的用户屏上。这些固定装置可以使操作者通过限制机器人的运动范围和/或强迫机器人沿期望轨迹运动来完成遥操作或机器人辅助操作任务。主站点的控制权共享是利用系统或任务的先验知识来修改用户指令和/或与自动生成的控制信号进行结合来实现的。

带固定设备的遥操作机器人系统由于充分利用了机器人系统的准确性以及与操作者共享控制权，因而操作更安全迅速[31.45]。*Abbott* 等人把共享控制比喻为一把普通的尺：“与直接用手画直线相比，用直尺画则快得多，而且画出的直线更直。同样的道理，主机器人的受力和位置信息就如同一把直尺，帮助操作者画直线。”主机器人和其控制器的特性决定了虚拟固定设备实际上就如同阻抗或导纳，分别向用户提供修正的受力或位置信息。而与实际的物理固定设备不同的是，辅助层及辅助类型均可由编程实现且互不相同。

31.3.3 直接和双向遥操作

为了避免实现局部自治的困难，多数遥操作机器人系统都采用了某种形式的直接控制：允许操作者规划机器人的运动。以下假设有一个主从系统，如用户手握控制杆或者主机器人等其他输入设备。我们首先介绍单向控制，然后介绍双向控制，在双向控制中主机器人充当显示设备。

1. 单向加速或速率控制

在水下、航空或航天应用中，从机器人可能是一个由助推器推进的小车或飞行器。用户通过控制助推器的供能使其加速称为直接控制。在其他应用中，用户则可能需要控制小车或从机器人的速率或速度。在这两种情况下，输入设备通常是以弹簧为中心的控制杆，控制指令与控制杆的位移成正比。例如，用一个六维空间鼠标或用两个控制杆分别来控制六自由度从机器人的平移和旋转。

采用加速度和速度控制时，操作者要使从机器人到达目标位置并且保持不动不是件容易的事。显然，速度控制比加速度控制的精确度要高[31.46]。实际上，加速度控制适用于二阶系统，而速度控制对一阶系统的控制效果更好。如果从机器人的位置信息可通过局部回路进行反馈，那么控制系统就可以利用局部反馈信息控制从机器人的位置，而不必求解动态控制问题。

2. 位置控制和运动耦合

假设对从机器人采用位置控制，那么接下来就要考虑主从机器人之间的运动耦合问题，如主从机器人的位置映射。需要强调的是，主机器人和从机器人分别在主空间和从空间中运动。主从空间不完全相同。

(1) 离合和偏移　在讨论主从机器人的耦合方式之前，需认识到二者并不是常常出现耦合，比如，在系统运行之前主从机器人可能被置于不同的初始位置/空间。以下三种方式可导致系统出现耦合：①使主从机器人中的一个或两个运动到同一位置；②用户控制其中一个机器人运动到另一个机器人所在的位置；③减小机器人间的位置偏移量使二者连接。

机器人间建立连接后，也可短暂地断开连接。主要因为：用户可以在不影响从机器人状态的情况下短暂休息，且方便机器人进行切换。在主从机器人的工作空间没有完全重合的情况下，主要是为方便机器人进行切换。这就如同将鼠标从鼠标垫上拿起重新定位，而不需要移动光标。

在遥操作机器人中该过程称为离合，有时也称为索引。如果可以出现离合，或主从机器人的初始位置不一定相同，那么机器人间便可出现位置偏移。

(2) 运动学相似机制　最简单的主从机制为运动学相似机制。这种情况下，主从机器人通过一个关节层连接。‘$\boldsymbol{q}$’代表关节角度，下标‘m’指主机器人，‘s’指从机器人，‘offset’表示二者间的位置偏移，‘d’为期望值，有如下等式

$$\boldsymbol{q}_{\mathrm{sd}}=\boldsymbol{q}_{\mathrm{m}}+\boldsymbol{q}_{\mathrm{offset}} \quad \boldsymbol{q}_{\mathrm{md}}=\boldsymbol{q}_{\mathrm{s}}-\boldsymbol{q}_{\mathrm{offset}} \tag{31.1}$$

当主从机器人将要进行连接或重连时，二者间的位置偏移由下式计算

$$\boldsymbol{q}_{\mathrm{offset}}=\boldsymbol{q}_{\mathrm{s}}-\boldsymbol{q}_{\mathrm{m}} \tag{31.2}$$

大多运动学相似的主从系统两站点工作空间相同且不允许出现离合，因此机器人间的偏移位置通常设为零。

关节速度与控制器结构有关，可由式 (31.1) 求导得出。关节速度的偏移则无需定义。

(3) 运动学相异机制　很多情况下，主从机器人并不相同。考虑到主机器人与用户连接，从而进行相应的设计。从机器人工作于某个特定的任务环境，从而进行相应的关节配置且决定所需关节数目。因此，机器人通过关节连接很难实现。

运动学相异的机器人在顶层进行连接。若 $\boldsymbol{x}$ 表示机器人的位置，以下等式成立

$$\boldsymbol{x}_{\mathrm{sd}}=\boldsymbol{x}_{\mathrm{m}}+\boldsymbol{x}_{\mathrm{offset}} \quad \boldsymbol{x}_{\mathrm{md}}=\boldsymbol{x}_{\mathrm{s}}-\boldsymbol{x}_{\mathrm{offset}} \tag{31.3}$$

如果机器人的方向也相互连接，且 $\boldsymbol{R}$ 为旋转矩阵，有如下等式

$$\boldsymbol{R}_{\mathrm{sd}}=\boldsymbol{R}_{\mathrm{m}}\boldsymbol{R}_{\mathrm{offset}}$$
$$\boldsymbol{R}_{\mathrm{md}}=\boldsymbol{R}_{\mathrm{s}}\boldsymbol{R}_{\mathrm{offset}}^{\mathrm{T}} \tag{31.4}$$

其中方向偏移定义为主从机器人间的角度差。

$$\boldsymbol{R}_{\mathrm{offset}}=\boldsymbol{R}_{\mathrm{m}}^{\mathrm{T}}\boldsymbol{R}_{\mathrm{s}} \tag{31.5}$$

如果有需要，可将机器人的速度和角速度进行互连但不一定要有偏移。

最后需要强调的是，多数遥操作机器人系统的远程站点使用摄像头，本地站点则安装监视器。为了使连接看起来更为真实，从机器人的位置和方向是在摄像头的坐标空间中测量的，而主机器人的位置和方向值是基于用户的视觉坐标系。

(4) 标度和空间映射　运动学相异的主从机器人通常尺寸也不同。这意味着离合时二者的工作空间要完全映射，但同时也需要进行运动标定。式 (31.3) 经标定后有以下形式

$$\boldsymbol{x}_{\mathrm{sd}}=\mu\boldsymbol{x}_{\mathrm{m}}+\boldsymbol{x}_{\mathrm{offset}} \quad \boldsymbol{x}_{\mathrm{md}}=\frac{(\boldsymbol{x}_{\mathrm{s}}-x_{\mathrm{offset}})}{\mu} \tag{31.6}$$

然而，机器人的方向不能进行标定。标量 μ 值的选取依据为主从空间的映射匹配程度，或是用户的舒适程度。

如果引入了下文介绍的力反馈，就要进行相应的力标度。通过标度可以防止远程任务环境变量出现失真，如刚度或阻尼。

除线性标度外，对非线性标度或将工作空间分解的时变映射也进行了研究。它们将有效地改变物体逼近的标度[31.47]或调整偏移量以充分利用主工作空间[31.48]。

(5) 局部位置控制　我们假设从机器人接受位置控制指令。因为需要一个局部控制器来控制从机器人的位置。特别是在运动学相异机制中，则是一个带有逆运动学模型的笛卡儿空间位置控制器。详见第6章中的介绍。

如果从机器人有冗余，将采用自动控制或增加用户控制指令来优化某些性能指标。相应的技术参见第11章。

31.4　双向控制和力反馈控制

为了增强遥在感以及提高任务执行效率，许多主从机器人系统引入了力反馈。主从机器人分别作为传感器和显示设备建立用户和任务环境之间的前馈和反馈通道。图31.13所示为常见的用户与任务环境之间的控制链，由许多部件构成。

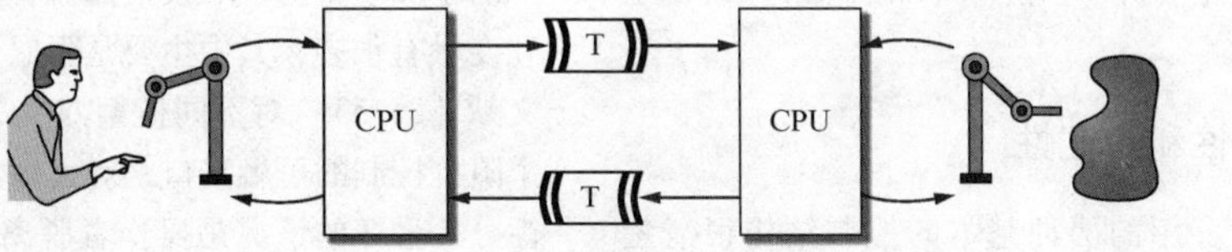

图31.13　典型的双向遥操作机器人可被视为用户到任务环境的一个控制链

双向控制的特点使得控制结构遇到挑战：多反馈回路形式以及主从机器人在没有任务环境接触或用户接入时形成一个内部闭环回路。站点间的通信给系统和回路带来了时延，从而给系统稳定性带来挑战[31.49]。

为了在不出现稳定性问题的前提下提供力信息，需要借助摄像头或可触摸设备[31.50]。此外，结合了精确的力反馈信息的触感式方法可以提高系统的高频性能，且给用户带来更好的体验[31.51]。触觉传感和显示也可用来向用户提供受力信息[31.52]。

以下将对精确的力反馈进行讨论。在讨论稳定性以及一些高级技术之前首先看看基本的控制结构。

31.4.1　位置/力控制

主从机器人的基本结构为：位置—位置，位置—力。假设机器人的顶层相连，31.3.3节中的等式为平移控制规则。方向和关节运动的控制也具有相应的控制规则。

1. 位置—位置结构

最简单的情况是机器人根据指令相互追踪。两站点均采用了跟踪控制器，通常为PD控制器来实现以下控制

$$\boldsymbol{F}_{\mathrm{m}} = -\boldsymbol{K}_{\mathrm{m}}(\boldsymbol{x}_{\mathrm{m}} - \boldsymbol{x}_{\mathrm{md}}) - \boldsymbol{B}_{\mathrm{m}}(\boldsymbol{x}_{\mathrm{m}} - \boldsymbol{x}_{\mathrm{md}})$$
$$\boldsymbol{F}_{\mathrm{s}} = -\boldsymbol{K}_{\mathrm{s}}(\boldsymbol{x}_{\mathrm{s}} - \boldsymbol{x}_{\mathrm{sd}}) - \boldsymbol{B}_{\mathrm{s}}(\boldsymbol{x}_{\mathrm{s}} - \boldsymbol{x}_{\mathrm{sd}}) \quad (31.7)$$

如果位置和速度比例常数相同（$\boldsymbol{K}_{\mathrm{m}} = \boldsymbol{K}_{\mathrm{s}} = \boldsymbol{K}$，$\boldsymbol{B}_{\mathrm{m}} = \boldsymbol{B}_{\mathrm{s}} = \boldsymbol{B}$），那么二者的受力相同且系统可进行有效力反馈。也可解释为主从机器人的顶层间存在一个弹簧阻尼装置，如图31.14所示。如果主从机器人互不相同且位置和速度比例常数也不同，那么要对主从机器人的受力进行标度和/或变形。

注意，我们假设从机器人是用阻抗控制方式且能被动驱动（back drivable）。若从机器人采用指令控制，也就是说，它能直接接受位置控制指令，那么可省略式（31.7）的第二部分。

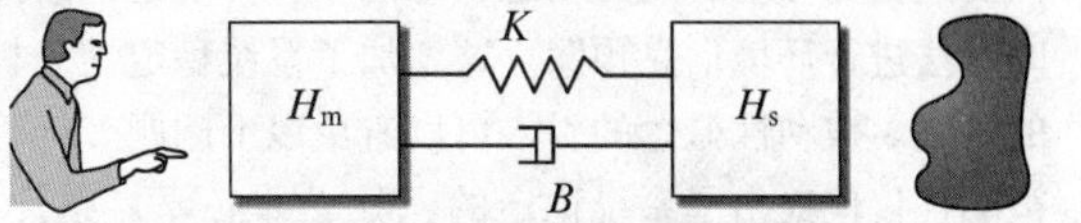

图31.14　位置—位置控制结构采用弹簧阻尼器控制主从机器人

用户通过力反馈控制器获得从机器人的受力信息，其中包括与弹簧阻尼器相关的受力以及从机器人的惯性力和环境受力。实际上在与从机器人无接触的情况下，用户需要惯性以及其他动态受力信息来控制从机器人的运动。若从机器人不能被动驱动，即无法轻易地通过环境施力来改变运动，那么环境施力将被用户屏蔽。显然力反馈就失去了意义。在这样的情况下，本地的力控制系统将作为从机器人的被动驱动。相应地，控制结构将采用位置—力结构。

2. 位置—力结构

在位置—力结构中，从机器人的力反馈控制器向用户提供从机器人的受力信息。由于从机器人的受力很稳定，也就意味着用户感受到的是从机器人在控制器驱动下克服的摩擦力和惯性力。很多情况下我们不希望出现这样的情况。为避免这个问题，位置—力结构中，在从机器人的顶层安装一个力传感器反馈受力信息，也就是系统由如下等式控制

$$\boldsymbol{F}_{\mathrm{m}} = \boldsymbol{F}_{\mathrm{sensor}} \quad \boldsymbol{F}_{\mathrm{s}} = -\boldsymbol{K}_{\mathrm{s}}(\boldsymbol{x}_{\mathrm{s}} - \boldsymbol{x}_{\mathrm{sd}}) - \boldsymbol{B}_{\mathrm{s}}(\dot{\boldsymbol{x}}_{\mathrm{s}} - \dot{\boldsymbol{x}}_{\mathrm{sd}}) \quad (31.8)$$

这使得用户只感觉到从机器人和任务环境间的外力，因此对任务环境有更清楚的认识。然而，该结构的稳定性较差：控制回路经过主机器人的运动，从机器人的运动，任务环境受力，最后回到主机器人受

力。从机器人的运动跟踪可能会出现滞后，更不用说回路中通信延迟。回路增益值可能会很高：如果从机器人正在穿越刚性环境时，小幅运动控制指令可能转变成一个很大的受力。总的来说，在有刚性接触时，系统的稳定性可能会折中，这种情况下很多系统都出现了通信不稳定。

31.4.2 被动性和稳定性

31.4.1节中介绍的两种基本的控制结构很清楚地指出了力反馈控制需要考虑的问题：系统稳定性和控制性能。之所以会出现稳定性问题是因为系统的任何模型都是依赖于任务环境和用户建立的。我们很难捕捉到任务环境和用户信息，如对未知环境进行勘探时无法进行环境信息预测。这增加了系统稳定性分析的难度。被动性概念的引入可以避免以上问题。尽管被动性仅仅提出了系统稳定的充分（非必要）条件，但仍然能很好地处理任务环境的不确定性。

被动性是一种直观的工具，通过系统的能量来判断系统的稳定性：如果能量耗散则系统稳定，如果能量增加则系统不稳定。以下为三条重要规则：①当且仅当系统不产生能量时系统是被动的，也就是系统的输出能量受限于系统的初始和积聚的能量；②两个被动系统可以结合为一个新的被动系统；③两个被动系统具有稳定的反馈连接。

在遥操作机器人中，我们通常假设从机器人只与被动的环境交互，也就是任务环境中没有电动机等驱动器。在没有操作者的情况下，只要系统是被动的就可以保证系统的稳定性，而不需要对任务环境进行精确建模。

在主站点中由于操作者也处于闭环回路中，因此作稳定性分析时必须考虑操作者。通常主机器人由用户的手和手臂构成。表征操作者手臂动态特性的模型和变量有很多，其中主要是阻尼弹簧系统模型。参考文献［31.53］对不同模型变量进行了汇总。对于一个阻抗控制的可触接口，对大多数系统而言系统稳定性分析最坏的情况是操作者脱离了可触设备[31.54,55]。因此我们在进行稳定性分析时可能会忽略操作者（$\boldsymbol{F}_{\text{human}}=0$）。如果一个系统稳定，那么操作者与设备交互时系统仍然稳定。

我们以图31.13所示的系统为例分析被动性的应用。将该系统表示为二端口部件构成的控制链，如图31.15所示。我们规定当电流方向向右时为正电流。如在第一个环节中，正向电流为主机器人的速度与操作者受力的乘积

$$\boldsymbol{P}_{\text{left}}=\dot{\boldsymbol{x}}_{\text{m}}^{\text{T}}\boldsymbol{F}_{\text{human}} \tag{31.9}$$

在最后一个环节中，正向电流为从机器人的速度与环境受力（与操作者的受力相反）的乘积

$$\boldsymbol{P}_{\text{right}}=\dot{\boldsymbol{x}}_{\text{s}}^{\text{T}}\boldsymbol{F}_{\text{env}} \tag{31.10}$$

因此遥操作机器人系统如果满足下式，则为被动系统

$$\begin{aligned}\int_0^t \boldsymbol{P}_{\text{input}}\,\mathrm{d}t &= \int_0^t (\boldsymbol{P}_{\text{left}}-\boldsymbol{P}_{\text{right}})\,\mathrm{d}t \\ &= \int_0^t (\dot{\boldsymbol{x}}_{\text{m}}^{\text{T}}\boldsymbol{F}_{\text{human}}-\dot{\boldsymbol{x}}_{\text{s}}^{\text{T}}\boldsymbol{F}_{\text{env}})\,\mathrm{d}t > -\boldsymbol{E}_{\text{store}}(0)\end{aligned} \tag{31.11}$$

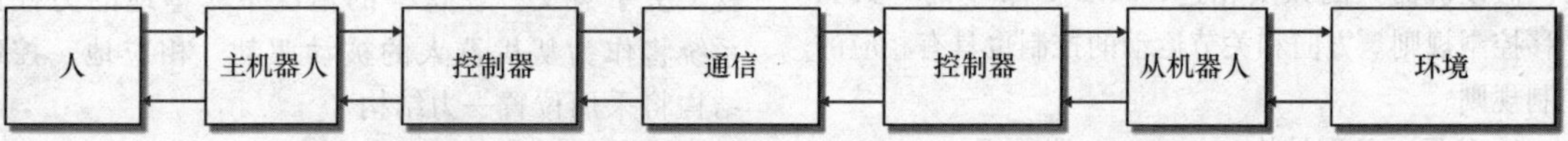

图31.15 遥操作机器人系统被表示为二端口部件构成的控制链，建立用户和任务环境连接

为简化分析，先检验每个端口的被动性，然后推断整个系统的被动性。由于主从机器人为机械部件，因而是被动的。因为位置—位置结构的控制器是模仿弹簧和阻尼器，所以也是被动的。那么，我们可以推出在没有时延的情况下，位置—位置结构是被动的。

由于被动型具有很强的处理不确定性的能力，因此可能会过于保守。若每一个子系统都是被动的，那么控制器会出现严重超调。相反，将主动的子系统和被动的子系统结合得到的系统认为是被动的，且系统稳定能量耗散小。对于图31.15所示的二端口部件级联系统尤为如此。网络理论中的Llewellyn准则指出一个主动的二端口子系统与任何被动的一端口系统相连得到的系统仍是被动的。这样的二端口系统称为无条件稳定系统，与任意两个一端口被动子系统相连后得到的系统仍是稳定的。Llewellyn准则可被用作遥操作机器人系统或部件的稳定性判别标准。

由于被动控制器不能隐藏从机器人的动态特性，因而功能受限。在上文介绍的位置—位置结构中，用户可以感知与从机器人惯性相关的受力。而位置—力结构对用户隐藏从机器人的惯性力和摩擦力信息。因此，当用户向主机器人注入能量而没感觉到任何反抗作用时，系统也同时给从机器人提供能量。这使得系

统被动特性受到扰动，且进一步解释了系统为什么存在稳定性问题。

31.4.3 透明度和多通道反馈

由 *Lawrence*[31.13] 设计的通用遥操作控制系统包含以上两种基本的控制结构，*HashtrudiZaad* 和 *Salcudean*[31.56] 随后对该方法进行了扩展，如图 31.16 所示。理想情况下遥操作者操纵主机器人跟踪从机器人的运动，同时使得操作者的受力与环境力匹配，测量主从站点的位置和受力，这样，当用户对主机器人施加作用力时，从机器人甚至可以在主机器人运动之前就立即开始运动。

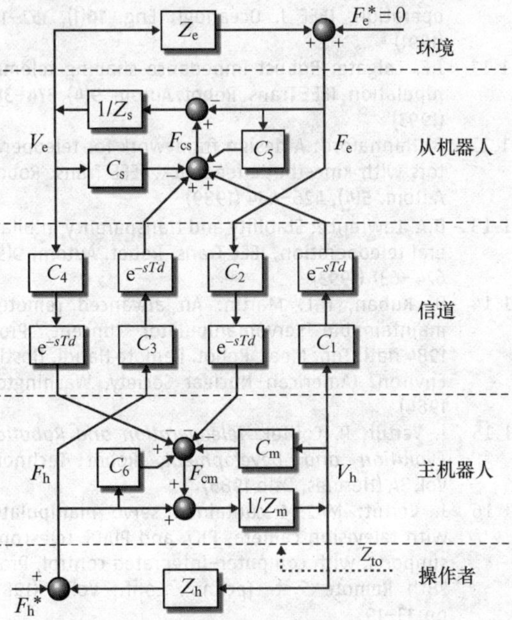

图 31.16 控制器利用主从机器人的位置和受力信息

由参考文献［31.13］中提出的概念，可以通过阻抗和导纳的形式来判断速度和受力之间的关系。假设所有的自由度都可以单独处理，我们首先看看单自由度的情况。环境的阻抗 $Z_e(s)$ 为未知量，且将环境力与从机器人的速度建立如下联系

$$F_e(s)=Z_e(s)\nu_s(s) \tag{31.12}$$

如果将遥操作者视为一个二端口系统，可由以下矩阵方程定义

$$\begin{pmatrix} F_h(s) \\ \nu_m(s) \end{pmatrix}=\begin{pmatrix} H_{11}(s)H_{12}(s) \\ H_{21}(s)H_{22}(s) \end{pmatrix}\begin{pmatrix} \nu_s(s) \\ -F_e(s) \end{pmatrix} \tag{31.13}$$

用户感知到的阻抗为

$$Z_{to}(s)=\frac{F_h(s)}{\nu_m(s)}=(H_{11}-H_{12}Z_e)(H_{21}-H_{22}Z_e)^{-1} \tag{31.14}$$

透明度描述了用户感知的阻抗与真实环境阻抗的接近程度。

对于遥操作机器人被动性的具体实现，以及阻抗和导纳的说明，设计和透明度参见参考文献［31.11-13，56-59］。

31.4.4 时延和散射理论

当本地站点和远程站点存在通信时延时，连位置—位置结构都会受到很严重的不稳定性干扰[31.60,61]。如图 31.15 所示的通信阻塞，电流左进右出，却没有进行叠加。阻塞不但不能产生能量，反倒增加了系统的不稳定性[31.9]。

参考文献［31.62］研究了有时延时的操作方法，特别是共享兼容控制[31.63]和增加局部力反馈回路[31.64]。Internet 作为通信工具的使用，增加了时延的种类，也是研究热点[31.65,66]。随后研究了数据压缩问题[31.67]。

由于自然波动现象具有双向被动特性，因而可以容忍时延。如果在频域讨论控制系统且阻抗和导纳矩阵由散射矩阵给出，系统便可以容忍时延[31.68]。散射矩阵将速度和受力与二者的差分建立联系，因此被动性作为系统增益的条件不受时延影响。相应地，可以通过精确观察被动性来保证系统的稳定性[31.69-71]。

31.4.5 波动变量

波动现象规避了通信时延存在的问题，它提供了可忍受时延的编码方案[31.72]。考虑系统能量的流动，将正向电流和逆向电流分开。

$$\boldsymbol{P}=\dot{\boldsymbol{x}}^{\mathrm{T}}\boldsymbol{F}=\frac{1}{2}\boldsymbol{u}^{\mathrm{T}}\boldsymbol{u}-\frac{1}{2}\boldsymbol{v}^{\mathrm{T}}\boldsymbol{v}=\boldsymbol{P}_{\text{forward}}-\boldsymbol{P}_{\text{return}} \tag{31.15}$$

正向和逆向电流必须为非负的，因而有如下波动变量定义：

$$\boldsymbol{u}=\frac{b\,\dot{\boldsymbol{x}}+\boldsymbol{F}}{\sqrt{2b}} \quad \boldsymbol{v}=\frac{b\,\dot{\boldsymbol{x}}-\boldsymbol{F}}{\sqrt{2b}} \tag{31.16}$$

式中，$\boldsymbol{u}$ 为正向波动；$\boldsymbol{v}$ 为逆向波动。

如果将正常信号编码为波动变量，在有时延时传送，然后分解为一般变量，那么无论在有无时延的情况下，系统仍为被动的。实际上，在波动领域，被动性相当于波动增益。由于对相位没有任何要求，因此时延不会影响系统稳定性。

波动阻抗 b 将速度与力连接起来，且向用户提供了一个微调旋钮。b 值很大，则意味着系统以增加惯性力来增加力反馈；b 值很小，则降低了不适感，使得移动更为容易，但同时也减小了期望的环境受力。理想情况下，在没有连接风险时操作者会减小 b 的值，当需要进行连接的时候则增加 b 的值。

近期有研究将位置—位置结构与位置—力结构融合到波动框架中，所得的系统对于任何环境、任何时延都是稳定的，且保持了高频力反馈，以帮助操作者识别远程站点发生的情况[31.73]。为了改进系统的性能及辅助操作者，也可以引入预测器[31.74]。

31.5 结论

遥操作机器人仍然是机器人领域的一个令人兴奋且充满活力的研究领域。它提供了一个综合利用高级机器人技术和用户操作技术能力的平台，就如同汽车技术的发展与驾驶人的关系。由于增加了电子稳定性控制系统和导航系统，汽车结构变得越来越复杂，也更安全实用，但无论怎样都无法取代驾驶人。同样，遥操作机器人作为一项不断完善的技术，最吻合人类期望通过机器人改变生活方式的梦想。遥操作机器人已被用于搜救领域。近期遥操作外科手术系统的发展和商业化，给数以万计的病人带来福音，且将机器人的研究领域拓展到人类世界。

监督控制的进一步研究参见参考文献［31.35］。尽管该文发表于1992年，但它对该领域的讨论仍最为完整。遗憾的是，只有少数几本书对遥操作机器人领域作了完整的讨论。参考文献［31.75］收集了最新的控制方法、时延、应用和发展等研究成果。除此之外，对双向控制和共享控制以及遥操作机器人的应用作进一步了解，请参阅相关文献。除了机器人期刊外，我们还特别推荐麻省理工学院出版社出版的 Presence: Teleoperators and Virtual Environments。该杂志结合虚拟现实的应用，并重点关注操作者的操作技术。

参考文献

31.1 M. Buss, G. Schmidt: Control problems in multi-modal telepresence systems, Adv. Control, Highlights Eur. Control Conf. (ECC'99) (1999) pp. 65–101

31.2 W.R. Ferell, T.B. Sheridan: Supervisory control of remote manipulation, IEEE Spectrum **4**(10), 81–88 (1967)

31.3 R.C. Goertz: Fundamentals of general-purpose remote manipulators, Nucleonics **10**(11), 36–42 (1952)

31.4 R.C. Goertz: Mechanical master–slave manipulator, Nucleonics **12**(11), 45–46 (1954)

31.5 R.C. Goertz, F. Bevilacqua: A force-reflecting positional servomechanism, Nucleonics **10**(11), 43–45 (1952)

31.6 W.R. Ferell: Remote manipulation with transmission delay, IEEE Trans. Hum. Factors Electron. **6**, 24–32 (1965)

31.7 T.B. Sheridan, W.R. Ferell: Remote manipulative control with transmission delay, IEEE Trans. Hum. Factors Electron. **4**, 25–29 (1963)

31.8 F. Miyazaki, S. Matsubayashi, T. Yoshimi, S. Arimoto: A new control methodology towards advanced teleoperation of master–slave robot systems, Proc. IEEE Int. Conf. Robot. Autom., Vol. 3 (1986) pp. 997–1002

31.9 R.J. Anderson, M.W. Spong: Asymptotic stability for force reflecting teleoperators with time delay, Int. J. Robot. Res. **11**(2), 135–149 (1992)

31.10 G. Niemeyer, J.-J.E. Slotine: Stable adaptive teleoperation, IEEE J. Oceanogr. Eng. **16**(1), 152–162 (1991)

31.11 J.E. Colgate: Robust impedance shaping telemanipulation, IEEE Trans. Robot. Autom. **9**(4), 374–384 (1993)

31.12 B. Hannaford: A design framework for teleoperators with kinesthetic feedback, IEEE Trans. Robot. Autom. **5**(4), 426–434 (1989)

31.13 D.A. Lawrence: Stability and transparency in bilateral teleoperation, IEEE Trans. Robot. Autom. **9**(5), 624–637 (1993)

31.14 D. Kuban, H.L. Martin: An advanced remotely maintainable servomanipulator concept, Proc. 1984 Natl. Top. Meet. Robot. Remote Handl. Hostile Environ. (American Nuclear Society, Washington 1984)

31.15 J. Vertut, P. Coiffet: *Teleoperation and Robotics: Evolution and Development*, Robot Technol., Vol. 3A (Hermes, Oslo 1985)

31.16 J. Vertut: MA23M contained servo manipulator with television camera, PICA and PIADE telescopic supports, with computer-integrated control, Proc. 28th Remote Syst. Technol. Conf., Vol. 2 (1980) pp. 13–19

31.17 J. Vertut, P. Coiffet: Bilateral servo manipulator MA23 in direct mode and via optimized computer control, Proc. 2nd RMS Conf., Vol. 12 (1977)

31.18 A.K. Bejczy: Towards advanced teleoperation in space. In: *Teleoperation and Robotics in Space*, Prog. Astronaut. Aeronaut., Vol. 161, ed. by S.B. Skaar, C.F. Ruoff (American Institue of Aeronautics and Astronautics, Reston 1994) pp. 107–138

31.19 T.H. Massie, J.K. Salisbury: The phantom haptic interface: A device for probing virtual objects, Proc. ASME Int. Mech. Eng. Congr. Exhib. (Chicago 1994) pp. 295–302

31.20 G. Hirzinger, B. Brunner, J. Dietrich, J. Heindl: Sensor-based space robotics – ROTEX and its telerobotic features, IEEE Trans. Robot. Autom. **9**(5), 649–663 (1993)

31.21 J. Marescaux, J. Leroy, F. Rubino, M. Vix, M. Simone, D. Mutter: Transcontinental robot assisted remote telesurgery: Feasibility and potential applications, Ann. Surg. **235**, 487–492 (2002)

31.22 G.H. Ballantyne: Robotic surgery, telerobotic

surgery, telepresence, and telementoring – Review of early clinical results, Surg. Endosc. **16**(10), 1389–1402 (2002)
31.23 G.S. Guthart, J.K. Salisbury: The Intuitive™ telesurgery system: Overview and application, Proc. IEEE Int. Conf. Robot. Autom. (San Francisco 2000) pp. 618–621
31.24 J.M. Sackier, Y. Wang: Robotically assisted laparoscopic surgery: From concept to development. In: *Computer-Integrated Surgery: Technology and Clinical Applications*, ed. by R.H. Taylor, S. Lavallée, G.C. Burdea, R. Mösges (MIT Press, Cambridge 1996) pp. 577–580, Chap. 45
31.25 D.H. Birkett: Electromechanical instruments for endoscopic surgery, Minimally Invasive Therapy and Allied Technologies **10**(6), 271–274 (2001)
31.26 J. Rosen, B. Hannaford: Doc at a distance, IEEE Spectrum **8**(10), 34–39 (2006)
31.27 A.M. Okamura: Methods for haptic feedback in teleoperated robot-assisted surgery, Industr. Robot **31**(6), 499–508 (2004)
31.28 T. Ortmaier, B. Deml, B. Kübler, G. Passig, D. Reintsema, U. Seibold: Robot assisted force feedback surgery. In: *Advances in Telerobotics*, Springer Tracts Adv. Robot., Vol. 31, ed. by M. Ferre, M. Buss, R. Aracil, C. Melchiorri, C. Balaguer (Springer, Berlin, Heidelberg 2007) pp. 361–79, Chap. 21
31.29 B.M. Yamauchi: PackBot: A versatile platform for military robotics, Proc. SPIE **5422**, 228–237 (2004)
31.30 R.R. Murphy: Trial by fire [rescue robots], IEEE Robot. Autom. Mag. **11**(3), 50–61 (2004)
31.31 J. Wright, A. Trebi-Ollennu, F. Hartman, B. Cooper, S. Maxwell, J. Yen, J. Morrison: Driving a Rover on Mars Using the Rover Sequencing and Visualization Program, International Conference on Instrumentation, Control and Information Technology (Okayama University, Okayama 2005)
31.32 G. Hirzinger, K. Landzettel, D. Reintsema, C. Preusche, A. Albu-Schäffer, B. Rebele, M. Turk: ROKVISS – Robotics component verification on ISS, Proc. 8th Int. Symp. Artif. Intell. Robot. Autom. Space (iSAIRAS) (Munich 2005) p. Session2B
31.33 C. Preusche, D. Reintsema, K. Landzettel, G. Hirzinger: ROKVISS – Preliminary results for telepresence mode, Proc. IEEE/RSJ Int. Conf. Intell. Robot. Syst. (IROS) (Peking 2006) pp. 4595–4601
31.34 G. Hirzinger, K. Landzettel, B. Brunner, M. Fischer, C. Preusche, D. Reintsema, A. Albu-Schäffer, G. Schreiber, M. Steinmetz: DLR's robotics technologies for on-orbit servicing, Adv. Robot. – Special Issue Service Robots in Space **18**(2), 139–174 (2004)
31.35 T.B. Sheridan: *Telerobotics, Automation and Human Supervisory Control* (MIT Press, Cambridge 1992)
31.36 G. Hirzinger, J. Heindl, K. Landzettel, B. Brunner: Multisensory shared autonomy – a key issue in the space robot technology experiment ROTEX, Proc. RSJ/IEEE Int. Conf. Intell. Robot. Syst. (1992)
31.37 A.K. Bejczy, W.S. Kim: Predictive displays and shared compliance control for time-delayed telemanipulation, IEEE Int. Workshop Intell. Robot. Syst. (Ibaraki 1990) pp. 407–412
31.38 P. Backes, K. Tso: UMI: An interactive supervisory and shared control system for telerobotics, Proc. IEEE Int. Conf. Robot. Autom., Cincinatti (1990) pp. 1096–1101
31.39 L. Conway, R. Volz, M. Walker: Tele-autonomous systems: Methods and architectures for intermingling autonomous and telerobotic technology, Proc. IEEE Int. Conf. Robot. Autom., Vol. 2 (Raleigh 1987) pp. 1121–1130
31.40 S. Hayati, S.T. Venkataraman: Design and implementation of a robot control system with traded and shared control capability, Proc. IEEE Int. Conf. Robot. Autom., Vol. 3 (Scottsdale 1989) pp. 1310–1315
31.41 G. Hirzinger, B. Brunner, J. Dietrich, J. Heindl: ROTEX – The first remotely controlled robot in space, Proc. IEEE Int. Conf. Robot. Autom., Vol. 3 (San Diego 1994) pp. 2604–2611
31.42 B. Brunner, K. Arbter, G. Hirzinger: Task directed programming of sensor based robots, Proc. IEEE/RSJ Int. Conf. Intell. Robot. Syst., Vol. 2 (Munich 1994) pp. 1080–1087
31.43 T. Ortmaier, M. GrÖger, D.H. Boehm, V. Falk, G. Hirzinger: Motion estimation in beating heart surgery, IEEE Transactions on Biomedical Engineering (TBME) **52**(10), 1729–1740 (2005)
31.44 L. Rosenberg: Virtual fixtures: Perceptual tools for telerobotic manipulation, Proc. IEEE Virtual Real. Int. Symp., New York (Seattle 1993) pp. 76–82
31.45 J.J. Abbott, P. Marayong, A.M. Okamura: Haptic virtual fixtures for robot-assisted manipulation, Proc. 12th Int. Symp. Robot. Res., Vol. 28 (2007) pp. 49–64
31.46 M.J. Massimino, T.B. Sheridan, J.B. Roseborough: One handed tracking in six degrees of freedom, Proc. IEEE Int. Conf. Syst. Man Cybern., Vol. 2 (Cambridge 1989) pp. 498–503
31.47 A. Casals, L. Munoz, J. Amat: Workspace deformation based teleoperation for the increase of movement precision, Proc. IEEE Int. Conf. Robot. Autom. (Taipei 2003) pp. 2824–2829
31.48 F. Conti, O. Khatib: Spanning large workspaces using small haptic devices, Proc. 1st Joint Eurohaptics Conf. Symp. Haptic Interfaces Virtual Environ. Teleoper. Syst. (Pisa 2005) pp. 183–188
31.49 R.W. Daniel, P.R. McAree: Fundamental limits of performance for force reflecting teleoperation, Int. J. Robot. Res. **17**(8), 811–830 (1998)
31.50 M.J. Massimino, T.B. Sheridan: Sensory substitution for force feedback in teleoperation, Presence Teleoper. Virtual Environ. **2**(4), 344–352 (1993)
31.51 D.A. Kontarinis, R.D. Howe: Tactile display of vibratory information in teleoperation and virtual environments, Presence Teleoper. Virtual Environ. **4**(4), 387–402 (1995)
31.52 D.A. Kontarinis, J.S. Son, W.J. Peine, R.D. Howe: A tactile shape sensing and display system for teleoperated manipulation, Proc. IEEE Int. Conf. Robot. Autom. (Nagoya 1995) pp. 641–646
31.53 J.J. Gil, A. Avello, Á. Rubio, J. Flórez: Stability analysis of a 1 DOF haptic interface using the Routh–Hurwitz criterion, IEEE Trans. Control Syst. Technol. **12**(4), 583–588 (2004)
31.54 N. Hogan: Controlling impedance at the man/ ma-

chine interface, Proc. IEEE Int. Conf. Robot. Autom. (Scottsdale 1989) pp. 1626–1631
31.55 R.J. Adams, B. Hannaford: Stable haptic interaction with virtual environments, IEEE Trans. Robot. Autom. **15**(3), 465–474 (1999)
31.56 K. Hashtrudi-Zaad, S.E. Salcudean: Analysis of control architectures for teleoperation systems with impedance/admittance master and slave manipulators, Int. J. Robot. Res. **20**(6), 419–445 (2001)
31.57 Y. Yokokohji, T. Yoshikawa: Bilateral control of master-slave manipulators for ideal kinesthetic coupling – formulation and experiment, IEEE Trans. Robot. Autom. **10**(5), 605–620 (1994)
31.58 K.B. Fite, J.E. Speich, M. Goldfarb: Transparency and stability robustness in two-channel bilateral telemanipulation, ASME J. Dyn. Syst. Meas. Control **123**(3), 400–407 (2001)
31.59 S.E. Salcudean, M. Zhu, W.-H. Zhu, K. Hashtrudi-Zaad: Transparent bilateral teleoperation under position and rate control, Int. J. Robot. Res. **19**(12), 1185–1202 (2000)
31.60 W.R. Ferrell: Remote manipulation with transmission delay, IEEE Trans. Hum. Factors Electron. **6**, 24–32 (1965)
31.61 T.B. Sheridan: Space teleoperation through time delay: Review and prognosis, IEEE Trans. Robot. Autom. **9**(5), 592–606 (1993)
31.62 A. Eusebi, C. Melchiorri: Force reflecting telemanipulators with time-delay: Stability analysis and control design, IEEE Trans. Robot. Autom. **14**(4), 635–640 (1998)
31.63 W.S. Kim, B. Hannaford, A.K. Bejczy: Force-reflection and shared compliant control in operating telemanipulators with time delays, IEEE Trans. Robot. Autom. **8**(2), 176–185 (1992)
31.64 K. Hashtrudi-Zaad, S.E. Salcudean: Transparency in time-delayed systems and the effect of local force feedback for transparent teleoperation, IEEE Trans. Robot. Autom. **18**(1), 108–114 (2002)
31.65 R. Oboe, P. Fiorini: A design and control environment for internet-based telerobotics, Int. J. Robot. Res. **17**(4), 433–449 (1998)
31.66 S. Munir, W.J. Book: Control techniques and programming issues for time delayed internet based teleoperation, J. Dyn. Syst. Meas. Control **125**(2), 205–214 (2003)
31.67 S. Hirche, M. Buss: Transparent data reduction in networked telepresence and teleaction systems. Part II: Time-delayed communication, Presence Teleoper. Virtual Environ. **16**(5), 532–542 (2007)
31.68 S. Stramigioli, A. van der Schaft, B. Maschke, C. Melchiorri: Geometric scattering in robotic telemanipulation, IEEE Trans. Robot. Autom. **18**(4), 588–596 (2002)
31.69 B. Hannaford, J.H. Ryu: Time domain passivity control of haptic interfaces, IEEE Trans. Robot. Autom. **18**(1), 1–10 (2002)
31.70 J.-H. Ryu, C. Preusche, B. Hannaford, G. Hirzinger: Time domain passivity control with reference energy following, IEEE Trans. Control Syst. Technol. **13**(5), 737–742 (2005)
31.71 J. Artigas, C. Preusche, G. Hirzinger: Time domain passivity-based telepresence with time delay, Proc. IEEE/RSJ Int. Conf. Intell. Robot. Syst. (IROS), Peking (Peking 2006) pp. 4205–4210
31.72 G. Niemeyer, J.-J.E. Slotine: Telemanipulation with time delays, Int. J. Robot. Res. **23**(9), 873–890 (2004)
31.73 N.A. Tanner, G. Niemeyer: High-frequency acceleration feedback in wave variable telerobotics, IEEE/ASME Trans. Mechatron. **11**(2), 119–127 (2006)
31.74 S. Munir, W.J. Book: Internet-based teleoperation using wave variables with prediction, IEEE/ASME Trans. Mechatron. **7**(2), 124–133 (2002)
31.75 M. Ferre, M. Buss, R. Aracil, C. Melchiorri, C. Balague (Eds.): *Advances in Telerobotics*, Springer Tracts Adv. Robot. (Springer, Berlin, Heidelberg 2007)

第32章　网络遥操作机器人

Dezhen Song，Ken Goldberg，Nak Young Chong

苏剑波　译

遥操作机器人，即远程控制机器人，被广泛应用于深海和外层空间探测、炸弹排除、清理危险废料等工作。在1994年以前，遥操作机器人只能由经过训练的、可靠的专家，通过专用的通信信道来使用。本章描述了基于网络的遥操作机器人，这是一种新型的遥操作机器人，可以通过Internet这样的网络来控制，并面向公众开放。本章将介绍相关的网络技术，网络遥操作机器人在遥操作领域内的历史，网络遥操作机器人的属性，如何构建一个网络遥操作机器人，一些典型系统，以及未来研究的一些要点。

32.1　综述与背景 ………………………………… 251
32.2　简要回顾 ………………………………… 252
32.3　通信与网络 ………………………………… 253
32.3.1　Internet网络 ………………………… 253
32.3.2　有线传输链接 ………………………… 254
32.3.3　无线链接 ………………………………… 255
32.3.4　网络遥操作机器人的属性 …………… 255
32.3.5　建立一个网络遥操作机器人系统 ……………………………… 255
32.3.6　状态—命令陈述 ……………………… 256
32.3.7　指令执行/状态生成 ………………… 258
32.3.8　协同控制 ………………………………… 258
32.4　结论与展望 ………………………………… 259
参考文献 ……………………………………………… 260

32.1　综述与背景

如图32.1所示，在遥操作领域中，最主要的关注点是稳定性和时延，这些在第31章中已经有了介绍。而网络机器人，即通过本地网络通信的自主机器人及传感器的问题，将在第41章中介绍。本章的主题是网络遥操作机器人，将集中讨论由公众通过网络浏览器使用的遥操作机器人系统。

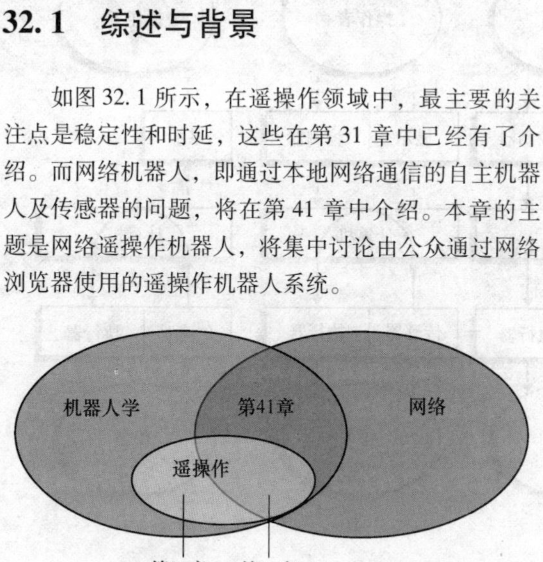

图32.1　网络遥操作机器人（第32章）、遥操作（第31章）和网络机器人（第41章）之间的关系

到2006年，数百种网络机器人被开发并投入面向公众的在线使用。有许多出版的论文描述了这些系统，另外还有一本*Goldberg*和*Siegwart*所著的关于该课题的专著[32.1]。关于最新研究进展的描述和总结可以在IEEE网络机器人技术委员会的网站上获得，该委员会支援和发展了网络机器人和网络遥操作机器人两方面的研究（IEEE网络机器人技术委员会：http：//tab.ieee-ras.org/）。

网络遥操作机器人具有如下属性：

1）物理世界是由通过本地的网络服务器控制的设备影响的，用户通过诸如IE、火狐这样的网络浏览器与网络服务器通信，这些网络浏览器就相当于通常意义上的客户端。截止到2006年，网络浏览器使用的标准协议是超文本传输协议（HTTP），这是一种国际性的传输协议。

2）大多数的网络遥操作机器人都是一直在线可用的，维持一天24小时，一周7天的工作时间。

3）由于现在已经有数以亿计的用户使用着Internet，需要一种机制来解决客户的鉴别和分类问题。

4）网络遥操作机器人的输入输出设备通常是标准的鼠标、键盘和电脑屏幕。

5）客户可能是无经验的甚至是恶意的，在线导航和安全保障机制是必要的。

32.2 简要回顾

就像其他的技术，远程控制设备最初是科幻小说的一种设想。1898 年，*Nicola Tesla*[32.2] 演示了通过无线电远程控制纽约麦迪逊广场花园里的小船。遥操作领域最初的重要实验是在 20 世纪 40 年代进行的，动机是需要处理放射性材料。到了 20 世纪 50 年代，阿尔贡国家实验室的 *Goertz* 展示了最早的双边模拟器之一[32.3]。远程操作机制的设计是为了完成深海[32.4] 和宇宙空间[32.5] 探测这样在人类难以到达的环境中进行的工作。通用电气公司的 *Mosher*[32.6] 开发了一个双臂带摄像头的遥操作装置。遥操作也应用到义肢上[32.7]。最近，遥操作也被考虑用到医疗诊断[32.8]、制造业[32.9] 和精密操作[32.10] 这样的行业中。更多关于遥操作和遥操作机器人学研究的精彩陈述参见第 31 章和 *Sheridan*[32.11] 的著作。

超文本（参考链接）的概念是由 *Vannevar Bush* 在 1945 年提出的。随着计算机和网络科学的发展，超文本的实现成为可能。20 世纪 90 年代早期，*Berners-Lee* 提出了超文本传输协议（HTTP）。由 *Marc Andreessen* 带领的一组学生开发了开源版本的 Mosaic 浏览器，它是世界上第一个图形界面的网络浏览器，于 1993 年发布使用。第一个网络化的摄像头，即网络摄像头，在 1993 年 11 月投入在线使用[32.12]。

大约 9 个月以后，第一个网络遥操作机器人投入了在线使用。*K. Goldburg* 和 *M. Mascha* 的水星计划将一台 IBM 的工业机器人臂和数字摄像头组合起来，机器人带有一个空气喷嘴，远程用户能够用这些装置在一个沙箱中挖掘被掩埋的人工物体[32.13,14]。西澳大利亚大学的 *K. Taylor* 和 *J. Trevelyan* 领导着另一支独立工作的研究团队，1994 年 11 月他们展示了一个可以被远程操控的六轴遥操作机器人[32.15,16]。这些早期项目开创了网络遥操作机器人这个新的研究领域。参考文献［32.17-25］是一些其他的例子。在 http：//ford. ieor. berkeley. edu/ir/可以在线地查到网络遥操作机器人的最新研究进展。

Sheridan 和他的同事提出[32.11]，网络遥操作机器人是监督控制遥操作机器人的一种特例。在监督控制中，一个本地计算机在闭环反馈回路中起着重要的作用。大多数的遥操作网络机器人学都属于第 c 型监督控制系统（见图 32.2）。

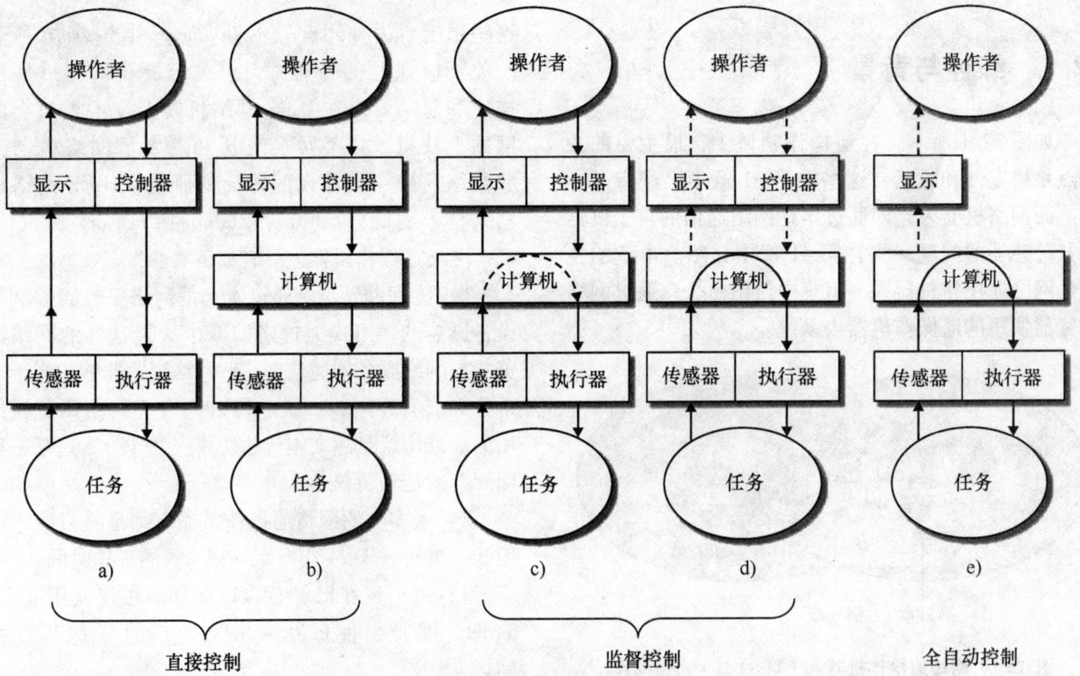

图 32.2 从*Sheridan* 的著作[32.11] 中摘出的一系列遥操作控制模式。我们按照机器人自主性强弱排序，依次标记为 a）~e）。最左边是机械式的连接，人类在另一个房间，通过滑动机械接触杆直接操作机器人；最右边的系统中人类完全被限制为观察和监测的角色。c）~e）中，虚线显示了通信可能出现不畅

尽管大多数网络遥操作机器人系统只包含一个人类操作者和一个机器人[32.26-33]，*Chong* 等人提出了一种有用的分类方式：单操作者单机器人系统（SOSR），单操作者多机器人系统（SOMR），多操作者单机器人系统（MOSR），多操作者多机器人系统（MOMR）。

1995年~2005年的十年间，网络遥操作机器人有了非常广阔的发展。新的系统，新的实验，新的应用，已经不限于如国防、宇宙空间开发、核废料处理[32.11]等在20世纪50年代推动网络遥操作机器人研究发展的传统应用领域。随着Internet把人们生活的方方面面连接到一起，网络机器人对现代社会的影响也越来越广阔和深入。最新的应用包括了教育、工业、商业、健康护理、地质考察和环境监测，涵盖了从娱乐到艺术的各方各面。

网络遥操作机器人提供给人们一种新的和远程环境交互的媒介。与普通的视频会议系统相比，网络机器人能提供更强的交互特性。实际机器人不仅代表了在远端的操作者，还将多种不同的反馈信息传输给他，在参考文献［32.29］中这种特性通常被称为遥在。*Paulos* 和 *Canny* 的个人环游（personal roving presence，PRoP）机器人[32.35]，以及 *Jouppi* 和 *Thomas* 的代理人（surrogate）机器人[32.29]，是最新在进行的遥在研究项目。

网络遥操作机器人在教育和培训上有着极大的潜力。事实上，最早的网络遥操作机器人系统之一[32.26]就是由远程图书馆这一创意而来。网络遥操作机器人能面向公众开放广泛的连接入口，令没有或者只有很少机器人知识的大众能够有机会了解、学习和操作机器人，这些机器人过去都是昂贵的科研设备，只有大学和大型的联合实验室能够使用。在网络遥操作机器人的基础上，在线远程实验室[32.37,38]通过提供互动经验的方式极大改善了远程学习的效果。举例来说，可遥操作的远程望远镜能帮助学生理解天体学[32.39]。遥操作显微镜[32.40]帮助学生观察微组织。远程替身（Tele-Actor）计划[32.41]允许一组学生来远程指挥一个人类替身来访问诸如半导体制造工厂的清洁工作室和DNA分析实验室这样通常不会对他们开放的场所。

32.3 通信与网络

下面是关于网络的相关术语和技术的简短回顾。如果需要更多细节，见参考文献［32.42］。

一个通信网络包含三个要素：链接、路由器/交换机和主机。链接指的是将数据从一个地方传输到另一个地方的媒介。链接的实例包括铜质或光纤的电缆和无线（射频或红外）信道。交换机和路由器是引导链接之间数字信息交换的设备。主机是通信终端节点，如浏览器、计算机和机器人。

网络可以是集中在某一片物理区域（局域网，LAN）内的，或者是分布在长距离范围上的（广域网，WAN）。连接控制是网络设计中的基础问题。在大量方法中，以太网协议是使用最为广泛的。以太网提供了一个具有广播能力的多连接局域网。它采用了载波监听多路访问（CSMA）策略来解决连接问题。在IEEE 802. x标准的定义中，CSMA允许每个主机在任意时间通过链接发送信息。因此，两个或更多的被激活的传输请求之间可能发生冲突。冲突可以通过直接感知有线网络电缆中的电压变化来检测，这种方式被称为冲突检测（CSMA/CD）；或者可以通过检查无线网络中一个预期声明的超时，这种方式被称为冲突回避（CSMA/CA）。如果检测到冲突，所有的发送者在重新发送前随机等待一小段时间。CSMA有一些重要的属性：①它是一种完全的非集中式的方法；②它不要求整个网络的时钟同步；③它非常易于实现。但是，CSMA也有缺点：①网络的效率不高；②传输延迟可能发生激烈的变化。

如前面提到的，各个局域网通过路由器/交换机连接在一起。信息通过包的格式传递。一个包是一个若干比特（bit）的字符串，通常包含了源地址、终点地址、数据包长度和校验。路由器/交换机根据它们的路由表分发这些包。路由器/交换机没有对这些包的记忆，这是整个网络的可观测性的保证。与具体应用独立，包通常由先进先出（FIFO）原则进行路由。包的格式和地址与主机技术独立，这保证了可拓展性。这个路由机制给出了网络中包交换的准则。它与传统的电话网络非常不同，后者是一种回路交换。电话网络的设计是为了保证在打电话时，发送者和接受者之间建立起专用的回路。这种专用回路保证了通信的质量。但是，它要求大量的回路来保证服务质量（QoS），而这导致了整个网络利用率不高。包交换网络不保证每一对数据传输者之间的专用带宽，但它改善了总的资源利用率。Internet作为使用最为广泛的通信媒介和网络遥操作机器人的基础设备，是一种包交换网络。

32.3.1 Internet网络

Internet的诞生可以追溯到20世纪60年代美国国防部的APRANET网络。APRANET网络有两个特性使得它可以作为一种成功的Internet解决方案。其一是它具有数据（包）传输失败时的重路由能力。

这最初是为了保证核战争时的通信。有趣的是，这种动态路由能力也使得Internet的拓扑结构更容易成长。其二是它具有连接不同的异构网络的能力。各种异构网络，如X.25、G.701、以太网，只要它可以应用网际协议（IP），就可以连接到Internet上。IP与媒体、操作系统和数据传输率无关。这种灵活的设计允许多种应用和主机连接到Internet上，只要它们可以生成和理解IP。

图32.3展示了Internet使用的四层协议模型。IP层上面的是两个主要的传输层协议：传输控制协议（TCP）和用户数据协议（UDP）。TCP是一个终端到终端的传输控制协议。基于数据包往返时间，它管理着包的排序、差错控制、速率控制和流控制。TCP保证了每个包的到达。但是，在一个拥塞网络中，TCP方式的大量数据重发送可能导致网络机器人系统中不可预期的时延。UDP则是一种不同的机制：它是一个具有广播能力的协议，没有重发送机制。用户必须自己处理差错控制和速率控制。和TCP相比，UDP的总开销少很多。UDP方式中，数据包由用户预设的速率传输，该速率根据网络拥塞状况发生改变。UDP方式有更大潜力，但因为缺少速率控制的机制，这种连接方式常常被防火墙阻隔。值得一提的是，通常所说的TCP/IP协议其实是指基于IP、TCP和UDP的一系列协议。

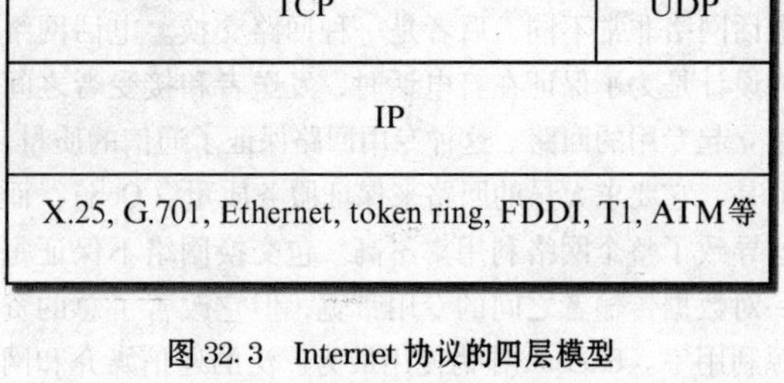

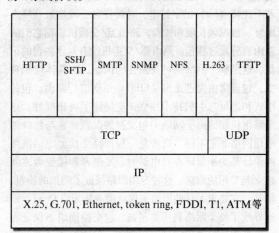

图32.3　Internet协议的四层模型
（按照参考文献［32.42］）

在Internet的应用层协议中，HTTP是其中最重要的协议之一。HTTP是一个用于万维网（WWW）的协议，它允许在不同的异构主机和操作系统之间分享多媒体信息，如文本、图像、音频和视频。这一协议为Internet的发展做出了极大贡献。它还改变了通信架构，使之从传统的客户端/服务器（Client/Server，C/S）形式转变为浏览器/服务器（Browser/Server，B/S）形式。一个典型的B/S架构包含了一个web服务器和带有网络浏览器的客户端。服务器通过超文本置标语言（HTML）格式或是它的使用HTTP在Internet上进行数据传输的变体来建立内容。用户的输入可以在通用网关接口（CGI）或是其他变体上获得。B/S架构是最为易用的，因为它不需要在客户端安装特殊软件。

32.3.2　有线传输链接

即使在使用状况的最高峰，Internet的网络骨干的使用率还不到总能力的30%。平均骨干利用率在15%~20%之间。Internet传输速度最大的限制在于最后一公里，即客户端和它们的Internet服务供应商（ISP）之间的链接上。

表32.1列出了不同连接方式的典型比特率。需要指出的是，在许多例子中速度都是不对称的，上行比特率（从客户端到Internet）比下行速度（从Internet到客户端）要慢很多。这种不对称性导致了遥操作网络模型的复杂性。由于在最慢的modem连接到最快的Internet，两节点之间的速度差距达到10000倍以上，网络遥操作机器人系统的设计者必须考虑到这种传输速度的极大不同。

表32.1　按有线连接类型归纳的最后一公里Internet速度
（在非特殊的情况下，下行传输和上行传输有相同的带宽）

类　型	每秒比特数
调制解调器（V.92）	最高为56K
综合业务数字网（ISDN）BRI	64~128K
高速数字用户线（HDSL）	1.544M双工双绞线
非对称数字用户线（ADSL）	1.544~6.1M下行，16~640K上行
电缆调制解调器	2~4M下行，400~600K上行
光纤到户（FTTH）	5~30M下行，2~5M上行
互联网节点Ⅱ/Ⅲ	≥1G（数据基于Verizon所提供的服务）

32.3.3　无线链接

表32.2比较了到2006年的不同的无线标准之间速度、频段和有效距离的差异。增加比特率和传输距离需要增大功率。距离 d 以上的射频（RF）传输需要的功率值与 d^k 成正比，其中，$2 \leqslant k \leqslant 4$，由天线类型决定。表32.2中，蓝牙和Zigbee是典型的低功耗传输标准，适合短距离使用；WiMax和MWBA现在正在开发中。

表32.2　无线技术的比特率和传输距离的概况

类　型	比特率/(bit/s)	带宽/Hz	范围/m
Zigbee（802.15.4）	20～250K	868～915M/2.4G	50
3G手机	400K～1.15M	≤3.5G	15 000
蓝牙	732K	2.4G	100
MWBA（802.20）	1M	≤3.5G	15 000
WiFi（802.11a，b，g）	11～54M	2.4G或5.8G	100
WiMax（802.16）	70M	2～11G，10～66G	50 000

由于提供低功耗下的高速连接能力，WiFi成为了2006年最流行的无线标准。它的传输距离在100m左右，WiFi无线网络通常由小范围内的互联接入点组成。覆盖距离有限使这种网络被限制在办公建筑、家用或其他室内环境中。WiFi对于室内使用的移动机器人和其人类操纵者是个不错的选择。如果机器人需要室外环境中的导航，第三代（3G）手机网络能提供最好的可用覆盖网络。尽管关于覆盖范围和带宽的问题有明显重复，表32.2还有两个重要的问题没有提及。其一是移动性。我们知道，如果一个射频的发射源或者接收器在移动，根据多普勒效应电波的频率会发生变化，这在通信中可能导致一些问题。WiFi并不是为高速移动的主机设计的。WiMax和3G手机网络允许主机随速度低于120km/h的车辆移动。不过，MWBA允许主机以250km/h的速度移动，它是唯一能在高速铁路上工作的协议。WiMax和MWBA的传输延迟都被设计为低于20ms。而3G手机网络的延迟在10～500ms之间变化。

32.3.4　网络遥操作机器人的属性

根据*Mason*、*Peshkin*及其他人[32.43,44]给出的定义，准静态机器人系统中，加速度和惯性力与耗散力相比是可以忽略的。在准静态机器人系统中，动作通常由离散的基本状态之间的转换来建模。在网络遥操作机器人问题中，我们采用类似的术语。在准静态遥操作机器人学（QT）中，机器人的动力学和稳定性是在本地处理的。在每一个基本动作执行完毕之后，一个新的状态报告会呈报给远程用户，而他将返回基本命令。基本状态描述了机器人的现状及其所处的环境。基本命令指的是用户的指令，它反映了期望的机器人的动作。

提出几个问题：

1）状态—命令的陈述：怎么通过二维屏幕显示来向远程人类操作者表达状态及可用的指令？

2）命令执行/状态生成：怎么通过本地执行的命令保证机器人达到并维持在期望的状态？

3）命令协调：如果存在多个人类操作者，怎么解决他们之间的命令协调问题？

32.3.5　建立一个网络遥操作机器人系统

如图32.4所示，一个典型的网络遥操作机器人系统应该包含三个部分：

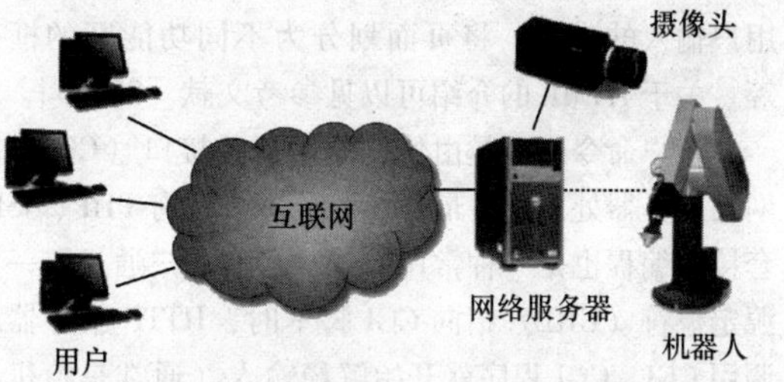

图32.4　网络遥操作机器人的典型系统结构

1）用户：任何接入到Internet并拥有一个网络浏览器的人。

2）网络服务器：一台运行网络服务器软件的计算机。

3）机器人：机械臂、移动机器人或其他任何能够改变和影响环境的设备。

用户通过他们的网络浏览器连接系统。任何适应于W3C的HTML标准的浏览器都能连接上网络服务器。在2006年，最流行的网络浏览器是Microsoft Internet Explorer，Netscape，Mozilla Firefox，Safari和Opera。新的浏览器和具有新特性的旧浏览器的升级版本正不断出现。

网络服务器是一台能够响应Internet上HTTP请求的计算机。根据网络服务器操作系统的不同，流行的服务器软件包有 Apache 和 Microsoft 的 Internet 信息服务（IIS）。大多数的服务器软件都能免费地从 Internet上下载。

要开发网络遥操作机器人，需要开发、配置和维护网络服务器的基本知识。如图 32.5 所示，开发需要 HTML 和至少一种本地编程的语言，如 C、CGI、JavaScript、Perl、PHP 或 Java。

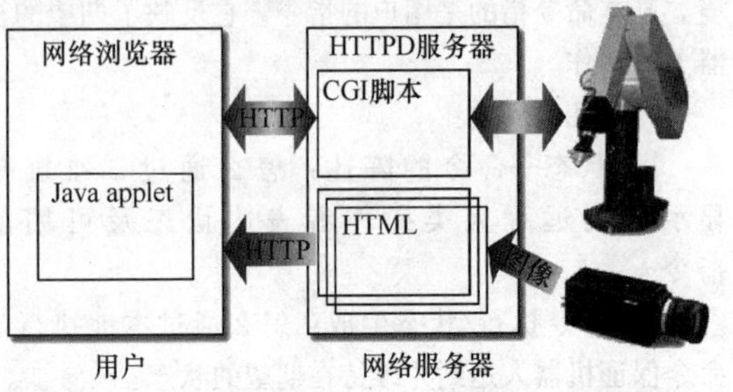

图 32.5　网络遥操作机器人的软件结构范例

考虑不同浏览器之间的兼容性是一个非常重要的问题。尽管 HTML 是按照所有浏览器都兼容的标准设计的，但还是有例外。例如，JavaScript，一种内嵌在浏览器中的脚本语言，就是不对 IE 和 Netscape 完全兼容的。常用的 HTML 组件也是需要掌握的，如用于用户输入的表格，将页面划分为不同功能区的框架等。关于 HTML 的介绍可以见参考文献［32.45］。

用户命令通常是由使用通用网关接口（CGI）的网络服务器处理的。最经典的处理方法有 PHP、JSP，套接字编程也是一种常用方法。当有用户通过统一资源定位符（URL）指向 CGI 脚本时，HTTP 服务器就调用 CGI。CGI 程序就开始解释输入（通常是给机器人的下一步运动命令），并将命令通过本地通信信道发送给机器人。CGI 脚本可以用几乎任一种编程语言编写。最常用的是 C 和 Perl。

一个简单的网络遥操作机器人系统可以只用 HTML 和 CGI 构筑。但是如果需要建立更好的用户界面，推荐使用 Java Applet。Java Applets 在客户端计算机的网络浏览器的内部执行运行。关于 Java 的信息可以在 Sun 微系统公司的官方主页上找到。

大多数遥操作机器人系统都收集用户和机器人的信息。因此，数据库设计和数据处理程序也是需要的。最常用的数据库包括 MySQL 和 PostgresSQL。两者都是开源数据库，并且支持多种平台和操作系统。由于网络遥操作机器人系统是 24h 在线的，可靠性也是系统设计中需要考虑的重要问题。网站安全非常重要。其他的附加开发工作包括在线文档、在线手册和用户反馈意见收集。

32.3.6　状态—命令陈述

要生成正确和高质量的命令，取决于人类操作者理解状态反馈的效率。状态—命令的陈述包含了三个子问题：机器人实际状态的 2-D 表达（状态显示），用户界面对生成新命令（空间推理）提供的辅助作用，以及输入机制。

1. 浏览器显示

与传统的需要专业训练和设备的点对点遥操作不同，网络遥操作机器人提供了面向公众的广泛的接入方式。设计者不能假设用户预先有着任何的关于机器人的知识。如图 32.6 所示，网络遥操作机器人系统需要在一个 2-D 显示器上显示机器人的状态。

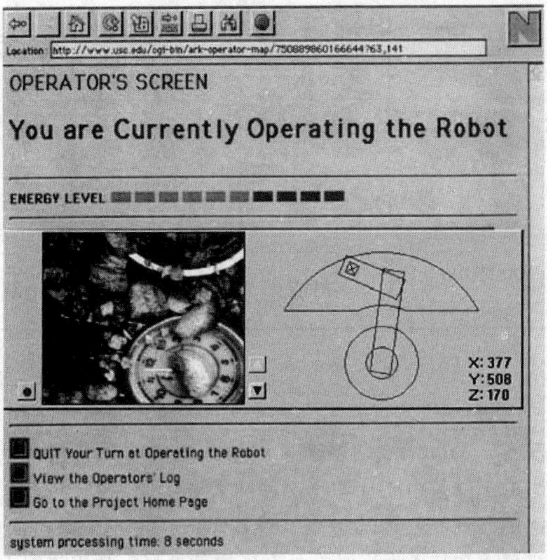

图 32.6　第一个网络遥操作机器人界面的浏览器视角[32.46]。右边的图显示了一个四轴机械臂的俯视图（末端的摄像头标记为 X），左边的窗口显示了摄像头现在正拍摄的内容。窗口左边有一个小红点的按钮可以控制释放 1s 的压缩空气，冲开摄像头下面的沙子。水星计划于 1994 年 8 月到 1995 年 3 月在线

遥操作机器人的状态通常以由物理世界的坐标系或者机器人关节构型为特征来描述，并通过数字表格或者图像描述的方式来显示。图 32.6 在界面上列出了机器人的 *XYZ* 坐标系，并且绘制了一个简单的 2-D 投影来显示关节构型。图 32.7 显示了另一个遥操作界面的例子，它是由 *Taylor* 和 *Trevelyan* 开发的[32.36]。在这一界面中，*XYZ* 坐标是由视频窗口边的滑动条来表示的。

机器人的状态通常是通过如图 32.6、图 32.7 所示的 2-D 形式来显示的。在某些系统中，多摄像头

可以帮助人类操作者理解机器人和它周围环境中的物体之间的空间关系。图32.8显示了一个通过四个区域摄像头来观察一台六自由度工业机械臂的例子。图32.9展示了一个可移动缩放的机器人摄像头。图32.9的界面是为移动机器人设计的。

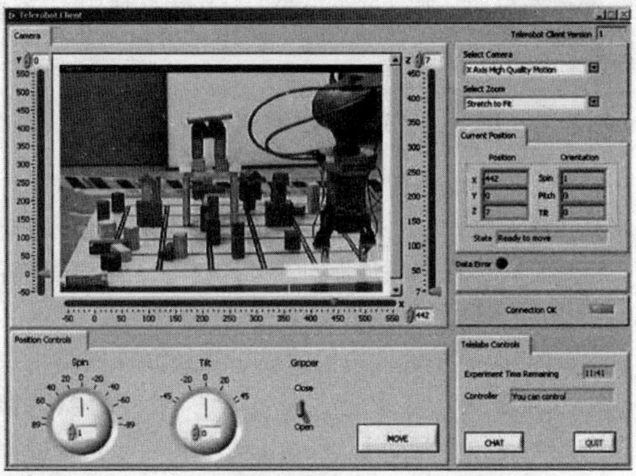

图32.7　澳大利亚网络遥操作机器人浏览器界面（该机器人有一个六关节机械臂，能拾取和移动小块[32.46]）

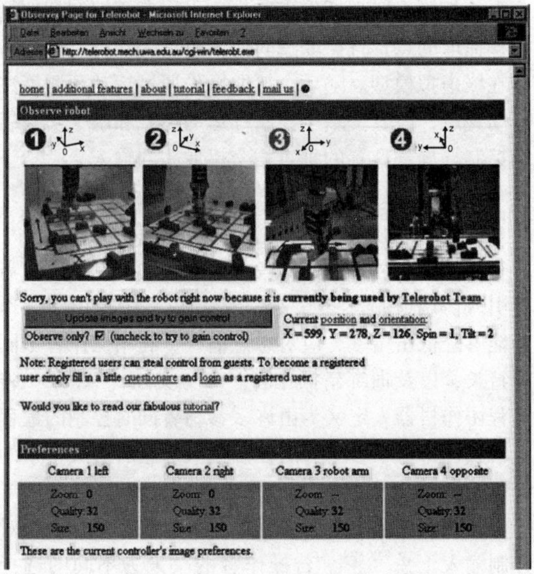

图32.8　用一个多摄像头系统完成多视点的状态反馈[32.47]

更多复杂的空间推理可以在收到人类操作者的任务级命令后自动生成命令序列，以此免除人类操作者提供底层控制的需要。这对高度动态和需要高速反应的机器人系统来说尤为重要。在这种情况下，是不可能要求人类来完成机器人控制的中间步骤的，比如，*Belousov* 等人采用了一个共享的自主性模型来知道机器人捕捉一只移动的杆子[32.27]；*Fong* 和 *Thorpe* 总结了应用监督控制技术的车辆遥操作系统[32.48]；*Su* 等人提出了一种增量式算法，能更好地将操作者的意图和行为解释为机器人的动作命令[32.32]。

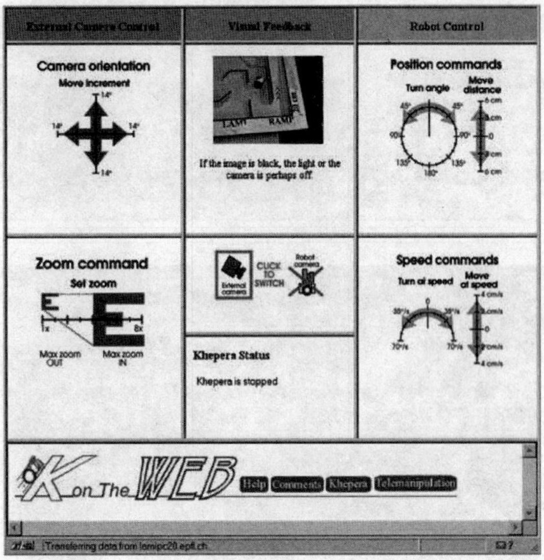

图32.9　*Patrick Saucy* 和 *Francesco Mondada* 的 Khep 计划中，摄像头控制和移动机器人控制的页面

2. 人类操作者输入

大部分的网络遥操作机器人系统都只需要鼠标和键盘完成输入。设计中的一个问题是需要在界面上单击些什么。考虑到用户的命令可能会非常不同，这里需要采用一种适当的输入界面，例如，输入可以是世界坐标系的 *XYZ* 笛卡儿坐标值，也可以是以关节角度表示的机器人构型。

对于角度输入，一般建议采用圆形表盘作为控制界面，如图32.7的左下部分和图32.9的右边部分。对于笛卡儿坐标系中的线性运动，则建议使用通过鼠标单击或键盘来操作的箭头表示。位置和速度控制也是需要的，如图32.9所示。速度控制通常通过鼠标单击线性进度条和表盘，分别控制平移和旋转。

最常用的控制方式是位置控制。最直观的方法是直接单击视频图像。为了实现这一功能，软件需要将2-D的单击转换成3-D的世界坐标值。为了简化这一问题，设计者假设单击的位置位于一个固定平面上，例如，图32.10中界面上的鼠标单击假设机器人在 *X-Y* 平面上移动。在图像上的鼠标单击的组合允许抽象的任务级别命令。图32.11中的例子用鼠标单击图像来投票生成任务级的命令，引导机器人收集测试用的物体。

如图32.11所示，在远程环境中，远程参与者使用数字摄像头拍摄图像并发送给所有的参与者，且带

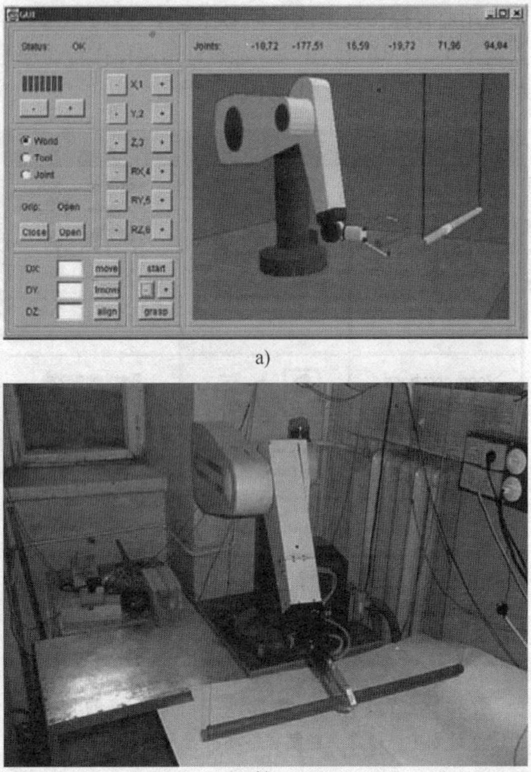

a)

b)

图 32.10 一个基于网页的遥操作系统，可以让机器人捕捉快速移动的长杆[32.27]
a）用户界面 b）系统结构

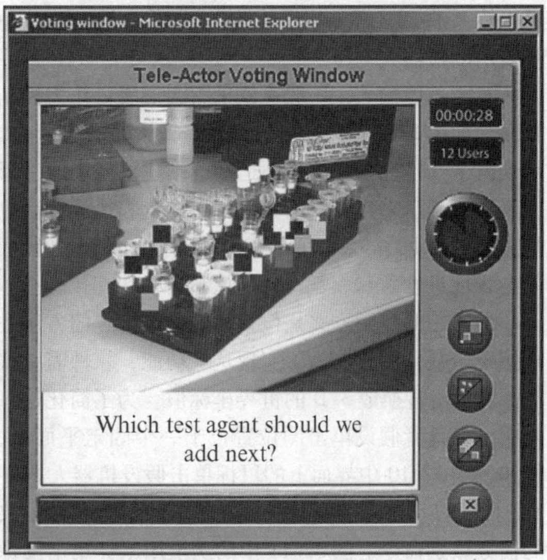

图 32.11 远程参与者（Tele-Actor）系统的空间动态投票界面[32.41]：这是每个用户都能看到的一个空间动态投票（SDV）界面

有相关的问题。每个用户都用鼠标单击放置一个颜色编码的标识（作为选票，或者说投票元素）放在图像上。用户能看到所有选票的位置，并且可以根据团队的反映更改他们选票的位置。通过处理选票位置可以识别出得到投票图像上的一个共识区域，将之返回给远程参与者。通过这个方法，整个团队协同引导远程参与者的动作。

32.3.7 指令执行/状态生成

机器人接收到指令并执行，由此产生新的状态并将其传送给操作者。然而，传递给机器人的指令可能会出现延时或在传送过程中丢失。此外，由于操作者经验不足，还可能出现错误指令。

Belousov 和他的同事们验证了系统允许网络用户通过控制杆快速抓取已经发送给机械臂的控制指令[32.27]。受限于通信通道，用户几乎不可能直接控制机械臂，因而计算机视觉以及基于增强现实的本地智能被用来辅助操作者。由于控制杆可进行双向补偿，因而会出现复杂的振荡。*Belousov* 等人设计了共享自治控制来实现抓取。首先，操作者用控制杆选择期望抓取的点，且抓取瞬间使用机器人和控制杆的三维在线虚拟模型。随后，抓取操作通过运动预测算法自动完成，该算法基于控制杆运动模型和两个实时感知控制杆局部位置的垂直相交摄像头的输入。

32.3.8 协同控制

当有一个以上的操作者共享设备的控制权时，需要引入协调控制。参考文献［32.50］中指出多操作者能够降低出错率，应对恶意输入，利用操作者不同的特长，以及训练新操作者。参考文献［32.51］将远程协作机器人定义为由许多参与者同时控制的远程机器人，将每个参与者的控制输入汇总后形成单个的控制流。

当控制输入为方向向量时，可以采用加权平均对控制输入汇总[32.52]。若操作者的决策为不同的选择或者在抽象的任务层进行决策时，则采用投票机制[32.41]。如图 32.12 所示，*Goldberg* 和 *Song* 采用空间动态投票机制开发了 Tele-Actor 系统。配有音频/视频设备的人称为 Tele-Actor，受到许多在线用户共同控制。用户在投票时间段将其投票定位于一幅 320×320 像素的图像上以表明控制意向。服务器统计投票图像中投票最密集的区域，以决定 Tele-Actor 的下一步动作（参见 http：//www.tele-actor.net）。

Song 和 *Goldberg*[32.49,53] 共同研发了一个可控的摄像头，允许多用户对摄像头参数进行共享控制，如图

32.12 所示。用户在一幅风景图中用长方形标示感兴趣的区域。算法根据用户满意度函数计算出最优取景框架，此类问题称为框架选择问题。

图 32.12 中，用户界面包括两个图像窗口，下方的窗口（见图 32.12b）显示摄像头全部工作区（可视范围）的画面。用户通过虚边长方形在画面中选定摄像头框架。基于不同用户的要求，算法计算出最优的摄像头框架（实边长方形所示），相应地移动摄像头，进而在上方窗口中（见图 32.12a）显示实时的视频图像。

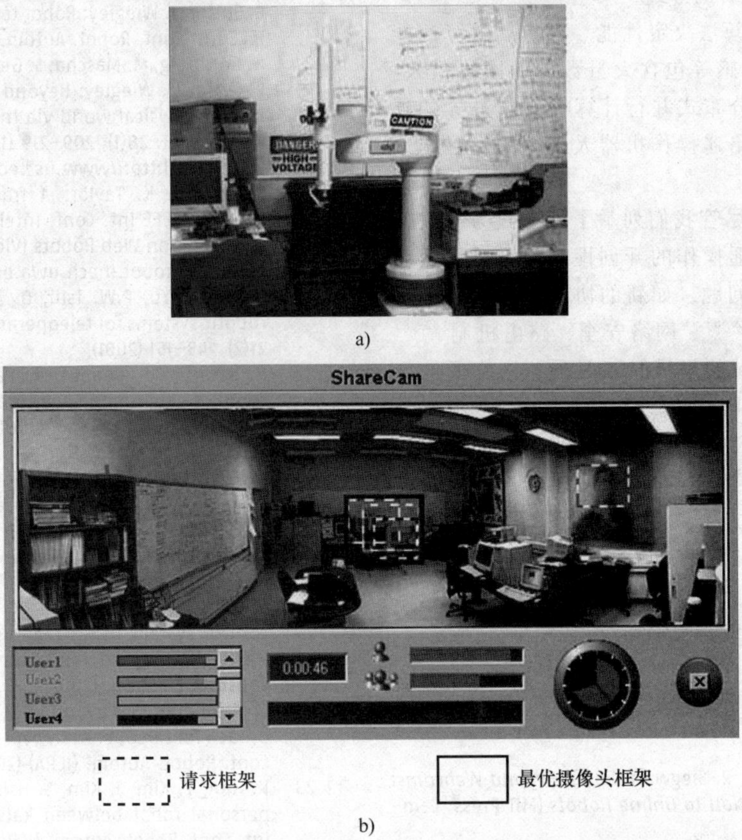

图 32.12　框架选择界面[32.49]

32.4　结论与展望

随着网络机器人技术的日益成熟，网络机器人将逐渐由实验室进入人们的日常生活。*Song* 和 *Goldberg*[32.54] 最新提出的自然环境协同天文台（CONE）项目，旨在设计一个网络化机器人摄像头系统为自然科学家们收集野外环境信息。网络遥操作机器人系统的快速发展并不仅限于北美地区。日本国际电气通信基础技术研究所（ATR）智能机器人与通信实验室也宣布了由 *Norihiro Hagita*（ATR）领导的网络化机器人项目。该项目的任务是开发基于网络的智能机器人用于服务、医疗和救护。2005 年春季召开的网络化机器人论坛由 *Hideyuki Tokuda*（庆应义塾大学）出任主席，通过广泛的宣传活动以及 100 名工业和学术委员的协作核查实验推进了网络机器人技术的研发和标准化进程。韩国信息和通信部也宣布了一个旨在开发基于网络化机器人的机器人伴侣（URC）项目。

网络遥操作机器人技术使世界上数以万计的普通人有机会与机器人互动。网络遥操作机器人系统由于要每天 24h，一周七天甚至年复一年保持在线状态，因此工程设计存在许多挑战。此外，还出现了以下新的研究难题。

1）新界面：由于手机、便携式数字助理（PDA）等便携式设备计算能力的提高，网络遥操作机器人应当能够根据不同的设备改变界面类型。随着计算机技术的日益强大，计算机已经能够显示更为复杂的传感器输入信息。新界面的设计也应该追踪触觉交互界面、语音识别系统等硬件技术的最新发展。动画（flash）、可扩展标记语言（XML）、可扩展超文本标记语言（XHTML）、虚拟现实建模语言（VRML）以及无线标记语言（WML）等新的软件标准也将改变界面设计的方式。

2）新算法：算法决定性能。可扩展的算法能够处理如视觉/传感等包含大量数据的网络输入。此外，能够利用分布式并行计算等日新月异的硬件计算能力对网络遥操作机器人技术的发展越来越重要。

3）新协议：尽管我们列举了一些致力于改变网络环境以改进遥操作的开创性工作，但仍然存在大量的开放性问题，如新的协议、合适的带宽分配[32.55]、QoS[32.56]、网络安全、路由机制[32.28]等。网络通信领域的发展日新月异，网络通信技术与网络遥操作机器人系统设计的融合/修订仍是热点研究方向。公共对象请求代理（CORBA）或实时CORBA[32.19,20,57,58]对网络遥操作机器人技术有巨大的利用潜力。

4）应用：新的应用领域包括安全、视察、教育及娱乐。可靠性、安全性以及模块化等应用要求将继续给系统设计带来新的挑战。

参考文献

32.1 K. Goldberg, R. Siegwart (Eds.): *Beyond Webcams: An Introduction to Online Robots* (MIT Press, Cambridge 2002)

32.2 N. Tesla: Method of an apparatus for controlling mechanism of moving vessels or vehicles http://www.pbs.org/tesla/res/613809.html (1898)

32.3 R. Goertz, R. Thompson: Electronically controlled manipulator, Nucleonics **12**(11), 46–47 (1954)

32.4 R.D. Ballard: A last long look at titanic, National Geographic **170**(6), 698–727 (1986)

32.5 A.K. Bejczy: Sensors, controls, and man-machine interface for advanced teleoperation, Science **208**(4450), 1327–1335 (1980)

32.6 R.S. Mosher: Industrial manipulators, Sci. Am. **211**(4), 88–96 (1964)

32.7 R. Tomovic: On man-machine control, Automatica **5**(4), 40–404 (1969)

32.8 A. Bejczy, G. Bekey, R. Taylor, S. Rovetta: A research methodology for tele-surgery with time delays, First Int. Symp. Med. Robot. Comp. Assist. Surg. (1994)

32.9 M. Gertz, D. Stewart, P. Khosla: A human-machine interface for distributed virtual laboratories, IEEE Robot. Autom. Mag. **1**(4), 5–13 (1994)

32.10 T. Sato, J. Ichikawa, M. Mitsuishi, Y. Hatamura: A new micro-teleoperation system employing a hand-held force feedback pencil, IEEE Int. Conf. Robot. Autom. (1994)

32.11 T.B. Sheridan: *Telerobotics, Automation, and Human Supervisory Control* (MIT Press, Cambridge 1992)

32.12 http://www.cl.cam.ac.uk/coffee/qsf/timeline.html

32.13 K. Goldberg, M. Mascha, S. Gentner, N. Rothenberg, C. Sutter, J. Wiegley: Robot teleoperation via WWW, IEEE Int. Conf. Robot. Autom. (1995)

32.14 K. Goldberg, M. Mascha, S. Gentner, N. Rothenberg, C. Sutter, J. Wiegley: Beyond the web: Manipulating the physical world via the WWW, Comp. Netw. ISDN Syst. J. **28**(1), 209–219 (1995), Archives can be viewed at http://www.usc.edu/dept/raiders/

32.15 B. Dalton, K. Taylor: A framework for internet robotics, IEEE Int. Conf. Intell. Robot. Syst. (IROS): Workshop on Web Robots (Victoria 1998)

32.16 http://telerobot.mech.uwa.edu.au/

32.17 H. Hu, L. Yu, P.W. Tsui, Q. Zhou: Internet-based robotic systems for teleoperation, Assembly Autom. **21**(2), 143–151 (2001)

32.18 R. Safaric, M. Debevc, R. Parkin, S. Uran: Telerobotics experiments via internet, IEEE Trans. Ind. Electron. **48**(2), 424–431 (2001)

32.19 S. Jia, K. Takase: A CORBA-based internet robotic system, Adv. Robot. **15**(6), 663–673 (2001)

32.20 S. Jia, Y. Hada, G. Ye, K. Takase: Distributed telecare robotic systems using CORBA as a communication architecture, IEEE Int. Conf. Robot. Autom. (ICRA) (Washington 2002)

32.21 J. Kim, B. Choi, S. Park, K. Kim, S. Ko: Remote control system using real-time mpeg-4 streaming technology for mobile robot, IEEE Int. Conf. Consum. Electron. (2002)

32.22 T. Mirfakhrai, S. Payandeh: A delay prediction approach for teleoperation over the internet, IEEE Int. Conf. Robot. Autom. (ICRA) (2002)

32.23 K. Han, Y. Kim, J. Kim, S. Hsia: Internet control of personal robot between kaist and uc davis, IEEE Int. Conf. Robot. Autom. (ICRA) (2002)

32.24 L. Ngai, W.S. Newman, V. Liberatore: An experiment in internet-based, human-assisted robotics, IEEE Int. Conf. Robot. Autom. (ICRA) (2002)

32.25 R.C. Luo, T.M. Chen: Development of a multibehavior-based mobile robot for remote supervisory control through the internet, IEEE/ASME Trans. Mechatron. **5**(4), 376–385 (2000)

32.26 D. Aarno, S. Ekvall, D. Kragi: Adaptive virtual fixtures for machine-assisted teleoperation tasks, IEEE Int. Conf. Robot. Autom. (ICRA) (2005) pp. 1151–1156

32.27 I. Belousov, S. Chebukov, V. Sazonov: Web-based teleoperation of the robot interacting with fast moving objects, IEEE Int. Conf. Robot. Autom. (ICRA) (2005) pp. 685–690

32.28 Z. Cen, A. Goradia, M. Mutka, N. Xi, W. Fung, Y. Liu: Improving the operation efficiency of supermedia enhanced internet based teleoperation via an overlay network, IEEE Int. Conf. Robot. Autom. (ICRA) (2005) pp. 691–696

32.29 N.P. Jouppi, S. Thomas: Telepresence systems with automatic preservation of user head height, local rotation, and remote translation, IEEE Int. Conf.

Robot. Autom. (ICRA) (2005) pp. 62–68
32.30 B. Ricks, C.W. Nielsen, M.A. Goodrich: Ecological displays for robot interaction: a new perspective, Int. Conf. Intell. Robot. Syst. (IROS), Vol. 3 (2004) pp. 2855–2860
32.31 D. Ryu, S. Kang, M. Kim, J. Song: Multi-modal user interface for teleoperation of robhaz-dt2 field robot system, Int. Conf. Intell. Robot. Syst. (IROS), Vol. 1 (2004) pp. 168–173
32.32 J. Su, Z. Luo: Incremental motion compression for telepresent walking subject to spatial constraints, IEEE Int. Conf. Robot. Autom. (ICRA) (2005) pp. 69–74
32.33 I. Toshima, S. Aoki: Effect of driving delay with an acoustical tele-presence robot, telehead, IEEE Int. Conf. Robot. Autom. (ICRA) (2005) pp. 56–61
32.34 N. Chong, T. Kotoku, K. Ohba, K. Komoriya, N. Matsuhira, K. Tanie: Remote coordinated controls in multiple telerobot cooperation, IEEE Int. Conf. Robot. Autom., Vol. 4 (2000) pp. 3138–3343
32.35 E. Paulos, J. Canny, F. Barrientos: Prop: Personal roving presence, SIGGRAPH Vis. Proc. (1997) p. 99
32.36 K. Taylor, J.P. Trevelyan: Australia's telerobot on the web, 26th Symp. Ind. Robot. (Singapore 1995) pp. 39–44
32.37 A. Khamis, D.M. Rivero, F. Rodriguez, M. Salichs: Pattern-based architecture for building mobile robotics remote laboratories, IEEE Int. Conf. Robot. Autom. (ICRA) (Taipei 2003) pp. 3284–3289
32.38 C. Cosma, M. Confente, D. Botturi, P. Fiorini: Laboratory tools for robotics and automation education, IEEE Int. Conf. Robot. Autom. (ICRA) (Taipei 2003) pp. 3303–3308
32.39 K.W. Dorman, J.L. Pullen, W.O. Keksz, P.H. Eismann, K.A. Kowalski, J.P. Karlen: The servicing aid tool: A teleoperated robotics system for space applications, The Seventh Annual Workshop on Space Operations Applications and Research (SOAR 1993), Vol. 1 (Johnson Space Center, Houston 1994)
32.40 C. Pollak, H. Hutter: A webcam as recording device for light microscopes, J. Comp. Assist. Microsc. **10**(4), 179–183 (1998)
32.41 K. Goldberg, D. Song, A. Levandowski: Collaborative teleoperation using networked spatial dynamic voting, Proc. IEEE **91**(3), 430–439 (2003)
32.42 J. Walrand, P. Varaiya: *High-Performance Communication Networks*, 2nd edn. (Morgan Kaufmann, San Francisco 2000)
32.43 M.A. Peshkin, A.C. Sanderson: Minimization of energy in quasi-static manipulation, IEEE Trans. Robot. Autom. **5**(1), 53–60 (1989)
32.44 M.T. Mason: On the scope of quasi-static pushing, 3rd Int. Symp. Robot. Res., ed. by O. Faugeras, G. Giralt (MIT Press, Cambridge 1986)
32.45 E. Ladd, J. O'Donnell: *Using HTML 4, XML, and Java 1.2* (QUE Press, 1998)
32.46 K. Goldberg, M. Mascha, S. Gentner, N. Rothenberg, C. Sutter, J. Wiegley: Desktop tele-operation via the world wide web, IEEE Int. Conf. Robot. Autom. (Nagoya 1995)
32.47 H. Friz: Design of an Augmented Reality User Interface for an Internet Based Telerobot Using Multiple Monoscopic Views. Ph.D. Thesis (Technical University of Clausthal, Clausthal-Zellerfeld 2000)
32.48 T. Fong, C. Thorpe: Vehicle teleoperation interfaces, Auton. Robot. **11**, 9–18 (2001)
32.49 D. Song, A. Pashkevich, K. Goldberg: Sharecam part II: Approximate and distributed algorithms for a collaboratively controlled robotic webcam, IEEE/RSJ Int. Conf. Intell. Robot. (IROS), Vol. 2 (Las Vegas 2003) pp. 1087–1093
32.50 K. Goldberg, B. Chen, R. Solomon, S. Bui, B. Farzin, J. Heitler, D. Poon, G. Smith: Collaborative teleoperation via the internet, IEEE Int. Conf. Robot. Autom. (ICRA), Vol. 2 (2000) pp. 2019–2024
32.51 D. Song: Systems and Algorithms for Collaborative Teleoperation. Ph.D. Thesis (Department of Industrial Engineering and Operations Research, University of California 2004)
32.52 K. Goldberg, B. Chen: Collaborative teleoperation via the internet, Int. Conf. Intell. Robot. Syst. (IROS) (2001)
32.53 D. Song, K. Goldberg: Sharecam part I: Interface, system architecture, and implementation of a collaboratively controlled robotic webcam, IEEE/RSJ Int. Conf. Intell. Robot. (IROS), Vol. 2 (Las Vegas 2003) pp. 1080–1086
32.54 D. Song, K. Goldberg: CONE Project (www.c-o-n-e.org)
32.55 P.X. Liu, M. Meng, S.X. Yang: Data communications for internet robots, Auton. Robot. **15**, 213–223 (2003)
32.56 W. Fung, N. Xi, W. Lo, B. Song, Y. Sun, Y. Liu, I.H. Elhajj: Task driven dynamic qos based bandwidth allcoation for real-time teleoperation via the internet, IEEE/RSJ Int. Conf. Intell. Robot. Syst. (Las Vegas 2003)
32.57 M. Amoretti, S. Bottazzi, M. Reggiani, S. Caselli: Evaluation of data distribution techniques in a CORBA-based telerobotic system, IEEE/RSJ Int. Conf. Intell. Robot. Syst. (Las Vegas 2003)
32.58 S. Bottazzi, S. Caselli, M. Reggiani, M. Amoretti: A software framework based on real time COBRA for telerobotics systems, IEEE/RSJ Int. Conf. Intell. Robot. Syst., EPFL (Lausanne 2002)

第33章 人体机能增强型外骨骼

Homayoon Kazerooni
杨帆 译

虽然自主机器人系统在结构化环境（如工厂）中表现出色，但是，在需要高度适应性的非结构化环境中，人—机集成化系统大大优于任何自主机器人系统。与外骨骼系统和人体力量增强相关的技术可分为下肢外骨骼机器人和上肢外骨骼机器人。这样分类的原因有两方面：首先，可以预见，在不久的将来会出现许多关于独立的下肢和上肢外骨骼的应用。其次，对于这种分类更重要的是，这些外骨骼系统的发展正处于早期，仍需要进一步的研究，以确保在尝试整合上肢外骨骼和下肢外骨骼之前，二者可以独立正常运行。本章首先描述在上肢外骨骼方面的工作，随后将更加详细地描述下肢外骨骼。

33.1 外骨骼系统简述 …… 262
33.2 上肢外骨骼 …… 264
33.3 智能辅助装置 …… 265
33.4 用于上肢外骨骼增强的控制结构 …… 266
33.5 智能辅助装置的应用 …… 267
33.6 下肢外骨骼 …… 268
33.7 外骨骼的控制策略 …… 269
33.8 下肢外骨骼设计中的要点 …… 272
33.9 现场就绪的外骨骼系统 …… 276
33.9.1 ExoHiker 外骨骼 …… 276
33.9.2 ExoClimber 外骨骼 …… 277
33.10 结论与扩展阅读 …… 277
参考文献 …… 277

33.1 外骨骼系统简述

20 世纪 60 年代初，美国国防部对开发人力放大装置（man-amplifier）表现出了兴趣，这种设备是一种用于增强士兵举升和搬运能力的电动铠甲。1962 年，美国空军要求康奈尔航空实验室研究将主—从机器人系统作为人力放大装置的可行性。在其后的工作中，康奈尔航空实验室确定：外骨骼能够胜任绝大多数任务，这种具有人体形状的外部结构的自由度远少于人体的自由度[33.1]。从 1960 年到 1971 年，通用电气公司开发并测试了一款名为 Hardiman（见图 33.1 a）的人力放大装置的样机，它是一个主—从系统[33.2-6]。Hardiman 是一款穿戴在操作人员身体上的重叠外骨骼。外部外骨骼（从机构）跟随内部外骨骼（主机构）的运动，而内部外骨骼则跟随操作人员运动。所有这些研究发现：复制全部人体运动以及运用主—从系统是不实用的。此外，人体感知和系统复杂性中的困难也使其无法行走。

Vukobratovic 等人开发出了一种截瘫病人使用的主动矫形器[33.7]。该系统包括用于在人体矢状面上驱动髋关节和膝关节的液压或气压致动器。这些矫形器与穿戴者之间通过鞋固定带、护腕和紧身外套固定。该装置由外部动力驱动、预定的周期性运动控制。尽管这些早期装置由于预定运动的限制而仅取得一定成功，但是为此发展出的平衡算法至今仍用于许多双足机器人[33.8]。

Seireg 等人也开发出了一种用于截瘫病人的外骨骼系统（见图 33.1 b），仅有髋部和膝部在矢状面上被液压致动器驱动[33.9]。液压动力单元由以电池为电源的直流电动机、泵和蓄电池组成。一系列的伺服阀驱动膝部和髋部的致动器。该装置被控制以跟随一组关节轨迹，且没有使用传递穿戴者信息的传感器系统。

日本筑波大学开发出了一种混合辅助肢体（Hybrid Assisted Limb，HAL）（见图 33.1 c）[33.13,14]。这种质量为 15kg 的电池驱动套装探测髋部以下、膝部以上的皮肤表面的肌肉电信号。信号由传感器拾取并被发送至计算机，再由计算机把神经信号转换为控制髋部和膝部的外骨骼电动机的信号，有效地放大肌肉力量。除肌电图（EMG）信号外，该装置还包括用来测量关节角度的电位器、测量地面反作用力的力传感器以及测量躯干角度的陀螺仪和加速度计。HAL 的每条腿通过整合有谐波驱动器的直流电动机来驱动髋部和膝部在矢状面上做弯曲或伸展运动。踝关节包含局部自由度。

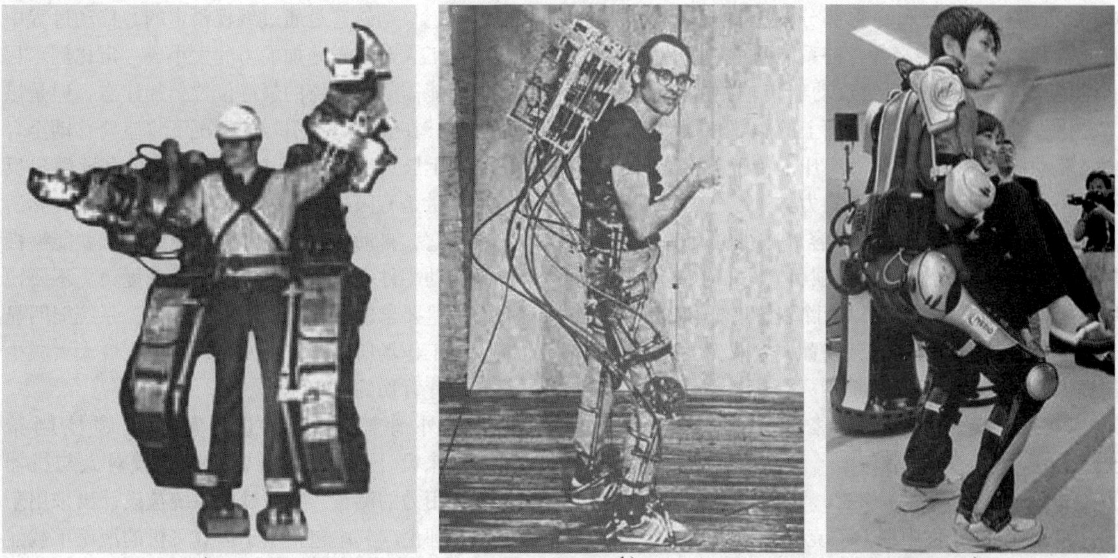

a)　b)　c)

图 33.1　a）Hardiman　b）由*Seiveg*等人[33.9]所设计的用于辅助截瘫患者的外骨骼系统　c）HAL

*Yamamoto*等人[33.10,11]为辅助护士照料病人而开发了一种外骨骼系统（见图 33.2 a）。下肢包括在矢状面上做弯曲或伸展运动的气压致动器。为了给致动器提供气压，空气泵被直接安装于各致动器上。使用者的输入是通过与其皮肤耦合的力传感电阻决定的。通过力传感电阻（FSR）和其他信息（例如关节角度）可以确定各关节所需输入的扭矩。

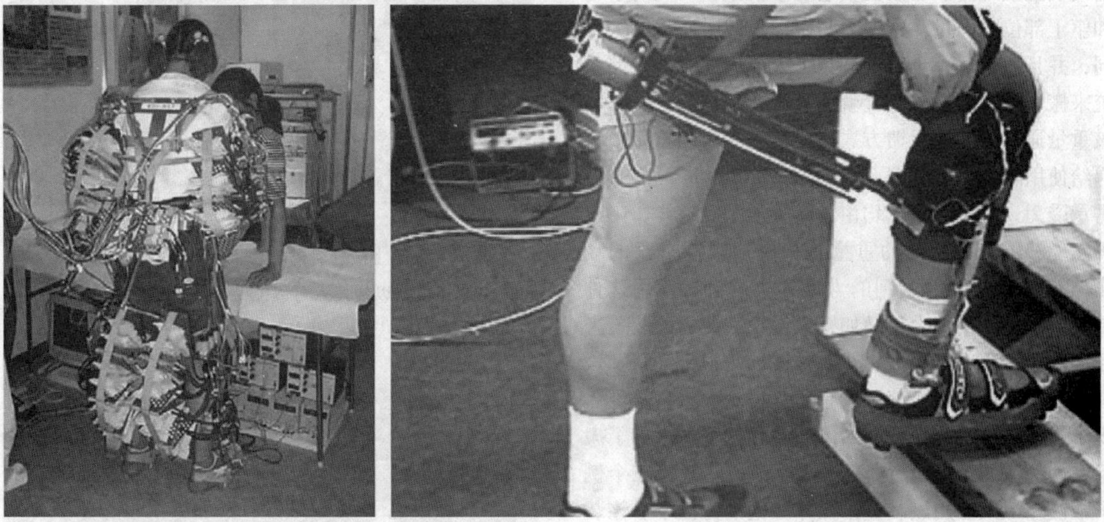

a)　b)

图 33.2　a）用于搬挪病人的外骨骼[33.10, 11]　b）RoboKnee[33.12]

*Pratt*等人发展出了一种用于协助人下蹲的动力膝部支撑（见图 33.2 b）[33.12]。该装置由耦合于膝部支撑的上下部分的线性串联弹性致动器提供动力。这种动力膝部支撑需要由两负载部分测量的地面反作用力。系统采用了正反馈力控制器来为致动器产生一个合适的力。

*Kong*等人[33.15]开发了一种完整的下肢外骨骼系统，用于帮助有力量走路的人。该系统的行动部分

（系统分为行动部分和穿戴部分）搭载电气致动器、控制器和电池，以减轻外骨骼系统的重量。传输系统将动力从位于行动部分的致动器传输给穿戴者的关节。该外骨骼系统由在矢状面上的髋部和膝部提供动力。驱动该系统输入的是一组压力传感器，它们用来测量由股四头肌施加在膝部的力。

Agrawal 等人开展了关于容许减少摆动时功耗的静态平衡腿部矫正器的研究项目[33.16]。在被动式的版本中，该装置采用弹簧以消除装置连杆和人腿的重力。他们通过实验表明，该装置大大减少了穿戴者所需提供的扭矩。

33.2 上肢外骨骼

20 世纪 80 年代中期，伯克利的研究人员启动了一些关于上肢外骨骼系统的项目，名为人力扩展装置。上肢外骨骼系统的主要功能是人体力量增强，这种增强是为了操作笨重的物体。由于上肢外骨骼系统大多数用在厂房地面、仓库以及配送中心，因此它们悬挂在桁架起重机上。正如在后面几部分所看到的，下肢外骨骼主要用于在操作者背负重物（类似背包）长途行走过程中为重物提供支撑。上肢外骨骼，又名辅助装置或人力扩展装置，它能够模拟出工人的手臂和躯干部位的力量。这些力与搬运负载时所需的力不同，并且通常远小于后者。当工人使用上肢外骨骼系统来搬运负载时，该装置就承受了全部重量，同时将该重量通过自然的反馈方式将成倍缩小后的重量值传递给使用者。例如，对于物体的 20kg 重量，工人仅需承受 2kg，其余 18kg 均由该装置承担。这样，工人仍然能够感受到负载的重量并相应地判断自己的动作，但是他/她所感受到的力远远小于没有使用这种装置时所感受到的力。又如，假设工人使用该装置来挪动一个体积大的刚性物体时，譬如一根排气管。该装置向工人传递的力使工人感觉这根管子重量轻、体积小。这限制了交叉耦合的离心力，这些力增加了搬运刚性物体的难度，有时还会损伤手腕。在第三个例子中设想工人使用该装置来操作一把动力扳手。该装置能够减少并滤去从扳手传递至工人手腕的力，从而使工人只能感觉到扳手受到的振动力中的低频分量，而不是过去那种使人疲劳的高频振动[33.24]。这些助力装置不仅能够滤去不应该传递给工人的力，而且不论工人想在哪个具体方向上操作该装置，都能够通过编程来使其跟随某一特定的轨迹。例如，自动化生产线上的工人正在使用一助力装置将一座椅移动至轿车车厢里的最终装配位置。这个装置可以将座椅移动至装配位置，移动轨迹是通过编程预定的，移动过程中的速度与工人对装置施加的力的大小成一定比例。尽管工人可能需要对座椅的最终位置稍加注意，但是该装置仍能够在无需工人引导的情况下将座椅移动至合适位置。上肢外骨骼系统对工人手臂的力量做出反应，这力量是有限度的，并且远小于操作负载实际所需。有了它，自动化生产线和仓库里的工人就能够极大提高移动零件和箱子的熟练度和准确度，更不要说对肌肉力量要求的显著降低。上肢外骨骼系统能明显地减少在工作场所中背伤的发生，这也相应大大减少了每年治疗背伤的支出。

上肢外骨骼系统是主要基于柔顺控制策略[33.26-29]来设计的，这种控制策略依赖对人与机器间相互作用力的测量。各种试验系统被设计出来用于验证这些理论，其中包括用于运载飞机的液压承载器和为了执行手工操作活动而建造的电动力扩展器（见图 33.3 和图 33.4）。

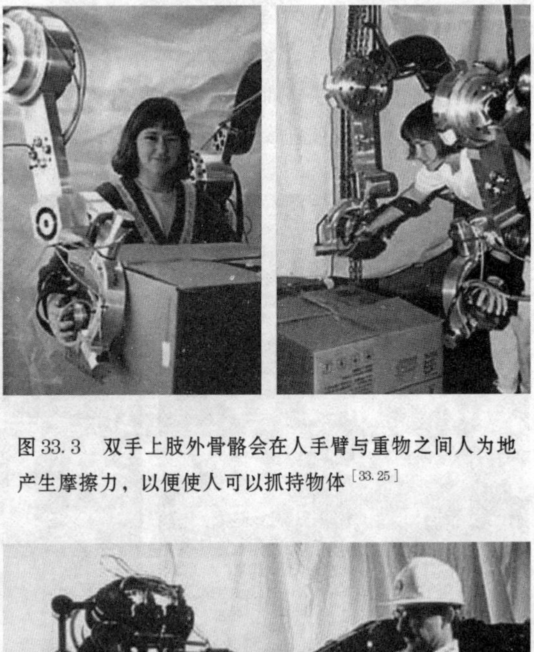

图 33.3 双手上肢外骨骼会在人手臂与重物之间人为地产生摩擦力，以便使人可以抓持物体[33.25]

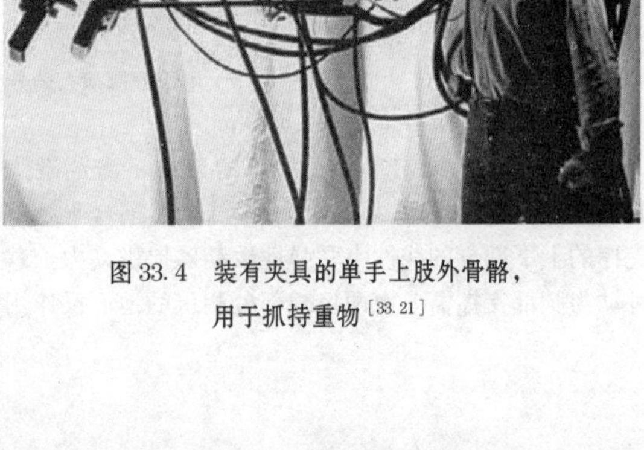

图 33.4 装有夹具的单手上肢外骨骼，用于抓持重物[33.21]

33.3　智能辅助装置

智能辅助装置（IAD）是增强人体能力的非拟人结构上肢外骨骼系统[33.30,31]中形式最简单的。

图33.5展示了一个智能辅助装置。

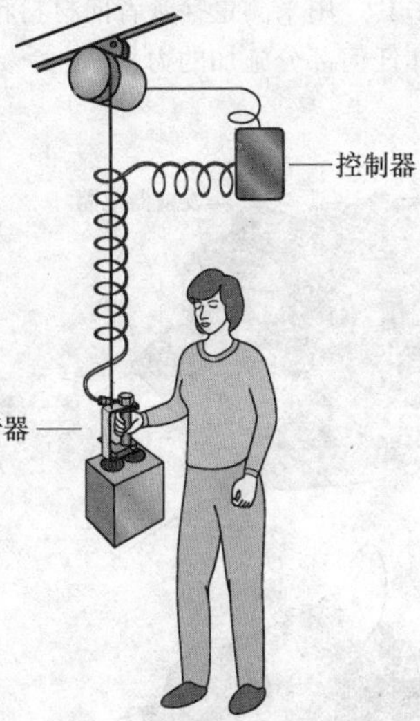

图33.5　智能辅助装置：工业应用的上肢力量增强器中的最简单的形式。它能够很好地跟随工人的高速操作动作，在此过程中不会阻碍工人的运动

在装置的顶部，固定在天花板上、墙壁上或是桁架上的电力致动器由计算机控制，它以可控速度精确地移动一条强力钢缆。与钢缆连接的感应末端执行器，是人手、智能辅助装置与负载相连接的地方。感应末端执行器（sensory end-effector）包括与负载交互的子系统和与操作人员交互的子系统。与负载交互的子系统能与多种不同的负载和抓握装置交互。例如：挂钩、吸盘、钳子等可与负载交互子系统连接（见图33.6）。一般情况下，要抓握复杂的物体，就需要制造特殊的工具系统，并将其与负载交互子系统连接。操作人员交互子系统包括符合人体工程学的手柄，其上装有高性能传感器，用来测量操作人员施加在手柄上的纵向力的大小。表示操作人员力量的信号传送至控制智能辅助装置致动器的计算机控制器。通过操作人员力量的测量值和其他计算，该控制器设定实现升高或降低钢缆所需的速度，以产生足够大的机械力来辅助进行搬运作业的操作人员。若操作人员向上推手柄，辅助装置就会举起负载；若向下推手柄，辅助装置就会降下负载。负载的准确移动使操作人员只需承受根据预先编程设定的负载力（加速度加上重量）中的一小部分，而其余的大部分将由智能辅助装置的致动器提供。所有这些过程进行得很快，以使操作人员举升负载的力与装置举升负载的力很好地同步起来，这样，操作人员感觉到的负载的重量就明显减轻了。有了这种负重分担的概念，操作人员仍然感觉到自己在搬运负载，但是使用的力量却远远小于实际所需。例如，承担25kg的负载力（加速度加上重量）时，智能辅助装置支持24kg，而操作人员仅需也仅能够感受到1kg。有了智能辅助装置的帮助，一个工人就能够像他/她自己操作轻量级物体时无需任何辅助一样自如地操作任何物体。控制智能辅助装置的运动时，无需按按钮、敲键盘、扳动开关或阀门；使用者的自然动作，再结合装置中的计算机，控制了装置及其负载的运动。

图33.6显示了感应末端执行器在整个运行过程中都在测量操作人员的力量，甚至在出现负载或卸载振动时。

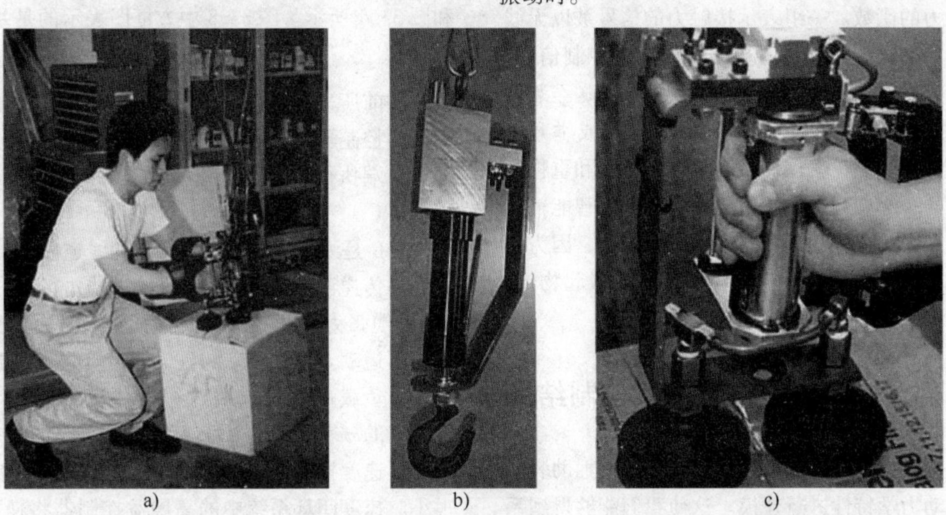
a)　b)　c)

图33.6　a）末端执行器　b）装有传感器　c）传感器测量操作人员施加在手柄上的垂直方向的力

这种鲁棒的感应末端执行器还包括常闭式紧急停车开关，安装在手柄上，经由信号电缆向控制器发送信号。如果感应末端执行器上的常闭式紧急停车开关未按下（即：若操作人员没有手握感应末端执行器的手柄），即使向感应末端执行器添加或从其上移除负载，装置也将处于挂断状态。

智能辅助装置在设计时引入了多种嵌入式安全功能。其中最重要的安全特性是：若感应末端执行器受到物理性限制而无法向下运动且被操作人员向下推时，钢缆不会松弛。钢缆松弛将会导致比延缓工人工作更严重的后果；松弛的钢缆可能会缠绕操作人员的颈部或手，造成严重的、甚至致命的伤害。智能辅助装置的计算机中的控制算法利用了多个传感器的信息，以确保钢缆绝不会松弛[33.32]。

另一种形式的智能辅助装置（见图33.7）上装有传感手套，用来测量穿戴者向材料转运系统或要操作的物体任何部分施加的力。

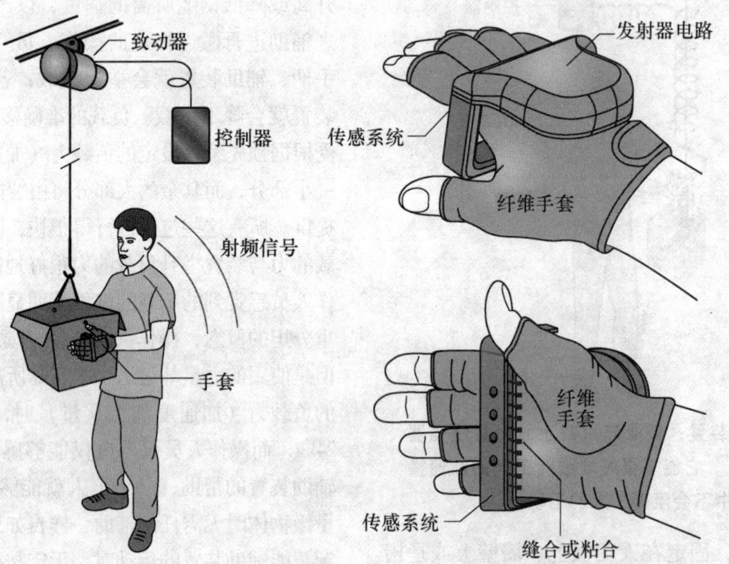

图33.7 仪器化的手套可使操作人员在使用起重器械时自然地举升或降下物体，这类似于人没有打开开关或按下按钮时的手动操作物体[33.34]

这种仪器化的手套通常由操作人员穿戴使用，它生成一组信号作为手套和所操作物体或材料转运系统之间接触力的函数。一组表示接触力的信号被以无线射频信号的形式传送到装置控制器以产生控制信号。命令信号以操作者所施力的函数的形式被传送至装置致动器以向操作人员提供所需辅助以操作或举升负载，这样，操作人员就仅提供实际操作装置和重物所需力量中的一小部分。对于观察操作人员和智能辅助装置的人来说，这种互动看起来的确很神奇，因为不管操作人员是在推动智能辅助装置还是要搬起物体，装置都在响应操作人员的触摸。

33.4 用于上肢外骨骼增强的控制结构

这里，我们将运用线性系统理论对智能辅助装置的元件的动力学特性进行建模。这使我们能够得到系统特性的最简单、最常用的形式。关于上肢外骨骼系统的非线性、多变量的模型，更一般的方法刊载于参考文献［33.19，20，21］中，其应用情况如图33.3和图33.4所示。图33.8中方框图表示的是基本的控制技术。

如前所述，末端执行器中的力传感元件向控制致动器的控制器传送信号。若 e 是致动器的输入命令，那么末端执行器的线速度 v 可表示如下

$$v = Ge + Sf_{\mathrm{R}} \tag{33.1}$$

式中，G 是致动器的末端执行器的线速度与输入命令之间的传递函数；S 是致动器的末端执行器的线速度 v 与钢缆张力 f_{R} 的灵敏度传递函数。v 取正数代表负载向下运动。还要注意的是，由于负载与末端执行器相连，负载速度与末端执行器速度都以式（33.1）中导出的 v 表示。如果可以为致动器设计出使 S 很小的闭环速度控制器，那么致动器对线张力的响应就会很小。速度闭环系统中的高增益控制器将使 S 很小，从而使速度 v 受线张力的影响很小。另外需要注意，

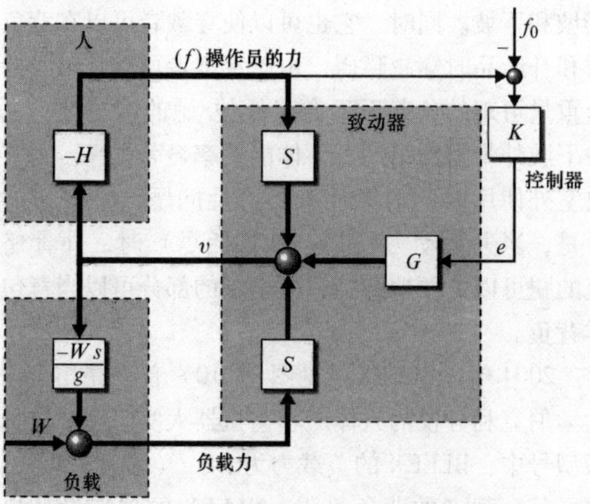

图 33.8 智能辅助装置的控制框图

非反向驱动减速器（通常具有高的传输比）会对系统产生小的 S 值。

缆绳的张力 f_R 可表示为

$$f_R = f + p \tag{33.2}$$

式中，f 是末端执行器受到的操作人员的力；p 表示由负载和末端执行器施加的力，这里称为缆绳上的负载力。f 和 p 的正数值表示力的方向向下。注意此处 p 作用在缆绳上，它等于负载与末端执行器的重力加上惯性力

$$p = W - \frac{W}{g}\frac{\mathrm{d}}{\mathrm{d}t}v \tag{33.3}$$

式中，W 代表末端执行器和负载的重量之和；$\frac{\mathrm{d}}{\mathrm{d}t}v$ 表示末端执行器和负载的加速度。若负载没有加速或减速，那么 p 就与 W 相等。测得的操作人员的力 f 传至控制器，该控制器发送输出信号 e。计算机从 f 中减去一个正数 f_0。此处的 f_0 的作用将在后面介绍。

若控制器的传递函数用 K 表示，则控制器的输出 e 为

$$e = K(f - f_0) \tag{33.4}$$

把式（33.2）和式（33.4）中的 f_R 和 e 代入式（33.1）中可得如下关于末端执行器速度 v 的等式：

$$v = GK(f - f_0) + S(f + p) \tag{33.5}$$

人对末端执行器或负载向上的力仅仅在线缆由于末端执行器的重量而拉紧时方可测量。如果末端执行器很轻，那么人向上的力的完整数值范围就会被测量手套中的传感器忽略。为了克服这一问题，在式（33.4）中引入正数 f_0。如式（33.5）所示，若去掉 f 与 p 将会导致末端执行器向上移动。假设由操作人员施加的最大向下的力为 f_{max}。再将 f_0 设定为 f_{max} 的大约一半。消去式（33.5）中的 f_0，式（33.6）即代表负载的速度

$$v = GK\left(f - \frac{f_{max}}{2}\right) + S(f + p) \tag{33.6}$$

若操作人员向下推且 $f = f_{max}$，则负载的最大向下速度为

$$v_{down} = GK\left(\frac{f_{max}}{2}\right) + S(f + p) \tag{33.7}$$

若操作人员压根没有推，则末端执行器或负载的最大向上速度为

$$v = -GK\left(\frac{f_{max}}{2}\right) + S(f + p) \tag{33.8}$$

于是，由于式（33.4）中 f_0 的引入，我们就无需关心向上力的测量。如果 $S = 0$，向上和向下的最大速度在数量上是完全相等的。然而，若 S 不为 0，在同样条件下，对于一个给定负载，最大向上速度量会小于最大向下速度量。对于操作人员来讲，这是相当自然和直观的。回到式（33.5），可以观察到，操作人员向负载或线缆施加的力越大，负载或末端执行器的速度就会越大。利用操作人员力的测量值，控制器为滑轮赋予合适的速度以产生足够的机械力，从而辅助进行举升作业的操作人员。这样，末端执行器就能够自如地跟随操作人员手臂的运动。式（33.5）说明当操作人员施加在物体上的向下的力增加或减少时，该物体的速度也将相应地增加或减少。另外，对于给定的操作人员的力，物体的重量的增加或减少会相应地引起物体向上速度的减少或增加。如图 33.8 所示，K 可以任意大。然而，K 的选择必须保证系统的闭环稳定性。人的力量 f 是人手臂阻抗 H 的函数，而负载力则是负载的动力学函数，即负载的重量和惯性力。可以找到许多设计控制器传递函数 K 的方法。参考文献［33.19］描述了这类系统闭环稳定性的条件。

33.5 智能辅助装置的应用

智能辅助装置坚持一个设计目标：使与重复操作有关的受伤风险最小化，在保持鲁棒性和用户友好性的同时使吞吐量最大化。智能辅助装置被广泛应用于仓库和配送中心、自动化装配工厂和邮政系统。一项对配送中心仓储操作行为的研究表明，码垛和卸货，装车和卸车，以及把箱子放上传送带或从上面取下来是最为常见的搬运工作。最初对配送中心的研究说明，仓库和配送中心中要搬运的物体主要是重量不大于 27kg 的箱子，它们需要工人迅速地搬运（有时到达 15 箱/min）。在仓库中使用智能辅助装置在减少由于庞大的工人数量而可能造成的伤害方面产生了相当

大的冲击。图33.6显示了配送中心中使用智能辅助装置进行卸货作业的场景。

对自动化生产线操作行为的研究表明，电池、油箱、保险杠、仪表板、排气筒和支承轴的安装是能够得益于智能辅助装置的操作活动（见图33.9）。须使用各种负载接口子系统以便连接多种汽车零件。

a)　　b)

图33.9　a）用于邮包投递业务的IAD
b）用于汽车工业的IAD

世界各地的邮政系统都在使用麻袋和托盘来盛放信件、杂志和小型邮包。这些麻袋和托盘经常由邮政工作人员手动处理，它们经常被成捆的杂志、信封和包裹塞满，重达32kg。总之，在所有的配送中心，若干因素使邮政工作人员心生畏惧与不适：

1）麻袋、信件托盘以及邮筒的重负。

2）麻袋和包裹上缺少诸如手柄、扣眼或者其他对操作人员有用的接口部位。

3）同一邮政地点的麻袋、托盘以及邮筒的形状、尺寸和重量的不确定性。

使用智能辅助装置能大大降低工人进行重复性工作时罹患背伤的风险。从而大大减少国家在治疗伤患方面的支出。关于抓握邮件麻袋的末端执行器，请见参考文献［33.35，36］。

33.6　下肢外骨骼

第一套现场可操作的下肢外骨骼（BLEEX）由两条附有动力装置的拟人化的腿、一个电源和一副类似背包的框架组成，其中的框架上可装载各种重负。这套系统为其穿戴者提供背负客观重量负载的能力，并能够以最小的体力消耗克服各种地形。BLEEX可以使穿戴者舒服地蹲伏，弯腰，左右摇摆，扭转以及爬坡和下坡。同时，它也可以使穿戴者可以在背负器材和补给品时穿越障碍。由于穿戴者可以长时间的背负重量可观的负载而不会降低他/她的敏捷性，在这种下肢外骨骼的帮助下，体能效率显著提高。为了解决室外使用时的鲁棒性和可靠性问题，BLEEX的设计是，当失去动力（如：燃料耗尽）时，外骨骼系统的腿可以方便地卸掉，而剩下的部分可以当背包那样背负。

2004年，BLEEX（见图33.10）首次亮相于加州大学伯克利分校的人体工程与机器人实验室。这个初版型号中，BLEEX的负载力为34kg（约合75lb），超出了其穿戴者的背负极限。BLEEX的独特设计提供了一个人体工程学的、操作性强、机械鲁棒、质量轻、耐用的设备以超越典型的人体极限。

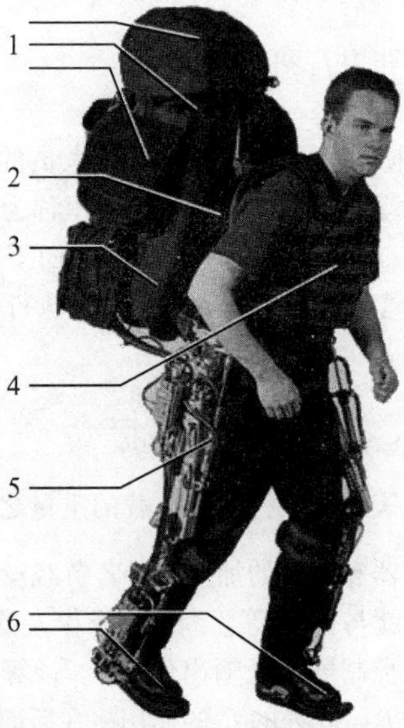

图33.10　BLEEX及其操作员*Ryan Steger*

1—负载占据了背包的上部和动力单元周围　2—BLEEX的背脊与操作员背心之间的刚性连接　3—动力单元和中央计算机占据了背包的下部　4—连接BLEEX与操作员的半刚性背心　5—其中一个液压致动器　6—BLEEX足部与操作员的皮靴之间的刚性连接

BLEEX具有多种潜在的应用，它能为战士、救灾队员、消防人员以及其他承担应急任务的人员提供背负超重负载（如：食品、救援器材、急救补给品、通信器材及武器）的能力，而不会由于出力而导致劳累。不同于电影制作者和科幻作家所炒作的那些不真实的幻想性质的概念，伯克利分校研制的下肢外骨骼系统是一套实用、智能的重物搬运机器人系统。我们认为BLEEX将来能够提供满足各种任务所需的多用途、可实现的运输平台。

下肢外骨骼系统的效率问题出自穿戴者的人类智能与外骨骼提供的力量优势之间的综合效益；换句话说，人为外骨骼系统提供智能控制而外骨骼制动器为人的负重行进提供大部分动力。控制算法确保外骨骼能够在人与外骨骼间相互作用最小的条件下与穿戴者的运动保持一致。控制策略不需要对穿戴者或者人机接触处进行直接测量（即：人与外骨骼系统之间无力传感器），而是由控制器基于外骨骼传来的测量值估计如何运动以使穿戴者感到很小的作用力。这种过去从未应用于任何机器人系统的控制策略，是一种当人与机器接触位置无法确定和预知（即：人与外骨骼系统之间在多处接触）的条件下极为有效的驱动方法。该控制方法不同于上肢外骨骼[33.17,21]和触觉系统[33.18,19]所采用的服从控制[33.27,28]，因为本方法并不需要在穿戴者与外骨骼之间安装力传感器。

外骨骼控制的基本原理是外骨骼需要快速地、无时延地跟踪穿戴者的自主的或非自主的运动。这就需要对外骨骼上的所有力和力矩做出高灵敏度反应，尤其是穿戴者所施加的力。满足这一需要就会与控制科学的目标发生直接冲突，这一目标就是使闭环反馈系统的灵敏度最小化。如果灵敏度低，外骨骼就不会跟随穿戴者运动。然而，我们应当认识到，最大化系统对外部力量和力矩的灵敏度将导致系统鲁棒性的损失。

考虑到这种新的方法，目标是为外骨骼开发出一种具有高灵敏度的控制器。我们需要面对两个来自现实的问题：第一是对外力和力矩具有高灵敏度的外骨骼会对其他不是由穿戴者发出的外力产生反应，例如，若有人推动具有高灵敏度的外骨骼，外骨骼将会做出反应，这反应与穿戴者向其施力时的效果一样。尽管在应对其他力的反应时，它无法稳定自身动作的现实听起来可能是个严重的问题，但如果确实是这样（如：使用陀螺仪），穿戴者会收到来自外骨骼出乎意料的运动，这样就需要他/她费力去避免发生这些不需要的动作。稳定外骨骼和防止其对其他外力做出响应的关键取决于穿戴者迅速运动的能力（如：后退或者侧向移动）以便为自己和外骨骼创造一个稳定的状态。为了做到这些，需要很宽的控制带宽以使外骨骼能够对穿戴者的自主动作和非自主动作（如：反射）做出响应。

第二是具有对外力和力矩的高灵敏度的系统对变化的鲁棒性不强，且系统精确度与外骨骼动力学模型的精确度成比例。在伯克利所做的各种实验系统已经证实这种控制方法在跟踪穿戴者行动时完全有效。

33.7 外骨骼的控制策略

这里，对外骨骼的控制可以通过简单的单自由度（1 自由度）的例子表示，如图 33.11 所示。

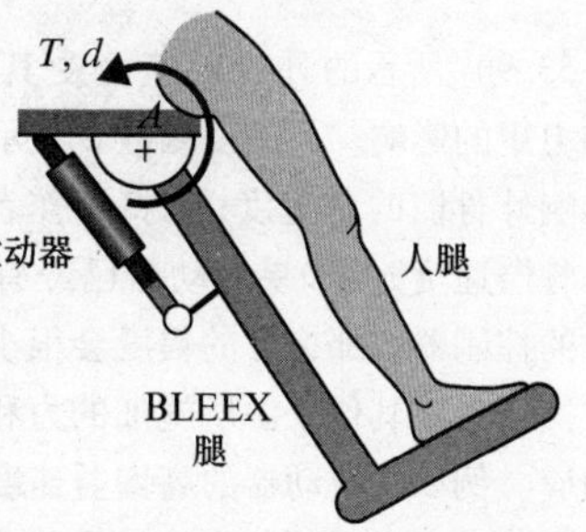

图 33.11 简单的单自由度外骨骼腿与操作员腿的相互作用。外骨骼腿具有致动器，能够产生关于轴 A 的力矩 T。所有操作员作用于外骨骼的力和力矩的总等效力矩记为 d

图 33.11 中示意性地描绘了人腿依附在处于摆动的状态（不与地面接触）时的单自由度外骨骼。为了简单起见，外骨骼腿以一刚性连杆表示，它关于一个轴转动，由单个致动器提供动力。在这个例子中，有一致动器以 A 点为轴产生力矩。

尽管操作者被安全地与外骨骼在足部连接在一起，但是操作者腿的其他部分，如小腿和大腿，仍然能够接触外骨骼，并对其施加力和力矩。由于接触的位置和接触力（有时称之为接触力矩）的方向是不断变化的，因此在分析时，将它们当做未知量。事实上，设计 BLEEX 的首要目标之一就是确保操作者能不受约束地与外骨骼相互作用。因操作者对外骨骼施加力和力矩而产生的等效力矩记为 d。

若忽略重力，式（33.9）和图 33.12 中的方框图则表示在忽略所有致动器的内部反馈下外骨骼的动力学特性

$$v = Gr + Sd \tag{33.9}$$

式中，G 为从致动器输入 r 到外骨骼角速度 v（G 中包含致动器的动力学参数）的传递函数。在多个致动器对系统产生受控力矩的情况下，r 指致动器作用于外骨骼上的力矩矢量。这里，G 的形式和致动器的内部反馈的类型是无关紧要的。还要留心的是：为了节省版面空间，所有等式中拉普拉斯算子均

省略。

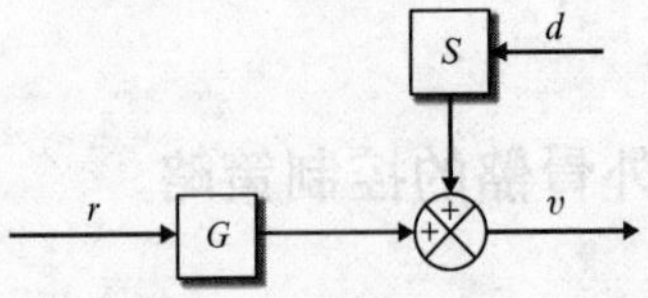

图 33.12　外骨骼的角速度用一个致动器的输入和由操作员作用于外骨骼的力矩的函数表示

式（33.9）所示的外骨骼速度受其操作者所施加的力和力矩的影响。灵敏度函数 S 表示人的等效力矩如何影响外骨骼的角速度；S 将操作者等效力矩 d 映射到外骨骼速度 v。如果致动器已经有某种具有基本稳定性的控制器，那么 S 的幅度会很小，并且外骨骼只会对操作者或其他来源所施加的力和扭矩有一个很小的回应。例如，致动器的高增益速度控制器导致较小的 S 以及随之产生的较小的外骨骼对力和力矩的响应。另外，非反向驱动致动器（如：较大的传输比率或带有重叠线轴的伺服阀）导致较小的 S 值，这就使对操作者的力和力矩的响应较小。

注意到 d（操作者实际作用于外骨骼的力矩）不是外源性输入；它是一个操作者的动力学特性和诸如操作者的位置和速度的变量的函数。这些动力学特性因人而异。而对于同一个人来说，它是时间和位姿的函数。这里假设 d 均来自于操作者，并且不包含任何其他外力和力矩。

我们的目的是增加外骨骼对操作者通过反馈的力和力矩的灵敏度而不用测量 d。为测量 d 而设计的系统产生了一些困难的问题，然而最终是可以解决的。这些问题主要是下肢外骨骼的控制问题。下面简要列出一些这类问题。

1）根据外骨骼的架构和设计，需要安装若干力传感器和力矩传感器来测量所有来自操作者的力，因为操作者与外骨骼在多处接触，这些位置还是未知的。例如，我们发现一些操作者习惯把支架在小腿处于外骨骼连接起来而另外一些操作者则习惯于连接在大腿。在腿部加载传感器来测量所有类型的人体的力和力矩可能会获得比较适用于实验室场合的系统，但是在户外场合，则显得不够鲁棒。

2）如果外骨骼的设计将操作者作用于外骨骼的力和力矩限定在一些特定的位置（如，操作者足部），那么测量这些力和力矩的传感器也将不可避免地测量到其他力和力矩，而这些力和力矩在运行时并不需要。这是一个测量诸如人手和人下肢的力之间主要的差别。我们可以通过双手向上肢外骨骼和触摸系统施加受控力和力矩，这仅含有非常小的不确定性。然而，我们的下肢还具有其他主要的和非随意性的功能，像是支撑负载就具有比行走具有更高的优先级。

3）一种经过实验的选项是把力传感设备安装在操作者的鞋底，以使它们能够与外骨骼连接。由于操作者鞋底的受力在正常行走时在后跟和脚趾之间移动，所以需要安装若干传感器来测量操作者的力。理想状态下，需要在操作者与外骨骼足部之间建立一个力传感器矩阵，以测量操作者在所有位置的各个方向的力，即使在实践中，只有一些传感器可以适应：脚趾、拇趾根、足中部和后跟。这个选项仍然产生厚重的鞋底。

4）在人正常行走时，鞋底的底面经受循环性的力和力矩，这会导致疲劳，并且如果传感器没有恰当地设计并隔离，那么最终传感器将出现错误。

由于上述原因以及我们在设计各种下肢外骨骼时的经验，现有技术显然无法为外骨骼所受人下肢的力提供鲁棒和可重复的测量。我们目的就成了开发一种对操作者的力和力矩具有高灵敏度的外骨骼，这些信息只由外骨骼测量得到（即：操作者身体或外骨骼同人体的接触部位上并不安装传感器）。仅从外骨骼的变量处设置反馈，如图 33.13 所示，新的闭环灵敏度传递函数为式（33.10）。

$$S_{\mathrm{NEW}}=\frac{v}{d}=\frac{S}{1+GC} \tag{33.10}$$

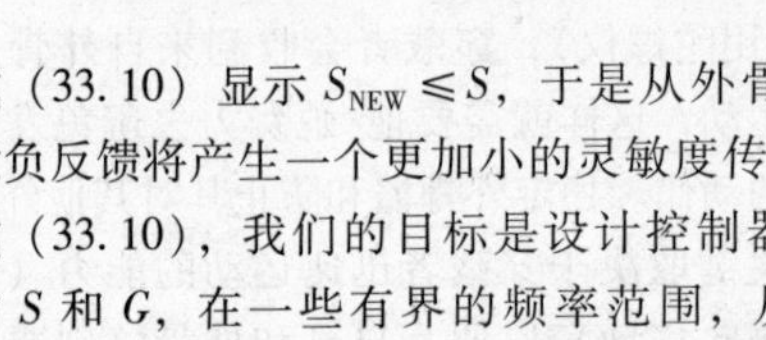

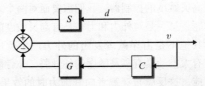

图 33.13　附加到图 33.12 中框图的反馈控制回路；C 是控制器，只对外骨骼的变量进行运算

式（33.10）显示 $S_{\mathrm{NEW}} \leqslant S$，于是从外骨骼引出的任意负反馈将产生一个更加小的灵敏度传递函数。考虑式（33.10），我们的目标是设计控制器，使对给定的 S 和 G，在一些有界的频率范围，从 d 到 v（式（33.10）给出的新的灵敏度函数）闭环响应比开环灵敏度传递函数大。这些设计指标由下面的不等式（33.11）给出

$$|S_{\mathrm{NEW}}|>|S|,\ \forall w\in(0,\omega_0) \tag{33.11}$$

或

$$|1+GC|<1,\ \forall w\in(0,\omega_0) \tag{33.12}$$

式中，ω_0 是外骨骼的操作带宽。

在经典控制理论和现代控制理论中，使用所有努力以使系统对外力和力矩的灵敏度函数最小化。但是对于外骨骼的控制，需要一个完全相反的目标：使系统对外力和力矩的灵敏度函数最大化。在经典的伺服控制问题中，大增益的负反馈在带宽内一般会产生小的灵敏度，这就意味着可以抗拒力和力矩（通常称为扰动）。但是，上述分析表明外骨骼控制器需要对力和力矩的高灵敏度。

为了实现高灵敏度函数，建议使用外骨骼的逆动力学作为正反馈，这样就使外骨骼的反馈增益达到1（略小于1）。假设引入了正反馈，式（33.10）就可以写成

$$S_{\mathrm{NEW}}=\frac{v}{d}=\frac{S}{1-GC} \tag{33.13}$$

若 C 按 $C=0.9G^{-1}$ 选定，那么新的灵敏度传递函数就是 $S_{\mathrm{NEW}}=10S$（将力放大十倍）。我们通常推荐在正反馈中选定控制器参数为

$$C(1-\alpha^{-1})G^{-1} \tag{33.14}$$

式中，α 是大于1的放大数（对上例，$\alpha=10$ 使我们必须选定 $C=0.9G^{-1}$）。式（33.14）简明地表示了正反馈控制器需要选为系统动力学经（$1-\alpha^{-1}$）放缩后的逆动力学。注意式（33.14）描述了在不考虑未建模的高频外骨骼动力学时的控制器。实际上，C 也包括了一个单位增益的低通滤波器，用它来减弱外骨骼中未建模的高频动力学。

如果设计人员对系统模型（即：G）了解得很完整，那么上述方法工作正常。如果对系统模型了解得不够，那么系统的性能与式（33.13）中的描述就会相差很大，在某些情况下，会出现系统不稳定的现象。上述的这种简略解决方案付出了高昂的代价：对系统参数变化的鲁棒性。为了使上述方法正常运行，需要很好地了解系统的动力学，因为控制器的建模极其依赖系统模型。可以把这个问题看做某种折中：上述的设计方法在操作者与外骨骼接触处不需要传感器（例如：力传感器或表面肌电传感器）；操作者可以在任意位置向任意方向推拉外骨骼而无需测量接触处的任何变量。然而，控制算法需要一个很好的系统模型。这时，对外骨骼的实验表明，这种没有使外骨骼稳定的控制策略，迫使系统跟随人在搬运重物时的高宽的操控动作。我们已经认识到，正如弗雷德里希·尼采所说，那些不稳定的事物，只能使我们更强大。参考文献［33.37］描述了BLEEX的系统辨识方法。

操作者的动力学特性如何影响外骨骼的行为呢？在控制策略中，我们没有必要包含操作着肢体模型的内部组成部分；神经传到动力学的细节，肌肉的收缩，以及中枢神经系统的处理过程在建立操作者肢体动力学模型时被毫无保留地考虑了进来。操作者对外骨骼施加的力 d 是操作者的动力学 H 和操作者肢体运动学（例如：速度、位置或者此二者的组合）的函数。一般地，H 主要由人体动力学的物理性质决定。这里假设 H 是一个代表操作者阻抗的非线性算子，它可以表示为如下的函数

$$d=-H(v) \tag{33.15}$$

H 的特定形式是未知的，除非它导致了人体肌肉向外骨骼施力。图33.14表示向图33.13中的方框图中加入操作者动力学的闭环系统特性。

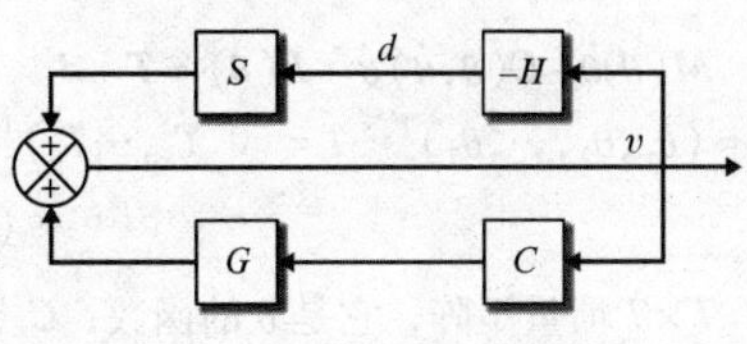

图33.14　显示外骨骼如何运动的框图。上部的回路显示操作员如何通过施加力使外骨骼运动，下部的回路显示控制器如何驱动外骨骼

图33.14揭示了表示新的外骨骼灵敏度函数的式（33.13）不受含有 H 的反馈环影响。图33.14展示了外骨骼控制的一个重要的特性。可以观测系统中的两个反馈环。上方的反馈环代表操作者施加的力和力矩如何影响外骨骼。下方的反馈环说明受控的反馈环如何影响外骨骼。当下方的反馈环为正反馈环（具有潜在的不稳定性）时，上方的反馈环使整个系统保持稳定，该系统把操作者与外骨骼作为一个整体。从参考文献［33.38］中关于稳定性分析的细节中发现，不像上肢外骨骼中使用的控制方法[33.19]，这里所说的控制方法中的人体动力学使系统不稳定的潜在可能性很小。尽管包含有 C 的反馈环是正的，但是包含有 H 的反馈环使操作者与外骨骼组成的整个系统保持稳定。

上述的讨论激发我们对单自由度系统设计的思考。外骨骼是一个具有许多自由度的系统，因此需要进一步考虑控制器的实现。下面我们仅把上述控制策略扩展到单支撑的情形。有关多变量控制细节的描述，参见参考文献［33.38，39］。

在单支撑的情况下，外骨骼系统的模型（见图33.15）在矢状面上为七自由度的串联连杆机构。

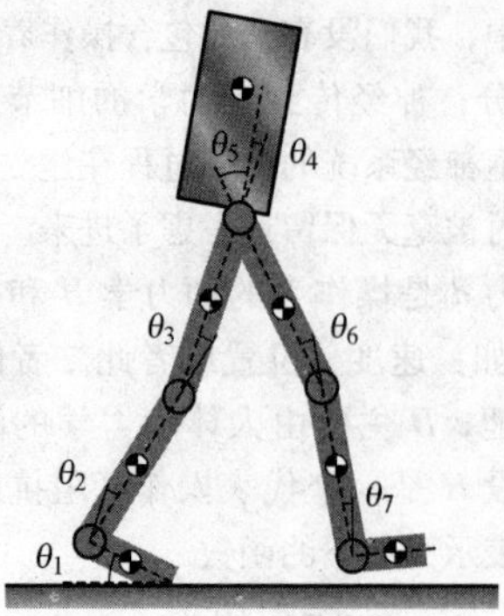

图 33.15　矢状面表示单足站立期的外骨骼（躯干包括外骨骼躯干机制、负载、控制计算机和电源）

外骨骼的逆动力学可以通过下面的通用形式写出

$$M(\theta)\ddot{\theta}+C(\theta,\dot{\theta})\dot{\theta}+P(\theta)=T+d$$
$$\theta=(\theta_1,\theta_2,\cdots,\theta_7)^{\mathrm{T}}\quad T=(0,T_1,\cdots T_6)^{\mathrm{T}} \tag{33.16}$$

$\boldsymbol{M}$ 是一个 7×7 惯量矩阵，它是 θ 的函数；$\boldsymbol{C}(\theta,\dot{\theta})$ 是一个 7×7 的离心力与科氏力矩阵，它是 θ 和 $\dot{\theta}$ 的函数；$\boldsymbol{P}$ 是一个 7×1 重力力矩矢量，它仅是 θ 的函数。$\boldsymbol{T}$ 为一个 7×1 致动器力矩矢量，其第一个元素设为零，因为在 θ_1 处没有相应地制动器（即：外骨骼足部与地面的夹角）；$\boldsymbol{d}$ 是一个 7×1 力矩矢量，表示操作者施加在外骨骼上不同位置的力矩。据式（33.14），我们选定经 $(1-\alpha^{-1})$ 放缩后的逆动力学为控制器，其中 α 是放大数。

$$T=\hat{P}+(1-\alpha^{-1})[\hat{M}(\theta)\ddot{\theta}+\hat{C}(\theta,\dot{\theta})\dot{\theta}] \tag{33.17}$$

图 33.15 中，$\hat{C}(\theta,\dot{\theta})$，$\hat{P}(\theta)$ 和 $\hat{M}(\theta)$ 分别是科氏力矩阵的估计。注意式（33.17）的结果是一个 7×1 致动器力矩矢量。由于在外骨骼足部与地面之间没有致动器，那么 T 中的第一个元素须由操作者提供。用式（33.17）中的 T 替换式（33.16）可得

$$M(\theta)\ddot{\theta}+C(\theta,\dot{\theta})\dot{\theta}+P(\theta)=$$
$$\hat{P}(\theta)+(1-\alpha^{-1})[\hat{M}(\theta)\ddot{\theta}+\hat{C}(\theta,\dot{\theta})\dot{\theta}]+d \tag{33.18}$$

当上式在 $M(\theta)=\hat{M}(\theta)$，$\hat{C}(\theta,\dot{\theta})=\hat{C}(\theta,\dot{\theta})$ 和 $P(\theta)=\hat{P}(\theta)$，$\alpha$ 足够大时达到极限，d 会趋近于零，这就意味着在行走过程中，操作者仿佛没有穿戴外骨骼一样。然而，从式（33.18）中可以看出，操作者感受到的力是 α 和估计量 $\hat{C}(\theta,\dot{\theta})$，$\hat{P}(\theta)$ 和 $\hat{M}(\theta)$ 的准确度的函数。一般地，系统建模越精确，需要人的力量 d 就会越少。考虑开合角度的变化，那么只有式（33.16）和式（33.17）中的 $\boldsymbol{P}(\theta)$ 需要修正。

外骨骼系统利用多变量非线性算法来鲁棒地控制其动作。由于实现控制所需的计算都在一个电脑上进行，所以需要一个控制平台以使系统信号线的数量最小。新式控制平台见参考文献［33.40，41］。

33.8　下肢外骨骼设计中的要点

若干因素需要在设计外骨骼时考虑到：首先，外骨骼不能干涉同属一个工作空间的操作者的运动；其次，要决定外骨骼是仿人的（即：运动学上相似），还是非仿人的（即：运动学上仅仅在与操作者的连接部位相匹配）。伯克利最终选定了仿人架构，因为这样可以使操作者清楚外骨骼的情况。另外，运动学上与穿戴者的腿部匹配的外骨骼能获得使用者在心理上最大程度的接受，这样使穿戴更加安全。结果，外骨骼被设计为与操作者腿部具有相同的自由度：脚踝和髋部各有三个自由度，膝部为一个自由度。这种架构也使经过适当缩放后的临床患者行走的数据能够用来设计外骨骼的各个部件，包括工作空间、致动器和电源。

一项临床步态分析（CGA）数据的研究提供的证据表明，人类在行走、下蹲、登台阶和大多数的运动过程中，都通过踝关节、膝关节和髋关节的矢状面释放大多数的力量。因此，外骨骼的第一版样机的矢状面关节被驱动。然而，为了节能，踝关节和髋关节处的非矢状面的自由度仍然没有驱动。这就迫使操作者提供力量来驾驭外骨骼外展和旋转，这些活动所需力量较小。为进一步减轻操作者的负担，未驱动的自由度加载弹簧来保持自然的站立姿势。

典型的行走循环中人关节的角度和力矩以相互独立的临床步态分析数据的形式获取。临床步态分析中的角度数据通常通过人体移动的视频抓图来获取。临床步态分析中的力矩数据通过估计肢体质量和惯量、再对运动数据运用动力学公式来计算。考虑到个人步态和测量方法的差异性，在 BLEEX 的分析和设计中使用了三种独立的临床步态分析数据源。修正这些数据以得到外骨骼的驱动需求的估计。所做修正包括：①缩放关节力矩至 75kg 的人（预计的外骨骼重量，其有效载荷重量不包括其操作者）；②缩放表示行走速度的数据至每秒一个循环（或者约 1.3m/s）；③将骨盆倾斜角与髋关节角相加得到躯干与大腿之间的单独的髋关节角，如图 33.16 所示。这就减少了外骨骼

的自由度。接下来的部分叙述临床步态分析的用途及其在外骨骼设计中的应用。符号约定见图 33.16 所示。

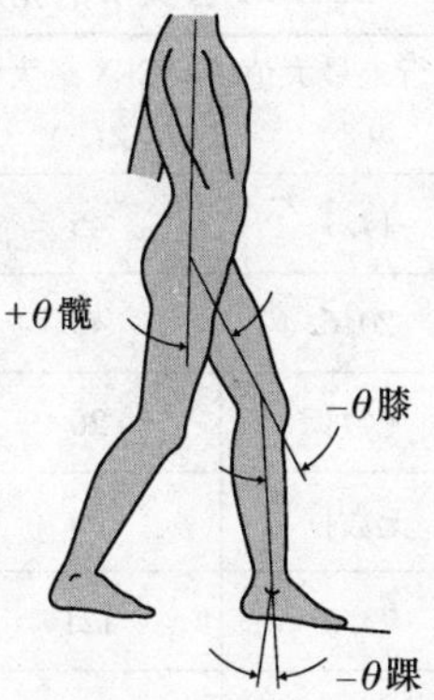

图 33.16　各关节角度被测量为：从邻近连杆（站立姿态时为 0）始，末端连杆的逆时针位移为正，人体如图所示。图中所示的位置，髋关节角度是正的，而两膝关节和两踝关节的角度是负的。力矩被测量为：末端连杆的逆时针方向为正

图 33.17 显示了一个 75kg 的人在平坦地面以 1.3m/s 行走时的临床步态分析的踝关节角数据。尽管图 33.17 显示了行走时的小范围的运动（−20°~+15°），但是其他运动需要较大范围的运动。正常人踝关节可以在 −38°~+35°范围内屈伸自如。为了补偿外骨骼足部所缺少的一些较小的自由度，外骨骼踝关节的最大活动范围选为 ±45°。所有图中的 TO 均表示脚趾离地，HS 均表示脚跟触地。图 33.18 显示了调整后的临床步态分析的踝关节屈伸力矩的数据。

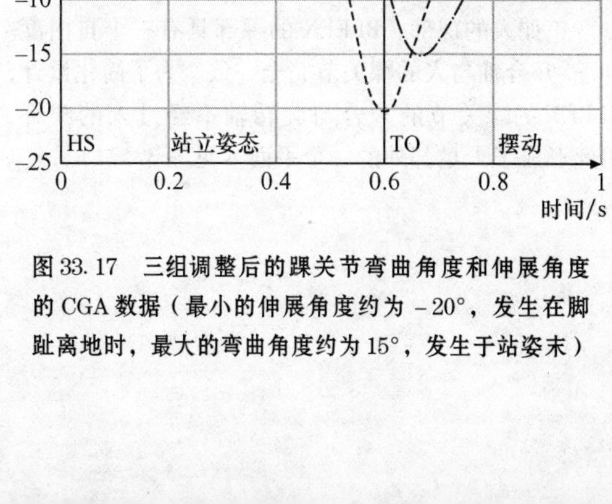

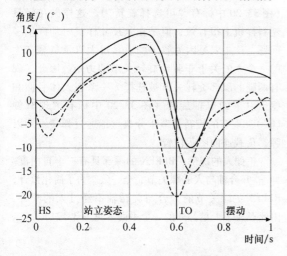

图 33.17　三组调整后的踝关节弯曲角度和伸展角度的 CGA 数据（最小的伸展角度约为 −20°，发生在脚趾离地时，最大的弯曲角度约为 15°，发生于站姿末）

踝关节的力矩通常是负的，这使单向致动器成为致动器的理想选择。这种非对称也暗示了非对称致动器的首选安装方向（单向液压缸）。相反地，如果选用双向致动器，那么弹簧负载就得容许使用低力矩产出的致动器。虽然踝关节力矩在站立时很大，但是在摆腿过程中可以被忽略。这提出一种系统，它能在摆腿过程中将踝关节致动器从外骨骼系统释放以节省电力。

瞬时踝部机械能（见图 33.19）可由关节角速度（见图 33.17）与瞬时关节力矩（见图 33.18）相乘计算得出。踝部在站立阶段吸收能量、在脚趾离地前释放能量。踝部平均功率为正值，这表示功率产出是踝部所需的。

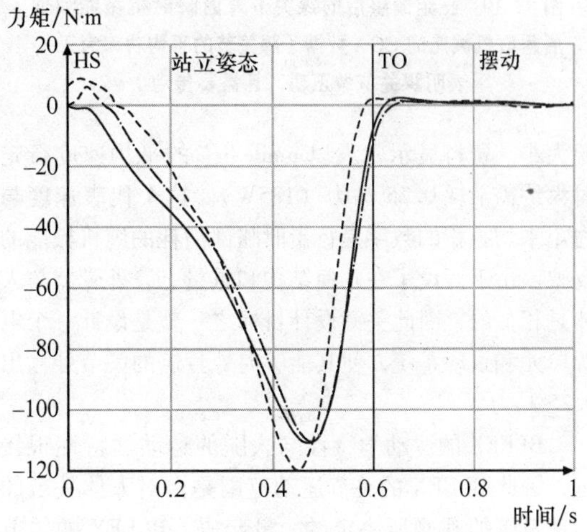

图 33.18　三组调整后的踝关节弯曲力矩和伸展力矩的 CGA 数据（峰值负力矩（伸展）很大，约 120Nm，发生于站姿末，踝关节力矩在摆腿过程中很小）

对膝关节[33.46]和髋关节[33.45]可采用类似的方法进行分析。所求膝部力矩具有正的分量和负的分量，说明这里需要双向致动器。力矩的峰值在站立状态初始时增大（约 60N·m）；因此非对称致动器应当偏置以提供更大的扩展力矩。髋部力矩相对来讲是对称的（−80~+60N·m）；因此，需要一个双向髋关节致动器。在髋关节支持腿部负载的站立初始阶段，需要负向的扩展力矩。

在站立末端阶段和髋关节驱动腿部开始前摆时，髋关节力矩是正的。在摆动过程末、髋关节在脚后跟着地前使腿部减速时，力矩变为负值。

临床步态分析数据提供了一个体重 75kg 的人各个关节的力矩和速度信息，也被用来选定外骨骼的电

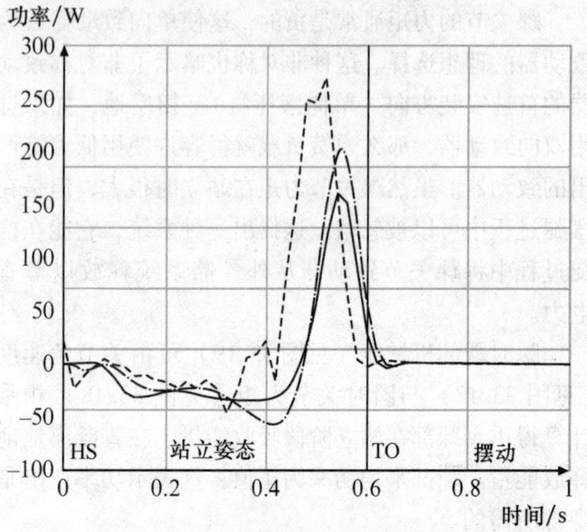

图33.19　三组调整后的踝关节弯曲瞬时机械能和伸展瞬时机械能的CGA数据（踝关节的平均功率为正，表明踝关节做正功，且需要传动）

源大小。资料显示常人以3mile/h㊀的平均速度行走时大约需消耗0.25马力（185W）。这个代表速度与力矩平均乘积的数字是行走时腿部消耗的纯机械能的反映。由于假设了在几何结构和重量上，外骨骼与人体是相似的，因此关键设计目标之一就是设计一个电源单元和致动系统，使其能够向外骨骼的关节处输出0.25马力。

BLEEX的运动学特性与人腿的运动学特性很接近，因此BLEEX的关节运动范围是由对人体关节的运动范围的观测所决定的。最起码，BLEEX的关节运动范围应当与人行走时的关节运动范围相当（见表33.1中的第一列数据）。对每个自由度，表33.1中的第二列列出了BLEEX的关节运动范围，一般大于人行走时的关节运动范围，小于人关节运动范围的最大值。

操作性最强的外骨骼系统应当具有理想的关节运动范围，这个运动范围比人关节运动范围的最大值稍小。然而，BLEEX使用直线致动器，因此，一些关节的运动范围就减小到了防止致动器的运动轴线经过关节中心的程度。如果没有这样的话，那么关节可能会达到一个致动器无法产生关于关节中心的力矩的状态。此外，所有关节的运动范围在样机测试时都经过了测试和修正。例如，样机测试决定了BLEEX的踝部的流畅性/扩展性运动范围需要大于人的踝部的运动范围，以适应BLEEX中没有建模的人足部的较小自由度的要求。

表33.1　BLEEX各关节的角度范围

运动	人行走最大值/(°)	BLEEX最大值/(°)	男性士兵平均/(°)
踝部弯曲	14.1	45	35
踝部伸展	20.6	45	38
踝部外展	无数据	20	23
踝部内收	无数据	20	24
膝部弯曲	73.5	121	159
髋部弯曲	32.2	121	125
髋部伸展	22.5	10	无数据
髋部外展	7.9	16	53
髋部内收	6.4	16	31
外部总旋转	13.2	35	73
内部总旋转	1.6	35	66

设计一个三自由度的外骨骼髋关节以使全部三个转动轴经过人的球状关节是很自然的。然而，通过设计一些样机和实验，证实了这些设计的运动范围有局限并在一些髋关节的姿态处产生了奇异点。因此旋转关节就发生了移动，使其无法与髋关节对齐。起初，旋转关节被直接置于每条外骨骼腿之上（图33.20中标有“可选择旋转”）。这样做在轻量塑料样机上很有效，但是在全尺寸样机时却产生了问题，这主要是因为躯干的质量过大以及负载产生的一个大的关于非驱动旋转关节的力矩。因此，现有两腿的髋部旋转关节被选择为一个在人体后面和躯干以下的单轴旋转（图33.20中标有“现有旋转”）。现有的旋转关节十分典型地通过弹簧钢片以弹簧负载连向图示位置。

正如人的踝部，BLEEX的踝部具有三个自由度。伸缩/开合轴与人的踝关节完全一致。为了简化设计，BLEEX的踝关节的开合与旋转轴不经过人的腿部，由此形成了人足部外的一个平面（见图33.21）。

㊀　1mile/h = 0.44704m/s。

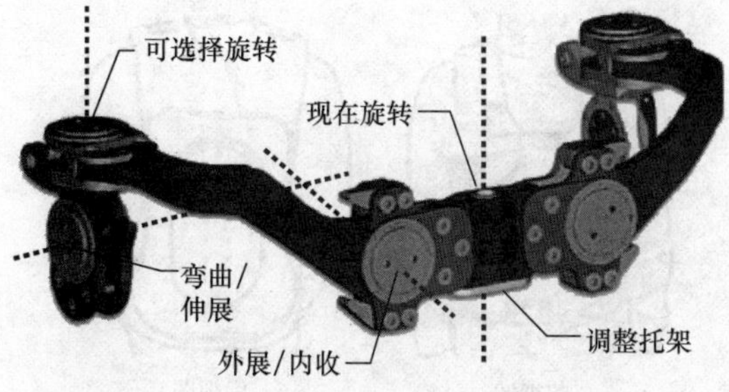

图33.20 外骨骼髋部的运动自由度（后视图）。只有旋转轴没有通过人的髋关节（调整托架可以改变位置以便于适应各种体型的操作员）

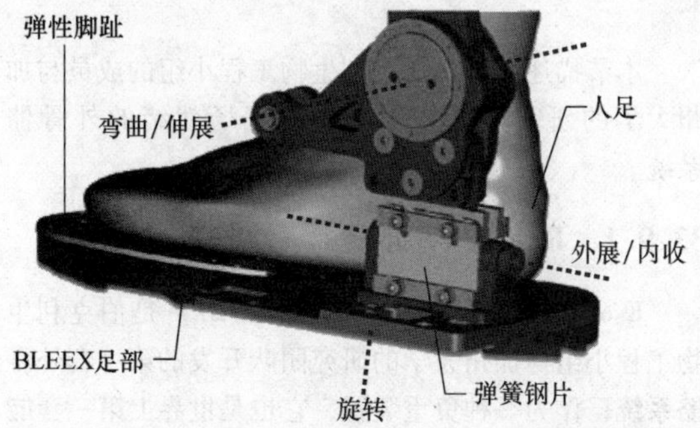

图33.21 外骨骼踝部的运动自由度（只有弯曲轴和伸展轴通过人的踝关节，外展或内收轴和旋转轴没有动力，但具备适当的阻抗）

为了承担人体踝部的负载，BLEEX的踝部的开合关节由弹簧连向垂直方向，但是旋转关节是完全自由的。再者，外骨骼足部的前侧位于操作者的脚趾之下，它是柔性的以使外骨骼足部可以与人脚贴合。由于人和外骨骼的腿部运动学并不完全相同（仅仅是相似），人和外骨骼只是刚性地通过末端连接在一起（足部和躯干）。

BLEEX的足部是一个极其重要的部件，因为它具有如下的多种功能：

1）测量足部压力中心的位置，从而识别足部与地面的接触情况。该信息对BLEEX的控制必不可少。

2）测量人的载荷分布（每条腿上分担的人体重量），该信息也用于BLEEX的控制。

3）将BLEEX的重量传递给地面，因此它必须具有结构完整性，并在有周期性外力的情况下显示出长寿命。

4）它是人体与外骨骼的两个刚性连接处之一。因此，对于操作者，它必须是舒适的。

如图33.22所示，足部的主要结构具有一个硬度高的后跟，它已将负载传递至地面并为脚趾提供舒适自如的环境。操作者的鞋通过快速释放的捆绑物刚性地连接于外骨骼足部的顶部。开关沿着足底探测足部的哪部分与地面接触。出于坚固性的考虑，这些开关被嵌入了订做的橡胶底中。同样在图33.22中可以看到的是负载分布传感器，它是一条橡胶压力管，其中填充了液态的油并夹在人脚与外骨骼足部的主结构之间。传递至压力管的仅有人体的重量（不是外骨骼的），并由传感器测量。控制算法通过传感器来探测人体分别向其左脚和右脚分配了多少重量。

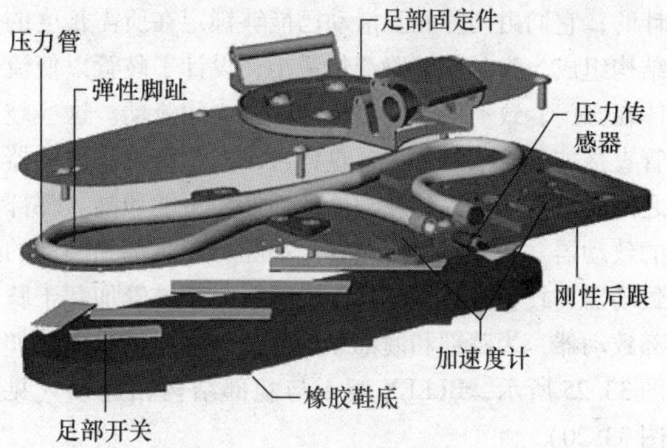

图33.22 BLEEX的足部设计（分解图）

BLEEX的小腿和大腿的功能是结构性支撑以及将弯曲/伸缩关节连接在一起（见图33.23和图33.24）。

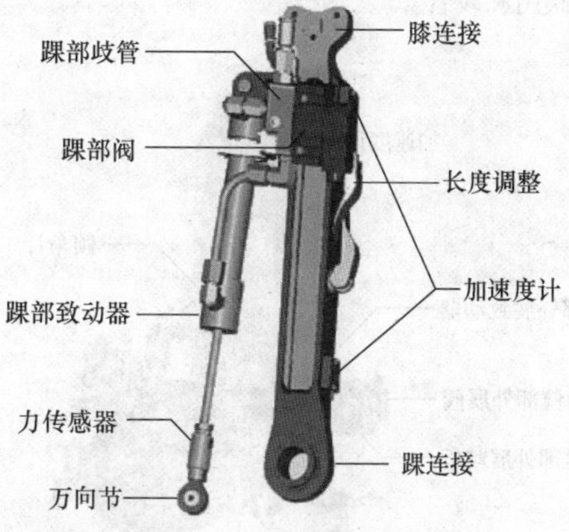

图33.23 BLEEX的小腿设计

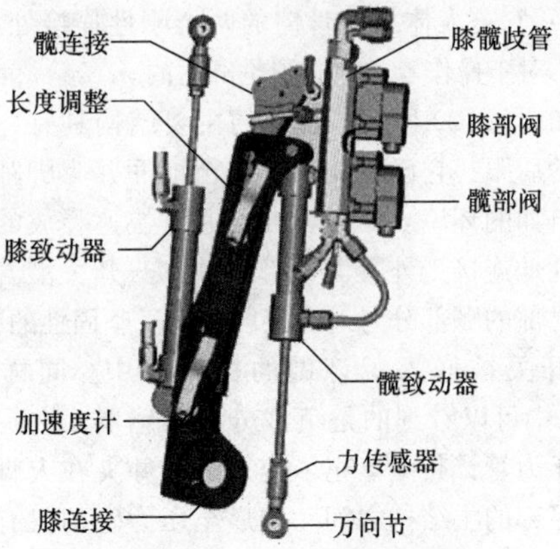

图 33.24 BLEEX 的大腿设计

小腿和大腿都是为调整以适应 90% 的人群而设计的；它们由两片相互滑动已能够锁定在所需长度的结构组成。为了使液路流量最小，设计了歧管以使流体在阀门、致动器、供液源和回线之间流动。这些歧管直接加载于液压缸上，这样可以减少阀门和致动器之间的液路距离，使致动器的性能尽可能最高。踝部的致动器、歧管和阀门装置于小腿，而膝部和髋部的致动器、歧管和阀门装置于大腿。一个歧管加载于膝部致动器，为膝部和髋部致动器的流体提供导向。如图 33.25 所示，BLEEX 躯干与髋部结构相连接（见图 33.20）。

电源、控制计算机和负载加载于躯干的两侧[33.47-49]。加载于躯干的倾角计为控制算法提供绝对角度参考值。自定义的挽具（见图 33.26）加载于躯干前方，用于将外骨骼固定于操作者的身体。除了足部，挽具是使用者与外骨骼刚性相连的另外一处连接点。图 33.25 也示意了用于髋部开合关节的致动器、阀门和歧管。

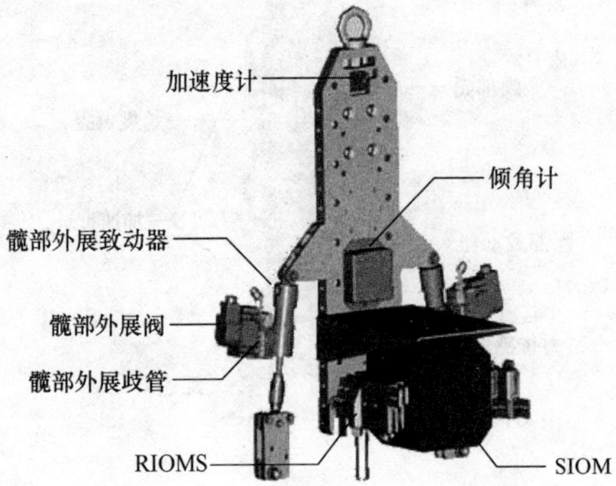

图 33.25 BLEEX 的躯干设计（后视图）

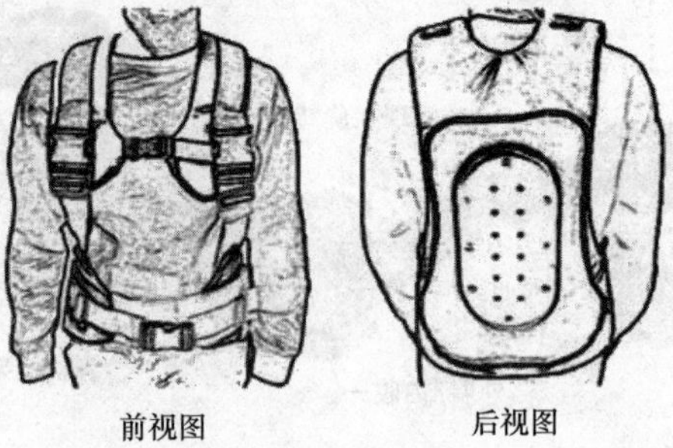

图 33.26 图 33.10 中的操作员背心，采用了可将 BLEEX 操作员作用力均匀分散于操作员上半身的设计

33.9 现场就绪的外骨骼系统

本节描述两种由伯克利生物工程小组的成员与加州大学的研究人员合作开发的现场就绪的外骨骼系统。

33.9.1 ExoHiker 外骨骼

ExoHiker 外骨骼系统（见图 33.27）是伯克利生物工程小组与加州大学的研究团队开发的第一套外骨骼系统；作为一种负重装置，它也是世界上第一套能够通过严格检验的外骨骼系统。

图 33.27 ExoHiker 现场就绪外骨骼，适于缓坡，能够搬运 90kg 的重物

它用于在海拔变化小的长途任务中搬运沉重的背包。

它的重量仅为 14.5kg，其中包括电源和机载计算机。它的负载能力为 90kg，穿戴者此时几乎感受不到重量。装置的噪声微小、不易察觉。量产版的该型外骨骼系统能够使穿戴者在背负68kg的背包的情况下，以4.0km/h的平均速度行走68km，而提供动力的锂电池重量仅为0.5kg。加装小型太阳能电池板后，续航时间可以不受限制。ExoHiker的尺寸可以依据穿戴者的身高进行调节，其范围是约1.65m到1.91m。所有的控制功能都能由使用者通过装有图形用户界面系统的简易手持液晶显示控制器来控制。该外骨骼系统已由特种作战研究支持小组在落基山的山路上进行了测试，也在Natick士兵系统中心的实验室中作了测试。

33.9.2 ExoClimber外骨骼

这种外骨骼系统（见图33.28）的设计能够在满足与ExoHiker相同的长期负重能力要求的同时，满足迅速上台阶或斜坡的要求。

图33.28 ExoClimber™现场就绪外骨骼，适于快速爬升台阶和陡坡

它的重量为23kg，包含电源和机载计算机；其负载能力为90kg。这种外骨骼系统的噪声音量与打印机的噪声音量相仿。它的电池续航能力要求与ExoHiker相同，除了攀爬陡坡。在攀爬陡坡时，ExoClimber能够在负重68kg时攀爬300m，电池重量为0.5kg。该外骨骼系统已由特种作战研究支持小组在落基山的山路上进行了测试，也在Natick士兵系统中心的实验室中作了测试。检测内容包括在表面有积雪覆盖的斜坡上穿防滑鞋和不穿防滑鞋时的攀爬。检测结果相当出色，而且在一次实验中穿戴者使用ExoClimber背负45kg背包的行走距离提高了900%。

伯克利生物工程小组新近开发的外骨骼系统具有两个新的独立特征：

1）它提高了穿戴者的负重能力（68kg提高到90kg）。

2）降低了穿戴者的体力消耗。

在从2006年年末至2007年年初的一些先期测试中，当使用者以3.2km/h的速度无负重行进时，对氧气的消耗量降低了5%~12%。当使用者背负重物时，其效果更为明显。当使用这种外骨骼系统时，穿戴者以3.2km/h的速度背负37kg重物行进时的氧消耗量下降了约15%。这是世界上首套宣称可降低穿戴者氧消耗量的外骨骼系统。

33.10 结论与扩展阅读

外骨骼技术尚处于起步阶段。尽管这部分分析中的外骨骼系统基本被当做机器人系统——它们穿戴在人体上、用来搬运重物，但是读者需要注意的是：医学矫正器领域也提供了与病人相关的系统知识和灵感财富，这些系统或用作康复装置、或用作辅助装置。关于这些系统的例子，请读者们参阅与气压踝部康复矫正器有关的文献参考［30.50，51］。目前，限制外骨骼技术发展的最大问题是电源和致动器。如果没有可行的电源，外骨骼系统将仅限于室内应用。

参考文献

33.1 N.J. Mizen: Preliminary design for the shoulders and arms of a powered, exoskeletal structure, Cornell Aeronaut. Lab. Rep. VO-1692-V-4 (1965)

33.2 General Electric Co.: Hardiman I Arm Test, General Electric Rep. S-70-1019, Schenectady (1969)

33.3 General Electric Co.: Hardiman I Prototype Project, Special Interim Study, General Electric Rep. S-68-1060, Schenectady (1968)

33.4 P.F. Groshaw, General Electric Co.: Hardiman I Arm Test, Hardiman I Prototype, General Electric Rep. S-70-1019, Schenectady (1969)

33.5 B.J. Makinson, General Electric Co.: Research and Development Prototype for Machine Augmentation of Human Strength and Endurance, Hardiman I Project, General Electric Rep. S-71-1056, Schenectady (1971)

33.6 R.S. Mosher: Force-reflecting electrohydraulic manipulator, Electro-Technology (1960)

33.7 M. Vukobratovic, V. Ciric, D. Hristic: Controbution to the Study of Active Exosksltons, Proc. Of the 5th IFAC Congress (Paris, 1972)

33.8 D. Hristic, M. Vukobratovic: Development of active aids for handicapped, Proc. III International

Conference on _bio-Mediacl Engineering (Sorrento, 1973)
33.9 A. Seireg, J. Grundmann: *Design of a Multitask Exoskeletal Walking Device for Paraplegics, Biomechanics of Medical Devices* (Marcel Dekker, New York 1981) pp. 569–644
33.10 K. Yamamoto, K. Hyodo, M. Ishii, T. Matsuo: Development of power assisting suit for assisting nurse labor, JSME Int. J. Ser. C **45**(3), 703–711 (2002)
33.11 K. Yamamoto, M. Ishii, K. Hyodo, T. Yoshimitsu, T. Matsuo: Development of Power assisting suit, JSME Int. J. Ser. C **46**(3), 923–930 (2003)
33.12 J.E. Pratt, B.T. Krupp, C.J. Morse, S.H. Collins: The RoboKnee: An Exoskeleton for Enhancing Strength and Endurance During Walking, Proc. IEEE International Conference on Robotics and Automation (New Orleans, 2004) pp. 2430–2435
33.13 H. Kawamoto, Y. Sankai: Power assist system HAL-3 for gait disorder person, Int. Conf. Computer Helping People with Special Needs (Linz, 2002)
33.14 H. Kawamoto, S. Kanbe, Y. Sankai: Power assist method for HAL-3 estimating operator's intention based on motion information, Proc. of 2003 IEEE Workshop on Robot and Human Interactive Communication (Millbrae, 2003) pp. 67–72
33.15 K. Kong, D. Jeon: Design and control of an exoskeleton for the elderly and patients, IEEE/ASME Trans. Mechatron. **11**(4), 220–226 (2006)
33.16 S.K. Agrawal, A. Fattah: Theory and design of an orthotic device for full or partial gravity-balancing of a human leg during motion, IEEE Trans. Neural Syst. Rehab. Eng. **12**(2), 157–165 (2004)
33.17 H. Kazerooni, S. Mahoney: Dynamics and control of robotic systems worn by humans, ASME J. Dyn. Syst. Meas. Contr. **113**(3), 379–387 (1991)
33.18 H. Kazerooni, M. Her: The dynamics and control of a haptic interface device, IEEE Trans. Robot. Autom. **10**(4), 453–464 (1994)
33.19 H. Kazerooni, T. Snyder: A case study on dynamics of haptic devices: Human induced instability in powered hand controllers, AIAA J. Guid. Contr. Dyn. **18**(1), 108–113 (1995)
33.20 H. Kazerooni: Human-robot interaction via the transfer of power and information signals, IEEE Trans. Syst. Cybernet. **20**(2), 450–463 (1990)
33.21 H. Kazerooni, J. Guo: Human extenders, ASME J. Dyn. Syst. Meas. Contr. **115**(2B), 281–289 (1993)
33.22 H. Kazerooni: The extender technology at the University of California Berkeley, J. Soc. Instrum. Control Eng. Jpn. **34**, 291–298 (1995)
33.23 H. Kazerooni: The human power amplifier technology at the University of California Berkeley, J. Robot. Auton. Syst. **19**, 179–187 (1996)
33.24 U. Yutaka, H. Kazerooni: A μ-based synthesis based control for compliant maneuver, IEEE Conference on Systems, Man, and Cybernetics (Tokyo, 1999) pp. 1014–1019
33.25 T.J. Snyder, H. Kazerooni: A novel material handling system, IEEE International Conference on Robotics and Automation (1996) pp. 1147–1152
33.26 H. Kazerooni, T.B. Sheridan, P.K. Houpt: Robust compliant motion for manipulators, Part I: The fundamental concepts of compliant motion, IEEE J. Robot. Autom. **2**(2), 83–92 (1986)
33.27 H. Kazerooni: On the robot compliant motion control, ASME J. Dyn. Syst. Meas. Contr. **111**(3), 416–425 (1989)
33.28 H. Kazerooni, B.J. Waibel, S. Kim: On the stability of robot compliant motion control: Theory and experiments, ASME J. Dyn. Syst. Meas. Contr. **112**(3), 417–426 (1990)
33.29 H. Kazerooni, B.J. Waibel: Theories and experiments on the stability of robot compliance control, IEEE Trans. Robot. Autom. **7**(1), 95–104 (1991)
33.30 Pneumatic human power amplifier module, Patent #5,915,673
33.31 Human power amplifier for vertical maneuvers (U.S. Patent #5,865,426)
33.32 Human power amplifier for lifting load with slack prevention apparatus (U.S. Patent #6,622,990)
33.33 Device and Method for Wireless Lifting Assist Device (U.S. Patent #6,681,638)
33.34 H. Kazerooni, D. Fairbanks, A. Chen, G. Shin: The Magic Glove, IEEE International Conference on Robotics and Automation (New Orleans, 2004)
33.35 H. Kazerooni, C. Foley: A practical robotic end-effector for grasping postal sacks, ASME J. Dyn. Syst. Meas. Contr. **126**, 154–161 (2004)
33.36 H. Kazerooni, C. Foley: A robotic mechanism for grasping sacks, IEEE Trans. Autom. Sci. Eng. **2**(2), 111–120 (2005)
33.37 J. Ghan, R. Steger, H. Kazerooni: Control and system identification for the Berkeley lower extremity exoskeleton, Adv. Robot. **20**(9), 989–1014 (2006)
33.38 H. Kazerooni, R. Steger: The Berkeley lower extremity exoskeletons, ASME J. Dyn. Syst. Meas. Contr. **128**, 14–25 (2006)
33.39 H. Kazerooni, L. Huang, J.L. Racine, R. Steger: On the Control of Berkeley Lower Extremity Exoskeleton (BLEEX), Proc. of IEEE International Conference on Robotics and Automation (Barcelona, 2005)
33.40 S. Kim, G. Anwar, H. Kazerooni: High-speed Communication Network for Controls with Application on the Exoskeleton, American Control Conference (Boston, 2004)
33.41 S. Kim, H. Kazerooni: High Speed Ring-based distributed Networked control system For Real-Time Multivariable Applications, ASME International Mechanical Engineering Congress (Anaheim, 2004)
33.42 C. Kirtley: CGA Normative Gait Database, Hong Kong Polytechnic University. (available http://guardian.curtin.edu.au/cga/data/)
33.43 A. Winter: International Society of Biomechanics, Biomechanical Data Resources, Gait Data. (available http://www.isbweb.org/data/)
33.44 J. Linskell: CGA Normative Gait Database, Limb Fitting Centre, Dundee, Scotland, Young Adult. (available http://guardian.curtin.edu.au/cga/data/)
33.45 A. Chu, H. Kazerooni, A. Zoss: On the Biomimetic Design of the Berkeley Lower Extremity Exoskeleton (BLEEX), Proc. of IEEE International Conference on Robotics and Automation (Barcelona, 2005)
33.46 A. Zoss, H. Kazerooni, A. Chu: On the biomechanical design of the Berkeley lower extremity exoskeleton (BLEEX), IEEE/ASME Trans. Mechatron. **11**(2), 128–138 (2006)
33.47 T. McGee, J. Raade, H. Kazerooni: Monopropellant-driven free piston hydraulic pump for mobile

robotic systems, J. Dyn. Syst. Meas. Contr. **126**, 75–81 (2004)
33.48 J. Raade, H. Kazerooni, T. McGee: Analysis and design of a novel power supply for mobile robots, IEEE Trans. Autom. Sci. Eng. **2**(3), 226–232 (2005)
33.49 K. Amundson, J. Raade, N. Harding, H. Kazerooni: Hybrid Hydraulic-Electric Power Unit for Field and Service Robots, Proc. of IEEE Intelligent Robots and Systems (Edmonton, 2005)
33.50 D.P. Ferris, V. Czerniecki, B. Hannaford: An ankle-foot orthosis powered by artificial muscles, J. Appl. Biomech. **21**, 189–197 (2005)
33.51 D.P. Ferris, K.E. Gordon, G.S. Sawicki, A. Peethambaran: An improved powered ankle-foot orthosis using proportional myoelectric control, Gait Posture **23**, 425–428 (2006)

第 5 篇　移动式和分布式机器人技术

Raja Chatila 编辑

第 34 章　轮式机器人运动控制

Pascal Morin，法国苏菲亚—安提波利斯

Claude Samson，法国苏菲亚—安提波利斯

第 35 章　运动规划和避障

Javier Minguez，西班牙萨拉戈萨

Florent Lamiraux，法国图卢兹

Jean-Paul Laumond，法国图卢兹

第 36 章　环境建模

Wolfram Burgard，德国弗赖堡

Martial Hebert，美国匹兹堡

第 37 章　同时定位与建图

Sebastian Thrun，美国斯坦福

John J. Leonard，美国坎布里奇

第 38 章　基于行为的系统

Maja J. Matari′c，美国洛杉矶

François Michaud，加拿大舍布鲁克

第 39 章　分布式和单元式机器人

Zack Butler，美国罗切斯特

Alfred Rizzi，美国沃尔瑟姆

第 40 章　多机器人系统

Lynne E. Parker，美国诺克斯维尔

第 41 章　网络机器人

Vijay Kumar，美国费城

Daniela Rus，美国坎布里奇

Gaurav S. Sukhatme，美国洛杉矶

20世纪60年代后期美国斯坦福研究所（SRI）开始Shakey项目标志着移动机器人成为一个研究领域。1969年，*N. J. Nilsson*在人工智能国际联合会议（IJCAI）上所作的研讨论文“移动机器人：人工智能技术的一个应用”中已经提出了感知、建图、运动规划以及控制架构的想法。那些问题的确就是接下来几十年内移动机器人研究的核心。20世纪80年代移动机器人项目的研究蓬勃发展，不久移动机器人就需要与现实的物理世界相协调，问题产生出来：所孕育出的新研究方向，实际上正在偏离机器人只是人工智能技术应用的最初概念。这部分介绍的所有问题，除了机械设计本身之外，是为了建立和控制移动机器人所需要知道的。

传感是第3篇的主题，但是使用传感来进行环境建图、机器人定位和移动机器人导航却是本部分中第36章和第37章的内容，也与估计理论有非常近的联系（第1篇的第4章）。在基础部分（第1篇）介绍的几个问题也在这部分作了重复介绍，并放到了移动机器人具体化的背景资料中，如运动控制（第1篇的第6章，本篇的第34章）。运动规划在第1篇的第5章介绍过，运动规划和避障的具体问题也是第35章的内容。移动机器人是一个集成传感、决策和执行的系统。因此，在机器人学中，通过移动机器人过多地开发控制架构问题，经常引起争论。第38章，重点是基于行为的系统，应该适当阅读这章，同时应该对第8章（第1篇）的机器人系统架构和编程、第9章（第1篇）的人工智能的推理和对机器人学的学习方法牢记于心。

当几个移动机器人碰撞到一起会发生什么事呢？集合行为是怎样产生的？又如何能控制？这些问题很早就出现了。答案在第39、40和41章 。

随着移动机器人的发展，当需要实现光滑和有效的运动并跟踪确定的轨迹时，控制问题成为主要关心的问题。此外，轮式机器人移动结构的设计经常与汽车的移动机构相似，即非完整约束。对于机械臂研究是必不可少的运动学和控制也相应地进入到移动机器人的领域。主要使用反馈控制和线性控制理论的转向控制技术在第34章进行介绍。

第35章从移动机器人的角度介绍运动规划。在此背景下，非完整的运动学约束成为一个主要的难题，微分几何作为一个主要的工具来实现经典运动规划器计算出来的运动。这里介绍的与经典运动规划的另一个不同之处在于：规划在未知环境中的未知或移动的障碍物，这使得使用基于传感器的运动开发方法。

移动机器人的导航需要建立周围环境的地图。因此第36章介绍了第一个问题：什么样的表示是最充分的，举例来说，在不平坦地形上，观念中的障碍物在室内与室外相比有什么不同的意义？另一个问题是：应如何处理传感的不确定性？进一步说，当移动机器人进入某个工作环境时，它们需要增量式地建立它们的环境地图。因此，从不同位置建立的局部表象需要融合到一起来组建一个统一地图。这就要求机器人知道那些位置，这些位置仅有相对于环境地图自身的定义。因此，定位与建图必须同时实现，第37章概述了解决这个SLAM（同时定位与建图）问题的技术。

20世纪80年代中期是移动机器人发展非常火热的一个时期。三个主题被首次提出：SLAM、非完整约束和控制架构。或许此领域中最令人兴奋的争论之一是由*Rodney Brooks*提出的包容架构，该架构通过去除架构中的审议组件，成为基于行为机器人的范例。第38章讨论了那些架构概念。

本篇关于分布式机器人技术包含了3章。多个移动机器人之间进行交互来实现一个共同的使命或进行协调，通过直接或间接的通信，或者甚至完全没有沟通，机器人系统由几个机器人组成或者由一大群机器人组成，它们带有新兴行为，所依赖的算法在第40章介绍。在那一章，每个机器人都有自己的容量和个体行为。我们可以由其他的机器人设计机器人吗？机器人可以改装自己的身体吗？机器人可以自我复制吗？第39章概述了模块化机器人，例如，由可互换零件建立的机器人，根据任务、运动或形势，它们可以改装他们自己。

最后，随着微型化和无线通信的发展，分布式机器人自身的概念已有另一种尺寸。机器人可以分散在任何地方，变得无孔不入。这些新问题作为这部分的总结，在第41章中介绍。

第34章　轮式机器人运动控制

Pascal Morin，Claude Samson

谢广明　译

本章是第17章的延续，主要研究基本轮式运动机器人结构的分类与建模。同时，本章也是对第35章的补充，该章研究的是轮式运动机器人的运动规划方法。这些方法的一个典型结果，就是针对给定的运动机器人，提出可行的参考状态轨迹。随之而来的问题是如何使得实体机器人，能够通过控制安装在其上的致动器，来实现跟踪这一参考轨迹。本章的目标就是在基于简单有效的控制策略前提下，描述解决这一问题的基本要素。第一种方法是应用开环驱动控制律，如第35章所推导的那样。然而，众所周知这类控制对于模型误差的鲁棒性差，不能保证机器人按预先设计的轨迹运动。这就是为什么我们这里所采用的方法都是基于反馈控制的原因。它们能够实现的前提是假设控制环路中的变量可以测量（机器人相对于固定坐标系或小车应遵循的路径的典型位置和方向）。在这一章中，我们将假定这些测量是时间上连续的，并且它们是没有噪声污染的。像通常方法那样，鲁棒性分析不会进行详细讨论。其中一个原因是很大一部分的描述方法是基于线性控制理论的，且超出了规定篇幅的限定。反馈控制律通常继承了线性系统稳定性所附带的较强的鲁棒性。这种结果也可以通过使用带补充性的、最终更精细的自动控制技术获得。

34.1　背景 …… 283
　34.1.1　路径跟踪 …… 284
　34.1.2　轨迹的镇定 …… 284
　34.1.3　固定位姿的镇定 …… 284
34.2　控制模型 …… 285
　34.2.1　运动学和动力学 …… 285
　34.2.2　Frénet 坐标系下的建模 …… 286
34.3　面向完整性系统的控制方法的适应性 …… 287
　34.3.1　非约束点的轨迹镇定 …… 287
　34.3.2　无方向控制的路径跟踪 …… 288
34.4　非完整系统的特定方法 …… 289
　34.4.1　运动学模型向链式形式的转换 …… 289
　34.4.2　相同运动学特性参考车辆的追踪 …… 290
　34.4.3　包含方向控制的路径跟踪 …… 293
　34.4.4　固定位姿的渐近镇定 …… 295
　34.4.5　非完整约束系统控制的固有局限性 …… 299
　34.4.6　基于横截函数方法的任意轨迹的实用镇定 …… 300
34.5　补充材料和参考文献指南 …… 303
参考文献 …… 304

34.1　背景

轮式移动机器人的控制已经是并且仍旧是许多研究工作的研究主题。特别地，与这些系统相关联的非完整性约束推动了强非线性控制技术的发展。这些方法将在本章中呈现，但对它们的阐述进行了一定的限制，以便优先介绍一些更基础的理论。不论从理论方面，还是从实际应用方面，这些理论的基础已被很好的建立。

为了简单起见，控制方法的发展主要是针对独轮车型和轿车型的移动机器人，这分别对应于在第17章中所提出的分类模型中的类型（2，0）和类型（1，1）。事实上，大部分结果可以扩展或改造用于其他类型的移动机器人，特别是含有拖车的系统。我们会指出在什么样的情形下这种扩展是很直接的。所有解释各种控制问题和解决办法的仿真结果都是基于小车型机器人得出的，这种机器人的运动学比独轮车型的要更复杂一些。

如图34.1所示：

1）一个独轮车型机器人包含两个可独立驱动的轮子，它们被安装在同一个轴上，轴的方向与机器人的底座刚性相关，另外还有一个或多个被动转向（或悬挂）的轮子，它们不受控制，只起支撑作用。

2）一个（后轮驱动）轿车型移动机器人由一个机箱后部的动力轮轴和一个（或一对）可转向的前轮组成。

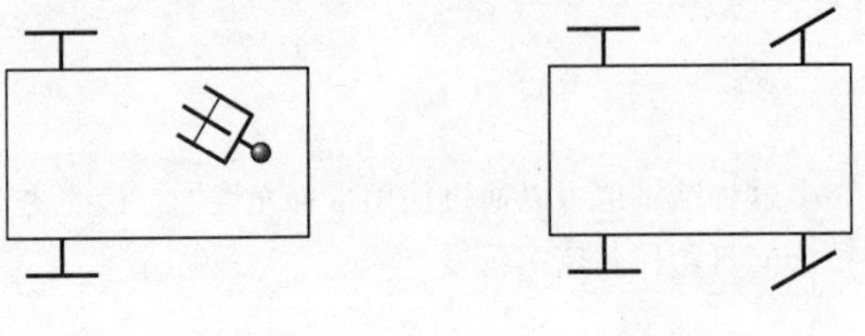

图 34.1 独轮车型（左）和轿车型（右）移动机器人

不仅如此，如图 34.2 所示，轿车型移动机器人（至少在运动学上）可以视为独轮车式移动机器人与一个拖车的连接。

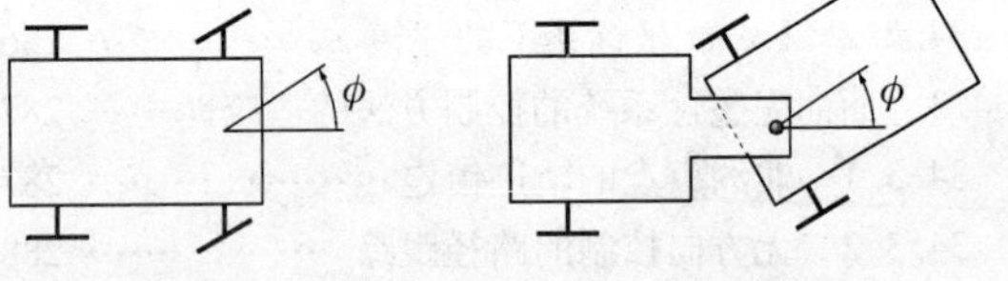

图 34.2 轿车/带拖车的独轮车的模拟

我们将在本章研究三类一般性的控制问题，所述如下。

34.1.1 路径跟踪

给定平面上的一条曲线 C，机器人底座的纵向速度（非零）v_0，选定底座上的一点 P，目的是使机器人在以速度 v_0 移动时，点 P 可以沿着曲线 C 运动。因此，必须镇定到零点的变量就是点 P 和曲线之间的距离（也就是说，点 P 与距离曲线 C 上最近的点 M 之间的距离）。这个类型的问题通常对应于车辆在道路上行驶时，试图保持汽车底座和道路一侧之间的距离恒定。自动围墙跟踪是另一个可能的应用。

34.1.2 轨迹的镇定

这类问题与上一问题的不同在于，小车的纵向速度不再是预先设定好的，因为人们旨在监控其沿曲线 C 所走的距离。这一目标通常假设几何曲线 C 是由一个时间进度表所描述的，也就是说，它可以由时间变量 t 进行参数化。这可以归结为在参考坐标系 F_0 中定义一条轨迹 $t \mapsto (x_r(t),\ y_r(t))$。于是，目标变为把位置误差向量 $(x(t)-x_r(t),\ y(t)-y_r(t))$ 镇定到零点，其中 $(x(t),\ y(t))$ 为点 P 于 t 时刻在参考系 F_0 中的坐标。这个问题也可以表述为控制一个车辆以跟踪另一个参考车辆的轨迹，而参考车辆的轨迹由 $t \mapsto (x_r(t),\ y_r(t))$ 给出。值得注意的是，能够实现精确跟踪的前提是参考轨迹对于物理车辆是可行的。当然，对于独轮车可行的轨迹不必要对轿车是可行的。此外，除了监测机器人的位置 $(x(t),\ y(t))$，人们还希望控制底座的方向 $\theta(t)$，使之与相关参考车辆之间的方向保持一个理想的参考值 $\theta_r(t)$。对于一个非完整约束的独轮车型机器人，如果它是由具有物理机器人相同运动学限制的参考车辆产生的，参考轨迹 $(x_r(t),\ y_r(t),\ \theta_r(t))$ 是可行的。例如，大多数由全向运动车辆（全向运动车辆可参考第 17 章）所产生的轨迹对于非完整约束的移动机器人是不可行的。然而，不可行性并不意味着参考轨迹就不可以用一种近似方式，也就是一种存在小误差（尽管非零）的方式，来进行跟踪。这表明，相对于渐近镇定性，即让跟踪误差收敛到零，引入实际镇定概念是合理的。在本章的最后一部分，针对不可行轨迹，我们将致力于讨论当前和预期的实际镇定控制方法。

34.1.3 固定位姿的镇定

用 F_1 表示一个依附于机器人底座上的坐标系。在这一章中，我们称一个机器人的位姿（或状态）为机器人底座上的一点 P 的位置，以及 F_1 相对于运动平面内的一个固定坐标系 F_0 之间的方向角 $\theta(t)$。对于最后这类问题，目标是使位姿向量 $\boldsymbol{\xi}(t) = (x(t),\ y(t),\ \theta(t))$ 镇定到零点，其中 $(x(t),\ y(t))$ 表示在坐标系 F_0 中 P 点的位置。尽管固定的参考位姿显然是可行轨迹的一种特殊情形，但这一问题并不能用经典控制方法解决。

本章的组织结构如下。第 34.2 节专门讨论控制模型的选择，以及与路径跟踪控制问题相关的建模方程的确定。第 34.3 节研究路径跟踪和轨迹位置镇定问题，假设条件是在机器人底座上选择 P 点的位置。这一假设暗示该点的运动是不受约束的。它大大简化了所考虑问题的求解。然而，这种简化的问题在于，机器人方向角的稳定性并不能总被保证，特别是当某些阶段机器人的纵向速度的符号不恒定的时候。第 34.4 节剔除了这种对于 P 点选取的假设，并重新考虑了以上两个问题，以及固定位姿的镇定问题。在本小节的最后，指出了一些以渐近镇定性为目标的缺点和局限性。这些问题可以通过考虑以实际镇定性为目标来代替进行规避。基于应用所谓传递函数的角度，当前存在的和预期发展的控制方法的一些基本要素将在第34.4.6节呈现。最后，就移动机器人反馈控制的一些补充问题进行了简要讨论并总结在第34.5节，同时给出一个注释参考文献列表便于轮式移动机器人的运动控制的深入阅读。

34.2 控制模型

34.2.1 运动学和动力学

第17章中的关系式（17.29）给出了为轮式移动机器人结构动态模型的一般方法。对于独轮车式和轿车式的移动机器人的特殊情形，给出公式如下：

$$\boldsymbol{H}(\boldsymbol{q})\dot{\boldsymbol{u}}+\boldsymbol{F}(\boldsymbol{q},\boldsymbol{u})\boldsymbol{u}=\boldsymbol{\Gamma}(\Phi)\boldsymbol{\tau} \qquad (34.1)$$

式中，$\boldsymbol{q}$ 表示机器人的结构向量；$\boldsymbol{u}$ 是由与机器人的自由度相关的独立速度变量组成的向量；$\boldsymbol{H}(\boldsymbol{q})$ 为降阶惯性矩阵（对任意 $\boldsymbol{q}$ 均可逆）；$\boldsymbol{F}(\boldsymbol{q},\ \boldsymbol{u})\boldsymbol{u}$ 是科氏力（地球自转偏向力）和车轮—地面压力所综合作用下的合力向量；Φ 为小车方向轮的方向角；$\boldsymbol{\Gamma}$ 为可逆控制矩阵（在独轮车型的情形下是定常矩阵）；$\boldsymbol{\tau}$ 为独立电动机转矩向量（其维数等于全驱动情形下自由度的个数，针对本章所考虑车型，取值为2）。对于独轮车型车辆，结构向量是由底座位姿向量 $\boldsymbol{\xi}$ 的分量和所有（车辆地盘上的）从动轮的方向角所组成的。对于轿车型车辆，结构向量是由 $\boldsymbol{\xi}$ 的分量和方向轮的方向角 Φ 所组成的。

为了完整性，这一动态模型必须辅之以如下形式的运动方程（关系式（17.30））

$$\dot{\boldsymbol{q}}=\boldsymbol{S}(\boldsymbol{q})\boldsymbol{u} \qquad (34.2)$$

由此式我们可以提取一个简化的运动学模型（关系式（17.33））

$$\dot{z}=\boldsymbol{B}(z)\boldsymbol{u} \qquad (34.3)$$

式中，在独轮车情形下，取 $z=\boldsymbol{\xi}$；在轿车型情形下 $z=(\boldsymbol{\xi},\ \Phi)$。

在自动控制的概念中，完整的动力学模型（式（34.1）和式（34.2））可以组成一个控制系统，可以写成 $\dot{\boldsymbol{X}}=f(\boldsymbol{X},\ \boldsymbol{\tau})$。式中，$\boldsymbol{X}=(\boldsymbol{q},\ \boldsymbol{u})$ 为系统的状态向量；$\boldsymbol{\tau}$ 为控制输入向量。运动学模型式（34.2）和式（34.3）也可以看成以 $\boldsymbol{q}$ 和 z 为状态向量，$\boldsymbol{u}$ 为控制向量的控制系统。这些模型都可以用来进行控制设计和分析。在本章的剩余部分，我们选择运动学模型式（34.3）进行处理。通过模拟机械手臂的运动控制，得出如下结论，更倾向于采用速度控制输入的模型，而不是力矩控制输入的模型。这一选择的主要理由如下：

1）运动学模型比动力学模型更简单。特别地，不需要引入大量的矩阵值的方程，这些方程的精确确定要依赖于大量的关于小车及其驱动器参数的知识（车体结构的几何重构，质量和质量惯性矩，简化传输电动机所产生转矩的参数等）。对于许多应用来说，我们并不需要精确知道所有这些量的具体数值。

2）在使用电动机驱动的机器人中，这些电动机经常被供以低水平的速度控制环路，这种环路需要预先设定的角速度作为参考输入，并且稳定电动机的角速度到这个值上。如果这个调节环路非常有效，那么设定速度值和实际速度值之间的差将会很小，即使是在设定速度值和电动机的负载连续变化的时候（至少在一定范围内）。这种类型的鲁棒性可以反过来让我们把设定速度值看做一个自由控制变量。很多工业机械手臂的配套控制器都是基于这一原理。

3）上述所引出的伺服环路的作用是从车辆的动力学中解耦出运动学部分。如果这些环路不存在，那么可以设计它们，甚至可以利用动力学方程式（34.1）中所涉及项的信息来提高它们性能。例如，假设将由驱动器所产生的力矩作为控制输入，一种简单的方式进行处理（至少理论上），就构成了应用所谓的计算力矩方法。基本想法是将动力学方程线性化，即通过设

$$\boldsymbol{\tau}=\boldsymbol{\Gamma}(\Phi)^{-1}[\boldsymbol{H}(\boldsymbol{q})\boldsymbol{\omega}+\boldsymbol{F}(\boldsymbol{q},\boldsymbol{u})\boldsymbol{u}]$$

这样就产生了一个简单的解耦线性控制系统 $\dot{\boldsymbol{u}}=\boldsymbol{w}$，其中变量 $\boldsymbol{\omega}$ 是和加速度向量同性，扮演新的控制输入向量的角色。最后这个方程指出，一个使用电动机转矩控制小车的问题可以退化为一个加速度控制输入的问题上。通过采用运动学模型来得出一个速度控制解来推导这样一个问题的控制解，通常并不困难。例如

$$\boldsymbol{\omega}=-k(\boldsymbol{u}-\boldsymbol{u}^*(z,t))+\frac{\partial\boldsymbol{u}^*}{\partial z}(z,t)\boldsymbol{B}(z)\boldsymbol{u}+\frac{\partial\boldsymbol{u}^*}{\partial t}(z,t)$$

是一个解，其中 $k>0$ 且假设 $\boldsymbol{u}^*$ 是可微的运动学解，进一步

$$\boldsymbol{u}=\boldsymbol{u}^*(z,t)+(\boldsymbol{u}(0)-\boldsymbol{u}^*(z_0,0))\mathrm{e}^{-kt}$$

也是一个解。

对于独轮车型移动机器人，其运动学模型式（34.3）从现在开始采用如下形式

$$\begin{cases}\dot{x}=u_1\cos\theta\\ \dot{y}=u_1\sin\theta\\ \dot{\theta}=u_2\end{cases}\tag{34.4}$$

式中，(x, y) 表示两个驱动轮轴心连线的中点 P_m 的坐标；角 θ 表示机器人底座的方向（见图34.3）。在这个方程中，u_1 表示小车纵向速度的大小，u_2 表示底座转向时的瞬时转速。变量 u_1 和 u_2 与其各自相应驱动轮的角速度有着如下一一对应关系

$$u_1=\frac{r}{2}(\dot{\Psi}_r+\dot{\Psi}_l)$$

$$u_2=\frac{r}{2R}(\dot{\Psi}_r-\dot{\Psi}_l)$$

式中，r 为车轮的半径；R 为两个驱动轮之间的距离；$\dot{\Psi}_r$（$\dot{\Psi}_l$）为右（左）后轮的角速度。

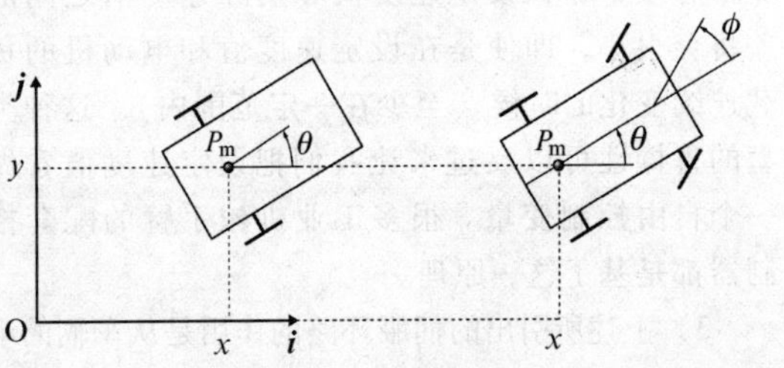

图34.3　结构变量

对于轿车型移动机器人，其运动学模型式（34.3）从现在开始采用如下形式

$$\begin{cases}\dot{x}=u_1\cos\theta\\ \dot{y}=u_1\sin\theta\\ \dot{\theta}=\dfrac{u_1}{L}\tan\Phi\\ \dot{\Phi}=u_2\end{cases}\tag{34.5}$$

式中，Φ 表示小车的舵轮的方向角；L 为前后轮轴之间的距离。在接下来所有的仿真中，L 均设为1.2m。

34.2.2　Frénet 坐标系下的建模

本小节的目的是把前面建立的运动学模型推广到以 Frénet 坐标系为参考坐标系的情形。这个推广将在后面论述路径跟踪问题时被用到。

让我们考虑一条运动平面上的曲线 C，如图34.4所示，我们定义三个如下所述的参考系 F_0，F_m 和 F_s。其中 $F_0=\{0, \boldsymbol{i}, \boldsymbol{j}\}$ 是一个固定参考坐标系；$F_m=\{P_m, \boldsymbol{i}_m, \boldsymbol{j}_m\}$ 是一个依附于移动机器人车体上的参考坐标系，其坐标原点 P_m 位于机器人两个后轮的轴线中心；参考坐标系 $F_s=\{P_s, \boldsymbol{i}_s, \boldsymbol{j}_s\}$ 由曲线 C 的曲线横坐标 s 导出，使得单位向量 $\boldsymbol{i}_s$ 是曲线 C 的切线方向。

考虑机器人底座上的一点 P，令 (l_1, l_2) 表示 P 点用 F_m 的基所表示的坐标。为了确定 P 点相对于曲线 C 的运动方程，我们引入三个变量 s，d 和 θ_e，分别定义如下：

1）s 是点 P_s 的曲线横坐标，而点 P_s 是点 P 到曲线 C 的正交投影。若点 P 与曲线足够接近，则点 P_s 存在且唯一。更加精确的说，只要曲线和点 P 间的距离小于曲线半径的下界。我们假定这个条件是满足的。

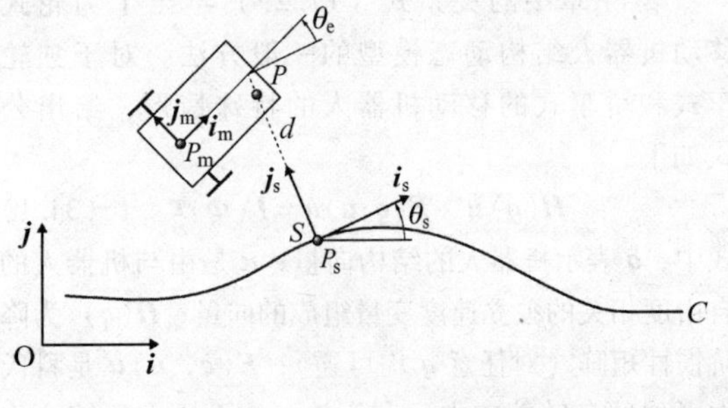

图34.4　Frénet 坐标系下的表述

2）d 是在参考系 F_s 中位于 P 点的纵坐标；其绝对值大小就是 P 点与曲线之间的距离。

3）$\theta_e=\theta-\theta_s$ 是描述机器人底座相对于 F_s 参考系的方向角。

现在我们来确定 $\dot{s}$，$\dot{d}$ 和 $\dot{\theta}_e$。由定义，曲线 C 上 P_s 点的曲率为 $c(s)$，即 $c(s)=\partial\theta_s/\partial s$，由式（34.4）可得

$$\dot{\theta}_e=u_2-\dot{s}c(s)\tag{34.6}$$

由于 $\boldsymbol{P}_s\boldsymbol{P}=d\boldsymbol{j}_s$，根据等式 $\mathrm{d}\boldsymbol{OP}_s/\mathrm{d}t=\dot{s}\boldsymbol{i}_s$，首先可以得出

$$\frac{\partial \boldsymbol{OP}}{\partial t}=\frac{\partial \boldsymbol{OP}_s}{\partial t}+\dot{d}\boldsymbol{j}_s-dc(s)\dot{s}\boldsymbol{i}_s\tag{34.7}$$
$$=\dot{s}(1-dc(s))\boldsymbol{i}_s+\dot{d}\boldsymbol{j}_s$$

又有 $\boldsymbol{P}_m\boldsymbol{P}=l_1\boldsymbol{i}_m+l_2\boldsymbol{j}_m$，由于 $\mathrm{d}\boldsymbol{OP}_m/\mathrm{d}t=u_1\boldsymbol{i}_m$，可得

$$\begin{aligned}\frac{\partial \boldsymbol{OP}}{\partial t}&=\frac{\partial \boldsymbol{OP}_m}{\partial t}+l_1u_2\boldsymbol{j}_m-l_2u_2\boldsymbol{i}_m\\&=(u_1-l_2u_2)\boldsymbol{i}_m+l_1u_2\boldsymbol{j}_m\\&=(u_1-l_2u_2)(\cos\theta_e\boldsymbol{i}_s+\sin\theta_e\boldsymbol{j}_s)+\\&\quad l_1u_2(-\sin\theta_e\boldsymbol{i}_s+\cos\theta_e\boldsymbol{j}_s)\\&=[(u_1-l_2u_2)\cos\theta_e-l_1u_2\sin\theta_e]\boldsymbol{i}_s+\\&\quad[(u_1-l_2u_2)\sin\theta_e+l_1u_2\cos\theta_e]\boldsymbol{j}_s\end{aligned}\tag{34.8}$$

通过分别计算式（34.7）和式（34.8）中向量与 $\boldsymbol{i}_s$ 和 $\boldsymbol{j}_s$ 的内积，以及应用式（34.6），最终可以得到以下系统的方程组

$$\begin{cases}\dot{s}=\dfrac{1}{1-dc(s)}[(u_1-l_2u_2)\cos\theta_e-l_1u_2\sin\theta_e]\\ \dot{d}=(u_1-l_2u_2)\sin\theta_e+l_1u_2\cos\theta_e\\ \dot{\theta}_e=u_2-\dot{s}c(s)\end{cases}\tag{34.9}$$

这些方程是式（34.4）的一个推广。为验证这个结论，我们用 P 作为参考坐标系 F_m 的原点（即 $l_1=l_2=0$），并把参考系 F_0 的坐标轴（O，$\boldsymbol{i}$）与曲线 C 一致。于是有 $s=x$，$c(s)=0$（对任意 s），进一步，令 $y\equiv d$ 和 $\theta\equiv\theta_e$，即可准确得到式（34.4）。

对于轿车型车辆，基于式（34.5）很容易验证系统式（34.9）可化为

$$\begin{cases}\dot{s}=\dfrac{u_1}{1-dc(s)}\left[\cos\theta_e-\dfrac{\tan\phi}{L}(l_2\cos\theta_e+l_1\sin\theta_e)\right]\\ \dot{d}=u_1\left[\sin\theta_e+\dfrac{\tan\phi}{L}(l_1\cos\theta_e-l_2\sin\theta_e)\right]\\ \dot{\theta}_e=\dfrac{u_1}{L}\tan\phi-\dot{s}c(s)\\ \dot{\Phi}=u_2\end{cases}\tag{34.10}$$

（只要将式（34.9）中的 $u_2=\dot{\theta}$ 用新表达式 $\dot{\theta}$：$(u_1\tan\Phi)/L$ 替代即可）。简言之，我们得到如下结论。

命题 34.1

独轮车型和轿车型车辆相对于 Frénet 坐标系下的运动学方程组可分别由系统式（34.9）和式（34.10）给出。

34.3　面向完整性系统的控制方法的适应性

我们将在本节中讨论轨迹镇定问题和路径跟踪问题。当我们在引言中定义这些问题时，我们所考虑的是附着于机器人底座上的一个参考点 P。事实证明，对于这一点的选择是很重要的。实际上，例如对独轮车上的一点 P，当曲线 C 为坐标轴（O，$\boldsymbol{i}$）时，我们考虑方程式（34.9）。于是有 $s=x_p$，$d=y_p$，以及 $\theta=\theta_e$ 表示了机器人相对于固定参考系 F_0 下的位姿。根据 P 是否在驱动轮的轴线上，可以有两种可能情形。我们考虑第一种情形，其中 $l_1=0$。从式（34.9）中的前两个方程可知 $\dot{x}_p=(u_1-l_2u_2)\cos\theta$，$\dot{y}_p=(u_1-l_2u_2)\sin\theta$。这些关系式指出 P 只能够沿向量（$\cos\theta$，$\sin\theta$）的方向移动，这是小车所受非完整约束的直接结果。现在，如果点 P 不在轮轴上，则有

$$\begin{pmatrix}\dot{x}_p\\ \dot{y}_p\end{pmatrix}=\begin{pmatrix}\cos\theta & -l_1\sin\theta\\ \sin\theta & l_1\cos\theta\end{pmatrix}\begin{pmatrix}1 & -l_2\\ 0 & 1\end{pmatrix}\begin{pmatrix}u_1\\ u_2\end{pmatrix}\tag{34.11}$$

方程右边的两个方阵都是可逆的，这个事实表明 $\dot{x}_p$、$\dot{y}_p$ 可以取任意值，因此点 P 的运动是不受约束的。通过和完整性的机械手臂类比，这意味着 P 可以视为一个具有两自由度的末端，因此它可以通过采用与操纵机械手臂相同的方法来控制。在这一部分，我们假设用来刻画机器人位置的 P 点，并没有选择在后轮轴上。在这种情形下，我们将发现解决轨迹镇定问题和路径跟踪问题会简单很多。然而，正如接下来部分所显示的，在轮轴上选择 P 点，也许可以更有利于控制小车的方向。

34.3.1　非约束点的轨迹镇定

1. 独轮车型

考虑平面内的一条可微分的参考轨迹 $t\mapsto(x_r(t),y_r(t))$，用 $e=(x_p-x_r,\ y_p-y_r)$ 表示位置的跟踪误差。控制目标是要渐近镇定误差到零点。从式（34.11）中可得误差方程为

$$\dot{\boldsymbol{e}}=\begin{pmatrix}\cos\theta & -l_1\sin\theta\\ \sin\theta & l_1\cos\theta\end{pmatrix}\begin{pmatrix}u_1-l_2u_2\\ u_2\end{pmatrix}-\begin{pmatrix}\dot{x}_r\\ \dot{y}_r\end{pmatrix}\tag{34.12}$$

引入新的控制变量（ν_1，ν_2），定义如下：

$$\begin{pmatrix}\nu_1\\ \nu_2\end{pmatrix}=\begin{pmatrix}\cos\theta & -l_1\sin\theta\\ \sin\theta & l_1\cos\theta\end{pmatrix}\begin{pmatrix}u_1-l_2u_2\\ u_2\end{pmatrix}\tag{34.13}$$

则式（34.12）简化为

$$\dot{\boldsymbol{e}}=\begin{pmatrix}\nu_1\\ \nu_2\end{pmatrix}-\begin{pmatrix}\dot{x}_r\\ \dot{y}_r\end{pmatrix}$$

于是，就可以应用镇定线性系统的传统技术了。例如，我们可以考虑如下一个带前馈补偿的比例反馈控制

$$\nu_1=\dot{x}_r-k_1e_1=\dot{x}_r-k_1(x_p-x_r),(k_1>0)$$
$$\nu_2=\dot{y}_r-k_2e_2=\dot{y}_r-k_2(y_p-y_r),(k_2>0)$$

由此得到的闭环方程为 $\dot{\boldsymbol{e}}=-\boldsymbol{K}\boldsymbol{e}$。当然，这个控制可以用初始控制变量 $\boldsymbol{u}$ 进行重写，因为映射（u_1，u_2）$\mapsto$（ν_1，ν_2）是双射的。

2. 带拖车的独轮车型

以上的技术可以直接推广到一个或几个拖车钩

在独轮车型的小车上的情形，只要点P取在远离驱动轮轴，且和拖车相异的一侧。除此之外，在实际中最好使机器人的纵向速度u_1在所有时间内一直保持正值，以避免所有车之间（即非主动受控变量保持在系统的零动态之内）的相对方向角的取过大的数值（折刀效应）。这个问题将在第34.4节深入讨论。

3. 轿车型

以上技术也可以拓展到轿车型车辆，只要将P点选择附着于舵轮支架上，而非在舵轮轴上。

34.3.2 无方向控制的路径跟踪

1. 独轮车型

我们采取图34.4的记号来表述跟踪一条平面内由曲线C所描述的路径问题。控制目标是使距离d镇定到零点。由式（34.9）可得

$$\dot{d}=u_1\sin\theta_e+u_2(-l_2\sin\theta_e+l_1\cos\theta_e) \quad (34.14)$$

回顾在这种情形下，车辆的纵向速度或者是外加的或者是预先设定的。我们假设乘积l_1u_1总是正的，即点P相对于驱动轴的位置与u_1的符号相关。这个假设将在第34.4节中去掉。简单起见，我们也假设$l_2=0$，即点P位于坐标轴（P_m，$\boldsymbol{i}_m$）上。我们考虑下面的反馈控制定律

$$u_2=-\frac{u_1}{l_1\cos\theta_e}\sin\theta_e-\frac{u_1}{\cos\theta_e}k(d,\theta_e)d \quad (34.15)$$

式中，k是一个定义在$\mathbb{R}\times(-\pi/2,\ \pi/2)$上连续的严格正的函数，且满足$k(d,\ \pm\pi/2)=0$。由于$l_2=0$，应用控制式（34.15）到式（34.14）上，可得

$$\dot{d}=-l_1u_1k(d,\theta_e)d$$

由于l_1u_1和k均保持严格正，这一关系暗示$|d|$沿控制系统中的任何轨迹均是非增的。要使d收敛到零，需要满足下列条件：

1）u_1的符号保持不变。

2）对所有的t，均有$\pi/2-|\theta_e(t)|>\varepsilon>0$。

3）当$t\to+\infty$时，$\int_0^t|u_1(s)|\mathrm{d}s\to+\infty$。

最后一个条件是可以满足的，例如，当u_1是定常数。在这种情形下，d将指数收敛到零。至此剩下的事情是检验由式（34.15）所给出的u_2是始终有定义的。由于在$\cos\theta_e=0$时方程式（34.15）的右边是没有定义的，我们要确定系统参数和初始状态值所要满足何种条件能够保证$\cos\theta_e$不会达到零。为达到这一目的，我们考虑设定当θ_e从下（从上）趋向于$\pi/2$（$-\pi/2$）时$\dot{\theta}_e$的极限值。应用式（34.9）和式（34.15），并设$l_2=0$，通过简单计算可得

$$\dot{\theta}_e=u_1\left[-\frac{c(s)}{1-dc(s)}\cos\theta_e-\left(1+\frac{l_1c(s)}{1-dc(s)}\sin\theta_e\right)\times\left(\frac{\tan\theta_e}{l_1}+\frac{k(d,\theta_e)d}{\cos\theta_e}\right)\right]$$

下面，我们先假设θ_e从下趋向于$\pi/2$。此时，$\dot{\theta}_e$极限值的符号由下式的符号给出

$$-u_1\left(1+\frac{l_1c(s)}{1-dc(s)}\right)\frac{1}{l_1}$$

为避免θ_e达到$\pi/2$，需要满足符号为负。为此，要满足

$$\left|\frac{l_1c(s)}{1-dc(s)}\right|<1 \quad (34.16)$$

然后，假设θ_e从上面趋向于$-\pi/2$。此时，$\dot{\theta}_e$极限值的符号由下式的符号给出

$$-u_1\left(1-\frac{l_1c(s)}{1-dc(s)}\right)\left(\frac{-1}{l_1}\right)$$

为避免θ_e达到$-\pi/2$，需要满足符号为正。为此，也是要求式（34.16）成立。通过以上分析，我们得到如下命题。

命题34.2

在下面两个假设基础上考虑独轮移动机器人的路径跟踪问题：

1）纵向方向的速度u_1严格为正，或者严格为负。

2）在车辆底座坐标系中，参考点P的坐标为$(l_1,\ 0)$，且满足$l_1u_1>0$。

用k表示一个连续函数，它在$\mathbb{R}\times(-\pi/2,\ \pi/2)$上严格为正，且满足对于任意$d$（例如$k(d,\theta_e)=k_0\cos\theta_e$），总有$k(d,\ \pm\pi/2)=0$成立。那么，对于任意满足

$$\theta_e(0)\in\left(-\frac{\pi}{2},\frac{\pi}{2}\right),\qquad \frac{l_1c_{\max}}{1-|d(0)|c_{\max}}<1$$

的初始条件（$s(0)$，$d(0)$，$\theta_e(0)$），其中$c_{\max}=\max_s|c(s)|$，反馈控制

$$u_2=-\frac{u_1\tan\theta_e}{l_1}-u_1\frac{k(d,\theta_e)d}{\cos\theta_e}$$

会使得P和曲线之间的距离$|d|$不再增加，进一步，在满足条件

$$\int_0^t|u_1(s)|\mathrm{d}s\to+\infty \quad 当t\to+\infty$$

时收敛于零。

2. 带有拖车的独轮车型

上面的结果也适用于此类系统，但 u_1 必须为正以避免折刀效应。否则，这种效应会发生（将在 u_1 保持为负足够长的时间之后出现），因为车辆之间的方位角没有得到主动的监测。

3. 轿车型

这种控制技术也适用于这种情形，如果考虑到点 P 附属于舵轮支架上，且 u_1 为正。

34.4 非完整系统的特定方法

前一部分所叙述的控制技术具有简单的优点。但是，其并不能很好地适用于所有的控制意图。它的一个主要局限在于它要求机器人的纵向速度的方向保持不变（参考命题34.2中的假设）。对于有拖车的系统，该控制技术要求机器人的纵向速度必须为正。这一条件/限制与没有主动监测方位角变量有关。为了更好地理解它的原理，我们考虑命题34.2给出的 $u_1>0$ 时的控制解，且假设该控制在 u_1 为负（比如，常数），P 点保持不变时也被应用。图34.5给出了一种可能的场景。选定的曲线是一条简单的直线，我们假设在 $t=0$ 时刻，P 已经在曲线上（即 $d=0$）。如果 u_1 为负，由于 P 被限制在直线上，机器人方位角的幅值 $|\theta_e|$ 会迅速增加。在 $t=1$ 时刻，θ_e 达到 $-\pi/2$。这个时刻的控制表达式不再有定义（有限时间内的急剧上升），而且因为速度向量已经与曲线垂直，P 不能再保持在曲线上。

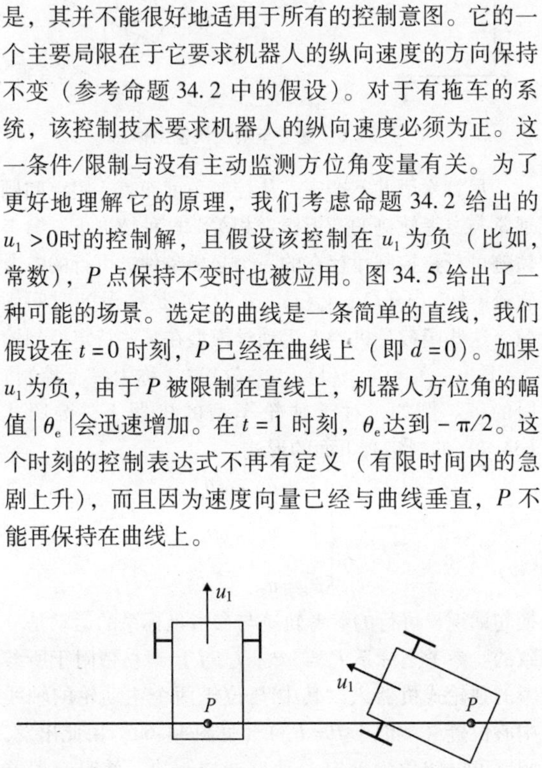

图34.5　反向纵向速度下路径跟踪的不稳定性

关于这个行为的解释如下：因为方位不受控制，方位角变量 θ_e 有其自身的、事先未知的动态特性。它可能是稳定的，也可能是不稳定的。对于已经考虑过的控制解，我们已经指出它在 $u_1>0$ 时是稳定的。特别地，θ_e 保持在反馈控制律 u_2 的定义域（$-\pi/2$，$\pi/2$）内。当 $u_1<0$，这种动态特性变得不稳定，θ_e 达到了控制律定义域（$-\pi/2$，$\pi/2$）的边界。这种系统未直接受控（系统的零动态，控制术语）部分的不稳定性会以同样的方式出现拖车被引导车牵引的时候。当纵向速度为正时，牵引车有一种牵拉作用，倾向于使跟随者对齐牵引者沿着轨迹曲线跟随前进。在其他情形下，牵引车的推挤作用使得跟随者无法对齐（折刀效应）。为了消除这个纵向速度符号的限制，必须设计控制策略，使得系统在所有的方向角下都能主动稳定下来。一个间接的方法是把 P 选择在驱动轮的轴上，且位于轴的中点。在这种情形下，非完整约束更加明显，且无法应用完整约束调节器的技术来得到控制解。

这一部分的结构安排如下：首先，与Frénet坐标系相关的建模公式被重新描述为称作链式形式的标准形式。由此出发，给出一种包含主动镇定车辆方位角的路径跟踪问题的解。然后重新研究增加控制车辆方向角目标的（可行）路径镇定问题。接着研究了固定位姿的渐近镇定问题。最后，讨论了之前所提出的关于渐近镇定控制策略的局限性，为介绍一种在下面部分提出的新控制方法提供动机。

34.4.1 运动学模型向链式形式的转换

在有关路径规划的下一章里，将要介绍如何通过改变状态变量和控制变量，把移动机器人（独轮车型的，轿车型的，带拖车的）的运动学方程转化为链式形式。特别地，独轮车型方程式（34.4）和轿车型方程式（34.5）可以分别转化为三维和四维的链式系统。带有 N 节拖车的独轮车，如果拖车之间是用特定方式连接的，可以生成一个 $N+3$ 维的链式系统。如下所示，这种转化可以推广到Frénet坐标系下的运动学模型。这里只给出了独轮车型和轿车型的结果（方程式（34.9）和式（34.10）），该结果也适用于当拖车固定在这类车辆上时的情形。此时，参考点 P 要选在车辆两个后轮轴线的中心位置（如果有拖车，参考点可以选择最后一节拖车两个轮子轴线的中心位置）。

我们先从独轮车型开始。假设 P 是坐标系 F_m 的原点，有 $l_1=l_2=0$，因此系统式（34.9）可以简化为

$$\begin{cases}\dot{s}=\dfrac{u_1}{1-dc(s)}\cos\theta_e\\ \dot{d}=u_1\sin\theta_e\\ \dot{\theta}_e=u_2-\dot{s}c(s)\end{cases}\tag{34.17}$$

我们确定一个坐标和变量的变换（s，d，θ_e，u_1，u_2）$\mapsto$（z_1，z_2，z_3，ν_1，ν_2），使原系统式（34.17）（局部地）转化为三维的链式系统

$$\begin{cases}\dot{z}_1 = \nu_1 \\ \dot{z}_2 = \nu_1 z_3 \\ \dot{z}_3 = \nu_2\end{cases} \tag{34.18}$$

首先，我们令

$$z_1 = s, \nu_1 = \dot{s} = \frac{u_1}{1 - dc(s)}\cos\theta_e$$

我们已经得到 $\dot{z}_1 = \nu_1$。这表明

$$\begin{aligned}\dot{d} = u_1 \sin\theta_e &= \frac{u_1}{1 - dc(s)}\cos\theta_e [1 - dc(s)]\tan\theta_e \\ &= \nu_1 [1 - dc(s)]\tan\theta_e\end{aligned}$$

然后，我们令 $z_2 = d$，$z_3 = [1 - dc(s)]\tan\theta_e$，那么上面的等式变成 $\dot{z}_2 = \nu_1 z_3$。最后，我们定义 $\nu_2 = \dot{z}_3 = \left[-\dot{d}c(s) - d\frac{\partial c}{\partial s}\dot{s}\right]\tan\theta_e + [1 - dc(s)](1 + \tan^2\theta_e)\dot{\theta}_e$。等式 (34.18) 满足如此定的变量 z_i 和 ν_i。

从上述过程中我们可以很容易地确定映射 $(s, d, \theta_e) \mapsto z$ 是一种定义在 $\mathbb{R}^2 \times (-\pi/2, \pi/2)$（更严格地，应该把限制 $|d| < 1/c(s)$ 考虑在内）上的局部坐标变换。最后我们注意到控制变量的变换包括路径曲线（计算中要用到这部分信息）的微分 $\partial c/\partial s$。类似地，我们可以把轿车型系统的方程转化为四维链式系统，但是计算要稍微繁杂些。我们会在下面的命题中总结这些结果。

命题 34.3

由 $(z_1, z_2, z_3) = (s, d, [1 - dc(s)]\tan\theta_e)$，$(\nu_1, \nu_2) = (\dot{z}_1, \dot{z}_3)$ 定义的坐标和控制变量变换 $(s, d, \theta_e, u_1, u_2) \mapsto (z_1, z_2, z_3, \nu_1, \nu_2)$，可以把独轮车模型式 (34.17) 转化为三维链式系统。

类似地，由

$$(z_1, z_2, z_3, z_4) = \left\{s, d, [1 - dc(s)]\tan\theta_e, -c(s)[1 - dc(s)](1 + 2\tan^2\theta_e) - d\frac{\partial c}{\partial s}\tan\theta_e + [1 - dc(s)]^2 \frac{\tan\phi}{L}\frac{1 + \tan^2\theta_e}{\cos\theta_e}\right\}$$

$$(\nu_1, \nu_2) = (\dot{z}_1, \dot{z}_4)$$

定义的坐标和控制变量变换 $(s, d, \theta_e, \phi, u_1, u_2) \mapsto (z_1, z_2, z_3, z_4, \nu_1, \nu_2)$，可以把轿车型模型式 (34.10)（满足 $l_1 = l_2 = 0$）转化为四维的链式系统。

34.4.2 相同运动学特性参考车辆的追踪

下面我们考虑跟踪同时包括车辆的位置和方向的参考车辆的问题（见图 34.6）。与之前仅仅要求在位置上跟踪时相反，此时参考点 P 的选择变得不再重要，因为对于任意 P，大部分的参考轨迹 $t \mapsto (x_r(t), y_r(t), \theta_r(t))$ 对于状态向量 (x_P, y_P, θ) 而言并不可行。为简便起见，我们把 P 选为机器人底座坐标系 F_m 的原点 P_m。

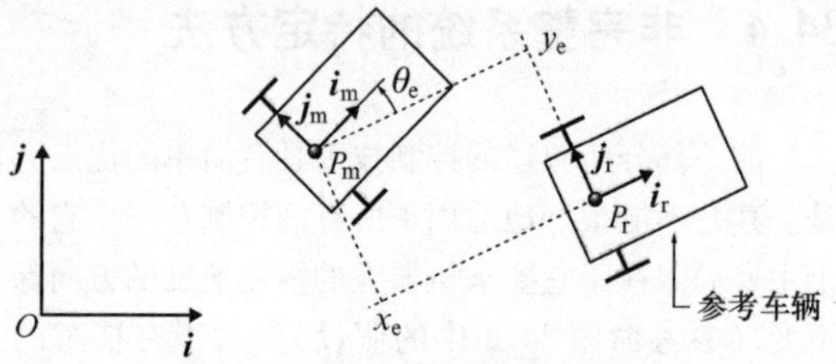

图 34.6 参考车辆及误差坐标

尽管术语并不严密，从控制角度而言，跟踪问题通常与参考轨迹的渐近镇定相关。这种情形下，参考轨迹可行是控制律存在的一个必要条件。可行的参考轨迹 $t \mapsto (x_r(t), y_r(t), \theta_r(t))$ 是平滑的时间函数，这些函数是机器人运动学模型在某些特定控制输入 $t \mapsto u_r(t) = (u_{1,r}(t), u_{2,r}(t))^T$（称为参考控制）时的解。例如，对于独轮车型的机器人，按照式 (34.4) 的规定有下面的形式

$$\begin{cases}\dot{x}_r = u_{1,r}\cos\theta_r \\ \dot{y}_r = u_{1,r}\sin\theta_r \\ \dot{\theta}_r = u_{2,r}\end{cases} \tag{34.19}$$

换句话说，可行的参考轨迹与参考坐标系的运动是一致的。参考坐标系 $F_r = \{P_r, \boldsymbol{i}_r, \boldsymbol{j}_r\}$ 严格依附于所参考的独轮式机器人，其中 P_r 位于两个主动轮的轴线中心位置（类似于 $P = P_m$）（见图 34.6）。由此出发，问题可以转化为确定一种反馈控制律，使跟踪误差 $(x - x_r, y - y_r, \theta - \theta_r)$ 能够渐近镇定到零点。其中 (x_r, y_r) 是点 P_r 在坐标系 F_0 中的坐标，θ_r 是 $\boldsymbol{i}$ 和 $\boldsymbol{i}_r$ 之间的方位角。我们可以像在路径跟踪问题中一样处理。首先建立坐标系 F_r 下的误差方程，然后通过与之前将移动机器人的运动学模型转化为链式模型类似的变量变换，将方程转化为链式模型，最后，对转化后的系统设计镇定控制律。

在坐标系 F_r 下用 $(x - x_r, y - y_r)$ 表示位置跟踪误差，我们可以得到向量（见图 34.6）

$$\begin{pmatrix} x_e \\ y_e \end{pmatrix} = \begin{pmatrix} \cos\theta_r & \sin\theta_r \\ -\sin\theta_r & \cos\theta_r \end{pmatrix}\begin{pmatrix} x - x_r \\ y - y_r \end{pmatrix} \tag{34.20}$$

对时间求导我们可以得到

$$\begin{pmatrix}\dot{x}_e\\ \dot{y}_e\end{pmatrix}=\dot{\theta}_r\begin{pmatrix}-\sin\theta_r & \cos\theta_r\\ -\cos\theta_r & -\sin\theta_r\end{pmatrix}\begin{pmatrix}x-x_r\\ y-y_r\end{pmatrix}+\begin{pmatrix}\cos\theta_r & \sin\theta_r\\ -\sin\theta_r & \cos\theta_r\end{pmatrix}\begin{pmatrix}\dot{x}-\dot{x}_r\\ \dot{y}-\dot{y}_r\end{pmatrix}=\begin{pmatrix}u_{2,r}y_e+u_1\cos(\theta-\theta_r)-u_{1,r}\\ -u_{2,r}x_e+u_1\sin(\theta-\theta_r)\end{pmatrix}$$

用 $\theta_e=\theta-\theta_r$ 表示坐标系 F_m 和 F_r 之间的方位角误差，我们可以得到

$$\begin{cases}\dot{x}_e=u_{2,r}y_e+u_1\cos\theta_e-u_{1,r}\\ \dot{y}_e=-u_{2,r}x_e+u_1\sin\theta_e\\ \dot{\theta}_e=u_2-u_{2,r}\end{cases}\tag{34.21}$$

为了确定控制律 $(u_1,\ u_2)$ 使得误差 $(x_e,\ y_e,\ \theta_e)$ 能够渐近镇定到零点，我们考虑下面的坐标和控制变量变换 $(x_e,\ y_e,\ \theta_e,\ u_1,\ u_2)\mapsto(z_1,\ z_2,\ z_3,\ w_1,\ w_2)$，其定义如下：

$$\begin{cases}z_1=x_e\\ z_2=y_e\\ z_3=\tan\theta_e\\ w_1=u_1\cos\theta_e-u_{1,r}\\ w_2=\dfrac{u_2-u_{2,r}}{\cos^2\theta_e}\end{cases}$$

需要注意的是，在零点附近，只有当 $\theta_e\in(-\pi/2,\ \pi/2)$ 时，这个映射才有定义。换句话说，实际的机器人与参考机器人方位角之间的误差必须要小于 $\pi/2$。

使用新的变量后，容易验证系统式（34.21）可以写为

$$\begin{cases}\dot{z}_1=u_{2,r}z_2+w_1\\ \dot{z}_2=-u_{2,r}z_1+u_{1,r}z_3+w_1z_3\\ \dot{z}_3=w_2\end{cases}\tag{34.22}$$

上面三个方程中每个方程的末项对应着一个链式系统，因此我们就有如下的结果。

命题 34.4

控制律方程

$$\begin{cases}w_1=-k_1\,|u_{1,r}|(z_1+z_2z_3) & (k_1>0)\\ w_2=-k_2u_{1,r}z_2-k_3\,|u_{1,r}|z_3 & (k_2,k_3>0)\end{cases}\tag{34.23}$$

使得系统式（34.22）的原点为全局渐近稳定的，如果 $u_{1,r}$ 是一个有界可微分函数，其导函数有界并且当 t 趋于无穷时导函数不趋于0。

1. 备注

通过与第34.3节的结果比较，我们注意到 $u_{1,r}$ 很可能穿过零点并改变其符号。

2. 证明

考虑如下正定函数

$$V(z)=\frac{1}{2}\left(z_1^2+z_2^2+\frac{1}{k_2}z_3^2\right)$$

V 沿控制系统（式（34.22）和式（34.23））轨迹的时间导数由如下方程给出：

$$\begin{aligned}\dot{V}&=z_1w_1+z_2(u_{1,r}z_3+w_1z_3)+\frac{1}{k_2}z_3w_2\\&=w_1(z_1+z_2z_3)+z_3\left(u_{1,r}z_2+\frac{1}{k_2}w_2\right)\\&=-k_1\,|u_{1,r}|(z_1+z_2z_3)^2-\frac{k_3}{k_2}|u_{1,r}|z_3^2\end{aligned}$$

因此，V 沿着任意一条轨迹都是非增的，并且其极限收敛于某一有限正值 $V_{\lim}\geqslant 0$。这也就意味着变量 z_1、z_2 和 z_3 都是有界的。因为 $u_{1,r}$ 是有界并且导函数有界，得出 $|u_{1,r}|$ 是一致连续的。因此 $\dot{V}$ 是一致连续的，并且根据 Barbalat 引理，当 t 趋于无穷时，$\dot{V}$ 趋于0。通过 $\dot{V}$ 的表达式可以得出 $u_{1,r}z_3$ 和 $u_{1,r}(z_1+z_2z_3)$（因此也有 $u_{1,r}z_1$）趋于0。换句话说，通过表达式 $w_2=\dot{z}_3$，只要满足方程：

$$\frac{\mathrm{d}}{\mathrm{d}t}(u_{1,r}^2z_3)=2\dot{u}_{1,r}u_{1,r}z_3-k_3u_{1,r}^2\,|u_{1,r}|z_3-k_2u_{1,r}^3z_2$$

并且是在表达式

$$\frac{\mathrm{d}}{\mathrm{d}t}(u_{1,r}^2z_3)+k_2u_{1,r}^3z_2$$

得出的结果都是趋于0。由于 $u_{1,r}^3z_2$ 一致连续（它自身连续且导函数有界），并且由于 $u_{1,r}^3z_3$ 趋于0，通过应用 Barbalat 引理的一个推广形式就可以得出 $u_{1,r}^3z_2$（同时也有 $u_{1,r}z_2$）趋于0。观察表达式 V，$u_{1,r}z_i$（$i=1,2,3$）收敛于0表明 $u_{1,r}V$ 收敛于0，因此假定 $u_{1,r}$ 不趋于0就可以得到 $u_{1,r}V_{\lim}=0$ 和 $V_{\lim}=0$ 的结论。

对控制规律式（34.23）的线性化就得到了一个更简单的控制律

$$\begin{cases}w_1=-k_1\,|u_{1,r}|z_1\\ w_2=-k_2u_{1,r}z_2-k_3\,|u_{1,r}|z_3\end{cases}$$

因为在原点附近有 $w_1\approx u_1-u_{1,r}$，$w_2\approx u_2-u_{2,r}$，所以就可以很合理地推测控制律

$$\begin{cases}u_1=u_{1,r}-k_1\,|u_{1,r}|z_1\\ u_2=u_{2,r}-k_2u_{1,r}z_2-k_3\,|u_{1,r}|z_3\end{cases}$$

是否能用于系统式（34.21）。事实上，凭借经典的极点配置计算，并不难验证，当 $u_{1,r}$ 和 $u_{2,r}$ 是常数时，

并且 $u_{1,r}\neq 0$ 时，这个控制律渐近镇定到由系统式（34.21）近似得来的线性系统的原点。这样，当 $u_{1,r}$ 和 $u_{2,r}$满足上面相同的条件，它也局部渐近镇定系统式（34.21）的原点。这也意味着，系统增益 $k_{1,2,3}$的调节可以通过应用经典线性控制技术于系统式（34.21）的近似线性系统来实现。针对特定速度 $u_{1,r}=1$，$u_{2,r}=0$ 的调节控制规律式（34.23）事实上也可适应于其他任何速度的调节（当然排除 $u_{1,r}=0$ 的情形，因为这种情形下系统式（34.21）的近似线性系统是不能控的，控制失效了）。事实上，在所有控制增益之前乘上 $\pm u_{1,r}$，将简化受控系统关于纵向速度方程的正则化过程，使得当小车接近参考小车的过程中的瞬时路径和纵向速度的大小相互独立。

3. 扩展到轿车型车辆

我们把之前的方法扩展到轿车型车辆的情形。我们在下面提供扩展的主要步骤，把具体细节的证明留给有兴趣的读者自己完成。

根据轿车型车辆的运动学模型式（34.5），并且补充参考小车的模型如下

$$\begin{cases}\dot{x}_r=u_{1,r}\cos\theta_r\\ \dot{y}_r=u_{1,r}\sin\theta_r\\ \dot{\theta}_r=\dfrac{u_{1,r}}{L}\tan\phi_r\\ \dot{\phi}_r=u_{2,r}\end{cases}\qquad(34.24)$$

我们假设存在一个 $\delta\in(0,\ \pi/2)$ 使得方向角 ϕ_r属于区间 $[-\delta,\ \delta]$。

通过定义 x_e、y_e和 θ_e，就像独轮车型车辆情形里一样，并且通过设定 $\phi_e=\phi-\phi_r$，我们很容易得到如下方程（同式（34.21）比较）

$$\begin{cases}\dot{x}_e=\left(\dfrac{u_{1,r}}{L}\tan\phi_r\right)y_e+u_1\cos\theta_e-u_{1,r}\\ \dot{y}_e=-\left(\dfrac{u_{1,r}}{L}\tan\phi_r\right)x_e+u_1\sin\theta_e\\ \dot{\theta}_e=\dfrac{u_1}{L}\tan\phi-\dfrac{u_{1,r}}{L}\tan\phi_r\\ \dot{\phi}_e=u_2-u_{2,r}\end{cases}\qquad(34.25)$$

引入了新的状态变量：

$$\begin{cases}z_1=x_e\\ z_2=y_e\\ z_3=\tan\theta_e\\ z_4=\dfrac{\tan\phi-\cos\theta_e\tan\phi_r}{L\cos^3\theta_e}+k_2y_e,\ (k_2>0)\end{cases}$$

我们注意到对任意 $\phi_r\in(-\pi/2,\ \pi/2)$，映射 $(x_e,\ y_e,\ \theta_e,\ \phi)\mapsto z$ 在 $\mathbb{R}^2\times(-\pi/2,\ \pi/2)^2$ 和 $\mathbb{R}^4$ 之间定义了一个微分同胚映射。现在就引入了新的控制变量

$$\begin{cases}w_1=u_1\cos\theta_e-u_{1,r}\\ w_2=\dot{z}_4=k_2\dot{y}_e+\left(\dfrac{3\tan\phi}{\cos\theta_e}-2\tan\phi_r\right)\dfrac{\sin\theta_e}{L\cos^3\theta_e}\dot{\theta}_e\\ \quad-\dfrac{u_{2,r}}{L\cos^2\phi_r\cos^2\theta_e}+\dfrac{u_2}{L\cos^2\phi\cos^3\theta_e}\end{cases}\qquad(34.26)$$

这个方程表明映射 $(u_1,\ u_2)\mapsto(w_1,\ w_2)$ 定义了变量在区间 $(-\pi/2,\ \pi/2)$ 上的转变，这些状态和控制变量的变化把系统式（34.25）转化成了如下的形式

$$\begin{cases}\dot{z}_1=\left(\dfrac{u_{1,r}}{L}\tan\phi_r\right)z_2+w_1\\ \dot{z}_2=-\left(\dfrac{u_{1,r}}{L}\tan\phi_r\right)z_1+u_{1,r}z_3+w_1z_3\\ \dot{z}_3=-k_2u_{1,r}z_2+u_{1,r}z_4+w_1\left(z_4-k_2z_2+(1+z_3^2)\dfrac{\tan\phi_r}{L}\right)\\ \dot{z}_4=\omega_2\end{cases}\qquad(34.27)$$

命题 34.4 于是就变成了：

> **命题 34.5**
>
> 控制律
>
> $$\begin{cases}w_1=-k_1|u_{1,r}|\left(z_1+\dfrac{z_3}{k_2}\left[z_4+(1+z_3^2)\dfrac{\tan\phi_r}{L}\right]\right)\\ w_2=-k_3u_{1,r}z_3-k_4|u_{1,r}|z_4\end{cases}\qquad(34.28)$$
>
> 式中，$k_{1,2,3,4}$均为正数，使得系统式（34.27）的原点为全局渐近稳定的，如果（i）$u_{1,r}$是有界可微函数，它的导函数有界，并且当 t 趋于无穷时导函数不趋于0，（ii）$|\phi_r|\leqslant\delta<\pi/2$。

就像独轮车型情形一样，增益系数 k_i可以通过控制系统的线性化调节。更确切地说，我们可以从式（34.25）、式（34.26）、式（34.28）中验证，在坐标 $\boldsymbol{\eta}=(x_e,\ y_e,\ \theta_e\phi_e/L)^T$中，控制系统的线性化可以在 $\eta=0$ 时得到，当 $u_r=(1,\ 0)$ 时，线性系统方程为 $\dot{\boldsymbol{\eta}}=\boldsymbol{A\eta}$，其中

$$\boldsymbol{A}=\begin{pmatrix}-k_1&0&0&0\\0&0&1&0\\0&0&0&1\\0&-k_2k_4&-k_3&-k_4\end{pmatrix}$$

通过选取适当的增益系数 k_i 就能使特征多项式 $P(\lambda)=(\lambda+k_1)(\lambda^3+k_4\lambda^2+k_3\lambda+k_2k_4)$ 具有理想的根。非线性反馈式（34.28）的设计是为了保证满

足命题 34.5 中收敛条件的情形下，当 $u_{1,r}$的大小不为 1 并且/或者任意变化时仍然能够得到较好的结果。

图 34.7 中的仿真结果阐述了这种控制策略的效果。增益系数 k_i 被选为 $(k_1, k_2, k_3, k_4)=(1, 1, 3, 3)$。参考车辆的初始位姿（即在 $t=0$ 时刻），在图 34.7a 中用虚线表示，为 $(x_r, y_r, \theta)(0)=(0, 0, 0)$。参考控制量 $\boldsymbol{u}_r$ 由式（34.29）来定义。实际机器人的初始位姿，在图中用实线表示，为 $(x_r, y_r, \theta)(0)=(0, -1.5, 0)$，在 $t=10, 20, 30$ 时机器人的状态也在图中表出。由于跟随误差很快收敛于 0，因此可以认为两个小车在 $t=10$ 后状态一致。

$$\boldsymbol{u}_r(t)=\begin{cases}(1,0)^T & t\in[0,10]\\(-1,0.5\cos(2\pi(t-10)/5))^T & t\in[10,20]\\(1,0)^T & t\in[20,30]\end{cases} \tag{34.29}$$

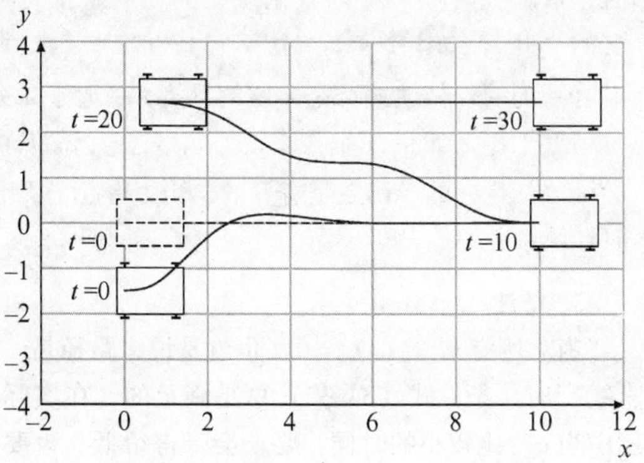

a）

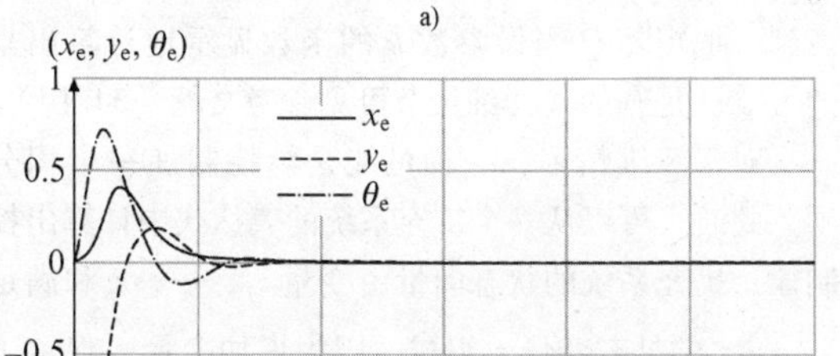

b）

图 34.7　参考车辆的跟踪

a）笛卡儿坐标系下的运动　b）误差—时间坐标系

34.4.3　包含方向控制的路径跟踪

我们重新考虑路径跟踪问题，假设参考点 P 位于两个驱动轮轴线中点的位置上。目标是设计一种新的控制策略使小车能够稳定地跟踪路径，而与纵向速度的符号无关。

1. 独轮车型情形

我们在第 34.4.1 节已经看到如何将与 Frénet 坐标系有关的运动学方程转换为三维的链式系统。

$$\begin{cases}\dot{z}_1=\nu_1\\\dot{z}_2=\nu_1 z_3\\\dot{z}_3=\nu_2\end{cases} \tag{34.30}$$

回顾 $(z_1, z_2, z_3)=(s, d, (1-dc(s))\tan\theta_e)$ 和 $\nu_1=u_1/1-dc(s)\cos\theta_e$。目标是确定一个控制律渐近镇定（$d=0$，$\theta_e=0$），并且在受控系统的轨迹上始终满足对 d 的约束条件（比如说 $|dc(s)|<1$）。对于这个控制律来说，最可能考虑包括的就是比例反馈，比如

$$\nu_2=-\nu_1 k_2 z_2-|\nu_1|k_3 z_3 \quad (k_2, k_3>0) \tag{34.31}$$

然后就能直接证明出闭环子系统

$$\begin{cases}\dot{z}_2=\nu_1 z_3\\\dot{z}_3=-\nu_1 k_2 z_2-|\nu_1|k_3 z_3\end{cases} \tag{34.32}$$

的原点是渐近稳定的，如果 ν_1 是常量，不论是正值还是负值。由于 u_1（不是 ν_1）是车辆的纵向速度值，我们更愿意建立依赖于 u_1 的稳定性条件。下面的结果提供了一个一般的稳定性的条件，并给出了一个满足限制 $|dc(s)|<1$ 的充分条件。

命题 34.6

考虑由式（34.31）所控制的系统式（34.30），并假设初始条件 $[z_2(0), z_3(0)]=[d(0), \{1-d(0)c[s(0)]\}\tan\theta_e(0)]$满足

$$z_2^2(0)+\frac{1}{K_2}z_3^2(0)<\frac{1}{c_{max}^2}$$

式中，$c_{max}=\max_s|c(s)|$。那么，受控系统的任意解满足限制条件 $|dc(s)|<1$。此外，函数

$$V(z)=\frac{1}{2}\left(z_2^2+\frac{1}{k_2}z_3^2\right) \tag{34.33}$$

沿系统的任意轨迹 $z(t)$ 都是非增的，且在 t 趋向于无穷时，$V[z(t)]$ 趋近于 0，如果（举例来说）u_1 是一个有界的可微时间函数，其导函数有界，并且在 t 趋向于无穷时不趋近于 0。

这一证明类似于命题 34.4 的证明：简单的计算显示，函数 V 沿着受控系统的任意解都是非增的，它收敛于某个有限值 V_{lim}。重复在命题 34.4 的证明中所使用的那些讨论可以同样地表明 $V_{lim}=0$。

注意到对于 u_1 的限制相当弱。特别地，u_1 的符号不一定保持恒定。

从实用的角度看，很有必要用一个积分项来补充控制作用。更精确地，我们定义变量 z_0 如下：

$$\dot{z}_0 = \nu_1 z_2, \qquad z_0(0) = 0$$

控制规律式（34.31）可按如下方式修正：

$$\begin{aligned}\nu_2 &= -|\nu_1| k_0 z_0 - \nu_1 k_2 z_2 - |\nu_1| k_3 z_3 \\ &= -\left|\nu_1\right| k_0 \int_0^t \nu_1 z_2 - \nu_1 k_2 z_2 - \left|\nu_1\right| k_3 z_3 \qquad (k_0, k_2, k_3 > 0)\end{aligned} \tag{34.34}$$

于是，命题 34.6 变成了：

命题 34.7

考虑由式（34.34）控制的系统式（34.30），其中参数 k_0、k_2、k_3 使得如下多项式

$$s^3 + k_3 s^2 + k_2 s + k_0$$

是 Hurwitz 稳定的（这个多项式的所有根具有负实部）。假定初始条件 $[z_2(0), z_3(0)] = [d(0), \{1 - d(0)c[s(0)]\} \tan\theta_e(0)]$ 满足：

$$z_2^2(0) + \frac{1}{k_2 - \dfrac{k_0}{k_3}} z_3^2(0) < \frac{1}{c_{\max}^2}$$

那么，受控系统的任意解均满足限制条件 $|dc(s)| < 1$。此外，函数

$$\frac{k_0}{k_3}\left(\int_0^t \nu_1 z_2\right)^2 + z_2^2(t) + \frac{1}{k_2 - \dfrac{k_0}{k_3}} z_3^2(t)$$

沿系统的任意轨迹 $z(t)$ 都是非增的，且在 t 趋向于无穷时趋近于0，如果（举例来说）u_1 是一个有界的可微的时间函数，且其导函数亦有界并在 t 趋向于无穷时不收敛于0。

2. 推广到轿车型和带拖车的独轮车型

除了控制律简单和关于其稳定性的需求条件少，这种类型方法的一个优点就是可以比较直接地推广到轿车型和带拖车的独轮车型的情形。相关结果将在下个命题中给出。考虑如下 n 维链式系统

$$\begin{cases}\dot{z}_1 = \nu_1 \\ \dot{z}_2 = \nu_1 z_3 \\ \quad\vdots \\ \dot{z}_{n-1} = \nu_1 z_n \\ \dot{z}_n = \nu_2\end{cases} \tag{34.35}$$

式中，$n \geqslant 3$。它的证明是三维情形的直接扩展。维数 $n=4$ 对应于轿车情形（第 34.4.1 节）。对于带有 N 个拖车的独轮车型，我们有 $n = N + 3$。回顾前面可知，在所有情形下，z_2 表示路径和位于最后一辆拖车两个后轮轴线中心 P 点之间的距离 d。

命题 34.8

令参数 k_2，…，k_n 使多项式 $s^{n-1} + k_n s^{n-2} + k_{n-1} s^{n-3} + \cdots + k_3 s + k_2$ 是 Hurwitz 稳定的。基于这些参数，我们可以得到下面的控制律

$$\nu_2 = -\nu_1 \sum_{i=2}^{n} \operatorname{sign}(\nu_1)^{n+1-i} k_i z_i \tag{34.36}$$

那么，存在一个正定矩阵 $\boldsymbol{Q}$（它的元素取决于系数 k_i），使得当初始条件 $[z_2(0), z_3(0), \cdots, z_n(0)]$ 满足

$$\|[z_2(0), z_3(0), \cdots, z_n(0)]\|_{\boldsymbol{Q}} < \frac{1}{c_{\max}} \tag{34.37}$$

时，限制 $|dc(s)| < 1$ 对控制系统的任何解都是成立的。此外，函数 $\|[z_2(t), z_3(t), \cdots, z_n(t)]\|_{\boldsymbol{Q}}$ 沿着系统的任何轨迹都是非增的且当 t 趋近于无穷时趋近于零，如果（举例来说）u_1 是一个有界可微函数，且它的导函数是有界的，当 t 趋近于无穷时导函数并不收敛于零。

3. 备注

当对所有 s，$c(s) = 0$（也就是说，路径是一条直线）时，条件式（34.37）总是满足的。在实际应用中当 $c_{\max}$ 比较小的时候，要求会降得很低。也要注意到，把矩阵 $\boldsymbol{Q}$ 当做参数 k_i 的函数显示地计算出来的可能性是有的（详细细节可见参考文献［34.1］）。

对于三维情形，一种可能是给控制加一个积分项。此时，可以从一个扩充系统的表达式中计算出控制律，扩充系统的状态向量由变量 z_1，…，z_n 和满足 $\dot{z}_0 = \nu_1 z_2$ 的补充变量 z_0 组成。因为增加变量 z_0 保留了系统的链式结构，控制律表达式可以很容易地从 $n+1$ 维没有积分项的系统控制律中得到。更准确地说，可以得到如下表达式

$$\nu_2 = -k_0 \nu_1 \operatorname{sign}(\nu_1)^n \times \int_0^t \nu_1 z_2 - \nu_1 \sum_{i=2}^{n} \operatorname{sign}(\nu_1)^{n+1-i} k_i z_i$$

其中参数 k_i 使得多项式 $s^n + k_n s^{n-1} + k_{n-1} s^{n-3} + \cdots + k_2 s + k_0$ 是 Hurwitz 稳定的。

图 34.8 给出的仿真结果说明了这种控制律是如何对轿车型车辆起作用的。参考曲线是以原点为圆心，半径为 4 的圆弧。机器人的纵向速度 u_1 定义为 $u_1 = 1$，当 $t \in [0, 5]$；$u_1 = -1$，当 $t > 5$。控制增益选择为 $(k_2, k_3, k_4) = (1, 3, 3)$。轿车型机器人在平面上的运动如图 34.8a 所示，它在 $t = 0$、5 和 25 时

的位姿也表示在图中。变量 z_2，z_3，z_4（命题 34.3 所定义的）随时间的变化表示在图 34.8b 中。可以看到，纵向速度在 $t=5$ 时的变化并不影响这些变量收敛到零点。

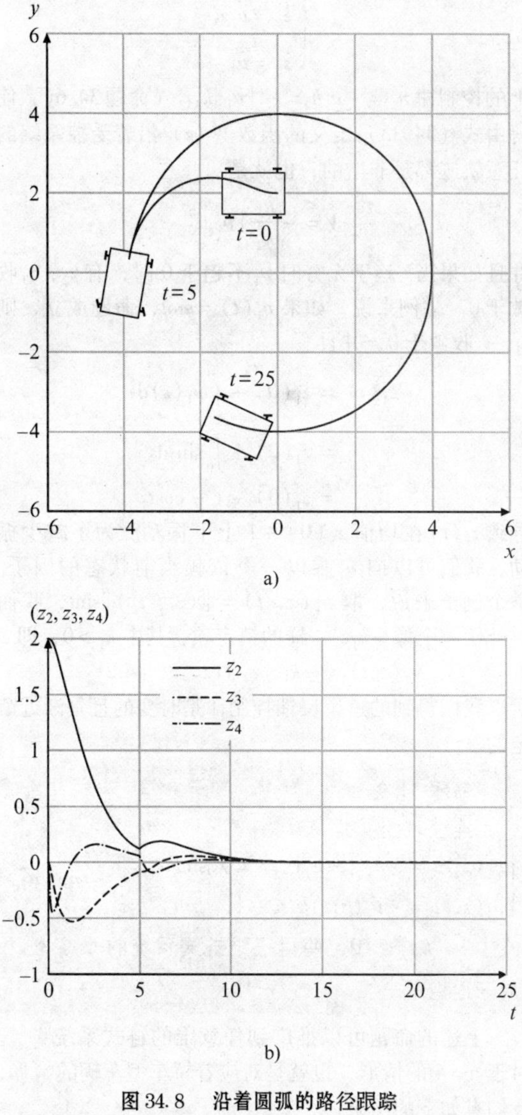

图 34.8　沿着圆弧的路径跟踪

a）笛卡儿坐标系下的运动　b）z_2、z_3、z_4—时间坐标系

34.4.4　固定位姿的渐近镇定

现在我们考虑一个机器人底座在固定期望（参考）位姿（即位置和方向）的渐近镇定问题。这个问题可以看作路径追踪问题的一个极限情形。然而，本章前面提出的所有反馈控制器都不能很好地解决这个问题。例如，在第 34.3 节，尽管可行轨迹的位置镇定结果也不排除轨迹退化为一个点的情形，但此时仍然无法保证车辆的方向稳定性。至于第 34.4 节的结果，当机器人的纵向速度不收敛于零时，位姿误差被证明可以收敛到零，但是并不包括固定位姿的情形。

从自动控制的观点来看，固定位姿的渐近镇定与纵向速度不为零的路径跟随和轨迹跟踪很不一样，如同一个司机所了解的那样，从经验上来讲，把一辆车停在一个精确的位置所用到的技术和技巧与在马路上行驶时所用到的不同。特别地，它无法使用任何可应用于线性系统（或者基于线性化的）的经典控制方法来解决。从技术上来讲，最根本的一般性问题是能控的无漂移系统在控制输入个数少于状态变量个数时的渐近镇定问题。这个问题在上世纪最后一个十年里激励许多学者从各种不同角度进行了大量的研究，而且这个主题在之后五年仍然保持是研究热点。迄今为止已经提出了各种各样的候选解决方案，它们背后所采用的数学技术，以及没有解决的困难和限制，特别是（但不仅仅）鲁棒性方面（这个问题我们后面会讨论到），使我们无法全面地覆盖这个主题。取而代之，我们选择在某种程度上不规范地阐述一些已经考虑的方法，同时会涉及一些控制方法的算例，但不会涉及过多技术与数学细节。

这个问题激发了大量的关于非完整系统控制的研究。问题的一个主要方面在于使用仅仅依靠状态的连续反馈（即连续的纯状态反馈）无法实现平衡点（或固定点）的渐近镇定。这是 *Brockett* 在 1983 年的一个重要结论（可以参考第 17.4.2 节的相关注释）。他最初的结果仅考虑了可微的反馈形式，后来这些又被推广到一个更大的仅限于连续的反馈的集合。

定理 34.1

（*Brockett*[34.2]）考虑一个控制系统 $\dot{\boldsymbol{x}}=f(\boldsymbol{x},\boldsymbol{u})$（$\boldsymbol{x}\in\mathbb{R}^n$，$\boldsymbol{u}\in\mathbb{R}^m$），其中函数 f 是可微的，且 $(\boldsymbol{x},\boldsymbol{u})=(0,0)$ 是这个系统的一个平衡状态。存在一个连续的反馈控制 $\boldsymbol{u}(\boldsymbol{x})$ 使得闭环系统 $\dot{\boldsymbol{x}}=f(\boldsymbol{x},\boldsymbol{u}(\boldsymbol{x}))$ 的原点是渐近稳定的一个必要条件是映射 $(\boldsymbol{x},\boldsymbol{u})\mapsto f(x,u)$ 是局部满射的。更准确地说，在 $\mathbb{R}^{n+m}$ 中 $(0,0)$ 的任何邻域 Ω 由 f 所映射的像必须也是 $\mathbb{R}^n$ 中 0 的邻域。

这个结果意味着许多能控（非线性）系统的平衡点无法由连续的纯状态反馈渐近稳定。所有非完整的轮式移动机器人系统都属于此类系统范畴。这会在下面的独轮车型机器人情形中给出说明；而其他类型移动机器人的证明也是类似的。因此我们考虑一种独轮车型车辆，它的运动学方程式（34.4）可以写作

$\dot{\boldsymbol{x}}=f(\boldsymbol{x},\boldsymbol{u})$，其中 $\boldsymbol{x}=(x_1,x_2,x_3)^{\mathrm{T}}$，$\boldsymbol{u}=(u_1,u_2)^{\mathrm{T}}$，且 $f(\boldsymbol{x},\boldsymbol{u})=(u_1\cos x_3,u_1\sin x_3,u_2)^{\mathrm{T}}$，我们这里要指出在 $(\boldsymbol{x},\boldsymbol{u})=(0,0)$ 的邻域内 f 并不是局部映射的。为了说明这个问题，我们取 $\mathbb{R}^3$ 中的一个向量 $(0,\delta,0)^{\mathrm{T}}$。很明显方程 $f(\boldsymbol{x},\boldsymbol{u})=(0,\delta,0)^{\mathrm{T}}$ 在 $(\boldsymbol{x},\boldsymbol{u})=(0,0)$ 的邻域内无解，因为第一个等式 $u_1\cos x_3=0$ 意味着 $u_1=0$，因此第二个等式在 δ 不为零时无解。

我们也可以很明显地得到，独轮车型运动学方程的线性近似（在平衡点 $(x,u)=(0,0)$ 附近）是不可控的。如果可控，就可以用一个线性（也是连续的）状态反馈（局部地）渐近镇定这个平衡点。

因此，根据上面的理论，一个独轮车型移动机器人（像其他非完整机器人一样）不可能使用连续纯状态反馈渐近镇定在一个期望的位姿（位置/方向）。这种不可能性激发了解决这个问题的其他控制策略的发展。三类主要被考虑的控制策略是：

1）连续时变反馈。这种策略不仅依赖状态 x，还依赖外部的时间变量（也就是用 $\boldsymbol{u}(\boldsymbol{x},t)$ 取代传统反馈中的 $\boldsymbol{u}(\boldsymbol{x})$）。

2）非连续反馈。形式上与传统形式相同，即为 $\boldsymbol{u}(\boldsymbol{x})$，只是函数 $\boldsymbol{u}$ 在所期望镇定的平衡点处不是连续的。

3）混合的离散/连续反馈。尽管这类反馈定义得并不像其他两种控制一样精确，它主要包括时变反馈，要么连续要么不连续，使得依赖于状态的那部分控制策略只是周期性地更新，例如，对于任意 $t\in[kT,(k+1)T]$，$\boldsymbol{u}(t)=\bar{\boldsymbol{u}}[\boldsymbol{x}(kT),t]$，其中 T 表示一个恒定的时间间隔，$k\in N$。

我们现在开始解释这些方法，事实上，我们这里只考虑时变和混合反馈方法。主要的原因是离散的反馈会涉及很多困难的问题（解的存在性，解的数学意义等），分析起来很复杂，也得不到完整的解答。而且，对于大部分在文献中提到的离散控制策略，对于李雅普诺夫意义下稳定性的讨论，要么不满足，要么就还是一个悬而未决的问题。

1. 时变反馈

为了克服 Brockett 定理的障碍，针对非完整的轮式机器人的固定期望平衡点的渐近镇定所使用的时变反馈是最早在参考文献［34.3］中提出的。从那以后，针对非线性系统镇定而采用时变反馈方法也得到了非常一般性的结果。例如，已经证明对于任何可控的无漂移系统，其任意的平衡点都能通过参考文献［34.4］所提出的控制策略来实现渐近镇定。这也包括我们这里考虑的非完整移动机器人的运动学模型。我们将分别在用三维和四维链式系统建模的独轮车型和轿车型机器人的情形下对这种方法进行演示。为了考虑三维的情形，我们回顾在第 34.4.3 节路径跟随中得到的结果。我们已经获得了应用到系统

$$\begin{cases}\dot{z}_1=\nu_1\\ \dot{z}_2=\nu_1 z_3\\ \dot{z}_3=\nu_2\end{cases}$$

上的控制律 $\nu_2=-\nu_1k_2z_2-|\nu_1|k_3z_3$（命题34.6），使得由式（34.33）定义的函数 $V(z)$ 沿着受控系统的任意轨迹都是非增的，也就是

$$\dot{V}=-\frac{k_3}{k_2}|\nu_1|z_3^2$$

并且如果当 t 趋于无穷时 ν_1 不趋于 0 时，有 z_2，z_3 收敛于 0。举例来说，如果 $\nu_1(t)=\sin t$，命题成立，则 z_2，z_3 收敛于 0，并且

$$\begin{aligned}z_1(t)&=z_1(0)+\int_0^t\nu_1(s)\mathrm{d}s\\&=z_1(0)+\int_0^t\sin s\mathrm{d}s\\&=z_1(0)+1-\cos t\end{aligned}$$

导致 $z_1(t)$ 在均值 $z_1(0)+1$ 上下振动。为了减少振动，我们可以向 ν_1 乘以一个依赖当前状态的因子。举个例子来说，取 $\nu_1(z,t)=\|(z_2,z_3)\|\sin t$，我们再补偿一个像 $-k_1z_1$ 一样的镇定项，其中 $k_1>0$，即

$$\nu_1(z,t)=-k_1z_1+\|(z_2,z_3)\|\sin t$$

所以我们得到的这个反馈控制律是时变的且是渐近镇定的。

命题 34.9

连续时变反馈

$$\begin{cases}\nu_1(z,t)=-k_1z_1+\alpha\|(z_2,z_3)\|\sin t\\ \nu_2(z,t)=-\nu_1(z,t)k_2z_2-|\nu_1(z,t)|k_3z_3\end{cases}\tag{34.38}$$

式中 α，$k_{1,2,3}>0$，使得三维链式系统的原点为全局渐近稳定[34.5]。

上述的命题可以推广到任意维的链式系统[34.5]。对于 $n=4$ 的情形，也就是对应着轿车型车辆的情形，我们有如下的结果。

命题 34.10

连续时变反馈

$$\begin{cases}\nu_1(z,t)=-k_1z_1+\alpha\|(z_2,z_3,z_4)\|\sin t\\ \nu_2(z,t)=-|\nu_1(z,t)|k_2z_2-\nu_1(z,t)k_3z_3\\ \qquad\qquad -|\nu_1(z,t)|k_4z_4\end{cases}\tag{34.39}$$

式中，α，$k_{1,2,3,4}>0$ 的选取保证多项式 $s^3+k_4s^2+k_3s+k_2$ 是 Hurwitz 稳定的，使得四维链式系统的原点为全局渐近稳定。

图34.9展示了前面提到的这些结果。在这个仿真实验中，反馈控制规律式（34.39）中的参数 α，$k_{1,2,3,4}$ 分别取值为 $\alpha=3$，$k_{1,2,3,4}=(1.2，10，18，17)$。图34.9a显示了轿车型机器人在平面上的运动过程。在 $t=0$ 时刻的最初的形态用实线表示，而期待的形态用虚线表示。图34.9b给出了变量 x，y 和 θ（对应于模型式（34.5）中的位置变量与方向变量）的时间演变过程。

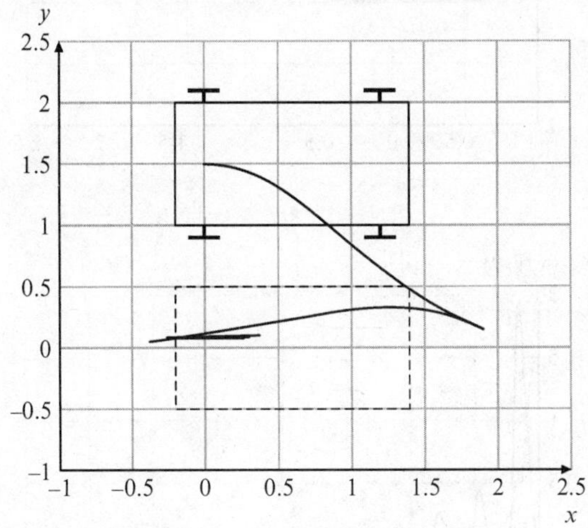

a)

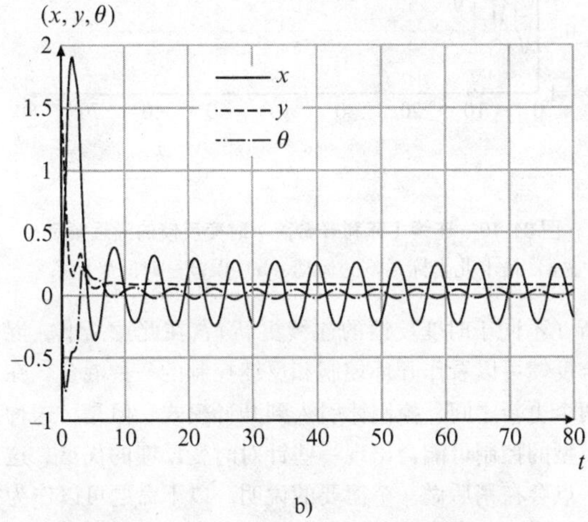

b)

图34.9　包含利普希茨-连续控制器的渐近镇定

a）笛卡儿坐标系下的运动　b）误差—时间坐标系

从仿真结果可以清楚地看到，这一类控制的一个缺点是，系统状态收敛到零的过程非常缓慢。事实上，对于大部分受控系统的轨迹，收敛速率仅仅是多项式级的，即它大体相当于 $t^{-\alpha}$（常数 $\alpha\in(0，1)$）。这个缓慢的收敛速率与一个事实是相关的，即控制函数关于 x 是利普希茨连续的。此类系统的一个特征就是该类系统的近似线性系统并非是能镇定，正如下面命题所描述。

命题34.11

考虑控制系统 $\dot{x}=f(\boldsymbol{x}，\boldsymbol{u})$（$\boldsymbol{x}\in\mathbb{R}^n$，$\boldsymbol{u}\in\mathbb{R}^m$），其中 f 是可微的，并且 $(\boldsymbol{x}，\boldsymbol{u})=(0，0)$ 是该系统的一个平衡点，假设这个系统的近似线性系统是不能镇定的。仍考虑一个连续的时变反馈 $\boldsymbol{u}(\boldsymbol{x}，t)$，关于时间 t 是周期的，使得对任意时间 t 满足 $\boldsymbol{u}(0，t)=0$，并使得对于一个有界函数 k，$\boldsymbol{u}(.，t)$ 关于变量 x 是 $k(t)$ 利普希茨连续的。这一反馈不能保证闭环系统的解一致指数收敛到零点：不存在常量 $K>0$ 和 $\gamma>0$，使得沿受控系统的任一轨迹 $x(.)$ 成立

$$|x(t)|\leqslant K|x(t_0)|\mathrm{e}^{-\gamma(t-t_0)} \tag{34.40}$$

这个不可能性的直观原因可以在独轮车例子中被容易地证明。当使用链式系统描述方式时，第二个方程是 $\dot{z}_2=\nu_1z_3$。由于对此方程在（$z=0$，$\nu=0$）附近的线性化导致 $\dot{z}_2=0$，系统的近似线性系统是不可控的（也是不镇定的）。在这些条件下，当应用一个线性反馈时，指数收敛必然使增益增长到无限，于是超出了利普希茨连续特性的范围。基于这个原因，并伴随更好的性能与效率的需求，推动了连续但非利普希茨连续的时变反馈镇定技术的发展。在下列命题中分别给出针对三维和四维的链式系统的此类反馈的例子。它们都保证了一致指数收敛性。

命题34.12

令标量 α，$k_{1,2,3}>0$ 使得多项式 $p(s)=s^2+k_3s+k_2$ 为Hurwitz稳定的，对任一整数 p，$q\in\mathbb{N}^*$，令 $\rho_{p,q}$ 表示一个定义于 $\mathbb{R}^2$ 的函数，满足

$$\forall\bar{z}_2=(z_2,z_3)\in\mathbb{R}^2,\rho_{p,q}(\bar{z}_2)=(|z_2|^{\frac{p}{q+1}}+|z_3|^{\frac{p}{q}})^{\frac{1}{p}}$$

那么，存在 $q_0>1$ 使得对任意 $q\geqslant q_0$ 且 $p>q+2$，如下的连续状态反馈

$$\begin{cases}\nu_1(z,t)=-k_1(z_1\sin t-|z_1|)\sin t+\alpha\rho_{p,q}(\bar{z}_2)\sin t\\ \nu_2(z,t)=-|\nu_1(z,t)|k_2\dfrac{z_2}{\rho_{p,q}^2(\bar{z}_2)}\\ \qquad\qquad -|\nu_1(z,t)|k_3\dfrac{z_3}{\rho_{p,q}(\bar{z}_2)}\end{cases} \tag{34.41}$$

使得三维链式系统的原点是全局渐近稳定的，并存在一致指数收敛速率[34.1]。

控制规律式（34.38）和控制规律式（34.41）之间的继承关系是显而易见的。人们可以通过验证发现控制规律式（34.41）在 $\bar{z}_2=0$ 处有定义（由连续

性可得）。更精确地，两个比例$\frac{z_2}{\rho_{p,q}^2(\bar{z}_2)}$和$\frac{z_3}{\rho_{p,q}(\bar{z}_2)}$在$\bar{z}_2 \neq 0$处有定义，并且当$\bar{z}_2$趋于0时也都趋于0。这保证了控制律的连续性。

上述结果中指出的指数收敛特性需要进一步的解释。事实上，这个特性并不完全对应于稳定线性系统的经典指数收敛性。在后一种情形下，指数收敛意味着关系式（34.40）是成立的。这对应于通常的指数稳定概念。在当前的情形下，这个不等式变为

$$\rho[z(t)] \leqslant K\rho[z(t_0)]\mathrm{e}^{-\gamma(t-t_0)}$$

对于某个函数ρ成立，比如ρ可以取为$\rho(z)=|z_1|+\rho_{p,q}(z_2, z_3)$，其中$\rho_{p,q}$如命题34.12中所定义。尽管函数$\rho$与状态向量的欧几里得范数拥有一些共同的特性（正定的且当$\|z\|$趋向于无穷大的时候也趋于无穷大），但其并不等价于这个范数。当然，这并不能改变一个事实，即z的所有分量z_i指数收敛到零点。当然，瞬时特性是不同的，因为只能成立$|z_i(t)| \leqslant K\|z(t_0)\|^{\alpha}\mathrm{e}^{-\gamma(t-t_0)}$，其中$\alpha<1$，而不能成立$|z_i(t)| \leqslant K\|z(t_0)\|\mathrm{e}^{-\gamma(t-t_0)}$。

在四维链式系统的情形下，我们可以建立如下结果，其类似于命题34.12。

命题 34.13

选定α，$k_{1,2,3,4}>0$使得多项式$p(s)=s^3+k_4s^2+k_3s+k_2$是 Hurwitz 稳定的。对于任意整数p，$q\in\mathbb{N}^*$，定义在$\mathbb{R}^3$上的函数$\rho_{p,q}$，满足

$$\rho_{p,q}(\bar{z}_2)=(|z_2|^{\frac{p}{q+2}}+|z_3|^{\frac{p}{q+1}}+|z_4|^{\frac{p}{q}})^{\frac{1}{p}}$$

式中，$\bar{z}_2=(z_2, z_3, z_4)\in\mathbb{R}^3$。那么，存在$q_0>1$使得$q\geqslant q_0$且$p>q+2$，如下的连续状态反馈

$$\begin{cases}\nu_1(z,t)=-k_1(z_1\sin t-|z_1|)\sin t+\alpha\rho_{p,q}(\bar{z}_2)\sin t\\ \nu_2(z,t)=-|\nu_1(z,t)|k_2\dfrac{z_2}{\rho_{p,q}^3(\bar{z}_2)}-\nu_1(z,t)k_3\dfrac{z_3}{\rho_{p,q}^2(\bar{z}_2)}\\ \qquad\qquad -|\nu_1(z,t)|k_4\dfrac{z_4}{\rho_{p,q}(\bar{z}_2)}\end{cases} \tag{34.42}$$

使得四维链式系统的原点是全局渐近稳定的，并存在一致指数收敛速率[34.1]。

图34.10中所示的仿真结果验证了控制规律式（34.42）的性能。控制参数如下：$\alpha=0.6$，$k_{1,2,3,4}=(1.6, 10, 18, 17)$，$q=2$，$p=5$。同图34.9所示的结果相比较，可知性能有了明显的提升。

2. 混合反馈

这些反馈构成了对固定位姿的渐近镇定的可替代选择。通常情形下，对状态的依赖对应于周期性的更新（不同于时变反馈的连续更新），在此意义上，混合反馈可以看作开环控制和反馈控制的一种混合。在两个更新之间，控制律引入到开环模式。但是，这种类型的控制可能会出现一些针对时变反馈的优点。这一点会在稍后做一个简要的说明。以下命题可以作为混合反馈的一个示例。

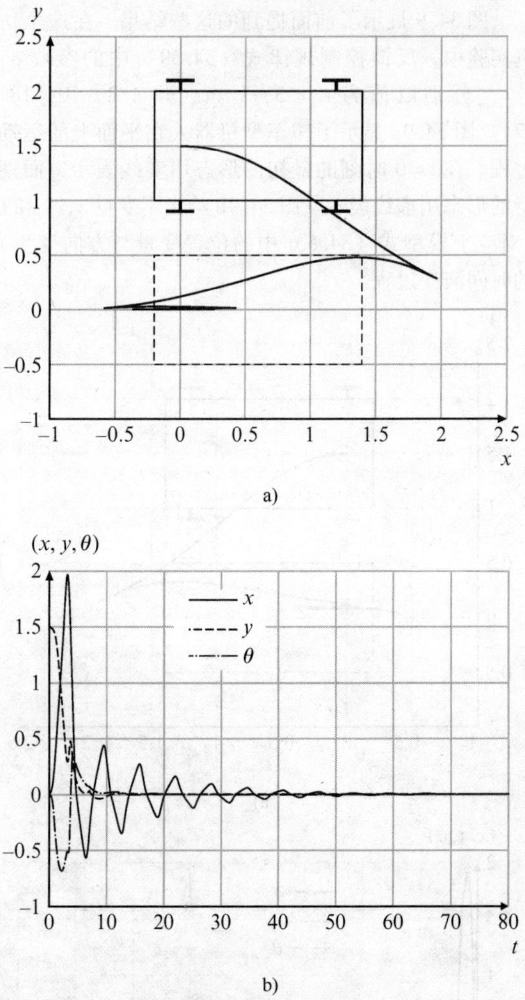

图34.10 连续（菲利普希茨）时变反馈的渐近镇定

a）笛卡儿坐标系下的运动 b）误差—时间坐标系

命题 34.14

混合反馈控制律ν定义如下：

$$\nu(t)=\bar{\nu}[z(kT),t], \forall t\in[kT,(k+1)T] \tag{34.43}$$

其中

$$\begin{cases}\bar{\nu}_1(z,t)=\dfrac{1}{T}[(k_1-1)z_1+2\pi\rho(z)\sin(\omega t)]\\ \bar{\nu}_2(z,t)=\dfrac{1}{T}\left[(k_3-1)z_3+2(k_2-1)\dfrac{z_2}{\rho(z)}\cos(\omega t)\right]\end{cases}$$

且

$$k_{1,2,3} \in (-1,1), \omega = \frac{2\pi}{T}$$

$$\rho(z) = \alpha_2 |z_2|^{1/2}, (\alpha_2 > 0)$$

此控制律是一个针对三维链式系统的 $K(T)$ －指数镇定器[34.6]。

上面命题中所提到的 $K(T)$ －指数镇定器是指存在正常量 K，η 和 γ，其中 $\gamma < 1$，使得对于任意的 z_0，受控系统从 $t = 0$ 时刻的初始值 z_0 出发，到达时刻 t 时的解，记为 $z(t, 0, z_0)$，满足对任意的 $k \in \mathbb{N}$ 和任意 $s \in [0, T)$，如下不等式成立

$$\|z((k+1)T, 0, z_0)\| \leqslant \gamma \|z(kT, 0, z_0)\|$$

$$\|z((kT+s, 0, z_0)\| \leqslant K \|z(kT, 0, z_0)\|^{\eta}$$

这些关系式表明对系统轨迹指数收敛到原点 $z = 0$。但它们不能表明原点的稳定性，因为 $\|z(kT, 0, z_0)\|$ 在某时刻 $t = \bar{t}$ 可能为 0，而且在那之后就不能再保持为 0。然而，注意到如果对某些 $k \in \mathbb{N}$ 有 $\|z(kT, 0, z_0)\| = 0$，则以上的关系可以表明对所有 $t \geqslant kT$，有 $\|z(t, 0, z_0)\| = 0$。

对于四维的系统，可以得到类似命题 34.14 的结果。

命题 34.15

混合反馈定律 ν 定义如下：

$$\nu(t) = \bar{\nu}[z(kT), t], \forall t \in [kT, (k+1)T] \quad (34.44)$$

其中

$$\begin{cases} \bar{\nu}_1(z,t) = \dfrac{1}{T}[(k_1 - 1)z_1 + 2\pi\rho(z)\sin(\omega t)] \\ \bar{\nu}_2(z,t) = \dfrac{1}{T}\Big[(k_4 - 1)z_4 + 2(k_3 - 1)\dfrac{z_3}{\rho(z)} \\ \qquad \cos(\omega t) + 8(k_2 - 1)\dfrac{z_2}{\rho^2(z)}\cos(2\omega t)\Big] \end{cases}$$

$k_{1,2,3,4} \in (-1,1)$，$\omega = \dfrac{2\pi}{T}$，$\rho(z) = \alpha_2 |z_2|^{1/4} + \alpha_3 |z_3|^{1/3} (\alpha_{2,3} > 0)$。此定律是一个针对四维链式系统的 $K(T)$ －指数镇定器[34.6]。

应用反馈定律式（34.44）的仿真结果如图 34.11 所示。具体控制参数取为 $T = 3$，$k_{1,2,3,4} = 0.25$，$\alpha_{2,3} = 0.95$。控制性能和图 34.10 中所示意的相类似，因为两个控制律都保证了指数收敛到原点。

34.4.5　非完整约束系统控制的固有局限性

我们首先指出上面提到的非线性时变反馈和混合反馈所存在的一些问题。当研究反馈控制时，鲁棒性

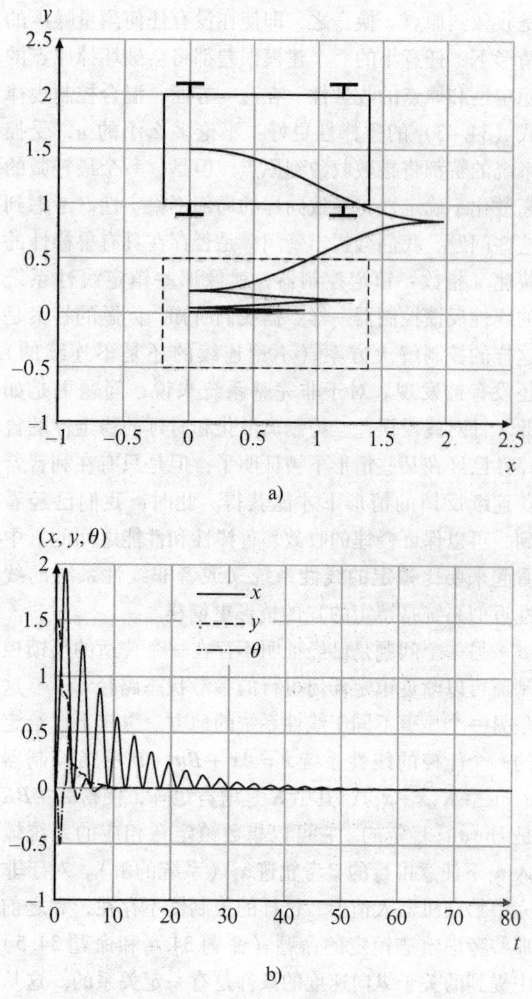

图 34.11　混合离散/连续控制器的渐近镇定

a）笛卡儿坐标系下的运动　b）误差—时间坐标系

始终是一个重要的问题。事实上，如果不是为了鲁棒性，反馈控制将会失去它相对于开环控制解决方案的价值和意义。一般会存在多种鲁棒性问题，其中有一类问题关心对建模误差的敏感度。例如，考虑一个独轮车型机器人，它的运动学方程为 $\dot{x} = u_1 b_1(x) + u_2 b_2(x)$，我们想知道一个可以镇定这种系统的平衡点的反馈控制律是否也可以镇定它的邻居系统的平衡点，其邻居系统的运动学方程为 $\dot{x} = u_1[b_1(x) + \varepsilon g_1(x)] + u_2[b_2(x) + \varepsilon g_2(x)]$，其中 g_1 和 g_2 为连续函数，而参数 ε 用来度量建模误差。这类误差是可以计算的，例如，驱动轮轴的方向相对于底座会有一个很小的不确定性，这将导致在方向测量上出现偏差。对某些特定函数 g_1 和 g_2 和任意小的 ε，我们可以证明类似式（34.41）那样的时变控制律对这类建模误差是没有鲁棒性的，即系统的解将最终在原点的附近震荡而不

是收敛到原点。换言之，即使在没有任何测量噪声的情形下，任意小的一个建模误差都将会破坏掉原点的稳定性和原点的收敛性。在这一方面，混合控制规律式（34.43）的鲁棒性更好：不论多么小的 ε，受控系统的解都将指数收敛到原点。但是，一个最轻微的离散化不确定性将导致同样的局部不稳定性。考虑到这些问题，我们会提出疑问，是否存在具有鲁棒性的快速（指数）镇定控制器，就像那些镇定线性系统的线性反馈控制器一样。据我们所知，问题的答案是这样的控制解决方案（不论连续的还是不连续的）还没有被发现。对于非完整系统来说，问题更是如此。针对建模误差、控制离散化和时延的稳定性的鲁棒性已经在某些情形下被证明了，但是只有在利普希茨连续反馈的情形下才能获得。此时，我们已经看到，可以保证慢速的收敛。鲁棒性和性能之间的折中看起来要比镇定的线性系统（或者非线性系统的线性近似系统是镇定的）的情形更糟糕。

另一个问题是已经证明不存在一个普适的反馈控制器可以渐近镇定任何可行的参考状态路径[34.7]。这是另一个显著不同于线性系统的地方。事实上，给定的一个能控的线性系统 $\dot{\boldsymbol{x}}=\boldsymbol{A}\boldsymbol{x}+\boldsymbol{B}\boldsymbol{u}$，其反馈控制器 $\boldsymbol{u}=\boldsymbol{u}_{\mathrm{r}}+\boldsymbol{K}(\boldsymbol{x}-\boldsymbol{x}_{\mathrm{r}})$，其中 $\boldsymbol{K}$ 是增益矩阵，使得 $\boldsymbol{A}+\boldsymbol{B}\boldsymbol{K}$ 是 Hurwitz 稳定的。它可以指数镇定在相应的系统输入 $\boldsymbol{u}_{\mathrm{r}}$ 下任意可行的参考轨迹 $\boldsymbol{x}_{\mathrm{r}}$（系统的解）。对于非完整移动机器人情形，这样的控制器不存在，和之前那些考虑轨迹镇定的命题（命题 34.4 和命题 34.5）中提到的关于纵向速度的条件是有一定关系的。这从根本上表明，这些条件不能被完全去掉：不管我们选择什么样的反馈控制器，总是存在一条反馈控制器不能渐近镇定的可行参考路径。注意这种限制在非标准反馈（例如时变周期反馈，其可以渐近镇定收缩到一点的参考路径）中也会存在。进一步，这种限制有着明显的工程意义，因为存在这样的实际应用（比如自动跟踪一辆由人驾驶的汽车），其参考路径和它的性质事先是未知的（领航的车将要停下来还是要继续走?）。这导致我们不能轻松决定该使用哪个控制器。在很多的控制器之间切换是个合理的策略，这已经被一些人研究过了，并且在很多情形下都能找到理想的解决方案。然而，由于执行预先设定两个控制器之间的切换策略可以归结为设计第三种控制器，这既不能解决问题的核心，也不能保证绝对的成功。

第三个问题并非特别针对非完整约束系统，但是在非线性控制文献中很少提及，其关注的是不可行轨迹的跟踪问题（即不是系统方程解的轨迹）。由于精确跟踪是不可能的，根据不可行轨迹的定义，控制目标是保证该跟踪误差缩小到某些非零阈值之内并一直保持不再超出。在非完整约束系统情形下，如果速度控制输入的幅值没有限制，那么这些阈值中理论上可以任意小。这一事实使得这个问题与这些系统关系更紧密。这可以称为实用镇定目标，虽然它比前面章节中考虑的镇定目标稍弱，但是极大地拓宽了控制设计问题和应用范围。例如，它可以描述用一个独轮车型车辆或者轿车型车辆跟踪一个全方向型车辆的轨迹问题。在考虑避障的轨迹规划中，针对一类移动机器人，把不可行轨迹转化为可行轨迹可以通过应用实用镇定控制器于此类机器人的模型上对系统的闭环方程进行数值积分来实现。此外，如果我们用实用镇定目标代替渐近镇定目标，对前面提到的那个普适镇定控制器的存在问题进行重新表述，那么答案就会变为肯定的：如此的镇定控制器存在，并且参考轨迹不必要求可行。

34.4.6 基于横截函数方法的任意轨迹的实用镇定

针对能控无漂移系统，参考文献［34.8］描述了一种设计实用镇定器的可能的方法。我们接下来回顾其中一些基本的原理。然后把它们改编到独轮车型和轿车型移动机器人的例子上。

我们首先介绍一些本节将要用到的矩阵符号。

$$\boldsymbol{R}(\theta)=\begin{pmatrix}\cos\theta & -\sin\theta\\ \sin\theta & \cos\theta\end{pmatrix},\boldsymbol{S}=\begin{pmatrix}0 & -1\\ 1 & 0\end{pmatrix},$$

$$\overline{\boldsymbol{R}}(\theta)\begin{pmatrix}R(\theta) & 0\\ 0 & 1\end{pmatrix}$$

1. 独轮车型情形

根据如上的符号，动力学模型式（34.4）可以写为

$$\dot{\boldsymbol{g}}=\overline{\boldsymbol{R}}(\theta)\boldsymbol{C}\boldsymbol{u} \tag{34.45}$$

式中，$\boldsymbol{g}=(x,\ y,\ \theta)^{\mathrm{T}}$，$\boldsymbol{C}=\begin{pmatrix}1 & 0\\ 0 & 0\\ 0 & 1\end{pmatrix}$。我们考虑一个平滑函数

$$f:\alpha\mapsto f(\alpha)=\begin{pmatrix}f_{\mathrm{x}}(\alpha)\\ f_{\mathrm{y}}(\alpha)\\ f_{\theta}(\alpha)\end{pmatrix}$$

式中，$\alpha\in S^1=\mathbb{R}/2\pi\mathbb{Z}$（即 α 是一个角度标量），并且定义

$$\bar{\boldsymbol{g}}:=\begin{pmatrix}\bar{x}\\ \bar{y}\\ \bar{\theta}\end{pmatrix}:=\boldsymbol{g}-\overline{\boldsymbol{R}}(\theta-f_{\theta}(\alpha))f(\alpha)$$

$$=\begin{pmatrix}\begin{pmatrix}x\\y\end{pmatrix}-\boldsymbol{R}(\theta-f_\theta(\alpha))\begin{pmatrix}f_x(\alpha)\\f_y(\alpha)\end{pmatrix}\\ \theta-f_\theta(\alpha)\end{pmatrix} \quad (34.46)$$

注意 $\bar{\boldsymbol{g}}$ 可以看做坐标系 $\bar{F}_m(\alpha)$ 的一种状态，其原点在坐标系 F_m 中的位置为 $-\boldsymbol{R}(-f_\theta(\alpha))\begin{pmatrix}f_x(\alpha)\\f_y(\alpha)\end{pmatrix}$。用微分几何的术语描述，$\bar{\boldsymbol{g}}$ 是在 $SE(2)$ 中李群运算的意义下 g 与 $f(\alpha)^{-1}$ 的积。由于 $f(\alpha)$ 的元素都小，因此 $\bar{\boldsymbol{F}}_m(\alpha)$ 无限趋近 F_m。对任意平滑时间函数 $t\mapsto\alpha(t)$，沿着任意系统式（34.45）的解，$\bar{\boldsymbol{g}}$ 的时间导数如下给出

$$\dot{\bar{\boldsymbol{g}}}=\bar{R}(\bar{\theta})\bar{\boldsymbol{u}} \quad (34.47)$$

式中

$$\bar{\boldsymbol{u}}=\boldsymbol{A}(\alpha)(\bar{\boldsymbol{R}}(f_\theta(\alpha))-\partial f/\partial\alpha(\alpha))\begin{pmatrix}\boldsymbol{Cu}\\\dot{\alpha}\end{pmatrix} \quad (34.48)$$

且

$$\boldsymbol{A}(\alpha)=\begin{pmatrix}\boldsymbol{I}_2 & -\boldsymbol{S}\begin{pmatrix}f_x(\alpha)\\f_y(\alpha)\end{pmatrix}\\0 & 1\end{pmatrix} \quad (34.49)$$

由式（34.47）和式（34.48），我们可以把 $\dot{\alpha}$ 看做一种补偿控制输入，其可以用于监控坐标系 $\tilde{F}_m(\alpha)$ 的移动。更精确地，$\tilde{F}_m(\alpha)$ 可以看做是全方位坐标系，使得 $\bar{\boldsymbol{u}}$ 可以等于任何 $\mathbb{R}^3$ 中的向量，即，只要映射 $(\boldsymbol{u},\dot{\alpha})\to\bar{\boldsymbol{u}}$ 是映上的。下面我们确定何时这个条件可以得到满足。方程式（34.48）也可以写成

$$\bar{\boldsymbol{u}}=\boldsymbol{A}(\alpha)\boldsymbol{H}(\alpha)\begin{pmatrix}\boldsymbol{u}\\\dot{\alpha}\end{pmatrix} \quad (34.50)$$

其中

$$\boldsymbol{H}(\alpha)=\begin{pmatrix}\cos f_\theta(\alpha) & 0 & -\partial f_x/\partial\alpha(\alpha)\\ \sin f_\theta(\alpha) & 0 & -\partial f_y/\partial\alpha(\alpha)\\ 0 & 1 & -\partial f_\theta/\partial\alpha(\alpha)\end{pmatrix} \quad (34.51)$$

由于 $\boldsymbol{A}(\alpha)$ 是可逆的，$\tilde{F}_m(\alpha)$ 是全向的当且仅当矩阵 $\boldsymbol{H}(\alpha)$ 也是可逆的。如果一个函数 f 对任意 $\alpha\in S^1$ 都满足这个性质，则称其为一个横截函数[34.9]。此类函数的存在性的问题已经在更广泛的横截函数方法意义下得到了讨论[34.8,9]。在当前的例子中，一个横截函数族给出如下：

$$f(\alpha)=\begin{pmatrix}\varepsilon\sin\alpha\\ \varepsilon^2\eta\dfrac{\sin2\alpha}{4}\\ \arctan(\varepsilon\eta\cos\alpha)\end{pmatrix}\quad\varepsilon,\eta>0 \quad (34.52)$$

事实上，利用这个函数，我们可以证明，对任意 $\alpha\in S^1$，$\det\boldsymbol{H}(\alpha)=-\dfrac{\varepsilon^2\eta}{2}\cos(\arctan(\varepsilon\eta\cos\alpha))<0$。请注意，当 ε 趋向于零时，函数 f 的所有分量一致趋向于零。因此，通过选择足够小（但是不等于零）的 ε，相应的全方位坐标系 $\bar{F}_m(\alpha)$ 可以任意地接近 F_m。

现在，令 $t\mapsto\boldsymbol{g}_r(t)=[x_r(t),y_r(t),\theta_r(t)]^T$ 表示一条光滑但是任意的参考轨迹。从式（34.47）不难推导出一个反馈控制律 $\bar{\boldsymbol{u}}$，其在 $\boldsymbol{g}_r$ 时渐近镇定 $\bar{\boldsymbol{g}}$。一种可能的选择是

$$\bar{\boldsymbol{u}}=\bar{\boldsymbol{R}}(-\bar{\theta})[\dot{\boldsymbol{g}}_r-k(\bar{\boldsymbol{g}}-\boldsymbol{g}_r)] \quad (34.53)$$

这意味着 $(\dot{\bar{\boldsymbol{g}}}-\dot{\boldsymbol{g}}_r)=-k(\bar{\boldsymbol{g}}-\boldsymbol{g}_r)$。因此，对于任意 $k>0$，$\bar{\boldsymbol{g}}-\boldsymbol{g}_r=0$ 是如上方程的一个指数稳定的平衡点。于是，由式（34.46）可以得到

$$\lim_{t\to+\infty}\{\boldsymbol{g}(t)-\boldsymbol{g}_r(t)-\bar{\boldsymbol{R}}[\theta_r(t)]f[\alpha(t)]\}=0 \quad (34.54)$$

跟踪误差 $\|\boldsymbol{g}-\boldsymbol{g}_r\|$ 的范数最终由 $f(\alpha)$ 的范数界定。根据式（34.52），通过选择合适的 ε，$f(\alpha)$ 的范数可以任意的小。在这个意义上可以获得实用镇定。针对独轮车型机器人的控制 $\boldsymbol{u}$ 可以通过关系式（34.50）的求逆和 $\bar{\boldsymbol{u}}$ 的表达式（34.53）计算得到。

为获得一个好的跟踪精度，可以采用非常小的 ε 值去得到横截函数 f，但我们必须认识到这个策略的局限性。实际上，当 ε 趋向于零，式（34.51）定义的矩阵 $\boldsymbol{H}(\alpha)$ 会变成病态，它的行列式趋向于零。根据式（34.50），这意味着机器人的速度 u_1 和 u_2 会变得非常大。特别是，当参考轨迹 $\boldsymbol{g}_r$ 不可行时，很多动作都有可能发生。我们注意到对于机器人的非完整性，这个困难是固有的，而且也不能被规避（考虑把车停在一个非常窄的停车位上这样一个问题）。出于这个原因，试图在不可行的轨迹上实现非常精确的轨迹跟踪在实践中不是一个很好的选择。另一方面，当轨迹是可行的，不需要过多动作实现精确跟踪，在这种情形下可以使用较小的 ε 值。

这样很明显就导致了一个两难的局面，当参考轨迹不是事先可知的，且它的可行性特征会随时间而变化。在参考文献［34.10］中提出了一个解决这个问题的控制策略，其基于在线调节横截函数的大小。目前这个方法在独轮机器人上的实验验证可在参考文献［34.11］中找到。

2. 轿车型

上面提到的控制方法可以推广到轿车型车辆上（同样也可以推广到带拖车的情形）。同样，思路是

给机器人坐标系 F_m 附加一个全向对照坐标系 $\bar{F}_m(\alpha)$，其通过选择一些设计参数可任意接近 F_m。下面我们看看它是如何在轿车型车辆上实现的，为简化后面的方程，可以将系统式（34.5）改写为

$$\begin{cases}\dot{x}=u_1\cos\theta\\ \dot{y}=u_1\sin\theta\\ \dot{\theta}=u_1\xi\\ \dot{\xi}=u_\xi\end{cases}$$

式中，$\xi=\tan\phi/L$，$u_\xi=u_2(1+\tan^2\phi)/L$。该系统也可表示为（对照（34.45））

$$\begin{cases}\dot{g}=\bar{R}(\theta)C(\xi)u_1\\ \dot{\xi}=u_\xi\end{cases}\tag{34.55}$$

式中，$g=(x,\ y,\ \theta)^T$，$C(\xi)=(1,\ 0,\ \xi)^T$。我们下面考虑一个平滑函数

$$f:\alpha\mapsto f(\alpha)=\begin{pmatrix}f_g(\alpha)\\ f_\xi(\alpha)\end{pmatrix}=\begin{pmatrix}f_x(\alpha)\\ f_y(\alpha)\\ f_\theta(\alpha)\\ f_\xi(\alpha)\end{pmatrix}$$

式中，$\alpha\in S^1\times S^1$（即 $\alpha=(\alpha_1,\ \alpha_2)$），我们定义（对照（34.46））

$$\bar{g}:=\begin{pmatrix}\bar{x}\\ \bar{y}\\ \bar{\theta}\end{pmatrix}:=g-\bar{R}(\theta-f_\theta(\alpha))f_g(\alpha)$$

$$=\begin{pmatrix}\begin{pmatrix}x\\ y\end{pmatrix}-R(\theta-f_\theta(\alpha))\begin{pmatrix}f_x(\alpha)\\ f_y(\alpha)\end{pmatrix}\\ \theta-f_\theta(\alpha)\end{pmatrix}\tag{34.56}$$

类似于独轮车型的情形，其可以看作某个对照坐标系 $\bar{F}_m(\alpha)$ 的一种状态，对 $\bar{g}$ 计算沿着任意时间平滑函数 $t\mapsto\alpha(t)$ 和系统式（34.55）任意解的微分，可以确定式（34.47）依然成立，除了 $\bar{u}$ 被表示为

$$\bar{u}=A(\alpha)\left(\bar{R}[f_\theta(\alpha)]-\partial f_g/\partial\alpha_1(\alpha)-\partial f_g/\partial\alpha_2(\alpha)\right)\times\begin{pmatrix}C(\xi)u_1\\ \dot{\alpha}_1\\ \dot{\alpha}_2\end{pmatrix}\tag{34.57}$$

而不是像式（34.48）定义的那样（$A(\alpha)$ 仍由式（34.39）所定义）。由于

$$C(\xi)u_1=C(f_\xi(\alpha))u_1+\{C(\xi)-C[f_\xi(\alpha)]\}u_1$$
$$=\begin{pmatrix}1\\ 0\\ f_\xi(\alpha)\end{pmatrix}u_1+\begin{pmatrix}0\\ 0\\ \xi-f_\xi(\alpha)\end{pmatrix}u_1$$

式（34.57）可以改写为

$$\bar{u}=A(\alpha)H(\alpha)\begin{pmatrix}u_1\\ \dot{\alpha}_1\\ \dot{\alpha}_2\end{pmatrix}+A(\alpha)\begin{pmatrix}0\\ 0\\ u_1[\xi-f_\xi(\alpha)]\end{pmatrix}\tag{34.58}$$

式中

$$H(\alpha)=\begin{pmatrix}\cos f_\theta(\alpha) & -\partial f_x/\partial\alpha_1(\alpha) & -\partial f_x/\partial\alpha_2(\alpha)\\ \sin f_\theta(\alpha) & -\partial f_y/\partial\alpha_1(\alpha) & -\partial f_y/\partial\alpha_2(\alpha)\\ f_\xi(\alpha) & -\partial f_\theta/\partial\alpha_1(\alpha) & -\partial f_\theta/\partial\alpha_2(\alpha)\end{pmatrix}\tag{34.59}$$

令
$$u_\xi=\dot{f}_\xi(\alpha)-k(\xi-f_\xi(\alpha))\tag{34.60}$$

其中 $k>0$，由式（34.45）可知 $\xi-f_\xi(\alpha)$ 指数收敛到0。因此，经过短暂的相位（其持续时间可由 $1/k$ 所度量）之后，我们有 $\xi-f_\xi(\alpha)\approx0$，且式（34.58）可以简化为：

$$\bar{u}=A(\alpha)H(\alpha)\begin{pmatrix}u_1\\ \dot{\alpha}_1\\ \dot{\alpha}_2\end{pmatrix}\tag{34.61}$$

假设函数 f 使得 $H(\alpha)$ 始终可逆，这也就意味着与 $\bar{g}$ 相关的坐标系 $\bar{F}_m(\alpha)$ 是全向的。所有满足这个性质的函数 f 称为横截函数。一旦这个确立了，我们可以渐近镇定 $\bar{g}$ 的任意参考轨迹 g_r，例如，定义 $\bar{u}$ 如式（34.45），车辆所需的控制律 u_1 可以通过对式（34.61）的求逆获得。下面的引理描述了一个横截函数的集合：

引理 34.1

对于任意的 $\varepsilon>0$ 和 η_1，η_2，η_3，使得 η_1，η_2，$\eta_3>0$，且 $6\eta_2\eta_3>8\eta_3+\eta_1\eta_2$，函数 f 定义如下：

$$f(\alpha)=\begin{pmatrix}\bar{f}_1(\alpha)\\ \bar{f}_4(\alpha)\\ \arctan(\bar{f}_3(\alpha))\\ \bar{f}_2(\alpha)\cos^3 f_3(\alpha)\end{pmatrix}$$

式中，$\bar{f}:S^1\times S^1\to\mathbb{R}^4$ 由下式给出：

$$\bar{f}(\alpha)=\begin{pmatrix}\varepsilon(\sin\alpha_1+\eta_2\sin\alpha_2)\\ \varepsilon\eta_1\cos\alpha_1\\ \varepsilon^2\left(\frac{\eta_1\sin2\alpha_1}{4}-\eta_3\cos\alpha_2\right)\\ \varepsilon^3\left(\eta_1\frac{\sin^2\alpha_1\cos\alpha_1}{6}-\frac{\eta_2\eta_3\sin2\alpha_2}{4}-\eta_3\sin\alpha_1\cos\alpha_2\right)\end{pmatrix}$$

则满足横截条件：$\det H(\alpha)\neq0\ \forall\alpha$，其中 $H(\alpha)$ 由式（34.59）所定义[34.12]。

图 34.12 中的仿真结果表明了控制方法对一个轿车型机器人的应用。参考轨迹是由初始条件 $g_r(0)=0$ 和它如下的时间导函数决定

$$\dot{g}_r(t)=\begin{cases}(0,0,0)^{\mathrm{T}} & t\in[0,30]\\(1,0,0)^{\mathrm{T}} & t\in[30,38]\\(0,0.3,0)^{\mathrm{T}} & t\in[38,53]\\(-1,0,0)^{\mathrm{T}} & t\in[53,61]\\(0,0,0.2)^{\mathrm{T}} & t\in[61,80]\end{cases}$$

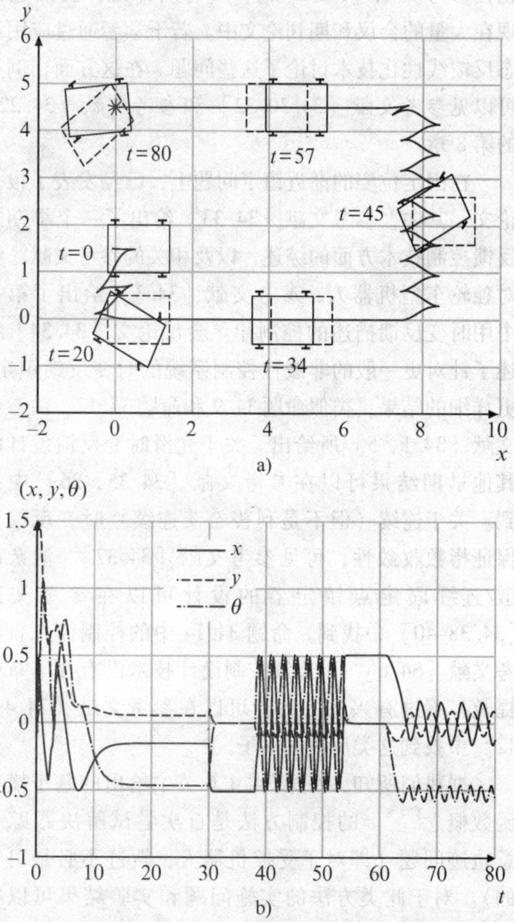

图 34.12　采用横截函数方法的任意轨线的实用镇定

a）笛卡儿坐标系下的运动　b）误差—时间坐标系

当 $t\in[0,30]$ 时，对应于一个固定位姿，当 $t\in[31,61]$ 时，按时间顺序描述了三种纯粹的平移运动；当 $t\in[61,80]$ 时，描述了一种纯粹的旋转运动。我们注意到当 $t\in[38,53]$ 时，对轿车型机器人来说参考轨迹是不可行的，因为对应于一个与 g_r 相关的坐标系 F_r 下单位向量 j_r 的方向上的侧向平移；同样当 $t\in[61,80]$ 时，参考轨线也是不可行的，因为一个后轮驱动的车辆是不能做纯粹的旋转运动。轿车型机器人在 $t=0$ 时，初始状态为 $g(0)=(0,1.5,0)$，初始方向角为 $\varphi(0)=0$。

在图 34.12 a 中，用实线框表示不同时刻机器人的位姿，用虚线框表示在对应时刻参考机器人底座的位姿。图中同样反映了机器人两个后轮轮轴中心的运动轨迹。图 34.12 b 给出了在参考坐标系（即（x_e，y_e）由式（34.20）所定义，$\theta_e=\theta-\theta_r$）下跟踪误差随时间变化的过程。由式（34.54）可知，在 $\bar{g}$ 指数收敛到零点之后，$|x_e|$，$|y_e|$和$|\theta_e|$的最终上界分别由函数 f_x，f_y和 f_θ 的最大振幅所决定。在这个仿真实验中，引理 34.1 中横截函数的控制参数取以下数值：$\varepsilon=0.17$，$\eta_{1,2,3}=(12,2,20)$。基于这些具体数值，我们可以验证$|f_x|$、$|f_y|$和$|f_\theta|$的上界分别为 0.51、0.11 和 0.6。这与图中所示的跟踪误差的时间演化相一致。正如对独轮车型情形所指出的，我们可以通过减小 ε 的值来获得更高的跟踪精度，但是这将导致更大的控制输入值以及更频繁的动作，特别是在时间区间［38，53］和［61，80］内，此时参考轨线是不可行的。

34.5 补充材料和参考文献指南

1. 广义拖车系统

这里所提出的大部分针对独轮车型机器人和轿车型机器人的控制设计方法都可以推广到由一个领航车辆拖着多节拖车的火车型机器人的情形。特别地，第 34.4 节中针对非完整系统所提出的方法都可以推广到这个情形，只要通过把描述系统的运动的运动学方程组转换成（至少半全局地）一个链式系统即可[34.5]。为此，一个基本的前提是每一节拖车都要链接在前一节车辆后轮的轮轴上[34.13]。例如，当有两节（或更多节）相继的拖车采用非轴点的链接，则向链式系统的转换是无法实现的[34.14]。所谓的广义拖车系统（包括采用非轴点的链接）导致了更加困难的控制设计问题，并且关注此类问题的文献也很少。基于这个原因，再加上由于这些系统远没有简单的车辆那么高的应用频率，在这里我们就不再单独阐述那些针对此类问题的控制方法了。不过，一部分相关的参考文献会在下面列举。路径跟随问题已经被充分地考虑了，比如在参考文献［34.15］中讨论了包含两节拖车的系统，更一般地，在参考文献［34.16］的第 3 章和参考文献［34.17］中讨论了包含任意多节拖车的系统。据我们所知，针对此类系统的镇定非静态的参考轨迹还没有结果（除了单拖车情形，此时系统可以转变为链式形式[34.14,18]）。实际

上，明确地求解从一任意位姿到另一任意位姿的可行轨迹已经是一个极端困难的问题，即使在没有考虑障碍物的情形下。而对于一大类可控无漂移系统的固定位姿渐近镇定问题，则可以（在理论上）应用很多现有的一般性方法得到解决。然而，与这些方法相关联的计算会随着拖车数量的增加而很快会变得难以处理。一些更特殊和更简单的问题已经有所讨论。在参考文献［34.19］中讨论了针对任意节数的拖车和简化的位姿集的渐近镇定。在参考文献［34.20］中，讨论了包含两节拖车和任意固定位姿的情形。

2. 基于传感器的运动控制

在本章中所描述的控制律以及相应的计算，包括在线测量，最终都需要对车辆所在环境中与车辆位置相关的一些变量的在线估计作为补充。这些测量通过应用以下各种传感器（测距仪、GPS、高度计、视觉等）获得。通常，在计算控制变量自身之前，首先要用多种方法对传感器的原始数据进行处理。例如，噪声滤波和状态估计都是此类的基本操作，这些都在自动控制类文献中非常常见。在所有的传感器中，视觉传感器在机器人应用中扮演着一个非常重要的角色。这是由于视觉传感器可以提供丰富多彩的信息。把视觉数据和反馈控制结合在一起，经常称为视觉伺服。在第24章里，给出了若干视觉伺服任务，主要是对操作的情形，和/或假设机器人任务的实现等价于控制安装在全方位操作手上的摄像机位姿的情形。在一些情形下，本章所描述的概念和方法可以毫不费力地适用于移动机器人的情形。这些情形基本上对应于在本章的第34.3节所描述的从机器人操纵改编而来的控制方法。例如，通过控制机器人车体侧面和道路边缘之间视觉估计的距离来实现的自动驾驶，或者通过控制机器人车体与领航车体前方和侧方的距离来实现的车辆编队。这些问题可以应用第24章给出的控制技术进行讨论。原因是可以比较容易地把这些技术改造为在第34.3节所给出的控制方法。然而，也存在一些针对非完整移动机器人的基于视觉的实际应用问题，它们是不能通过应用经典视觉伺服技术解决的。例如像这种情形：在第34.4节所描述的任务目标中，把非完整车辆的完整位姿（即位置和方向）镇定到一个期望位姿处。基于视觉控制的此类问题在参考文献［34.10，21］中进行了讨论。

较早之前已经发表了一些关于轮式移动机器人控制的研究综述。如参考文献［34.22-24］讨论了建模和控制问题。参考文献［34.25］针对不同类型的轮式移动机器人结构，对运动学和动力学模型进行了详细的分类，这是第17章的基础。利用链式形式来描述轮式移动机器人方程是在参考文献［34.26］提出讨论的，并在参考文献［34.13］中进行了推广。

路径跟随可能是研究人员在机器人学领域提出来的第一个移动机器人控制问题。从前人工作中，我们挑选了参考文献［34.27，28］。若干在本章中所介绍的结果源于参考文献［34.5，29］。

针对独轮车型和轿车型机器人的跟踪可行轨迹问题在参考文献［34.22-24］中有所体现，当然也出现在大量的会议和期刊论文中。若干学者通过应用动态反馈线性化技术讨论了这些问题。在这方面，例如可以见参考文献［34.30-32］和参考文献［34.22］的第8章。

在固定位姿的渐近镇定问题上，已经发表了很多论文。其中，参考文献［34.33］给出了一个早期的反馈控制技术方面的综述，以及相关的参考文献。针对独轮车型机器人，参考文献［34.3］给出了第一个用时变反馈描述的控制律。会议论文［34.34］综述了针对更一般的非线性控制系统的时变反馈镇定。更详细的结果，类似命题34.9和命题34.12，由参考文献［34.1，5］所给出。关于光滑时变反馈设计的其他早期结果可以在参考文献［34.35，36］中找到。关于连续（但不是利普希茨连续）时变反馈可保证指数收敛性，可见参考文献［34.37］。混杂离散/连续固定点镇定器的设计可以在参考文献［34.38-40］中找到。命题34.14中的控制律来自参考文献［34.6］。不连续控制设计技术没有在本章中提及，不过有兴趣的读者可以在参考文献［34.41，42］中找到这类反馈的例子。

据我们所知，在第34.4.6节中给出的基于横截函数概念[34.8,9]的控制方法是首次尝试解决跟踪任意轨迹问题（即对于受控机器人，轨迹不必是可行的）。对于此类方法的实施问题和实验结果可以在参考文献［34.10，11］中找到。参考文献［34.12］是关于轮式移动机器人的轨迹跟踪问题的综述，并给出了针对轿车型机器人系统的一个详细案例研究。

参考文献

34.1 P. Morin, C. Samson: Control of non-linear chained systems. From the Routh–Hurwitz stability criterion to time-varying exponential stabilizers, IEEE Trans. Autom. Control **45**, 141–146 (2000)

34.2 R.W. Brockett: Asymptotic stability and feedback stabilization. In: *Differential Geometric Control*

Theory, ed. by R.W. Brockett, R.S. Millman, H.J. Sussmann (Birkauser, Boston 1983)
34.3 C. Samson: Velocity and torque feedback control of a nonholonomic cart, Proc. Int. Workshop Adapt. Nonlinear Control: Issues in Robotics (1990), also in LNCIS, Vol. 162, (Springer, Berlin, Heidelberg 1991)
34.4 J.-M. Coron: Global asymptotic stabilization for controllable systems without drift, Math. Control Signals Syst. **5**, 295–312 (1992)
34.5 C. Samson: Control of chained systems. Application to path following and time-varying point-stabilization, IEEE Trans. Autom. Control **40**, 64–77 (1995)
34.6 P. Morin, C. Samson: Exponential stabilization of nonlinear driftless systems with robustness to unmodeled dynamics, ESAIM: Control Optim. Calc. Var. **4**, 1–36 (1999)
34.7 D.A. Lizárraga: Obstructions to the existence of universal stabilizers for smooth control systems, Math. Control Signals Syst. **16**, 255–277 (2004)
34.8 P. Morin, C. Samson: Practical stabilization of driftless systems on Lie groups: the transverse function approach, IEEE Trans. Autom. Control **48**, 1496–1508 (2003)
34.9 P. Morin, C. Samson: A characterization of the Lie algebra rank condition by transverse periodic functions, SIAM J. Control Optim. **40**(4), 1227–1249 (2001)
34.10 G. Artus, P. Morin, C. Samson: Control of a maneuvering mobile robot by transverse functions, Proc. Symp. Adv. Robot Kinemat. (ARK) (2004) pp. 459–468
34.11 G. Artus, P. Morin, C. Samson: Tracking of an omnidirectional target with a nonholonomic mobile robot, Proc. IEEE Conf. Adv. Robotics (ICAR) (2003) pp. 1468–1473
34.12 P. Morin, C. Samson: Trajectory tracking for nonholonomic vehicles: overview and case study, Proc. 4th Int. Workshop Robot Motion Control (RoMoCo), ed. by K. Kozlowski (2004) pp. 139–153
34.13 O.J. Sørdalen: Conversion of the kinematics of a car with *n* trailers into a chained form, Proc. IEEE Int. Conf. Robot. Autom. (1993) pp. 382–387
34.14 P. Rouchon, M. Fliess, J. Lévine, P. Martin: Flatness, motion planning and trailer systems, Proc. IEEE Int. Conf. Decis. Control (1993) pp. 2700–2705
34.15 P. Bolzern, R.M. DeSantis, A. Locatelli, D. Masciocchi: Path-tracking for articulated vehicles with off-axle hitching, IEEE Trans. Control Syst. Technol. **6**, 515–523 (1998)
34.16 D.A. Lizárraga: Contributions à la stabilisation des systèmes non-linéaires et à la commande de véhicules sur roues. Ph.D. Thesis (INRIA-INPG, University of Grenoble, France 2000)
34.17 C. Altafini: Path following with reduced off-tracking for multibody wheeled vehicles, IEEE Trans. Control Syst. Technol. **11**, 598–605 (2003)
34.18 F. Lamiraux, J.-P. Laumond: A practical approach to feedback control for a mobile robot with trailer, Proc. IEEE Int. Conf. Robotics Autom. (1998) pp. 3291–3296
34.19 D.A. Lizárraga, P. Morin, C. Samson: Chained form approximation of a driftless system. Application to the exponential stabilization of the general N-trailer system, Int. J. Control **74**, 1612–1629 (2001)
34.20 M. Venditelli, G. Oriolo: Stabilization of the general two-trailer system, Proc. IEEE Int. Conf. Robot. Autom. (2000) pp. 1817–1823
34.21 M. Maya-Mendez, P. Morin, C. Samson: Control of a nonholonomic mobile robot via sensor-based target tracking and pose estimation, Proc. IEEE/RSJ Int. Conf. Intell. Robots Syst. (2006) pp. 5612–5618
34.22 C. Canudas de Wit, B. Siciliano, G. Bastin: *Theory of Robot Control* (Springer, Berlin, Heidelberg 1996)
34.23 J.-P. Laumond (Ed.): *Robot Motion Planning and Control*, Lect. Notes Control Inform. Sci., Vol. 229 (Springer, Berlin, Heidelberg 1998)
34.24 Y.F. Zheng (Ed.): *Recent Trends in Mobile Robots*, World Scientific Ser. Robotics Automat. Syst., Vol. 11 (World Scientific, Singapore 1993)
34.25 G. Campion, G. Bastin, B. d'Andréa-Novel: Structural properties and classification of kynematic and dynamic models of wheeled mobile robots, IEEE Trans. Robot. Autom. **12**, 47–62 (1996)
34.26 R.M. Murray, S.S. Sastry: Steering nonholonomic systems in chained form, Proc. IEEE Int. Conf. Decis. Control (1991) pp. 1121–1126
34.27 E.D. Dickmanns, A. Zapp: Autonomous high speed road vehicle guidance by computer vision, Proc. IFAC World Congr. (1987)
34.28 W.L. Nelson, I.J. Cox: Local path control for an autonomous vehicle, Proc. IEEE Int. Conf. Robot. Autom. (1988) pp. 1504–1510
34.29 C. Samson: Path following and time-varying feedback stabilization of a wheeled mobile robot, Proc. Int. Conf. Autom. Robot. Comput. Vis. (1992)
34.30 B. d'Andréa-Novel, G. Campion, G. Bastin: Control of nonholonomic wheeled mobile robots by state feedback linearization, Int. J. Robot. Res. **14**, 543–559 (1995)
34.31 A. De Luca, M.D. Di Benedetto: Control of nonholonomic systems via dynamic compensation, Kybernetica **29**, 593–608 (1993)
34.32 M. Fliess, J. Lévine, P. Martin, P. Rouchon: Flatness and defect of non-linear systems: introductory theory and examples, Int. J. Control **61**, 1327–1361 (1995)
34.33 I. Kolmanovsky, N.H. McClamroch: Developments in nonholonomic control problems, IEEE Control Syst. **15**, 20–36 (1995)
34.34 P. Morin, J.-B. Pomet, C. Samson: Developments in time-varying feedback stabilization of nonlinear systems, Proc. IFAC NOLCOS (1998) pp. 587–594
34.35 J.-B. Pomet: Explicit design of time-varying stabilizing control laws for a class of controllable systems without drift, Syst. Control Lett. **18**, 467–473 (1992)
34.36 A.R. Teel, R.M. Murray, G. Walsh: Nonholonomic control systems: from steering to stabilization with sinusoids, Int. J. Control **62**, 849–870 (1995), also in Proc. IEEE Int. Conf. Decis. Control (1992) pp. 1603–1609
34.37 R.T. M'Closkey, R.M. Murray: Exponential stabilization of driftless nonlinear control systems using homogeneous feedback, IEEE Trans. Autom. Control **42**, 614–6128 (1997)

34.38 M.K. Bennani, P. Rouchon: Robust stabilization of flat and chained systems, Proc. Eur. Control Conf. (1995) pp. 2642–2646
34.39 P. Lucibello, G. Oriolo: Stabilization via iterative state feedback with application to chained-form systems, Proc. IEEE Conf. Decis. Control (1996) pp. 2614–2619
34.40 O.J. Sørdalen, O. Egeland: Exponential stabilization of nonholonomic chained systems, IEEE Trans. Autom. Control **40**, 35–49 (1995)
34.41 A. Astolfi: Discontinuous control of nonholonomic systems, Syst. Control Lett. **27**, 37–45 (1996)
34.42 C. Canudas de Wit, O.J. Sørdalen: Exponential stabilization of mobile robots with nonholonomic constraints, IEEE Trans. Autom. Control **37**(11), 1791–1797 (1992)

第35章 运动规划和避障

Javier Minguez，Florent Lamiraux，Jean-Paul Laumond
缪燕子 译

本章介绍了移动机器人运动规划和避障。我们将看到这两个领域如何不共享相同的建模背景。从一开始的运动规划，研究一直由计算机科学控制。研究人员的目的是制定易于理解的完整性和准确性好的基础算法。非完整约束的引入通过微分几何方法的引入迫使我们重视这些算法。这样的组合对某些系统已经成为了可能，如所谓的小规模控制系统。运动规划算法的基本假设仍然是一个全球性的准确的地图环境知识。更重要的是，所考虑的系统是一个具有方程组的正规系统，这些方程组不能描述整个物理系统，因为没有考虑系统中的不确定性建模。这些假设在实践中过于强烈。这就是为什么其他辅助研究人员已经采纳了一个平行的，更务实的，但现实的办法处理避障问题。这里的问题不是处理复杂的系统，如多拖车汽车。所考虑的系统非常简单，更重视它们的几何形状。这个问题考虑了基于传感器的运动，现实中的一个真正的导航系统的物理问题要比运动规划算法更好：当障碍被实时发现，如何在复杂环境下朝着目标导航？这是避障的关键。

35.1 非完整移动机器人：运动规划满足控制理论 …… 308
35.2 运动学约束与可控性 …… 308
35.2.1 定义 …… 308
35.2.2 可控性 …… 309
35.2.3 示例：差速驱动移动机器人 …… 309
35.3 运动规划和小规模控制 …… 309
35.3.1 决策问题 …… 309
35.3.2 完整问题 …… 310
35.4 局部转向函数与小规模的控制性 …… 310
35.4.1 局部转向函数用来说明小规模系统的可控性 …… 310
35.4.2 链式系统与反馈可线性化系统的等价 …… 312
35.5 机器人和拖车 …… 313
35.5.1 差速驱动移动机器人 …… 313
35.5.2 牵引一辆拖车的差速驱动移动机器人 …… 313
35.5.3 轿车型移动机器人 …… 313
35.5.4 前后车轮均可转向的机器人 …… 313
35.5.5 牵引多辆拖车的差速驱动移动机器人 …… 314
35.5.6 需要说明的问题 …… 314
35.6 近似方法 …… 314
35.6.1 正向动态规划 …… 314
35.6.2 输入空间的离散化 …… 315
35.6.3 基于输入的快速扩展随机树 …… 315
35.7 从路径规划到避障 …… 315
35.8 避障定义 …… 315
35.9 避障技术 …… 316
35.9.1 势场模式 …… 316
35.9.2 向量场直方图 …… 317
35.9.3 障碍约束法 …… 317
35.9.4 动态窗口法 …… 319
35.9.5 速度障碍 …… 319
35.9.6 近似图导航 …… 320
35.10 避障中机器人的外形特征、运动学和动力学 …… 321
35.10.1 抽象车辆方面的技术 …… 321
35.10.2 子问题的分解技巧 …… 322
35.11 整合规划—反应 …… 322
35.11.1 路径变形系统 …… 323
35.11.2 战略规划系统 …… 323
35.12 结论、未来发展方向与扩展阅读 …… 324
参考文献 …… 325

20世纪60年代末到20世纪70年代初移动机器人的出现，发起了一项新的研究领域：自主导航。有趣的是，第一个导航系统是在第一次国际联合人工智能（IJCAI 1969年）会议上提出的。这些系统是基于一些新生的想法，这些想法在机器人运动规划算法的发展中已卓有成效。例如，1969 年，移动机器人 Shakey 使用基于网格的方法去建模，并探索环境[35.1]；1979 年 *Jason* 使用了一种由障碍边角建立的可见图表[35.2]；1979 年 *Hilare* 把环境分解成无碰撞凸细胞[35.3]。

在 20 世纪 70 年代后期，机器人的研究推广了机械系统构型空间的概念[35.4]。在构型空间里，“钢琴搬运工的问题”（即对于一个刚性多面体如何找到无碰撞路径的问题）成为一个焦点。一个机械系统的运动规划问题简化为在构型空间寻找点的路径。这个方法是为了扩大开创性的思想和开发新的、有充分根据的算法。（见 *Latombe* 的书[35.5]）。

十年后，非完整系统的概念（借助力学）通过停车问题出现在机器人运动规划中[35.6]。移动机器人导航先驱工作还没解决这个问题。随后非完整运动规划成为一个引人注目的研究领域[35.7]。

这项研究除了致力于路径规划，还开始准备一些工作为了让机器人走出最初的人工环境，这些人工环境由一些圆柱形木制垂直板组成。机器人开始在人的陪伴下走进真实的实验大楼。不准确的定位，不确定的、不完整的环境地图，和意外移动或静止障碍使机器人专家意识到路径规划和执行方案之间有代沟。从那以后，避障领域就很活跃了。

本章的难点是指出非完整运动规划（35.1 节 ~ 35.6 节）和避障（35.7 节 ~ 35.10 节）的难题。35.11 节回顾了近年来成功的方法，它们基本上包括了运动规划和运动控制的所有问题。这些方法受益于非完整运动规划和避障方法。

35.1 非完整移动机器人：运动规划满足控制理论

非完整约束在速度空间系统下是不可积线性约束的。例如，无滑动约束的滚动差速驱动移动机器人（图 35.1）是差速驱动机器人线性速度矢量（线性向量和角速度），并且是不可积的（它不能整合成为一个配置变量约束）。因此，一个差速驱动移动机器人可以去任何地方，但不遵守任何轨迹。当考虑了二阶微分方程，如惯性动量守恒，其他类型的非完整约束就被提出来了。大量论文调查了著名的下落猫问题和在空间自由漂浮的机器人问题（见参考文献［35.7］概述）。本章专门讨论轮式移动机器人的非完整约束问题。

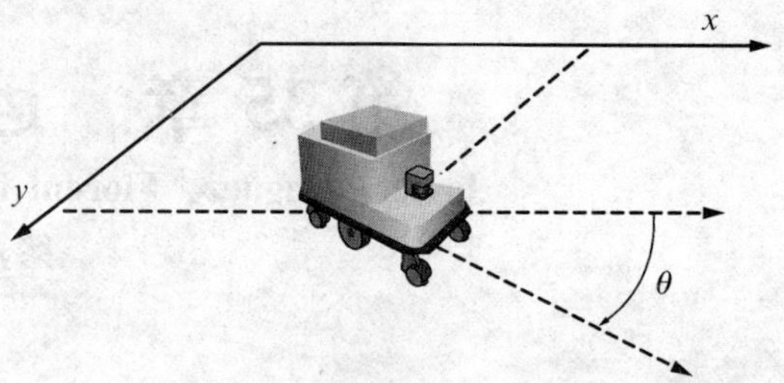

图 35.1 由于没有车轮轴滑动约束的滚动，差速驱动移动机器人受线性动力学约束支配

如果由于障碍在构型空间上的直接约束，而且这种约束是多样化的，那么非完整约束就可以表达在正切空间。对一个线性动力学约束的表示，自然就产生了一个首要问题：这种约束可以减少系统空间的可达性吗？这个问题的答案可以通过学习被控系统的李氏代数分布结构来获得。

即使在没有障碍物的前提下，对一个非完整系统的两个构型之间规划可行性运动（如，满足运动学约束）也不是一件容易的事。准确的解决方案已经被提出来了，不过只适合某些系统，还有很多系统没有很好的解决方法。在一般情况下，一个近似方法是可以使用的。

对于一个非完整系统的运动规划问题可以表述如下：在工作空间内给定一个有障碍的情景地图，一个机器人受到非完整约束，初始构型，目标构型，找到一个初始和目标构型之间的无碰撞路径。解决这个问题需要考虑到由于障碍带来的双方构型空间的限制，和非完整约束。解决这个问题需要开发的工具要有运动规划与控制理论技术。由于拓扑参数的出现使得这样的组合对所谓的小时间控制系统成为了可能（35.3 节定理 35.2）。

35.2 运动学约束与可控性

在本节中，我们提供有关可控的主要定义，使用 *Sussman* 的术语[35.8]。

35.2.1 定义

我们用 CS 表示维数是 n 构型是 $\boldsymbol{q}$ 的给定移动机器人的构型空间。如果机器人被装在轮子上，它是受运动约束的，线性速度向量

$$\omega_i(\boldsymbol{q})\dot{\boldsymbol{q}}=0, i\in\{1,\cdots,k\}$$

我们假设，这些限制对每 $\boldsymbol{q}$ 是线性无关的、等价的，对每个 $\boldsymbol{q}$，这里存在 $m=n-k$，线性无关向量 $f_1(\boldsymbol{q})$，…，$f_m(\boldsymbol{q})$，上述限制可以等价为：

$$\exists(u_1,\cdots,u_m)\in\mathbb{R}^m,\dot{q}=\sum_{i=1}^{m}u_if_i(\boldsymbol{q})\quad(35.1)$$

我们注意到，向量f_i不是唯一的。幸运的是，无论我们选择什么，以下所有的事态发展是有效的。此外，如果线性约束是平稳的，对于$\boldsymbol{q}$向量场f_1，…，f_m也是平稳的。从现在开始我们假定这种条件。

让我们定义U，一系列子集$\mathbb{R}^m$。我们用Σ定义控制系统式（35.1），其中（u_1，…，u_m）$\in U$。

定义 35.1

局部和小规模可控性

1）Σ是关于构型$\boldsymbol{q}$局部可控的，当且仅当构型达到$\boldsymbol{q}$且轨迹包含它邻近的$\boldsymbol{q}$。

2）Σ是关于构型$\boldsymbol{q}$小规模可控的，当且仅当构型达到$\boldsymbol{q}$且轨迹小于T并包含任何T邻近的$\boldsymbol{q}$。

f_1，…，f_m被称为Σ的控制向量场。一个系统在每个构型小规模可控时被认为是小规模可控的。

35.2.2　可控性

检查一个系统的可控性要求分析与系统相关的控制李氏代数。让我们以非正式方式说明什么是李氏同类项。考虑两个基本运动：沿着一条直线和定点旋转，分别记为f和g，现在考虑下面的组合：在时间t内前进，在相同的时间内顺时针转动，在同一时间t内倒退，然后在时间t内逆时针转动。该系统到达一个非初始构型。当然，当t趋于0时，目标构型非常接近初始构型。当t趋于0时，方向所示的目标构型就对应到一个新的向量空间，即f和g的李氏同类项。在数学公式中，两个向量场f和g的李氏同类项$[f,g]$被定义为向量场$\partial fg-\partial gf$。$[f,g]$的第k个坐标即为

$$[f,g][k]=\sum_{i=1}^{n}\left(g[i]\frac{\partial}{\partial x_i}f[k]-f[i]\frac{\partial}{\partial x_i}g[k]\right)$$

下面的定理[35.9]给出一个对称系统的结果（当U关于原点对称时，系统被认为是对称的）

定理 35.1

当且仅当向量空间跨越所有向量场f_i和$\boldsymbol{q}$的所有同类项n时，一个对称系统是关于构型$\boldsymbol{q}$小规模可控的。

检查控制系统上的李氏代数秩条件（LARC）包括试图由一个跨越控制向量场的自由李氏代数的基础（例如，一个*P. Hall*家族）来建立的正切空间。参考文献［35.10，11］提出了一个算法。

35.2.3　示例：差速驱动移动机器人

为了说明这一节新概念，我们用图35.1来考虑差速驱动移动机器人。这种机器人的构型空间是$\mathbb{R}^2\times S^1$，一个构型可以由$\boldsymbol{q}=(x,\ y,\ \theta)$表示，这里$(x,\ y)$是机器人中心轴水平位置，$\theta$表示$x$轴方向。无滑动滚动的运动学约束

$$-\dot{x}\sin\theta+\dot{y}\cos\theta=0$$

其相对于速度向量（$\dot{x}$，$\dot{y}$，$\dot{\theta}$）是线性的。因此，容许速度的子空间跨越了两个向量场，例如：

$$f_1(\boldsymbol{q})=\begin{pmatrix}\cos\theta\\ \sin\theta\\ 0\end{pmatrix}\quad 和\quad f_2(\boldsymbol{q})\begin{pmatrix}0\\ 0\\ 1\end{pmatrix}\quad(35.2)$$

这两个向量场的李氏同类项是

$$f_3(\boldsymbol{q})=\begin{pmatrix}\sin\theta\\ -\cos\theta\\ 0\end{pmatrix}$$

这意味着，对任何构型$\boldsymbol{q}$，跨越$f_1(\boldsymbol{q})$、$f_2(\boldsymbol{q})$、$f_3(\boldsymbol{q})$的向量空间的秩是3，因此差速驱动移动机器人是小规模控制。

35.3　运动规划和小规模控制

运动规划提出了两个问题：一是无碰撞容许路径（决策问题）的存在，二是这样的路径的计算（完成问题）。

35.3.1　决策问题

从现在开始，我们假定无碰撞构型集合是开子集。这意味着，接触构型是在碰撞里假定的。

定理 35.2

两个构型间的对称小规模控制移动机器人无碰撞容许路径的存在相当于存在着这些构型间的无碰撞路径（不一定是容许的）。

证明：让我们看一下构型$\boldsymbol{q}_1$和$\boldsymbol{q}_2$之间的非必须容许的无碰撞路径作为一个连续映射Γ，从区间［0，1］到构型空间CS，像这样：

1）$\Gamma(0)=\boldsymbol{q}_1$，$\Gamma(1)=\boldsymbol{q}_2$。

2）对任意$t\in[0,\ 1]$，$\Gamma(t)$是无碰撞的。

第2点意味着，对任意的t，存在一个$\Gamma(t)$的邻域$\boldsymbol{U}(t)$包括构型空间的无碰撞子集。

我们记$\varepsilon(t)$为从$\Gamma(t)$开始的碰撞轨迹的较大时间下限。控制向量（u_1，…，u_m）仍然是紧集$\boldsymbol{U}$，$\varepsilon(t)>0$。

因为该系统是关于$\Gamma(t)$的小规模控制，从

$\Gamma(t)$开始，在时间上小于$\varepsilon(t)$ 的$\Gamma(t)$ 相邻的集合我们记为$V(t)$。

合集$\{V(t), t\in[0, 1]\}$是紧集$\{\Gamma(t), t\in[0, 1]\}$的开覆盖，因此，我们可以提取一个有限覆盖范围：$\{V(t_1), \cdots, V(t_l)\}$，其中$t_1=0<t_2<\cdots<t_{l-1}<t_l=1$。像这样对于任意一个1和$l-1$之间的$i$，$V(t_i)\cap V(t_{i+1})\neq\phi$。对于1和$l-1$之间的每一个$i$，我们选择一个在$V(t_i)\cap V(t_{i+1})$ 的构型$\boldsymbol{r}_i$。由于该系统是对称的，存在一个$\boldsymbol{q}(t_i)$ 和$\boldsymbol{r}_i$之间，$\boldsymbol{r}_i$和$\boldsymbol{q}(t_{i+1})$ 之间的无碰撞路径。这些路径的串联是一个$\boldsymbol{q}_1$和$\boldsymbol{q}_2$之间的无碰撞容许路径。

35.3.2　完整问题

在前节中，我们建立了决策问题，即确定在两种构型之间是否存在一个无碰撞容许路径，相当于确定该构型是否在同一连通的无碰撞构型空间。在这一节，我们现在用所需要的工具来解决完整问题。这些工具虽然融合了第5章讲到的经典运动规划问题和开环控制理论，但是需要进一步改进，这部分我们将在下一节中讲到。对于非完整系统，为了规划容许无碰撞运动而设计了两种主要方法。首先，参考文献[35.12] 提出了建议，利用定理35.2的证明思维，即递归逼近一个非必须容许的，通过一系列可行路径的无碰撞路径。第二种方法取代了概率图法（PRM）算法（第5章）这种局部方法，这种方法通过局部转向函数由容许路径与构型对联系。

这两种方法都使用了一种转向函数。简要介绍它们之前，我们给出了一个局部转向函数的定义。

定义35.2

系统Σ的一个局部转向函数是一个映射的方法。

$$S_{\text{loc}}: \text{CS}\times\text{CS}\rightarrow C^1_{\text{pw}}([0,1],\text{CS})$$
$$(\boldsymbol{q}_1,\boldsymbol{q}_2)\mapsto S_{\text{loc}}(\boldsymbol{q}_1,\boldsymbol{q}_2)$$

式中，$S_{\text{loc}}(\boldsymbol{q}_1, \boldsymbol{q}_2)$ 是分段连续可微曲线，CS满足以下性质：

1）$S_{\text{loc}}(\boldsymbol{q}_1, \boldsymbol{q}_2)$ 满足与Σ相关的运动学限制。

2）$S_{\text{loc}}(\boldsymbol{q}_1, \boldsymbol{q}_2)$ 与$\boldsymbol{q}_1$、$\boldsymbol{q}_2$的关系：$S_{\text{loc}}(\boldsymbol{q}_1, \boldsymbol{q}_2)(0)=\boldsymbol{q}_1$，$S_{\text{loc}}(\boldsymbol{q}_1, \boldsymbol{q}_2)(1)=\boldsymbol{q}_2$。

1. 一条不一定容许路径的近似

一条不一定容许无碰撞路径$\Gamma(t)$，$t\in[0, 1]$连接两个构型和给定的局部转向函数S_{loc}，近似算法用算法35.1中定义的近似函数进行递归，该近似算法输入Γ，0和1。

算法35.1

近似函数：输入一个路径Γ和沿着这个路径的两个横坐标t_1和t_2。

如果$S_{\text{loc}}(\Gamma(t_1), \Gamma(t_2))$ 无碰撞，那么

返回$S_{\text{loc}}(\Gamma(t_1), \Gamma(t_2))$

否则

返回（近似值（Γ，t_1，$(t_1+t_2)/2$），近似值（Γ，$(t_1+t_2)/2$，t_2））

结束

2. 基于采样的路线图方法

在第5章所描述的大多数基于采样的路线图方法可以适应非完整系统，取代基于局部转向方法的构型对间的连接方法。这种方案对于PRM算法是相当有效的。对于快速随机树（RRT）方法，其效率在很大程度上依赖于用来就近选择的尺度。两种构型之间的距离函数需要描述通过局部转向函数返回连接这些构型路径的长度[35.13]。

35.4　局部转向函数与小规模的控制性

在前面章节提到的近似算法引出了更具体的问题：这个算法是否能在有限的时间内完成，是否无法得到一个解。

在有限的迭代次数里找到一个解决办法的近似算法的一个充分条件是用局部转向函数说明小规模系统的可控性。

定义35.3

一个局部转向函数S_{loc}用来解释系统Σ小规模的可控性当且仅当对任意$\boldsymbol{q}\in\text{CS}$的任意邻域$U$，存在一个$\boldsymbol{q}$的任意邻域$V$使得对任意$\boldsymbol{r}\in V$，$S_{\text{loc}}(\boldsymbol{q}, \boldsymbol{r})([0, 1])\subset U$。

换句话说，如果局部转向函数与它相关联的参数相互接近的同时使路径变得更为接近设定，则它表明了小规模系统的可控性。

这个特性也充分说明了抽样方法的路线图的概率完整性。

35.4.1　局部转向函数用来说明小规模系统的可控性

构建一个局部函数说明小规模系统的可控性是一项艰巨的任务，目前只为几类系统构建出了该函数。大多数在运动规划领域中研究的移动机器人都是轮式

移动机器人有牵引的拖车或没有。

1. 使用最优控制进行控制

最简单的系统即在35.2.3节中提到的用有限的速度或所谓的有限曲率的RS车[35.14]分别驱动机器人时有相同的控制矢量领域式（35.2）。他们之间的区别在于不同的控制变量领域：

对于RS车：$-1\leqslant u_1\leqslant 1$，$|u_2|\leqslant|u_1|$

对于差速驱动机器人：$|u_1|+b|u_2|\leqslant 1$

式中，b是左右轮之间距离的一半。对于这些系统，可以使用最优控制理论来构造出局部转向函数来说明小规模系统的可控性。我们把其中一个系统的间隔I定义成任意的容许路径，以下是我们定义的长度：

对于RS车：$\int_I|u_1|$

对于差速驱动机器人：$\int_I|u_1|+b|u_2|$

两个构型之间的最短路径长度定义了两种情况下构型空间的一种度量。最短路径的综合，比如任何一对构型之间的最短路径都可以被测定，特别像参考文献［35.15］的RS汽车，及后来参考文献［35.16］提及的差速驱动（DD）机器人。图35.2给出了基于这种度量的球状模型。

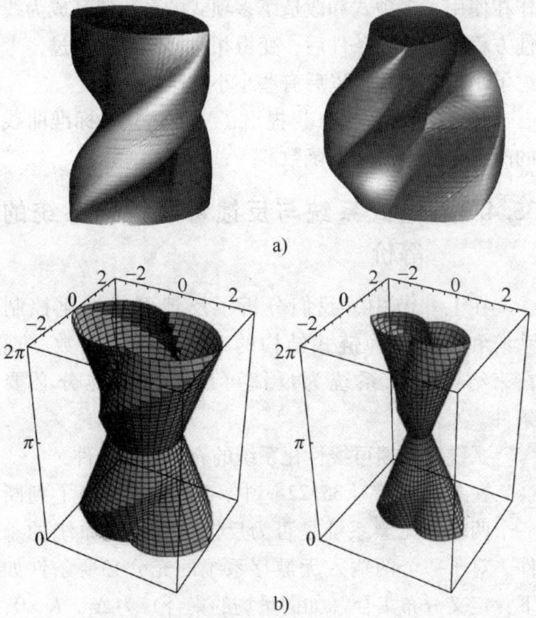

图35.2 a）RS球的两个透视图：路径长度小于给定距离的Reeds&Shepp车的可用构型集 b）两个DD球的透视图：路径长度小于给定距离的差速驱动机器人的可用构型集。方向θ与Z轴重和。

最优控制自然定义了一种与任何一对构型相关的局部转向函数，即构型之间的最短路径。我们应该注意到最短路径在大多数成对的构型中是独一无二的。一般的结果表明以$\boldsymbol{q}$为中心、半径$\boldsymbol{r}>0$的圆组成了一个集合，这个集合是由非完整度量组成一个增长的$\boldsymbol{q}$的相邻集合和$\{\boldsymbol{q}\}$的交集所构成的。这种性能直接地表明了基于最短路径的局部转向函数能解释小规模的可控性。

最优控制主要的优点是提供了两种方法，即局部控制方法和与其一致的距离度量。这使控制方法很好地适合了专为完整系统和使用距离函数设计的路径规划算法，例如RRT（第5章）。

遗憾的是，在这一节中最短路径的综合仅仅在两种简单的系统中被实现。对于复杂的系统，问题依然存在。

在这一节中描述了基于控制方法的最短路径的主要缺点，即输入函数的不连续性。在动作执行前，这就需要一个额外的步骤去计算路径的时间参数。在时间参数下，输入的不连续性迫使机器人停下来。比如有两段连续的、曲率相反的圆弧，机器人需要在他们中间停下来，目的是确保线型的连续性和角速度u_1和u_2。

2. 转向链接结构系统

通过参数变换，一些级别的系统可以被输入到一种称作链接结构系统中。

$$\dot{z}_1=u_1 \tag{35.3}$$

$$\dot{z}_2=u_2 \tag{35.4}$$

$$\dot{z}_3=z_2u_1 \tag{35.5}$$

$$\vdots \quad \vdots \tag{35.6}$$

$$\dot{z}_n=z_{n-1}u_1 \tag{35.7}$$

让我们考虑下面的输入[35.17]：

$$\begin{cases}u_1(t)=a_0+a_1\sin\omega t\\ u_2(t)=b_0+b_1\cos\omega t+\cdots+b_{n-2}\cos(n-2)\omega t\end{cases} \tag{35.8}$$

让$Z^{\text{start}}\in\mathbb{R}^n$作为开始构型。每一个$z_i(1)$可以通过$Z^{\text{start}}$的坐标与参数（$a_0$，$a_1$，$b_0$，$b_1\cdots$，$b_{n-2}$）被计算出来。对于给定的$a_1\neq 0$和给定的构型$Z^{\text{start}}$，从（$a_0$，$b_0$，$b_1$，$b_2$，$b_3$）到$Z$（1）的映射是一个在原点的$C^1$—微分同胚映射，然后系统是可逆的。对于小于或等于5的数n，参数（a_0，b_0，b_1，…，b_{n-2}）可以通过两种构型Z^{start}和Z^{goal}被分析计算。相应的正弦输入将系统从Z^{start}到Z^{goal}进行了转向。路径的形状唯一取决于参数a_1，每一个a_1的值定义了一

种局部转向函数，表示为 $S_{\sin}^{a_1}$。对于任何的 $Z\in\mathbb{R}^n$，这些转向函数不能解释小规模的可控性，$S_{\sin}^{a_1}(Z,Z)$（[0，1]）不能简化为 {Z}。通过采集 $S_{\sin}^{a_1}$ 去建立一种局部转向函数，去解释小规模的可控性，我们需要使 a_1 依赖于构型 Z^1 和 Z^2。

$$\lim_{Z^2\to Z^1} a_1(Z^1,Z^2)=0$$

$$\lim_{Z^2\to Z^1} a_0(Z^1,Z^2,a_1(Z^1,Z^2))=0$$

$$\lim_{Z^2\to Z^1} b_i(Z^1,Z^2,a_1(Z^1,Z^2))=0$$

这种结构可以在参考文献［35.18］中获得。

3. 转向反馈可线性化系统

反馈可线性化性（或微分平滑）的概念是由 *Fliess* 等人[35.19,20]介绍的。一个系统如果存在一个输出（如，一个状态函数，输入和输入导数）被称为线性输出，则这个系统被认为是反馈线性化系统，这种状态和系统的输入都是线性输出的函数和相应的导数。而该线性化的输出和输入维度相同。

让我们用一个简单的例子说明这一观点。我们认为，一个差速驱动的移动机器人拖车，如图 35.3 所示，拖车拴在机器人的轮子轴上。由该拖车的车轮轴心的曲线切线给出了拖车的方向。从拖车沿曲线的行进方向，我们可以推断出曲线跟随机器人的中心。跟随机器人的中心的曲线切线给出了机器人的行进方向。因此，本系统的线性化输出为该拖车的车轮轴心。通过两次差分线性输出，我们可以重构该系统的构型。

反馈线性化对于转向的目的是很有意义的。事实上，线性化输出不受任何运动的限制。因此，如果我们知道状态和线性输出的关系，在两个构型之间规划一条允许路径需要简单地建立一个 $\mathbb{R}^m$ 空间内曲线，其中 m 是两端差异约束的输入维数。而这个问题可以迎刃而解，比如，利用多项式。

对于两个输入无漂移系统，如求和，线性输出仅仅取决于状态 $\boldsymbol{q}$，同时状态 $\boldsymbol{q}$ 取决于线性输出，这些输出通过固定值参数化获得，即线性输出 y，以及与 y 曲线相切的向量的方向 τ，且 τ 的连续导数与曲线的横坐标 s 有关。

因此，一个 n 维、双输入线性反馈无漂移系统的构型可以由一个向量（y，τ，τ^1，…，τ^{n-3}）来表示，该向量表示穿过构型的可容许路径的线性输出曲线的几何特性。

因此，设计一个系统的局部转向函数等效于关联任何向量对（y_1，τ_1，τ_1^1，…，τ_1^{n-3}），（y_2，τ_2，τ_2^1，…，τ_2^{n-3}）平面内一条曲线从 y_1 开始到 y_2 结束，

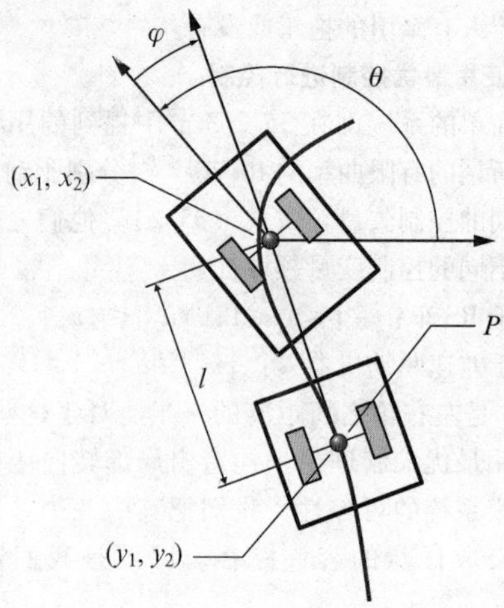

图 35.3 一个挂着拖车的差速驱动机器人的车轮的轴线前端是一个线性反馈系统。它的线性输出是拖车车轮的轴线中心。系统的构型可以通过曲线 $y(s)$ 的微分来重构，这里的 s 是一个跟随线性输出的参数化弧长。拖车的方向由 $\tau=\arctan(\dot{y}_2/\dot{y}_1)$ 给定。机器人与拖车之间的角度由 $\varphi=-l\arctan(\mathrm{d}\tau/\mathrm{d}s)$ 给定，其中 l 是拖车连接的长度

沿向量切线方向对 s 求连续导数，分别等于从 τ，τ^1，…，τ^{n-3} 开始，到 τ_2，τ_2^1，…，τ_2^{n-3} 结束。这项工作在使用了多项式和改造了多项式的系数使其成为线性方程组的边界条件后，变得相对容易了。不过，考虑了小规模可控性以后有些小小的难度。

参考文献［35.21］提出了一种建立在标准曲线的凸组合的平滑转向函数。

35.4.2 链式系统与反馈可线性化系统的等价

在上一节中，我们分析了反馈可线性化控制系统和可转换为链式结构的系统的转向函数，现在来给出一个系统为反馈可线性化的充分必要条件。

系统为反馈可线性化系统的充分必要条件：

在参考文献［35.22］中，*Rouchon* 给出了判断一个两输入无漂系统是否为反馈可线性化系统的条件。对于一个两输入无漂移系统的充分必要条件如下：定义分布集合（如向量场的集合）为 Δ_k，$K>0$，迭代定义为 Δ_0 等于 $\{f_1, f_2\}$ 之间的跨度，Δ_1 等于 $\{f_1, f_2, [f_1, f_2]\}$ 之间的跨度，$\Delta_{i+1}=\Delta_0+[\Delta_i, \Delta_i]$，其中 $[\Delta_i, \Delta_i]$ 等于 $\{[f, g], f\in\Delta_i, g\in\Delta_i\}$ 之间的跨度。当且仅当 $rank(\Delta_i)=2+i$ 时，一个二维输入系统为反馈可线性化系统。

例 35.1：链式系统。链式系统的定义参照式(35.3)~式(35.7)。这个系统控制矢量场为：$f_1 = (1, 0, z_2, \cdots, z_{n-1})$，$f_2 = (0, 1, \cdots, 0)$，$\mathrm{rank}\Delta_0 = 2$，令 $f_3 = [f_1, f_2] = (0, 0, 1, 0, \cdots, 0)$，则可得到 $\mathrm{rank}\Delta_1 = 3$。

由于 $f_i = [f_1, f_{i-1}]$ $(i = 1, 2, \cdots, n)$，代入计算得 $f_i = (0, \cdots, 0, 1, 0, \cdots, 0)$，其中 1 正好位于列向量的第 i 位；因此 $\mathrm{rank}(\Delta_i) = 2 + i(i = 1, 2, \cdots, n-2)$，这个链式系统是反馈可线性化的。我们还可以通过分析 (z_1, z_2) 和其导数重构出的状态这种直接的方法得出上述结论。因此 (z_1, z_2) 可认为是链式结构系统的线性化输出。

35.5 机器人和拖车

本章主要研究移动机器人和牵引一个或多个拖车组成的机器人系统的路径规划问题。这些系统的输入都是二维的。

35.5.1 差速驱动移动机器人

最简单的移动机器人，即差速驱动移动机器人。由图 35.1 可以看出，该机器人的轮轴中心的轨迹(线性化输出)就是机器人的运动方向，显然该系统是反馈可线性化的。因此可以用基于平滑的局部转向函数来引导移动机器人。

35.5.2 牵引一辆拖车的差速驱动移动机器人

图 35.3 中的通过机器人的车轮轴心牵引一辆拖车的差速驱动移动机器人是反馈可线性化的，拖车的轮轴中心轨迹是一个线性输出。图 35.4 中通过一个主销牵引一辆拖车的差速驱动移动机器人也是反馈可线性化的，具体见参考文献[35.23]，但是该系统的线性输出和结构变量之间的关系更加复杂。

$$\begin{cases} y_1 = x_1 - b\cos\theta + L(\phi)\dfrac{b\sin\theta + a\sin(\theta+\phi)}{\sqrt{a^2+b^2+2ab\cos\phi}} \\ y_2 = x_2 - b\sin\theta - L(\phi)\dfrac{a\cos(\theta+\phi) + b\cos\theta}{\sqrt{a^2+b^2+2ab\cos\phi}} \end{cases}$$

式中，L 由下列椭圆积分得到：

$$L(\phi) = ab\int_0^{\phi}\frac{\cos\sigma}{\sqrt{a^2+b^2+2ab\cos\sigma}}\mathrm{d}\sigma$$

这是一个线性输出系统，他们之间的关系可用下式表示：

$$\tan\tau = \frac{a\sin(\theta+\phi) + b\sin\theta}{b\cos\theta + a\cos(\theta+\phi)}$$

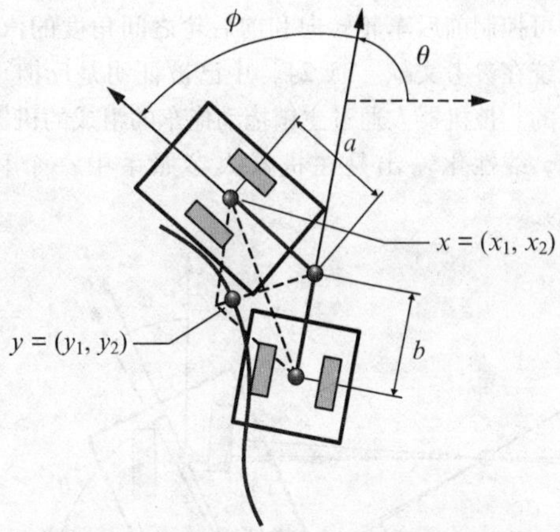

图 35.4　通过主销牵引一个拖车的差速驱动移动机器人是反馈可线性化的

$$k = \frac{\sin\phi}{\cos\phi\sqrt{a^2+b^2+2ab\cos\phi} + L(\phi)\sin\phi}$$

我们可以由线性化输出和它的两个一阶导数来重构系统的结构变量。

35.5.3 轿车型移动机器人

轿车型移动机器人(见图 35.5)由一个固定轴和两个可转向的前轮组成，其中前轮的轴线相交于曲率中心。该机器人运动学模型等效于通过机器人的车轮轴心牵引一辆拖车的差速驱动移动机器人(见图 35.3)：虚拟前轮相对应于差速机器人，而车身对应拖车。

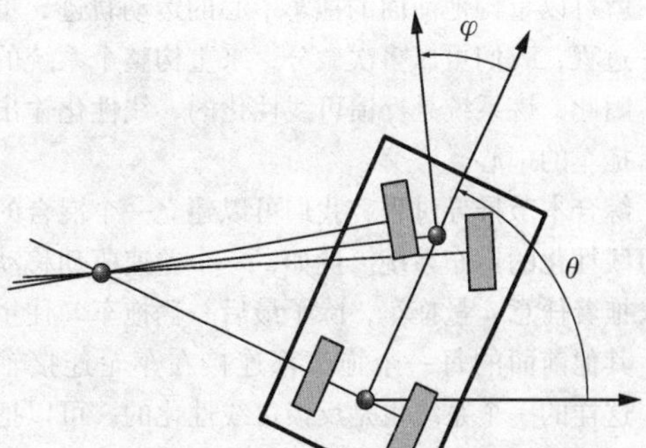

图 35.5　四轮轿车型移动机器人。前轮的轴线相交于曲率中心，转向角 φ 是汽车纵轴和两个前轮中间的虚拟前轮之间的夹角

35.5.4 前后车轮均可转向的机器人

前后车轮均可转向机器人(见图 35.6)相当于

一种可控制前后车轮转向和前后轮之间角度的汽车。该系统在参考文献［35.24］中已被证明是反馈可线性化的。该机器人通过主销拖动拖车的组成的机器人系统，线性化输出是在机器人参照系中一个移动的点。

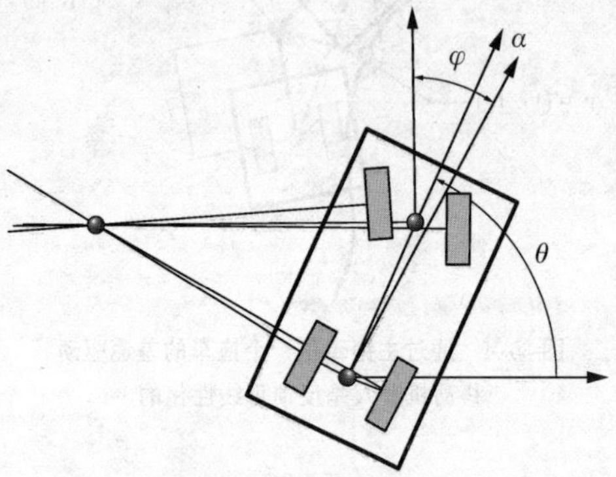

图35.6　前后车轮均可转向的机器人。前方和后方车轮均可转向，前、后轮转向角之间的关系为：$\alpha = f(\varphi)$

35.5.5　牵引多辆拖车的差速驱动移动机器人

我们已经分析了通过机器人的车轮轴心牵引一辆拖车的差速驱动移动机器人，现在添加任意数量的拖车，每一个拖车都连接在前一个拖车轮轴的中心。通过对最后拖车中心的曲线微分后，我们得到最后一个拖车的运动方向（这个方向同曲线切线方向一致）。如果知道沿路径的最后一个拖车的运动方向和中心位置，就可以重构他前面的拖车中心的运动轨迹，重复这一过程，我们可以多次微分，来重构整个系统的轨迹。因此，该系统是反馈可线性化的，线性化输出是最后拖车的中心。

综合本节推导过程，我们可以建立一个混合的反馈可线性化的拖车系统。例如，一个差速驱动移动机器人拖着任意 n 量拖车，除了最后一辆拖车勾住主销外，其他前面的每一个拖车都连接在车轮连接轴中心，这样的一个系统也是反馈可线性化的。可以把最后两辆拖车组成的系统简单看做图35.4中的系统，也是反馈可线性化系统，由该系统的线性化输出使我们能够重构最后两辆拖车的轨迹。第 $n-1$ 辆拖车的中心是移动机器人拖最后 $n-1$ 辆拖车时的线性化输出。

35.5.6　需要说明的问题

最后对于我们能够在任意对构型之间规划准确运动的所有系统都被归为线性反馈的大种类。我们已经真正看到链式系统也是这类的一部分。对于其他系统，至今还没有一个准确的方法来判断，例如，图35.7显示的两个系统都不是反馈可线性化的，他们并不满足35.4.2节的必要条件。

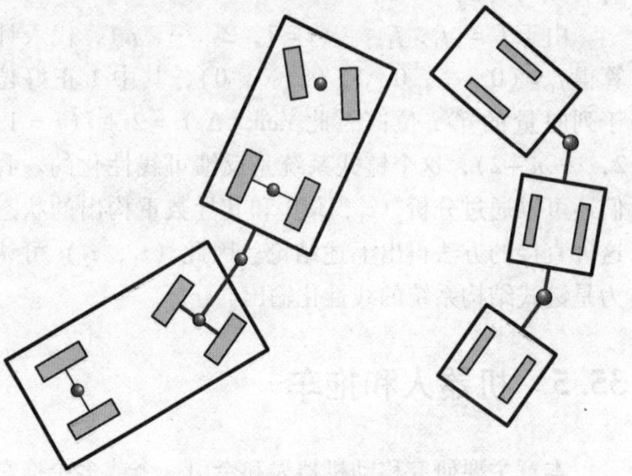

图35.7　轿车型移动机器人通过主销拖着一个拖杆拖车系统和差速驱动移动机器人通过主销拖着两个拖车，都为非完整系统的精确路径

35.6　近似方法

为了求出不属于任何一类非完整系统的精确解，近似数值解法得到发展。我们在本节中回顾一下这些方法。

35.6.1　正向动态规划

Barraquand 和 *Latombe* 在参考文献［35.25］中提出了一个非完整路径规划的动态编程方法。在固定的时间间隔 δt，由一个连续的输入序列产生可容许的路径，从最初的构型中搜索生成一个树：通过设置输入为一个固定值，对微分系统在 δt 时间区间内进行积分获得一个给定的构型 $\boldsymbol{q}$ 的子代 $\boldsymbol{q}'$。构型空间被离散化为一个同样大小细胞数组（如，超平行六面体）。当且仅当从 $\boldsymbol{q}$ 到 $\boldsymbol{q}'$ 是无碰撞的，$\boldsymbol{q}'$ 不属于已经生成的构型中的一个单元时，将 $\boldsymbol{q}$ 的子代 $\boldsymbol{q}'$ 插入到搜索树。当生成目标构型时（即同一个细胞，并不需要准确地达到目标），该算法停止。

不管是对 δt 还是对细胞的数量来说，该算法已被证明是渐近完成的。由于该算法比较粗糙，离实用还有很长的路要走。值得关注的是，该搜索是基于Dijkstra的算法，允许考虑采取最优标准，如路径长度或反转的次数。产生最小反转的渐近最优化仅被证明在轿车型机器人中应用。

35.6.2　输入空间的离散化

在参考文献［35.26］中，*Divelbiss* 和 *Wen* 介绍了一种非完整移动机器人无碰撞避开障碍的可行性路径规划。他们由傅里叶理论，限制子空间的输入函数集在区间［0，1］内。因此，由有限维向量 λ 表示输入函数。达到目标构型成为解一个非线性方程组，其中的未知量为 λ 中的坐标 λ_i。作者使用牛顿迭代法来求解。障碍是指构型空间中的不等式约束。该路径离散成 N 个采样点。在样本点范围内，这些无碰撞约束表示为以矢量 λ 为变量的不等式约束。通过函数 g 可将不等式约束转化为等式约束，定义为：

$$g(c)=\begin{cases}(1-e^{c})^2 & c>0\\ 0 & c\leqslant 0\end{cases}$$

因此避开障碍物达到目标构型，变成了也是使用牛顿迭代法求解非线性系统的矢量方程问题。该方法是相对有效的快速求解方法。主要的困难是要调整傅里叶展开秩序。在杂乱的环境进行长距离运动是一个高阶系统，而在空旷的空间运动，可以由一个低阶方程解决。作者没有提到在动力系统积分下的数值不稳定问题。

35.6.3　基于输入的快速扩展随机树

第5章的RRT算法可用于无局部路径规划方案时的非完整系统的路径规划。在一段时间里，利用随机输入现有节点可以产生新的节点，详见参考文献［35.27］。主要的困难在于找到一个能准确表示系统从一个构型到另一个构型的距离函数，此外，目标从来都不可能准确达到。后者可以利用参考文献［35.28］讲述的路径变形方法最后处理返回路径来解决。

35.7　从路径规划到避障

到目前为止，我们已经讲述了一些运动路径规划方法。目的是要计算在满足车辆的限制规定的前提下达到目标构型的无碰撞轨迹。首先已经建立了一个机器人和场景的完美的模型。这些方法的优点是提供了全局路径规划的解决方案。然而，当周围的环境是未知的和不可预测的，这些方法就会失效。

解决路径规划的补充方法是避障。避障的目标是在运动中，避开传感器检测到的障碍从而无碰撞地移动到目的地。反应式避障的优点是引入控制回路内的传感器信息来计算路径，采取与最初的规划不符的应急措施来避开障碍物。

在现实世界中主要考虑局部情况。在这种情况下，如果全局的推理是必需的，情况可能会非常复杂。尽管如此，用避障技术来处理未知的和不断变化的环境是非常必要的。

值得注意的是，避障技术已发展到将全局避障和局部避障相结合。那么如何考虑在规划层面机器人的观感？这就是所谓的基于传感器的运动规划。现在已有一些改进算法，比如在参考文献［35.29］中介绍的BUG算法，但这些算法没有考虑非完整移动机器人的实际情况。

35.8　避障定义

令A为在空间W中运动的一机器人（一刚性物体），其构型空间为CS。$\boldsymbol{q}$ 作为一个构型，$\boldsymbol{q}_t$ 是其在 t 时刻的值，且机器人在这种构型下占据的空间 $\mathrm{A}(\boldsymbol{q}_t)\in\mathrm{W}$，在机器人中有一传感器负责在构型 $\boldsymbol{q}_t$ 中感知机器人周围空间 $\mathrm{S}(\boldsymbol{q}_t)\subset\mathrm{W}$，用以识别一系列的障碍物 $\mathrm{O}(\boldsymbol{q}_t)\subset\mathrm{W}$。

令 $\boldsymbol{u}$ 为一恒定控制向量，$\boldsymbol{u}(\boldsymbol{q}_t)$ 为构型 $\boldsymbol{q}_t$ 中在 δt 时间内的取值。对于给定的 $\boldsymbol{u}(\boldsymbol{q}_t)$，机器人所行进的轨迹为：$\boldsymbol{q}_t+\delta t=f(\boldsymbol{u},\ \boldsymbol{q}_t,\ \delta t)$，$(\delta t\geqslant 0)$。令 $\mathrm{Q}_{t,T}$ 为 $\boldsymbol{q}_t$ 经时间间隔 $\delta t\in[0,\ T]$ 后续轨迹对应构型的集合，$T>0$ 称为采样周期。

令 F：$\mathrm{CS}\times\mathrm{CS}\to\mathbb{R}^+$ 为从一个构型到另一构型的进展评估函数。

令 $\boldsymbol{q}_{\text{target}}$ 为一目标构型。那么，在 t_i 时间内，机器人A在 $\boldsymbol{q}_{t_i}$ 构型中，此时传感器感知区域为 $\mathrm{S}(\boldsymbol{q}_{t_i})$，障碍物描述为 $\mathrm{O}(\boldsymbol{q}_{t_i})$。我们的目的在于计算出一个运动控制向量 $\boldsymbol{u}_i$ 使得：①运动轨迹要避免机器人和障碍物发生碰撞，即 $\mathrm{A}(\mathrm{Q}_{t_i},\ T)\cap\mathrm{O}(\boldsymbol{q}_{t_i})=\varnothing$；②使机器人向目标位置行进，即 $F(\boldsymbol{q}_{t_i},\ \boldsymbol{q}_{\text{target}})<F(\boldsymbol{q}_{t_i}+T,\ \boldsymbol{q}_{\text{target}})$。

在每一采样周期内解决这一问题，就是要在运行期间根据传感器感知的避障信息计算出一系列的运动控制向量 $\{\boldsymbol{u}_1\cdots\boldsymbol{u}_n\}$，如图35.8a所示，同时在每一构型空间 $\{\boldsymbol{q}_{t_1}\cdots\boldsymbol{q}_{\text{target}}\}$ 使机器人向目标移动，如图35.8b所示。注意机器人的移动是全局性的问题，而避障方式是局部的问题，是利用迭代方法来处理避障的。定位的欠缺和在控制周期内得到传感器信息有关（考虑实际操作中的情况）。

有三个方面影响着机器人避障方式的发展：避障技术、机器人传感器类型和障碍情景。这些方面又对应着以下三种情况：首先，我们描述避障技术（35.9

节)，其次我们讨论机器人能够适应给定避障方式的技术，要考虑到障碍物的形状、运动学和动力学(35.10节)。传感器感知信号处理将在第4章和第24章详细阐述。最后，在特定障碍情景下，一种避障技术在机器人上主要取决于障碍物的性质（静态或动态的，已知或未知的，有组织或没有组织的，或者是障碍物的尺寸等)。通常，这一问题和综合设计以及避障有关（35.11节)。

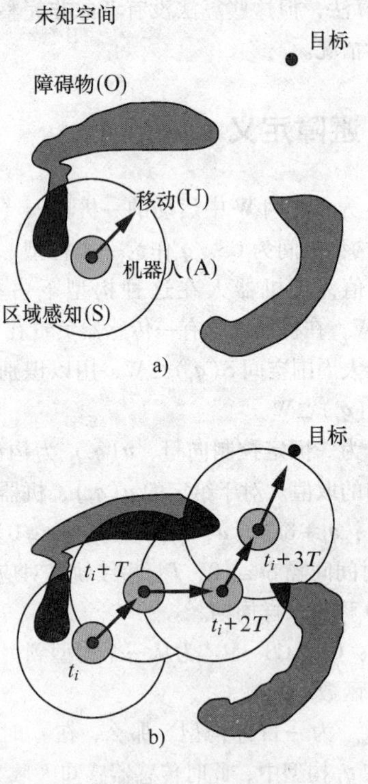

图35.8　a）当机器人朝着目标位置移动的时候，避障问题就是通过传感器搜集的障碍物信息，计算避免碰撞的运动控制　b）每次避障的移动就形成了一系列使机器人向目标靠近的运动

35.9　避障技术

这里我们介绍一下避障技术的分类以及具有代表性的避障方式，首先有两大类：一类是运动计算在一步中，第二类就是运动计算在多步中。一步方式直接降低了传感器信息对运动的控制。下面为其两种类型：

1）启发式方法是第一个应用于依靠传感器控制运动的方式，主要起源于经典规划方式，这里不再讨论，详细情况可参看参考文献［35.1，29-32］。

2）物理类比的方式是把避障类比为物理问题。参考文献［35.33，34］讨论势场方式。其他的为某种不确定模型的变异[35.35]或其他类比方式[35.36-38]。

多步模式计算一些中间信息，这些中间信息已经处理得几乎能得到运动结果了。

1）子集控制模式计算一系列中间运动控制，进而选择其中之一作为控制结果。可分两种类型：①计算运动方向子集模式。参考文献［35.39］讲述了向量空间直方图，参考文献［35.40］讲述了障碍约束模式，另外一种模式在参考文献［35.41］已述及。②速度控制子集计算模式，参考文献［35.42］讲述动态窗口方法，参考文献［35.43］讲述了障碍物速度计算方法，另外一种模式是基于类似规则但独立发展起来的，即曲线速度模式，见参考文献［35.44］。

2）最后，还有一些模式是通过计算高标准的信息得到中间信息，再把这种中间信息转换成运动控制。参考文献［35.45，46］讲述了近似图标导航方法。

所有这些列出的模式都存在利弊，这取决于导航环境，如不确定的障碍情景、高速运动、在限定的或混乱的空间中运动等。不幸的是没有行之有效的衡量某一模式质量的标准，然而，参考文献［35.45］中可以看到这些模式本质问题的实验对比。

35.9.1　势场模式

势场模式运用一种类比方式，这里机器人就像一粒微粒受力场作用在构型空间中运动，同时目标位置向机器人微粒施加引力 $\boldsymbol{F}_{\mathrm{att}}$，障碍物向机器人微粒施加斥力 $\boldsymbol{F}_{\mathrm{rep}}$。在每一时间 t_i，机器人是沿上面两种假象力的合力 $\boldsymbol{F}_{\mathrm{tot}}(\boldsymbol{q}_{t_i})=\boldsymbol{F}_{\mathrm{att}}(\boldsymbol{q}_{t_i})+\boldsymbol{F}_{\mathrm{rep}}(\boldsymbol{q}_{t_i})$ 方向移动(最为理想的方向)，如图35.9所示。

例35.2：

$$\boldsymbol{F}_{\mathrm{att}}(\boldsymbol{q}_{t_i})=K_{\mathrm{att}}\boldsymbol{n}_{\boldsymbol{q}_{\mathrm{target}}} \tag{35.9}$$

$$\boldsymbol{F}_{\mathrm{rep}}(\boldsymbol{q}_{t_i})=\begin{cases}K_{\mathrm{rep}}\sum\left(\dfrac{1}{d(\boldsymbol{q}_{t_i},\boldsymbol{p}_j)}-\dfrac{1}{d_0}\right)\boldsymbol{n}_{\boldsymbol{p}_j} & d(\boldsymbol{q}_{t_i},\boldsymbol{p}_j)<d_0\\ 0 & \text{其他}\end{cases} \tag{35.10}$$

式中，K_{att}，K_{rep} 为恒定的力；d_0 是机器人微粒距障碍物 p_j 的距离，q_{t_i} 为机器人当前构型，$\boldsymbol{n}_{\boldsymbol{q}_{\mathrm{target}}}$，$\boldsymbol{n}_{\boldsymbol{p}_j}$ 分别为从 $\boldsymbol{q}_{t_i}$ 指向目标和每个障碍物 $\boldsymbol{p}_j$ 的矢量，借助 $\boldsymbol{F}_{\mathrm{tot}}(\boldsymbol{q}_{t_i})$，通过位置或力的控制便可得到 $\boldsymbol{u}_i$，具体参看参考文献［35.47］。

这是经典模型，其中的势场仅取决于机器人的当前构型。作为补充的情况是广义的势场，这种势场还

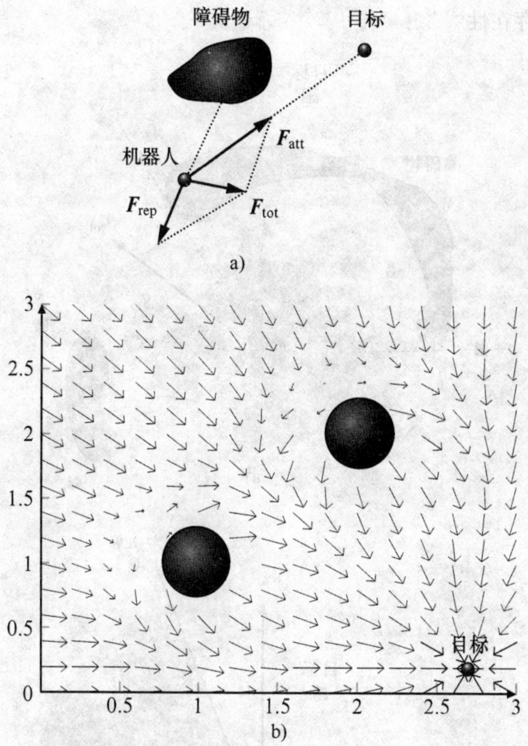

图35.9　a）利用势场方法计算运动方向。目标对机器人施加引力F_{att}而障碍物对机器人施加斥力F_{rep}，其合力F_{tot}的方向为机器人避障运动最理想的方向　b）空间各点经典方法计算所得的运动方向

受瞬息万变的机器人速度和加速度影响。

例 35.3：

$$
\boldsymbol{F}_{rep}=\begin{cases}K_{rep}\sum\left(\dfrac{a\dot{\boldsymbol{q}}_{t_i}}{(2ad(\boldsymbol{q}_{t_i},\boldsymbol{p}_j)-\dot{\boldsymbol{q}}_{t_i}^2)}\right)\boldsymbol{n}_{p_j}\cdot\boldsymbol{n}_{\dot{q}_{t_i}} & \dot{\boldsymbol{q}}_{t_i}>0\\ 0, & \text{其他}\end{cases}
\tag{35.11}
$$

式中，$\dot{\boldsymbol{q}}_{t_i}$为机器人当前的速度；$\boldsymbol{n}_{\dot{q}_{t_i}}$为机器人速度方向向量；$a$为机器人最大加速度。当把排斥势场定义为机器人碰撞障碍物之前的估计时间和机器人达到最大后退加速度前停止机器人所需的时间颠倒时，这个表达式就起作用了。注意这里的斥力只对机器人的移动方向起作用，这和经典势场截然不同的。经典势场和这种广义势场的比较以及其与计算运动控制的关系可以参看参考文献［35.47］。这种方法因为其易于理解以及清晰的数学表达式而被广泛应用。

35.9.2　向量场直方图

向量场直方图（VFH）方法分两步解决这一问题，即计算备选运动方向集合然后再在这些方向中选择一个。

1. 方向的候选集合

首先，从机器人位置将空间分成多个扇形区域，这种方法就是在机器人周围构建极坐标直方图$\boldsymbol{H}$，其中每个部分表示障碍物在相应扇形区域的极性密度，表示出障碍物在扇区k中分布对应部分的直方图$h^k(q_{t_i})$的函数表达式为

$$
h^k(\boldsymbol{q}_{t_i})=\int_{\Omega_k}P(\boldsymbol{p})^n\left(1-\frac{d(q_{t_i},p)}{d_{max}}\right)^r\mathrm{d}\boldsymbol{p}
\tag{35.12}
$$

积分下限$\Omega_k=\{\boldsymbol{p}\in \mathrm{W}\setminus\boldsymbol{p}\in k\wedge d(\boldsymbol{q}_{t_i},\boldsymbol{p})<d_0\}$，密度$h^k(\boldsymbol{q}_{t_i})$正比于障碍物占据某一点的概率$P(r)$，且随着距此点距离的减少而增加（两个函数由一些整数n驱动，其中$r>0$）。

通常所得的直方图有峰值（高密度障碍物的方向）和低谷（低密度方向），候选方向集合是相邻部分的集合，这些部分具有比给定阈值更低的障碍物密度，且最靠近包含目标方向的部分。称这些部分（扇区）的集合为可选择的低谷，并表示候选方向的集合，如图35.10所示。

2. 运动计算

下一步的目标是在这个集合中选择一个方向，其思想就是三个依赖于包含目标的部分或已选低谷的大小启发式方法。几种情况检测如下：

1）情况1：目标扇区在已选低谷中。处理办法：$k_{sol}=k_{target}$，k_{target}为包含目标位置的扇区。

2）情况2：目标扇区不在已选的低谷中，且低谷中的扇区数大于m。处理办法：$k_{sol}=k_i\pm\dfrac{m}{2}$，$m$为确定的扇区数，$k_i$为低谷中最靠近目标的扇区。

3）情况3：目标扇区不在已选的低谷中，且低谷中的扇区数不大于m。处理办法：$k_{sol}=\dfrac{k_i+k_j}{2}$，$k_i$，$k_j$为低谷最外侧的两个扇区。

处理得到k_{sol}扇区，其平分线就是方向θ_{sol}。速度ν_{sol}与机器人和最近障碍物之间距离成反比。所以得到控制向量为：$\boldsymbol{u}_i=(\nu_{sol},\theta_{sol})$。

VFH方法将障碍物的分布可能性公式化地表达出来，因此很好地适应于不同传感器的障碍物识别，如超声波传感器等。

35.9.3　障碍约束法

用障碍约束法（ORM）解决问题分三步走，前两步的结果是机器人运动方向的候选集。第一步要计算出一个瞬时的子目标，如果必要的话。接着第二步

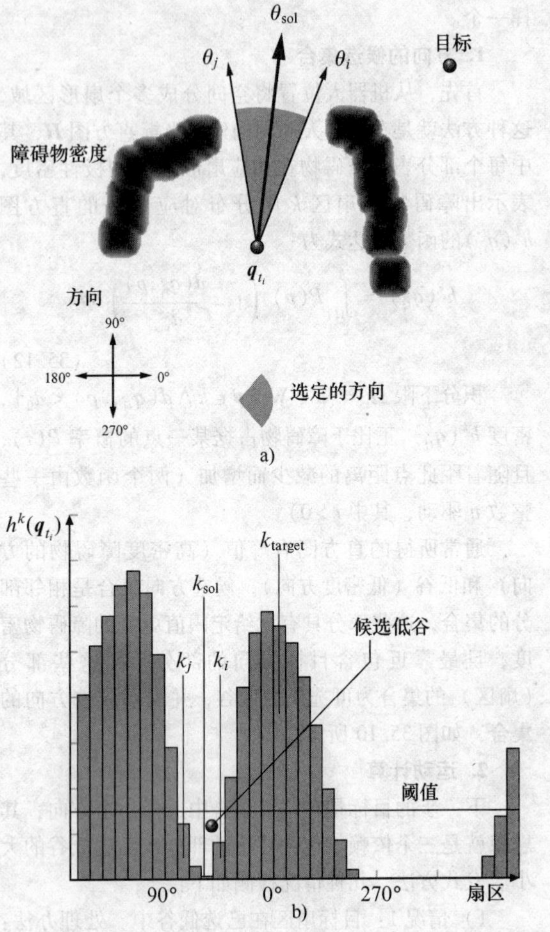

图 35.10　使用 VFH 方法计算运动方向θ_{sol}

a）机器人和障碍物位置分布　b）候选低谷为具有比阈值更低的邻近部分的集合（因为目标区域 K_{target} 不在峡谷中且扇区数目小于确定数 m（$m=8$，即，45°），所以符合情况3。因此 $k_{sol}=\frac{k_i+k_j}{2}$，其平分线为 a）图中的 θ_{sol}，k_i，k_j 的平分线分别为 θ_i，θ_j）

将每一个障碍物和每一个运动约束结合起来，结合他们进一步来计算他们理想方向的集合。最后一步是用该策略来计算给定集的运动。

1. 瞬时目标选择

这一步计算子目标时，最好的办法就是直接向给定空间区域运动（改善条件以实现目标后），而不是直接向目标本身。这个子目标位于障碍物的中间或障碍物的边缘（见图 35.11a）。接下来，用局域算法来检查这个过程是否可以从该机器人的位置来获得目标。如果不能，则选择距目标最近的可到达的子目标。为了检查是否有一个这样的点可以到达，有一个局域算法可以用来计算连接这两个位置的局部路径的存在性[35.45]：

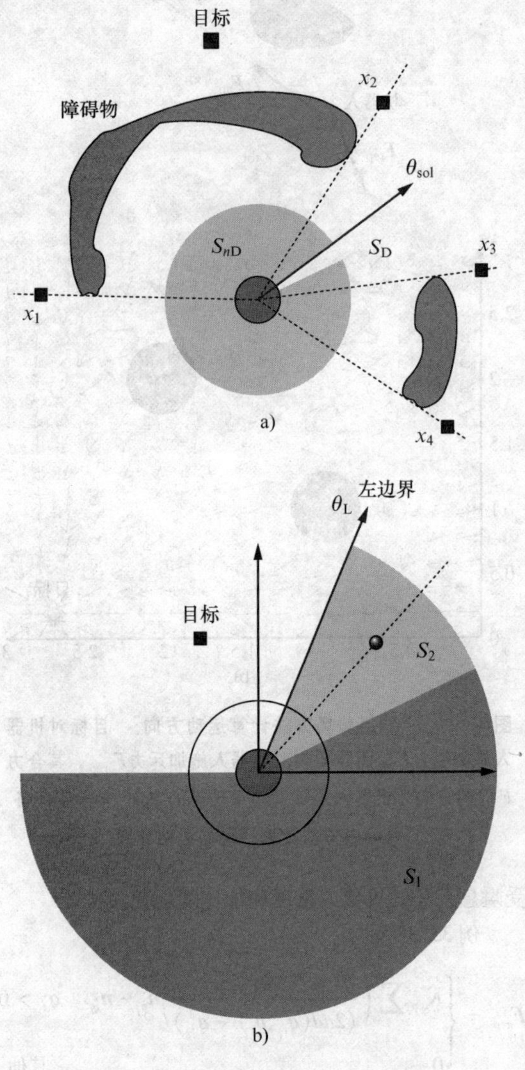

图 35.11　a）子目标x_i的分布。选取的瞬时目标位置为x_2。候选方向的集合是S_{nD}，解决方法是θ_{sol}（第二种情况）　b）对给定的障碍，两个不理想方向的集合S_1和S_2

设 x_a 和 x_b 为空间中的两个位置，R 为机器人的半径，L 为障碍物点列表，其中 $\boldsymbol{p}_i$ 为该点列表中的一个障碍物。令 A 和 B 分别表示被 x_a 和 x_b 连接的直线所分割的两个半平面。若对于 L 中的所有点都有 $d(\boldsymbol{p}_j,\boldsymbol{p}_k)>2R$（其中 $\boldsymbol{p}_j\in$ A，$\boldsymbol{p}_k\in$ B），则存在一个免碰撞路径连接着这两个位置。如果该条件不满足，则不存在这样的局域路径（即使存在这样的一个全局路径）。这个有意义的结论就是当结果是正的时候，可以保证一点能够到达其他存在的点。

这个过程的结果是他们的目标或一个瞬时的子目标（从现在起这个地点被称为目标位置）。注意到这一过程的一般性以及可作为预处理步骤用其他方式来立即验证目标定位或去计算一个瞬时的子目标来驱动机器人。

2. 方向候选集

对每一个障碍物 i，不理想的运动方向集合 S_{nD}^i（运动约束）被计算出来。这个集合是两个子集 S_1^i 和 S_2^i 的并集。S_1^i 表示不适合躲避的障碍物的那一侧，S_2^i 表示障碍物所包围的禁区（见图 35.11b）。障碍物的运动约束是这两个集合的并集 $S_{nD}^i = S_1^i \cup S_2^i$。理想的运动方向集合就是他们的补集

$$S_D = \{[-\pi.\pi] \backslash dS_{nD}\}, \text{这里 } S_{nD} = \cup_i S_{nD}^i。$$

3. 运动计算

最后一步是选择运动的方向。根据设定的理想方向 S_D 和目标方向 θ_{target} 分三种情况，这三种情况依次为

1）情况 1：$S_D \neq \phi$ 且 $\theta_{\text{target}} \in S_D$，解决方法：$\theta_{\text{sol}} = \theta_{\text{target}}$

2）情况 2：$S_D \neq \phi$ 且 $\theta_{\text{target}} \notin S_D$，解决方法：$\theta_{\text{sol}} = \theta_{\lim}$，这里 $\theta_{\lim}$ 为最靠近 θ_{target} 的 S_D 的方向。

3）情况 3：$S_D \neq \phi$，解决方法：$\theta_{\text{sol}} = \dfrac{\phi_{\lim}^l + \theta_{\lim}^r}{2}$。这里 $\theta_{\lim}^l$ 和 $\theta_{\lim}^r$ 分别是较接近 θ_{target} 的 S_{D_1} 和 S_{D_r} 的方向（S_{D_1} 和 S_{D_r} 分别是在目标左侧和右侧的障碍物理想方向上的集合）。

其结果就是解决方案 θ_{sol} 的运动方向。速度 ν_{sol} 与最近障碍的距离成反比。该控件是 $\boldsymbol{u}_i = (\nu_{\text{sol}}, \theta_{\text{sol}})$。

这是一个基于不同情况的几何算法。优点是证实了在有限空间内可以有效运动。

35.9.4 动态窗口法

动态窗口法（DWA）分两个步骤来解决问题，作为中介信息来计算控制空间 U 的一个子集。简单来说，我们把运动控制看做平移和转动速度（ν，ω）。U 被定义为

$$U = \{(\nu,\omega) \in \mathbb{R}^2 \backslash \nu \in [-\nu_{\max}, \nu_{\max}] \wedge \omega \in [-\omega_{\max}, \omega_{\max}]\} \quad (35.13)$$

1. 候选控制集

控制候选集 U_R 包括：①车辆最大速度内的控制 U；②产生安全轨迹的控制 U_A；③在给定加速度的情况下，可以在很短的一段时间内达到的控制 U_D。集合 U_A 包含可采纳的控制。通过利用最大负加速度（a_ν，a_ω），这些控制可以在碰撞前撤销：

$$U_A = \{(\nu,\omega) \in U \mid \nu \leqslant \sqrt{2d_{\text{obs}} a_\nu} \wedge \omega \leqslant \sqrt{2\theta_{\text{obs}} a_\omega}\} \quad (35.14)$$

式中，d_{obs} 和 θ_{obs} 分别表示距离障碍的距离和越过障碍的轨迹的切线方向。集合 U_D 包含在很短时间内可达到的控制

$$U_D = \{(\nu,\omega) \in U \backslash \nu \in [\nu_0 - a_\nu T, \nu_0 + a_\nu T] \wedge \omega \in [\omega_0 - a_\omega T, \omega_0 + a_\omega T]\} \quad (35.15)$$

式中，$\dot{q}_{t_i} = (\nu_0, \omega_0)$ 表示流速。

产生的控制子集是（图 35.12）：

$$U_R = U \cap U_A \cap U_D \quad (35.16)$$

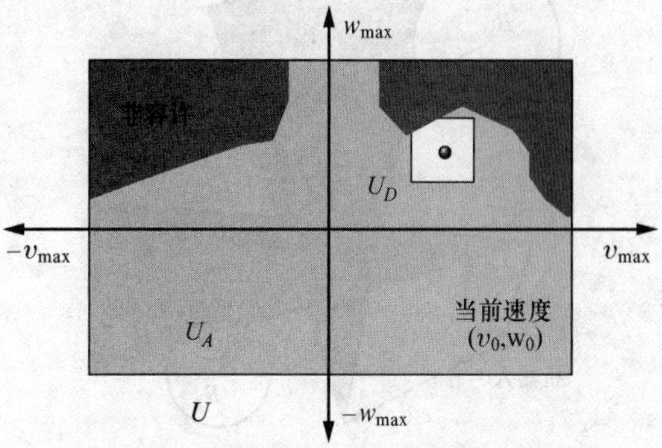

图 35.12　控制子集 $U_R = U \cap U_A \cap U_D$，这里 U 表示最大速度内的控制，U_A 表示可采纳的控制，U_D 在很短时间内可达到的控制

2. 运动计算

接下来的步骤是选择一个控制 $\boldsymbol{U}_i \in U_R$。阐述这个问题可转化为目标函数最大化的问题

$$G(\boldsymbol{U}) = \alpha_1 \cdot \text{Goal}(\boldsymbol{U}) + \alpha_2 \cdot \text{Clearance}(\boldsymbol{U}) + \alpha_3 \cdot \text{Velocity}(\boldsymbol{U}) \quad (35.17)$$

这个函数是 Goal($\boldsymbol{U}$) 中的一个折中型函数，Goal($\boldsymbol{U}$) 表示向目标提供进展的速度，Clearance($\boldsymbol{U}$) 为远离障碍物的速度，Velocity($\boldsymbol{U}$) 表示高速。解决的办法是控制 $\boldsymbol{U}_i$，使该函数最大。

DWA 是在控制空间内使用车辆动力学信息来解决问题的，因此该算法也很好地适用于工作在缓慢动态性能的或高速的车辆上。

35.9.5 速度障碍

用速度障碍（VO）法解决问题分两步走，通过计算作为中介信息 U 的一个子集。其框架类似于 DWA 法。不同的是，安全轨迹的集合 U_A 计算考虑了障碍的速度，这个问题接下来进行描述。

令 $\boldsymbol{\nu}_i$ 表示障碍 i 的速度（车辆半径伸长后所占区域为 B_i），$\boldsymbol{U}$ 为给定的车辆控制。碰撞相对速度的集合我们称为碰撞锥

$$CC_i = \{\boldsymbol{U}_i \mid \lambda_i \cap B_i \neq \phi\} \qquad (35.18)$$

这里 λ_i 表示单位向量 $\boldsymbol{U}_i = \boldsymbol{U}_i - \nu_i$ 的方向。速度障碍设置在一个共同绝对的参考系中

$$VO_i = CC_i \oplus \nu_i \qquad (35.19)$$

这里 $\oplus$ 表示明科夫斯基矢量和。非安全轨迹的集合是针对于每一个移动障碍的速度障碍的并集 $\overline{U}_A = \cup_i VO_i$（图35.13）。

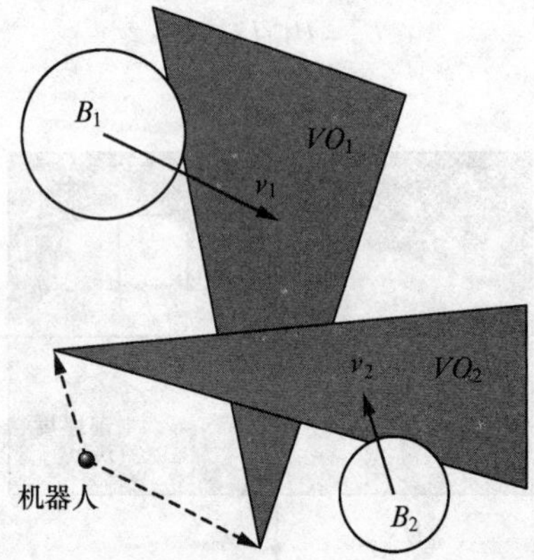

图35.13　不安全控制子集 $\overline{U}_A = VO_1 \cup VO_2$。对于移动的障碍，超出该集合的控制矢量产生非碰撞运动

这种方法的优点是考虑了障碍的速度，因此很适合于动态情况。

35.9.6　近似图导航

该算法是一个设计避障方法的方法论，而不仅仅是算法本身。按照这一方法论，近似图导航（ND）是一个基于几何应用的避障法。这种做法背后的思想是采用分而治之的策略，根据设定条件的活动模式以简化避障问题条件为基础（见参考文献[35.48]的评论）。首先，存在能代表了所有机器人之间的位置、障碍与目标位置的一系列情形，还有与每一种情形相对应的运动规律。在执行阶段，在时间 t_i，若一种情形被确定，其相应的规律用来计算运动。

1. 情形

情形用二元决策树来表示。情形的选取依赖障碍物 $O(\boldsymbol{q}_{t_i})$，机器人的位置 $\boldsymbol{q}_{t_i}$ 以及目标 $\boldsymbol{q}_{\text{target}}$。标准基于高层次实体，如机器人边界和运动区域周边的安全距离（即确定适当的运动区域），例如，有这样一个标准：看在安全区域内是否有障碍。另一种情形是运动区域是大还是窄。结果仅有一种情况，因为根据定义和表示（二元决定树），这些情况是完整而排他的（见图35.14）。

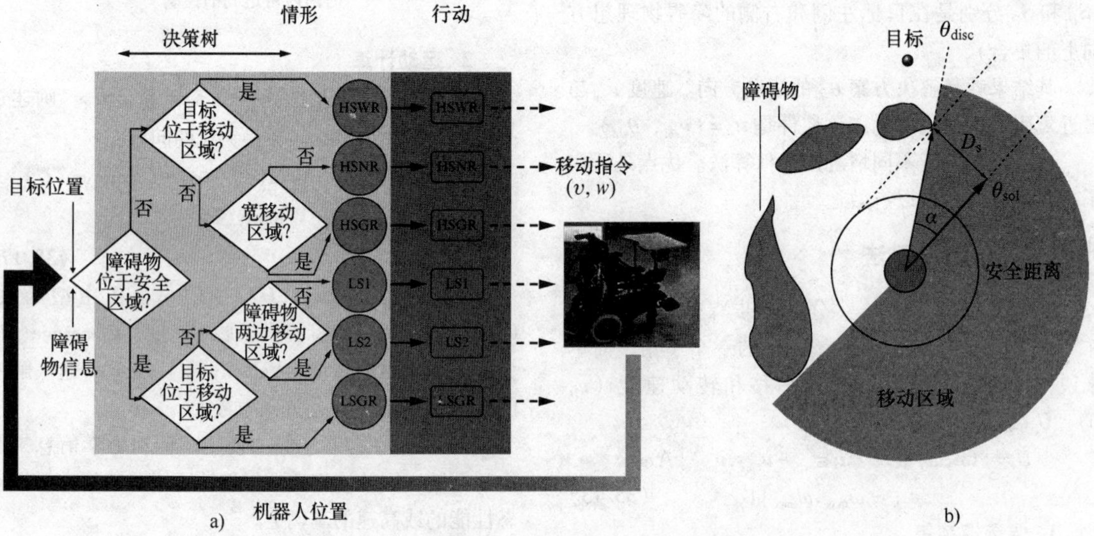

图35.14　a）方法设计图。给定障碍信息及目标信息，在给定的一个标准下就可以识别出一种情形。紧接着，相关的行为被执行，来计算运动　b）ND解决方法的计算示例（几何应用）。第一步是确定情况。没有比安全距离 D_s 更近的障碍。接下来 $\boldsymbol{q}_{\text{target}}$ 不在运动区域内。第三，运动区域是宽的。鉴于这三个标准我们确定当前的情况，HSWR。在这种情况下，相应的行为计算控制 $\boldsymbol{u}_i = (\nu_{\text{sol}}, \theta_{\text{sol}})$，这里 ν_{sol} 是最大速度，θ_{sol} 被计算为从更接近目标的方向运动区域极限方向 θ_{disc} 的偏差 α

2. 行动

对于每一种情形都存在一个行动来计算运动从而采取相应的行为以适应每一种情形所代表的情况。在高水平上，行动描述每一种情况所需的行为，例如，有这样一种情况，当安全区域内没有障碍且目标就在运动区域内（HSGR）。方法就是朝目标运动。另一种情况是，当在安全区域内没有障碍且目标不在运动区域内但很宽（HSWR）。方法是朝运动区域的边界线移动，但要清查还有障碍的安全域。

这种方法有趣的一面是，它采用了分而治之的策略来解决导航，从而简化了问题。第一个优势是，该算法是在象征性的水平上描述的，因此有很多方法可以实现该算法。第二，这一方法论的几何实施（ND法）已被证实可以在密集、复杂和困难的情况下将困难航行问题转化为安全航行。

35.10 避障中机器人的外形特征、运动学和动力学

在避障过程中，对于车辆需要考虑三个方面的问题：形状特征、运动学和动力学。这个形状特征和运动学共同形成一个几何问题，涉及车辆在给定的轨迹$Q_{t,\infty}$碰撞中的构型表示。动力学考虑了加速度和时间问题，包括两个方面：①在给定当前速度$\dot{\boldsymbol{q}}_{t_i}$及最大加速度的条件下在短时间段$T$内选择一个可达到的控制；②把制动距离考虑进去，这样当控制执行后，在应用最大加速度时车辆在碰撞前可以一直保持不动（改善了安全性）。

在避障时关于形状特征、运动学和动力学的问题我们从三个不同的方面来考虑：①设计一种可以将约束融入到算法中的一个方法（35.9.4节）；②从算法应用的层面上开发将车辆抽象化的技术[35.49,50]；③借助技术将问题分解成一些子问题，再通过使用算法将各个方面按顺序[35.51-53]依次合并。

35.10.1 抽象车辆方面的技术

这些技术是基于在车辆方面及避障算法之间构造一个抽象层，以此，当算法一旦被采用，解决方案就已考虑到了各个方面[35.49,50]。这里我们考虑在常量控制下所得到的基本路径下的车辆可以通过圆弧来近似估计（例如一个差速驱动机器人，一个同步驱动机器人或一个三轮车）。为简化分析，我们提出控制就是一个平移的和转动的速度$\boldsymbol{u}=(\nu,\omega)$。给定当前的速度$\dot{\boldsymbol{q}}_{t_i}=(\nu_0,\omega_0)$，可达到的控制集$U_A$及最大加速度$(a_\nu,a_\omega)$可通过式（35.15）得到。

1. 抽象结构

对于这个机器人，它的构型空间CS是三维空间。其思想是构造一个由基本的圆周路径定义$ARM(\boldsymbol{q}_{t_i})\equiv ARM$构型空间的流形，以每一时刻$t_i$的机器人位置为中心。定义流形的函数是

$$\theta=f(x,y)=\begin{cases}\arctan2\left(x,\dfrac{x^2-y^2}{2y}\right) & y\geqslant 0\\ -\arctan2\left(x,-\dfrac{x^2-y^2}{2y}\right) & \text{其他}\end{cases} \tag{35.20}$$

很容易看到函数f在空间$\mathbb{R}^2\setminus(0,0)$上是可微的。因此，当$(x,y)\in\mathbb{R}^2\setminus(0,0)$时$(x,y,f(x,y))$在$\mathbb{R}^2\times S^1$上定义了一个二维的流形。这个流形$ARM$包含了在每一步避障中的所有构型。

接下来，在ARM中，人们可根据任意形状的机器人中给出的碰撞域CO_{ARM}（例如流形中障碍的表示）计算这一障碍的确切位置，给一个障碍点(x_p,y_p)和一个机器人活动域(x_r,y_r)，CO_{ARM}域中的点(x_s,y_s)可按下式计算

$$\begin{cases}x_s=(x_f+x_i)a\\ y_s=(y_f-y_i)a\end{cases} \tag{35.21}$$

其中：

$$a=\frac{[(y_f^2-y_i^2)+(x_f^2-x_i^2)][(y_f-y_i)^2+(x_f-x_i)^2]}{(y_f-y_i)^4+2(x_f^2+x_i^2)(y_f-y_i)^2+(x_f^2-x_i^2)^2}$$

这一结果用来绘制机器人避开所有多样化障碍物边界的地图，以此来确切地计算CO_{ARM}的形状。接下来，在多样化ARM中计算非容许构型CAN_{ARM}，因为在这个构型空间中机器人一旦在时间T达到了给定的速度，则它不能采用无碰撞最大负加速度停止（即没有足够的制动距离）。CNA_{ARM}的区域是CO_{ARM}拓展的部分，是由机器人的最大加速度而定。可在短期时间U_A通过控制可达性，可达到的构型集RC_{ARM}也是在ARM中计算得出的。最后，对ARM进行坐标变换得到ARM^p，其作用是将流形中的一般的圆形路径变成直线路径。结果现在问题变为在无约束的二维空间中可向任意方向点移动。

2. 方法应用

最后一步是将避障方法应用在ARM^p中以避免CNA^p_{ARM}区域。该方法的解β_{sol}是在ARM^p中一个最有希望的方向。这个方向也被用来在给定的动态可达RC^p_{ARM}构型集中选择一个$q^p_{sol}\notin CNA^p_{ARM}$的可行位置。最后通过控制$\boldsymbol{u}_{sol}$在时间$T$时刻到达这一位置。通过构造，这种运动学和动力学允许的控制避免了已知形状

车辆的碰撞并考虑到制动距离（见图35.15）。

如图35.15所示，在这种表示下，障碍看做ARM^p空间中的不接受区域CNA^p_{ARM}且运动是全方向的（许多避障算法的适应条件）。算法被用来获得最有发展希望的方向β_{sol}，及被用来获取在可到达构型集合RC^p_{ARM}里的构型方案$\boldsymbol{q}^p_{sol}$。最后，解决方法就是在时间T完成该构型的控制$\boldsymbol{u}_{sol}$。这个控件符合运动学和动力学并考虑到了具体车辆的形状特性。

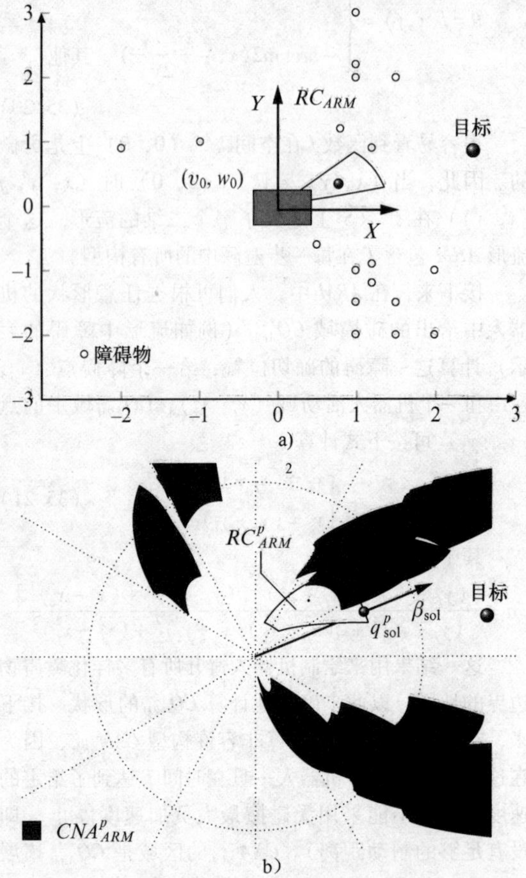

图35.15 a）机器人位置、障碍信息以及目标位置 b）ARM^p空间的抽象层

注意到如何用这些技术将三维的避障问题转变为一个简单的二维空间内的点移动问题，而没有运动学和动力学的限制（很多现有方法的适用条件）。结果，许多现有的方法可以适用于这种抽象条件下，因此在解决的方案中考虑了机器人的约束。

35.10.2 子问题的分解技巧

这些技巧论述了避障问题，并将其分解为各个子问题：①避障；②运动学和动力学；③形状。每个子问题依次处理（见图35.16）。

步数	第1步	第2步	第3步
机器人方面	任意方向的环形	环形的运动学和动力学	矩形的运动学和动力学
子问题（解决方法）	避障	➡ 移动控制器	➡ 形状校正器

图35.16 分解避障问题成为逐步子问题，依次嵌入到机器人中

1. 避障

首先，避障方法是使用假设为圆形和全方位的机器人。解决的方案是最有希望的运动方向和速度$\boldsymbol{u}_1=(\nu_1, \theta_1)$引导机器人朝向目标。

2. 运动学和动力学

其次，这种控制被转变为运动学与动力学相结合的控制，从而容易排列在瞬时方向θ_1上以速度u_1运动车辆，例如参考文献［35.52，53］通过反馈调整了避障方法的输出，使得机器人在最小二乘方式下与解的方向保持一致；参考文献［35.51］在机器人中使用了一个动态控制器。该控制器使机器人的行为模式化，好像用一个虚拟力拉机器人，并计算在很短的时间内应用这个力拉的运动结果。由此产生的运动是一种新的控制。为了使用该控制器，先前的控制$\boldsymbol{u}_1$被转化为瞬态力$\boldsymbol{F}=\left(\theta_1, \boldsymbol{F}_{\max}\frac{\nu_1}{\boldsymbol{\nu}_{\max}}\right)$输入控制器中，计算出一个$\boldsymbol{u}_2$来满足运动学和动力学。

3. 形状

最后一步是要确保控制$\boldsymbol{u}_2$来获得先前的效果，以此来避免了该机器人与确切形状相碰。要做到这一点，形状校正器需要用控制的动态仿真来检查碰撞。如果存在一个碰撞，可达控制器的集合式（35.15）将产生作用直到发现无碰撞控制为止。这一过程的结果是产生一个运动控制$\boldsymbol{u}_i$，保证避障同时考虑机器人的运动学与动力学。

35.11 整合规划—反应

在本节中我们将展示如何将避障方法结合到一个真正的系统当中。一方面，避障方法是局部方法来解决运动问题。所以，他们必将陷入局部最小值，要么陷入到一个固定的位置或是做周期运动。这也表明更多全局推理的必要性。另一方面，运动规划方法计算一个无碰撞的几何路径，以此来保证全局收敛。然而，当环境未知或是发生改变时，这些方法都将不起作用，因为预先计算的路径几乎肯定会与障碍发生碰

撞。这似乎很清楚了，建立一个运动系统的一个关键环节，是结合两个最好方面：由运动规划给出全局的知识而避障方法给出反应。

最通常的方式是具体指出慎思与反应之间的相互关系：①预先计算到目标的路径，然后将其转变为一个函数作为执行函数，这一函数随着周围监测传感器信息的变化而变化，例如在参考文献［35.54-56］中提到的路径变形系统；②为了将这一规划在带有战略性的高频中应用，为反应器的执行过程中预留一定的裕度[35.57-62]。

35.11.1　路径变形系统

松紧带方法最初假定到目标位置存在一条几何路径（由规划器计算）。该路径是一个区域带，这个带受到两个类型的力的影响：一个内部收缩力和一个外力。内力模拟一个张力带来维持压力。障碍物施加的外力使这个带远离他们。在执行过程中，新的障碍产生力来使这个路径带远离它们，来保证他们的避障。这些方法在这本书的第5章中已说明。

一种扩展的路径变形方法在非完整系统[35.56]中已经提出了。尽管对于没有运动学限制的移动机器人目标是相同的（沿轨迹避障），但是概念完全不同。非完整系统的轨迹 Γ 完全是由初始构型 $\Gamma(0)$ 和函数 $\boldsymbol{u}\in C^1(\boldsymbol{I}, \mathbb{R}^m)$ 的输入值确定的，在这里 $\boldsymbol{I}$ 是一个间隔。因此，对于非完整系统的轨迹变形方法是以当前轨迹输入函数扰动为基础，以实现三个目标：

1）保持满意的非完整约束。

2）通过便携式传感器在线摆脱检测到的障碍物。

3）保持变形后轨迹最初和最后的构型不变。

输入函数 Γ 的干扰，由一个向量值输入扰动 $\boldsymbol{\nu}\in C^1(\boldsymbol{I}, \mathbb{R}^m)$ 产生轨迹变形 $\boldsymbol{\eta}\in C^1(\boldsymbol{I}, \mathbb{R}^n)$

$$\boldsymbol{u}\leftarrow\boldsymbol{u}+\tau\boldsymbol{\nu}\Rightarrow\Gamma\leftarrow\Gamma+\tau\boldsymbol{\eta} \tag{35.22}$$

式中，τ是一个无穷小的正实数。作为一阶近似，$\boldsymbol{u}$ 和 η 两者的关系由线性化系统给出，在这里不再给出其表达式。

1. 障碍势场

障碍是通过在构型空间中定义一个潜在的势场来检测的，当机器人靠近障碍时这个势场就增强。这个潜在的势场被提升到由构型潜在值轨迹所整合成的轨迹空间中。

2. 输入空间的离散化

输入扰动空间 $C^1(\boldsymbol{I}, \mathbb{R}^m)$ 是一个有限维的矢量空间。一个输入扰动的选择被限制在一个有限维子空间内，包含 p 个任意测试函数，$\boldsymbol{e}_1$，…，$\boldsymbol{e}_p$，其中 p 是一个正整数。因此一个输入的微小扰动 $\boldsymbol{u}=\sum_{i=l}^{p}\lambda_i\boldsymbol{e}_i$ 由矢量 $\lambda\in\mathbb{R}^p$ 来定义。轨迹势能是关于 λ 线性变化的。

3. 边界条件

边界条件是由在间隔 $\boldsymbol{I}$ 的两端应用等于零的轨迹扰动构成的，其中间隔 $\boldsymbol{I}$ 是关于 λ 线性的。因此，不难发现一个向量 λ，它可使势场下降并满足边界条件。

4. 非完整约束偏差

输入微扰与轨迹变形之间的近似一阶关系引起了一个副作用：经过几次的迭代后，非完整约束条件不再满足。这个副作用可通过增广系统得以改善，增广系统由每个构型的 n 个控制向量场 f_1，…，f_n 张成 $\mathbb{R}^n$ 空间，并通过保持输入部分 u_{m+1} 到 u_n 沿着附加的向量场尽可能接近零。

图35.17给出了用于非完整系统的轨迹变形算法的例子。

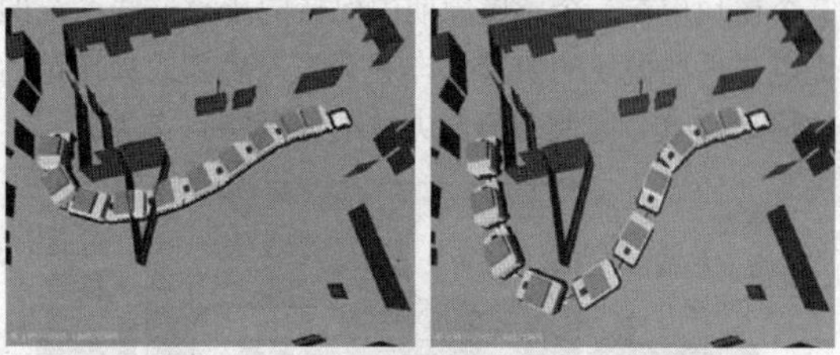

图35.17　一个拖着一辆拖车差分驱动移动机器人，通过在线检测应用轨迹变形算法避障

35.11.2　战略规划系统

战略规划系统以高频率，重新计算到目标位置的路径，并利用主要路径来建议机器人避障模块。这些移动系统的设计至少涉及三个功能的合成：模型构造，慎思规划及避障。模型构造了一个代表用来进行思考与记忆反应行为的基础。规划器产生一个全局的计划，这一计划被用于指导避障模块来产生一个局部的移动。下面我们将给出这三个功能的一个远景规划并给出三种可能实现他们的工具[35.62]。

1. 模型生成器模块

一个环境模型的建立（以增加规划的空间范围，并作为避障的局部内存使用）：一种可能性是使用二进制占据网格，每当得到一个新的传感器测量值时则更新，并在任何新的测量值进入网格之前，采用扫描匹配技术[35.63,64]来提高机器人量距。

2. 规划模块

提取自由空间的连通性（以此来避免陷入往复运动与局部位置）：一个较好的选择是像 D* 这样的动态导航功能。支持规划模块的想法是集中在地区的局部进行搜索，这些地区有环境已经发生了变化并影响到了计算机的路径。规划器避免了陷入局部极小，并实现了实时高效的计算。

3. 避障模块

在本章中介绍的任何避碰移动的计算方法都可以被使用。一种可能性是ND的方法（35.9.6节），因为它已经被证明是在小空间中移动也是非常有效的和鲁棒的。系统全局的运行原理如下（见图35.18）：给机器人一个激光扫描和测程仪，模型建立器将这些信息输入到已存在的模型中。接下来，有关模型中的障碍和自由空间信息的变化被规划模型用于计算接下来到达目标的行程。最后，避障模型利用这些来自战略规划器关于障碍的网格信息来生成运动的路径（驱动机器人无障碍地到达目标）。移动是由机器人控制器执行的，而且在有新的传感器测量值时再重新开始这一过程。需要特别强调的是按照一致性原则这三个模块应在一个感应周期内保持同步。这些系统的优点是这些模块的协作允许避开陷入局部或周期运动的情形（这个限制与避障方法的局部特点有关）。

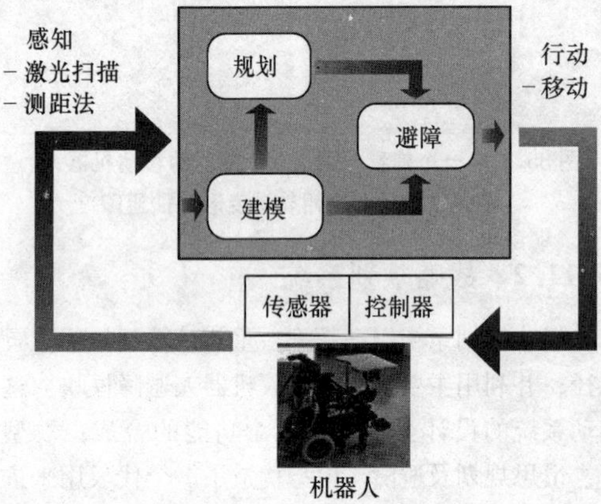

图35.18　移动机器人概况

图35.19给出这一移动系统的实验图片。

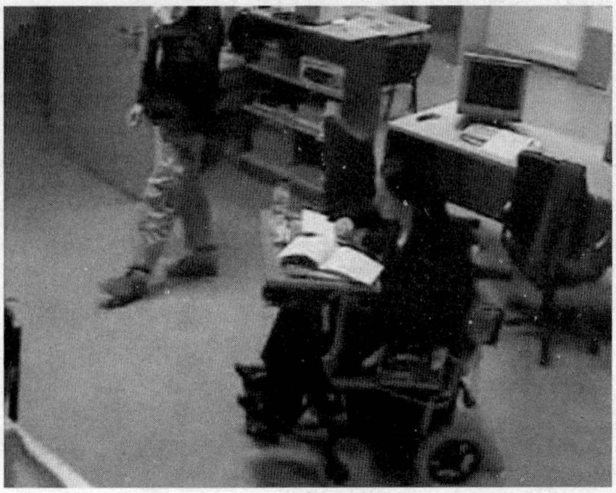

a)

图35.19　a）配有平面激光传感器的轮式机器人的运动系统实验图片

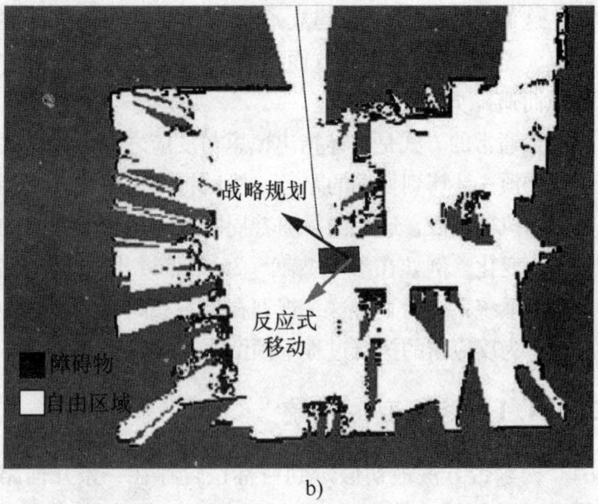

b)

图35.19　b）在给定时间的运动系统信息：目前累积的情景图片，规划器与移动方向的计算路径以及反应避障方法的解(续)

35.12　结论、未来发展方向与扩展阅读

本章介绍的算法工具表明，运动规划和避障研究技术已达到成熟水平，这些技术可转化为真实的平台来实现。如今，一些室内移动机器人也用在日常生活中，利用避障技术在博物馆中引导游客。室外应用需要在观念与建模方法上仍然需要一些发展。对于这些应用，三维传感能力不仅用来进行环境建模而且用来检测障碍是必要的。其中一个例子就是，几个汽车制造商正在致力于将其用于平行停车辅助设备。本应用的难点是在一个复杂的变化环境中利用三维数据建立一个停车点的模型。

移动机器人的自主运动中存在很大的挑战包括来自于不同机器人研究领域中的集成技术，这些技术用来规划与执行非常复杂系统的移动，比如人形机器人。在这个意义上的集成不仅指不同的软件部分需要在一个机器上工作，而且还在一定的科学意义下工作：经典的带有构型变量的移动规划框架根据全局参考坐标系来定位机器人，而不适合在不精确的地图上部分已知的环境信息。像运动这样的机器人任务需要根据环境标志具体指定。举例来说，指出抓取一个目标被定义为移动的是根据目标的位置。为这个研究方向设计一个总体框架的工作目前还是很少的。

关于移动机器人的规划和避障相关的有益读物有参考文献［35.5，67-69］。

参考文献

35.1 N.J. Nilson: A mobile automaton: an application of artificial intelligence techniques, 1st Int. Joint Conf. Artif. Intell. (1969) pp. 509–520

35.2 A. Thompson: The navigation system of the JPL robot, 5th Int. Joint Conf. Artif. Intell. (Cambridge 1977) pp. 749–757

35.3 G. Giralt, R. Sobek, R. Chatila: A multi-level planning and navigation system for a mobile robot: a first approach to Hilare, 6th Int. Joint Conf. Artif. Intell. (Tokyo 1979) pp. 335–337

35.4 T. Lozano-Pérez: Spatial planning: a configuration space approach, IEEE Trans. Comput. **32**(2), 108–120 (1983)

35.5 J.C. Latombe: *Robot Motion Planning* (Kluwer Academic, Dordredt 1991)

35.6 J.P. Laumond: Feasible trajectories for mobile robots with kinematic and environment constraints. In: *Intelligent Autonomous Systems*, ed. by F.C.A. Groen (L.O. Hertzberger, Amsterdam 1987) pp. 346–354

35.7 Z. Li, J.F. Canny: *Nonholonomic Motion Planning* (Kluwer Academic, Dordredt 1992)

35.8 H. Sussmann: Lie brackets, real analyticity and geometric control. In: *Differential Geometric Control Theory*, Progress in Mathematics, Vol. 27, ed. by R. Brockett, R. Millman, H. Sussmann (Michigan Technological Univ., Birkhauser 1982) pp. 1–116

35.9 H.J. Sussmann, V. Jurdjevic: Controllability of nonlinear systems, J. Differ. Equ. **12**, 95–116 (1972)

35.10 J.P. Laumond: Singularities and topological aspects in nonholonomic motion planning. In: *Nonholonomic Motion Planning*, Vol. 192, ed. by Z. Li, J.F. Canny (Kluwer Int. Ser. Eng. Comput. Sci., Dordredt 1992)

35.11 J.P. Laumond, J.J. Risler: Nonholonomic systems: controllability and complexity, Theor. Comput. Sci. **157**, 101–114 (1996)

35.12 J.P. Laumond, P. Jacobs, M. Taïx, R. Murray: A motion planner for nonholonomic mobile robot, IEEE Trans. Robot. Autom. **10**(5), 577–593 (1994)

35.13 P. Cheng, S.M. LaValle: Reducing metric sensitivity in randomized trajectory design, IEEE/RSJ Int. Conf. Intell. Robots Syst. (2001) pp. 43–48

35.14 J.A. Reeds, R.A. Shepp: Optimal paths for a car that goes both forward and backwards, Pacific J. Math. **145**(2), 367–393 (1990)

35.15 P. Souères, J.P. Laumond: Shortest path synthesis for a car-like robot, IEEE Trans. Autom. Contr. **41**(5), 672–688 (1996)

35.16 D. Balkcom, M. Mason: Time optimal trajectories for bounded velocity differential drive vehicles, Int. J. Robot. Res. **21**(3), 199–218 (2002)

35.17 D. Tilbury, R. Murray, S. Sastry: Trajectory generation for the *n*-trailer problem using Goursat normal form, IEEE Trans. Autom. Contr. **40**(5), 802–819 (1995)

35.18 S. Sekhavat, J.P. Laumond: Topological property for collision-free nonholonomic motion planning: the case of sinusoidal inputs for chained form systems, IEEE Trans. Robot. Autom. **14**(5), 671–680 (1998)

35.19 M. Fliess, J. Lévine, P. Martin, P. Rouchon: Flatness and defect of non-linear systems: Introductory theory and examples, Int. J. Contr. **61**(6), 1327–1361 (1995)

35.20 P. Rouchon, M. Fliess, J. Lévine, P. Martin: Flatness and motion planning: the car with *n* trailers, Eur. Contr. Conf. (1993) pp. 1518–1522

35.21 F. Lamiraux, J.P. Laumond: Flatness and small-time controllability of multibody mobile robots: application to motion planning, IEEE Trans. Autom. Contr. **45**(10), 1878–1881 (2000)

35.22 P. Rouchon: Necessary condition and genericity of dynamic feedback linearization, J. Math. Syst. Esti. Contr. **4**(2), 1–14 (1994)

35.23 P. Rouchon, M. Fliess, J. Lévine, P. Martin: Flatness, motion planning and trailer systems, IEEE Int. Conf. Decision Contr. (San Antonio 1993) pp. 2700–2705

35.24 S. Sekhavat, J. Hermosillo: Cycab bi-steerable cars: a new family of differentially flat systems, Adv. Robot. **16**(5), 445–462 (2002)

35.25 J. Barraquand, J.C. Latombe: Nonholonomic multibody mobile robots: controllability and motion planning in the presence of obstacles, Algorithmica **10**, 121–155 (1993)

35.26 A. Divelbiss, T. Wen: A path space approach to nonholonomic motion planning in the presence of obstacles, IEEE Trans. Robot. Autom. **13**(3), 443–451 (1997)

35.27 S. LaValle, J. Kuffner: Randomized kinodynamic planning, IEEE Int. Conf. Robot. Autom. (1999) pp. 473–479

35.28 F. Lamiraux, E. Ferré, E. Vallée: Kinodynamic motion planning: connecting exploration trees using trajectory optimization methods, Int. Conf. Robot. Autom. (2004) pp. 3987–3992

35.29 V. Lumelsky, A. Stepanov: Path planning strategies for a point mobile automation moving admist unknown obstacles of arbitrary shape, Algorithmica **2**, 403–430 (1987)

35.30 R. Chatila: Path planning and environmental learning in a mobile robot system, Eur. Conf. Artif. Intell. (1982)

35.31 L. Strategiesl: Strategies for solving collision-free trajectories problems for mobile robots and manipulator robots, Int. J. Robot. Res., **3**(4), 51–65 (1984)

35.32 R. Chattergy: Some heuristics for the navigation of a robot, Int. J. Robot. Res. **4**(1), 59–66 (1985)

35.33 O. Khatib: Real-time obstacle avoidance for manipulators and mobile robots, Int. J. Robot. Res. **5**, 90–98 (1986)

35.34 B.H. Krogh, C.E. Thorpe: Integrated path planning and dynamic steering control for autonomous vehicles, IEEE Int. Conf. Robot. Autom. (1986) pp. 1664–1669

35.35 J. Borenstein, Y. Koren: Real-time obstacle avoidance for fast mobile robots, IEEE Trans. Syst. Man Cybern. **19**(5), 1179–1187 (1989)

35.36 K. Azarm, G. Schmidt: Integrated mobile robot motion planning and execution in changing indoor environments, IEEE/RSJ Int. Conf. Intell. Robots Syst. (1994) pp. 298–305

35.37 A. Masoud, S. Masoud, M. Bayoumi: Robot navigation using a pressure generated mechanical stress field, the biharmonical potential approach, IEEE Int. Conf. Robot. Autom. (1994) pp. 124–129
35.38 L. Singh, H. Stephanou, J. Wen: Real-time robot motion control with circulatory fields, IEEE Int. Conf. Robot. Autom. (1996) pp. 2737–2742
35.39 J. Borenstein, Y. Koren: The vector field histogram-fast obstacle avoidance for mbile robots, IEEE Trans. Robot. Autom. **7**, 278–288 (1991)
35.40 J. Minguez: The obstacle restriction method (ORM): obstacle avoidance in difficult scenarios, IEEE Int. Conf. Intell. Robot Syst. (2005)
35.41 W. Feiten, R. Bauer, G. Lawitzky: Robust obstacle avoidance in unknown and cramped environments, IEEE Int. Conf. Robot. Autom. (1994) pp. 2412–2417
35.42 D. Fox, W. Burgard, S. Thrun: The dynamic window approach to collision avoidance, IEEE Robot. Autom. Magaz. **4**(1), 23–33 (1997)
35.43 P. Fiorini, Z. Shiller: Motion planning in dynamic environments using velocity obstacles, Int. J. Robot. Res. **17**(7), 760–772 (1998)
35.44 R. Simmons: The curvature-velocity method for local obstacle avoidance, IEEE Int. Conf. Robot. Autom. (1996) pp. 3375–3382
35.45 J. Minguez, L. Montano: nearness niagram (ND) navigation: collision avoidance in troublesome scenarios, IEEE Trans. Robot. Autom. **20**(1), 45–59 (2004)
35.46 J. Minguez, J. Osuna, L. Montano: A divide and conquer strategy to achieve reactive collision avoidance in troublesome scenarios, IEEE Int. Conf. Robot. Autom. (2004)
35.47 R.B. Tilove: Local obstacle avoidance for mobile robots based on the method of artificial potentials, IEEE Int. Conf. Robot. Autom. (1990) pp. 566–571
35.48 R.C. Arkin: *Behavior-Based Robotics* (MIT Press, Camridge 1999)
35.49 J. Minguez, L. Montano: Extending reactive collision avoidance methods to consider any vehicle shape and the kinematics and the dynamic constraints. IEEE Trans. Robot. (in press)
35.50 J. Minguez, L. Montano, J. Santos-Victor: Abstracting the vehicle shape and kinematic constraints from the obstacle avoidance methods, Auton. Robots **20**(1), 43–59 (2006)
35.51 J. Minguez, L. Montano: Robot navigation in very complex dense and cluttered indoor/outdoor environments, 15th IFAC World Congress (2002)
35.52 A. De Luca, G. Oriolo: Local incremental planning for nonholonomic mobile robots, IEEE Int. Conf. Robot. Autom. (1994) pp. 104–110
35.53 A. Bemporad, A. De Luca, G. Oriolo: Local incremental planning for car-like robot navigating among obstacles, IEEE Int. Conf. Robot. Autom. (1996) pp. 1205–1211
35.54 S. Quinlan, O. Khatib: Elastic bands: Connecting path planning and control, IEEE Int. Conf. Robot. Autom. (1993) pp. 802–807
35.55 O. Brock, O. Khatib: Real-time replanning in high-dimensional configuration spaces using sets of homotopic paths, IEEE Int. Conf. Robot. Autom (2000) pp. 550–555
35.56 F. Lamiraux, D. Bonnafous, O. Lefebvre: Reactive path deformation for nonholonomic mobile robots, IEEE Trans. Robot. **20**(6), 967–977 (2004)
35.57 O. Brock, O. Khatib: High-speed navigation using the global dynamic window approach, IEEE Int. Conf. Robot. Autom. (1999) pp. 341–346
35.58 I. Ulrich, J. Borenstein: VFH*: local obstacle avoidance with look-ahead verification, IEEE Int. Conf. Robot. Autom. (2000) pp. 2505–2511
35.59 J. Minguez, L. Montano: Sensor-based motion robot motion generation in unknown, dynamic and troublesome scenarios, Robot. Auton. Syst. **52**(4), 290–311 (2005)
35.60 C. Stachniss, W. Burgard: An integrated approach to goal-directed obstacle avoidance under dynamic constraints for dynamic environments, IEEE-RSJ Int. Conf. Intell. Robots Syst. (2002) pp. 508–513
35.61 R. Philipsen, R. Siegwart: Smooth and efficient obstacle avoidance for a tour guide robot, IEEE Int. Conf. Robot. Autom. (2003)
35.62 L. Montesano, J. Minguez, L. Montano: Lessons learned in integration for sensor-based robot navigation systems, Int. J. Adv. Robotic Syst. **3**(1), 85–91 (2006)
35.63 F. Lu, E. Milios: Robot pose estimation in unknown environments by matching 2-D range scans, Intell. Robotic Syst. **18**, 249–275 (1997)
35.64 J. Minguez, L. Montesano, F. Lamiraux: Metric-based iterative closest point scan matching for sensor displacement estimation, IEEE Trans. Robot. **22**(5), 1047–1054 (2006)
35.65 A. Stenz: The focussed D^* algorithm for real-time replanning, Int. Joint Conf. Artif. Intell. (IJCAI) (1995) pp. 1652–1659
35.66 S. Koenig, M. Likhachev: Improved fast replanning for robot navigation in unknown terrain, Int. Conf. Robot. Autom. (2002)
35.67 J.P. Laumond: Robot motion planning and control. In: *Lecture Notes in Control and Information Science*, ed. by J.P. Laumond (Springer, New York 1998)
35.68 H. Choset, K.M. Lynch, S. Hutchinson, G. Kantor, W. Burgard, L.E. Kavraki, S. Thrun: *Principles of Robot Motion* (MIT Press, Cambridge 2005)
35.69 S.M. LaValle: *Planning Algorithms* (Cambridge Univ., New York 2006)

第36章 环境建模

Wolfram Burgard，Martial Herbert
刘冰冰 译

本章我们描述了描绘移动机器人环境的常用方法。对常常使用二维表示方法存储的室内环境，我们讨论占据栅格、直线地图、拓扑地图和基于地标的表示法。这些技术中的每一种都有各自的优缺点。占据栅格的地图允许数据的快速存取而且可以有效地进行更新，而直线地图则更简练。尽管基于地标的地图也可以有效地进行更新和维持，但它们不能像拓扑地图那样，很好地支持诸如路径规划之类的导航任务。

另外，我们讨论了适用于室外地形建模的方法。在室外环境中，适应于室内环境的许多地图建模方法使用的平坦地面的假设不再有效了。在本章中很常用的一个途径是海拔及其变体地图，这些地图存储了地形表面的信息而与一般空间栅格不同。这类地图的替代方案是点阵、网格或三维栅格。这些方案提供了更大的灵活性但却有更高的存储需求。

36.1 历史性回顾 …… 327
36.2 室内和结构化环境的建模 …… 328
36.2.1 占据栅格 …… 328
36.2.2 直线地图 …… 329
36.2.3 拓扑地图 …… 331
36.2.4 基于地标的地图 …… 332
36.3 自然环境和地形建模 …… 332
36.3.1 海拔栅格 …… 332
36.3.2 三维栅格和点阵 …… 334
36.3.3 网格 …… 334
36.3.4 代价地图 …… 335
36.3.5 语义属性 …… 336
36.3.6 异构结构和分层制模型 …… 338
36.4 动态环境 …… 338
36.5 结论与扩展阅读 …… 339
参考文献 …… 339

环境模型的构造对几个移动机器人系统应用的开发都有重要作用。正是通过这些环境模型，机器人才可以做出适宜当前环境状态的决定。当机器人探索环境时，模型通过传感器的数据进行构建。使用传感器数据进行环境模型的构建有三个难点。第一，模型必须简洁从而使得它们可以被其他系统元件，如路径规划器，有效地利用。第二，模型必须适应于任务和环境的类型。比如，将环境建模成一系列平面就不适合在自然地形中运作的机器人。特别是，这暗示着对机器人来说，一个适合各种环境的一般性表示方法是不可能的，我们必须从一系列不同途径中选择一个合适的。第三，表示法必须包容传感器数据和机器人状态预测系统内在的不确定因素。而后者尤其重要，这是因为在一个共同坐标系中，环境模型通常随距离的增加而累积传感器数据。机器人位置预测的偏差是难免的，而这个因素必须在模型表示和构建中考虑进去。

36.1 历史性回顾

从历史文献看，环境建模的工作首先集中于在室内环境中运作的机器人。在这种情况下，被建的模型可以得益于环境可以由参考地面上的垂直结构表示的事实。这种简化得以应用，将环境表示为二维栅格。测量和机器人姿态预测中的不确定性可以使用栅格占据的概率进行建模，而不是简单的二进制占据/空白标识。室内环境的另一个特点是它们的高度结构化并且主要包含的是线性构造，比如线和面。这种观察导致了基于点、线和面的集合上，可以构建第二层表示类别以表现环境。在这里，大量的研究注意力专注于表示这些几何元素相对姿态的不确定性上，其中就包括20世纪80年代使用卡尔曼滤波器和其他概率性技术的大量工作。

随着传感技术（比如，长距离的距离图像激光扫描仪和立体视觉），以及移动机器人系统的机械和控制方面上不断的进展，开发使用在非构造性、自然地形上运作的移动机器人系统就变得可能了，而开发这种机器人的部分动机是星际探索和军事应用。在这些情况下，将数据投射到二维栅格就不太适宜了，而环境也不足以仅使用少量的几种几何元素来表示。因为，在多数情况下，假设（即便只是局部的）存在一个参考地面是可行的，一种自然的表示法是使用一个2.5维栅格，栅格的每一个单元保存了该位置地形的海拔信息（和其他可能特征）。尽管已经被广泛应用，这种海拔地图最大的问题是它们不是一种简洁的表示法而且很难插入不确定性的表示。于是，很多研究专注于为海拔地图设计有效的数据结构和算法，比如，分层制表示法。最近，有关不确定性的难点被使用海拔地图的概率性表示法解决了。

尽管海拔地图为很多种自然地形提供了天然的表示方式，它们不能用以表示具有垂直或外悬结构的环境。这种局限在近年来变得更明显，因为移动机器人在城市环境中的应用逐渐增加（城市中很多建筑物的墙和其他结构不能用海拔地图表示），而牵涉到外悬结构，比如树顶的空间数据的使用也是原因之一。这就导致了真正的三维表示法，比如点阵，三维栅格和网格的发展。上面提到的两个难点也出现在这儿，除了因为引入第三维而增加的复杂性外，情况变得更复杂。当前的研究包括三维结构有效的计算和三维数据的概率性表示法。

因为在所有这些表示法中涉及海量的数据，能否将这些数据分组成与环境中语义上有意义的部分所对应的大块就很重要了。这种分组可以在不同层次上进行，取决于应用的环境。在最低的层次，需要做的工作涉及将点分为与导航任务（如辨别植被和路面、抽取墙面、树的表面等）相关的类。在较高层次的表示法里面，牵涉的工作是抽取环境中可以被看做对导航任务有帮助特征（比如路面）的部分。最后，表示法层次最高的部分牵涉抽取和描述环境中的物体（比如，自然形成的障碍物或诸如需要在城市环境中运行时遇到的车等特别物体）。

所有这些对环境的表示都假设环境是静止的。事实上，许多当下的移动机器人应用需要在混合的环境中运作。在这些环境中机器人与其他移动的物体共享环境，比如其他机器人、人类和交通工具。假设观测算法可以发现并追踪环境中的单个移动物体，此时的难点在于将此信息插入可以被一个路径规划器使用的表示法。在这种情况下，之前提到的任何一种表示法可以作为一个基础，但是它需要延伸并添加一个时间维度以存储被探测物体的位置和状态的时序信息。这种表示法包括被探测物体的轨迹以及在某些情况下对该物体未来轨迹的预测信息。

36.2　室内和结构化环境的建模

36.2.1　占据栅格

占据栅格地图，在20世纪80年代由*Moravec*和*Elfes*[36.1]发明，是一种通用的、概率性的表示环境的途径。这是一种类似于我们计算一个离散栅格里每一个单元的后验概率的技术，而对应于栅格的是环境中的一片为一个障碍物占据的区域。占据栅格地图的优势在于它们不需要依赖任何需要事先定义的特征。再者，它们提供了一种对栅格单元定期的存取和描述未知（未被观测）的地域的能力，而这是很重要的，比如，在探索任务中。这种方法的劣势在于潜在的离散化的误差和很高的内存需求。

本节我们始终假设地图m包含一个二维离散的栅格，具有l个单元，记为m_1，…，m_l。在位置$x_{1:t}$机器人获得的传感器输入是$z_{1:t}$，占据栅格制图法计算出一个后验概率$p(m|x_{1:t}, z_{1:t})$。

为了保持计算较易处理，整个方法假设栅格的每一个单元是独立的，即下列公式成立：

$$p(m|x_{1:t},z_{1:t}) = \prod_{l=1}^{L} p(m_l|x_{1:t},z_{1:t}) \tag{36.1}$$

注意这是一个严格的假设。基本上它说明的是一个单元被占据与否的信息并不能告诉我们任何有关其相邻单元的任何信息。实际上我们经常发现超过单个单元的物体，比如门、橱和椅子等。因而，如果我们知道一个单元被占据了，它的每一个相邻单元被占据的概率也应升高。尽管有此假设，占据栅格地图成功地应用于很多移动机器人例子里，而在诸如定位和路径规划等不同的导航任务中，证实为一种强有力的工具。

由于式（36.1）里表达出的独立性假设，我们可以专注于对m中的单个单元m_l的占据概率进行预测。在附加独立性假设的条件下，给定$p(m_l|x_{1:t-1}, z_{1:t-1})$和在$x_t$处的新观测$z_t$，我们可以得到下列公式以计算单元$m_l$被占据的概率$p(m_l|x_{1:t}, z_{1:t})$：

$$p(m_l|x_{1:t},z_{1:t}) = \left(1 + \frac{1-p(m_l|x_t,z_t)}{p(m_l|x_t,z_t)} \cdot \frac{p(m_l)}{(1-p(m_l))} \cdot \frac{1-p(m_l|x_{1:t-1},z_{1:t-1})}{p(m_l|x_{1:t-1},z_{1:t-1})}\right)^{-1} \tag{36.2}$$

实际上，我们通常假设先验概率$p(m_l)$是0.5，这样上式乘积中的第二项变为1从而在公式中消去。

另外，如果我们定义

$$\mathrm{Odds}(x) = \frac{p(x)}{1-p(x)} \tag{36.3}$$

累积的更新可以由式（36.4）计算

$$\text{Odds}(m_l|x_{1:t},z_{1:t})=\text{Odds}(m_l|x_t,z_t)\cdot\text{Odds}(m_l)^{-1}\times\text{Odds}(m_l|x_{1:t-1},z_{1:t-1})\quad(36.4)$$

为了从公式（36.4）中给出的Odds表示法得到占据概率，我们可以使用公式（36.5），而该式可以轻易从（36.3）中推导而来：

$$p(x)=\frac{\text{Odds}(x)}{1+\text{Odds}(x)}\quad(36.5)$$

剩下的工作是如何从给定的单个观测 z_t 以及对应的机器人姿态 x_t 来计算一个栅格单元的占据概率 $p(m_l|x_t,\ z_t)$。该计算量强烈地取决于机器人的传感器而必须为每一种传感器分别进行定义。另外，这些模型的参数必须适应于每一个传感器的性质。假设方程 $dist(x_t,\ m_l)$ 代表在姿态 x_t 处的传感器和单元 m_l 中心之间的距离。让我们首先假设我们只需考虑传感器锥体的光学轴，比如，由激光距离探测仪发射的激光束。那么，$p(m_l|x_t,\ z_t)$ 可以表示为

$$p(m_l|x_t,z_t)=\begin{cases}p_{\text{prior}}, & z_t\text{是最大的距离读数}\\ p_{\text{prior}}, & m_l\text{不被}z_t\text{照到}\\ p_{\text{occ}}, & z_t-dist(x_t,m_l)\,|<r/2\\ p_{\text{free}}, & z_t\geqslant dist(x_t,m_l)\end{cases}\quad(36.6)$$

式中，r 是栅格地图的分辨率。显然，有 $0\leqslant p_{\text{free}}\leqslant p_{\text{prior}}\leqslant p_{\text{occ}}\leqslant 1$。

如果使用声呐传感器，传感器模型稍微复杂一些，因为这种传感器不是光束型的，而且观测噪声要比激光传感器的大。实际上，我们通常使用三种方程的混合来表示该模型。首先，观测的影响（表示为 p_{prior} 和 p_{occ}，以及 p_{prior} 和 p_{free} 的区别）随距离的增大而减小。再者，声呐的近似观测信息受噪声影响很大。因而，我们通常使用一个逐个线性方程来对从 p_{free} 到 p_{occ} 的平滑渐变建模。最后，声呐传感器不能使用光束传感器的模型，因为它发射出的是锥形的信号。观测的准确性随被观测单元与观测光学轴的距离变大而降低。准确性的表达由先验概率的推导而来，并通常使用具有零均值的高斯模型。因此，最大的准确性是沿光学轴，而距光学轴越远降低越多[36.2]。

图36.1显示了一个生成模型的两个例子，画出了测量值是2m（见图36.1a）和2.5m（见图36.1b）时导致的占据概率的三维绘图。在此图中，传感器锥形的光学轴与坐标系的 x 轴重合，而传感器位于坐标系原点。如图所示，对于距离 x_t 接近于 z_t 的单元，占据概率高。单元的占据概率随着距离减小（短于 z_t）和角度距离的变大而减小。

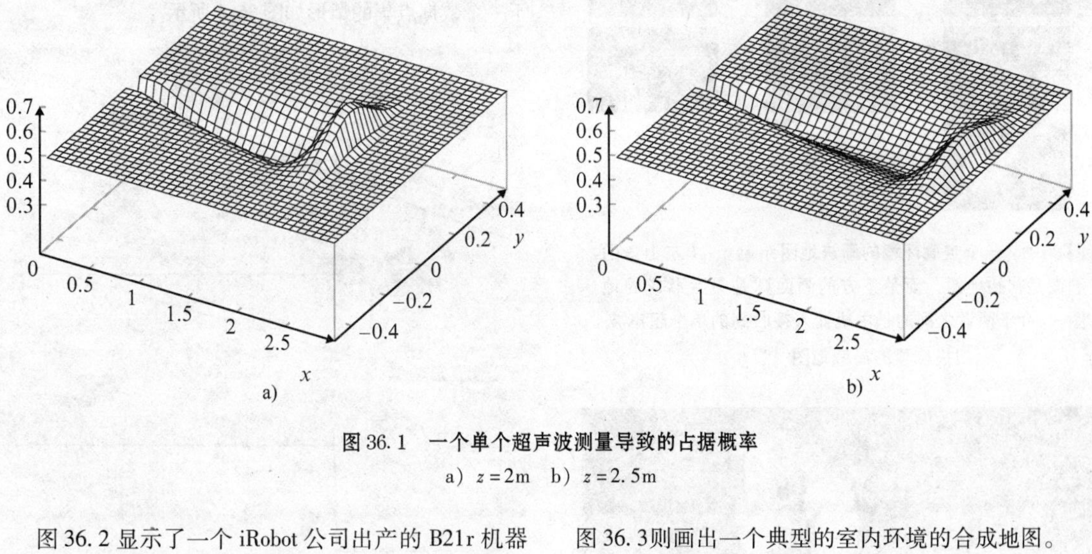

图36.1 一个单个超声波测量导致的占据概率

a）$z=2$m b）$z=2.5$m

图36.2显示了一个iRobot公司出产的B21r机器人使用一系列观测进行制图的过程。第一行显示出如果使用一系列事先的超声波扫描进行地图构建。之后机器人进行了一系列18次超声波扫描，每一扫描包括24个测量。第2~7行显示出这18次扫描造成的占据概率。该图的最后一行显示的是将所有的单个观测整合置入地图得到的占据地图栅格。可以看出，概率收敛于一个扫描发生的走廊结构环境的图案。图36.3则画出一个典型的室内环境的合成地图。

36.2.2 直线地图

使用直线模型对环境进行表示的方法是对上述基于栅格的近似法的一种常用替代手段。比起那些不使用参数的表示法，直线模型具有几点优势。它们比栅格法需要的内存少得多，因而更适应不同的环境尺寸。因为不会引入离散误差，它们也更加精确。本

节，我们考虑使用一系列来自一条直线的点来计算直线方程的问题。如果点的数据使用 n 对笛卡儿坐标系 (x_i, y_i) 给出，那么使到所有点的距离的平方和最小的直线方程可以由下列封闭形给出

$$\tan 2\phi = \frac{-2\sum_i (\bar{x} - x_i)(\bar{y} - y_i)}{\sum_i [(\bar{y} - y_i)^2 - (\bar{x} - x_i)^2]} \tag{36.7}$$

$$r = \bar{x}\cos\phi + \bar{y}\sin\phi \tag{36.8}$$

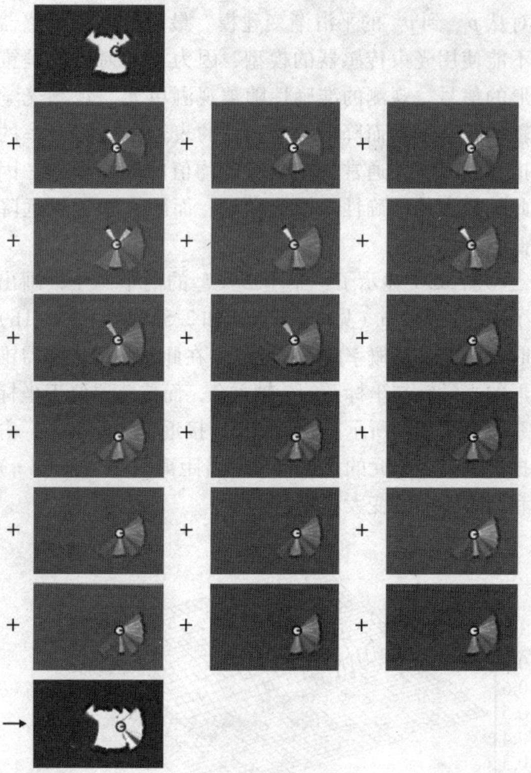

图 36.2 一个走廊环境的渐进地图绘制。（左上角的画面是初始地图，而最下方的画面则是最后形成的地图。介于两者之间的是由机器人接收到的单个超声波扫描构建的局域地图[36.2]）

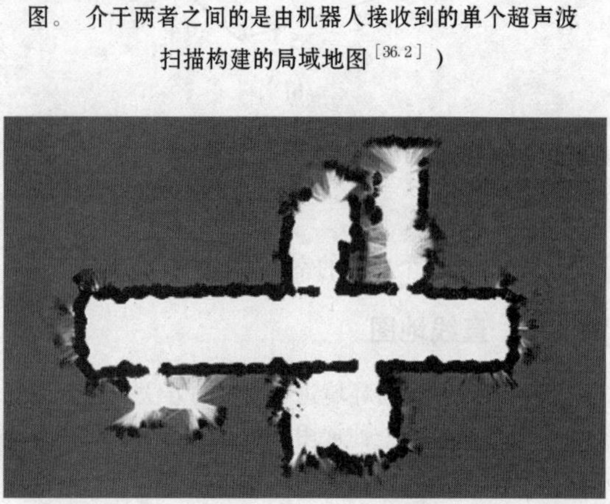

图 36.3 由超声波扫描构建的占据栅格地图[36.2]

式中，$\bar{x} = \frac{1}{n}\sum_i x_i$，$\bar{y} = \frac{1}{n}\sum_i y_i$。在这些方程中，$r$ 是从原点到该直线的法线距离而 ϕ 是法线的角度。

不幸的是，当数据点是由多条直线构造形成的时候，封闭形的解不存在。这种情况下会出现两个问题。第一，我们必须知道有几条直线存在，而第二是我们必须解决数据结合的问题，即找到属于每一条直线的数据点。一旦直线数目和数据结合的问题得到解决，我们就可以使用式（36.7）和式（36.8）来计算每一个直线的参数。

解决对多线状构造的距离扫描的建模问题，我们有一个流行的方案。这个方案，最早追溯到 *Douglas* 和 *Peucker* 的工作[36.3]，也被称为分拆合并算法。关键概念是递归性地将数据点集分为能更准确地近似为一条直线模型的子集。该方案开始于从所有的点计算出一条直线，然后决定距离该直线最远的点。如果该距离小于一个给定的阈值，算法停止并给出找到的直线作为输出结果。否则，继续计算出距离到由点集开始和结束的两点形成的直线的点。该点因而被称为分拆点。它把点集分拆成两个部分，一部分包括从分拆点到点集开始的点而另一部分包括从分拆点到点集结束的点。算法递归地应用到分拆后的两个子集里直到结束。分拆合并算法应用于一个数据点集的情形如图 36.4 所示。

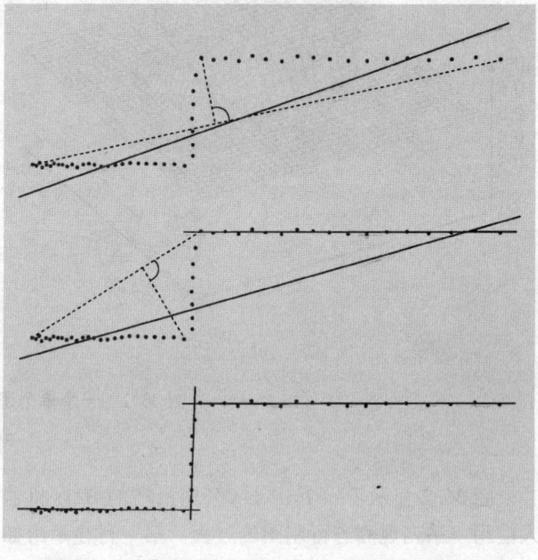

图 36.4 分拆合并算法应用于一个数据点集的情形

尽管分拆合并算法很有用也很有效，但是它不能保证最后的结果是优化的，也就是说，最后得到的模型使所有点的平方距离最小化。一种可以找到这种优化模型的方案是基于期望最大化（EM）算法的。而

在这里描述的应用里，EM 算法可以当做模糊 k 均值聚类算法的一个变体。我们假设在模型 θ 里有 m 条直线已经求解。进一步假设给定包含直线集 $\{\theta_1, \cdots, \theta_m\}$ 的模型 θ 的条件下，一个数据点 $z=(x, y)$ 的可能性定义为

$$p(z|\theta)=\frac{1}{\sqrt{2\pi\sigma}}\exp\left(-\frac{1}{2}\frac{d(z,\theta_j)^2}{\sigma^2}\right) \tag{36.9}$$

式中，σ 是测量噪声的标准差；θ_j是距离点 z 的欧几里得距离 $d(z, \theta_j)$ 最小的直线。

EM 算法的目标是产生具有不断增大可能性的迭代次序模型。为了达到此目标，我们引入一个称为对应性的变量 $c_{ij}\in\{0, 1\}$，它指明了每一个点属于某一个模型的直线成员。因为每一个对应性变量的正确数值是未知的，我们必须预测它们的后验概率。假设 θ_j是模型的一个直线成员，而 z_i是一次测量。那么 c_{ij} 的期待值，也即测量 i 属于直线 j 的概率在 E 步骤中的计算为

$$E[c_{ij}|\theta_j,z_i]=p(c_{ij}|\theta_j,z_i) \tag{36.10}$$

$$=\alpha p(z_i|c_{ij},\theta_j)p(c_{ij}|\theta_j) \tag{36.11}$$

$$=\alpha' p(z_i|\theta_j) \tag{36.12}$$

在 M 步骤，算法把在 E 步骤中计算得来的期望值考虑在内，计算模型的参数：

$$\theta_j^* = \arg\min_{\theta_j'}\sum_i\sum_j E[c_{ij}\mid\theta_j,z_i]d^2(z_i,\theta_j') \tag{36.13}$$

对所有属于 z 的数据点给定固定的方差 σ，我们可以根据下列公式计算出封闭形的具有最大可能性的模型。而这些公式则是，考虑了在给定 E 步骤计算出的期望值条件下得到的数据结合的不确定因素，式 (36.7) 和式 (36.8) 的概率性变形

$$\tan 2\phi_j=\frac{-2\sum_i E[c_{ij}|\theta_j,z_i](\bar{x}-x_i)(\bar{y}-y_i)}{\sum_i E[c_{ij}|\theta_j,z_i][(\bar{y}-y_i)^2-(\bar{x}-x_i)^2]} \tag{36.14}$$

$$r_j=\bar{x}\cos\phi_j+\bar{y}\sin\phi_j \tag{36.15}$$

这里 $\bar{x}$ 和 $\bar{y}$ 的计算是，

$$\bar{x}=\frac{\sum_i E[c_{ij}|\theta_j,z_i]x_i}{\sum_i E[c_{ij}|\theta_j,z_i]},\bar{y}=\frac{\sum_i E[c_{ij}\mid\theta_j,z_i]y_i}{\sum_i E[c_{ij}|\theta_j,z_i]} \tag{36.16}$$

图 36.5 画出了使用基于 EM 的方法从 311823 个数据点抽取的直线地图。在此例中，模型包含 94 条线。决定最优直线的一条途径是使用贝叶斯信息原则[36.4]。

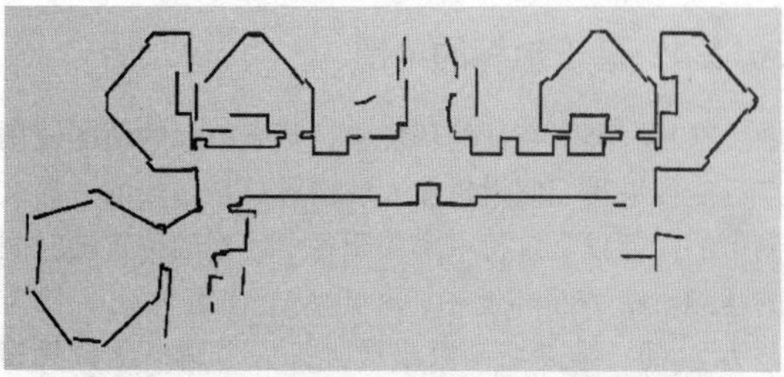

图 36.5 基于 EM 算法[36.4]，从 311823 个距离点产生的包含 94 条线的直线地图

36.2.3 拓扑地图

上述的表示方法主要关注环境的几何构造，与其形成对比的是，拓扑表示法同样受到相当的关注。有关拓扑地图的一个开创性方案是 1988 年 *Kuipers* 和 *Byun* 的成果[36.6]。在此方案中，环境由一个类似于曲线图的结构表示，而其中节点是环境中显著的地方。连接节点的是机器人可以在不同地方之间移动的行进边缘。这里，特别的地方是由距其附近的物体距离辨认的。特别的地方由 *Choset* 和他的同事们定义为一般性 Voronoi 图中的集合点[36.7]，即具有三次或更多次的点。一个一般性的 Voronoi 图是由距离最近的两个或更多个障碍物边际等距的点组成的集合。因为可以考虑使用一般性的 Voronoi 图作为与环境的拓扑性架构具有高度相似性的蓝图，这种图成为一种很常用的环境表示法。它们广泛地应用于路径规划。为了规划出环境中从一个开始点到一个目标点的路径，机器人只需要先规划出一条路径到 Voronoi 图中，然后沿着 Voronoi 图规划到达目标点的路径[36.7]。图 36.6 显示出一个在室内环境使用一般性 Voronoi 图的例子。注意在此图中，只显示了那些可以由机器人穿过而不会与任何物体相撞的图形部分。

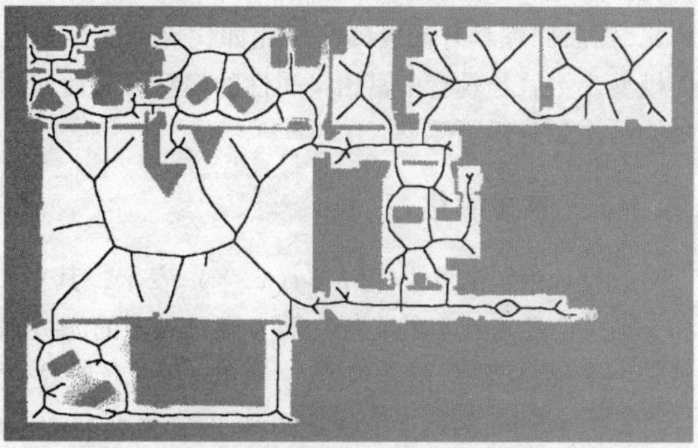

图 36.6 一个使用一般性 Voronoi 图[36.5]的例子

36.2.4　基于地标的地图

在具有鲜明特征的环境中，基于地标的地图使用广泛。如果我们假设机器人的位置总是已知的，那么剩下的任务只是维持一个关于各个地标的位置随时间的预测。在平面环境中，m 由 K 个均值为 μ_k、协方差为 $\sum_k$ 的二维高斯函数组成，每一个高斯函数代表一个地标。如果此观测问题的线性化模型已知，那么可以使用延伸卡尔曼滤波器（EKF）的公式对这些高斯函数进行更新。需要注意的是，与使用 EKF 的基于地标的同时定位与地图绘制（SLAM）问题相比，那里我们需要一个 $2K+3$ 维的状态向量（机器人的位置为 3 维而各个地标的位置共需要 $2K$ 维），而这里我们只需要 K 个二维高斯函数来表示整个地图，因为机器人的位置已知。比如，这个属性已经应用于 FastSLAM 算法中[36.8]。

图 36.7 中的左图显示的是一个装有一颗 SICK 牌的激光测距仪的机器人对环境中岩石的位置进行绘制地图。而右图描述的是机器人的路径，以及由手工绘制的地标位置，与自动预测的地标位置的对比。

图 36.7　a）一个移动机器人对一系列岩石进行地图绘制。b）画出了机器人的路径和预测的地标（岩石）位置。而圆圈代表的是人工手绘的岩石位置

36.3　自然环境和地形建模

从一个重点放在室内环境的概率性技术对环境建模的调查[36.9]中，我们可以沿几个方向建立一个分类：米制的对比拓扑的对比语义的，以机器人为中心的对比以环境为中心的，或是基于应用的。我们选择首先回顾纯几何模型（海拔栅格、三维栅格和网格），然后回顾具有低级属性（比如代价地图）的几何模型，然后是具有丰富语义属性的模型，最后回顾异构结构和分层制模型。

36.3.1　海拔栅格

假设地形可以由方程 $h=f(x, y)$ 表示，其中 x 和 y 是一个参考地点的坐标，而 h 则是对应的海拔信息。一个很自然的表示法是一个包含在离散位置 (x_i, y_i) 数值 h 的数字海拔地图（见图 36.8）。因为海拔地图使用简单的数据结构，而且可以用一种相对直接的方式从传感器数据产生，它广泛地应用于在自然环境中操作的移动机器人。我们指的这种自然环境是不包括具有垂直面和悬挂结构的（比如，星际探索中的情境[36.10]）。对移动机器人使用海拔地图需要解决几个问题。

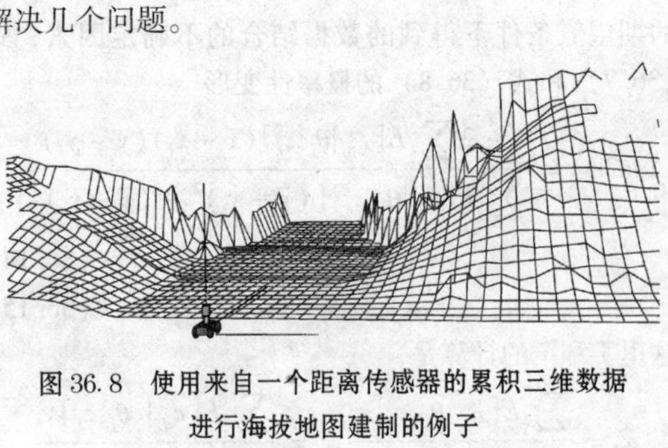

图 36.8　使用来自一个距离传感器的累积三维数据进行海拔地图建制的例子

当传感器数据大致均匀分布在参考面上时，一个均匀采样的栅格模型是适用的。比如，使用航空数据就是这种情况。但是，对于地面机器人来说，因为传感器与参考面形成的入射角较小，数据在参考面上的分布变化剧烈。这个问题可以通过使用变化的单元尺寸，而不是均匀采样的单元尺寸进行解

决。在这种情况下，栅格单元在参考面上的分布可以看做近似安装在该参考面上的传感器测量出来的点的分布。对于地图是相对于机器人的当前位置[36.11]（见图36.9）的情况，这种不均匀的表示法具有重要作用。如果地图是位于全局参考系的话，需要进行频繁的采样。

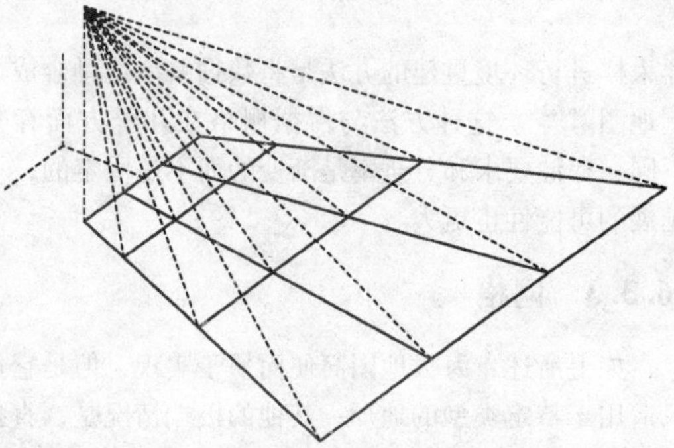

图36.9 一个具有变化尺寸的以机器人为中心的地图实例[36.11]

与用以构造参考栅格的采样方案无关，栅格中的数据密度因为地形表面的局部自我阻挡而变化，而且会导致投射的传感器数据的分辨率与栅格的分辨率不一致。这种不一致会造成麻烦，因为从规划器的角度来看，海拔地图看上去会像散布的具有海拔数据的单元，而有些单元没有数据。预测空白单元海拔的基本要点是对具有已知海拔数据的单元进行插值。实现这种做法必须多加小心，以避免将环境中被地形（距离阴影）遮挡的部分填充了数值，因为这些部分海拔数据是无从得知的。这种错误可能会是灾难性的，因为路径规划器也许会规划出经过完全未知区域的路径。常用的解决途径是使用表面插值技术以包含一个条款，用以允许出现插值结果面的不连续状况[36.12]。其他方案包括使用传感器的几何关系造成的视觉限制，从而预测每一个单元的可能海拔数值[26.13,14]。

插值技术的一个难点是明确地考虑传感器的不确定性。特别是，在一个固定分辨率栅格中，把传感器变化的分辨率当做一个距离的函数是很困难的。一个替代方法是使用具有不同分辨率的多重栅格。在一个特定点（x，y）处的合适的分辨率，取决于从（x，y）到最近处的传感器的位置，从而可以在该分辨率下，取得（x，y）处来自合适地图的数值。通常，距离越远，使用的地图越稀疏。这一途径使用了基于传感器几何关系的优化分辨率[36.15]，从而去除了因为传感器在远距离处的欠采样，而造成的地图上的缺口。

传感器测量的不确定性在传感器的坐标系中表达得最自然，比如，沿着测量的方向表示误差。其结果是，将这种误差模型转换为海拔地图变得非常困难，因为沿测量方向的分布对应于一个特定点的参考平面的分布，而不是海拔数值的分布。当根据传感器的输入更新一个单元的数值时，我们必须考虑测量误差因为倾斜角中的误差造成的随距离变大的现象。预测（x，y）处的高度 h 的常用办法是使用一个卡尔曼滤波器。如果我们假设 σ 是（x，y）处沿垂直方向的当前测量 h 的标准差，而 σ_{t-1} 是 h_{t-1} 的标准差，我们可以使用下列公式获得具有标准差 σ_t 的新的预测 h_t

$$h_t = \frac{\sigma^2 h_{t-1} + \sigma_{t-1}^2 h}{\sigma_{t-1}^2 + \sigma^2} \tag{36.17}$$

$$\sigma_t^2 = \frac{\sigma_{t-1}^2 \sigma^2}{\sigma_{t-1}^2 + \sigma^2} \tag{36.18}$$

应对变化的不确定性因素的一个可能解决方案是采用一个模型，使得高度测量的标准差随着距离测量长度的增加而线性增大，如图36.10所示。

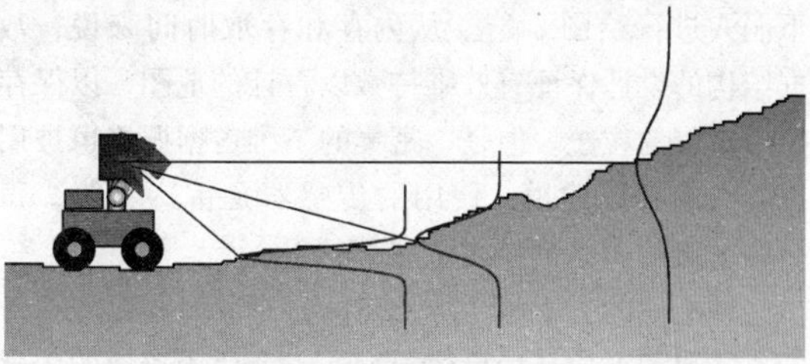

图36.10 高度测量的标准差可以建模为线性的取决于栅格单元的距离

植被覆盖是恢复地形海拔的另一个误差源，因为它们全部或部分地遮挡了机器人的传感器‘视线’。基于对过去相似地形表面的观察和机器人在地形上的状态以预测机器人前面的地表海拔，在线学习技术可以解决植被覆盖造成遮挡的问题[36.17]。

介于二维海拔地图和完全的三维表示法之间的表示方法，包括延展海拔地图[36.18]和所谓的多重水平表面地图[36.16]。这些方案在具有垂直物体或悬挂体（如桥梁）的构造地形中特别有用（见图36.11）。

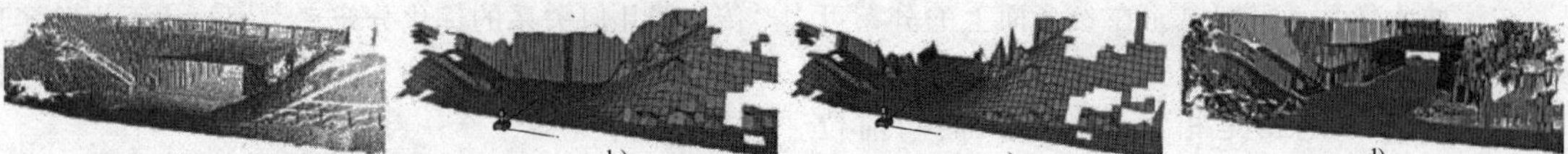

图 36.11　不同版本的数字海拔地图[36.16]

a）一个桥梁的扫描（点集）　b）从此数据点集计算出的标准差地图　c）一个正确表示了桥下通道的延展海拔地图　d）一个正确表示了垂直物体高度的多水平表面地图

36.3.2　三维栅格和点阵

如上所述的海拔地图假设了一个参考方向。在很多情况下，这种假设是不成立的。一种替代方案是将数据直接用三维表示而不是投射到一个参考的二维平面。这样做的优势在于所有的传感器数据可以保留原始属性而对环境的几何关系没有任何限制。问题则在于必须有足够的运算力以有效地处理非常大的三维点阵。基于动态三维栅格的数据结构可以用于此目的[36.21]。这类表示法的一个有趣特征是它们可以获得从真正的局部三维数据分布评估来的计算量（见图36.12），而不是从一个局部表面来的计算量。这一点很重要，比如，有植被分布的环境不能建模为一个面。

过去，基于八叉树的三维表示法已经成功地使用安装在一个水下机器人的激光声呐传感器来对一个水下洞穴进行绘图[36.19]。从内存和存取时间来说，数据结构的设计保证有效维持数以百计的地图，以保存用以定位的粒子。但是，密集的三维占据栅格也被用以对自然环境建模，使用的传感器是雷达[36.20]。每一种方案的例子都呈现于图36.13。

在上述的方案中，数据点阵，有些时候以概率性的方式累积形成环境重建模型。一个使用离散的传感器采样进行环境重建的方法是将数据概率性融合成米制地图[36.22]。这种方法与占据栅格在几个方面存在不同：存储要求和分辨率是渐变的而不是固定的，可延展的可能性也更大。

36.3.3　网格

如上所述，海拔地图简便而易于实现，但是它们只适用于特定类型的地形；其他的极端情况是，直接使用三维表示法更具一般性但计算量也更大，而且也不能明确地表示表面的连续性。折中的方案是使用网格表示地图。这种方案的吸引力在于，理论上，它可以表示任何混合的表面。同时它也是一种简洁的表示方法。尽管网格的初始尺寸可能很大，我们可以在参考文献中发现有效的网格简化算法[36.23]，可以将表示地图的顶点数目缩小。

网格的关键问题是，在复杂环境中，从原始数据抽取增强的表面可能会很困难。特别是，数据被传感器噪声和来自其他不能表示为连续表面的来源（如植被）的随机零散物所污染。另外，有必要对数据中不连续的地方准确检查，这样表面不连续的块就不会在网格信息处理过程中被意外地连接[36.18]。图36.14显示的是一个城市环境的网格表示。

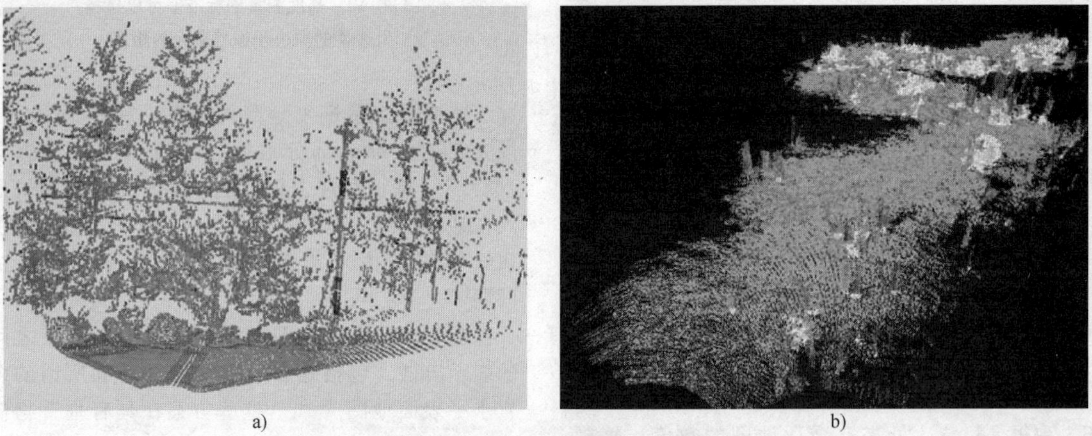

图 36.12　三维数据点集分类和绘图的例子

a）三维数据和分类结果（绿色＝植被，红色＝表面，蓝色＝线条；颜色的饱和度与分类结果的可信度成正比）
b）累积了大量扫描的地图

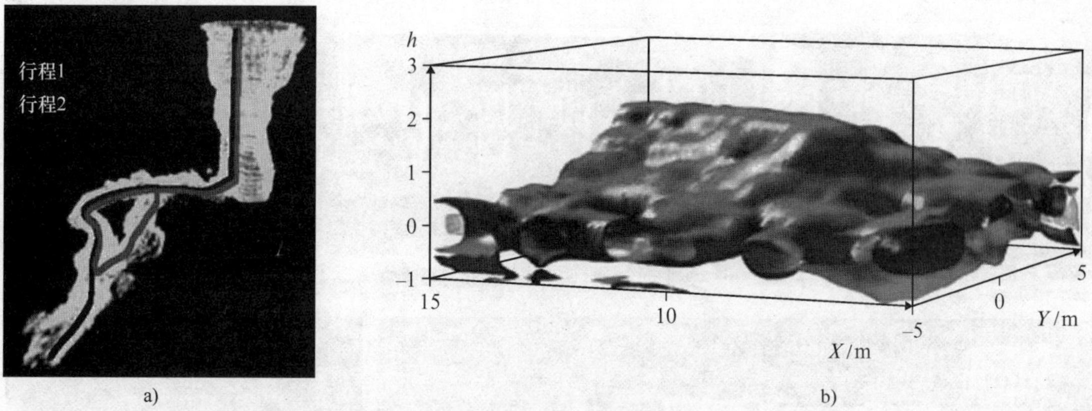

图 36.13　一个自然环境的容积地图的示例
a）一个水下洞穴的地图　b）描绘了来自一个雷达的地形地图

图 36.14　一个使用网格表示的地图的两个不同观测面 b）和 c）。网格的获得是通过对环境 a）的扫描（网格只使用了原始数据采样的十分之一）

在一些应用中，目标不是生成支持自动驾驶的地形模型，而是生成人类可以察看的模型。城市规划就是这样一种典型应用。范例包括使用照相机视频图像产生城市环境的三维结构模型，而照相机安装在装配有惯性导航系统的移动车辆上[36.24]；以推扫式使用两个激光扫描仪，一个用于绘图而另一个用于定位[36.25]，并使用一个与绘图激光器配准的照相机；采集高分辨率的激光数据和图像以为建筑物生成几何和光度都正确的三维模型[36.26]。图 36.15 画出了这些呈现了城市地形的具有纹理的网格范例。

36.3.4　代价地图

海拔地图最直接的用处是计算栅格中每一个单元的通过代价。代价的计算是通过比较当地的地形形状和机器人的动力学模型。研究者们已经推出了几种方案以根据准确的机器人模型计算通过代价；比如，一种方案通过考虑局域斜坡和地形的三维纹理来计算[36.27]。更多的模型用到机器人详细的动力学模型。在这种情况下，针对机器人的不同速度和地图上不同的路径弯曲度，计算出不同的通过代价。代价栅格被用于一个最小代价规划器。因为当机器人穿越环境时，地形地图在不断更新中，有必要在新的数据到来时，对通过代价也时时更新。然后，很重要的一点是规划器可以使用变动的代价，从而不需要在新的数据到来时重新处理整个栅格。

这种栅格表示法和动态规划的混合使用的一个例子是 D^* 系统，它使用 A^* 的一个版本并完全支持动态栅格更新[36.29-31]。当任何时候，一个栅格单元（或一组栅格单元）进行了更新，规划器对其内部表示进行最小化更新从而使得优化的路径可以迅速更新。

图36.15 使用纹理化网格表示的城市地形模型范例

a）来自参考文献［36.24］，b）来自参考文献［36. 26］，c）来自参考文献［36. 25］

对代价与存储于栅格中的海拔数据之间的关系进行准确定义可能会很难。实际上，除了大的海拔梯度或大坡度等极限情况之外，我们没有多少依据来决定为什么地形的某一部分比另一部分更容易通过，因为这种依据很大程度上取决于机器人的准确配置。正因为如此，最近的研究工作集中在直接从观察中推导出代价地图，而不是使用手工的算法。一个方案牵涉到学习融合一系列事先确定的代价的最佳权数。另一个方案使用从其他来源计算出的代价来推断如何决定机器人当前看到的地形的代价；比如，空中的视觉信息可用以预测被一个地面机器人使用的地形的通行代价[36.28]或者通过分析机器人实际穿过地形的路径以学习将局域海拔信息分配成代价数据。类似的在线学习算法用以预测地形崎岖度[36.32]、地形滑移度[36.33]或者总体通过性[36.34,35]，以用在代价地图中。图36.16是在线代价学习的例子。

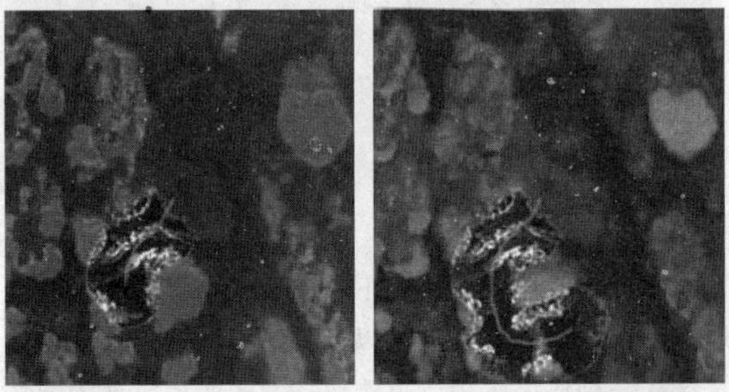

图36.16 在线代价学习的例子[36.28]。机器人的路径用红色表示。注意在机器人行进过程中代价的变化。颜色越暗，代价越小

36.3.5 语义属性

上述的表示法考虑的仅仅是如何简洁地存储数据并能用于预测机器人的地形可通过性的代价。有时候必须考虑有关环境的更高层次的认知，比如，机器人周遭物体的位置和种类或者环境中地形的类型（植被、泥沼、墙面）。为方便起见，我们选择的这种信息是附加在环境中不同部位的语义属性。有几种不同的途径来产生、表示语义属性。一种可能的途径是从环境中抽取地标。与室内环境相应的，室外环境也可以使用地标进行建模。地标的定义广泛，可以是景象中容易探测的元素，在环境中特别显眼而且容易辨认。它们可以是特别的物体，比如岩石[36.36]、森林中的树干[36.37]或者城市环境中[36.38,39]或自然环境

中[36.40]外表在二维或三维表示法里有特征的位置。地标可以用以构建环境的拓扑表示或者与米制方法联合使用。最近的研究成果就包括了在不预先指定什么物体是地标的条件下学习环境的一种简练表示法[36.41,42]，和使用统计学习技术[36.43]从图像中提取新的特征。还有一些研究中，使用非线性降维技术以获得环境的表示，其结果在地面和空中机器人上得到了展现。

语义问题也被看做分类组合问题。确实，前几节里描述的地图表示法是较低水平的，因为它们没有试图将数据点组合进更大的结构。这些结构从几何关系、地形类型或语义内容来说更具有一致性。实际上，我们也许会想要将数据归纳为更大的单元，从而可以用于规划器或者传输给另一个机器人或操作员；比如，在城市环境中，我们想要将对应于墙面属于平面的部分数据组合。图36.17显示了这样一个例子。

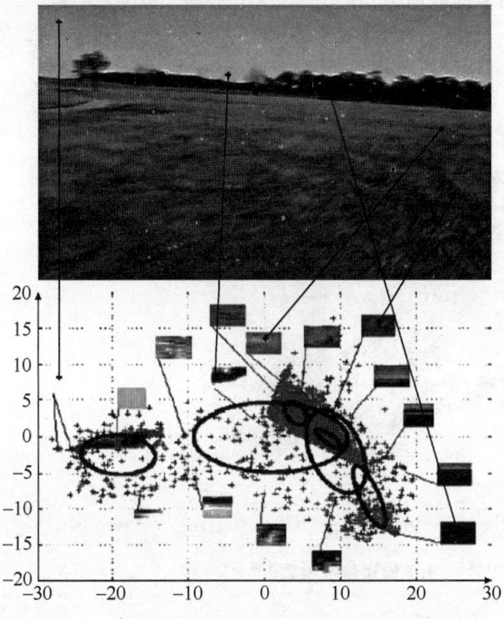

图36.17 一个样本图像，其中随机采样的高维图像块嵌入到低维表示里面[36.42]

一种方案是将三维点分组为基于较低水平分类和特征探测的元素[36.45]。研究人员对这些元素的形状做进一步分析以区分成不同的自然物体元素（树干、树枝）和人工障碍物（电线）。他们将几何元素匹配到这些物体上（地面匹配成网格、植被匹配成树形球、树枝匹配成圆柱），从而制造出有关地形的更高级别的、简练的几何描述。

局域地形分类可以通过从地图中计算出局域特征并将地图中的每一个元素分类成地形的不同类来完成。这可以利用海拔地图完成。在这种情况下，元素是海拔地图的单元格，或者利用点阵表示法完成，而在后者里面，元素则是三维位置。给定地图中的一个位置 x，从 x 的局部区域 $N(x)$ 中计算出一个特征向量 $V(x)$，而一个分类函数 $f(V)$ 则返回在 x 处的地形类型。过去用到的特征是围绕每一个元素的地图数据的随机分布，比如斜坡和海拔分布[36.46]，以及三维点在其邻域中分布的二阶矩[36.45]。地形的分类取决于应用。最直接的分类方案使用一个二进制分类器将地形分为障碍物区域和可通过区域。更深层次的分类器将地图区分为更多的类，像植被、固定表面和线性结构[36.13,45,47]；其中的一个例子如图36.12所示。在某些情况下，有可能对地图中每一个数据元素 x，将对此元素进行测量的方向进行存储。这种情况下，有可能利用对测量光束 $d(x)$ 与地图其他部分的交界的分析，进行分类的细化。例如，这种类型的几何分析[36.48]已经应用于恢复被植被遮挡的路面[36.40,49,50]，以及抽取负值的障碍物[36.51]（比如沟槽）。在所有这些情况下，分类信息不能直接由局域统计获取，而必须从长距离几何推导中得来。

这类针对局域特征分类的方案与从图像中抽取特征的方案相似，也受到相似性的限制。特别是，这些表示法对用以计算特征的邻域的选择很敏感。如果邻域太大，来自一大片区域的信息被平均，导致比较差的分类性能。如果太小，在邻域内没有足够的信息来提供可靠的分类。这种情况可能更加恶化，因为地图的分辨率或更准确地讲，地图中的数据点的密度，可能随与传感器的距离而剧烈变化。这个问题的解决可以通过使用地图不同位置的不同邻域尺寸或者依赖于地图位置来调节分类器，通常基于距离传感器的远近[36.15,52]。第二个问题是生成分类器函数 f。这个问题的解决可以通过使用一个物理模型来预测地图中局域数据分布的统计量，根据的假设是不同的地形类型[36.53]。通常这种方案比较困难，而比较易于接受的方案是使用训练数据来训练分类器。

这种水平的分类提供了有关地形的局域类型的信息，可以用以规划，但它没有提取可能存在于环境中的延伸的几何结构（见图36.18）。几何结构诸如平面小块可以使用类似于在室内环境的背景中介绍的方法（如EM）进行提取。但是增加的难度在于室外环境存在大量的散落物，从而使这些平面小块的抽取变得复杂。通常人们使用可以处理这种级别的散落物的鲁棒技术进行抽取[36.56,57]。

基于局域属性的分类可以通过考虑背景信息得以大幅度的改进。比如，隐藏马尔可夫（Markov）模型

图36.18 地形分类以及几何特征的提取（三维数据在左边显示，而特征地图与提取的平面和植被在右边显示[36.44]）

就成功地用于激光数据的分析以决定地形的可通过性[36.58]。另一类基于马尔可夫随机域的结构学习方案与边缘最大化原则的结合，具有广泛的应用，包括三维地形分类和物体分段[36.54]，或构建结构抽取[36.55]（见图36.19）。最后，还有一些方法针对机器人的定位和环境建图，用于自动探测、选择、建模和辨认自然地标[36.56]。

36.3.6 异构结构和分层制模型

为了进行长距离导航，一辆自动驾驶交通工具必须执行一系列任务，包括绝对和相对定位、路径规划和反应式障碍物规避。另外，它还必须执行一些工作以完成要求的任务，比如探测物体并建模等。为了达到这个目标，研究人员开发了分层制框架以应付需要的表示法的不同比例和间隔尺寸[36.46]。更进一步，从异构结构的图像源（空中、斜坡和地面上）构建的模型以应用于生成支持火星探索的三维多分辨率地形模型[36.59]。混合米制地图[36.60]，使用米制地图来增强特征地图，提供了一个密集但简洁的环境表示法。另一种表示法基于激光/图像表征和一个米制地图来提取地标[36.61]。

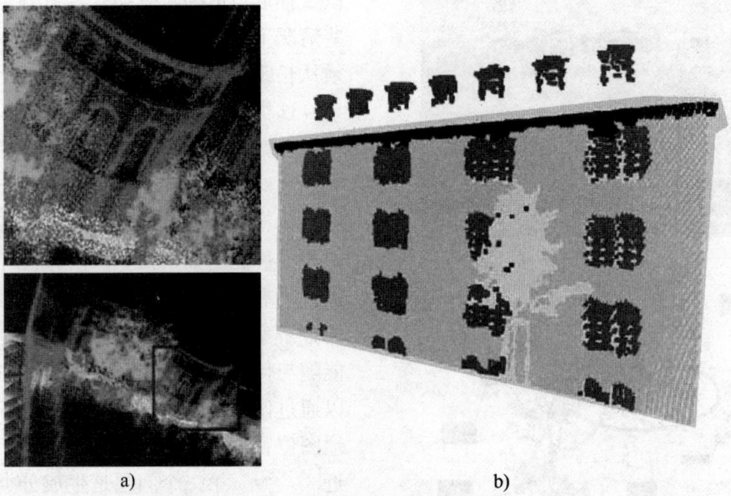

图36.19 a）针对地形分类的结构学习[36.54] b）构建特征抽取[36.55]

36.4 动态环境

大多数的地图绘制技术是为静态环境开发的。有些方案如占据栅格或海拔地图本质上可以应付物体在其中移动的动态环境。占据栅格的缺点在于当一个栅格单元空了的时候需要时间去忘记该栅格之前的状态。而海拔地图的缺点在于一个地点海拔的改变需要机器人接收到与该地点被占据时同样多的信息。为了解决这些问题，几种替代方案已经被提了出来。一个非常流行的技术是使用基于特征的追踪算法来追踪移动的物体[36.62,63]。当被追踪的动态物体的类型已知的时候，这种算法特别有效。这种技术已经成功地应用于从距离数据学习三维城市地图的情况里。如图36.20和图36.21所示，是从城市情景中的移动机器人获得的三维数据中，移除动态物体的应用。这种追踪计算的替代方案包括在不同时间比例上学习地图[36.64]，显示学习动态环境的不同状态[36.65]，或只对静态物体进行绘制地图[36.66]。

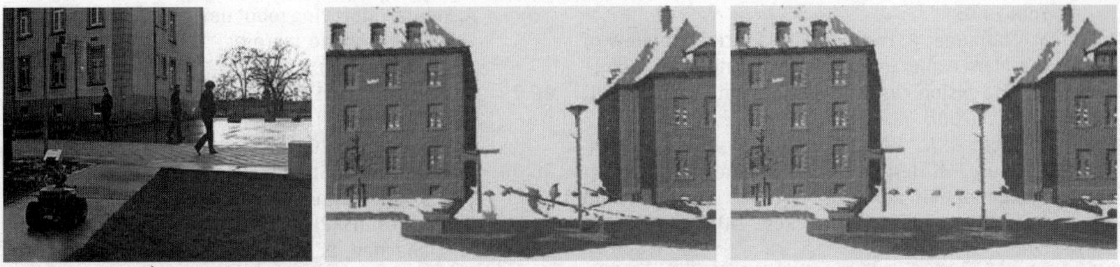

a) b) c)

图36.20 a）一个移动机器人正在获取一幅城市景象的三维扫描图
b）景象中的人造成了结果网格中的错误数据点 c）同一幅景象，人被滤除的效果

图36.21 一幅由移动机器人获得的复杂三维景象，
在滤除了动态物体以后的效果[36.63]

36.5 结论与扩展阅读

有关典型表示法以及如何应用这些表示法于移动机器人导航的深入阅读，可以参见最近有关移动机器人的图书[36.2,67,68]。针对空间数据结构的基础知识及它们的应用的一项全面调查可以在 *Samet* 的著作中找到[36.69]。

参考文献

36.1 H.P. Moravec, A.E. Elfes: High resolution maps from wide angle sonar, Proc. IEEE Int. Conf. Robot. Autom. (ICRA) (1985)

36.2 H. Choset, K. Lynch, S. Hutchinson, G. Kantor, W. Burgard, L. Kavraki, S. Thrun: *Principles of Robot Motion: Theory, Algorithms and Implementation* (MIT Press, Cambridge 2005)

36.3 D.H. Douglas, T.K. Peucker: Algorithms for the reduction of the number of points required to represent a line or its caricature, Cdn. Cartogr. **10**(2), 112–122 (1973)

36.4 D. Sack, W. Burgard: A comparison of methods for line extraction from range data, Proc. IVAC Symp. Intell. Auton. Vehicles (IAV) (2004)

36.5 P. Beeson, N.K. Jong, B. Kuipers: Towards autonomous topological place detection using the extended Voronoi graph, IEEE Int. Conf. Robot. Autom. (ICRA) (2005)

36.6 B.J. Kuipers, Y.-T. Byun: A robust qualitative method for spatial learning in unknown environments, Proc. Nat. Conf. Artif. Intell. (AAAI) (1988)

36.7 H. Choset, K. Nagatani: Topological simultaneous localization and mapping (SLAM): toward exact localization without explicit localization, IEEE Trans. Robot. Autom. **17**(2), 125–137 (2001)

36.8 M. Montemerlo, S. Thrun, D. Koller, B. Wegbreit: FastSLAM: a factored solution to the simultaneous localization and mapping problem, Proc. Nat. Conf. Artif. Intell. (AAAI) (2002)

36.9 S. Thrun: Robotic mapping: a survey. In: *Exploring Artificial Intelligence in the New Millenium*, ed. by G. Lakemeyer, B. Nebel (Morgan Kaufmann, New

York 2002)
36.10 M. Maimone, P. Leger, J. Biesiadecki: Overview of the Mars exploration rovers' autonomous mobility and vision capabilities, IEEE Int. Conf. Robot. Autom. (2007)
36.11 S. Lacroix, A. Mallet, D. Bonnafous, G. Bauzil, S. Fleury, M. Herrb, R. Chatila: Autonomous rover navigation on unknown terrains: functions and integration, Int. J. Robot. Res. **21**(10-11), 917-942 (2002)
36.12 R. Olea: *Geostatistics for Engineers and Earth Scientists* (Kluwer Adacemic, Dordrecht 1999)
36.13 A. Kelly, A. Stentz, O. Amidi, M. Bode, D. Bradley, A. Diaz-Calderon, M. Happold, H. Herman, R. Mandelbaum, T. Pilarki, P. Rander, S. Thayer, N. Vallidi, R. Warner: Toward reliable off road autonomous vehicles operating in challenging environments, Int. J. Robot. Res. **25**(5-6), 449-483 (2006)
36.14 I.S. Kweon, T. Kanade: High-resolution terrain map from multiple sensor data, IEEE Trans. Pattern Anal. Mach. Intell. **14**(2), 278-292 (1992)
36.15 M. Montemerlo, S. Thrun: A multi-resolution pyramid for outdoor robot terrain perception, Proc. AAAI Nat. Conf. Artif. Intell. (San Jose 2004)
36.16 R. Triebel, P. Pfaff, W. Burgard: Multi-level surface maps for outdoor terrain mapping and loop closing, IEEE/RSJ Int. Conf. Intell. Robot. Syst. (2006)
36.17 C. Wellington, A. Courville, A. Stentz: A generative model of terrain for autonomous navigation in vegetation, Int. J. Robot. Res. **25**(12), 1287-1304 (2006)
36.18 P. Pfaff, R. Triebel, W. Burgard: An efficient extension to elevation maps for outdoor terrain mapping and loop closing, Int. J. Robot. Res. **26**(2), 217-230 (2007)
36.19 N. Fairfield, G. Kantor, D. Wettergreen: Real-time SLAM with octree evidence grids for exploration in underwater tunnels, J. Field Robot. **24**(1), 3-21 (2007)
36.20 A. Foessel: Scene Modeling from Motion-Free Radar Sensing. Ph.D. Thesis (Carnegie Mellon University, Pittsburgh 2002)
36.21 J.-F. Lalonde, N. Vandapel, M. Hebert: Data structure for efficient processing in 3-D, Proc. Robot. Sci. Syst. I (2005) p. 48
36.22 J. Leal: Stochastic Environment Representation. Ph.D. Thesis (The University of Sydney, Sydney 2003)
36.23 P. Heckbert, M. Garland: Optimal triangulation and quadric-based surface simplification, J. Comput. Geom. Theory Appl. **14**(1-3), 49-65 (1999)
36.24 A. Akbarzadeh: Towards urban 3d reconstruction from video, Int. Symp. 3D Data Proc. Visualization Transmission (2006)
36.25 C. Frueh, S. Jain, A. Zakhor: Data processing algorithms for generating textured 3d building facade meshes from laser scans and camera images, Int. J. Comput. Vis. **61**(2), 159-184 (2005)
36.26 I. Stamos, P. Allen: Geometry and texture recovery of scenes of large scales, Comput. Vis. Image Underst. **88**, 94-118 (2002)
36.27 D. Gennery: Traversability analysis and path planning for a planetary rover, Auton. Robot. **6**, 131-146 (1999)
36.28 B. Sofman, E. Lin, J. Bagnell, J. Cole, N. Vandapel, A. Stentz: Improving robot navigation through self-supervised online learning, J. Field Robot. **23**(12), 1059-1075 (2006)
36.29 D. Ferguson, A. Stentz: The delayed D* algorithm for efficient path replanning, Proc. IEEE Int. Conf. Robot. Autom. (2005)
36.30 D. Ferguson, A. Stentz: Field D*: An interpolation-based path planner and replanner, Proc. Int. Symp. Robot. Res. (ISRR) (2005)
36.31 M. Likhachev, D. Ferguson, G. Gordon, A. Stentz, S. Thrun: Anytime dynamic a*: An anytime, replanning algorithm, Proc. Int. Conf. Autom. Planning Scheduling (ICAPS) (2005)
36.32 D. Stavens, S. Thrun: A self-supervised terrain roughness estimator for off-road autonomous driving, Uncertainty Artif. Intell. (Boston 2006)
36.33 A. Angelova, L. Matthies, D. Helmick, P. Perona: Slip prediction using visual information, Proc. Robot. Sci. Syst. (Philadelphia 2006)
36.34 D. Kim, J. Sun, S. Oh, J. Rehg, A. Bobick: Traversability classification using unsupervised on-line visual learning for outdoor robot navigation, IEEE Int. Conf. Robot. Autom. (2006)
36.35 S. Thrun, M. Montemerlo, A. Aron: Probabilistic terrain analysis for high-speed desert driving, Robotics Science and System Conference (2005)
36.36 R. Murrieta-Cid, C. Parra, M. Devy: Visual navigation in natural environments: from range and color data to a landmark-based model, Auton. Robot. **13**(2), 143-168 (2002)
36.37 D. Asmar, J. Zelek, S. Abdallah: Tree trunks as landmarks for outdoor vision SLAM, Proc. Conf. Comp. Vision Pattern Recognition Workshop (2006)
36.38 I. Posner, D. Schroeter, P. Newman: Using scene similarity for place labelling, Int. Symp. Exp. Robot. (2006)
36.39 A. Torralba, K.P. Murphy, W.T. Freeman, M.A. Rubin: Context-based vision system for place and object recognition, IEEE Int. Conf. Comput. Vis. (ICCV) (2003)
36.40 D. Bradley, S. Thayer, A. Stentz, P. Rander: Vegetation detection for mobile robot navigation, Tech. Rep. **CMU-RI-TR-04-12**, Robotics Institute (Carnegie Mellon University, Pittsburgh 2004)
36.41 S. Kumar, J. Guivant, H. Durrant-Whyte: Informative representations of unstructured environments, Proc. IEEE Int. Conf. Robot. Autom. (ICRA) (2004)
36.42 S. Kumar, F. Ramos, B. Douillard, M. Ridley, H. Durrant-Whyte: A novel visual perception framework, Proc. 9th Int. Conf. Contr. Autom. Robot. Vision (2006)
36.43 F. Ramos, S. Kumar, B. Upcroft, H. Durrant-Whyte: Representing natural objects in unstructured environments, Neural Inf. Proc. Syst. (NIPS) (2005)
36.44 C. Pantofaru, R. Unnikrishnan, M. Hebert: Toward generating labeled maps from color and range data for robot navigation, Proc. IEEE/RSJ Int. Conf. Intell. Robot. Syst. (2003)
36.45 J.F. Lalonde, N. Vandapel, D. Huber, M. Hebert: Natural terrain classification using three-dimensional ladar data for ground robot mobility, J. Field

Robot. **23**(10), 839–861 (2006)
36.46 M. Devy, R. Chatila, P. Fillatreau, S. Lacroix, F. Nashashibi: On autonomous navigation in a natural environment, Robot. Auton. Syst. **16**(1), 5–16 (1995)
36.47 R. Manduchi, A. Castano, A. Talukder, L. Matthies: Obstacle detection and terrain classification for autonomous off-road navigation, Auton. Robot. **18**(1), 81–102 (2005)
36.48 D. Huber, M. Hebert: 3d modeling using a statistical sensor model and stochastic search, Proc. IEEE Conf. Comput. Vision Pattern Recognition (CVPR) (2003) pp. 858–865
36.49 S. Balakirsky, A. Lacaze: World modeling and behavior generation for autonomous ground vehicles, IEEE Int. Conf. Robot. Autom. (2000)
36.50 A. Lacaze, K. Murphy, M. Delgiorno: Autonomous mobility for the demo III experimental unmanned vehicles, Proc. AUVSI (2002)
36.51 P. Bellutta, R. Manduchi, L. Matthies, K. Owens, A. Rankin: Terrain perception for demo III, Proc. Intell. Vehicles Symp. (2000)
36.52 J.F. Lalonde, R. Unnikrishnan, N. Vandapel, M. Hebert: Scale selection for classification of point-sampled 3-d surfaces, 5th Int. Conf. 3-D Digital Imaging Modeling (3DIM 2005) (2005)
36.53 J. Macedo, R. Manduchi, L. Matthies: Ladar-based discrimination of grass from obstacles for autonomous navigation, Proc. 7th Int. Symp. Exp. Robot. (ISER) (2000)
36.54 D. Anguelov, B. Taskar, V. Chatalbashev, D. Koller, D. Gupta, G. Heitz, A. Ng: Discriminative learning of Markov random fields for segmentation of 3-d scan data, Proc. Conf. Comp. Vision Pattern Recognition (2005)
36.55 R. Triebel, K. Kersting, W. Burgard: Robust 3d scan point classification using associative Markov networks, IEEE Int. Conf. Robot. Autom. (2006)
36.56 H. Chen, P. Meer, D. Tyler: Robust regression for data with multiple structures, IEEE Int. Conf. Comput. Vision Pattern Recognition (2001)
36.57 R. Unnikrishnan, M. Hebert: Robust extraction of multiple structures from non-uniformly sampled data, Proc. IEEE/RSJ Int. Conf. Intell. Robot. Syst. (2003)
36.58 D. Wolf, G. Sukhatme, D. Fox, W. Burgard: Autonomous terrain mapping and classification using hidden Markov models, Proc. IEEE Int. Conf. Robot. Autom. (ICRA) (2005)
36.59 C. Olson, L. Matthies, J. Wright, R. Li, K. Di: Visual terrain mapping for Mars exploration, Comput. Vis. Understand. **105**, 73–85 (2007)
36.60 J. Nieto, J. Guivant, E. Nebot: The hybrid metric maps (hymms): a novel map representation for denseSLAM, IEEE Int. Conf. Robot. Autom. (2004)
36.61 F. Ramos, J. Nieto, H. Durrant-Whyte: Recognising and modelling landmarks to close loops in outdoor SLAM, IEEE Int. Conf. Robot. Autom. (2007)
36.62 D. Hähnel, D. Schulz, W. Burgard: Mobile robot mapping in populated environments, Adv. Robot. **17**(7), 579–598 (2003)
36.63 C.-C. Wang, C. Thorpe, S. Thrun: Online simultaneous localization and mapping with detection and tracking of moving objects: theory and results from a ground vehicle in crowded urban areas, Proc. IEEE Int. Conf. Robot. Autom. (ICRA) (2003)
36.64 P. Biber, T. Duckett: Dynamic maps for long-term operation of mobile service robots, Proc. Robot. Sci. Syst. (RSS) (2005)
36.65 C. Stachniss, W. Burgard: Mobile robot mapping and localization in non-static environments, Proc. Nat. Conf. Artif. Intell. (Pittsburgh 2005)
36.66 D. Hähnel, R. Triebel, W. Burgard, S. Thrun: Map building with mobile robots in dynamic environments, Proc. IEEE Int. Conf. Robot. Autom. (ICRA) (2003)
36.67 R. Siegwart, I. Nourbakhsh: *Introduction to Autonomous Mobile Robots* (MIT-Press, Cambridge 2001)
36.68 S. Thrun, W. Burgard, D. Fox: *Probabilistic Robotics* (MIT Press, Cambridge 2005)
36.69 H. Samet: *Foundations of Multidimensional and Metric Data Structures* (Elsevier, Amsterdam 2006)

第37章 同时定位与建图

Sebastian Thrun, John J. Leonard
石宗英 译

本章全面介绍了同时定位与建图（simultaneous localization and mapping）问题，其缩写 SLAM 更为人所知。SLAM 解决机器人在未知环境中的导航问题。在未知环境中导航时，机器人设法获取所在环境的地图，同时用所建的地图进行自身定位。SLAM 的运用受到两方面的推动：有的对详细的环境模型感兴趣，有的要求对移动机器人的位置保持精确的感知。SLAM 可以满足这两种要求。

我们回顾了三种主要方法，近年来出现的大量方法均可由这几种方法导出。第一种是用扩展卡尔曼滤波器（extended Kalman filter, EKF）表示机器人的最佳估计的传统方法。第二种方法从以下事实获得直觉：SLAM 问题可看做约束的稀疏图，它用非线性优化恢复地图和机器人的位置。最后，简述了用非参数密度估计和有效的分解方法解决 SLAM 问题的粒子滤波方法。本章讨论了这些基本方法的扩展，阐明了各种 SLAM 问题，提出了对该领域的分类，广泛引用了相关研究，讨论了待研究的问题。

37.1 概述

本章全面介绍了实现移动机器人导航的关键技术之一：同时定位与建图（SLAM）。SLAM 解决如何获取移动机器人所在环境的空间地图，并同时确定机器人相对此地图模型的位姿问题。SLAM 通常看做实现真正自主的移动机器人的最重要的问题之一。尽管在该领域已取得重大进展，它还是面临巨大挑战。目前，已经有了对静态、结构化的、有限大小的环境建图的鲁棒方法。对非结构化的、动态的或大规模环境的建图在很大程度上还是有待研究的问题。

SLAM 的历史起源可追溯到高斯[37.1]，为计算行星轨道而发明的最小二乘法（least-squares method）主要归功于他。在20世纪，机器人学以外的许多领域都研究了从一个移动传感器平台对环境进行建模的问题，尤其是在摄影测绘（photogrammetry）[37.2]和计算机视觉领域[37.3,4]。SLAM 就是建立在这些工作的基础上，并常常将基本方法扩展为更灵活的算法。

本章首先给出 SLAM 问题的基本定义，包括对不同版本 SLAM 问题的简单分类。本章的重点是对本领域的三种基本方法及其各种扩展作科普性介绍。正如读者很快将认识到的，SLAM 问题没有单一的最佳解。使用者所采用的方法将取决于多种因素，如理想的地图分辨率、更新时间和地图特征的性质等。然而，本章讨论的三种方法覆盖了本领域中的主要算法。为深入研究 SLAM 算法，我们向读者推荐近年出版的一本关于概率机器人学的教科书，它用多个章节介绍了 SLAM 问题[37.5]。也可参考最近出版的关于 SLAM 的一个深入教程[37.6,7]。

37.2　SLAM：问题定义

37.2.1　数学基础

SLAM 问题定义如下。移动机器人在未知环境中从某个坐标已知的位置开始运动，运动的不确定性使机器人全局坐标的确定变得越来越困难。机器人在运动时能感知所在环境。SLAM 问题就是在构建环境地图的同时确定机器人相对于该地图的位置。

在形式上，SLAM 最好用概率术语描述。用 t 表示时间，用 x_t 表示机器人的位姿。对于在平地上移动的机器人，x_t 通常是一个三维向量，由两维平面位置坐标和一个表示它的朝向的旋转角组成。这样位姿序列或轨迹（path）可表示为

$$X_T = \{x_0, x_1, x_2, \cdots, x_T\} \tag{37.1}$$

式中，T 为某一终止时刻（T 可以是 ∞）。初始位姿 x_0 已知，其他位姿不能直接感知。

里程计提供了两个连续位置之间的相对信息。用 u_t 表示 $t-1$ 时刻到 t 时刻之间的运动里程。这些数据可以从机器人轮子的编码器或其电动机的控制量获得，序列

$$U_T = \{u_1, u_2, u_3, \cdots, u_T\} \tag{37.2}$$

描述了机器人的相对运动。对于无噪声运动，用 U_T 足以恢复从初始位姿 x_0 开始的过去的 x_T。然而，里程测量是有噪声的，因此轨迹积分不可避免地会偏离真实轨迹。

最后，机器人可以感知环境中的物体。用 m 表示真实的环境地图。环境可由地标、物体和表面等组成，m 描述了它们的位姿。通常假设环境地图是时不变（即静态）的。

机器人测量建立了 m 中的特征与机器人位姿 x_t 之间的关系。如果我们不失一般性，假设机器人在每个时间点恰好测量一次，则测量序列可表示为

$$Z_T = \{z_1, z_2, z_3, \cdots, z_T\} \tag{37.3}$$

图 37.1 说明了 SLAM 问题中涉及的变量，给出了位姿和传感器测量序列，以及这些变量之间的因果关系。这种图被称为图模型（graphical model），它有助于理解 SLAM 问题中的依赖关系。

SLAM 问题就是根据里程计和测量数据恢复环境模型 m 和机器人位姿序列 X_T。文献中将 SLAM 问题分为同样有实际意义的两种主要形式，一种被称为完全 SLAM（full SLAM）问题：估计完整的机器人轨迹和地图的后验概率

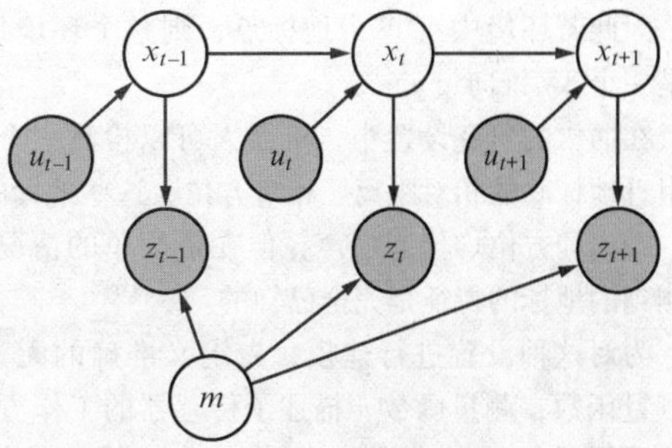

图 37.1　SLAM 问题的图模型。弧表示因果关系，阴影节点是机器人可直接观测的。在 SLAM 中，机器人设法恢复未观测到的变量

$$p(X_T, m \mid Z_T, U_T) \tag{37.4}$$

上式意味着，完全 SLAM 根据现有的数据计算 X_T 和 m 的联合后验概率。注意“|”右侧的变量都是机器人可直接观测的，左侧的则是要估计的。我们将看到，离线 SLAM 算法通常是批处理的，即同时处理所有数据。

第二种同样重要的 SLAM 问题是在线 SLAM（Online SLAM），定义为

$$p(x_T, m \mid Z_T, U_T) \tag{37.5}$$

在线 SLAM 旨在恢复机器人的当前位姿，而不是整条轨迹。在线算法通常是增量式的，在每一时刻处理一个数据项。文献中这类算法常被称为滤波器。

不论解决上述哪一种问题，机器人都还需要两个模型：描述里程测量 u_t 与机器人位姿 x_{t-1} 和 x_t 间关系的数学模型，以及描述测量值 z_t 与环境 m 和机器人位姿 x_t 间关系的模型。这些模型对应图 37.1 中的弧。

在 SLAM 中，常常将这些数学模型看做概率分布：$p(x_t \mid x_{t-1}, u_t)$ 表示机器人从已知位姿 x_{t-1} 出发且测得的里程数据为 u_t 时位姿 x_t 的概率分布，同样 $p(z_t \mid x_t, m)$ 表示在已知环境 m 中的已知位姿 x_t 处测得 z_t 的概率分布。当然，在 SLAM 问题中我们不知道机器人的实际位姿，也不知道真实的环境。我们将看到，贝叶斯准则（Bayes rule）可解决此问题，它将这些数学关系转换为可根据测量数据恢复这些隐含变量的概率分布的形式。

37.2.2　示例：地标环境中的 SLAM

SLAM 的一种常用设置是假设环境中有许多地标点。当创建二维（2—D）地图时，地标点可能对应门框和房间的拐角，可用投影到二维地图上的点坐标描述。在二维环境中，每个地标点用两个坐标值描

述。因此若环境中有 N 个地标点，则整个环境地图就是一个 $2N$ 维向量。

在通常的研究设置中，机器人可以检测三个量：与附近地标间的相对距离、相对方位、这些地标的特征。距离和方位均伴有噪声，但在最简单的情况下，检测到的地标的特征是完全已知的。

为对这种设置进行建模，先定义准确的无噪声的测量函数，测量函数 h 描述了传感器的工作方式：它以环境描述 m 和机器人位姿 x_t 作为输入计算测量值

$$h(x_t,m) \tag{37.6}$$

在上述简化的地标设置中，可直接计算 h，只涉及简单的三角计算。

概率测量模型可由此测量函数加上噪声项得到，它是峰值在 $h(x_t, m)$ 处、允许存在测量噪声的概率分布

$$p(z_t|x_t,m) \sim \boldsymbol{N}(h(x_t,m)\boldsymbol{Q}_t) \tag{37.7}$$

这里 $\boldsymbol{N}$ 表示以 $h(x_t, m)$ 为中心的二维正态分布，2×2矩阵 $\boldsymbol{Q}_t$ 是随时间变化的噪声协方差矩阵。

运动模型可由机器人的运动学模型得到。给定位姿向量 x_{t-1}和运动 u_t，可根据经典运动学计算 x_t，将这一函数表示为 g

$$g(x_{t-1},u_t) \tag{37.8}$$

则运动模型定义为以 $g(x_{t-1}, u_t)$ 为中心服从高斯噪声的正态分布

$$p(x_t|x_{t-1},u_t) \sim \boldsymbol{N}(g(x_{t-1},u_t),\boldsymbol{R}_t) \tag{37.9}$$

这里 $\boldsymbol{R}_t$ 是协方差矩阵，由于位姿是三维向量，因此 $\boldsymbol{R}_t$ 是 3×3 矩阵。

有了这些定义，我们就具备了阐述 SLAM 算法的条件。文献中，具有距离—方位检测的地标点问题目前已得到了最广泛的研究，但 SLAM 算法并不局限于地标环境。然而，不管地图如何表示，传感器特性如何，任何 SLAM 算法都需要对 m 中的特征、测量模型 $p(z_t|x_t, m)$ 和运动模型 $p(x_t|x_{t-1}, u_t)$ 有同样清晰的定义。

37.2.3 SLAM 问题分类

SLAM 问题可按多种不同的方式分类。大多数重要的研究论文根据基本假设来确定问题的类别。上文已出现过这样的一种分类：完全 SLAM 与在线 SLAM。其他常用的分类如下。

1. 基于体积的与基于特征的

体积 SLAM（volumetric SLAM）对地图进行高分辨率采样以获得有真实感的环境重构，它的地图 m 通常具有很高的维数，这使计算可能非常棘手。基于特征的 SLAM 从传感器数据流中提取稀疏的特征，地图仅由特征组成。本文的地标点实例就是一个基于特征的 SLAM 问题。基于特征的 SLAM 方法往往更有效率，但由于特征提取丢弃了传感器测量中的其他信息，其结果可能不如体积 SLAM。

2. 拓扑的与度量的

一些建图方法只恢复环境的定性描述来表示基本位置间的关系，这种方法被称为拓扑法。拓扑图可以定义在一个独特位置集合和这些位置间的定性关系（如位置 A 与位置 B 相邻）集合上。度量 SLAM 方法则提供了这些位置间的度量信息。近些年，拓扑方法已经过时，尽管有充分证据表明，人经常使用拓扑信息进行导航。

3. 已知与未知一致性

一致性问题是将检测到的物体的特征与其他检测到的物体相关联的问题。在上述地标示例中，我们假设地标的特征已知。一些 SLAM 算法做这样的假设，另一些算法则不然。不做这些假设的算法提供特殊机制来估计测得的特征与已观测到的地图地标之间的一致性。一致性估计问题就是众所周知的数据关联问题（data association problem），它是 SLAM 中最难解决的问题之一。

4. 静态的与动态的

静态 SLAM 算法假设环境不随时间变化，动态方法则允许环境中存在变化。绝大多数 SLAM 文献都假设环境是静态的，动态影响通常只被看做测量异常。关于动态环境变化的推理方法更复杂，但这些方法在多数应用中往往鲁棒性更好。

5. 小不确定性与大不确定性

SLAM 问题可根据它们处理的位姿不确定性的程度进行分类。最简单的 SLAM 算法只允许位姿估计有小误差，这类方法适用于机器人沿着一条没有交叉的路移动，然后沿同一条路返回的情况。但在许多环境中能从多个方向到达同一位置，因此机器人可能积累很大的不确定性，这就是所谓的闭环问题（loop-closing problem）。在闭合一个环路时，不确定性可能很大。闭环能力是当前 SLAM 算法的一个关键特性。如果机器人能检测到自身在某个绝对坐标系中的位置信息，如通过使用全球卫星定位系统（GPS）接收机，不确定性可降低。

6. 主动的与被动的

在被动 SLAM 算法中，某个另外的实体控制着机器人，SLAM 算法只进行观测。绝大多数 SLAM 算法都是这样，它们为机器人设计者提供了实现任意运动

控制器、追求任意运动目标的自由。在主动 SLAM 中，机器人主动探索环境以获得更准确的地图。主动 SLAM 算法通常可以在较少的时间内得到更精确的地图，但约束了机器人的运动。也存在一些混合方法，其中 SLAM 算法只控制机器人传感器的朝向，但不控制运动方向。

7. 单机器人与多机器人 SLAM

尽管近来多机器人探索问题受到关注，但多数 SLAM 问题都是为单机器人平台定义的。多机器人 SLAM 问题有多种形式。在有些问题中，机器人能够互相观测到，而在另一些问题中机器人被告知相对初始位姿的信息。多机器人 SLAM 问题也可以根据机器人之间允许的通信类型进行分类。在有些问题中，机器人间的通信无延迟、具有无限带宽。更现实的情况是只有邻近的机器人可互相通信，而且通信受到延迟和带宽有界的限制。

上述分类表明，存在一系列的 SLAM 算法。目前许多会议都为 SLAM 设立了多个讨论专题 。本章关注非常基本的 SLAM 方法，特别是假设有一个机器人的静态环境。本章结尾对扩展方法进行了论述，也给出了相关文献。

37.3 三种主要的 SLAM 方法

本节回顾三种基本的 SLAM 方法，多数其他算法都可由它们导出。第一种是扩展卡尔曼滤波器（EKF）SLAM，它是历史上最早的 SLAM 算法，由于其计算性能的限制，近年来变得有点非主流。第二种基于图表示，成功地用稀疏非线性优化方法解决 SLAM 问题，已成为解决完全 SLAM 问题的主要方法。第三种也是最后一种方法使用被称为粒子滤波器的非参数统计滤波技术，是在线 SLAM 的一种主流方法，并对 SLAM 中的数据关联问题提供了崭新的解决方案。

37.3.1 扩展卡尔曼滤波器

从历史上看，SLAM 的 EKF 方法是最早的，或许也是最有影响的。参考文献［37.8-10］和参考文献［37.11, 12］介绍了 EKF SLAM，首先提出用单个状态向量估计机器人位姿和一组环境特征，用关联误差协方差矩阵表示这些估计的不确定性，其包含了机器人和特征状态估计之间的相关性。当机器人在环境中运动并进行测量时，系统的状态向量和协方差矩阵用扩展卡尔曼滤波器进行更新[37.13-15]。观测到新特征时，新的状态被添加到系统状态向量中，系统协方差矩阵的大小呈二次增长。

该方法假设采用度量的基于特征的环境表示，其中物体可以在适当的参数空间有效地用点表示。机器人的位姿和特征的位置形成一个不确定空间关系网络。恰当的表示方法是 SLAM 中的关键问题，这一问题与本手册第 36 章和第 3 篇中检测和环境建模主题密切相关。

EKF 算法用多变量高斯分布表示机器人估计

$$p(x_t, m \mid Z_T, U_T) \sim N(\mu_t, \Sigma_t) \qquad (37.10)$$

高维向量 μ_t 包含机器人自身位姿和环境特征位置的最佳估计。在本章的地标点示例中，由于需要用三个变量表示机器人的位姿，$2N$ 个变量表示地图中的 N 个地标，因此 μ_t 的维数是 $3+2N$。

矩阵 Σ_t 是评价以 μ_t 为期望估计时的误差的协方差矩阵，是大小为 $(3+2N)\times(3+2N)$ 的二次矩阵。在 SLAM 中，这一矩阵通常是明显的非稀疏矩阵。非对角元描述了不同变量估计的相关性。由于机器人的位姿不确定，导致地图中地标的位置也不确定，因此存在非零相关。维护这些非对角元素的重要性是 EKF SLAM 的主要特性之一[37.16]。

对本章的点地标例子来说，EKF SLAM 算法很容易得出。假设某时刻运动函数 g 和观测函数 f 都是线性的，则在任何一本关于卡尔曼滤波的教科书中所描述的普通卡尔曼滤波器都可以使用。EKF SLAM 用泰勒级数展开将函数 g 和 f 线性化——这也是标准的教科书内容。因此，EKF SLAM 只是将普通 EKF 以最基本的形式（不考虑任何数据关联问题）用于在线 SLAM 问题而已。

图 37.2 说明了用于一个人工环境示例的 EKF SLAM 算法。将机器人移动的起始位置作为其坐标系的原点。机器人在移动过程中，其自身位姿的不确定性逐渐增大，如图中直径不断增大的椭圆所示。同时它检测到附近的地标，并对它们建图，建图的不确定性结合了固定的测量不确定性和逐渐增大的位姿不确定性，因此地标位置的不确定性随时间增大。有趣的转变如图 37.2d 所示：此时机器人观测到了它在最开始建图时看到的那个地标，其位置可相对准确地知道。通过这次观测，机器人位姿误差减小了，如图 37.2d 所示，注意对于最后的机器人位姿误差椭圆很小。这一观测也降低了地图中其他地标的不确定性。该现象是由以高斯后验协方差矩阵表示的相关性产生的。由于较早的地标估计的主要不确定性由机器人位姿引起，并且这一不确定性一直持续，因此这些地标的位置估计相关。当获得机器人的位姿信息时，这一

信息会传递给先前观测到的地标。这种效果可能是SLAM后验最重要的特征[37.16]。帮助定位机器人的信息通过地图传播，从而改进了地图中其他地标的定位。

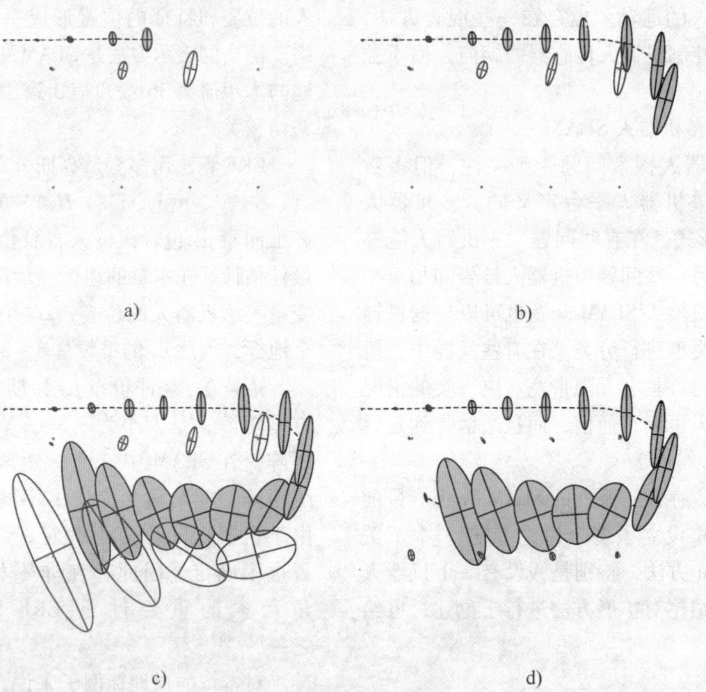

图37.2 用于在线SLAM问题的EKF。机器人的运动轨迹如虚线所示，它们自身的位置估计用阴影椭圆表示，8个位置未知的可辨别的地标用小圆点表示，它们的位置估计用白色椭圆表示。在图a)~图c)中，机器人定位的不确定性和它看到的地标的不确定性都逐渐增大。在图d)中，机器人再次观测到第一个地标，因此所有地标的不确定性和当前位姿的不确定性都减小了（图由斯坦福大学*Michael Montemerlo*提供）

EKF SLAM也处理数据关联问题。如果被观测特征未知，则基本EKF就不适用了。解决的办法是在观测到地标时推断最可能的数据关联。数据关联通常基于接近程度判断：地图中哪个地标最有可能与刚刚观测到的地标对应？接近度计算考虑测量噪声和后验估计中实际存在的不确定性，并用马氏距离（Mahalanobis distance）作为度量，马氏距离是一种加权二次距离。为尽量减少虚假数据关联，许多实现都采用可视特征区分各个地标并对同时观测到的地标组进行关联[37.17,18]。目前的实现还维护一张临时地标表，只将足够多次观测到的地标添加到内部地图中[37.19-22]。借助适当的地标定义和数据关联方法的慎重实现，EKF SLAM成为一种基于特征SLAM的有效方法。

EKF SLAM已成功应用于各种导航问题，包括机载、水下、室内和各种其他车辆。图37.3a给出了EKF SLAM的一个高水平实现获得的示例结果，一张由水下机器人Oberon获得的水下地图。该机器人由澳大利亚悉尼大学研制，如图37.3b所示，装有笔形波束的机械扫描声呐，它可以产生50m开外的目标的高分辨率的距离和方位测量。为便于建图，研究人员在水中放置了细长的垂直物体，它们可以被相对容易地从声呐扫描中提取出来。在这个实验中，有一排这样的间距约10m的物体。此外，更远处的悬崖额外提供了可用扫描声呐检测的点特征。

在图37.3a所示的地图中，机器人的轨迹用由线连接的三角形标记。每个三角形周围的椭圆对应着投影到机器人位姿（空间）的卡尔曼滤波估计的协方差矩阵。椭圆表示方差，它越大则机器人当前的位姿越不确定。图37.3a中的各小圆点表示通过搜索声呐扫描中的小型高反射物体获得的地标观测，借助统计异常排斥技术多数观测会被丢弃[37.20]，而被确认对应地标的观测则被添加到地图中。运行结束时，机器人将14个这样的物体划分为地标，这些物体和其估计的不确定椭圆一起在图37.3a中画出。这些地标包括研究人员放置的人工地标，也包括机器人附近的各种其他地形特征。残留的姿态不确定性很小。

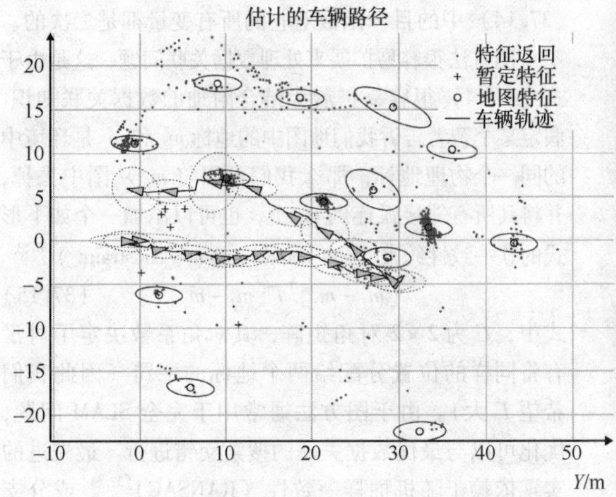

a)

b)

图37.3 a）用卡尔曼滤波估计地图和车辆位姿示例 b）悉尼大学研发的水下机器人Oberon
（图片由澳大利亚野外机器人学中心的*Stefan Williams*和*Hugh Durrant-Whyte*提供）

EKF SLAM的基本公式假设地图特征的位置从一个机器人位姿完全可观测。该方法已被扩展到只具有部分可观性的情形，如只测量距离[37.23]或只测量角度[37.24,25]。该方法也被用于无特征表示的情形：状态由当前和过去的机器人位姿构成，测量取为位姿间的约束（如从激光扫描匹配或摄像机测量得出）[37.26,27]。

将EKF方法用于SLAM的一个主要问题在于协方差矩阵的二次性。一些研究者提出了EKF SLAM的扩展算法，他们将地图分解为多个子图并分别维护它们的协方差矩阵，获得了显著的可扩展性，相关文献见参考文献［37.19，28-32］。其他研究人员将EKF类SLAM方法与体积地图表示相结合，提出了混合SLAM方法，见参考文献［37.33-36］。此外，研究者基于先进的统计技术如*Dempster*的最大似然（EM）算法[37.40]提出了用于SLAM的数据关联方法[37.37-39]。

37.3.2 基于图的优化方法

第二类算法通过非线性稀疏优化解决SLAM问题，思路源于SLAM问题的图形表示。基于图的方法首先在参考文献［37.8，41］中被提及，但开创性的论文是参考文献［37.42］，它提供了第一个有效的解决方案。本节内容与一系列近期的论文密切相关[37.43-52]。我们注意到，尽管存在一些下文将讨论的在线方法，当前多数方法都是离线的，解决的是完全SLAM问题。

基于图的SLAM算法的基本思路如下。可将地标和机器人位姿看做图的节点，每对连续的位姿x_{t-1}，x_t由表示里程计读数u_t所传达的信息的弧连接。若在时刻t机器人观测到地标i，则位姿x_t和地标m_i间也存在弧连接。这个图中的弧是软约束，放宽这些约束可产生地图和完整轨迹的最佳估计。

图的构建如图37.4所示。假设在$t=1$时刻机器人检测到地标m_1，就在（还很不完整的）图中的x_1和m_1之间添加一个弧。当将弧存储为矩阵形式（它恰好对应定义所产生的约束的二次方程）时，则给x_1和m_1之间的元素添加一个值，如图37.4a右侧所示。

现在假设机器人移动，里程计读数u_2导致节点x_1和x_2之间存在弧，如图37.4b所示。连续使用这两个基本步骤会得到一张逐渐增大的图，如图37.4c所示。然而这张图是稀疏的，图中每个节点只与少量的其他节点相连，图中约束的数目（最差）与经过的时间和图中的节点数呈线性关系。

若将图看做弹簧—质量块模型[37.50]，SLAM求解等价于求该模型的最小能量状态。为看清这一点，注意该图对应完全SLAM问题的后验概率分布的对数值（对照式（37.4））

$$\log p(\boldsymbol{X}_T, m \mid \boldsymbol{Z}_T, \boldsymbol{U}_T) \qquad (37.11)$$

上式具有如下形式：

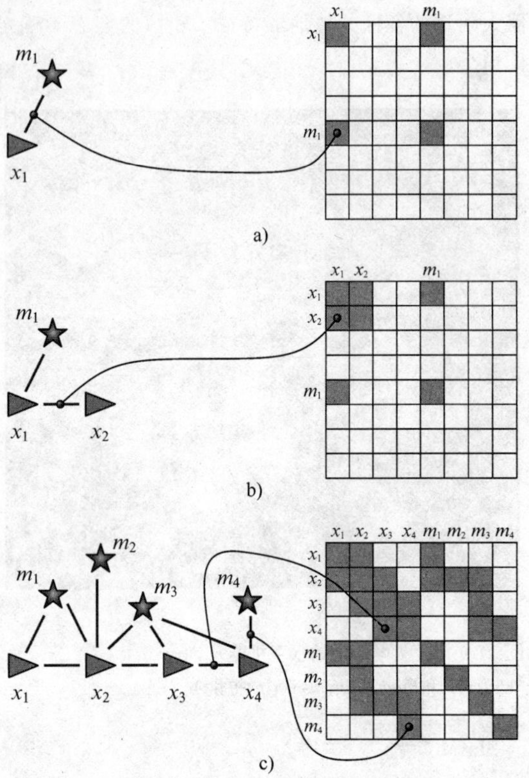

图 37.4 图的构造说明，左侧表示图，右侧给出了矩阵形式的约束

a）观测到地标 m_1 b）机器人从 x_1 运动到 x_2 c）几步之后

$$\log p(\boldsymbol{X}_T, m \mid \boldsymbol{Z}_T, \boldsymbol{U}_T) = \text{const} + \sum_t \log p(x_t \mid x_{t-1}, u_t) + \sum_t \log p(z_t \mid x_t, m) \tag{37.12}$$

形式为 $\log p(x_t \mid x_{t-1},\ u_t)$ 的每一个约束正好是一个机器人运动事件的结果，并对应图中的一个弧。同样，形式为 $\log p\ (z_t \mid x_t,\ m)$ 的每个约束是一次传感器测量的结果，在图中也可以找到一个与之对应的弧。则 SLAM 问题就是寻找该方程的如下状态

$$X_t^*, m^* = \operatorname{argmax}_{X_T, m} \log p(\boldsymbol{X}_T, m \mid \boldsymbol{Z}_T, \boldsymbol{U}_T) \tag{37.13}$$

我们注意到，在点地标示例中所做的高斯噪声假设下，该表达式可分解为如下二次形式：

$$\log p(\boldsymbol{X}_T, m \mid \boldsymbol{Z}_T, \boldsymbol{U}_T) = \text{const} + \sum_t [x_t - g(x_{t-1}, u_t)]^{\mathrm{T}} \boldsymbol{R}_t^{-1} [x_t - g(x_{t-1}, u_t)] + \sum_t [z_t - h(x_t, m)]^{\mathrm{T}} \boldsymbol{Q}_t^{-1} [z_t - h(x_t, m)] \tag{37.14}$$

这是一个稀疏函数，许多有效的优化方法都可使用。通常的选择包括梯度下降法（gradient descent）、共轭梯度法（conjugate gradient）等。多数 SLAM 实现都依赖于函数 g 和 h 的某种迭代线性化，此时式（37.14）中的目标函数对它的所有变量都是二次的。

图方法很容易扩展来处理数据关联问题，这是由于式（37.14）很容易扩展为结合附加的数据关联知识。假定某个智者告诉我们地图中的地标 m_i 和 m_j 是环境中的同一个物理地标，那么我们可以将 m_j 从图中去掉，并将其所有邻接弧连到 m_i 上，也可以添加一个如下形式的软一致性约束（soft correspondence constraint）[37.53]

$$[m_j - m_i]^{\mathrm{T}} \Gamma [m_j - m_i] \tag{37.15}$$

式中，Γ 为 2×2 对角矩阵，其对角系数决定了对没有将同样的位置分配给两个地标的惩罚（因此我们希望 Γ 大）。由于图方法通常用于完全 SLAM 问题，优化可以与最优数据关联的搜索交错进行。最先进的实现依赖于随机抽样一致性（RANSAC）[37.54] 或分支定界方法（branch-and-bound methods）[37.55,56]。

图形 SLAM 方法的优势在于它们可以扩展到比 EKF SLAM 维数高得多的地图。EKF SLAM 的主要制约因素是协方差矩阵，它所占空间（和更新时间）均为地图大小的二次方，图方法不存在这样的限制。图的更新时间为常数，所需存储量与地图大小呈线性关系（在一些适度的假设下），但执行优化花销很大。虽然实际上合理分配的数目通常很小，但从技术上，寻找最优数据关联被视为 NP 难题。除其他原因外，式（37.14）的对数似然函数的连续优化取决于地图中闭环的数目和大小。

图 37.5 给出了基于约束图分析和最佳数据关联嵌套搜索的最先进的 SLAM 算法的结果。地图数据由 CMU 研制的用于探测废弃的地下矿井并建图的 Groundhog 机器人获取[37.57]，Groundhog 机器人配备了激光测距仪，可沿环境的水平切片测量障碍物的距离。所示地图覆盖了 $250\mathrm{m}\times150\mathrm{m}$ 的区域，其形式为最早由 Elfes 和 Moravec 提出的占据栅格地图（occupancy grid map）[37.58,59]。占据栅格地图用贝叶斯推理估计栅格为空的后验概率，因此容许测距仪有噪声。

作为一个比较基准，图 37.5a 给出了一个用简单得多的方法构造的地图：将当前扫描相对于略早前的扫描进行定位，一旦定位成功，就假设估计的位姿正确将当前扫描添加到地图中。这一方法被称作扫描匹配（scan matching）[37.42]。扫描匹配是一种 SLAM 算法，但只适用于位姿不确定性非常小的情况，由图 37.5a 可知闭环失败是显然的。事实上，可将成对扫描匹配看做一种图形 SLAM 算法，但只在紧邻的扫描间建立对应关系（并在图中插入约束）。

为将这些数据映射到一个规模可管理的图中，该算法将地图分解为小的局部子图，每个子图对应机器人5m的行程。在这5m范围内，由于一般的漂移小从而扫描匹配可完美执行，所以地图足够精确。每个子图成为图形SLAM中的一个姿态节点，相邻的子图通过它们之间的相对运动约束连接，结果如图37.5b所示。

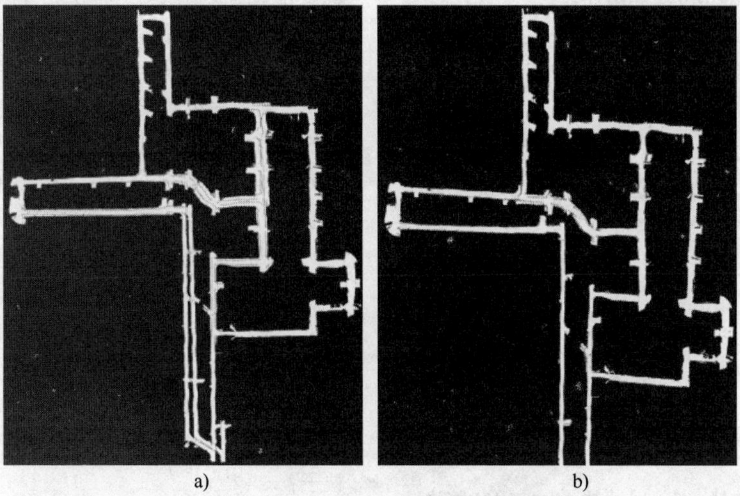

图37.5　一个废弃的矿井的占据栅格地图

a）增量式估计数据关联，只参考最新的传感器测量　b）全局数据关联和图优化的结果

（图片由弗赖堡大学的*Dirk Hähnel*提供）

在这幅图上，就可以进行分支定界一致性递归搜索了。为找到可能对应的优良子图，此算法对重叠的两个地图进行相关性分析。一旦发现两个相配的图，就将一个形如式（37.15）的软约束添加到图中，紧接着对得到的约束集进行优化。图37.6说明了数据关联过程：每个圆对应搜索过程中发现的一个新约束。此图说明了搜索的迭代性质：一些对应关系仅在其他对应在搜索过程中确定后才能被发现。最终的模型是稳定的，即附加的新数据关联搜索不再引入进一步的改变。图37.5b给出了得到的栅格地图。

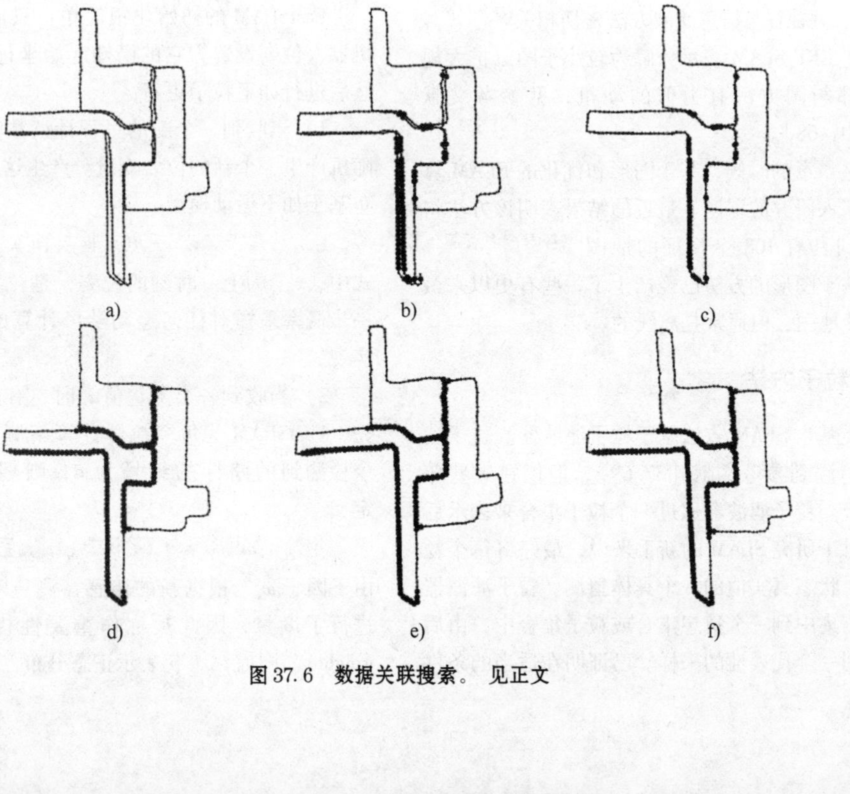

图37.6　数据关联搜索。见正文

其他基于图的 SLAM 方法得到了类似的结果。图 37.7给出了用 Atlas 算法作用于同样的数据集产生的地图[37.26]，该算法将地图分解为子图，子图间的关系通过信息理论的相对连接来保持。

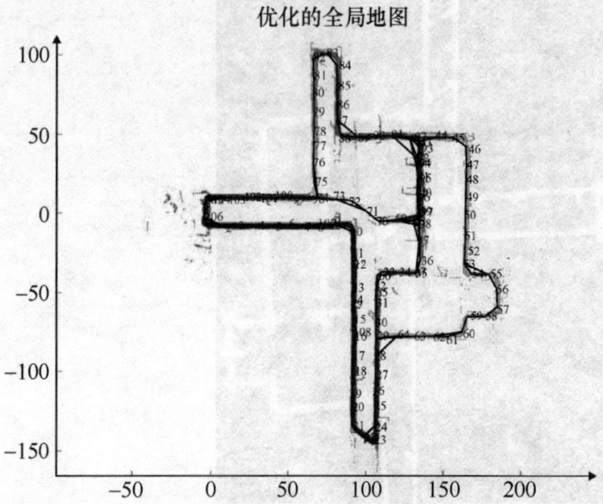

图 37.7 由参考文献［37.26］中的 Atlas SLAM 算法产生的矿井地图（由*Bosse* 等人提供）

需要注意的是，基于图的方法与信息理论有着非常紧密的联系，其中软约束构成了环境中机器人具有的信息（在信息理论意义上），该领域的多数方法本质上都是离线的，即它们优化整个机器人轨迹。如果机器人轨迹很长，优化就可能很麻烦。这是基于图形方法的缺点之一。还有一些交叉方法通过在线处理图来管理过去的机器人位姿变量，所得算法为滤波器[37.26,61-63]，并往往与信息滤波方法密切相关[37.16,63-67]。许多试图将 EKF SLAM 表示分解为较小子图以扩大规模的方法都与图方法有类似的动机，见参考文献［37.29，30，68］。

在写这一章的时候，基于图形和优化的 SLAM 算法是正在深入研究的课题。最近的结果表明该方法将规模扩展到具有 108 个特征的地图[37.26,43-49,51,52,57]。可以说，基于图形的方法已经产生了一些有史以来最大的 SLAM 地图，但通常是离线的。

37.3.3 粒子方法

第三类基本 SLAM 方法基于粒子滤波器。粒子滤波器可以追溯到参考文献［37.69］，但仅在近些年才成为主流。粒子滤波器通过一个粒子集合来表示后验概率。对于研究 SLAM 的新手来说，最好将每个粒子看做是对状态真实值的一个具体猜测。粒子滤波器将这些猜测集中到一个猜想集合或粒子集合中，由后验分布得到一个代表性的采样。已证明在适当的条件下，当粒子集合的大小趋于无穷时粒子滤波器可以逼近真实的后验概率分布。它也是一种易于表示多模分布的非参数表示。近年来，极为有效的微处理器的出现使粒子滤波器成为一种主流算法[37.70-74]。

粒子滤波器用于 SLAM 的主要问题是表示地图和机器人轨迹的空间巨大。假设有一张 1000 个特征的地图，需要多少粒子来填充这一空间呢？事实上，粒子滤波器的规模与基本状态空间的维数成指数关系，因此三维或四维是可以接受的，但 100 维一般不能接受。

使粒子滤波器适用于 SLAM 问题的方法可追溯到参考文献［37.75，76］。参考文献［37.77］和参考文献［37.78］先后将这种方法引入 SLAM，后者提出了 FastSLAM。我们先以简化的点特征示例解释基本的 FastSLAM 算法，然后讨论采用这一方法的理由。

在任一时刻，FastSLAM 维持如下形式的 K 个粒子：

$$X_t^{[k]},\mu_{t,1}^{[k]},\cdots,\mu_{t,N}^{[k]},\Sigma_{t-1}^{[k]},\cdots,\Sigma_{t,N}^{[k]} \quad (37.16)$$

式中，［k］是样本编号。这一表达式说明每个粒子包含

1）一个样本轨迹 $X_t^{[k]}$。

2）一个均值为 $\mu_{t,n}^{[k]}$、方差为 $\Sigma_{t,n}^{[k]}$ 的 N 个二维高斯集合，每个代表环境中的一个路标。

其中，n（$1 \leqslant n \leqslant N$）是路标的编号。可见 K 个粒子拥有 K 个轨迹样本和 KN 个高斯分布，每个高斯分布恰好对一个粒子的一个路标进行了建模。

FastSLAM 的初始化很简单：只需将每个粒子的机器人位姿设置为它的已知起始坐标，地图设为零。然后进行如下粒子更新：

1）当收到一个新的里程计读数时，为每个粒子随机产生一个新的位姿变量。产生这些位姿粒子的分布基于如下运动模型

$$x_t^{[k]} \sim p(x_t \mid x_{t-1}^{[k]},u^t) \quad (37.17)$$

式中，$x_{t-1}^{[k]}$为上一时刻的位姿，是粒子的一部分。这一步概率采样对任何运动学可计算的机器人都容易实现。

2）当收到一个测量值 z_t 时，有两件事发生：首先，FastSLAM 为每个粒子计算新测量为 z_t 的概率。令检测到的路标的编号为 n，则理想的概率如下定义

$$\omega_t^{[k]} := \mathcal{N}(z_t \mid x_t^{[k]},\mu_{t,n}^{[k]},\Sigma_{t,n}^{[k]}) \quad (37.18)$$

由于因子 $\omega_t^{[k]}$ 根据新的传感器测量对粒子的重要性进行了度量，因此被称作重要性权重（importance weight）。同前，$\mathcal{N}$ 仍表示正态分布，但此时计算的是

一个特定值 z_t 的分布。然后，将所有粒子的重要性权重归一化，使它们的和为1。

接下来，FastSLAM 从存在的粒子集中提取一个新粒子集（代替原有的粒子集）。提取一个粒子的概率就是它的归一化的重要性权重。这步被称作重采样（resampling）。重采样的道理很简单：观测值更可信的那些粒子有更高的机会经过重采样后保留下来。最后，FastSLAM 基于观测 z_t 为新粒子集更新均值 $\mu_{t,n}^{[k]}$ 和协方差 $\Sigma_{t,n}^{[k]}$。这一更新遵循标准的 EKF 更新规则。

这一切似乎很复杂，但 FastSLAM 很容易实现。由于只涉及简单的运动学计算，从运动模型采样通常很容易。计算一个观测的重要性也不复杂，尤其是对高斯测量噪声。更新低维的粒子滤波器也简单。这使 FastSLAM 成为目前可行的最容易实现的算法之一。

已证明 FastSLAM 逼近完全 SLAM 的后验概率分布。FastSLAM 算法的得出利用了三项技术：Rao-Blackwellization、条件独立和重采样。Rao-Blackwellization 的概念如下：假定我们要计算概率分布 $p(a, b)$，其中 a 和 b 为任意随机变量。普通的粒子滤波器会根据联合分布提取粒子，即每个粒子都有一个 a 的值和一个 b 的值。然而，如果条件概率分布 $p(b|a)$ 可描述为封闭形式，则仅从 $p(a)$ 提取粒子并给每个粒子附加一个 $p(b|a)$ 的封闭形式的描述同样合理。这就是所谓的 Rao-Blackwellization，其结果优于从联合分布采样。FastSLAM 采用该方法，根据轨迹的后验概率分布 $p(X_t^{[k]}|U_t, Z_t)$ 采样，并以高斯形式表示地图 $p(m|X_t^{[k]}, U_t, Z_t)$。

FastSLAM 还将地图的后验（以轨迹为条件）分解为低维的高斯序列。这样分解的理由很巧妙。它产生于 SLAM 特有的条件独立假设。图 37.8 用图解法说明了这一概念。在 SLAM 中，机器人轨迹的知识使所有地标的估计独立，对图 37.8 的图形网络这一点很容易证明：如果从图中移去轨迹变量，则地标变量就都断开了[37.79]。因此，在 SLAM 中多个地标估计间的任何依赖关系都是通过机器人轨迹间接产生的。这一细微但重要的观察意味着，即使用一个大的、整体高斯表示整个地图（当然，每个粒子一个），不同地标之间的非对角元素只会保持为零。因此可以用 N 个小高斯，每个地标一个，更有效地实现地图。这解释了 FastSLAM 中的有效地图表示。

如图 37.8 所示，机器人在控制序列的作用下从位姿 x_{t-1} 运动到位姿 x_{t+2}。在每一位姿 x_t 处机器人观测到地图 $m=\{m_1, m_2, m_3\}$ 的一个特征。此图形网络说明，位姿变量将地图中的各个特征彼此分开。若

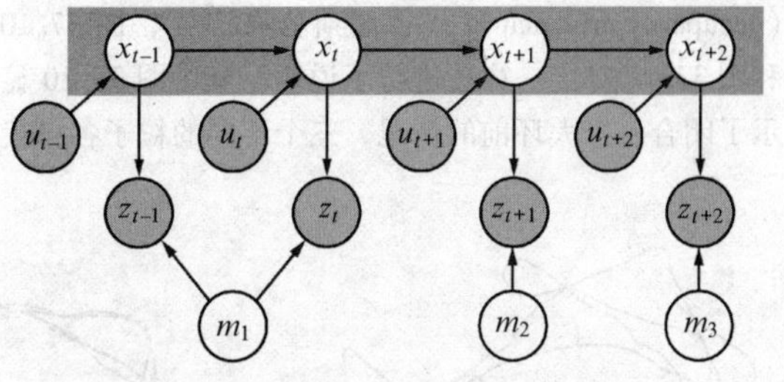

图 37.8 用贝叶斯网图（Bayes network graph）描述的 SLAM 问题

机器人位姿已知，地图中任何两个特征之间没有包含未知变量的其他轨迹，这使得地图中任何两个特征的后验概率都是条件独立的（给定位姿）。

我们还注意到 FastSLAM 使用粒子滤波器。粒子滤波器的推导可在上述参考文献中找到。在这里要指出的是，运动和测量两步都保持了从完全 SLAM 的后验概率分布渐近提取样本的性质。对运动更新步骤这一点很显然。对测量步骤，该性质通过重采样得以保留，重采样根据测量提供的新的信息调整粒子数量和分布。

图 37.9 给出了点特征问题的结果，这里点特征为室外机器人观测到的树干的中心，采用的是维多利亚公园数据集[37.80]。图 37.9a 表明，在没有感知控制的情况下，对机器人的控制量进行积分得到的机器人的运动轨迹，是一个差的车辆位置预测；行驶 30min 后，车辆的估计位置偏离它的 GPS 位置超过 100m。

FastSLAM 算法有许多卓越的性质，这对非专业人员并不直观。首先，它既能解决完全 SLAM 问题也能解决在线 SLAM 问题。每个粒子都有一个整条轨迹的样本（事实上，数学推导要以这一整条轨迹为条件），但实际更新方程只用最近的姿态。这使 FastSLAM 像 EKF 一样是一个滤波器。其次，FastSLAM 易于追踪多个数据关联假设。它直接按粒子原则做数据关联决策，而不是对整个滤波器采用同一个假设。未给出任何数学证明，我们要指出的是，即使对数据关联未知的 SLAM 问题，FastSLAM 算法也能对正确的后验概率分布采样——这是前两种算法都不具备的。第三，FastSLAM 可非常有效地实现：用先进的树的方法来表示地图估计，更新时间与地图大小 N 成对数关系，与粒子数 M 呈线性关系。这些特性，加上相对易于实施，使得 FastSLAM 成为一种主流的选择。

FastSLAM 被以多种方式进行了扩展。一个重要的变体是基于栅格的 FastSLAM 算法，它用栅格地图

(occupancy grid map) 代替高斯分布[37.81]，图 37.10 和图 37.11 对这一算法进行了说明。其中图 37.10 显示了闭合一个大环前的情况，三个不同的粒子各自代表不同的轨迹，它们也拥有各自的局部地图。闭环时，重要性重采样选择地图与测量最一致的粒子。得到的一个大规模地图如图 37.11 所示。

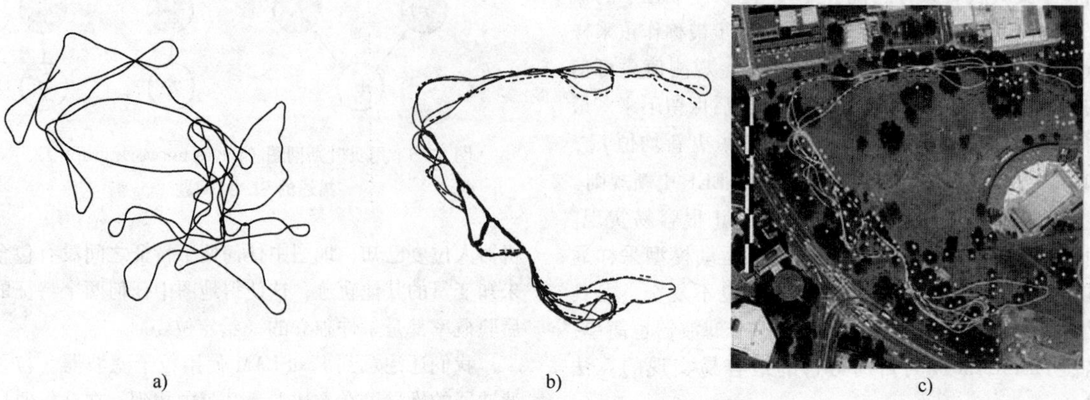

图 37.9　a）根据里程计预测的未经处理的机器人轨迹　b）GPS 真实轨迹（虚线）和 FastSLAM 1.0 轨迹（实线）　c）叠加在航拍图像上的维多利亚公园的结果：蓝色（虚线）为 GPS 轨迹，黄色（实线）为平均 FastSLAM 1.0 轨迹，黄点为估计的特征（数据和航拍图像由澳大利亚野外机器人学中心的*José Guivant* 和*Eduardo Nebot* 提供）

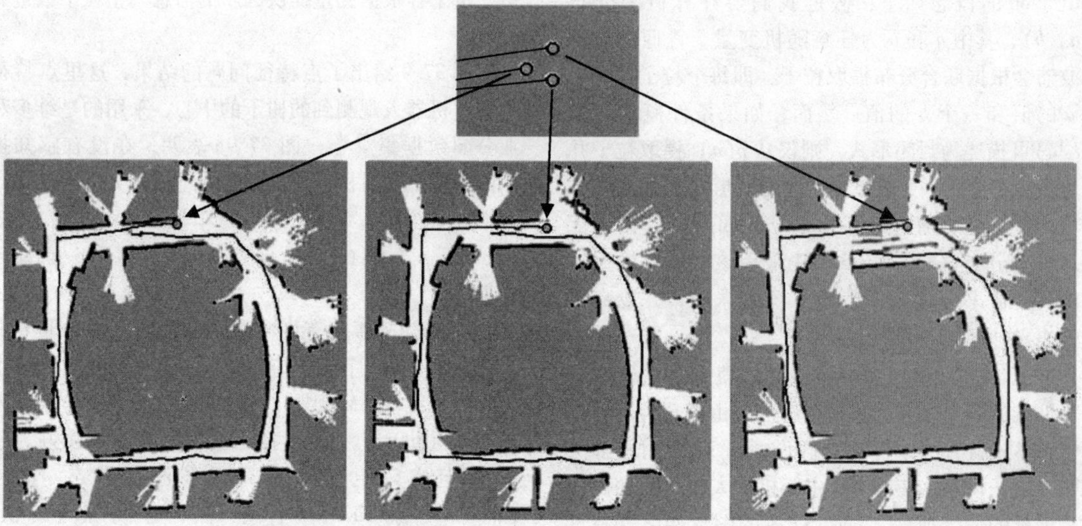

图 37.10　基于栅格的 FastSLAM 算法的应用。每个粒子带有它自己的地图，在给定粒子自身地图的情况下，粒子的重要性权重基于测量值的可能性计算

FastSLAM 方法的重要扩展见参考文献［37.82，83］，其中 DP-SLAM 和祖先树（ancestry trees）为基于栅格的地图提供了有效的树更新方法。参考文献［37.84］基于参考文献［37.85］的工作提供了一种将新观测加入位姿采样过程的方法。

37.3.4　几类方法的关系

上述讨论的三类方法覆盖了 SLAM 领域的绝大多数工作。如前所述，EKF SLAM 由于计算负担，其规模严重受限。EKF SLAM 最有前景的扩展是基于建立局部子图，但是多种途径得到的算法都与基于图的方法类似。

基于图的方法处理的是完全 SLAM 问题，因此本质上不是在线方法。它们从如下观察中获得直觉：SLAM 可用软约束的稀疏图建模，其中每个约束要么对应一个运动事件，要么对应一个量测事件。由于对稀疏非线性优化问题存在高度有效的优化方法，基于图的 SLAM 已经成为离线建立大规模地图的选择方法。数据关联搜索很容易并入基本的数学框架，并存在许多发现适当的对应的搜索方法。也有将基于图的SLAM扩展用于解决在线SLAM问题的方法，这些方法往往将旧的机器人位姿从图中移除。

粒子滤波方法回避了困扰EKF的、由地图中固有的特征间的相关性产生的问题。通过采样机器人位姿，地图中的各个地标变为独立的，从而不相关。因此FastSLAM可以用采样的机器人位姿和许多局部的、独立的地标的高斯分布来描述后验概率分布。FastSLAM的粒子表示有许多优点。在计算上，FastSLAM可用作滤波器，其更新需要线性—对数时间，而EKF需要二次方时间。此外，FastSLAM可以采样数据关联，这使它成为解决数据关联未知的SLAM的一个主要方法。FastSLAM的缺点是，所需的粒子数可能增长得非常大，尤其是机器人试图对多个嵌套环建图时。我们讨论了用栅格地图而不是高斯地标的FastSLAM的扩展方法，并给出了在大规模地图构建中的最先进的示例。

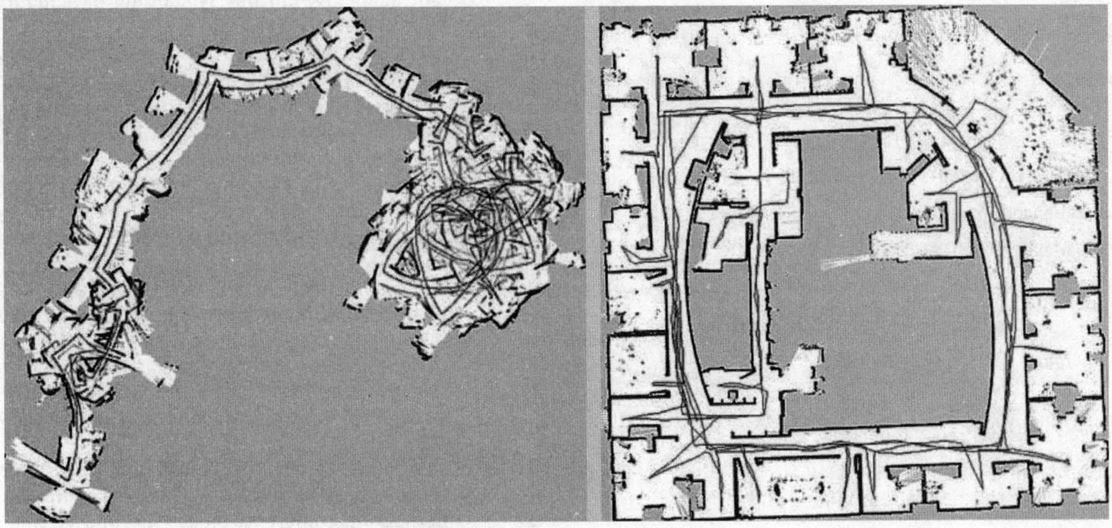

图37.11　由激光距离数据产生的占据栅格地图和基于纯粹的里程计产生的占据栅格地图（所有图片由弗赖堡大学的*Dirk Hähnel*提供）

37.4　结论和未来的挑战

本章给出了SLAM问题的全面介绍和它的主要方法。SLAM问题被定义为未知环境中的移动平台所面临的、对移动平台进行定位同时对环境进行建图的问题。本章讨论了SLAM中的三类主要方法：基于扩展卡尔曼滤波器、基于图的稀疏优化方法和粒子滤波器的方法。指出了这些方法的优缺点。对更深入的讨论，有兴趣的读者可参考近年出版的探讨SLAM的教科书[37.5]。

有趣的是，SLAM领域还相对年轻，但仅在过去的十年间它取得了巨大进步。事实上，这里描述的几乎每种方法都是在过去几年间发展起来的。尽管有这样的进步，仍存在大量未解决的课题需要将来研究。

特别是，目前SLAM技术主要处理静态环境，但几乎每个实际机器人环境都是动态的。将SLAM方法用于动态环境的早期应用可见参考文献［37.86-88］。理解SLAM中移动和非移动物体间的相互作用还需要更多的工作。

多数SLAM工作研究的是单机器人建图问题，但有时给定的是一组机器人。关于多机器人SLAM的早期的、非常有限的工作可见参考文献［37.89，90］，新近的方法包含在参考文献［37.91-93］中。近年来大量的关注使多机器人SLAM大大受益，然而现有的方法还没有成熟到可以由非领域内的专家来使用的水平。

SLAM的一个主要挑战是进行有实际意义的应用。目前SLAM的理论发展得相当完善，但SLAM还没有被广泛用于工业或商业。目前有前景的技术原型，包括构建大规模三维（3-D）体积地图的方法[37.94-97]、详细的水下重构[37.31,98,99]和废弃地下矿井建图[37.57]。然而为使这些技术成熟到工业级应用水平还有许多工作要做。

最终目标是实现持久导航和建图的挑战——机器人在最小人力监督之下，在复杂的动态环境中，几天、几个星期或几个月鲁棒执行 SLAM 的能力。取极限 t→∞ 对当前大多数算法都提出了严峻的挑战。事实上，随着时间的推移大多数机器人建图和导航算法注定要失败，因为误差会不可避免地累积。需要进行研究以开发出能从错误中恢复的技术，使机器人能处理环境变化并从错误中恢复，使机器人能长期自主生存。

37.5 扩展阅读建议

以下文献提供了一个深入的 SLAM 教程和对当前 SLAM 算法的更深入的详细讨论：

1）H. Durrant-Whyte，T. Bailey：Simultaneous localizationand mapping：Part I，IEEE Robot. Autom. Mag.，99-108（2006）

2）T. Bailey，H. Durrant-Whyte：Simultaneous localization and mapping：Part II，IEEE Robot. Autom. Mag.，108-117（2006）

3）S. Thrun，W. Burgard，D. Fox：*Probabilistic Robotics*（MIT Press，Cambridge 2005）

参考文献

37.1 K.F. Gauss: *Theoria Motus Corporum Coelestium (Theory of the Motion of the Heavenly Bodies Moving about the Sun in Conic Sections)* (Little, Brown, and Co., Republished in 1857, and by Dover in 1963, 1809)

37.2 G. Konecny: *Geoinformation: Remote Sensing, Photogrammetry and Geographical Information Systems* (Taylor Francis, New York 2002)

37.3 C. Tomasi, T. Kanade: Shape and motion from image streams under orthography: A factorization method, Int. J. Comput. Vis. **9**(2), 137–154 (1992)

37.4 S. Soatto, R. Brockett: Optimal structure from motion: Local ambiguities and global estimates, Proceedings of the Conference on Computer Vision and Pattern Recognition (CVPR) (Santa Barbara 1998) pp. 282–288

37.5 S. Thrun, W. Burgard, D. Fox: *Probabilistic Robotics* (MIT, Cambridge 2005)

37.6 H. Durrant-Whyte, T. Bailey: Simultaneous localization and mapping: Part I, IEEE Robot. Autom. Mag. (2006) pp. 99–108

37.7 T. Bailey, H. Durrant-Whyte: Simultaneous localization and mapping: Part II, IEEE Robot. Autom. Mag. (2006) pp. 108–117

37.8 P. Cheeseman, P. Smith: On the representation and estimation of spatial uncertainty, Int. J. Robot. **5**, 56–68 (1986)

37.9 R.C. Smith, P. Cheeseman: On the representation and estimation of spatial uncertainty, Int. J. Robot. Res. **5**(4), 56–68 (1986)

37.10 R. Smith, M. Self, P. Cheeseman: Estimating uncertain spatial relationships in robotics, Autonomous Robot Vehicles, ed. by I.J. Cox, G.T. Wilfong (Springer, Berlin, Heidelberg 1990) pp. 167–193

37.11 P. Moutarlier, R. Chatila: An experimental system for incremental environment modeling by an autonomous mobile robot, 1st International Symposium on Experimental Robotics (Montreal 1989)

37.12 P. Moutarlier, R. Chatila: Stochastic multisensory data fusion for mobile robot location and environment modeling, 5th Int. Symposium on Robotics Research (Tokyo 1989)

37.13 A.M. Jazwinsky: *Stochastic Processes and Filtering Theory* (Academic, New York 1970)

37.14 R.E. Kalman: A new approach to linear filtering and prediction problems, Trans. ASME J. Basic Eng. **82**, 35–45 (1960)

37.15 P.S. Maybeck: The Kalman filter: An introduction to concepts. In: *Autonomous Robot Vehicles*, ed. by I.J. Cox, G.T. Wilfong (Springer, Berlin, Heidelberg 1990)

37.16 M. Csorba: Simultaneous Localisation and Map Building. Ph.D. Thesis (University of Oxford, Oxford 1997)

37.17 J. Neira, J.D. Tardós: Data association in stochastic mapping using the joint compatibility test, IEEE Trans. Robot. Autom. **17**(6), 890–897 (2001)

37.18 J. Neira, J.D. Tardós, J.A. Castellanos: Linear time vehicle relocation in SLAM, Proceedings of the IEEE International Conference on Robotics and Automation (ICRA) (Taiwan 2003)

37.19 T. Bailey: Mobile Robot Localisation and Mapping in Extensive Outdoor Environments. Ph.D. Thesis (University of Sydney, Sydney 2002)

37.20 G. Dissanayake, P. Newman, S. Clark, H.F. Durrant-Whyte, M. Csorba: A solution to the simultaneous localisation and map building (SLAM) problem, IEEE Trans. Robot. Autom. **17**(3), 229–241 (2001)

37.21 G. Dissanayake, S.B. Williams, H. Durrant-Whyte, T. Bailey: Map management for efficient simultaneous localization and mapping (SLAM), Autonom. Robot. **12**, 267–286 (2002)

37.22 S. Williams, G. Dissanayake, H.F. Durrant-Whyte: Constrained initialization of the simultaneous localization and mapping algorithm, Proceedings of the Symposium on Field and Service Robotics (Helsinki 2001)

37.23 J.J. Leonard, R.J. Rikoski, P.M. Newman, M. Bosse: Mapping partially observable features from multiple uncertain vantage points, Int. J. Robot. Res. **21**(10), 943–975 (2002)

37.24 A.J. Davison: Real-Time Simultaneous Localisation and Mapping with a Single Camera, International Conference on Computer Vision (Nice 2003) pp. 1403–1410

37.25 J.M.M. Montiel, J. Civera, A.J. Davison: Unified inverse depth parametrization for monocular SLAM, Proc. of the Robotics Science and Systems Conference (RSS06), Vol. 1 (Philadelphia 2006)

37.26 M. Bosse, P. Newman, J. Leonard, S. Teller: Simultaneous localization and map building in large-scale cyclic environments using the atlas framework, Int. J. Robot. Res. **23**(12), 1113–1139 (2004)

37.27 J. Nieto, T. Bailey, E. Nebot: Scan-SLAM: Combining ekf-slam and scan correlation, Proc. IEEE Int. Conf. Robotics and Automation (Barcelona 2005)

37.28 J. Folkesson, H.I. Christensen: Outdoor exploration and slam using a compressed filter, Proceedings of the IEEE International Conference on Robotics and Automation (ICRA) (Taiwan 2003) pp. 419–427

37.29 J. Guivant, E. Nebot: Optimization of the simultaneous localization and map building algorithm for real time implementation, IEEE Trans. Robot. Autom. **17**(3), 242–257 (2001)

37.30 J.J. Leonard, H.J.S. Feder: A computationally efficient method for large-scale concurrent mapping and localization, Proceedings of the Ninth International Symposium on Robotics Research, ed. by J. Hollerbach, D. Koditschek (Salt Lake City 1999)

37.31 S.B. Williams, G. Dissanayake, H. Durrant-Whyte: An efficient approach to the simultaneous localisation and mapping problem, Proceedings of the IEEE International Conference on Robotics and Automation (ICRA) (Washington 2002) pp. 406–411

37.32 J.D. Tardós, J. Neira, P.M. Newman, J.J. Leonard: Robust mapping and localization in indoor environments using sonar data, Int. J. Robot. Res. **21**(4), 311–330 (2002)

37.33 S. Betgé-Brezetz, R. Chatila, M. Devy: Object-based modelling and localization in natural environments, Proceedings of the IEEE International Conference on Robotics and Automation (ICRA) (Osaka 1995)

37.34 S. Betgé-Brezetz, P. Hébert, R. Chatila, M. Devy: Uncertain map making in natural environments, Proceedings of the IEEE International Conference on Robotics and Automation (ICRA) (Minneapolis 1996)

37.35 J.E. Guivant, E.M. Nebot, J. Nieto, F. Masson: Navigation and mapping in large unstructured environments, Int. J. Robot. Res. **23**(4), 449–472 (2004)

37.36 J. Nieto, J.E. Guivant, E.M. Nebot: The hybrid metric maps (HYMMs): A novel map representation for dense SLAM, Proceedings of the IEEE International Conference on Robotics and Automation (ICRA) (New Orleans 2004)

37.37 W. Burgard, D. Fox, H. Jans, C. Matenar, S. Thrun: Sonar-based mapping of large-scale mobile robot environments using EM, Proceedings of the International Conference on Machine Learning (Bled 1999)

37.38 H. Shatkay, L. Kaelbling: Learning topological maps with weak local odometric information, Proceedings of IJCAI-97 (Nagoya 1997)

37.39 S. Thrun, D. Fox, W. Burgard: A probabilistic approach to concurrent mapping and localization for mobile robots, Machine Learn. **31**, 29–53 (1998), Also appeared in Autonomous Robots 5, 253–271 (joint issue)

37.40 A.P. Dempster, A.N. Laird, D.B. Rubin: Maximum likelihood from incomplete data via the EM algorithm, J. R. Statist. Soc. Ser. B **39**(1), 1–38 (1977)

37.41 H.F. Durrant-Whyte: Uncertain geometry in robotics, IEEE Trans. Robot. Autom. **4**(1), 23–31 (1988)

37.42 F. Lu, E. Milios: Globally consistent range scan alignment for environment mapping, Autonom. Robot. **4**, 333–349 (1997)

37.43 F. Dellaert: Square root SAM, Proceedings of the Robotics Science and Systems Conference, ed. by S. Thrun, G. Sukhatme, S. Schaal, O. Brock (Cambridge 2005)

37.44 T. Duckett, S. Marsland, J. Shapiro: Learning globally consistent maps by relaxation, Proceedings of the IEEE International Conference on Robotics and Automation (San Francisco 2000) pp. 3841–3846

37.45 T. Duckett, S. Marsland, J. Shapiro: Fast, on-line learning of globally consistent maps, Auton. Robot. **12**(3), 287–300 (2002)

37.46 J. Folkesson, H.I. Christensen: Graphical SLAM: A self-correcting map, Proceedings of the IEEE International Conference on Robotics and Automation (ICRA) (New Orleans 2004)

37.47 J. Folkesson, H.I. Christensen: Robust SLAM, Proceedings of the International Symposium on Autonomous Vehicles (Lisboa 2004)

37.48 U. Frese, G. Hirzinger: Simultaneous localization and mapping – a discussion, Proceedings of the IJCAI Workshop on Reasoning with Uncertainty in Robotics (Seattle 2001) pp. 17–26

37.49 U. Frese, P. Larsson, T. Duckett: A multigrid algorithm for simultaneous localization and mapping, IEEE Trans. Robot. **21**(2), 196–207 (2005)

37.50 M. Golfarelli, D. Maio, S. Rizzi: Elastic correction of dead-reckoning errors in map building, Proceedings of the IEEE/RSJ International Conference on Intelligent Robots and Systems (IROS) (Victoria 1998) pp. 905–911

37.51 K. Konolige: Large-scale map-making, Proceedings of the AAAI National Conference on Artificial Intelligence (San Jose 2004) pp. 457–463

37.52 M. Montemerlo, S. Thrun: Large-scale robotic 3-d mapping of urban structures, Proceedings of the International Symposium on Experimental Robotics (ISER) (Singapore 2004)

37.53 Y. Liu, S. Thrun: Results for outdoor-SLAM using sparse extended information filters, Proceedings of the IEEE International Conference on Robotics and Automation (ICRA) (Taiwan 2003)

37.54 M.A. Fischler, R.C. Bolles: Random sample consensus: A paradigm for model fitting with applications to image analysis and automated cartography, Commun. ACM **24**, 381–395 (1981)

37.55 D. Hähnel, W. Burgard, B. Wegbreit, S. Thrun: Towards lazy data association in SLAM, Proceedings of the 11th International Symposium of Robotics Research (ISRR'03) (Sienna 2003)

37.56 B. Kuipers, J. Modayil, P. Beeson, M. MacMahon, F. Savelli: Local metrical and global topological maps in the hybrid spatial semantic hierarchy, Proceedings of the IEEE International Conference on Robotics and Automation (ICRA) (New Orleans

2004)
37.57 S. Thrun, S. Thayer, W. Whittaker, C. Baker, W. Burgard, D. Ferguson, D. Hähnel, M. Montemerlo, A. Morris, Z. Omohundro, C. Reverte, W. Whittaker: Autonomous exploration and mapping of abandoned mines, IEEE Robot. Autom. Mag. **11**(4), 79–91 (2004)
37.58 A. Elfes: Sonar-based real-world mapping and navigation, IEEE J. Robot. Autom. **RA-3**(3), 249–265 (1987)
37.59 H.P. Moravec: Sensor fusion in certainty grids for mobile robots, AI Mag. **9**(2), 61–74 (1988)
37.60 T.M. Cover, J.A. Thomas: *Elements of Information Theory* (Wiley, New York 1991)
37.61 P. Newman, J.L.R. Rikoski: Towards constant-time slam on an autonomous underwater vehicle using synthetic aperture sonar, Proceedings of the International Symposium of Robotics Research (Sienna 2003)
37.62 M.A. Paskin: Thin junction tree filters for simultaneous localization and mapping, Proceedings of the Sixteenth International Joint Conference on Artificial Intelligence (IJCAI) (Acapulco 2003)
37.63 S. Thrun, D. Koller, Z. Ghahramani, H. Durrant-Whyte, A.Y. Ng: Simultaneous mapping and localization with sparse extended information filters, Proceedings of the Fifth International Workshop on Algorithmic Foundations of Robotics, ed. by J.-D. Boissonnat, J. Burdick, K. Goldberg, S. Hutchinson (Nice 2002)
37.64 E. Nettleton, S. Thrun, H. Durrant-Whyte: Decentralised slam with low-bandwidth communication for teams of airborne vehicles, Proceedings of the International Conference on Field and Service Robotics (Lake Yamanaka 2003)
37.65 P. Newman: On the Structure and Solution of the Simultaneous Localisation and Map Building Problem. Ph.D. Thesis (Australian Centre for Field Robotics, University of Sydney, Sydney 2000)
37.66 P.M. Newman, H.F. Durrant-Whyte: Geometric projection filter: An efficient solution to the SLAM problem, Proc. SPIE **4571** (2001)
37.67 S. Thrun, Y. Liu, D. Koller, A.Y. Ng, Z. Ghahramani, H. Durrant-Whyte: Simultaneous localization and mapping with sparse extended information filters, Int. J. Robot. Res. **23**(7–8), 693–716 (2004)
37.68 S.B. Williams: Efficient Solutions to Autonomous Mapping and Navigation Problems. Ph.D. Thesis (University of Sydney, Sydney 2001)
37.69 N. Metropolis, S. Ulam: The Monte Carlo method, J. Am. Stat. Assoc. **44**(247), 335–341 (1949)
37.70 D.B. Rubin: Using the SIR algorithm to simulate posterior distributions, Bayesian Statistics 3, ed. by M.H. Bernardo, K.M. DeGroot, D.V. Lindley, A.F.M. Smith (Oxford Univ. Press, Oxford 1988)
37.71 A. Doucet: *On sequential simulation-based methods for Bayesian filtering. Technical Report CUED/F-INFENG/TR 310* (Cambridge University, Cambridge 1998)
37.72 G. Kitagawa: Monte Carlo filter and smoother for non-Gaussian nonlinear state space models, J. Comput. Graph. Statist. **5**(1), 1–25 (1996)
37.73 J. Liu, R. Chen: Sequential monte carlo methods for dynamic systems, J. Am. Stat. Assoc. **93**, 1032–1044 (1998)
37.74 M. Pitt, N. Shephard: Filtering via simulation: auxiliary particle filter, J. Am. Stat. Assoc. **94**, 590–599 (1999)
37.75 D. Blackwell: Conditional expectation and unbiased sequential estimation, Ann. Math. Statist. **18**, 105–110 (1947)
37.76 C.R. Rao: Information and accuracy obtainable in estimation of statistical parameters, Bull. Calcutta Math. Soc. **37**, 81–91 (1945)
37.77 K. Murphy, S. Russell: Rao-Blackwellized particle filtering for dynamic Bayesian networks. In: *Sequential Monte Carlo Methods in Practice*, ed. by A. Doucet, N. de Freitas, N. Gordon (Springer, Berlin, Heidelberg 2001) pp. 499–516
37.78 M. Montemerlo, S. Thrun, D. Koller, B. Wegbreit: FastSLAM: A factored solution to the simultaneous localization and mapping problem, Proceedings of the AAAI National Conference on Artificial Intelligence (Edmonton 2002)
37.79 J. Pearl: *Probabilistic reasoning in intelligent systems: networks of plausible inference* (Morgan Kaufmann, San Mateo 1988)
37.80 J. Guivant, E. Nebot, S. Baiker: Autonomous navigation and map building using laser range sensors in outdoor applications, J. Robot. Syst. **17**(10), 565–583 (2000)
37.81 D. Hähnel, D. Fox, W. Burgard, S. Thrun: A highly efficient FastSLAM algorithm for generating cyclic maps of large-scale environments from raw laser range measurements, Proceedings of the Conference on Intelligent Robots and Systems (IROS) (Las Vegas 2003)
37.82 A. Eliazar, R. Parr: DP-SLAM: Fast, robust simultaneous localization and mapping without predetermined landmarks, Proceedings of the Sixteenth International Joint Conference on Artificial Intelligence (IJCAI) (Acapulco 2003)
37.83 A. Eliazar, R. Parr: DP-SLAM 2.0, Proceedings of the IEEE International Conference on Robotics and Automation (ICRA) (New Orleans 2004)
37.84 M. Montemerlo, S. Thrun, D. Koller, B. Wegbreit: FastSLAM 2.0: An improved particle filtering algorithm for simultaneous localization and mapping that provably converges, Proceedings of the Sixteenth International Joint Conference on Artificial Intelligence (IJCAI) (Acapulco 2003)
37.85 R. van der Merwe, N. de Freitas, A. Doucet, E. Wan: The unscented particle filter. In: *Adv. in Neural Inform. Process. Syst.***13** (2001)
37.86 D. Hähnel, D. Schulz, W. Burgard: Mobile robot mapping in populated environments, Autonom. Robot. **17**(7). 579–598 (2003)
37.87 C.-C. Wang, C. Thorpe, S. Thrun: Online simultaneous localization and mapping with detection and tracking of moving objects: Theory and results from a ground vehicle in crowded urban areas, Proceedings of the IEEE International Conference on Robotics and Automation (ICRA) (Taiwan 2003)
37.88 D.F. Wolf, G.S. Sukhatme: Mobile robot simultaneous localization and mapping in dynamic environments, Autonom. Robot. **19**(1), 53–65 (2005)
37.89 J.-S. Gutmann, K. Konolige: Incremental mapping

of large cyclic environments, Proceedings of the IEEE International Symposium on Computational Intelligence in Robotics and Automation (CIRA) (2000)

37.90 E.W. Nettleton, P.W. Gibbens, H.F. Durrant-Whyte: Closed form solutions to the multiple platform simultaneous localisation and map building (slam) problem, Sensor Fusion: Architectures, Algorithms, and Applications IV, Vol. 4051, ed. by Bulur V. Dasarathy (Bellingham 2000) pp. 428–437

37.91 J. Fenwick, P. Newman, J. Leonard: Collaborative concurrent mapping and localization, Proceedings of the IEEE International Conference on Robotics and Automation (ICRA) (Washington 2002)

37.92 I.M. Rekleitis, G. Dudek, E.E. Milios: Multi-robot collaboration for robust exploration, Ann. Math. Artif. Intell. **31**(1–4), 7–40 (2001)

37.93 S. Thrun, Y. Liu: Multi-robot SLAM with sparse extended information filers, Proceedings of the 11th International Symposium of Robotics Research (ISRR'03) (Sienna 2003)

37.94 C. Frueh, A. Zakhor: Constructing 3d city models by merging ground-based and airborne views, Proceedings of the IEEE Computer Society Conference on Computer Vision and Pattern Recognition (CVPR) (Madison 2003)

37.95 M. Devy, C. Parra: 3-d scene modelling and curve-based localization in natural environments, Proceedings of the IEEE International Conference on Robotics and Automation (ICRA) (Leuven 1998)

37.96 L. Iocchi, K. Konolige, M. Bajracharya: Visually realistic mapping of a planar environment with stereo, Proceesings of the 2000 International Symposium on Experimental Robotics (Waikiki 2000)

37.97 S. Teller, M. Antone, Z. Bodnar, M. Bosse, S. Coorg, M. Jethwa, N. Master: Calibrated, registered images of an extended urban area, Proceedings of the Conference on Computer Vision and Pattern Recognition (CVPR) (Kauai 2001)

37.98 R. Eustice, H. Singh, J. Leonard, M. Walter, R. Ballard: Visually navigating the RMS Titanic with SLAM information filters, Proceedings of the Robotics Science and Systems Conference, ed. by S. Thrun, G. Sukhatme, S. Schaal, O. Brock (Cambridge 2005)

37.99 R. Rikoski, J. Leonard, P. Newman, H. Schmidt: Trajectory sonar perception in the ligurian sea, Proceedings of the International Symposium on Experimental Robotics (ISER) (Singapore 2004)

第 38 章 基于行为的系统

Maja J. Matari'c, François Michaud
程玉虎 译

自然界中存在大量能够处理现实世界中各种多样性、不可预测性和快速变化情况的自主生物。这些生物体必须能够在非完整感知、有限时间、有限知识，并且仅能获得非常有限的其他个体发出的提示的情况下，做出正确的决策并执行下一步动作。因此，评价自主生物体的智能水平可以通过其处理复杂现实环境的能力来衡量。本章的主要目的是阐明基于行为的（behavior-based）系统的基本原理，以及它们在单机器人系统和多机器人系统中的应用。

本章的组织结构安排如下：

38.1 节对机器人控制进行综述，分析了基于行为的系统与现存的机器人控制方法之间的关系。38.2 节概述了基于行为系统的基本原则，使其与其他类型的机器人控制结构区分开来。38.3 节给出基本行为（basis behavior）的相关概念，以及基于行为系统的模块化方法。38.4 节描述了在基于行为系统中行为是如何用来为表示法建模的，使机器人对环境和其自身进行推理。38.5 节阐述了多种不同的用于单机器人和多机器人系统的基于行为系统的学习方法。38.6 节概述了各种成功应用基于行为控制的机器人学问题和应用领域。38.7 节对本章进行总结。

38.1 机器人控制方法

情境机器人学的研究对象是这样一类机器人，它们的工作环境非常复杂而且频繁动态变化。所谓情境，是指一个复杂、动态变化且对行为影响极大的环境。与此相反，如果机器人处在一个静态不变的环境中，我们就不用去考虑情境，例如装配机器人。装配机器人通常用于完成特定的操作，它的工作环境虽然复杂，但该环境却是固定不变、高度结构化且易于预测的。工作环境的可预测性及稳定性将直接影响到机器人控制的复杂程度。因此，情境机器人是一个具有巨大挑战性的研究课题。

机器人控制（机器人决策或机器人计算架构）是指感知环境信息、处理信息、决策（选择动作）并执行动作的过程。环境的复杂程度，即情境水平，对控制方法的复杂度有直接的影响。关于机器人控制结构方面的内容详见本手册第 8 章。目前，机器人控制方法很多，一般可以分为四类，具体分析如下。

38.1.1 慎思式—思而后行

在慎思式体系结构中，机器人利用一切可利用的感知信息和内部存储的所有知识来推断出下一步该采取何种动作。通常利用决策过程中的功能分解来组织慎思式体系结构，包括信息处理、环境建模、任务规划、效用评判以及动作执行等模块[38.1]。功能分解模式使其适于执行复杂操作，但这意味着各模块之间存在着强烈的序贯依赖关系。

慎思式体系结构中的推理以典型的规划形式存在，它需要搜索各种可能的状态—动作序列并对其产生的结果进行评价。规划是人工智能的重要组成部分，是一个复杂的计算过程，此过程需要机器人执行一个感知—规划—动作的步骤（例如，将感知信息融入到世界地图中，然后利用规划模块在地图上寻找路径，最后向机器人的执行机构发出规划的动作步骤）[38.2-4]。机器人制订规划，并对所有可行规划进行评价，直至找到一个能够到达目标、解决任务的合理规划。第一个移动机器人 Shakey 就是基于慎思式体系结构来控制的，它利用视觉数据进行避障和导航[38.5]。

规划模块内部需要一个关于世界的符号表示模型，这能够让机器人展望未来并预测出不同状态下各种可能动作对应的结果，从而生成规划。为了规划的正确性，外部环境的世界模型必须是精确和最新的。当模型精确且有足够的时间来生成一个规划，这种方法将使得机器人能够在特定环境下选择最佳的行动路线。然而，由于机器人实际上是处于一个含有噪声，并且动态变化的环境中，上述情况是不可能发生的[38.6,7]。如今，没有一个情境机器人是纯粹慎思式的。为实现在复杂、动态变化的现实环境中快速做出恰当的动作，陆续有学者提出了新的机器人体系结构。

38.1.2 反应式—不想，只做

反应式控制是一种将传感器输入和驱动器输出二者进行紧密耦合的技术，通常不涉及干预推理[38.8]，能够使机器人对不断变化和非结构化的环境做出快速的反应[38.9]。反应式控制来源于生物学的刺激—响应概念，它不要求获得世界模型或对其进行维护，因为它不依赖于慎思式控制中各种复杂的推理过程。相反，基于规则的机器人控制方法不仅计算量小，而且无需内部表示或任何关于机器人世界的知识。通过将具有最小内部状态的一系列并发条件—动作规则（例如，如果碰撞，则停止；如果停止，就返回）进行离线编程，并将其嵌入到机器人控制器中，反应式机器人控制系统具有快速的实时响应特性[38.8,10]。当获取世界模型不太现实时，反应式控制就特别适用于动态和非结构化的世界。此外，较小的计算量使得反应式系统能够及时、快速地响应变化的环境。

反应式控制是一种强大而有效的方法，它广泛地存在于自然界中，如数量远超脊椎动物的昆虫，它们绝大多数均是基于反应式控制的。然而，单纯的反应式控制的能力又是有限的，因为它无法存储信息或记忆，或者对世界进行内在的表示[38.11]，因此，无法随着时间的流逝进行学习和改进。反应式控制在反应的快速性和推理的复杂性之间进行权衡。分析表明，当环境和任务可以由先验知识表示时，反应式控制器会显示出强大的优越性；如果环境是结构化的，反应式控制器能够在处理特定问题时表现出最佳性能[38.12,13]；当面对环境模型、记忆以及学习成为必需的问题时，反应式控制就显得无法胜任了。

38.1.3 混合式—思行合一

混合式控制融合了反应式控制和慎思式控制的优点：反应式的实时响应与慎思式的合理性和最优性。因此，混合式控制系统包括两个不同的部分，反应式/并发条件—动作规则和慎思式部分。反应式和慎思式二者必须进行交互以产生一个一致输出，这是一项非常具有挑战性的任务。这是因为，反应式部分处理的是机器人的紧急需求，比如移动过程中避开障碍物，该操作要在一个非常快的时间尺度内，直接利用外部感知数据和信号的情况下完成。相比之下，慎思式部分利用高度抽象的、符号式的世界内在表示，需要在较长的时间尺度上进行操作，比如，执行全局路径规划或规划高层决策方案。只要这两个组成部分的输出之间没有冲突，该系统就无需进一步协调。然而，如果欲使双方彼此收益，则该系统的两个部分必须进行交互。因此，如果环境呈现出的是一些突现的和即时的挑战，反应式系统将取代慎思式系统。类似地，为了引导机器人趋向更加有效的和最佳的轨迹和目标，慎思式部分必须提供相关信息给反应式部分。这两部分的交互需要一个中间组件，以调节使用这两部分所产生的不同表述和输出之间的冲突。这个中间组件的构造是混合式系统设计所面临的最大挑战。

混合式系统通常采用三层结构，从底至上分为：反应（执行）层、中间（协调）层和慎思（组织/规划）层，其中位于最底层的反应层具有最高的控制精度和最弱的智能性。目前，已经有学者针对这些组件的设计以及各组件间的交互进行了大量的研究[38.2,15-21]。

混合式系统的三层结构充分利用了反应式控制的动态、并发和时间响应特性以及慎思式控制在长时标上全局有效动作的优点。然而，关于这些组件之间的结合方式以及功能分割等问题，至今还没有得到很好解决[38.22]。

38.1.4 基于行为的控制—思考行为方式

基于行为的控制采用了一系列分布的、交互的模块，我们将之称为行为，将这些行为组织起来以获得期望的系统层行为。对于一个外部观察者而言，

行为是机器人在与环境交互中产生的活动模式；对于一个设计者来说，行为即是控制模块，是为了实现和保持一个目标而聚集的一系列约束[38.22,23]。每个行为控制器接受传感器或者是系统中行为的输入，并提供输出到机器人的驱动器或者到其他行为。因此，基于行为的控制器是一种交互式的行为网络结构，它没有集中的世界表示模型或控制的焦点，相反，个人行为和行为网络保存了所有状态的信息和模型。

通过精心设计的基于行为的系统能够充分利用行为之间相互作用的动力学，以及行为和环境之间的动力学。基于行为控制系统的功能可以说是在这些交互中产生的，不是单独来自于机器人或者孤立的环境，而是它们相互作用的结果[38.22]。反应式控制可以利用的是反应式规则，它们仅需极少甚至不需要任何状态或表示。与此不同的是，基于行为的控制方式可以利用的是一系列行为的集合。此处的行为是与状态紧密相连的，并且可用于构造表示，从而能够进行推理、规划和学习。

上述每一种机器人控制方法都各有优缺点，它们在特定的机器人控制和应用方面都扮演着非常重要且成功的角色，并且没有某个单一的方法能够被视为是理想或绝对有效的。可以根据特定的任务、环境以及机器人，来选用合适的机器人控制方法。

例如，反应式控制是环境要求立即响应下的最佳选择，但是这种反应速度只考虑了眼前利益，缺乏对过去的回顾和对未来的展望。反应式系统在高度随机的环境中也是一种非常受欢迎的选择，通过对环境进行恰当的描述，从而可在一个反应式输入—输出映射中被编码。另一方面，在需要大量策略和优化，以及循环搜索和规划的领域，如调度、游戏、系统配置等问题，慎思系统是唯一的选择。混合系统适用于需要内部建模和规划，并且对实时性要求不高或充分独立于高层推理的环境和任务。相比之下，基于行为的系统最适用于显著动态变化的环境，此时追求的首要目标是快速响应性和自适应性。另外，预测未来和规避错误动作的能力也是必需的。那些能力遍布于主动行为，必要时使用主动表述[38.23]，正如本章稍后要讨论的。

基于上述四类控制机制来设计一个给定的机器人的计算架构，往往存在一个度的问题。基于行为的方法具有响应快速性、鲁棒性和灵活性的优点，而知识的抽象表示利于进行推理、规划[38.22]或处理冲突目标。因此，在进行机器人体系结构设计的时候，需要考虑如何融合不同体系结构的优点。例如，AuRA 使用一个规划器来选择行为[38.22]，'3T' 在三级分层体系结构中的执行层采用了行为。这两种设计方案都根据可用的世界知识的推理动态地重构了行为[38.22]。

机器人控制体现了关于响应的时间尺度、系统组织和模块化之间的基本权衡：只有当具有充分的、精确的、最新的信息可用时，慎思式才能通过预测来避免误动作，否则反应式可能是应对世界的最好方式。由于这些固有的权衡，在我们的处理中可以使用不同的方法而不是把所有控制需要交给一种方法是很重要的。选择一个适当的控制方法并基于它进行设计最大程度取决于问题的属性、任务的性质、所需的效率与优化级别，以及机器人在硬件、世界建模和计算方面的能力。

38.2　基于行为的系统的基本原理

基于行为的系统的基本原理可以简要概括如下：

1）类似于控制理论中的控制策略，行为可以以软件程序或硬件元件的形式存在。

2）每个行为都可以从机器人的传感器（例如，接近传感器、距离探测器、接触传感器、摄像机）和/或系统的其他模块接收输入，并向机器人的执行器（例如：车轮、机械手爪、机械臂、语言装置）和/或系统的其他模块输出命令。

3）多个不同行为可以独立地从相同的传感器接收输入，并向相同的驱动器输出命令。

4）行为的编码相对简单，并可以递增地添加进系统中。

5）为提高计算速度、充分利用行为间以及行为与环境间的交互作用，行为（或它的子集）以并行形式执行。

基于行为的机器人学适于解决情境机器人相关问题，允许它们适应真实世界环境的动力学，而无需操作于真实环境的抽象表示之上[38.11]，但也给予它们比反应式机器人更多的计算能力和表达能力。基于行为的系统支持感觉和动作通过行为紧密耦合，并使用行为结构来表示和学习。因此，一个行为常常不能依赖传统的世界模型执行广泛的计算或推理，除非这样的计算能够及时完成来响应动态和快速变化的环境和任务需求。

行为的设计在各种抽象层面上进行，以利于进行自底向上的基于行为系统的构建。新行为递增地加入到系统中，从简单到复杂，直到它们的交互使得机器人具有所期望的全面能力。通常，行为编码是一个时间扩展过程，而不是典型反馈控制中的基本动作（例如，向前走一步，转一个小角度）。作为第一步，生存行为，例如避碰。这些行为在自然中往往是反应式的，原因是反应式规则可以形成简单行为的部件，并且往往的确如此。图 38.1 展示了低级的、基于行为的系统通用部件。注意，允许行为产生动作的激活条件，与产生动作的刺激有所区别。

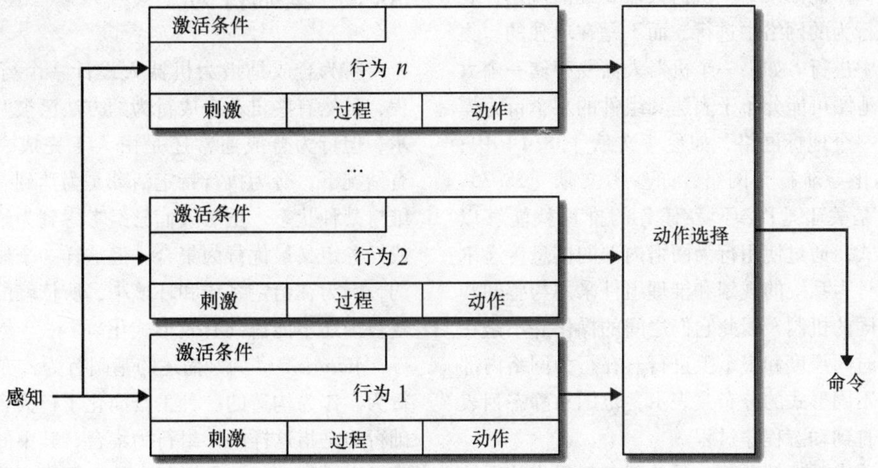

图 38.1　一类基于行为系统的总体框图

接下来，为机器人提供更多复杂能力的行为，例如沿墙行走、追逐目标、归巢、寻找物体、充电、避光、合群、拾起物体、寻找地标。根据所设计的系统，可以加入使用分布式表述的行为，如能够学习世界和机器人自身的行为，以及在那些表述和学习到的信息上进行操作。表示和学习的更多细节参见 38.4 节。

时间和空间影响的交互和集成在基于行为的系统中具有关键性作用。仅仅使用一个以预定的时间间隔控制一个执行器的过程，或使用与效应器个数相同的过程控制它们，不足以作为基于行为控制的基础。时间上并行的过程与直觉和内部状态的驱动的组合作用在一个控制系统中构成了相应的基于行为的动态学。

通过开发合适的属性，受益于交互动力学的丰富性，基于行为系统的典型设计使得行为主要在环境中的交互而不是通过系统间的交互。由于这些动力学从交互中突现出来而不是在内部由机器人的程序指定，这些动力学有时被叫做突现行为。因此，一个基于行为的系统的内部行为结构不必复制其外部显式行为。例如，一个与其他机器人集群的机器人可以没有特定的集群行为，取而代之的是通过它与环境和其他机器人的交互导致集群，它仅有的行为可能是避碰、跟紧群体和继续前进。

为了使上述方法有效，必须要解决如何从多重选择中选择特定的动作或行为，也就是已知的动作选择或行为协调过程[38.25]。这是基于行为系统设计的核心挑战之一。一种动作选择方法是使用预定义的行为等级，其中来自最高层激活行为的命令才被送到执行器，其余的都被忽略。基于其他原理的许多方法以及用于动作选择问题的专用方法已经在机器人系统中进行了研究和探讨。这些方法的目标是为了提供更多的灵活性，但是在有些情况下，这样做的代价可能会降低效率或牺牲最终控制系统的可分析性。所研究的方法中包括了各种运动图式[38.16]、命令融合[38.26]、通过行为网络的激活传播[38.27,28]，以及模糊逻辑[38.29,30]等。关于动作选择机制的综述，参见参考文献［38.31］。

由于基于行为的系统并不总是易于描述或应用，它们也经常被误解。最常见的一种误解是把反应式系统与行为系统等同起来。历史上，基于行为的系统的出现受到反应式系统的启发，并且两者都支持感觉与动作的实时耦合[38.18,32]，并且是自底向上构造和发展起来的，包含了分布式模块。然而，基于行为的系统本质上比反应式系统更强大，因为它们能够存储表示[38.33]，而反应式系统则不能。反应式系统受限于缺乏内部状态，不能使用内部表述和学习。基于行为的系统能够克服这个局限，原因是它们具有潜在的表达单元，行为能够以分布式的方式存储其内部状态。

在基于行为的系统中状态和表示的分布式方式是这种控制方法灵活性的一个来源。在基于行为的系统中表示是分布式的，因此可以最优匹配并利用导致机器人行动的基本行为结构。于是思想按照与动作相同的方式组织。因此如果一个机器人需要提前规划，它在一个交流行为的网络中进行，而不是在单独的、集中的规划器中进行。如果一个机器人需要存储一个大地图，这个地图可能分布于表达其组件的多个行为模块中，例如一个地标网络，如参考文献［38.4］中；或一个参数化导航行为网络，如参考文献［38.35，36］中。于是关于地图/环境/任务的推理就能够以一种主动方式，通过使用行为网络内部的信息传递来完成。基于行为系统的规划和推理组件采用与感知和面向动作相同的机制，因此它们之间的操作并不是在完全不同的时间尺度和表示上进行。在行为网络内部使用了各种不同形式的分布式表示，范围从静态列表结构和网络直到动态程序过程。

另一个通常被误解的部分是关于基于行为的系统和混合系统的比较。因为这两者使用不同的模块化策略，往往假设一个方法（通常是混合）已经改进了表达能力。事实上，基于行为的系统和混合系统具有相同的表达和计算能力：都能开发表达和预测，但它们以不同的方式进行。这导致基于行为系统与混合系统具有不同的适用领域。特别地，混合系统垄断单机器人控制领域，除非任务实时性要求高到必须使用反应式系统。基于行为的系统垄断多机器人控制的领域，原因是系统内部行为集群的概念更加贴合机器人集群，使其具有鲁棒性，适应群体行为[38.37,38]。更多细节参见第40章“多机器人系统”。

与混合系统一样，基于行为的系统可以分层组织，但与混合系统不同的是，这里的层次在时间尺度和所使用的表示方面并没有很大的分别。基于行为的系统通常不使用混合方法，而是采用常用的分层/顺序划分。基于行为的系统同时提供底层控制和高层思考。后者可以由一个或多个在其他行为或模块上计算的分布表达执行，常常直接应用于底层行为和它们的输出。最终系统自底向上建立，不是以不同的表达和独立部件区分而是由直接以某种方式捆绑到行为的元素组成。基于行为的系统的强大功能和复杂性均取决于各组件行为的设计、协调和使用的方式。

简要概括基于行为的系统：

1）以行为作为制订决策和执行动作的组块。

2）在行为上使用分布式并行评价和并行控制，从传感器数据获得实时输入并向执行器产生实时命令。

3）行为无中心部件，每个模块只对自身负责。

下一节将详细描述如何将基于行为的基本原理用于机器人控制。

38.3 基础行为

行为合成是指为机器人设计一个行为集合的过程，虽然有些自动合成行为的方法已被开发并成功展示，但行为合成通常还是由人工完成[38.39,40]。在所有情况下，行为执行特定活动是为达到一个目标，或维持某种状态。虽然人们已经考虑到为给定的机器人或任务定义最优行为集合，但这样一个概念是不现实的，因为在给定系统和环境中，所依赖的太多细节问题目前还不能得到有效形式化。

*Matarić*等[38.38,41]描述的基础行为，亦可称为原始行为，作为构造的一种工具简化了行为合成技术。基础行为是指这样的一组行为集合，其中的每一个行为都是必要的，也就是说每个行为要么实现，要么帮助实现相关任务，如果缺少了该行为，则该组的其他行为就不能实现这个任务。此外，基础行为集要充分胜任控制器所规定的任务。选择基础这个词是为表现出线性代数中的类似概念指示，如简约性和必要性类似于线性独立的思想，自给自足的想法类似于线性代数中生成的概念。基础行为应该是简单、稳定、鲁棒和可扩展的。

另一种基础行为的组织原则是正交性。如果两个行为之间不存在相互干扰，而其对其他行为也无副作用，则这两个行为是正交的。正交性的获得是行为采取互相排斥的传感器输入，另一种方法是使不同的行为控制不同的驱动器。当机器人的动力学不妨碍它们的可分性时，这种分解形式是唯一可行的形式。自主直升机控制是一个高度耦合系统的例子；相反，*Saripalli* 等[38.42]演示了基于行为的控制如何有效地应用于鲁棒自主直升机飞行。

基础行为设计原则已应用到单个机器人和多机器人基于行为系统，应用范围包括导航、觅食、协调小组运动、推箱等。

38.4 基于行为系统中的表示法

在将表示法嵌入到基于行为系统中时，面临着在系统各级决策上如何保存所使用方法的基本原则的挑战，行为与抽象推理过程相结合在某种程度上必须利用交互式动力学和理想应急系统。

*Matarić*等[38.33,43]通过一个名为 Toto 的机器人来

开展研究工作，其中Toto将分布式表示法引入到基于行为系统中。在基于行为的框架中，Toto的功能包括安全导航、地标检测、地图学习，以及在已学习地图中的路径规划。为了利用基本的行为控制原则，Toto的表示法不是使用一个集中地图，而是将环境中任何新发现的地标都分配到一个新的地图描述行为中，并存储到地标描述器（它包括地标的类型，笛卡儿位置估计和罗盘定位）。当感知输入与地标描述相匹配时，机器人就会定位于特定的地标，该行为就会被激活。下面是每个地标行为的伪代码：

算法38.1

```
my-behavior-type:C
my-compass-direction:0
my-approximate-location:(x,y)
my-approximate-length:6.5
任意时刻收到的(input)
如果 input(behavior-type) = my-behavior-type
  且
    input(compass-direction) = my-compass-direction
则
  active <- true
```

随着新地标的发现，它们被添加到地图描述行为网络中。这样，由此产生的地图网络拓扑图同构于Toto在物理环境中探索的网络图。网络图的边也与行为网络通信相关，允许地标行为通过本地信息传递进行交互。因此，目前活跃的地图行为可以将消息发送到它的拓扑近邻，从而表明它将期望成为下一个被识别的路标，以帮助Toto来定位。同样，网络规划也是通过使用相同的消息传递机制来进行的。目标地标（可以由用户选择作为任务的一部分，如去某个走廊，或到就近朝北的墙），发送信息（即激活的传递）到其邻居，然后传递到整个网络。信息传递的同时，累计图中每个地标的长度，从而估算每个路径的长度。当前活跃的网络行为的最短路径表明朝着目标的最佳方向，这相当于一个分布式的Dijkstra搜索。重要的是，这个搜索不是一个集中地图表示法中的静态过程，而是一个行为地图中的在线动态过程。如果机器人是被放置到另一个位置，只要它定位，它将一直朝向目标的最优路径；每一个地标对趋向目标的下一个动作做出一个局部决策，并没有唯一的全局路径存储在任何中枢位置/表示法。因此，路径是不断刷新和更新的，如果有任何通道被阻塞，则图中的边就会断开，并且动态更新最短路径。

Toto充分体现了在基于行为系统中，表示法是可以以分布式的方式被储存的，使机器人能够最佳地匹配当前的行为结构，产生外部目标驱动的活动。如果机器人需要做出一个高层次的决策（如规划到达一个遥远的目标），它要在通信行为的网络中实现，而不是靠单一的集中组件。这使得系统中可扩展的和高效率的计算结果看做一个整体，因为决策过程通常较慢，如规划是分布式和模块化的，这样在某种程度上使它们与时间标度和系统其他的表示法更一致。我们注意到基于行为系统与混合动力系统有重大区别，基于行为系统使用行为作为通用模块来同化表示法，而混合系统本质上在系统的不同层次依赖不同的表示法和时间标度。

38.5 基于行为系统中的学习

在动态环境中改善实时性能以适应周围环境，是情境机器人的重点研究内容。传统的机器学习通常花费很长的时间来优化其性能，与传统机器学习不同，情境学习目标是能够较快地适应不确定的环境。从生物学模型的角度看，通常认为给定学习的特性直接来自环境反馈。机器学习尤其是强化学习，所具有的处理可变环境的适应性，已经被成功地应用于行为机器人，例如学习行走[38.44]、交流[38.45]、导航和创建拓扑图[38.33,46]、任务分解[38.23,47]、社会行为[38.48]以及在机器人足球赛中辨别对手和球门[38.49]。人工生命的方法，如进化计算/遗传算法、模糊逻辑、视觉学习、多智能体系统，还有许多其他研究方向已经在动物模型和实际应用中得到不断发展，同样这些方法也会被进一步研究和探索并应用到基于行为机器人研究中。

当自主机器人在不可预知和部分可见的环境中行进时，必须检查周围环境的变化，在与周围环境的动态交互中捕捉可能发生的情况，并把观察到的各种信息进行快速的整合，这是自主机器人一个非常重要的能力[38.50,51]。在激励系统[38.52-56]中的研究显示，目标管理的规划和反应两者之间的平衡可以由不同因素激活或抑制内部变量来完成[38.37,57-59]。刺激因素可以是循环的（例如昼夜规律），也可以是以不同的时间依赖方式来变化的。总之，激励系统的目的就是为了使机器人在适应环境和完成任务之间有效地达到平衡。

在下面的部分，我们将讨论三种已被成功验证了的基于行为系统的学习方法：

1）强化学习。

2）学习行为网络。

3）从历史行为中学习。

方法的不同之处是在学习了什么和算法在哪里得到应用，但在所有的情况下，行为学习都是学习过程的基础。

38.5.1　强化学习

众所周知，强化学习（Reinforcement Learning，RL）存在维数灾难问题，而行为被认为可以用来加速强化学习。基于行为系统最早的强化学习例子是六足步行演示[38.44]和推箱子问题[38.60]。两者都是将控制系统分解为一些小的行为集合，并使用泛化的输入状态，从而有效地减小状态空间。在推箱子问题中，学习被分解成许多模块化策略，以此来相互学习单独行为：当箱子被卡住时退出，当丢失箱子并且没有被卡住时寻找箱子，当接触到一个箱子并且没有被卡住时推箱子。模块化行为使得学习速度加快，并且学习鲁棒性更好。

参考文献［38.23］和［38.61］研究了如何将强化学习扩展到多机器人的基于行为系统。在多机器人系统中，由于其他智能体和并发学习器的存在，环境对非稳定性和可信度赋值提出进一步挑战。此问题是在四个机器人觅食任务的背景下研究的，每个机器人初步具备一个小的基础行为集合（搜索、归巢、采摘、放下、跟随、避免），并且能学习个体行为选择策略等，行为选择策略决定了在何种情况下执行何种动作。由于并发学习器之间的相互干扰，该问题不能直接通过标准的强化学习来解决。这时一个心理学的概念——塑造[38.62]被引入，随后应用到机器人强化学习中[38.63]。塑造推动回报更接近行为的子目标，从而鼓励学习器通过更有效地搜索行为空间来逐步改善它的行为。*Mataric*[38.61]通过进度估计引入塑造，用来衡量执行过程中进度朝向一个特定的行为目标进展。这种塑造回报的形式针对延迟回报有两个问题：行为终止和偶然回报。终止行为是由事件驱动的；任何给定行为的持续时间取决于与环境的动态交互作用，并且可以相差很大。进度估计提供了一个原则来定义什么时候行为可以被终止，即使任务没有完成并且外部产生的事件也没有发生。偶然的奖励是指奖励归因于特定情况—行为（状态—动作）对，情况—行为对实际上是以前行动或动作的结果。它表现如下：以前的行为使得系统更接近目标，但有些事件会引起行为转换，并且随后目标的实现更归功于最后的行为，而不是以前的行为。进度估计形式的塑造回报有效地消除了这种影响，因为它提供了执行过程中的反馈行为，更好地奖励以前有用的行为，从而更妥善地分配信用度。

总之，强化学习已被成功地应用于基于行为的机器人技术中，特别是在行为选择层面。行为结构促进了学习过程，并且提供了高水平的行为表示法和时间扩展动力学。

38.5.2　学习行为网络

基于行为系统的模块化与行为网络一样允许应用在网络水平。*Nicolescu* 等[38.35,36]拓展了抽象行为的概念，抽象行为将一个行为的激活条件从其输出动作中（也就是所谓的原始行为，与38.3节描述的基础行为具有相同的原则）分离，这允许对与原始行为有关的激活条件进行更一般的设置。虽然这对于任何单一任务不是必需的，但它给表示法提供了一般性。一个抽象的行为是某一给定行为激活条件（先决条件）和结果（后置条件）的组合；结果与经典的慎思式系统类似，也是一个抽象的一般操作（见图38.2）。原始的行为，通常是由一些小的基础集合组成，可能涉及一个或一个完整的序贯或并发执行的行为的集合。

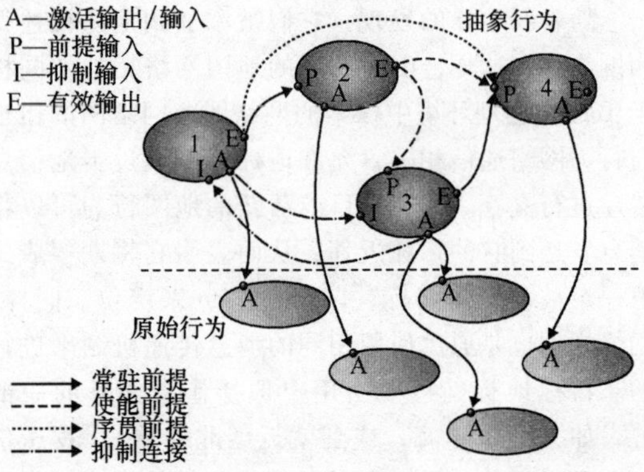

图38.2　行为网络

这种行为网络通过结合抽象表示法和基于行为网络两者的优点，来指定策略或者总体规划。网络的节点表示抽象的行为，节点之间的连线代表前提和后置条件依赖，该任务规划和策略表示为这些行为的一个网络。在任何基于行为的系统中，当一个行为的条件得到满足时，该行为就被激活。类似地，当一个抽象行为的条件被满足时，则该行为激活一个或多个原始行为以获得在其后置条件中指定的效果。网络拓扑结构在抽象行为层对任意特定任务的行为序列进行编码，这样，由于抽象行为网络的计算量较小，对多任务的求解可以在单一系统内部进行编码并进行动态切换。

Nicolescu 等[38.35,36]介绍了一种在离线状态或运行时的网络自动生成方法。后者能够使一个学习机器人动态地获取任务描述，同时观察它的环境，其中包括其他机器人或示教者。该方法在移动机器人身上得到了验证，它是通过一个人以及通过观察自身的抽象行为的前置和后置条件激活的人类展示任务的表示法，从而形成新的抽象行为网络来表现展示任务[38.64]。该机器人能够获得新的行为序列和组合（即同时执行行为），成功地完成各项学习任务，包括按照特定的顺序访问各项目标、拾取、运输和搬运物体，进行障碍处理，并以特定的方式操纵避障路线。

38.5.3 从历史行为中学习

大多数的慎思式方法是来自对传感器的输入和机器人采取的行动推理中获得知识。这将使得机器人世界具有复杂的状态空间表示，以及没有考虑到这些感觉/采取的行动所处的环境。正如已经讨论过的，行为已经迅速地被用作低级别的控制模块，这些模块是由与环境交互的经验来驱动的。行为也可以作为对那些交互进行建模的一种抽象表示。有一种方法是利用历史信息[38.65]，即明确地考虑观测到的时间序列，以便做出决定。将这一理念运用到基于行为的系统中，通过了解每一个行为的目的和观察它们的使用历史，机器人可以根据在其运行环境中的经历来推理及建立它的意图。这里也利用了抽象行为的概念来激活行为，并作为学习内容的表示。

学习先验知识中，可以使基于行为的系统在不确定区域以及多个机器人同时学习的动态变化的环境中，改变机器人的行为搜索策略，进而去搜索有颜色的目标（模块）[38.66,67]。在搜索任务中，机器人有两个任务：寻找一个目标（搜索任务），并返回到起始点（归巢任务）。通过设定机器人行为来完成这些任务：一是寻找模块的行为，称为模块寻找，二是归巢行为，返回起始点并放下木块。速度控制行为在机器人移动的过程中也被用于执行上述两个任务，所有这些行为称为任务行为。基于机器人前方的木块存在与否以及与起始点的接近程度，通过预先编程来确定激活任务行为的条件。

机器人也需要在环境中安全导航。在这种方法中，除非机器人离巢很近并且携带模块，避障行为才被激活，除此之外将被禁用，以使机器人接近巢的区域。这种类型的行为，在执行任务中通常用来处理不利情况或干扰，被称为维护行为。设计者决定在什么情况下启动维护行为，但不能确定它们何时在任务中发生，因为这和机器人与它所处环境之间相互作用的动态性是息息相关的。

机器人学习使用替代行为（跟随、静止、随机转向），在它的行动指令中引入变化，从而改变其完成任务的方法。相对于其他类型的行为，替代行为没有一个先验的激活条件，其目的是让机器人根据以往的经验学会何时激活这些行为，当它在完成任务中受到干扰时。图 38.3 说明了行为是如何优先使用固定的抑制机制的，与参考文献［38.9］包含的体系结构相似，但在激活行为上有所不同，即允许发出输出和动态变化。根据行为准则，一个激活行为是否会被用来控制机器人，取决于检测到的感知条件和判别机制。一个激活行为只有在它为机器人提供实际的控制命令时才被使用。每当一个行为被使用，其相应的符号被发送到交互模型，生成行为序列，然后随着时间的推移使用。每个任务都用到独立学习树，具体使用哪一棵树是根据激活任务的行为来确定的。

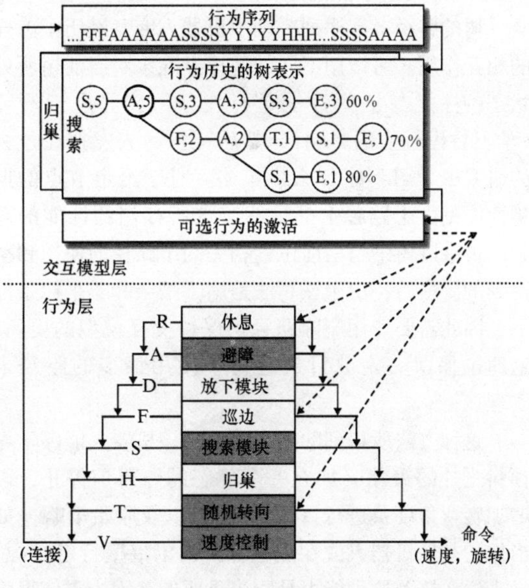

图 38.3 行为层与交互模型层的组织形式（阴影部分的行为表示搜索任务中激活行为的一个例子，以随机周转进行选择的替代行为。为清楚起见，没有画出感知输入部分）

该算法使用树结构来存储行为使用的历史。如图 38.3 的上部分所示，一棵典型的树的节点用来储存在完成任务当中用来控制机器人的行为（H 用来归巢和落块），*n* 表示节点本身和其继任者之间的传递次数（如从行为使用观察得到）。最初，一个特定的任务树是空的，它随着机器人获取任务逐步构建起来。叶子节点标记为E（为最终节点），用来存储特定树路径的整体性能。每当路径是完全重复的，且使用的行为是同一顺序时，节点E将更新为存储性能与近期试验中当前性能的平均值。

学习是通过加强实现的。根据不同的领域和任务，可以用多种指标来评估其性能，而且在这种学习算法中可以使用不同的指标。我们可以通过对行为使用的观察来看到自我评估的概念有多深并进行学习，这里所用的评估函数并不是基于环境或是任务的特征来建立的。相反，它是基于行为所使用的时间。将与任务相关的行为所用的时间同维护行为的开发所用时间之间的比较来作为评估标准。因此，行为选择策略是由机器人在它所处的环境中可以学到什么经验决定的，而不必得到环境中的最佳操作条件的先验特征。

通过利用树和评估函数，该算法有两个使用维护行为的选择：

1）对激活行为不作任何改变（观察选择）。

2）激活一个替代行为。

树的路径节点序列刻画了机器人究竟经历了怎样的相互作用。可以用不同的选择标准来对当前树所处状态的性能与期望性能进行比较，接着进行研究（学习替代行为的影响），然后开发（去发掘在过去的研究中学习到了什么）策略。对于给定节点的期望性能是由子路径上的最终节点所存储的性能的总和，再乘以树中与当前位置相关的子路径的使用频率得到的。最后，由于该算法是用于嘈杂和非平稳条件下，因此需要使用删除路径来保持交互模型的更新。这通过保留一定数目最近树中使用最多的路径来实现。

这种方法所得到的结果表明，该机器人能够学习预料之外的策略（如在一个静态的障碍前停止，以增加转弯角度及进行目标定位），以及原始策略（如当靠近其他机器人或在围栏拥挤时沿墙壁行走）。总的来说，培养这种能力是相当重要的，因为它使得机器人在不稳定环境下进行学习成为可能，这才是他们运行的真正现实环境。

38.6　后续工作

基于行为的机器人已经能实现各种常规的功能，如避障、导航、地形匹配、跟踪、追寻、物体操作、任务分工与合作，以及学习映射、导航和行走。它们同时也展示了一些新颖的应用，如静电植绒、觅食、足球比赛、人机交互、模仿昆虫甚至是人的行为等大规模的群体行为[38.68-70]。基于行为方法应用在移动机器人、水下机器人、太空探索机器人、交互式社会机器人和那些具有抓捕、操作、行走、奔跑以及其他功能的机器人一样，广泛存在于消费市场，如iRobot公司生产的用来吸尘的Roomba机器人[38.71]，它就是应用基于行为控制的典型事例，结果显示其具有广泛的实用性。

在机器人控制中基于行为结构的使用已经从单系统实施发展到组合学习形式、状态估计和分布式计算的方式上。对于移动机器人的内部导航[38.29,30,72,73]，行为被合并到一个模糊推理系统中，其中，一个命令组合模块作为一个仲裁者，将多输出模糊行为合并到一个单一控制信号中。这种策略保证了机器人在不确定情况下能够做出推理。

基于行为的方法从一开始就被应用到多机器人系统中[38.38]。为了概述和讨论方便，最近研究多机器人系统的学者开始考虑解决那些需要紧密合作的任务，见参考文献［38.74］。这些工作通常需要低级别的传感器共享和/或更高级别的传感器共享具体协作。已经发展和扩展基于行为的控制器以应对这些挑战。例如，*Parker*等[38.75]考虑了对于底层信息处理进行自动重新分布的可重复使用的行为单元。*Werger*等[38.76]描述了通过局部资格广播，使得高层集群行为通过通信来影响每个机器人的动作选择机制。*Gerkey*等[38.77,78]证明了基于市场的多机器人的协调算法在各种多任务中具有可扩展性和高效性，包括需要紧密合作的任务（如推箱子任务[38.79]）。

一些研究者已经证明，基于行为的控制器允许通过一个以集体任务为中心的实用模式来进行复杂的协调。用这种方法表示行为，能够产生那些考虑到每个机器人对作为整个群体的行为都有影响的行动，*Iocchi*等[38.80]在异构多机器人系统中已经将这种情况显示出来了，而*Batalin*等[38.81]证明，通过基于行为的控制器与传感器网络相互作用，并且按照相互协作的方式来执行复杂的、相互关联的和动态的任务。*Stroupe*等[38.82]认为映射任务以及成熟的机器人团队的价值估计（MVERT），实质上是一种最大限度地发挥群体知识的基于行为的方法。

由于基于行为的方法能够很自然地应用到多机器人控制问题中，这使得他们在这一研究领域中产生了重大的影响。*Simmons*等[38.83]描述了一种混合架构设计用于组级间的协调，该设计以行为作为组织低级别安全的关键控制器代码的方法。在最低限度系统中，行为也被用来构建控制器和网络通信[38.84]。有些含有控制论特点的多机器人研究成果已经能够使用单独可执行进程来处理任务，这些进程可以根据任务的约束条件动态地开启或关闭，这与基于行为的控制方式非常相似[38.85]。

示教学习也被结合到基于行为的系统中，以产生出用于机器人控制的一杆式教学机制[38.35]。此外，这种基于行为的结构类型已用于船舶航行学习策略中[38.86]。在一个学习阶段里，示教者为船舶选择要执行的行为，以实现一个具体的目标，随后是一个离线阶段，这个阶段与那些已学习阶段中学习的行为产生相互依赖关系。

另一种类型的示教学习形式利用概率方法来选择和组合多个行为[38.87]。该方法将自主导航中执行何种行为学习的问题视为一个状态估计问题。在一个学习阶段里，机器人观察示教者发出的命令。然后粒子过滤器融合示教者所发出的控制命令来评估行为激活程度。该方法能够产生非常适合动态环境的鲁棒控制器。

基于行为的架构也被用在复杂视觉系统中，用于识别，而非控制。在这些情况下，一个行为代表一个视觉计算的小单元，如框架差分、运动检测、边缘检测，这就导致了生物激励视觉和注意行为的出现[38.88,89]。

基于行为的架构也被开发用于类人机器人的控制和学习。图 38.4 显示了两个用于正在执行任务的机器人。过去，齿轮设计展示了基于行为控制的人工关节和手眼协调[38.90,91]。*Edsinger*[38.92] 组织开发了一个轻量级的行为架构用于感知和 Domo 控制。该架构允许偶然的行为规范和分布式计算，这就形成一个实时控制器，允许 Domo 和人在同一环境里工作。*Kismet*[38.93] 提及了几种基于行为的系统，在人—机交互（HRI）范围内，这些系统控制机器人的知觉、动机、注意、行为和运动。每个行为代表 *Kismet* 提到的单独驱动和动机。已设的模块和插入规则集被用作由 *Ishiguro* 等[38.94] 和 *Kanda* 等构建的 HRI 结构的一部分[38.95]，他们采用一个带有通用设置模块和带偶发行为的有序装置，用在由特定工作插入规则集定义的序列当中。

让机器人能安全有效地在现实世界中与人交互是机器人学上的一个终极挑战。为了适应日益复杂的环境和任务，表示方法与抽象推理变得越来越重要。

一种可能的解决方案是在基于行为的体系结构中有意识地添加关于激活、监控和配置行为的思想。这

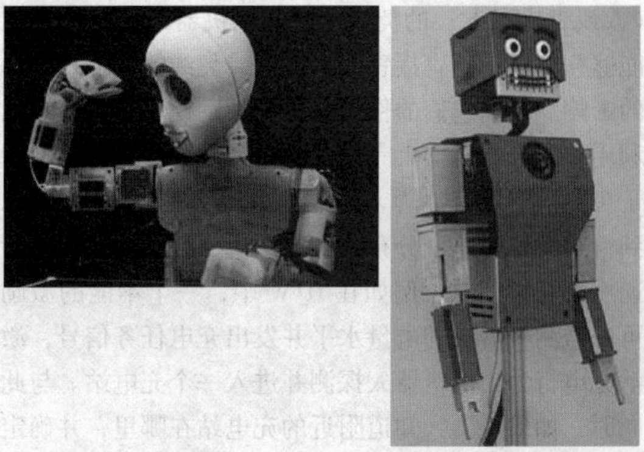

a)　　b)

图 38.4　用于人—机交互的基于行为的控制系统
a）南加州大学 Bandit　b）谢布鲁克大学 Melvin

些行为被认为是可以根据机器人的意图来选择和修改的基本控制组件[38.57,96,97]。这种意图也通过多元的影响来遵守基于行为的系统的分布式哲学。行为的动机架构（Motivated Behavioral Architecture，MBA）使用激励模块以获取机器人的意图。

激励模块控制机器人任务的激活和抑制。所谓的任务就是与具体配置以及一个或多个行为的激活有关的数据结构。机器人的意图处理是通过动态任务工作区（Dynamic Task Workspace，DTW）来完成的。工作区根据各任务间的相关性，按照从高级的抽象任务（如传送信息）到与原始行为有关的任务（如避障），将任务组织成一个树状结构。通过 DTW 和任务描述，激励模块通过提交变更请求和查询，或者签署有关任务状态事件的手段来异步地交流如何激活、配置和监督行为等信息。激励模块可以同时触发多个任务，根据有无特定配置（例如，到达目的地）的建议，行为激活和配置模块可以确定哪些行为被激活。建议可以是消极的、中立的或者积极的，或是呈现能够反映机器人完成特定任务的在一定范围内的真值。由行为激活和配置模块实现的抉择过程（由设计者设定，该过程可采用不同的动作选择方式）利用这些信息来激活行为，由此产生的激活值反映的是机器人从激励模块间的交互中获得的意图。行为和其他信息（任务描述和监测机器人使用什么样的行为与环境交互）也是通过行为激活和配置模块来进行交流的。

激活模块可分为本能的、理性的或情感的。本能激活模块通过使用简单的规则为机器人提供基本的操作。理性激活模块与认知过程相关，例如导航和规划。情感激活模块监测任务间的冲突和变迁状况，例如改变机器人在其环境中建立起的与其他智能体

（人或者机器人）的契约。因此该机器人的行为表现能够相应地受到直接感知、推理或契约的管理和选择的影响。根据它们的作用来分配激励模块，并有效地利用和结合在机器人完成任务中产生的各种影响。基于机器人的现有能力，通过与 DTW 交换信息，考虑到行为配置以一个分布式方式产生，激励模块间保持通用且互相独立。例如在 DTW 中，一个本能的激励可以监测机器人的电量水平并发出充电任务信号，激活充电行为，使机器人探测并进入一个充电站。与此同时，如果机器人知道附近的充电站在哪里，并确定到达附近充电站的一条路线，则一个导航子任务将加入到路径规划的理性激励，并通过一个继续行为到达这个位置。否则，当机器人检测到一个充电站，充电行为将至少会同意机器人寻找机会去充电。

在一个叫做 Spartacus 的机器人上使用之前所描述的体系结构来集成许多智能决策功能，如图 38.5 所示。在美国人工智能协会（AAAI）的移动机器人竞赛中，Spartacus 被用于证明一个基于行为的系统能够通过使用先前生成的度量地图，根据时间限制和空间定位能力来综合规划和测序任务。系统读取行为信息[38.98]，使用 8-麦克风系统的音频处理来进行源定位、跟踪、实时声音分离[38.99,100]，触摸屏接口实现了机器人获取它在哪里、应该做什么、怎么去做等信息[38.101,102]。

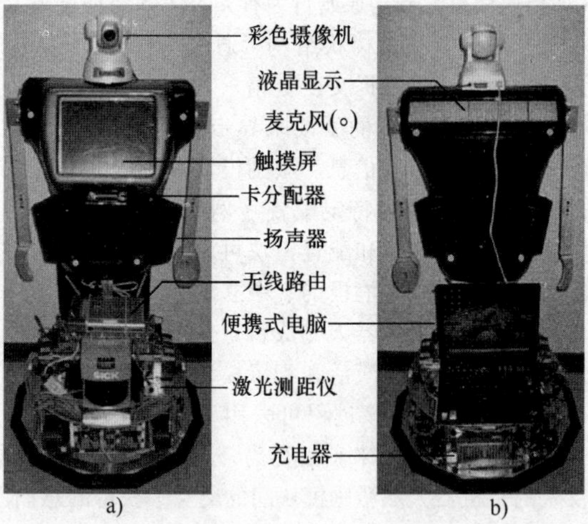

图 38.5　Spartacus
a）前视图　b）后视图

图 38.6 所示为 Spartacus 所应用的导航部分的结构图。行为动作选择机制是基于优先级的，行为建议和激活是二元的。使用的行为有：停止/休息，紧急情况停止或需要与人进行图形界面互动时停止；避障，确保机器人在环境中安全运行；服从命令，要求执行声音导航；再充电，当等待进入一个充电站时停止机器人运行；转到，指挥机器人到特定位置；声音跟踪，让机器人跟踪声源；墙壁跟踪，当侦测到墙壁（或走廊）时沿着墙壁（或走廊）行走，否则以恒定的速度前进。在这个结构中只存在本能激励和理性激励，且在发生冲突时理性激励比本能激励有更高的优先级。对于本能激励，在尚未有优先级时，任务选择器将优先选择高水平的任务。例如，相比于要求机器人到达指定位置的任务，激励将会选择距离机器人最近的任务。安全导航要求机器人通过建议避障来保证自身安全。对于理性激励，在时间限制和能力有限的情况下，设计者确定对于完成高水平任务所必要的原始任务及其优先级顺序。第一种实现是一种简单的无功规划模块，它是交错规划和执行的，在参考文献 [38.103-105] 中有介绍。导航器按照 DTW 中规定的任务确定到达特定位置的路径。议程产生预定的任务序列去执行。

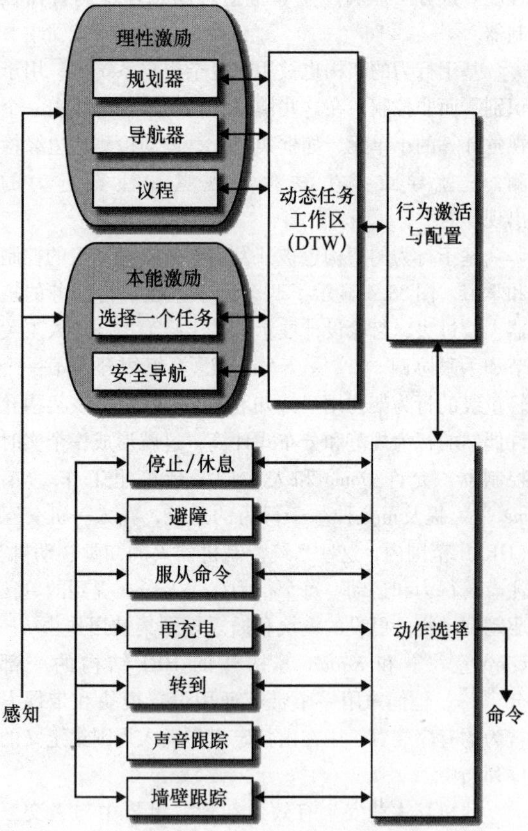

图 38.6　基于行为的分布式体系结构与激励模块

上述体系结构的基本原则已经在不同功能的机器人中得到了应用，例如，使用激活变量、拓扑定位及映射、探索和描述环境的模糊行为的机器人[38.57,97]；在一个仅使用一些简单的传感器和一个微控制器即可产生特定运动的幼儿互动研究项目中所使用的自动旋转机器人[38.106,107]。为了使机器人在日常生活中具备更加有用和高效的技能，MBA 结构现在已经被应用于机器人，以满足日益增长的感知和行动能力的需求。

38.7 结论与扩展阅读

本章描述了处于非约束、复杂、动态变化环境中单机器人或多机器人的基于行为的控制方法。受哲学中反应控制的启发，基于行为的系统本质上具有强大的表现力、描述能力、规划性和学习能力。作为这些功能的基本构件，分布式行为允许基于行为的系统采用与环境交互的先进机制，而不是仅仅依靠确定的推理和规划。随着机器人复杂性的不断增加，基于行为的理论及其在机器人体系结构中的应用将会得到更多的发展，并会显示出越来越高的智能性和自主性。

有兴趣的读者可以在本书中的其他章节以及其他书中找到关于基于行为系统的更多信息，例如 *Brooks*[38.108] 和 *Arkin*[38.22] 的书、人工智能及机器人的教科书[38.109,110]、移动机器人的入门教材[38.111-113]等。

参考文献

38.1 J.S. Albus: Outline for a theory of intelligence, IEEE Trans. Syst. Man Cybernet. **21**(3), 473–509 (1991)

38.2 G. Girald, R. Chatila, M. Vaisset: *An Integrated Navigation and Motion Control System for Autonomous Multisensory Mobile Robots, Proceedings First International Symposium on Robotics Research* (MIT Press, Cambridge 1983)

38.3 H. Moravec, A. Elfes: High resolution maps from wide angle sonar, Proceedings IEEE International Conference on Robotics and Automation (1995)

38.4 J. Laird, P. Rosenbloom: *An Investigation into Reactive Planning in Complex Domains, Proceedings Ninth National Conference of the American Association for Artificial Intelligence* (MIT Press, Cambridge 1990) pp. 1022–1029

38.5 N. J. Nilsson: Shakey the Robot, Technical Report (325) (SRI International, 1984)

38.6 S.J. Rosenschein, L.P. Kaelbling: A situated view of representation and control, Artif. Intell. **73**, 149–173 (1995)

38.7 R.A. Brooks: Elephants don't play chess. In: *Designing Autonomous Agents: Theory and Practive form Biology to Engineering and Back* (The MIT Press, Bradford Book 1990) pp. 3–15

38.8 R. Brooks, J. Connell: Asynchrounous distributed control system for a mobile robot, Proceedings SPIE Intelligent Control and Adaptive Systems (1986) pp. 77–84

38.9 R.A. Brooks: A robust layered control system for a mobile robot, IEEE J. Robot. Autom. **RA-2**(1), 14–23 (1986)

38.10 P.E. Agre, D. Chapman: Pengi: An implementation of a theory of activity, Proceedings Sixth National Conference of the American Association for Artificial Intelligence (1987) pp. 268–272

38.11 R.A. Brooks: Intelligence without representation, Artif. Intell. **47**, 139–159 (1991)

38.12 M. Schoppers: Universal plans for reactive robots in unpredictable domains, Proceedings International Joint Conference on Artificial Intelligence (1987) pp. 1039–1046

38.13 P.E. Agre, D. Chapman: What are plans for?. In: *Designing Autonomous Agents: Theory and Practive form Biology to Engineering and Back*, ed. by P. Maes (MIT Press, Bradford Book 1990) pp. 17–34

38.14 G.N. Saridis: Intelligent robotic control, IEEE Trans. Autom. Contr. **AC-28**(5), 547–557 (1983)

38.15 R.J. Firby: An investigation into reactive planning in complex domains, Proceedings AAAI Conference (1987) pp. 202–206

38.16 R. Arkin: Towards the unification of navigational planning and reactive control, Proceedings American Association for Artificial Intelligence, Spring Symposium on Robot Navigation (1989) pp. 1–5

38.17 C. Malcolm, T. Smithers: Symbol grounding via a hybrid architecture in an autonomous assembly system. In: *Designing Autonomous Agents: Theory and Practive form Biology to Engineering and Back*, ed. by P. Maes (MIT Press, Bradford Book 1990) pp. 123–144

38.18 J.H. Connell: SSS: A hybrid architecture applied to robot navigation, Proceedings IEEE International Conference on Robotics and Automation (1992) pp. 2719–2724

38.19 E. Gat: Integrating planning and reacting in a heterogeneous asynchronous architecture for controlling real-world mobile robots, Proceedings National Conference on Artificial Intelligence (1992) pp. 809–815

38.20 M. Georgeoff, A. Lansky: Reactive reasoning and planning, Proceedings Sixth National Conference of the American Association for Artificial Intelligence (1987) pp. 677–682

38.21 B. Pell, D. Bernard, S. Chien, E. Gat, N. Muscettola, P. Nayak, M. Wagner, B. Williams: An autonomous spacecraft agent prototype, Autonom. Robot. **1-2**(5), 1–27 (1998)

38.22 R.C. Arkin: *Behavior-Based Robotics* (MIT Press, Bradford Book 1998)

38.23 M.J. Matarić: Reinforcement learning in the multi-robot domain, Autonom. Robot. **4**(1), 73–83 (1997)

38.24 P. Bonasso, R.J. Firby, E. Gat, D. Kortenkamp, D.P. Miller, M.G. Slack: Experiences with an architecture for intelligent reactive agents, Proceedings International Joint Conference on Artificial Intelligence (1995)

38.25 P. Pirjanian: Multiple objective behavior-based control, Robot. Autonom. Syst. **31**(1-2), 53–60 (2000)

38.26 D. Payton, D. Keirsey, D. Kimble, J. Krozel, J. Rosenblatt: Do whatever works: A robust approach to fault-tolerant autonomous control, Appl. Intell. **2**(3), 225–250 (1992)

38.27 P. Maes: Situated agents can have goals. In: *Designing Autonomous Agents: Theory and Practive form Biology to Engineering and Back*, ed. by P. Maes (MIT Press, Bradford Book 1990) pp. 49–70

38.28 P. Maes: The dynamics of action selection, Proceedings International Joint Conference on Artificial Intelligence (1989) pp. 991–997

38.29 A. Saffiotti: The uses of fuzzy logic in autonomous robot navigation, Soft Comput. **1**, 180–197 (1997)

38.30 F. Michaud: Selecting behaviors using fuzzy logic, Proceedings IEEE International Conference on Fuzzy Systems (1997) pp.

38.31 P. Pirjanian: Behavior coordination mechanisms–State-of-the-art, (Technical Report IRIS-99-375, University of Southern California, Institute of Robotics and Intelligent Systems) (1999)

38.32 E. Gat: On three-layer architectures. In: *Artificial Intelligence and Mobile Robotics*, ed. by D. Kortenkamp, R. Bonasso, R. Murphy (MIT/AAAI Press, Cambridge 1998)

38.33 M.J. Matarić: Integration of representation into goal-driven behavior-based robots, IEEE Trans. Robot. Autom. **8**(3), 304–312 (1992)

38.34 M.J. Matarić: *Navigating with a Rat Brain: A Neurobiologically-Inspired Model for Robot Spatial Representation, From Animals to Animats. Proceedings First International Conference on Simulation of Adaptive Behaviors* (MIT Press, Bradford Book 1990) pp. 169–175

38.35 M. Nicolescu, M.J. Matarić: Experience-based representation construction: Learning from human and robot teachers, Proceedings IEEE/RSJ International Conference on Intelligent Robots and Systems (2001) pp. 740–745

38.36 M. Nicolescu, M.J. Matarić: A hierarchical architecture for behavior-based robots, Proceedings International Joint Conference on Autonomous Agents and Multiagent Systems (2002)

38.37 L.E. Parker: ALLIANCE: An architecture for fault tolerant multirobot cooperation, IEEE Trans. Robot. Autom. **14**(2), 220–240 (1998)

38.38 M.J. Matarić: Designing and understanding adaptive group behavior, Adapt. Behav. **4**(1), 50–81 (1995)

38.39 O.C. Jenkins, M.J. Matarić: Deriving action and behavior primitives from human motion data, Proceedings IEEE/RSJ International Conference on Intelligent Robots and Systems (2002) pp. 2551–2556

38.40 O.C. Jenkins, M.J. Matarić: Automated derivation of behavior vocabularies for autonomous humanoid motion, Proceedings Second International Joint Conference on Autonomous Agents and Multiagent Systems (2003)

38.41 M.J. Matarić: *Designing Emergent Behaviors: From Local Interactions to Collective Intelligence, From Animals to Animats 2. Proceedings Second International Conference on Simulation of Adaptive Behaviors*, ed. by J.-A. Meyer, H. Roitblat, S. Wilson (MIT Press, Cambridge 1992) pp. 432–441

38.42 S. Saripalli, D.J. Naffin, G.S. Sukhatme: *Autonomous Flying Vehicle Research at the University of Southern California, Multi-Robot Systems: From Swarms to Intelligent Automata, Proceedings of the First International Workshop on Multi-Robot Systems*, ed. by A. Schultz, L.E. Parker (Kluwer, Dordrecht 2002) pp. 73–82

38.43 M.J. Matarić: Behavior-based control: Examples from navigation, learning, and group behavior, J. Exp. Theor. Artif. Intell. **9**(2-3), 323–336 (1997)

38.44 P. Maes, R.A. Brooks: Learning to coordinate behaviors, Proceedings Eigth National Conference on Artificial Intelligence AAAI (1990) pp. 796–802

38.45 H. Yanco, L.A. Stein: *An Adaptive Communication Protocol for Cooperating Mobile Robots, From Animals to Animats 3. Proceedings of the Third International Conference on Simulation of Adaptive Behaviors* (MIT Press, Cambridge 1993) pp. 478–485

38.46 J.R. del Millàn: *Learning Efficient Reactive Behavioral Sequences from Basic Reflexes in a Goal-Directed Autonomous Robot, From Animals to Animats 3. Proceedings Third International Conference on Simulation of Adaptive Behaviors* (MIT Press, Cambrdige 1994) pp. 266–274

38.47 L. Parker: Learning in cooperative robot teams, Proceedings International Joint Conference on Artificial Intelligence (1993) pp. 12–23

38.48 M.J. Matarić: *Learning to Behave Socially, From Animals to Animats 3. Proceedings Third International Conference on Simulation of Adaptive Behaviors* (The MIT Press, Cambridge 1994) pp. 453–462

38.49 M. Asada, E. Uchibe, S. Noda, S. Tawaratsumida, K. Hosoda: Coordination of multiple behaviors acquired by a vision-based reinforcement learning, Proceedings IEEE/RSJ/GI International Conference on Intelligent Robots and Systems, Munich, Germany (1994)

38.50 J. McCarthy: Making robots conscious of their mental states, AAAI Spring Symposium (1995)

38.51 T. Smithers: *On why Better Robots Make it Harder, From Animals to Animats: Proceedings 3rd International Conference on Simulation of Adaptive Behavior* (MIT Press, Cambridge 1994) pp. 64–72

38.52 D. McFarland, T. Bösser: *Intelligent Behavior in Animals and Robots* (MIT Press, Bradford Book 1993)

38.53 P. Maes: *A Bottom-Up Mechanism for Behavior Selection in an Artificial Creature, From Animals to Animats. Proceedings First International Conference on Simulation of Adaptive Behavior* (MIT Press, Cambridge 1991) pp. 238–246

38.54 B.M. Blumberg, P.M. Todd, P. Maes: No bad dogs: Ethological lessons for learning in Hamsterdam, From Animals to Animats: Proceedings International Conference on Simulation of Adaptive Behavior, ed. by P. Maes, M.J. Matarić, J.-A. Meyer, J. Pollack, S.W. Wilson (1996) pp. 295–304

38.55 C. Breazeal, B. Scassellati: Infant-like social interactions between a robot and a human caregiver, Adapt. Behav. **8**(1), 49–74 (2000)

38.56 F. Michaud, M.T. Vu: Managing robot autonomy and interactivity using motives and visual com-

munication, Proceedings International Conference on Autonomous Agents (1999) pp. 160–167
38.57 F. Michaud: EMIB – Computational architecture based on emotion and motivation for intentional selection and configuration of behaviour-producing modules, Cogn. Sci. Q., Special Issue on Desires, Goals, Intentions and Values: Comput. Arch. **3–4**, 340–361 (2002)
38.58 F. Michaud, P. Prijanian, J. Audet, D. Létourneau: *Artificial Emotion and Social Robotics, Distributed Autonomous Robotic Systems*, ed. by L.E. Parker, G. Bekey, J. Barhen (Springer, Berlin, Heidelberg 2000) pp. 121–130
38.59 A. Stoytchev, R. Arkin: Incorporating motivation in a hybrid robot architecture, J. Adv. Comput. Intell. Intell. Inf. **8**(3), 269–274 (2004)
38.60 S. Mahadevan, J. Connell: Automatic programming of behavior-based robots using reinforcement learning, Artif. Intell. **55**, 311–365 (1992)
38.61 M.J. Matarić: Reward functions for accelerated learning, Proceedings 11th International Conference on Machine Learning, New Brunswick, NJ, ed. by William W. Cohen, Haym Hirsh (Morgan Kauffman Publishers 1994) pp. 181–189
38.62 H. Gleitman: *Psychology* (NORTON, New York 1981)
38.63 M. Dorigo, M. Colombetti: *Robot Shaping: An Experiment in Behavior Engineering* (MIT Press, Cambridge 1997)
38.64 M. Nicolescu, M.J. Matarić: Learning and interacting in human-robot domains, IEEE Transactions on Systems, Man, Cybernetics, special issue on Socially Intelligent Agents – The Human in the Loop (2001)
38.65 A.K. McCallum: Hidden state and reinforcement learning with instance-based state identification, IEEE Trans. Syst. Man Cybernet. – Part B: Cybernetics **26**(3), 464–473 (1996)
38.66 F. Michaud, M.J. Matarić: Learning from history for behavior-based mobile robots in non-stationary environments, Spec. Iss. Learn. Autonom. Robot. Mach. Learn./Autonom. Robot. **31/5**, 141–167/335–354 (1998)
38.67 F. Michaud, M.J. Matarić: Representation of behavioral history for learning in nonstationary conditions, Robot. Autonom. Syst. **29**(2), 1–14 (1999)
38.68 A. Agha, G. Bekey: Phylogenetic and ontogenetic learning in a colony of interacting robots, Autonom. Robot. **4**(1), 85–100 (1997)
38.69 R.A. Brooks, L. Stein: Building brains for bodies, Autonom. Robot. **1**(1), 7–25 (1994)
38.70 B. Webb: *Robotic Experiments in Cricket Phonotaxis, From Animals to Animats 3. Proceedings Third International Conference on Simulation of Adaptive Behaviors* (MIT Press, Cambridge 1994) pp. 45–54
38.71 J.L. Jones: Robots at the tipping point, IEEE Robot. Autom. Mag. **13**(1), 76–78 (2006)
38.72 P. Rusu, E.M. Petriu, T.E. Whalen, A. Cornell, H.J.W. Spoelder: Behavior-based neuro-fuzzy controller for mobile robot navigation, IEEE **52**(4), 1335–1340 (2003)
38.73 R. Huq, G.K.I. Mann, R.G. Gosine: Behaviour modulation technique in mobile robotics using fuzzy discrete event system, IEEE Trans. Robot. **22**, 903–916 (2006)
38.74 L.E. Parker: Current research in multirobot systems, Artif. Life Robot. **7**(1–2), 1–5 (2003)
38.75 L.E. Parker, M. Chandra, F. Tang: *Enabling Autonomous Sensor-Sharing for Tightly-Coupled Cooperative Tasks, Multi-Robot Systems. From Swarms to Intelligent Automata*, Vol. III, ed. by L.E. Parker, F.E. Schneider, A.C. Schultz (Springer, Berlin, Heidelberg 2005) pp. 119–230
38.76 B.B. Werger, M.J. Matarić: Broadcast of Local Eligibility for Multi-Target Observation, Proceedings of the 5th International Conference on Distributed Autonomous Robotic Systems (2000) pp. 347–356
38.77 B.P. Gerkey, M.J. Matarić: Principled communication for dynamic multi-robot task allocation. In: *Experimental Robotics VII, LNCIS 271*, ed. by D. Rus, S. Singh (Springer, Berlin, Heidelberg 2001)
38.78 B.P. Gerkey, M.J. Matarić: Sold!: Auction methods for multi-robot coordination, IEEE Trans. Robot. Autom. **18**(5), 758–768 (2002)
38.79 B.P. Gerkey, M.J. Matarić: Pusher-watcher: An approach to fault-tolerant tightly-coupled robot coordination, Proceedings IEEE International Conference on Robotics and Automation (2002) pp. 464–469
38.80 L. Iocchi, D. Nardi, M. Piaggio, A. Sgorbissa: Distributed coordination in heterogeneous multi-robot systems, Autonom. Robot. **15**(2), 155–168 (2004)
38.81 M. Batalin, G. Sukhatme: Coverage, exploration and deployment by a mobile robot and communication network, Telecommun. Syst. **26**(2–4), 181–196 (2004)
38.82 A.W. Stroupe, T. Balch: Value-based action selection for observation with robot teams using probabilistic techniques, Robot. Autonom. Syst. **50**(2–3), 85–97 (2005), special issue on Multi-Robots in Dynamic Environments
38.83 R. Simmons, T. Smith, M.B. Dias, D. Goldberg, D. Hershberger, A. Stentz, R. Zlot: A Layered Architecture for Coordination of Mobile Robots, Proceedings from the NRL Workshop on Multi-Robot Systems Multi-Robot Systems: From Swarms to Intelligent Automata (2002)
38.84 J. Nembrini, A. Winfield, C. Melhuish: *Minimalist Coherent Swarming of Wireless Networked Autonomous Mobile Robots, Proceedings of the 7th International Conference on Simulation of Adaptive Behavior* (MIT Press, CAmbridge 2002) pp. 373–382
38.85 M. Egerstedt, X. Hu: Formation constrained multi-agent control, IEEE Trans. Robot. Autom. **17**(6), 947–951 (2001)
38.86 A. Olenderski, M. Nicolescu, S. Louis: A behavior-based architecture for realistic autonomous ship control, Proceesings, IEEE Symposium on Computational Intelligence and Games (2006)
38.87 M. Nicolescu, O.C. Jenkins, A. Olenderski: Learning behavior fusion estimation from demonstration, Proceedings, IEEE International Symposium on Robot and Human Interactive Communication (2006) pp. 340–345
38.88 K. Gold, B. Scassellati: Learning about the self and others through contingency, AAAI Spring Symposium on Developmental Robotics (2005)

38.89 M. Baker, H.A. Yanco: Automated street crossing for assistive robots, Proceedings of the International Conference on Rehabilitation Robotics (2005) pp. 187–192

38.90 M. Williamson: *Postural Primitives: Interactive Behavior for a Humanoid Robot Arm, Proceedings of the International Conference on Simulation of Adaptive Behavior* (MIT Press, Cambridge 1996)

38.91 M. Marjanovic, B. Scassellati, M. Williamson, R. Brooks, C. Breazeal: The Cog Project: Building a humanoid robot. In: *Computation for Metaphors, Analogy and Agents, Vol. 1562 of Springer Lecture Notes in Artificial Intelligence*, ed. by C. Nehaniv (Springer, Berlin, Heidelberg 1998)

38.92 A. Edsinger: Robot Manipulation in Human Environments. Ph.D. Thesis , Massachusettes Institute of Technology, Department of Electrical Engineering and Computer Science (2007)

38.93 C. Breazeal: Infant-like social interactions between a robot and a human caretaker, Adapt. Behav. **8**(1), 49–74 (2000)

38.94 H. Ishiguro, T. Kanda, K. Kimoto, T. Ishida: A robot architecture based on situated modules, Proceedings of the International Conference on Intelligent Robots and Systems (1999) pp. 1617–1623

38.95 T. Kanda, T. Hirano, D. Eaton, H. Ishiguro: Person identification and interaction of social robots by using wireless tags, Proceedings IEEE/RSJ International Conference on Intelligent Robots and Systems (2003) pp. 1657–1664

38.96 F. Michaud, Y. Brosseau, C. Cote, D. Letourneau, P. Moisan, A. Ponchon, C. Raievsky, J.-M. Valin, E. Beaudry, F. Kabanza: Modularity and integration in the design of a socially interactive robot, Proceedings IEEE International Workshop on Robot and Human Interactive Communication (2005) pp. 172–177

38.97 F. Michaud, G. Lachiver, C.T. Le Dinh: Architectural methodology based on intentional configuration of behaviors, Comput. Intell. **17**(1), 132–156 (2001)

38.98 D. Letourneau, F. Michaud, J.-M. Valin: Autonomous robot that can read, EURASIP J. Appl. Signal Process. **17**, 1–14 (2004), Special Issue on Advances in Intelligent Vision Systems: Methods and Applications

38.99 J.-M. Valin, F. Michaud, B. Hadjou, J. Rouat: Localization of simultaneous moving sound sources for mobile robot using a frequency-domaine steered beamformer approach, Proceedings IEEE International Conference on Robotics and Automation (2004) pp. 1033–1038

38.100 J.-M. Valin, F. Michaud, J. Rouat: Robust 3D localization and tracking of sound sources using beamforming and particle filtering, Proceedings International Conference on Audio, Speech and Signal Processing (2006) pp. 221–224

38.101 F. Michaud, C. Cote, D. Letourneau, Y. Brosseau, J.-M. Valin, E. Beaudry, C. Raievsky, A. Ponchon, P. Moisan, P. Lepage, Y. Morin, F. Gagnon, P. Giguere, M.-A. Roux, S. Caron, P. Frenette, F.Kabanza: Spartacus attending the 2005 AAAI Conference, Autonomous Robots, Special Issue on AAAI Mobile Robot Competition (2007)

38.102 F. Michaud, D. Letourneau, M. Frechette, E. Beaudry, F. Kabanza: Spartacus, scientific robot reporter, Proceedings of the Workshop on AAAI Mobile Robot Competition (2006)

38.103 E. Beaudry, Y. Brosseau, C. Cote, C. Raievsky, D. Letourneau, F. Kabanza, F. Michaud: Reactive planning in a motivated behavioral architecture, Proceedings American Association for Artificial Intelligence Conference (2005) pp. 1242–1247

38.104 K. Haigh, M. Veloso: Planning, execution and learning in a robotic agent, Proceedings Fourth International Conference on Artificial Intelligence Planning Systems (1998) pp. 120–127

38.105 S. Lemai, F. Ingrand: Interleaving temporeal planning and execution in robotics domains, Proceeedings National Conference on Artificial Intelligence (2004) pp. 617–622

38.106 F. Michaud, J.F. Laplante, H. Larouche, A. Duquette, S. Caron, D. Letourneau, P. Masson: Autonomous spherical mobile robotic to study child development, IEEE Trans. Syst. Man. Cybernet. **35**(4), 1–10 (2005)

38.107 F. Michaud, S. Caron: Roball, the rolling robot, Autonom. Robot. **12**(2), 211–222 (2002)

38.108 R.A. Brooks: *Cambrian Intelligence – The Early History of the New AI* (MIT Press, Cambridge 1999)

38.109 R. Pfeifer, C. Scheier: *Understanding Intelligence* (MIT Press, Cambridge 2001)

38.110 R.R. Murphy: *An Introduction to AI Robotics* (MIT Press, Cambridge 2000)

38.111 M.J. Matarić: *The Robotics Primer* (MIT Press, Cambridge 2007)

38.112 F. Martin: *Robotic Explorations: A Hands-On Introduction to Engineering* (Prentice Hall, Upper Saddle River 2001)

38.113 J.L. Jones, A.M. Flynn: *Mobile Robots – Inspiration to Implementation* (Peters, Wellesley 1993)

第 39 章　分布式和单元式机器人

Zack Butler, Alfred Rizzi

伍小军　译

本章按照数个能证明模块化机器人系统益处的广泛类别的问题来组织。对于每一个问题，我们描述模块化的好处，以及特定的或者拟定的系统如何探究这些好处。具体来说，在第 39.1 节，我们讨论位置移动，第 39.2 节讨论机器人操作，第 39.3 节讨论模块机器人几何学，第 39.4 节讨论鲁棒系统。所考虑的系统一般在每一个模块上都有某种程度的独立计算，本章集中讨论在工作中模块之间保有某种运动学约束的系统。相比于第 40 章描述的多机器人队伍类型，本章关注的系统一般在物理上和概念上更紧密的耦合。也就是说，我们主要关注的系统虽然拥有多个处理器和独立的致动器，但是它们的单个目标或者小的目标集合只能协同取得，而不能将一系列目标单独分配给队伍中的一个（或数个）机器人。

对许多机器人任务类别，包括操纵和位置移动，具备不同运动学的机器人能最好地完成不同的任务实例。例如，足式机器人和轮式机器人都可以有效地移动，但是每一种类型有更适合的特定的环境类型（粗糙或者比较平滑）。类似地，具备不同几何构造的机械手能在不同的运动空间取得好的操控性。在机器人中应用模块化，不论是为单个机器人开发物理上可互换的零件还是创建完全独立但可以连接到一起以适应状况要求的机器人，使得单个综合的机器人系统能获得固定机构所不能的多种运动学构造。

39.1　运动模块化

模块化机器人能够生成很多种不同的形式以适应在粗糙地形上的运动（甚至是通过）。单个机器人系统可以越过相当于机器人本身尺寸数倍的障碍物，也能通过比本身尺寸稍大的隧道。有些系统设计成主要用于多模式移动，虽然其他更通用的机器也能执行这种移动但是效率较低。

39.1.1　自我重组型机器人运动

自我重组型机器人系统潜在功能强大，各模块彼此互相移动，根据不同目的自动形成不同的构造。根据模块系列在空间上如何排列，迄今为止的这种系统一般分为两个类别，即链式和阵列式。链式系统构成可连续移动的一维骨架结构，而阵列式结构倾向于用空间填充模块组成相对更密集的二维或者三维构造，如图 39.1 所示。

在链式系统中，模块通常以链的形式彼此连接，大部分的模块都在自身旋转轴方向与其他两个模块相接。额外的连接模块可提供更复杂的结构，例如多足式蜘蛛，轮式和蛇形机器人。这种系统的例子包括 PolyBot[39.1] 和可重构机器人（CONRO）系统[39.4]。建造链式系统主要有两个挑战。首先，重构系统的控制是一个有趣的运动学问题——将一条蛇变成环需要协调所有的关节，使蛇的首尾两端足够靠近来进行物理连接。这类似于将计算量分布到系统各个关节的传统逆运动学。

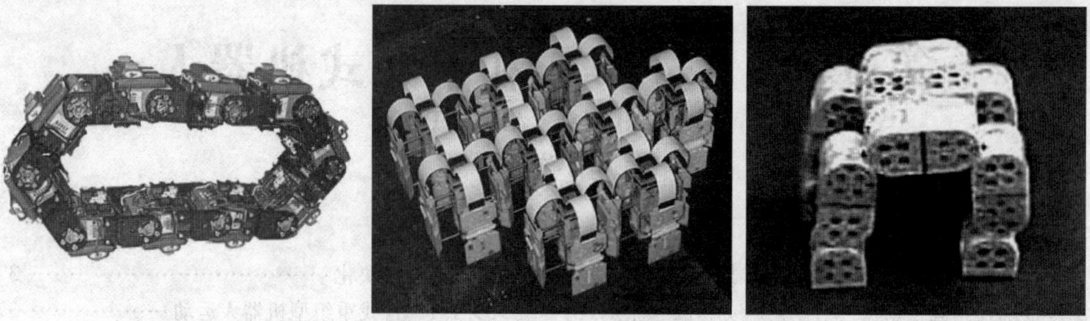

a)　　b)　　c)

图 39.1　自我重构机器人范例

a）Polybot，链式系统[39.1]　b）Crystal，一个二维阵列式系统[39.2]

c）MTRAN[39.3]，具备链式和阵列式两种特征

一旦链式系统形成给定的构造，为了在地形上前进，模块必须生成周期性的步态。步态的定义通常类似于足式系统，即每一关节都有相对于时间的角度规划。这里的挑战在于步态将依赖于配置——不同长度的蛇形机器人需要不同的步态，足式架构的足数变动也是可能的。*Zhang* 等人关于 Polybot 系统的研究[39.5]描述了一系列可缩放的配置形态（环状，足式，蛇形），不同形态之间的自动变换和自动步态的生成。该研究利用相位自动机产生每一个关节的周期性角度，角度的规定方式可以随着配置的变化而很容易地重新计算。

阵列式系统中的模块像建筑材料一般填充空间，使得这类机器人可以构建出不同的形状，从而可以跨越更大的障碍，但是移动效率会较低。例如，轮式或者足式构造的链式系统不能够比传统的轮式或者足式机器人攀越高很多的障碍，但是阵列式机器人利用模块能够产生类似脚手架的形状，该形状只受限于可用模块数量，攀越障碍后模块在障碍物的另一面重组。这里硬件的属性变得很重要，因为这些系统通过重构来产生位移，也就是说，模块会逐个越过剩余结构从而使得整组部件向前移动。图 39.2 给出了一个阵列式模块的范例，模块通过压缩和扩张驱动，以固定的运动序列爬越台阶。

图 39.2　一个由可压缩模块组成的自我配置机器人爬越一个相当于模块两倍高度的台阶

在参考文献［39.6］中，通过改变形状来移动位置被定义为一种单元自动机的结构——在这项研究中，每一个模块独立运行一系列几何法则，取决于相邻物体的状态（不论相邻的是其他模块或者障碍）而沿给定的方向移动。对于不平地形上的直线移动，越过相当于模块本身数倍高的峭壁或者狭窄的坑道，在平坦地面上转弯等，这种技术可以确保机器人前进并防止死锁，但是并不容易将其推广至更复杂的操作。

阵列式机器人有更广泛的模块类型。有些系统为纯平面类型（例如，参考文献［39.9，10］），另外一些为三维（例如，参考文献［39.11］）。模块可以是简单的立方体或者更复杂的形状，虽然一般情况下单个模块不足以执行重要的运动，而需要连接到其他的模块来一起运动。模块之间的连接可以是机械式[39.12]或者是磁力式[39.9]。参考文献［39.6］中提出了一种通用的立方体模块模型，可以平移越过其他模块，进行突出转换，该文献也展现了用几种不同的硬件系统可以完成该模型（虽然有些需要多个硬件模块，称为多模块，来产生一个通用模块）。

近来，出现了衔接这两种不同类型模块机器人的新硬件，这种硬件可以在链式和阵列两种模式下工作。模块化变形机器人（MTRAN）和其后续[39.13]由二自由度模块组成，每一模块包含有两个半圆柱状部件，可绕它们之间的连接旋转。模块的两个半圆部件都能够与其他模块之间通过磁力连接件建立三个连接，磁力连接件只有断开连接的时候需要额外的电源。该机器人也能以完全无线的模式运行，包括连接与断开，是真正的自我重构。该系统已经展示了矩阵式自我重构（阵列的离散本质使得运动学和对接问题简单很多），之后通过串联模块的关节变形为四足行走机器人。Superbot机器人[39.14]是最近研发的另外一款系统，因为每个模块拥有额外的一个自由度，所以它至少可以实现跟MTRAN一样的功能，但是目前物理上自动连接与断开的功能还在研发当中。

在所有这些系统中，构建功能性和鲁棒性的硬件是关键挑战所在。主要的考虑是连接机构——这些机器人需要相当坚固的连接，通常包括多个用于通信和/或电力传送的电气连接，为此，物理连接也是允许的，即便要面对位置误差。位置误差可通过传感来处理，例如CONRO系统中使用的多个信号灯，或者通过机械方式，例如分子机器人中使用的夹具。连接部件对阵列式系统来说更为关键，因为后者必须进行连接或者断开来反映任何的几何变化。

39.1.2 物理协作移动机器人

在其他情况下，位置移动的要求可能很直接，只有一些特别领域需要不寻常的功能。在这些情况下，使用传统的移动机器人作为模块可能更合适，这样的机器人可以独自有效地移动，也可以通过刚性或者半刚性连接来获得更强的功能。

一个例子是由*Hirose*等人提出的Gunryu系统[39.15]。在该系统里，每一个模块均是单独的履带式移动机器人，长约0.5m，并安装有两个关节组成的手臂。每一个模块可以自动在中等难度的地形中移动。当遇到很陡峭的地形或者地面的孔洞比单个模块自身还大，模块可以利用它的机械手臂抓住另外一个模块。文献作者演示了两个连接在一起的模块能够比单个模块越过更宽的地面。这项功能的关键是机械手的强度，它必须足够坚硬以承受另外一个模块的重量。一个更近研发的称为Ashigaru的机器人，它的每个模块有三条腿，因为每一条腿能充作爪勾，所以能独立执行简单爬行。该机器人的演示包括变形为四足动物和六足虫（见图39.3a），爬越比单个模块所能爬越更高的台阶，甚至于以其他模块抓住一个模块并用它作为简单的机械手。当前，该机器人通过手动重构，但是自我重构的功能已在计划之列[39.7]。

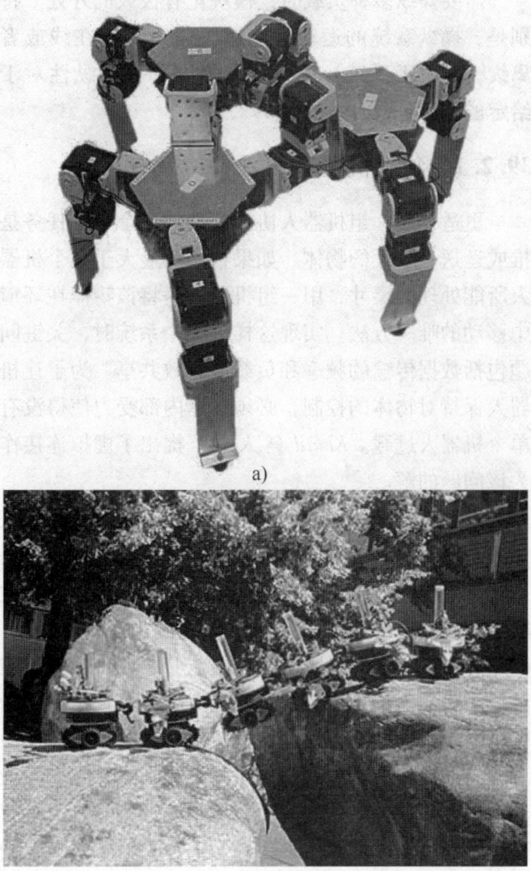
a)

b)

图39.3 单独可工作的移动机器人彼此连接来执行更困难任务的范例

a）Ashigaru系统[39.7]的三个模块组合成六足行走机器人 b）蜂群机器人[39.8]彼此连接通过一个比自身尺寸更宽的空隙

在这个方向上，蜂群机器人（SWARM-BOTS）项目正在执行一项更广泛的工作[39.16]。该系统中的模块要小很多（圆形机器人，直径120mm），但是都有一个类似的夹具能够夹住其他模块来协同位移。在这种情况下，夹具与其说是串联型的机械手，更像是一个两自由度的腕关节，可以获得更大的刚度。在演示中这些模块能够穿过比模块直径更宽的间隙，如图39.3b所示[39.8]。每一个模块也都有一个短的串联机械手可执行多种操作任务，文献中也用整体系统演示了简单的协同操纵。

39.2 机器人操纵的模块化

需要操纵多种负载时，模块化有极大的好处。特别是，操纵系统的运动学能够快速改变（在线或者离线，取决于系统）使得工作空间和可操纵性对于给定的任务是最合适的。

39.2.1 独立机械手

更适合用一组机器人协作处理的一个常见任务是推或运送一个大的物体。如果物体明显大于单个机器人所能处理的尺寸，用一组机器人是将该物体在环境中移动的唯一方法。实现这样的一个系统时，关键问题包括数据传输的频率和负载的有效共享。为了让机器人保持对物体的控制，必须共享内部受力使得没有单个机器人过载。*Khatib* 等人[39.17]提出了虚拟连接作为该问题的解。

在准静态物体推动问题中，受力控制比较少受关注——该情况下的挑战是，每一个推的机器人的作用力范围有限的情况下，应该如何产生被推物体的合适轨迹。在这样的系统中，同步依然重要，但是，*Mataric* 等人[39.18]证明了用两个足式机器人可以协同推动单个机器人推不动的盒子，并表明一般在没有同步的情况下，一个机器人会比另一个移动更快，因此使盒子定向错误或者将盒子推过终点。在该文献中，机器人的同步是通过明确的通信和时间分割控制，也就是说，每一个机器人移动一段时间之后，将控制（和传感器信息）交给同伴。这种分割同步并不总是必需的，但是，如果机器人具备足够的传感和对顶推任务的力学理解，那么它们能够在顶推任务中进行内在的合作。也就是说，当被推的物体移动时，每一个机器人可以推断出整个系统的状态并选择合适的动作和角色。这种任务机理中的信息理论由 *Donald* 等人[39.19]提出，并提供了一系列虚拟和现实信道之间的变换。

协同操纵也可通过非移动模块取得。有人提出了以制造为导向的系统，操纵模块比通常预期的简单很多，因为很多模块可以一起执行某项要求的任务。*Luntz* 等人[39.20]所提出的虚拟车辆就是这样的一个系统。在该系统中，每一个模块只是简单的可转动轮子。将很多个这种轮子在有限的区域内组装在一起，就建立了一个可编程传送带。系统可在不同的点同时处理多个物体，并可以不同的方式处理（例如一个物体停住并就地转动，而另一个物体被传送经过）。同样的，同步在这里很重要——物体的运动由它所受力和扭矩的总和决定，力和扭矩反过来不仅取决于下面每一个轮子的速度和角度，也取决于每一个轮子的相对位置。为了使物体保持正确的轨迹，当物体移动时所有的轮子必须施加合适的作用力来取得位置，当物体移动时该位置可能改变。处理这种复杂度的一种方法是简化任务使得作用力不依赖于时间，例如，以传送带的模式运作，即所有的轮子沿相同方向移动抑或让系统的两部分朝彼此推挤来将物体移动到指定的位置。

另外一个允许使用多个简单机器人的多模块系统是 *Hollis* 等人的微型工坊（minifactory）[39.21]。传统的四自由度装配工作由两台机器人执行，每一台机器人具备两个自由度。其中一台机器人是顶置两轴（Z-Θ）机械手，另外一台是 X-Y 平面电动机。机器人的简化，特别是顶置机械手中消除了串行传动链，可以极大增加精确度和提高微米刻度自动装配的性能。但是，由于该系统的目标是进行力导引装配，故要求两个独立机器人之间的1kHz控制循环闭合。

39.2.2 可重构机械手

有一种完全不同的操作模块化是让传统的机械手可以很容易地重建或者重构来取得不同的运动学。如果机器人手由一系列相似的模块化部件（关节）构建而成，这些模块可以根据需要连接成任意多个自由度，并具有合适的工作空间。可重构模块化机械手（RMMS）就是根据这样的目标来设计的[39.22]。这里的挑战是当系统变化的时候自动计算反向运动学和动力学，实际上 RMMS 提供了这一功能，虽然这些系统通常具备集中式计算，最多带有局部关节控制器。模块化带来的简洁性可以极大化，即每一个模块是具备二进制驱动的连杆机构，也就是说，只有两种可能的状态。将这些二进制模块按不同的几何，不同的架构组合在一起，选用同样的部件可以生成具备不同工作空间的机器人[39.23]。由于工作空间是空间中的一系列散点，所以反向运动学不是闭合形式，故此处运动学和反向运动学不连续。但是，控制方案要简单很多，因为一旦理想的连杆位置确定，只需要很少反馈或者完全不需反馈来将机械手端点移动到给定位置。

自我重构领域内最早描述的系统之一是 *Fukuda* 等人提出的单元式机器人（CEBOT）[39.24]。该系统介于纯自我重构模块和移动机器人之间，因为它包括独立可移动模块，但也包括非移动模块，并在大多数任务中需要用到几个模块。在 CEBOT 描述的其中一项任务中，单个模块能够通过一个小的开口进入一辆坦克，然后重构成一个更大尺寸的机械手在整个坦克空间内执行操作。

39.3 几何重组型机器人系统的模块化

应用模块化可以令包含很多独立部件的系统用最小的付出在不同任务之间快速重构。这在制造系统中很有用，模块可以执行单独操作，也可进行机器人重构，在机器人执行任务时传感器可重新定位。在这两种情况下，需要考虑几个问题：重构的容易度，确定当前的构型，为特定的任务选择好的构型，基础任务的设计——任意构型都可以使用的性能算法。

39.3.1 手动重构系统

传统制造可在工作间进行，在工作间中单个机器人可以访问几个工作台以执行一系列装配操作。从零件的角度来看，这些工作间设计得相当模块化，当制造任务改变的时候可以交换产品的不同部分。几个工作间可以沿着一条传送带或者其他直线机制布置来创建一条装配线。尽管在构造上可能相似，在运行中工作间倾向于彼此独立。在这种传统的布局中，进度安排可能很重要，但是实时交互则可能性不大。

另一方面，在微型工坊（Minifactory）项目中，整个系统包括传送是一个单一模块系统的一部分。所有的模块都遵从一个通用的接口，包含硬件和软件[39.21]。通过夹子和简单的接头可以把每一个机器人置于系统之中，从而允许快速重构。机器人之间共享一种通用的高级语言和集中式仿真环境，这样任务可以提前在系统中规划。当模块装配时，系统中运送产品的机器人也可以用来察看所有部件放置的确切位置。在通用框架下编写的任务算法，与将要访问的确切位置一起自动上载。这种机制允许从仿真的装配线平滑而有效地切换至实际操作的硬件集合。

39.3.2 自动重构型系统的外形生成

自我重构型机器人，正如其名字所示，能够自动改变总体外形以适应当前的任务。除了利用这种能力来执行各种移动任务，阵列式系统特别拥有产生几乎任意三维形状的能力。这有利于生成不同尺寸和形状的载体、机械手或者其他设备。在最近的研究中，使用多样化模块的系统受到了更多关注，这种系统中每一个模块的功能不一定相同[39.25]。这有利于在任务中将镜头或其他特定的传感器放置于不同的位置，即使系统的形状保持不变。图39.4给出了一个从椅子到桌子的多样化重构仿真范例——在这种方法中，首先，系统不考虑模块类型而生成期望的形状（用模块颜色表示），然后各模块在物理上排序到正确的位置。

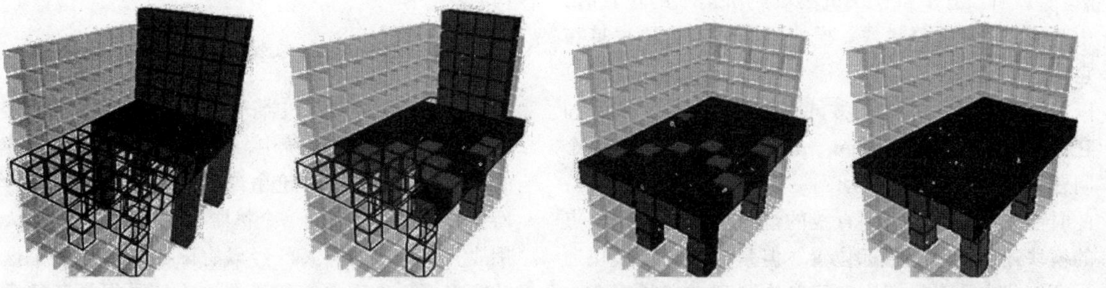

图39.4　具有椅子形状的系统通过非均匀重构变化至桌子

为执行自我重构，系统中的模块需要协作来规划运动，以形成期望的构型。在常见的实践中，模块不带中央控制器运行，但是某种规格的全局期望形状会传送给所有的模块，然后每个模块做出局部决定是否要移动以及要移动至哪里。为执行重构，已经开发了主要针对局部的算法和全局规划算法。

局部成形技术趋向于以连接为基础，也就是说，通过列出模块之间的连接来规定所期望的形状。每一个模块负责确保有合适的模块与它连接。*Tomita* 等人首先提出一种这种性质的针对二维系统的形状生成方案[39.26]，一个种子模块在其环绕的连续分层中收集模块，在每一个层按照全局设计的规定收集适合的模块。沿相似的思路，*Lipson* 等人[39.27]通过模块来构建不包含传统的驱动而是存在于移动流体介质中的形状。模块只能控制何时何地允许其他模块与其相连接来建造期望的形状，因此基于连接的方案就很自然了。最近 *Klavins* 等人的工作[39.28]避免了使用种子模块，而是使用反应网络理论来允许模块随机移动（例如在外力作用下）来智能化地分离和重新合并，从而可以很有效且可靠地取得期望的形状。

全局技术看上去更像传统的路径规划——模块探查当前构型与期望构型之间的差异，以分布式的方式产生路径以使模块移动到空的位置。一个有趣的特征是可用的路径经过其他模块的表面，因此不论何时需要搜索都有计算可用，分布式规划就很自然了。而且，路径本质上是不连续的，所以不需要应用人工约束来执行规划。

这里我们主要关注两点：第一，必须求解匹配问题，以确保每一个目标位置只是单个模块的终点，并且考虑到每一个位置；第二，如果系统中产生并执行多个规划，必须避免死锁，且保留可遍历性。要解决第一个问题，可让每一个目标位置都由一个特别的模块来代表，如果该模块可以填充目标位置，就让该模块初始化路径搜索。并且，这些做法也会每次生成目标形状的一个层次，并从当前形状开始往外扩展。每一次单独的路径搜索都必须只有一个模块填充，或者执行深度优先搜索直到找到可执行的模块（参考文献［39.29］中使用的就是这种方法），或者当有多个模块试图填充所请求的位置时，用其他方法来选择模块。模块只有当不需要保持在它们的当前位置，并且不需要与总体结构脱开就可以移动的情况下，才能尝试移动。MeltGrow[39.30]和它的后续方法 MeltSortGrow，以下列方式处理第二个问题：将所有的模块移动到一个中间形状（直线），此时能够在本地检测到直线的端点，只有位于端点的模块才会移动到目标位置。但是，从相邻模块通过深度优先搜索，模块们可以检测到它们是否会与结构相脱离，于是解链步骤就没有必要了。运动中，当其他模块开始移动时必须小心以确保路径仍然有效。这可以通过序列化或者局部的交通控制方案[39.29]来实现，即模块彼此通信并轮流通过一个特定的区域。可以证明形状重构算法需要 n 个模块进行 $O(n^2)$ 次模块运动，但是通常如果运动是并行执行的话，则只需要 $O(n)$ 次运动。

如果是非均匀系统，也就是说，模块具有不同种类，必须要决定所给的位置需要哪一种模块，并只有该种模块能够响应特定的请求。*Fitch* 等人[39.25]提出了一种规划系统用于尺寸相似但是类别迥异的模块，首先不考虑模块类别而获得正确的形状，然后模块交换位置。在大多数情况下这种算法仍然只需要 $O(n^2)$ 次运动，并可用分布式方式有效执行。

39.3.3 构型优化

确定合适的构型是手动重构和自动重构系统中的另一个关键问题，但是在文献中很少提及。一种常用的途径是经验方法——模拟不同构造下特定的任务或者一系列任务（例如一个装配过程），并比较每种情况下的效率。例如，在 RMMS 系统的描述中，参考文献［39.22］提到对特定的机器人操纵任务，有模拟器可以确定最适合的构型。针对 CEBOT 系统也有类似的研究，对机械手的位置和所需要的模块数量以及模块的构型进行了优化[39.32]。在关于二进制机械手的研究中，针对给定的一系列需要到达的点，找出优化的构型，在这其中利用了拉格朗日乘子来最小化从基本结构转换至可以取得期望位置的结构带来的变化[39.23]。

在自我重构机器人系统中，多达上百个模块任意放置，因此有相当多的构型需要考虑，而任务本身可比这更加复杂。第 61 章描述了优化模块化机器人构型的一种革命性方法（虽然不是自我重构）。来自多机器人队伍的更通用的构型优化方法可应用于监控等任务，虽然它们需要进行修改以处理自我重构系统的功能。

39.3.4 自我复制系统

自我复制模块化机器人是一类消除了构型决定问题的系统。在这类系统中，从供应模块生成一组模块的副本。自我复制理论由冯·诺伊曼建立[39.33]，然而工程上研制这样的一个机器人系统是一个相当大的挑战。*Suthakorn* 等人已经以有限的形式展示了这种功能[39.34]，在该系统中机器人由四种很复杂的模块所构建，一个机器人可以构建第二个机器人，类似地，*Zykov* 等人[39.35]用更传统的阵列式自我重构模块展示了同一功能。

39.4 鲁棒性模块化

使用很多简单模块来完成一项任务在失效的情况下可保持鲁棒性。如果模块完全一致，那么它们可以进行简单的互换。如果系统的设计具备足够多的冗余度，模块失效的时候系统可以完全不受影响。这种自我维修的过程有可能自动执行，正如有些自我重构系统所提出来的那样[39.26,36]。在这些情况下，通过有选择性的拆卸将失效模块移到外表层，或者通过挤压步态移动模块，可将失效模块从系统中挤出。Dragon 接头[39.37]在模块失效时总可以从其中一侧脱离，于是系统能以最小的损失继续工作。但是，尽管模块系统的这种自我维修功能很重要，但它还没有成为研究的一个焦点。

另一方面，手动重构的系统可能没有能逐出失效模块的选项。实际上，它们在建造的时候就可能具备内在的冗余度，不论是以主动还是被动的方式，都可以简单地处理失效的模块。例如，在虚拟车辆中，如果运转的物体相对于制动器尺寸很大，那么单个部件的失效可能不会影响整体性能。类似地，冗余机械手例如 RMMS[39.22]在单个关节被卡住时还能够持续工作，虽然必须主动检测这种情况的发生从而可以考虑到动力学和运动学的改变。

39.5 结论与扩展阅读

不管系统是自己改变构型还是需要人的辅助，在许多不同的任务领域都可以看到模块化的好处。可以利用模块化来简单创建更大型的机器，例如，可以实现更强的运动，或者更复杂的机器但是在模块层次仍然很简单。现在，在研究领域硬件系统很大程度上没怎么变化，然而在数个领域中算法进展更显著，例如自我重构。人们希望在大规模生产的同时可以降低模块化机器人研发的相关成本，使得这种系统内在的鲁棒性和多用性可以得到更多的应用。

感兴趣的读者可以在一篇调查报告[39.38]中找到自我重构机器人的更多细节，这个领域内的专题讨论会也经常与国际会议一起举行，例如 2006 年机器人：科学与系统会议，和 2007 年国际智能机器人与系统会议。分布式机器人系统一般是每两年举办一次的分布式自动机器人系统（DARS）会议的主题内容，包括许多与该主体相关的文章。

参考文献

39.1 M. Yim, D. Duff, K. Roufas: PolyBot: A modular reconfigurable robot, Proc. of IEEE ICRA (2000) pp. 514–520

39.2 Z. Butler, D. Rus: Distributed motion planning for modular robots with unit-compressible modules, Int. J. Robot. Res. **22**(9), 699–716 (2003)

39.3 S. Murata, E. Yoshida, K. Tomita, H. Kurokawa, A. Kamimura, S. Kokaji: Hardware design of modular robotic system, Proc. of IROS (2000) pp. 2210–2217

39.4 A. Castano, W.-M. Shen, P. Will: CONRO: Towards deployable robots with inter-robots metamorphic capabilities, Auton. Robot. **8**(3), 309–324 (2000)

39.5 Y. Zhang, M. Yim, C. Eldershaw, D. Duff, K. Roufas: Scalable and reconfigurable configurations and locomotion gaits for chain-type modular reconfigurable robots, Proceedings of the International Symposium on Computational Intelligence in Robotics and Automation (2003) pp. 893–899

39.6 Z. Butler, K. Kotay, D. Rus, K. Tomita: Generic decentralized locomotion control for lattice-based self-reconfigurable robots, Int. J. Robot. Res. **23**(9), 919–938 (2004)

39.7 M. Ohira, R. Chatterjee, T. Kamegawa, F. Matsuno: Development of three-legged modular robots and demonstration of collaborative task execution, Proc. of IEEE Int'l. Conf. on Robotics and Automation (2007) pp. 3895–3900

39.8 V. Trianni, S. Nolfi, M. Dorigo: Cooperative hole avoidance in a swarm-bot, Robot. Auton. Syst. **54**(2), 97–103 (2006)

39.9 S. Murata, H. Kurokawa, S. Kokaji: Self-assembling machine, Proc. of IEEE ICRA (1994) pp. 442–448

39.10 D. Rus, M. Vona: A physical implementation of the crystalline robot, Proc. of IEEE ICRA (2000)

39.11 C. Ünsal, P. Khosla: Mechatronic design of a modular self-reconfiguring robotic system, Proc. of IEEE ICRA (2000) pp. 1742–1747

39.12 K. Kotay, D. Rus, M. Vona, C. McGray: The self-reconfiguring robotic molecule: design and control algorithms, Proc. of the Workshop on Algorithmic Foundations of Robotics (1998)

39.13 S. Murata, E. Yoshida, A. Kamimura, H. Kurokawa, K. Tomita, S. Kokaji: M-TRAN: Self-reconfigurable modular robotic system, IEEE/ASME Trans. Mechatron. **7**(4), 431–441 (2002)

39.14 W.-M. Shen, M. Krivokon, H. Chiu, J. Everist, M. Rubenstein, J. Venkatesh: Multimode locomotion for reconfigurable robots, Auton. Robot. **20**(2), 165–177 (2006)

39.15 S. Hirose, T. Shiratsu, F.E. Fukushima: A proposal for cooperative robot "gunryu" composed of autonomous segments, Proceedings of the International Conference on Intelligent Robots and Systems (1994) pp. 1532–1538

39.16 F. Mondada, L.M. Gambardella, D. Floreano, S. Nolfi, J.-L. Deneubourg, M. Dorigo: The cooperation of swarm-bots, IEEE Robot. Autom. Mag. **12**(2), 21–28 (2005)

39.17 O. Khatib, K. Yokoi, K. Chang, D. Ruspini, R. Holmberg, A. Casal: Coordination and decentralized cooperation of multiple mobile manipulators, J. Robot. Syst. **13**(11), 755–764 (1996)

39.18 M. Mataric, M. Nilsson, K. Simsarian: Cooperative multi-robot box pushing, Proceedings of the International Conference on Robotics and Automation

(1995) pp. 556–561
39.19 B. Donald, J. Jennings, D. Rus: Information invariants for distributed manipulation, Int. J. Robot. Res. **16**(5), 673–702 (1997)
39.20 J. Luntz, W. Messner, H. Choset: Closed-loop operation of actuator arrays, Proc. of IEEE Int'l. Conf. on Robotics and Automation (2000) pp. 3666–3671
39.21 A.A. Rizzi, J. Gowdy, R.L. Hollis: Agile assembly architecture: An agent-based approach to modular precision assembly systems, Proc. of IEEE Int'l. Conf. on Robotics and Automation (1997) pp. 1511–1516
39.22 C. Paredis, H.B. Brown, P. Khosla: A rapidly deployable manipulator system, Proceedings of the International Conference on Robotics and Automation (1996) pp. 1434–1439
39.23 G.S. Chirikjian: A binary paradigm for robotic manipulators, Proc. of IEEE Int'l. Conf. on Robotics and Automation (1994) pp. 3063–3069
39.24 T. Fukuda, T. Ueyama: *Cellular Robotics and Microrobotic Systems* (World Scientific, Singapore 1994)
39.25 R. Fitch, Z. Butler, D. Rus: In-place distributed heterogeneous reconfiguration planning, Proc. of Distributed Autonomous Robotic Systems (2004)
39.26 K. Tomita, S. Murata, H. Kurokawa, E. Yoshida, S. Kokaji: Self-assembly and self-repair method for a distributed mechanical system, IEEE Trans. Robot. Autom. **15**(6), 1035–1045 (1999)
39.27 P. White, V. Zykov, J. Bongard, H. Lipson: Three dimensional stochastic reconfiguration of modular robots, Proceedings of Robotics: Science and Systems (Cambridge 2005)
39.28 E. Klavins: Tuning reaction networks for programmed self-organization, Proceedings of the Third Conference on the Foundations of Nanoscience (2006) pp. 34–37
39.29 S. Vassilvitskii, M. Yim, J. Suh: A complete, local and parallel reconfiguration algorithm for cube style modular robots, Proc. of IEEE ICRA (2002) pp. 117–122
39.30 M. Vona, D. Rus: Self-reconfiguration planning with compressible unit modules, Proc. of IEEE Int'l. Conf. on Robotics and Automation (1999) pp. 2513–2520
39.31 G. Chirikjian, A. Pamecha: Bounds for self-reconfiguration of metamorphic robos, Proceedings of the International Conference on Robotics and Automation (1996) pp. 1452–1457
39.32 T. Fukuda, S. Nakagawa, Y. Kawauchi, M. Buss: Structure decision method for self organizing robot based on cell-structure cebot, Proceedings of IEEE International Conference on Robotics and Automation (1989) pp. 695–700
39.33 J. von Neumann: *Theory of Self-Replicating Automata* (Univ. of Illinois Press, Chicago 1966)
39.34 J. Suthakorn, Y.T. Kwon, G. Chirikjian: An autonomous self-replicating robotic system, Proc. of the International Conference on Advanced Intelligent Mechatronics (2003) pp. 137–142
39.35 V. Zykov, E. Mytilinaios, B. Adams, H. Lipson: Self-reproducting machines, Nature **435**, 163–164 (2005)
39.36 R. Fitch, D. Rus, M. Vona: A basis for self-repair robots using self-reconfiguring crysta l modules, Intelligent Autonomous Systems 6 (2000)
39.37 M. Nilsson: Connectors for self-reconfiguring robots, Trans. Mechatron. **7**(4), 473–4 (2002)
39.38 D. Rus, Z. Butler, K. Kotay, M. Vona: Self-reconfiguring robots, Commun. ACM **45**(3), 39–45 (2002)

第 40 章　多机器人系统

Lynne E. Parker
伍小军　译

在多移动机器人系统背景下，本章研究其当前的技术发展水平。在简要介绍之后，我们首先考察多机器人协作的体系结构，并探究已经开发的替代方案。接下来，在第 40.3 节，我们研究通信问题和他们对多机器人队伍的影响，紧接着在第 40.4 节我们讨论群体机器人系统。群体机器人系统通常假设很多个无差别的机器人，其他类型的多机器人系统包括不同的机器人。因此接下来我们在第 40.5 节讨论协作机器人队伍中的非均匀性。一旦机器人队伍允许单个机器人的非均匀性，任务分配等问题便变得重要；因此在第 40.6 节讨论常见的任务分配方法。第 40.7 节讨论多机器人学习的挑战，和一些代表性的方法。在第 40.8 节我们概述一些典型的应用领域，作为多机器人系统研究的测试平台。最后，在第 40.9 节，我们对本章做出结论，包括一些总结性的评论，并给读者一些进一步阅读的建议。

研究者们一般都同意多机器人系统相对于单机器人系统有几个好处[40.1,2]。发展多机器人系统解决方案最常见的动机是：

1）任务复杂度太高以至于单个机器人完成不了。

2）任务具有内在的分布式属性。

3）建造几个资源受限型机器人比单个功能强大的机器人容易得多。

4）利用平行算法，多机器人能够更快解决问题。

5）引入多机器人系统通过冗余度增加鲁棒性。

开发多机器人解决方案必须要面对的问题取决于任务的需求，机器人传感器和末端执行器的功能。

多移动机器人系统的研究中考虑的是那些在环境中四处移动的机器人类型，例如陆上车辆、飞行器、或者水下运载工具。区别于其他类别的多机器人交互，本章特别聚焦于多个移动机器人的交互。例如，多移动机器人系统的一个特别范例是为了导航或者操纵的目的而互连的重构或模块化机器人。第 39 章详细讲述了这种多机器人系统。第 41 章讲述的网络机器人也与多移动机器人系统紧密相关；但是，网络机器人的重点是通过网络通信彼此连接的机器人、传感器、嵌入式计算机和用户等的系统。另外一个多机器人协作的变体是多个机械手的合作；第 29 章详细描述了这种系统。

40.1　背景

自从 20 世纪 80 年代最早有关多移动机器人系统的研究以后，该领域已经显著成长，涵盖了大量的研究成果。在最一般的层次，多移动机器人系统分为两大类：协同集群系统和主动协作系统。在协同集群系统中，机器人执行各自的任务而很少需要知道其他机器人同伴的情况。这些系统的特征是假设有很多无差别移动机器人，每个机器人利用本地控制法则来产生全局连贯的团队行为。另一方面，主动协作系统中的机器人知道环境中其他机器人的存在，并基于团队成员的状态、行为或者功能来一起行动以完成同一个目标。主动协作系统机器人考虑其他机器人的行为或状态的程度不一样，可导致强或者弱的协作方案[40.3]。强协作方案执行不容易串行化的任务，要求机器人共同行动以完成目标。这些方法要求机器人之间的某种通信和同步。弱协作方案在协调机器人任务和角色选择之后允许机器人有独立运行的时间。主动协作多机器人系统能够处理机器人队伍成员的差异性，例如传感器和执行器的功能不一样。在这些系统中，机器人的协同与协同集群机器人的方法很不一样，因为机器人之间不再是可互换的。

大多数针对多移动机器人协作的研究可以分为一系列关键研究主题。这些主题，也是本章讨论的重点，包括系统结构，通信，群体机器人，非均匀性，任务分配和学习。多机器人系统中的系统结构和通信与所有多机器人系统类型相关，因为这些方法规定了机器人团队中的成员如何组织和交互。群体机器人是一种特殊类型的多机器人系统，其特征是很多个无差别机器人内在彼此互动。这样的系统经常用来与非均匀机器人做对比，后者队伍成员的功能可以显著不同。当机器人的功能不一样时，确定哪些机器人应该执行哪项任务变得很有挑战——该挑战通常称为任务分配。最后，多机器人队伍中的学习在设计具备时间适应能力并能学习新行为的机器人队伍过程中特别受关注。通常可以通过一系列代表性的应用领域来说明在每一个领域中的进展；这些应用是本章最后讨论的一个重点主题。

40.2　多机器人系统的体系结构

为多机器人队伍设计总体控制体系结构对于系统的鲁棒性和可伸缩性有重要的影响。多机器人队伍的机器人体系结构的基本组成部件与单个机器人系统相同，后者在第8章有描述。然而，多机器人系统必须处理机器人的交互以及如何从队伍中单个机器人的控制体系结构来产生群体的行为。多机器人队伍体系结构可以有几种不同的分类标准；最常见的是集中式、分层式、分布式和混合式。

集中式体系结构从单个控制点来协同整个队伍，这在理论上是可能的[40.4]，但是，由于对单个失效点很脆弱，并且以适合实时控制的频率将整个系统的状态传回中央处理单元的难度很高，该结构通常在实际使用中并不切实际。在与此类结构有关的应用中，从中央控制器可以很方便地观察各机器人，并能够很容易地广播群组消息供所有机器人遵循[40.5]。

分层式系统结构对某些应用是实用的。在这种控制方法中，每一个机器人监督相对较少的一组机器人的行动，而该组中的每一个机器人又依次监督另外的一组机器人，以此类推，直至仅仅只执行本身任务的最底层的机器人。这种结构比集中式方法能更好地缩放，类似于军事上的命令与控制。分层式控制体系结构的一个局限是当控制树中处于高层的机器人失效时，复原很困难。

分布式控制体系结构是多机器人队伍最常用的方法，通常只需要机器人基于对本地情况的了解来采取行动。这种控制方法对失效有高度的鲁棒性，因为机器人不需要负责控制另外的机器人。但是，要在这些系统中获得全局一致性很困难，因为高层的目标必须要整合到每一个机器人的本地控制。如果目标改变，则很难修改单个机器人的行为。

混合式控制体系结构结合本地控制与高层次控制方法来获得鲁棒性和通过全局目标、计划或控制来影响整个团队行为的能力。许多多机器人控制方法应用了混合式系统结构。

这些年来已经开发了很多的多机器人控制体系结构。这里我们集中描述三种方法来说明控制体系结构的整个范围。第一种，Nerd Herd 方法，是使用多个无差别机器人的纯群体机器人方法的代表。第二种，ALLIANCE，是基于行为方法的代表，能够协同多机器人，并且在没有直接协同的情况下仍可控制非均匀机器人。第三种，分布式机器人体系结构（DIRA），是一种混合式方法，可在非均匀机器人队伍中取得机器人自动化和直接协同。

40.2.1　Nerd Herd 系统

Mataric 进行了最早的多机器人社会行为的研究之一[40.6]，并利用由 20 个相似机器人组成的 Nerd Herd 团队演示其结果（见图40.1）。这项工作是群体机器人系统的一个范例，第 40.4 节将进一步讲述。分布式控制方法基于包容体系（参考第 8 章），并假设所有的机器人都是无差别的，但是单个机器人只具备相对简单的功能，例如探测障碍物和同伴（即其他机器人成员），并定义和证明了一系列基本的社会行为（参考第38章），包括避障、返回原地、聚合、分散、跟随和安全漫游。这些基本行为通过不同的方式组合可产生更复杂的社会行为，包括群集（由安全漫游、聚合、分散组成），包围（由安全漫游、跟随和聚合组成），集中（由安全漫游、包围和群集组成），觅食（由安全漫游、分散、跟随、返回原地和群集组成）。这些行为通过法则来实施，例如下述聚合法则：

聚合：

如果　机器人单元位于聚合范围之外

转向聚合中心点前进

其他

停止

这项研究表明集体行为可通过组合低阶的基本行为来产生。该项目还研究了用桶链算法来减少干扰[40.7]，以及机器人学习[40.8]。

图40.1　Nerd Herd 机器人

40.2.2　ALLIANCE 体系结构

另外一项早期的多机器人体系结构研究是同盟（ALLIANCE）体系（见图40.2），由 *Parker*[40.9] 设计用于不均匀多机器人队伍的可容错任务分配。该方法建立在包容体系之上，增加了行为集合和动机，在机器人之间没有直接协商的情况下取得行动选择。行为集合将低阶的行为组合到一起以执行特定的任务。动机由不同级别的焦躁和默许组成，可以增加或者降低机器人针对某项必须完成的任务时激活某行为集合的兴趣。

在这种方法中，执行给定行为集合的初始动机设为零。然后，在每一个时间步骤，根据以下因素重新计算动机的水准：

1）前一步的动机水准。

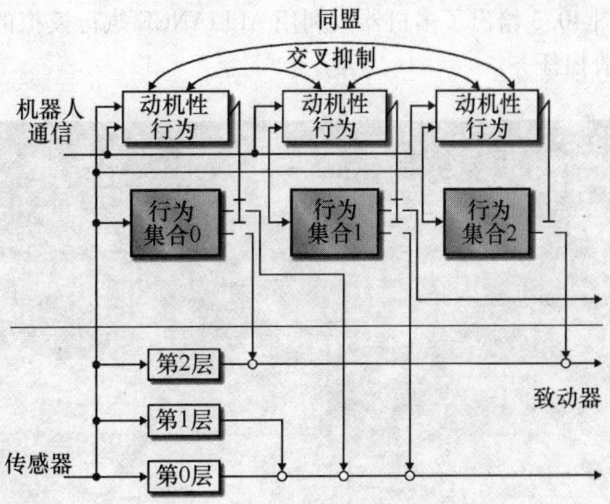

图40.2　ALLIANCE 体系结构

2）焦躁率。

3）传感器反馈是否表明需要行为集合。

4）机器人是否已经激活了另外一个行为集合。

5）是否有另外一个机器人已经开始为该任务工作。

6）基于已经尝试任务的时间长短，机器人是否愿意放弃该任务。

动机以某一正速率持续增加，除非下面四种情况之一发生：

1）传感器反馈显示已经不再需要该行为集合。

2）激活了机器人中另外一个行为集合。

3）其他机器人第一次接手了任务。

4）机器人决定默许该任务。

在上述的任何一种情况下，动机返回零。否则，动机将持续增加直到穿透临界值，此时行为集合激活，可以确定机器人选定了一种行为。当一种行为被选定，该机器人内部的交叉抑制将防止其他任务在同一机器人内激活。当某个行为集合在机器人内处于激活状态，该机器人每隔一段时间将它的当前行为广播给其他机器人。

L-ALLIANCE 扩展[40.10]允许机器人根据它完成某项给定任务的期望质量来调整焦躁和默许的比率。结果是已经证明能更好完成某些任务的机器人将来也更有可能选择同样的任务。另外，如果机器人队伍运行时发生问题，机器人可以动态重新分配它们的任务来弥补问题。为验证这种方法，分别测试了由三个非均匀机器人组成的机器人队伍来执行一项模拟的清扫任务，两个机器人执行的推箱子任务，以及四个机器人执行的协同目标观测问题。该方法也在模拟看门服务任务以及掩护跃进中得到了验证。

图 40.3 给出了多机器人利用 ALLIANCE 执行模拟的清扫任务。

图 40.3 多机器人利用 ALLIANCE 执行模拟的清扫任务

40.2.3 分布式机器人系统结构

Simmons 等人[40.11]开发了一种混合体系结构，称为分布式机器人体系结构（DIRA）。与 Nerd Herd 和 ALLIANCE 方法类似，DIRA 方法允许单个机器人的自主权。但是，不像前述方法，DIRA 有利于机器人之间的直接协同。这种方法基于分层体系结构，后者在单机器人系统中很流行（参见第 8 章）。在这种方法中（见图 40.4），每一个机器人的控制体系包括一个规划层来决定如何取得高阶的目标；一个执行层用于同步各单元，任务序列，并监控任务的执行；一个行为层，与机器人的传感器和致动器交互。上述每一层又分别与其上下的层相交互。并且，在每一层机器人能够通过直接连接彼此交互。

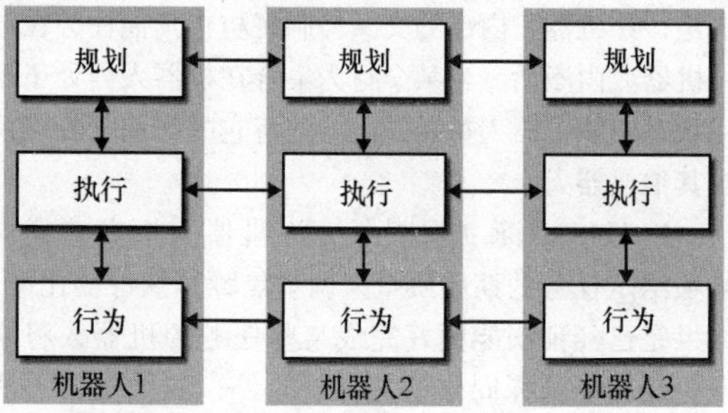

图 40.4 分布式机器人体系结构

这种体系结构已经在由三个机器人组成的机器人队伍中得到证明——一辆起重机，一辆摄像流动车，一个可移动机械手——执行一项结构装配任务（见图 40.5）。这项任务需要机器人协作将一道横梁连接到指定位置。在这些示范中，一个领班机器人决定哪一个机器人应该在何时移动横梁。一开始，起重机机器人基于编码器反馈将横梁移动到目标位置的附近。然后，领班机器人在摄像流动车和起重机之间设置一个行为闭环，以将横梁伺服到更靠近目标位置点。一旦横梁足够靠近，领班机器人随后分配任务给摄像流动车和移动机械手，驱动机械手抓住横梁。开始接触后，领班机器人指挥摄像流动车和移动机械手相互协调驱动横梁到达目标，任务完成。

图 40.5 机器人利用分布式机器人体系结构执行装配任务

40.3 通信

在多机器人系统研究中有一个基本假设，即使机器人缺乏完整的全局信息，通过机器人之间的交互也可以获得全局连续的有效解。但是，要获得这些全局连续解需要机器人获取有关同伴的状态或者行动信息。该信息可通过很多方法获得，三种最常见的方法是：

1）利用环境中的内在通信（称为间接通信），机器人通过对环境的作用来感知同伴的行动效果（例如参考文献［40.6，12-16］）。

2）被动行为识别，机器人利用传感器来直接观测同伴的行动（例如参考文献［40.17］）。

3）显式（有目的的）通信，机器人通过某些主动方式，例如无线电（例如参考文献［40.9，18-20］），有目的地直接交流相关信息。

上述每一种在机器人之间交换信息的机制各有利弊[40.21]。间接通信方法的吸引力在于它很简洁，不依赖于固定的信道和协议。但是，它受限制于机器人的环境感知反映任务显著状态的程度，该任务是机器人队伍必须要完成的。被动式行为识别的吸引力在于它不依赖于有限的带宽和容易出错的通信机制。在内在协同方面，它受限于机器人成功理解传感器信息的程度，以及分析机器人同伴行动的难度。最后，显示通信方法的吸引力在于机器人能够直接和容易地意识到同伴的行动和/或目标。显式通信在多机器人中主要用来对通信进行协同，交换信息，以及机器人之间的协商。显式通信可用来处理隐藏状态问题[40.22]，有限的传感器不能区分环境的不同状态，而这些状态对于任务性能极为重要。但是，显式通信的故障包容度和可靠性有限，因为它通常依赖于一个嘈杂且带宽有限的信道，而不能持续地连接机器人队伍中的所有成员。因此，使用显式通信的方法必须提供处理通信失效与消息丢失的机制。

设计阶段在多机器人队伍中选择合适的通信，取决于多机器人队伍所要完成的任务。需要仔细考虑替代通信方案的成本和好处，来决定能够可靠获得所需系统性能的方法。研究者一般同意通信能够对团队性能产生很强的正面影响。*MacLennan* 的工作[40.23]是最早说明该影响的研究之一，他研究了通信在模拟环境中的进化，并得出结论，本地机器人信息的通信能产生极大的性能提高。有趣的是，对于很多代表性的应用，研究者们发现通信信息量与它对机器人队伍的影响之间存在非线性关系。*Balch* 和 *Arkin* 的研究[40.24]证实，通常，即便是很小的信息量都能对队伍产生重大的影响。但是，更多的信息并不一定会持续提高性能，因为这会很快使通信带宽过载而产生不了应用好处。多机器人系统的挑战在于找出能提高性能但又不会使通信带宽饱和的最优信息片段用于交换。当前，没有通用方法能识别这些关键的信息是否可用；因此，系统设计者需要根据具体的应用来决定哪些信息需要通信。*Dudek* 的多机器人分类系统包括与通信相关的轴线，内容包含通信范围，通信拓扑和通信带宽。这些特征可用来比较和对照多机器人系统。

在多机器人队伍通信的活跃研究中有几项是关于动态网络连接和拓扑；例如，机器人队伍必须能够在移动中保持通信连接，或者利用恢复战略使机器人队伍在通信连接中断的时候复原。这些问题要求机器人根据对通信网络的预期效果或者对信息通过动态网络的预期传播行为的了解来相应调整行动。上述以及相关的问题在网络机器人的范畴内有更详细的讨论；更多信息参见第41章。

40.4 群体机器人

历史上部分最早的多机器人系统研究[40.12,13,26-33]针对的是大量无差别机器人，称为群体机器人。时至今日这仍然是一个活跃领域，群方法从生物领域得到启发——特别是蚂蚁，蜜蜂和鸟类——并在多机器人队伍中开发相似的行为。因为生物性领域能够实现印象深刻的群体能力，例如白蚁类能建造大而复杂的土堆，或者蚂蚁能够协作搬动大个猎物，机器人研究者以在机器人领域复制这样的能力为目标。

群体机器人系统通常称作协作机器人，意味着单个机器人通常除了其周围信息外并不能意识到系统中其他机器人的行动。这些方法的目标是从单个机器人的交互动力学取得所期望的团队层次的全局行为，而单个机器人遵守相对简单的本地控制法则。群机器人系统通常包含很少的机器人之间的显式通信，而是依赖于间接通信（即通过环境的通信）来取得偶发的协作。假定单个机器人拥有最低限度的功能，因此凭自身完成有意义的实际任务的能力很低。但是，与其他类似的机器人组合到一起后，它们能够协作完成团队层次的任务。理想情况下，整个团队能比机器人单独工作取得更多成效（即，超加性，意味着总体大于单个部分的简单相加）。这些系统假设大量的机器人（至少数打，通常成百或上千）并直接处理扩展性。群体机器人方法拥有高层次的冗余度，因为机器人彼此类似，因此可以互换。

人们研究了许多类型的群行为，例如觅食、群集、链接、搜索、聚居、聚合和包容。这些群行为主要涉及空间分布的多机器人运动，要求机器人通过以下方式协调运动。

1）相对于其他机器人。

2）相对于环境。

3）相对于外部机器人。

4）相对于机器人以及环境。

5）相对于所有项目（即其他机器人、外部机器人和环境）。

表40.1根据这些组别对群体机器人进行归类，并列举了代表性的相关研究范例。

当前很多群体机器人的研究目标是为表40.1中一种或者数种群行为开发特定的方案。某些群行为受到了特别的关注，特别是成形、群集、搜索、覆盖和觅食。第40.8节将更详细地讨论这些行为。总体上，当前大多数开发群行为的研究目标不仅是证明与生物系统类似的机器人队伍的运动，也是要理解正式的控制理论原理，从而能以可预测的方式收敛至期望的队伍行为，并保持在稳定状态。

表 40.1 群体机器人行为归类

相对运动要求	群行为
相对于其他机器人	成形[40.34,35]、群集[40.29]、自然聚居（类似牲畜聚居）、教学、排序[40.14]、聚块[40.14]、缩合、聚合[40.36]、分散[40.37]
相对于环境	搜索[40.38]、觅食[40.39]、放牧、收获、部署[40.40]、覆盖[40.41]、定位[40.42]、地图绘制[40.43]、探测[40.44]
相对于外部机器人	追捕[40.45]、饵诱觅食[40.46]、目标追踪[40.47]、强制畜牧/牧养(类似于羊群牧养)
相对于其他机器人和环境	包容、转圈、包围、周边搜寻[40.48]
相对于其他机器人、外部机器人和环境	入侵、战略性掩护、机器人足球[40.49]

验证物理群体机器人在硬件和软件方面都是挑战。正如第40.2节所讨论的，*Mataric* 第一个完成了这种验证[40.6]，涉及大约20个物理机器人，执行聚合、扩散和群集。该研究将可合成的基本行为定义为构建更复杂系统的基本元素（更多信息可参见第38章）。最近以来，*McLurkin*[40.50] 开发了一种扩展的群行为软件目录，并在iRobot研发的大约100个物理机器人（称为SwarmBot机器人）上演示了这些行为，如图40.6所示。他创建了几种群组行为，例如躲开多个机器人、从源头分散、从分支散开、均匀散开、计算平均方位、跟随头领机器人、组围绕、梯度导航、源头簇、簇分组。由108个机器人组成的群利用开发的扩散算法，在一个面积大约300m^2 的空校舍里能够定位感兴趣的物体，并将人领到该物体的位置[40.37]。

欧盟已经赞助了数个群体机器人项目，单个机器人的尺寸朝着逐渐变小的方向发展。例如，I-SWARM项目的目标是开发毫米级别机器人，具备车载感知，通信和供电单元，执行受生物启发的群行为以及协同感知任务。该项目在硬件和软件

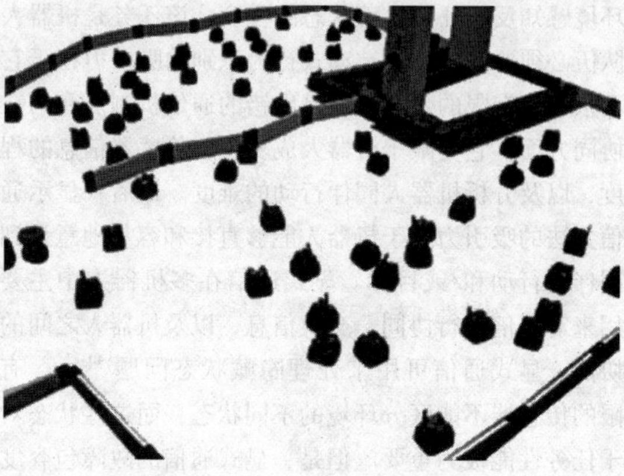

图 40.6 SwarmBot 机器人

领域都具挑战，要开发全自动微尺度机器人执行有意义的协同行为，还需要当前技术水平有重大的进展。

群体机器人研究中另外一项显著的工作是由美国宾夕法尼亚大学领导，多所大学参与的SWARMS倡议项目。该项目研究的目标是开发新的群系统理论框架，开发群模型和群行为模型，分析群信息、稳定性和鲁棒性，为主动感知和覆盖合成突发性的行为开发分布式定位算法。

除了在硬件上需要处理数目众多的小型机器人，还有很多重要的软件方面的挑战待解决。从实际角度看，通常创建无差别多机器人群的途径是假定一个可能的本地控制法则（或多个法则），然后研究导致的群组行为，循环直到获得理想的全局群组行为。但是，长期目标是既能够基于已知的本地控制法则预测群组性能，又能够基于期望的全局群组行为生成本地控制法则。有很多研究者在针对这些关键的研究挑战进行着活跃的研究。

40.5 不均匀系统

机器人不均匀性可定义为机器人行为、形态、性能指标、尺寸和认知方面的多样化。在大多数大规模的多机器人系统工作中，通过使用可完全互换的无差别机器人来获得平行化和冗余度的好处，并求得解在空间和时间的分布（即，群方法，如第40.4节所述）。但是，某些大量机器人的复杂应用可能要求同时应用多种类型的传感器和机器人，而单一种类机器人在设计上不能容纳所有这些元素。有些机器人需要缩至更小尺寸，这样会限制其载荷，或者特定需要的传感器太贵而不能在机器人队伍的所有成员上复制。

另外的机器人需要足够大的尺寸来承载与特定应用相关的载荷或者传感器，或者在有限的时间内导航很长的距离。因此，这些应用需要大量的无差别机器人一同协作。

因此在多机器人队伍中开发不均匀性有两方面的动机：不均匀性对特定应用是有益的设计特征，或者不均匀性是必需的。作为设计特征，不均匀性能够提供经济上的好处，因为它能更容易地将不同功能分散到多个队伍成员，而不是建造很多个整体式机器人的拷贝。不均匀性也能提供工程上的好处，因为设计单个机器人来整合指定应用的所有传感、计算和驱动的要求太过于困难。在物理上无差别的机器人队伍中，作为行为专门化的结果，行为上的不均匀性也可能以偶发的形式出现。

研究不均匀性的第二个强烈的原因是它具有必要性，因为在实际中建立一支真正无差别的机器人队伍几乎是不可能的。现实中单个机器人的设计、制造和使用不可避免地使得多机器人系统随时间朝不均匀性偏离。这一点为有经验的机器人研究者所证实，他们发现，因为传感器调校、校正等的不一样，同一个机器人的几个拷贝在功能上可以很不一样。随着时间的变迁，在单个机器人的偏离、磨损和裂纹等作用下，即便机器人之间很小的初始差异也会逐渐增长。其潜在含义是，为了有效地应用机器人队伍，我们必须理解其多样性，预测它将如何影响性能，使机器人能够适应同伴的功能差异。实际上，在机器人队伍的设计阶段就明确地建立多样性是有益的。

在非均匀多机器人系统中有很多研究挑战。要取得有效的自动控制所面对的一项特别挑战是当机器人成员的功能发生重叠时，会影响到任务分配或者角色分配[40.51]。第40.6节所描述的方法一般能够处理非均匀机器人的任务分配。非均匀系统中的另一个重要主题是如何识别与量化机器人队伍中的不均匀性。某些类型的不均匀性能够利用*Balch*所开发的社会熵[40.52]等度量衡来量化衡量。非均匀多机器人系统中的大部分研究假设机器人拥有一种通用语言和对用语言表示的符号的通用理解；*Jung*在参考文献［40.53］中指出，开发一个对不同物理功能机器人之间通信符号的通用理解是一个根本性的挑战。

如第40.2节所述，最早的关于物理机器人队伍不均匀性的研究证明之一是*Parker*开发的ALLIANCE系统结构[40.9]。该研究证明了机器人在任务分配和执行中对机器人队伍成员的不均匀性进行补偿的功能。*Murphy*研究了在部署有袋类机器人背景下的不均匀性，即一个母机器人在诸如搜索和救援等应用中辅助更小的机器人[40.54]。*Grabowski*等开发了用于监控和侦察的模块化军用机器人[40.43]，由可互换的传感器和驱动单元组成，因此可创建不同的不均匀队伍。*Simons*等人证明了用非均匀机器人进行与空间应用相关的自动装配和建造[40.11]。*Sukatme*等人[40.55]证明了直升机机器人与两个地面机器人协作进行模仿有袋类动物的负载部署和恢复，协作定位和侦查，监控等任务，如图40.7所示。*Parker*等人[40.56]演示了用于传感器网络部署的辅助性导航，用一个更智能化的机器人首领将只装备了简单传感器故导航功能弱的机器人引导至目标位置，它是*Howard*等人[40.57]所进行的更大规模演示的一部分，即用100个机器人执行探查、地图绘制、部署和检测。*Chairmowicz*等人[40.58]证明了由飞行机器人和地面机器人组成的队伍协作在市区环境进行监控应用。*Parker*和*Tang*[40.59]开发了ASyMTRe（通过软件重构自动合成多机器人任务方案），令非均匀机器人共享传感器资源从而使得队伍能够完成在没有紧密耦合的传感器共享情况下不可能完成的任务。

图40.7 由一台飞行机器人与两台地面机器人组成的非均匀队伍能执行协作侦查和监控任务

在非均匀多机器人队伍领域还有很多研究问题待解决；例如，最优的队伍设计是一个很具挑战的问题。很清楚，在给定的应用中所要求的行为性能对机器人队伍成员的物理设计规定了某些约束。但是，在针对一个指定的应用设计方案时，基于成本、机器人可用性、软件设计的容易程度、机器人使用的灵活性等，也很清楚地可以有多个选择。为指定的应用设计一个最优的机器人队伍需要有效地分析并考虑替代方案的取舍。

40.6 任务分配

在很多多机器人应用中，机器人队伍的使命定义为一系列必须完成的任务。每一项任务通常能够由很多不同的机器人来执行；反之，每一个机器人通常能够执行多种不同的任务。在很多应用中，任务由通用的自动规划模块或者人类设计师分解为独立的子任务[40.9]，分层任务树[40.60]，或者角色[40.11,58,61,62]。独立的子任务或者角色能够同时取得，而任务树中的子任务则根据它们的相互依赖关系来完成。一旦识别了任务或者子任务系列，接下来的挑战就是确定机器人至任务（或者子任务）的首选映射。这是一个任务分配问题。

任务分配问题的细节可在很多方面变化，例如每个任务所需的机器人数，单个机器人同时能够执行的任务数，任务之间的协作依赖程度，以及确定任务分配的时间范围。*Gerkey* 和 *Mataric*[40.63] 定义了一套任务分配的分类系统，提供在上述诸多方面区分任务分配问题的一个途径，称为多机器人任务分配（MR-TA）分类系统。

40.6.1　任务分配的分类系统

一般地，任务分为两种主要类别：单机器人任务（SR，根据 MRTA 分类系统）指一次只需要一个机器人的任务，而多机器人任务（MR）则同时需要超过一个机器人执行同一任务。通常，具有最小任务依赖程度的单机器人任务称为松散耦合任务，代表一个弱协同解。另一方面，多机器人任务通常被认为是一系列具有强烈相互依赖关系的子任务。这些任务因此常被称为紧密耦合任务，它们需要一个紧密协同的解。松散耦合多机器人任务的子任务需要子任务之间有高层次的同步或者协同，意味着每一项任务必须以很小的时间延迟留意其他协同子任务的当前状态。当时间延迟逐渐变大，协同的子任务之间的耦合会变得更加松散，即代表松散协同解。

机器人也可以分为单任务机器人（ST），即一次只能执行一项任务，或者多任务机器人（MT），一次能够执行超过一项任务。大多数时候，任务分配问题假设机器人是单任务机器人，因为功能更加强大，能够并行执行多项任务的机器人仍然超出当前的技术发展水平。

任务分配或以优化瞬时任务分配（IA）为目标，或者为将来时刻优化分配（TA，时间扩展分配）。在瞬时分配的情况下，不考虑当前分配对将来分配的影响。时间扩展分配尝试分配任务使得队伍的性能不仅为当前时间步骤需要完成的任务集合，也为可能需要的整个任务集合做优化。

利用 MTRA 分类系统，用上述这些缩写的三元组来对不同的任务分配方法进行归类，例如 SR-ST-IA，即单机器人任务一次性分配给单任务机器人的分配问题。任务分配问题的不同变种具有不同的计算复杂度。最容易的变种是 ST-SR-IA 问题，因为它是优化分配问题的一个例子，故可在多项式时间内求解[40.64]。其他的变种要难得多，也没有已知的多项式时间解。例如，能够证明 ST-SR-IA 变种是集合划分问题[40.65]的一个例子，这是一个强 NP 难度问题。ST-MR-IA，ST-SR-IA 和 ST-SR-TA 变种也都被证明是 NP 难度问题。因为这些问题计算复杂，大多数多机器人队伍任务分配方法生成的是近似解。

40.6.2　代表性方法

多机器人队伍的任务分配方法能大略地分为基于行为的方法和基于市场（有时也称为谈判型或者基于拍卖）的方法。本节接下来的部分描述这些通用方法的一些代表性的架构。有关以上部分方法在计算、通信要求以及求解质量方面的比较性分析，请见参考文献［40.63］。

1. 基于行为的任务分配

基于行为的方法通常能使机器人在没有明确讨论单个任务的情况下确定任务分配。在这些方法中，机器人利用对机器人队伍的使命、机器人队伍成员的功能和机器人行动的当前状态的了解，以分布方式决定哪一个机器人应该执行哪项任务。

基于行为的 ALLIANCE 架构[40.9]和相关的 L-ALLIANCE 架构[40.10]是最早的多机器人任务分配体系架构之一，并在物理机器人上证明过。ALLIANCE 针对任务分配问题的 ST-SR-IA 和 ST-SR-TA 变种，在机器人之间没有直接的通信。如第 40.2.2 节所述，ALLIANCE 利用动机性的行为，即每个机器人内在的焦躁与默许的级别，可确定自身和同伴执行特定任务的相对适合度，从而取得自适应行动选择。基于任务需求、同伴的行动和功能以及机器人内部状态来计算这些动机。这些动机有效地计算每一个机器人—任务对的效用尺度。

另外一种基于行为的多机器人任务分配方法是

本地适任度广播（BLE）[40.66]，它针对的是任务分配的ST-SR-IA变种。BLE利用一种包容型行为控制体系结构[40.67]，允许持续地广播本地计算的适任度并只选择具有最高适任度的机器人来执行任务，使得机器人可以有效地执行任务。在这种情况下，通过行为抑制来取得任务分配。BLE使用一种与*Botelho*和*Alami*的M+体系结构[40.68]类似的分配算法。

2. 基于市场的任务分配

基于市场（或基于谈判）的方法通常包含机器人之间关于所需任务的显式通信，且机器人基于它们的功能和可用性来竞标任务。谈判过程基于市场理论，即机器人队伍寻求基于单个机器人执行特定任务的效用来优化一个目标函数。该方法通常会渴望向能以最高的效用执行任务的机器人分配子任务。

*Smith*提出的合同网协议（CNP）[40.69]第一个针对机器人单元如何能通过谈判来协作解决一系列任务。*Botelho*和*Alami*的M+体系结构[40.68]第一个将基于市场的方法用于多机器人任务分配。在M+方法中，机器人为已分配的任务规划它们各自的路径。然后与同伴彼此协商，利用有助于合并规划的社会法则来逐渐调整自己的行动，使队伍成为一个整体。

自从这些早期的发展之后，又开发了许多基于市场任务分配的替代方法。参考文献［40.70］给出了详尽的关于多机器人任务分配最新技术发展的调查，并在解的质量、可缩放性、动态事件与环境、不均匀性等方面对替代方法进行了比较。

当前大部分基于市场的任务分配方法针对ST-SR问题的变种，也有些方法（例如参考文献［40.11，71-73］）针对瞬时分配（IA），还有其他方法（例如参考文献［40.44，74-76］）处理的是时间扩展分配（TA）。最近的方法开始处理多机器人任务的分配（即MR-ST问题的变种），包括参考文献［40.59，77-81］）。在参考文献［40.82］中可找到MR-ST问题变种的一个示例方法。

代表性的基于市场的方法包括MURDOCH[40.71]，TradeBots[40.60,76]和Hoplites[40.78]。MURDOCH方法[40.71]采用一种以资源为中心的发布—订阅通信模型来进行拍卖，具有匿名通信的好处。在这种方法中，一项任务由所需的资源来代表，例如环境传感器。有关如何使用这样的传感器来产生满意结果的方法被预先编程并写入机器人。

TraderBots方法[40.60,76]利用市场经济技术在动态环境中产生有效且鲁棒的多机器人协作。在市场经济中，机器人基于自我兴趣行动。机器人试图完成一项任务时收到回报并承担成本。目标是机器人通过拍卖/谈判来进行任务交易，使得队伍的利润（回报减去成本）最优。

Hoplites方法[40.78]集中在通过将联合的回报与成本整合到投标中，选出合适的联合计划供机器人队伍执行。这种方法将规划与被动和主动协同战略连接到一起，令机器人可以根据任务变化的需要改变协同战略。为完成选定的计划，预先定义好了机器人战略。

有些替代方法将待分配的目标表示成角色，通常把机器人扮演特定角色时应该执行的一系列任务和/或行为打包。然后按照与基于拍卖的方法（例如，参考文献［40.11，61］）类似的方式将角色动态分配给各机器人。

40.7 学习

多机器人学习问题是学习新的协作行为，或者在其他机器人在场的情况下的学习。但是，环境中的其他机器人具有它们各自的目标，因此可能以并行方式学习[40.83]。挑战在于环境中存在其他机器人触犯了马尔可夫性质——关于单机器人学习方法的一个基本假设[40.83]。多机器人学习问题特别具有挑战，因为它综合了单机器人学习与多主体学习的难度。多机器人学习中必须考虑的特殊困难包括连续状态与活动空间、指数状态空间、分布式信任度分配、有限的培训时间和不足的培训数据、传感与共享信息的不确定性、非确定性行为、难以对学习到的信息定义合适的系统抽象、难以合并从不同机器人的经验学习到的信息。

已经研究过的多机器人学习应用类别包括多目标观测[40.84,85]，机群控制[40.86]，狩猎者—猎物[40.46,87,88]，推箱子[40.89]，觅食[40.22]，和多机器人足球赛[40.49,90]。多机器人学习特别具有挑战的领域是那些具备固有协作性的任务。固有协作任务不能再进一步分解成独立的可由单个机器人求解的子任务。相反，一个机器人的行动功效取决于其他同伴当前的行动。这种类型的任务在多机器人学习中特别具有挑战性，因为为机器人队伍成员的单独行动分配信用很困难。

信任度分配问题特别有挑战性，因为一个机器人很难确定它的适合度（好或者坏）是由它自己的行为，或另外一个机器人的行为造成的。正如*Pugh*和

Martinoli 在参考文献［40.91］中所讨论的，在机器人不直接共享它们的意图的情况下，该问题变得特别困难。信任度分配问题的两种不同变体在多机器人学习中很常见。第一种是机器人学习单独的行为，但是有其他机器人在场并能影响其性能。第二种是机器人试图在一个共享的适应函数下学习一项任务。确定如何分解适应函数以奖赏或者处罚单个机器人的贡献是很困难的事。

单机器人系统（例如，第38章有关在基于行为的系统中学习的讨论，第39章关于基本学习技巧的讨论）和多主体系统[40.92]领域的学习已经有广泛的研究，而在多机器人学习领域内的研究就少很多，虽然该主题正获得更多的关注。迄今为止的很多研究集中于强化型学习方法。这种多机器人学习研究的一些例子包括 *Asada* 等人的研究[40.93]，他提出了一种通过Q-学习协同之前学到的行为，从而学习新的行为的方法，并将其应用于足球赛机器人。*Mataric*[40.8]介绍了一种利用非监督式强化学习、非均匀奖励函数以及过程估计子来将基本行为组合成高阶行为的方法。该机制应用在机器人队伍上学习执行觅食任务。*Kubo* 和 *Kakazu*[40.94]提出了另外一种用进程值来确定强化量的强化学习机制，并将其应用到一个仿真的竞争取食蚂蚁群体上。*Fernandez* 等人[40.84]应用强化学习算法，基于状态—空间离散来结合监督式函数近似与归纳方法，并将其应用到学习多机器人追踪问题的机器人上。*Bowling* 和 *Veloso*[40.83]开发了一种通用的、可缩放的学习算法，称为 GraWoLF（基于梯度赢取或快速学习），它组合了基于梯度的策略学习技术与可变学习速率，并在对抗性的多机器人足球应用中证明了其效果。

其他非基于强化的多机器人学习方法包括 *Parker* 的 L-ALLIANCE 系统结构[40.10]，它利用参数调整，基于统计经验数据，在执行一系列任务中学习不同的非均匀机器人的适应度。针对学习避障的任务，*Pugh* 和 *Martinoli*[40.91]将粒子群优化技术应用到分布式非监督型机器人的分组学习。

40.8　应用

应用多移动机器人系统能使许多实际应用潜在获益。应用范例包括码头容器管理[40.95]、行星外探测[40.96]、搜索与救援[40.54]、矿物开采、交通、工业与家用维护，建筑[40.11]、危险废物清除[40.9]、安保[40.97,98]、农业和仓库管理[40.99]。多机器人系统也应用在定位、地图绘制和探测等领域；第37章提到了关于多机器人系统在这些问题上的应用的一部分研究。本手册的第6篇列出了很多不仅与单机器人系统，而且与多移动机器人相关的应用领域。迄今为止，这样的多机器人系统的实际应用相对较少，主要原因是多机器人系统的复杂度以及相对较新的支撑技术。尽管如此，还是有许多物理多机器人系统概念的原理验证；人们期望随着技术持续成熟，这些系统将会投入到更多的实际应用中去。

多移动机器人系统的研究经常在常见的应用测试领域背景下进行。虽然还没有上升到基准测试任务的层次，但这些常见领域为研究者提供了对比多机器人控制替代策略的机会。并且，虽然这些常见测试领域通常只是实验室阶段的测试，但它们与实际应用相关联。本节列举了这些常见的应用领域；有关这些领域的讨论和相关研究更详细的列举，请见参考文献［40.2］和参考文献［40.100］。

40.8.1　觅食与覆盖

觅食是多机器人系统的一项流行的测试应用，特别是对于处理群体机器人和包含大量移动机器人的那些方法。在觅食领域，如圆盘或者食物弹丸的目标分布于整个平面地形，机器人的任务就是收集这些目标并将他们送到一个或者多个收集位置，例如基地。觅食主要用于研究松散协作机器人系统，即单个机器人的行动不一定需要彼此紧密同步。该任务传统上就是多机器人系统的研究对象，因为它与激励了群体机器人研究的生物系统很类似。但是，它也与数个实际应用相关联，例如有毒废物清除、搜索与救援、地雷移除。而且，为了发现目标，觅食通常要求机器人勘查整个地形，因此在覆盖领域存在着与觅食应用相似的问题。在覆盖中，机器人被要求遍历它们所处环境的所有区域，可能搜索目标（例如地雷）或者在环境的所有部分执行某些行动（例如地面清扫）。覆盖应用也与诸如排雷、草坪打理、环境制图和农业等任务有实际的关联。

在觅食与覆盖应用中，一个基本的问题是如何令机器人可以快速地勘查环境而没有重复的行动或者彼此干扰。替代策略包括基本的间接通信[40.14]、链成形[40.28]和利用非均匀机器人[40.39]。觅食和/或覆盖领域内其他已证实了的研究包括参考文献［40.22，41，101-106］。

40.8.2　群集与成形

自从多移动机器人系统开创以来，协同机器人彼此的运动就一直是该领域的一个研究课题。特别是群集与成形控制问题受到了很多的关注。群集问题可以看做成形控制问题的一个子类，它要求机器人在集合的过程中沿着某些路径一起移动，但是对特定机器人所走的路径只有最低限度的要求。成形则更严格，它要求机器人在环境中移动的时候保持某种相对位置。在这些问题中，假定机器人只具备最低限度的传感、计算、制动器和通信功能。群集和成形控制研究中的一个关键问题是确定每个机器人本地控制法则的设计，以产生期望的偶发性协同行为。其他问题包括如何合作定位自身的位置以取得成形控制（例如参考文献［40.42，107］），以及为固定排列多机器人队形规划路径（例如参考文献［40.108］）。

早期成形问题的人工代理解决方案由 *Reynolds* [40.109] 利用基于规则的方法生成。类似的基于行为或规则的方法已被用于物理机器人的证明和研究，例如参考文献［40.110］。这些早期的解决方案是基于人工产生且被证明在实际中可行的本地控制规则。更近期的研究基于控制理论原理，集中在证明多机器人队伍行为中的稳定性和收敛性。这种研究的例子包括参考文献［40.36，111-119］。

40.8.3 推箱子与机器人协同操纵

推箱子与机器人协同操纵是证明多机器人协作的流行领域，因为它们提供了一个需要紧密协同和合作的领域。推箱子要求机器人队伍将箱子从起始位置移动到指定的目标位置，有时需要沿着规定的路径。典型情况下，推箱子在一个平面上进行，并假设箱子太重或者太长以至于单个机器人不能推动。有时有好几个箱子需要推动，箱子间的优先顺序依赖关系限制了移动的次序。机器人协同操纵与之类似，它要求机器人举起物体并运送到终点。因为机器人经常需要对其行动进行同步以顺利执行任务，该试验平台领域用于强协作多机器人策略的研究。推箱子与机器人协同操纵领域很流行，也因为它与几个实际应用相关联[40.100]，包括仓库保管、卡车上货与卸货、在工业环境中输送大个物体以及装配大规模结构。

研究者通常强调他们的机器人合作控制方法在推箱子与机器人协同操纵领域内的不同方面。例如，*Kube* 和 *Zhang*[40.13] 证明了蜂群型协同控制技术如何能实现推箱子，*Parker*[40.10,120] 阐明了自适应任务分配与学习，*Donald* 等人[40.121] 阐明了信息不变和传感、通信以及控制的互换，*Simons* 等人[40.11] 证明了利用协同控制建造行星栖息地的可行性。该领域还有很多另外的研究，代表性的例子包括参考文献［40.3，6，31，71，96，122-130］。

40.8.4 多目标观测

多目标观测领域要求多个机器人监测和/或观察多个在环境中移动的目标。目的是在任务执行过程中使目标保持在部分机器人成员视野中的时间或者可能性最大化。如果目标比机器人更多，任务可能特别有挑战性。该应用领域有助于强协作任务的解决方案，因为机器人需要协同运动或者切换跟踪目标以使目的最大化。在多移动机器人应用的背景下，该测试平台的平面版本在参考文献［40.131］中被首先引入用于多机器人协作观测多个移动目标（CMOMMT）。有数名研究者已经研究了类似的问题，并将其扩展到更复杂的问题，例如环境具有复杂的地形或者三维情况下多个飞行机器人的应用。该领域也与其他领域的问题相关联，例如艺术馆走廊监控算法、追逐与躲避以及传感器覆盖。该领域在安保、监控和侦察问题方面有许多实际的应用。属于多机器人系统在多目标观测问题中的研究还包括参考文献［40.47，66，132-136］。

40.8.5 交通控制和多机器人路径规划

当多个机器人在一个共享环境中运行时，必须协同其行动以防止干扰。当机器人运行的空间含有瓶颈区域，例如道路网络或者机器人占据了可航行空间相对大的部分，这些问题通常会出现。在这些问题中，空旷地域可被看做机器人必须尽可能共享的资源以避免障碍和死锁。在该领域中，机器人通常具有各自的目标，必须与其他机器人协作以确保享有的共享空间足够完成它们的目标。在有些变体情况下，多个机器人的所有路径需要彼此协同；在其他变体情况下，机器人必须简单地避免彼此干扰。

很多不同的方法被引入来处理这个问题，包括交通法规、将环境分成单一主权单元、几何路径规划。针对这个问题的许多早期研究基于启发式方法，例如预先定义能防止死锁的运动控制（或交通）法规[40.137-140]，或者利用与分布式计算中的互斥类似的途径[40.141,142]。这些方法的好处是可以最小化获得解所需的规划成本。其他更正规的技术将该应用视为几何多机器人路径规划问题，可以在位姿空间—时间域内精确求解。第5章包含了与该领域相关的多机器人运动规划讨论。尽管几何运动规划方法提供了最通用的解，它们的计算量在实际应用中通常太大以至于不切实际，原因是环境具有动态本质，或者该方法对于当前问题而言根本不需要。在这些情况下，启发式方法可能已经足够。

40.8.6 机器人足球赛

自从机器人足球世界杯举办以来，多机器人足球领域[40.143]作为研究多机器人系统协同和控制的一个挑战性问题诞生后，该领域的研究有了极大的增长。该领域整合了多机器人控制的许多挑战性因素，包括合作、机器人控制系统结构、策略获取、实时推理和行动、传感器融合、处理对抗性环境、认知模拟和学习。一年一度的竞赛展示了机器人队伍在多种设置中的功能一直在提高，如图40.8所示。该领域具有一个其他多机器人测试领域所不具备的关键因素，即机器人必须在对抗性的环境中运作。因为其在教育领域的作用，该领域也很普及，它将全世界的学生与研究者汇集到这项竞赛中以赢取机器人足球世界杯的挑战。机器人足球世界杯的竞赛已经增加了额外的搜索与救援类别[40.144]，该项目也已变成了重要的研究领域（该领域更多的细节请参见第50章）。机器人足球世界杯的年度会议记录记载了很多已经整合进多机器人足球队伍的研究成果。部分代表性的研究成果包括参考文献［40.145-149］。

图40.8 足式机器人队伍参加机器人足球赛

40.9 结论与扩展阅读

本章调查了多机器人系统当前的研究状况，并以此检查了系统结构、通信问题、群体机器人系统、非均匀队伍、任务分配、学习和应用。很清楚的是，在最近10年中这一领域取得了重大的进展。但是它仍然是一个活跃的研究领域，还有很多研究课题待解决。关键性的待解决问题仍存在于很宽广的领域，如系统集成、鲁棒性、学习、可缩放性、通用化以及处理非均匀性。

例如，在系统集成领域有一个待解决的问题是如何有效地令机器人队伍组合一系列方法以获得能够执行超过有限任务集的完整机器人。在鲁棒性领域，多机器人队伍仍然需要提高（故障时）适当地降低性能的能力、推理容错性和在不放大故障率情况下提高复杂度。多机器人队伍学习领域仍然处在初级阶段，待解决问题包括如何在多机器人队伍中取得连续学习，如何有助于复杂表达的应用，以及如何让人能影响和/或理解机器人队伍学习的结果。在更复杂的环境以及越来越多的机器人方面，可扩展性仍然是一个有挑战的问题。通用化中待解决的问题包括使机器人队伍能够对背景进行推理，增加系统的多样性从而可以在多种不同的应用中运作。在非均匀性的处理中，待解决问题包括当所有的机器人为非均匀时，确定理论方法来预测系统性能，以及决定如何设计一个针对特定应用最优化的机器人队伍。这些问题以及其他问题，预示着多移动机器人系统领域在将来的多年内将持续保持活跃。

有关多移动机器人系统主题的更多阅读，请读者参考该领域的调查文章，包括参考文献［40.100，150，151］。还出现了数期特别针对本主题的期刊，包括参考文献［40.1，152-154］。参考文献［40.25，100，155］中给出了部分多机器人系统的分类体系。多种关于多机器人系统主题的专题讨论会与讲习班定期举行；这些讲习班与讨论会近期的会议录包括参考文献［40.156-163］。参考文献［40.164］包含有关这个主题的附加编辑材料。

参考文献

40.1 T. Arai, E. Pagello, L.E. Parker: Editorial: Advances in multi-robot systems, IEEE Trans. Robot. Autom. **18**(5), 655–661 (2002)

40.2 Y. Cao, A. Fukunaga, A. Kahng: Cooperative mobile robotics: Antecedents and directions, Auton. Robot. **4**, 1–23 (1997)

40.3 R.G. Brown, J.S. Jennings: A pusher/steerer model for strongly cooperative mobile robot manipulation, Proc. IEEE Int. Conf. Intell. Robot. Syst. (IROS

'95) (IEEE, Pittsburgh 1995) pp. 562–568
40.4 D. Milutinović, P. Lima: Modeling and optimal centralized control of a large-size robotic population, IEEE Trans. Robot. **22**(6), 1280–1285 (2006)
40.5 B. Khoshnevis, G.A. Bekey: Centralized sensing and control of multiple mobile robots, Comput. Ind. Eng. **35**(3-4), 503–506 (1998)
40.6 M.J. Matarić: Issues and approaches in the design of collective autonomous agents, Robot. Auton. Syst. **16**, 321–331 (1995)
40.7 E. Ostergaard, G.S. Sukhatme, M.J. Matarić: Emergent bucket brigading, Fifth International Conference on Autonomous Agents (Montreal 2001)
40.8 M. Matarić: Reinforcement learning in the multi-robot domain, Auton. Robot. **4**, 73–83 (1997)
40.9 L.E. Parker: ALLIANCE: An Architecture for Fault-Tolerant Multi-Robot Cooperation, IEEE Trans. Robot. Autom. **14**(2), 220–240 (1998)
40.10 L.E. Parker: Lifelong adaptation in heterogeneous teams: Response to continual variation in individual robot performance, Auton. Robot. **8**(3), 239–267 (2000)
40.11 R. Simmons, S. Singh, D. Hershberger, J. Ramos, T. Smith: First results in the coordination of heterogeneous robots for large-scale assembly, Proc. ISER 7th Int. Symp. Exp. Robot. (Springer, New York 2000)
40.12 J. Deneubourg, S. Goss, G. Sandini, F. Ferrari, P. Dario: Self-organizing collection and transport of objects in unpredictable environments. (Kyoto) pp. 1093–1098
40.13 C.R. Kube, H. Zhang: Collective robotics: From social insects to robots, Adapt. Behav. **2**(2), 189–219 (1993)
40.14 R. Beckers, O. Holland, J. Deneubourg: From local actions to global tasks: Stigmergy and collective robotics, Proc. 14th Int. Workshop Synth. Simul. Living Syst., ed. by R. Brooks, P. Maes (MIT Press, Cambridge 1994) pp. 181–189
40.15 S. Onn, M. Tennenholtz: Determination of social laws for multi-agent mobilization, Artif. Intell. **95**, 155–167 (1997)
40.16 B.B. Werger: Cooperation without deliberation: A minimal behavior-based approach to multi-robot teams, Artif. Intell. **110**(2), 293–320 (1999)
40.17 M.J. Huber, E. Durfee: Deciding when to commit to action during observation-based coordination, Proc. 1st Int. Conf. Multi-Agent Syst. (1995) pp. 163–170
40.18 H. Asama, K. Ozaki, A. Matsumoto, Y. Ishida, I. Endo: Development of task assignment system using communication for multiple autonomous robots, J. Robot. Mechatron. **4**(2), 122–127 (1992)
40.19 N. Jennings: Controlling cooperative problem solving in industrial multi-agent systems using joint intentions, Artif. Intell. **75**(2), 195–240 (1995)
40.20 M. Tambe: Towards flexible teamwork, J. Artif. Intell. Res. **7**, 83–124 (1997)
40.21 L.E. Parker: The Effect of action recognition and robot awareness in cooperative robotic teams, Proc. IEEE/RSJ Int. Conf. Intell. Robot. Syst. (IEEE, Pittsburgh 1995) pp. 212–219
40.22 M. Matarić: Behavior-based control: Examples from navigation, learning, and group behavior, J. Exp. Theor. Artif. Intell. **19**(2-3), 323–336 (1997)
40.23 B. MacLennan, G.M. Burghardt: Synthetic ethology and the evolution of cooperative communication, Adapt. Behav. **2**, 161–188 (1993)
40.24 T. Balch, R.C. Arkin: Communiation in reactive multiagent robotic systems, Auton. Robot. **1**(1), 27–52 (1995)
40.25 G. Dudek, M. Jenkin, E. Milios, D. Wilkes: A taxonomy for multi-agent robotics, Auton. Robot. **3**, 375–397 (1996)
40.26 G. Theraulaz, S. Goss, J. Gervet, J.-L. Deneubourg: Task differentiation in Polistes wasp colonies: A model for self-organizing groups of robots, Proc. 1st Int. Conf. Simul. Adaptive Behavior (Paris 1990) pp. 346–355
40.27 L. Steels: *Cooperation Between Distributed Agents Through Self-Organization*, ed. by Y. Demazeau, J.-P. Muller (Elsevier Science, Amsterdam 1990)
40.28 A. Drogoul, J. Ferber: From tom thumb to the dockers: Some experiments with foraging robots, Proc. 2nd Int. Conf. Simul. Adaptive Behavior (Honolulu 1992) pp. 451–459
40.29 M.J. Matarić: Designing emergent behaviors: From local interactions to collective intelligence, Proc. 2nd Int. Conf. Simul. Adaptive Behavior, ed. by J. Meyer, H. Roitblat, S. Wilson (MIT Press, Cambridge 1992) pp. 432–441
40.30 G. Beni, J. Wang: Swarm intelligence in cellular robotics systems, Proc. NATO Adv. Workshop Robot. Biol. Syst. (1989)
40.31 D. Stilwell, J. Bay: Toward the development of a material transport system using swarms of ant-like robots, Proc. IEEE Int. Conf. Robot. Autom. (Atlanta 1993) pp. 766–771
40.32 T. Fukuda, S. Nakagawa, Y. Kawauchi, M. Buss: Self organizing robots based on cell structures – CEBOT, Proc IEEE Int. Workshop Intell. Robot. Syst. (IEEE, 1988) pp. 145–150
40.33 J.H. Reif, H.Y. Wang: Social Potential fields: A distributed behavior control for autonomous robots, Robot. Auton. Syst. **27**(3), 171–194 (1999)
40.34 L.E. Parker: Designing control laws for cooperative agent teams, Proc. IEEE Robot. Autom. Conf. (IEEE, Atlanta 1993) pp. 582–587
40.35 K. Sugihara, I. Suzuki: Distributed algorithms for formation of goemetric patterns with many mobile robots, J. Robot. Syst. **13**(3), 127–139 (1996)
40.36 V. Gazi: Swarm aggregations using artificial potentials and sliding-mode control, IEEE Trans. Robot. **21**(6), 1208–1214 (2005)
40.37 J. McLurkin, J. Smith: Distributed algorithms for dispersion in indoor environments using a swarm of autonomous mobile robots, Symp. Distrib. Auton. Robot. Syst. (Springer, 2004)
40.38 D. Gage: Randomized search strategies with imperfect sensors, Proc. SPIE Mobile Robots VIII (SPIE, Boston 1993) pp. 270–279
40.39 T. Balch: The impact of diversity on performance in robot foraging, Proc. 3rd Ann. Conf. Auton. Agents (ACM Press, Seattle 1999) pp. 92–99
40.40 A. Howard, M.J. Matarić, G.S. Sukhatme: An incremental self-deployment algorithm for mobile sensor networks, Auton. Robot. **13**(2), 113–126 (2002), Special Issue on Intelligent Embedded Systems

40.41 Z.J. Butler, A.A. Rizzi, R.L. Hollis: Cooperative coverage of rectilinear environments, Proc. IEEE Int. Conf. Robot. Autom. (IEEE, San Francisco 2000)
40.42 A.I. Mourikis, S.I. Roumeliotis: Performance analysis of multirobot cooperative localization, IEEE Trans. Robot. **22**(4), 666–681 (2006)
40.43 R. Grabowski, L.E. Navarro-Serment, C.J. Paredis, P.K. Khosla: Heterogeneous teams of modular robots for mapping and exploration, Auton. Robot. **8**(3), 271–298 (2000)
40.44 M. Berhault, H. Huang, P. Keskinocak, S. Koenig, W. Elmaghraby, P. Griffin, A. Kleywegt: Robot exploration with combinatorial auctions, Proc. IEEE/RSJ Int. Conf. Intell. Robot. Syst. (IEEE, 2003) pp. 1957–1962
40.45 J. Kim, J.M. Esposito, V. Kumar: An RRT-based algorithm for testing and validating mulit-robot controllers, Proc. Robot.: Sci. Syst. I (2005)
40.46 Z. Cao, M. Tin, L. Li, N. Gu, S. Wang: Cooperative hunting by distributed mobile robots based on local interaction, IEEE Trans. Robot. **22**(2), 403–407 (2006)
40.47 R.W. Beard, T.W. McLain, M. Goodrich: Coordinated target assignment and intercept for unmanned air vehicles, Proc. IEEE Int. Conf. Robot. Autom. (IEEE, Washington 2002)
40.48 J. Clark, R. Fierro: Cooperative hybrid control of robotic sensors for perimeter detection and tracking. (IEEE) pp. 3500–3505
40.49 P. Stone, M. Veloso: A layered approach to learning client behaviors in the RoboCup soccer server, Appl. Artif. Intell. **12**, 165–188 (1998)
40.50 J. McLurkin: Stupid Robot Tricks: Behavior-Based Distributed Algorithm Library for Programming Swarms of Robots. M.S. Thesis (Massachusetts Institute of Technology, Cambridge 2004)
40.51 L.E. Parker: The Effect of Heterogeneity in Teams of 100+ Mobile Robots. In: *Multi-Robot Systems Volume II: From Swarms to Intelligent Automata*, ed. by A. Schultz, L.E. Parker, F. Schneider (Kluwer, Dordrecht 2003)
40.52 T. Balch: Hierarchic social entropy: An information theoretic measure of robot team diversity, Auton. Robot. **8**(3), 209–238 (2000)
40.53 D. Jung, A. Zelinsky: Grounded symbolic communication between heterogeneous cooperating robots, Auton. Robot. **8**(3), 269–292 (2000)
40.54 R.R. Murphy: Marsupial robots for urban search and rescue, IEEE Intell. Syst. **15**(2), 14–19 (2000)
40.55 G. Sukhatme, J. F. Montgomery, R. T. Vaughan: *Experiments with Cooperative Aerial-Ground Robots, Robot Teams: From Diversity to Polymorphism*, ed. by T. Balch, L. E. Parker (A K Peters, Natick 2002) pp. 345–368
40.56 L.E. Parker, B. Kannan, F. Tang, M. Bailey: Tightly-coupled navigation assistance in heterogeneous multi-robot teams, Proc. IEEE Int. Conf. Intell. Robot. Syst. (IEEE, 2004)
40.57 A. Howard, L.E. Parker, G.S. Sukhatme: Experiments with a large heterogeneous mobile robot team: Exploration, mapping, deployment, and detection, Int. J. Robot. Res. **25**, 431–447 (2006)
40.58 L. Chaimowicz, B. Grocholsky, J.F. Keller, V. Kumar, C.J. Taylor: Experiments in multirobot air-ground coordination, Proc. IEEE Int. Conf. Robot. Autom. (IEEE, New Orleans 2004)
40.59 L.E. Parker, F. Tang: Building multi-robot coalitions through automated task solution synthesis, Proc. IEEE **94**(7), 1289–1305 (2006), special issue on Multi-Robot Systems
40.60 R. Zlot, A. Stentz: Market-based multirobot coordination for complex tasks, Int. J. Robot. Res. **25**(1), 73–101 (2006)
40.61 J. Jennings, C. Kirkwood-Watts: Distributed mobile robotics by the method of dynamic teams, Proc. 4th Int. Symp. Distrib. Auton. Robot. Syst. Karlsruhe 1998, ed. by T. Leuth, R. Dillman, P. Dario, H. Worn (Springer, Tokyo 1998)
40.62 E. Pagello, A. D'Angelo, E. Menegatti: Cooperation issues and distributed sensing for multirobot systems, Proc. IEEE **94**, 1370–1383 (2006)
40.63 B. Gerkey, M.J. Matarić: A formal analysis and taxonomy of task allocation in multi-robot systems, Int. J. Robot. Res. **23**(9), 939–954 (2004)
40.64 D. Gale: *The Theory of Linear Economic Models* (McGraw-Hill, New York 1960)
40.65 E. Balas, M.W. Padberg: On the set-covering problem, Oper. Res. **20**(6), 1152–1161 (1972)
40.66 B.B. Werger, M.J. Matarić: Broadcast of local eligibility for multi-target observation. In: *Distributed Autonomous Robotic Systems* 4, ed. by L.E. Parker, G. Bekey, J. Barhen (Springer, Tokyo 2000) pp. 347–356
40.67 R.A. Brooks: A robust layered control system for a mobile robot, IEEE J. Robot. Autom. **RA-2**(1), 14–23 (1986)
40.68 S. Botelho, R. Alami: M+: A scheme for multi-robot cooperation through negotiated task allocation and achievement, Proc. IEEE Int. Conf. Robot. Autom. (IEEE, Detroit 1999) pp. 1234–1239
40.69 R.G. Smith: The contract net protocol: High-level communication and control in a distributed problem solver, IEEE Trans. Comput. **C-29**(12), 1104–1113 (1980)
40.70 B. Dias, R. Zlot, N. Kalra, A. Stentz: Market-based multirobot coordination: A survey and analysis, Proc. IEEE **94**(7), 1257–1270 (2006)
40.71 B.P. Gerkey, M.J. Matarić: Sold! Auction methods for multi-robot coordination, IEEE Trans. Robot. Autom. **18**(5), 758–768 (2002)
40.72 H. Kose, U. Tatlidede, C. Mericli, K. Kaplan, H. L.Akin: Q-learning based market-driven multi-agent collaboration in robot soccer, Proc. Turkish Symp. Artif. Intell. Neural Networks (Izmir 2004) pp. 219–228
40.73 D. Vail, M. Veloso: Multi-robot dynamic role assignment and coordination through shared potential fields, multi-robot systems: From swarms to intelligent automata, Proc. Int. Workshop Multi-Robot Syst., Washington, D.C., ed. by A. Schultz, L.E. Parker, F. Schneider (Springer, Dordrecht 2003) pp. 87–98
40.74 M. Lagoudakis, E. Markakis, D. Kempe, P. KeshinocaK, A. Kleywegt, S. Koenig, C. Tovey, A. Meyerson, S. Jain: *Auction-based multi-robot routing, Robotics: Science and Systems I* (MIT Press, Cambridge 2005)

40.75 G. Rabideau, T. Estlin, S. Schien, A. Barrett: A comparison of coordinated planning methods for cooperating rovers, Proc. AIAA Space Technol. Conf. (1999)

40.76 R. Zlot, A. Stentz, M.B. Dias, S. Thayer: Multi-robot exploration controlled by a market economy, Proc. IEEE Int. Conf. Robot. Autom. (IEEE, Washington 2002) pp. 3016–3023

40.77 J. Guerrero, G. Oliver: Multi-robot task allocation strategies using auction-like mechanisms, Proc. 6th Congr. Catalan Assoc. Artif. Intell. (2003) pp. 111–122

40.78 N. Kalra, D. Ferguson, A. Stentz: Hoplites: A market-based framework for planned tight coordination in multirobot teams, Proc. IEEE Int. Conf. Robot. Autom. (IEEE, Barcelona 2005)

40.79 L. Lin, Z. Zheng: Combinatorial bids based multi-robot task allocation method, Proc. IEEE Int. Conf. Robot. Autom. (IEEE, Barcelona 2005) pp. 1145–1150

40.80 C.-H. Fua, S.S. Ge: COBOS: Cooperative backoff adaptive scheme for multirobot task allocation, IEEE Trans. Robot. **21**(6), 1168–1178 (2005)

40.81 E.G. Jones, B. Browning, M.B. Dias, B. Argall, M. Veloso, A. Stentz: Dynamically formed heterogeneous robot teams performing tightly-coupled tasks, Proc. IEEE Int. Conf. Robot. Autom. (IEEE, Orlando 2006) pp. 570–575

40.82 L. Vig, J.A. Adams: Multi-robot coalition formation, IEEE Trans. Robot. **22**(4), 637–649 (2006)

40.83 M. Bowling, M. Veloso: Simultaneous adversarial multi-robot learning, Proc. Int. Joint Conf. Artif. Intell. (2003)

40.84 F. Fernandez, L.E. Parker: A reinforcement learning algorithm in cooperative multi-robot domains, J. Intell. Robot. Syst. **43**, 161–174 (2005)

40.85 C.F. Touzet: Robot awareness in cooperative mobile robot learning, Auton. Robot. **2**, 1–13 (2000)

40.86 R. Steeb, S. Cammarata, F. Hayes-Roth, P. Thorndyke, R. Wesson: Distributed Intelligence for Air Fleet Control, Rand Corp. Technical Report, Number R-2728-AFPA (1981)

40.87 M. Benda, V. Jagannathan, R. Dodhiawalla: On optimal cooperation of knowledge sources, Boeing AI Center Technical Report BCS-G2010-28 (1985)

40.88 T. Haynes, S. Sen: *Evolving Behavioral Strategies in Predators and Prey, Adaptation and Learning in Multi-Agent Systems*, ed. by G. Weiss, S. Sen (Springer, Berlin, Heidelberg 1986) pp. 113–126

40.89 S. Mahadevan, J. Connell: Automatic programming of behavior-based robots using reinforcement learning, Proc. AAAI (1991) pp. 8–14

40.90 S. Marsella, J. Adibi, Y. Al-Onaizan, G. Kaminka, I. Muslea, M. Tambe: On being a teammate: Experiences acquired in the design of RoboCup teams, Proc. 3rd Ann. Conf. Auton. Agents, ed. by O. Etzioni, J. Muller, J. Bradshaw (1999) pp. 221–227

40.91 J. Pugh, A. Martinoli: Multi-robot learning with particle swarm optimization, Proc. 5th Int. Joint Conf. Auton. Agents Multiagent Syst., Hakodate (ACM, New York 2006) pp. 441–448

40.92 P. Stone, M. Veloso: Multiagent systems: A survey from a machine learning perspective, Auton. Robot. **8**(3), 345–383 (2000)

40.93 M. Asada, E. Uchibe, S. Noda, S. Tawaratsumida, K. Hosoda: Coordination of multiple behaviors acquired by a vision-based reinforcement learning, Proc. IEEE/RSJ/GI Int. Conf. Intell. Robot. Syst. (Munich 1994) pp. 917–924

40.94 M. Kubo, Y. Kakazu: Learning coordinated motions in a competition for food between ant colonies, Proc. 3rd Int. Conf. Simul. Adaptive Behavior, ed. by D. Cliff, P. Husbands, J.-A. Meyer, S. Wilson (MIT Press, Cambridge 1994) pp. 487–492

40.95 R. Alami, S. Fleury, M. Herrb, F. Ingrand, F. Robert: Multi-robot cooperation in the MARTHA project, Robot. Autom. Mag. **5**(1), 36–47 (1998)

40.96 A. Stroupe, A. Okon, M. Robinson, T. Huntsberger, H. Aghazarian, E. Baumgartner: Sustainable cooperative robotic technologies for human and robotic outpost infrastructure construction and maintenance, Auton. Robot. **20**(2), 113–123 (2006)

40.97 H.R. Everett, R.T. Laird, D.M. Carroll, G.A. Gilbreath, T.A. Heath-Pastore, R.S. Inderieden, T. Tran, K.J. Grant, D.M. Jaffee: Multiple Resource Host Architecture (MRHA) for the Mobile Detection Assessment Response System (MDARS), SPAWAR Systems Technical Documen 3026, Revision A (2000)

40.98 Y. Guo, L.E. Parker, R. Madhavan: Towards collaborative robots for infrastructure security applications, Proc. Int. Symp. Collab. Technol. Syst. (2004) pp. 235–240

40.99 C. Hazard, P.R. Wurman, R. D'Andrea: Alphabet Soup: A testbed for studying resource allocation in multi-vehicle systems, Proc. AAAI Workshop Auction Mechan. Robot Coord. (AAAI, Boston 2006) pp. 23–30

40.100 D. Nardi, A. Farinelli, L. Iocchi: Multirobot systems: A classification focused on coordination, IEEE Trans. Syst. Man Cybernet. Part B **34**(5), 2015–2028 (2004)

40.101 K. Passino: Biomimicry of bacterial foraging for distributed optimization and control, IEEE Contr. Syst. Mag. **22**(3), 52–67 (2002)

40.102 M. Fontan, M. Matarić: Territorial multi-robot task division, IEEE Trans. Robot. Autom. **15**(5), 815–822 (1998)

40.103 I. Wagner, M. Lindenbaum, A.M. Bruckstein: Mac vs. PC – Determinism and randomness as complementary approaches to robotic exploration of continuous unknown domains, Int. J. Robot. Res. **19**(1), 12–31 (2000)

40.104 K. Sugawara, M. Sano: Cooperative behavior of interacting simple robots in a clockface arranged foraging field. In: *Distributed Autonomous Robotic Systems*, ed. by H. Asama, T. Arai, T. Fukuda, T. Hasegawa (Springer, Berlin, Heidelberg 2002) pp. 331–339

40.105 P. Rybski, S. Stoeter, C. Wyman, M. Gini: A cooperative multi-robot approach to the mapping and exploration of Mars, Proc. AAAI/IAAI-97 (AAAI, Providence 1997)

40.106 S. Sun, D. Lee, K. Sim: Artificial immune-based swarm behaviors of distributed autonomous robotic systems, Proc. IEEE Int. Conf. Robot. Autom. (IEEE, 2001) pp. 3993–3998

40.107 A.I. Mourikis, S.I. Roumeliotis: Optimal sensor scheduling for resource-constrained localization of mobile robot formations, IEEE Trans. Robot. **22**(5),

917–931 (2006)
40.108 S. Kloder, S. Hutchinson: Path planning for permutation-invariant multirobot formations, IEEE Trans. Robot. **22**(4), 650–665 (2006)
40.109 C.W. Reynolds: Flocks, herds and schools: A distributed behavioral model, ACM SIGGRAPH Computer Graphics **21**, 25–34 (1987)
40.110 T. Balch, R. Arkin: Behavior-based Formation Control for Multi-robot Teams, IEEE Trans. Robot. Autom. **14**(6), 926–939 (1998)
40.111 A. Jadbabaie, J. Lin, A.S. Morse: Coordination of groups of mobile autonomous agents using nearest neighbor rules, IEEE Trans. Autom. Contr. **48**(6), 988–1001 (2002)
40.112 C. Belta, V. Kumar: Abstraction and control for groups of robots, IEEE Trans. Robot. **20**(5), 865–875 (2004)
40.113 C.M. Topaz, A.L. Bertozzi: Swarming patterns in two-dimensional kinematic model for biological groups, SIAM J. Appl. Math. **65**(1), 152–174 (2004)
40.114 J.A. Fax, R.M. Murray: Information flow and cooperative control of vehicle formations, IEEE Trans. Autom. Contr. **49**(9), 1465–1476 (2004)
40.115 J.A. Marshall, M.E. Broucke, B.R. Francis: Formations of vehicles in cyclic pursuit, IEEE Trans. Autom. Contr. **49**(11), 1963–1974 (2004)
40.116 S.S. Ge, C.-H. Fua: Queues and artificial potential trenches for multirobot formations, IEEE Trans. Robot. **21**(4), 646–656 (2005)
40.117 P. Tabuada, G. Pappas, P. Lima: Motion feasibility of multi-agent formations, IEEE Trans. Robot. **21**(3), 387–392 (2005)
40.118 G. Antonelli, S. Chiaverini: Kinematic control of platoons of autonomous vehicles, IEEE Trans. Robot. **22**(6), 1285–1292 (2006)
40.119 J. Fredslund, M.J. Matarić: A general algorithm for robot formations using local sensing and minimal communication, IEEE Trans. Robot. Autom. **18**(5), 837–846 (2002)
40.120 L.E. Parker: ALLIANCE: An architecture for fault tolerant, cooperative control of heterogeneous mobile robots, Proc. IEEE/RSJ/GI Int. Conf. Intell. Robot. Syst. (IEEE, Munich 1994) pp. 776–783
40.121 B. Donald, J. Jennings, D. Rus: Analyzing teams of cooperating mobile robots, Proc. IEEE Int. Conf. Robot. Autom. (IEEE, 1994) pp. 1896–1903
40.122 S. Sen, M. Sekaran, J. Hale: Learning to coordinate without sharing information, Proc. AAAI (AAAI, Seattle 1994) pp. 426–431
40.123 B. Tung, L. Kleinrock: Distributed control methods, Proc. 2nd Int. Symp. High Perform. Distrib. Comput. (1993) pp. 206–215
40.124 Z.-D. Wang, E. Nakano, T. Matsukawa: Cooperating multiple behavior-based robots for object manipulation. (IEEE, Munich) pp. 1524–1531
40.125 P.J. Johnson, J.S. Bay: Distributed control of simulated autonomous mobile robot collectives in payload transportation, Auton. Robot. **2**(1), 43–63 (1995)
40.126 D. Rus, B. Donald, J. Jennings: Moving furniture with teams of autonomous robots, Proc. IEEE/RSJ Int. Conf. Intell. Robot. Syst. (Pittsburgh 1995) pp. 235–242
40.127 F. Hara, Y. Yasui, T. Aritake: A kinematic analysis of locomotive cooperation for two mobile robots along a general wavy road, Proc. IEEE Int. Conf. Robot. Autom. (IEEE, Nagoya 1995) pp. 1197–1204
40.128 J. Sasaki, J. Ota, E. Yoshida, D. Kurabayashi, T. Arai: Cooperating grasping of a large object by multiple mobile robots, Proc. IEEE Int. Conf. Robot. Autom. (IEEE, Nagoya 1995) pp. 1205–1210
40.129 C. Jones, M.J. Matarić: Automatic synthesis of communication-based coordinated multi-robot systems, Proc. IEEE/RJS Int. Conf. Intell. Robot. Syst. (IEEE, Sendai 2004) pp. 381–387
40.130 Z. Wang, V. Kumar: Object closure and manipulation by multiple cooperating mobile robots, Proc. IEEE Int. Conf. Robot. Autom. (IEEE, 2002) pp. 394–399
40.131 L.E. Parker: Cooperative robotics for multi-target observation, Intell. Autom. Soft Comput. **5**(1), 5–19 (1999)
40.132 S. Luke, K. Sullivan, L. Panait, G. Balan: Tunably decentralized algorithms for cooperative target observation, Proc. 4th Int. Joint Conf. Auton. Agents Multiagent Syst., The Netherlands (ACM, New York 2005) pp. 911–917
40.133 S.M. LaValle, H.H. Gonzalez-Banos, C. Becker, J.-C. Latombe: Motion strategies for maintaining visibility of a moving target, Proc. IEEE Int. Conf. Robot. Autom. (IEEE, Albuquerque 1997) pp. 731–736
40.134 A. Kolling, S. Carpin: Multirobot cooperation for surveillance of multiple moving targets – a new behavioral approach, Proc. IEEE Int. Conf. Robot. Autom. (IEEE, Orlando 2006) pp. 1311–1316
40.135 B. Jung, G. Sukhatme: Tracking targets using multiple mobile robots: The effect of environment occlusion, Auton. Robot. **13**(3), 191–205 (2002)
40.136 Z. Tang, U. Ozguner: Motion planning for multi-target surveillance with mobile sensor agents, IEEE Trans. Robot. **21**(5), 898–908 (2005)
40.137 D. Grossman: Traffic control of multiple robot vehicles, IEEE J. Robot. Autom. **4**, 491–497 (1988)
40.138 P. Caloud, W. Choi, J.-C. Latombe, C. Le Pape, M. Yim: Indoor automation with many mobile robots, Proc. IEEE Int. Workshop Intell. Robot. Syst. (IEEE, Tsuchiura 1990) pp. 67–72
40.139 H. Asama, K. Ozaki, H. Itakura, A. Matsumoto, Y. Ishida, I. Endo: Collision avoidance among multiple mobile robots based on rules and communication, Proc. IEEE/RJS Int. Conf. Intell. Robot. Syst. (IEEE, 1991)
40.140 S. Yuta, S. Premvuti: Coordinating autonomous and centralized decision making to achieve cooperative behaviors between multiple mobile robots, Proc. IEEE/RSJ Int. Conf. Intell. Robot. Syst. (IEEE, Raleigh 1992) pp. 1566–1574
40.141 J. Wang: Fully distributed traffic control strategies for many-AGV systems, Proc. IEEE Int. Workshop Intell. Robot. Syst. (IEEE, 1991) pp. 1199–1204
40.142 J. Wang, G. Beni: Distributed computing problems in cellular robotic systems, Proc. IEEE Int. Workshop Intell. Robot. Syst. (IEEE, Tsuchiura 1990) pp. 819–826
40.143 H. Kitano, M. Asada, Y. Kuniyoshi, I. Noda, E. Osawa, H. Matasubara: RoboCup: A challenge problem of AI, AI Mag. **18**(1), 73–86 (1997)

40.144 H. Kitano, S. Tadokoro: RoboCup rescue: A grand challenge for multiagent and intelligent systems, AI Mag. **22**(1), 39–52 (2001)

40.145 B. Browning, J. Bruce, M. Bowling, M. Veloso: STP: Skills, tactics and plays for multi-robot control in adversarial environments, IEEE J. Contr. Syst. Eng. **219**, 33–52 (2005)

40.146 M. Veloso, P. Stone, K. Han: The CMUnited-97 robotic soccer team: Perception and multiagent control, Robot. Auton. Syst. **29**(2–3), 133–143 (1999)

40.147 T. Weigel, J.-S. Gutmann, M. Dietl, A. Kleiner, B. Nebel: CS Freiburg: coordinating robots for successful soccer playing, IEEE Trans. Robot. Autom. **5**(18), 685–699 (2002)

40.148 P. Stone, M. Veloso: Task decomposition, dynamic role assignemnt, and low-bandwidth communicaiton for real-time strategic teamwork, Artif. Intell. **110**(2), 241–273 (1999)

40.149 C. Candea, H.S. Hu, L. Iocchi, D. Nardi, M. Piaggio: Coordination in multi-agent Robocup teams, Robot. Auton. Syst. **36**(2), 67–86 (2001)

40.150 L.E. Parker: Current research in multirobot teams, Artif. Life Robot. **7**(2–3), 1–5 (2005)

40.151 K.R. Baghaei, A. Agah: Task allocation and communication methodologies for multi-robot systems, Intell. Autom. Soft Comput. **9**, 217–226 (2003)

40.152 T. Balch, L.E. Parker: Guest editorial, special issue on heterogeneous multi-robot systems, Auton. Robot. **8**(3), 207–208 (2000)

40.153 M. Dorigo, E. Sahin: Guest editorial, special issue on swarm robotics, Auton. Robot. **17**(2–3), 111–113 (2004)

40.154 M. Veloso, D. Nardi: Special issue on multirobot systems, Proc. IEEE **94**, 1253–1256 (2006)

40.155 T. Balch: Taxonomies of multi-robot task and reward. In: *Robot Teams: From Diversity to Polymorphism*, ed. by T. Balch, L.E. Parker (A K Peters, Natick 2002)

40.156 L.E. Parker, G. Bekey, J. Barhen (Eds.): *Distributed Autonomous Robotic Systems 4* (Springer, Berlin, Heidelberg 2000)

40.157 H. Asama, T. Arai, T. Fukuda, T. Hasegawa (Eds.): *Distributed Autonomous Robotic Systems 5* (Springer, Berlin, Heidelberg 2002)

40.158 A. Schultz, L.E. Parker (Eds.): *Multi-Robot Systems: From Swarms to Intelligent Automata* (Kluwer, Dordrecht 2002)

40.159 A. Schultz, L.E. Parker, F. Schneider (Eds.): *Multi-Robot Systems Volume II: From Swarms to Intelligent Automata* (Kluwer, Dordrecht 2003)

40.160 E. Sahin, W.M. Spears (Eds.): *Swarm Robotics: SAB 2004 International Workshop* (Springer, Berlin, Heidelberg 2004)

40.161 L.E. Parker, F. Schneider, A. Schultz (Eds.): *Multi-Robot Systems Volume III: From Swarms to Intelligent Automata* (Kluwer, Dordrecht 2005)

40.162 R. Alami, R. Chatila, H. Asama (Eds.): *Distributed Autonomous Robotic Systems 6* (Springer, Berlin, Heidelberg 2006)

40.163 M. Gini, R. Voyles (Eds.): *Distributed Autonomous Robotic Systems 7* (Springer, Berlin, Heidelberg 2006)

40.164 T. Balch, L.E. Parker (Eds.): *Robot Teams: From Polymorphism to Diversity* (A K Peters, Natick 2002)

第 41 章 网络机器人

Vijay Kumar, Daniela Rus, Gaurav S. Sukhatme

马玉良 译

本章讨论网络机器人，多机器人通过网络通信进行协调与合作，共同完成一个指定的任务。本章是对此领域的概述，重点强调最新的研究成果以及研究所面临的挑战。多机器人产生新的功能，通信网络产生新的方法和解决方案，而这对于只有感知和控制的机器人来说是困难的。通信使系统产生新的控制和感知能力（例如获得机器人系统感知范围以外的信息）。相反，控制可以为某些问题提供解决方案，而这些问题对不可移动的机器人系统是很困难的（例如：定位问题）。第 41.1 节为该领域下了定义，检测了网络在机器人协作中的益处，并讨论了它的应用。第 41.2 节精选了几个基于网络机器人技术的案例，并讨论了在本领域的应用潜力。第 41.3 节讨论了在控制、通信和感知的交叉领域所面临的挑战。第 41.4 节定义了一个在 41.5 ~ 41.8 节中用到的网络机器人系统控制模型，用来说明研究面临的具体问题和机遇，这些问题和机遇是由通信、控制和感知共同作用而产生的。

41.1 概述

“网络机器人”这一术语是指在网络通信的协作下多个机器人一起运作来完成一项特殊的任务。各实体之间的通信是合作（和协调）的基础，因此在网络机器人的通信网络中有一个核心作用，网络机器人也可能涉及固定传感器、嵌入式计算机和人类用户的协调与合作。网络机器人的主要特征是具备执行单个机器人或相互之间无协调的多个机器人所不能完成的任务的能力。

IEEE 网络机器人技术委员会采用了以下对网络机器人的定义：

网络机器人就是与通信网络（如局域网）连接的机器人装置。网络可以是有线或者无线，以多样的协议为根据，如传输控制协议、用户数据协议或 802.11。许多新的应用正在被开发，从自动化领域到探索工程。网络机器人分为两种：

第一，遥控机器人，在对它的操作过程中执行者发送命令并通过网络接受反馈，这样的系统通过为大众产生有价值的资源来支持研究、教育和公众意识。

第二，自动机器人，在对它的操作过程中机器人和传感器通过网络交换数据。此项系统中，在允许它们通过长距离的沟通来协调各项活动的情况下，传感器网络扩展机器人的有效感应范围，不需要去组合配置感应、启动、计算这些程序。一个很大的挑战是开发一个科学基地使通信、感知和控制相结合，从而使这些新的能力产生效力。

网络机器人的此项定义也包括了分散式系统的第三分类、传感网络的自然进化的移动传感网络，机器人网络允许机器人更有效地测量空间和时间的分布现象。机器人反过来可以部署、修复和维护传感器网络以增加它的寿命和功用。本章的重点是自动网络机器人。

嵌入式电脑和传感器在家庭和工作场所已经无处不在，日益增多的无线点对点网络或即插即用的有线网络已经随处可见。用户通过与嵌入式电脑和传感器互动去执行任务，从监控（如对某一项因素操作过程的监督和对一个建筑物的监督）到控制（运作由传感器、制动器和物资搬运设备组成的生产流水线）。在这些情形中，用户、嵌入式电脑和传感器并不是并列的，它们的协作和沟通通过网络来实现。网络机器人把它的视野拓展到多个机器人，它们在不同的环境下起作用并执行任务，这些需要它们与其他机器人相互协调，与人类相互合作，依据来自多个传感器的信息而起作用。

图41.1展示了来源于实验室和工业领域的原型概念。在这些例子中，一个独立的机器人或者机器人模块可以合作来执行单个机器人（或机器人模块）不能单独完成的任务。机器人可以自动结合执行运动任务（见图41.2）和操作任务，这些任务由单个机器人是无法完成的，需要一个有特殊用途的更大的机器人来完成。它们可以利用并行处理的固有效率，相互合作来执行探索和勘测任务。它们也可以执行需要协调来完成的独立任务，制造业中的例子比如夹具和焊接。

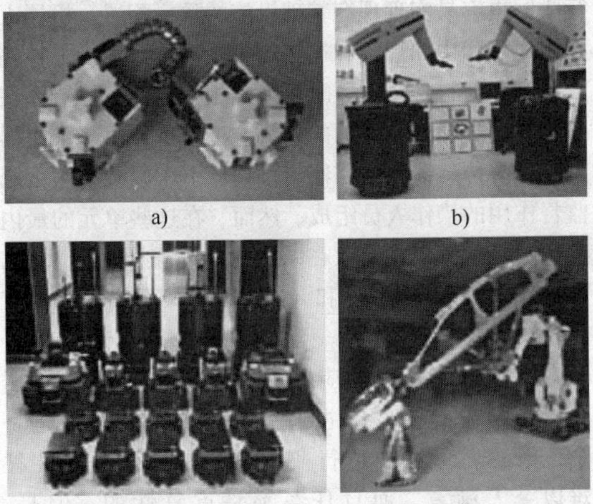

图41.1　a）小模块[41.1]可以自动地通过联系和传输信息来执行运动任务　b）机器人手臂[41.2]可以通过移动来做家务　c）成群的机器人[41.3]可以用来探索未知的环境　d）工业机器人可以在焊接作业中进行合作

除了可以执行单个机器人不能执行的任务以外，网络机器人还有提高效率的功能。网络可以使机器人获取感知范围以外的信息。机器人数量的增多原则上可以更快地执行任务，如搜索和绘图任务。通过部署多个机器人进行平行操作但以合作的方式可以实现加速生产运作。

使用网络机器人的另外一个优势是拥有连接和利用机器人自身移动特性的能力。移动式机器人可以对位于远处的移动式机器人所感应到的信息做出反应。

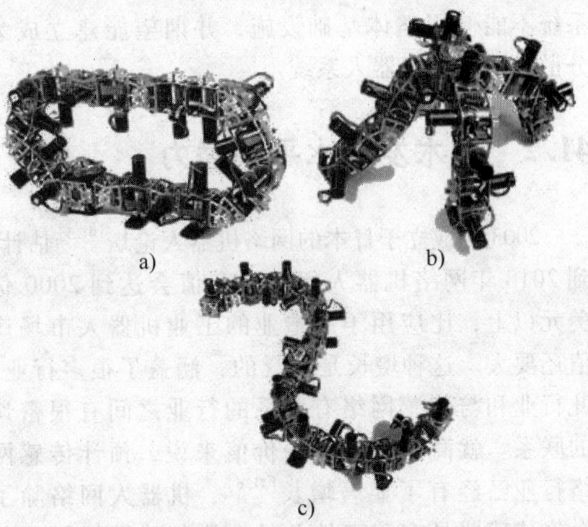

图41.2　机器人模块[41.4]可以被重新配置为不同的模块而转型成不同的运动系统

a）一个轮状的滚动系统　b）一个蛇形的波状运动系统　c）一个四肢的步行系统

工业机器人可以把它们的端部操纵装置应用到生产流水线逆向操作的新部位。用户可以通过网络使用位于远处的机器。

网络机器人的这些能力允许设计中出现失误。如果机器人可以使用网络实现灵活地重新配置，它们则能更大限度地承受机器人操作失误。这种情况在拥有由多个网关、路由器和计算机提供的容错系统的因特网中是存在的（虽然因特网在其他方面没有那么强大）。类似地，那些可即插即用的机器人可以通过灵活操作转换而提供一个强大的操作环境。

最后，网络机器人能够通过将具有互补效益的各部分组件连接在一起而产生巨大的协同作用，它以整体来工作会比各个组件分别工作的效用要大。

网络机器人的应用非常广泛。美国军方日常部署的无人驾驶车辆，它们是根据由其他无人驾驶车辆收集的情报，或者是自动地远程重新配置程序。而对太空卫星的部署通常由宇航员用航天飞机机械臂来操作，需要航天飞机所载的复杂仪器、地面工作站的操作员、航天飞机机臂和航天飞机的使用者的相互协调。家用电器如今也将传感器包括在内，并实现了网络化。由于家庭和个人机器人的使用越来越普及，当我们看到机器人在与用户进行合作时用到传感器和家用电器进行工作也就不足为奇了。网络机器人很可能会成为环境观测十分重要的组成部分，大量的环境监测系统不能使用整体基础设施，并期望能建立成为分散式的网络机器人系统。

41.2 技术发展水平和潜力

2003年成立于日本的网络机器人论坛[41.5]估计，到2013年网络机器人行业的产值会达到2000亿美元以上，比应用于制造业的工业机器人市场产值还要大。这种增长是广泛的，涵盖了很多行业。此行业和与传感网络有联系的行业之间有很密切的联系。就商品化和市场价值来说，预计传感网络行业已经有了显著增长[41.6]，机器人网络除了允许传感器具有移动性并且允许传感器根据所获信息来调整地理分布这两方面存在不同外，它和传感网络是很相似的。

由机器人、嵌入式计算机、激发器和传感器组成的系统在民用、防护和制造方面具有巨大的潜力。自然界为得以成为可能的事情提供依据[41.7]。我们可以在有数米长的物体中发现长度只有几微米有机体具有群体行为。简单的动物能通过传感器和制动器去行使简易的行为，但是进行交流并感应到近邻的存在从而去实施复杂的紧急行为，对航海、觅食、捕猎、筑巢、生存和增长这些方面来说是根本。如图41.3所示，相对较小的智能体可以操控尺度明显更大的物体，并通过与相对更加简单的个体行为合作来实现有效负荷。当这些智能体换作大量的机器人和硕大的物体时，各智能体之间的协调是完全分散开来的[41.8]。个体之间彼此并不能相互识别，换句话说，就是每个机器人并没有任何标签和标志。作业小组中的智能体的数量并没有被明确编码。各智能体都是相同的，这使得系统的鲁棒性和模块性得以保证。他们彼此之间很少会相互沟通，即使有的话也只是和近邻智能体之间的沟通。而且，最佳的集体协调模式也许就是大规模的相互依赖。针对黄蜂的研究提供了有力证据，证明小规模群体之间存在集体协调，而更大群体则采取分散式的协调方式[41.9]。以上这些特征都和网络机器人息息相关。

生物学已经向我们说明了彼此不明身份的个体中（例如：昆虫和鸟类进行群体行为时）的分散行为可以非常容易地实施看似聪明的群体行为。相似地，网络机器人之间很可能可以相互交流与合作，虽然单个机器人可能不是很复杂，但是为网络机器人提供一系列的智能行为（超越机器人的智力水平）还是有可能的。

从以下事例中我们可以很明显地看出网络机器人

图41.3 蚂蚁可以成群结队地合作来搬运物体，它们无需识别同伴身份也无需采取集中协调方式

的重要性和潜在的影响。

制造业一直是依靠传感器、制动器、材料处理设备和机器人之间的集成而发展的。今天，公司发现通过无线网络把网络机器人和传感器与现有的机器人进行联网更容易实现现有基础设施的重新配置。机器人在操作过程中如焊接和加工时可进行彼此互动，在完成装配和材料处理任务时与人类相互合作，机器人在这些方面的功能呈增加的趋势。工作单元由多个机器人、许多传感器和控制器、自动导引车以及一两个起监督作用的操作人员组成。然而，在这些单元的最内部，网络化操作机器人在结构化的环境下进行操作，在这个环境中，配置和（或）操作环境很少会有变化。

在机器人领域的应用方面，网络化操作机器人受到越来越多的重视，其中，采矿行业就是一个例子：就像在制造行业中一样，操作条件往往难以令人满意，而且任务都是重复性的。但是，这些应用更少结构化，并且操作人员起着更重要的作用。

在卫生保健行业，网络使卫生保健专业人员与病人、其他专业人才、昂贵的诊断仪器进行互动，并在未来可以和外科手术机器人进行互动。预计，远程医疗为将代替当今独立医疗设备的远程网络机器人设备提供了主要的增长动力。

现在已经有许多商业产品，尤其是在日本，机器人可以通过与手机沟通来进行编程。例如，由富士通开发的MARON机器人让使用者给他们的机器人拨号，并指示它来进行简单的任务，包括用手机把照片返回给用户。事实上，这些机器人会与家里的其他传感器和驱动器互动——配有蓝牙卡和驱动器的开门者以及计算机控制的照明、微波炉、洗碗机。事实上，网络机器人论坛[41.5]已经为固定传感器和驱动器如何与其他机器人在家庭和商业设置方面进行互动设定了标准。

环境监测是网络机器人的一个关键应用。通过利用移动通信，机器人的基础设施允许在生态监测的各个方面进行前所未有的尺度观测和数据收集。这是对环境监管政策（例如，清洁的空气和水的法律）以及一个新的科学发现有着十分重要的意义，例如，它有可能有助于获得海洋中的盐度梯度图、温度图和在森林中湿度变化情况以及空气和水在不同生态系统[41.10]中的化学成分。除了移动传感器网络，它也可以使用机器人部署传感器和检索来自传感器的信息。当通信允许协调控制和信息聚合时，移动平台允许同一个传感器来收集数据。这种情况的例子包括水中监测[41.11]，陆地监测[41.12]和土壤监测[41.13]。为开发水下网络平台人们付出了很多努力[41.14-16]。静态网络和机器人设备已经由于水产品检测[41.11]的需要而得以开发和发展，获得了关于浮游生物时空分布的高分辨率信息和伴随而来的环境参数。伦斯勒理工学院（RPI）的河网项目[41.17]重点是研发监测河流的生态系统的机器人传感网络。最近加州大学洛杉矶分校（UCLA）、南加州大学（USC）、加州大学里弗赛得分校和加州大学关于网络化信息机械系统工程[41.12]都已在重点研发机器人网络，用来监测森林树冠，从而为树冠建模和地下增长状况提供数据。有人把网络机器人 mini-rhizotrons[41.13]部署在森林监测树根的生长状况。

在国防工业，一些国家，如美国已经在网络化概念和地理性分散资产方面投入巨资。无人驾驶飞行器（像“捕食者号”），实行的是远程操作。从“捕食者号”上的传感器发出的信息会对处在不同远程位置上的其他车辆和武器系统进行部署，并允许处在第三位置的指挥员来指挥和控制这些资产。美国军方正在从事大规模未来战斗系统计划，开发以网络为中心的方法来部署自主车辆。在现代战争中以网络为中心的战术模式创造了国防和国土安全的网络机器人。虽然网络机器人已经开始执行，但目前的方法仅限于由用户指挥的单一车辆或传感系统。然而，它需要很多的操作人员（在2~10人之间，视系统的复杂性而定）来部署与无人驾驶飞行器一样复杂的系统。“捕食者号”无人驾驶飞行器（UAV）从战术控制站开始运行，此站也许会位于航空母舰上，有3~10名船员。

然而，最终的目的则是确保单独的用户能够部署无人驾驶的空中、地面、水面和水下运载器。最近有一些关于多机器人使用的演示，它通过探索城市环境[41.20,21]和建筑物内部[41.19,22]来探测和跟踪入侵者，并把以上所获信息传达给远程操作者。这些例子表明，使用现成的802.11b无线网络来部署网络机器人的运行以及拥有一个由单一操作者来进行远程操作和执行任务的团队是有可能的。一个城市中有很多车辆的项目例子如图41.4所示；一个室内环境中有很多车辆的项目例子如图41.5所示，此时机器人可绘制出环境地图，并实行自行部署形成一个传感网络以探测入侵者。

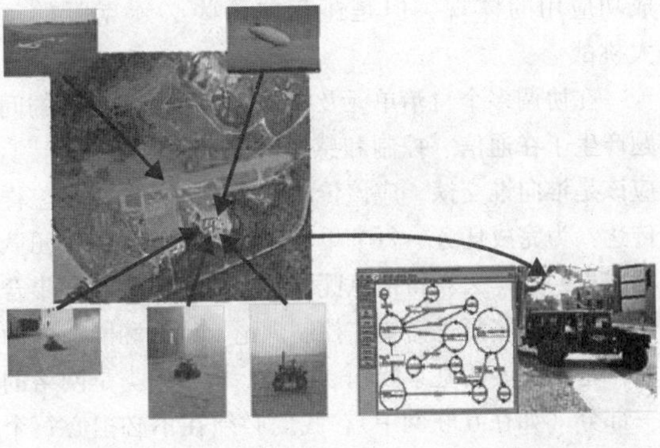

图41.4 一个操作者根据城市环境中的指挥和控制车辆的指令来指挥空中网络和地面车辆，以用来侦察和勘测，这是在美国宾夕法尼亚大学，佐治亚理工大学和南加州大学[41.18]得到证实的

图41.5 根据美国国防部高级研究计划局SDR计划，由来自南加州大学、田纳西大学和科学应用与国际公司（SAIC）的研究团队进行验证筹划，并由网络化机器人组[41.19]对入侵者进行检测

许多研究项目是通过观察自然界中的聚集行为来探究群体行为和集体智能。例如，欧盟（EU）有几个欧盟范围内的关于集体智能和群体智慧的协调项目。在卡尔斯鲁厄的I-群项目[41.23]和在洛桑联邦理工学院[41.24]的植物群项目是群体智慧的例子。进行分析和系统体系结构的实验室（LAAS）有一个机器人和人工智能的强势群体。此群体在基础和对多个机器人系统的应用研究方面已经拥有了悠久的历史。多

重无人驾驶车辆的综合应用，如地图测绘和消防的说明见参考文献［41.25］。最近美国的一个多所大学项目针对网络化汽车在群体行为[41.26]中的发展进行了研究。像这样的一些项目正在把基本概念的延展性扩展到机器人、传感器和制动器领域。

41.3　研究面临的挑战

虽然网络机器人在制造业、国防工业、太空探索、国内援助、民用基础设施这些方面有得以成功应用的体现，但是还存在一些必须克服的重大挑战。

在协调多个自治单元及让它们相互合作方面的问题产生了在通信、控制和感知的交叉点方面的问题。应该是谁向谁交谈，应该传递什么样的信息以及怎样传达？为完成任务，每个单元应该怎样运作呢？团队的成员们怎样去获得信息呢？整个团队又该怎样集合信息呢？这些都是需要在控制理论、认知和网络方面获得基本进展的基本问题。此外，由于人类是网络的一部分（如在互联网中），我们必须在不必担心每个机器人的特殊性的情况下，为多人能够嵌入网络并指挥/控制/操作网络设计一种有效方法。因此，研究面临的潜在挑战在于控制理论、感知和通信/网络的交叉，如图41.6所示。

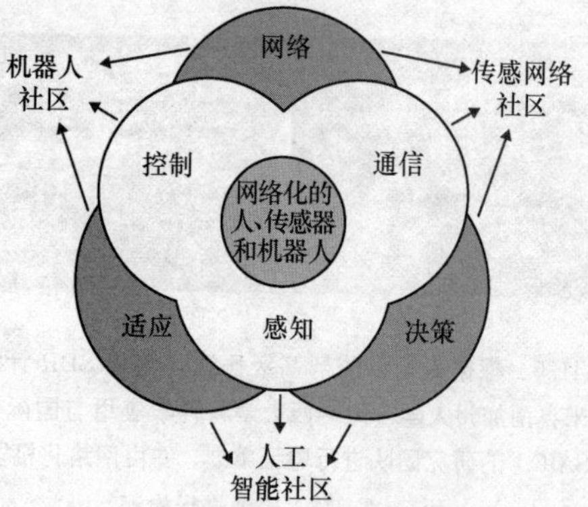

图41.6　网络化机器人平台引出了在控制、感知、和通信方面面临的根本挑战，这是机器人、传感器网络和人工智能社区的兴趣所在

值得一提的还有：不像传感器、计算机或机器网络那样要在固定的拓扑结构中联网在一起，机器人网络是动态的。当一个机器人移动时，与它相邻的机器人就会改变，并且它与环境的关系也会变化。因此，它获取的信息和它执行行动的情况也必须改变。不仅网络拓扑结构是动态的，而且机器人的行为也会随着拓扑结构的变化而变化。要预测这样的网络机器人的性能是很困难的，而且这正是机器人网络在部署网络之前必须解决的分析性问题。这个变化的拓扑结构概念不可避免地为我们呈现出复杂的数学模型。传统上，群体行为模型建立在持续的个体动态模型基础上，其中包括与邻居的本地交互，与拥有固定一组邻居的控制和传感模型。虽然处于个体单元水准的动力学可以用微分方程适当地描述出来，但与邻居的交互最好是通过图表边缘值表示出来。建模、分析和控制这些系统都需要一个全面的理论框架和新的代表性工具。需要用结合动力系统理论的新型数学工具、切换系统、离散数学、图论和计算几何来解决潜在的问题。为了解决导航中的逆问题——一种控制个体得到一个指定总议案和团体形态以及对积极感知和覆盖的应用行为，我们需要一种设计方案。41.4节对这些方法中的一部分进行了概述。

机器人委员会已经广泛地研究了感知方面的问题。然而，在网络化的移动传感器平台系统中的感知问题带来了一系列的挑战。例如，我们可以想到在估计网络状态方面存在的问题。对状态的估计需要对机器人状态和以当地有限范围的感官信息为根据的环境状态的估计。在一个 m 维的配置空间中对 n 个车辆进行定位需要用到关于 $O((nm)^k)$ 的计算，根据算法和特定领域的假设，此时 k 的范围是介于3和6之间。估计方面的问题被更加恶化了，因为并不是所有网络中的机器人都能够在关键时刻获得必要的信息。在表示法和算法的发展方面存在着一些深层次问题，41.6节对此进行了讨论。

积极感知[41.27]的范例将传感器平台控制与感知联系在一起，这就使控制理论和感知处于同一个框架结构内。将这种模式扩展到网络化机器人需要把分布式控制与分散式估计合并在一起的方法。为了实现在邻居中为自己定位，为它们的邻居定位，以及识别、定位和追踪环境中的特征，机器人是可以移动的。这些问题在41.7节进行了讨论。

如前所述，机器人网络的功能是以通信网络为中心的。但是，如果网络由有限电源的发射器和接收器的移动智能体组成，也不能保证所有的智能体之间可以互相通信。和静态传感器网络不同的是，网络机器人可以朝彼此相互移动，以促进沟通和密切地维持通信网络。41.8节提供了一些基本的算法问题和相关结果。

41.4 控制

单个机器人的控制对机器人网络的性能和范围是至关重要的。事实上，为了达到提高通信性能[41.28,29]、定位[41.30,31]、信息集成、部署[41.32]和在其他任务中实现覆盖[41.33-35]的目的，运动协调算法就应运而生了。移动性使得机器人组能在通信、感知或任务需要的支持下通过进行自我定位实现自我部署和自我组织。例如，它们可以进行重新配置，以保证所需的通信带宽、k跳连通性、或代数连通性，使得信息能够从一个机器人传输到另一个机器人。该小组还可以自我组织来定位传感器，以覆盖所需区域和适应以监测活动为中心的转移。对传感器位置的控制还支持地图制作、目标和事件追踪，以及对网络使用者的目标导航。最后，移动性可以让机器人来完成诸如导航、侦察、运输以及搜索和救援任务。

给定一组移动传感器，我们希望拥有分布式的控制功能来实现我们所期望的整体规范。因此，能够自主决定群体成员的必要位置、方位和/或群体成员的分布情况，和他们完成所期望的任务的动力是很有必要的。从较低要求来说，机器人必须能够使用来自通信网络和它们自身传感器的信息获取关于空间网络（它们的近邻及与周围环境的关系）的局部估计值和原因，然后使用适合的控制策略以实现预期的群体计划。我们简要概述了最简易的数学模型，为更好地意识到潜在的挑战，对这些问题进行系统地阐述，是很有必要的。

在机器人网络里，我们有多个智能体和交叉点，其中每个智能体都是一个物理实体，它可以是一个机器人，一辆带有制动器和传感器的车、一个传感器平台（可能是静态的）或者是通信中继节点。每个智能体A_i以一个识别符$i\in I\subset Z$为特征，状态$x_i\in X_i\subset\mathbb{R}^n$，控制输入$u_i\in U_i\subset\mathbb{R}$，并且$f_i$：$X_i\times U_i\rightarrow TX_i$为以下动力学方程的条件：

$$\dot{x}_i=f_i(x_i,u_i) \tag{41.1}$$

状态x_i由d维空间中的位置（和方位）r_i和速度$\dot{r}_i$: $x_i=(r_i^{\mathrm{T}},\ \dot{r}_i^{\mathrm{T}})^{\mathrm{T}}$组成。$n=2d\cdot\mathbf{N}^C(r_i)$ 和 $\mathbf{N}^C(r_i)$与r相邻，分别就通信硬件和传感器的范围和领域进行了定义。

机器人网络S由N个智能体组成，他们拥有通过智能体的自然分布来定义的遥感图和通信图。遥感图（和通信图类似）是由一副地图E^s: $X^1\times X^2\cdots X^N\rightarrow I\times I$来定义的，此地图的图表边缘是根据多个智能体的自然接触而动态形成的。具体来说，就是$N\times N$的相邻矩阵，A^s（和A^c）满足如下条件：

$$A_{ij}^s=\begin{cases}1, r_j\in\mathbf{N}^s(r_i)\\0,\text{其他}\end{cases} \tag{41.2}$$

智能体A_i有对自身状态和邻近智能体（如A_j）状态的估计能力，这些估计来源于传感图和通信图边界的相关信息。

$$\hat{x}_j^{(i)}=h(x_i,z_{ij}) \tag{41.3}$$

式中，Z_{ij}表示通过遥感或通信渠道对智能体A_j和A_i状态的测量，h是智能体A_i所用的评价指标。需要注意的是，Z_{ij}的维度可能小于n，因此可能不包含关于$x_{ij}=x_i-x_j$的完整信息。显然，由$r_{ij}=r_i-r_j$所表示的相对位置向量及其大小是很重要的量，可能需要用它们来对生物智能体和人工智能体进行估计。

最后，A_i可以对n_{b_i}的行为进行编码，我们可以通过$B_i=B_1$，B_2，…，$B_{n_{b_i}}$来表示，每种行为B_j都是一个控制量，函数K_j: $\mathbb{R}\times X_i\rightarrow U_i$。可以指定给每个智能体相同或不同的行为。每种行为都代表了一系列不同步的、本地执行的计算（用于控制或估计），进行这些计算是为了某些共同的目的。处理器在计算中所用的数据只来自与其相邻的处理器。此外，即使对一个特定的行为任务，与每个处理器邻近的处理器也通常会随时间发生改变，因为处理器在集合$\mathbf{N}^c$和$\mathbf{N}^s$中是不断在移进移出的。因此，对这类系统的建模和分析方法需要在一定层次上将图论和动力系统论进行合并。

建议读者就这一问题参考更多的论文以获取更多信息。参考文献［41.36］中就控制领域所面临的挑战进行了概述。关于网络移动系统的基本理论已在自动高速公路系统[41.37]、协作机器人编队[41.19]和操作[41.38]、编队飞行控制[41.39]，以及无人驾驶车辆组的控制[41.21]中进行了探讨。我们下一节的目标是探讨通信、感知和控制之间的联系。

41.5 控制通信

通信网络允许互不相连的个体之间交换信息，至少当机器人组协同行动时，允许机器人之间交换状态信息[41.40-42]。在更高层面上，机器人可以根据从不同机器人处获得信息所产生的完整地图来执行导航和搜索任务[41.43]。

在多个车辆情形下对通信控制的使用已经在对联机车辆队形进行研究的路径工程[41.37]中实现了。人们对编队的稳定性[41.44]、编队队形的收敛性[41.45]以及系统的整体性能[41.46]等方面的问题非常感兴趣。系统性能是直接受智能体之间的相互联系影响的。除了对稳定性有影响[41.37]，来自不同智能体的状态反馈信息和前馈信息会影响多机器人系统对外部刺激[41.46]或操作人员指令[41.47]做出反应的速度。

此外，通信可用于机器人的高级控制和规划。人们对使用静态传感器节点作为信标引导机器人导航有极大的兴趣。参考文献［41.48］中，考虑了用移动机器人覆盖和探测未知动态环境的问题。在全局信息无法获得的假设下提出了一种算法（既不是地图信息，也不是全球定位系统（GPS）信息）。该算法部署了无线电导航网络来协助机器人完成覆盖任务，机器人也用此网络进行导航。部署的网络除了完成覆盖任务外也可以被用作他用（如多机器人任务分配）。参考文献［41.43］提出了一个基于势场导航的类似想法。在此算法中，危险区域的概念被纳入导航成本函数中。近期沿着这一思路从传感器节点获取实验数据的研究工作见参考文献［41.49］。

在通信功能的协调控制和规划中（参见参考文献［41.50］），通信网络在创建信息共享表示中起着重要作用。这种共享表示的概念对协调控制算法和大量的设备之间的比例是很重要的。例如，在参考文献［41.41］中，卡尔曼滤波器的信息表是用来推导分散估计和融合算法的框架的。这种方法适用于多种异质的地面和空中平台[41.30]。在这种方法中，合作车辆的特性和身份是已知的。这是因为每个车辆都有共同的表示，它们由确定性网络所组成，包括有关目标检测的可能性信息和用于卡尔曼滤波器[41.21]信息形式中的信息向量矩阵对。通过改变确定性网络和向量/矩阵信息，观察的结果可以通过网络进行传播。这使得每个车辆的行动选择效用函数最大化，这是来自对环境中的特点进行检测和定位的车载传感器的联合相互信息增益。

因而简言之，在最低水平上，通信使得网络能够进行部分或全部的状态反馈，并允许智能体为前馈控制而交换信息。在较高水平上，智能体可以共享规划和控制信息。这一点在41.6节也进行了讨论，认为通信网络使得以网络为中心的方法适用于感知。

41.6 感知通信

随着个体机器人有传感器和通过整合传感器信息建立地图和模型的能力，网络化机器人可以交换来自其他机器人的信息、数据、图片和模型。难题是在任务中利用感知通信，例如分布式绘制地图时的延迟、有限带宽和破坏现象，这些都是典型的通信网络特点。

分布式定位是用来描述状态估计中通信和感知的合并术语。定位是发展低成本机器人网络的有效工具，这一机器人网络用于定位认知应用和普遍存在的网络[41.51]。定位信息需要记录节点的分布并使连同节点的物理位置测得的价值相互联系，在测量噪声存在的情况下，分布式计算和鲁棒性是实际定位算法的关键因素，这一算法会对大规模网络给出可靠的结果。

分散式定位方法可以分为两大类：依赖于锚节点本土化的算法和不使用信标节点的算法。本土化可以用节点、方位信息或两者兼有的范围信息来计算。

参考文献［41.28］中依据图表刚度理论提出了网络定位的理论基础。当节点有完善的范围信息时问题就得到了解决，它表明当且仅当网络底层图是全局刚性时，网络具有唯一定位。参考文献［41.52］为网络定位推导出了克拉莫·饶下界（CRLB）。这项工作计算了理想算法的预期误差特性，并且将此误差与基于多点算法中的真实误差比较，得出了一个重要结论，由算法引入的误差与评价终端到终端定位精确度时的测量误差同等重要。参考文献［41.53］展示了一种分布式算法，它可以不使用信标并保证在存在节点测量噪声情况下能计算出正确的定位信息。该算法依赖于鲁棒的四边形理念来鲁棒地计算节点之间的全局坐标系，并且支持移动节点。参考文献［41.54］讨论了这一被动跟踪扩展工作。参考文献［41-55，56］包括了基于定位信息传播的定位，这一定位信息来自于以连通性为基础的已知参考节点。参考文献［41.57］介绍了移动辅助定位。其他技术应用了使用多点定位的位置信息的分散式传播[41.52,58]。

参考文献［41.59，60］给出了两种方法，这两种方法是关于移动机器人组的合作性相对定位。既不用GPS、地表也不用任何形式的地图，相反地，机器人直接测量处于相对位置附近的机器人并且将此信息传递给整个团队。参考文献［41.59］指出，每一个机器人使用带有滤波器的贝叶斯形式来独立地处理此信息，并来对其他机器人位置以自身为中心进行估计。参考文献［41.60］中用极大似然估计（MLE）和数值优化达到相似的结果。

一个关键问题是为大量机器人和传感器建立共同表现来批处理这些计算。最近在美国国防部高级研究计划局（DARPA）资助的分布式机器人软件项目（SDR）中的实验，研究了这一问题。这些实验的目的是开发和演示能够执行具体任务的多机器人系统。这需要能够在不可探测的建筑里部署大量的机器人，绘制建筑物的内部结构，跟踪观测入侵者并把上述所有信息传输给远程操作人员。参考文献［41.19］介绍了一组实验的报告。描述了部署机器人的分层策略，其中高性能的机器人能形成进入和绘制建筑物的第一波，随后的第二波是为入侵者运用结果地图来自动部署和监测环境。这两种方法都广泛地依赖于运用了商业 802.11b 的无线技术的网络机器人。这一任务包括建立共同表现的通信和感知控制。

当机器人网络用于在动态环境中识别、定位、跟踪目标时，另外一系列重要的问题产生了。嵌入式固定无线传感器网络就像一个在广阔地理范围内的虚拟传感器。这种网络可以为移动机器人提供远程定位信息。机器人网络允许这一虚拟传感器根据外部刺激来移动以跟踪移动目标。事实上，很可能将这一情景描述为有机器人传感器网络的追逃对策[41.61]。举例来说，南加州大学的特尼特计划解决的是分层网络架构的网络基元和抽象问题，并且机器人的追逃对策是目标应用之一。人们讨论了指导机器人船采样策略的算法，这种算法旨在模拟和定位水生环境中的感兴趣现象（比如热点）[41.11]。网络信息机械系统（NIMS）项目专注于事件响应[41.62]和场景重构[41.63]中移动机器人自适应采样的传感器辅助技术。

可以在中央位置或分散方式下处理由传感器网络节点收集的信息。比起集中处理，这种网络在线数据处理技术更能充分利用网络交流计算资源。这也使网络可以估计全局景观感知的图片，这些图片精确且是最新的，并且该系统中所有的机器人均可以利用。网络数据处理静态节点的方法包括人工势场运算、梯度计算、粒子过滤、贝叶斯推理和信号处理。这些算法已经被发展为计算地图、路径和预测[41.43,48,64]。

最近的 DARPA 展示了通信网络如何有效地应用于关于异质机器人的感知任务[41.20]。合作研究表明，识别、定位无人驾驶飞行器（UAV）可以用来覆盖大范围区域，搜索目标。然而，UAV 上的传感器很明显会受到地面上目标定位准确性的限制。另一方面，地面机器人可以准确地布置以定位地面目标，然而却不能快速移动，也不能看清诸如建筑或篱笆这样的障碍。在参考文献［41.30］中，这两种设备的协同作用被用来创建 UAV 和无人地面车辆（UGV）之间的无缝网络。正如在 41.5 节谈到的那样，以网络中心搜索定位方法的关键在于状态信息的共同呈现，在这种情况下，这一方法很容易扩展到大量的 UAV 和 UGV，并且对于个体平台的特性很清晰。然而，怎样更广泛地应用于更多的无结构信息仍是未来需要研究的问题。

41.7 感知控制

网络移动机器人使动态环境的探索与三维信息通过分布式主动感知得到恢复成为可能[41.27]。因为节点是移动的，一个自然问题是节点应该如何摆放，以确保多节点信息的成功整合，并最大限度地提高团队返回的估计质量？由于传输和处理数据会造成一定花费，考虑什么样的传感器的读数应用于状态估计和什么信息应该传达给系统的其他部分非常重要。在绝对意义和相对意义上，由网络计算的信息的质量都取决于传感器的定位，信息质量还取决于每一个传感器的噪声特点以及通信网络。

一个机器人网络远远超出了一个固定的传感器网络，后者可以只收集在固定位置的空间数据，例如，当一个事件是在特定的位置被发现时，指挥多个传感器向事件观测位置传递更多的信息是有可能的（例如，更高分辨率的数据或更高的采样频率）。为适当分辨率采样重新配置节点位置依赖于分布式控制策略。

控制移动传感器网络覆盖范围已经有了很多策略。移动感应智能体由基于信息的目标函数梯度来控制[41.65]。得出来的稳定性结果不需要关注网络配置的优化，而需要提供当地保证。研究结果的主要部分描述了关于已知事件分布密度函数的最优定位移动传感器网络的分散控制规律[41.66,67]。这一方法非常有利，因为它保证网络（部分地）能够将关于覆盖范围问题的代价函数最小化。然而，控制策略需要每个智能体对事件分布密度有全面的认识，因而，它对感知环境反应不够灵敏。参考文献［41.68，69］概括的结果是，网络节点需要估计而不是事先知道事件分布密度函数。局部（分散）控制规律需要每个智能体在其自身位置上能够测量分布密度函数的值和梯度。传感器网络中这一结果对它的感知环境很敏感，当保持或寻求一个近似最优感知配置。另外，根据智能体的 Voronoi 区域顶点，分布密度函数估计会产生一个控制率的封闭表达式。这消除了在多项式域中每个时间步长对函数进行数值积分的需求，从而使得每一个智能体的计算费用显著降低。对于未知分布的事件监测的其他工作见参考文献［41.33］。*Krause* 等人[41.70]最近提出了一种方法，这种方法指出在安装传感器时要考虑精确感知和通信元件的感知质量与通信成本两个方面。他们使用一种假定没有确认也没有失真链接的时间相关性的链接接受率的参数模型。

随着艺术馆警报设置问题的出现，为确定传感器的最佳配置来覆盖某一区域，人们已经做出了多种努力[41.71-73]。为人所知的一个允许使用移动传感器的变体是看守者巡逻问题。这些方法中，传感器模型是抽象的，不是很适合真实的环境和照相机。分布式几何优化方法[41.67]也被应用于移动传感器网络重构。一类相关的方法是理论估计优化指标的使用和信息过滤器的应用，以协调整个网络内的运动。还有其他使用分布控制规律的分布优化方法，这些方法表明它可以优化全局度量，比如利用势场或者其他仅基于局部交流的线性控制规律[41.74]。参考文献［41.34，75，76］研究的重点是带摇镜头、倾斜、变焦功能的相机的控制。参考文献［41.75］中提出的方法是自动地在其全变焦范围内校准云台变焦相机并建立高分辨率的全景。在参考文献［41.34］中，摄像机不断移动并采用分解图来跟踪观测目标。参考文献［41.77］中的最新算法显著地改善了上述情况，这一算法通过定位摄像机来优化网络，在目标出现后使网络更适于观测和分类目标。云台变焦摄像机允许建立更灵活的可视系统而不是静态摄像机。

41.8 通信控制

在41.5节中，我们简要讨论了使用通信网络来合成和改善控制器设计的益处。相反地，机器人的行动影响了网络以及网络中的数据传输。这产生了很多挑战。如果个体机器人的控制器是已知的，我们能够为网络通信提供保证吗？我们能在存在机器人运动的情况下开发强大的路由信息和网络算法吗？另一个挑战是信息如何在这些网络中传播和扩散。如果机器人在给定的控制模型下运动，信息如何通过网络传播？并且关于信息在何时何地能被听到我们可以说些什么呢？如果我们知道这些问题的答案，这也许可以设计控制器，以实现所需的通信网络的特点。

能够影响网络性能的简单控制策略是控制机器人运动，以确保信息能够在指定的节点之间传输。当节点超出范围时，机器人和传感器网络中的机器人运动可能会导致网络分区。然而，机器人在一个控制方式上的移动能力会带来一个机会，这个机会可以通过将机器人转化为中继节点来处理非连接网络中的信息路由问题。此处的核心思想是使机器人拥有未知目的地的当前信息，以便修正它的轨迹，达到传递信息的目的。这一问题已被表述为优化问题。我们的目标是尽量减少必要的轨迹修改将信息发送到目的地。基于对机器人有用的信息，已经提出了几种解决方案。如果机器人的轨迹已知，路径规划技术可以用于计算哪个机器人移动到哪里传递了什么信息；如果机器人的轨迹是不知道的，我们可以创建分布式生成树来使机器人记录彼此的轨迹。每一个机器人被分配到一个行动区域并被指定一个父生成树。当机器人离开该区域时，父生成树被告知。当机器人移动得太远时，生成树被修改。

在合适的网络通信模型下，移动机器人可以用来创建期望的网络拓扑结构。如果机器人被用做在环境中安放节点（或传感器节点由机器人自动布置）以建立网络，这个问题被称为部署。它可以控制各个节点的协议来保证能够维持指定的拓扑结构[41.29]。它也可以重新定位节点以达到改变网络拓扑结构的明确目的——即所谓的拓扑结构控制问题。

一种移动机器人组部署的分布式算法被虚拟信息素这一概念描述为：从一个机器人到另一个机器人的局部信息。这些信息被用来产生气体膨胀或者引导增长的部署模型。基于人工势场的相似算法在参考文献［41.79，80］中有描述，参考文献［41.80］包含一个连通性限制。在参考文献［41.32］中给出了移动传感器网络的增量分布算法。节点一度被部署在未知环境里，并且每个节点利用先前布置的节点所传递的信息来决定它的部署位置。这一算法旨在保证节点能保留与其他节点的视线范围的同时将网络覆盖范围最大化。

大多数网络拓扑控制工作已经处理了失去控制的部署，这不包括单一节点位置的明确控制。主要机制提倡的是功率控制和睡眠协议。这些方法包括修改已存在的连接良好的通信图，以便在保证合成的子图能够保持连接的同时节省电力。假设当所有的节点在最大功率情况下运转时网络是连接的，功率控制的目的在于使网络在消耗最小功率情况下仍然保持连通性[41.81]。假设网络高度发展，睡眠协议旨在激活最小的节点子集来保持连通并实现其他所需指标[41.82]。与此相反，当节点的位置可以修改时，控制部署是可行的。基于两个原因，这一部署非常有趣。首先，有无线通信的网络拓扑与邻近关系以及节点的位置直接相关。第二，有越来越多的证据表明，大量的部署很有可能涉及细致的、非随机的节点位置。节点位置由节点自身或者外部智能体控制。这样的网络为拓扑控制呈现了一个不同的且有趣的场景，因为它可能利用行动控制和节点位置来建立有效的拓扑。参考文献[41.83]中给出了一个运用移动性的局部的且完全分散的拓扑控制技术。

网络机器人的一个重要应用是监测和监督，机器人在覆盖区域的同时保持通信范围很重要[41.84]。探测环境和适应性睡眠协议（PEAS）是最早的尝试之一，目的在于解决通信连接和运用启发式算法来同步感知覆盖范围[41.85]。*Wang* 等人[41.86]提出了一种新的覆盖配置协议（CCP）来创立一种方法，这种方法能够同步优化覆盖和连通性的同时将进入睡眠模式时的节点数量最大化。此外，他们还确定了连通性覆盖范围问题的三个不同的级别，这些问题与无线电比例和感知范围有关，并确认其中的前者的关键比例范围是后者的两倍。*Zhang* 和 *Hou* 证明，如果通信范围至少是感应范围的两倍，凸形区域的完全覆盖保证网络通信连通性，然后将这一定理用作当地密度控制算法的基础[41.82]。这是随后被概括以表明通信距离是感应距离的两倍这一情况是充分的，并且，如果原始网络拓扑是连通着的话，这一情况是为了保证意味着节点间的通信连通性完全覆盖保护的最低下限[41.87]。

总之，如果通信网络的状态和理想状态对每个智能体来说是已知的，它应该有可能合成移动智能体的分散式控制器来实现所需的网络特性。然而，全局状态下的假设显然是不合理的。此外，优化网络特性期望运动会与被要求来完成期望任务的运动冲突。然而，正如上面简短讨论说明的那样，有许多有趣的研究，这些研究指向这一极其丰富的研究领域中对今后工作非常有前景的方向。

41.9 结论与扩展阅读

网络机器人这一范例为完成个体机器人不能完成的任务提供了巨大潜力。实际上，这一范例对诸如环境监测、监督、侦查以及人民安全和防御之类的任务是非常关键的。然而，要想实现网络化机器人这一构想还存在许多科学挑战。这里总结了主要的重要挑战。

技术升级上的挑战：我们目前还没有方法创建一个自我管理的、并且强大到可以用完全分散的控制器和计算器来归类（或计数），并提供可证实性紧急回复的机器人网络。这需要对控制、感知和通信共同点进行基础研究。

在现实世界中执行实际任务：目前我们大部分应用的着重点从静态传感器系统转向动态传感器系统，就这点而论，动态传感器系统是可以获取或处理信息的，要创建能够在现实世界中执行实际任务的强大机器人网络，我们还要做更多的努力。

以网络中心控制监测的人机交互：过去十年的进步使得人们可以用成千上万的电脑在网上交流。为达到控制和监测这一目的，开发类似以网络为中心的交流方法很有必要。

最后一个主要挑战是创建主动的、可预测人类需要及命令而不是回复或传递人类命令的机器人网络。

尽管我们面临很多挑战，我们不能否认网络机器人具有巨大的潜力。本章及第4篇（第31章）和第5篇（第40章）的相关章节表明，研究机构正在取得稳健的进步并应对前方的挑战。

本章的参考文献包括所列具体研究课题的许多要点，为了对网络机器人有更好更深入的了解，读者可参照参考文献[41.5，6，19，26，29，50，64，77]等。

参考文献

41.1 Z. Butler, K. Kotay, D.L. Rus, M. Vona: Self-reconfiguring Robots, Commun. ACM **45**(3), 39–45 (2002)

41.2 O. Khatib, K. Yokoi, K. Chang, D. Ruspini, R. Holmberg, A. Casal: Coordination and decentralized cooperation of multiple mobile manipulators, J. Robot. Syst. **13**(11), 755–764 (1996)

41.3 L.E. Parker: The effect of heterogeneity in teams of 100+ mobile robots. In: *Multi-Robot Systems Volume II: From Swarms to Intelligent Automata*, ed. by A. Schultz, L.E. Parker, F. Schneider (Kluwer, Dordrecht 2003)

41.4 M. Yim, Y. Zhang, D. Duff: Modular robots, IEEE Spect. **39**(22), 30–34 (2002)

41.5 N. Hagita: Introduction to network robots, Introduction to Network Robots (Barcelona, 2005)
41.6 D. Estrin: *Embedded, Everywhere* (National Academies Press, Washington 2001)
41.7 J. Parrish, S. Viscido, D. Grunbaum: Self-organized fish schools: An examination of emergent properties, Biol. Bull. **202**, 296–305 (2002)
41.8 N. Franks, S. Pratt, E. Mallon, N. Britton, D. Sumpter: Information flow, opinion polling and collective intelligence in house-hunting social insects, Philos. Trans. R. Soc. London. B **357**, 1567–1584 (2002)
41.9 R.L. Jeanne: Group size, productivity, and information flow in social wasps. In: *Information Processing in Social Insects* (Birkhauser, Basel 1999)
41.10 Argo Floats: *A global array of 3,000 free-drifting profiling floats for environmental monitoring* (Argo Information Center, Ramonville 2007), http://www.argo.ucsd.edu/index.html
41.11 G.S. Sukhatme, A. Dhariwal, B. Zhang, C. Oberg, B. Stauffer, D.A. Caron: The design and development of a wireless robotic networked aquatic microbial observing system, Environmen. Eng. Sci. **24**(2), 205–215 (2006)
41.12 W. Kaiser, G. Pottie, M. Srivastava, G.S. Sukhatme, J. Villasenor, D. Estrin: Networked infomechanical systems (nims) for ambient intelligence. In: *Ambient Intelligence* (Springer, Berlin, Heidelberg 2005) pp. 83–114
41.13 Amarss: *Networked minirhizotron planning and initial deployment* (Center for Embedded Networkedsensing, Los Angeles 2007), http://research.cens.ucla.edu/
41.14 H. Singh, J. Catipovic, R. Eastwood, L. Freitag, H. Henriksen, F.F. Hover, D. Yoerger, J.G. Bellingham, B.A. Moran: An integrated approach to multiple AUV communications, navigation and docking, IEEE Oceans (1996) pp. 59–64
41.15 I. Vasilescu, M. Dunbabin, P. Corke, K. Kotay, D. Rus: Data collection, storage, and retrieval with an underwater sensor network, Proceedings of the ACM Sensys 2005 (San Diego, 2005)
41.16 N. Leonard, D. Paley, F. Lekien, R. Sepulchre, D.M. Fratantoni, R. Davis: Collective motion, sensor networks and ocean sampling, Proc. IEEE (2006)
41.17 D.O. Popa, A.S. Sanderson, R.J. Komerska, S.S. Mupparapu, D.R. Blidberg, S.G. Chappell: Adaptive sampling algorithms for multiple autonomous underwater vehicles, IEEE/OES AUV2004: A Workshop on Multiple Autonomous Underwater Vehicle Operations (2004)
41.18 M.A. Hsieh, A. Cowley, J.F. Keller, L. Chaimowicz, B. Grocholsky, V. Kumar, C.J. Talyor, Y. Endo, R. Arkin, B. Jung, D. Wolf, G. Sukhatme, D.C. MacKenzie: Adaptive teams of autonomous aerial and ground robots for situational awareness, J. Field Robot. **24**(11–12), 991–1014 (2007)
41.19 A. Howard, L.E. Parker, G.S. Sukhatme: Experiments with a large heterogeneous mobile robot team: Exploration, mapping, deployment and detection, Int. J. Robot. Res. **25**(5–6), 431–447 (2006)
41.20 L. Chaimowicz, A. Cowley, B. Grocholsky, M.A. Hsieh, J.F. Keller, V. Kumar, C.J. Taylor: Deploying air-ground multi-robot teams in urban environments, Third Multi-Robot Systems Workshop (Washington, 2005)
41.21 B. Grocholsky, R. Swaminathan, J. Keller, V. Kumar, G. Pappas: Information driven coordinated air-ground proactive sensing, IEEE International Conference on Robotics and Automation (IEEE, Barcelona 2005)
41.22 D. Fox, J. Ko, K. Konolige, B. Limketkai, D. Schulz, B. Stewart: Distributed multi-robot exploration and mapping, Proc. IEEE (2006)
41.23 J. Seyfied, M. Szymanski, N. Bender, R. Estana, M. Theil, H. Worn: The I-Swarm Project: Intelligent Small World Autonomous Robots for Micro-manipulation, SAB 2004 International Workshop (Santa Monica 2004)
41.24 F. Mondada, G.C. Pettinaro, A. Guignard, I.W. Kwee, D. Floreano, J.-L. Deneubourg, S. Nofli, L.M. Gambardella, M. Dorigo: Swarm-Bot: A new distributed robotic concept, Auton. Robot. **17**, 193–221 (2004)
41.25 A. Ollero, S. Lacroix, L. Merino, J. Gancet, J. Wiklund, V. Remuss, I. Veiga, L.G. Gutierrez, D.X. Viegas, M.A. Gonzalez, A. Mallet, R. Alami, R. Chatila, G. Hommel, F.J. Colmenero, B. Arrue, J. Ferruz, R. Martinez de Dios, F. Caballero: Architecture and perception issues in the COMETS multi-UAV project, IEEE Robot. Autom. Mag. (2005)
41.26 Q. Li, D. Rus: Navigation protocols in sensor networks, ACM Trans. Sensor Netw. **1**(1), 3–35 (2005)
41.27 R. Bajcsy: Active perception, Proc. IEEE **76**, 996–1005 (1988)
41.28 T. Eren, D. Goldenberg, W. Whitley, Y.R. Yang, S. Morse, B.D.O. Anderson, P.N. Belhumeur: Rigidity, computation, and randomization of network localization, Proceedings of IEEE INFOCOM '04 (Hong Kong 2004)
41.29 A. Hsieh, A. Cowley, V. Kumar, C.J. Taylor: Towards the deployment of a mobile robot network with end-to-end performance guarantees, IEEE Int'l Conf. on Robotics and Automation (Orlando, 2006)
41.30 B. Grocholsky, S. Bayraktar, V. Kumar, C.J. Taylor, G. Pappas: Synergies in feature localization by air-ground teams, Proc. 9th Int'l Symposium of Experimental Robotics (Singapore 2004)
41.31 B. Grocholsky, E. Stump, V. Kumar: An extensive representation for range-only SLAM, International Symposium on Experimental Robotics (Rio de Janeiro, 2006)
41.32 A. Howard, M.J. Matarić, G.S. Sukhatme: An incremental self-deployment algorithm for mobile sensor networks, Auton. Robot. **13**(2), 113–126 (2002), Special Issue on Intelligent Embedded Systems
41.33 Z. Butler, D. Rus: Controlling mobile networks for monitoring events with coverage constraints, Proceedings of the IEEE International Conference on Robotics and Automation (2003)
41.34 M. Chu, J. Reich, F. Zhao: Distributed attention for large video sensor networks, Intelligent Distributed Surveillance Systems 2004 seminar (2004)
41.35 B. Jung, G.S. Sukhatme: Tracking targets using multiple robots: The effect of environment occlu-

sion, Auton. Robot. **13**(3), 191–205 (2002)
41.36 R.M. Murray, K.J. Åström, S.P. Boyd, R.W. Brockett, G. Stein: Future directions in control in an information-rich world, IEEE Contr. Syst. Mag. (2003)
41.37 A. Pant, P. Seiler, K. Hedrick: Mesh stability of look-ahead interconnected systems, IEEE Trans. Autom. Control. **47**, 403–407 (2002)
41.38 T. Sugar, J. Desai, V. Kumar, J.P. Ostrowski: Coordination of multiple mobile manipulators, Proc. IEEE Int. Conf. Robot. Autom. **3**, 2022–2027 (2001)
41.39 R.W. Beard, J. Lawton, F.Y. Hadaegh: A coordination architecture for spacecraft formation control, IEEE Trans. Control Syst. Technol. **9**, 777–790 (2001)
41.40 A. Das, J. Spletzer, V. Kumar, C. Taylor: Ad hoc networks for localization and control, Proc. of the IEEE Conf. on Decision and Control (2002) pp. 2978–2983
41.41 J. Manyika, H. Durrant-Whyte: *Data Fusion and Sensor Management: An Information-Theoretic Approach* (Prentice Hall, Upper Saddle River 1994)
41.42 H.G. Tanner, A. Jadbabaie, G.J. Pappas: Stable flocking of mobile agents, part i: Fixed topology, Proceedings of the 42nd IEEE Conference on Decision and Control (2003) pp. 2010–2015
41.43 Q. Li, D. Rus: Navigation Protocols in Sensor Networks, ACM Trans. Sensor Netw. **1**(1), 3–35 (2005)
41.44 J.M. Fowler, R. D'Andrea: Distributed control of close formation flight, Proc. of the IEEE Conf. on Decision and Control (2002) pp. 2972–2977
41.45 J.P. Desai, J.P. Ostrowski, V. Kumar: Modeling and control of formations of nonholonomic mobile robots, IEEE Trans. Robot. Autom. **17**(6), 905–908 (2001)
41.46 H.G. Tanner, V. Kumar, G.J. Pappas: Leader-to-formation stability, IEEE Trans. Robot. Autom. **20**(3) (2004)
41.47 S. Loizou, V. Kumar: Relaxed input to state stability properties for navigation function based systems, Proceedings of the 45th IEEE Conference on Decision and Control (San Diego, 2006)
41.48 M. Batalin, G.S. Sukhatme: Coverage, exploration and deployment by a mobile robot and communication network, Telecommun. Syst. J. **26**(2), 181–196 (2004), Special Issue on Wireless Sensor Networks
41.49 K. J. O'hara, V. Bigio, S. Whitt, D. Walker, T. R. Balch: *Evaluation of a Large Scale Pervasive Embedded Network for Robot Path Planning* (ICRA 2006) pp. 2072–2077
41.50 V. Kumar, N. Leonard, A.S. Morse (eds.): *Cooperative Control, Vol. 309 of Lecture Notes in Control and Information Sciences* (Springer, Berlin, Heidelberg 2004)
41.51 J. Chen, S. Teller, H. Balakrishnan: Pervasive pose-aware applications and infrastructure, IEEE Comput. Graph. Appl. **23**(4), 14–18 (2003)
41.52 A. Savvides, C.-C. Han, M. Srivastava: Dynamic Fine-Grained localization in Ad-Hoc networks of sensors, Proceedings of the Seventh Annual International Conference on Mobile Computing and Networking (MOBICOM-01) (ACM, New York 2001) pp. 166–179
41.53 D. Moore, J. Leonard, D. Rus, S.J. Teller: Robust distributed network localization with noisy range measurements, SenSys '04: Proceedings of the 2nd International conference on Embedded networked sensor systems (2004) pp. 50–61
41.54 C. Detweiler, J. Leonard, D. Rus, S. Teller: Passive Mobile Robot Localization within a Fixed Beacon Field, Proceedings of the 2006 International Workshop on Algorithmic Foundations of Robotics (2006)
41.55 N. Bulusu, J. Heidemann, D. Estrin: Adaptive beacon placement, Proceedings of the 21st International Conference on Distributed Computing Systems (ICDCS-01) (Los Alamitos 2001) pp. 489–498
41.56 S. N. Simic, S. Sastry: *Distributed localization in wireless ad hoc networks*, Technical Report UCB/ERL M02/26, EECS Department (University of California, Berkeley 2001), http://www.eecs.berkeley.edu/Pubs/TechRpts/2002/4010.html
41.57 P. Corke, R. Peterson, D. Rus: Communication-assisted localization and navigation for networked robots, Int. J. Robot. Res. **4**(9), 116 (2005)
41.58 R. Nagpal, H.E. Shrobe, J. Bachrach: Organizing a global coordinate system from local information on an ad hoc sensor network, Lect. Notes Comput. Sci. **2634**, 333–348 (2003)
41.59 A. Howard, M.J. Matarić, G.S. Sukhatme: Putting the 'i' in 'team': An ego-centric approach to cooperative localization, IEEE International Conference on Robotics and Automation (Taipei, 2003) pp. 868–892
41.60 A. Howard, M.J. Matarić, G.S. Sukhatme: Localization for mobile robot teams using maximum likelihood estimation, IEEE/RSJ International Conference on Intelligent Robots and Systems (Lausanne, 2002) pp. 434–459
41.61 R. Vidal, O. Shakernia, H.J. Kim, D.H. Shim, S. Sastry: Probabilistic pursuit-evasion games: Theory, implementation and experimental evaluation, IEEE Trans. Robot. Autom. **18**(5), 662–669 (2002)
41.62 M. Batalin, M.H. Rahimi, Y. Yu, D. Liu, A. Kansal, G.S. Sukhatme, W. Kaiser, M. Hansen, G. Pottie, M. Srivastava, D. Estrin: Call and response: Experiments in sampling the environment, ACM SenSys (Baltimore, 2004) pp. 25–38
41.63 M.H. Rahimi, W. Kaiser, G.S. Sukhatme, D. Estrin: Adaptive sampling for environmental field estimation using robotic sensors, IEEE/RSJ International Conference on Intelligent Robots and Systems (2005) pp. 747–753
41.64 F. Zhao, L. Guibas: *Wireless Sensor Networks: An Information Processing Approach* (Morgan Kaufmann, New York 2004)
41.65 F. Zhang, B. Grocholsky, V. Kumar: Formations for localization of robot networks, IEEE Int'l Conf. on Robotics and Automation (New Orleans, 2004)
41.66 J. Cortes, S. Martinez, T. Karatas, F. Bullo: Coverage control for mobile sensing networks, IEEE Trans. Robot. Autom. **20**(2), 243–255 (2004)
41.67 J. Cortes, S. Martinez, F. Bullo: Spatially-distributed coverage optimization and control with limited-range interactions, ESAIM Contr. Optim. Calc. Variat. **11**, 691–719 (2005)
41.68 M. Schwager, J. McLurkin, D. Rus: Distributed coverage control with sensory feedback for networked robots, Proc. Robot. Sci. Syst. (RSS) (2006)
41.69 M. Schwager, J.-J. Slotine, D. Rus: Decentral-

ized Adaptive Control for Coverage for Networked Robots, Proceedings of the 2007 International Conference on Robotics and Automation (2007)
41.70 A. Krause, C. Guestrin, A. Gupta, J. Kleinberg: Near-optimal sensor placements: Maximizing information while minimizing communication cost, Fifth International Conference on Information Processing in Sensor Networks (IPSN'06) (2006)
41.71 V. Chvatal: A combinatorial theorem in plane geometry, J. Combin. Theory Ser. **18**, 39–41 (1975)
41.72 J. O'Rourke: *Art Gallery Theorems and Algorithms* (Oxford Univ. Press, New York 1987)
41.73 S. Fisk: A short proof of Chvatal's watchmen theorem, J. Combin. Theory Ser. **24**, 374 (1978)
41.74 A. Jadbabaie, J. Lin, A.S. Morse: Coordination of groups of mobile autonomous agents using nearest neighbor rules, IEEE Trans. Autom. Control **48**(6), 988–1001 (2003)
41.75 S. Sinha, M. Pollefeys: Camera network calibration from dynamic silhouettes, Proc. of IEEE Conf. on Computer Vision and Pattern Recognition (2004)
41.76 R. Collins, A. Lipton, H. Fujiyoshi, T. Kanade: Algorithms for cooperative multisensor surveillance, Proc. IEEE (2001)
41.77 A. Kansal, W. Kaiser, G. Pottie, M. Srivastava, G.S. Sukhatme: Reconfiguration methods for mobile sensor networks. Submitted to ACM Transactions on Sensor Networks (2006)
41.78 D. Payton, M. Daily, R. Estkowski, M. Howard, C. Lee: Pheromone robotics, Auton. Robot. **11**, 319–324 (2001)
41.79 A. Howard, M.J. Matarić, G.S. Sukhatme: Mobile sensor network deployment using potential fields: A distributed, scalable solution to the area coverage problem, Proceedings of the International Symposium on Distributed Autonomous Robotic Systems (2002) pp. 299–308
41.80 S. Poduri, G.S. Sukhatme: Constrained coverage for mobile sensor networks, IEEE International Conference on Robotics and Automation (New Orleans 2004) pp. 165–172
41.81 R. Wattenhofer, L. Li, P. Bahl, Y.M. Wang: A cone-based distributed topology-control algorithm for wireless multi-hop networks, IEEE/ACM Trans. Netw. (2005)
41.82 H. Zhang, J.C. Hou: On deriving the upper bound of alphalifetime for large sensor networks, ACM Trans. Sensor Netw. **1**(6) (2005)
41.83 S. Poduri, S. Pattem, B. Krishnamachari, G.S. Sukhatme: A unifying framework for tunable topology control in sensor networks. Technical Report CRES-05-004 (2005)
41.84 M.A. Hsieh, V. Kumar: Pattern generation with multiple robots, IEEE Int'l Conf. on Robotics and Automation (Orlando, 2006)
41.85 F. Ye, G. Zhong, J. Cheng, L. Zhang, S. Lu: Peas: A robust energy conserving protocol for long-lived sensor networks, International Conference on Distributed Computing Systems (2003)
41.86 X. Wang, G. Xing, Y. Zhang, C. Lu, R. Pless, C. Gill: Integrated coverage and connectivity configuration in wireless sensor networks, First ACM Conf. on Embedded Networked Sensor Systems, SenSys (2003)
41.87 D. Tian, N.D. Georganas: Connectivity maintenance and coverage preservation in wireless sensor networks. *AdHoc Networks* (2005)